河海大学“211 工程”三期资助研究生系列教材

计算水力学

理论与应用

汪德爟

科学出版社
北京

内 容 简 介

计算水力学是涉及经典力学、计算方法、数值分析、程序编制、数据处理和可视化等学科的一门综合性交叉学科，是水利、交通、环境、土木、地质、采矿、能源等工科专业硕、博士研究生培养方案中一门重要的专业基础课程.

本书将计算水力学的主要内容写成五篇，分别为有限差分法，有限单元法，有限体积法，边界的特殊处理及可视化方法与应用. 其中第 1 章概述计算水力学的内涵、特点、基本方程和学习要求；第 2、3 章阐述有限差分法的理论及应用；第 4~7 章阐述有限单元法的理论及应用；第 8、9 章阐述有限体积法的理论及应用；第 10~12 章阐述特殊边界的处理；第 13、14 章阐述可视化方法与应用. 每篇内容中理论部分从物理概念的分析入手，阐述基础的建模思路、建模步骤和解法；应用部分主要选择多年来的科研成果，也部分选用一些其他研究工作者的典型实例，注重介绍分析、处理问题的方法和途径. 另外本书还附自编的基础性、启发性的教学软件，以便于读者引用.

图书在版编目（CIP）数据

计算水力学理论与应用/汪德爟. —北京：科学出版社，2011

ISBN 978-7-03-031272-3

Ⅰ. 计… Ⅱ. 汪… Ⅲ. ①水力计算 Ⅳ. TV1314

中国版本图书馆 CIP 数据核字(2011) 第 101154 号

责任编辑：胡 凯 龚 励／责任校对：邹慧卿
责任印制：张 伟／封面设计：王 浩

科 学 出 版 社 出版
北京东黄城根北街 16 号
邮政编码：100717
http://www.sciencep.com
北京九州迅驰传媒文化有限公司印刷
科学出版社发行 各地新华书店经销
*
2011 年 8 月第 一 版 开本：720 × 1000 1/16
2025 年 3 月第八次印刷 印张：37 1/2
字数：760 000
定价：128.00 元
（如有印装质量问题，我社负责调换）

前　言

计算水力学是一门交叉学科, 形成于 20 世纪 60 年代中期, 在随后的 20 年中迅速发展成为一门重要学科, 广泛应用于水资源开发及其他工程中. 20 世纪 90 年代后, 计算水力学无论在计算方法还是求解技术上, 均出现了许多新的成果, 随着计算机硬件和软件突飞猛进的发展, 在计算水力学计算结果的图示和可视化方面也取得了丰硕的成果. 这些都为计算水力学增添了更为丰富的内容. 因此撰写本书以反映计算水力学的基本理论和近代成果已是十分必要.

水动力学及以水为载体的物质的传输过程的控制方程具有强非线性和非正定性, 在多数情况下无法求得方程函数的解析解. 为此, 将计算区域剖分, 用有限个空间点的集合来代表计算区域, 用控制方程的某种代表形式 (离散形式) 求出这些空间点处的函数值, 用这些函数值的集合构成方程函数的近似解. 这就是水动力学及以水为载体的物质的传输问题的数值模拟思路. 根据剖分计算区域的方法的不同, 以及构成控制方程代表形式的原理的不同, 数值模型可以大致分成三种主要类型: 有限差分法、有限单元法和介乎前两者之间的有限体积法. 从数学表达的形式上, 这三种数值模型可以用如下的形式统一表达

$$\sum_{e=1}^{N}\left[\int_{\Omega_e} L(\tilde{u})w(x)\mathrm{d}x-\lambda\int_{S_e\cap S} l(\tilde{u})w(x)\mathrm{d}S\right]=0$$

式中, $L(\cdot)$ 代表控制方程; $l(\tilde{u})$ 是梯度边界条件; $\tilde{u}$ 是方程函数的近似解; $w(x)$ 是选定的权函数; λ 是拉格朗日乘数; Ω_e 是计算区域剖分成的子区域; S_e 是子区域的边界; S 是整个计算区域的边界; x 是空间坐标; N 是子区域的数目. 选取不同的权函数就可以得到三种数值模型的表达式. 本书包括有限差分法、有限单元法和有限体积法的内容, 给出数值模型比较完整的概念. 近年来计算成果的可视化的发展也为计算水力学增添了新的色彩, 使数值成果以物理图像的形式逼真地显示, 使人们形象地看到了一个虚拟、但又会在现实世界实实在在出现的物理过程. 本书也包含了近年来我们这方面的研究成果.

本书将计算水力学的主要内容分为五篇, 分别为有限差分法、有限单元法、有限体积法、边界的特殊处理及可视化方法与应用. 其中第 1 章概述计算水力学的内涵、特点、基本方程和学习要求; 第 2、3 章阐述有限差分法的理论及应用; 第 4~7 章阐述有限单元法的理论及应用; 第 8、9 章阐述有限体积法的理论及应用; 第 10~12 章阐述边界的特殊处理; 第 13、14 章阐述可视化方法与应用.

本书的撰写思想: 每篇内容中理论部分从物理概念的分析入手, 阐述基础的建模思路、建模步骤和解法; 应用部分主要选择我们课题组几十年来的科研成果, 也部分选用一些其他研究工作者的典型实例, 注重介绍分析、处理问题的方法和途径. 另外本书还将附自编的基础性、启发性的教学软件, 以便读者引用.

本书由**汪德爟**、**赖锡军**、**周杰**、**戴昱**等撰写, 其中, 第二篇由戴昱撰写, 第三篇由赖锡军撰写, 第五篇由周杰撰写, 最后由汪德爟统稿.

在本书的编撰过程中, 课题组的谢龙博士、庞翠超、徐健、李羽文、王磊新、周加成、冯乐、路明、唐锐、徐秀楠、张金亮、张秀姬、张晓慧硕士不仅提供了有关素材, 提出了许多有益的建议, 而且还承担了全书稿的打印和绘图工作. 他们的智慧和辛勤工作将一并留在本书的字里行间.

汪德爟

2010 年 3 月

目　录

第二篇 有限单元法

第三篇　有限体积法

第四篇 边界的特殊处理

第五篇　可视化方法与应用

第 1 章　计算水力学和基本控制方程

1.1　引　　言

计算水力学作为一门独立的学科, 形成于 20 世纪 60 年代中期, 它的出现标志着工程流体力学发展的一个新阶段, 是世界经济迅猛发展和科学技术水平不断提高, 特别是高速、大容量电子计算机的快速更新换代为计算技术的发展提供了雄厚技术基础的一个硕果. 计算水力学已经深入到几乎所有的技术科学领域, 甚至某些社会科学方面.

自 19 世纪 Froude 奠定了物理比尺模型的理论基础, 并首次应用于船舶阻力的比尺模型试验以后, 物理比尺模型曾经是验证流体力学理论和研究工程水力学问题的唯一手段. 但是随着工程的不断大型化, 社会、经济、环境的综合考虑在整个工程规划中占据越来越重要的地位. 大型水利、航运工程的规划和工程结构设计, 不能仅考虑紧邻区域的水力条件及其影响, 而必须考虑该项工程对于整个区域 (例如, 河流的整个流域), 甚至对邻近区域的影响. 又如, 要真正发挥一个排灌渠系 (或河网) 的最大效益, 仅仅对其中的渠道 (或河道) 进行单个地考虑是不行的. 如果整个渠系 (或河网) 的过水或输沙 (排污) 能力不合要求, 那么即使个别渠道 (或河道) 设计、整治得很好, 渠系 (或河网) 的效益也不可能得到充分发挥. 依赖物理比尺模型对渠系进行系统研究是难以奏效的, 在经济上也是不合理的. 在环境问题中, 由于生物、化学过程的参入, 物理比尺模型则不能用于这类问题. 这就迫使人们不得不寻求其他研究手段, 数学模型也就应运而出了.

数学模型是将已知的水动力学及以水为载体的物质的传输过程的基本定律用数学方程进行描述. 在一定的定解条件 (初始条件和边界条件) 下求解这些数学方程, 从而达到模拟某个水动力学及以水为载体的物质的传输过程的理论问题或工程实际问题. 应该说传统的水力计算也是一种 “数学模拟”, 但由于它只涉及初等数学理论, 能解决的问题较简单, 还不能算是真正的数学模型. 在 20 世纪 50 年代以前, 数学模拟的基本理论已经建立, 运用这些理论也曾解决过一些工程问题. 但是, 这些基本理论的真正工程应用却是在电子计算机发明以后. 1952~1954 年 Isaacson 和 Troesch 首次建立了俄亥俄河和密西西比河的部分河段的数学模型, 并进行了实际洪水过程的模拟[1]. 但这以后, 这方面的研究并没有得到发展. 直至 20 世纪 60 年代中期, 为了解决各种各样的设计和规划问题, 数学模型再次得到重视. 人们针对个别的工程问题建立了大量用途单一的数学模型并编制了相应的计算程序, 这些模型可以用于解决一系列的工程问题. 在此工作的基础上, 70 年代中期, 一种功能更加完善的系统数学模型出现了. 这种系统模型综合了过去的用途单一的模型的功能, 可以对整个流域、河湖、近海、建成的或规划中的水利工程等进行系统的模拟. 这种系统模型的功能已远远超过了物理比尺模型.

在理论课题的研究领域中, 1955 年 Allen 和 Southwell 求解了黏性不可压缩流体的圆柱绕流[2], 在 $Re = 100$ 时, 计算中出现了不稳定, 这种不稳定与物理上的不稳定倾向间奇妙的一致性揭示了数学模拟的物理实质. 1965 年 Harlow 和 Fromm 利用数学模拟, 得到了时间因变的卡门涡街的精细形态[3]. 1968 年 Compbell 和 Mueller 利用数学模型发现了亚音速斜激波的分离现象, 而后才由风洞试验证实了这个现象的存在[4]. 这两个著名的数学模拟的的例子展示了数学模型富含的创造力. 数学模型在工程应用和理论研究中的成功标志着一门新的学科 —— 计算水力学的诞生. 这门新的学科一经出现就显示出了它强大的生命力, 已成为可与物理比尺模型相比拟的研究与设计的重要手段. 进入 20 世纪 80 年代后, 不少研究、设计部门集中力量加强了数学模型的研究、开发. 特别是紊动模式的不断完善, 三维的数学模型也已进入实用阶段. 许多复杂边界下的三维流场的数学模拟已获得成功. 现在, 尤其是工程问题, 几乎一半以上的研究、设计工作均由数学模型完成. 在一些领域, 例如, 在环境领域内, 物理比尺模型只起到校核和提供数学模型所需参数的作用.

计算水力学可以说是研究如何用计算机进行实验的科学. 正确处理的边界条件相当于物理比尺模型中的固体边界与自由边界; 数学模型中用以表征流体性质的参数, 诸如: 黏性、密度等, 则相当于物理比尺模型中所用的试验流体; 而通过数值运算求得的计算域内每一个特定的空间点 (计算水力学中称之为节点) 处的待求函数值, 如水动力学中常用的速度、压强和环境问题常用的污染物浓度等的值, 则与物理比尺模型中利用探头测得的某些固定点处的速度、压强值或浓度值相对应①. 所以, 从这个角度看, 称数学模拟是计算机实验, 是十分确切的. 但是数学模拟有它独特的优点:

- 可以完全自由地改变或控制流体的性质;
- 可以进行严格的一维、二维和三维流动的 “试验”;
- 可以完全自由地选择流动参数, 如初始速度剖面等;
- 可以进行全尺度 “试验”, 不存在比尺效应;
- 可以进行物理和生物化学现象的各种理论近似处理的有效性和敏感性试验;
- 可以验证流体的本构方程的可靠性, 如非牛顿流体的本构方程的验证等.

这些都是物理比尺模型难以或无法做到的. 当然, 数值模型所依据的是数学方

① 不同的是物理比尺模型中可以记录速度、压强、浓度等物理或化学量随时间变化的连续值, 而数学模型中只是给出它们的时间的离散值.

程的离散形式, 计算区域和方程的离散不仅引起量上的误差, 而且处理不当常常改变了方程的性质. 描述无黏性流体流动的方程离散后会引入无物理意义的数值黏性, 改变了流体的性质和流场的形态. 用以代表物理边界的边界条件的处理难以尽善尽美, 引入的误差常使计算出现物理现象原本不存在的不稳定. 尽管目前多种紊流模式已被引入实用的计算, 但都是基于一系列的假定的基础上得出的, 模式越复杂, 引入的实验常数越多, 给出的也只是紊动的平均效应. 紊动的结构及其基本特性仍是数学模型所难以模拟的, 必须依赖于物理模型的试验. 所以, 数值模型不能完全代替物理实验, 更不能代替理论分析. 实际上, 理论分析、数学模型和物理实验的紧密结合才是解决理论问题与工程实际问题的有效途径.

计算水力学是涉及经典水力学、计算方法、数值分析、程序编制和资料处理等学科的一门综合性的交叉学科. 它既不是水力学, 也不是数值分析, 它有自身的概念与特点, 有其确定的应用领域. 计算水力学用的是偏微分方程 (组), 但更注重方程中每一项所代表的物理意义, 在什么条件下可以略去方程中的某些项而仍能确切地模拟某些特定的水力现象. 方程中涉及的物理、生化参数的正确确定, 边界条件的合理给定, 均需要对所模拟的水动力学现象及以水为载体的物质的传输过程的物理和生化本质有深切的理解. 为了证明一个数学模型是水动力学现象及以水为载体的物质的传输过程的可靠模型, 则又需要利用数值分析中的线性理论, 对所用数学模式的收敛性、相容性和稳定性进行证明. 而计算结果的质量则又与资料的收集、整理和正确利用休戚相关, 这往往取决于从事数学模拟的人的经验与技巧.

1.2 本书的基本内容

计算水力学是一门学科的总称, 由于离散的基本原理不同, 大致分成三种主要类型: 有限差分法, 有限单元法和介乎两者之间的有限体积法. 本书将计算水力学的主要内容分成五篇, 分别为有限差分法, 有限单元法, 有限体积法, 边界的特殊处理及可视化方法与应用. 其中第 1 章概述计算水力学的内涵、特点, 根据三个物理基本守恒定定律, 推导出数学模型的基本方程. 为了二维、三维数学模拟的需要, 还介绍了基于 Reynolds 分解原理导出的描述紊动的平均效应的均值方程和脉动量的方程, 在上述方程的基础上, 又导出水动力学计算中常用的一维、二维和三维的控制方程, 方程的分类和学习要求; 第 2、3 章阐述有限差分法的理论及应用; 第 4~7 章阐述有限单元法的理论及应用; 第 8、9 章阐述有限体积法的理论及应用; 第 10~12 章阐述边界的特殊处理; 第 13~14 章阐述可视化方法与应用. 每篇内容中理论部分从物理概念的分析入手, 阐述基础的建模思路、建模步骤和解法; 应用部分主要选择我们几十年来的科研成果, 也部分选用其他研究工作者的一些典型实例, 注重介绍分析、处理问题的方法和途径. 各篇有一定的相对独立性, 读者可以根据需要选读. 另外本书还附有自编的基础性、启发性的教学软件, 以便于读者引用.

正如前面所述, 计算水力学的应用已深入技术科学的许多领域, 经验及成果是如此之丰富, 本书不可能涉及计算水力学的所有应用领域. 希望读者在浩瀚的计算水力学的文献中寻求更深入、更专业的知识.

1.3 物理守恒定律的数学表达式

本章基于质量守恒、动量守恒和能量守恒定律, 推导计算水力学的控制方程.

1.3.1 连续方程、动量方程和能量方程

本节利用控制体积法推导连续方程, 动量方程和能量方程的三维形式.

1. 连续方程

连续方程是质量守恒定律的数学表达式. 取一个微小控制体 (图 1.3.1), 它的每一个表面的外法向分别平行笛卡尔坐标轴 x, y, z. 它的中心位于坐标 (x, y, z), 三个方向的尺度为 Δx, Δy 和 Δz. 速度矢 U 沿三个坐标轴的分量分别用符号 u, v, w 表示, 根据质量守恒定理, 对于每一个坐标方向, 单位时间内某种物质流入控制体的量与流出的量之差应该等于单位时间内由于沿该坐标方向的流动引起的该种物质在控制体中的累积量. 以 x 向为例

单位时间流入控制体的质量$=\left[\rho u-\dfrac{\partial(\rho u)}{\partial x}\dfrac{\Delta x}{2}\right]\Delta x\Delta z$;

单位时间流出控制体的质量$=\left[\rho u+\dfrac{\partial(\rho u)}{\partial x}\dfrac{\Delta x}{2}\right]\Delta x\Delta z$;

单位时间内由于 x 向流动引起的控制体内质量的累积量 $\approx -\dfrac{\partial(\rho u)}{\partial x}\Delta x\Delta y\Delta z$;

由于点 (x, y, z) 处的 $\dfrac{\partial(\rho u)}{\partial x}$ 值一般并不等于 Δx 长度内的平均值. 这就是说, Taylor 展开式中的高阶导数被略去不计. 只要控制体的体积很小, 这种近似的误差很小. 同样地可以得出沿 y 向和沿 z 向的流动引起的控制体内物质质量的累积率为

$$-\frac{\partial(\rho u)}{\partial y}\Delta x\Delta y\Delta z$$

和

$$-\frac{\partial(\rho u)}{\partial z}\Delta x\Delta y\Delta z$$

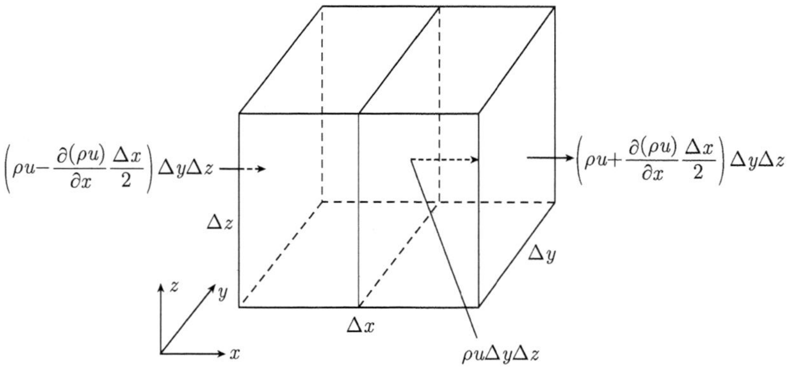

图 1.3.1 笛卡尔坐标系中通过控制体的质量通量

因而单位时间内控制体内质量的净增量为

$$-\left[\frac{\partial}{\partial x}(\rho u)+\frac{\partial}{\partial y}(\rho v)+\frac{\partial}{\partial z}(\rho w)\right]\Delta x\Delta y\Delta z$$

这个质量的净增率应该等于控制体内质量的变化率

$$\frac{\partial}{\partial t}(\rho\Delta x\Delta y\Delta z)=\frac{\partial\rho}{\partial t}\Delta x\Delta y\Delta z$$

从而有

$$\frac{\partial\rho}{\partial t}(\Delta x\Delta y\Delta z)=-\left[\frac{\partial}{\partial x}(\rho u)+\frac{\partial}{\partial y}(\rho v)+\frac{\partial}{\partial z}(\rho w)\right]\Delta x\Delta y\Delta z$$

用控制体体积 $\Delta x\Delta y\Delta z$ 除等式两边, 并取极限, 即得笛卡尔坐标系下的连续方程

$$\frac{\partial\rho}{\partial t}+\frac{\partial}{\partial x}(\rho u)+\frac{\partial}{\partial y}(\rho v)+\frac{\partial}{\partial z}(\rho w)=0 \tag{1.3.1}$$

对于恒定流动, 连续方程形如

$$\frac{\partial}{\partial x}(\rho u)+\frac{\partial}{\partial y}(\rho v)+\frac{\partial}{\partial z}(\rho w)=0 \tag{1.3.2}$$

对于密度保持常数的流体的流动, 连续方程取形式

$$\frac{\partial u}{\partial x}+\frac{\partial v}{\partial y}+\frac{\partial w}{\partial z}=0 \tag{1.3.3}$$

式 (1.3.2), 式 (1.3.3) 左边是矢量 $\rho\boldsymbol{U}$ 或 $\boldsymbol{U}$ 的散度, 故两式又可写成

$$\mathrm{div}\rho\boldsymbol{U}=0$$
$$\mathrm{div}\boldsymbol{U}=0$$

2. 动量方程

动量方程是牛顿第二定律或动量守恒定律的数学表达式. 守恒定律告诉我们, 物体的动量变化率等于作用于该物体各作用力的合力. 考虑图 1.3.2 的控制体. 图上标出的是作用力控制体的表面力沿 x 向的分量和质量力沿 x 向的分量 X. 根据动量守恒定理, 沿 x 向的动量守恒要求: 单位时间内, 控制体内沿 x 向的动量变化等于单位时间内流入控制体的净动量通量沿 x 向的分量与作用于控制体的各作用力沿 x 向的分量之和. 动量的定义是质量与速度的乘积, 通过某个断面的动量通量则等于通过该断面的质量与速度的乘积, 即

$$M_f = \rho u \boldsymbol{A} \cdot \boldsymbol{u} = \rho u^2 A$$

式中, M_f 表示通过某个断面的动量通量; A 表示该断面的面积. 据此, 进入控制体的净动量通量沿 x 向的分量为

$$\begin{aligned} M_{fx} =& \rho\left(u - \frac{\partial u}{\partial x}\frac{\Delta x}{2}\right)^2 \Delta y \Delta z - \rho\left(u + \frac{\partial u}{\partial x}\frac{\Delta x}{2}\right)^2 \Delta y \Delta z + \rho\left(v - \frac{\partial v}{\partial y}\frac{\Delta y}{2}\right) \\ & \left(u - \frac{\partial u}{\partial y}\frac{\Delta y}{2}\right)\Delta x \Delta z - \rho\left(v + \frac{\partial v}{\partial y}\frac{\Delta y}{2}\right)\left(u + \frac{\partial u}{\partial y}\frac{\Delta y}{2}\right)\Delta x \Delta z \\ & + \rho\left(w - \frac{\partial w}{\partial z}\frac{\Delta z}{2}\right)\left(u - \frac{\partial u}{\partial z}\frac{\Delta z}{2}\right)\Delta x \Delta y \\ & - \rho\left(w + \frac{\partial w}{\partial z}\frac{\Delta z}{2}\right)\left(u + \frac{\partial u}{\partial z}\frac{\Delta z}{2}\right)\Delta x \Delta y \\ =& -\rho\left(\frac{\partial u^2}{\partial x} + \frac{\partial uv}{\partial y} + \frac{\partial uw}{\partial z}\right)\Delta x \Delta y \Delta z \end{aligned}$$

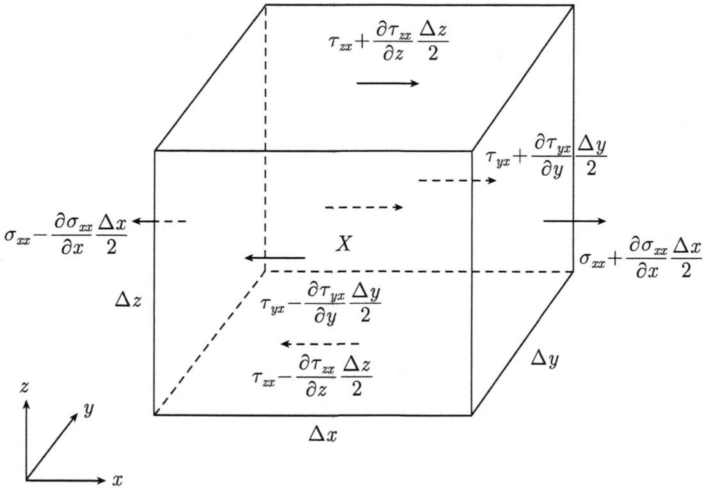

图 1.3.2　作用于控制体上的力

作用于控制的外力沿 x 向的分力之和为, 图 1.3.2

$$
\begin{aligned}
F_x =& X\Delta x\Delta y\Delta z - \left(\sigma_{xx} - \frac{\partial\sigma_{xx}}{\partial x}\frac{\Delta x}{2}\right)\Delta y\Delta z + \left(\sigma_{xx} + \frac{\partial\sigma_{xx}}{\partial x}\frac{\Delta x}{2}\right)\Delta y\Delta z \\
&- \left(\tau_{yx} - \frac{\partial\tau_{yx}}{\partial y}\frac{\Delta y}{2}\right)\Delta x\Delta z + \left(\tau_{yx} + \frac{\partial\tau_{yx}}{\partial y}\frac{\Delta y}{2}\right)\Delta x\Delta z \\
&- \left(\tau_{zx} - \frac{\partial\tau_{zx}}{\partial z}\frac{\Delta z}{2}\right)\Delta x\Delta y + \left(\tau_{zx} + \frac{\partial\tau_{zx}}{\partial z}\frac{\Delta z}{2}\right)\Delta x\Delta y \\
=& \left(X + \frac{\partial\sigma_{xx}}{\partial x} + \frac{\partial\tau_{yx}}{\partial y} + \frac{\partial\tau_{zx}}{\partial z}\right)\Delta x\Delta y\Delta z
\end{aligned}
$$

单位时间内控制体内沿 x 向动量的变化可以表示为

$$
\frac{\partial}{\partial t}\rho\Delta x\Delta y\Delta z\cdot u = \frac{\partial(\rho u)}{\partial t}\Delta x\Delta y\Delta z
$$

则沿 x 向的动量守恒可以表示为

$$
\begin{aligned}
\frac{\partial\rho u}{\partial t}\Delta x\Delta y\Delta z =& -\rho\left(\frac{\partial u^2}{\partial x} + \frac{\partial uv}{\partial y} + \frac{\partial uw}{\partial z}\right)\Delta x\Delta y\Delta z \\
&+ \left(X + \frac{\partial\sigma_{xx}}{\partial x} + \frac{\partial\tau_{yx}}{\partial y} + \frac{\partial\tau_{zx}}{\partial z}\right)\Delta x\Delta y\Delta z
\end{aligned}
$$

等式两边同除以 $\Delta x\Delta y\Delta z$, 并取极限, 得

$$
\frac{\partial\rho u}{\partial t} + \rho\left(\frac{\partial u^2}{\partial x} + \frac{\partial uv}{\partial y} + \frac{\partial uw}{\partial z}\right) = X + \frac{\partial\sigma_{xx}}{\partial x} + \frac{\partial\tau_{yx}}{\partial y} + \frac{\partial\tau_{zx}}{\partial z} \tag{1.3.4}
$$

类似地可以得出沿 y 方向和沿 z 方向的动量守恒的表达式为

$$
\frac{\partial\rho v}{\partial t} + \rho\left(\frac{\partial uv}{\partial x} + \frac{\partial v^2}{\partial y} + \frac{\partial wv}{\partial z}\right) = Y + \frac{\partial\tau_{xy}}{\partial x} + \frac{\partial\sigma_{yy}}{\partial y} + \frac{\partial\tau_{zy}}{\partial z} \tag{1.3.5}
$$

和

$$
\frac{\partial\rho w}{\partial t} + \rho\left(\frac{\partial uw}{\partial x} + \frac{\partial vw}{\partial y} + \frac{\partial w^2}{\partial z}\right) = Z + \frac{\partial\tau_{xz}}{\partial x} + \frac{\partial\tau_{yz}}{\partial y} + \frac{\partial\sigma_{zz}}{\partial z} \tag{1.3.6}
$$

式中, Y, Z 分别为质量力沿 y, z 向的分量.

对于密度保持为常数的流体的流动, 则式 (1.3.4), 式 (1.3.5), 式 (1.3.6) 可以分别写成

$$
\frac{\partial u}{\partial t} + \frac{\partial u^2}{\partial x} + \frac{\partial uv}{\partial y} + \frac{\partial uw}{\partial z} = \frac{1}{\rho}X + \frac{1}{\rho}\left(\frac{\partial\sigma_{xx}}{\partial x} + \frac{\partial\tau_{yx}}{\partial y} + \frac{\partial\tau_{zx}}{\partial z}\right) \tag{1.3.7}
$$

$$
\frac{\partial v}{\partial t} + \frac{\partial uv}{\partial x} + \frac{\partial v^2}{\partial y} + \frac{\partial wv}{\partial z} = \frac{1}{\rho}Y + \frac{1}{\rho}\left(\frac{\partial\tau_{xy}}{\partial x} + \frac{\partial\sigma_{yy}}{\partial y} + \frac{\partial\tau_{zy}}{\partial z}\right) \tag{1.3.8}
$$

$$
\frac{\partial w}{\partial t} + \frac{\partial uw}{\partial x} + \frac{\partial vw}{\partial y} + \frac{\partial w^2}{\partial z} = \frac{1}{\rho}Z + \frac{1}{\rho}\left(\frac{\partial\tau_{xz}}{\partial x} + \frac{\partial\tau_{yz}}{\partial y} + \frac{\partial\sigma_{zz}}{\partial z}\right) \tag{1.3.9}
$$

利用连续方程 (1.3.3), 上面的方程组可进一步写成,

$$\frac{\partial u}{\partial t}+u\frac{\partial u}{\partial x}+v\frac{\partial u}{\partial y}+w\frac{\partial u}{\partial z}=\frac{1}{\rho}X+\frac{1}{\rho}\left(\frac{\partial \sigma_{xx}}{\partial x}+\frac{\partial \tau_{yx}}{\partial y}+\frac{\partial \tau_{zx}}{\partial z}\right) \tag{1.3.10}$$

$$\frac{\partial v}{\partial t}+u\frac{\partial v}{\partial x}+v\frac{\partial v}{\partial y}+w\frac{\partial v}{\partial z}=\frac{1}{\rho}Y+\frac{1}{\rho}\left(\frac{\partial \tau_{xy}}{\partial x}+\frac{\partial \sigma_{yy}}{\partial y}+\frac{\partial \tau_{zy}}{\partial z}\right) \tag{1.3.11}$$

$$\frac{\partial w}{\partial t}+u\frac{\partial w}{\partial x}+v\frac{\partial w}{\partial y}+w\frac{\partial w}{\partial z}=\frac{1}{\rho}Z+\frac{1}{\rho}\left(\frac{\partial \tau_{xz}}{\partial x}+\frac{\partial \tau_{yz}}{\partial y}+\frac{\partial \sigma_{zz}}{\partial z}\right) \tag{1.3.12}$$

在计算水力学中, 式 (1.3.7)~ 式 (1.3.9), 常被称为守恒形式, 而式 (1.3.10)~ 式 (1.3.12) 常被称为非守恒形式.

根据应力与应变关系的本构关系式, 对于牛顿流体有

$$\begin{aligned}
\sigma_{xx}&=-p+\left(\mu_v+\frac{2}{3}\mu\right)\mathrm{div}U+2\mu\frac{\partial u}{\partial x}\\
\tau_{yx}&=\mu\left(\frac{\partial u}{\partial y}+\frac{\partial v}{\partial x}\right)\\
\tau_{zx}&=\mu\left(\frac{\partial u}{\partial z}+\frac{\partial w}{\partial x}\right)
\end{aligned} \tag{1.3.13}$$

$$\begin{aligned}
\sigma_{yy}&=-p+\left(\mu_v+\frac{2}{3}\mu\right)\mathrm{div}U+2\mu\frac{\partial v}{\partial y}\\
\tau_{zy}&=\tau_{yx}\\
\tau_{zy}&=\mu\left(\frac{\partial u}{\partial z}+\frac{\partial w}{\partial y}\right)
\end{aligned} \tag{1.3.14}$$

$$\begin{aligned}
\sigma_{zz}&=-p+\left(\mu_v+\frac{2}{3}\mu\right)\mathrm{div}U+2\mu\frac{\partial w}{\partial z}\\
\tau_{xz}&=\tau_{zx}\\
\tau_{yz}&=\tau_{zy}
\end{aligned} \tag{1.3.15}$$

式中, p 是动水压强, μ_v 是第二黏性系数或体黏性系数, 将以上本构关系式分别代入式 (1.3.4), 式 (1.3.5) 和式 (1.3.6), 则得

$$\begin{aligned}
&\frac{\partial \rho u}{\partial t}+\rho\left(\frac{\partial u^2}{\partial x}+\frac{\partial uv}{\partial y}+\frac{\partial uw}{\partial z}\right)\\
=&X-\frac{\partial p}{\partial x}+\frac{\partial}{\partial x}\left[\left(\mu_v+\frac{2}{3}\mu\right)\mathrm{div}U\right]+2\frac{\partial}{\partial x}\mu\frac{\partial u}{\partial x}\\
&+\frac{\partial}{\partial x}\mu\left(\frac{\partial u}{\partial y}+\frac{\partial v}{\partial x}\right)+\frac{\partial}{\partial z}\mu\left(\frac{\partial u}{\partial z}+\frac{\partial w}{\partial x}\right)
\end{aligned} \tag{1.3.16}$$

$$\begin{aligned}
&\frac{\partial \rho v}{\partial t}+\rho\left(\frac{\partial uv}{\partial x}+\frac{\partial v^2}{\partial y}+\frac{\partial wv}{\partial z}\right)\\
=&Y-\frac{\partial p}{\partial y}+\frac{\partial}{\partial x}\mu\left(\frac{\partial u}{\partial y}+\frac{\partial v}{\partial x}\right)+\frac{\partial}{\partial y}\left[\left(\mu_v+\frac{2}{3}\mu\right)\mathrm{div}U\right]
\end{aligned}$$

$$+2\frac{\partial}{\partial y}\mu\frac{\partial v}{\partial x}+\frac{\partial}{\partial z}\mu\left(\frac{\partial v}{\partial z}+\frac{\partial w}{\partial y}\right) \tag{1.3.17}$$

$$\begin{aligned}&\frac{\partial \rho w}{\partial t}+\rho\left(\frac{\partial uw}{\partial x}+\frac{\partial vw}{\partial y}+\frac{\partial w^2}{\partial z}\right)\\=&Z-\frac{\partial p}{\partial z}+\frac{\partial}{\partial x}\mu\left(\frac{\partial u}{\partial z}+\frac{\partial w}{\partial x}\right)+\frac{\partial}{\partial y}\mu\left(\frac{\partial v}{\partial t}+\frac{\partial w}{\partial y}\right)\\&+\frac{\partial}{\partial y}\left[\left(\mu_v+\frac{2}{3}\mu\right)\mathrm{div}U\right]+2\frac{\partial}{\partial z}\mu\frac{\partial w}{\partial x}\end{aligned} \tag{1.3.18}$$

对于密度保持为常数的流体的流动, 则有

$$\begin{aligned}&\frac{\partial u}{\partial t}+\frac{\partial u^2}{\partial x}+\frac{\partial vu}{\partial y}+\frac{\partial uw}{\partial z}\\=&\frac{1}{\rho}X-\frac{1}{\rho}\frac{\partial p}{\partial x}+\frac{\partial}{\partial x}\left[\left(\nu_v+\frac{2}{3}\nu\right)\mathrm{div}U\right]\\&+2\frac{\partial}{\partial x}\nu\frac{\partial u}{\partial x}+\frac{\partial}{\partial x}\nu\left(\frac{\partial u}{\partial y}+\frac{\partial v}{\partial x}\right)+\frac{\partial}{\partial z}\nu\left(\frac{\partial u}{\partial z}+\frac{\partial w}{\partial x}\right)\end{aligned} \tag{1.3.19}$$

$$\begin{aligned}&\frac{\partial v}{\partial t}+\frac{\partial uv}{\partial x}+\frac{\partial v^2}{\partial y}+\frac{\partial wv}{\partial z}\\=&\frac{1}{\rho}Y-\frac{1}{\rho}\frac{\partial p}{\partial y}+\frac{\partial}{\partial x}\nu\left(\frac{\partial u}{\partial y}+\frac{\partial v}{\partial x}\right)+\frac{\partial}{\partial y}\left[\left(\nu_v+\frac{2}{3}\nu\right)\mathrm{div}U\right]\\&+2\frac{\partial}{\partial y}\nu\frac{\partial v}{\partial x}+\frac{\partial}{\partial z}\nu\left(\frac{\partial v}{\partial z}+\frac{\partial w}{\partial y}\right)\end{aligned} \tag{1.3.20}$$

$$\begin{aligned}&\frac{\partial w}{\partial t}+\frac{\partial uw}{\partial x}+\frac{\partial vw}{\partial y}+\frac{\partial w^2}{\partial z}\\=&\frac{1}{\rho}Z-\frac{1}{\rho}\frac{\partial p}{\partial z}+\frac{\partial}{\partial x}\nu\left(\frac{\partial u}{\partial z}+\frac{\partial w}{\partial x}\right)+\frac{\partial}{\partial y}\nu\left(\frac{\partial v}{\partial z}+\frac{\partial w}{\partial y}\right)\\&+\frac{\partial}{\partial y}\left[\left(\nu_v+\frac{2}{3}\nu\right)\mathrm{div}U\right]+2\frac{\partial}{\partial z}\nu\frac{\partial w}{\partial x}\end{aligned} \tag{1.3.21}$$

对于不可压缩的流体, $\mu_v=0$, $\mathrm{div}U=0$, 则上面的方程可进一步写成

$$\begin{aligned}\frac{\partial u}{\partial t}+\frac{\partial u^2}{\partial x}+\frac{\partial vu}{\partial y}+\frac{\partial uw}{\partial z}=&\frac{1}{\rho}X-\frac{1}{\rho}\frac{\partial p}{\partial x}+2\frac{\partial}{\partial x}\nu\frac{\partial u}{\partial x}+\frac{\partial}{\partial x}\left[\nu\left(\frac{\partial u}{\partial y}+\frac{\partial v}{\partial x}\right)\right]\\&+\frac{\partial}{\partial z}\left[\nu\left(\frac{\partial u}{\partial z}+\frac{\partial w}{\partial x}\right)\right]\end{aligned} \tag{1.3.22}$$

$$\begin{aligned}&\frac{\partial v}{\partial t}+\frac{\partial uv}{\partial x}+\frac{\partial v^2}{\partial y}+\frac{\partial wv}{\partial z}\\=&\frac{1}{\rho}Y-\frac{1}{\rho}\frac{\partial p}{\partial y}+\frac{\partial}{\partial x}\left[\nu\left(\frac{\partial u}{\partial y}+\frac{\partial v}{\partial x}\right)\right]\end{aligned}$$

$$+2\frac{\partial}{\partial y}\nu\frac{\partial v}{\partial x}+\frac{\partial}{\partial z}\left[\nu\left(\frac{\partial v}{\partial z}+\frac{\partial w}{\partial y}\right)\right] \tag{1.3.23}$$

$$\begin{aligned}&\frac{\partial w}{\partial t}+\frac{\partial uw}{\partial x}+\frac{\partial vw}{\partial y}+\frac{\partial w^2}{\partial z}\\=&\frac{1}{\rho}Z-\frac{1}{\rho}\frac{\partial p}{\partial z}+\frac{\partial}{\partial x}\left[\nu\left(\frac{\partial u}{\partial z}+\frac{\partial w}{\partial x}\right)\right]+\frac{\partial}{\partial y}\left[\nu\left(\frac{\partial v}{\partial z}+\frac{\partial w}{\partial y}\right)\right]+2\frac{\partial}{\partial z}\nu\frac{\partial w}{\partial x}\end{aligned} \tag{1.3.24}$$

3. 能量方程

能量方程是能量守恒定律的数学表达式. 根据热力学第一定律, 对于给定的物质系统作的功和加入的热量之和等于此物质系统能量的增加,

$$\mathrm{d}E_{\mathrm{t}}=\mathrm{d}Q+\mathrm{d}W$$

式中, $\mathrm{d}Q$ 是加入的热量; $\mathrm{d}W$ 是对系统做的功; $\mathrm{d}E_{\mathrm{t}}$ 表示系统的总能量变化. 总能量包括动能, 势能和内能. 内能与系统的温度和物质的相有关. 如果物质的相不变, 则内能基本上是温度的函数, 而在温度保持不变而物质的相变化时, 则内能的变化是物质分子势能的增加. 系统的势能变化是相对于质量力做功而引起的. 如果存在一个质量力势 $\varOmega$, 则单位质量力的分量可以表示为

$$X=-\frac{\partial\varOmega}{\partial x},Y=-\frac{\partial\varOmega}{\partial y},Z=-\frac{\partial\varOmega}{\partial z}$$

由于系统位置的变化而引起的势能的变化为

$$\mathrm{d}\varOmega=-X\mathrm{d}x-Y\mathrm{d}y-Z\mathrm{d}z=\frac{\partial\varOmega}{\partial x}\mathrm{d}x+\frac{\partial\varOmega}{\partial y}\mathrm{d}y+\frac{\partial\varOmega}{\partial z}\mathrm{d}z$$

而动能则与系统的速度有关, 如果用 U 表示系统速度的值, 则单位质量的动能为 $\frac{1}{2}U^2$. 所以, 系统的单位体积的总能量变化等于

$$\mathrm{d}E_{\mathrm{t}}=\rho\mathrm{d}\left(e_{\mathrm{I}}+\varOmega+\frac{1}{2}U^2\right) \tag{1.3.25}$$

式中, e_{I} 表示内能.

与推导质量守恒与动量守恒的数学表达式一样, 这里分析系统总能量的时间变化率, 即

$$\frac{\mathrm{D}E_{\mathrm{t}}}{\mathrm{D}t}=\frac{\mathrm{D}Q}{\mathrm{D}t}+\frac{\mathrm{D}W}{\mathrm{D}t} \tag{1.3.26}$$

下面分别考虑, 做功的时间变率, 即功率 $\frac{\mathrm{D}W}{\mathrm{D}t}$ 和加热的时间变率 $\frac{\mathrm{D}Q}{\mathrm{D}t}$. 先考虑 $\frac{\mathrm{D}W}{\mathrm{D}t}$, 同样考虑图 1.3.2 所示的微小控制体. 由于功率等于力和速度的乘积, 沿 x 方向的应力分量在 Δt 时段内对控制体所做功的功率为

$$\begin{aligned}\frac{\Delta W_x}{\Delta t}=&-\left(\sigma_{xx}-\frac{\partial\sigma_{xx}}{\partial x}\frac{\Delta x}{2}\right)\Delta y\Delta z\left(u-\frac{\partial u}{\partial x}\frac{\Delta x}{2}\right)\\&+\left(\sigma_{xx}+\frac{\partial\sigma_{xx}}{\partial x}\frac{\Delta x}{2}\right)\Delta y\Delta z\left(u+\frac{\partial u}{\partial x}\frac{\Delta x}{2}\right)\\&+\left(\tau_{yx}+\frac{\partial\tau_{yx}}{\partial y}\frac{\Delta y}{2}\right)\Delta x\Delta z\left(u+\frac{\partial u}{\partial y}\frac{\Delta y}{2}\right)\\&-\left(\tau_{yx}+\frac{\partial\tau_{yx}}{\partial y}\frac{\Delta y}{2}\right)\Delta x\Delta z\left(u-\frac{\partial u}{\partial y}\frac{\Delta y}{2}\right)\\&+\left(\tau_{zx}+\frac{\partial\tau_{zx}}{\partial z}\frac{\Delta z}{2}\right)\Delta x\Delta y\left(u+\frac{\partial u}{\partial z}\frac{\Delta z}{2}\right)\\&-\left(\tau_{zx}-\frac{\partial\tau_{zx}}{\partial z}\frac{\Delta z}{2}\right)\Delta x\Delta y\left(u-\frac{\partial u}{\partial z}\frac{\Delta z}{2}\right)\\=&\left[\frac{\partial}{\partial x}u\sigma_{xx}+\frac{\partial}{\partial y}u\tau_{yx}+\frac{\partial}{\partial z}u\tau_{zx}\right]\Delta x\Delta y\Delta z\end{aligned}$$

类似地, 可以求得沿 y 向和沿 z 方向的应力分量对控制体所做的功

$$\frac{\Delta W_y}{\Delta t}=\left(\frac{\partial}{\partial x}v\tau_{xy}+\frac{\partial}{\partial y}v\sigma_{yy}+\frac{\partial}{\partial z}v\tau_{zy}\right]\Delta x\Delta y\Delta z$$

$$\frac{\Delta W_z}{\Delta t}=\left(\frac{\partial}{\partial x}w\tau_{xz}+\frac{\partial}{\partial y}w\tau_{yz}+\frac{\partial}{\partial z}w\sigma_{zz}\right]\Delta x\Delta y\Delta z$$

从而, 作用于控制体表面的力对控制体做功的功率为

$$\begin{aligned}\frac{\Delta W}{\Delta t}=&\left\{\left[\frac{\partial}{\partial x}u\sigma_{xx}+\frac{\partial}{\partial y}u\tau_{yx}+\frac{\partial}{\partial z}u\tau_{zx}\right]+\left[\frac{\partial}{\partial x}v\tau_{xy}+\frac{\partial}{\partial y}v\sigma_{yy}+\frac{\partial}{\partial z}v\tau_{zy}\right]\right.\\&\left.+\left[\frac{\partial}{\partial x}w\tau_{xz}+\frac{\partial}{\partial y}w\tau_{yz}+\frac{\partial}{\partial z}w\sigma_{zz}\right]\right\}\Delta x\Delta y\Delta z\end{aligned}\tag{1.3.27}$$

下面再讨论对控制体加热的时间变率 $\dfrac{\mathrm{D}Q}{\mathrm{D}t}$. 利用热通量 q 与温度梯度之间的关系式, 即 Fourier 定律

$$q=-k\nabla T$$

式中, q 是单位面积上的热通量; k 是热传导系数; T 是温度. 与前述类似可得 Δt 时间内通过控制体 6 个面传递给控制体的净通量为

$$\Delta Q=\left(\frac{\partial k\nabla T}{\partial x}+\frac{\partial k\nabla T}{\partial y}+\frac{\partial k\nabla T}{\partial z}\right)\Delta x\Delta y\Delta z\Delta t$$

在 Δt 时段内对控制体加热的速率为

$$\frac{\Delta Q}{\Delta t}=\left(\frac{\partial k\nabla T}{\partial x}+\frac{\partial k\nabla T}{\partial y}+\frac{\partial k\nabla T}{\partial z}\right)\Delta x\Delta y\Delta z\tag{1.3.28}$$

将式 (1.3.27) 与式 (1.3.28) 相加, 除以控制体体积 $\Delta x\Delta y\Delta z$, 令 $\Delta t\to 0$ 取极限, 再考虑式 (1.3.26), 便得到能量方程

$$\begin{aligned}\rho\frac{\mathrm{D}}{\mathrm{D}t}\left(e_{\mathrm{I}}+\Omega+\frac{1}{2}U^{2}\right)=&\left[\frac{\partial}{\partial x}\left(u\sigma_{xx}\right)+\frac{\partial}{\partial y}\left(u\tau_{yx}\right)+\frac{\partial}{\partial z}\left(u\tau_{zx}\right)\right]\\&+\left[\frac{\partial}{\partial x}\left(v\tau_{xy}\right)+\frac{\partial}{\partial y}\left(v\sigma_{yy}\right)+\frac{\partial}{\partial z}\left(v\tau_{zy}\right)\right]\\&+\left[\frac{\partial}{\partial x}\left(w\tau_{xz}\right)+\frac{\partial}{\partial y}\left(w\tau_{yz}\right)+\frac{\partial}{\partial z}\left(w\sigma_{zz}\right)\right]\\&+\frac{\partial k\nabla T}{\partial x}+\frac{\partial k\nabla T}{\partial y}+\frac{\partial k\nabla T}{\partial z}\end{aligned}\tag{1.3.29}$$

式 (1.3.29) 可进一步简化. 将式 (1.3.7) 乘以 ρu, 式 (1.3.8) 乘以 ρv, 式 (1.3.9) 乘以 ρw, 然后相加

$$\begin{aligned}\rho\frac{\mathrm{D}}{\mathrm{D}t}\left(\frac{1}{2}u^{2}+\frac{1}{2}v^{2}+\frac{1}{2}w^{2}\right)=&\rho\left(uX+vY+wZ\right)+u\left(\frac{\partial\sigma_{xx}}{\partial x}+\frac{\partial\tau_{yx}}{\partial y}+\frac{\partial\tau_{zx}}{\partial z}\right)\\&+v\left(\frac{\partial\tau_{xy}}{\partial x}+\frac{\partial\sigma_{yy}}{\partial y}+\frac{\partial\tau_{zy}}{\partial z}\right)+w\left(\frac{\partial\tau_{xz}}{\partial x}+\frac{\partial\tau_{yz}}{\partial y}+\frac{\partial\sigma_{zz}}{\partial z}\right)\end{aligned}$$

由 $\dfrac{1}{2}U^{2}=\dfrac{1}{2}\left(u^{2}+v^{2}+w^{2}\right)$, $uX+vY+\mathrm{w}Z=-\dfrac{\mathrm{D}\Omega}{\mathrm{D}t}$, 则有

$$\begin{aligned}\rho\frac{\mathrm{D}}{\mathrm{D}t}\left(\Omega+\frac{1}{2}U^{2}\right)=&u\left(\frac{\partial\sigma_{xx}}{\partial x}+\frac{\partial\tau_{yx}}{\partial y}+\frac{\partial\tau_{zx}}{\partial z}\right)+v\left(\frac{\partial\tau_{xy}}{\partial x}+\frac{\partial\sigma_{yy}}{\partial y}+\frac{\partial\tau_{yz}}{\partial z}\right)\\&+w\left(\frac{\partial\tau_{xz}}{\partial x}+\frac{\partial\tau_{yz}}{\partial y}+\frac{\partial\sigma_{zz}}{\partial z}\right)\end{aligned}\tag{1.3.30}$$

将式 (1.3.29) 的右端项展开, 并以式 (1.3.30) 代入, 得

$$\begin{aligned}\rho\frac{\mathrm{D}e_{\mathrm{I}}}{\mathrm{D}t}=&\sigma_{xx}\frac{\partial u}{\partial x}+\tau_{yx}\frac{\partial u}{\partial y}+\tau_{zx}\frac{\partial u}{\partial z}+\tau_{xy}\frac{\partial v}{\partial x}+\sigma_{yy}\frac{\partial v}{\partial y}+\tau_{zy}\frac{\partial v}{\partial z}+\tau_{xz}\frac{\partial w}{\partial x}\\&+\tau_{yz}\frac{\partial w}{\partial y}+\sigma_{zz}\frac{\partial w}{\partial z}+\mathrm{div}\left(k\nabla T\right)\end{aligned}\tag{1.3.31}$$

对于牛顿流体, 利用应力与应变的本构关系式 (1.3.13)~ 式 (1.3.15), 则式 (1.3.31) 可写成

$$\begin{aligned}\rho\frac{\mathrm{D}e_{\mathrm{I}}}{\mathrm{D}t}=&\frac{p}{\rho}\frac{\mathrm{D}\rho}{\mathrm{D}t}+\frac{2}{3}\mu\left(\mathrm{div}U\right)^{2}+2\mu\left[\left(\frac{\partial u}{\partial x}\right)^{2}+\left(\frac{\partial v}{\partial y}\right)^{2}+\left(\frac{\partial w}{\partial z}\right)^{2}\right]\\&+\mu\left[\left(\frac{\partial v}{\partial x}+\frac{\partial u}{\partial y}\right)^{2}+\left(\frac{\partial w}{\partial y}+\frac{\partial v}{\partial z}\right)^{2}+\left(\frac{\partial u}{\partial z}+\frac{\partial w}{\partial x}\right)^{2}\right]+\mathrm{div}\left(k\nabla T\right)\end{aligned}\tag{1.3.32}$$

上式右端包含黏性的项是平方项, 总是正的, 通常称之为耗散项, 用 $\rho\varepsilon$ 来表示. ε

称为能量耗散率, 又由于 $-\frac{p}{\rho}\frac{\mathrm{D}\rho}{\mathrm{D}t}=\rho\frac{\mathrm{D}}{\mathrm{D}t}\left(\frac{p}{\rho}\right)-\frac{\mathrm{D}\rho}{\mathrm{D}t}$, 故有

$$\rho\frac{\mathrm{D}}{\mathrm{D}t}\left(e_{\mathrm{I}}+\frac{p}{\rho}\right)=\frac{\mathrm{D}p}{\mathrm{D}t}+\mathrm{div}\,(k\nabla T)+\rho\varepsilon \tag{1.3.33}$$

如果控制体内的物质的相没有变化, 则内能 e_{I} 仅是温度 T 的函数. 利用关系式

$$e_{\mathrm{I}}+\frac{p}{\rho}=C_pT+h_0$$

式中, C_p 为等压比热系数, h_0 为焓. 可得出

$$C_p\rho\frac{\mathrm{D}T}{\mathrm{D}t}=\frac{\mathrm{D}p}{\mathrm{D}t}+\mathrm{div}\,(k\nabla T)+\rho\varepsilon \tag{1.3.34}$$

对于液体, 假定不可压缩, 则

$$C_p\rho\frac{\mathrm{D}T}{\mathrm{D}t}=\mathrm{div}\,(k\nabla T)+\rho\varepsilon \tag{1.3.35}$$

1.3.2 均值方程与脉动量方程

实际水流大多数是紊流, 对于大型水体的三维数值模拟和局部水流现象, 如射流、水跃等的数值模拟, 必须细致地考虑紊动的效应. 在工程实践中, 我们往往对紊动的总的平均效应, 例如, 平均流速分布、平均的温度分布、对边界的平均阻力等感兴趣, 即对紊流的平均量进行分析研究. 为此, 利用 Reynolds 提出的分解方法导出均值方程及紊动脉动量的方程.

按 Reynolds 分解法, 速度 u, v, w 和压强 p 可以分解成时均值和脉动值两部分, 即

$$u=\overline{u}+u',v=\overline{v}+v',w=\overline{w}+w',p=\overline{p}+p' \tag{1.3.36}$$

这里时均值的定义是

$$\begin{aligned}\overline{u}&=\frac{1}{t_2-t_1}\int_{t_1}^{t_2}u\mathrm{d}t\\ \overline{v}&=\frac{1}{t_2-t_1}\int_{t_1}^{t_2}v\mathrm{d}t\\ \overline{w}&=\frac{1}{t_2-t_1}\int_{t_1}^{t_2}w\mathrm{d}t\\ \overline{p}&=\frac{1}{t_2-t_1}\int_{t_1}^{t_2}p\mathrm{d}t\end{aligned} \tag{1.3.37}$$

求时均值的时段长度 t_2-t_1, 必须比紊动尺度大很多, 而比平均流随时间变化的时间尺度要小. 时均运算时利用以下的关系式. 这里 $\overline{A},\overline{B},\overline{C}$ 表示量 A, B, C 的时均值, $\overline{\overline{A}}$ 表示对时均值求时均, A',B',C' 表示这些量的脉动值

$$\overline{\overline{A}}=\overline{A} \tag{1.3.38}$$

$$\overline{A'} = 0 \tag{1.3.39}$$

$$\overline{A+B} = \overline{A} + \overline{B} \tag{1.3.40}$$

$$\overline{\overline{A}B'} = \overline{A}\overline{B'} = 0, \overline{\overline{B}A'} = 0 \tag{1.3.41}$$

$$\overline{\overline{A}B} = \overline{A}\overline{B}, \overline{\overline{A}C} = \overline{A}\overline{C} \tag{1.3.42}$$

$$\overline{AB} = \overline{A}\overline{B} + \overline{A'B'}, \overline{AC} = \overline{A}\overline{C} + \overline{A'C'} \tag{1.3.43}$$

$$\overline{ABC} = \overline{A}\overline{B}\overline{C} + \overline{A}\overline{B'C'} + \overline{B}\overline{A'C'} + \overline{C}\overline{A'B'} + \overline{A'B'C'} \tag{1.3.44}$$

$$\overline{\frac{\partial A}{\partial x}} = \frac{\partial \overline{A}}{\partial x} \tag{1.3.45}$$

$$\overline{\frac{\partial^2 A}{\partial x^2}} = \frac{\partial^2 \overline{A}}{\partial x^2} \tag{1.3.46}$$

$$\overline{\frac{\partial A'}{\partial x}} = 0, \overline{\frac{\partial^2 A'}{\partial x^2}} = 0 \tag{1.3.47}$$

$$\overline{\frac{\partial A}{\partial t}} = \frac{\partial \overline{A}}{\partial t} \tag{1.3.48}$$

1. 连续方程

以式 (1.3.36) 代入式 (1.3.3), 得

$$\frac{\partial\left(\overline{u}+u'\right)}{\partial x} + \frac{\partial\left(\overline{v}+v'\right)}{\partial y} + \frac{\partial\left(\overline{w}+w'\right)}{\partial z} = 0 \tag{1.3.49}$$

对上式取时均并运用时均运算关系式 (1.3.45), 式 (1.3.39) 和式 (1.3.47) 可得

$$\frac{\partial \overline{u}}{\partial x} + \frac{\partial \overline{v}}{\partial y} + \frac{\partial \overline{w}}{\partial z} = 0 \tag{1.3.50}$$

这就是紊流时均流的连续方程. 从式 (1.3.49) 中减去式 (1.3.50), 得

$$\frac{\partial u'}{\partial x} + \frac{\partial v'}{\partial y} + \frac{\partial w'}{\partial z} = 0 \tag{1.3.51}$$

这就是脉动速度的连续方程.

2. 动量方程

将式 (1.3.36) 代入式 (1.3.22), 并考虑 $\nu = \mathrm{const}$ 的情况, 则有

$$\begin{aligned}
&\frac{\partial\left(\overline{u}+u\right)}{\partial t} + \frac{\partial\left(\overline{u}+u'\right)^2}{\partial x} + \frac{\partial\left(\overline{u}+u'\right)\left(\overline{v}+v'\right)}{\partial y} + \frac{\partial\left(\overline{u}+u'\right)\left(\overline{w}+w'\right)}{\partial z} \\
=&\frac{1}{\rho}X - \frac{1}{\rho}\frac{\partial\left(\overline{p}+p'\right)}{\partial x} + \nu\left[\frac{\partial}{\partial x}\left(\frac{\partial\left(\overline{u}+u'\right)}{\partial x}\right)\right. \\
&\left.+\frac{\partial}{\partial y}\left(\frac{\partial\left(\overline{u}+u'\right)}{\partial y}\right) + \frac{\partial}{\partial z}\left(\frac{\partial\left(\overline{u}+u'\right)}{\partial z}\right)\right]
\end{aligned} \tag{1.3.52}$$

取平均并利用式 (1.3.40), 式 (1.3.41), 式 (1.3.45), 式 (1.3.46), 式 (1.3.47) 和式 (1.3.48), 可得

$$\begin{aligned}&\frac{\partial\overline{u}}{\partial t}+\frac{\partial\overline{u}^2}{\partial x}+\frac{\partial\overline{uv}}{\partial y}+\frac{\partial\overline{uw}}{\partial z}\\&=\frac{1}{\rho}X-\frac{1}{\rho}\frac{\partial\overline{p}}{\partial x}+\frac{\partial}{\partial x}\left(\nu\frac{\partial\overline{u}}{\partial x}-\overline{u'u'}\right)+\frac{\partial}{\partial y}\left(\nu\frac{\partial\overline{u}}{\partial y}-\overline{u'v'}\right)+\frac{\partial}{\partial z}\left(\nu\frac{\partial\overline{u}}{\partial z}-\overline{u'w'}\right)\end{aligned}\tag{1.3.53}$$

同理可得

$$\begin{aligned}&\frac{\partial\overline{v}}{\partial t}+\frac{\partial\overline{uv}}{\partial x}+\frac{\partial\overline{v}^2}{\partial y}+\frac{\partial\overline{vw}}{\partial z}\\&=\frac{1}{\rho}Y-\frac{1}{\rho}\frac{\partial\overline{p}}{\partial y}+\frac{\partial}{\partial x}\left(\nu\frac{\partial\overline{u}}{\partial x}-\overline{u'v'}\right)+\frac{\partial}{\partial y}\left(\nu\frac{\partial\overline{v}}{\partial y}-\overline{v'v'}\right)+\frac{\partial}{\partial z}\left(\nu\frac{\partial\overline{u}}{\partial z}-\overline{v'w'}\right)\end{aligned}\tag{1.3.54}$$

$$\begin{aligned}&\frac{\partial\overline{w}}{\partial t}+\frac{\partial\overline{uw}}{\partial x}+\frac{\partial\overline{vw}}{\partial y}+\frac{\partial\overline{w}^2}{\partial z}\\&=\frac{1}{\rho}Z-\frac{1}{\rho}\frac{\partial\overline{p}}{\partial z}+\frac{\partial}{\partial x}\left(\nu\frac{\partial\overline{w}}{\partial x}-\overline{u'w'}\right)+\frac{\partial}{\partial y}\left(\nu\frac{\partial\overline{w}}{\partial y}-\overline{v'w'}\right)+\frac{\partial}{\partial z}\left(\nu\frac{\partial\overline{w}}{\partial z}-\overline{w'w'}\right)\end{aligned}\tag{1.3.55}$$

式 (1.3.53)$\sim$ 式 (1.3.55) 即所谓雷诺方程. 在这些方程中出现的脉动速度的二阶矩, $\overline{u'u'}$, $\overline{v'u'}$, $\overline{u'w'}$, $\overline{v'v'}$, $\overline{v'w'}$, $\overline{w'w'}$ 等是由于紊动引起的动量交换的附加应力, 称之为雷诺应力.

3. 紊动应力的方程

从雷诺方程出发求出时均流的能量方程, 再利用时均流的能量方程和雷诺方程可以求出紊动应力的基本方程. 为了书写方便写成张量形式

$$\begin{aligned}&\underbrace{\frac{\partial\overline{u_i'u_j'}}{\partial t}}_{\text{I}}+\underbrace{\overline{u_\alpha}\frac{\partial\overline{u_i'u_j'}}{\partial x_\alpha}}_{\text{II}}=\underbrace{-\frac{\partial}{\partial x_\alpha}\overline{(u_i'u_j'u_\alpha')}-\frac{1}{\rho}\left(\frac{\partial\overline{u_i'p'}}{\partial x_j}+\frac{\partial\overline{u_j'p'}}{\partial x_i}\right)}_{\text{III}}\\&\underbrace{-\overline{u_i'u_\alpha'}\frac{\partial\overline{u_j}}{\partial x_\alpha}-\overline{u_j'u_\alpha'}\frac{\partial\overline{u_i}}{\partial x_\alpha}}_{\text{IV}}+\underbrace{\frac{\overline{p'}}{\rho}\left(\frac{\partial\overline{u_i'}}{\partial x_j}+\frac{\partial\overline{u_j'}}{\partial x_i}\right)}_{\text{V}}-\underbrace{2v\frac{\partial\overline{u_i}}{\partial x_\alpha}\cdot\frac{\partial\overline{u_j}}{\partial x_\alpha}}_{\text{VI}}\end{aligned}$$

$$i=x,y,z,\quad j=x,y,z,\quad \alpha=x,y,z\tag{1.3.56}$$

式中, 每项中重复的下标表示对 x, y, z 三个坐标求和. 其中各项的意义分别是: I 是紊动应力的时间变率; II 是紊动应力的对流传输; III 是紊动的扩散项; IV 是紊动能的产生项; V 是压强脉动的应变功; VI 是黏性耗散项.

在上述各项中, 压强脉动的应变功只影响紊动能量在三个分量 u', v', w' 之间的分配和减少切应力, 使紊动趋向于各向同性, 而对总的能量平衡不起任何作用.

1.3.3 水动力学计算中的基本方程

1. 静水压强假定下三维流动的基本方程

在河口或大型水库, 如果垂向速度的时间变率即垂向加速度与重力加速度相比很小, 则垂向加速度可以略去. 例如, 潮流引起的垂向加速度的数量级只是重力加速度的 10^{-6}. 从而压强沿水深的分布可以采用静水压强分布的假定. 这样, 由式 (1.3.7), 式 (1.3.8) 和式 (1.3.9) 可得静水压强假定下三维流动的基本方程为

$$\frac{\partial u}{\partial t}+\frac{\partial u^2}{\partial x}+\frac{\partial uv}{\partial y}+\frac{\partial uw}{\partial z}=-\frac{1}{\rho}\frac{\partial p}{\partial x}+\frac{1}{\rho}\left(\frac{\partial \tau_{xx}}{\partial x}+\frac{\partial \tau_{yx}}{\partial y}+\frac{\partial \tau_{zx}}{\partial z}\right) \tag{1.3.57}$$

$$\frac{\partial v}{\partial t}+\frac{\partial uv}{\partial x}+\frac{\partial v^2}{\partial y}+\frac{\partial wv}{\partial z}=-\frac{1}{\rho}\frac{\partial p}{\partial y}+\frac{1}{\rho}\left(\frac{\partial \tau_{xy}}{\partial x}+\frac{\partial \tau_{yy}}{\partial y}+\frac{\partial \tau_{zy}}{\partial z}\right) \tag{1.3.58}$$

$$\frac{\partial p}{\partial z}=\rho g \tag{1.3.59}$$

$$\frac{\partial u}{\partial x}+\frac{\partial v}{\partial y}+\frac{\partial w}{\partial z}=0 \tag{1.3.60}$$

式中, $\tau_{xx}=2\mu\frac{\partial u}{\partial x}$, $\tau_{yy}=2\mu\frac{\partial v}{\partial y}$ 为正应力中的偏应力部分.

对于大型水体, 往往需要考虑地球自转引起的科里奥利力 (Coriolis force) 的作用, 在上述 x, y 方向的动量方程中分别加上科里奥利力分量, 即

$$\frac{\partial u}{\partial t}+\frac{\partial u^2}{\partial x}+\frac{\partial uv}{\partial y}+\frac{\partial uw}{\partial z}-fv=-\frac{1}{\rho}\frac{\partial p}{\partial x}+\frac{1}{\rho}\left(\frac{\partial \tau_{xx}}{\partial x}+\frac{\partial \tau_{yx}}{\partial y}+\frac{\partial \tau_{zx}}{\partial z}\right) \tag{1.3.61}$$

$$\frac{\partial v}{\partial t}+\frac{\partial uv}{\partial x}+\frac{\partial v^2}{\partial y}+\frac{\partial wv}{\partial z}+fu=-\frac{1}{\rho}\frac{\partial p}{\partial y}+\frac{1}{\rho}\left(\frac{\partial \tau_{xy}}{\partial x}+\frac{\partial \tau_{yy}}{\partial y}+\frac{\partial \tau_{zy}}{\partial z}\right) \tag{1.3.62}$$

$$\frac{\partial p}{\partial z}=\rho g \tag{1.3.63}$$

$$\frac{\partial u}{\partial x}+\frac{\partial v}{\partial y}+\frac{\partial w}{\partial z}=0 \tag{1.3.64}$$

式中, f 为科里奥利力系数, $f=2\omega\sin\psi$; ω 为地球自转角速度; ψ 为当地纬度.

2. 在静水压强假定下, 沿水深平均的二维流动的基本方程

对于水平尺度远大于垂直尺度的明渠水流, 水深、流速等水力参数, 沿垂直方向的变化较之沿水平方向的变化要小得多, 此时可以略去这些量沿垂线的变化. 将三维流动的基本方程 (1.3.60), (1.3.61), (1.3.62) 和 (1.3.63) 沿水深积分, 并沿水深取平均, 即得沿水深平均的二维流动的基本方程.

(1) 连续方程

将式 (1.3.61) 沿水深积分并取平均,

$$\frac{1}{h}\int_{z_{\mathrm{b}}}^{h+z_{\mathrm{b}}}\frac{\partial u}{\partial x}\mathrm{d}z+\frac{1}{h}\int_{z_{\mathrm{b}}}^{h+z_{\mathrm{b}}}\frac{\partial v}{\partial y}\mathrm{d}z+\frac{1}{h}\int_{z_{\mathrm{b}}}^{h+z_{\mathrm{b}}}\frac{\partial w}{\partial z}\mathrm{d}z=0 \tag{1.3.65}$$

式中, h 为水深; z_{b} 为床面高程. 根据积分上、下限为变量的积分号下微分法的定义, 有

$$\begin{aligned}\frac{\partial}{\partial x}\left(\frac{1}{h}\int_{z_{\mathrm{b}}}^{h+z_{\mathrm{b}}}u\mathrm{d}z\right)=&-\frac{1}{h^2}\frac{\partial h}{\partial x}\int_{z_{\mathrm{b}}}^{h+z_{\mathrm{b}}}u\mathrm{d}z+\frac{1}{h}\int_{z_{\mathrm{b}}}^{h+z_{\mathrm{b}}}\frac{\partial u}{\partial x}\mathrm{d}z\\&+\frac{1}{h}\left[u\left(x,y,h+z_{\mathrm{b}},t\right)\frac{\partial\left(h+z_{\mathrm{b}}\right)}{\partial x}-u\left(x,y,z_{\mathrm{b}},t\right)\frac{\partial z_{\mathrm{b}}}{\partial x}\right]\end{aligned}$$

移项得

$$\begin{aligned}\frac{1}{h}\int_{z_{\mathrm{b}}}^{h+z_{\mathrm{b}}}\frac{\partial u}{\partial x}\mathrm{d}z=&\frac{\partial}{\partial x}\left(\frac{1}{h}\int_{z_{\mathrm{b}}}^{h+z_{\mathrm{b}}}u\mathrm{d}z\right)+\frac{1}{h}\frac{\partial h}{\partial x}\left(\frac{1}{h}\int_{z_{\mathrm{b}}}^{h+z_{\mathrm{b}}}u\mathrm{d}z\right)\\&-\frac{1}{h}\left[u\left(x,y,h+z_{\mathrm{b}},t\right)\frac{\partial\left(h+z_{\mathrm{b}}\right)}{\partial x}-u\left(x,y,z_{\mathrm{b}},t\right)\frac{\partial z_{\mathrm{b}}}{\partial x}\right]\end{aligned}$$

定义沿水深平均的流速 $\overline{u}=\frac{1}{h}\int_{z_{\mathrm{b}}}^{h+z_{\mathrm{b}}}u\mathrm{d}z$, 代入上式得

$$\frac{1}{h}\int_{z_{\mathrm{b}}}^{h+z_{\mathrm{b}}}\frac{\partial u}{\partial x}\mathrm{d}z=\frac{\partial\overline{u}}{\partial x}+\frac{\overline{u}}{h}\frac{\partial h}{\partial x}-\frac{1}{h}\left[u\left(x,y,h+z_{\mathrm{b}},t\right)\frac{\partial\left(h+z_{\mathrm{b}}\right)}{\partial x}-u\left(x,y,z_{\mathrm{b}},t\right)\frac{\partial z_{\mathrm{b}}}{\partial x}\right] \tag{1.3.66}$$

同理可得

$$\frac{1}{h}\int_{z_{\mathrm{b}}}^{h+z_{\mathrm{b}}}\frac{\partial v}{\partial y}\mathrm{d}z=\frac{\partial\overline{v}}{\partial y}+\frac{\overline{v}}{h}\frac{\partial h}{\partial y}-\frac{1}{h}\left[v\left(x,y,h+z_{\mathrm{b}},t\right)\frac{\partial\left(h+z_{\mathrm{b}}\right)}{\partial y}-v\left(x,y,z_{\mathrm{b}},t\right)\frac{\partial z_{\mathrm{b}}}{\partial y}\right] \tag{1.3.67}$$

和

$$\frac{1}{h}\int_{z_{\mathrm{b}}}^{h+z_{\mathrm{b}}}\frac{\partial w}{\partial z}\mathrm{d}z=\frac{1}{h}\left[w\left(x,y,h+z_{\mathrm{b}},t\right)-w\left(x,y,z_{\mathrm{b}},t\right)\right]=\frac{1}{h}\left[\frac{\mathrm{D}\left(h+z_{\mathrm{b}}\right)}{\mathrm{D}t}-\frac{\mathrm{D}z_{\mathrm{b}}}{\mathrm{D}t}\right] \tag{1.3.68}$$

将式 (1.3.66), 式 (1.3.67) 和式 (1.3.68) 代入式 (1.3.65)

$$\begin{aligned}&\frac{\partial\overline{u}}{\partial x}+\frac{\overline{u}}{h}\frac{\partial h}{\partial x}+\frac{\partial\overline{v}}{\partial y}+\frac{\overline{v}}{h}\frac{\partial h}{\partial y}-\frac{1}{h}\left\{\left[u\left(x,y,h+z_{\mathrm{b}},t\right)\frac{\partial\left(h+z_{\mathrm{b}}\right)}{\partial x}\right.\right.\\&\left.+v\left(x,y,h+z_{\mathrm{b}},t\right)\frac{\partial\left(h+z_{\mathrm{b}}\right)}{\partial y}-\frac{\mathrm{D}\left(h+z_{\mathrm{b}}\right)}{\mathrm{D}t}\right]-\left[u\left(x,y,z_{\mathrm{b}},t\right)\frac{\partial z_{\mathrm{b}}}{\partial x}\right.\\&\left.\left.+v\left(x,y,z_{\mathrm{b}},t\right)\frac{\partial z_{\mathrm{b}}}{\partial y}-\frac{\mathrm{D}z_{\mathrm{b}}}{\mathrm{D}t}\right]\right\}=0\end{aligned}$$

等式两边乘于 h, 并利用全导数的定义, $\frac{\mathrm{D}}{\mathrm{D}t}=\frac{\partial}{\partial t}+u\frac{\partial}{\partial x}+v\frac{\partial}{\partial y}$, 则上式可以写成

$$\frac{\partial h\overline{u}}{\partial x}+\frac{\partial h\overline{v}}{\partial y}+\frac{\partial\left(h+z_{\mathrm{b}}\right)}{\partial t}-\frac{\partial z_{\mathrm{b}}}{\partial t}=0$$

即

$$\frac{\partial h}{\partial t}+\frac{\partial h\overline{u}}{\partial x}+\frac{\partial h\overline{v}}{\partial y}=0 \tag{1.3.69}$$

(2) 动量方程

对 x 向的动量方程沿水深积分与并取平均

$$\begin{aligned}&\frac{1}{h}\int_{z_{\mathrm{b}}}^{h+z_{\mathrm{b}}}\frac{\partial u}{\partial t}\mathrm{d}z+\frac{1}{h}\int_{z_{\mathrm{b}}}^{h+z_{\mathrm{b}}}\frac{\partial u^2}{\partial x}\mathrm{d}z+\frac{1}{h}\int_{z_{\mathrm{b}}}^{h+z_{\mathrm{b}}}\frac{\partial uv}{\partial y}\mathrm{d}z\\&+\frac{1}{h}\int_{z_{\mathrm{b}}}^{h+z_{\mathrm{b}}}\frac{\partial uw}{\partial z}\mathrm{d}z-f\left(\frac{1}{h}\int_{z_{\mathrm{b}}}^{h+z_{\mathrm{b}}}v\mathrm{d}z\right)\\=&-\frac{1}{\rho}\left(\frac{1}{h}\int_{z_{\mathrm{b}}}^{h+z_{\mathrm{b}}}\frac{\partial p}{\partial x}\mathrm{d}z\right)+\frac{1}{\rho}\left[\frac{1}{h}\int_{z_{\mathrm{b}}}^{h+z_{\mathrm{b}}}\left(\frac{\partial\tau_{xx}}{\partial x}+\frac{\partial\tau_{yx}}{\partial y}+\frac{\partial\tau_{zx}}{\partial z}\right)\mathrm{d}z\right]\end{aligned} \tag{1.3.70}$$

考虑乘积项 uv, 设 $u=\overline{u}+\Delta u$, $v=\overline{v}+\Delta v$, Δu, Δv 表示 u, v 沿垂线分布的不均匀偏值, 则有 $\overline{uv}=\overline{u}\overline{v}+\overline{\Delta u\Delta v}$, 同样根据积分限为变量的积分号下微分法的定义, 有

$$\begin{aligned}\frac{1}{h}\int_{z_{\mathrm{b}}}^{h+z_{\mathrm{b}}}\frac{\partial uv}{\partial y}\mathrm{d}z=&\frac{\partial\overline{u}\overline{v}}{\partial y}+\frac{\overline{u}\overline{v}}{h}\frac{\partial h}{\partial y}-\frac{1}{h}\left[u\left(x,y,h+z_{\mathrm{b}},t\right)\cdot v\left(x,y,h+z_{\mathrm{b}},t\right)\cdot\frac{\partial\left(h+z_{\mathrm{b}}\right)}{\partial y}\right.\\&\left.-u\left(x,y,z_{\mathrm{b}},t\right)\cdot v\left(x,y,z_{\mathrm{b}},t\right)\frac{\partial z_{\mathrm{b}}}{\partial y}\right]+\frac{\partial\overline{\Delta u\Delta v}}{\partial y}+\frac{\overline{\Delta u\Delta v}}{h}\frac{\partial h}{\partial y}\end{aligned}$$

同理可得 uu 项, uw 项的相应表达式, 将式 (1.3.63) 沿水深积分, 则有

$$p=p\left(x,y,h+z_{\mathrm{b}},t\right)+\rho gh$$

对于非乘积项则利用类似 (1.3.66) 的表达式. 将这些表达式代入式 (1.3.70) 并经整理得

$$\begin{aligned}\frac{\partial h\overline{u}}{\partial t}+\frac{\partial h\overline{u}\overline{u}}{\partial x}+\frac{\partial h\overline{u}\overline{v}}{\partial y}=&-gh\frac{\partial\left(h+z_{\mathrm{b}}\right)}{\partial x}+\frac{1}{\rho}\left[\frac{\partial h\overline{\tau}_{xx}}{\partial x}+\frac{\partial h\overline{\tau}_{yx}}{\partial y}+\tau_{zx\mathrm{s}}-\tau_{zx\mathrm{b}}\right]\\&+f\overline{v}h-\frac{1}{\rho}\left[\tau_{xx\mathrm{s}}\frac{\partial\left(h+z_{\mathrm{b}}\right)}{\partial x}-\tau_{xx\mathrm{b}}\frac{\partial z_{\mathrm{b}}}{\partial x}\right]\\&-\frac{1}{\rho}\left[\tau_{yx\mathrm{s}}\frac{\partial\left(h+z_{\mathrm{b}}\right)}{\partial x}-\tau_{yxb}\frac{\partial z_b}{\partial x}\right]\\&-\frac{\partial h\overline{\Delta u\Delta u}}{\partial x}-\frac{\partial h\overline{\Delta u\Delta v}}{\partial y}\end{aligned} \tag{1.3.71}$$

式中, $\tau_{zxs}=\tau_{zx}\left(x,y,h+z_{\mathrm{b}},t\right)$; $\tau_{zx\mathrm{b}}=\tau_{zx}\left(x,y,z_{\mathrm{b}},t\right)$;

$$\tau_{xxs}=\tau_{xx}\left(x,y,h+z_{\mathrm{b}},t\right);\quad \tau_{xx\mathrm{b}}=\tau_{xx}\left(x,y,z_{\mathrm{b}},t\right);$$

$$\tau_{yxs}=\tau_{yx}\left(x,y,h+z_{\mathrm{b}},t\right);\quad \tau_{yx\mathrm{b}}=\tau_{yx}\left(x,y,z_{\mathrm{b}},t\right);$$

类似地, 可以推出 y 方向沿水深平均的动量方程为

$$\begin{aligned}\frac{\partial h\overline{v}}{\partial t}+\frac{\partial h\overline{u}\,\overline{v}}{\partial x}+\frac{\partial h\overline{v}\,\overline{v}}{\partial y}=&-gh\frac{\partial\left(h+z_{\mathrm{b}}\right)}{\partial y}+\frac{1}{\rho}\left[\frac{\partial h\overline{\tau}_{xy}}{\partial x}+\frac{\partial h\overline{\tau}_{yy}}{\partial y}+\tau_{xys}-\tau_{xy\mathrm{b}}\right]\\&-f\overline{u}h-\frac{1}{\rho}\left[\tau_{xys}\frac{\partial\left(h+z_{\mathrm{b}}\right)}{\partial x}-\tau_{xyb}\frac{\partial z_{\mathrm{b}}}{\partial x}\right]\\&-\frac{1}{\rho}\left[\tau_{yys}\frac{\partial\left(h+z_{\mathrm{b}}\right)}{\partial x}-\tau_{yy\mathrm{b}}\frac{\partial z_{\mathrm{b}}}{\partial y}\right]\\&-\frac{\partial h\overline{\Delta u\Delta v}}{\partial x}-\frac{\partial h\overline{\Delta v\Delta v}}{\partial y}\end{aligned}\qquad(1.3.72)$$

在实际计算中, 式 (1.3.71), 式 (1.3.72) 中右端的最后四项与其他项相比一般可以略去, 即有

$$\begin{aligned}\frac{\partial h\overline{u}}{\partial t}+\frac{\partial h\overline{u}\,\overline{u}}{\partial x}+\frac{\partial h\overline{u}\,\overline{v}}{\partial y}=&-gh\frac{\partial\left(h+z_{\mathrm{b}}\right)}{\partial x}\\&+\frac{1}{\rho}\left[\frac{\partial h\overline{\tau}_{xx}}{\partial x}+\frac{\partial h\overline{\tau}_{yx}}{\partial y}+\tau_{zxs}-\tau_{zx\mathrm{b}}\right]+f\overline{v}h\end{aligned}\qquad(1.3.73)$$

$$\begin{aligned}\frac{\partial h\overline{v}}{\partial t}+\frac{\partial h\overline{u}\,\overline{v}}{\partial x}+\frac{\partial h\overline{v}\,\overline{v}}{\partial y}=&-gh\frac{\partial\left(h+z_{\mathrm{b}}\right)}{\partial y}\\&+\frac{1}{\rho}\left[\frac{\partial h\overline{\tau}_{xy}}{\partial x}+\frac{\partial h\overline{\tau}_{yy}}{\partial y}+\tau_{xys}-\tau_{xy\mathrm{b}}\right]-f\overline{u}h\end{aligned}\qquad(1.3.74)$$

$$\frac{\partial h}{\partial t}+\frac{\partial h\overline{u}}{\partial x}+\frac{\partial h\overline{v}}{\partial y}=0\qquad(1.3.75)$$

利用应力与应变的本构关系. 上面的方程可进一步写成

$$\begin{aligned}\frac{\partial h\overline{u}}{\partial t}+\frac{\partial h\overline{u}\,\overline{u}}{\partial x}+\frac{\partial h\overline{u}\,\overline{v}}{\partial y}=&-gh\frac{\partial\left(h+z_{\mathrm{b}}\right)}{\partial x}+\frac{1}{\rho}\left(\tau_{zxs}-\tau_{zx\mathrm{b}}\right)+f\overline{v}h\\&+\frac{1}{\rho}\left[2\frac{\partial}{\partial x}\left(h\mu\frac{\partial u}{\partial x}\right)+\frac{\partial}{\partial y}h\mu\left(\frac{\partial u}{\partial y}+\frac{\partial v}{\partial x}\right)\right]\end{aligned}\qquad(1.3.76)$$

$$\begin{aligned}\frac{\partial h\overline{v}}{\partial t}+\frac{\partial h\overline{u}\,\overline{v}}{\partial x}+\frac{\partial h\overline{v}\,\overline{v}}{\partial y}=&-gh\frac{\partial\left(h+z_{\mathrm{b}}\right)}{\partial y}+\frac{1}{\rho}\left(\tau_{zys}-\tau_{zy\mathrm{b}}\right)-f\overline{u}h\\&+\frac{1}{\rho}\left[\frac{\partial}{\partial x}h\mu\left(\frac{\partial u}{\partial y}+\frac{\partial v}{\partial x}\right)+2\frac{\partial}{\partial y}\left(h\mu\frac{\partial v}{\partial y}\right)\right]\end{aligned}\qquad(1.3.77)$$

$$\frac{\partial h}{\partial t}+\frac{\partial h\overline{u}}{\partial x}+\frac{\partial h\overline{v}}{\partial y}=0\qquad(1.3.78)$$

在潮汐河口流场的计算中, 常以自由水面的水位 ζ 作为变量, 水位的基准面取在平均海平面上, 如图 1.3.3 所示. 上面的方程常改写成

$$\frac{\partial H\overline{u}}{\partial t}+\frac{\partial H\overline{u}\,\overline{u}}{\partial x}+\frac{\partial H\overline{u}\,\overline{v}}{\partial y}=-gH\frac{\partial\zeta}{\partial x}+\frac{1}{\rho}(\tau_{zxs}-\tau_{zxb})+f\overline{v}H+\frac{1}{\rho}\left[2\frac{\partial}{\partial x}\left(H\mu\frac{\partial u}{\partial x}\right)+\frac{\partial}{\partial y}\left(H\mu\left(\frac{\partial u}{\partial y}+\frac{\partial v}{\partial x}\right)\right)\right] \tag{1.3.79}$$

$$\frac{\partial H\overline{v}}{\partial t}+\frac{\partial H\overline{u}\,\overline{v}}{\partial x}+\frac{\partial H\overline{v}\,\overline{v}}{\partial y}=-gH\frac{\partial\zeta}{\partial y}+\frac{1}{\rho}(\tau_{zys}-\tau_{zyb})-f\overline{u}H+\frac{1}{\rho}\left[\frac{\partial}{\partial x}\left[H\mu\left(\frac{\partial u}{\partial y}+\frac{\partial v}{\partial x}\right)\right]+2\frac{\partial}{\partial y}\left(H\mu\frac{\partial v}{\partial y}\right)\right] \tag{1.3.80}$$

$$\frac{\partial\zeta}{\partial t}+\frac{\partial H\overline{u}}{\partial x}+\frac{\partial H\overline{v}}{\partial y}=0 \tag{1.3.81}$$

式中, $H=h+\zeta$, 即总水深; h 是基准面到床面的距离; τ_{zxs},τ_{zxb} 和 τ_{zys},τ_{zyb} 的通用表达式为

$$\tau_{zxs}=C_{\mathrm{w}}\frac{\rho_{\mathrm{a}}}{\rho}w^2\sin\alpha$$

$$\tau_{zys}=C_{\mathrm{w}}\frac{\rho_{\mathrm{a}}}{\rho}w^2\cos\alpha$$

$$\tau_{zxb}=\frac{g}{\rho}\frac{U\sqrt{U^2+V^2}}{C^2}$$

$$\tau_{zyb}=\frac{g}{\rho}\frac{V\sqrt{U^2+V^2}}{C^2}$$

式中, C_{w} 是风的阻力系数; ρ_{a} 是空气的密度; w 是风速; α 是风速与 y 轴的夹角, $U=H\overline{u}$; $V=H\overline{v}$; C 是 Chezy 系数.

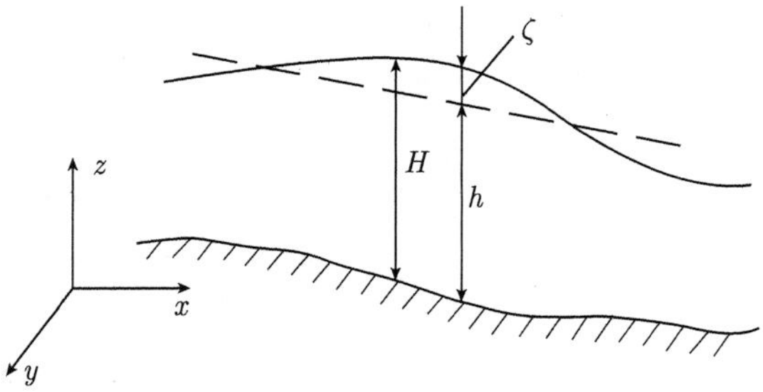

图 1.3.3　潮流场计算中坐标的位置

(3) 在静水压强假定下沿断面平均的一维流动方程

除了静水压强的假定外, 对于沿断面平均的一维流动方程还有两个补充假定, 即

①速度沿断面均匀分布, 水面无横比降;

②河床的纵向坡降很小.

取 x 轴沿水流的纵向, y 轴沿水流的横向, 将沿水深平均的方程 (1.3.73)~(1.3.75) 沿 y 向积分, 沿河宽求平均, 即得沿断面平均的一维流动方程.

(1) 连续方程

将式 (1.3.75) 沿 y 向积分并沿河宽 B 取平均

$$\frac{1}{B}\int_{y_{\mathrm{L}}}^{y_{\mathrm{R}}}\frac{\partial h}{\partial t}\mathrm{d}y+\frac{1}{B}\int_{y_{\mathrm{L}}}^{y_{\mathrm{R}}}\frac{\partial h\overline{u}}{\partial x}\mathrm{d}y+\frac{1}{B}\int_{y_{\mathrm{L}}}^{y_{\mathrm{R}}}\frac{\partial h\overline{v}}{\partial y}\mathrm{d}y=0$$

式中, $y_{\mathrm{L}}, y_{\mathrm{R}}$ 表示该量在左、右岸的值. 用 $\overline{h}, \overline{\overline{u}}$ 表示沿断面平均的水深与流速. 根据垂直于固壁的通量等于零的条件, 上式中最后一项显然等于零, 经整理

$$\frac{\partial \overline{h}B}{\partial t}+\frac{\partial \overline{h}B\overline{\overline{u}}}{\partial x}-\frac{1}{B}\left[h_{y_{\mathrm{R}}}\left(\frac{\partial y_{\mathrm{R}}}{\partial t}+u_{y_{\mathrm{R}}}\frac{\partial y_{\mathrm{R}}}{\partial x}\right)-h_{y_{\mathrm{L}}}\left(\frac{\partial y_{\mathrm{L}}}{\partial t}+u_{y_{\mathrm{L}}}\frac{\partial y_{\mathrm{L}}}{\partial x}\right)\right]=0$$

由于河宽 B 一般取水面宽. 由假定①, 上式左端最后一项等于零. 取 $A=\overline{h}B$, 为过水断面面积; $Q=\overline{h}B\overline{\overline{u}}$, 为流量. 则沿断面平均的一维流动的连续方程为

$$\frac{\partial A}{\partial t}+\frac{\partial Q}{\partial x}=0 \tag{1.3.82}$$

(2) 动量方程

将式 (1.3.73) 沿 y 向积分并沿河宽 B 取平均

$$\begin{aligned}&\frac{1}{B}\int_{y_{\mathrm{L}}}^{y_{\mathrm{R}}}\frac{\partial h\overline{u}}{\partial t}\mathrm{d}y+\frac{1}{B}\int_{y_{\mathrm{L}}}^{y_{\mathrm{R}}}\frac{\partial h\overline{u}\overline{u}}{\partial x}\mathrm{d}y+\frac{1}{B}\int_{y_{\mathrm{L}}}^{y_{\mathrm{R}}}\frac{\partial h\overline{u}\overline{v}}{\partial y}\mathrm{d}y\\&=-g\frac{1}{B}\int_{y_{\mathrm{L}}}^{y_{\mathrm{R}}}h\frac{\partial\left(h+z_{\mathrm{b}}\right)}{\partial x}\mathrm{d}y-\frac{1}{\rho B}\int_{y_{\mathrm{L}}}^{y_{\mathrm{R}}}\left(\overline{\tau}_{zxs}-\overline{\tau}_{zxb}\right)\mathrm{d}y\\&\quad+\frac{1}{\rho B}\int_{y_{\mathrm{L}}}^{y_{\mathrm{R}}}\left(\frac{\partial h\overline{\tau}_{xx}}{\partial x}+\frac{\partial h\overline{\tau}_{yx}}{\partial y}\right)\mathrm{d}y\end{aligned}$$

这里, 略去了科里奥利力的作用. 同理有

$$\begin{aligned}&\frac{\partial\overline{h\overline{u}}}{\partial t}+\frac{\overline{h\overline{u}}}{B}\frac{\partial B}{\partial t}-\frac{1}{B}\left[\left(h\overline{u}\right)_{y_{\mathrm{R}}}\frac{\partial y_{\mathrm{L}}}{\partial t}-\left(h\overline{u}\right)_{y_{\mathrm{L}}}\frac{\partial y_{\mathrm{L}}}{\partial t}\right]+\frac{\partial\overline{h\overline{u}\overline{u}}}{\partial x}+\frac{\overline{h\overline{u}\overline{u}}}{B}\frac{\partial B}{\partial x}\\&\quad-\frac{1}{B}\left[\left(h\overline{u}\overline{u}\right)_{y_{\mathrm{R}}}\frac{\partial y_{\mathrm{R}}}{\partial x}-\left(h\overline{u}\overline{u}\right)_{y_{\mathrm{L}}}\frac{\partial y_{\mathrm{R}}}{\partial x}\right]+\frac{1}{B}\left[\left(h\overline{u}\overline{v}\right)_{y_{\mathrm{R}}}-\left(h\overline{u}\overline{v}\right)_{y_{\mathrm{L}}}\right]\\&=-g\cdot\frac{1}{B}\left[\frac{\partial\left(\overline{h+z_{\mathrm{b}}}\right)\overline{h}}{\partial x}+\frac{\left(\overline{h+z_{\mathrm{b}}}\right)\overline{h}}{B}\frac{\partial B}{\partial x}\right]+\frac{g}{B}\left[h_{y_{\mathrm{R}}}\left(h+z_{\mathrm{b}}\right)_{y_{\mathrm{R}}}\frac{\partial y_{\mathrm{R}}}{\partial x}\right.\\&\quad\left.-h_{y_{\mathrm{L}}}\left(h+z_{\mathrm{b}}\right)_{y_{\mathrm{L}}}\cdot\frac{\partial y_{\mathrm{L}}}{\partial x}\right]-\frac{1}{\rho}\left(\overline{\tau}_{zxs}-\overline{\tau}_{zxb}\right)+\frac{1}{\rho}\left\{\frac{\partial\overline{h\overline{\tau}_{xx}}}{\partial x}+\frac{\overline{h\overline{\tau}_{xx}}}{B}\frac{\partial B}{\partial x}\right.\\&\quad\left.-\frac{1}{B}\left[\left(h\overline{\tau}_{xx}\right)_{y_{\mathrm{R}}}\frac{\partial y_{\mathrm{R}}}{\partial x}-\left(h\overline{\tau}_{xx}\right)_{y_{\mathrm{L}}}\frac{\partial y_{\mathrm{L}}}{\partial x}\right]\right\}+\frac{1}{\rho B}\left[\left(h\overline{\tau}_{yx}\right)_{y_{\mathrm{R}}}-\left(h\overline{\tau}_{yx}\right)_{y_{\mathrm{L}}}\right]\end{aligned}$$

根据假定①, 经过简化, 得沿断面平均的动量方程为

$$\frac{\partial \overline{h} B \overline{\overline{u}}}{\partial t}+\frac{\partial \overline{h} B \overline{\overline{u u}}}{\partial x}+g \frac{\partial \overline{h} B\left(\overline{h+z_{\mathrm{b}}}\right)}{\partial x}=-\frac{B}{\rho}\left(\overline{\overline{\tau}}_{z x \mathrm{s}}-\overline{\overline{\tau}}_{z x \mathrm{b}}\right)+\frac{1}{\rho} \frac{\partial \overline{h} B \overline{\overline{\tau}}_{x x}}{\partial x}$$

以 $A=\overline{h} B, Q=\overline{h} B \overline{\overline{u}}$ 代入上式, 得沿断面平均的动量方程为

$$\frac{\partial Q}{\partial t}+\frac{\partial \overline{\overline{u}} Q}{\partial x}+g A \frac{\partial\left(\overline{h+z_{\mathrm{b}}}\right)}{\partial x}+g\left(\overline{h+z_{\mathrm{b}}}\right) \frac{\partial A}{\partial x}=-\frac{B}{\rho}\left(\overline{\overline{\tau}}_{z x \mathrm{s}}-\overline{\overline{\tau}}_{z x \mathrm{b}}\right)$$

根据假定①沿 y 方向无流动, 故 y 方向的动量方程可略去. 这样一维非恒定流的方程为

$$\frac{\partial A}{\partial t}+\frac{\partial Q}{\partial x}=0 \tag{1.3.83}$$

$$\frac{\partial Q}{\partial t}+\frac{\partial u Q}{\partial x}+g A \frac{\partial\left(h+z_{\mathrm{b}}\right)}{\partial x}+g\left(h+z_{\mathrm{b}}\right) \frac{\partial A}{\partial x}=-\frac{B}{\rho}\left(\tau_{z x \mathrm{s}}-\tau_{z x \mathrm{b}}\right) \tag{1.3.84}$$

这就是著名的 St. Venant 方程组, 式中略去了平均符号 “–” 和 “=”.

1.3.4　涡的传输方程

在流场的分析中, 还常用到涡的传输方程, 它可以从方程 (1.3.10)、(1.3.11)、(1.3.12) 直接导出. 由于

$$\begin{aligned}
u \frac{\partial u}{\partial x}+v \frac{\partial v}{\partial y}+w \frac{\partial w}{\partial z}&=\frac{\partial}{\partial x}\left(\frac{1}{2} U^{2}\right)-v \omega_{z}+w \omega_{y} \\
u \frac{\partial v}{\partial x}+v \frac{\partial v}{\partial y}+w \frac{\partial v}{\partial z}&=\frac{\partial}{\partial y}\left(\frac{1}{2} U^{2}\right)-w \omega_{x}+u \omega_{z} \\
u \frac{\partial w}{\partial x}+v \frac{\partial w}{\partial y}+w \frac{\partial w}{\partial z}&=\frac{\partial}{\partial z}\left(\frac{1}{2} U^{2}\right)-u \omega_{y}+v \omega_{x}
\end{aligned}$$

式中, $\omega_{x}=\frac{\partial w}{\partial y}-\frac{\partial v}{\partial z} ; \omega_{y}=\frac{\partial w}{\partial x}-\frac{\partial u}{\partial z} ; \omega_{z}=\frac{\partial v}{\partial x}-\frac{\partial u}{\partial y}$, 分别为涡量在三个方向上的分量. 将上面的关系式代入 (1.3.10)、(1.3.11) 和 (1.3.12), 则得

$$\frac{\partial u}{\partial t}+\frac{\partial}{\partial x}\left(\frac{1}{2} U^{2}\right)-v \omega_{z}+w \omega_{y}=\frac{1}{\rho} X-\frac{1}{\rho} \frac{\partial p}{\partial x}+\frac{1}{\rho}\left(\frac{\partial \sigma_{x x}}{\partial x}+\frac{\partial \tau_{y x}}{\partial y}+\frac{\partial \tau_{z x}}{\partial z}\right) \tag{1.3.85}$$

$$\frac{\partial v}{\partial t}+\frac{\partial}{\partial y}\left(\frac{1}{2} U^{2}\right)-w \omega_{x}+u \omega_{z}=\frac{1}{\rho} Y-\frac{1}{\rho} \frac{\partial p}{\partial y}+\frac{1}{\rho}\left(\frac{\partial \tau_{x y}}{\partial x}+\frac{\partial \sigma_{y y}}{\partial y}+\frac{\partial \tau_{z y}}{\partial z}\right) \tag{1.3.86}$$

$$\frac{\partial w}{\partial t}+\frac{\partial}{\partial z}\left(\frac{1}{2} U^{2}\right)-u \omega_{y}+v \omega_{x}=\frac{1}{\rho} Z-\frac{1}{\rho} \frac{\partial p}{\partial z}+\frac{1}{\rho}\left(\frac{\partial \tau_{x z}}{\partial x}+\frac{\partial \tau_{y z}}{\partial y}+\frac{\partial \sigma_{z z}}{\partial z}\right) \tag{1.3.87}$$

将上面的关系式代入式 (1.3.22)、(1.3.23) 和 (1.3.24), 则有

$$\frac{\partial u}{\partial t}+\frac{\partial}{\partial x}\left(\frac{1}{2} U^{2}\right)-v \omega_{z}+w \omega_{y}$$

$$
\begin{aligned}
&=\frac{1}{\rho}X-\frac{1}{\rho}\frac{\partial p}{\partial x}+2\frac{\partial}{\partial x}\left(\nu\frac{\partial u}{\partial x}\right)\\
&\quad+\frac{\partial}{\partial y}\left[\nu\left(\frac{\partial u}{\partial y}+\frac{\partial u}{\partial x}\right)\right]+\frac{\partial}{\partial z}\left[\nu\left(\frac{\partial u}{\partial z}+\frac{\partial w}{\partial x}\right)\right]
\end{aligned}
\tag{1.3.88}
$$

$$
\begin{aligned}
&\frac{\partial v}{\partial t}+\frac{\partial}{\partial y}\left(\frac{1}{2}U^2\right)-w\omega_x+u\omega_z\\
&=\frac{1}{\rho}Y-\frac{1}{\rho}\frac{\partial p}{\partial y}+\frac{\partial}{\partial x}\left[\nu\left(\frac{\partial u}{\partial y}+\frac{\partial v}{\partial x}\right)\right]\\
&\quad+2\frac{\partial}{\partial y}\left(\nu\frac{\partial v}{\partial y}\right)+\frac{\partial}{\partial z}\left[\nu\left(\frac{\partial v}{\partial z}+\frac{\partial w}{\partial y}\right)\right]
\end{aligned}
\tag{1.3.89}
$$

$$
\begin{aligned}
&\frac{\partial w}{\partial t}+\frac{\partial}{\partial z}\left(\frac{1}{2}U^2\right)-u\omega_y+v\omega_x\\
&=\frac{1}{\rho}Z-\frac{1}{\rho}\frac{\partial p}{\partial z}+\frac{\partial}{\partial x}\left[\nu\left(\frac{\partial u}{\partial z}+\frac{\partial w}{\partial x}\right)\right]\\
&\quad+\frac{\partial}{\partial y}\left[\nu\left(\frac{\partial v}{\partial z}+\frac{\partial w}{\partial y}\right)\right]+2\frac{\partial}{\partial z}\left(\nu\frac{\partial w}{\partial z}\right)
\end{aligned}
\tag{1.3.90}
$$

将式 (1.3.90) 对 y 求导, 式 (1.3.89) 对 z 求导并相减, 经适当运算, 则得

$$
\begin{aligned}
&\frac{\partial\omega_x}{\partial t}+u\frac{\partial\omega_x}{\partial x}+v\frac{\partial\omega_x}{\partial y}+w\frac{\partial\omega_x}{\partial z}-\left(\omega_x\frac{\partial u}{\partial x}+\omega_y\frac{\partial u}{\partial y}+\omega_z\frac{\partial u}{\partial z}\right)+\omega_x\frac{\partial u}{\partial x}\\
&+\omega_x\frac{\partial v}{\partial y}+\omega_x\frac{\partial w}{\partial z}\\
&=\frac{1}{\rho}\left(\frac{\partial Z}{\partial y}-\frac{\partial Y}{\partial x}\right)-\frac{\partial}{\partial y}\left(\frac{1}{\rho}\frac{\partial p}{\partial z}\right)+\frac{\partial}{\partial z}\left(\frac{1}{\rho}\frac{\partial p}{\partial y}\right)+\frac{\partial}{\partial y}\\
&\left[\frac{\partial}{\partial z}\nu\left(\frac{\partial u}{\partial x}+\frac{\partial v}{\partial y}+\frac{\partial w}{\partial z}\right)\right]+\frac{\partial}{\partial y}\left(\frac{\partial}{\partial x}\nu\frac{\partial w}{\partial x}+\frac{\partial}{\partial y}\nu\frac{\partial w}{\partial y}+\frac{\partial}{\partial z}\nu\frac{\partial w}{\partial z}\right)\\
&-\frac{\partial}{\partial z}\left[\frac{\partial}{\partial y}\nu\left(\frac{\partial u}{\partial x}+\frac{\partial v}{\partial y}+\frac{\partial w}{\partial z}\right)\right]-\frac{\partial}{\partial z}\left(\frac{\partial}{\partial x}\nu\frac{\partial u}{\partial x}+\frac{\partial}{\partial y}\nu\frac{\partial v}{\partial y}+\frac{\partial}{\partial z}\nu\frac{\partial v}{\partial z}\right)
\end{aligned}
\tag{1.3.91}
$$

类似地可以导出

$$
\begin{aligned}
&\frac{\partial\omega_y}{\partial t}+u\frac{\partial\omega_y}{\partial x}+v\frac{\partial\omega_y}{\partial y}+w\frac{\partial\omega_y}{\partial z}-\left(\omega_x\frac{\partial v}{\partial x}+\omega_y\frac{\partial v}{\partial y}+\omega_z\frac{\partial v}{\partial z}\right)+\omega_y\frac{\partial u}{\partial x}\\
&+\omega_y\frac{\partial v}{\partial y}+\omega_y\frac{\partial w}{\partial z}\\
&=\frac{1}{\rho}\left(\frac{\partial Z}{\partial x}-\frac{\partial X}{\partial z}\right)-\frac{\partial}{\partial x}\left(\frac{1}{\rho}\frac{\partial p}{\partial z}\right)+\frac{\partial}{\partial z}\left(\frac{1}{\rho}\frac{\partial p}{\partial x}\right)\\
&\quad+\frac{\partial}{\partial x}\left[\frac{\partial}{\partial z}\nu\left(\frac{\partial u}{\partial x}+\frac{\partial v}{\partial y}+\frac{\partial w}{\partial z}\right)\right]+\frac{\partial}{\partial x}\left(\frac{\partial}{\partial x}\nu\frac{\partial w}{\partial x}+\frac{\partial}{\partial y}\nu\frac{\partial w}{\partial y}+\frac{\partial}{\partial z}\nu\frac{\partial w}{\partial z}\right)\\
&\quad-\frac{\partial}{\partial x}\left[\frac{\partial}{\partial x}\nu\left(\frac{\partial u}{\partial x}+\frac{\partial v}{\partial y}+\frac{\partial w}{\partial z}\right)\right]-\frac{\partial}{\partial z}\left(\frac{\partial}{\partial x}\nu\frac{\partial u}{\partial x}+\frac{\partial}{\partial y}\nu\frac{\partial u}{\partial y}+\frac{\partial}{\partial z}\nu\frac{\partial u}{\partial z}\right)
\end{aligned}
\tag{1.3.92}
$$

$$
\begin{aligned}
&\frac{\partial \omega_z}{\partial t}+u\frac{\partial \omega_z}{\partial x}+v\frac{\partial \omega_z}{\partial y}+w\frac{\partial \omega_z}{\partial z}-\left(\omega_x\frac{\partial w}{\partial x}+\omega_y\frac{\partial w}{\partial y}+\omega_z\frac{\partial w}{\partial z}\right)+\omega_z\frac{\partial u}{\partial x}\\
&+\omega_z\frac{\partial v}{\partial y}+\omega_z\frac{\partial w}{\partial z}\\
=&\frac{1}{\rho}\left(\frac{\partial Y}{\partial x}-\frac{\partial X}{\partial y}\right)-\frac{\partial}{\partial x}\left(\frac{1}{\rho}\frac{\partial p}{\partial z}\right)+\frac{\partial}{\partial y}\left(\frac{1}{\rho}\frac{\partial p}{\partial x}\right)+\frac{\partial}{\partial x}\\
&\times\left[\frac{\partial}{\partial z}\nu\left(\frac{\partial u}{\partial x}+\frac{\partial v}{\partial y}+\frac{\partial w}{\partial z}\right)\right]+\frac{\partial}{\partial x}\left(\frac{\partial}{\partial x}\nu\frac{\partial u}{\partial x}+\frac{\partial}{\partial y}\nu\frac{\partial v}{\partial y}+\frac{\partial}{\partial z}\nu\frac{\partial u}{\partial z}\right)\\
&-\frac{\partial}{\partial y}\left[\frac{\partial}{\partial x}\nu\left(\frac{\partial u}{\partial x}+\frac{\partial v}{\partial y}+\frac{\partial w}{\partial z}\right)\right]-\frac{\partial}{\partial y}\left(\frac{\partial}{\partial x}\nu\frac{\partial v}{\partial x}+\frac{\partial}{\partial y}\nu\frac{\partial v}{\partial y}+\frac{\partial}{\partial z}\nu\frac{\partial v}{\partial z}\right)
\end{aligned}\tag{1.3.93}
$$

以上就是在密度保持为常数的情况下, 黏性流体涡的传输方程.

在质量力为有势和黏性保持为常数的情况下, 上面的公式变成,

$$
\begin{aligned}
&\frac{\partial \omega_x}{\partial t}+u\frac{\partial \omega_x}{\partial x}+v\frac{\partial \omega_x}{\partial y}+w\frac{\partial \omega_x}{\partial z}-\left(\omega_x\frac{\partial u}{\partial x}+\omega_y\frac{\partial u}{\partial y}+\omega_z\frac{\partial u}{\partial z}\right)\\
=&\nu\left(\frac{\partial^2 \omega_x}{\partial x^2}+\frac{\partial^2 \omega_x}{\partial y^2}+\frac{\partial^2 \omega_x}{\partial z^2}\right)
\end{aligned}\tag{1.3.94}
$$

$$
\begin{aligned}
&\frac{\partial \omega_y}{\partial t}+u\frac{\partial \omega_y}{\partial x}+v\frac{\partial \omega_y}{\partial y}+w\frac{\partial \omega_y}{\partial z}-\left(\omega_x\frac{\partial v}{\partial x}+\omega_y\frac{\partial v}{\partial y}+\omega_z\frac{\partial v}{\partial z}\right)\\
=&\nu\left(\frac{\partial^2 \omega_y}{\partial x^2}+\frac{\partial^2 \omega_y}{\partial y^2}+\frac{\partial^2 \omega_y}{\partial z^2}\right)
\end{aligned}\tag{1.3.95}
$$

$$
\begin{aligned}
&\frac{\partial \omega_z}{\partial t}+u\frac{\partial \omega_z}{\partial x}+v\frac{\partial \omega_z}{\partial y}+w\frac{\partial \omega_z}{\partial z}-\left(\omega_x\frac{\partial w}{\partial x}+\omega_y\frac{\partial w}{\partial y}+\omega_z\frac{\partial w}{\partial z}\right)\\
=&\nu\left(\frac{\partial^2 \omega_z}{\partial x^2}+\frac{\partial^2 \omega_z}{\partial y^2}+\frac{\partial^2 \omega_z}{\partial z^2}\right)
\end{aligned}\tag{1.3.96}
$$

这就是不可压缩流体, 黏性系数保持为常数的情况下涡的传输方程.

1.3.5　标量的传输方程

固体颗粒、可溶性 (或混合) 污染物质、气体在水体中的分布状态往往用它们在单位体积 (或单位质量) 水体中的含量, 浓度的分布率表征. 这种浓度的空间分布还常常随时间而变. 浓度是一种标量, 描述其空间分布与时间的变化过程的数学表达式称之为标量的传输方程. 考虑图 1.3.4 所示的控制体, 考虑沿 x 向的传输过程. 传输过程包括对流与扩散两部分. 由于对流进入控制体的某种物质的净通量等于

$$
\begin{aligned}
M_u=&\left(u-\frac{\partial u}{\partial x}\frac{\Delta x}{2}\right)\left(c-\frac{\partial c}{\partial x}\frac{\Delta x}{2}\right)\Delta t\Delta x\Delta y\Delta z\\
&-\left(u+\frac{\partial u}{\partial x}\frac{\Delta x}{2}\right)\left(c+\frac{\partial c}{\partial x}\frac{\Delta x}{2}\right)\Delta t\Delta x\Delta y\Delta z=-\frac{\partial uc}{\partial x}\Delta t\Delta x\Delta y\Delta z
\end{aligned}
$$

由于扩散而进入控制体的通量则利用线性扩散定律计算, 即单位时间内通过单位面积的扩散量 k_c 与浓度的梯度成正比,

$$k_c = -\sigma \frac{\partial c}{\partial x}$$

这样通过扩散进入控制体的净通量为,

$$-\left(\sigma - \frac{\partial \sigma}{\partial x}\frac{\Delta x}{2}\right)\left[\frac{\partial}{\partial x}\left(c - \frac{\partial c}{\partial x}\frac{\Delta x}{2}\right)\right]\Delta t \Delta y \Delta z$$
$$+\left(\sigma + \frac{\partial \sigma}{\partial x}\frac{\Delta x}{2}\right)\left[\frac{\partial}{\partial x}\left(c + \frac{\partial c}{\partial x}\frac{\Delta x}{2}\right)\right]\Delta t \Delta y \Delta z$$

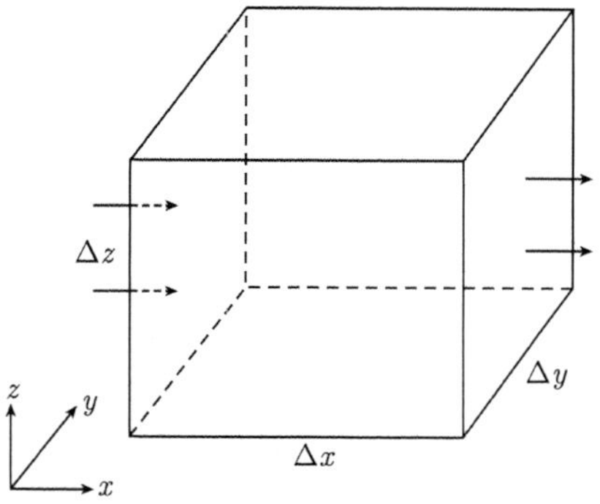

图 1.3.4 标量传输的控制体

展开上式并略去高阶量得,

$$M_d = \sigma \frac{\partial^2 c}{\partial x^2}\Delta t \Delta y \Delta z$$

对 y 向和 z 向进行同样的分析, 则得由于对流与扩散进入控制体的净总通量等于,

$$\frac{\partial c}{\partial t}\Delta t \Delta x \Delta y \Delta z$$

根据质量守恒的定律有,

$$\frac{\partial c}{\partial t}\Delta t \Delta x \Delta y \Delta z = \left[-\left(\frac{\partial uc}{\partial x} + \frac{\partial vc}{\partial y} + \frac{\partial wc}{\partial z}\right) + \sigma\left(\frac{\partial^2 c}{\partial x^2} + \frac{\partial^2 c}{\partial y^2} + \frac{\partial^2 c}{\partial z^2}\right)\right]\Delta t \Delta x \Delta y \Delta z$$

两边同除以 $\Delta t \Delta y \Delta z \Delta x$ 并取极限即得标量的传输方程为,

$$\frac{\partial c}{\partial t} + \frac{\partial uc}{\partial x} + \frac{\partial vc}{\partial y} + \frac{\partial wc}{\partial z} = \sigma\left(\frac{\partial^2 c}{\partial x^2} + \frac{\partial^2 c}{\partial y^2} + \frac{\partial^2 c}{\partial z^2}\right) \tag{1.3.97}$$

1.3.6 方程的分类

在计算水力学中, 通常利用特征方向的概念来进行方程的分类. 不同类的方程对应于物理上的不同过程. 这直接影响到数值模拟时, 离散格式的选取和求解的方法.

考虑如下的一阶准线性①方程组,

$$
\begin{aligned}
a_1u_x + b_1u_y + c_1v_x + d_1v_y &= f_1 \\
a_2u_x + b_2u_y + c_2v_x + d_2v_y &= f_2
\end{aligned}
\tag{1.3.98}
$$

式中, $a_1, a_2, \cdots, f_1, f_2$ 是 x, y 和 u, v 的函数. 这个方程组代表了工程中常遇到的许多类问题. 我们的讨论限于有限空间, 其中不存在不连续解. 设想从初始状态至某一曲线 Γ, u, v 的解为已知. 在该曲线上取一点 P, 该点处的 u, v 的连续可微解和曲线下方的方向导数值均已知, 图 1.3.5. 现在的问题是: 曲线上方紧邻 P 点处的 u, v 的解的性质能否被曲线下方和曲线上的 u, v 值唯一确定? 换句话说, 已知的资料是否足以确定 P 点处曲线上方沿各个方向的方向导数值? 为了解决这个问题, 设 θ 为某个求导方向与 x 轴的夹角, 如果 P 点的 u_x 和 u_y 已知, 则沿 u 方向的方向导数,

$$
\left.\frac{\mathrm{d}u}{\mathrm{d}\sigma}\right|_\theta = \frac{\partial u}{\partial x}\cos\theta + \frac{\partial u}{\partial y}\sin\theta = \frac{\partial u}{\partial x}\frac{\mathrm{d}x}{\mathrm{d}\sigma} + \frac{\partial u}{\partial y}\frac{\mathrm{d}y}{\mathrm{d}\sigma} \tag{1.3.99}
$$

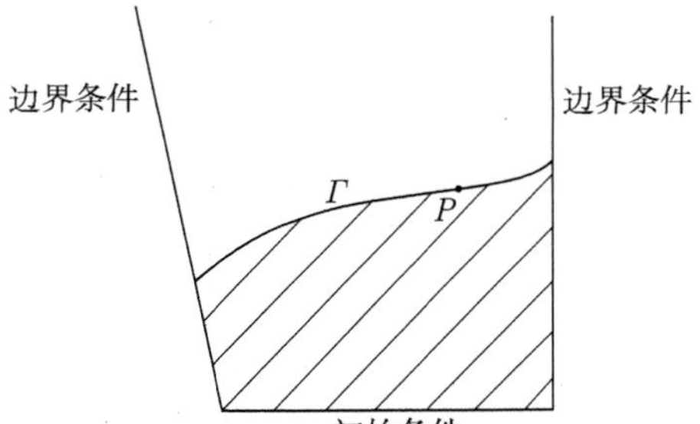

图 1.3.5 式 (1.3.99) 的求解区域

其中 $\mathrm{d}\sigma$ 是沿 θ 方向的长度增量. 根据式 (1.3.99), 原来的问题就转化成问题 “在什么条件下, P 点处的导数 u_x, u_y, v_x 和 v_y 被曲线 Γ 上的 u, v 值所唯一确定? ” 在 P 点有四个关系式方程 (1.3.98) 和如下的两个补充方程

$$
\begin{aligned}
\mathrm{d}u &= u_\sigma \mathrm{d}\sigma = u_x\mathrm{d}x + u_y\mathrm{d}y \\
\mathrm{d}v &= v_\sigma \mathrm{d}\sigma = v_x\mathrm{d}x + v_y\mathrm{d}y
\end{aligned}
\tag{1.3.100}
$$

将其写成矩阵形式

$$
\begin{pmatrix}
a_1 & b_1 & c_1 & d_1 \\
a_2 & b_2 & c_2 & d_2 \\
\mathrm{d}x & \mathrm{d}y & 0 & 0 \\
0 & 0 & \mathrm{d}x & \mathrm{d}y
\end{pmatrix}
\begin{Bmatrix} u_x \\ u_y \\ v_x \\ v_y \end{Bmatrix}
=
\begin{Bmatrix} f_1 \\ f_2 \\ \mathrm{d}u \\ \mathrm{d}v \end{Bmatrix}
\tag{1.3.101}
$$

① 所谓线性方程是指方程对其中的最高阶导数项呈线性关系.

由于 P 点处的 u, v 值已知, 故系数 $a_1, a_2, \cdots, f_1, f_2$ 已知. $\varGamma$ 的方向已知, 则 $\mathrm{d}x, \mathrm{d}y$ 也已知. 如果沿 $\varGamma$ 曲线 u, v 值已知, 则 $\mathrm{d}x, \mathrm{d}y$ 可以求得. 这样式 (1.3.101) 中的系数矩阵和自由项矢量均已知. 如果系数矩阵的行列式不等于零, 则 u_x, u_y, v_x 和 v_y 有唯一解, 曲线 $\varGamma$ 上、下的方向导数具有相同的值. 如果系数矩阵的行列式等于零, 则 u_x, u_y, v_x 和 v_y 可能存在重解. 这样 u_x, u_y, v_x 和 v_y 不能由式 (1.3.101) 唯一确定, 即曲线 $\varGamma$ 上、下的方向导数可能产生不连续. 令式 (1.3.101) 的系数行列式等于零, 我们可以求出以下的特征方程

$$(a_1a_2 - a_2a_1)(\mathrm{d}y)^2 - (a_1d_2 - a_2d_1 + b_1c_2 - b_2c_1)\,\mathrm{d}x\mathrm{d}y + (b_1d_2 - b_2d_1)(\mathrm{d}x)^2 = 0 \tag{1.3.102}$$

上式是导数 $\mathrm{d}y/\mathrm{d}x$ 的二次式. 如果曲线 $\varGamma$ 在点 P 的斜率 $\mathrm{d}y/\mathrm{d}x$ 是式 (1.3.102) 的根, 即使式 (1.3.102) 成立, 则式 (1.3.101) 的系数行列式等于零, 从而导数 u_x, u_y, v_x 和 v_y 不能被曲线 $\varGamma$ 上的 u, v 唯一确定. 式 (1.3.102) 所确定的方向称为特征方向, 曲线 $\varGamma$ 称为特征线. 在计算水力学中, 曲线 $\varGamma$ 代表的是扰动的波前的走向, 是讨论有限差分离散格式稳定性和边界条件设定的一个重要概念.

根据判别式

$$(a_1d_2 - a_2d_1 + b_1c_2 - b_2c_1)^2 - 4(a_1c_2 - a_2c_1)(b_1d_2 - b_2d_1) \tag{1.3.103}$$

的值为正、等于零或为负, 特征方向分别是两个不同的实方向、相同的实方向或非实方向三种. 由此, 可以确定式 (1.3.98) 所属的类型: 如果判别式取正值, 则式 (1.3.98) 属双曲线型, 有两个实特征方向; 如果判别式取零值, 式 (1.3.98) 属抛物型只有一个特征方向; 如果判式取负值, 式 (1.3.98) 属椭圆型, 不存在实特征方向.

下面再考虑准线性二阶方程

$$au_{xx} + bu_{xy} + cu_{yy} = f \tag{1.3.104}$$

式中, a, b, c 和 f 是 x, y, u, u_x 和 u_y 的函数. 采用类似于分析式 (1.3.98) 的方法, 即已知曲线 $\varGamma$ 上的 u, u_x, u_y 值, 问在什么条件下 u_{xx}, u_{xy}①, u_{yy} 可唯一确定, 并满足式 (1.3.104). 假定 u_{xx}, u_{xy}, u_{yy} 存在, 则有

$$\begin{aligned} \mathrm{d}(u_x) &= u_{xx}\mathrm{d}x + u_{xy}\mathrm{d}y \\ \mathrm{d}(u_y) &= u_{xy}\mathrm{d}x + u_{yy}\mathrm{d}y \end{aligned} \tag{1.3.105}$$

将式 (1.3.104) 和式 (1.3.105) 写成矩阵形式

$$\begin{pmatrix} a & b & c \\ \mathrm{d}x & \mathrm{d}y & 0 \\ 0 & \mathrm{d}x & \mathrm{d}y \end{pmatrix} \begin{Bmatrix} u_{xx} \\ u_{xy} \\ u_{yy} \end{Bmatrix} = \begin{Bmatrix} f \\ \mathrm{d}(u_x) \\ \mathrm{d}(u_y) \end{Bmatrix} \tag{1.3.106}$$

① 这里假定, 使 $u_{yx} = u_{xy}$ 的连续性条件满足.

只要上式的系数行列式不等于零, 则 u_{xx}, u_{xy}, u_{yy} 存在并可唯一确定, 如果系数行列式等于零, 则式 (1.3.106) 存在重解. 考虑式 (1.3.106) 的特征方程

$$a\left(\mathrm{d}y\right)^2 - b\mathrm{d}y\mathrm{d}x + c\left(\mathrm{d}x\right)^2 = 0 \tag{1.3.107}$$

如果 $b^2-4ac>0$, 则式 (1.3.107) 有两个实根, 式 (1.3.104) 属双曲型; 如果 $b^2-4ac=0$, 则式 (1.3.107) 有两个重根, 式 (1.3.104) 属抛物型; 如果 $b^2-4ac<0$, 则式 (1.3.107) 无实根, 式 (1.3.104) 属椭圆型. 由于 a, b, c 是 x, y, u, u_x 和 u_y 的函数, 所以在不同的区域, 同一类型的方程可能变化.

在计算水力学中, 常给上述三种类型的方程以物理概念明确的名称. 双曲型方程有两类特征曲线, 由于高阶导数沿特征曲线是不定的, 所以特征曲线给出了不连续解的传播方向, 或者按计算水力学的用语, 给出了激波或其他扰动在水体中双向传播的特性. 由于双曲型方程具有这种特性, 故称之为波动方程. 抛物型方程有一个特征方向, 描述了单向的传播特性, 称之为对流扩散方程. 椭圆型方程无实特征方向, 表达的不是传播过程, 而是描述在一定的边界条件下某个物理量在空间的分布状态, 故称之为稳态方程. 在下面的章节中, 将使用波动方程, 对流扩散方程和稳态方程的名称.

参 考 文 献

[1] Isaacson E, Stoker J J, Troesch B B. Numerical solution of flood prediction and river regulation problems (Ohio-Mississippi floods), Report II. IMM NYU-205, Inst. Math. Sci. Rept. New York University, 1954.

[2] Allen D N, Sowthwell R V. Relaxation methods applied to determine the motion in two dimensions of viscous fluid past a fixed cylinder. Quarterly Journal of Mechanics and Applied Mathematics, 1955, 5: 86-92.

[3] Harlow E H, Fromm J E. Computer experiments in fluid dynamics. Scientific American, 1965, 212(3): 68-75.

[4] Campbell D R, Mueller T J. A numerical and experimental investigation of incompressible laminar ramp-induced separated flow. UNDAS TN-1068-M1, Department of aero-space engineering, University of Notre Dame, Notre Dam, Indiana, 1968.

第一篇　有限差分法

第 2 章　有限差分的基本形式

有限差分法 (FDM) 是数值模拟最早采用的方法. 有限差分法的基本思想是将求解的区域划分为网格, 用有限个网格节点代替连续的求解域, 用网格节点上的函数值的差商代替原来微分方程中的导数, 对每一个网格节点建立与微分方程相应的离散方程. 这些离散方程形成一个以节点函数为未知数的线性代数方程组, 采用适当的方法求解这个代数方程组便得到网格节点的函数值, 从而得出函数的近似解. 有限差分法由于其离散方法直观、简单, 程序编制直接, 至今仍被广泛运用. Roache (1976) 在他的著作[3] 中对有限差分法做了一个比较系统的总结, Abbott(1979) 在他的著作[2] 中第一次提出了 "计算水力学" 的概念, Richtmyer(1967)[4] 则从数学上严格地证明了差分方程相容性、稳定性和收敛性及相应的条件, 保证了有限差分法能给出水动力学和以水为载体的其他物质的输运过程近似解.

2.1　基 本 概 念

本章的重点是介绍有关有限差分的基本概念, 典型的有限差分形式及与有限差分离散密切相关的相容性、收敛性和稳定性的概念. 为了使介绍的内容更具普遍性, 将着重介绍方程形式, 而对方程中因变量的物理意义不作特别规定. 例如, 下面讨论方程时, Γ 只表示因变量, 它本身可以赋予各种物理意义, 代表各种物理量.

2.1.1　连续函数与数值离散逼近

水流的流速、压强等一般是空间位置 x, y, z 和时间 t 的函数, 用 $\Gamma(x,y,z,t)$ 表示. 它们在空间的分布状态及随时间的变化过程可由 1.3 节中所导出的微分方程描述. 给定一定的条件求解这些方程, 可以得出给定条件下这些水力要素的基本特性. 但是只有在非常简单的问题中, 1.3 节中的微分方程经过简化才能解析求解. 对于大多数的水动力学理论问题和工程实际问题, 这些微分方程无法解析求解, 只能利用数值离散的方法求出其近似解.

所谓数值离散, 就是将包含某个水动力学问题的空间 (以下称计算域) 按一定的规则用有限个曲面 (或平面) 分割, 这些曲面相交形成有限个交点, 这些交点称之为空间结点. 同时将时间 t 分成有限个时间段, 利用微分方程的离散形式求出经过每一个时段后, 空间各结点上函数的值. 用这些值的集合来逼近连续函数 $\Gamma(x,y,z,t)$ 的空间分布及其随时间 t 的变化. 现以空间二维函数 $\Gamma(x,y,t)$ 为例说明如何在计

算域 D 上确定函数 $\Gamma(x,y,t)$ 的近似解. 将区域 D 用平行于坐标轴 x, y 的两组线段分割, 这些线段两两相交形成结点, 它们的位置用 $(i\Delta x, j\Delta y)$ 来表示, 这里 i, j 分别取自然整数, $\Delta x, \Delta y$ 分别表示结点沿 x 向和 y 向的间隔, 通常称为空间步长. 在这些节点处, 利用二维微分方程的离散形式, 求出函数 $\Gamma(x,y,t)$ 的值. 图 2.1.1 所示就是某一时刻 t_n, 函数 $\Gamma(x,y,t)$ 的几何图解, $\Gamma(i\Delta x, j\Delta y, t_n)$ 即为 t_n 时刻在结点 $(i\Delta x, j\Delta y)$ 处求得的函数值. 所求得的数值的集合, 构成 $\Gamma(x,y,t)$, 在 t_n 时间的近似解. 所有这些近似解的集合则构成函数 $\Gamma(x,y,t)$ 的近似解.

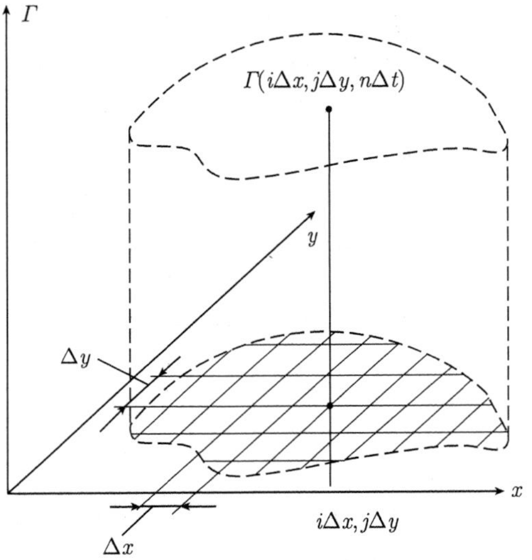

图 2.1.1　空间二维连续函数的数字离散逼近图解

2.1.2　差分的概念

有限差分离散就是用有限差商代替微分方程中的导数, 它的主要形式有前差分、后差分和中心差分三种.

1. 前差分

$$\left(\frac{\partial \Gamma}{\partial x}\right)_j^n \approx \frac{\Gamma_{j+1}^n - \Gamma_j^n}{\Delta x}$$

式中, n 表示时刻; j 表示空间位置; Γ_j^n 表示时刻 $n\Delta t$ 和位置 $j\Delta x$ 的 Γ 值; Δt 和 Δx 则分别表示时间步长和空间步长.

2. 后差分

$$\left(\frac{\partial \Gamma}{\partial x}\right)_j^n \approx \frac{\Gamma_j^n - \Gamma_{j-1}^n}{\Delta x}$$

3. 中心差分

$$\left(\frac{\partial \Gamma}{\partial x}\right)_j^n \approx \frac{\Gamma_{j+1}^n - \Gamma_{j-1}^n}{2\Delta x}$$

同样, 我们可以用差分格式来逼近对时间求导, 例如 $\dfrac{\partial \Gamma}{\partial t}$.

$$\left(\frac{\partial \Gamma}{\partial t}\right)_j^n \approx \frac{\Gamma_j^{n+1}-\Gamma_j^n}{\Delta t}$$
$$\left(\frac{\partial \Gamma}{\partial t}\right)_j^n \approx \frac{\Gamma_j^{n}-\Gamma_j^{n-1}}{\Delta t}$$
$$\left(\frac{\partial \Gamma}{\partial t}\right)_j^n \approx \frac{\Gamma_j^{n+1}-\Gamma_j^{n-1}}{2\Delta t}$$

2.2 Taylor 级数法

偏导数的基本差分形式亦可以通过 Taylor 级数或其他方法导出. 在这种推导的同时还可以引出若干重要新概念.

这里是使用矩形网格, 见图 2.2.1, 网格的步长为常效, 我们假定未知函数 Γ 只有任意阶连续偏导数. 这样, Γ_j^{n+1} 的 Taylor 级数表达式可以写成

$$\begin{aligned}\Gamma_j^{n+1} &= \Gamma_j^n + \left(\frac{\partial \Gamma}{\partial t}\right)_j^n \Delta t + \frac{1}{2}\left(\frac{\partial^2 \Gamma}{\partial t^2}\right)_j^n \Delta t^2 + \cdots\cdots \\ &= \Gamma_j^n + \left(\frac{\partial \Gamma}{\partial t}\right)_j^n \Delta t + \frac{1}{2}\left(\frac{\partial^2 \Gamma}{\partial t^2}\right)_j^n \Delta t^2 + HOT \end{aligned} \tag{2.2.1}$$

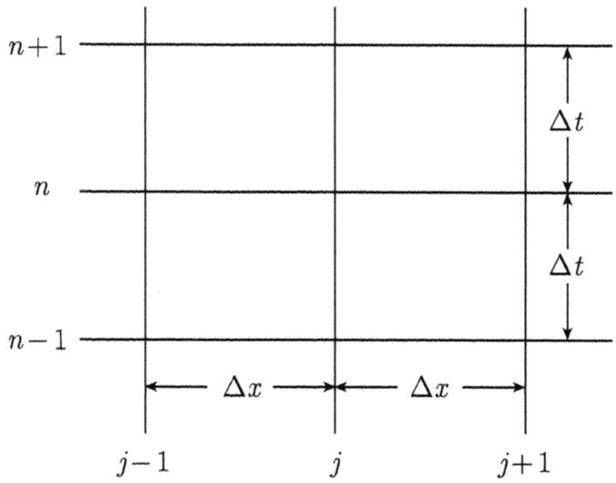

图 2.2.1 x-t 平面上的网格

这里, HOT 代表高阶项, 从式 (2.2.1) 中解出 $\left(\dfrac{\partial \Gamma}{\partial t}\right)_j^n$,

$$\left(\frac{\partial \Gamma}{\partial t}\right)_j^n \approx \frac{\Gamma_j^{n+1}-\Gamma_j^n}{\Delta t} - \frac{1}{2}\left(\frac{\partial^2 \Gamma}{\partial t^2}\right)_j^n \Delta t + HOT$$

或

$$\left(\frac{\partial \Gamma}{\partial t}\right)_j^n \approx \frac{\Gamma_j^{n+1}-\Gamma_j^n}{\Delta t}+O(\Delta t) \tag{2.2.2}$$

式中, $O(\Delta t)$ 是阶次高于 Δt 的项, 即含因子 $\Delta t^2, \Delta t^3, \cdots$ 的项. 我们用 $\dfrac{\delta \Gamma}{\delta t}$ 表示任何偏导数 $\dfrac{\partial \Gamma}{\partial t}$ 的近似, 则前差分 $\dfrac{\delta \Gamma}{\delta t}$ 为

$$\left(\frac{\delta \Gamma}{\delta t}\right)_j^n \approx \frac{\Gamma_j^{n+1}-\Gamma_j^n}{\Delta t} \tag{2.2.3}$$

由于 $\dfrac{\delta \Gamma}{\delta t}$ 是舍去了所有含有因子 Δt, Δt^2 那些高阶项以后而得, 通常称它的截断误差为 $O(\Delta t)$, 也即, 此差分近似为一阶精度. 后差分 $\dfrac{\delta \Gamma}{\delta t}$ 为

$$\left(\frac{\delta \Gamma}{\delta t}\right)_j^n \approx \frac{\Gamma_j^n-\Gamma_j^{n-1}}{\Delta t} \tag{2.2.4}$$

它也是一阶精度的.

中心差分 $\left(\dfrac{\delta \Gamma}{\delta t}\right)$ 则由向前与向后的 Taylor 展开式相减而得

$$\begin{aligned}\Gamma_j^{n+1}= & \Gamma_j^n+\left(\frac{\partial \Gamma}{\partial t}\right)_j^n \Delta t+\frac{1}{2}\left(\frac{\partial^2 \Gamma}{\partial t^2}\right)_j^n \Delta t^2+\frac{1}{6}\left(\frac{\partial^3 \Gamma}{\partial t^3}\right)_j^n \Delta t^3 \\ & +\frac{1}{24}\left(\frac{\partial^4 \Gamma}{\partial t^4}\right)_j^n \Delta t^4+O\left(\Delta t^5\right)\end{aligned} \tag{2.2.5}$$

$$\begin{aligned}\Gamma_j^{n-1}= & \Gamma_j^n-\left(\frac{\partial \Gamma}{\partial t}\right)_j^n \Delta t+\frac{1}{2}\left(\frac{\partial^2 \Gamma}{\partial t^2}\right)_j^n \Delta t^2-\frac{1}{6}\left(\frac{\partial^3 \Gamma}{\partial t^3}\right)_j^n \Delta t^3 \\ & +\frac{1}{24}\left(\frac{\partial^4 \Gamma}{\partial t^4}\right)_j^n \Delta t^4+O\left(\Delta t^5\right)\end{aligned} \tag{2.2.6}$$

从式 (2.2.5) 减去式 (2.2.6) 得

$$\Gamma_j^{n+1}-\Gamma_j^{n-1}=2\left(\frac{\partial \Gamma}{\partial t}\right)_j^n \Delta t+\frac{1}{3}\left(\frac{\partial^3 \Gamma}{\partial t^3}\right)_j^n \Delta t^3+HOT$$

由上式解出 $\left(\dfrac{\partial \Gamma}{\partial t}\right)_j^n$

$$\begin{aligned}\left(\frac{\partial \Gamma}{\partial t}\right)_j^n & =\frac{\Gamma_j^{n+1}-\Gamma_j^{n-1}}{2 \Delta t}-\frac{1}{6}\left(\frac{\partial^3 \Gamma}{\partial t^3}\right)_j^n \Delta t^2+HOT \\ & =\frac{\Gamma_j^{n+1}-\Gamma_j^{n-1}}{2 \Delta t}+O\left(\Delta t^2\right)\end{aligned} \tag{2.2.7}$$

从而 $\left(\dfrac{\delta \Gamma}{\delta t}\right)$ 得中心差形式为

$$\left(\frac{\partial \Gamma}{\partial t}\right)_j^n = \frac{\Gamma_j^{n+1} - \Gamma_j^{n-1}}{2\Delta t} \tag{2.2.8}$$

它的截断误差为 $O\left(\Delta t^2\right)$, 即它具有二阶精度. 用同样方法可以导出对 x 的一阶偏导数的类似差分表达式. 把类似于式 (2.2.5) 和 (2.2.6) 两个级数展开式相加并解出 $\dfrac{\partial^2 \Gamma}{\partial x^2}$, 得

$$\left(\frac{\partial^2 \Gamma}{\partial x^2}\right)_j^n = \frac{\Gamma_{j+1}^n - 2\Gamma_j^n + \Gamma_{j-1}^n}{\Delta x^2} + O\left(\Delta x^2\right) \tag{2.2.9}$$

从而 $\left(\dfrac{\partial^2 \Gamma}{\partial x^2}\right)$ 的中心差形式为

$$\left(\frac{\partial^2 \Gamma}{\partial x^2}\right)_j^n = \frac{\Gamma_{j+1}^n - 2\Gamma_j^n + \Gamma_{j-1}^n}{\Delta x^2}$$

它具有二阶精度.

利用上面偏导数的差分近似式可以组成偏微分方程的差分近似式. 例如, 在扩散方程

$$\frac{\partial \Gamma}{\partial t} = \sigma \frac{\partial^2 \Gamma}{\partial x^2} \tag{2.2.10}$$

中, 如果我们对时间用前差分, 对空间用中心差分, 则组成式 (2.2.10) 的差分近似式

$$\frac{\Gamma_j^{n+1} - \Gamma_j^n}{\Delta t} = \sigma \frac{\Gamma_{j+1}^n - 2\Gamma_j^n + \Gamma_{j-1}^n}{\Delta x^2}$$

它具有对时间差分的一阶精度和对空间差分的二阶精度, 即 $O\left(\Delta t, \Delta x^2\right)$

2.3 多项式插值

另一个组成有限差分近似式的方法是用一个系数待定的分析函数去适配网格的结点值, 然后对这个解析函数求导. 这是一个从实验资料求得导数通用的方法. 比较理想的是用方程的一个近似分析解作为这样的分析函数, 这一般不容易做到, 因而常取多项式作为这种分析函数. 下面以二阶多项式为例说明这种方法.

设在 $j-1, j, j+1$ 结点处的 Γ 值已知, 解析函数为二次多项式

$$\Gamma(x) = a + bx + cx^2 \tag{2.3.1}$$

为了方便, 置原点 $x=0$ 于结点 j, 对每一个结点 $j-1, j, j+1$ 写出式 (2.3.1) 即

$$\Gamma_{j-1} = a - b\Delta x + c\Delta x^2$$

$$\Gamma_j = a$$

$$\Gamma_{j+1} = a + b\Delta x + c\Delta x^2 \tag{2.3.2}$$

将式 Γ_{j-1} 和 Γ_{j+1} 相加得出

$$c = \frac{\Gamma_{j+1} + \Gamma_{j-1} - 2\Gamma_j}{2\Delta x^2} \tag{2.3.3}$$

解出 b

$$b = \frac{\Gamma_{j+1} - \Gamma_{j-1}}{2\Delta x} \tag{2.3.4}$$

由式 (2.3.1) 求出一阶和二阶导数的近似式, 它们分别为

$$\left(\frac{\partial \Gamma}{\partial x}\right)_j = [b + 2cx]_{x=0} = b \tag{2.3.5}$$

和

$$\left(\frac{\partial^2 \Gamma}{\partial x^2}\right)_j = 2c \tag{2.3.6}$$

利用式 (2.3.4) 与式 (2.3.5) 及式 (2.3.3) 与式 (2.3.6), 我们可以得到与运用 Taylor 级数展开所得到的式 (2.2.8) 和式 (2.2.9) 完全一样的结果.

更高阶的差分近似式可以利用相应的更高阶的多项式来求得. 但是利用高于二阶的多项式所得到的差分近似式将与利用高阶的 Taylor 级展开式所得到的结果不等同. 在任何情况下, 该差分近似式的截断误差的阶数必须利用 Taylor 级数展开来核定. 在计算水力学中, 除了处理边界条件外, 多项式适配法一般还用得不多. 这种方法的缺点是随着阶数的增高, 适配时无法免除资料中的 "噪声"(或随机分布误差) 的干扰.

2.4　积　分　法

在积分法中 (如图 2.4.1 所示) 我们从积分的角度来讨论如何近似满足控制方程而不是从微分的角度进行讨论. 在下面的推导过程中, 利用下标 x 和上标 t, 来标志空间位置及时刻, 而不用 j 和 n. 考虑下面的守恒形式的线性方程

$$\frac{\partial \Gamma}{\partial t} = -\frac{\partial f(\Gamma)}{\partial x} + \sigma\frac{\partial^2 \Gamma}{\partial x^2} \tag{2.4.1}$$

这个方程的实际意义在下面的章节中再讨论, 式中 $f(\Gamma)$ 是 Γ 的某个函数, 例如动量守恒定律的守恒形式中 $f(\Gamma)$ 可以是 $\left(\dfrac{u^2}{2} + p\right)$, 因变量 Γ 为 u. 从 $t \to t + \Delta t$ 和 $x \to x + \Delta x$ 求积式 (2.4.1). 由于求积的程序是先对 $\mathrm{d}t$ 或先对 $\mathrm{d}x$ 不是本质的,

所以积分程序的先后，以如何求得正确的导数为准. 这里式 (2.4.1) 左侧先对 dt 求积，而右边则先对 dx 求积

$$\int_{x-\frac{\Delta x}{2}}^{x+\frac{\Delta x}{2}}\left[\int_{t}^{t+\Delta t}\frac{\partial \Gamma}{\partial t}\mathrm{d}t\right]\mathrm{d}x$$
$$=-\int_{t}^{t+\Delta t}\left[\int_{x-\frac{\Delta x}{2}}^{x+\frac{\Delta x}{2}}\frac{\partial f(\Gamma)}{\partial x}\mathrm{d}x\right]\mathrm{d}t+\sigma\int_{t}^{t+\Delta t}\left[\int_{x-\frac{\Delta x}{2}}^{x+\frac{\Delta x}{2}}\frac{\partial^2 \Gamma}{\partial x^2}\mathrm{d}x\right]\mathrm{d}t \tag{2.4.2}$$

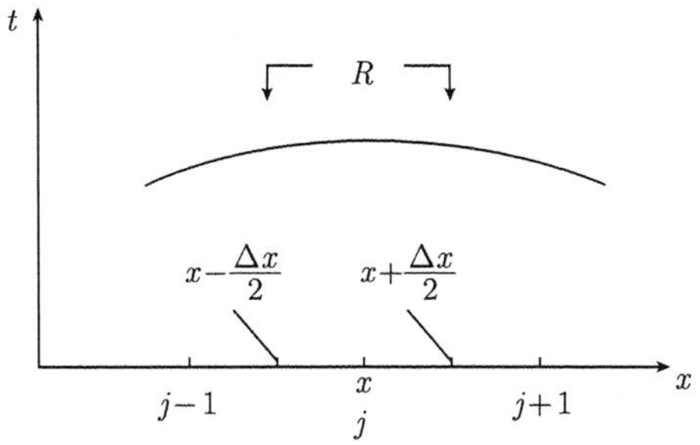

图 2.4.1 积分法简图

计算出方括号内的积分后，积分式 (2.4.2) 可以写成

$$\int_{x-\frac{\Delta x}{2}}^{x+\frac{\Delta x}{2}}\left[\Gamma^{t+\Delta t}-\Gamma^{t}\right]\mathrm{d}x$$
$$=-\int_{t}^{t+\Delta t}[f(\Gamma)_{x+\frac{\Delta x}{2}}-f(\Gamma)_{x-\frac{\Delta x}{2}}]\mathrm{d}t+\sigma\int_{t}^{t+\Delta t}\left[\left.\frac{\partial \Gamma}{\partial x}\right|_{x+\frac{\Delta x}{2}}-\left.\frac{\partial \Gamma}{\partial x}\right|_{x-\frac{\Delta x}{2}}\right]\mathrm{d}t \tag{2.4.3}$$

余下的积分将由数值方法求得，根据中值定理，我们有

$$\int_{z}^{z+\Delta z} f(z)\mathrm{d}z\approx f(\bar{z})\Delta z$$

这里 $\bar{z}$ 是区间 $(z, z+\Delta z)$ 中的某一个值. 当 $\Delta z\to 0$ 上式收敛. 如果我们对式 (2.4.3) 左边项的被积函数取其在积分区间中点的值，即 x 处的值，而右边各项的所有被积函数取其在积分下限的值，即 t 时刻的值，则得

$$\left[\Gamma_x^{t+\Delta t}-\Gamma_x^{t}\right]\Delta x$$
$$=-[f(\Gamma)^t_{x+\frac{\Delta x}{2}}-f(\Gamma)^t_{x-\frac{\Delta x}{2}}]\Delta t+\sigma\left[\left.\frac{\partial \Gamma}{\partial x}\right|^t_{x+\frac{\Delta x}{2}}-\left.\frac{\partial \Gamma}{\partial x}\right|^t_{x-\frac{\Delta x}{2}}\right]\Delta t \tag{2.4.4}$$

上式右边第二项中的一阶导数值可以用下面的方法来导出，由于

$$\Gamma^t_{x+\Delta x}=\Gamma^t_x+\int_{x}^{x+\Delta x}\frac{\partial \Gamma}{\partial x}\mathrm{d}x$$

根据中值定理

$$\Gamma_{x+\Delta x}^t = \Gamma_x^t + \left.\frac{\partial \Gamma}{\partial x}\right|_{x+\frac{\Delta x}{2}}^t \cdot \Delta x$$

则得

$$\left.\frac{\partial \Gamma}{\partial x}\right|_{x+\frac{\Delta x}{2}}^t = \frac{\Gamma_{x+\frac{\Delta x}{2}}^t - \Gamma_x^t}{\Delta x} \tag{2.4.5}$$

而右边第一项中的值 $f(\Gamma)_{x+\frac{\Delta x}{2}}^t$ 可以简单地取其在区间 $(x, x+\Delta x)$ 内的算术平均值

$$f(\Gamma)_{x+\frac{\Delta x}{2}}^t = \frac{1}{2}[f(\Gamma)_x^t + f(\Gamma)_{x+\Delta x}^t] \tag{2.4.6}$$

同样可以求得 $f(\Gamma)_{x-\frac{\Delta x}{2}}^t$ 的值.

将式 (2.4.5) 和式 (2.4.6) 等代入式 (2.4.4)

$$\begin{aligned}[\Gamma_x^{t+\Delta t} - \Gamma_x^t]\Delta x = & -\left[\frac{1}{2}f(\Gamma)_x^t + \frac{1}{2}f(\Gamma)_{x+\Delta x}^t\right. \\ & \left. - \frac{1}{2}f(\Gamma)_x^t - \frac{1}{2}f(\Gamma)_{x-\Delta x}^t\right] \cdot \Delta t \\ & + \sigma\left[\frac{\Gamma_{x+\Delta x}^t - \Gamma_x^t}{\Delta x} - \frac{\Gamma_x^t - \Gamma_{x-\Delta x}^t}{\Delta x}\right]\Delta t\end{aligned}$$

等式两边除以 $\Delta x \cdot \Delta t$ 得

$$\frac{\Gamma_x^{t+\Delta t} - \Gamma_x^t}{\Delta t} = \frac{f(\Gamma)_{x+\Delta x}^t - f(\Gamma)_{x-\Delta x}^t}{2\Delta x} + \sigma\left[\frac{\Gamma_{x+\Delta x}^t + \Gamma_{x-\Delta x}^t - 2\Gamma_x^t}{\Delta x^2}\right] \tag{2.4.7}$$

如果仍然利用指标 j, n, 式 (2.4.7) 就等同于应用 Taylor 级数展开式所得到的结果.

2.5 控制体法

控制体法与上节介绍的积分法很相似, 但是它有着更明确的物理意义. 这种方法突出了 “数值模拟” 的过程, 它的最典型的代表是著名的 PIC(Particle in Cell) 法和 FLIC(Fluid in Cell) 法. 下面将利用式 (2.4.1) 进行研究. 与第 1 章利用控制体推导基本方程一样, 在点 x 附近取一个 “控制体”, 如图 2.5.1 所示, Γ 的结点值将看作是 Γ 在该控制体 CV 内部的平均值. 对于任意一个特定的物理量 Γ, 则有 $\Gamma = Q/V$, 这里 Q 是该物理量在控制体 CV 内的总量, V 为 CV 的体积. 举一个例子, 如果 Γ 是密度 ρ, 而 Q 便是 x 点处的控制体 CV 内的总质量 m, $\rho = m/V$, 我们写出下面的守恒定律:

$$CV\text{ 内 }Q\text{ 的总量}=\text{由于对流进入 }CV\text{ 的 }Q\text{ 的净通量}+\text{由于扩散进入 }CV\text{ 的 }Q\text{ 的净通量}$$

Δt 时段内 Q 在 CV 内的总增量为

$$\Gamma|_x^{t+\Delta t}\cdot\Delta x\Delta y\Delta z-\Gamma|_x^t\cdot\Delta x\Delta y\Delta z \tag{2.5.1}$$

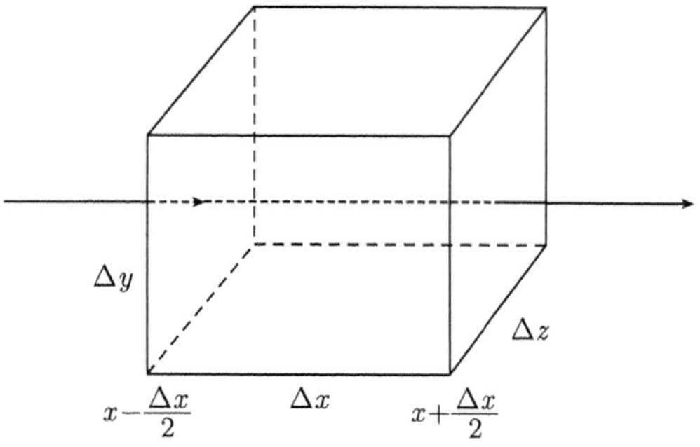

图 2.5.1 控制体积法

单位时间内从 CV 的左侧面由于对流进入 CV 内的 Q 的通量为

$$f(\Gamma)_{x-\frac{\Delta x}{2}}\cdot\Delta y\Delta z$$

这里左侧面的面积 $\Delta y\Delta z$ 应该理解为 Δt 时段内某个平均值, 在 Δt 时段内由于对流通过左侧面进入 CV 内的 Q 通量则为 $f(\Gamma)_{x-\frac{\Delta x}{2}}\cdot\Delta y\Delta z\Delta t$, 类似地, Δt 时段内由于对流通过右侧面离开 CV 的 Q 通量则为 $f(\Gamma)_{x+\frac{\Delta x}{2}}\cdot\Delta y\Delta z\Delta t$, 这样 Δt 时段内由于对流进入 CV 的 Q 的净通量是

$$\left[f(\Gamma)_{x-\frac{\Delta x}{2}}-f(\Gamma)_{x+\frac{\Delta x}{2}}\right]\Delta y\Delta z\Delta t$$

为了计算由于扩散而进入 CV 的 Q 通量, 我们需要知道单位时间内通过单位面积的扩散量, 即扩散率. 与 1.3 节一样, 应用线性扩散定律, 即 Γ 得扩散率与 k 与 Γ 的梯度成正比

$$k=-\sigma\frac{\partial\Gamma}{\partial x}$$

上式中的负号表明当 Γ 沿 x 的正向增加时, 扩散沿 x 的负方向进行, σ 为扩散系数, 假定为常数. 这样, 单位时间内通过 CV 左侧面扩散进入 CV 的量为

$$k|_{x-\frac{\Delta x}{2}}\cdot\Delta y\Delta z=-\sigma\left.\frac{\partial\Gamma}{\partial x}\right|_{x-\frac{\Delta x}{2}}\cdot\Delta y\Delta z$$

和通过 CV 右侧扩散出去的量为

$$k|_{x+\frac{\Delta x}{2}}\cdot\Delta y\Delta z=-\sigma\left.\frac{\partial\Gamma}{\partial x}\right|_{x+\frac{\Delta x}{2}}\cdot\Delta y\Delta z$$

这里左右侧面面积 $\Delta y\Delta z$ 同样是某个相应的 Δt 时段的均值, 而 Δt 时段内由于扩散而进入 CV 内的 Q 的净通量为

$$+\sigma\left[\left.\frac{\partial\Gamma}{\partial x}\right|_{x-\frac{\Delta t}{2}}-\left.\frac{\partial\Gamma}{\partial x}\right|_{x+\frac{\Delta t}{2}}\right]\Delta y\Delta z\Delta t$$

利用上面的表达式, 则一维对流–扩散守恒方程 (2.5.1) 可以表达成

$$\begin{aligned}&\Gamma|_x^{t+\Delta t}\cdot\Delta x\Delta y\Delta z-\Gamma|_x^t\cdot\Delta x\Delta y\Delta z\\=&\left(f(\Gamma)|_{x-\frac{\Delta x}{2}}-f(\Gamma)|_{x+\frac{\Delta x}{2}}\right)\Delta y\Delta z\Delta t\\&+\sigma\left(\left.\frac{\partial\Gamma}{\partial x}\right|_{x+\frac{\Delta x}{2}}-\left.\frac{\partial\Gamma}{\partial x}\right|_{x-\frac{\Delta x}{2}}\right)\Delta y\Delta z\Delta t\end{aligned}\tag{2.5.2}$$

等式两边同除以 $\Delta x\Delta y\Delta z\Delta t$, 得

$$\begin{aligned}\frac{1}{\Delta t}\left(\Gamma|_x^{t+\Delta t}-\Gamma|_x^t\right)=&\frac{1}{\Delta x}\left(f(\Gamma)|_{x-\frac{\Delta x}{2}}-f(\Gamma)|_{x+\frac{\Delta x}{2}}\right)\\&+\frac{\sigma}{\Delta x}\left(\left.\frac{\partial\Gamma}{\partial x}\right|_{x+\frac{\Delta x}{2}}-\left.\frac{\partial\Gamma}{\partial x}\right|_{x-\frac{\Delta x}{2}}\right)\end{aligned}\tag{2.5.3}$$

和上节的积分法一样, 进一步需要确定上式中的那些量: Γ, $f(\Gamma)$ 和 $\dfrac{\partial\Gamma}{\partial x}$ 在内界面上的值. 如果我们取它们在内界面上的值等于在时刻 t 它们在与该界面相邻的两个网格结点上的值的算术平均, 例如

$$f(\Gamma)|_{x+\frac{\Delta x}{2}}=\frac{1}{2}\left(f(\Gamma)|_{x+\Delta x}^t+f(\Gamma)|_x^t\right)$$

和

$$\left.\frac{\partial\Gamma}{\partial x}\right|_{x\pm\frac{\Delta x}{2}}=\left.\frac{\partial\Gamma}{\partial x}\right|_{x\pm\frac{\Delta x}{2}}$$

及用中心差分来逼近 $\left.\dfrac{\partial\Gamma}{\partial x}\right|_{x\pm\frac{\Delta x}{2}}$, 例如

$$\left.\frac{\partial\Gamma}{\partial x}\right|_{x+\frac{\Delta x}{2}}=\frac{\Gamma|_{x+\Delta x}^t-\Gamma|_x^t}{\Delta x}$$

然后, 式 (2.5.3) 可以写成

$$\begin{aligned}&\frac{1}{\Delta t}\left(\Gamma|_x^{t+\Delta t}-\Gamma|_x^t\right)\\=&\frac{1}{\Delta t}\left[\frac{1}{2}\left(f(\Gamma)_x^t+f(\Gamma)_{x-\Delta x}^t\right)-\frac{1}{2}\left(f(\Gamma)_x^t+f(\Gamma)_{x+\Delta x}^t\right)\right]\end{aligned}$$

$$+\frac{\sigma}{\Delta x}\left[\frac{1}{\Delta x}\left(\Gamma|_{x+\Delta x}^{t}-\Gamma|_{x}^{t}\right)-\frac{1}{\Delta x}\left(\Gamma|_{x}^{t}-\Gamma|_{x-\Delta x}^{t}\right)\right]$$

或

$$\frac{\Gamma_x^{t+\Delta t}-\Gamma_x^t}{\Delta t}=\frac{f\left(\Gamma\right)_{x+\Delta x}^t-f\left(\Gamma\right)_{x-\Delta x}^t}{\Delta x}+\sigma\frac{\Gamma_{x+\Delta x}^t+\Gamma_{x-\Delta x}^t-2\Gamma_x^t}{\Delta x^2} \tag{2.5.4}$$

如果换用 j, n 指标, 式 (2.5.4) 便等于由 Taylor 级数求得的差分近似式.

以宏观的物理定律为基础而不单纯从数学出发, 是控制体积法的特点, 当我们解非黏性连续流动中的冲击波问题时, 这种方法的优点尤为突出. 在冲击波问题中由于波前的不连续性, 连续性微分方程不能用于该区域, 尽管如此, 质量的守恒性仍然成立, 由于控制体法是以宏观满足这种物理守恒定律为基础, 因而式 (2.5.4) 适用于研究此类问题. 这就是下面要详细讨论的所谓 "守恒性" 的概念.

2.6 显式和隐式差分格式

2.6.1 显式差方格式

为了便于说明, 考虑下面的扩散方程

$$\frac{\partial\Gamma}{\partial t}=\sigma\frac{\partial^2\Gamma}{\partial x^2} \tag{2.6.1}$$

用如下的时间前差–空间中心差分进行离散

$$\frac{\Gamma_j^{n+1}-\Gamma_j^n}{\Delta t}=\sigma\frac{\Gamma_{j+1}^n-2\Gamma_j^n+\Gamma_{j-1}^n}{\left(\Delta x\right)^2}\qquad\begin{aligned}&j=1,2,\cdots,J-1\\&n=1,2,\cdots,N-1\end{aligned} \tag{2.6.2}$$

这里 J 是总的计算区间 L 内的结点数, 是一个正整数 $J=L/\Delta x$, N 是总的计算时段 T 内的结点数, 也是一个整数, $N=T/\Delta t$, 将式 (2.6.2) 改写成如下形式

$$\Gamma_j^{n+1}=\Gamma_j^n+\sigma\frac{\Delta t}{\left(\Delta x\right)^2}\left(\Gamma_{j+1}^n-2\Gamma_j^n+\Gamma_{j-1}^n\right) \tag{2.6.3}$$

值 Γ_{j+1}^n, Γ_j^n, Γ_{j-1}^n 是 $n\Delta t$ 时刻的值, 是已知值. 因而值 Γ_j^{n+1} 可以直接由上式求出, 所有未知的网格结点上的值可以从已知的 Γ_{j-1}^n, Γ_j^n, Γ_{j+1}^n 值开始逐步计算出来, 所以差分格式 (2.6.2) 叫做 "显式差分格式".

2.6.2 隐式差分格式

式 (2.6.1) 的另一种可能的差分表达式为

$$\frac{\Gamma_j^{n+1}-\Gamma_j^n}{\Delta t}=\sigma\frac{\Gamma_{j+1}^{n+1}-2\Gamma_j^{n+1}+\Gamma_{j-1}^{n+1}}{(\Delta x)^2} \tag{2.6.4}$$

现在, 未知函数值 Γ_j^{n+1} 不可能通过上式由已知值 Γ_j^n 直接求出. 它必须通过联立解一线性方程组才能求出, 因而式 (2.6.4) 叫做 "隐式差分格式", 上述两类差分格式的性能下面将分别进行讨论.

2.7 差分方程的守恒性

如果一个差分格式保持连续形式的微分方程 "积分守恒性"(Integral Conservation Relationships), 我们就说该差分格式具有守恒性.

观察式 (2.4.1)

$$\frac{\partial\Gamma}{\partial t}=-\frac{\partial f(\Gamma)}{\partial x}+\sigma\frac{\partial^2\Gamma}{\partial x^2} \tag{2.7.1}$$

在某一个区域 R 内积分上式, 得

$$\int_R\frac{\partial\Gamma}{\partial t}\mathrm{d}R=-\int_R\frac{\partial f(\Gamma)}{\partial x}\mathrm{d}R+\int_R\sigma\frac{\partial^2\Gamma}{\partial x^2}\mathrm{d}R \tag{2.7.2}$$

因为 t 不是空间变量的函数, 所以

$$\int_R\frac{\partial\Gamma}{\partial t}\mathrm{d}R=\frac{\partial}{\partial t}\int\Gamma\mathrm{d}R \tag{2.7.3}$$

应用 Gauss 发散定理, 我们有

$$\int_R\frac{\partial f(\Gamma)}{\partial x}\mathrm{d}R=\int_{S_R}\boldsymbol{f}(\Gamma)\cdot\boldsymbol{n}\mathrm{d}s \tag{2.7.4}$$

$$\int_R\frac{\partial^2\Gamma}{\partial x^2}\mathrm{d}R=\int_{S_R}\frac{\partial\Gamma}{\partial x}\cdot\boldsymbol{n}\mathrm{d}s \tag{2.7.5}$$

式中, S_R 是区域 R 的边界, $\boldsymbol{n}$ 是 S_R 的单位法向矢量. 从而式 (2.7.2) 可以写成

$$\frac{\partial}{\partial t}\int_R\Gamma\mathrm{d}R=-\int_{S_R}\boldsymbol{f}(\Gamma)\cdot\boldsymbol{n}\mathrm{d}s+\int_{S_R}\sigma\frac{\partial\Gamma}{\partial x}\cdot\boldsymbol{n}\mathrm{d}s \tag{2.7.6}$$

上式阐明量 Γ 在区域 R 内的时间累积率, 等于单位时间内由于对流经过边界 S_R 进入 R 的 Γ 的通量. 所谓保持 "守恒" 就是要求差分格式保证式 (2.7.6) 这样的守恒的积分关系.

考虑一维连续方程

$$\frac{\partial\Gamma}{\partial t}+\frac{\partial u\Gamma}{\partial x}=0 \tag{2.7.7}$$

式中 u 是流速, 对式 (2.7.7) 利用时间前差和空间中心差格式

$$\frac{\Gamma_j^{n+1}-\Gamma_j^n}{\Delta t}=-\frac{u_{j+1}\Gamma_{j+1}-u_{j-1}\Gamma_{j-1}}{2\Delta x} \tag{2.7.8}$$

这里略去了右边项的上标 n, 现在考虑一个一维区域 R, $j=J_1$ 到 $j=J_2$, 用求和形式

$$\frac{1}{\Delta t}\sum_{j=J_1}^{j=J_2}\Gamma_j\Delta x$$

与式 (2.7.6) 中积分 $\dfrac{\partial}{\partial t}\displaystyle\int_R \Gamma \mathrm{d}R$ 等相对应, 则有

$$\begin{aligned}\frac{1}{\Delta t}\left(\sum_{j=J_1}^{J_2}\Gamma_j^{n+1}\Delta x-\sum_{j=J_1}^{J_2}\Gamma_j^n\Delta x\right)&=\sum_{j=J_1}^{J_2}-\left(\frac{u_{j+1}\Gamma_{j+1}-u_{j-1}\Gamma_{j-1}}{2\Delta x}\right)\Delta x\\&=\frac{1}{2}\sum_{j=J_1}^{J_2}[(u\Gamma)_{j-1}-(u\Gamma)_{j+1}]\end{aligned} \tag{2.7.9}$$

求和可展开如下

$$\begin{array}{llllllr}
\multicolumn{6}{l}{\displaystyle\sum_{j=J_1}^{J_2}[(u\Gamma)_{j-1}-(u\Gamma)_{j+1}]} & \\
=+(u\Gamma)_{J_1-1} & & -(u\Gamma)_{J_1+1} & & & & j=J_1\\
 & +(u\Gamma)_{J_1} & & -(u\Gamma)_{J_1+2} & & & j=J_1+1\\
 & & +(u\Gamma)_{J_1+1} & & -(u\Gamma)_{J_1+3} & & j=J_1+2\\
 & & & +\cdots\cdots & & & \vdots\\
 & & & & & & \vdots\\
\cdots\cdots & & & & & & \\
+(u\Gamma)_{J_2-4} & & -(u\Gamma)_{J_2-2} & & & & j=J_2-3\\
 & +(u\Gamma)_{J_2-3} & & -(u\Gamma)_{J_2-1} & & & j=J_2-2\\
 & & +(u\Gamma)_{J_2-2} & & -(u\Gamma)_{J_2} & & j=J_2-1\\
 & & & +(u\Gamma)_{J_2-1} & & -(u\Gamma)_{J_2+1} & j=J_2\\
\multicolumn{6}{l}{=(u\Gamma)_{J_1-1}+(u\Gamma)_{J_1}-(u\Gamma)_{J_2}-(u\Gamma)_{J_2+1}} &
\end{array}$$

从而式 (2.7.9) 可以写成

$$\frac{1}{\Delta t}\left(\sum_{j=J_1}^{J_2}\Gamma_j^{n+1}\Delta x-\sum_{j=J_1}^{J_2}\Gamma_j^n\Delta x\right)$$

$$
\begin{aligned}
&= \frac{1}{2}\left[(u\Gamma)_{J_1-1} + (u\Gamma)_{J_1}\right] - \frac{1}{2}\left[(u\Gamma)_{J_2} + (u\Gamma)_{J_2+1}\right] \\
&= (u\Gamma)_{J_1-1/2} - (u\Gamma)_{J_1+1/2}
\end{aligned}
$$

上式阐明了 Γ_j 在区域 R 内的累积率, 恒等于单位时间内经过界面 $J_1 - 1/2$ 进入区域 R 的量与经过界面 $J_1 + 1/2$ 离开区域 R 的量之差, 这与式 (2.7.6) 的非黏性部分所表达的物理概念完全类似. 从而这个差分模拟保持了微分方程的 Gauss 积分发散特性或 “守恒性”. 这种守恒性不能被守恒定律的非守恒形式所满足. 非守恒形式的一维连续方程为

$$
\frac{\partial \Gamma}{\partial t} = -u\frac{\partial \Gamma}{\partial x} \tag{2.7.10}
$$

利用与上述相同求差分的技术, 得出

$$
\frac{\Gamma_j^{n+1} - \Gamma_j^n}{\Delta t} = -u_j\frac{\Gamma_{j+1} - \Gamma_{j-1}}{2\Delta x} \tag{2.7.11}
$$

与式 (2.7.6) 相对应, 得到另一个求和方程

$$
\begin{aligned}
&\frac{1}{\Delta t}\left(\sum_{j=J_1}^{J_2} \Gamma_j^{n+1}\Delta x - \sum_{j=J_1}^{J_2} \Gamma_j^n \Delta x\right) \\
&= \sum_{j=J_1}^{J_2} -u_j\left(\frac{\Gamma_{j+1} - \Gamma_{j-1}}{2\Delta x}\right)\Delta x \\
&= \frac{1}{2}\sum_{j=J_1}^{J_2} u_j(\Gamma_{j-1} - \Gamma_{j+1})
\end{aligned} \tag{2.7.12}
$$

展开上式右边的和

$$
\begin{aligned}
&\sum_{j=J_1}^{J_2} u_j(\Gamma_{j-1} - \Gamma_{j+1}) \\
&= +u_{J_1}\Gamma_{J_1-1} \quad -u_{J_1}\Gamma_{J_1+1} && j = J_1 \\
&\quad +u_{J_1+1}\Gamma_{J_1} \quad -u_{J_1+1}\Gamma_{J_1+2} && j = J_1+1 \\
&\quad\quad +u_{J_1+2}\Gamma_{J_1+1} \quad -u_{J_1+2}\Gamma_{J_1+3} && j = J_1+2 \\
&\quad\quad\quad +u_{J_1+3}\Gamma_{J_1+2} \quad -u_{J_1+3}\Gamma_{J_1+4} && j = J_1+3 \\
&\quad\quad\quad\quad \cdots\cdots\cdots\cdots && \cdots\cdots\cdots\cdots
\end{aligned}
$$

从这个展开式可见, 与内部网格的通量相应的成对项不能对消, 例如

$$
u_{J_1+2}\Gamma_{J_1+1} - u_{J_1}\Gamma_{J_1+1} = (u_{J_1+2} - u_{J_1})\Gamma_{J_1+1} \neq 0 \tag{2.7.13}
$$

除非流速 u_j 在区域 R 内为常数. 因而这种差分格式不能保持 Gauss 积分发散特性即 "守恒性". 至此, 为什么式 (2.4.1) 被叫做 "守恒形式" 或 "发散形式" 就完全清楚了.

对于控制体法, 上面所介绍的第一种方法为什么能保持 "守恒性" 就一目了然了. 利用微分方程的守恒形式 (2.7.7) 则可以发现, 单位时间内穿过内界面 $j+1/2$ 流出结点 j 处的控制体的通量 $\frac{1}{2}(u_j\Gamma_j+u_{j+1}\Gamma_{j+1})$恒等于通过同一个内界面流入结点 $j+1$ 处的控制体积内通量. 而微分方程的非守恒形式就不具有这种性质.

显然, 对 $\sigma>0$ 及流速 u 不为常数的情况下, 保证总的通量守恒的唯一途径是对流项与扩散项相互独立地保持守恒. 在多元情况下, 必须在每一个方向分别独立保持守恒. 除了具有上述的积分特性外, 守恒并不一定意味着高精度. 一般地, 守恒形式差分格式的结果更精确. 此外, 守恒形式的方程物理意义明确, 特别有助于可压缩流体问题的计算中边界条件的确定.

2.8 差分方程的相容性、收敛性和稳定性

2.8.1 相容性

相容性是说明某个差分形式能否真正代表对应的微分方程. 为了讨论方便, 以一维扩散方程为例. 我们利用 2.2 节所讨论的 Taylor 级数法得到如下的扩散方程的差分格式

$$\left(\frac{\delta\Gamma}{\delta t}\right)_j^n-\sigma\left(\frac{\delta^2\Gamma}{\delta x^2}\right)_j^n=\left[\left(\frac{\partial\Gamma}{\partial t}\right)_j^n-\sigma\left(\frac{\partial^2\Gamma}{\partial x^2}\right)_j^n\right]-\frac{1}{2}\left(\frac{\partial^2\Gamma}{\partial t^2}\right)_j^n\Delta t+HOT-\frac{\sigma}{12}\left(\frac{\partial^4\Gamma}{\partial x^4}\right)_j^n\Delta x^2+HOT \tag{2.8.1}$$

或改写成

$$\left[\left(\frac{\delta\Gamma}{\delta t}\right)_j^n-\sigma\left(\frac{\delta^2\Gamma}{\delta x^2}\right)_j^n\right]=\left[\left(\frac{\partial\Gamma}{\partial t}\right)_j^n-\sigma\left(\frac{\partial^2\Gamma}{\partial x^2}\right)_j^n\right]-\left[\frac{1}{2}\left(\frac{\partial^2\Gamma}{\partial t^2}\right)_j^n\Delta t-\frac{\sigma}{12}\left(\frac{\partial^4\Gamma}{\partial x^4}\right)_j^n\Delta x^2+HOT\right] \tag{2.8.2}$$

与导数的差分形式的截断误差的定义一样, 我们称上式右边第二个方括号内的项为微分方程的差分形式的截断误差. 如果截断误差随 Δx, $\Delta t\to 0$ 而趋向于零, 则说差分方程与对应的微分方程是相容的; 如果不管 Δx, Δt 以怎样的方式趋向于零, 该截断误差总是趋向于零, 则说差分方程与微分方程是无条件相容的. 在上面的例子中, 可以判断式 (2.8.1) 是与微分方程 (2.8.2) 无条件相容的. 条件相容的例子也

是存在的, 例如, 如果我们利用时间中心差–空间中心差格式来逼近一维扩散方程, 即

$$\frac{\Gamma_j^{n+1}-\Gamma_j^{n-1}}{2\Delta t}=\sigma\frac{\Gamma_{j+1}^n-2\Gamma_j^n+\Gamma_{j-1}^n}{\Delta x^2} \tag{2.8.3}$$

容易判断, 截断误差为 $O\left(\Delta t^2,\Delta x^2\right)$. 可以证明, 这个差分格式与原一维扩散方程是无条件相容的. 但是, 利用下一节将要介绍的稳定分析, 可以证明, 这个差分格式是无条件不稳定的. 为了使格式稳定, 对上面的差分格式 (2.8.3) 作修改, 即

$$\frac{\Gamma_j^{n+1}-\Gamma_j^{n-1}}{2\Delta t}=\sigma\frac{\Gamma_{j+1}^n-(\Gamma_j^{n+1}+\Gamma_j^{n-1})+\Gamma_{j-1}^n}{\Delta x^2} \tag{2.8.4}$$

修改后的格式是无条件稳定的. 下面我们来分析它的相容性. 如果我们把上式改成下面的形式,

$$\begin{aligned}\frac{\Gamma_j^{n+1}-\Gamma_j^{n-1}}{2\Delta t}=&\sigma\frac{\Gamma_{j+1}^n-2\Gamma_j^n+\Gamma_{j-1}^n}{\Delta x^2}\\&-\left(\frac{\sigma\Delta t^2}{\Delta x^2}\right)\frac{\Gamma_j^{n+1}-2\Gamma_j^n+\Gamma_j^{n-1}}{\Delta t^2}\end{aligned} \tag{2.8.5}$$

式 (2.8.5) 与式 (2.8.3) 相比, 等式右边多了一项,

$$\left(\sigma\frac{\Delta t^2}{\Delta x^2}\right)\frac{\Gamma_j^{n+1}-2\Gamma_j^n+\Gamma_j^{n-1}}{\Delta t^2}$$

所以式 (2.8.5) 就有两种可能的相容性, 它们是:

(1) 如果当 $\Delta t,\Delta x\to 0$ 时, 比值 $\dfrac{\Delta t}{\Delta x^2}$ 保持为常数, 右边的第二项趋向于零. 那么, 式 (2.8.4) 逼近的微分方程就是式 (2.8.3), 即原始的一维扩散方程. 所以式 (2.8.4) 满足相容性.

(2) 如果当 Δt, Δx 趋于零, 保持 $\dfrac{\Delta t^2}{\Delta x^2}$ 为常数, 则式 (2.8.4) 会与下面的微分方程

$$\frac{\partial\Gamma}{\partial t}=\sigma\frac{\partial^2\Gamma}{\partial x^2}-a\frac{\partial^2\Gamma}{\partial t^2}$$

相容, 这是一个双曲型偏微分方程.

从上面的分析可见, 由于 Δx 和 Δt 趋近于零时的条件不同 (即保持 $\dfrac{\Delta t}{\Delta x^2}$ 和 $\dfrac{\Delta t^2}{\Delta x^2}$ 为常数), 同一个差分格式将与不同的偏微分方程相容. 所以, 我们将格式 (2.8.4) 称为有条件相容的差分格式.

2.8.2 收敛性

与差分方程有关的另一个重要问题是当 $\Delta x, \Delta t \to 0$ 时, 差分方程的解是否逼近原始微分方程的真解?

设在某一固定的时刻 $t = T$, 真解为 $\varGamma(x,T)$ 和近似解为 $\varGamma(j\Delta x, N\Delta t)$, $N\Delta t = T$. 在图 2.8.1 中画出了在 $T = 4$ 时的真解与两个近似解. 那么近似解 $\varGamma(j\Delta x, N\Delta t)$, $j = 1, 2, \cdots, J$ 收敛于真解 $\varGamma(x,T)$, 当而且仅当对于所有的 $j = 1, 2, \cdots, J$, 随着 $\Delta x, \Delta t \to 0$(即 $j, N \to \infty$), 有

$$\Delta x \sum_j |\varGamma(j\Delta x, N\Delta t) - \varGamma(x,T)| \to 0$$

这里我们可以看出, 相容性是研究差分方程与微分方程的关系, 而收敛性则是研究差分方程的解是否逼近真解的问题.

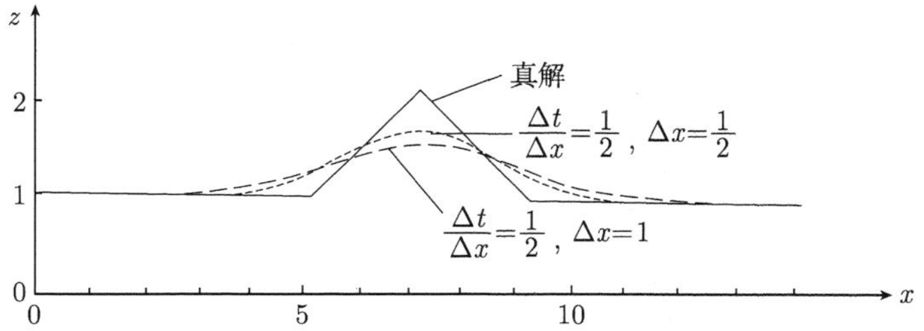

图 2.8.1 $T = 4$ 时的真解和近似解

2.8.3 稳定性

任何一个差分格式, 如果无法抑制误差的迅速增长而最终让误差掩盖了方程的正确解, 那么这种差分格式就不是稳定的格式.

差分格式稳定性的定义在数学上有不同的解释. 一般常用的定义是这样给出的[1]. 设 $\varGamma_j^n$ 是差分方程沿时间 t 逐步求解而得到的正确解. 由于舍入误差等原因, 在点 $(n\Delta t, j\Delta x)$ 引入扰动 ε, 解 $\varGamma_j^n$ 变成 $\varGamma_j^n + \varepsilon$. 如果在随后的求解过程中, 没有新的扰动引入, 则解 $(\varGamma^*)_j^n$ 与正确解 $\varGamma_j^n$ 的差 $(\varGamma^*)_j^n - \varGamma_j^n$ 表示由于 ε 的影响而引起的对正确解 $\varGamma_j^n$ 的偏差. 如果误差连续引入或多点引入, 则在线性情况下, 累积误差是各个误差影响的叠加. 用 δ 表示误差的最小绝对值, $|\varepsilon_j^n| < \delta$, 则差分方程稳定性的定义是:

差分方程是稳定的, 当且仅当$\delta \to 0$时, 累积偏差$|(\varGamma^*)_j^n - \varGamma_j^n| \to 0$和当$\Delta x \to 0$时, 累积偏差的增长率不大于$(\Delta x^{-1})$的某次幂.

这样定义的稳定性称之为点稳定 (Pointwise Stability).

除了点稳定性的定义外, 还有所谓按步稳定 (Stepwise Stability) 的概念. 如果在半无限区间 $0 < x < 1$ 内对于一个固定的网格和给定的齐次边界条件, 由于受

沿 $t=0$ 时间层上各空间结点处初始扰动的影响, $n\to\infty$ 时差分方程的解 Γ_j^n 变成无界, 而与差分方程对应的微分方程的解是有界的, 则称差分方程在半无限区间 $0<x<1, t>0$ 内按步不稳定.

上面是针对固定的空间网格讨论差分方程的稳定性的定义的. 与此不同, John[1] 提出另一种定义: 对于给定的时间区间 $0<t<T$, 不断缩小空间步长, 得到一系列的差分方程的解, 它们组成一无限序列 $\{(n\Delta t, j\Delta x)\}$, 如果这无限序列是一致有界的, 则差分方程是稳定的.

根据以上给出的定义, 下面将对两种类型的不稳定的物理概念进行介绍, 而后再介绍两种常用的稳定分析的方法.

1. 不稳定的两种类型[3]

我们通过考虑 Γ 的一维线性微分方程来阐明若干数值模拟的非稳定性现象. 在图 2.8.2 中, (a) 表示在时刻 n 的一个稳定解, (b) 表示解上叠加了一个扰动 ε, 这个扰动可能来源于舍入误差或者在二维问题的计算由于横向交错的扰动而引起的. 下面我们来观察这个扰动的发展过程. 该线性微分方程为

$$\frac{\partial \Gamma}{\partial t}=-\frac{\partial(u\Gamma)}{\partial x}+\sigma\frac{\partial^2\Gamma}{\partial x^2}$$

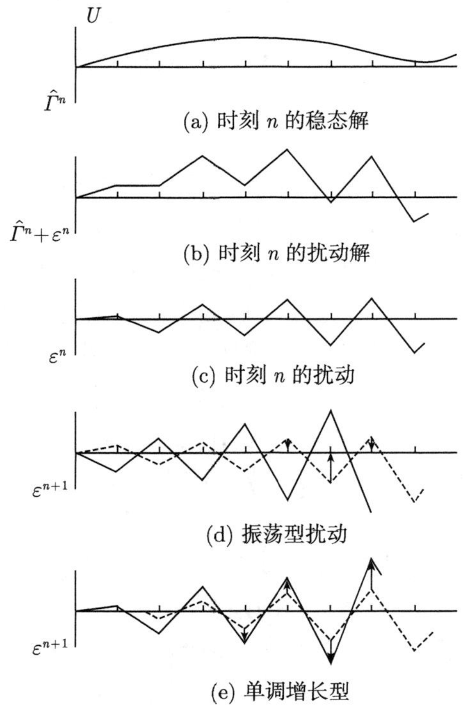

(a) 时刻 n 的稳态解

(b) 时刻 n 的扰动解

(c) 时刻 n 的扰动

(d) 振荡型扰动

(e) 单调增长型

图 2.8.2　扰动变化的类型

利用时间前差–空间中心差的差分格式来模拟上式

$$\frac{\varGamma_j^{n+1}-\varGamma_j^n}{\Delta t}=-\frac{u\varGamma_{j+1}^n-u\varGamma_{j-1}^n}{2\Delta x}+\sigma\frac{\varGamma_{j+1}^n-2\varGamma_j^n+\varGamma_{j-1}^n}{\Delta x^2} \tag{2.8.6}$$

将 $\varGamma_j^n$ 分解成稳态的分量 $\hat{\varGamma}_j^n$ 和扰动 ε 两部分, 我们有

$$\varGamma_j^n=\hat{\varGamma}_j^n+\varepsilon_j^n \tag{2.8.7}$$

以 $\varGamma_j^n=\hat{\varGamma}_j^n+\varepsilon_j^n$ 和 $\varGamma_j^{n+1}=\hat{\varGamma}_j^{n+1}+\varepsilon_j^{n+1}$ 代入式

$$\begin{aligned}&\frac{(\hat{\varGamma}_j^{n+1}+\varepsilon_j^{n+1})-(\hat{\varGamma}_j^n+\varepsilon_j^n)}{\Delta t}=-u\frac{(\hat{\varGamma}_{j+1}^n+\varepsilon_{j+1}^n)-(\hat{\varGamma}_{j-1}^n+\varepsilon_{j-1}^n)}{2\Delta x}\\&+\sigma\frac{(\hat{\varGamma}_{j+1}^n+\varepsilon_{j+1}^n)-2(\hat{\varGamma}_j^n+\varepsilon_j^n)+(\hat{\varGamma}_{j-1}^n+\varepsilon_{j-1}^n)}{\Delta x^2}\\&\frac{\hat{\varGamma}_j^{n+1}-\hat{\varGamma}_j^n}{\Delta t}+\frac{\varepsilon_j^{n+1}-\varepsilon_j^n}{\Delta t}\\=&-u\frac{\hat{\varGamma}_{j+1}^n-\hat{\varGamma}_{j-1}^n}{2\Delta x}+\sigma\frac{\hat{\varGamma}_{j+1}^n-2\hat{\varGamma}_j^n+\hat{\varGamma}_{j-1}^n}{\Delta x^2}-u\frac{\varepsilon_{j+1}^n-\varepsilon_{j-1}^n}{2\Delta x}+\sigma\frac{\varepsilon_{j+1}^n-2\varepsilon_j^n+\varepsilon_{j-1}^n}{\Delta x^2}\end{aligned}$$

由于稳定解是满足差分格式的解, 所以, 可以从上式中消去, 最后得描述扰动 ε 随时间变化的方程

$$\frac{\varepsilon_j^{n+1}-\varepsilon_j^n}{\Delta t}=-u\frac{\varepsilon_{j+1}^n-\varepsilon_{j-1}^n}{2\Delta x}+\sigma\frac{\varepsilon_{j+1}^n-2\varepsilon_j^n+\varepsilon_{j-1}^n}{\Delta x^2}$$

或

$$\varepsilon_j^{n+1}=\left(-\frac{\varepsilon_{j+1}^n-\varepsilon_{j-1}^n}{2\Delta x}+\sigma\frac{\varepsilon_{j+1}^n-2\varepsilon_j^n+\varepsilon_{j-1}^n}{\Delta x^2}\right)\Delta t+\varepsilon_j^n \tag{2.8.8}$$

上式右边括号内的第一项是由对流传播的部分扰动, 第二项是由扩散传播的部分扰动.

为了便于讨论, 首先仅考虑扩散项, 即设

$$\varepsilon_j^{n+1}=\sigma\Delta t\frac{\varepsilon_{j+1}^n-2\varepsilon_j^n+\varepsilon_{j-1}^n}{\Delta x^2}+\varepsilon_j^n \tag{2.8.9}$$

上式中右边第一项是 ε_j^n 经过 Δt 时段后扰动的改变量 $\Delta\varepsilon_j^{n+1}$, 即

$$\Delta\varepsilon_j^{n+1}=\sigma\Delta t\frac{\varepsilon_{j+1}^n-2\varepsilon_j^n+\varepsilon_{j-1}^n}{\Delta x^2} \tag{2.8.10}$$

从图 2.8.2 可见, 由于 $\varepsilon_{j+1}^n>0$, $\varepsilon_j^n<0$ 和 $\varepsilon_{j-1}^n>0$, 则有 $\Delta\varepsilon_j^{n+1}>0$. 由于 $\varepsilon_j^n<0$, 所以, $\Delta\varepsilon_j^{n+1}$ 趋向于校正负的扰动 ε_j^n. 类似地, 考虑节点 $j+1$ 处的 $\Delta\varepsilon_{j+1}^{n+1}$, 由于 $\varepsilon_{j+2}^n<0$, $\varepsilon_{j+1}^n>0$, $\varepsilon_j^n<0$, 则有

$$\Delta\varepsilon_{j+1}^{n+1}=\sigma\Delta t\frac{\varepsilon_{j+2}^{n}-2\varepsilon_{j+1}^{n}+\varepsilon_{j}^{n}}{\Delta x^{2}}<0$$

所以, 这个负的改变量正好校正正的扰动 ε_{j+1}^{n}, 由上述分析可见 ε_{j}^{n+1} 的幅度小于 ε_{j}^{n}, 扰动会趋向于消失. 但是, 改变量 $\Delta\varepsilon_{j}^{n+1}$ 与 Δt 值成正比, 如果 Δt 值足够大, 那么校正会过度引起 "过冲", 即 ε_{j}^{n+1} 会变成与 ε_{j}^{n} 相反符号的值, 如图 2.8.2(d) 所示. 如果 Δt 值过大, $|\Delta\varepsilon_{j}^{n+1}|$ 远大于 $|\varepsilon_{j}^{n}|$, 则会形成所谓振幅不断增大的 "振动型过冲", 这是一种动态不稳定性. 由于 $\Delta\varepsilon$ 值与 Δt 值有关, 所以这种不稳定性可以用减少时间步长 Δt 的方法来避免.

下面再来研究仅有对流项的情况. 假定对流速度 $u>0$, 扰动是一个振荡型扰动, 其振幅随 j 的增大而增大. 在此假定下, $u\varepsilon_{j+1}^{n}>0$, $u\varepsilon_{j+1}^{n}<0$ 且 $u\varepsilon_{j+1}^{n}>u\varepsilon_{j-1}^{n}$, 则对结点 j 有

$$\Delta\varepsilon_{j}^{n+1}=-\frac{u\varepsilon_{j+1}^{n}-u\varepsilon_{j-1}^{n}}{\Delta x^{2}}\cdot\Delta t<0 \tag{2.8.11}$$

即 $\Delta\varepsilon_{j}^{n+1}$ 与 ε_{j}^{n} 同符号, $\varepsilon_{j}^{n+1}>\varepsilon_{j}^{n}$. 从而, 扰动随时间不断地单调地增长, 如图 2.8.2(e) 所示, 这样造成的不稳定性称之为静态不稳定性. 显然, 它不能用减少时间步长的办法来消除, 只有改变差分格式来避免.

如果 ε 的幅度增长的方向与 u 的方向与图 2.8.2(a) 所示的相反, 即或者是 $u<0$, 或者是 ε 的幅度随 j 的增加而减小, 利用与上面同样的分析方法, 可得出如下结论, $\Delta\varepsilon_{j}^{n+1}$ 与 ε_{j}^{n} 的符号相反, 扰动的幅度将随时间而衰减, 对流项变成静态稳定的. 如果 Δt 过大, $|\Delta\varepsilon_{j}^{n+1}|>|\varepsilon_{j}^{n}|$, 此时会产生动态不稳定.

在实际计算中, 这种初始误差的产生和分布常常是随机的, 可以设想, 这种误差在某个时刻会造成图 2.8.2(d), (e) 所示的严重后果.

如果方程中对流项与扩散项同时存在, 两者的相互牵制产生两种对时间步长的限制条件, 一种是扩散项所要求的, 另一种是对流项所要求的. 总的要求取决于对流项与扩散项的相对重要性, 即 Re 的大小.

2. 线性稳定分析

这一节中我们将讨论两种稳定分析的方法. 讨论将以线性微分方程时间前差–空间中心差的差分格式为例进行, 所用的方程是

$$\frac{\partial\Gamma}{\partial t}=-\frac{\partial u\Gamma}{\partial x}+\sigma\frac{\partial^{2}\Gamma}{\partial x^{2}} \tag{2.8.12}$$

(1) 离散扰动法

根据点稳定性的定义, 将一个离散的扰动引入方程, 而后研究这个扰动的变化, 如果最终这个扰动衰减、消失, 则说明这个差分方程是稳定的.

为了简化起见, 首先只考虑扩散项. 假定对所有的结点 j, 一个稳态解 $\Gamma_{j}^{n}=0$ 已经建立, 然后对 Γ_{j}^{n} 引进一个扰动 ε, 如图 2.8.3 所示, 这样, 时间前差–空间中心

差格式就给出

$$\frac{\Gamma_j^{n+1}-(\Gamma_j^n+\varepsilon)}{\Delta t}=\sigma\frac{\left[\Gamma_{j+1}^n+\Gamma_{j-1}^n-2\left(\Gamma_j^n+\varepsilon\right)\right]}{\Delta x^2}$$

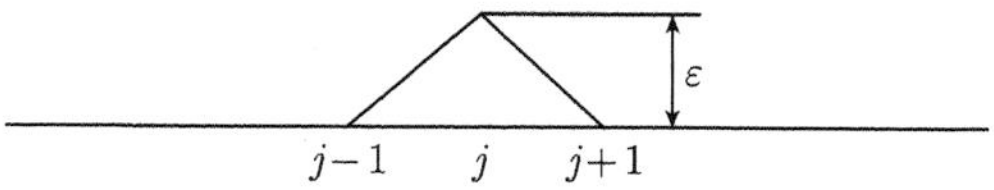

图 2.8.3 离散扰动的引入

或

$$\frac{\Gamma_j^{n+1}-\varepsilon}{\Delta t}=-2\sigma\frac{\varepsilon}{\Delta x^2}$$

$$\Gamma_j^{n+1}=\varepsilon(1-2d) \tag{2.8.13}$$

这里, 阻尼系数 d 定义为

$$d=\frac{\sigma\Delta t}{\Delta x^2} \tag{2.8.14}$$

稳定性要求扰动最后消失, 从式 (2.8.13) 得出要求

$$|\Gamma_j^{n+1}/\varepsilon|\leqslant 1 \tag{2.8.15}$$

也就是说, 要求

$$-1\leqslant 1-2d\leqslant 1 \tag{2.8.16}$$

上式右边的不等式是 "静态稳定" 的条件, 要求扰动的幅度随时间单调地减少. 由于 d 总是正的 $(\sigma>0,\Delta t>0)$, 所以这个要求能自动满足. 左边的不等式是 "动态稳定" 的条件, 允许产生 "过冲", 但 ε 的幅度不能随时间增大. 由此得出要求 $d\leqslant 1$, 如果我们要求不产生过冲现象, 即

$$\frac{\Gamma_j^{n+1}}{\varepsilon}\geqslant 0 \tag{2.8.17}$$

由此得到条件

$$d\leqslant 1/2 \tag{2.8.18}$$

虽然从扰动幅度不断减小的观点来看, 式 (2.8.17) 不是一个稳定条件, 不过, 如果我们继续跟踪到随后的条件, 我们会发现它是一个必须满足的条件. 首先我们利用上述差分格式计算 $n+1$ 时刻与结点 j 相邻的结点的扰动, 它们等于

$$\Gamma_{n\pm1}^{n+1}=d\varepsilon \tag{2.8.19}$$

再计算出下一时刻 $(n+2)$, 结点 j 上的扰动为

$$\Gamma_j^{n+2}=\Gamma_j^{n+1}+d(\Gamma_{j+1}^{n+1}+\Gamma_{j-1}^{n+1}-2\Gamma_j^{n+1})$$

$$= \varepsilon(1-2d) + d\left[d\varepsilon + d\varepsilon - 2\varepsilon(1-2d)\right]$$

$$\Gamma_j^{n+2} = \varepsilon(1-4d+6d^2) \tag{2.8.20}$$

稳定性要求

$$\left|\Gamma_j^{n+1}/\varepsilon\right| \leqslant 1$$

给出

$$-1 \leqslant 1-4d+6d^2 \leqslant 1 \tag{2.8.21}$$

左侧的不等式总是满足的, 而右侧的不等式则要求 $d \leqslant 2/3$. 这样, 从前面的第一步的计算得到稳定条件 $d \leqslant 1$, 而紧接着的第二步计算得到条件 $d \leqslant 2/3$. 继续进行计算会对 d 提出越来越严格的要求. 同时, 扰动也趋向于振荡型, $\Gamma_j = \pm\varepsilon'$ 这里 ε' 小于初始扰动 ε. 图 2.8.4 给出的例子中 d 取 3/4. 由图 2.8.4 可见扰动的变化过程.

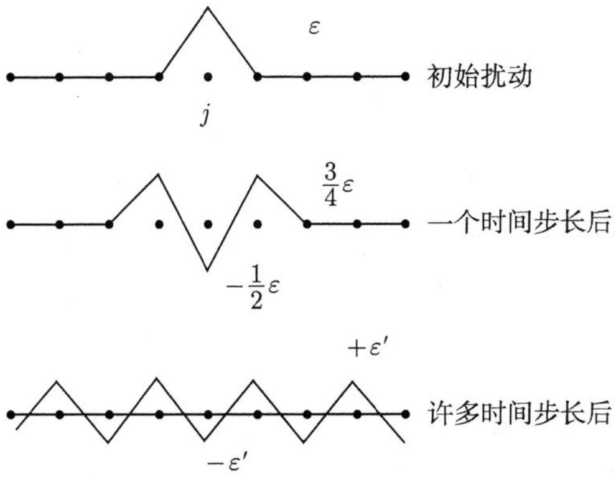

图 2.8.4 扰动变化过程

由此可见, 对 d 的最严格的要求是当扰动是振荡型分布时发生, 如果起始扰动 ε' 是振荡型且 $\Gamma_j = 0$, 使用时间前差–空间中心差格式, 得

$$\Gamma_j^{n+1} = \varepsilon' + d(-\varepsilon' - \varepsilon' - 2\varepsilon')$$

$$= \varepsilon'(1-4d) \tag{2.8.22}$$

稳定性要求

$$\left|\frac{\Gamma_j^{n+1}}{\varepsilon'}\right| \leqslant 1 \tag{2.8.23}$$

由此得到

$$-1 \leqslant (1-4d) \leqslant 1 \tag{2.8.24}$$

或

$$d \leqslant 1/2 \tag{2.8.25}$$

对随后的时刻, $n+2, n+3, \cdots\cdots$, 继续进行类似的分析, 所得的稳定条件仍然是, 而这个稳定要求就是式 (2.8.17).

对于固定的网格空间步长和 σ 值, 条件 $d \leqslant 1/2$ 对时间步长 Δt 施加一个限制条件

$$\Delta t \leqslant \frac{1}{2}\frac{\Delta x^2}{\sigma} \tag{2.8.26}$$

下面同时考虑式中的对流和扩散项. 不失普遍性, 假如 $u > 0$, (如果 $u < 0$, 交换下标 $(j+1)$ 和 $(j-1)$ 的位置). 仍然使用时间前差–空间中心差的格式, 扰动 ε 在结点 j 引入, 见图 2.8.3.

$$\frac{\Gamma_j^{n+1} - (\Gamma_j^n + \varepsilon)}{\Delta t} = -\frac{u\Gamma_{j+1}^n - u\Gamma_{j-1}^n}{2\Delta x} + \sigma\frac{\left[\Gamma_{j+1}^n + \Gamma_{j-1}^n - 2\left(\Gamma_j^n + \varepsilon\right)\right]}{\Delta x^2} \tag{2.8.27}$$

第一步计算得到的结果与前面的与前面只考虑扩散项的结果一样, 因为结点 j 的对流项不影响结点 j 的扰动. 继而对结点 $j+1$ 进行计算, 我们有

$$\begin{aligned}\Gamma_{j+1}^{n+1} = &-\frac{\Delta t}{2\Delta x}\left[u\Gamma_{j+2}^n - u(\Gamma_j^n + \varepsilon)\right] + \frac{\sigma\Delta t}{\Delta x^2}\\ &\times\left[\Gamma_{j+2}^n - (\Gamma_j^n + \varepsilon) - 2\Gamma_{j+1}^n\right] + \Gamma_{j+1}^n\end{aligned} \tag{2.8.28}$$

或

$$\Gamma_{j+1}^{n+1} = \frac{c}{2}\varepsilon + d\varepsilon \tag{2.8.29}$$

这里 $c = u\dfrac{\Delta t}{\Delta x}$ 叫做 “Courant 数” 和 $d = \sigma\dfrac{\Delta t}{\Delta x^2}$, 稳定性要求

$$\left|\Gamma_{j+1}^{n+1}/\varepsilon\right| \leqslant 1 \tag{2.8.30}$$

或

$$-1 \leqslant \left(\frac{c}{2} + d\right) \leqslant 1 \tag{2.8.31}$$

左侧的不等式总是满足的 $(c > 0, d > 0)$. 右侧的不等式, 所谓静态稳定要求给出另一个稳定的必要条件

$$u\frac{\Delta t}{\Delta x} + 2\sigma\frac{\Delta t}{\Delta x^2} \leqslant 2$$

或

$$\Delta t \leqslant \frac{2}{\dfrac{2\sigma}{\Delta x^2} + \dfrac{u}{\Delta x}} \tag{2.8.32}$$

在结点 $(j-1)$ 进行类似的分析, 我们得

$$\Gamma_{j+1}^{n+1} = -\frac{c}{2}\varepsilon + d\varepsilon \tag{2.8.33}$$

和稳定性要求 $\left|\Gamma_{j+1}^{n+1}/\varepsilon\right| \leqslant 1$ 给出

$$-1 \leqslant \left(-\frac{c}{2}+d\right) \leqslant 1 \tag{2.8.34}$$

首先考虑式右侧的不等式 (静态不稳定), 给出

$$\Delta t\left[\frac{2\sigma}{\Delta x^2}-\frac{u}{\Delta x}\right] \leqslant 2 \tag{2.8.35}$$

如果方括号内的项小于零, 则对所有 $\Delta t>0$, 该不等式满足. 如果方括号内的项大于零, 则 Δt 需满足条件

$$\Delta t \leqslant \frac{2}{\dfrac{2\sigma}{\Delta x^2}-\dfrac{u}{\Delta x}} \tag{2.8.36}$$

因为上式中的分母大于零, 但其值小于 (2.8.32) 式中的分母值, 所以式 (2.8.36) 算得的 Δt 的限制值大于式 (2.8.32) 算得的 Δt 的限制值, 这就是说条件 (2.8.36) 要比条件 (2.8.32) 宽松, 因而被后者所代替, 下面再考虑左侧的不等式 (动态不稳定)

$$-2 \leqslant \Delta t\left(\frac{2\sigma}{\Delta x^2}-\frac{u}{\Delta x}\right) \tag{2.8.37}$$

如果上式中括号内的项大于零, 则上式被所有 $\Delta t>0$ 所满足. 如果它小于零, 则有

$$\Delta t \leqslant \frac{2}{\dfrac{u}{\Delta x}-\dfrac{2\sigma}{\Delta x^2}} \tag{2.8.38}$$

根据同样的理由, 条件 (2.8.38) 同样比条件 (2.8.32) 宽松, 从而也被后者所取代.

此外, 如果我们要求无过冲现象, 考虑结点 $(j-1)$ 有

$$\Gamma_{j-1}^{n+1}/\varepsilon > 0 \tag{2.8.39}$$

根据式 (2.8.33), 给出

$$-\frac{c}{2}+d \geqslant 0 \tag{2.8.40}$$

或

$$-u\frac{\Delta t}{\Delta x}+2\sigma\frac{\Delta t}{\Delta x^2} \geqslant 0 \tag{2.8.41}$$

或

$$\frac{u\Delta x}{\sigma} \leqslant 2 \tag{2.8.42}$$

量 $\dfrac{u\Delta x}{\sigma}$ 叫做 “网格雷诺数 Re_Δ”, Re_Δ 是一个以局部流速 u 和某一特征长度–空间步长 Δx 为基础的雷诺数. 零过冲条件要求

$$R_{e\Delta} \leqslant 2 \tag{2.8.43}$$

这个条件与时间步长 Δt 无关. 如果把零过冲条件 (2.8.42) 与对流–扩散稳定条件 (2.8.43) 组合就可以得到 "Courant 数" 条件 $c = u\dfrac{\Delta t}{\Delta x} \leqslant 1$ 和条件 $\Delta t \leqslant \dfrac{2\sigma}{u^2}$.

(2) Von Neumann 稳定分析法

Von Neumann 法的基本出发点是分析解的各个傅里叶分量随时间变化的特性, 从而判断差分格式的稳定性. 这样分析得到的是所谓按步稳定性. 分析中要用到傅里叶级数展开式.

分析扩散方程的差分形式,

$$\frac{\Gamma_j^{n+1} - \Gamma_j^n}{\Delta t} = \sigma\left(\frac{\Gamma_{j+1}^n - 2\Gamma_j^n + \Gamma_{j-1}^n}{\Delta x^2}\right)$$

或

$$\Gamma_j^{n+1} = \Gamma_j^n + d(\Gamma_{j+1}^n - 2\Gamma_j^n + \Gamma_{j-1}^n) \tag{2.8.44}$$

式中 $d = \sigma\dfrac{\Delta t}{\Delta x^2}$. 根据傅里叶级数的理论, 方程的解的每一个傅里叶分量可以写成,

$$\Gamma_j^n = \xi^n e^{ik_x(j\Delta x)} \tag{2.8.45}$$

这里, ξ^n 是波数为 $k_x\left(k_x = \dfrac{2\pi}{\lambda}, \lambda \text{ 是波长}\right)$ 的分量在时刻 n 的幅度函数; $i = \sqrt{-1}$. 区域为无限区域. 定义相角 $\vartheta = k_x\Delta x$ 给出

$$\Gamma_j^n = \xi^n e^{ij\vartheta} \tag{2.8.46}$$

类似地

$$\Gamma_{j\pm 1}^{n+1} = \xi^{n+1} e^{i(j\pm 1)\vartheta} \tag{2.8.47}$$

将上式代入式 (2.8.44)

$$\xi^{n+1} e^{ij\vartheta} = \xi^n e^{ij\vartheta} + d\left[\xi^n e^{i(j+1)\vartheta} + \xi^n e^{i(j-1)\vartheta} - 2\xi^n e^{ij\vartheta}\right] \tag{2.8.48}$$

消去 $e^{ij\vartheta}$ 得,

$$\xi^{n+1} = \xi^n\left[1 + d\left(e^{i\vartheta} + e^{-i\vartheta} - 2\right)\right] \tag{2.8.49}$$

利用式

$$e^{i\vartheta} + e^{-i\vartheta} = 2\cos\vartheta \tag{2.8.50}$$

和定义幅度因子 G 为

$$\xi^{n+1} = G\xi^n \tag{2.8.51}$$

从式中可以得出 G 值

$$G = 1 - 2d(1 - \cos\vartheta) \tag{2.8.52}$$

可以看出 $G=G(\vartheta)$, 由于不同的 ϑ 值代表不同的分量所以幅度因子对于不同的傅里叶分量有不同的值.

从式可以看出, 要使方程的解保持有界, 对于所有的 ϑ 值应该有

$$|G| \leqslant 1 \tag{2.8.53}$$

利用式 (2.8.52) 和式 (2.8.53), 有

$$-1 \leqslant 1-2d(1-\cos\vartheta) \leqslant 1 \tag{2.8.54}$$

它必须为所有的 ϑ 值, 即所有的傅里叶分量所满足. 左侧的不等式只有当 $d \leqslant \frac{1}{2}$ 时才能满足, 由此导出稳定性要求 $d \leqslant \frac{1}{2}$, 或

$$\Delta t \leqslant \frac{1}{2}\frac{\Delta x^2}{\sigma} \tag{2.8.55}$$

这个结果等于离散扰动法得出的式 (2.8.26).

下面分析完整的对流–扩散方程的差分方程

$$\Gamma_j^{n+1} = \Gamma_j^n + \left[-\frac{c}{2}\left(\Gamma_{j+1}^n - \Gamma_{j-1}^n\right) + d\left(\Gamma_{j+1}^n + \Gamma_{j-1}^n - 2\Gamma_j^n\right)\right] \tag{2.8.56}$$

以式 (2.8.46) 和式 (2.8.47) 代入上式并消去 $\mathrm{e}^{\mathrm{i}j\vartheta}$, 最后得幅度因子

$$G = 1-\frac{c}{2}\left(\mathrm{e}^{\mathrm{i}\vartheta}-\mathrm{e}^{-\mathrm{i}\vartheta}\right)+d\left(\mathrm{e}^{\mathrm{i}\vartheta}+\mathrm{e}^{-\mathrm{i}\vartheta}-2\right) \tag{2.8.57}$$

利用恒等式 (2.8.50) 和

$$\mathrm{e}^{\mathrm{i}\vartheta}+\mathrm{e}^{-\mathrm{i}\vartheta} = 2\mathrm{i}\sin\vartheta \tag{2.8.58}$$

给出

$$G = 1-2d(1-\cos\vartheta)-\mathrm{i}c\sin\vartheta \tag{2.8.59}$$

与前面的情况相比, 我们可以看出, 对流–扩散方程的幅度因子是一个复变量. 当 $c\to 0$, 即对流–扩散方程化成纯扩散方程时, 这个复变量因子转化成实幅度因子 (2.8.52). 稳定条件可以从解出模 $|G|$ 来得到

$$|G|^2 = GG^* = [1+2d(\cos\vartheta-1)]^2 + c^2(1-\cos^2\vartheta) \tag{2.8.60}$$

式中, G^* 是 G 的共轭复量.

为了研究 $G(\vartheta)$ 取得极值的条件, 将 $|G|^2$ 对 $\cos\vartheta$ 求二阶导数

$$\frac{d^2|G|^2}{(d\cos\vartheta)^2} = 8d^2-2c^2 \tag{2.8.61}$$

由数学分析知, $|G|^2$ 取得极小值的条件是 $\frac{d^2|G|^2}{(d\cos\vartheta)^2} > 0$, 由式 (2.8.61) 可得条件

$$\frac{c}{d} < 2 \text{ 或 } Re_\Delta = \frac{u\Delta x}{\sigma} < 2 \tag{2.8.62}$$

这就是说, 当网格雷诺数 $Re_\Delta < 2$ 时, 在 $\cos\vartheta$ 的定义域 $(-1, 1)$ 内部, $|G|^2$ 没有最大值. 因此在定义域边界上, 即 $\cos\vartheta = \pm 1$ 时, $|G|^2$ 的值大于区域内部 $|G|^2$ 的值, 以 $\cos\vartheta = 1$ 代入式 (2.8.60), 得 $|G|^2 = 1$. 以 $\cos\vartheta = -1$ 代入, 得 $|G|^2 = (1 - 4d)$, 此时只有当 $d \leqslant \frac{1}{2}$ 时, 才能保证 $|G|^2 \leqslant 1$. 对于 $Re_\Delta > 2$ 的情况, 由于 $\frac{d^2 |G|^2}{(d\cos\vartheta)^2} < 0$, 即在 $\cos\vartheta$ 的定义域内部, $|G|^2$ 有最大值. 但是, 在定义域的边界上, $\cos\vartheta = 1$ 时, $|G|^2 = 1$, 所以, $|G|^2$ 在定义域内的值必然大于 1, $|G|^2_{\max} > 1$. 由此可以得出结论当 $R_c > 2$ 时, 格式是不稳定的. 因此, 式 (2.8.62) 是保证格式 (2.8.56) 稳定的充分条件.

将条件 (2.8.62) 与 $d \leqslant \frac{1}{2}$ 合起来考虑, 可得到, $c \leqslant 2d$, 或

$$\Delta t \leqslant \frac{2\sigma}{u^2} \tag{2.8.63}$$

根据式 (2.8.63) 或式 (2.8.62) 可以得出结论：纯对流方程 $(\sigma = 0)$ 的时间前差–空间中心差格式总是不稳定的.

两个条件：$d \leqslant \frac{1}{2}$ 和 $R_c \leqslant 2$(它们包含了条件 $c \leqslant 1$ 和 $c \leqslant 2d$) 是无限区域内线性, 系数 u 为常数的差分方程稳定的必要与充分条件. 但是它们不能包括系数 u 随空间变化的情况.

在包含三层或多层时间层的更一般的差分形式的情况下, 与式 (2.8.52) 对应的是一个矩阵方程. 此时, 稳定性的条件要求 $|\lambda_m| \leqslant 1$, λ_m 是矩阵 G 的所有特征值. 当 G 是一个简单的数时, 这个条件就是式 (2.8.53).

(3) Von Neumann 稳定分析法在多维问题中的应用

这里以线性, 常系数二维对流–扩散方程的时间前差–空间中心差的差分方程为例说明 Von Neumann 稳定分析法在多维问题中的应用. 所用的方程为：

$$\begin{aligned}\frac{\varGamma_{i,j}^{n+1} - \varGamma_{i,j}^{n}}{\Delta t} =& -u\frac{\varGamma_{i+1,j}^{n} - \varGamma_{i-1,j}^{n}}{2\Delta x} - v\frac{\varGamma_{i,j+1}^{n} - \varGamma_{i,j-1}^{n}}{2\Delta y}\\ &+ \sigma\left(\frac{\varGamma_{i+1,j}^{n} + \varGamma_{i-1,j}^{n} - 2\varGamma_{i,j}^{n}}{\Delta x^2} + \frac{\varGamma_{i,j+1}^{n} + \varGamma_{i,j-1}^{n} - 2\varGamma_{i,j}^{n}}{\Delta y^2}\right)\end{aligned} \tag{2.8.64}$$

每一个傅里叶分量可以写成

$$\varGamma_{i,j}^{n} = \xi^n \mathrm{e}^{\mathrm{i}(k_x i\Delta x + k_y j\Delta y)} \tag{2.8.65}$$

这里 ξ^n 是在 x 和 y 方向的波数为 k_x, k_y $\left(k_x = \frac{2\pi}{\lambda_x}, k_y = \frac{2\pi}{\lambda_y}\right)$ 的分量在时刻 n 的幅度函数. 定义 x 向与 y 向的相角分别为 $\vartheta_x = k_x\Delta x, \vartheta_y = k_y\Delta y$, 式 (2.8.65) 变成

$$\Gamma_{i,j}^{n} = \xi^n \mathrm{e}^{\mathrm{i}(i\vartheta_x + j\vartheta_y)} \tag{2.8.66}$$

类似地

$$\Gamma_{i+1,j+1}^{n} = \xi^n \mathrm{e}^{\mathrm{i}[(i+1)\vartheta_x + (j+1)\vartheta_y]} \tag{2.8.67}$$

等. 和一维方程一样, Courant 数分别定义为 $c_x = u\dfrac{\Delta t}{\Delta x}$ 和 $c_y = v\dfrac{\Delta t}{\Delta y}$. 类似地, 可以定义 $d_x = \sigma\dfrac{\Delta t}{\Delta x^2}, d_y = \sigma\dfrac{\Delta t}{\Delta y^2}$. 将它们代入式并消去公共项 $\mathrm{e}^{\mathrm{i}(i\vartheta_x + j\vartheta_y)}$, 得出

$$\xi^{n+1} = G\xi^n$$

式中

$$G = 1 - 2(d_x + d_y) + 2d_x \cos\vartheta_x + 2d_y \cos\vartheta_y - \mathrm{i}(c_x \sin\vartheta_x + c_y \sin\vartheta_y) \tag{2.8.68}$$

通过求极值的方法, 可以找出, 满足 $|G| \leqslant 1$ 的必要条件是

$$d_x + d_y \leqslant 1/2 \tag{2.8.69}$$

和

$$c_x + c_y \leqslant 1 \tag{2.8.70}$$

在 $d_x = d_y = d$ 的特殊情况下, 式 (2.8.69) 给出

$$d \leqslant \frac{1}{4} \tag{2.8.71}$$

这个条件要比一维情况下的限制条件严格得多 (2 倍). 在 $c_x = c_y = c$ 的特殊情况下, 式 (2.8.70) 给出

$$c \leqslant \frac{1}{4} \tag{2.8.72}$$

同样它比一维情况下的必要条件严格 2 倍. 在 $\Delta x = \Delta y = \Delta$ 和 $\vartheta_x = \vartheta_y$ 的特殊情况下, 网格雷诺数 $Re_\Delta \left(Re_\Delta = \dfrac{|u| + |v|}{\sigma}\Delta\right)$ 的限制条件为

$$R_{e\Delta} \leqslant 4 \tag{2.8.73}$$

这个限制条件比一维情况要松.

3. 非线性稳定分析[4,5]

(1) 非线性不稳定的概念

如上所述, 对于常系数偏微分方程的有限差分格式的稳定性分析, 可以利用 Von Neumann 法等进行. 这样得出的稳定性条件是线性稳定条件. 满足线性稳定条件的格式称为线性稳定的格式. 但是一般的水动力学问题, 所对应的偏微分方程多是非线性的, 利用线性化后得到的方程进行稳定分析, 所得稳定条件只有参考意义. 线性稳定的格式用于非线性问题的计算时, 仍会出现计算的不稳定. 鉴于此, 有必要对非线性不稳定现象, 非线性稳定的条件的分析进行讨论.

所谓非线性不稳定, 是指线性化方程的有限差分方程是稳定的, 原始的非线性微分方程的解是有界的, 而非线性方程的差分方程所产生的计算不稳定称为非线性不稳定. 非线性不稳定的特征是解的突变增长或呈指数型增长, 它不能用减少时间步长的方法来克服, 从这一点来看, 类似于上面所介绍的静态不稳定.

(2) 非线性不稳定的特征

利用对流方程的差分形式, 就不同的初始条件进行计算, 通过计算结果说明非线性不稳定的特征. 方程的形式为

$$\frac{\partial u}{\partial t}+u\frac{\partial u}{\partial x}=0 \quad 0\leqslant x\leqslant 1 \tag{2.8.74}$$

式中, 用 u 代表了 Γ. 上式也可以写成守恒形式

$$\frac{\partial u}{\partial t}+\frac{1}{2}\frac{\partial u^2}{\partial x}=0 \tag{2.8.75}$$

利用下述差分格式对式 (2.8.75) 进行离散

$$u_j^{n+1}=u_j^{n-1}-\frac{1}{4}r\left[(u_{j+1}^n+u_j^n)^2-(u_j^n+u_{j-1}^n)^2\right] \tag{2.8.76}$$

式中, $r=\dfrac{\Delta t}{\Delta x}$.

用下述差分格式 (2.8.74) 对式进行离散

$$u_j^{n+1}=u_j^{n-1}-\frac{1}{3}r\left(u_{j+1}^n+u_j^n+u_{j-1}^n\right)\left(u_{j+1}^n-u_{j-1}^n\right) \tag{2.8.77}$$

$$u_j^{n+1}=u_j^{n}-\frac{1}{3}r\left(\overline{u}_{j+1}+\overline{u}_j+\overline{u}_{j-1}\right)\left(\overline{u}_{j+1}-\overline{u}_{j-1}\right) \tag{2.8.78}$$

式中, $\overline{u}_j=\dfrac{1}{2}(u_{j+1}^n+u_j^n)$. 除式 (2.8.78) 外, 其余格式线性稳定的条件是

$$u\left|\frac{\Delta t}{\Delta x}\right|\leqslant 1 \tag{2.8.79}$$

取下述两种初值进行计算试验

$$u(x,0)=\sin 2\pi x \tag{2.8.80}$$

$$u(x,0)=1.5+\sin 2\pi x \tag{2.8.81}$$

计算中取时间步长 $\Delta t=0.004$, 空间步长 $\Delta x=0.1$, Courant 数

$$c=\left|u\frac{\Delta t}{\Delta x}\right|\leqslant |u|_{\max}\frac{\Delta t}{\Delta x}=0.1<1 \tag{2.8.82}$$

即格式满足线性稳定的条件. 计算结果分别示于图 2.8.7 和 2.8.8. 图中纵坐标 $\dfrac{1}{2}\sum\limits_j u_j^2$ 代表总动能. 从图 2.8.5 可以看出, 初值为式 (2.8.80) 时, 格式 (2.8.76),

式 (2.8.77) 的总动能在计算开始的时段内保持有界, 计算是稳定的. 但超过一定的时间后, 总动能呈指数增长, 产生非线性不稳定. 图 2.8.6 给出初值为式 (2.8.81) 时, 格式 (2.8.76) 和式 (2.8.77) 的计算始终保持有界, 计算稳定. 而式 (2.8.78) 对于两种初始条件, 计算始终保持稳定性. 根据上面的计算结果可以看出, 非线性不稳定的产生与离散格式的特性有关, 也与初始条件休戚相关.

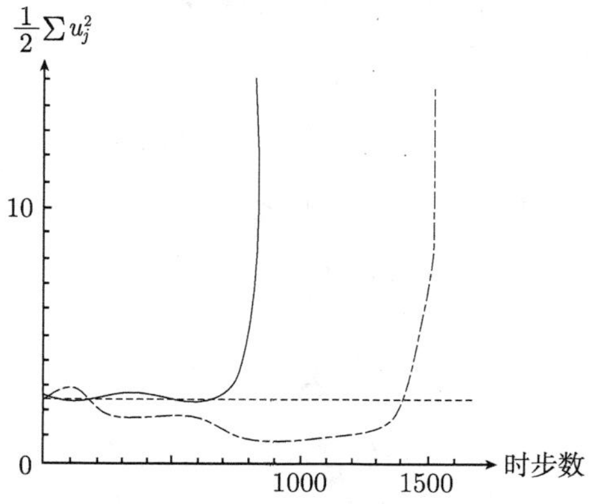

图 2.8.5　初始条件为式 (2.8.80) 的计算结果

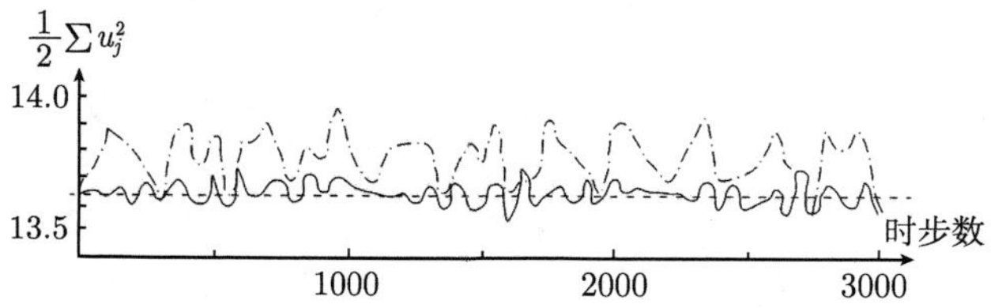

图 2.8.6　初始条件为式 (2.8.81) 的计算结果

(3) 非线性稳定分析

1959 年 Phillips[6] 提出非线性不稳定的问题, 并用混淆误差的概念来解释非线性计算的不稳定现象. Phillips 提出如下的假设, 把区间 $0 \leqslant x \leqslant 1$ 作了等分, $x = j\Delta x(j = 0\cdots, J)$. 将函数 u_j 表示成如下的有限傅里叶级数

$$u_j = \sum_{k=0}^{J/2}\left(a_k \cos\frac{2\pi k}{J} + b_k \sin\frac{2\pi k}{J}\right) \tag{2.8.83}$$

这样, 网格所能分解的最大波数为 $J/2$, 波长为 $2\Delta x$. 设 u_j 包含波数为 k_1 和 k_2 的两个傅里叶分量. 经非线性乘积相互作用后, 产生了波数为 $(k_1 + k_2)$ 和 $(k_1 - k_2)$ 的新分量. 如果 $(k_1 + k_2) > J/2$, 则与之相应的波不能被网格所分解, 其能量将反馈到级数中的其他分量上. 设 $k_1 + k_2 = (J - S) > J/2$, 则分量 $(k_1 + k_2)$ 的能量的反馈到波数为 $S = J - (k_1 + k_2)$ 的分量中去. 设 $k_1 = J/2$, $k_2 = J/4$, 则 $S = J/4$.

这就是说, 有能量反馈到波长为 $4\Delta x$ 的分量中去. 如果这个过程不断进行, 则最终会使这种分量的动能增加, 从而引起不稳定.

以此原理为基础, 下面利用分析的方法探讨非线性稳定的条件, 考虑如下的拓广非线性对流方程

$$\frac{\partial u}{\partial t}+(1-\vartheta)u\frac{\partial u}{\partial x}+\frac{\vartheta}{2}\frac{\partial u^2}{\partial x}=0 \quad 0\leqslant\vartheta\leqslant 1 \tag{2.8.84}$$

利用时间中心差–空间中心差对上式进行离散

$$\frac{u_j^{n+1}-u_j^{n-1}}{2\Delta t}+(1-\vartheta)u_j^n\frac{u_{j+1}^n-u_{j-1}^n}{2\Delta x}+\frac{\vartheta}{2}\frac{(u_{j+1}^n)^2-(u_{j-1}^n)^2}{2\Delta x}=0 \tag{2.8.85}$$

考虑傅里叶级数中波长为 $4\Delta x$ 和 $2\Delta x$ 的分量及常数项的变化过程, 即取特解

$$u_j^n=C^n\cos\frac{\pi}{2}j-S^n\sin\frac{\pi}{2}j+u^n\cos\pi j+v^n \tag{2.8.86}$$

进行分析. 为了讨论方程 (2.8.85) 的非线性稳定性, 与 Von Neumann 法类似, 以 u_j^n 的傅里叶分量

$$u_j^n=\sum_{k=0,\pm J/2,\pm J}C_k^n\mathrm{e}^{\mathrm{i}\frac{\pi}{L}kj\Delta x}$$

代入式 (2.8.85), 可得

$$\sum_k\frac{C_k^{n+1}-C_k^{n-1}}{2\Delta t}\mathrm{e}^{\mathrm{i}\frac{\pi}{L}kj\Delta x}+\sum_l\sum_m C_l^nC_m^n\left[(1-\vartheta)\frac{\mathrm{i}\sin\pi l\Delta x}{\Delta x}+\frac{\vartheta}{2}\frac{\mathrm{i}\sin(l+m)\Delta x}{\Delta x}\right]\cdot\mathrm{e}^{\mathrm{i}\frac{\pi}{L}(l+m)j\Delta x}=0 \tag{2.8.87}$$

以 $l=0\ \pm J/2,\pm J$ 和 $m=0,\pm J/2,\pm J$ 代入, 可得如下的方程

$$\sum_k\frac{C_k^{n+1}-C_k^{n-1}}{2\Delta t}\mathrm{e}^{\mathrm{i}\frac{\pi}{L}kj\Delta x}+\sum_k \tilde{C}_k^n\mathrm{e}^{\mathrm{i}\frac{\pi}{L}kj\Delta x}=0 \tag{2.8.88}$$

取 $L=1, J=L/\Delta x=1/\Delta x$, 代入上式, 得上式中第二项的系数为

$$\tilde{C}_k^n=\begin{cases}0 & k=0\\ \dfrac{\mathrm{i}}{\Delta x}\left[C_0^nC_{J/2}^n+(2\vartheta-1)(C_J^n+C_{-J}^n)C_{J/2}^n\right] & k=J/2\\ -\dfrac{\mathrm{i}}{\Delta x}\left[C_0^nC_{-J/2}^n+(2\vartheta-1)(C_J^n+C_{-J}^n)C_{-J/2}^n\right] & k=-J/2\\ \dfrac{\mathrm{i}}{\Delta x}(1-\vartheta)(C_{J/2}^n)^2 & k=J\\ -\dfrac{\mathrm{i}}{\Delta x}(1-\vartheta)(C_{-J/2}^n)^2 & k=J\end{cases} \tag{2.8.89}$$

消去公共系数 $e^{i\frac{\pi}{L}kj\Delta x}$, k 取 $0, \pm J/2, \pm J$ 值, 式 (2.8.88) 化成

$$\frac{C_k^{n+1} - C_k^{n-1}}{2\Delta t} + \tilde{C}_k^n = 0 \quad k = 0, \pm J/2, \pm J \tag{2.8.90}$$

以 $\tilde{C}_k^n$ 值代入, 得

$$\begin{cases} C_0^{n+1} - C_0^{n-1} = 0 \\ C_{J/2}^{n+1} - C_{J/2}^{n-1} + \mathrm{i}\dfrac{2\Delta t}{\Delta x}\left[C_0^n C_{J/2}^n + (2\vartheta - 1)(C_J^n + C_{-J}^n)C_{J/2}^n\right] = 0 \\ C_{-J/2}^{n+1} - C_{-J/2}^{n-1} - \mathrm{i}\dfrac{2\Delta t}{\Delta x}\left[C_0^n C_{-J/2}^n + (2\vartheta - 1)(C_J^n + C_{-J}^n)C_{-J/2}^n\right] = 0 \\ C_{J/2}^{n+1} - C_{J/2}^{n-1} + \mathrm{i}\dfrac{2\Delta t}{\Delta x}(1 - \vartheta)(C_{J/2}^n)^2 = 0 \\ C_{-J/2}^{n+1} - C_{-J/2}^{n-1} - \mathrm{i}\dfrac{2\Delta t}{\Delta x}(1 - \vartheta)(C_{-J/2}^n)^2 = 0 \end{cases} \tag{2.8.91}$$

引入如下的关系式

$$C_0^n = V^n, C_{\pm J/2}^n = \frac{1}{2}(C^n \mp iS^n), C_{\pm J}^n = \frac{1}{2}U^n \tag{2.8.92}$$

将上式代入式 (2.8.91), 并将虚、实部分开可得

$$\begin{cases} V^{n+1} - V^{n-1} = 0 \\ C^{n+1} - C^{n-1} + \dfrac{2\Delta t}{\Delta x}S^n\left[V^n + (1 - 2\vartheta)U^n\right] = 0 \\ S^{n+1} - S^{n-1} - \dfrac{2\Delta t}{\Delta x}C^n\left[V^n + (1 - 2\vartheta)U^n\right] = 0 \\ U^{n+1} - U^{n-1} + \dfrac{2\Delta t}{\Delta x}C^n S^n(1 - \vartheta) = 0 \end{cases} \tag{2.8.93}$$

要求出式 (2.8.93) 的一般解是困难的, 通过直接验证式 (2.8.93), 有两组特解, 即

$$\begin{cases} S^n = 0 & (n\ 为奇数) \\ C^n = 0 & (n\ 为偶数) \end{cases} \quad 和 \quad \begin{cases} S^n = 0 & (n\ 为偶数) \\ C^n = 0 & (n\ 为奇数) \end{cases}$$

不管 n 为偶数或奇数, 均有下列可能

$$\begin{cases} C^{n+1} - C^{n-1} + \dfrac{2\Delta t}{\Delta x}S^n\left[V^n + (1 - 2\vartheta)U^n\right] = 0 \\ S^{n+1} - S^{n-1} + \dfrac{2\Delta t}{\Delta x}C^n\left[V^n + (1 - 2\vartheta)U^n\right] = 0 \\ U^{n+1} - U^{n-1} = 0 \\ V^{n+1} - V^{n-1} = 0 \end{cases} \tag{2.8.94}$$

从上式中的后两式, 可以得出两个关系式

$$U^n = \tilde{U}_0 + \tilde{U}_1 \cos n\pi, V^n = \tilde{V}_0 + \tilde{V}_1 \cos n\pi \tag{2.8.95}$$

式中,

$$\tilde{U}_0 = \frac{1}{2}(U^0 + U^1); \tilde{U}_1 = \frac{1}{2}(U^0 - U^1); \tilde{V}_0 = \frac{1}{2}(V^0 + V^1);$$
$$\tilde{V}_1 = \frac{1}{2}(V^0 - V^1); \tag{2.8.96}$$

由式 (2.8.94) 可以导出如下的方程

$$C^{n+2} - (2+\mu)C^n + C^{n-2} = 0 \tag{2.8.97}$$

式中, $\mu = \left(\frac{2\Delta t}{\Delta x}\right)^2 \left\{\left[\tilde{V}_0 - (1-2\vartheta)\tilde{U}_1 \cos n\pi\right]^2 - \left[(1-2\vartheta)\tilde{U}_0 - \tilde{V}_1 \cos n\pi\right]^2\right\}$. 同样可以得类似的 S^n 的方程. 式 (2.8.97) 的特征方程可以写成

$$\lambda^4 - (2+\mu)\lambda^2 + 1 = 0 \tag{2.8.98}$$

稳定性要求

$$\left|\lambda^2\right|^2 \leqslant 1 \tag{2.8.99}$$

即要求

$$\left|\left(1 + \frac{\mu}{2}\right)\right| \leqslant 1 \tag{2.8.100}$$

在满足上述条件时, C^n 保持有界, 如果 $\left|\left(1 + \frac{\mu}{2}\right)\right| > 1$, 则 C^n 无界, 波长为 $4\Delta x$ 的傅里叶分量的能量会迅速增长, 而引起计算的非线性不稳定. 以 μ 值代入非线性稳定条件

$$-1 < 2\left(\frac{\Delta t}{\Delta x}\right)^2 \left\{\left[\tilde{V}_0 - (1-2\vartheta)\tilde{U}_1 \cos n\pi\right]^2 - \left[(1-2\vartheta)\tilde{U}_0 - \tilde{V}_1 \cos n\pi\right]^2\right\} < 0$$

或写成

$$-1 < 2\left(\frac{\Delta t}{\Delta x}\right)^2 \left\{\left[\tilde{V}_0 \pm (1-2\vartheta)\tilde{U}_1\right]^2 - \left[(1-2\vartheta)\tilde{U}_0 \pm \tilde{V}_1\right]^2\right\} < 0 \tag{2.8.101}$$

当 n 为偶数时取正号, n 为奇数时取负号. 上式即为离散格式的非线性稳定的判别准则. 由式 (2.8.99) 可见, 当

$$\left[\tilde{V}_0 \pm (1-2\vartheta)\tilde{U}_1\right]^2 > \left[(1-2\vartheta)\tilde{U}_0 \pm \tilde{V}_1\right]^2 \tag{2.8.102}$$

时, 则不论 Δt 如何取值, 计算总是呈现不稳定. 讨论两种特殊情况. 一是 $\vartheta = 1/2$, 由式 (2.8.102) 有

$$\tilde{V}_0^2 > (\pm\tilde{V}_1)^2$$

即

$$(V^0+V^1)^2 > (V^0-V^1)^2 \tag{2.8.103}$$

当 $V^0 = V^1$, 上式总是满足的, 会出现非线性不稳定. 当 $V^0 = -V^1$, 式 (2.8.103) 不满足, 计算不会出现非线性不稳定. 第二种情况是, 如果 $V = 0$, 则有

$$\tilde{U}_1^2 > \tilde{U}_0^2$$

即,

$$(U^0-U^1) > (U^0+U^1) \tag{2.8.104}$$

显然, 如果 $U^0 = -U^1$, 则上式满足, 会出现非线性不稳定. 若 $U^0 = U^1$, 则上式不满足, 不会出现非线性不稳定.

以上的讨论可以说明初始条件的给定对于非线性稳定的影响. 也可以解释前面的算例中为什么初始条件式 (2.8.81) 能给出稳定的计算结果. 只要 U^0, V^1 同号, 且 V^0 充分大则可以避免非线性不稳定的出现.

2.9　特 征 线 法

从这一节往后, 我们将讨论一些常用的, 具有代表性的差分格式. 着重介绍每种差分格式的典型结构, 稳定性条件及其优缺点, 以便于读者针对所解决的实际问题选用适宜的格式或借用他人的计算某个水力学问题的现成格式时, 对别人为什么选用此种格式的意图能有实质的理解而避免盲目借用. 这一节先介绍特征线法.

2.9.1　特征方程、特征线和 Riemann 不变量

在第 1 章我们已经初步介绍了特征线的概念. 这一节将从明渠非恒定流的基本方程导出作为特征线法基础的特征方程, 及进一步说明特征线和 Riemann 不变量的概念.

考虑矩形断面棱柱体渠道中的非恒定流, 其控制方程可由式 (1.3.83), 式 (1.3.84) 导出, 为

$$\frac{\partial h}{\partial t} + h\frac{\partial u}{\partial x} + u\frac{\partial h}{\partial x} = 0 \tag{2.9.1}$$

$$\frac{\partial u}{\partial t} + u\frac{\partial u}{\partial x} + g\frac{\partial h}{\partial x} + g(S_f - S_0) = 0 \tag{2.9.2}$$

式中, h 是水深; u 是流速; S_f 是阻力坡降, $\dfrac{u\,|u|}{c^2R}$; R 是水力半径; S_0 是渠底坡降.

设 $a^2 = gh$, 将其对 x 和 t 分别求导, 得

$$2a\frac{\partial a}{\partial x} = g\frac{\partial h}{\partial x} \quad 2a\frac{\partial a}{\partial t} = g\frac{\partial h}{\partial t} \tag{2.9.3}$$

将式 (2.9.3) 代入式 (2.9.1) 和式 (2.9.2), 得

$$2\frac{\partial a}{\partial t}+2u\frac{\partial a}{\partial x}+a\frac{\partial u}{\partial x}=0 \tag{2.9.4}$$

$$\frac{\partial u}{\partial t}+2a\frac{\partial a}{\partial x}+u\frac{\partial u}{\partial x}+H_f=0 \tag{2.9.5}$$

式中,

$$H_f=g(s_f-s_0).$$

将式 (2.9.5) 与式 (2.9.6) 相加

$$\frac{\partial}{\partial t}(u+2a)+(u+a)\frac{\partial}{\partial x}(u+2a)+H_f=0 \tag{2.9.6}$$

将式与式相减

$$\frac{\partial}{\partial t}(u-2a)+(u-a)\frac{\partial}{\partial x}(u-2a)+H_f=0 \tag{2.9.7}$$

根据微积分学中全导数的概念, 有

$$\frac{\mathrm{D}}{\mathrm{D}t}=\frac{\partial}{\partial t}+\frac{\mathrm{d}x}{\mathrm{d}t}\frac{\partial}{\partial x} \tag{2.9.8}$$

对比式 (2.9.8) 和式 (2.9.7), 如果我们设 $\frac{\mathrm{d}x}{\mathrm{d}t}=u+a$, 则式 (2.9.6) 可以写成

$$\frac{\mathrm{D}_+}{\mathrm{D}t}(u+2a)+H_f=0 \tag{2.9.9}$$

对比式 (2.9.8) 和式 (2.9.7), 如果我们设 $\frac{\mathrm{d}x}{\mathrm{d}t}=u-a$, 则式 (2.9.7) 可以写成

$$\frac{\mathrm{D}_-}{\mathrm{D}t}(u-2a)+H_f=0 \tag{2.9.10}$$

这样我们就得出两组方程

$$\frac{\mathrm{D}_+}{\mathrm{D}t}(u+2a)+H_f=0 \tag{2.9.11}$$

$$\frac{\mathrm{d}x}{\mathrm{d}t}=u+a \tag{2.9.12}$$

$$\frac{\mathrm{D}_-}{\mathrm{D}t}(u-2a)+H_f=0 \tag{2.9.13}$$

$$\frac{\mathrm{d}x}{\mathrm{d}t}=u-a \tag{2.9.14}$$

如 1.3.6 节所述, 在 $x-t$ 平面上, $\frac{\mathrm{d}x}{\mathrm{d}t}=u+a$ 和 $\frac{\mathrm{d}x}{\mathrm{d}t}=u-a$ 分别表示两类有向曲线的斜率. 从波的传播的概念来解释, 则 $C_+=u+a$ 和 $C_-=u-a$ 表示扰动

在流速为 u 的运动体中的传播速度. 我们把对应于 C_+ 的特征线叫做正向特征线. 对应于 C_- 的特征线叫做负向特征线. 方程 (2.9.11) 描述了沿 C_+ 特征线水力要素 u 和 h 的变化, 只适用于 C_+ 特征线, 方程 (2.9.13) 描述了沿 C_- 特征线水力要素 u 和 h 的变化, 只适用于 C_- 特征线.

假设渠道底水平、无摩阻, 则 $H_f=0$, 上述两组方程组简化成

$$\frac{\mathrm{D}_+}{\mathrm{D}t}(u+2a)=0 \tag{2.9.15}$$

$$\frac{\mathrm{d}x}{\mathrm{d}t}=u+a \tag{2.9.16}$$

$$\frac{\mathrm{D}_-}{\mathrm{D}t}(u-2a)=0 \tag{2.9.17}$$

$$\frac{\mathrm{d}x}{\mathrm{d}t}=u-a \tag{2.9.18}$$

将式 (2.9.15) 和式 (2.9.17) 积分, 得出

$$u+2a=\text{const}=J_+ \tag{2.9.19}$$

$$u-2a=\text{const}=J_- \tag{2.9.20}$$

量 J_+ 和 J_- 是沿特征性 C_+, C_- 的不变量, 叫做 Reimann 不变量, 如果 $H_f\neq 0$, 则式 (2.9.11) 和式 (2.9.13) 可以表达成积分形式, 即

$$[u+2a]_1^2=-\int_{t_1}^{t_2}H_f\mathrm{d}t \tag{2.9.21}$$

$$[u-2a]_1^2=-\int_{t_1}^{t_2}H_f\mathrm{d}t \tag{2.9.22}$$

只要时间差 (t_2-t_1) 不太大, 则右侧积分值比较小, 上两式等式左边构成所谓准 Reimann 不变量.

在水力学课程中讲过, 急流和缓流中波的传播特性不同, 从而特征线的型式也不同. 下面利用弗劳德数 F_r 来加以说明. 由 F_r 数的定义, $F_r=\dfrac{u}{\sqrt{gh}}=\dfrac{u}{a}$. 对于急流 $F_r>1$, 即 $u>a$, 所以 $C_+=u+a>0, C_-=u-a>0$, 且 $|C_+|>|C_-|$. 所以正向特征线和负向特征线的斜率均为正, 且 C_+ 特征线的斜率 $1/C_+$ 小于 C_- 特征线的斜率 $1/C_-$, 在 $x-t$ 平面两类特征线的形态如图 2.9.1(a) 所示. 对于临界流, $F_r=1$, 即 $u=a$, 从而, $C_+=u+a>0, C_-=u-a=0$, 所以 C_+ 特征线的斜率为正, 而 C_- 特征线与 x 轴垂直. 见图 2.9.1(b). 对于缓流, $F_r<1$, 即 $u<a$, 所以 $C_+=u+a>0, C_-=u-a<0$, 从而, C_+ 特征线的斜率为正, C_- 特征线的斜率为负, 两类特征线的形态见图 2.9.1(c).

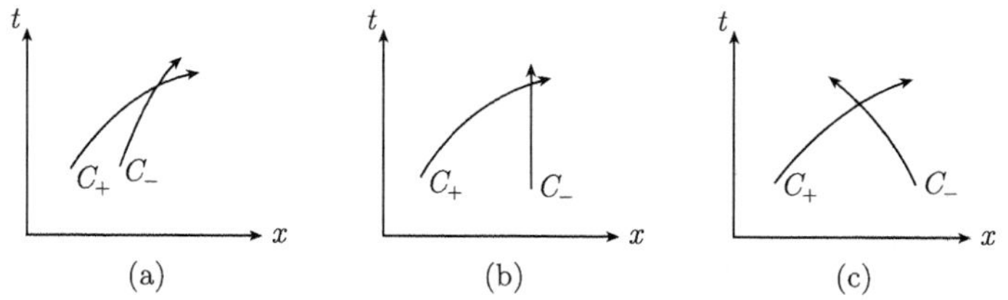

图 2.9.1 特征线的不同型式

2.9.2 特征线法

这个方法的基本思想可以阐述如下. 以棱柱体渠道中的非恒定缓流为例. 在 $x-t$ 平面上给定 L, R 两点处的 u, a 值, 求过 L, R 两点的特征线 LM 和 RM 交点处 M 的 u, a 值, 利用准 Reimann 不变量的关系式 (2.9.21) 和 (2.9.22) 及特征线关系式 (2.9.16) 和 (2.9.18) 进行分析. 沿 LM 特征线, 如图 2.9.2, 有

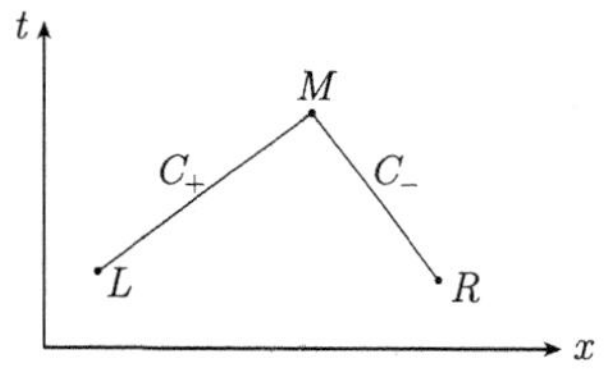

图 2.9.2 特征线法的计算简图

$$[u+2a]_L^M + \int_{t_L}^{t_M} H_f \mathrm{d}t = 0$$

和

$$\frac{\mathrm{d}x}{\mathrm{d}t} = u + a$$

沿 RM 特征线, 有

$$[u-2a]_L^M + \int_{t_R}^{t_M} H_f \mathrm{d}t = 0$$

和

$$\frac{\mathrm{d}x}{\mathrm{d}t} = u - a$$

将上述四式展开成有限量的形式

$$(u+2a)_M - (u+2a)_L + (H_f)_L(t_M - t_L) = 0 \tag{2.9.23}$$

$$x_M - x_L = (u+a)_L \cdot (t_M - t_L) \tag{2.9.24}$$

$$(u-2a)_M - (u+2a)_R + (H_f)_R(t_M - t_R) = 0 \tag{2.9.25}$$

$$x_M - x_R = (u-a)_R \cdot (t_M - t_R) \tag{2.9.26}$$

从式 (2.9.24) 和式 (2.9.26) 中解出 t_M

$$t_M = [(u+a)_L t_L - (u-a)_R t_R + x_R - x_L]/[(u+a)_L - (u-a)_R] \tag{2.9.27}$$

如 t_M 已知, 可以从式 (2.9.26) 求出 x_M 值

$$x_M = (u+a)_L \cdot (t_M - t_L) + x_L \tag{2.9.28}$$

再从式 (2.9.23) 和 (2.9.25) 解出 u_M 和 a_M 值

$$u_M = \frac{1}{2}[(u+2a)_L + (u-2a)_R] - \frac{1}{2}[(H_f)_L(t_M - t_L) + (H_f)_R(t_M - t_R)] \tag{2.9.29}$$

$$a_M = \frac{1}{4}[(u+2a)_L - (u-2a)_R] - \frac{1}{4}[(H_f)_L(t_M - t_L) - (H_f)_R(t_M - t_R)] \tag{2.9.30}$$

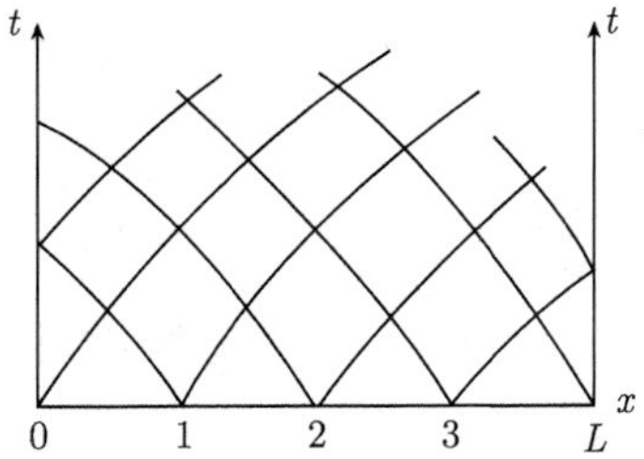

图 2.9.3　特征线网格

利用特征线网格作为离散网格进行数值计算, 是利用式 (2.9.29) 和式 (2.9.30) 和相应的初始条件和边界条件, 逐步计算出各个网格结点处的 u_M、a_M 值 (或 u_M、h_M 值) 相应的时刻 t_M 值. 特征线网格如图 2.9.3 所示.

利用特征线网格的计算精度高, 不受稳定性条件的限制. 但是计算的网格不规则, 需要同时储存结点在 x, t 平面上的位置坐标和结点上的水力参数值, 要求的储存量大, 这是这种方法的不足之处.

在实践中, 我们常用固定网格如图 2.9.4 所示. 在时刻 $n\Delta t$, u 和 a 的值假定已知, 我们需要求出 u, a 在时刻 $(n+1)\Delta t$ 的值. 我们的目的是找出通过时刻 $(n+1)$ 层的那些结点的特征线, 例如, 结点 $(j, n+1)$. 为此, 可由结点 $(j, n+1)$ 作通过它的两条特征线. 并将这两条特征线反射回时刻 $n\Delta t$ 层. 这两条特征线一般地不通过第 n 层的结点, 而是结点之间的某个中间点, 如图中的 L、R 点. L、R 点处的水力参数是未知的. 这样就有一个内插求值的问题. 可供选择的内插方法很多, 这里我们只介绍经常用的一种方法.

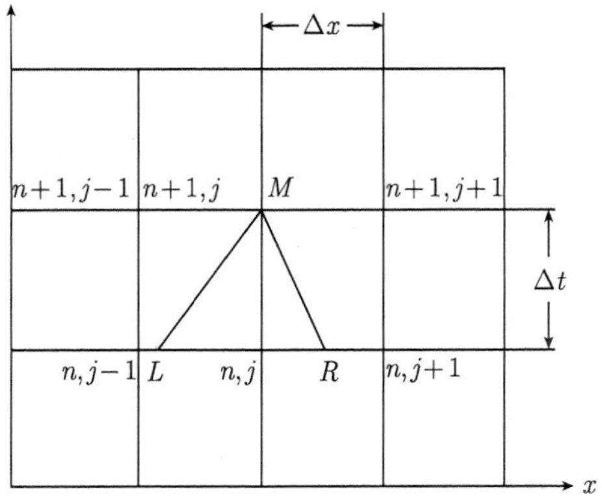

图 2.9.4　固定网格特征线法计算简图

1. 利用通过 (n, j) 结点的特征线的斜率求出 x_M 与 x_R 的值. 由于

$$\left(\frac{\mathrm{d}x}{\mathrm{d}t}\right)_+ = u + a \tag{2.9.31}$$

$$\left(\frac{\mathrm{d}x}{\mathrm{d}t}\right)_- = u - a \tag{2.9.32}$$

上述方程的近似形式为

$$x_L = x_j^n - (u_j^n + a_j^n)\Delta t \tag{2.9.33}$$

和

$$x_R = x_j - (u_j^n - a_j^n)\Delta t \tag{2.9.34}$$

2. L、R 两点的 u 和 c 值由线性内插求得

$$u_L = u_{j-1}^n + \frac{x_L - x_{j-1}^n}{\Delta x}(u_j^n - u_{j-1}^n) \tag{2.9.35}$$

$$u_R = u_{j+1}^n + \frac{x_{j+1}^n - x_R}{\Delta x}(u_j^n - u_{j+1}^n) \tag{2.9.36}$$

$$a_L = a_{j-1}^n + \frac{x_L - x_{j-1}^n}{\Delta x}(a_j^n - a_{j-1}^n) \tag{2.9.37}$$

$$a_R = a_{j+1}^n + \frac{x_{j+1}^n - x_R}{\Delta x}(a_j^n - a_{j+1}^n) \tag{2.9.38}$$

如果 $x_L < x_{j-1}^n$ 或 $x_R > x_{j+1}^n$, 内插必须利用结点 $(n, j-2)$ 和 $(n, j-1)$ 或 $(n, j+1)$ 和 $(n, j+2)$. 对于急流 $x_R < x_j^n$, 内插必须做相应的调整.

在实践中, 我们对于 a 值并不感兴趣, 而对水深或其他量感兴趣. a 值可以利用某些关系与其他量 (水深等) 相关起来. 例如, 对于矩形过水断面, $a = \sqrt{gh}$.

3. 利用式 (2.9.29) 和 (2.9.30) 求得结点 $(n+1,\ j)(M)$ 处的 u_M, a_M.

4. 利用下列两式求出 x_L, x_R 的新值

$$x_L = x_j^n - \frac{1}{2}(u_{j+1}^{n+1} + u_L + a_{j+1}^{n+1} + a_L)\Delta t \tag{2.9.39}$$

和

$$x_R = x_j^n - \frac{1}{2}(u_{j+1}^{n+1} + u_R - a_{j+1}^{n+1} - a_R)\Delta t \tag{2.9.40}$$

5. 利用新的 x_L, x_R 的值和式 (2.9.35)~ 式 (2.9.38) 内插求出 u_R, u_L, a_R, a_L 的新值.

6. 在式 (2.9.29), 式 (2.9.30) 中分别代入结点 $(n+1, j)$ 和点 L 处的 u, a 值的平均及结点 $(n+1, j)$ 和点 R 处的 u, a 值的平均值, 求出结点 $(n+1, j)$ 处的 u_M, a_M 值.

7. 重复步骤 (4)~(6) 直至得到要求的精度.

上面介绍的是沿空间内插求得特征线与网格的空间轴交点处的 u, a 值. 下面介绍另一种沿时间内插求得特征线与网格的时间轴的交点处的 u, a 值, 然后, 再求取下一时刻 $n+1$, 各网格结点上的 u, a 值, 沿时间内插的网格构成如图 2.9.5 所示. 过结点 $M(n+1,j)$ 的特征线向前反射与过 $j-1$ 和 $j+1$ 的时间轴分别交于 L, R 点, 这里有两种情况, 一种是交点 L, R 位于时间层 $n, n-1$ 之间 (或者更向前, 在 $n-1$, $n-2$ 时间层之间) 图 2.9.5(a). 另一种则是交点 L、R 位于时间层 $(n+1,n)$ 之间.

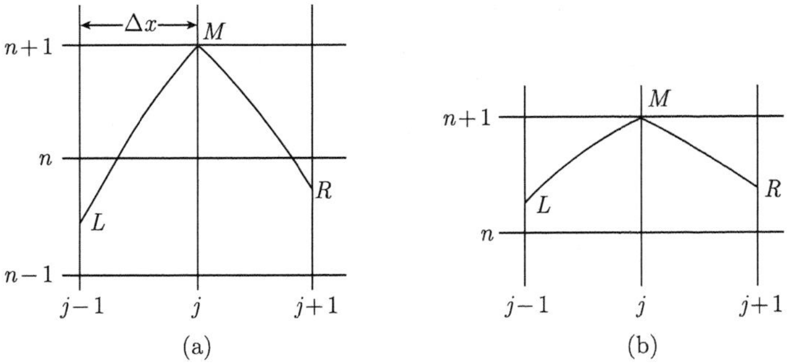

图 2.9.5　沿时间内插的网格图

对于第一种情况, 交点 L、R 处的 u, a 值, 分别由邻近结点对 $(n, j-1; n-1, j-1)$ 和 $(n, j+1; n-1, j+1)$ 内插求得. 内插的步骤与上面介绍的对空间内插的步骤类似. 至于第二种情况沿时间内插, 需要用到未知的 $n+1$ 层结点值, 所以 L、R 处的值不能显式解出, 必须联立求解. 称为隐式内插法.

根据文献 [7] 的结论, 沿时间内插引入的插值误差较之沿空间内插引入的误差为小, 特别是当交点距结点的距离较大时, 例如沿空间内插, 当 L 点与 $(n, j-1)$ 结点间距离较大时, 内插的插值误差也增大.

2.10　显式差分格式

本节将介绍几种典型的显式差分格式.

2.10.1　Lax 格式和耗散界面 (Dissipative Interface)

我们考虑一个简单的系数为常数的线性微分方程

$$\frac{\partial \Gamma}{\partial t}+u\frac{\partial \Gamma}{\partial x}=0 \tag{2.10.1}$$

它的最简单的差分格式之一是

$$\frac{\Gamma_j^{n+1}-\Gamma_j^n}{\Delta t}=-u\frac{\Gamma_{j+1}^n-\Gamma_{j-1}^n}{\Delta x} \tag{2.10.2}$$

应用 Von Neumann 法对上面的差分格式的稳定性进行分析. 如前述, 假定

$$\Gamma_j^n = \zeta^n e^{ik_x j\Delta x} = \zeta^n e^{ij\vartheta} \tag{2.10.3}$$

以式 (2.10.3) 代入式 (2.10.2) 并施行若干代数运算, 得

$$G = 1 + ic\sin\vartheta \tag{2.10.4}$$

式中, $c = u\dfrac{\Delta t}{\Delta x}$, Conrant 数: $\vartheta = k_x\Delta x$, 相角. G 的模 $|G|$ 为

$$|G|^2 = 1 + c^2\sin^2\vartheta \tag{2.10.5}$$

由此可见, $|G|$ 的值总是大于 1, 所以差分格式无条件地不稳定. 为了使这个差分格式稳定, Lax(1954) 用

$$\frac{1}{2}(\Gamma_{j+1}^n + \Gamma_{j-1}^n)$$

代替式 (2.10.2) 左边的 Γ_j^n. 这样式 (2.10.2) 变成

$$\frac{\Gamma_{j+1}^{n+1} - \dfrac{1}{2}(\Gamma_{j+1}^n + \Gamma_{j-1}^n)}{\Delta t} = -u\frac{\Gamma_{j+1}^n - \Gamma_{j-1}^n}{2\Delta x} \tag{2.10.6}$$

对上式进行同样的稳定分析, 得出幅度因子 G 如下

$$G = \cos\vartheta - ic\sin\vartheta$$

而 G 的模 $|G|$ 是

$$\begin{aligned}|G|^2 &= \cos^2\vartheta + c^2\sin^2\vartheta\\ &= 1 - \sin^2\vartheta + c^2\sin^2\vartheta\\ &= 1 - (1 - c^2)\sin^2\vartheta\end{aligned} \tag{2.10.7}$$

稳定性要求 $|G| \leqslant 1$ 即

$$|G|^2 = 1 - (1 - c^2)\sin^2\vartheta \leqslant 1$$

所以

$$1 - c^2\sin^2\vartheta \geqslant 0$$

或

$$c^2 \leqslant 1$$

所以 Lax 格式的稳定条件可以写成

$$c \leqslant 1$$

或

$$u\frac{\Delta t}{\Delta x} \leqslant 1 \tag{2.10.8}$$

这种稳定差分格式的方法叫做对原差分格式引进一个耗散界面. 只要 $u\dfrac{\Delta t}{\Delta x} < 1$, 这种格式对所有的傅里叶分量都有耗散作用, 这种耗散作用随弗劳德数 F_r 变小 (即 u 变小) 而减弱, 见 2.15 节. 有时候这种一阶精度的差分格式的耗散作用非常强.

Lax 格式还可以用下面方法来拓广, 这里有三种可能性

$$f_j^* = \alpha f_{j+1} + (1-2\alpha) f_j + \alpha f_{j-1} \quad 0 < \alpha \leqslant \frac{1}{2} \quad (\text{中心差分}) \tag{2.10.9}$$

$$f_j^* = \alpha f_{j+1} + (1-\alpha) f_j \quad 0 < \alpha \leqslant 1 \quad (\text{前差分}) \tag{2.10.10}$$

$$f_j^* = (1-\alpha) f_j + \alpha f_{j-1} \quad 0 < \alpha < 1 \quad (\text{后差分}) \tag{2.10.11}$$

如果将式 (2.10.9) 引入式 (2.10.2) 代替 Γ_j^n, 得

$$\begin{aligned} &\frac{\Gamma_j^{n+1} - [\alpha\Gamma_{j+1}^n + (1-2\alpha)\Gamma_j^n + \alpha\Gamma_{j-1}^n]}{\Delta t} \\ &= -u\frac{\Gamma_{j+1}^n - \Gamma_{j-1}^n}{2\Delta x} \end{aligned} \tag{2.10.12}$$

上式的幅度因子 G 为

$$G = D - ic\sin\vartheta \tag{2.10.13}$$

式中,

$$D = 1 - 2\alpha(1-\cos\vartheta).$$

将式 (2.10.13) 与式 (2.8.54) 对比, 可以看出, 这里的 α 相当于式 (2.8.59) 中的 d, 所以, 差分格式的稳定条件应该是 $\alpha \leqslant \dfrac{1}{2}$ 和 $c \leqslant 2\alpha$.

2.10.2　逆风格式 (Upwind Scheme)

设速度 u 的正方向与 x 轴的正方向一致, 空间差分的形式随 u 的方向分别采用前差分或后差分, 即

$$\frac{\Gamma_j^{n+1} - \Gamma_j^n}{\Delta t} + u\frac{\Gamma_j^n - \Gamma_{j-1}^n}{\Delta x} = 0 \quad u > 0 \tag{2.10.14}$$

或

$$\frac{\Gamma_j^{n+1} - \Gamma_j^n}{\Delta t} + u\frac{\Gamma_{j+1}^n - \Gamma_j^n}{\Delta x} = 0 \quad u < 0 \tag{2.10.15}$$

以式 (2.10.14) 为例讨论逆风格式的稳定性. 利用 Von Neumann 法可得式 (2.10.14) 的幅度因子 G 为

$$G = (1 - c + \cos\theta) - ic\sin\theta \tag{2.10.16}$$

G 的模 $|G|$ 等于

$$|G| = \left[(1 - c + \cos\theta)^2 - c^2\sin^2\theta\right]^{1/2}$$

从上式可以得出逆风格式稳定的条件为

$$c \leqslant 1$$

2.10.3 蛙跳格式 (Leap-frog Scheme)

蛙跳格式是一个用得很多的差分格式, 它在时间和空间上都采用中心差分. 当这种格式用于仅含对流项的方程时, 显示出非常满意的稳定特性

$$\frac{\partial \varGamma}{\partial t} = -\frac{\partial (u\varGamma)}{\partial x} \quad u = \text{const} \tag{2.10.17}$$

$$\frac{\varGamma_j^{n+1} - \varGamma_j^{n-1}}{2\Delta t} = -\frac{u\varGamma_{j+1}^n - u\varGamma_{j-1}^n}{2\Delta x} \tag{2.10.18}$$

这个格式是时间与空间上均为二阶精度的, 三层一步显式差分格式. 因而, 为了计算 $(n+1)$ 层的值, 需要 $(n-1)$ 和 n 层的已知值. 另外, 还可以看出, 后一偶数层的 $\varGamma$ 值实际上等于前一偶数层的 $\varGamma$ 值加上一个变化量, 而跳过其间的奇数层, 这就是蛙跳式这个名称的来历, 图 2.10.1.

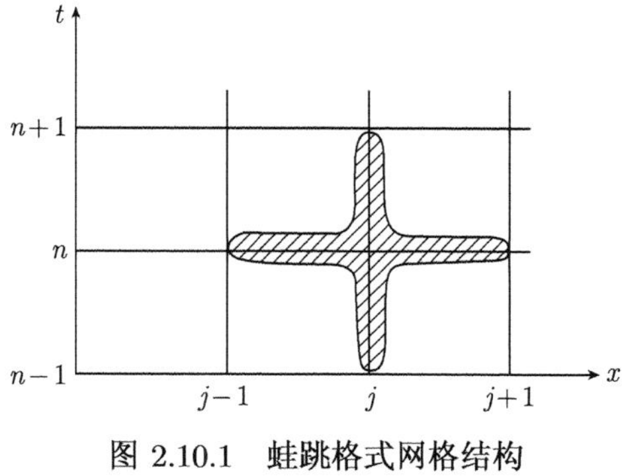

图 2.10.1 蛙跳格式网格结构

Von Neumann 法在这种格式及其他多层差分格式中的应用说明如下. 将式 (2.10.5) 写成如下格式

$$\varGamma_j^{n+1} = \varGamma_j^{n-1} - c(\varGamma_{j+1}^n - \varGamma_{j-1}^n) \tag{2.10.19}$$

对每一个 j 结点写出如上的方程, 得如下的矩阵形式的方程

$$\begin{pmatrix} \varGamma_1^{n+1} \\ \varGamma_2^{n+1} \\ \vdots \\ \vdots \\ \vdots \\ \varGamma_{J-1}^{n+1} \end{pmatrix} = c\begin{pmatrix} 0 & -1 & & & & \\ 1 & 0 & -1 & & & \\ & 1 & 0 & -1 & & \\ & & & \ddots & & \\ & & & & \ddots & \\ & & & & 1 & 0 \end{pmatrix}\begin{pmatrix} \varGamma_1^{n} \\ \varGamma_2^{n} \\ \vdots \\ \vdots \\ \vdots \\ \varGamma_{J-1}^{n} \end{pmatrix} + \begin{pmatrix} \varGamma_1^{n-1} \\ \varGamma_2^{n-1} \\ \vdots \\ \vdots \\ \vdots \\ \varGamma_{J-1}^{n} \end{pmatrix} + c\begin{pmatrix} \varGamma_0^{n} \\ 0 \\ \vdots \\ \vdots \\ \vdots \\ -\varGamma_J^{n} \end{pmatrix} \tag{2.10.20}$$

再将上式写成矢量形式

$$\varGamma^{n+1} = cA\varGamma^{n} + \varGamma^{n-1} + C \tag{2.10.21}$$

式中

$$\varGamma = \{\varGamma_1, \varGamma_2, \cdots\cdots \varGamma_{J-1}\}^{\mathrm{T}}, \quad C = \{\varGamma_0, 0, \cdots\cdots, 0, -\varGamma_J^n\}^{\mathrm{T}}$$

$$A = \begin{pmatrix} 0 & -1 & & & & \\ 1 & 0 & -1 & & & \\ & 1 & 0 & -1 & & \\ & & & \ddots & & \\ & & & & \ddots & \\ & & & & 1 & 0 \end{pmatrix} \text{系数矩阵.}$$

将式 (2.10.21) 再改写成形式

$$\begin{Bmatrix} \varGamma^{n+1} \\ \varGamma^{n} \end{Bmatrix} = \begin{bmatrix} cA & I_{J-1} \\ I_{J-1} & 0 \end{bmatrix}\begin{Bmatrix} \varGamma^{n} \\ \varGamma^{n-1} \end{Bmatrix} + \begin{Bmatrix} C^{n} \\ 0 \end{Bmatrix} \tag{2.10.22}$$

设 $V^n = \begin{Bmatrix} \varGamma^{n+1} \\ \varGamma^{n} \end{Bmatrix}$, 则上式可以写成

$$V^{n+1} = PV^n + d^n \tag{2.10.23}$$

这样我们就把三层差分格式变换成两层差分格式, 它的稳定特性则由 P 的特征值 λ_p 的模小于和等于 1 来保证. 矩阵 P 的特征值 λ_p 由下式

$$\begin{bmatrix} c\lambda_A - \lambda & 1 \\ 1 & 0 - \lambda \end{bmatrix} = 0 \tag{2.10.24}$$

式中 λ_A 是矩阵 A 的特征值, 它等于 $-2i\sin\theta$. 展开式 (2.10.24), 从得到的方程中解出 λ_p

$$\lambda_p = \frac{1}{2}\left[a \pm \sqrt{a^2+4}\right] \tag{2.10.25}$$

这里 $a=-2i\sin\theta$ 和 $a^2=-4c^2\sin^2\theta$, 由此

$$\lambda_p = -ic\sin\theta \pm \sqrt{1-c^2\sin^2\theta} \tag{2.10.26}$$

在 $c^2\sin^2\theta>1$ 的情况下, 根号下的项为虚数项, 所以

$$\lambda_p = i\left[-c\sin\theta \pm \sqrt{c^2\sin^2\theta-1}\right] \tag{2.10.27}$$

模 $|\lambda_p|>1$, 格式不稳定. 在 $c^2\sin^2\theta \leqslant 1$, 即要求 $c\leqslant 1$ 的情况下, 模 λ_p 为

$$|\lambda_p|^2 = c^2\sin^2\theta + (1-c^2\sin^2\theta) \tag{2.10.28}$$

对于 $c\leqslant 1$

$$|\lambda_p| = 1 \tag{2.10.29}$$

显然, 它满足临界稳定要求. 蛙跳格式的这种稳定特性很有实践意义, 因为原始微分方程是对流方程, 描述无黏性流体的运动过程, 即一个任意的初始扰动函数 $\Gamma(x,0)$ 无衰减地以速度 u 被传送. 利用分离变量法可以解得经过任意时段 τ 后的解是

$$\Gamma(x,t+\tau) = \Gamma(x-u\tau,t) \tag{2.10.30}$$

这样, 对于 $u=\text{const}$, Von Neumann 分析指出, 蛙跳格式正确地模拟了原始微分方程无阻尼的特性. 非黏性方程的任何 $|G|<1$ 的数值模式, 总是具有虚拟的数值阻尼误差. 对于收敛的格式, 只有当 Δt, $\Delta x\to 0$ 时, 数值阻尼误差才会消失, 而蛙跳格式, 正如 Von Neumann 法分析所指出的, 在 $u=\text{const}$ 和 $c\leqslant 1$ 时, 即使 Δx 和 Δt 为有限值, 也不具有阻尼误差. 当 $c=1$ 时, 这个模拟给出正确解. 这一点可以证明如下, 如取 $\tau=\Delta t$, 则 $(x-u\tau)=(x-c\Delta t)$, 对于 $c=1$ 式 (2.10.19) 可以写成

$$\Gamma_j^{n+1} = \Gamma_{j-1}^n \tag{2.10.31}$$

由此可见, 求网格结点上正确解的值就成为从点到点传播 Γ 的值. 例如, 从结点 $(n,j-1)$ 传递到点 $(n+1,j)$. 经过每一时段 Δt 这个 Γ 值被传递距离 $u\Delta t$, 在 $c=1$ 时, 这个距离就是 Δx. 如果每一步计算包括三层, 这个正确解就是

$$\Gamma_j^{n+1} = \Gamma_{j-2}^{n-1} \tag{2.10.32}$$

根据式 (2.10.31) 给出正确的初始值, $\Gamma_{j+1}^n=\Gamma_j^{n-1}$ 和 $\Gamma_{j-1}^n=\Gamma_{j-2}^{n-1}$, 式 (2.10.15) 就给出正确解 (2.10.32). 所以, $u=$const 和 $c=1$ 条件下蛙跳式给出正确解.

可是, 在实际水动力学计算中, u 是一个空间变量, 时间步长 Δt 将由 u 的最大值来限定. 这样, 我们不可能在整个计算中总能保持 $c=1$, 如果 $c<1$, 就会相应产生误差.

蛙跳格式也有缺点. 一是, 原始微分方程 (2.10.13) 是一阶方程, 它的解对于所有的 $x>0$ 和 $t>0$ 完全由一个初始条件和一个边界条件所确定, 但是其差分形式 (2.10.14) 却要求两组初始资料才能进行计算. 因为计算 $(n+1)$ 层的值需要用到 n 层和 $(n-1)$ 层资料. 实际上, 这个差分格式是一个时间上为二阶的方程需要初始条件 Γ_j^1 和 Γ_j^2, 这就类似于微分方程要求初始条件 $\Gamma(x,0)$ 和 $\dfrac{\partial}{\partial t}\Gamma(x,0)$, 从而超定了这个微分方程. 二是需要某一种差分形式来求出第二层的 Γ_j^2. 如果采用的差分形式能给出精确解 Γ_j^2, 随后的蛙跳格式的解就是正确解. 如果采用的差分形式算出的 Γ_j^2 包含误差, 那么这个误差将延续于随后的蛙跳格式的解中. 所以, 更正确地说, 蛙跳格式 (具有 $c=1$) 只是传递第二层 $(n=2)$ 的精确解, 其三, 在实际计算中, 常会产生两个互不相关和互不混合的解交替出现于每一步计算, 改变时间步长不会改变这两个互不混合的解. 随着一个稳态解的逼近, 这种 "不稳定性" 就有可能出现. 四是, 考虑一个有限的计算网格, 其最大的 j 值为 J, 应用蛙跳格式 (2.10.14) 去计算 Γ_J^{n+1}, 要求一个网格外的 Γ 值, Γ_{J+1}^n, 否则在 J 结点的计算就不能进行. 就像前面所讲的要求两组初始资料一样, 这个额外的边界条件也超定了问题本身. 还要指出的是, 一般常用的零梯度法, 即取 $\Gamma_J^{n+1}=\Gamma_{J-2}^{n+1}$, 这种近似所引起的误差是一个波长 $\lambda=2\Delta x$ 的扰动, 随着计算推进 (即随时间的推移), 这个 $\lambda=2\Delta x$ 的分量从网格的右侧 (出流边界) 向左测逐步传送, 这是不符合问题所要求的从左向右的对流. 这种要求额外的边界条件是另一种类型的误差所引起的后果. 这种误差叫做传递误差. 下面还要对它进行讨论.

2.10.4 Dufort-Frankel 格式

正如上面已经看到的, 非黏性微分方程的蛙跳格式有着我们希望的优点, 即具有二阶精度和幅度因子 $|\lambda|=1$. 遗憾的是, 如果把它用于扩散方程, 它就变成无条件不稳定格式, 因为扩散方程给出 $|\lambda|>1$.

许多研究者采用了这样的综合格式, 即对流项用蛙跳格式, 其截断误差为 $o(\Delta t^2, \Delta x^2)$, 扩散项用时间前差, (时间步长为 $2\Delta t$) 一空间中心差格式, 其截断误差为 $o(\Delta t, \Delta x^2)$

$$\frac{\Gamma_j^{n+1}-\Gamma_j^{n-1}}{2\Delta t}=-\frac{u\Gamma_{j+1}^n-u\Gamma_{j-1}^n}{2\Delta x}+\sigma\frac{\Gamma_{j+1}^{n-1}+\Gamma_{j-1}^{n-1}-2\Gamma_j^{n-1}}{\Delta x^2} \tag{2.10.33}$$

式 (2.10.33) 的稳定性将由稳定条件$c=u\dfrac{\Delta t}{\Delta x}\leqslant 1$ 和 $d=\sigma\dfrac{\Delta t}{\Delta x^2}\leqslant 1/2$ 来保证, Δt 将取这两个条件所确定的容许的 Δt 中的较小的值. 下面我们介绍一个有名的取消扩散项限制条件的显式差分格式叫 Dufort-Frankel 格式. 他们将扩散项的中心结点值 Γ_j^n 用其在时刻 $(n-1)$ 和 $(n+1)$ 的值的平均值来代替, 即

$$\frac{\Gamma_j^{n+1}-\Gamma_j^{n-1}}{2\Delta t}=-\frac{u\Gamma_{j+1}^n-u\Gamma_{j-1}^n}{2\Delta x}+\sigma\frac{\Gamma_{j+1}^n+\Gamma_{j-1}^n-\Gamma_j^{n+1}-\Gamma_j^{n-1}}{\Delta x^2} \tag{2.10.34}$$

虽然待求的时刻 $(n+1)$ 的值 Γ_j^{n+1} 出现在上式右边项中, 它仍可以解出, 以显式来表示.

$$\Gamma_j^{n+1}=\left[\Gamma_j^{n-1}-\frac{\Delta t}{\Delta x}(u\Gamma_{j+1}^n-u\Gamma_{j-1}^n)+\frac{2\sigma\Delta t}{\Delta x^2}(\Gamma_{j+1}^n+\Gamma_{j-1}^n-\Gamma_j^{n-1})\right]\Bigg/\left(1+\frac{2\sigma\Delta t}{\Delta x^2}\right) \tag{2.10.35}$$

利用 Von Neumann 稳定分析法可以证明, 上式稳定性条件只是 $c\leqslant 1$. 当这种格式推广用于二维和多维情况时, 其稳定性条件为 $c_x+c_y\leqslant 1$, 等等.

但是这种改进也存在一个特殊的问题. 如果我们把式 (2.10.35) 展开成 Taylor 级数, 结果我们得到一个波动型方程.

$$\sigma\left(\frac{\Delta t}{\Delta x}\right)^2\frac{\partial^2\Gamma}{\partial t^2}+\frac{\partial\Gamma}{\partial t}=-u\frac{\partial\Gamma}{\partial x}+\sigma\frac{\partial^2\Gamma}{\partial x^2} \tag{2.10.36}$$

从而Dufort-Frankel 格式的稳定性可能归因于在逼近微分方程时引入了波动型的项. 所以, 只有当 $\Delta x,\Delta t\to 0$ 的同时保持 $\dfrac{\Delta t}{\Delta x}\to 0$, 这个格式才是一个相容的格式. 如果当 $\Delta x,\Delta t\to 0$ 时, $\dfrac{\Delta t}{\Delta x}$ 不趋向于零, Dufort-Frankel 格式将与一个波动型方程 (2.10.36) 相容.

Dufort-Frankel 格式的另一个缺点是, 它失去了扩散型方程的有界性. 所谓有界性就是解的值 $\Gamma(x,\ t)$ 总是小于给定的初始和边界条件的最大值. Taylor 指出 Neumann 边界条件 (给定 Γ 的梯度值) 可能使扩散方程的 Dufort-Frankel 格式不稳定, 除非靠近边界的差分处理得很仔细, 与内部结点所用的方法相一致.

虽然 Dufort-Frankel 格式有上述不足之处, 但它作为一个条件稳定的显式格式还是有其特点的. 在实际计算中, 如果 Δx 固定, σ 比较小, 这个格式具有二阶精度. 此外对于 $d=\sigma\dfrac{\Delta t}{\Delta x^2}=\dfrac{1}{2}$, Dufort-Frankel 格式等同于时间前差–空间中心差格式. 如果 $d\neq 1/2$, 格式本身, 它的答案及其稳定性将与时间前差–空间中心差格式不同.

2.10.5 Lax-Wendroff 二阶精度格式

原始 Lax-Wendroff 格式最初是应用于守恒形式的一阶偏微分方程,

$$\frac{\partial\Gamma}{\partial t}+\frac{\partial f(\Gamma)}{\partial x}=0 \tag{2.10.37}$$

这里 $f(\Gamma)$ 是 Γ 的某个函数, 例如 $u\Gamma$ 等.

差分格式的推导是考虑对时间的 Taylor 级数展开式中的一阶和二阶导数项, 以得到对时间和空间均为二阶精度的格式. 展开式是

$$\Gamma_j^{n+1} = \Gamma_j^n + \Delta t \left(\frac{\partial \Gamma}{\partial t}\right)_j^n + \frac{\Delta t^2}{2}\left(\frac{\partial^2 \Gamma}{\partial t^2}\right)_j^n + \frac{\Delta t^3}{6}\left(\frac{\partial^3 \Gamma}{\partial t^3}\right)_j^n + HOT \tag{2.10.38}$$

将对时间的导数 $\left(\dfrac{\partial \Gamma}{\partial t}\right)$, $\left(\dfrac{\partial^2 \Gamma}{\partial t^2}\right)$ 用对空间的导数来表达, 利用式 (2.10.37)

$$\begin{aligned}
\frac{\partial \Gamma}{\partial t} &= -\frac{\partial f(\Gamma)}{\partial x} \\
\frac{\partial^2 \Gamma}{\partial t^2} &= -\frac{\partial}{\partial t}\left(\frac{\partial f(\Gamma)}{\partial x}\right) \\
&= -\frac{\partial}{\partial x}\left(\frac{\partial f(\Gamma)}{\partial t}\right) \\
&= -\frac{\partial}{\partial x}\left(\frac{\partial f(\Gamma)}{\partial \Gamma}\frac{\partial \Gamma}{\partial t}\right) \\
&= +\frac{\partial}{\partial x}\left(A\frac{\partial f(\Gamma)}{\partial x}\right)
\end{aligned} \tag{2.10.39}$$

这里 $A = \dfrac{\partial f(\Gamma)}{\partial \Gamma}$. 将式 (2.10.39) 代入式 (2.10.38) 并舍去式 (2.10.38) 中的高阶项, 我们得

$$\begin{aligned}
\Gamma_j^{n+1} =& \Gamma_j^n - \frac{\Delta t}{2\Delta x}\left[f(\Gamma)_{j+1}^n - f(\Gamma)_j^n\right] \\
&+ \frac{1}{2}\left(\frac{\Delta t}{\Delta x}\right)^2 \left\{A_{j+1/2}^n\left[f(\Gamma)_{j+1}^n - f(\Gamma)_j^n\right]\right. \\
&\left. - A_{j-1/2}^n\left[f(\Gamma)_j^n - f(\Gamma)_{j-1}^n\right]\right\}
\end{aligned} \tag{2.10.40}$$

式中, $A_{j+1/2} = A\left(\dfrac{\Gamma_{j+1}^n + \Gamma_j^n}{2}\right)$

式 (2.10.40) 是二阶精度的显式差分格式. Richtmayer 和 Morton 对上式进行了如下的简化. 设 A 为常数, 另外 $A_{j+1/2}^n$ 可以写成

$$A_{j+1/2}^n = \frac{\partial f(\Gamma)}{\partial \Gamma} = \frac{f(\Gamma)_{j+1}^n - f(\Gamma)_j^n}{\Gamma_{j+1}^n - \Gamma_j^n}$$

或

$$f(\Gamma)_{j+1}^n - f(\Gamma)_j^n = A_{j+1/2}^n\left(\Gamma_{j+1}^n - \Gamma_j^n\right)$$

这样式 (2.10.40) 可以变换成

$$\Gamma_j^{n+1} = \Gamma_j^n - \frac{\Delta t}{2\Delta x}A\left(\Gamma_{j+1}^n - \Gamma_{j-1}^n\right)$$

$$+\frac{1}{2}\left(\frac{\Delta t}{\Delta x}\right)^{2}A^{2}\left(\Gamma_{j+1}^{n}-2\Gamma_{j}^{+}\Gamma_{j-1}^{n}\right) \tag{2.10.41}$$

这个公式还可以用二步格式 (Two-Step Method) 来取代, 见图 2.10.2.

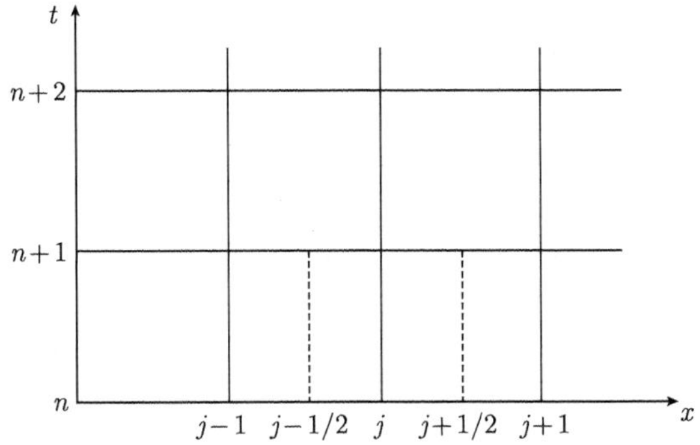

图 2.10.2 Lax-Wendroff 格式

1. 计算时刻 $\left(n+\frac{1}{2}\right)\Delta t$ 在位置 $j-1/2, j+1/2, j+3/2\cdots$ 处的中间值

$$\Gamma_{j+1/2}^{n+1/2}=\frac{\left(\Gamma_{j+1}^{n}+\Gamma_{j}^{n}\right)}{2}-\frac{\Delta t}{2\Delta x}\left[f\left(\Gamma\right)_{j+1}^{n}-f\left(\Gamma\right)_{j}^{n}\right] \tag{2.10.42}$$

这是 Lax 建议的一阶精度的显式格式.

2. 利用下列所谓 “校正格式” 计算时刻 $(n+1)\Delta t$ 在位置 $j-1, j, j+1\cdots$ 处的中间值 Γ_j^{n+1}

$$\Gamma_{j}^{n+1}=\Gamma_{j}^{n}-\frac{\Delta t}{\Delta x}\left[f\left(\Gamma\right)_{j+1/2}^{n+1/2}-f\left(\Gamma\right)_{j-1/2}^{n-1/2}\right] \tag{2.10.43}$$

这个方法具有二阶精度, 当 A=const 时, 它与式 (2.10.41) 等同, Lax-Wendroff 格式的稳定由下面的条件保证

$$|\lambda|\frac{\Delta t}{\Delta x}<1 \tag{2.10.44}$$

式中, λ 是 L-W 格式的幅度矩阵的特征值. Lax-Wendroff 格式成功地被用于明渠非恒定流的计算, 在第 3 章还要作进一步的介绍.

2.10.6 MaCormack 格式

MaCormack 格式也是一种在流体力学问题中得到广泛应用的一种格式. 是 Lax-Wendroff 两步格式的变形, 但由于它不需要计算 $j-1/2, j+1/2$ 结点的值, 所以更适用于非线性方程的离散. 对于线性微分方程

$$\frac{\partial\Gamma}{\partial t}+u\frac{\partial\Gamma}{\partial x}=0 \tag{2.10.45}$$

它的计算格式为

预测步

$$\Gamma_j^* = \Gamma_j^n - u\frac{\Delta t}{\Delta x}\left(\Gamma_{j+1}^n - \Gamma_j^n\right) \tag{2.10.46}$$

校正步

$$\Gamma_j^{n+1} = \frac{1}{2}\left[\Gamma_j^n + \Gamma_j^* - u\frac{\Delta t}{\Delta x}\left(\Gamma_j^* - \Gamma_{j-1}^*\right)\right] \tag{2.10.47}$$

由上式可见, 在预测步, 空间用的是前差分, 在校正步, 空间用的是后差分. 它的稳定特性和精度同 Lax-Wendroff 格式. 对于非线性方程

$$\frac{\partial \Gamma}{\partial t} + \frac{\partial f(\Gamma)}{\partial x} = 0 \tag{2.10.48}$$

则 MaCormack 格式可以更简单地进行离散

预测步

$$\Gamma_j^* = \Gamma_j^n - \frac{\Delta t}{\Delta x}\left(f_{j+1}^n - f_j^n\right) \tag{2.10.49}$$

校正步

$$\Gamma_j^{n+1} = \frac{1}{2}\left[\Gamma_j^n + \Gamma_j^* - \frac{\Delta t}{\Delta x}\left(f_j^* - f_{j-1}^*\right)\right] \tag{2.10.50}$$

一般来说, MaCormack 格式能很好地模拟不连续的间断解.

2.10.7 Adams-Bashforth 格式

Adams-Bashforth 格式用于对流方程是一个一步, 三层和时间前差的差分格式, 它的截断误差为 $o(\Delta t^2, \Delta x^2)$, 它可以被看成是对二阶时间导数的有限差分近似.

我们写出 Γ_j^{n+1} 对时间的 Taylor 级数展开

$$\Gamma_j^{n+1} = \Gamma_j^n + \left(\frac{\partial \Gamma}{\partial t}\right)_j^n \Delta t + \frac{1}{2}\Delta t^2\left(\frac{\partial^2 \Gamma}{\partial t^2}\right)_j^n + O\left(\Delta t^3\right)\cdots \tag{2.10.51}$$

利用单边时间差分来表达二阶时间导数

$$\left(\frac{\partial^2 \Gamma}{\partial t^2}\right)_j^n = \frac{\partial}{\partial t}\left(\frac{\partial \Gamma}{\partial t}\right)_j^n = \frac{\left(\frac{\partial \Gamma}{\partial t}\right)_j^n - \left(\frac{\partial \Gamma}{\partial t}\right)_j^{n-1}}{\Delta t} + (\Delta t) \tag{2.10.52}$$

合并上面两个方程结出

$$\Gamma_j^{n+1} = \Gamma_j^n + \left(\frac{\partial \Gamma}{\partial t}\right)_j^n \Delta t + \frac{1}{2}\left[\frac{\left(\frac{\partial \Gamma}{\partial t}\right)_j^n - \left(\frac{\partial \Gamma}{\partial t}\right)_j^{n-1}}{\Delta t} + O(\Delta t)\right]\Delta t^2 + O\left(\Delta t^2\right)$$

或

$$\Gamma_j^{n+1} = \Gamma_j^n + \left[\frac{3}{2}\left(\frac{\partial \Gamma}{\partial t}\right)_j^n - \frac{1}{2}\left(\frac{\partial \Gamma}{\partial t}\right)_j^{n-1}\right]\Delta t + O(\Delta t^3) \tag{2.10.53}$$

这是 Adams-Bashforth 差分格式用于对流项的基本形式, 它可以与扩散项的空间中间差分格式组合形成对流–扩散方程的差分格式, 在二维情况下, 这种格式有下面的形式

$$\begin{aligned}\Gamma_j^{n+1} =&\Gamma_j^n + \Delta t\Bigg[-\frac{3}{2}\left(\frac{\partial (u\Gamma)}{\partial x}\right)_j^n - \frac{1}{2}\left(\frac{\partial (u\Gamma)}{\partial x}\right)_j^{n-1}\\ &-\frac{3}{2}\left(\frac{\partial (u\Gamma)}{\partial y}\right)_j^n - \frac{1}{2}\left(\frac{\partial (u\Gamma)}{\partial y}\right)_j^{n-1}\Bigg]\\ &+\sigma\left[\left(\frac{\partial^2 \Gamma}{\partial x^2}\right)_j^n + \left(\frac{\partial^2 \Gamma}{\partial y^2}\right)_j^n\right]\Delta t\end{aligned} \tag{2.10.54}$$

可是上式由于包含了扩散项只具有一阶精度.

由于幅度因子为 $G = 1 + O\left(\Delta t^2\right)$, 式 (2.10.53) 应该说是无条件不稳定的. 不过这种不稳定性很弱, 它可以用于非黏性的非恒定流的计算, 但总的计算时间不能太长. Lilly 认为 Adams-Bashforth 格式要比 Lax-Wendroff 格式精确, 式 (2.10.54) 中黏性项的存在有利于格式的稳定.

Adams-Bashforth 格式用于对流方程和蛙跳式、Dufort-Frankel 一样具有二阶精度. 它虽然需要两层的资料去计算第三层的值, 但它不是 “蛙跳” 格式. 由此, 它不会像蛙跳格式那样产生两个互不混和的解, 它也不产生传输误差.

2.10.8 Rusanov 格式[9]

上面介绍的格式均为一阶和二阶精度的格式, Rusanov, Burstein 和 Mirin 于 1970 年同时提出了一种两层三步, 三阶精度的显式格式

第一步

$$\Gamma_{j+1/2}^{(1)} = \frac{1}{2}\left(\Gamma_{j+1}^n + \Gamma_j^n\right) - \frac{1}{3}c\left(\Gamma_{j+1}^n - \Gamma_j^n\right) \tag{2.10.55}$$

第二步

$$\Gamma_j^{(2)} = \Gamma_j^n - \frac{2}{3}c\left(\Gamma_{j+1/2}^{(1)} - \Gamma_{j-1/2}^{(1)}\right) \tag{2.10.56}$$

第三步

$$\begin{aligned}\Gamma_j^{n+1} =&\Gamma_j^n - \frac{1}{24}c\left(-2\Gamma_{j+2}^n + 7\Gamma_{j+1}^n - 7\Gamma_{j-1}^n + 2\Gamma_{j-2}^n\right)\\ &-\frac{1}{8}c\left(\Gamma_{j+1}^{(2)} - \Gamma_{j-1}^{(2)}\right) - \frac{\omega}{24}\left(\Gamma_{j+2}^n - 4\Gamma_{j+1}^n + 6\Gamma_j^n - 4\Gamma_{j-1}^n + \Gamma_{j-2}^n\right)\end{aligned} \tag{2.10.57}$$

第三步包含了一个四阶的差分项

$$\delta_x^4 \Gamma_j^n = \Gamma_{j+2}^n - 4\Gamma_{j+1}^n + 6\Gamma_j^n - 4\Gamma_{j-1}^n + \Gamma_{j-2}^n$$

这里 δ_x^4 表示四阶差分. 参数 ω 用以增强格式的稳定性和调整格式的阻尼与相位特性, 利用 Von Neumann 法可以得出上述格式的幅度因子

$$G = 1 - \frac{c^2}{2}\sin^2\vartheta - \frac{2\omega}{3}\sin^4\frac{\vartheta}{2} - ic\sin\vartheta\left[1 + \frac{2}{3}(1-c^2)\sin^2\frac{\vartheta}{2}\right] \tag{2.10.58}$$

由此可以得出稳定条件

$$\begin{cases} c \leqslant 1 \\ 4c^2 - c^4 \leqslant \omega \leqslant 3 \end{cases} \tag{2.10.59}$$

2.10.9 Самарский 格式[10]

Самарский 格式是逆风格式的一种推广, 其截断误差的阶次为 $O(\Delta t, \Delta x^2)$, 比逆风格式高, 计算工作量并不增加多少, 它特别适用于对流占优问题的计算. 根据流速 u 的方向不同其格式的形式也不相同

$$\frac{\Gamma_j^{n+1} - \Gamma_j^n}{\Delta t} = u\frac{\Gamma_j^n - \Gamma_{j-1}^n}{\Delta x} + \frac{\sigma}{\left(1 + \dfrac{\lambda\Delta x}{2}\right)}\frac{\Gamma_{j+1}^n - 2\Gamma_j^n + \Gamma_{j-1}^n}{\Delta x^2}, \quad u > 0 \tag{2.10.60}$$

$$\frac{\Gamma_j^{n+1} - \Gamma_j^n}{\Delta t} = -u\frac{\Gamma_{j+1}^n - \Gamma_j^n}{\Delta x} + \frac{\sigma}{\left(1 - \dfrac{\lambda\Delta x}{2}\right)}\frac{\Gamma_{j+1}^n - 2\Gamma_j^n + \Gamma_{j-1}^n}{\Delta x^2}, \quad u < 0 \tag{2.10.61}$$

式中, $\lambda = -u/\sigma$. 利用如下简单对比的方法讨论本格式的稳定性条件. 将式 (2.10.72) 改写成如下形式

$$\frac{\Gamma_j^{n+1} - \Gamma_j^n}{\Delta t} + u\frac{\Gamma_{j+1}^n - \Gamma_j^n}{\Delta x} = \left(-\frac{u\Delta x}{2} + \frac{\sigma}{\left(1 - \dfrac{\lambda\Delta x}{2}\right)}\right)\frac{\Gamma_{j+1}^n - 2\Gamma_j^n + \Gamma_{j-1}^n}{\Delta x^2}$$

令 $d = \left(-\dfrac{u\Delta x}{2} + \dfrac{\sigma}{\left(1 - \dfrac{\lambda\Delta x}{2}\right)}\right)\dfrac{\Delta t}{\Delta x^2}$, $c = u\dfrac{\Delta t}{\Delta x^2}$. 根据对流–扩散方程时间前差–空间中心差的离散格式的稳定条件: $d \leqslant 1/2$ 和 $c^2 < 2d$. 则有

$$\left(-\frac{u\Delta x}{2} + \frac{\sigma}{\left(1 - \dfrac{\lambda\Delta x}{2}\right)}\right)\frac{\Delta t}{\Delta x^2} \leqslant \frac{1}{2} \tag{2.10.62}$$

和

$$\frac{u^2\Delta t}{-\dfrac{u\Delta x}{2} + \dfrac{\sigma}{\left(1 - \dfrac{\lambda\Delta x}{2}\right)}} \leqslant 2 \tag{2.10.63}$$

2.10.10 TVD 格式

1. 概述

1983 年 Harten[11] 提出以总变差不增来保证数值点极值数目不增、极值幅度不增的 TVD 理论. 这种格式具有两个特点: ①对标量非线性方程及常系数双曲型方程组, 格式的解是总变差递减的; ②与守恒律和熵不等式是相容的.

考察如下守恒型双曲方程或称对流型方程

$$\frac{\partial \varGamma}{\partial t}+\frac{\partial f(\varGamma)}{\partial x}=0 \tag{2.10.64}$$

如前所述, 该方程具有一个非常重要的性质: 在整个 x 轴上的积分不随时间演进而增大, 该积分量被称为总变差 TV(Total Variation), Lax 给出了它的定义

$$TV=\int\left|\frac{\partial \varGamma}{\partial x}\right|\mathrm{d}x \tag{2.10.65}$$

对一个物理概念上有意义的解, TV 不随时间的演进而增加. 进行数值计算时, 总变差可以写成

$$TV\equiv\sum_i|u_{i+1}-u_i| \tag{2.10.66}$$

对任意 n 时刻, 总变差均满足以下关系式

$$TV(u^{n+1})\leqslant TV(u^n) \tag{2.10.67}$$

则说该数值算法是总变差减小的 (Total Variation Diminishing, TVD). TVD 格式的重要特点是对间断波模拟中极易产生的伪震荡有很强的抑制作用.

Harten 提出了判断一个离散格式是否是 TVD 格式的充分条件. 利用 2.5 节的控制体积法可建立式 (2.10.64) 的具有守恒形式的显格式离散方程. 取如图 2.10.3 所示的控制体 CV, 其垂直于 x 轴的两个边界面的面积等于 1, 沿 x 轴方向的长度为 Δx, 将式 (2.10.64) 在控制体 CV 上积分

$$\int_{CV}\left(\frac{\partial \varGamma}{\partial t}+\frac{\partial f(\varGamma)}{\partial x}\right)\mathrm{d}x \tag{2.10.68}$$

$$\int_{CV}\frac{\partial \varGamma}{\partial t}\mathrm{d}x+\int_{CV}\frac{\partial f(\varGamma)}{\partial x}\mathrm{d}x=0 \tag{2.10.69}$$

$$\left(\frac{\partial \varGamma}{\partial t}\right)_j\int_{CV}\mathrm{d}x+f\left(\varGamma\right)\Big|_{j-1/2}^{j+1/2}=0 \tag{2.10.70}$$

对上式中的时间导数采用前差格式

$$\varGamma_j^{n+1}=\varGamma_j^n-\frac{\Delta t}{\Delta x}\left[f_{j+1/2}^n-f_{j-1/2}^n\right] \tag{2.10.71}$$

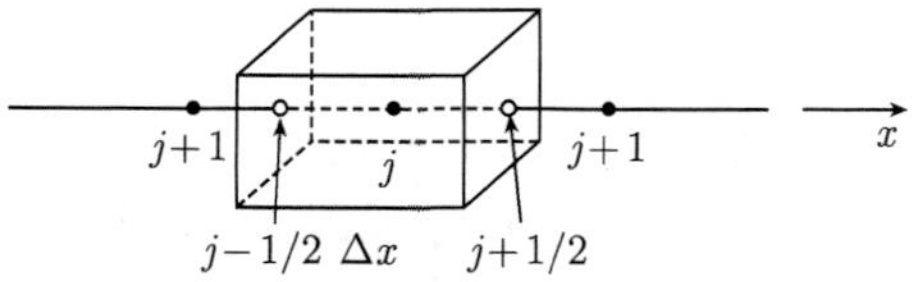

图 2.10.3　控制体积法离散一维对流方程

上式中的 $f_{j-1/2}^n$, $f_{j+1/2}^n$ 有时候被叫做通过界面, $j-1/2$ 和 $j+1/2$, 的通量. 将上式中的 f^n 写成如下的形式

$$f^n = \left(\frac{\partial f}{\partial \Gamma}\right)^n \partial \Gamma = a^n(\Gamma)\,\partial \Gamma \tag{2.10.72}$$

则有

$$\Gamma_j^{n+1} = \Gamma_j^n - \frac{\Delta t}{\Delta x}\left[a_{j+1/2}^n(\Gamma)\delta\Gamma_{j+1/2} - a_{j-1/2}^n(\Gamma)\delta\Gamma_{j-1/2}\right] \tag{2.10.73}$$

展开后

$$\Gamma_j^{n+1} = \Gamma_j^n + \frac{\Delta t}{\Delta x}a_{j-1/2}^n(\Gamma)\delta\Gamma_{j-1/2} - \frac{\Delta t}{\Delta x}a_{j+1/2}^n(\Gamma)\delta\Gamma_{j+1/2} \tag{2.10.74}$$

或

$$\Gamma_j^{n+1} = \Gamma_j^n + C_{j-1/2}\delta\Gamma_{j-1/2} - D_{j+1/2}\delta\Gamma_{j+1/2} \tag{2.10.75}$$

式中, $C_{j-1/2} = \dfrac{\Delta t}{\Delta x}a_{j-1/2}^n(\Gamma)$, $D_{j+1/2} = \dfrac{\Delta t}{\Delta x}a_{j+1/2}^n(\Gamma)$. Harten 证明了计算格式具有 TVD 性的充分条件是

$$\begin{cases} C_{j-1/2} \geqslant 0, \quad D_{j+1/2} \geqslant 0 \\ 0 \leqslant C_{j-1/2} + D_{j+1/2} \leqslant 1 \end{cases} \tag{2.10.76}$$

下面利用 Harten 的关于 TVD 性的充分条件来分析 Lax-Wendroff 格式和一阶逆风格式的 TVD 特性.

设 $a(\Gamma) = u = \text{const}$, 根据 2.5.4, 式 (2.10.64) 的 Lax-Wendroff 格式可以写成

$$\Gamma_j^{n+1} = \Gamma_j^n - \frac{c}{2}(\Gamma_{j+1}^n - \Gamma_{j-1}^n) + \frac{c^2}{2}(\Gamma_{j-1}^n - 2\Gamma_j^n + \Gamma_{j+1}^n) \tag{2.10.77}$$

适当改写

$$\begin{aligned}\Gamma_j^{n+1} &= \Gamma_j^n - \frac{c}{2}\left(\Gamma_{j+1}^n - \Gamma_j^n + \Gamma_j^n - \Gamma_{j-1}^n\right) + \frac{c^2}{2}\left[\left(\Gamma_{j+1}^n - \Gamma_j^n\right) - \left(\Gamma_j^n - \Gamma_{j-1}^n\right)\right] \\ &= \Gamma_j^n - \frac{c}{2}\left(\Gamma_{j+1}^n - \Gamma_j^n\right) - \frac{c}{2}\left(\Gamma_j^n - \Gamma_{j-1}^n\right) + \frac{c^2}{2}\left(\Gamma_{j+1}^n - \Gamma_j^n\right) - \frac{c^2}{2}\left(\Gamma_j^n - \Gamma_{j-1}^n\right)\end{aligned}$$

式中, $c = u\dfrac{\Delta t}{\Delta x}$. 写成变差形式, 得到

$$\Gamma_j^{n+1} = \Gamma_j^n - \frac{1}{2}(c^2 + c)\delta\Gamma_{j-1/2}^n + \frac{1}{2}(c^2 - c)\delta\Gamma_{j+1/2}^n \tag{2.10.78}$$

式中, $C_{j-1/2}=\dfrac{1}{2}(c^2+c)$, $D_{j+1/2}=\dfrac{1}{2}(c^2-c)$. Lax-Wendroff 格式的稳定条件是 CFL 条件, $c\leqslant 1.0$, 在这样的条件下, $D_{j+1/2}\leqslant 0$, 不满足 TVD 性质的充分条件, 所以式 (2.10.64) 的 Lax-Wendroff 格式不是 TVD 格式.

再分析一阶逆风格式

$$\Gamma_j^{n+1}=\Gamma_j^n-c(\Gamma_j^n-\Gamma_{j-1}^n) \tag{2.10.79}$$

写成变差形式, 得到

$$\Gamma_j^{n+1}=\Gamma_j^n-c\delta\Gamma_{j-1/2}^n \tag{2.10.80}$$

在 CFL 条件下, 即 $c\leqslant 1.0$, 同时系数 $D_{j+1/2}=0$, 且 $0\leqslant C_{j-1/2}+D_{j+1/2}=c\leqslant 1$. 所以一阶逆风格式是 TVD 格式.

2. TVD 格式的构造原理

下面以一阶迎风格式, Lax-Wendroff 格式为基础说明 TVD 计算格式的构建方法. 利用 Taylor 级数展开的方法, 以结点 (j,n) 中心, 将式 (2.10.77) 中的 Γ_j^{n+1}, Γ_{j-1}^n 和 Γ_{j+1}^n 项展开, Lax-Wendroff 格式 (2.10.77) 与下面的微分方程等价

$$\frac{\partial\Gamma}{\partial t}+\frac{\partial f(\Gamma)}{\partial x}=\sigma_{ew}\frac{\partial^2\Gamma}{\partial x^2} \tag{2.10.81}$$

式中, $\sigma_{ew}=\dfrac{1}{2}c^2$. 将式 (2.10.79) 中的 Γ_j^{n+1} 和 Γ_{j-1}^n 项展开, 一阶逆风格式 (2.10.79) 与下面的微分方程等价

$$\frac{\partial\Gamma}{\partial t}+\frac{\partial f(\Gamma)}{\partial x}=\sigma_{eu}\frac{\partial^2\Gamma}{\partial x^2} \tag{2.10.82}$$

式中, $\sigma_{eu}=\dfrac{1}{2}u\Delta x(1-c)$. 式 (2.10.81) 和式 (2.10.82) 都是对流–扩散方程, 方程的右边项是由于用 Lax-Wendroff 格式或一阶迎风格式离散而引入的数值黏性项或扩散项, σ_{ew} 和 σ_{eu} 是数值黏性或扩散系数. 为了使 Lax-Wendroff 格式或一阶逆风格式与原对流方程的性质一致, 将式 (2.10.64) 中的函数 $f(\Gamma)$, 用下面的函数修正

$$\tilde{f}=f+g \tag{2.10.83}$$

$$g=\left(\sigma_a\frac{\partial\Gamma}{\partial x}\right)+O\left(\Delta x^2\right)$$

将式 (2.10.79) 代入式 (2.10.64) 得

$$\frac{\partial\Gamma}{\partial t}+\frac{\partial\tilde{f}\left(\Gamma\right)}{\partial x}=0 \tag{2.10.84}$$

上式用一阶逆风格式离散, 离散方程等价的微分方程为

$$\frac{\partial\Gamma}{\partial t}+\frac{\partial\tilde{f}\left(\Gamma\right)}{\partial x}=\frac{\partial\Gamma}{\partial t}+\frac{\partial f\left(\Gamma\right)}{\partial x}=-\frac{\partial g\left(\Gamma\right)}{\partial x}+\frac{\partial}{\partial x}\left(\sigma_e\frac{\partial\Gamma}{\partial x}\right)\approx 0 \tag{2.10.85}$$

修正函数 $\tilde{f}(\Gamma)$ 的引入, 相当于消去了原始微分方程用 Lax-Wendroff 格式或一阶逆风格式离散引入的人工黏性项或扩散项. g 被称为反扩散通量. 这样构造的离散格式提高了格式的精度, 同时保证了计算的稳定性.

3. 高分辨率的 TVD 格式的构造

以一阶迎风格式为例说明高分辨率的 TVD 格式的构造方法. 为了获得高分辨率物理解, 通常要求构造的函数 g 能使修正通量后方程的一阶迎风格式是 TVD 的, 而且除在极值点外, 格式应该有二阶精度. 为了防止施加的反扩散通量过度引起数值振荡, 将反扩散通量乘以一个限制函数 (Flux Limiter Function) $\Psi(r)$, 即, $\Psi(r)\,g(\Gamma)$. $\Psi(r)$ 一般是 r 的某个线性或非线性函数. 在 $u \geqslant 0$ 和均匀网格的假定下, r 可定义为如下接连的两个函数 Γ 梯度的比值[12]

$$r_{j+1/2} = \frac{\Gamma_{j+1} - \Gamma_j}{\Gamma_j - \Gamma_{j-1}} \tag{2.10.86}$$

或另一种形式

$$r'_{j+1/2} = \frac{\Gamma_j - \Gamma_{j-1}}{\Gamma_{j+1} - \Gamma_j} = \frac{1}{r_{j+1/2}}$$

由此构成的限制函数有如下的关系

$$\frac{1}{r'_{j+1/2}} \Psi\left(r'_{j+1/2}\right) = \Psi\left(r_{j+1/2}\right)$$

这样修正函数, $\tilde{f}(\Gamma)$, 可以写成下面的形式

$$\tilde{f} = f + \Psi\left(r_{j+1/2}\right) g$$

或

$$\tilde{f} = f + \Psi\left(r_{j+1/2}\right) \frac{\partial \Gamma}{\partial x}$$

利用一阶差分离散导数项

$$\tilde{f} = f + \Psi\left(r_{j+1/2}\right) \sigma_e \left(\Gamma_{j+1} - \Gamma_j\right) \tag{2.10.87}$$

将式 (2.10.87) 代入式 (2.10.84), 并用一阶逆风格式离散, 写成变差形式

$$\Gamma_j^{n+1} = \Gamma_j^n + \left(\Psi\left(r_{j-1/2}\right) \sigma_e \frac{\Delta t}{\Delta x^2} - c\right) \delta_{j-1/2} \Gamma^n - \Psi\left(r_{j+1/2}\right) \sigma_e \frac{\Delta t}{\Delta x^2} \delta_{j+1/2} \Gamma^n \tag{2.10.88}$$

令, $C_{j-1/2} = \Psi\left(r_{j-1/2}\right) \sigma_e \dfrac{\Delta t}{\Delta x^2} - c$, $D_{j+1/2} = \Psi\left(r_{j+1/2}\right) \sigma_e \dfrac{\Delta t}{\Delta x^2}$, 则上式成为 TVD 格式的条件是, $C_{j-1/2} \geqslant 0$, 即 $\Psi\left(r_{j-1/2}\right) \sigma_e \dfrac{\Delta t}{\Delta x^2} \geqslant c$; $D_{j+1/2} \geqslant 0$, 即 $\Psi\left(r_{j+1/2}\right) \sigma_e \dfrac{\Delta t}{\Delta x^2} \geqslant 0$; 且 $0 \leqslant \Psi\left(r_{j-1/2}\right) \sigma_e \dfrac{\Delta t}{\Delta x^2} - c + \Psi\left(r_{j+1/2}\right) \sigma_e \dfrac{\Delta t}{\Delta x^2} \leqslant 1$. 适当地选择

$\Psi(r)$ 的值可以满足上面的条件, 式 (2.10.88) 是二阶精度的 TVD 格式.

4. 限制函数

限制函数选择的不同可以得到不同性能的高精度的 TVD 格式, 这里介绍几种应用比较广泛的限制函数.

1. 二阶精度逆风格式限制函数 (SOU)

$$\Psi(r) = r \tag{2.10.89}$$

2. FROMM 限制函数

$$\Psi(r) = \frac{1+r}{2} \tag{2.10.90}$$

3. SUPERBEE 限制函数

$$\Psi(r) = \max(0, \min(1, 2r), \min(2, r)) \tag{2.10.91}$$

4. MINMOD 限制函数

$$\Psi(r) = \max(0, \min(1, r)) \tag{2.10.92}$$

5. OSHER 限制函数

$$\Psi(r) = \max(0, \min(2, r)) \tag{2.10.93}$$

6. MUSCL 限制函数

$$\Psi(r) = \frac{r+|r|}{1+|r|} \tag{2.10.94}$$

计算实践证明, SUPERBEE 限制函数的数值耗散最小, MUSCL 限制函数次之, MINMOD 限制函数最强. 但是 SUPERBEE 限制函数的数值弥散性最强, MINMOD 限制函数的数值色散性最弱.

除了上面介绍的利用反扩散通量概念构建高精度 TVD 格式外, 还可以利用通量修正法, 变量插值法等构建高精度 TVD 格式.

2.11 隐式差分格式

隐式差分格式的形式不多而其解法则较特殊, 所以下面只介绍它的一般形式, 同时对求解方法进行较详细的介绍.

2.11.1 一般描述

前面几节所介绍的都是显式格式. 只要知道了时间 n, $(n-1)\cdots$ 的值就可以直接求出时刻 $(n+1)$ 值. 下面讨论的隐式格式, 它需要用到待求时刻的值, 因而不可能直接求出而必须求助于联立方程组以推进计算.

我们写出一个非黏性方程的一般差分形式

$$\Gamma_j^{n+1} = \Gamma_j^n - u\Delta t \frac{\partial \Gamma}{\partial x} \tag{2.11.1}$$

只考虑空间中心差分, 则有

$$\left(\frac{\partial \Gamma}{\partial x}\right)_j = \frac{\Gamma_{j+1}^n - \Gamma_{j-1}^n}{2\Delta x} \tag{2.11.2}$$

这里时刻 n 并没有确定. 类似地, 对于扩散方程则有

$$\Gamma^{n+1} = \Gamma^n - (\sigma\Delta t)\frac{\partial^2 \Gamma}{\partial x^2} \tag{2.11.3}$$

如果式 (2.11.1) 或式 (2.11.2) 中的空间导数是在时刻 n 求值. 我们就得出前面讨论过的时间前差–空间中心差的显式格式. 如果我们将式 (2.11.1) 中的 $\dfrac{\partial \Gamma}{\partial x}$ 在时刻 $(n+1)$ 求值, 就得到全隐式格式,

$$\Gamma^{n+1} = \Gamma^n - u\Delta t\left(\frac{\partial \Gamma}{\partial x}\right)^{n+1} \tag{2.11.4}$$

其截断误差为 $O\left(\Delta t, \Delta x^2\right)$. 应用 Von Neumann 稳定分析法, 我们有

$$\xi^{n+1} = \xi^n - c\xi^{n+1}\left(e^{i\vartheta} - e^{-i\vartheta}\right) \tag{2.11.5}$$

$$\xi^{n+1}\left(1 + ic\sin\vartheta\right) = \xi^n \tag{2.11.6}$$

$$\begin{aligned} G &= \frac{1}{1 + ic\sin\vartheta} \\ &= \frac{1 - c^2\sin^2\vartheta}{1 + c^2\sin^2\vartheta} \end{aligned} \tag{2.11.7}$$

$$\begin{aligned} |G| &= \frac{1 - c^2\sin^2\vartheta}{\left[1 + c^2\sin^2\vartheta\right]^2} \\ &= \frac{1}{1 + c^2\sin^2\vartheta} \end{aligned} \tag{2.11.8}$$

由上式可见, 不管 c 值如何, 总有 $|G| \leqslant 1$, 所以全隐格式是无条件稳定的, 时间步长可以取得很大. 这就是隐式格式的最大优点.

全隐格式用于扩散方程也是无条件稳定的. 即

$$\Gamma_j^{n+1} = \Gamma_j^n + \sigma\frac{\Delta t}{\Delta x^2}\left(\frac{\partial^2 \Gamma}{\partial x^2}\right)^{n+1} \tag{2.11.9}$$

$$\xi^{n+1} = \xi^n - \xi^{n+1} d\left(e^{i\vartheta} - e^{-i\vartheta} - 2\right) \tag{2.11.10}$$

$$\xi^{n+1}\left[1-2d\left(\cos\vartheta-1\right)\right]=\xi^{n} \tag{2.11.11}$$

$$G=\frac{1}{1+2d\left(1-\cos\theta\right)} \tag{2.11.12}$$

对于所有的 ϑ 值. $(1-\cos\theta)\geqslant 0$ 所以不论 d 或 Δt 取值, $|G|\leqslant 1$. 同时对于所有的 ϑ 值, $|G|>0$, 这表明该格式不产生 "过冲". 如果在式 (2.11.1) 中, $\dfrac{\partial\varGamma}{\partial x}$ 取它在时刻 n 和 $(n+1)$ 的算术平均值, 则有,

$$\varGamma^{n+1}=\varGamma^{n}-(u\Delta t)\frac{1}{2}\left[\left(\frac{\partial\varGamma}{\partial x}\right)^{n}+\left(\frac{\partial\varGamma}{\partial x}\right)^{n+1}\right] \tag{2.11.13}$$

Lilly 将这种格式叫做改进的 "Euler" 格式 (时间前差–空间中心差格式又叫做 Euler 格式). 这个格式仍然是隐式格式, 但是取平均, 效果上是将空间导数取值于时刻 $(n+1/2)$, 类似于蛙跳式, 它的截断误差是 $o(\Delta t^2,\Delta x^2)$, 它的幅度因子 $|G|$ 等于 1, 这一点可证明如下

$$\xi^{n+1}=\xi^{n}-\frac{c}{4}\left(e^{i\vartheta}-e^{-i\vartheta}\right)\left(\xi^{n+1}+\xi^{n}\right) \tag{2.11.14}$$

$$\xi^{n+1}=\xi^{n}-ia\left(\xi^{n+1}+\xi^{n}\right) \tag{2.11.15}$$

这里

$$a=\frac{c}{2}\sin\vartheta \tag{2.11.16}$$

而

$$\begin{aligned}G&=\frac{1-ai}{1+ai}\left(\frac{1-ai}{1-ai}\right)\\&=\frac{1-ai-a^2}{1+a^2}\end{aligned} \tag{2.11.17}$$

$$|G|^2=G\cdot G^{*}=\frac{\left(1-a^2\right)^2+(2a)^2}{\left(1+a^2\right)^2}=1 \tag{2.11.18}$$

这里 Euler 格式的其他优点是：与蛙跳格式不一样, 它不要求两组初始资料, 也不会产生互不混淆的双解.

取平均值的方法也可以用于扩散方程 (2.11.3), 这就是著名的 Crank-Nicolson 格式

$$\varGamma^{n+1}=\varGamma^{n}-(\sigma\Delta t)\frac{1}{2}\left[\left(\frac{\partial^2\varGamma}{\partial x^2}\right)^{n}+\left(\frac{\partial^2\varGamma}{\partial x^2}\right)^{n+1}\right] \tag{2.11.19}$$

它的截断误差是 $o(\Delta t^2,\Delta x^2)$, Von Neumann 稳定分析给出

$$\xi^{n+1}=\xi^{n}-\frac{d}{2}\left(e^{i\vartheta}-e^{-i\vartheta}-2\right)\left(\xi^{n}+\xi^{n+1}\right) \tag{2.11.20}$$

$$\xi^{n+1} = \xi^n + d(\cos\vartheta - 1)\left(\xi^n + \xi^{n+1}\right) \tag{2.11.21}$$

$$G = \frac{1 - d(1 - \cos\vartheta)}{1 + d(1 - \cos\vartheta)} \tag{2.11.22}$$

如果 $1 - \cos\vartheta = 0$, $G = 1$, 现在考虑 $((1 - \cos\vartheta) > 0$, 当 $d \to 0$, $G \to 1$(这是必然的, $\Delta t \to 0$, $G \to 1$). 当 $d \to \infty$, $G \to -1$, 即对于很大的 Δt, 由于 $|G| < 1$, Crank-Nicolson 格式仍然是无条件稳定. 不过 Δt 过大, 由于 G 会小于零, 会引起某些傅里叶分量过冲. 这说明在 Δt 相当大时, Crank-Nicolson 格式不如时间前差–空间中心差格式精确. 式 (2.11.13) 和式 (2.11.19) 可以组合起来构成一个完整的对流–扩散方程的隐式格式, 它仍然是无条件稳定的.

2.11.2 隐式格式的变权形式

上一节我们讨论了全隐式和半隐式 (时间导数用中心差分) 格式, 现在我们介绍一种更有用的变权隐式格式. 考虑方程:

$$\frac{\partial \Gamma}{\partial t} = \sigma \frac{\partial^2 \Gamma}{\partial x^2} \tag{2.11.23}$$

式中 σ 暂时取为常数, 并且 $\sigma > 0$. 式 (2.11.23) 的变权隐式格式是

$$\frac{\Gamma_j^{n+1} - \Gamma_j^n}{\Delta t} = \sigma\left[\psi\left(\frac{\partial^2 \Gamma}{\partial x^2}\right)_j^{n+1} + (1 - \psi)\left(\frac{\partial^2 \Gamma}{\partial x^2}\right)_j^n\right] \tag{2.11.24}$$

这里 ψ 是一个实常数, $0 \leqslant \psi \leqslant 1$. 明显地, $\psi = 0$ 上述格式是显式的, $\psi = 1$ 时上述格式是全隐式的, $\psi = 1/2$ 是半隐格式.

应用 Von Neumann 稳定分析, 我们得幅度因子

$$G = \frac{1 - (1 - \psi)\, 2d(1 - \cos\vartheta)}{1 + \psi 2d(1 - \cos\vartheta)} \tag{2.11.25}$$

式中, $d = \sigma \dfrac{\Delta t}{\Delta x^2}$. 不同的 ψ 值下, $G \sim \gamma = 2d(1 - \cos\vartheta)$ 的图形示于图 2.11.1, 随着 γ 值的增加, G 单调地从 1 减小到 $-\dfrac{(1 - \psi)}{4}$. 如果 $\dfrac{1}{2} \leqslant \psi \leqslant 1$, 渐近线不小于

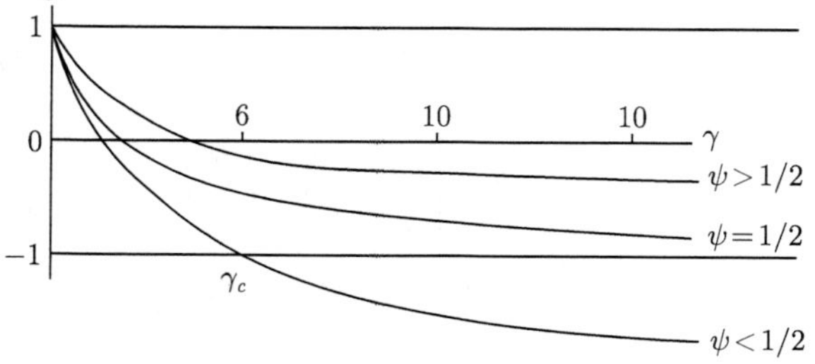

图 2.11.1　变权格式的稳定特性

-1, 差分格式总是稳定的. 如果 $0 \leqslant \psi \leqslant \frac{1}{2}$, γ 值必须小于曲线与水平线 $G=-1$ 的交点处的 γ_c 值, 以保证格式稳定, 稳定条件是

$$\frac{2\sigma\Delta t}{\Delta x^2} \leqslant \frac{1}{1-2\psi} \quad 0 \leqslant \psi \leqslant \frac{1}{2}$$

无限制条件

$$\frac{1}{2} \leqslant \psi \leqslant 1$$

这种格式同样可以用于只包括对流项的方程或同时包括对流项和扩散项的方程.

第 3 章我们还要专门介绍由上面格式导引出来的 Preissmann 隐式格式和 Abbott 隐式格式.

2.11.3 矩阵稳定分析法[1]

在前面介绍的稳定分析中, 均没有考虑边界条件的影响. 为了考虑边界条件的影响, 可以应用矩阵稳定分析法. 这里以 Crank-Nicolson 差分格式为例, 对这种方法作一介绍.

式 (2.11.19) 可以写成

$$\frac{\varGamma_j^{n+1}-\varGamma_j^n}{\Delta t} = \frac{1}{2}\sigma\left[\frac{\varGamma_{j+1}^{n+1}-2\varGamma_j^{n+1}+\varGamma_{j-1}^{n+1}}{\Delta x^2}+\frac{\varGamma_{j+1}^{n}-2\varGamma_j^{n}+\varGamma_{j-1}^{n}}{\Delta x^2}\right]$$

整理后得

$$\varGamma_{j-1}^{n+1}-2\left(1+d^{-1}\right)\varGamma_j^{n+1}+\varGamma_{j+1}^{n+1} = -\varGamma_{j-1}^{n}-2\left(1+d^{-1}\right)\varGamma_j^{n}+\varGamma_{j+1}^{n} \tag{2.11.26}$$

式中, $d=\sigma\dfrac{\Delta t}{\Delta x^2}$.

设在边界 $x=0$ 和 $x=1$ 处的边界值用 $\varGamma_B^n$ 表示. 不失一般性, 取 $\varGamma_B^n=0$, 则可以写出式 (2.11.26) 的矩阵形式

$$[A]\,\varGamma^{n+1} = [B]\,\varGamma^n \tag{2.11.27}$$

式中, $[A]$, $[B]$ 分别为矩阵

$$[A]=[C]-2d^{-1}[I],\quad [B]=-[C]-2d^{-1}[I] \tag{2.11.28}$$

其中, $[I]$ 为单位矩阵

$$[C]=\begin{pmatrix} -2 & 1 & 0 & 0 & 0 & \cdots & 0 \\ 1 & -2 & 1 & 0 & 0 & \cdots & 0 \\ 0 & 1 & -2 & 1 & 0 & \cdots & 0 \\ \cdots & \cdots & \cdots & \cdots & \cdots & \cdots & \cdots \end{pmatrix} \tag{2.11.29}$$

Von Neumann 稳定性条件要求所有特征值小于或等于 1. 由于 $[A]$ 是非奇异矩阵, 式 (2.11.27) 可以写成

$$\Gamma^{n+1}=[P]\,\Gamma^{n}\quad [P]=[A]^{-1}[B] \tag{2.11.30}$$

重复使用算子 $[P]$, 则有

$$\Gamma^{n+1}=[P]\,\Gamma^{n}=[P]^{2}\,\Gamma^{n-1}=\cdots=[P]^{n+1}\,\Gamma^{0} \tag{2.11.31}$$

式中, Γ^0 为初值向量. 设 $[P]$ 的特征值为 λ^j, 对应的特征向量为 φ^j, $j=1,2,\cdots,j-1$. 由矩阵理论有

$$[P]\varphi^{(j)}=\lambda^{(j)}\varphi^{(j)} \tag{2.11.32}$$

如果 $[P]$ 的特征值是不同的, 则可以写出

$$\Gamma^{1}=\sum_{j=1}^{J-1}\alpha_j\varphi^{(j)}$$

$$\vdots$$

$$\Gamma^{n+1}=[P]^{n+1}\sum_{j=1}^{J-1}\alpha_j\left[\lambda^{(j)}\right]^{n}\varphi^{(j)}$$

只要 $\left|\lambda^{(j)}\right|\leqslant 1$, 则 $\Gamma^1,\cdots,\Gamma^{n+1}$ 一致有界. 在这个例子中 $[P]=[A]^{-1}[B]$, 代入式 (2.11.32)

$$([B]-[A]\lambda)\,\varphi=0 \tag{2.11.33}$$

将式 (2.11.32) 代入式 (2.11.33)

$$\left\{[C]-2d^{-1}\frac{\lambda-1}{\lambda+1}\,[I]\right\}\varphi=0 \tag{2.11.34}$$

令

$$\gamma=\frac{\lambda-1}{\lambda+1}$$

得

$$\{[C]-\gamma\,[I]\}\,\varphi=0 \tag{2.11.35}$$

显然, γ 是 $[C]$ 的特征值, 而 $[C]$ 的特征值可由 $|[C]-\gamma\,[I]|=0$ 求出,

$$\gamma^{j}=-4\sin^{2}\frac{j\pi\Delta x}{2}\quad j=1,2,\cdots,j-1 \tag{2.11.36}$$

而 $[A]^{-1}[B]$ 的特征值 $\lambda^{(j)}$ 可由 γ 的定义求出

$$\begin{aligned}\lambda^{(j)} &= \frac{2+d\gamma}{2-d\gamma} \\ &= \frac{1-2d\sin^2\left(\dfrac{j\pi\Delta x}{2}\right)}{1+2d\sin^2\left(\dfrac{j\pi\Delta x}{2}\right)} \quad j=1,2,\cdots,j-1\end{aligned} \tag{2.11.37}$$

这里需要说明的是, 虽然一般来说, 对所有的 $d>0$, 只要 $\left|\lambda^{(j)}\right|\leqslant 1$, 格式的稳定性总是保证的. 实际上当计算时段 t 比较大时, 对 d 仍需稍作限制, 才能保证计算的稳定. 由式 (2.11.32) 差分方程的解可以写成

$$\varGamma_j^n=\sum_{j=1}^{J-1}\alpha_j\left[\lambda^{(j)}\right]^n\sin\left(j\pi\Delta x\right)\quad j=1,2,\cdots,j-1 \tag{2.11.38}$$

式中, $\sin\left(j\pi\Delta x\right)$ 是与 $\lambda^{(j)}$ 对应的特征向量. 将此解与扩散方程 $\dfrac{\partial\varGamma}{\partial t}=\sigma\dfrac{\partial^2\varGamma}{\partial x^2}$ 在边界条件 $\varGamma(0,t)=\varGamma(1,t)=0$, 初始条件 $\varGamma(x,t)=f(x)$ 下的分析解

$$\varGamma(x,t)=\sum_{j=1}^{\infty}\alpha_j e^{-\alpha_j^2\pi^2 t}\sin\left(j\pi\Delta x\right) \tag{2.11.39}$$

进行比较可以看出, $\left[\lambda^{(j)}\right]^n$ 与 $e^{-\alpha_j^2\pi^2 t}$ 相当. 固定 d 值, 令 Δt, $\Delta x\to 0$, 有

$$\begin{aligned}\left[\lambda^{(j)}\right]^n &= \left\{\frac{1-2\sigma\left(\dfrac{\Delta t}{\Delta x^2}\right)\sin^2\left(\dfrac{j\pi\Delta x}{2}\right)}{1+2\sigma\left(\dfrac{\Delta t}{\Delta x^2}\right)\sin^2\left(\dfrac{j\pi\Delta x}{2}\right)}\right\}^n \\ &\to \left\{\frac{1-2\sigma\left(\dfrac{\Delta t}{\Delta x^2}\right)j^2\pi^2\Delta x^2/4}{1+2\sigma\left(\dfrac{\Delta t}{\Delta x^2}\right)j^2\pi^2\Delta x^2/4}\right\}^n \\ &= \left\{\frac{1-\dfrac{\sigma}{2}j^2\pi^2\Delta t}{1+\dfrac{\sigma}{2}j^2\pi^2\Delta t}\right\}^n \\ &\to \left(1-\frac{\sigma}{2}j^2\pi^2\Delta t\right)^n \\ &= 1-\frac{\sigma}{2}j^2\pi^2\Delta t\frac{t}{\Delta t}+\cdots \\ &\to e^{-\alpha_j^2\pi^2 t}\end{aligned}$$

对于大的 t 值, 分析解将由 $e^{-\pi^2 t}$ 控制, 在对应的差分解中 $\lambda^{(j)}$ 也将起控制作用, 为了保证稳定, 显然希望

$$\lambda^{(1)}>0 \text{ 和 } \left|\lambda^{(1)}\right|>\left|\lambda^{(j)}\right| \tag{2.11.40}$$

对所有的 $j>1$ 均满足. 试算表明, 当

$$d<\sin(\pi\Delta x)^{-1} \tag{2.11.41}$$

时, 条件 (2.11.40) 满足

如果边界条件以 $\dfrac{\partial\Gamma}{\partial x}$ 的形式给出, 则方程式 (2.11.26) 亦用于边界处, 矩阵 $[A]$ 和 $[B]$ 为 $J+1$ 阶, 行列式 $|A\lambda-B|$ 比例于

$$\begin{vmatrix} \frac{1}{2}q & 1 & 0 & 0 & \cdots & 0 \\ q & q & 1 & 0 & \cdots & 0 \\ 0 & 0 & q & 1 & \cdots & 0 \\ \cdots & \cdots & \cdots & \cdots & 1 & \frac{1}{2}q \end{vmatrix} \tag{2.11.42}$$

$$q=-\frac{2(1+\lambda)+2d^{-1}(1-\lambda)}{1-\mu}$$

因此找出特征值

$$q^{(j)}=2\cos\frac{j\pi}{J}\quad j=1,2,\cdots,J$$

和

$$\lambda^{(j)}=\frac{1-2d\cos^2\left(\dfrac{j\pi}{2J}\right)}{1+2d\cos^2\left(\dfrac{j\pi}{2J}\right)} \tag{2.11.43}$$

这就是式 (2.11.22). 显然, 稳定是无条件的.

2.11.4　隐式格式的解法

这一节我们只讨论一个简单的例子. 更复杂的解法将在第 3 章中介绍. 不过它们的基本原理是一样的.

如果方程是

$$\frac{\partial\Gamma}{\partial t}=\sigma\frac{\partial^2\Gamma}{\partial x^2}\quad \sigma=\text{const},\quad \sigma>0$$

它的变权隐式差分方程是

$$\frac{\Gamma_j^{n+1}-\Gamma_j^n}{\Delta t}=\sigma\left[\psi\left(\frac{\partial^2\Gamma}{\partial x^2}\right)_j^{n+1}+(1-\psi)\left(\frac{\partial^2\Gamma}{\partial x^2}\right)_j^n\right]$$

将上式展开

$$\begin{aligned}&\psi d\Gamma_{j+1}^{n+1}-(1+2\psi d)\,\Gamma_j^{n+1}+\psi_{j-1}^{n+1}\Gamma_{j-1}^{n+1}\\ &=-(1-\psi)\,d\Gamma_{j+1}^n-[1-2d(1-\psi)]\,\Gamma_j^n-(1-\psi)\,d\Gamma_{j-1}^n\end{aligned} \tag{2.11.44}$$

式中 $d=\sigma\dfrac{\Delta t}{\Delta x^2}$, 上式可以改写成

$$A_j\Gamma_{j+1}^{n+1}+B_j\Gamma_j^{n+1}+C_j\Gamma_{j-1}^{n+1}=D_j \tag{2.11.45}$$

式中, $A_j=\psi d$; $B_j=-(1+2\psi d)$; $C_j=\psi d$

$$D_j=-(1-\psi)\,d\Gamma_{j+1}^n-[1-2d(1-\psi)]\,\Gamma_j^n-(1-\psi)\,d\Gamma_{j-1}^n$$

为了求解式 (2.11.45), 我们引入一个局部线性关系

$$\Gamma_j^{n+1}=E_j\Gamma_{j+1}^{n+1}+F_j \tag{2.11.46}$$

将 (2.11.46) 代入式 (2.11.45), 经过整理, 得

$$\Gamma_j^{n+1}=\frac{-A_j}{B_j+C_jE_{j-1}}\Gamma_{j+1}^{n+1}+\frac{D_j-C_jE_{j-1}}{B_j+C_jE_{j-1}} \tag{2.11.47}$$

比较式 (2.11.46) 和 (2.11.47), 可以得出 E_j 和 F_j 的一组递推公式

$$E_j=\frac{-A_j}{B_j+C_jE_{j-1}} \tag{2.11.48}$$

$$F_j=\frac{D_j-C_jE_{j-1}}{B_j+C_jE_{j-1}} \tag{2.11.49}$$

如果我们知道了 E_j, F_j 的初始值, 例如, 知道了左端的初始条件

$$\Gamma_0=0$$

初始值 E_0, F_0 可以求出

$$\Gamma_0^{n+1}=E_0\Gamma_1^{n+1}+F_0,\quad E_0=0,\quad F_0=0 \tag{2.11.50}$$

根据式 (2.11.48) 和 (2.11.49) 可以求出所有的 E_j, F_j 值 $(j=1,2,\cdots,J-1)$, 而后可以利用式 (2.11.46), 根据已知的另一端的边界条件 $\Gamma_j=\Gamma$, 及第一步求出的 E_j, F_j 值求出 Γ_j^{n+1} 的值, $j=J-1,J-2,\cdots,1$. 这种解法通常叫做 “追赶法”(Double Sweep Method).

2.11.5 关于隐式格式的若干说明

虽然隐式格式的最大优点是不管 Δt 多大, 它总是无条件稳定的, 它也有它的许多不足之处.

首先, 隐式格式用于非黏性对流方程时, 同样产生一个无限大的信息传播速度. 而对应的非黏性微分方程所描绘的物理现象中, 一个扰动只以有限速度 u 传播, 在 Δt 时段内, 传播的距离 $u\Delta t$. 在简单的显式格式中, 扰动总是被传播到邻近的结点, 在 Δt 时段内, 传播的距离是 Δx, 但是在隐式格式中, 由于所有的 Γ_j^{n+1} 是联立求

出的, 这表明扰动被传播的距离是 ∞(或者计算网格的边界). 但是, 隐式格式的这种特性却正好与扩散方程的特性一致. 所以, 从信息传播特性的观点, 为了正确地模拟完全对流–扩散方程, 可以考虑对流项用显式格式, 而扩散项用隐式格式. 另一个不足之处, 隐式格式要求联立求解 N 个代数方程 (这里 N 是结点值没有被边界条件所确定的结点数). 显然这要比显式格式复杂得多.

2.12 变系数与非线性方程的有限差分离散[1]

前面讨论的是线性微分方程, 这一节讨论非线性微分方程的有限差分离散及其稳定条件.

2.12.1 非线性微分方程的显式格式

考虑非线性方程[1]

$$\frac{\partial \Gamma}{\partial t}=\frac{\partial^2}{\partial x^2}\left(\Gamma^k\right) \tag{2.12.1}$$

利用时间前差–空间中心差对上式进行离散

$$\Gamma_j^{n+1}=\Gamma_j^n+r\left[\left(\Gamma^k\right)_j^{n+1}-2\left(\Gamma^k\right)_j^n+\left(\Gamma^k\right)_{j-1}^n\right] \tag{2.12.2}$$

式中, $r=\dfrac{\Delta t}{\Delta x^2}$. 为了讨论稳定性, 将式 (2.12.1) 改写如下

$$\frac{\partial \Gamma}{\partial t}=\frac{\partial}{\partial x}\sigma\left(\frac{\partial \Gamma}{\partial x}\right) \tag{2.12.3}$$

这里

$$\sigma=k\Gamma^{k-1} \tag{2.12.4}$$

则移用常系数线性微分方程显式差分格式的稳定条件, 式 (2.12.2) 的稳定条件是

$$\sigma r=k\Gamma^{k-1}r\leqslant 1/2 \tag{2.12.5}$$

这就是说, 对于非线性问题, 稳定性不仅取决于有限差分格式的结构, 而且取决于待求的解 Γ 的值. 对于给定的 Δt 值, 在某些时刻 t, 格式 (2.12.2) 是稳定的. 在其他时刻 t, 格式不一定稳定. 在实际计算中, 最好是校核式 (2.12.5) 和改变 Δt 值来保持计算的稳定.

利用极大值原理, 可以校核初始条件和边界条件满足光滑性要求的初值问题的稳定性和收敛性. 考虑对流–扩散方程的一般形式

$$\frac{\partial \Gamma}{\partial t}=\varphi\left(x,t,\Gamma,\frac{\partial \Gamma}{\partial x},\frac{\partial^2 \Gamma}{\partial x^2}\right)\quad 0<x<1,0<t\leqslant T \tag{2.12.6}$$

如果满足条件

$$\frac{\partial\phi}{\partial\left(\Gamma_{xx}\right)}\geqslant a\geqslant 0 \tag{2.12.7}$$

则这个问题在区域上是适定的. 式中下标 “x” 表示对 x 求导. 将变量 Γ_j^{n+1} 按时间 t 展开成 Taylor 级数

$$\begin{aligned}\Gamma_j^{n+1}&=\Gamma_j^n+\Delta t\left(\frac{\partial\Gamma}{\partial t}\right)_j^n+\frac{\Delta t^2}{2}\left(\frac{\partial^2\Gamma}{\partial t^2}\right)_j^n+O\left(\Delta t^3\right)\\&=\Gamma_j^n+\Delta t\varphi\left[n\Delta t,j\Delta x,\Gamma_j^n,\frac{1}{2\Delta x}\delta_x\Gamma_j^n,\frac{1}{\Delta x^2}\delta_x^2\Gamma_j^n\right]+O\left(\Delta t^2+\Delta t\Delta x^2\right)\end{aligned} \tag{2.12.8}$$

式中, $\frac{1}{2\Delta x}\delta_x$, $\frac{1}{\Delta x^2}\delta_x^2$ 是与 $\frac{\partial}{\partial x}$, $\frac{\partial^2}{\partial x^2}$ 对应的中心差分算子. 设 Γ^* 是由下面的显式差分格式求得的函数 Γ 的有限差分解

$$\left(\Gamma^*\right)_j^{n+1}=\left(\Gamma^*\right)_j^n+k\varphi\left[n\Delta t,j\Delta x,\left(\Gamma^*\right)_j^n,\frac{1}{2\Delta x}\delta_x\left(\Gamma^*\right)_j^n,\frac{1}{\Delta x^2}\delta_x^2\left(\Gamma^*\right)_j^n\right] \tag{2.12.9}$$

设 $\varepsilon_j^n=\Gamma_j^n-\left(\Gamma^*\right)_j^n$, 从式 (2.12.8) 中减去 (2.12.9), 并应用中值定理, 得如下的关系式

$$\begin{aligned}\varepsilon_j^{n+1}=&\varepsilon_j^n+k\left\{\frac{\partial\varphi}{\partial\Gamma}\varepsilon_j^n+\frac{\partial\varphi}{\partial\left(\Gamma_x\right)}\left(\frac{1}{2\Delta x}\delta_x\varepsilon_j^n\right)\right.\\&\left.+\frac{\partial\varphi}{\partial\left(\Gamma_{xx}\right)}\left(\frac{1}{2\Delta x^2}\delta_x^2\varepsilon_j^n\right)\right\}+O\left(\Delta t^2+\Delta t\Delta x^2\right)\end{aligned} \tag{2.12.10}$$

式中, $\frac{\partial\varphi}{\partial\Gamma}$, $\frac{\partial\varphi}{\partial\left(\Gamma_x\right)}$, $\frac{\partial\varphi}{\partial\left(\Gamma_{xx}\right)}$ 是在式 (2.12.8) 和式 (2.12.9) 的对应变数 Γ, Γ^* 之间的某个中值处求值. 将式 (2.12.10) 按显式差分格式展开

$$\begin{aligned}\varepsilon_j^{n+1}=&r\left[\frac{\partial\varphi}{\partial\left(\Gamma_{xx}\right)}-\frac{1}{2}\frac{\partial\varphi}{\partial\left(\Gamma_x\right)}\Delta x\right]\varepsilon_{j-1}^n+\left[1+\frac{\partial\varphi}{\partial\Gamma}\Delta t-2r\frac{\partial\varphi}{\partial\left(\Gamma_{xx}\right)}\right]\varepsilon_j^n\\&+r\left[\frac{\partial\varphi}{\partial\left(\Gamma_{xx}\right)}+\frac{1}{2}\frac{\partial\varphi}{\partial\left(\Gamma_x\right)}\Delta x\right]\varepsilon_{j+1}^n+O\left(\Delta t^2+\Delta t\Delta x^2\right)\end{aligned} \tag{2.12.11}$$

如果 Δt 和 Δx 的取值使式 (2.12.11) 中的系数保持非负, 并假定

$$\left|\frac{\partial\varphi}{\partial\Gamma}\right|+\left|\frac{\partial\varphi}{\partial\left(\Gamma_x\right)}\right|+\frac{\partial\varphi}{\partial\left(\Gamma_{xx}\right)}\leqslant b \tag{2.12.12}$$

考虑式 (2.12.11) 右边第一、三两项的系数, 应有

$$\frac{\partial\varphi}{\partial\left(\Gamma_{xx}\right)}+\frac{1}{2}\frac{\partial\varphi}{\partial\left(\Gamma_x\right)}\Delta x\geqslant a-\frac{1}{2}b\Delta x\geqslant 0 \tag{2.12.13}$$

只要条件 $\Delta x \leqslant \dfrac{2a}{b}$ 能满足. 而式 (2.12.11) 右边的第二项的系数在条件 $0 \leqslant r \leqslant \dfrac{1-b\Delta t}{2b}$ 下, 应有

$$1+\frac{\partial \varphi}{\partial \Gamma}\Delta t-2r\frac{\partial \varphi}{\partial(\Gamma_{xx})} \geqslant 1-b\Delta t-2br \tag{2.12.14}$$

如果条件 (2.12.13) 和 (2.12.14) 满足, $\Gamma \in C^{4\cdot 2}$, 这里 $C^{4\cdot 2}$ 空间是定义在闭区间 [4, 2] 上的连续函数的集合. 则有

$$\begin{aligned}\left\|\varepsilon_j^{n+1}\right\| =& r\left[\frac{\partial \varphi}{\partial(\Gamma_{xx})}-\frac{1}{2}\frac{\partial \varphi}{\partial(\Gamma_x)}\Delta x\right]\left|\varepsilon_{j-1}^n\right|+\left[1+\frac{\partial \varphi}{\partial \Gamma}\Delta t-2r\frac{\partial \varphi}{\partial(\Gamma_{xx})}\right]\left|\varepsilon_j^n\right| \\ &+r\left[\frac{\partial \varphi}{\partial(\Gamma_{xx})}+\frac{1}{2}\frac{\partial \varphi}{\partial(\Gamma_x)}\Delta x\right]\left|\varepsilon_j^n\right|+O\left(\Delta t^2+\Delta t\Delta x^2\right)\end{aligned} \tag{2.12.15}$$

令 $\left\|\varepsilon_j^n\right\|=\max\limits_{j=0,\cdots,J}\left|\varepsilon_j^n\right|$, $\left\|\varepsilon_j^n\right\|$ 是 $C^{4\cdot 2}$ 空间的范数. 从式 (2.12.15) 可以导出

$$\left\|\varepsilon_j^{n+1}\right\| \leqslant (1+b\Delta t)\left\|\varepsilon_j^n\right\|+A\left(\Delta t^2+\Delta t\Delta x^2\right) \tag{2.12.16}$$

现在, $\left\|\varepsilon^0\right\|=0$, 则有

$$\left\|\varepsilon^n\right\|=\left[1+(1+b\Delta t)+(1+b\Delta t)^2+\cdots+(1+b\Delta t)^{n-1}\right]A\left(\Delta t^2+\Delta t\Delta x^2\right)$$

由于

$$(1+b\Delta t)^n \leqslant \left(1+\frac{bT}{n}\right)^n \leqslant e^{bT}$$

所以

$$\left\|\varepsilon_j^{n+1}\right\| \leqslant e^{bT}An\left(\Delta t^2+\Delta t\Delta x^2\right) \leqslant Te^{bT}A\left(\Delta t+\Delta x^2\right) \tag{2.12.17}$$

由上式可见, 如果 $\Delta x \leqslant 2a/b$, $0<r \leqslant (1-b\Delta t)/2b$ 则 ε_j^n 随 Δx、$\Delta t \to 0$ 而趋向于零. 如果这些关系式满足, 则稳定性和收敛性得到保证. 作为一个例子, 下面讨论 Burger 方程

$$\frac{\partial \Gamma}{\partial t}+u\frac{\partial \Gamma}{\partial x}=\frac{\partial^2 \Gamma}{\partial x^2} \tag{2.12.18}$$

式中, $0 \leqslant u \leqslant 1$, $0 \leqslant \dfrac{\partial \Gamma}{\partial x} \leqslant 1$, 由此

$$\varphi=\frac{\partial^2 \Gamma}{\partial x^2}-u\frac{\partial \Gamma}{\partial x}, \quad \frac{\partial \varphi}{\partial(\Gamma_{xx})}=1, \quad \frac{\partial \varphi}{\partial(\Gamma_x)}=-u, \quad \frac{\partial \varphi}{\partial u}=-\frac{\partial \Gamma}{\partial x}$$

这样 $u=1$, $\left|\dfrac{\partial \varphi}{\partial u}\right|+\left|\dfrac{\partial \varphi}{\partial(\Gamma_x)}\right|+\dfrac{\partial \varphi}{\partial(\Gamma_{xx})} \leqslant 3=b$, 由条件 $\Delta x \leqslant 2a/b$, 可知, $\Delta x \leqslant 2/3$, 而由条件 $0<r \leqslant (1-b\Delta t)/2b$ 应有

$$0<\frac{9}{4}\Delta t \leqslant \frac{1-3\Delta t}{6} \text{ 或 } \Delta t \leqslant \frac{2}{33}=0.067$$

2.12.2 非线性微分方程的隐式格式

为了保证计算的稳定, 显式格式要求满足限制条件 $0 < r = \dfrac{\Delta t}{\Delta x^2} \leqslant \dfrac{1-\Delta t}{2b}$, 当 b 很大时, 时间步的数目和计算次数可能非常大而难以接受. 有时, 由于在计算域的某部分, φ 的导数值大而不得不在整个计算域上采用较小的时间步长, 这是非常不经济的. 如果使用隐式格式就可以避免上述的限制条件.

1. 全隐格式

如果式 (2.12.7) 成立, 则可以从式 (2.12.6) 导出 $\dfrac{\partial^2 \Gamma}{\partial x^2}$ 的隐式关系式. 我们假定式 (2.12.6) 可以写成下面的形式

$$\frac{\partial^2 \Gamma}{\partial x^2} = \varphi\left(x, t, \Gamma, \frac{\partial \Gamma}{\partial x}, \frac{\partial^2 \Gamma}{\partial t^2}\right) \tag{2.12.19}$$

这里, 适定的条件是

$$\frac{\partial \varphi}{\partial\left(\Gamma_t\right)} \geqslant a > 0 \tag{2.12.20}$$

利用全隐格式可以得到如下的离散形式

$$\begin{aligned}&\frac{1}{\Delta x^2}\left[\left(\Gamma^*\right)_{j+1}^{n+1} - 2\left(\Gamma^*\right)_j^{n+1} + \left(\Gamma^*\right)_{j-1}^{n+1}\right]\\ =&\varphi\left\{\left(n+1\right)\Delta t, j\Delta x, \frac{1}{2\Delta x}\left[\left(\Gamma^*\right)_{j+1}^{n+1} - \left(\Gamma^*\right)_{j-1}^{n+1}\right],\right.\\ &\left.\frac{1}{\Delta t}\left[\left(\Gamma^*\right)_j^{n+1} - \left(\Gamma^*\right)_j^n\right]\right\}\end{aligned} \tag{2.12.21}$$

或写成算子形式

$$\frac{1}{\Delta x^2}\delta_x^2\left(\Gamma^*\right)_j^{n+1} = \varphi\left\{\left(n+1\right)\Delta t, j\Delta x, \frac{1}{2\Delta x}u\delta_x\left(\Gamma^*\right)_j^{n+1}, \frac{1}{\Delta t}\left[\left(\Gamma^*\right)_j^{n+1} - \left(\Gamma^*\right)_j^n\right]\right\} \tag{2.12.22}$$

格式的精度为 $O\left(\Delta x^2, \Delta t\right)$, 对 $r = \Delta t/\Delta x^2$ 没有限制条件. 但是由于非线性, 如果函数 φ 复杂, 则代数式也将变得非常复杂, 一般用逐次逼近法来求解. 下面介绍线性迭代和二次 Newton 迭代法.

考虑如下的简单方程组

$$L\left(\Gamma\right) = f\left(\Gamma\right) \tag{2.12.23}$$

其中 L 是线性偏微分运算子. 如果利用 Picard 法引入一函数序列 $\left\{\Gamma^{(*)}\right\}$, 该序列满足 Γ 的边界条件和线性微分方程

$$L[\Gamma^{(n+1)}] = f[\Gamma^{(n)}] \tag{2.12.24}$$

当序列 $\left\{\left[\Gamma^{(n)}\right]\right\}$ 收敛时, 收敛是线性的, 即当 $n \to \infty$ 时, 有

$$\Gamma^{(n+1)}-\Gamma=O[\Gamma^{(n)}-\Gamma] \tag{2.12.25}$$

另外, 如果 f 是可微函数, 可以利用 Newton 法进行线性化. 将式 (2.12.23) 的右边项展开式

$$f[\Gamma^{(n)}]+[\Gamma^{(n+1)}-\Gamma^{(n)}]f'[\Gamma^{(n)}] \tag{2.12.26}$$

将式 (2.12.26) 代入式 (2.12.24), 得一个新的线性偏微分方程

$$f[\Gamma^{(n+1)}]+f'[\Gamma^{(n)}]\Gamma^{(n+1)}=f[\Gamma^{(n)}]-f'[\Gamma^{(n)}]\Gamma^{(n)} \tag{2.12.27}$$

如果这个序列是收敛的, 则是二次收敛的, 即当 $n\to\infty$ 时

$$\Gamma^{(n+1)}-\Gamma=O[\left(\Gamma^{(n)}-\Gamma\right)^2] \tag{2.12.28}$$

将二阶 Newton 迭代法用于式 (2.12.19), 有

$$\begin{aligned}\Gamma_{xx}^{(n+1)}=&\varphi[x,t,\Gamma^{(n)},\Gamma_x^{(n)},\Gamma_t^{(n)}]+[\Gamma^{(n+1)}-\Gamma^{(n)}]\frac{\partial\varphi}{\partial\Gamma}\\&+[\Gamma_x^{(n+1)}-\Gamma_x^{(n)}]\frac{\partial\varphi}{\partial(\Gamma_x)}+[\Gamma_j^{(n+1)}-\Gamma_j^{(n)}]\frac{\partial\varphi}{\partial(\Gamma_j)}\end{aligned} \tag{2.12.29}$$

式中, φ 的偏导数与 φ 函数含有相同的变数, 均在第 n 次迭代求值. 利用求解一个三对角线方程组, 可以逐次逼近 $(\Gamma^*)_j^{n+1}$

$$\begin{aligned}&\frac{1}{\Delta x^2}\delta_x^2\left[(\Gamma^*)_j^{n+1}\right]^{k+1}-\left\{\frac{\partial\varphi}{\partial\Gamma}+\frac{1}{2\Delta x}\frac{\partial\varphi}{\partial(\Gamma_x)}u\delta_x+\frac{1}{\Delta x}\frac{\partial\varphi}{\partial(\Gamma_j)}\right\}\left[(\Gamma^*)_j^{n+1}\right]^{k+1}\\=&-\left\{\frac{\partial\varphi}{\partial\Gamma}+\frac{1}{2\Delta x}\frac{\partial\phi}{\partial(\Gamma_x)}u\delta_x+\frac{1}{\Delta t}\frac{\partial\varphi}{\partial(\Gamma_j)}\right\}\left[(\Gamma^*)_j^{n+1}\right]^{k}\\&+\varphi\Bigg\{(n+1)\Delta t,j\Delta x,\left[(\Gamma^*)_j^{n+1}\right]^k,\frac{1}{2\Delta x}u\delta_x\left[(\Gamma^*)_j^{n+1}\right]^k,\\&\frac{1}{\Delta t}\left\{\left[(\Gamma^*)_j^{n+1}\right]^k-\left[(\Gamma^*)_j^{n}\right]^k\right\}\Bigg\}\end{aligned} \tag{2.12.30}$$

在花括号 $\{*\}$ 内的表达式, 在每一次迭代过程中均需重新求值, 其中的第三项可以用一个常数 A 来代替, 它的最佳值为

$$A=\frac{1}{2\Delta t}\left\{\max\frac{\partial\varphi}{\partial(\Gamma_j)}+\min\frac{\partial\varphi}{\partial(\Gamma_j)}\right\}$$

如果 $\Delta t=O(\Delta x)$ 和 Δt 值充分小, 序列 $\{\Gamma^{(n)}\}$ 收敛至式 (2.12.21) 的真解. 条件 $\Delta t=O(\Delta x)$ 只是为了加速迭代收敛而提出的, 不是式 (2.12.21) 的解收敛到式 (2.12.19) 的解所要求的条件.

在一些问题中, 式 (2.12.19) 可以写成如下的准线性形式

$$\frac{\partial^2 \Gamma}{\partial x^2} + f(x,t,\Gamma)\frac{\partial \Gamma}{\partial x} + g(x,t,\Gamma) = p(x,t,\Gamma)\frac{\partial \Gamma}{\partial t} \tag{2.12.31}$$

对应的隐式差分形式可以是

$$\begin{aligned}&\frac{1}{\Delta x^2}\delta_x^2(\Gamma^*)_j^{n+1} + \frac{1}{2\Delta x}f\left[(n+1)\Delta t, j\Delta x, (\Gamma^*)_j^n\right]u\delta_x(\Gamma^*)_j^{n+1}\\&+g\left[j\Delta x,(n+1)\Delta t,(\Gamma^*)_j^n\right]\\=&p\left[j\Delta x,(n+1)\Delta t,(\Gamma^*)_j^n\right]\frac{(\Gamma^*)_j^{n+1}-(\Gamma^*)_j^n}{\Delta t}\end{aligned} \tag{2.12.32}$$

上式对 $(\Gamma^*)_j^{n+1}$ 是线性的、所以代数方程在每一时间步是线性的、三对角形的. 如果将式 (2.12.31) 写成自共轭形式

$$\frac{\partial}{\partial x}\left(p(x,t)\frac{\partial \Gamma}{\partial x}\right) + q(x,t,\Gamma) = S(x,t,\Gamma)\frac{\partial \Gamma}{\partial t} \tag{2.12.33}$$

采用全隐格式对上式进行离散, 得出一个线性代数方程

$$\begin{aligned}&\frac{1}{\Delta x^2}\{p[(j+1/2)\Delta x,(n+1)\Delta t][(\Gamma^*)_{j+1}^{n+1}-(\Gamma^*)_j^{n+1}]\\&-p[(j-1/2)\Delta x,(n+1)\Delta t]\cdot[(\Gamma^*)_j^{n+1}-(\Gamma^*)_{j-1}^{n+1}]\}+q\{j\Delta x,(n+1)\Delta t,(\Gamma^*)_j^n\}\\=&S[j\Delta x,(n+1)\Delta t,(\Gamma^*)_j^n]\frac{(\Gamma^*)_j^{n+1}-(\Gamma^*)_j^n}{\Delta t}\end{aligned} \tag{2.12.34}$$

2. Crank-Nicolson 格式

式 (2.12.19) 的 C-N 格式是

$$\begin{aligned}&\frac{1}{2\Delta x^2}\delta_x^2[(\Gamma^*)_j^{n+1}+(\Gamma^*)_j^n]+\frac{1}{4\Delta x^2}f\left\{j\Delta x,(n+\frac{1}{2})\Delta t,\frac{1}{2}[(\Gamma^*)_j^{n+1}+(\Gamma^*)_j^n]\right\}\\&\times\delta_x[(\Gamma^*)_j^{n+1}+(\Gamma^*)_j^n]+\left\{j\Delta x,\left(n+\frac{1}{2}\right)\Delta t,\frac{1}{2}[(\Gamma^*)_j^{n+1}+(\Gamma^*)_j^n]\right\}\\=&p\left\{j\Delta x,\left(n+\frac{1}{2}\right)\Delta t,\frac{1}{2}[(\Gamma^*)_j^{n+1}+(\Gamma^*)_j^n]\right\}\frac{(\Gamma^*)_j^{n+1}-(\Gamma^*)_j^n}{\Delta t}\end{aligned} \tag{2.12.35}$$

这个代数方程是非线性的, 应该用迭代法求解. 如果系数 f, g, p 中用 n 时间层的值求出, 则所得的代数方程是线性的三对角方程组.

3. 预测–校正格式

对于若干类非线性方程, 代数方程组的非线性问题可以用预测–校正格式加以避免. Douglas 和 Jones 考虑式 (2.12.19), 计算区域为 $0 < x < 1$ 和 $0 < t \leqslant T$, 初始条件和边界条件为 $\Gamma(x,0)$, $\Gamma(0,t)$ 和 $\Gamma(1,t)$. 对下列方程

$$\varphi = f_1(x,t,\Gamma)\frac{\partial \Gamma}{\partial t} + f_2(x,t,\Gamma)\frac{\partial \Gamma}{\partial t} + f_3(x,t,\Gamma) \tag{2.12.36}$$

或

$$\varphi = g_1\left(x,t,\frac{\partial \Gamma}{\partial x}\right)\frac{\partial \Gamma}{\partial t} + g_2\left(x,t,\Gamma,\frac{\partial \Gamma}{\partial t}\right) \tag{2.12.37}$$

利用 C-N 的预测–校正修正格式进行离散, 得到的代数方程是线性的. 与式 (2.12.36) 相应的流体力学方程, 有著名的 Burger 方程

$$\frac{\partial^2 u}{\partial x^2} = u\frac{\partial u}{\partial x} + \frac{\partial u}{\partial t} \tag{2.12.38}$$

式中, u 是流速, 式 (2.12.36) 所代表的一类方程, 利用下面的预测–校正格式给出线性代数方程.

预测步

$$\frac{1}{\Delta x^2}\delta_x^2\left(\Gamma^*\right)_j^{n+1/2} = \varphi\left\{j\Delta x,(n+1/2)\,\Delta t,\frac{1}{2\Delta x}u\delta_x\left(\Gamma^*\right)_j^n + \frac{2}{\Delta t}\left[\left(\Gamma^*\right)_j^{n+1/2} - \left(\Gamma^*\right)_j^n\right]\right\} \tag{2.12.39}$$

校正步

$$\begin{aligned}\frac{1}{2\Delta x^2}\delta_x^2[(\Gamma^*)_j^{n+1} - (\Gamma^*)_j^n] = \varphi\Big\{&j\Delta x,(n+1/2)\Delta t,(\Gamma^*)_j^{n+1/2},\\ &\frac{1}{4\Delta x}u\delta_x[(\Gamma^*)_j^{n+1} - (\Gamma^*)_j^n],\\ &\frac{1}{\Delta t}[(\Gamma^*)_j^{n+1/2} - (\Gamma^*)_j^n]\Big\}\end{aligned} \tag{2.12.40}$$

式 (2.12.39) 对时间层 $(n+1/2)\,\Delta t$ 求解, 由于式 (2.12.39) 对于 $\dfrac{\partial \Gamma}{\partial t}$ 是线性的, 在时间层 $(n+1/2)\,\Delta t$ 上的计算是线性代数问题. 校正步在 $(n+1/2)\,\Delta t$ 时间层计算, 由于式 (2.12.39) 相对于 $\dfrac{\partial \Gamma}{\partial x}$ 呈线性, 所得到的代数方程也是线性的. 与式 (2.12.39) 相对应, 还可以写出另一种预测步公式

$$\begin{aligned}\frac{1}{2\Delta x^2}\delta_x^2\left[\left(\Gamma^*\right)_j^{n+1/2} + \left(\Gamma^*\right)_j^n\right] = \varphi\Big\{&j\Delta x,(n+1/2)\,\Delta t,\left(\Gamma^*\right)_j^n,\frac{1}{2\Delta x}u\delta_x\left(\Gamma^*\right)_j^n,\\ &\frac{2}{\Delta t}\left[\left(\Gamma^*\right)_j^{n+1/2} - \left(\Gamma^*\right)_j^n\right]\Big\}\end{aligned} \tag{2.12.41}$$

当 φ 是由式 (2.12.37) 时给出时, 则校正步的公式由下式给出,

$$\begin{aligned}\frac{1}{2\Delta x^2}\delta_x^2\left[\left(\Gamma^*\right)_j^{n+1} + \left(\Gamma^*\right)_j^n\right] = \varphi\Big\{&j\Delta x,(n+1/2)\,\Delta t,\left(\Gamma^*\right)_j^{n+1/2},\frac{1}{2\Delta x}u\delta_x\left(\Gamma^*\right)_j^{n+1/2},\\ &\frac{1}{\Delta t}\left[\left(\Gamma^*\right)_j^{n+1} - \left(\Gamma^*\right)_j^n\right]\Big\}\end{aligned} \tag{2.12.42}$$

2.12.3 线性迭代 (Picard) 与二次迭代 (Newton) 的比较

考虑如下的扩散方程

$$\frac{\partial \Gamma}{\partial t}-\frac{\partial^2 \Gamma}{\partial x^2}=\left(1+\Gamma^2\right)(1-2\Gamma) \tag{2.12.43}$$

计算域为, $0 \leqslant t \leqslant 1-x$; $0 \leqslant x \leqslant 1$; $0 \leqslant t \leqslant 1.5-x$; $0 \leqslant x \leqslant 1.5$. 在每一种情况下, 边界条件由 $\Gamma=\tan(x+t)$ 给出. 利用 C-N 格式离散式 (2.12.43), 并取 $\Delta t=\Delta x=0.01$, $r=100$. 分别利用 Picard 法和 Newton 法求出离散方程的解. 设 k_n 是在 n 时间层上取得 $(\Gamma^*)_j^n$ 的近似解所需要的迭代次数. 停止迭代的条件是

$$\max_n\left|\frac{[(\Gamma^*)_j^n]^k-[(\Gamma^*)_j^n]^{k-1}}{[(\Gamma^*)_j^n]^k}\right| \leqslant 10^{-6} \tag{2.12.44}$$

所以, k_n 是满足条件 (2.12.44) 的最小的 k 值. 式 (2.12.24) 和式 (2.12.26) 右侧的函数 $f(\Gamma^*)$ 用平均值 $\frac{1}{2}\{[(\Gamma^*)_j^{n+1}]^k-[(\Gamma^*)_j^n]^{k_n}\}$ 代替. Picard 法的迭代格式是

$$\begin{aligned}&\frac{1}{\Delta t}\{[(\Gamma^*)_j^{n+1}]^k-[(\Gamma^*)_j^n]^{k_n}\}-\frac{1}{2\Delta x^2}\{[(\Gamma^*)_{j+1}^{n+1}]^{k+1}-2[(\Gamma^*)_j^{n+1}]^{k+1}\\&+[(\Gamma^*)_{j-1}^{n+1}]^{k+1}+[(\Gamma^*)_{j+1}^n]^{k_n}-2[(\Gamma^*)_j^n]^{k_n}+[(\Gamma^*)_{j-1}^n]^{k_n}\}\\=&\left\{1+\frac{1}{2}[(\Gamma_j^{*n+1})^k]^2+[(\Gamma_j^{*n})^{k_n}]^2\right\}\{1-(\Gamma_j^{*n+1})^k-(\Gamma_j^{*n})^{k_n}\}\end{aligned} \tag{2.12.45}$$

相应的可以写出 Newton 法的迭代格式. 计算结果表明, 在三角形区域 $0 \leqslant t \leqslant 1-x$, $0 \leqslant x \leqslant 1$ 内, 两种方法的迭代次数相同. 这是由于 Γ 的梯度不大. 而在区域 $0\leqslant t \leqslant 1.5-x$, $0\leqslant x \leqslant 1.5$ 内, 在 $t=1.5-x$ 处, 边界值 $\Gamma=\tan 1.5$, 数值较大. 这时, Picard 方法要求的迭代次数是 Newton 法的 9 倍. 由此可见, 如果变量在区域内的变化梯度较大, 则 Newton 法要大大优于 Picard 法, 而变化梯度较小时, 则两者的差别不大.

2.13 二维和三维方程的有限差分离散

2.13.1 概述

随着数值模型广泛应用于工程实际, 所需处理的问题也变得越来越复杂, 其复杂性主要表现在高维数, 微分方程组复杂和求解域边界的复杂性. 要求解这些问题除了需要强有力的计算机外, 如何提高数值模型算法的效率则是主要的方面. 虽然在二维以上的水动力学问题的计算中显式格式也被人们所用[7,12], 但在工程计算中更多地是应用隐式格式或显–隐混合格式. 本节重点介绍近年来得到发展并广泛用于工程实际的分步法[13,14].

2.13.2 分步法的概念

所谓分步法就是将原来比较复杂的 (高维数或复杂的物理过程) 问题的求解分解成若干比较简单的问题的连续求解过程. 分步可以分成下述三种类型.

(1) 空间概念上的分步：即将多维的问题分解成一系列的低维数的问题, 通常是化成一系列的一维问题求解.

(2) 物理概念上的分步：即将原始的包含若干个物理性质不同的过程复合而成的物理过程分解成若干性质单一的物理过程的时间序列求解.

(3) 解析上的分步：将原始解析方程分解求解. 例如, 微分方程中的代数项, 特别是曲线坐标系中微分方程所包含的代数项的分解处理.

2.13.3 空间概念上的分步法

下面分开介绍前两种方法.

为了便于研究, 以扩散方程为例进行讨论, 方程一般形式是

$$\frac{\partial u}{\partial t}=Lu \tag{2.13.1}$$

式中, $u=u(x,t)=\{u_1(x_1,x_2,\cdots,x_m,t),u_2(x_1,x_2,\cdots,t),\cdots,u_n(x_1,x_2\cdots,x_m,t)\}$;

$L=\sum\limits_{i}^{L_i}, L_i=\sigma\dfrac{\partial^2}{\partial x_i^2}, i=1,\cdots,m, L_i$ 为线性矩阵算子. 首先讨论二维扩散方程

$$\frac{\partial u}{\partial t}=(L_1+L_2)\,u \tag{2.13.2}$$

1. 交替方向法 (ADI 法)

Peaceman, Rechford 和 Douglas 于 1955 年提出 ADI 法[15], 他的基本格式可以写为,

$$\begin{aligned}\frac{u^{n+1/2-u^n}}{\Delta t}&=\frac{1}{2}(\Lambda_1u^{n+1/2}+\Lambda_2u^n)\\\frac{u^{n+1}-u^{n+1/2}}{\Delta t}&=\frac{1}{2}\left(\Lambda_1u^{n+1/2}+\Lambda_2u^{n+1}\right)\end{aligned} \tag{2.13.3}$$

式中, Λ_1, Λ_2 分别表示与算子 L_1, L_2 对应的差分运算算子, 如果采用空间中心差分, 则 Λ_1, Λ_2 取下列形式

$$\begin{aligned}\Lambda_1&=\sigma\frac{u_{i+1,j}+u_{i-1,j}-2u_{i,j}}{\Delta x_1^2}\\\Lambda_2&=\sigma\frac{u_{i,j+1}+u_{i,j-1}-2u_{i,j}}{\Delta x_2^2}\end{aligned} \tag{2.13.4}$$

从式 (2.13.3) 可见, 时间步长 Δt 被分成两部分, 即在 $n+1$, n 时间层间增设一过渡层 $(n+1/2)$. 在 $n\to n+1/2$ 分步, 算子 L_1 用 Λ_1 隐式逼近, 而算子 L_2 用 Λ_2 显

式逼近. 在 $n+1/2 \to n+1$ 分步, 算子 L_1 用 Λ_1 显式逼近, 而算子 L_2 用 Λ_2 隐式逼近. 下面我们来探讨式 (2.13.3) 的相容性与稳定性. 上述分步格式化成等价的一步格式, 先将式 (2.13.2) 改写成

$$A_1 u^{n+1/2} - B_1 u^n = 0 \tag{2.13.5a}$$

$$A_2 u^{n+1} - B_2 u^{n+1/2} = 0 \tag{2.13.5b}$$

式中,

$$A_1 = E - \frac{1}{2}\Delta t \Lambda_1; A_2 = E + \frac{1}{2}\Delta t \Lambda_2; B_1 = E - \frac{1}{2}\Delta t \Lambda_2; B_2 = E + \frac{1}{2}\Delta t \Lambda_1 \tag{2.13.6}$$

E 为单位矩阵

以式 (2.13.5a) 乘以 B_2, 式 (2.13.5b) 乘以 A_1, 相加得

$$A_1 A_2 u^{n+1} - B_1 B_2 u^n + (B_2 A_1 - A_1 B_2) u^{n+1/2} = 0$$

假设算子 Λ_1, Λ_2 满足可交换性, 则有

$$A_1 A_2 u^{n+1} - B_1 B_2 u^n = 0 \tag{2.13.7}$$

再以式 (2.13.6) 代入上式, 经整理可得

$$\frac{u^{n+1} - u^n}{\Delta t} = \frac{1}{2}(\Lambda_1 + \Lambda_2)\left(u^{n+1} + u^n\right) - \frac{1}{4}\Delta t \Lambda_1 \Lambda_2 \left(u^{n+1} - u^n\right) \tag{2.13.8}$$

当 Δt, Δx_1, $\Delta x_2 \to 0$ 时, 显然上式逼近于原微分方程 (2.13.2), 所以式 (2.13.3) 满足相容性. 下面证明式 (2.13.2) 的稳定性, 以下面得傅里叶分量代入式 (2.13.2)

$$u^n = \eta^n e^{i(k_1 x_1 + k_2 x_2)} u^{n+1/2} = \eta^{n+1/2} e^{i(k_1 x_1 + k_2 x_2)} \tag{2.13.9}$$

先代入 (2.13.2a)

$$\eta^{n+1/2} e^{i(k_1 x_1 + k_2 x_2)} - \eta^n e^{i(k_1 x_1 + k_2 x_2)} = \frac{\Delta t}{2}\Lambda_1 \eta^{n+1/2} e^{i(k_1 x_1 + k_2 x_2)} + \frac{\Delta t}{2}\Lambda_2 \eta^n e^{i(k_1 x_1 + k_2 x_2)}$$

略去公共项, 则有

$$\eta^{n+1/2}\left(1 - \frac{\Delta t}{2}\lambda_1\right) = \eta^n \left(1 + \frac{\Delta t}{2}\lambda_2\right) \tag{2.13.10}$$

根据 Λ_1, Λ_2 的离散形式, λ_1, λ_2 具有如下的形式

$$\lambda_1 = -\frac{4\sigma}{\Delta x_1^2}\sin^2\frac{\vartheta_1}{2}, \quad \lambda_2 = -\frac{4\sigma}{\Delta x_2^2}\sin^2\frac{\vartheta_2}{2} \tag{2.13.11}$$

式中, $\vartheta_1 = k_1 \Delta x_1$; $\vartheta_2 = k_2 \Delta x_2$. 设

$$a_1=\frac{4\Delta t\sigma}{\Delta x_1^2}\sin\frac{\vartheta_1}{2},\quad a_2=\frac{4\Delta t\sigma}{\Delta x_2^2}\sin^2\frac{\vartheta_2}{2} \tag{2.13.12}$$

则式 (2.13.10) 可以写成

$$\rho_1=\frac{\eta^{n+1/2}}{\eta^n}=\frac{1-\frac{1}{2}a_2}{1+\frac{1}{2}a_1} \tag{2.13.13}$$

同理有

$$\rho_2=\frac{\eta^{n+1}}{\eta^{n+1/2}}=\frac{1-\frac{1}{2}a_1}{1+\frac{1}{2}a_2} \tag{2.13.14}$$

将式 (2.13.13), (2.13.14) 合并, 得

$$\rho=\rho_1\rho_2=\frac{1-\frac{1}{2}a_1}{1+\frac{1}{2}a_2}\cdot\frac{1-\frac{1}{2}a_2}{1+\frac{1}{2}a_1} \tag{2.13.15}$$

由式 (2.13.15) 可见, 不论 Δt, Δx_1, Δx_2 取什么值, 总有

$$|\rho|\leqslant 1 \tag{2.13.16}$$

所以格式 (2.13.2) 总是无条件稳定的. 利用式 (2.13.15) 可以从物理概念上分析 ADI 格式的稳定性问题. 如果在 n 时刻由于某种原因引入扰动, 在第一个分步, 扰动沿 x_1 向减小 $(1+a_1/2)$ 倍, 沿 x_2 向增大 $(1-a_2/2)$ 倍, 在第二个分步扰动沿 x_1 向增大 $(1-a_1/2)$, 沿 x_2 向减小 $(1+a_2/2)$ 倍, 相互补偿的结果, 经过一个时间步长 Δt 后, 扰动的幅度并不增加, 计算保持稳定. 从上面的分析还可以得出这样的概念, 在 ADI 计算中, 沿某一个给定方向的积分, 显式与隐式交替进行, 扰动的变化得到补偿. 如果这种补偿不完整, 则可能会引起不稳定. 基于此, ADI 法不能用于三维的情况, 或者说, 用于三维情况只能保证条件稳定. 这一点可以说明如下

$$\frac{\partial u}{\partial t}=\sigma\sum_{i=1}^{3}\frac{\partial^2 u}{\partial x_i^2} \tag{2.13.17}$$

按 ADI 格式离散

$$\begin{aligned}
\frac{u^{n+1/3}-u^n}{\Delta t}&=\frac{1}{3}\left(\Lambda_1u^{n+1/3}+\Lambda_2u^n+\Lambda_3u^n\right)\\
\frac{u^{n+2/3}-u^{n+1/3}}{\Delta t}&=\frac{1}{3}\left(\Lambda_1u^{n+1/3}+\Lambda_2u^{n+2/3}+\Lambda_3u^{n+1/3}\right)\\
\frac{u^{n+1}-u^{n+2/3}}{\Delta t}&=\frac{1}{3}\left(\Lambda_1u^{n+2/3}+\Lambda_2u^{n+2/3}+\Lambda_3u^{n+1}\right)
\end{aligned} \tag{2.13.18}$$

由式 (2.13.18) 可见, 沿每一个方向 x_1, x_2 或 x_3 隐式积分一次, 显式积分两次, 这样在显式积分时扰动的增大不能被隐式积分时扰动的衰减所补偿, 格式的稳定性就不能保证. 利用 Von Neumann 法进行分析, 得出式 (2.13.18) 相应的幅度因子为,

$$\rho_1=\frac{1-\frac{1}{3}(a_2+a_3)}{1+\frac{1}{3}a_1},\rho_2=\frac{1-\frac{1}{3}(a_1+a_3)}{1+\frac{1}{3}a_2},\rho_3=\frac{1-\frac{1}{3}(a_1+a_2)}{1+\frac{1}{3}a_3} \tag{2.13.19}$$

综合幅度因子为

$$\rho=\rho_1\rho_2\rho_3=\frac{\left[1-\frac{1}{3}(a_2+a_3)\right]\left[1-\frac{1}{3}(a_1+a_3)\right]\left[1-\frac{1}{3}(a_1+a_2)\right]}{\left(1+\frac{1}{3}a_1\right)\left(1+\frac{1}{3}a_2\right)\left(1+\frac{1}{3}a_3\right)} \tag{2.13.20}$$

显然, 格式 (2.13.18) 不再是无条件稳定. 当 Δt 充分大时

$$\rho\approx-8 \tag{2.13.21}$$

格式不稳定. 另外, ADI 法不能用于包含交叉导数项的微分方程的计算

$$\frac{\partial u}{\partial t}=\sum_{i,j=1}^{m}\sigma\frac{\partial^2 u}{\partial x_i\partial x_j} \tag{2.13.22}$$

2. 稳定校正格式

1956 年 Douglas 和 Rachford[16] 提出如下的格式, 用于三维微分方程的离散

$$\begin{aligned}&\frac{u^{n+1/3}}{\Delta t}=\Lambda_1u^{n+1/3}+\Lambda_2u^n+\Lambda_3u^n\\&\frac{u^{n+2/3}-u^{n+1/3}}{\Delta t}=\Lambda_2\left(u^{n+2/3}-u^n\right)\\&\frac{u^{n+1}-u^{n+2/3}}{\Delta t}=\Lambda_3\left(u^{n+1}-u^n\right)\end{aligned} \tag{2.13.23}$$

式 (2.13.23) 可以写成如下形式

$$A_su^{n+s/3}-B_su^{n+(s-1)/3}=C_su^n \tag{2.13.24}$$

式中,

$$A_s=E-\Delta t\Lambda_s;\quad B_s=E;\quad s=1,2,3$$

$$C_1=\Delta t\left(\Lambda_2+\Lambda_3\right);\quad C_2=-\Delta t\Lambda_2;\quad C_3=-\Delta t\Lambda_3 \tag{2.13.25}$$

从式 (2.13.24) 依次消去 $u^{n+1/3}$, $u^{n+2/3}$, 可得如下的等价方程

$$A_1A_2A_3u^{n+1}-B_1B_2B_3u^n=\left(C_1+A_1C_2+A_1A_2C_3\right)u^n \tag{2.13.26}$$

将式 (2.13.25) 代入式 (2.13.26) 并按 Δt 展开

$$\frac{u^{n+1}-u^n}{\Delta t}=\Lambda u^{n+1}-\Delta t\left(\Lambda_1\Lambda_2+\Lambda_1\Lambda_3+\Lambda_2\Lambda_3\right)\left(u^{n+1}-u^n\right)+\Delta t^2\Lambda_1\Lambda_2\Lambda_3\left(u^{n+1}-u^n\right) \tag{2.13.27}$$

式中, $\Lambda=\Lambda_1+\Lambda_2+\Lambda_3$. 当 Δt 趋近于零时, 式 (2.13.27) 逼近于式 (2.13.17). 所以, 式 (2.13.23) 满足相容性. 利用稳定分析可以求出式 (2.13.23) 的幅度因子

$$\rho=\frac{1+a_1a_2+a_1a_3+a_2a_3+a_1a_2a_3}{(1+a_1)(1+a_2)(1+a_3)} \tag{2.13.28}$$

由于 $|\rho|\leqslant 1$, 格式 (2.13.23) 是无条件稳定的. 从式 (2.13.23) 的结构形式可以看出, 第一分步是一个与原始微分方程的相容格式. 而第二, 三分步是校正解, 起稳定格式的作用.

3. Yanenko 分步法

对 ADI 格式的稳定分析得出的概念是, 显式差分逼近会降低格式的稳定性, 这就提示我们, 在分步时, 在每一个 x_i 向只用隐式格式, 就有可能提高稳定性. 每一分步只对方程右端的一部分算子

$$L_s=\sigma\frac{\partial^2}{\partial x_s^2}$$

进行隐式离散. Yanenko 于 1959 年[17] 提出如下的三维分步格式,

$$\frac{u^{n+1/3}-u^n}{\Delta t}=\Lambda_1u^{n+1/3} \tag{2.13.29a}$$

$$\frac{u^{n+2/3}-u^{n+1/3}}{\Delta t}=\Lambda_2u^{n+2/3} \tag{2.13.29b}$$

$$\frac{u^{n+1}-u^{n+2/3}}{\Delta t}=\Lambda_3u^{n+1} \tag{2.13.29c}$$

为了讨论相容性, 同样将式 (2.13.29) 写成如下形式

$$A_su^{n+s/3}-B_su^{n+(s-1)/3}=0 \tag{2.13.30}$$

式中,

$$A_s=E-\Delta t\Lambda_s;B_s=E;\quad s=1,2,3 \tag{2.13.31}$$

从式 (2.13.30) 依次消去 $u^{n+1/3}$, $u^{n+2/3}$, 则得等价格式

$$A_1A_2A_3u^{n+1}-B_1B_2B_3u^n=A_1A_2A_3u^{n+1}-Eu^n=0 \tag{2.13.32}$$

将式 (2.13.31) 代入式 (2.13.32)

$$\frac{u^{n+1}-u^n}{\Delta t}=\Lambda u^{n+1}-\Delta t\left(\Lambda_1\Lambda_2+\Lambda_1\Lambda_3+\Lambda_2\Lambda_3\right)u^{n+1}+\Delta t^2\Lambda_1\Lambda_2\Lambda_3u^{n+1} \tag{2.13.33}$$

当 $\Delta t \to 0$ 时, 式 (2.13.33) 逼近式 (2.13.17), 所以式 (2.13.29) 与原微分方程是相容的. 通过稳定分析可以求出格式 (2.13.29) 的幅度因子为

$$\rho = \frac{1}{(1+a_1)(1+a_2)(1+a_3)} \tag{2.13.34}$$

由上式可见, 不论 Δt 取何值, 总有 $|\rho| \leqslant 1$, 所以式 (2.13.29) 是无条件稳定的. 为了改进格式 (2.13.29) 的精度, 可以用如下的加权格式

$$\begin{aligned}
&\frac{u^{n+1/3}-u^n}{\Delta t} = \Lambda_1\left[\alpha u^{n+1/3} + (1-\alpha)u^n\right] \\
&\frac{u^{n+2/3}-u^{n+1/3}}{\Delta t} = \Lambda_2\left[\alpha u^{n+2/3} + (1-\alpha)u^{n+1/3}\right] \\
&\frac{u^{n+1}-u^{n+2/3}}{\Delta t} = \Lambda_3\left[\alpha u^{n+1} + (1-\alpha)u^{n+2/3}\right]
\end{aligned} \tag{2.13.35}$$

上式可以化成如下的一步格式

$$A_1A_2A_3u^{n+1} - B_1B_2B_3u^n = 0 \tag{2.13.36}$$

式中, $A_s = E - \alpha\Delta t\Lambda_s; B_s = E + (1-\alpha)\Delta t\Lambda_s; s = 1,2,3$. 将式 (2.13.36) 展开成 Δt 的级数

$$\frac{u^{n+1}-u^n}{\Delta t} = \Lambda\left[\alpha u^{n+1} + (1-\alpha)u^n\right] + \Delta t\left[\varPhi_1 u^{n+1} + \varPhi_0 u^n\right] \tag{2.13.37}$$

式中,

$$\begin{aligned}
&\varPhi_1 = -\alpha^2(\Lambda_1\Lambda_2 + \Lambda_1\Lambda_3 + \Lambda_2\Lambda_3) + \Delta t\alpha^3\Lambda_1\Lambda_2\Lambda_3; \\
&\varPhi_0 = (1-\alpha)^2(\Lambda_1\Lambda_2 + \Lambda_1\Lambda_3 + \Lambda_2\Lambda_3) + \Delta t(1-\alpha)^3\Lambda_1\Lambda_2\Lambda_3
\end{aligned} \tag{2.13.38}$$

如果取 $\alpha = 1/2$, 则有

$$\begin{aligned}
\frac{u^{n+1}-u^n}{\Delta t} =& \Lambda\left(\frac{u^{n+1}+u^n}{2}\right) - \frac{\Delta t^2}{4}(\Lambda_1\Lambda_2 + \Lambda_1\Lambda_3 + \Lambda_2\Lambda_3)\frac{u^{n+1}-u^n}{\Delta t} \\
&+ \frac{\Delta t^2}{8}\Lambda_1\Lambda_2\Lambda_3\left(u^{n+1}+u^n\right)
\end{aligned} \tag{2.13.39}$$

式 (2.13.39) 的精度是 $O\left(\Delta t^2, \Delta x_i^2\right)$. 前面已说过 ADI 法不能用于包含交叉导数的微分方程, 而 Yanenko 的分步法则可以用这类方程. 考虑如下的抛物型扩散方程

$$\frac{\partial u}{\partial t} = Lu, L = \sum_{i,j=1}^{2}\sigma_{i,j}\frac{\partial^2}{\partial x_i \partial x_j}, \sigma_{ij} = \mathrm{const} \tag{2.13.40}$$

$$\sigma_{11}\sigma_{22} - \sigma_{12}^2 > 0, \sigma_{11} > 0, \sigma_{22} > 0 \tag{2.13.41}$$

对于式 (2.13.40), V. A. Suchkov, Y. Y. Pogodin 和 Yanenko 于 1959 年[14] 提出如下的格式

$$\frac{u^{n+1/2}-u}{\Delta t}=\Lambda_{11}u^{n+1/2}+\Lambda_{12}u^{n}$$

$$\frac{u^{n+1}-u^{n+1/2}}{\Delta t}=\Lambda_{21}u^{n+1/2}+\Lambda_{22}u^{n+1} \tag{2.13.42}$$

式中,

$$\Lambda_{11}=\sigma_{11}\frac{u_{i+1,j}+u_{i-1,j}-2u_{i,j}}{\Delta x_1^2};\Lambda_{22}=\sigma_{22}\frac{u_{i,j+1}+u_{i,j-1}-2u_{i,j}}{\Delta x_2^2};$$

$$\Lambda_{21}=\Lambda_{12}=\sigma_{12}\frac{u_{i+1,j+1}+u_{i+1,j-1}+u_{i-1,j+1}+u_{i-1,j-1}-4u_{i,j}}{4\Delta x_1\Delta x_2}$$

从式 (2.13.42) 可以看出算子 $L_{12}=L_{21}$ 总是用显式格式离散. 式 (2.13.42) 的等价的一步两层格式为

$$A_{11}A_{22}u^{n+1}-A_{12}^2u^n=0 \tag{2.13.43}$$

式中,

$$A_{ij}=E+(-1)^{i+j+1}\Delta t\Lambda_{ij};\quad i,j=1,2 \tag{2.13.44}$$

按 Δt 展开式 (2.13.43)

$$\frac{u^{n+1}-u^n}{\Delta t}=(\Lambda_{11}+\Lambda_{22})\,u^{n+1}+2\Lambda_{12}u^n-\Delta t\left(\Lambda_{11}\Lambda_{22}u^{n+1}-\Lambda_{12}^2u^n\right) \tag{2.13.45}$$

当 $\Delta t\to 0$ 时, 式 (2.13.45) 逼近式 (2.13.40), 所以式 (2.13.42) 与式 (2.13.40) 相容. 利用 Von Neumann 分析可以得出如下的幅度因子

$$\rho=\frac{(1-l_{12})^2}{(1+l_{11})(1+l_{22})} \tag{2.13.46}$$

式中,

$$l_{1i}=4\Delta t\frac{\sigma_{11}}{\Delta x_i^2}\sin^2\frac{\vartheta_i}{2};\quad \vartheta_i=k\Delta x_i$$

$$l_{ij}=4\Delta t\frac{\sigma_{ij}}{\Delta x_i x_j}\cos\frac{\vartheta_i}{2}\cos\frac{\vartheta_j}{2}\sin\frac{\vartheta_i}{2}\sin\frac{\vartheta_j}{2};\quad i,j=1,2$$

由于 $\sigma_{11}\sigma_{22}-\sigma_{12}^2>0,\sigma_{11}>0,\sigma_{22}>0$, 所以有

$$|\rho|<1$$

所以格式是无条件稳定的. 对于三维的情况

$$\frac{\partial u}{\partial t}=\sum_{i,j=1}^{2}\sigma_{i,j}\frac{\partial^2 u}{\partial x_i\partial x_j} \tag{2.13.47}$$

Yanenko 提出如下的离散格式[14]

$$
\begin{aligned}
\frac{u^{n+1/6}-u^n}{\Delta t} &= \frac{1}{2}\Lambda_{11}u^{n+1/6}+\Lambda_{12}u^n \\
\frac{u^{n+2/6}-u^{n+1/6}}{\Delta t} &= \Lambda_{21}u^{n+1/6}+\frac{1}{2}\Lambda_{22}u^{n+2/6} \\
\frac{u^{n+3/6}-u^{n+2/6}}{\Delta t} &= \frac{1}{2}\Lambda_{11}u^{n+3/6}+\Lambda_{13}u^{n+2/6} \\
\frac{u^{n+4/6}-u^{n+3/6}}{\Delta t} &= \Lambda_{31}u^{n+3/6}+\frac{1}{2}\Lambda_{33}u^{n+4/6} \\
\frac{u^{n+5/6}-u^{n+4/6}}{\Delta t} &= \frac{1}{2}\Lambda_{22}u^{n+5/6}+\Lambda_{23}u^{n+4/6} \\
\frac{u^{n+1}-u^{n+5/6}}{\Delta t} &= \Lambda_{32}u^{n+5/6}+\frac{1}{2}\Lambda_{33}u^{n+1}
\end{aligned}
\tag{2.13.48}
$$

设矩阵 $\|b_{i,j}\|$ 是正定的, $b_{i,j}=\sigma_{i,j}, b_{i,j}=\dfrac{1}{2}\sigma_{i.i}$, 则格式 (2.13.48) 是相容和稳定的.

4. 差分算子分裂格式

Yanenko 于 1961 年[14] 提出所谓差分算子的近似分裂格式, 仍考虑扩散方程,

$$
\frac{\partial u}{\partial t}=\sigma\sum_{i=1}^{m}\frac{\partial^2 u}{\partial x_i^2}
\tag{2.13.49}
$$

如以全隐格式对上式进行离散, 则有

$$
\frac{u^{n+1}-u^n}{\Delta t}=\Lambda u^{n+1}\quad \Lambda=\sum_{i=1}^{m}\Lambda_i
\tag{2.13.50}
$$

将式 (2.13.50) 写成

$$
(E-\Delta t\Lambda)\,u^{n+1}=Eu^n
\tag{2.13.51}
$$

将差分算子 $(E-\Delta t\Lambda)$ 分裂, 精度至 $O\left(\Delta t^2\right)$, 则可写成

$$
(E-\Delta t\Lambda_1)\,(E-\Delta t\Lambda_2)\cdots(E-\Delta t\Lambda_m)=E-\Delta t\Lambda+\Delta t^2\varPhi
\tag{2.13.52}
$$

式中,

$$
\varPhi=\sum_{i<j}\Lambda_i\Lambda_j-\Delta t\sum_{i<j<k}\Lambda_i\Lambda_j\Lambda_k+\cdots+(-1)^m\,\Delta t^{m-2}\Lambda_1\cdots\Lambda_m
$$

这样式 (2.13.51) 可以改写成

$$
(E-\Delta t\Lambda_1)\,(E-\Delta t\Lambda_2)\cdots(E-\Delta t\Lambda_m)\,u^{n+1}=Eu^n
\tag{2.13.53}
$$

分裂后可进一步写成

$$
(E-\Delta t\Lambda_1)\,u^{n+1/m}=Eu^n
$$

$$\left(E - \Delta t \Lambda_2\right) u^{n+2/m} = E u^{n+1/m}$$

$$\vdots$$

$$\left(E - \Delta t \Lambda_m\right) u^{n+1} = E u^{n+(m-1)/m} \tag{2.13.54}$$

下面用一个例子来说明分裂差分算子的概念. Baker 和 Oliphant 曾提出如下的二维三层差分格式, 用以离散方程,

$$\frac{1.5u^{n+1} - 2u^n + 0.5u^{n-1}}{\Delta t} = \Lambda u^{n+1} \tag{2.13.55}$$

式中, $\Lambda = \Lambda_1 + \Lambda_2$. 将式 (2.13.43) 写成如下形式

$$\left(1.5E - \Delta t \Lambda\right) u^{n+1} = f^n \quad f^n = 2u^n - 0.5u^{n-1} \tag{2.13.56}$$

再将差分算子 $(1.5E - \Delta t\Lambda)$ 分裂, 可得

$$1.5\left(E - \frac{\Delta t}{1.5}\Lambda_1\right)\left(E - \frac{\Delta t}{1.5}\Lambda_2\right) u^{n+1} = f^n \tag{2.13.57}$$

5. 预测–校正格式

上面已说明了 ADI 格式不适用于三维情况, 即使用了, 也只能保证条件稳定. 稳定校正格式虽可用于三维计算, 且为无条件稳定, 但对时间而言只是一阶精度的. 1961 年 Brain 在稳定–校正格式的基础上提出了一种无条件稳定的二阶精度的预测–校正格式[17]. 式 (2.13.17) 的预测–校正格式为

$$\frac{u^{n+1/6} - u^n}{\Delta t} = \frac{1}{2}\left(\Lambda_1 u^{n+1/6} + \Lambda_2 u^n + \Lambda_3 u^n\right) \tag{2.13.58a}$$

$$\frac{u^{n+2/6} - u^{n+1/6}}{\Delta t} = \frac{1}{2}\Lambda_2\left(u^{n+2/6} - u^n\right) \tag{2.13.58b}$$

$$\frac{u^{n+3/6} - u^{n+2/6}}{\Delta t} = \frac{1}{2}\Lambda_3\left(u^{n+3/6} - u^n\right) \tag{2.13.58c}$$

$$\frac{u^{n+1} - u^n}{\Delta t} = \Lambda_1 u^{n+1/6} + \Lambda_2 u^{n+2/6} + \Lambda_3 u^{n+3/6} \tag{2.13.58d}$$

其中, 式 (2.13.58a)∼ 式 (2.13.58c) 为隐式离散, 无条件稳定, 式 (2.13.58d) 为显式离散, 可能产生不稳定, 相互补偿. 式 (2.13.58a)∼ 式 (2.13.58d) 可以化成如下的一步两层格式

$$\begin{aligned}\frac{u^{n+1} - u^n}{\Delta t} =& \Lambda\left(\frac{u^{n+1} + u^n}{2}\right) - \frac{\Delta t^2}{4}\left(\Lambda_1\Lambda_2 + \Lambda_1\Lambda_3 + \Lambda_2\Lambda_3\right)\frac{u^{n+1} - u^n}{\Delta t} \\ &+ \frac{\Delta t}{8}\Lambda_1\Lambda_2\Lambda_3\frac{u^{n+1} - u^n}{\Delta t}\end{aligned} \tag{2.13.59}$$

所以, 式 (2.13.58) 是二阶精度的相容格式. 可以证明, 该格式也是无条件稳定的格式. 1962 年 Douglas 提出如下的分步格式

$$\frac{1}{2}\Lambda_1(u^{n+1/3}+u^n)+\Lambda_2u^n+\Lambda_3u^n=\frac{u^{n+1/3}-u^n}{\Delta t}$$
$$\frac{1}{2}\Lambda_1(u^{n+1/2}+u^n)+\frac{1}{2}\Lambda_2(u^{n+2/3}+u^n)+\Lambda_3u^n=\frac{u^{n+2/3}-u^n}{\Delta t}$$
$$\frac{1}{2}\Lambda_1(u^{n+1/3}+u^n)+\frac{1}{2}\Lambda_2(u^{n+2/3}+u^n)+\frac{1}{2}\Lambda_3(u^{n+2/3}+u^n)=\frac{u^{n+1}-u^n}{\Delta t} \quad (2.13.60)$$

实际上, 上式可以重写成如下形式

$$\frac{u^{n+1/3}-u^n}{\Delta t}=\frac{1}{2}\Lambda_1(u^{n+1/3}+u^n)+\Lambda_2u^n+\Lambda_3u^n$$
$$\frac{u^{n+2/3}-u^{n+1/3}}{\Delta t}=\frac{1}{2}\Lambda_2(u^{n+2/3}-u^n)$$
$$\frac{u^{n+1}-u^{n+1/3}}{\Delta t}=\frac{1}{2}\Lambda_3(u^{n+1}-u^n) \quad (2.13.61)$$

由此可见, 式 (2.13.60) 实际上是稳定–校正格式. 更简化的预测–校正分步格式可以写成

$$\frac{u^{n+1/6}-u^n}{\Delta t}=\frac{1}{2}\Lambda_1u^{n+1/6}$$
$$\frac{u^{n+2/6}-u^{n+1/6}}{\Delta t}=\frac{1}{2}\Lambda_2u^{n+2/6}$$
$$\frac{u^{n+1/2}-u^{n+2/6}}{\Delta t}=\frac{1}{2}\Lambda_3u^{n+1/2}$$
$$\frac{u^{n+1}-u^n}{\Delta t}=\Lambda u^{n+1/2} \quad (2.13.62)$$

式 (2.13.60), 式 (2.13.62) 均可化成式 (2.13.59) 的形式, 所以, 实际上三者是等价的.

2.13.4 物理概念上的分步法

为了说明清楚, 这里利用 Navier-Stokes 方程组作为例子进行分析. 不可压缩黏性流体的 N-S 方程组可以写成如下形式

$$\frac{\partial u}{\partial t}+\sum_{\alpha=1}^{3}\frac{\partial W^\alpha}{\partial x^\alpha}=F \quad (2.13.63)$$

式中,

$$u = \begin{pmatrix} 0 \\ u^1 \\ u^2 \\ u^3 \end{pmatrix}; \quad W^{\alpha} = \begin{pmatrix} u^{\alpha} \\ u^1 u^{\alpha} + \dfrac{1}{\rho}\delta_{\alpha}^1 P - G^{1\alpha} \\ u^2 u^{\alpha} + \dfrac{1}{\rho}\delta_{\alpha}^2 P - G^{2\alpha} \\ u^3 u^{\alpha} + \dfrac{1}{\rho}\delta_{\alpha}^3 P - G^{3\alpha} \end{pmatrix} \tag{2.13.64}$$

$$\quad\quad\quad\quad \text{I} \quad\quad \text{II} \quad\quad \text{III}$$

$G^{\beta\alpha} = \mu\left(\dfrac{\partial u^{\alpha}}{\partial x^{\beta}} + \dfrac{\partial u^{\beta}}{\partial x^{\alpha}}\right)$; $\delta_{\beta}^{\alpha}\begin{cases} = 1 & \alpha = \beta \\ = 0 & \alpha \neq \beta \end{cases}$ Kronecker delts 函数; F 是包含质量力等自由项; $u^1u^2u^3$ 沿 x_1, x_2, x_3 方向的速度分量. 分析式 (2.13.64) 中 W^{α} 所包含的各项的物理性质, 则他们可以区分成如下三种类型, 即,

I= 对流引起的力;

II= 压强梯度引起的力;

III= 黏性耗散作用力.

由此, W^{α} 可以分解成

$$W^{\alpha} = \sum_{k=1}^{3} W_k^{\alpha} \tag{2.13.65}$$

式中,

$$W_1^{\alpha} = \begin{pmatrix} u^{\alpha} \\ u^1 u^{\alpha} \\ u^2 u^{\alpha} \\ u^3 u^{\alpha} \end{pmatrix} \quad W_2^{\alpha} = \begin{pmatrix} 0 \\ \dfrac{1}{\rho}\delta_{\alpha}^1 P \\ \dfrac{1}{\rho}\delta_{\alpha}^2 P \\ \dfrac{1}{\rho}\delta_{\alpha}^3 P \end{pmatrix} \quad W_3^{\alpha} = \begin{pmatrix} 0 \\ -G^{1\alpha} \\ -G^{2\alpha} \\ -G^{3\alpha} \end{pmatrix} \tag{2.13.66}$$

显然, 每一个 W_k^{α} 代表一个简单的物理过程, 它们的不同复合可以描述许多不同的物理过程. 以式 (2.13.65) 代入式 (2.13.63)

$$\frac{\partial u}{\partial t} + \sum_{\alpha=1}^{3}\sum_{k=1}^{3} \frac{\partial W_k^{\alpha}}{\partial x^{\alpha}} = F \tag{2.13.67}$$

这就是物理过程分裂后的微分方程的形式. 它可以写成

$$\frac{\partial u}{\partial t} + LU = F \tag{2.13.68}$$

式中, $LU = \sum\limits_{j=1}^{3} L_j U = \sum\limits_{\alpha=1}^{3}\sum\limits_{k=1}^{3} \dfrac{\partial W_k^{\alpha}}{\partial x^{\alpha}}$. 如果仅按物理概念分步, 则式 (2.13.68) 可以

写成

$$\frac{\partial u}{\partial t}+\sum_{\alpha=1}^{3}k_jL_{j\alpha}U=F \tag{2.13.69}$$

式中, $k_1=3$, $k_l=0(l\neq 1$ 时), $t_n\leqslant t\leqslant t_n+\Delta t/3$;

$k_2=3, k_l=0(l\neq 2$ 时), $t_n+\Delta t/3\leqslant t\leqslant t_n+2\Delta t/3$;

$k_3=3, k_l=0(l\neq 3$ 时), $t_n+2\Delta t/3\leqslant t\leqslant t_n+\Delta t$.

写成离散方程的形式

$$\begin{aligned}\frac{u^{n+1/3}-u^n}{\Delta t}&=-\sum_{\alpha=1}^{3}3L_{1\alpha}u+F^\alpha\\ \frac{u^{n+2/3}-u^{n+1/3}}{\Delta t}&=-\sum_{\alpha=1}^{3}3L_{2\alpha}u\\ \frac{u^{n+1}-u^{n+2/3}}{\Delta t}&=-\sum_{\alpha=1}^{3}3L_{3\alpha}u\end{aligned} \tag{2.13.70}$$

如果自由项 F 也可以按物理性质分解, 即 F 可以写成

$$F=\sum_{\beta=1}^{m}L_\beta u \tag{2.13.71}$$

式中, m 表示 F 包含的物理过程的类型. 将式 (2.13.71) 代入式 (2.13.69), 则得

$$\frac{\partial u}{\partial t}+\sum_{\alpha=1}^{3}\sum_{k=1}^{3+m}L_{j\alpha}U=0 \quad j=1,\cdots,3+m \tag{2.13.72}$$

这样整个计算过程可以按物理概念分成 $(3+m)$ 步, 每步时距为 $\Delta t/(m+3)$.

2.13.5 空间概念上和物理概念上联合分步的格式

为了提高计算效率, 紧缩计算机程序, 可以把方程不仅按物理概念分步, 同时也按空间分步. 这样式 (2.13.72) 可以写成

$$\frac{\partial u}{\partial t}+\sum_{j=1}^{N}k_jL_jU=F \tag{2.13.73}$$

式中, $N=9+m$;

$$\begin{gathered}k_1=N \quad k_l=0 \quad (l\neq 1) \quad t_n\leqslant t\leqslant t_n+\Delta t/N\\ \vdots\\ k_N=N \quad k_l=0 \quad (l\neq N) \quad t_n+(n-1)\Delta t/N\leqslant t\leqslant t_n+\Delta t\end{gathered}$$

2.14　初始条件与边界条件[21]

在 2.9 节中讲过, 初始条件与边界条件的设定可以根据特征曲线的性质来分析. 在计算水力学中被求解的函数 (因变量) 是流速, 水位 (水深) 或压强等. 根据 2.9 节 Riemann 不变量的概念, 流速, 水位 (水深) 有如下的关系

$$J_+ = u + 2\sqrt{gh}, J_- = u - 2\sqrt{gh}$$

如果考虑阻力, 则有准 Riemann 不变量的关系. 这些概念加上特征线的性质成为下面分析的基础.

考虑 (x, t) 平面上某个计算区域内的一条线段 $x(t)$, 分析变量 u 和 h 沿线段 $x(t)$ 的变化特性. 线段 $x(t)$ 可以是特征曲线的一部分, 也可能与特征曲线不重合. 显然, 如果 $x(t)$ 是一根特征曲线, 则 u,h 中只可能有一个是独立的, 另一个则可按 Riemann 不变量的关系确定. 如果线段 $x(t)$ 不与特征线重合, 只与某特征值线在一点相交, 如果线段 (x_0, x_1) 上的 A 点, (图 2.14.1) 则在该点需给定 u, h 的值, 它们确定了沿过 A 点的所有特征线上的 Riemann 不变量. 在计算平面上每一点, 如 P 点, 都有两条特征线相交, 该点的 u, h 值可由两个独立的 Riemann 不变量 J_+, J_- 求出. 而这一对 Riemann 不变量则由线段 $t = 0$ 上各点处 (如 $A, B, \cdots$ 等) 给定的 u, h 值确定.

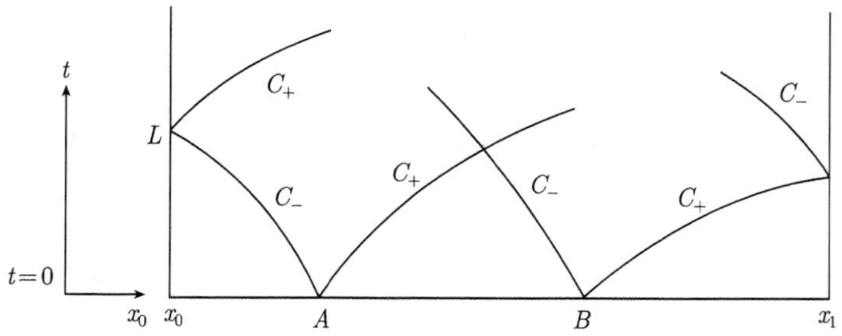

图 2.14.1　特征关系图解

实际计算都是在有限空间内进行的. 考虑一个线单元, 它由两部分组成, 即 $x \geqslant x_0, t = 0$ 和 $t \geqslant 0, x = x_0$. 由图 2.14.1 可见该线单元与同一根特征线 C_- 相交两次, 点 A 和点 L. 如果在 A 点, u 和 h 给定, 则 L 点的 u 和 h 不能任意给定, 它们必须满足沿该特征线的 Riemann 不变量 J_- 的关系式. 所以, L 点的解是根据 J_- 的关系式和给定的 u 和 h 中的某一个值 (或给定 u,h 之间的关系式) 来确定. 对于线段 $x = x_0$ 上所有点均应按此原理处理. 对于线段 $x = x_1$ 上各点, 处理的原理相同, 只是利用的 Riemann 不变量的关系式不同而已, 按图 2.14.1, 应利用 J_+ 关

系式. 由此可见, 为了求得区域 $x_0 \leqslant x \leqslant x_1, t \geqslant 0$ 上的解, 如果区域上的特征线的形状如图 2.14.1 所示, 则必须在初始时刻 $(t=0, x_0 \leqslant x \leqslant x_1)$ 给出两组资料, u 和 h, 或称两点资料, 这就是所谓初始条件. 在边界 $x=x_0, t \geqslant 0$ 和 $x=x_1, t \geqslant 0$ 只须给定一点资料, 这是所谓边界条件. 只要计算区域内不形成不连续解, 这样给定的定解条件可以保证唯一解.

那么, 有没有可能这样来给定初始条件和边界条件, 即在 $t=0, x_0 \leqslant x \leqslant x_1$ 给定一点资料, 在 $x=x_0, t \geqslant 0$ 给定一点资料, 而在 $x=x_1, t \geqslant 0$ 给定两点资料. 这个情况相当于这样一个水力学问题, 即知道明渠的初始流速和上游水深的变化, 计算初始水深和上游的流速变化作为在下游给定流速和水深的补充条件. 这样的计算必须按时间后推, 如果不存在能量损失, 这种计算是可能的. 但是能量损失是客观存在的, 所以这种逆计算是不可能进行的, 也就是说, 计算只能按正的时间方向进行. 两点边界资料, 不能沿特征线逆时间传递. 由此可得, 在计算区域的边界上 (初始时间边界, 空间边界) 给定边界条件的要求是:

对于每一条进入计算域边界上的特征线, 给定一个边界条件 (或初始条件)

以图 2.14.2 来说明. 由 2.9 节知, 在急流、缓流中特征线的形状不同, 这里给出了计算区域内流动为急流和缓流两种情况. 缓流的情况已如上述, 考虑急流的情况, 流动沿 x 正向. 在上游边界 $x=x_0$ 处有两条特征线进入计算域, 在 $t=0$ 初始边界, 也有两条特征线进入计算域. 这样, 在上游边界和初始条件需要给定两点资料.

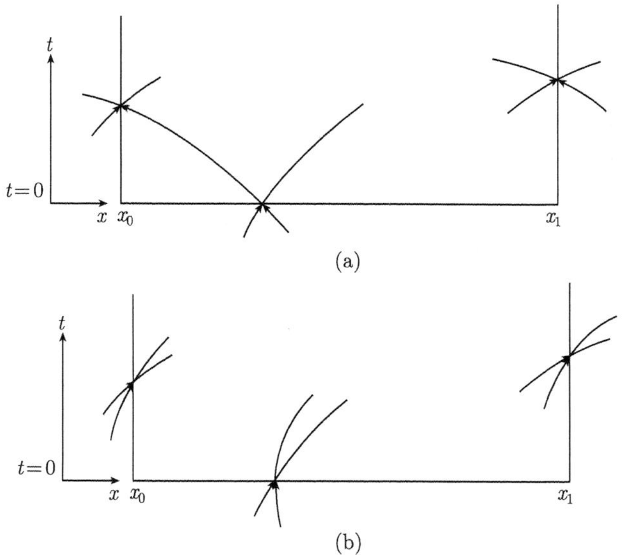

图 2.14.2 一维流动的初始条件与边界条件的给定

(a) 缓流; (b) 急流

将上述思想加以一般化, 则边界条件可以用因变量之间的函数关系与它们关于 x, t 的导数之间的关系式给出. 只要这些函数关系能提供独立的信息即可. 对于初始条件和边界条件的给定一般下列限制条件:

(1) 两点资料之间必须相互独立. 例如, 初始条件可以用 u 和 $\frac{\partial u}{\partial x}$ 的形式独立给定.

(2) 与基础方程独立. 例如, 由于连续方程将 $\frac{\partial h}{\partial t}$, $\frac{\partial uh}{\partial x}$ 联系在一起, 所以 h 和 $\frac{\partial uh}{\partial x}$ 不能作为独立条件给定.

(3) 如果要求给定的条件为一点资料, 则该条件必须与相应 Riemann 不变量的关系式独立.

知道了应该怎样给定初始条件和边界条件, 接下去的问题是如何取得这些资料和资料的精度应该达到什么要求. 下面就来讨论这个问题. 由于初始条件需要同步量测得到, 在技术上做到这点是比较困难的, 尤其是速度和流量的量测. 所以初始条件只能近似给定, 资料的精度取决于所求解的问题. 设想一个无摩阻的明渠, 在上游 ($x = 0$) 和下游 ($x = L$) 用垂直墙封闭. 假定在初始时刻 $t = 0$, 在某一区段 $0 \leqslant x_1 \leqslant x \leqslant x_2 \leqslant L$ 内自由液面被扰动. 这个扰动将沿两个方向向上、下游传播, 并在上、下游端被反射. 由于不存在能量损耗, 初始扰动的影响将始终出现于问题的解中, 在这类问题中, 初始条件必须精确给定. 如果所研究的系统是一个孤立的系统, 摩阻力存在并起重要作用, 则在某一时刻 $t = t_1$ 前, 流动状态与初始条件有关, 到 $t = t_1$ 时刻, 整个初始扰动被阻尼, 自由水面恢复水平状态. 如果我们对扰动在区段 $0 \leqslant x_1 \leqslant x \leqslant x_2 \leqslant L$ 内的阻尼过程感兴趣, 或者区段 $(x_1, L - x_2)$ 充分长, 在扰动到达上、下游端并反射回该区段前已被完全阻尼掉. 在这些情况下, 初始条件的影响十分重要, 因而初始条件必须精确确定, 初始条件的精度决定了解的精度. 典型的过程实例是电站引水、尾水渠中流动的模拟.

如果扰动是由边界条件引入的, 则初始条件精度的要求就可以降低. 考虑河段 $x_1 \leqslant x \leqslant x_2$, 水位过程 $y(x_1, t)$ 和 $y(x_2, t)$ 作为边界条件给定, 如图 2.14.3 所示, 所有位于点 A 的依赖域内的点 (即位于特征三角形 LAR 内的点) 只受到初始条件的影响. 点 A 的流速 (流量) 和水位只取决于 $t = 0$, $x_1 \leqslant x \leqslant x_2$ 上给定的初始条件, 而 B 点的解只部分地取决于初始条件. B 点的流动由沿特征线 FB、HB 传递的信息确定. 这些信息来自给定的边界条件 (y_F 和 y_H) 和沿特征线 EF、GH 传递的初始条件经边界反射后传到 B 点的信息. 显然随着时间的推移, 边界条件的影响越来越重要, 初始条件的影响则由于摩阻作用而逐步衰减. 至某一时刻 $t = t_1$ 后, 初始条件的作用最终消失. 如果只对 $t = t_1$ 后的流动感兴趣, 则初始条件的精度要求不高. 河口潮流的模拟就是这种情况. 计算经验证明, 在水深较小的河口, 经两个潮周期后, 初始条件的影响几乎完全消失. 模拟可以按假定的初始条件开始.

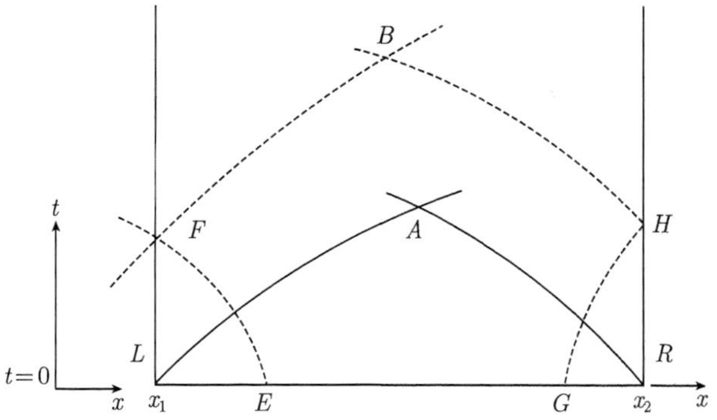

图 2.14.3 扰动的传播

在某些问题中, 即使没有摩阻的作用, 初始条件的影响也随时间而逐步消失. 考虑一条明渠, 上游端封闭 ($x = x_0$, $u = 0$), 图 2.14.4. 在下游断面边界条件是水位–流速的关系, $u = \alpha(C - C_0)$, α 是常数; $0 < \alpha < 1$; C 是波速; C_0 是参考波速; 等于常数. 在点 B, 入射的特征线 AB 的 Riemann 不变量 J_+由 A点的初始条件确定

$$J_+ = u + 2C$$

离开 B 点的特征线 BC 的 J_- 值, 则由边界条件 $u = \alpha(C - C_0)$ 和 J_+ 确定

$$J_- = u - 2C = -\left(\frac{2-\alpha}{2+\alpha}\right)(J_+ + \alpha C_0) - 2C_0$$

离开 B_0 点的特征线的 J_- 值, 则由边界条件

$$J_+ = -J_- = -\left(\frac{2-\alpha}{2+\alpha}\right)(J_+ + \alpha C_0) + \alpha C_0$$

在上式两边同时减去 $2C_0$

$$J'_+ - 2C_0 = \left(\frac{2-\alpha}{2+\alpha}\right)(J_+ - 2C_0)$$

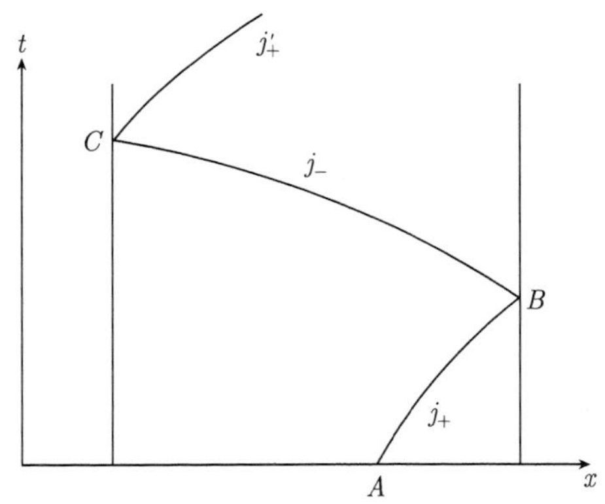

图 2.14.4 初始条件的影响

由于 $0 < \alpha < 1$, 由上式可见, 经上游边界反射后, $J'_{+} - 2C_0$ 的新值较之点 A 处的原值要减少一些. 继续计算, 经 n 次反射后, $J''_{+} - 2C_0 \approx 0$, $J''_{+} \approx 2C_0$. 这就是说, 经过一定时间后 J''_{+} 的值只与 C_0 有关, 而与 A 点的初始条件无关. 究其原因, 是下游的边界条件采用了水位–流量关系.

对于多数的实际情况, 边界条件是以 u, Q, h 或 y 作为时间的函数给出. 有时以这些量之间的函数关系给出, 最常用的函数型边界条件, 是流量 (流速) 与水位的关系. 有时候需要这样来给定下游边界条件, 即允许所有的波动均能通过下游边界而不产生反射. 这种虚拟的边界条件相当于取渠道的长度为无限长. 对于棱柱体无摩阻渠道, 这种无反射的虚拟边界条件可用沿 C_{-} 特征线的 Riemann 不变量的关系式来表达

$$J_{-} = \frac{Q}{A} - 2\left(g\frac{A}{b}\right)^{1/2}$$

式中, Q 为流量; A 为过水断面面积; b 为断面宽度.

这里需要指出的是, 水位–流量的函数关系不能用于上游边界条件, 否则会导致计算的不稳定.

2.15 误差分析

有限差分方程误差的分析是估价一种差分方程是否适用所研究课题的重要方面, 也是格式设计的主要因素. 差分方程的误差可以从数学概念上, 也可以从物理概念上进行分析, 在计算水力学中, 则更偏重于对误差的物理概念的理解.

2.15.1 舍入误差和截断误差[1]

谈到误差, 人们常说所谓 "舍入误差和截断误差". 截断误差, 严格来说, 是差分方程的误差而不是解的误差. 如果边界条件不是 Dirichlet 条件, 则在差分解中, 还要对边界条件进行适当的离散, 这样势必引入附加的截断误差 (边界截断误差). 此时, 总的离散误差的阶次应该是这些截断误差中阶数最低的阶次. 在差分方程求解的过程中, 特别是迭代求解时, 还会引入舍入误差, 这是由于计算机的计数长度的限制而引起的. 步长 Δx, Δt 对离散截断误差与舍入误差的影响正相反. 离散截断误差随步长的减小而减少, 而舍入误差则一般随步长的减小而增大. 所以说, 不能简单地做结论, 减小步长一定会提高计算精度. 一般希望, 步长不过小, 以使截断误差控制舍入误差.

截断误差的定量估计可用 Taylor 级数的截断误差的估算公式 $\dfrac{\partial^k \varGamma(\xi)}{\partial x^k}\Delta x^k$ 来估计. 至于舍入误差的估算, 则较困难, 由于它是一个随机量, 必须用概率分析的方法

来作定量估计. 在大多数情况下, 舍入误差符合 Gaussian 正态分布, 即误差 ε 位于区间 x 和 $x+\mathrm{d}x$ 间的概率为,

$$p(x)\mathrm{d}x = \frac{1}{\sqrt{2\pi\sigma}}e^{-\frac{x^2}{2\sigma}}\mathrm{d}x \tag{2.15.1}$$

式中, $p(x)$ 为概率密度. 而误差 ε 不超过 x 的概率 $G(x)$

$$G(x) = \int_{\infty}^{x} p(\xi)\mathrm{d}\xi = \frac{1}{\sqrt{2\pi\sigma}}\int_{-\infty}^{x} e^{-\frac{\xi^2}{2\sigma^2}}\mathrm{d}\xi \tag{2.15.2}$$

而误差 ε 位于区间 $[-|x|,|x|]$ 中的概率 $p(x)$ 为

$$\begin{aligned} p(x) &= G(|x|) - G(-|x|) \\ &= \sqrt{\frac{2}{\pi}}\sigma^{-1}\int_0^{|x|} e^{-t^2/2\sigma^2}\mathrm{d}t \end{aligned} \tag{2.15.3}$$

这里 σ 为标推方差, 它可以用误差 ε 的均方根值 $\varepsilon_{r,m,s}$ 来逼近

$$\sigma \approx G_{r,m,s} \tag{2.15.4}$$

而 $\varepsilon_{r,m,s}$ 则可以由样本求取

$$\varepsilon_{r,m,s} \approx \frac{1}{n-1}\sum_{i=1}^{n}\varepsilon_i^2 \tag{2.15.5}$$

这里 n 为样本的容量.

由舍入过程引入的误差可以这样来估计. 如果对小数点后的位数 m 进行舍入, 则误差 ε 的幅度 $|\varepsilon|$ 不大于 $|\varepsilon|_{\max} = 5\cdot 10^{-m-1}$. 与此对应的概率分布密度为一常数

$$p(x) = \begin{cases} \dfrac{1}{2\,|\varepsilon|_{\max}} & |\varepsilon| < |\varepsilon|_{\max} = 5\cdot 10^{-m-1} \\ 0 & \text{其他} \end{cases} \tag{2.15.6}$$

显然, 这种分布与正态分布相差甚大. 不过, 许多这样的误差的线性组合的累积分布函数可以用正态分布逼近. 所以, 误差分析时, 可以用正态分布来处理单个误差. 由于 ε 落入区间 $\left[-\dfrac{1}{2}\cdot 10^{-m}, \dfrac{1}{2}\cdot 10^{-m}\right]$ 的概率相等, 则根据随机量的数学期望的定义

$$\begin{aligned} \varepsilon_{r,m,s} = E(\sqrt{\varepsilon_i}) &= \sqrt{\int_{-\frac{1}{2}\cdot 10^{-m}}^{\frac{1}{2}\cdot 10^{-m}} \varepsilon^2\mathrm{d}\varepsilon} \\ &= 0.2887\cdot 10^{-m} \end{aligned}$$

如果 n 个数, 其中的每个数均在 m 位小数舍入, 根据正态分布的随机量的性质, 这 n 个数的舍入误差的和的分布仍可用正态分布来逼近. 当 n 充分大时, $(\varepsilon_{r,m,s})_n$ 等于

$$(\varepsilon_{r,m,s})_n \approx 0.2887\sqrt{2n}\cdot 10^{-m} \tag{2.15.7}$$

所以, 迭代次数一多, 舍入误差的影响还是可观的.

2.15.2　误差的物理概念[3,9]

有限差分方程的解与对应的微分方程的解总有差别, 造成这种差别的原因可以从物理概念上给以确切的解释. 前面已经说过, 微分方程的解可以分解成傅里叶级数, 离散对于每一个傅里叶分量的影响可能不同, 这种不同就是差分方程产生误差的原因. 从物理概念上理解, 误差可以分成阻尼误差、相位误差、混淆误差和传输误差四种, 下面将分别加以说明.

1. 阻尼误差 (Dissipation Error)

阻尼误差是由于离散引入的隐含的人工黏性 (Artificial Viscosity) 所造成的误差. 下面以逆风格式进行分析. 考虑对流方程

$$\frac{\partial \Gamma}{\partial t}+u\frac{\partial \Gamma}{\partial x}=0 \tag{2.15.8}$$

设 $u>0$, 则它的逆风格式为

$$\frac{\Gamma_j^{n+1}-\Gamma_j^n}{\Delta t}+u\frac{\Gamma_j^n-\Gamma_{j-1}^n}{\Delta x}=0 \tag{2.15.9}$$

将 $\Gamma_j^{n+1},\Gamma_{j-1}^n$ 的 Taylor 级数展开式代入上式

$$\begin{aligned}&\frac{1}{\Delta t}\left\{\left[\Gamma_j^n+\Delta t\frac{\partial \Gamma}{\partial t}+\frac{\Delta t^2}{2}\frac{\partial^2 \Gamma}{\partial t^2}+\frac{\Delta t^3}{6}\frac{\partial^3 \Gamma}{\partial t^3}+\cdots\right]-\Gamma_j^n\right\}\\&+\frac{u}{\Delta x}\left\{\Gamma_j^n-\left[\Gamma_j^n-\Delta x\frac{\partial \Gamma}{\partial x}+\frac{\Delta x^2}{2}\frac{\partial^2 \Gamma}{\partial x^2}-\frac{\Delta x^3}{6}\frac{\partial^3 \Gamma}{\partial x^3}+\cdots\right]\right\}=0\end{aligned} \tag{2.15.10}$$

简化后得

$$\frac{\partial \Gamma}{\partial t}+u\frac{\partial \Gamma}{\partial x}=-\frac{\Delta t}{2}\frac{\partial^2 \Gamma}{\partial t^2}+\frac{u\Delta x}{2}\frac{\partial^2 \Gamma}{\partial x^2}-\frac{\Delta t^3}{6}\frac{\partial^3 \Gamma}{\partial t^3}-u\frac{\Delta x^2}{6}\frac{\partial^3 \Gamma}{\partial x^3}+\cdots \tag{2.15.11}$$

上式右侧为截断误差, 一般不等于零. 将上式中对时间 t 的二阶以上的导数用对空间的导数代替, 有

$$\frac{\partial \Gamma}{\partial t}+u\frac{\partial \Gamma}{\partial x}=\frac{1}{2}u\Delta x(1-c)\frac{\partial^2 \Gamma}{\partial x^2}-\frac{1}{6}u\Delta x^2(1-3c+2c^2)\frac{\partial^3 \Gamma}{\partial x^3}+\cdots \tag{2.15.12}$$

式中, $c=u\dfrac{\Delta t}{\Delta x}$. 暂时略去三阶及三阶以上的项, 式 (2.15.12) 可以写成

$$\frac{\partial \Gamma}{\partial t}+u\frac{\partial \Gamma}{\partial x}=\sigma_e\frac{\partial^2 \Gamma}{\partial x^2} \tag{2.15.13}$$

式中, $\sigma_e=\frac{1}{2}u\Delta x(1-c)$. σ_e 形式上起黏性系数或扩散系数的作用, 本身不是流体的固有性质, 是由离散引入的故称之为人工黏性系数或人工扩散系数. σ_e 的存在对解的幅度起衰减作用, 造成阻尼误差. σ_e 的影响随 Courant 数的值而变, 当 $c\to 1$ 时, $\sigma_e\to 0$. 阻尼误差对解的影响见图 2.15.1(b).

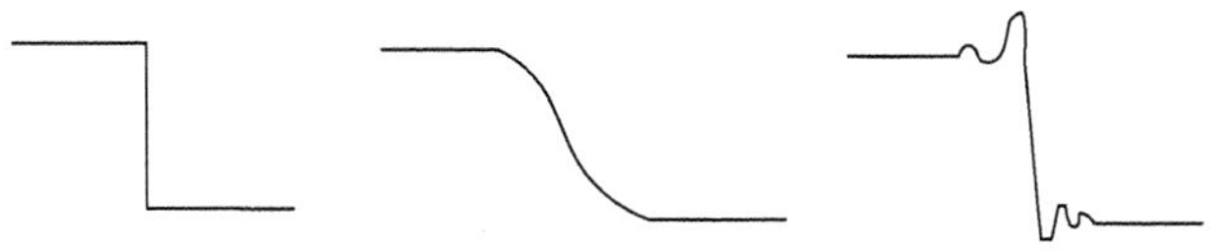

(a) (b) (c)

图 2.15.1 阻尼误差、相位误差对解的影响

2. 相位误差 (Phase error)

在数值模拟中不仅有阻尼误差, 还有所谓相位误差. 在有限差分计算中, 不同的傅里叶分量有不同的对流速度 (或称相速), 波长越大的分量, 相速越接近于正确的速度 u, 而波长较短的分量则以低于或高于 u 的相速传送, 这样各个傅里叶分量间的相位关系产生畸变, 造成解的相位误差. 差分方程的相位误差也可以从差分方程的截断误差中最低的奇次阶导数的性质来判断, 仍以逆风格式为例, 式 (2.15.12) 中右端最低奇次阶的导数为 $\frac{\partial^3 \Gamma}{\partial x^3}$, 它的系数为

$$-\frac{1}{6}u\Delta x^2(1-3c+2c^2)$$

则相对的相位误差为

$$\frac{\psi_D}{\psi_c}=1-\frac{1}{6}(2c^2-3c+1)\vartheta^2 \tag{2.15.14}$$

式中, ψ_D 也是差分方程的相位; ψ_c 是对应的微分方程的相位; $\vartheta=k_x\Delta x$. 相位误差的影响见图 2.15.1(c).

一般来说, 如果截断误差中最低阶的项为偶次导数, 则阻尼误差对差分方程的解起主要作用. 如果截断误差中最低阶的项为奇次项则相位误差将对差分方程的解起主要作用. 在计算水力学中常用幅度因子 G 的模和幅角来定量估计阻尼误差与相位误差的大小. 仍然以逆风格式为例

$$\Gamma_j^{n+1}=\Gamma_j^n-c(\Gamma_j^n-\Gamma_{j-1}^n)=(1-c)\Gamma_j^n+c\Gamma_{j-1}^n$$

利用 Von Neumann 法可求得其幅度因子 G 为

$$G_D=(1-G+G\cos\vartheta)-ic\sin\vartheta$$

将 G_D 表达成指数形式

$$G_D = |G_D|\, e^{i\varphi_D}$$

式中, ψ_D 是 G_D 的相角

$$\psi_D = \tan^{-1}\frac{I_m(G_D)}{R_e(G_D)} = \tan^{-1}\left[\frac{-c\sin\vartheta}{1-c+c\cos\vartheta}\right] \tag{2.15.15}$$

下面再来分析原始对流方程的精确解的模和相角, 以如下的傅里叶解代入对流方程

$$\Gamma = \xi_0 e^{\alpha t} e^{ikx}$$

可以得出, $\alpha = -iku$. 这样

$$\Gamma = \xi_0 e^{ik(x-ut)}$$

则与对流方程对应的幅度因子为

$$G_C = \frac{\Gamma(t+\Delta t)}{\Gamma(t)} = \frac{e^{ik[x-u(t+\Delta t)]}}{e^{ik(x-ut)}} = e^{-iku\Delta t}$$

这样, 对流方程的幅度因子的相角 ψ_C 等于

$$\psi_C = -ku\Delta t = -\vartheta_C \tag{2.15.16}$$

根据以上的分析, 阻尼误差可用下式估计

$$(1 - |G_D|^n)\xi_0 \tag{2.15.17}$$

式中, ξ_0 为初始幅值. 而相对相位误差用下式估计,

$$\frac{\varphi_D}{\varphi_C} = \frac{\tan^{-1}[(-c\sin\vartheta)/(1-c+C\cos\vartheta)]}{-\vartheta c} \tag{2.15.18}$$

阻尼误差与相位误差的基本特性可以用图来表达. 这里有两种形式, 一种是以极坐标表示, 见图 2.15.2. 一种是以直角坐标表示, 见图 2.15.3, 如果相对相位误差小于 1, 则数值解的相速小于真解的相速, 称之谓滞后相位误差, 如果相对相位误差大于 1, 则数值解的相速大于真解的相速, 称之谓超前相位误差. 对于逆风格式, $0.5< c <1.0$ 时, 产生超前相位误差, $c<0.5$ 时, 产生滞后相位误差.

3. 混淆误差 (Aliasing error)

在 2.8 节中已介绍了混淆误差与非线性不稳定的关系. 由 Philips 的提出的概念, 由于分量的相互作用, “能量” 逆转重新补充到长波分量中, 从而使长波分量产生畸变, 甚至引起计算的不稳定. 混淆误差对动态和静态的计算都有影响. 混淆误差可以利用物理黏性 (扩散) 或人工黏性 (扩散) 加以抑制.

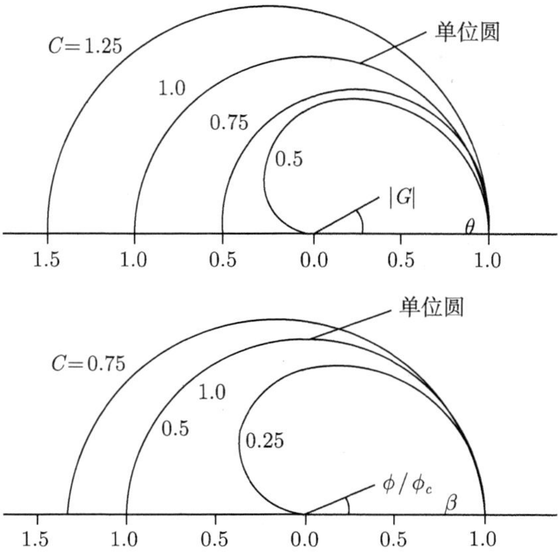

图 2.15.2 阻尼误差与相位误差的极坐标图

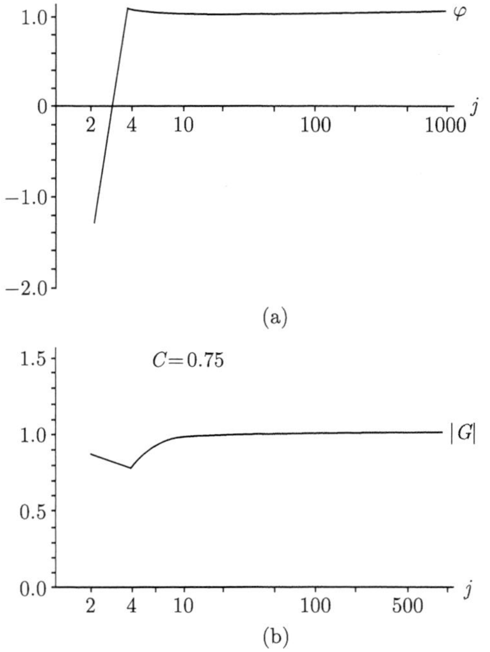

图 2.15.3 阻尼误差与相位误差的直角坐标图

4. 传输误差 (Transportive Error)

当我们讨论蛙跳格式时, 已经指出它需要在出流边界给定一组补充的边界条件. 常用的零梯度法 (置 $\Gamma_J^{n+1}=\Gamma_{J-2}^{n+1}$) 产生的后果是由此产生的波长为 $\lambda=2\Delta x$ 扰动从出流边界向入流边界传送, 这与真正的从入流边界向出流边界的对流方向正相反. 所以, 这种不正确的对出流边界条件的额外要求引出另一种类型的误差, 叫做传输误差. 而这种误差来源于所谓非守恒性或非传输性 (Nontransportive Property).

我们说, 如果一个扰动的影响仅仅沿流动的方向传播, 那么就说这个流动的方程的差分形式具有传输特性, 但是所有利用空间中心差的差分格式都不具有这种传输特性. 如果分析非黏性方程

$$\frac{\partial\Gamma}{\partial t}=-\frac{\partial u\Gamma}{\partial x}\tag{2.15.19}$$

式 (2.15.19) 的时间前差–空间中心差差分形式是

$$\frac{\Gamma_j^{n+1}-\Gamma_j^n}{\Delta t}=-\frac{u\Gamma_{j+1}^n-u\Gamma_{j-1}^n}{2\Delta x}\tag{2.15.20}$$

考虑在结点 (n,m) 有一个扰动 $\varepsilon_m=\delta$, 所有其他结点无扰动 $\varepsilon_j=0$, $u>0$. 则在扰动点的下游 $j=m+1$

$$\frac{\Gamma_{m+1}^{n+1}-\Gamma_{m+1}^n}{\Delta t}=-\frac{-u\delta}{2\Delta x}=\frac{u\delta}{2\Delta x}\tag{2.15.21}$$

这是正确的. 但是, 在扰动发生点

$$\frac{\Gamma_m^{n+1}-\Gamma_m^n}{\Delta t}=\frac{(0-0)}{2\Delta x}=0\tag{2.15.22}$$

这是不合理的. 最有意思的是, 在扰动点的上游, $j=m-1$

$$\frac{\Gamma_{m-1}^{n+1}-\Gamma_{m-2}^n}{\Delta t}=-\frac{(u\delta-0)}{2\Delta x}=-\frac{u\delta}{2\Delta x}\tag{2.15.23}$$

由此, 扰动影响出现于扰动点的上游, 这是与传输特性不符合的. 再来分析逆流格式, 对于 $u>0$

$$\frac{\Gamma_j^{n+1}-\Gamma_j^n}{\Delta t}=-u\frac{\Gamma_j^n-\Gamma_{j-1}^n}{\Delta x}\tag{2.15.24}$$

同样, 在结点 m 有扰动 $\varepsilon_m=\delta$, 在结点 $j=m+1$

$$\frac{\Gamma_{m+1}^{n+1}-\Gamma_{m+1}^n}{\Delta t}=-\frac{(0-u\delta)}{\Delta x}=\frac{u\delta}{\Delta x}\tag{2.15.25}$$

这是合理的, 在扰动发生点 m

$$\frac{\Gamma_m^{n+1}-\Gamma_m^n}{\Delta t}=-\frac{(u\delta-0)}{\Delta x}=-\frac{u\delta}{\Delta x}\tag{2.15.26}$$

这表明扰动正在被传输出发生区, 这也是合理的. 最后在扰动点上游, $j=m-1$

$$\frac{\Gamma_{m-1}^{n+1}-\Gamma_{m-1}^n}{\Delta t}=\frac{0-0}{\Delta x}=0\tag{2.15.27}$$

它表明扰动的影响没有被传输到上游, 因而这个差分格式具有传输性. 但是逆流格式的守恒和传输特性只有在整个计算区域内流速分量不改变方向才能保持, 考虑一维流动且所有结点 j 处, $u_j > 0$, 我们来证明其守恒性

$$\frac{\Delta \Gamma_j}{\Delta t} = -\frac{u_j \Gamma_j - u_{j-1}\Gamma_{j-1}}{\Delta x} \tag{2.15.28}$$

等式两边求和

$$\begin{aligned}
\sum_{j=J_1}^{J_2} \frac{\Delta \Gamma_j}{\Delta t} &= -\sum_{j=J_1}^{J_2} \frac{(u\Gamma)_j - (u\Gamma)_{j-1}}{\Delta x} \\
&= (u\Gamma)_{J_1-1} - (u\Gamma)_{J_1} && j = J_1 \\
&\quad + (u\Gamma)_{J_1} - (u\Gamma)_{J_1+1} && j = J_1 + 1 \\
&\quad + (u\Gamma)_{J_1+1} - (u\Gamma)_{J_1+2} && j = J_1 + 2 \\
&\quad + \cdots && \vdots \\
&\quad \cdots \\
&\quad + (u\Gamma)_{J_2-3} - (u\Gamma)_{J_2-2} && j = J_2 - 2 \\
&\quad + (u\Gamma)_{J_2-2} - (u\Gamma)_{J_2-1} && j = J_2 - 1 \\
&\quad + (u\Gamma)_{J_2-1} - (u\Gamma)_{J_2} && j = J_2
\end{aligned} \tag{2.15.29}$$

或

$$\sum_{j=J_1}^{J_2} \frac{\Delta \Gamma_j}{\Delta t} = (u\Gamma)_{J_1-1} - (u\Gamma)_{J_2} \tag{2.15.30}$$

所以, 上式表明通过 J_1 进入区域 R 的入流等于通过 J_2 的出流. 这就是守恒性. 可是如果在区域内某处流速的方向逆转, 则逆流格式的差分也逆转, 守恒性就不再能保持. 为了证明这一点, 我们仍以一维流动为例, 对于 $j \leqslant l, u_j > 0$ 和对于 $j > l, u_j < 0$, 逆流格式为

$$\frac{\Delta \Gamma}{\Delta t} = -\frac{(u\Gamma)_j - (u\Gamma)_{j-1}}{\Delta x} \qquad j \leqslant l \quad u_j > 0 \tag{2.15.31}$$

和

$$\frac{\Delta \Gamma}{\Delta t} = -\frac{(u\Gamma)_{j+1} - (u\Gamma)_j}{\Delta x} \qquad j > l \quad u_j < 0 \tag{2.15.32}$$

求和

$$\sum_{j=J_1}^{J_2} \frac{\Delta \Gamma_j}{\Delta t} = \sum_{j=J_1}^{l} \frac{(u\Gamma)_{j-1} - (u\Gamma)_j}{\Delta x}\Delta x + \sum_{j=l+1}^{J_2} \frac{(u\Gamma)_j - (u\Gamma)_{j+1}}{\Delta x}\Delta x \tag{2.15.33}$$

$$
\begin{aligned}
&= (u\Gamma)_{J_1-1} - (u\Gamma)_{J_1} \\
&\quad + (u\Gamma)_{J_1} - (u\Gamma)_{J_1+1} \\
&\quad + (u\Gamma)_{J_1+1} - (u\Gamma)_{J_1+2} \\
&\quad \cdots \\
&\quad + (u\Gamma)_{l-2} - (u\Gamma)_{l-1} \\
&\quad + (u\Gamma)_{l-1} - (u\Gamma)_{l} \\
&\quad + (u\Gamma)_{l} - (u\Gamma)_{l+1} \\
&\quad + (u\Gamma)_{l+1} - (u\Gamma)_{l+2} \\
&\quad + (u\Gamma)_{l+2} - (u\Gamma)_{l+3} \\
&\quad \cdots \\
&\quad + (u\Gamma)_{J_2+2} - (u\Gamma)_{J_2-1} \\
&\quad + (u\Gamma)_{J_2-1} - (u\Gamma)_{J_2} \\
&\quad + (u\Gamma)_{J_2} - (u\Gamma)_{J_2+1}
\end{aligned}
$$

或

$$
\sum_{j=J_1}^{J_2} \frac{\Delta \Gamma_j}{\Delta t} = (u\Gamma)_{J_1-1} - (u\Gamma)_{J_2+1} - (u\Gamma)_l + (u\Gamma)_{l+1} \tag{2.15.34}
$$

上式中的第三, 第四项是非守恒的误差项, 因为 $u_l > 0$, $u_{l+1} < 0$, 这二项可以写成

$$
-(u\Gamma)_l + (u\Gamma)_{l+1} = -\left(|u_l|\,\Gamma_l + |u_{l+1}|\,\Gamma_{l+1}\right) \tag{2.15.35}
$$

式 (2.15.34) 可以写成

$$
\sum_{j=J_1}^{J_2} \frac{\Delta \Gamma_j}{\Delta t} = (u\Gamma)_{J_1-1} - (u\Gamma)_{J_2+1} - \left(|u_l|\,\Gamma_l + |u_{l+1}|\,\Gamma_{l+1}\right) \tag{2.15.36}
$$

考虑 Γ 值从 l 到 $l+1$ 不改变符号的情况, 误差项可以看作是 Γ 的一个虚汇. 如果 $u_l < 0$ 和 $u_{l+1} > 0$, 误差项可以看作是一个 Γ 的虚源, 因为在 l 和 $l+1$ 之间某处 $u = 0$, u_l 和 u_{l+1} 一般不大, 随着网格的变小, 这个误差趋近于零.

2.16　适定性的物理意义与 Lax 等价定理

在介绍适定性以前, 先简单介绍所谓定解条件、定解问题、方程的解、定解问题的解的概念.

所谓定解条件, 就是决定方程的解所必需的初始条件和边界条件等. 定解问题, 就是由描述某个物理现象的方程及相应的定解条件所构成的问题. 一个函数 Γ 在所研究的区域内具有方程中所出现的各阶导数并且这些导数都是连续函数, 将 Γ 及其各阶导数代入方程后得到恒等式, 则称函数 Γ 为方程的解. 如果函数 Γ 是方程的解, 并且满足给定的定解条件, 则称 Γ 为定解问题的解.

有了上面的概念, 就可以给出适定性的定义了.

如果一个定解问题的解是存在的, 唯一的且是稳定的. 这个问题就是适定的.

我们知道, 物理学, 力学和工程技术中的许多问题都可以归结为偏微分方程的定解问题. 然后, 探讨适当的解法, 求出定解问题的解, 利用这个解对物理、力学现象进行系统的分析或得出工程技术所需要的信息, 显然在这个过程中, 我们必须要研究两个问题, 即解的存在性问题和唯一性问题.

解的存在性问题是研究在一定的定解条件下, 方程的解是否存在. 从物理意义上来讲, 每一种自然现象本身就给出了问题的解答. 例如, 下面我们将要介绍的洪水波的传播等等. 但是, 我们从自然现象归结出偏微分方程时, 总要经过一些近似过程, 并提出若干附加要求, 所以定解问题与物理现象两者是不完全等同的, 这里就有必要从量的角度来研究解的存在性. 如果归结出的定解问题不满足解的存在性这个条件, 显然就不能定量地描述该物理现象本身.

解的唯一性问题是在研究在给定的定解条件下, 问题的解是否只有一个, 如果证明了解的唯一性, 说明所给定的定解条件对于求解所归结出来的定解问题是足够的. 如果所提供的定解条件不足以保证解的唯一性, 那么还需要寻找新的条件.

至于稳定性的要求是易于理解的, 我们所要解决的是物理现象和工程技术问题, 其定解条件往往由测量而得, 如果定解条件的细小误差会引起解的重大变化, 那么, 我们就无法保证所得到的数学解是实际上所需要的解的近似.

但是, 我们在解决具体的物理、力学和工程技术问题时, 适定性的论证有时是很困难的. 有时, 往往先求解, 而从实验成果来证明定解问题的适定性.

Lax 等价定理　如果一个初值问题是适定的, 它的差分表达式满足相容性条件, 那么, 稳定性条件是收敛的必要与充分条件.

Lax 等价定理说明, 如果一个差分方程被证明满足相容性条件, 则差分方程的稳定解就是对应的微分方程满足初始条件和边界条件的真解的近似解.

第 3 章　有限差分法在水力学问题中的应用

这一章介绍有限差分法在水力学及相关问题中的应用, 主要介绍在明渠非恒定流, 水流中其他物质迁移扩散过程, 异重流, 波浪和河床演变等方面的应用.

3.1　明渠非恒定流的有限差分解

在这一节我们只讨论明渠水流的有限差分模拟.

3.1.1　一维明渠非恒定流方程 (Saint-Venant Equations)

明渠或天然河流常被考虑作为一维流动. 所以, 一维连续方程和运动方程是明渠水流问题的控制方程. 在实践中, 这些方程有两种形式, 一种是针对单宽水流立出的, 另一种是针对整个过水断面立出的.

1. 单宽一维明渠非恒定流的方程组

将式 (1.3.83), 式 (1.3.84) 中的宽度 B 取为单位宽, 经适当运算则得如下的单宽一维明渠非恒定流的基本方程组

$$\frac{\partial h}{\partial t}+u\frac{\partial h}{\partial x}+h\frac{\partial u}{\partial x}=0 \tag{3.1.1}$$

$$\frac{\partial u}{\partial t}+u\frac{\partial u}{\partial x}+g\frac{\partial h}{\partial x}+g(s_f-s_0)=0 \tag{3.1.2}$$

式中, s_f 是摩阻坡降; s_0 是河床的底坡降. 在工程实践中, 摩阻坡降常用下式计算

$$s_f=\frac{\tau_b}{\gamma h} \tag{3.1.3}$$

式中, τ_b 是床面剪应力; $\gamma=\rho g$ 是水的比重. 式 (3.1.1) 和式 (3.1.2) 可以用于断面比较规则和水流方向单一的流动.

2. 断面平均的一维明渠非恒定流方程

这就是式 (1.3.83), 式 (1.3.84), 这里重写如下

$$\frac{\partial A}{\partial t}+\frac{\partial Q}{\partial x}=0 \tag{3.1.4}$$

$$\frac{\partial Q}{\partial t}+\frac{\partial}{\partial x}\left(\frac{Q^2}{A}\right)+gA\left(\frac{\partial h}{\partial x}+s_f-s_0\right)=0 \tag{3.1.5}$$

式 (3.1.4) 和式 (3.1.5) 通常称为 Saint Venant 方程组. 上两式还可以写成如下形式

$$\frac{\partial y}{\partial t}+\frac{1}{B}\frac{\partial(uA)}{\partial x}=0 \tag{3.1.6}$$

$$\frac{1}{g}\frac{\partial u}{\partial t}+\frac{u}{g}\frac{\partial u}{\partial x}+\frac{\partial y}{\partial x}+s_f=0 \tag{3.1.7}$$

式中, y 是自由水面相对于某个基准面的高程, 通称水位, u 是断面平均流速.

3.1.2 明渠非恒定流微分方程的差分形式[8]

这一节我们将介绍几种常用的计算明渠非恒定流的差分格式. 格式本身均已在第 3 章中讨论过, 这里介绍它们的应用. 讨论时, 稳定条件、边界条件及其处理方法将一并给出.

1. 蛙跳格式

被离散的方程是式 (3.1.4) 和式 (3.1.5), 它们的差分形式是

$$\frac{A_j^{n+1}-A_j^{n-1}}{2\Delta t}+\frac{Q_{j+1}^n-Q_{j-1}^n}{2\Delta x}=0$$

$$\begin{aligned}&\frac{Q_j^{n+1}-Q_j^{n-1}}{2\Delta t}+\frac{1}{2\Delta x}\left[\left(\frac{Q^2}{A}\right)_{j+1}^n-\left(\frac{Q^2}{A}\right)_{j-1}^n\right]\\&+gA_j^n\left(\frac{h_{j+1}^n-h_{j-1}^n}{2\Delta x}\right)+gA_j^n\left(\frac{Q\,|Q|}{K^2}\right)_j^n-gA_j^nS_0=0\end{aligned} \tag{3.1.8}$$

式中, 阻力项已用 $gA\dfrac{Q\,|Q|}{K^2}$ 代替, K 是流量模数, $K=CA\sqrt{R}$. A_j^{n+1} 和 Q_j^{n+1} 的显式计算式是

$$A_j^{n+1}=A_j^{n-1}-\frac{\Delta t}{\Delta x}(Q_{j+1}^n-Q_{j-1}^n) \tag{3.1.9}$$

$$\begin{aligned}Q_j^{n+1}=&Q_j^{n-1}-\frac{\Delta t}{\Delta x}\left[\left(\frac{Q^2}{A}\right)_{j+1}^n-\left(\frac{Q^2}{A}\right)_{j-1}^n\right]-gA_j^n\frac{\Delta t}{\Delta x}\cdot\left(h_{j+1}^n-h_{j-1}^n\right)\\&-2\Delta tgA_j^n\left(\frac{Q\,|Q|}{K^2}\right)_j^n+2\Delta tgA_j^nS_0\end{aligned} \tag{3.1.10}$$

阻力项也可以用下面的差分形式

$$2\Delta tgA\frac{Q\,|Q|}{K^2}=2g\Delta t\frac{A_j^n\left|Q_j^n\right|}{\left(A_j^n\right)^2}\left[\psi Q_j^{n+1}+(1-\psi)\,Q_j^{n-1}\right] \tag{3.1.11}$$

式中, ψ 是权函数, $0\leqslant\psi\leqslant 1$. 取 $\psi=\dfrac{1}{2}$, 则得

$$2\Delta tgA\frac{Q\,|Q|}{K^2}=g\Delta t\frac{A_j^n\left|Q_j^n\right|}{\left(K_j^n\right)^2}\left(Q_j^{n+1}+Q_j^{n-1}\right)$$

而 Q_j^{n+1} 的计算式为

$$
\begin{aligned}
Q_j^{n+1} =& \frac{1}{g\Delta t\dfrac{\left|Q_j^n\right|}{\left(K_j^n\right)^2}A_j^n+1} - \left\{-r\left[\left(\frac{Q^2}{A}\right)_{j+1}^n - \left(\frac{Q^2}{A}\right)_{j-1}^n\right]\right. \\
& \left. - gA_j^n r\left(h_{j+1}^n - h_{j-1}^n\right) + 2\Delta t A_j^n S_0 + \left[1 - \frac{g\Delta t A_j^n\left|Q_j^n\right|}{\left(K_j^n\right)^2}\right]Q_j^{n-1}\right\}
\end{aligned} \tag{3.1.12}
$$

式中, $r=\dfrac{\Delta t}{\Delta x}$.

虽然第 2 章中已经介绍了非线性稳定分析的概念, 但是对于非线性方程还没有分析其差分形式稳定性的一般理论. 我们仍需要利用与该非线性方程对应的线性方程的差分形式的稳定分析来分析非线性方程差分形式的稳定性. 显然, 最后的判断还需要通过试运算来作证. 下面对蛙跳式的线性分析作一介绍.

稳定和精度分析　式 (3.1.4) 和式 (3.1.5) 对应的线性方程的蛙跳格式为

$$
\begin{aligned}
&\frac{u_j^{n+1}-u_j^{n-1}}{2\Delta t} + u_0\frac{u_{j+1}^n-u_{j-1}^n}{2\Delta x} + g\frac{h_{j+1}^n-h_{j+1}^n}{2\Delta x} = 0 \\
&\frac{h_j^{n+1}-h_j^{n-1}}{2\Delta t} + h_0\frac{u_{j+1}^n-u_{j-1}^n}{2\Delta x} + u_0\frac{h_{j+1}^n-h_{j+1}^n}{2\Delta x} = 0
\end{aligned} \tag{3.1.13}
$$

应用 Von Neumann 法, 将解的傅里叶分量表达成下面的形式

$$
u_j^n = \eta^{i(\beta n\Delta t+\sigma j\Delta x)}, \quad h_j^n = \xi^{i(\beta n\Delta t+\sigma j\Delta x)} \tag{3.1.14}
$$

以 $u_j^{n+1}, u_j^{n-1}, u_{j+1}^n, u_{j-1}^n, h_j^{n+1}, h_j^{n-1}, h_{j+1}^n, h_{j-1}^n$ 的类似表达式代入式 (3.1.13), 导出如下方程组

$$
\begin{cases}
\eta(z+2iu_0 r\sin\sigma\Delta x) + \xi gr2i\sin\sigma\Delta x = 0 \\
\eta h_0 r2i\sin\sigma\Delta x + \xi(z+2iu_0 r\sin\sigma\Delta x) = 0
\end{cases}
$$

式中, $z=e^{i\beta\Delta t}-e^{-i\beta\Delta t}, \eta, \xi$ 有非零解的条件是该方程组系数行列式为零, 由此得

$$
z = e^{i\beta\Delta t} - e^{-i\beta\Delta t} = -2ir(u_0 \pm c_0)\sin\sigma\Delta x
$$

式中 $c_0=\sqrt{gh_0}$, 设 $e^{i\beta\Delta t}=s$, 有关于 s 的二次方程

$$
s - \frac{1}{s} = -2ir(u_0 \pm c_0)\sin\sigma\Delta x
$$

其解是

$$s = e^{i\beta\Delta t} = -ir(u_0 \pm c_0)\sin\sigma\Delta x \pm \sqrt{1 - r^2 (u_0 \pm c_0)^2 \sin^2\sigma\Delta x} \tag{3.1.15}$$

由此可产生两个条件

(1) 如果 $r^2(u_0 \pm c_0)^2 \sin^2\sigma\Delta x \leqslant 1$, 即, 如果

$$\frac{\Delta t}{\Delta x} \leqslant \frac{1}{|u_0 \pm c_0|} \tag{3.1.16}$$

从式 (3.1.14) 可得 $\left|e^{i\beta\Delta t}\right| = e^{-\beta_I\Delta t} = 1$, 这里 β_I 是 β 的虚部. 这就是说, 只要满足式 (3.1.16) 的条件, 一个扰动既不被格式阻尼也不增强. 式 (3.1.16) 实际上就是第 2 章介绍过的 Courant 条件.

(2) 如果 $r^2(u_0 \pm c_0)^2 \sin^2\sigma\Delta x > 1$ 则

$$e^{i\beta\Delta t} = -ir(u_0 \pm c_0)\sin\sigma\Delta x \pm i\sqrt{r^2 (u_0 \pm c_0)^2 \sin^2\sigma\Delta x - 1}$$

$$\left|e^{i\beta\Delta t}\right| = e^{-\beta_I\Delta t} = 2r^2 (u_0 \pm c_0)^2 \sin^2\sigma\Delta x + 2r(u_0 \pm c_0)\sin\sigma\Delta x \cdot\sqrt{r^2 (u_0 \pm c_0)^2 \sin^2\sigma\Delta x - 1} > 1$$

格式不稳定.

再来分析有差分方程得出的波速与微分方程得出的波速之间的关系. 由式 (3.1.2), 分析解的波速为

$$c = \frac{\beta_R}{\sigma} = -u_0 \pm \sqrt{gh_0} = -u_0 \pm c_0 \tag{3.1.17}$$

这里, β_R 是 β 的实部. 对于 $\Delta t \leqslant \dfrac{\Delta x}{|u_0 \pm c_0|}$, $e^{-\beta_I\Delta t} = 1$, β_I 是 β 的虚部. 因为 $e^{i\beta\Delta t} = e^{-\beta_I\Delta t}(\cos\beta_R\Delta x + i\sin\beta_R\Delta t)$ 与式 (3.1.14) 对比可得

$$\sin\beta_R\Delta t = -r\,(u_0 \pm c_0)\sin\sigma\Delta x,$$

由差分方程得出的波速是

$$\begin{aligned}\tilde{\omega} &= \frac{\beta_R}{\sigma} = \frac{\beta_R\Delta t}{\sigma\Delta t}\\ &= \frac{\arcsin\left[-r\,(u_0 \pm c_0) - \sin\sigma\Delta x\right]}{\sigma\Delta t}\end{aligned} \tag{3.1.18}$$

如果 $r\,|u_0 \pm c_0| = 1$

$$\tilde{\omega} = \frac{\sigma\Delta x}{\sigma\Delta t} = \frac{\Delta x}{\Delta t}$$

而, $\dfrac{\Delta t}{\Delta x} = r = \dfrac{1}{|u_0 \pm c_0|}$, $\tilde{\omega} = |u_0 \pm c_0|$, 由此可见, 如果满足条件 $|u_0 \pm c_0|\,\dfrac{\Delta t}{\Delta x} = 1$, 则

线性方程的蛙跳格式的解既不引入阻尼也不产生相位误差. 可是当 $\Delta t < \dfrac{\Delta x}{|u_0 \pm c_0|}$ 时, 没有阻尼误差, 但是存在的相位误差.

阻力对稳定性的影响　为了估计阻力项的影响, 我们考虑简化的运动方程

$$\frac{\partial u}{\partial t} + 2G_0 u = 0, G_0 = \frac{gs}{u_0} \tag{3.1.19}$$

这里 u_0 是均匀流速. 应用有限差分

$$\frac{\partial u}{\partial t} = \frac{u_j^{n+1} - u_j^{n-1}}{2\Delta t}; u\left(x,t\right) = u_j^n \tag{3.1.20}$$

和解

$$u_j^n = \eta^{i(\beta n \Delta t + \sigma j \Delta x)} \tag{3.1.21}$$

$$e^{2i\beta\Delta t} + 4G_0\Delta t e^{i\beta\Delta t} - 1 = 0$$

$$e^{i\beta\Delta t} = -2G\Delta t \pm \sqrt{1 + 4G_0^2\Delta t^2} \tag{3.1.22}$$

因为上式右边不存在虚部, 所以的虚部等于零, 即

$e^{-\beta_I\Delta t}\sin\beta_R\Delta t = 0$, 所以 $\beta_R\Delta t = 0$, 又由于 $\cos\beta_R\Delta t = 1$ 则有

$$e^{-\beta_I\Delta t} = -2G_0\Delta t \pm \sqrt{1 + 4G_0^2\Delta t^2}$$

等式右边第二项取负号, 则有稳定条件,

$$-1 < -2G_0\Delta t - \sqrt{1 + 4G_0^2\Delta t^2};\quad 1 - 2G_0\Delta t > \sqrt{1 + 4G_0^2\Delta t^2}$$

由此得

$$-G_0\Delta t > 0, G_0\Delta t < 0$$

因为 $G_0 > 0, \Delta t > 0$, 上面的条件不可能满足, 所以, 只要阻力项存在, 这个格式是无条件不稳定的.

另一种阻力项的差分形式, 式 (3.1.11) 即

$$u(x,t) = \psi u_j^{n+1} + (1-\psi)u_j^{n-1} \quad 0 \leqslant \psi \leqslant 1 \tag{3.1.23}$$

由此代入式 (3.1.19) 得

$$e^{i\beta\Delta t} - e^{-i\beta\Delta t} + 4G_0\Delta t\left[\psi e^{i\beta\Delta t} + (1-\psi)e^{-i\beta\Delta t}\right] = 0$$

或

$$e^{2i\beta\Delta t}(1 + 4G_0\Delta t\psi) + [4G_0\Delta t(1-\psi) - 1] = 0$$

$$e^{i\beta\Delta t} = \pm\sqrt{\frac{1-(1-\psi)4G_0\Delta t}{1+4\psi G_0\Delta t}}$$

同理, 可以得出

$$\beta_I\Delta t = 0$$

故

$$\begin{aligned} e^{-\beta_I\Delta t} &= \left|e^{i\beta\Delta t}\right| \\ &= \sqrt{\frac{1-(1-\psi)4G_0\Delta t}{1+4\psi G_0\Delta t}} \end{aligned} \tag{3.1.24}$$

稳定条件 $\left|e^{i\beta\Delta t}\right| \leqslant 1$ 引出两种可能性

(1) $\dfrac{1-(1-\psi)4G_0\Delta t}{1+4\psi G_0\Delta t} \leqslant 1,$

$$1-(1-\psi)4G_0\Delta t \leqslant 1+4\psi G_0\Delta t - 4G_0\Delta t \leqslant 0$$

对于, $G_0 > 0, \Delta t > 0$, 这个条件总是满足的

(2) $\dfrac{1-(1-\psi)4G_0\Delta t}{1+4\psi G_0\Delta t} > 1,$

$$1-(1-\psi)4G_0\Delta t > 1+4G_0\Delta t$$

$$\Delta t < \frac{1}{(1-2\psi)2G_0} = \frac{u_0}{(1-2\psi)2gs_0} \tag{3.1.25}$$

为了满足稳定条件, $\Delta t < \Delta_{t_{\max}}$

$$\Delta t_{\max}\begin{cases} \dfrac{u_0}{2gs_0} & \psi = 0 \\ \to\infty & \psi \geqslant 1/2 \end{cases} \tag{3.1.26}$$

这个条件可以用图 3.1.1 来图解.

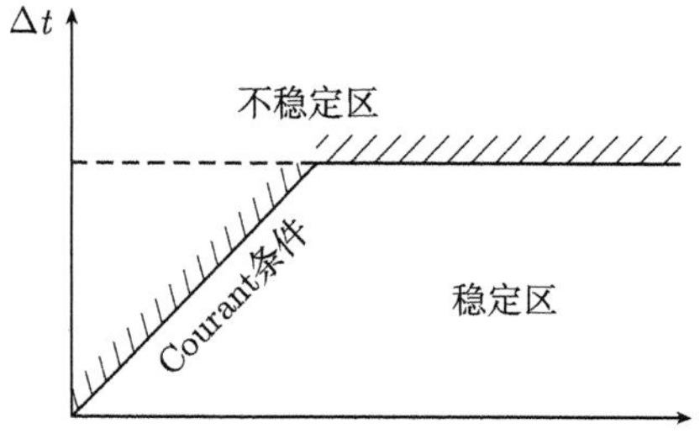

图 3.1.1 蛙跳格式稳定条件示意图

2. Lax-Wendroff 格式

这种格式非常成功地被用来解决流体力学的许多问题. 这个格式的基本优点是

将那些不希望有的短波长分量阻尼掉. 不过这也是它的不足之处, 因为我们不清楚哪些分量被阻尼掉了.

下面我们用 Saint-Venant 方程组的守恒形式进行讨论

$$\frac{\partial Q}{\partial t}+\frac{\partial}{\partial x}\left[\frac{p}{\rho}+\frac{Q^2}{A}\right]+gAs_0+g\frac{Q\left|Q\right|}{K^2}=0 \tag{3.1.27}$$

$$\frac{\partial A}{\partial t}+\frac{\partial Q}{\partial x}=0 \tag{3.1.28}$$

式中

$$\frac{p}{\rho}=g\int_0^h(h-\xi)b(\xi)\mathrm{d}\xi=gI \tag{3.1.29}$$

对于梯形断面, 图 3.1.2

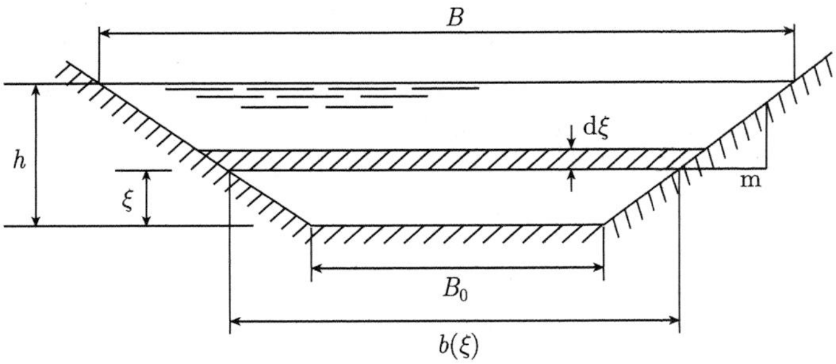

图 3.1.2　梯形断面特征参数

$$I=\int_0^h(h-\xi)(B_0+2m\xi)\mathrm{d}\xi=\frac{B_0h^2}{2}+\frac{mh^3}{3} \tag{3.1.30}$$

对于矩形断面

$$I=\frac{B_0h^2}{2} \tag{3.1.31}$$

设

$$w=\begin{Bmatrix}Q\\A\end{Bmatrix} \tag{3.1.32}$$

$$F(w)=\begin{Bmatrix}gI+\dfrac{Q^2}{A}\\Q\end{Bmatrix}=\begin{Bmatrix}F_1\\F_2\end{Bmatrix} \tag{3.1.33}$$

$$T=\begin{Bmatrix}gAs_0+g\dfrac{Q\left|Q\right|}{K^2}\\Q\end{Bmatrix}=\begin{Bmatrix}T_1\\T_2\end{Bmatrix} \tag{3.1.34}$$

则方程组式 (3.1.27) 和式 (3.1.28) 可以写成

$$\frac{\partial w}{\partial t}+\frac{\partial F(w)}{\partial x}+T=0 \tag{3.1.35}$$

假设式 (3.1.52) 的函数 w 是可求导的

$$w(x,t+\Delta t)=w(x,t)+\Delta t\frac{\partial w}{\partial t}+\frac{\Delta t^2}{2}\frac{\partial^2 w}{\partial t^2} \tag{3.1.36}$$

由式 (3.1.35)

$$\frac{\partial w}{\partial t}=-\frac{\partial F}{\partial x}+T \quad 和 \quad \frac{\partial^2 w}{\partial t^2}=-\frac{\partial^2 F}{\partial t\partial x}-\frac{\partial T}{\partial t} \tag{3.1.37}$$

由式 (3.1.33)

$$\frac{\partial F}{\partial x}=\left\{\begin{array}{c}\dfrac{\partial F_1}{\partial x}\\ \dfrac{\partial F_2}{\partial x}\end{array}\right\}=\left\{\begin{array}{c}\dfrac{2Q}{A}\dfrac{\partial Q}{\partial x}+\left[g\dfrac{\partial I}{\partial A}-\dfrac{Q^2}{A}\right]\dfrac{\partial A}{\partial x}\\ \dfrac{\partial Q}{\partial x}\end{array}\right\} \tag{3.1.38}$$

或者写成

$$\frac{\partial F}{\partial x}=\boldsymbol{R}\frac{\partial w}{\partial x}$$

这里

$$\boldsymbol{R}=\begin{pmatrix}\dfrac{2Q}{A} & \left(g\dfrac{\partial I}{\partial A}-\dfrac{Q^2}{A}\right)\\ 1 & 0\end{pmatrix} \tag{3.1.39}$$

矩阵 $\boldsymbol{R}$ 的特征值 λ 是

$$\lambda_{1,2}=\frac{Q}{A}\pm\sqrt{g\frac{\partial I}{\partial A}} \tag{3.1.40}$$

根据式 (3.1.31), 对于宽浅矩形河道, 稳定性条件是

$$\left|u\pm\sqrt{gh}\right|\frac{\Delta t}{\Delta x}<1 \tag{3.1.41}$$

对于梯形渠道

$$\frac{\partial I}{\partial A}=\frac{\mathrm{d}I}{\mathrm{d}h}\frac{\partial h}{\partial A}$$

$$h=\frac{B-B_0}{2m}=\frac{1}{2m}(-B_0^2\pm\sqrt{B_0^2+4mA})$$

由式 (3.1.42)

$$\frac{\mathrm{d}I}{\mathrm{d}h}=\frac{2B_0h}{2}+\frac{3mh^2}{3}=A \text{ 和 } \frac{\mathrm{d}h}{\mathrm{d}A}=\frac{1}{B}$$

所以, $\dfrac{\partial I}{\partial A}=\dfrac{A}{B}$, 令

$$E=g\frac{\partial I}{\partial A}-\frac{Q^2}{A^2}=\frac{gA}{B}-\frac{Q^2}{A^2} \tag{3.1.42}$$

则有

$$\begin{pmatrix} \dfrac{2Q}{A} & E \\ 1 & 0 \end{pmatrix}\begin{pmatrix} \dfrac{\partial Q}{\partial x} \\ \dfrac{\partial A}{\partial x} \end{pmatrix}=\begin{pmatrix} \dfrac{\partial F_1}{\partial x} \\ \dfrac{\partial F_2}{\partial x} \end{pmatrix} \tag{3.1.43}$$

再考虑, $\dfrac{\partial^2 F}{\partial t\partial x}$, 先设 $D_1=\dfrac{\partial Q}{\partial t}=-\left(\dfrac{\partial F_1}{\partial x}+T_1\right)$, 由式 (3.1.43) 有

$$\frac{\partial^2 F}{\partial t\partial x}=\frac{\partial}{\partial t}\begin{pmatrix} \dfrac{\partial F_1}{\partial x} \\ \dfrac{\partial F_2}{\partial x} \end{pmatrix} \tag{3.1.44}$$

假设 $\begin{pmatrix} \dfrac{2Q}{A} & E \\ 1 & 0 \end{pmatrix}$ 随时间的变化很小, 则有

$$\begin{aligned}
\frac{\partial^2 F}{\partial t\partial x}&=\begin{pmatrix} \dfrac{2Q}{A} & E \\ 1 & 0 \end{pmatrix}\begin{pmatrix} \dfrac{\partial^2 Q}{\partial t\partial x} \\ \dfrac{\partial^2 A}{\partial t\partial x} \end{pmatrix}\\
&=\begin{pmatrix} \dfrac{2Q}{A} & E \\ 1 & 0 \end{pmatrix}\begin{pmatrix} \dfrac{\partial D_1}{\partial x} \\ -\dfrac{\partial^2 Q}{\partial x^2} \end{pmatrix}\\
&=\frac{\partial}{\partial x}\begin{pmatrix} \dfrac{2Q}{A} & E \\ 1 & 0 \end{pmatrix}\begin{pmatrix} D_1 \\ -\dfrac{\partial Q}{\partial x} \end{pmatrix}\\
&=-\frac{\partial}{\partial x}\begin{pmatrix} \dfrac{2Q}{A} & E \\ 1 & 0 \end{pmatrix}\begin{pmatrix} \dfrac{\partial F_1}{\partial x}+T_1 \\ \dfrac{\partial F_2}{\partial x}+T_2 \end{pmatrix}
\end{aligned}$$

在上面的推导中, 用了关系式 $\dfrac{\partial A}{\partial t}=-\dfrac{\partial Q}{\partial x},\dfrac{\partial A}{\partial t}=-\left(\dfrac{\partial F_2}{\partial x}+T_2\right)$, 由式 (3.1.37) 可得

$$\begin{aligned}
\frac{\partial^2 w}{\partial t^2}&=-\frac{\partial^2 F}{\partial t\partial x}-\frac{\partial T}{\partial x}\\
&=\frac{\partial}{\partial x}\left\{R\begin{pmatrix} \dfrac{\partial F_1}{\partial x}+T_1 \\ \dfrac{\partial F_2}{\partial x}+T_2 \end{pmatrix}\right\}-\frac{\partial T}{\partial x}
\end{aligned} \tag{3.1.45}$$

式中, $T_2=0$, 将式 (3.1.37) 和式 (3.1.45) 代入式 (3.1.36)

$$w(x,t+\Delta t)=w(x,t)-\Delta t\left(\frac{\partial F}{\partial x}+T\right)+\frac{\Delta t^2}{2}\left[\frac{\partial}{\partial x}R\left(\frac{\partial F}{\partial x}+T\right)-\frac{\partial T}{\partial t}\right] \quad (3.1.46)$$

这个微分形式与下面的差分形式相对应

$$\begin{aligned} w_j^{n+1}=&w_j^n-\frac{\Delta t}{\Delta x}\left[\Delta^1F_j^n+T_j^n\Delta x\right]+\frac{1}{2}\left(\frac{\Delta t}{\Delta x}\right)^2\\ &\cdot\left[R_{j+1/2}^n\left(\Delta F_{j+1/2}^n+T_{j+1/2}^n\Delta x\right)\right]\\ &-\left[R_{j-1/2}^n\left(\Delta F_{j-1/2}^n+T_{j-1/2}^n\Delta x\right)+P_j^n\Delta x^2\right] \end{aligned} \quad (3.1.47)$$

式中,

$$\begin{aligned} \Delta\left(\cdot\right)_{i+1/2}&=\left(\cdot\right)_{i+1}-\left(\cdot\right)_i;\\ \Delta^1\left(\cdot\right)_i&=\frac{1}{2}\left[\left(\cdot\right)_{i+1}-\left(\cdot\right)_{i-1}\right];\\ \left(\cdot\right)_{i+1/2}&=\frac{1}{2}\left[\left(\cdot\right)_{i+1}+\left(\cdot\right)_i\right];\\ T_j^n&=\left\{\begin{matrix} gA_j^nS_0+g\dfrac{Q_j^n\left|Q_j^n\right|}{\left(K_j^n\right)^2}\\ 0\end{matrix}\right\};\\ T_{i+1/2}&=\frac{1}{2}\left(T_j^n+T_{j+1}^n\right);\\ P_j^n&=-\frac{\partial T}{\partial t}, \end{aligned} \quad (3.1.48)$$

从式 (3.1.59), T_j^{n+1}, Q_j^{n+1} 的计算式可以列出.

3. Abbott 隐式格式[2]

为了阐明追赶法的原理, 我们首先介绍 Abbott 隐式格式, 然后介绍 Preissmann 格式. Abbott 格式应用的微分方程形式上与常用的略有不同, 他用了两个所谓 “蓄存宽度 B_s (Storage Width)” 和 “计算宽度 B (Computational Width)” 的概念, B_s 用于连续方程, B 用于运动方程. 连续方程被改写成, 图 3.1.3,

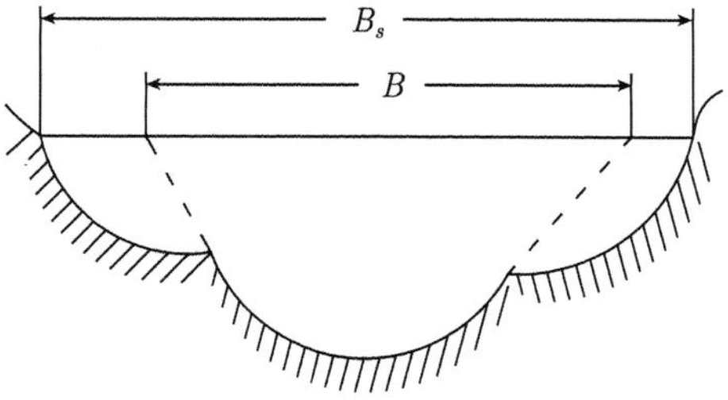

图 3.1.3 蓄存宽度 B_s 和计算宽度 B 的定义图

$$B_s\frac{\partial h}{\partial t}+\frac{\partial Q}{\partial x}=0 \tag{3.1.49}$$

运动方程

$$\frac{\partial Q}{\partial t}+\frac{\partial}{\partial x}\left(\frac{\alpha Q^2}{A}\right)+gA\frac{\partial h}{\partial x}+\frac{gQ\left|Q\right|}{C^2AR_h}=0 \tag{3.1.50}$$

式中, h 是水位, $\alpha=\dfrac{A}{Q^2}\displaystyle\int_A u^2\mathrm{d}A$; C 是谢才 (chezy) 系数; R_h 是水力半径. 在离散时, 运动方程 (3.1.62) 还做了如下处理

$$\frac{\partial}{\partial x}\left(\alpha\frac{Q^2}{A}\right)=\frac{2\alpha Q}{A}\frac{\partial Q}{\partial x}-\frac{\alpha Q^2}{A}\frac{\partial A}{\partial x}+\frac{Q^2}{A}\frac{\partial\alpha}{\partial h}\frac{\partial h}{\partial x} \tag{3.1.51}$$

式中, $\dfrac{\partial Q}{\partial x}=-B_s\dfrac{\partial h}{\partial t}$, 引入 "计算宽度" B, 即令 $A=Bh$, 则得

$$\frac{\partial A}{\partial x}=B\frac{\partial h}{\partial x}+h\frac{\mathrm{d}B}{\mathrm{d}h}\frac{\partial h}{\partial x} \tag{3.1.52}$$

以式 (3.1.51) 和式 (3.1.52) 代入式 (3.1.50) 得

$$\frac{\partial Q}{\partial t}-\frac{2aQB_s}{A}\frac{\partial h}{\partial t}-\left\{\frac{\alpha Q^2}{A}\left(B+h\frac{\mathrm{d}B}{\mathrm{d}h}\right)-gA-\frac{Q^2\mathrm{d}\alpha}{A\mathrm{d}h}\right\}\frac{\partial h}{\partial x}+g\frac{Q\left|Q\right|}{C^2AR_h}=0 \tag{3.1.53}$$

式 (3.1.49) 和式 (3.1.53) 的离散方式比较特殊, 参照图 3.1.4, 我们可以发现, 在每一个节点并不是同时算出 Q 和 h 而是按顺序交错算出 Q 或 h. 譬如在所有的偶数结点算出水深 h_j, $j=0,2,\cdots$, 而在所有的奇数结点算出流量 Q_j 值, $j=1,3,\cdots$. 连续方程和运动方程的差分形式分别是:

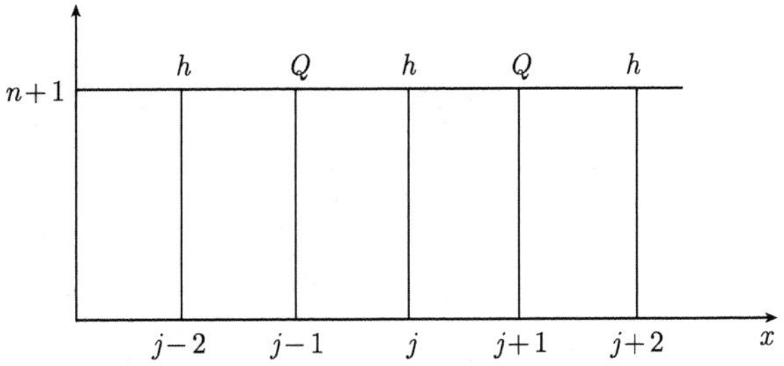

图 3.1.4　Abbott 格式的网格图

(1) 连续方程式 (3.1.49)

$$\frac{\partial Q}{\partial x}\approx\frac{1}{x_{j+1}-x_{j-1}}\left[\frac{1}{2}\left(Q_{j+1}^n+Q_{j+1}^{n+1}\right)-\frac{1}{2}\left(Q_{j-1}^n+Q_{j-1}^{n+1}\right)\right]$$

$$\frac{\partial h}{\partial t}\approx\frac{1}{\Delta t}\left(h_j^{n+1}-h_j^n\right)$$

$$D_i\frac{h_j^{n+1}-h_j^n}{\Delta t}+\frac{1}{2\left(x_{j+1}+x_{j-1}\right)}\left[\left(Q_{j+1}^n+Q_{j+1}^{n+1}\right)-\left(Q_{j-1}^n+Q_{j-1}^{n+1}\right)\right]=0 \tag{3.1.54}$$

式中 $D_i=B_s$

(2) 运动方程式 (3.1.53)

$$\frac{\partial Q}{\partial t}\approx\frac{1}{\Delta t}\left(Q_{j-1}^{n+1}-Q_{j-1}^n\right)$$

$$\frac{\partial h}{\partial t}\approx\frac{1}{\Delta t}\left[\frac{x_j-x_{j-1}}{x_j-x_{j-2}}\left(h_{j-2}^{n+1}-h_{j-2}^n\right)+\frac{x_{j-1}-x_{j-2}}{x_j-x_{j-2}}\left(h_j^{n+1}-h_j^n\right)\right]$$

$$\frac{\partial h}{\partial x}\approx\frac{1}{x_j-x_{j-2}}\left[\frac{1}{2}\left(h_j^n+h_j^{n+1}\right)-\frac{1}{2}\left(h_{j-2}^n+h_{j-2}^{n+1}\right)\right],$$

$$Q\left|Q\right|\approx\left|Q_{j-1}^n\right|Q_{j-1}^{n+1}$$

利用这些差分, 式 (3.1.53) 可写成差分形式

$$\frac{Q_{j-1}^{n+1}-Q_{j-1}^n}{\Delta t}-D_2\frac{1}{\Delta t}\left[\frac{x_j-x_{j-1}}{x_j-x_{j-2}}\left(h_{j-2}^{n+1}-h_{j-2}^n\right)+\frac{x_{j-1}-x_{j-2}}{x_j-x_{j-2}}\left(h_j^{n+1}-h_j^n\right)\right]$$
$$-D_3\frac{1}{2\left(x_j-x_{j-2}\right)}\left[\left(h_j^n+h_j^{n+1}\right)-\left(h_{j-2}^n+h_{j-2}^{n+1}\right)\right]+D_4\left|Q_{j-1}^n\right|Q_{j-1}^{n+1}=0 \tag{3.1.55}$$

这里

$$D_2=\frac{2\alpha QB_s}{A}$$

$$D_3=\frac{\alpha Q^2}{A^2}h\frac{\mathrm{d}B}{\mathrm{d}h}-gA+\frac{Q^2}{A}\frac{\mathrm{d}\alpha}{\mathrm{d}h}$$

$$D_4=\frac{g}{C^2AR_h}, \tag{3.1.56}$$

这里有一重要问题必然会产生, 即在 (x,t) 面上, D_1, D_2, D_3 和 D_4 应该怎么样取值. 如果它们取在时刻 $n\Delta t$ 的值, 则为已知值, 式 (3.1.54) 和式 (3.1.55) 是以 Q_{j-1}^{n+1}, h_j^{n+1}, 为未知值的线性代数方程. 根据 Abbott 的格式, 这些系数取值于层的中点, 即时刻 $t=(n+1/2)\Delta t$ 这就是需要一个迭代过程. 方程组求解按下面的步骤进行.

将式 (3.1.54) 和式 (3.1.55) 写成如下形式

$$A_j^*Q_{j+1}^{n+1}+B_j^*h_j^{n+1}+C_j^*Q_{j-1}^{n+1}=D_j^* \tag{3.1.57}$$

$$A_jh_j^{n+1}+B_jQ_{j-1}^{n+1}+C_jh_{j-2}^{n+1}=D_j \tag{3.1.58}$$

系数 $A_j,B_j,C_j,Dj,A_j^*,B_j^*,C_j^*$ 和 D_j^* 以由时刻 $n\Delta t$ 的变量值求得. 假定 Q_j^{n+1} 和 h_j^{n+1} 可以由下面的关系式联系起来

$$h_{j+1}^{n+1}=E_iQ_j^{n+1}+F_i \tag{3.1.59}$$

$$Q_{j+1}^{n+1}=E_j^* h_j^{n+1}+F_j^* \tag{3.1.60}$$

以式 (3.1.59) 代入式 (3.1.57) 得

$$A_j E_{j-1} Q_{j-1}^{n+1}+B_j Q_{j-1}^{n+1}+C_j h_{j-2}^{n+1}=D_j-A_j F_{j-1}$$

$$Q_{j-1}^{n+1}=\frac{-C_j}{A_j E_{j-1}+B_j} h_{j-2}^{n+1}+\frac{D_j-A_j F_{j-1}}{A_j E_{j-1}+B_j} \tag{3.1.61}$$

以式 (3.1.60) 代入式 (3.1.58) 得

$$A_j^* E_j^* h_j^{n+1}+B_j^* h_j^{n+1}+C_j^* Q_{j-1}^{n+1}=D_j^*-A_j^* F_j^*$$

或

$$h_j^{n+1}=\frac{-C_j^*}{A_j E_j^*+B_j^*} Q_{j-1}^{n+1}+\frac{D_j^*-A_j^* F_j^*}{A_j E_j^*+B_j^*} \tag{3.1.62}$$

将式 (3.1.59) 与式 (3.1.62), 式 (3.1.60) 与式 (3.1.61) 相比, 得出下面的循环关系式

$$E_{j-1}=\frac{-C_j^*}{A_j^* E_j^*+B_j^*}, \quad F_{j-1}=\frac{D_j^*-A_j^* F_j^*}{A_j^* E_j^*+B_j^*} \tag{3.1.63}$$

$$E_{j-2}^*=\frac{-C_j}{A_j E_{j-1}+B_j}, \quad F_{j-2}^*=\frac{D_j-A_j F_{j-1}}{A_j E_{j-1}+B_j} \tag{3.1.64}$$

其算法取决边界条件的给定方法. 举例说明, 如果流量 Q_i 在某一端给定, 譬如说 $x=L$ 处 ($J\Delta x, \Delta x$ 为常数), 则方程式 (3.1.57) 的最后一个方程是

$$A_{j-1}^* Q_j^{n+1}+B_{j-1}^* h_{j-1}^{n+1}+C_{j-1}^* Q_{j-2}^{n+1}=D_{j-1}^*$$

由此,

$$h_{j-1}^{n+1}=\frac{C_{j-1}^*}{B_{j-1}^*} Q_{j-2}^{n+1}+\frac{D_{j-1}^*-A_{j-1}^* Q_j^{n+1}}{B_{j-1}^*} \tag{3.1.65}$$

将式 (3.1.65) 与式 (3.1.62) 相比较, 得出等式

$$E_{j-2}=-\frac{C_{j-1}^*}{B_{j-1}^*}, \quad F_{j-2}=\frac{D_{j-1}^*-A_{j-1}^* Q_j^{n+1}}{B_{j-1}^*} \tag{3.1.66}$$

比较式 (3.1.66) 和式 (3.1.63) 指出

$$E_{j-1}^*=0, \quad F_{j-1}^*=Q_j^{n+1} \tag{3.1.67}$$

类似的, 如果 h_j^{n+1} 在结点 $j=J$ 作为边界条件给定, 则有

$$E_{j-1}=0, \quad F_{j-1}=h_j^{n+1} \tag{3.1.68}$$

从讨论 Q_j^{n+1} 为给定的情况可以看出, 利用条件式 (3.1.67) 和已知的 $A_{j-1}^*, B_{j-1}^*, C_{j-1}^*$ 在时刻 $n\Delta t$ 的值, 可以从式 (3.1.66) 求得 E_{j-2}, F_{j-2}, 由 E_{j-2}, F_{j-2} 可以从式 (3.1.64) 求得 E_{j-3}^*, F_{j-3}^*, 如此反复直至求得 E_0, F_0 或 E_0^*, F_0^* (根据另一端的边界条件而定), 如果另一端的边界条件是水深 h, 则网格需这样来划分, 是最后求得的是 E_0^*, F_0^*, 这是追的过程. 然后, 利用式 (3.1.60) 求得 Q_1^{n+1}, 用式 (3.1.59) 求得 h_2^{n+1}, 如此重复直至 Q_j^{n+1}, 这是赶的过程.

下面简单介绍一下追赶算法的一般原理. 方程组 (3.1.57) 和 (3.1.58) 可以写成矩阵方程形式

$$\begin{pmatrix} 1 & & & & & & \\ C_2 & B_2 & A_2 & & & & \\ & C_3 & B_3 & A_3 & & & \\ & & C_4 & B_4 & A_4 & & \\ & & & \cdots & & & \\ & & & \cdots & & & \\ & & & C_{J-1} & B_{J-1} & A_{J-1} \\ & & & & & 1 \end{pmatrix} \begin{pmatrix} Q_0 \\ h_1 \\ Q_2 \\ h_3 \\ \vdots \\ \vdots \\ h_{J-1} \\ Q_J \end{pmatrix} = \begin{pmatrix} D_0 \\ D_1 \\ D_2 \\ D_3 \\ \vdots \\ \vdots \\ D_{J-1} \\ D_J \end{pmatrix}$$

这里略去了 $A_j^*, B_j^*, C_j^*, D_j^*$ 的上标 “*” 号. 上式可以缩写成

$$[p]\,V = [Q]\,u$$

因而

$$V = [p]^{-1}\,[Q]\,u$$

设

$$[p] = [a]\,[b]$$

式中,

$$[a] = [a] = \begin{pmatrix} a_0 & & & \\ c_2 & a_2 & & \\ & c_3 & a_3 & \\ & \cdots\cdots\cdots & & \\ & \cdots\cdots\cdots & & \\ & & c_J & a_J \end{pmatrix};\ [b] = \begin{pmatrix} 1 & b_0 & & & \\ & 1 & b_2 & & \\ & & 1 & b_3 & \\ & & \cdots\cdots\cdots & & \\ & & \cdots\cdots\cdots & & \\ & & \cdots\cdots\cdots & & \\ & & & 1 & b_{J-1} \\ & & & & 1 \end{pmatrix}$$

所以

$$[P] = \begin{pmatrix} a_0 & a_0 b_0 & 0 & \\ \hline c_2 & c_2 b_0 + a_0 & c_3 b_2 & 0 \\ \hline & c_3 & c_3 b_2 + a_3 & a_3 b_2 \\ \hline & & & \\ \hline & & & \end{pmatrix} = \begin{pmatrix} 1 & & & & \\ \hline C_2 & B_2 & A_2 & & \\ \hline & C_3 & B_3 & A_3 & \\ \hline & & \cdots & \cdots & \\ \hline & & & & \end{pmatrix} \tag{3.1.69}$$

现引入一个辅助向量 g

$$[p]\,V = g$$

$$[a]\,g = D$$

这就是

$$\begin{pmatrix} 1 & b_0 & & & \\ & 1 & b_2 & & \\ & & 1 & b_3 & \\ & & & 1 & b_4 \\ & & & \cdots & \cdots \\ & & & \cdots & \cdots \end{pmatrix} \begin{pmatrix} v_0 \\ v_1 \\ v_2 \\ v_3 \\ \vdots \\ \vdots \end{pmatrix} = \begin{pmatrix} g_0 \\ g_1 \\ g_2 \\ g_3 \\ \vdots \\ \vdots \end{pmatrix} = \begin{pmatrix} v_0 + b_0 v_1 \\ v_1 + b_0 v_2 \\ v_2 + b_3 v_3 \\ v_3 + b_4 v_4 \\ \cdots \\ \cdots \end{pmatrix}$$

$$\begin{pmatrix} a_0 & & & \\ c_2 & a_2 & & \\ & c_3 & a_3 & \\ & & c_4 & a_4 \\ & & \cdots & \cdots \\ & & \cdots & \cdots \end{pmatrix} \begin{pmatrix} g_0 \\ g_1 \\ g_2 \\ g_3 \\ \vdots \\ \vdots \end{pmatrix} = \begin{pmatrix} D_0 \\ D_1 \\ D_2 \\ D_3 \\ \vdots \\ \vdots \end{pmatrix} = \begin{pmatrix} a_0 g_0 \\ c_2 g_0 + a_2 g_1 \\ c_3 g_1 + a_3 g_2 \\ c_4 g_2 + a_4 g_3 \\ \cdots \\ \cdots \end{pmatrix}$$

从后一个等式我们可以得出

$$g_0 = \frac{D_0}{a_0}$$

和循环等式

$$g_j = \frac{D_j - c_{j+1} g_{j-1}}{a_{j+1}}$$

所以, 如果 $[a]$ 为已知, g 即可求出.

类似地, 从第一个等式, 第一项是

$$g_0 = v_0 + b_0 v_1$$

则

$$v_1 = \frac{g_0 - v_0}{b_0}$$

而相继地, 有循环公式

$$v_{j+1}=\frac{g_j-v_j}{b_{j+1}}$$

同样, 如果 $[b]$ 已知, v 也可以求出.

此外, 式 (3.1.69) 又将 $[a]$ 和 $[b]$ 联系在一起, 即

$$B_{j+1}=c_{j+1}b_{j-1}+a_{j+1}$$

$$A_{j+1}=a_{j+1}b_{j+1}$$

所以

$$B_{j+1}=c_{j+1}b_{j+1}+\frac{A_{j+1}}{b_{j+1}}$$

或

$$b_{j+1}=\frac{A_{j+1}}{B_{j+1}-C_{j+1}b_{j-1}}$$

$$a_{j+1}=\frac{A_{j+1}}{b_{j+1}}$$

自此, 假如 b_0 已知, $\{a_j,b_j\}$ 便可以求出, 又由式 (3.1.69) 有

$$a_0=1$$

$$a_0b_0=0 \quad 即 \quad b_0=0$$

由式可见, 追赶法的运算过程实质上分成两步,

(1) 找出 $[a],[b]$

(2) 计算 g

(3) 计算 v

因为式 (3.1.69) 中的矩阵为三对角矩阵, 所以上述算法有时又叫做 "三对角线矩阵" 算法.

Abbott 格式是无条件稳定的. 但是, 如果 $\dfrac{\Delta t}{\Delta t_0}$, $t_0=\dfrac{\Delta x}{|u\pm c|}$, 过于大, 它的收敛速度较慢, 收敛慢的原因是相位误差比较大. 不管怎样, 这种格式可以在相当大的 Courant 数下运算而仍然保持稳定. 举例来说, 在潮汐波计算中, 可以取 $c\approx 10$. 空时步长取得小, c 可以取 20 以上. 在明渠水流计算中可以取 $c\approx 100$. 详见 3.1.5 节.

4. Preissmann 隐式格式[18]

此格式网格形式如图 3.1.5 所示, 在每一个结点上同时求出流量和水位. 因变量及其导函数的差分形式为

$$f(x,t)=\frac{\vartheta}{2}(f_{j+1}^{n+1}+f_j^{n+1})+\frac{1-\vartheta}{2}(f_{j+1}^n+f_j^n)$$

$$\frac{\partial f}{\partial x} \approx \vartheta \frac{f_{j+1}^{n+1} - f_j^{n+1}}{\Delta x} + (1-\vartheta)\frac{f_{j+1}^n - f_j^n}{\Delta x}$$

$$\frac{\partial f}{\partial t} \approx \frac{f_{j+1}^{n+1} - f_{j+1}^n + f_j^{n+1} - f_j^n}{2\Delta t}$$

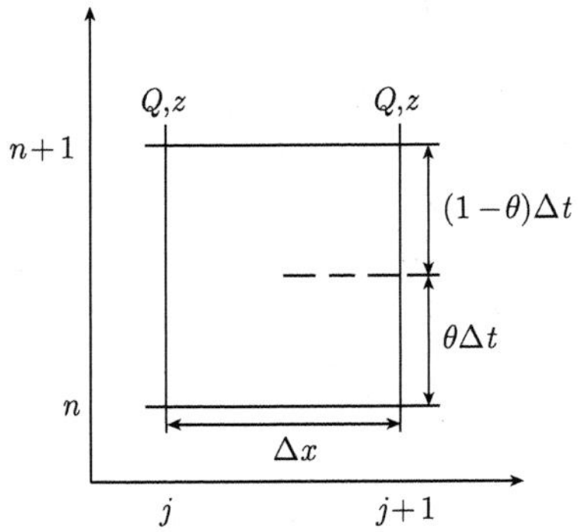

图 3.1.5　Preissmann 格式网格布置

设 $f^{n+1} = f^n + \Delta f$, 上面的表达式可以写成

$$f(x,t) = \frac{\vartheta}{2}(\Delta f_{j+1} + \Delta f_j) + \frac{1}{2}\left(f_{j+1}^n + f_j^n\right) \tag{3.1.70}$$

$$\frac{\partial f}{\partial x} = \vartheta \frac{\Delta f_{j+1} - \Delta f_j}{\Delta x} + (1-\vartheta)\frac{f_{j+1}^n - f_j^n}{\Delta x} \tag{3.1.71}$$

$$\frac{\partial f}{\partial t} \approx \frac{\Delta f_{j+1} + \Delta f_j}{2\Delta t} \tag{3.1.72}$$

微分方程的形式是

$$\frac{\partial Z}{\partial t} + \frac{1}{B}\frac{\partial Q}{\partial x} = 0 \tag{3.1.73}$$

$$\frac{\partial Q}{\partial t} + \frac{\partial}{\partial x}\left(\frac{Q^2}{A}\right) + gA\left(\frac{\partial Z}{\partial x} + \frac{Q|Q|}{K^2}\right) = 0 \tag{3.1.74}$$

这两个方程的差分形式按下列过程分别建立. 需要说明的是 Preissmann 导出的差分格式原始形式与本节导出的不同.

利用式 (3.1.70), 式 (3.1.71) 和式 (3.1.72), 可得连续方程的差分形式

$$\frac{\Delta Z_{j+1} + \Delta Z_j}{2\Delta t} + \frac{2}{\vartheta(\Delta B_j + \Delta B_{j+1}) + (B_j + B_{j+1})} \cdot \left[\vartheta \frac{\Delta Q_{j+1} - \Delta Q_j}{\Delta x} + \frac{Q_{j+1}^n - Q_j^n}{\Delta x}\right] = 0 \tag{3.1.75}$$

运动方程的差分形式为

$$\frac{\Delta Q_{j+1}+\Delta Q_j}{2\Delta t}+\frac{\vartheta}{\Delta x}\left[\frac{\left(Q_{j+1}^n+\Delta Q_{j+1}\right)^2}{A_{j+1}^n+\Delta A_{j+1}}-\frac{\left(Q_j^n+\Delta Q_j\right)^2}{A_j^n+\Delta A_j}\right]$$
$$+\frac{1-\vartheta}{\Delta x}\left[\frac{\left(Q_{j+1}^n\right)^2}{A_{j+1}^n}-\frac{\left(Q_{j+1}^n\right)^2}{A_j^n}\right]+\left[\frac{g\vartheta}{2}(\Delta A_{j+1}+\Delta A_j)+\frac{g}{2}(A_{j+1}^n+A_j^n)\right]$$
$$\cdot\left[\frac{\vartheta}{\Delta x}(\Delta Z_{j+1}-\Delta Z_j)+\frac{1}{\Delta x}(Z_{j+1}^n-Z_j^n)\right]$$
$$+\frac{g\vartheta}{2}\left[\frac{\left(A_{j+1}^n+\Delta A_{j+1}\right)\left(Q_{j+1}^n+\Delta Q_{j+1}\right)\left|Q_{j+1}^n+\Delta Q_{j+1}\right|}{\left(K_{j+1}^n+\Delta K_{j+1}\right)^2}\right.$$
$$\left.+\frac{\left(A_j^n+\Delta A_j\right)\left(Q_j^n+\Delta Q_j\right)\left|Q_j^n+\Delta Q_j\right|}{\left(K_j^n+\Delta K_j\right)^2}\right]$$
$$+\frac{g(1-\vartheta)}{2}\left[\frac{A_{j+1}^nQ_{j+1}^n\left|Q_{j+1}^n\right|}{\left(K_{j+1}^n\right)^2}+\frac{A_j^nQ_j^n\left|Q_j^n\right|}{\left(K_j^n\right)^2}\right]=0 \tag{3.1.76}$$

利用下面的关系式将式 (3.1.75) 和式 (3.1.76) 线性化

$$\frac{1}{A_j^n+\Delta A_j}=\frac{1}{A_j^n\left(1+\dfrac{\Delta A_j}{A_j^n}\right)}\approx\frac{1}{A_j^n}\left(1-\frac{\Delta A_j}{A_j^n}\right)$$

$$\frac{1}{\left(K_j^n+\Delta K_j\right)^2}=\frac{1}{\left(K_j^n\right)^2\left(1+\dfrac{\Delta K_j}{K_j^n}\right)^2}$$
$$\approx\frac{1}{\left(K_j^n\right)^2}\left(1-2\frac{\Delta K_j}{K_j^n}\right)$$

$$\left(Q_j^n+\Delta Q_j\right)^2\approx\left(Q_j^n\right)^2+2Q_j^n\Delta Q_j$$

$$\left(Q_j^n+\Delta Q_j\right)\left|Q_j^n+\Delta Q_j\right|\approx Q_j^n\left|Q_j^n\right|+2\left|Q_j^n\right|\Delta Q_j$$

$$\Delta A_j=\frac{\mathrm{d}A_j^n}{\mathrm{d}Z_j^n}\Delta Z_j=B_j^n\Delta Z_j$$

$$\Delta K_j=\frac{\mathrm{d}K_j^n}{\mathrm{d}Z_j^n}\Delta Z_j$$

$$\Delta B_j=\frac{\mathrm{d}B_j^n}{\mathrm{d}Z_j^n}\Delta Z_j$$

在线性化过程中, 略去增量的乘积项, 例如, $\Delta A\Delta Q,\cdots$ 等. 线性化后的式 (3.1.75) 可以写成

$$A_{1j}\Delta Q_j+B_{1j}\Delta Z_j+C_{1j}\Delta Q_{j+1}+D_{1j}\Delta Z_{j+1}=E_{1j} \tag{3.1.77}$$

式中

$$A_{1j} = -\frac{4\vartheta\Delta t}{\Delta x(B_j^n + B_{j+1}^n)}$$

$$B_{1j} = 1 - \frac{4\vartheta\Delta t(Q_{j+1}^n - Q_j^n)}{\Delta x\left(B_{j+1}^n + B_j^n\right)^2} \cdot \frac{\mathrm{d}B_j^n}{\mathrm{d}Z_j^n}$$

$$C_{1j} = \frac{4\vartheta\Delta t}{\Delta x(B_{j+1}^n + B_j^n)}$$

$$D_{1j} = 1 - \frac{4\vartheta\Delta t(Q_{j+1}^n - Q_j^n)}{\Delta x\left(B_{j+1}^n + B_j^n\right)^2} \cdot \frac{\mathrm{d}B_{j+1}^n}{\mathrm{d}Z_{j+1}^n}$$

$$E_{1j} = -\frac{4\Delta t}{\Delta x(B_j^n + B_{j+1}^n)}(Q_{j+1}^n - Q_j^n)$$

对于梯形断面 $\dfrac{\mathrm{d}B}{\mathrm{d}Z} = m$, 即边坡系数.

线性化后的式 (3.1.76) 可以写成

$$A_{2j}\Delta Q_j + B_{2j}\Delta Z_j + C_{2j}\Delta Q_{j+1} + D_{2j}\Delta Z_{j+1} = E_{2j} \tag{3.1.78}$$

式中

$$A_{2j} =1 - \frac{4\vartheta\Delta t}{\Delta x}\left(\frac{Q_j^n}{A_j^n}\right) + 2\Delta t g\vartheta\frac{A_j^n\left|Q_j^n\right|}{\left(K_j^n\right)^2}$$

$$B_{2j} =1 - \frac{\vartheta\Delta t}{\Delta x}\left[\frac{2\left(Q_j^n\right)^2 B_j^n}{\left(A_j^n\right)^2} - g\left(A_{j+1}^n + A_j^n\right) + g(Z_{j+1}^n - Z_j^n)B_j^n\right]$$
$$+ g\vartheta\Delta t\frac{Q_j^n\left|Q_j^n\right|}{\left(K_j^n\right)^2}\left[B_j^n - \frac{2A_j^n\mathrm{d}K_j^n}{K_j^n\mathrm{d}Z_j^n}\right],$$

$$C_{2j} =1 + \frac{4\Delta t\vartheta Q_{j+1}^n}{\Delta x A_{j+1}^n} + 2g\vartheta\Delta t\frac{A_{j+1}^n\left|Q_{j+1}^n\right|}{\left(K_{j+1}^n\right)^2}$$

$$D_{2j} =\frac{\vartheta\Delta t}{\Delta x}\left[-\frac{2\left(Q_{j+1}^n\right)^2 B_{j+1}^n}{\left(A_{j+1}^n\right)^2} + g\left(A_{j+1}^n + A_j^n\right) + g(Z_{j+1}^n - Z_j^n)B_{j+1}^n\right]$$
$$+ g\vartheta\Delta t\frac{Q_{j+1}^n\left|Q_{j+1}^n\right|}{\left(K_{j+1}^n\right)^2}\left[B_{j+1}^n - \frac{2A_{j+1}^n}{\left(K_{j+1}^n\right)}\frac{\mathrm{d}K_{j+1}^n}{\mathrm{d}Z_{j+1}^n}\right]$$

$$E_{2j} =\frac{\Delta t}{\Delta x}\left[-\frac{2\left(Q_{j+1}^n\right)^2}{A_{j+1}^n} + \frac{2\left(Q_j^n\right)^2}{A_j^n} - g\left(A_{j+1}^n + A_j^n\right)\cdot(Z_{j+1}^n - Z_j^n)\right]$$
$$- g\Delta t\left[\frac{A_{j+1}^n Q_{j+1}^n\left|Q_{j+1}^n\right|}{\left(K_{j+1}^n\right)^2} + \frac{Q_j^n\left|Q_j^n\right| A_j^n}{\left(K_j^n\right)^2}\right]$$

下面给出用追赶法求解的步骤. 假如如下的两个线性关系式

$$\Delta Q_j = F_j \Delta Z_j + G_j \tag{3.1.79}$$

$$\Delta Z_j = H_j \Delta Q_{j+1} + I_j \Delta Z_{j+1} + J_j \tag{3.1.80}$$

以式 (3.1.79) 代入式 (3.1.77)

$$A_{1j}(F_j \Delta Z_j + G_j) + B_{1j}\Delta Z_j + C_{1j}\Delta Q_{j+1} + D_{1j}\Delta Z_{j+1} = E_{1j}$$

$$(A_{1j}F_j + B_{1j})\,\Delta Z_j = -C_{1j}\Delta Q_{j+1} - D_{1j}\Delta Z_{j+1} + (E_{1j} - A_{1j}G_j) \tag{3.1.81}$$

比较式 (3.1.81) 和式 (3.1.77), 我们求得

$$H_j = \frac{-C_{1j}}{A_{1j}F_j + B_{1j}} \tag{3.1.82}$$

$$I_j = -\frac{D_{1j}}{A_{1j}F_j + B_{1j}} \tag{3.1.83}$$

$$J_j = \frac{E_{1j} - A_{1j}G_j}{A_{1j}F_j + B_{1j}} \tag{3.1.84}$$

将式 (3.1.79), 式 (3.1.80) 代入式 (3.1.78)

$$\begin{aligned} &A_{2j}\left[F_j\left(H_j\Delta Q_{j+1} + H_j\Delta Z_{j+1} + J_j\right) + G_j\right] + B_{2j}\left(H_j\Delta Q_{j+1} + H_j\Delta Z_{j+1} + J_j\right) \\ &+ C_{2j}\Delta Q_{j+1} + D_{2j}\Delta Z_{j+1} = E_{2j} \end{aligned}$$

整理后得

$$\Delta Q_{j+1} = -\frac{A_{2j}F_jI_j + B_{2j}I_j + D_{2j}}{A_{2j}F_jH_j + B_{2j}H_j + C_{2j}}\Delta Z_{j+1} + \frac{E_{2j} - A_{2j}F_jJ_j - B_{2j}J_j - A_{2j}Gj}{A_{2j}F_jH_j + B_{2j}H_j + C_{2j}} \tag{3.1.85}$$

比较式 (3.1.85) 和式 (3.1.77), 设 $\alpha = A_{2j}F_j + B_{2j}$, 则得

$$F_{j+1} = -\frac{\alpha I_j + D_{2j}}{\alpha H_j + C_{2j}} \tag{3.1.86}$$

$$G_{j+1} = \frac{E_{2j} - \alpha I_j - A_{2j}G_j}{\alpha H_j + C_{2j}} \tag{3.1.87}$$

有了循环计算式 (3.1.82), 式 (3.1.83), 式 (3.1.84), 式 (3.1.86) 和式 (3.1.87), 在追的过程中可求得系数 H_j, I_j, J_j, F_j, G_j, 而后在赶的过程中求出 Q_j^{n+1} 和 Z_j^{n+1}.

下面再讨论边界条件的处理. 边界条件可以三种形式给出,

(1) 水位给定: $Z = Z(t)$

(2) 流量给定: $Q = Q(t)$

(3) 水位–流量关系给定：$Q = Q(z)$

根据这三种类型的边界条件，有三种不同的起始 F_1 和 G_1 值，现分别说明如下

(1) $Z = Z(t)$ 给定

$$\Delta Q_1 = F_1 \Delta Z_1 + G_1$$

$$\Delta Z_1 = \frac{\Delta Q_1}{F_1} - \frac{G_1}{F_1}$$

如果选定 F_1 的值的数量级为 10^6，则 $\dfrac{\Delta Q_1}{F_1} \approx 0$，所以

$$G_1 \approx -F_1 \Delta Z_1 \tag{3.1.88}$$

(2) $Q = Q(t)$ 给定

$$\Delta Q_1 = F_1 \Delta Z_1 + G_1$$

这里，$\Delta Q_1 = Q_1^{n+1} - Q_1^n$，设 $F_1 = 0$

$$G_1 = \Delta Q_1 \tag{3.1.89}$$

(3) $Q = Q(Z)$ 给定

这里，$Q(Z)$ 或者是多项式，或者是表格给出的值

$$\Delta Q_1 = F_1 \Delta Z_1 + G_1$$

由定义 $\Delta Q_1 = Q_1^{n+1} - Q_1^n$ 为已算得的值. 另外从给定的边界条件有

$$Q_1^{n+1} = Q\left(Z_1^n\right) + \frac{\mathrm{d}Q(Z)}{\mathrm{d}Z_1} \Delta Z_1$$

所以

$$Q_1^n + \Delta Q_1 = Q(Z_1^n) + \frac{\mathrm{d}Q(Z)}{\mathrm{d}z_1} \Delta Z_1$$

$$\begin{aligned} \Delta Q_1 &= Q\left(Z_1^n\right) - Q_1^n + \frac{\mathrm{d}Q(Z)}{\mathrm{d}Z_1} \Delta Z_1 \\ &= \frac{\mathrm{d}Q(Z)}{\mathrm{d}Z_1} \Delta Z_1 + Q(Z_1^n) - Q_1^n \end{aligned}$$

上式与式 (3.1.79) 对照，可得

$$F_1 = \frac{\mathrm{d}Q(Z)}{\mathrm{d}Z_1} \tag{3.1.90}$$

$$G_1 = Q(Z_1^n) - Q_1^n \tag{3.1.91}$$

明显地，$G_1 \approx 0$，但不正好等于零，它可以作为一种校核来看待.

除了外部边界条件外, 还可能遇到内部边界条件. 所谓内部边界条件是指河道的几何形状的不连续或水力特性的不连续点. 诸如, 河流的汇合点, 过水断面的突然改变处, 堰闸过流处, 集中水头损失处等等. 在这些内部边界处, St Venant 方程组不适用, 必须根据其水力特性做特殊处理. 内部边界条件通常包含两个相容条件: 即流量的连续性条件和能量守恒条件 (或动量守恒条件). 举例来说, 在渠道的汇合处, 图 3.1.6(a) 所示, 要求两个独立的条件, 汇合点的流量之和必须等于零, 即

$$Q_3 = Q_1 + Q_2 \tag{3.1.92}$$

另外一个关系是, 汇合点处水位相同

$$Z_1 = Z_2 = Z_1 \tag{3.1.93}$$

或一般地, 汇合点处能头相等

$$Z_1 + \frac{u_1^2}{2g} = Z_2 + \frac{u_2^2}{2g} = Z_3 + \frac{u_3^2}{2g} \tag{3.1.94}$$

下面再分析过水断面突然改变的情况, 见图 3.1.6(b), 相容条件是

$$\begin{gathered} Q_1 = Q_2 \\ y_1 + \frac{u_1^2}{2g} = y_2 + \frac{u_2^2}{2g} + \zeta\frac{(u_1 - u_2)^2}{2g} \end{gathered} \tag{3.1.95}$$

式中, ζ 是局部阻力系数

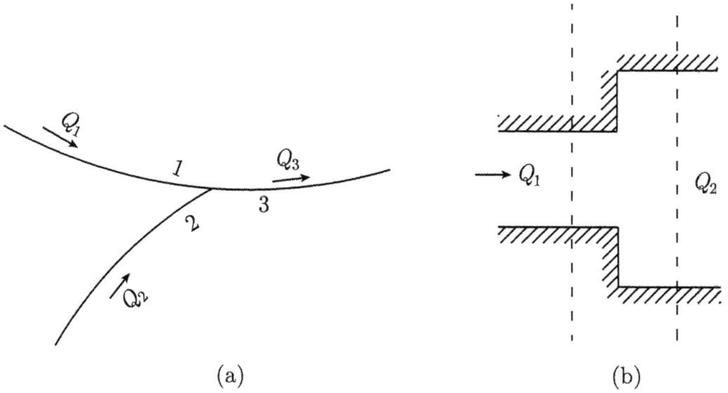

图 3.1.6 内部边界示意图

需要指出的是, 式 (3.1.92)~ 式 (3.1.95) 完全与非恒定流的基本方程无关.

下面用两个具体例子来简单说明内部边界条件的处理方法. 一个例子是考虑一条河流中间某处有一贮水池 (小型湖泊等) 与之汇合, 图 3.1.7. 如果系数 F_{j-1}, G_{j-1}, F_j 和 G_j 已算得, 那怎么样继续算出 $F_{j+1}, G_{j+1}, \cdots$. 同样也需算得系数 H_j, I_j, J_j

以便在赶的过程中从 $\Delta Z_{j+1}, \Delta Q_{j+1}$ 算出 $\Delta Z_j \cdots$. 为了简化, 假设贮水池中的水位 Z_b 总是和河流中的水位 Z_r 相同, $Z_b = Z_r$. 在断面 j 和 $(j+1)$ 的流速几乎相等.

$$Z_j^{n+1} = Z_{j+1}^{n+1} = Z_b^{n+1}$$

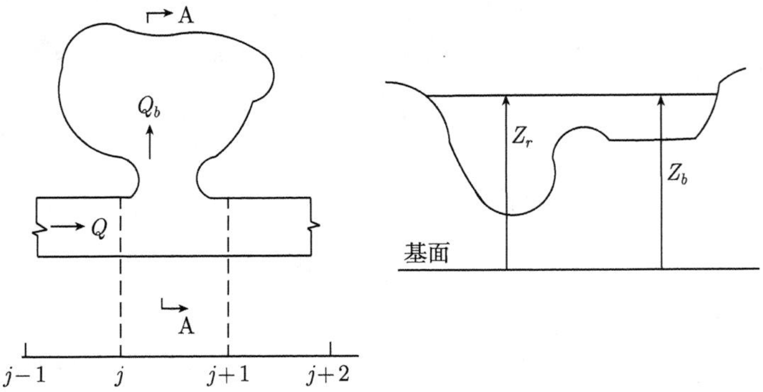

图 3.1.7　河道与贮水池的汇合

由连续方程

$$Q_{j+1}^{n+1} = Q_j^{n+1} - Q_b^{n+1}$$

式中, Q_b 是从河流流向贮水池的流量. 贮水池内贮水容量的连续条件是

$$\frac{A_b\left(Z_b^n\right)}{\Delta t} \cdot \Delta Z_b = Q_b^{n+1}$$

这里是 A_b 贮水池自由水面的面积, $A_b = A_b(Z_b)$, 根据假设, $Z_b = Z_j^n$. 把上面两个连续条件合起来有

$$Q_{j+1}^n + \Delta Q_{j+1} = Q_j^n + \Delta Q_j - \frac{A_b\left(Z_j^n\right)}{\Delta t}\Delta Z_{j+1} \tag{3.1.96}$$

因为 $Z_j^n + \Delta Z_j = Z_{j+1}^n + \Delta Z_{j+1}$, 所以, $\Delta Z_j = \Delta Z_{j+1} + (Z_{j+1}^n - Z_j^n)$, 代入 $\Delta Q_j = F_j \Delta Z_j + G_j$ 得

$\Delta Q_j = F_j \Delta Z_j + F_j\left(Z_{j+1}^n - Z_j^n\right) + G_j$ 以此 ΔQ_j 表达式代入式 (3.1.96) 得出

$$\Delta Q_{j+1} = \left(F_j - \frac{A_b(Z_j^n)}{\Delta t}\right)\Delta Z_{j+1} + \left[Q_j^n - Q_{j+1}^n + G_j + F_j\left(Z_{j+1}^n - Z_j^n\right)\right]$$

上式与式 (3.1.79) 对照, 可以得出

$$F_{j+1} = F_j - \frac{A_b(Z_j^n)}{\Delta t}$$

和

$$G_{j+1} = Q_j^n - Q_{j+1}^n + G_j + F_j(Z_{j+1}^n - Z_j^n) \tag{3.1.97}$$

系数 H_j, I_j, J_j 可以从下式得出

$$\Delta Z_j = \Delta Z_{j+1} + (Z_{j+1}^n - Z_j^n)$$

与式 (3.1.80) 对比可得

$$H_j = 0, I_j = 1, J_j = Z_{j+1}^n - Z_j^n \tag{3.1.98}$$

第二个例子是如果两条河道被一闸拦断, 如何将该闸作为边界条件处理. 设闸下游的水流条件如图 3.1.8 所示, 闸的上游用结点 j 表示, 下游用结点 $j+1$ 表示, 如图 3.1.8. 利用水力计算, 可以求得闸下游收缩断面水深 h_c, 或第一共轭水深 h' 和第二共轭水深 h'', 根据第二共轭水深与下游水深 h_d 的关系, 可以判断闸下游为临界水跃或淹没水跃, 从而选择流量的计算公式. 而后, 可以推导出将运算从结点 j 推进到 $j+1, j+2\cdots$, 的计算公式. 今以淹没水跃为例, 流量的计算公式为

$$Q = \mu ba\sqrt{2g}\,(Z_j - a)^{1/2} \tag{3.1.99}$$

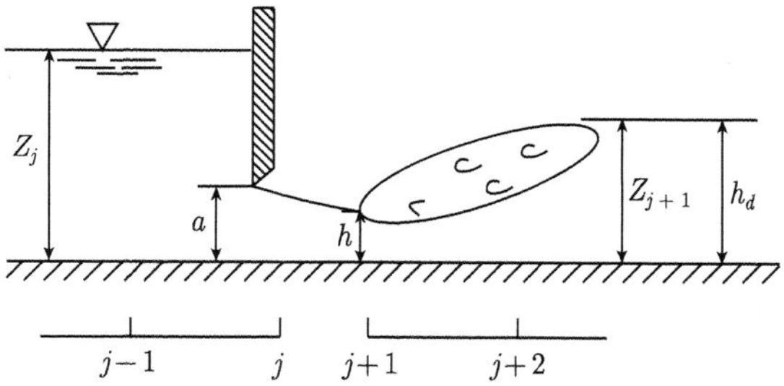

图 3.1.8 水闸型内部边界

式中, b 是闸孔净宽; μ 为包括淹没等影响的流量系数, a 是闸门开启高度.

$$Q_j^{n+1} = \mu a^{n+1} B\sqrt{2g}\left(Z_j^{n+1} - \frac{1}{2}a^{n+1}\right)$$

$$Q_j^n + \Delta Q_j = \mu a^n B\sqrt{2g}\left(Z_j^n - \frac{1}{2}a^n\right)^{1/2} + \frac{1}{2}\mu a^{n+1} B\sqrt{2g}\left(Z_j^n - \frac{1}{2}a^n\right)^{-1/2}\Delta z_j$$

$$\Delta Q_j = \frac{1}{2}\mu a^{n+1} B\sqrt{2g}\left(Z_j^n - \frac{1}{2}a^n\right)^{-1/2}\Delta Z_j + \mu a^n B\sqrt{2g}\left(Z_j^n - \frac{1}{2}a^n\right)^{1/2} - Q_j^n \tag{3.1.100}$$

$$F_j = \frac{1}{2}\mu a^{n+1} B\sqrt{2g}\left(Z_j^n - \frac{1}{2}a^n\right)^{-1/2} \tag{3.1.101}$$

$$G_j = \mu a^n B\sqrt{2g}\left(Z_j^n - \frac{1}{2}a^n\right)^{1/2} - Q_j^n \tag{3.1.102}$$

由流量的连续条件, $Q_j^{n+1}=Q_{j+1}^{n+1}$, 得

$$Q_j^n+\Delta Q_j=Q_{j+1}^n+\Delta Q_{j+1}$$

$$\Delta Q_j=\Delta Q_{j+1}+Q_{j+1}^n-Q_j^n$$

又由式 (3.1.79), 得

$$F_j\Delta Z_j+G_j=\Delta Q_{j+1}+Q_{j+1}^n-Q_j^n$$

$$\Delta Z_j=\frac{1}{F_j}\Delta Q_{j+1}+\frac{1}{F_j}\left(Q_{j+1}^n-Q_j^n-G_j\right)$$

由上式可以得到系数 H_j, I_j, J_j, 的计算式

$$H_j=\frac{1}{F_j};\quad I_j=0;\quad J_j=\frac{1}{F_j}\left(Q_{j+1}^n-Q_j^n-G_j\right) \tag{3.1.103}$$

利用式 (3.1.101), 式 (3.1.102), 式 (3.1.103) 算得 F_{j+1}, G_{j+1}, H_j, I_j, J_j 之后, 计算就可以继续向下游推进了.

其他类型的内部边界条件, 如河流的汇合等, 可以用与此类似的方法处理. 要点是将内部边界处的相容条件线性化, 然后将系数 F_j, G_j 表达成已知量的函数.

Preismann 格式的稳定条件和精度是:

(1) $\frac{1}{2}\leqslant\vartheta\leqslant 1$ 格式无条件稳定

$\vartheta<\frac{1}{2}$ 格式有条件稳定

(2) 对于任意的 ϑ 值, 精度是一阶的 $o(\Delta x)$, 对于 $\vartheta=\frac{1}{2}$, 精度是 $o\left(\Delta x^2\right)$

(3) 由于傅里叶分量的弥散, 当 $c\frac{\Delta t}{\Delta x}\leqslant 1$ 或 $c\frac{\Delta t}{\Delta x}\gg 1$ 时, 相位误差很大, 从实用的观点, ϑ 宜选用> 0.5. 详见下节.

3.1.3 Lax-Wendroff 格式, Abbott 格式和 Preissmann 格式的误差分析

在明渠非恒定流的计算中 Lax-Wendroff 格式, Abbott 格式和 Preissmann 格式是目前常使用的三种基本差分格式, 为了在理论上给出合理使用格式的依据, 这里对三种格式的阻尼误差和相位误差的特性给以分析, 以便读者选用格式和选择格式的参数以满足要求的计算精度.

这里和以下的分析是一维连续方程和运动方程

$$\frac{\partial h}{\partial t}+u\frac{\partial h}{\partial x}+h\frac{\partial u}{\partial x}=0 \tag{3.1.104}$$

$$\frac{\partial u}{\partial t}+u\frac{\partial u}{\partial x}+g\frac{\partial h}{\partial x}=g(s_o-s_f) \tag{3.1.105}$$

的线性形式

$$\frac{\partial h}{\partial t}+u\frac{\partial h}{\partial x}+h\frac{\partial u}{\partial x}=0 \tag{3.1.106}$$

$$\frac{\partial u}{\partial t}+u\frac{\partial u}{\partial x}+g\frac{\partial h}{\partial x}=0 \tag{3.1.107}$$

为基础的.

1. Lax-Wendroff 格式的误差分析

式 (3.1.106) 和式 (3.1.107) 可以改写成为

$$\frac{\partial w}{\partial t}+\frac{\partial F(w)}{\partial x}=0 \tag{3.1.108}$$

式中

$$w=\begin{pmatrix} h \\ u \end{pmatrix};\quad F(w)=\begin{pmatrix} uh \\ \frac{1}{2}u^2+gh \end{pmatrix}$$

如同 3.1.2, 2 一样, 将 w_j^{n+1} 对时间展开成 Taylor 级数.

$$w_j^{n+1}=w_j^n+\Delta t\left(\frac{\partial w}{\partial t}\right)_j^n+\frac{\Delta t^2}{2}\left(\frac{\partial^2 w}{\partial t^2}\right)_j^n+\cdots \tag{3.1.109}$$

下面分别将 w 对时间 t 的导数化引成 w 对空间 x 的偏导数, 由式 (3.1.108) 有,

$$\frac{\partial w}{\partial t}=-\frac{\partial F(w)}{\partial x}=-R\frac{\partial w}{\partial x} \tag{3.1.110}$$

式中

$$R=\begin{pmatrix} u & h \\ g & u \end{pmatrix}$$

又

$$\begin{aligned}\frac{\partial^2 w}{\partial t^2}&=\frac{\partial}{\partial t}\left(-R\frac{\partial w}{\partial x}\right)=-R\frac{\partial}{\partial x}\left(\frac{\partial w}{\partial t}\right)\\&=R\frac{\partial}{\partial x}\left(R\frac{\partial w}{\partial x}\right)\approx R^2\frac{\partial^2 w}{\partial x^2}\end{aligned} \tag{3.1.111}$$

这里, 我们假定 R 是随 t 和 x 的不变量. 将式 (3.1.110) 和式 (3.1.111) 代入式 (3.1.109) 得

$$w_j^{n+1}=w_j^n-\Delta t\left(R\frac{\partial w}{\partial x}\right)+R^2\frac{\partial^2 w}{\partial x^2} \tag{3.1.112}$$

上式中略去式 (3.1.109) 中的高阶项. 将上式用变量 h, u 写出

$$h_j^{n+1}=h_j^n-\Delta t\left(u_0\frac{\partial h}{\partial x}+h_0\frac{\partial u}{\partial x}\right)+\frac{\Delta t^2}{2}\left[\left(u_0^2+gh_0\right)\frac{\partial^2 h}{\partial x^2}+2u_0h_0\frac{\partial^2 u}{\partial x^2}\right] \tag{3.1.113}$$

$$u_j^{n+1}=u_j^n-\Delta t\left(u_0\frac{\partial u}{\partial x}+g\frac{\partial h}{\partial x}\right)+\frac{\Delta t^2}{2}\left[2u_0g\frac{\partial^2 h}{\partial x^2}+\left(u_0^2+gh_0\right)\frac{\partial^2 u}{\partial x^2}\right] \tag{3.1.114}$$

式中, u_0, h_0 在分析过程中近似地取为不变量. 上两式的差分形式为

$$\begin{aligned} h_j^{n+1}=&h_j^n-\Delta t\left(u_0\frac{h_{j+1}^n-h_{j-1}^n}{2\Delta x}+h_0\frac{u_{j+1}^n-u_{j-1}^n}{2\Delta x}\right)\\ &+\frac{\Delta t^2}{2}\left[\left(u_0^2+gh_0\right)\frac{h_{j+1}^n-2h_j^n+h_{j-1}^n}{\Delta x^2}+2u_0h_0\frac{u_{j+1}^n-2u_j^n+u_{j-1}^n}{\Delta x^2}\right] \end{aligned} \tag{3.1.115}$$

$$\begin{aligned} u_j^{n+1}=&u_j^n-\Delta t\left(u_0\frac{u_{j+1}^n-u_{j-1}^n}{2\Delta x}+g\frac{h_{j+1}^n-h_{j-1}^n}{2\Delta x}\right)\\ &+\frac{\Delta t^2}{2}\left[2u_0g\frac{h_{j+1}^n-2h_j^n+h_{j-1}^n}{\Delta x^2}+\left(u_0^2+gh_0\right)\frac{u_{j+1}^n-2u_j^n+u_{j-1}^n}{\Delta x^2}\right] \end{aligned} \tag{3.1.116}$$

利用 Von Neumann 法对上两式进行分析, 设 h_j^n, u_j^n 的傅里叶分量表达式分别为

$$h_j^n=\xi e^{i(\beta n\Delta t+\sigma j\Delta x)}$$

$$u_j^n=\eta e^{i(\beta n\Delta t+\sigma j\Delta x)}$$

将他们代入式 (3.1.115) 和式 (3.1.116), 进行适当的整理得方程组

$$\begin{aligned} &\xi\left[e^{i\beta\Delta t}-1+iu_0\gamma\sin\sigma\Delta x-\left(u_0^2+gh_0\right)\gamma^2\left(\cos\sigma\Delta x-1\right)\right]\\ &+\eta\left[ih_0\gamma\sin\sigma\Delta x+2u_0h_0\gamma^2\left(\cos\sigma\Delta x-1\right)\right]=0 \end{aligned} \tag{3.1.117}$$

$$\begin{aligned} &\xi\left[ig\gamma\sin\sigma\Delta x-2u_0g\gamma^2\left(\cos\sigma\Delta x-1\right)\right]+\eta[e^{i\beta\Delta t}-1\\ &+iu_0\gamma\sin\sigma\Delta x-\left(u_0^2+gh_0\right)\gamma^2\left(\cos\sigma\Delta x-1\right)]=0 \end{aligned} \tag{3.1.118}$$

ξ,η 有非零解的条件是方程组的系数行列式等于零, 即

$$\begin{vmatrix} \mathbf{D}_{11} & \mathbf{D}_{12}\\ \mathbf{D}_{21} & \mathbf{D}_{22} \end{vmatrix}=0 \tag{3.1.119}$$

式中,

$$\mathbf{D}_{11}=\mathbf{D}_{22}=e^{i\beta\Delta t}-1+iu_0\gamma\sin\sigma\Delta x-\left(u_0^2+gh_0\right)\gamma^2\left(\cos\sigma\Delta x-1\right);$$

$$\mathbf{D}_{12}=ih_0\gamma\sin\sigma\Delta x+2u_0h_0\gamma^2\left(\cos\sigma\Delta x-1\right);$$

$$\mathbf{D}_{21}=ig\gamma\sin\sigma\Delta x-2u_0g\gamma^2\left(\cos\sigma\Delta x-1\right);\quad \gamma=\frac{\Delta t}{\Delta x}.$$

对 $e^{i\beta\Delta t}$ 求解上式得

$$e^{i\beta\Delta t}=1+c^2\left(\cos\sigma\Delta x-1\right)-ic\sin\sigma\Delta x \tag{3.1.120}$$

式中, $c=\left(u_0\pm\sqrt{gh_0}\right)\gamma$, Courant 数. 由上式可直接得阻尼误差系数 D 为

$$\begin{aligned}D&=\left|e^{i\beta\Delta t}\right|\\&=\left[1+c^2\left(\cos\sigma\Delta x-1\right)\right]^2+c^2\sin^2\sigma\Delta x\end{aligned}\tag{3.1.121}$$

相位误差系数 $\varPhi$ 的定义是

$$\varPhi=\frac{\omega_D}{\omega_C}\tag{3.1.122}$$

式中, ω_D 是差分方程的波速, ω_C 是对应的微分方程的波速. 微分方程的波速 ω_C 等于,

$$\omega_C=-\left(u\pm\sqrt{gh_0}\right)\tag{3.1.123}$$

差分方程的波速 ω_D 的定义是

$$\omega_D=\frac{\beta_R\Delta t}{\sigma\Delta t}\tag{3.1.124}$$

式中, β_R 是 β 的实部. 由式 (3.1.120) 可得

$$\sin\beta_R\Delta t=-\frac{1}{\left|e^{i\beta\Delta t}\right|}c\sin\sigma\Delta x\tag{3.1.125}$$

从而

$$\beta_R\Delta t=-\arcsin\left(\frac{c\sin\sigma\Delta x}{\left|e^{i\beta\Delta t}\right|}\right)\tag{3.1.126}$$

将上式代入式 (3.1.124)

$$\omega_D=\frac{\beta_R\Delta t}{\sigma\Delta t}=\frac{1}{\sigma\Delta t}\arcsin\left(\frac{c\sin\sigma\Delta x}{\left|e^{i\beta\Delta t}\right|}\right)\tag{3.1.127}$$

在给定的 Courant 数下, 阻尼误差系数和相位误差系数与每个波长 λ 内网格结点数 j 的关系如图 3.1.9 所示. 由图可以得到在已知的 C 值下, 采用不同的 j 值, 可能产生的计算误差的大致估值, 可以看出当 $j=20$ 时, 在 $C\leqslant 1$ 的条件下, 几乎不产生误差.

2. Abbott 格式的误差分析

Abbott 格式的网格形式和控制方程与 Lax-Wendroff 格式和 Preissmann 格式不同, 为此, 需要将方程 (3.1.106) 和 (3.1.107) 进行适当改写.

将式 (3.1.106) 乘以 g, 式 (3.1.107) 乘以 u, 然后相减得

$$g\frac{\partial h}{\partial t}-u\frac{\partial u}{\partial t}-\left(u^2-gh\right)\frac{\partial u}{\partial x}=0\tag{3.1.128}$$

再将式 (3.1.106) 乘以 u, 式 (3.1.107) 乘以 h, 然后相减得

$$h\frac{\partial u}{\partial t}-u\frac{\partial h}{\partial t}-\left(u^2-gh\right)\frac{\partial h}{\partial x}=0\tag{3.1.129}$$

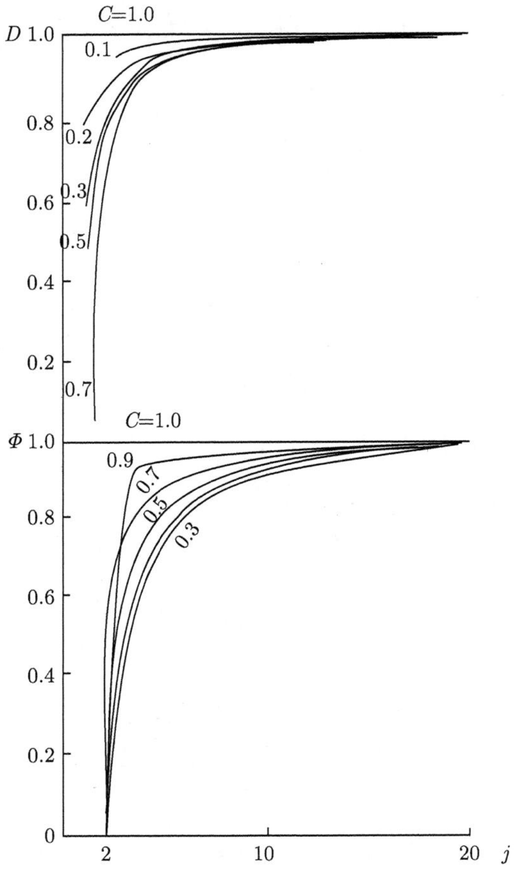

图 3.1.9　L-W 格式的阻尼相位特性

它们分别与式 (3.1.49) 和式 (3.1.53) 相对应. 上述两式的 Abbott 差分形式分别可以写成

$$
\begin{aligned}
&g\frac{h_j^{n+1}-h_j^n}{\Delta t}-\frac{u_0}{2}\left(\frac{u_{j+1}^{n+1}-u_{j+1}^n}{\Delta t}+\frac{u_{j-1}^{n+1}-u_{j-1}^n}{\Delta t}\right)\\
&-\frac{u_0^2-gh_0}{2}\cdot\left(\frac{u_{j+1}^{n+1}-u_{j-1}^{n+1}}{2\Delta x}+\frac{u_{j+1}^n-u_{j-1}^n}{2\Delta x}\right)=0
\end{aligned}
\tag{3.1.130}
$$

$$
\begin{aligned}
&h_0\frac{u_{j+1}^{n+1}-u_{j+1}^n}{\Delta t}-\frac{u_0}{2}\left(\frac{h_{j+2}^{n+1}-h_{j+2}^n}{\Delta t}+\frac{h_j^{n+1}-h_j^n}{\Delta t}\right)\\
&-\frac{u_0^2-gh_0}{2}\cdot\left(\frac{h_{j+2}^{n+1}-h_j^{n+1}}{2\Delta x}+\frac{h_{j+2}^n-h_j^n}{2\Delta x}\right)=0
\end{aligned}
\tag{3.1.131}
$$

利用 Von Neumann 法对上两式进行分析, 将 h_j^n, u_j^n 的傅里叶分量形式分别代入上

两式, 经过适当整理可以得到如下的方程组

$$\xi g\left(e^{i\beta\Delta t}-1\right)+\eta\left[-\frac{u_0}{2}\left(e^{i\sigma\Delta x}+e^{-i\sigma\Delta x}\right)\left(e^{i\beta\Delta t}-1\right)\right.$$
$$\left.-\frac{u_0^2-gh_0}{4}\gamma\left(e^{i\sigma\Delta x}-e^{-i\sigma\Delta x}\right)\left(e^{i\beta\Delta t}+1\right)\right]=0 \tag{3.1.132}$$

$$\xi\left[-\frac{u_0}{2}\left(e^{i2\sigma\Delta x}+1\right)\left(e^{i\beta\Delta t}-1\right)e^{-i\sigma\Delta x}\right.$$
$$\left.-\frac{u_0^2-gh_0}{4}\gamma\left(e^{i\beta\Delta t}+1\right)\left(e^{i2\sigma\Delta x}-1\right)e^{-i\sigma\Delta x}\right]+h_0\eta\left(e^{i\beta\Delta t}\right)=0 \tag{3.1.133}$$

ξ,η 有非零解的条件是上面方程组的系数行列式等于零, 即

$$\begin{vmatrix}\mathbf{D}_{11} & \mathbf{D}_{12}\\ \mathbf{D}_{21} & \mathbf{D}_{22}\end{vmatrix}=0 \tag{3.1.134}$$

式中,

$$\mathbf{D}_{11}=g\left(e^{i\beta\Delta t}-1\right);\quad \mathbf{D}_{22}=h_0\left(e^{i\beta\Delta t}-1\right);$$

$$\mathbf{D}_{12}=\mathbf{D}_{21}=-\frac{u_0}{2}\left(e^{i\sigma\Delta x}+e^{-i\sigma\Delta x}\right)\left(e^{i\beta\Delta t}-1\right)$$
$$-\frac{u_0^2-gh_0}{4}\gamma\left(e^{i\sigma\Delta x}-e^{-i\sigma\Delta x}\right)\left(e^{i\beta\Delta t}+1\right);$$

对 $e^{i\beta\Delta t}$ 求解式 (3.1.134), 可得

$$e^{i\beta\Delta t}=\frac{1+F_{ro}\cos\sigma\Delta x-i\dfrac{c}{2}\left(F_{ro}^2-1\right)\sin\sigma\Delta x}{1+F_{ro}\cos\sigma\Delta x+i\dfrac{c}{2}\left(F_{ro}^2-1\right)\sin\sigma\Delta x} \tag{3.1.135}$$

式中, $F_{ro}=\dfrac{u_0}{\sqrt{gh_0}}$, 弗劳德数, $c=\sqrt{gh_0}\dfrac{\Delta t}{\Delta x}$, Courant 数.

经过简单的代数运算, 可以得出, 阻尼误差系数 D

$$D=\left|e^{i\beta\Delta t}\right|=1 \tag{3.1.136}$$

即无阻尼误差. 经过与上一节同样的推导, 可得 Abbott 格式的相位误差系数 $\varPhi$

$$\varPhi=\frac{1}{\left(u_0\pm\sqrt{gh_0}\right)\sigma\Delta t}\arcsin\frac{c\left(F_{ro}^2-1\right)\left(1+F_{ro}\cos\sigma\Delta x\right)\sin\sigma\Delta x}{\left(1+F_{ro}\cos\sigma\Delta x\right)^2+\dfrac{c^2}{4}\left(F_{ro}^2-1\right)^2\sin^2\sigma\Delta x} \tag{3.1.137}$$

在给定的 Froude 数 F_{ro} 和 Courant 数 c 下, 相位误差系数 $\varPhi$ 与每个波长内的网格结点数 j 的关系如图 3.1.10 所示, 可以看出, Abbott 格式的优点是没有阻尼误差, 但是相位误差比较大. 每个波长需要较高的网格结点才能得到较小的相位误差.

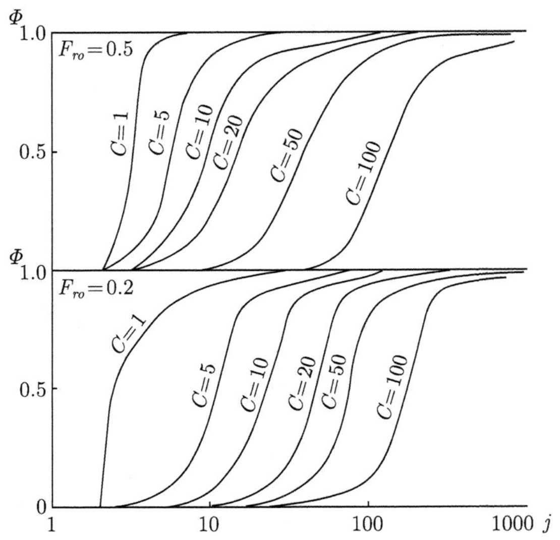

图 3.1.10　Abbott 格式的阻尼相位特性

3. Preissmann 格式的误差分析

利用 Preissmann 格式对式 (3.1.106) 和式 (3.1.107) 进行离散

$$\frac{h_{j+1}^{n+1}-h_{j+1}^{n}+h_{j}^{n+1}-h_{j}^{n}}{2\Delta t}+u_0\left[(1-\vartheta)\frac{h_{j+1}^{n}-h_{j}^{n}}{\Delta x}+\vartheta\frac{h_{j+1}^{n+1}-h_{j}^{n+1}}{\Delta x}\right]$$
$$+h_0\left[(1-\vartheta)\frac{u_{j+1}^{n}-u_{j}^{n}}{\Delta x}+\vartheta\frac{u_{j+1}^{n+1}-u_{j}^{n+1}}{\Delta x}\right]=0 \tag{3.1.138}$$

$$\frac{u_{j+1}^{n+1}-u_{j+1}^{n}+u_{j}^{n+1}-u_{j}^{n}}{2\Delta t}+u_0\left[(1-\vartheta)\frac{u_{j+1}^{n}-u_{j}^{n}}{\Delta x}+\vartheta\frac{u_{j+1}^{n+1}-u_{j}^{n+1}}{\Delta x}\right]$$
$$+g\left[(1-\vartheta)\frac{h_{j+1}^{n}-h_{j}^{n}}{\Delta x}+\vartheta\frac{h_{j+1}^{n+1}-h_{j}^{n+1}}{\Delta x}\right]=0 \tag{3.1.139}$$

式中, ϑ 是权系数.

利用 Von Neumann 法进行分析, 将 h_j^n, u_j^n 的傅里叶分量分别代入上两式, 整理后得

$$\xi\left[\left(e^{i\beta\Delta t}-1\right)\left(\frac{1}{2}+\frac{1}{2}e^{i\sigma\Delta x}\right)+u_0\gamma\left(e^{i\sigma\Delta x}-1\right)\left(1-\vartheta+\vartheta e^{i\beta\Delta t}\right)\right]$$
$$+\eta h_0\gamma\left(e^{i\beta\Delta t}-1\right)\left(1-\vartheta+\vartheta e^{i\beta\Delta t}\right)=0 \tag{3.1.140}$$

$$\xi g\gamma\left(e^{i\sigma\Delta x}-1\right)\left(1-\vartheta+\vartheta e^{i\beta\Delta t}\right)+\eta\left[\left(e^{i\beta\Delta t}-1\right)\left(\frac{1}{2}+\frac{1}{2}e^{i\sigma\Delta x}\right)\right.$$
$$\left.+u_0\gamma\left(e^{i\sigma\Delta x}-1\right)\left(1-\vartheta+\vartheta e^{i\beta\Delta t}\right)\right]=0 \tag{3.1.141}$$

根据 ξ, η 有非零解的条件, 可以得到 $e^{i\beta\Delta t}$ 的表达式为

$$e^{i\beta\Delta t}=\frac{\dfrac{1}{2}+c(1-\vartheta)+\left[\dfrac{1}{2}-c(1-\vartheta)\right]\cos\sigma\Delta x+i\left[\dfrac{1}{2}-c(1-\vartheta)\right]\sin\sigma\Delta x}{\dfrac{1}{2}-c\vartheta+\left(\dfrac{1}{2}+c\vartheta\right)\cos\sigma\Delta x+i\left(\dfrac{1}{2}+c\vartheta\right)\sin\sigma\Delta x} \tag{3.1.142}$$

式中 $c=\left(u_0\pm\sqrt{gh_0}\right)\dfrac{\Delta t}{\Delta x}$, Courant 数.

由上式可得阻尼误差系数 D 为

$$\begin{aligned}D&=\left|e^{i\beta\Delta t}\right|\\&=\frac{\left[\dfrac{1}{4}+C^2\left(2\vartheta^2-2\vartheta+1\right)+4C^4\left(\vartheta^2-\vartheta\right)^2\right]+\left[\dfrac{1}{2}8C^4\left(\vartheta^2-\vartheta\right)^2\right]\cos\sigma\Delta x}{\dfrac{1}{2}+2C^2\vartheta^2}\rightarrow\\&\leftarrow\frac{+\left[+\dfrac{1}{4}-C^2\left(2\vartheta^2-2\vartheta+1\right)+4C^4\left(\vartheta^2-\vartheta\right)^2\right]\cos^2\sigma\Delta x}{+\left(\dfrac{1}{2}-2C^2\vartheta^2\right)\cos\sigma\Delta x}\end{aligned} \tag{3.1.143}$$

而相位误差系数可以求得为

$$\varPhi=\frac{1}{\left(u_0\pm\sqrt{gh_0}\right)\sigma\Delta t}\arcsin\frac{C\sin\sigma\Delta x}{\left[\dfrac{1}{2}+2C^2\vartheta^2+\left(\dfrac{1}{2}-2C^2\vartheta^2\right)\cos\sigma\Delta x\right]D} \tag{3.1.144}$$

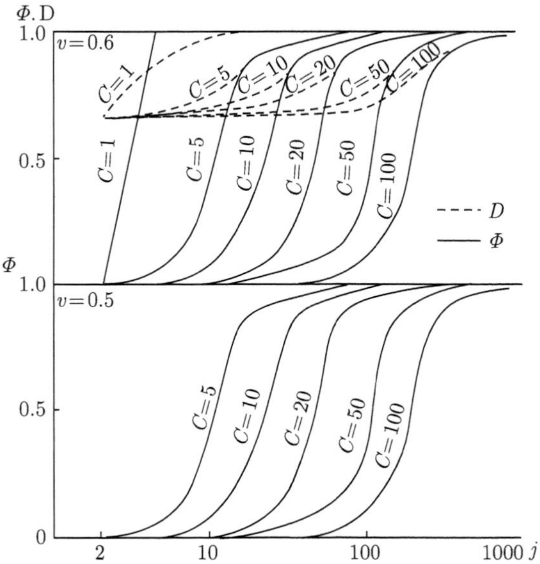

图 3.1.11 Preissmann 格式的阻尼、相位特性

在给定的权系数 ϑ 值和 Courant 数下, 阻尼误差系数 D 和相位误差系数 $\varPhi$ 与每个波长内网格结点数的关系如图 3.1.11 所示. 由图可见, 总的来说, 除了当 $\vartheta = 0.50$ 时, $D = 1$ 外, Preissmann 的格式的阻尼误差比 Abbott 格式大, 相位误差与 Abbott 格式相同. 从 Abbott 格式和 Preissmann 格式的误差分析结果可以看出, 在选用 Δt 时, Courant 数不可能选得过大, 否则网格结点数将过多, 从计算时间上来看是并不合理的.

3.1.4　河网非恒定流的有限差分解[21]

1. 分叉河道的算法

分叉河系的模型包括一级分叉和更下一级的分叉河道. 只要河系中不出现环形叉道, 则上面介绍的基本 "追赶法" 仍可以使用, 只要注意一定的计算次序即可. 下面介绍以 Abbott-Ionescu 和 Preissmann 两种隐式格式为基础的树枝状分叉河系模拟的基本原理. 树枝状分叉河系的基本结构如图 3.1.12 所示.

(1) Abbott-Ionescu 格式

考虑两条河道在一点相接, 按 Abbott-Ionescu 格式的要求, 结点布置如图 3.1.13 所示. 计算的一个主要问题是追赶过程的起始断面选在什么地方. 流动方向可以不作考虑. 假定从结点①开始追的过程, 在结点①给定水位过程线. 为了简化计算, 将汇流点定为水位结点. 沿叉道 A 从结点①到结点 Y 施行追的过程, 利用递推公式 (3.1.59), (3.1.60) 可以求出叉道 A 所有结点上的 E、F 值, 包括最后两个系数 E_{11+1} 和 F_{11+1}, 它们满足关系式

$$Q_{11}^{n+1} = E_{11+1}y^{n+1} + F_{11+1} \tag{3.1.145}$$

但上述追的过程不可能再通过汇流点 Y 沿叉道 C 继续推进. 这里必须考虑叉道 B 的影响. 为此, 在叉道 B, 从结点②开始进行第二个追的过程, 将叉道 B 上所有结点的系数 E、F 求出, 直到系数 E_{21+1} 和 F_{21+1}, 它们满足如下的关系式

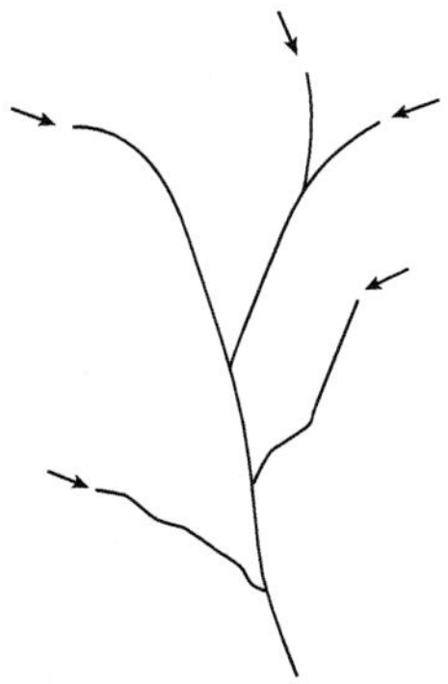

图 3.1.12　树枝状河系

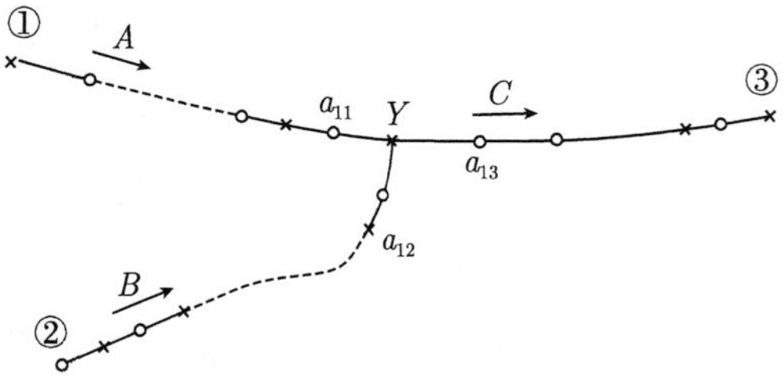

图 3.1.13　树枝状叉道计算简图

$$Q_{21}^{n+1}=E_{21+1}y^{n+1}+F_{21+1} \tag{3.1.146}$$

这里无形中是利用了一个相容条件, 即在汇流点处各叉道的水位相同 (这里不假定各叉道在汇流点处的水头相同, 其原因是汇流点处为水位点, 在该点不计算流量, 从而流速水头未知, 假定水头相同, 会使算法大大复杂). 在汇流点处的连续方程可以写成如下形式

$$\alpha' Q_{11}^{n+1}+\alpha'' Q_{21}^{n+1}+\beta y^{n+1}+\gamma Q_{31}^{n+1}=\delta \tag{3.1.147a}$$

或写成通用形式

$$A_1 Q_{11}^{n+1}+A_2 Q_{21}^{n+1}+B y^{n+1}+C Q_{31}^{n+1}=D \tag{3.1.147b}$$

将式 (3.1.145) 和式 (3.1.146) 代入式 (3.1.147b) 消去式 (3.1.147b) 中的 Q_{11}^{n+1} 和 Q_{21}^{n+1} 得出水位 y^{n+1} 与 Q_{31}^{n+1} 的关系式

$$y^{n+1}=E_{31}Q_{31}^{n+1}+F_{31} \tag{3.1.148}$$

式中

$$E_{31}=\frac{-C}{B+A_1E_{11+1}+A_2E_{21+1}} \tag{3.1.149a}$$

$$F_{31}=\frac{D-A_1F_{11+1}+A_2F_{21+1}}{B+A_1E_{11+1}+A_2E_{21+1}} \tag{3.1.149b}$$

有了 E_{31}, F_{31} 后, 追的过程便可以沿叉道 C 向结点③推进. 赶的过程则由结点③开始, 沿叉道 C 求出所有结点上的 Q^{n+1} 或 y^{n+1} 直至汇流点. 利用已求出的汇流点处的水位 y^{n+1} 值, 则可分别应用式 (3.1.145) 或式 (3.1.146) 求出叉道 A 和 B 上各结点处的流量 Q^{n+1} 或水位 y^{n+1} 的值.

(2) Priessmann 格式

已如上述, Priessmann 格式要求同时计算每一个结点上的流量和水位值. 见图 3.1.14 如果计算从结点①开始, Priessmann 格式的递推公式为,

$$\Delta Q_j=E_j\Delta y_j+F_j \tag{3.1.150}$$

$$\Delta y_j=L_j\Delta y_{j+1}+M_j\Delta Q_{j+1}+N_j \tag{3.1.151}$$

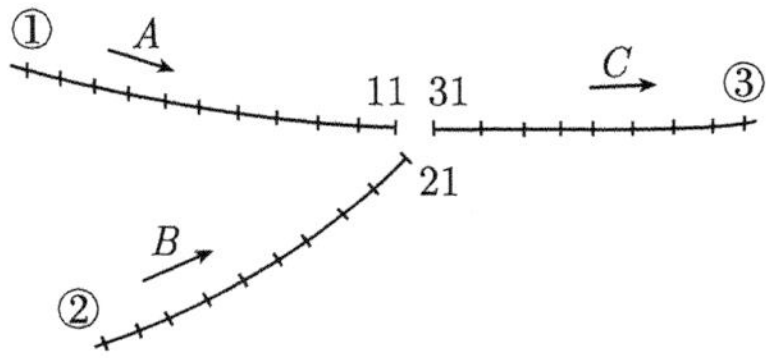

图 3.1.14 Priessmann 格式离散

式中

$$E_j = E(E_{j-1});\quad F_j = F(E_{j-1}, F_{j-1});$$

$$L_j = L(E_j);\quad M_j = M(E_j);\quad N_j = N(E_j, F_j) \tag{3.1.152}$$

沿叉道 A 算出 E_{11}, F_{11}, 沿叉道 B 计算出 E_{21}, F_{21}, 在汇流点利用三个相容条件

$$y_{11}^{n+1} + \frac{1}{2g}\left(\frac{Q_{11}^{n+1}}{A_{11}^{n+1}}\right)^2 = y_{31}^{n+1} + \frac{1}{2g}\left(\frac{Q_{31}^{n+1}}{A_{31}^{n+1}}\right)^2$$

$$y_{21}^{n+1} + \frac{1}{2g}\left(\frac{Q_{21}^{n+1}}{A_{21}^{n+1}}\right)^2 = y_{31}^{n+1} + \frac{1}{2g}\left(\frac{Q_{31}^{n+1}}{A_{31}^{n+1}}\right)^2$$

$$Q_{31}^{n+1} = Q_{11}^{n+1} + Q_{21}^{n+1} \tag{3.1.153}$$

对于 Priessmann 格式, 在汇流点各叉道有自己独立的断面, 所以可以应用水头相等的条件, 将下面两式代入式 (3.1.153)

$$y^{n+1} = y^n + \Delta y,\quad Q^{n+1} = Q^n + \Delta Q$$

$$f^{n+1} = f^n + \left(\frac{\partial f}{\partial y}\right)^n \Delta y + \left(\frac{\partial f}{\partial Q}\right)^n \Delta Q \tag{3.1.154}$$

再加以线性化得出下面的方程组

$$A_1\Delta y_{11} + B_1\Delta Q_{11} + C_1\Delta y_{31} + D_1\Delta Q_{31} = H_1$$

$$A_2\Delta y_{21} + B_2\Delta Q_{21} + C_2\Delta y_{31} + D_2\Delta Q_{31} = H_2$$

$$\Delta Q_{31} - \Delta Q_{11} - \Delta Q_{21} = Q_{11}^n + Q_{21}^n - Q_{31}^n \tag{3.1.155}$$

利用下面两式

$$\Delta Q_{11} = E_{11}\Delta y_{11} + F_{11},\quad \Delta Q_{21} = E_{21}\Delta y_{21} + F_{21} \tag{3.1.156}$$

代入式 (3.1.155) 消去 ΔQ_{11}, ΔQ_{21} 得

$$\Delta Q_{31} - E_{21}\Delta y_{21} - F_{21} - E_{11}\Delta y_{11} - F_{11} = Q_{11}^n + Q_{21}^n - Q_{31}$$

$$A_1\Delta y_{11} + B_1E_{11}\Delta y_{11} + B_1F_{11} + C_1\Delta y_{31} + D_1\Delta Q_{31} = H_1$$

$$A_2\Delta y_{21} + B_2E_{21}\Delta y_{21} + B_2F_{21} + C_2\Delta y_{31} + D_2\Delta Q_{31} = H_2$$

上式中的 E_{11}, F_{11}, E_{21} 和 F_{21} 已在追的过程中求出. 这样得出三个线性方程, 其中包含 4 个未知量 $\Delta y_{11}, \Delta y_{21}, \Delta y_{31}$ 和 ΔQ_{31}, 再消除 Δy_{11}, Δy_{21} 后, 得

$$(A_1 + B_1E_{11})\Delta y_{11} + C_1\Delta y_{31} + D_1\Delta Q_{31} = H_1 - B_1F_{11}$$

$$\rightarrow \Delta y_{11} = \frac{-C_1}{A_1+B_1E_{11}}\Delta y_{31} - \frac{D_1}{A_1+B_1E_{11}}\Delta Q_{31} + \frac{H_1-B_1F_{11}}{A_1+B_1E_{11}}$$
$$= \alpha_1\Delta y_{31} + \beta_1\Delta Q_{31} + \gamma_1$$

$$(A_2+B_2E_{21})\Delta y_{21} + C_2\Delta y_{31} + D_2\Delta Q_{31} = H_2 - B_2F_{21}$$
$$\rightarrow \Delta y_{21} = \frac{-C_2}{A_2+B_2E_{21}}\Delta y_{31} - \frac{D_2}{A_2+B_2E_{21}}\Delta Q_{31} + \frac{H_2-B_2F_{21}}{A_2+B_2E_{21}}$$
$$= \alpha_2\Delta y_{31} + \beta_2\Delta Q_{31} + \gamma_3$$

$$\Delta Q_{31} - E_{21}\Delta y_{21} - E_{11}\Delta y_{11} = H_3 + F_{21} + F_{11} \quad H_3 = Q_{11}^n + Q_{21}^n - Q_{31}$$

则可得出关系式

$$\Delta Q_{31} = \frac{(\alpha_1E_{11}+\alpha_2E_{21})}{(1-\beta_1E_{11}-\beta_2E_{21})}\Delta y_{31} + \frac{H_3+F_{21}+F_{11}+E_{11}\gamma_1+E_{21}\gamma_2}{(1-\beta_1E_{11}-\beta_2E_{21})}$$

最后得

$$\Delta Q_{31} = F_{31}\Delta y_{31} + F_{31}$$

$$E_{31} = \frac{(\alpha_1E_{11}+\alpha_2E_{21})}{(1-\beta_1E_{11}-\beta_2E_{21})}; \quad F_{31} = \frac{H_3+F_{21}+F_{11}+E_{11}\gamma_1+E_{21}\gamma_2}{(1-\beta_1E_{11}-\beta_2E_{21})} \tag{3.1.157}$$

有了 E_{31}, F_{31} 则可将追的过程沿叉道 C 推进到结点③开. 赶的过程从结点③开始沿叉道 C 到汇流点. 从式 (3.1.155) 的第一个方程中消去 $\Delta Q_{11} = E_{11}\Delta y_{11} + F_{11}$, 给出

$$\Delta y_{11}(A_1+B_1E_{11}) + C_1\Delta y_{31} + D_1\Delta Q_{31} = H_1 - B_1F_{11}$$

从而

$$\Delta y_{11} = \frac{-C_1\Delta y_{31} - D_1\Delta Q_{31} + (H_1-B_1F_{11})}{A_1+B_1E_{11}} \tag{3.1.158}$$

有了 Δy_{11}, 就可以沿叉道 A 推进赶的过程, 对叉道 B 可以进行同样的推导. 上面的原理可以同样用汇流点有 3 条以上叉道汇合的情况.

2. 环形河网的算法

环形河网的结构示于图 3.1.15. 在树枝状河系中, 从一个给定的断面到另一个断面只可能有一个流向, 而在环形河网中, 则可能有几个流向. 对于环形河网, 可以利用显式差分格式求解, 但工程上一般倾向于利用隐式求解. 通常采用的原理是消去两个结点 (几条河道汇流的汇流点, 以下同) 间的叉道上的内结点以降低整个模式的矩阵的阶次. 下面介绍的方法只是基于以上原理建立的算法. 也有的研究者利用迭代法直接求解没有经过降阶处理的原始方程组.

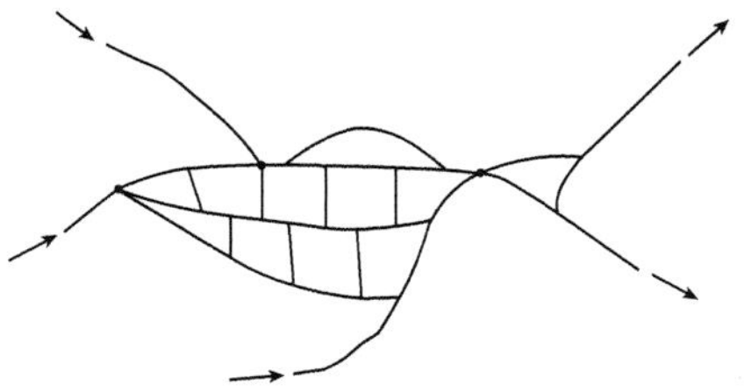

图 3.1.15 环状河网

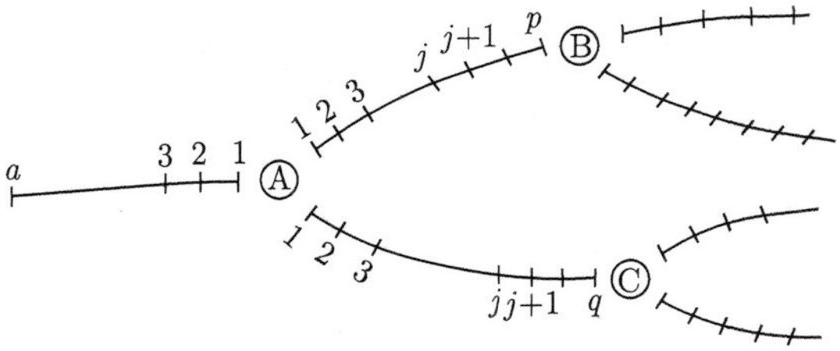

图 3.1.16　环形河网计算简图

下面我们应用 Priessmann 隐式格式作为基本格式，进行环形河网算法的推导. 边界结点用小写字母 $a, b, \cdots$ 标志，汇流结点用大写字母 $A, B, \cdots$ 标志. 推导的基本目的是，形成一个线性代数方程组. 方程组中包括的未知量只是节点的水位变化 Δy. 利用矩阵求逆或迭代法求解这个方程组.

分析图 3.1.16 中所示河网的三条叉道 AB, AC 和 Aa，设想沿 AB 叉道有 p 个结点，沿 AC 有 q 个结点. 首先考虑 AB，对于每一对结点 $(j, j+1)$，可以写出式 (3.1.77), (3.1.78)

$$A\Delta Q_{j+1} + B\Delta y_{j+1} + C\Delta Q_j + D\Delta y_j = E$$

$$A'\Delta Q_{j+1} + B'\Delta y_{j+1} + C'\Delta Q_j + D'\Delta y_j = E'$$

从中消去 ΔQ_{j+1}，则可得

$$\Delta y_{j+1} = L_{j+1}\Delta y_j + M_{j+1}\Delta Q_j + N_{j+1} \tag{3.1.159}$$

式中，L, M, N 是系数 A, B, C 的已知函数，如果对于任何计算结点 $j+1$ 下面的关系式成立

$$\Delta Q_{j+1} = E_{j+1}\Delta y_{j+1} + F_{j+1} + H_{j+1}\Delta y_p \tag{3.1.160}$$

式中，E, F, H 是已知数. 式 (3.1.160) 表示了每个结点 $j+1$ 上的未知量 $\Delta Q, \Delta y$ 对紧邻结点 B 处的 Δy_p 值的依赖关系. 从式 (3.1.77), (3.1.78) 和式 (3.1.159) 中消去 $\Delta Q_{j+1}, \Delta y_{j+1}$，可以写出递推关系式

$$E_j = E\left(E_{j+1}, F_{j+1}, H_{j+1}\right), \quad F_j = F\left(E_{j+1}, F_{j+1}, H_{j+1}\right)$$

$$H_j = H\left(E_{j+1}, F_{j+1}, H_{j+1}\right) \tag{3.1.161}$$

如果从式 (3.1.77) 和 (3.1.78) 中消去 ΔQ_p，系数 E_{p-1}, F_{p-1} 和 H_{p-1} 可以求出，则可以在从 B 至 A 的追的过程中求出系数 $(E, F, H)_{p-2}, \cdots, (E, F, H)_1$，最后可以得出

$$\Delta Q_{1AB} = E_{1AB}\Delta y_{1AB} + F_{1AB} + H_{1AB}\Delta y_p \tag{3.1.162}$$

式中，$(E, F, H)_{1AB}$ 是已知值. 由式 (3.1.162) 可见，系数 H_{1AB} 反映了 p 点的 Δy_p 对 1_{AB} 点的影响.

对叉道 AC 重复同样的步骤, 从 q 点向 1_{AC} 点进行追的过程, 最后得到

$$\Delta Q_{1AC} = E_{1AC}\Delta y_{1AC} + F_{1AC} + H_{1AC}\Delta y_q \tag{3.1.163}$$

对于叉道 Aa, 则从 a 追到 A, 得出关系式

$$\Delta Q_{1Aa} = E_{1Aa}\Delta y_{1Aa} + F_{1Aa} + H_{1Aa}\Delta y_r \tag{3.1.164}$$

在结点 A 利用相容条件

$$\sum_{k=1}^{m} Q_{1k}^{n+1} = 0 \tag{3.1.165}$$

$$y_{11}^{n+1} = y_{12}^{n+1} = \cdots = y_{1k}^{n+1} = \cdots = y_{1m}^{n+1} \tag{3.1.166}$$

式中, k 是汇流于结点 A 的叉道的标号, m 是叉道的总数. 由关系式 $Q^{n+1} = Q^n + \Delta Q$, 式 (3.1.165) 可以写成

$$\sum_{k=1}^{m} (Q_{1k}^n + \Delta Q_{1k}) = 0$$

即,

$$\sum_{k=1}^{m} Q_{1k}^n + \sum_{k=1}^{m} \Delta Q_{1k} = 0 \tag{3.1.167}$$

根据流量连续的条件, 有 $\sum\limits_{k=1}^{m} Q_{1k}^n = 0$, 则

$$\sum_{k=1}^{m} \Delta Q_{1k} = 0 \tag{3.1.168}$$

以式 (3.1.162)、(3.1.163) 和式 (6.1.164) 代入, 则得

$$\begin{aligned} &E_{1AB}\Delta y_{1AB} + F_{1AB} + H_{1AB}\Delta y_p + E_{1AC}\Delta y_{1AC} + F_{1AC} + H_{1AC}\Delta y_q \\ &+ E_{1Aa}\Delta y_{1Aa} + F_{1Aa} + H_{1Aa}\Delta y_r = 0 \end{aligned} \tag{3.1.169}$$

由式 (3.1.166) 可得, $\Delta y_{11} = \Delta y_{12} = \cdots = \Delta y_{1k} = \cdots = \Delta y_{1m}$, 对于所讨论的例子, $\Delta y_{1AB} = \Delta y_{1AC} = \Delta y_{1Aa} = \Delta y_A$, 这样, 上式可以进一步写成

$$\begin{aligned} &(E_{1AB} + E_{1AC} + E_{1Aa})\,\Delta y_A + H_{1AB}\Delta y_p + H_{1AC}\Delta y_q + H_{1Aa}\Delta y_r \\ &+ F_{1AB} + F_{1AC} + F_{1Aa} = 0 \end{aligned}$$

从而得到关于结点 A 的一个代数方程

$$f\,(\Delta y_A, \Delta y_p, \Delta y_q, \Delta y_r) = 0 \tag{3.1.170}$$

式 (3.1.170) 表明了结点 B (通过结点 p) 对节点 A 的影响. 为此, 沿叉道 AB 从 A 到 B 进行第二次追的过程, 其方法与前面完全一样. 对汇流于节点 B 的其他叉道进行相同的运算, 即可以得到类似于 (3.1.162)~(3.1.164) 的方程. 利用节点 B 的相容条件得到关于节点 B 的一个代数方程. 对于每一个节点 M 写出方程式 (3.1.170), 可得到一个包含 M 个方程的线性代数方程组. 未知数为每一个节点的水位变化 Δy_M

$$[S]\{\Delta y\} = \{T_L\} \tag{3.1.171}$$

式中, $[S]$ 是 $M \times M$ 阶的系数矩阵; $\{\Delta y\}$ 是未知矢量, 有 M 个分量; $\{T_L\}$ 是已知矢量, 有 M 个分量. 一旦水位变化值 Δy 求出, 利用式 (3.1.159) 和 (3.1.160) 可求出每一个内结点上的 ΔQ_j 和 Δy_j 的值.

如果利用 Abbott-Ionescu 格式作为推导环状河网的基础, 则推导过程说明如下. Abbott-Ionescu 的离散方程为

$$A_j Z_{j-1} + B_j Z_j + C_j Z_{j+1} = D_j \tag{3.1.172}$$

式中 Z_j 代表 y_j 或 Q_j, 根据结点而定. 沿一个叉道从结点 1 到结点 jj 追的过程中, 定义如下的关系式

$$Z_{j-1} = C'_{j-1} Z_j + E'_{j-1} Z_1 + G'_{j-1} \tag{3.1.173}$$

将式 (3.1.173) 代入式 (3.1.172), 消去 Z_{j-1}, 得

$$Z_j = C'_j Z_{j+1} + E'_j Z_1 + G'_j \tag{3.1.174}$$

式中,

$$\begin{aligned} C'_j &= \frac{-C_j}{A_j C'_{j-1} + B_j}; \\ E'_j &= \frac{-A_j E'_{j-1}}{A_j C'_{j-1} + B_j}; \\ G'_j &= \frac{D_j - A_j G'_{j-1}}{A_j C'_j + B_j} \end{aligned} \tag{3.1.175}$$

由上式可见, 如果知道了 C'_{j-1}, E'_{j-1} 和 G'_{j-1} 的值, 则 C'_j, E'_j 和 G'_j 可以求出. 为此, 将式 (3.1.174) 用于结点 1

$$Z_1 = C'_1 Z_2 + E'_1 Z_1 + G'_1$$

由上式可得 $C'_1 = G'_1 = 0$, $E'_1 = 1$. 以此代入式 (3.1.175)

$$C'_2 = -\frac{C_2}{B_2}, \quad E'_2 = -\frac{A_2}{B_2}, \quad G'_2 = \frac{D_2}{B_2} \tag{3.1.176}$$

式中, A, B, C 和 D 是已知数. 这样, 所有的系数 C'_j, E'_j 和 G'_j 均可求出. 同样, 从 jj 到 1 追的过程中, 定义与式 (3.1.173) 类似的关系式

$$Z_j = E_j Z_1 + F_j Z_{jj} + G_j \tag{3.1.177}$$

将式 (3.1.177) 代入式 (3.1.173)

$$Z_{j-1} = \left(C'_{j-1} E_j + E'_{j-1}\right) Z_1 + C'_{j-1} Z_{jj} + G'_{j-1} + C'_{j-1} G_j$$

与式 (3.1.177) 对比, 得

$$\begin{aligned} E_{j-1} &= E'_{j-1} + C'_{j-1} E_j \\ F_{j-1} &= C'_{j-1} F_j \\ G_{j-1} &= G'_{j-1} + C'_{j-1} G_j \end{aligned} \tag{3.1.178}$$

由于在结点 jj, $Z_j = Z_{jj}$, 从式 (3.1.177) 立即得出 $E_{jj} = 0$, $F_{jj} = 1$ 和 $G_{jj} = 0$. 有了这些值以后, 利用递推公式可以求出所有结点 $j = jj-1, jj-2 \cdots, 3, 2$ 的 E_j, F_j 和 G_j 的值. 利用相容条件, 对每一个节点同样可以得出形如,

$$f\left(y_A, y_B, y_C, y_a\right) = 0$$

的关系式. 求解方程组, 可以得出所有节点的水位 y_M 值. 进而求出每一个内结点的 Q_j 或 y_j 的值.

3.1.5 平面二维明渠非恒定流的有限差分解

对于水平尺度远大于垂向尺度的明渠水流, 如河口等, 水深、流速等量沿垂直方向的变化较之沿水平方向的变化要小得多. 其流态可由沿水深平均的平面二维流动的基本方程式 (1.3.76)~ 式 (1.3.78) 或式 (1.3.79)~ 式 (1.3.81) 来描述. 这里重写如下

$$\frac{\partial h}{\partial t} + \frac{\partial (uh)}{\partial x} + \frac{\partial (vh)}{\partial y} = 0 \tag{3.1.179}$$

$$\frac{\partial u}{\partial t} + u\frac{\partial u}{\partial x} + v\frac{\partial u}{\partial y} = -g\frac{\partial h}{\partial x} + s_{ox} + s_{fx} \tag{3.1.180}$$

$$\frac{\partial v}{\partial t} + u\frac{\partial v}{\partial x} + v\frac{\partial v}{\partial y} = -g\frac{\partial h}{\partial y} + s_{oy} + s_{fy} \tag{3.1.181}$$

或

$$\frac{\partial \zeta}{\partial t} + \frac{\partial (h+\zeta) u}{\partial x} + \frac{\partial (h+\zeta) v}{\partial y} = 0 \tag{3.1.182}$$

$$\frac{\partial u}{\partial t} + u\frac{\partial u}{\partial x} + v\frac{\partial u}{\partial y} = -g\frac{\partial \zeta}{\partial x} + s_{fx} + fv \tag{3.1.183}$$

$$\frac{\partial v}{\partial t}+u\frac{\partial v}{\partial x}+v\frac{\partial v}{\partial y}=-g\frac{\partial \zeta}{\partial x}+s_{fy}-fu \tag{3.1.184}$$

式中, $f=2\omega\sin\psi$, $\omega=$ 地球自转的速度, $\psi=$ 纬度, s_{ox}, $s_{oy}=$ 床面坡降. 床面阻力和风成切应力常用下面的公式计算

$$s_{fx}=-\frac{n^2u\sqrt{u^2+v^2}}{h^{4/3}}+\frac{C_w}{h}\frac{\rho_a}{\rho_w}w_a\left|w_a\right|\sin\varphi$$

$$s_{fy}=-\frac{n^2v\sqrt{u^2+v^2}}{h^{4/3}}+\frac{C_w}{h}\frac{\rho_a}{\rho_w}w_a\left|w_a\right|\cos\varphi \tag{3.1.185}$$

或

$$s_{fx}=-\frac{n^2u\sqrt{u^2+v^2}}{(h+\zeta)^{4/3}}+\frac{C_w}{(h+\zeta)}\frac{\rho_a}{\rho_w}w_a\left|w_a\right|\sin\varphi$$

$$s_{fy}=-\frac{n^2v\sqrt{u^2+v^2}}{(h+\zeta)^{4/3}}+\frac{C_w}{(h+\zeta)}\frac{\rho_a}{\rho_w}w_a\left|w_a\right|\cos\varphi$$

式中, n 是曼宁糙率系数, C_w 是风阻力系数, ρ_a 是空气的密度, ρ_w 是水的密度, w_a 是风速, φ 是风向与 y 轴夹角.

1. 特征方程法[19][20]

与一维明渠水流的特征线法一样, 首先推导二维明渠水流的特征方程, 为此首先将式 (3.1.179)~ 式 (3.1.181) 写成下面的形式

$$L_0=u\frac{\partial h}{\partial x}+v\frac{\partial h}{\partial y}+\frac{\partial h}{\partial t}+h\frac{\partial u}{\partial x}+h\frac{\partial v}{\partial y}=0 \tag{3.1.186}$$

$$L_1=g\frac{\partial h}{\partial x}+u\frac{\partial u}{\partial x}+v\frac{\partial u}{\partial y}+\frac{\partial u}{\partial t}-fv-s_{ox}+s_{fx}=0 \tag{3.1.187}$$

$$L_2=g\frac{\partial h}{\partial y}+u\frac{\partial v}{\partial x}+v\frac{\partial v}{\partial y}+\frac{\partial v}{\partial t}+fu-s_{oy}+s_{fy}=0 \tag{3.1.188}$$

$$L_3=\frac{\partial u}{\partial y}+\frac{\partial v}{\partial x}-\left(\frac{\partial u}{\partial y}+\frac{\partial v}{\partial x}\right) \tag{3.1.189}$$

式 (3.1.189) 是一个添加的恒等式, 用以推导特征方程. 利用线性拉格朗日乘数 (Lagrangian multiplier) λ_1, λ_2, λ_3 将以上四个方程按下面的方法组合, $L_0+\lambda_1L_1+\lambda_2L_2+\lambda_3L_3=0$, 得

$$\begin{aligned}&\left[(u+\lambda_1)\frac{\partial h}{\partial x}+(v+g\lambda_2)\frac{\partial h}{\partial y}+\frac{\partial h}{\partial t}\right]+\lambda_1\left[\left(u+\frac{h}{\lambda_1}\right)\frac{\partial u}{\partial x}+\left(v+\frac{\lambda_3}{\lambda_1}\right)\frac{\partial u}{\partial y}+\frac{\partial u}{\partial t}\right]\\&+\lambda_2\left[\left(u+\frac{\lambda_3}{\lambda_2}\right)\frac{\partial v}{\partial x}+\left(v+\frac{h}{\lambda_2}\right)\frac{\partial v}{\partial y}+\frac{\partial v}{\partial t}\right]-\lambda_1fv-\lambda_1s_{ox}+\lambda_1s_{fx}+\lambda_2fu\\&-\lambda_2s_{oy}+\lambda_2s_{fy}-\lambda_3\left(\frac{\partial u}{\partial y}+\frac{\partial v}{\partial x}\right)=0\end{aligned} \tag{3.1.190}$$

设

$$\frac{\mathrm{d}x}{\mathrm{d}t}=u+g\lambda_1=u+\frac{h}{\lambda_1}=u+\frac{\lambda_3}{\lambda_2} \tag{3.1.191a}$$

$$\frac{\mathrm{d}y}{\mathrm{d}t}=v+g\lambda_2=v+\frac{\lambda_3}{\lambda_1}=v+\frac{h}{\lambda_2} \tag{3.1.191b}$$

联立求解上述两式可以得到, $\lambda_1=\lambda_2=\pm\sqrt{h/g}$, $\lambda_3=\pm h$. 将 λ_1, λ_2, λ_3 代入式 (3.1.190) 得出四组特征方程

$$\frac{\mathrm{d}x}{\mathrm{d}t}=u+c \quad \frac{\mathrm{d}y}{\mathrm{d}t}=v+c \tag{3.1.192a}$$

$$\begin{aligned}&\frac{\mathrm{d}h}{\mathrm{d}t}+\sqrt{\frac{h}{g}}\frac{\mathrm{d}u}{\mathrm{d}t}+\sqrt{\frac{h}{g}}\frac{\mathrm{d}v}{\mathrm{d}t}-\sqrt{\frac{h}{g}}(fv+s_{ox}-s_{fx})\\&+\sqrt{\frac{h}{g}}(fu-s_{oy}+s_{fy})-h\left(\frac{\partial u}{\partial y}+\frac{\partial v}{\partial x}\right)=0\end{aligned} \tag{3.1.192b}$$

$$\frac{\mathrm{d}x}{\mathrm{d}t}=u+c \quad \frac{\mathrm{d}y}{\mathrm{d}t}=v-c \tag{3.1.193a}$$

$$\begin{aligned}&\frac{\mathrm{d}h}{\mathrm{d}t}+\sqrt{\frac{h}{g}}\frac{\mathrm{d}u}{\mathrm{d}t}-\sqrt{\frac{h}{g}}\frac{\mathrm{d}v}{\mathrm{d}t}-\sqrt{\frac{h}{g}}(fv+s_{ox}-s_{fx})\\&-\sqrt{\frac{h}{g}}(fu-s_{oy}+s_{fy})+h\left(\frac{\partial u}{\partial y}+\frac{\partial v}{\partial x}\right)=0\end{aligned} \tag{3.1.193b}$$

$$\frac{\mathrm{d}x}{\mathrm{d}t}=u-c \quad \frac{\mathrm{d}y}{\mathrm{d}t}=v-c \tag{3.1.194a}$$

$$\begin{aligned}&\frac{\mathrm{d}h}{\mathrm{d}t}-\sqrt{\frac{h}{g}}\frac{\mathrm{d}u}{\mathrm{d}t}-\sqrt{\frac{h}{g}}\frac{\mathrm{d}v}{\mathrm{d}t}+\sqrt{\frac{h}{g}}(fv+s_{ox}-s_{fx})\\&-\sqrt{\frac{h}{g}}(fu-s_{oy}+s_{fy})-h\left(\frac{\partial u}{\partial y}+\frac{\partial v}{\partial x}\right)=0\end{aligned} \tag{3.1.194b}$$

$$\frac{\mathrm{d}x}{\mathrm{d}t}=u-c \quad \frac{\mathrm{d}y}{\mathrm{d}t}=v+c \tag{3.1.195a}$$

$$\begin{aligned}&\frac{\mathrm{d}h}{\mathrm{d}t}-\sqrt{\frac{h}{g}}\frac{\mathrm{d}u}{\mathrm{d}t}+\sqrt{\frac{h}{g}}\frac{\mathrm{d}v}{\mathrm{d}t}+\sqrt{\frac{h}{g}}(fv+s_{ox}-s_{fx})\\&+\sqrt{\frac{h}{g}}(fu-s_{oy}+s_{fy})+h\left(\frac{\partial u}{\partial y}+\frac{\partial v}{\partial x}\right)=0\end{aligned} \tag{3.1.195b}$$

式中, $c=\sqrt{gh}$, 水面波速. 上面的四组方程分别与四条特征线对应. 例如, 式 (3.1.192a) 定义 $x-y-t$ 空间中的一条特征线 AP, 图 3.1.17, 式 (3.1.193b) 是沿这条特征线的特征方程.

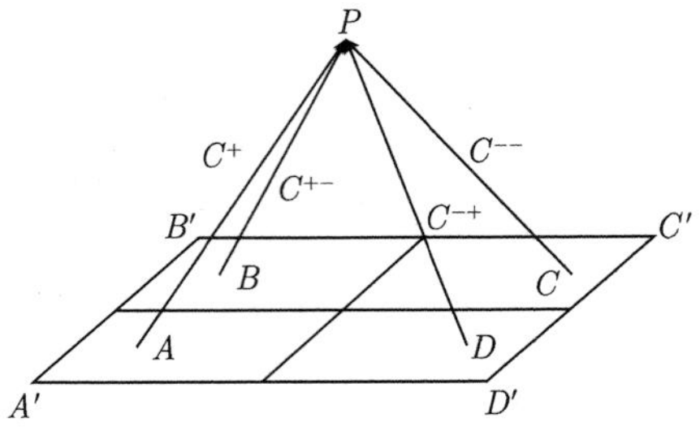

图 3.1.17　$x-y-t$ 空间中的一条特征线

定义

$$q=\frac{1}{2}\left(\frac{\partial u}{\partial y}+\frac{\partial v}{\partial x}\right) \tag{3.1.196}$$

四个方程包含四个变量, h, u, v 和 q 在一定的初始条件和边界条件下就可以求解了. 如果利用正方形网格, $\Delta x=\Delta y$, 在选定的时间步长 Δt 内沿方程式 (3.1.192a)~式 (3.1.195a) 定义的特征线积分方程式 (3.1.192b)~ 式 (3.1.195b), 得到下面四个方程

$$h_P+\sqrt{\frac{h_m}{g}}u_P+\sqrt{\frac{h_m}{g}}v_P-q_Ph_m\Delta t=e_1 \tag{3.1.197a}$$

$$h_P+\sqrt{\frac{h_m}{g}}u_P-\sqrt{\frac{h_m}{g}}v_P+q_Ph_m\Delta t=e_2 \tag{3.1.197b}$$

$$h_P-\sqrt{\frac{h_m}{g}}u_P-\sqrt{\frac{h_m}{g}}v_P-q_Ph_m\Delta t=e_3 \tag{3.1.197c}$$

$$h_P-\sqrt{\frac{h_m}{g}}u_P+\sqrt{\frac{h_m}{g}}v_P+q_Ph_m\Delta t=e_1 \tag{3.1.197d}$$

式中, $h_m=\dfrac{1}{4}(h_{A'}+h_{B'}+h_{C'}+h_{D'})$, 平均水深, 由前一时刻, A',B',C',D' 四个节点上的水深值求得. e_1, e_2, e_3, e_4 由前一时步, A,B,C,D 四个特征线与 $x-y$ 平面的交点上的值求得.

$$\begin{aligned}e_1=&h_A+\sqrt{\frac{h_m}{g}}u_A+\sqrt{\frac{h_m}{g}}v_A-\sqrt{\frac{h_m}{g}}\left(fv_A+s_{oxA}-s_{fxA}\right)\Delta t\\&-\sqrt{\frac{h_m}{g}}\left(fu_A-s_{oyA}+s_{fyA}\right)\Delta t+q_Ah_m\Delta t\end{aligned} \tag{3.1.198a}$$

$$x_A=x_P-(u_A+c)\Delta t$$

$$y_A=y_P-(v_A+c)\Delta t$$

$$e_2 = h_B + \sqrt{\frac{h_m}{g}} u_B - \sqrt{\frac{h_m}{g}} v_B + \sqrt{\frac{h_m}{g}} \left(f v_B + s_{oxB} - s_{fxB} \right) \Delta t$$

$$+ \sqrt{\frac{h_m}{g}} \left(f u_B - s_{oyB} + s_{fyB} \right) \Delta t - q_B h_m \Delta t \tag{3.1.198b}$$

$$x_B = x_P - (u_B + c)\Delta t$$

$$y_B = y_P - (v_B - c)\Delta t$$

$$e_3 = h_C - \sqrt{\frac{h_m}{g}} u_C - \sqrt{\frac{h_m}{g}} v_C - \sqrt{\frac{h_m}{g}} \left(f v_C + s_{oxC} - s_{fxC} \right) \Delta t$$

$$+ \sqrt{\frac{h_m}{g}} \left(f u_C - s_{oyC} + s_{fyC} \right) \Delta t + q_C h_m \Delta t \tag{3.1.198c}$$

$$x_C = x_P - (u_C - c)\Delta t$$

$$y_C = y_P - (v_C - c)\Delta t$$

$$e_4 = h_D - \sqrt{\frac{h_m}{g}} u_D + \sqrt{\frac{h_m}{g}} v_D - \sqrt{\frac{h_m}{g}} \left(f v_D + s_{oxD} - s_{fxD} \right) \Delta t$$

$$- \sqrt{\frac{h_m}{g}} \left(f u_D - s_{oyD} + s_{fyD} \right) \Delta t - q_D h_m \Delta t \tag{3.1.198d}$$

$$x_D = x_P - (u_D - c)\Delta t$$

$$y_D = y_P - (v_D + c)\Delta t$$

式中, $c = \sqrt{g h_m}$. 为了求 e_1, e_2, e_3, e_4 的值, 必须要知道 A, B, C, D 四个点上四个变量, h, u, v 和 q 的值. 一种简单的处理方法说明如下. 以 A 点为例, 首先计算其坐标, x_A, y_A

$$\begin{cases} x_A = x_P - (u'_A + c)\Delta t \\ y_A = y_P - (v'_A + c)\Delta t \end{cases} \tag{3.1.199}$$

然后, 从已知的, A', B', C', D' 四个节点上的流速、水深和 q 值内插求得 A, B, C, D 四个点上四个变量, h, u, v 和 q 的值, 即

$$\begin{cases} h_A = h_{A'} N_{A'}(x_A, y_A) + h_{B'} N_{B'}(x_A, y_A) + h_{C'} N_{C'}(x_A, y_A) + h_{D'} N_{D'}(x_A, y_A) \\ u_A = u_{A'} N_{A'}(x_A, y_A) + u_{B'} N_{B'}(x_A, y_A) + u_{C'} N_{C'}(x_A, y_A) + u_{D'} N_{D'}(x_A, y_A) \\ v_A = v_{A'} N_{A'}(x_A, y_A) + v_{B'} N_{B'}(x_A, y_A) + v_{C'} N_{C'}(x_A, y_A) + v_{D'} N_{D'}(x_A, y_A) \\ q_A = q_{A'} N_{A'}(x_A, y_A) + q_{B'} N_{B'}(x_A, y_A) + q_{C'} N_{C'}(x_A, y_A) + q_{D'} N_{D'}(x_A, y_A) \end{cases} \tag{3.1.200}$$

式中, $N_{A'}$, $N_{B'}$, $N_{C'}$, $N_{D'}$ 是二维内插函数.

内部节点

从式 (3.1.197a)~(3.1.197d), 可以解出 h_P, u_P, v_P 和 q_P 的值

$$h_P = \frac{1}{4}(e_1 + e_2 + e_3 + e_4) \tag{3.1.201a}$$

$$u_P = \frac{1}{4\sqrt{h_m/g}}(e_1 + e_2 - e_3 - e_4) \tag{3.1.201b}$$

$$v_P = \frac{1}{4\sqrt{h_m/g}}(e_1 - e_2 - e_3 + e_4) \tag{3.1.201c}$$

$$q_P = \frac{1}{4\sqrt{h_m \Delta t}}(-e_1 + e_2 - e_3 + e_4) \tag{3.1.201d}$$

边界节点

给定速度的边界: 对于竖直方向的边界 (即与 x 方向垂直的边界), 给定 $u_P = f(t)$, 对于水平方向的边界 (即与 y 方向垂直的边界), 给定 $v_P = g(t)$. 同时, 在竖直方向的边界上假定 $v_P = 0$, 在水平方向的边界上, 假定 $u_P = 0$. 而剩下来的两个变量用公式计算. 位于左、右、上、下四个边界上的节点的计算公式分别例举如下, 图 3.1.18.

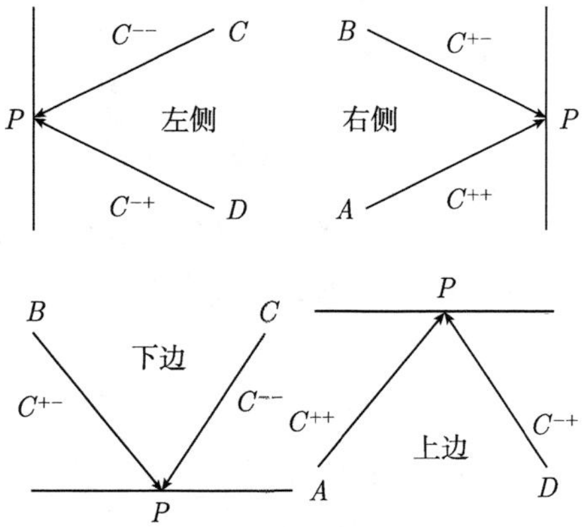

图 3.1.18　四种边界节点类型

右侧节点:

$$\begin{aligned} h_P &= \frac{1}{2}(e_1 + e_2) - \sqrt{\frac{h_m}{g u_P}} \\ q_P &= \frac{1}{2h_m \Delta t}(-e_1 + e_2) \end{aligned} \tag{3.1.202a}$$

左侧节点:

$$\begin{aligned} h_P &= \frac{1}{2}(e_3 + e_4) - \sqrt{\frac{h_m}{g u_P}} \\ q_P &= \frac{1}{2h_m \Delta t}(-e_3 + e_4) \end{aligned} \tag{3.1.202b}$$

上边节点：

$$\begin{aligned} h_P &= \frac{1}{2}(e_1 + e_4) - \sqrt{\frac{h_m}{g v_P}} \\ q_P &= \frac{1}{2 h_m \Delta t}(-e_1 + e_4) \end{aligned} \tag{3.1.202c}$$

下边节点：

$$\begin{aligned} h_P &= \frac{1}{2}(e_2 + e_3) + \sqrt{\frac{h_m}{g u_P}} \\ q_P &= \frac{1}{2 h_m \Delta t}(e_2 - e_3) \end{aligned} \tag{3.1.202d}$$

不透水边界：这里提供了两种边界处理的方法.

第一种处理方法

给定

$$\begin{cases} u_P = 0, \quad q_P = 0, & \text{右侧节点和左侧节点} \\ v_P = 0, \quad q_P = 0, & \text{上边节点和下边节点} \end{cases}$$

而其余的变量按下面的公式计算

右侧节点：

$$\begin{aligned} v_P &= \frac{1}{2\sqrt{\dfrac{h_m}{g}}}(e_1 - e_2) \\ h_P &= \frac{1}{2}(e_1 + e_2) \end{aligned} \tag{3.1.203a}$$

左侧节点：

$$\begin{aligned} v_P &= \frac{1}{2\sqrt{\dfrac{h_m}{g}}}(-e_3 + e_4) \\ h_P &= \frac{1}{2}(e_3 + e_4) \end{aligned} \tag{3.1.203b}$$

上边节点：

$$\begin{aligned} u_P &= \frac{1}{2\sqrt{\dfrac{h_m}{g}}}(e_1 - e_4) \\ h_P &= \frac{1}{2}(e_1 + e_4) \end{aligned} \tag{3.1.203c}$$

下边节点：

$$\begin{aligned} u_P &= \frac{1}{2\sqrt{\dfrac{h_m}{g}}}(e_2 - e_3) \\ h_P &= \frac{1}{2}(e_2 + e_3) \end{aligned} \tag{3.1.203d}$$

第二种处理方法:

给定

$$u_P = 0, \quad v_P = 0, \quad \text{对所有的不透水边界节点}$$

而其余的变量按下面的公式计算

右侧节点:

$$\begin{aligned} q_P &= \frac{1}{2h_m\Delta t}(-e_1 + e_2) \\ h_P &= \frac{1}{2}(e_1 + e_2) \end{aligned} \tag{3.1.204a}$$

左侧节点:

$$\begin{aligned} q_P &= \frac{1}{2h_m\Delta t}(-e_3 + e_4) \\ h_P &= \frac{1}{2}(e_3 + e_4) \end{aligned} \tag{3.1.204b}$$

上边节点:

$$\begin{aligned} u_P &= \frac{1}{2h_m\Delta t}(e_1 - e_4) \\ h_P &= \frac{1}{2}(e_1 + e_4) \end{aligned} \tag{3.1.204c}$$

下边节点:

$$\begin{aligned} q_P &= \frac{1}{2h_m\Delta t}(e_2 - e_3) \\ h_P &= \frac{1}{2}(e_2 + e_3) \end{aligned} \tag{3.1.204d}$$

给定边界水深 $h(t)$: 在给定边界水深的情况下, 一般还要补充条件, 即, 在竖直方向的边界上假定 $v_P = 0$, 在水平方向的边界上, 假定 $u_P = 0$. 其余的两个变量用相应的公式计算. 以右侧的边界为例

右侧节点:

$$\begin{aligned} q_P &= \frac{1}{2h_m\Delta t}(-e_1 + e_2) \\ u_P &= \frac{1}{2\sqrt{\dfrac{h_m}{g}}}(e_1 + e_2 - 2h_P) \end{aligned} \tag{3.1.205}$$

堰边界: 如果边界上设置堰, 同样可以处理. 过堰水流的速度可以由以下公式进行计算

$$V = C_v(h - h_d)^{1.5}$$

式中, C_v 是流速系数; h_d 是参照水深. 以右侧的边界为例, 说明计算边界值得方法.

如果 $h_P \geqslant h_d$

$$h_P + C_v\sqrt{\frac{h_m}{g}}(h_P - h_d)^{1.5} - \frac{1}{2}(e_1 + e_2) = 0$$

$$u_P = C_v(h_P - h_d)^{1.5}$$

$$v_P = \frac{1}{\sqrt{\frac{h_m}{g}}}\left[\frac{1}{2}(e_1 - e_2) + q_P \Delta t h_m\right] = 0$$

$$q_P = \frac{1}{2}(q_{A'} + q_{B'}) \tag{3.1.206a}$$

如果 $h_P < h_d$

$$h_P - C_v\sqrt{\frac{h_m}{g}}(h_P - h_d)^{1.5} - \frac{1}{2}(e_1 + e_2) = 0$$

$$u_P = -C_v(h_P - h_d)^{1.5}$$

$$v_P = \frac{1}{\sqrt{\frac{h_m}{g}}}\left[\frac{1}{2}(e_1 - e_2) + q_P \Delta t h_m\right] = 0$$

$$q_P = \frac{1}{2}(q_{A'} + q_{B'}) \tag{3.1.206b}$$

计算实例[19]

计算模型用于一组二维溃坝模型试验资料的计算 [Bellos, Solis 和 Sakkas, 1992][21].

模型试验情况：试验是在一个矩形钢架玻璃水槽中进行的. 水槽 21.2m 长, 1.4m 宽, 0.6m 高. 水槽中装置了一个 11.5m 长的收缩–扩散段, 图 3.1.19. 水槽上游端是垂直固壁, 下游安装了一个高度可变的自由溢流堰. 在收缩–扩散段的喉口处安装了一个闸门, 瞬时开闸 (提升时间小于 0.1 秒) 形成溃坝波. 利用自动水位计同步测量了 8 个测点的水位的时间过程.

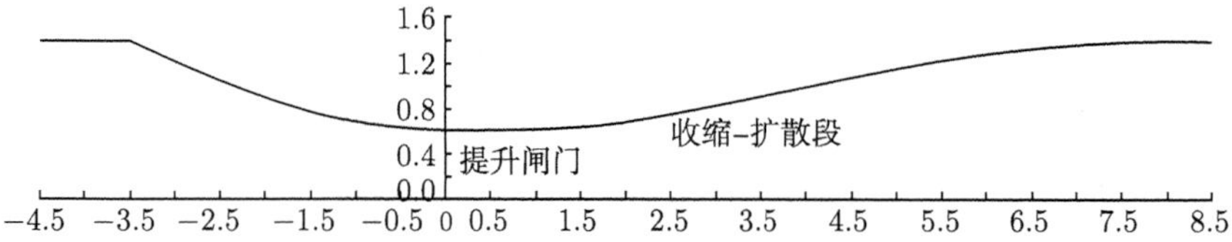

图 3.1.19 水槽平面形状示意图

计算条件是：上游水深 $h_u = 0.15$m, 下游水深 $h_d = 0.10$m, 水槽的底坡 $s_o = 0$, 水槽的糙率 $n = 0.011$, 网格尺寸, $\Delta x = \Delta y = 0.10$m. 计算的结果示于图 3.1.20 和图 3.1.21.

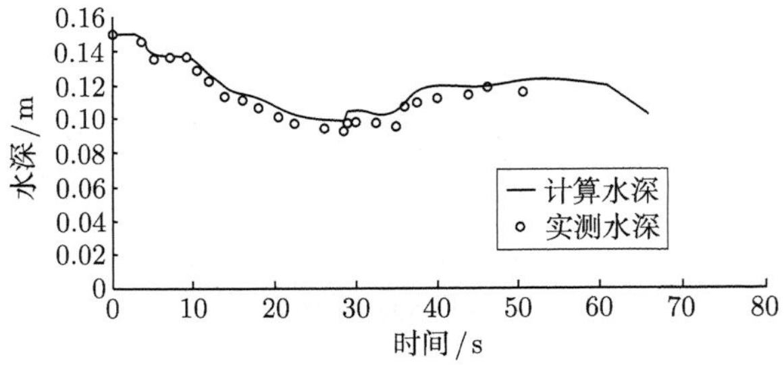

图 3.1.20　坝上游 4 米处计算水深和实测水深

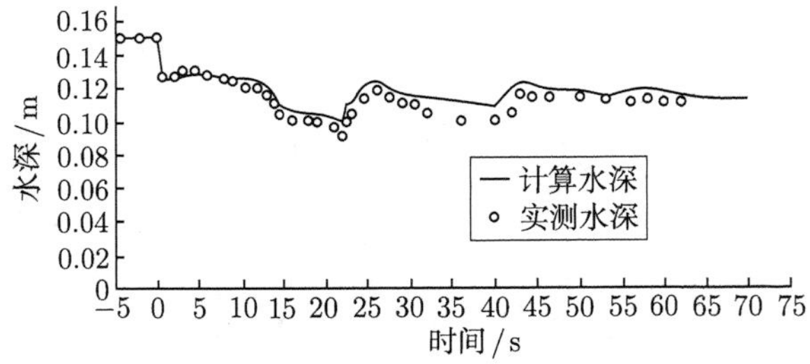

图 3.1.21　坝处计算水深和实测水深

2. Leendertse 法 (ADI 法)[22]

Leendertse 是提出二维明渠水流有限差分计算模式的早期研究者之一, 1967 年提出的模式为显示与隐式的混合格式, 由于非线性项的影响, 格式呈现某种不稳定. 1970 年作者又对原格式进行改进, 采用了分部全隐格式.

Leendertse 格式用的控制方程为式 (3.1.182)~ 式 (3.1.184). 所用的网格为交错型网格, 量 ζ, u, v 分别布置于网格的不同格点上, 图 3.1.22. 计算时将时间层进行中分. 下面以 x 方向为例说明 Leendertse 法的离散过程.

沿 x- 方向,

连续方程是在 $(n+1/2)$ 的时间层上离散, 差分中心是 (i,j)

$$\frac{\varsigma_{i,j}^{n+1/2}-\varsigma_{i,j}^{n}}{\frac{1}{2}\Delta t}+\frac{\left(\bar{h}^{y}+\bar{\varsigma}^{x}\right)_{i+1/2,j}u_{i+1/2,j}^{n+1}-\left(\bar{h}^{y}+\bar{\varsigma}^{x}\right)_{i-1/2,j}u_{i-1/2,j}^{n+1}}{\Delta x}$$
$$+\frac{\left(\bar{h}^{x}+\bar{\varsigma}^{y}\right)_{i,j+1/2}v_{i,j+1/2}^{n}-\left(\bar{h}^{x}+\bar{\varsigma}^{y}\right)_{i,j-1/2}v_{i,j-1/2}^{n+1}}{\Delta y}=0 \tag{3.1.207}$$

$$\bar{h}_{i+1/2,j}^{y}=\frac{1}{2}\left(h_{i+1/2,j-1/2}+h_{i+1/2,j+1/2}\right),$$

$$\bar{h}_{i-1/2,j}^{y}=\frac{1}{2}\left(h_{i-1/2,j-1/2}+h_{i-1/2,j+1/2}\right)$$

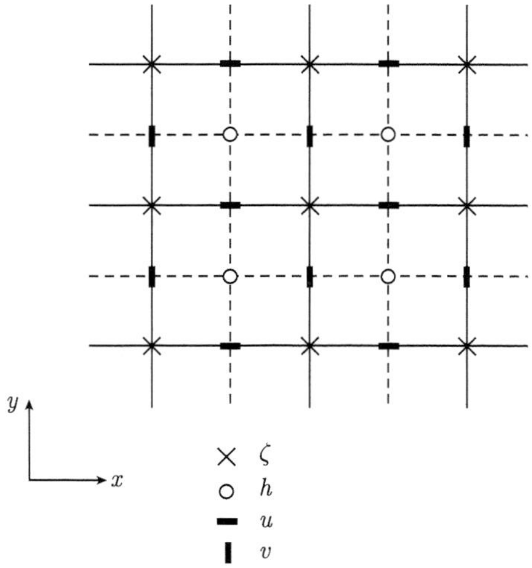

图 3.1.22 Leendertse 格式网格布置

$$\bar{\varsigma}^{x,n}_{i+1/2,j} = \frac{1}{2}\left(\varsigma^n_{i+1,j} + \varsigma^n_{i,j}\right), \quad \bar{\varsigma}^{x,n}_{i-1/2,j} = \frac{1}{2}\left(\varsigma^n_{i-1,j} + \varsigma^n_{i,j}\right)$$

$$\bar{h}^y_{i,j+1/2} = \frac{1}{2}\left(h_{i+1/2,j+1/2} + h_{i-1/2,j+1/2}\right),$$

$$\bar{h}^y_{i,j-1/2} = \frac{1}{2}\left(h_{i+1/2,j-1/2} + h_{i-1/2,j-1/2}\right)$$

$$\bar{\varsigma}^n_{i,j+1/2} = \frac{1}{2}\left(\varsigma^n_{i,j+1} + \varsigma^n_{i,j}\right), \quad \bar{\varsigma}^n_{i,j-1/2} = \frac{1}{2}\left(\varsigma^n_{i,j-1} + \varsigma^n_{i,j}\right)$$

x- 方向的动量方程是在 $(n+1)$ 的时间层上离散, 差分中心是 $(i+1/2, j)$

$$\begin{aligned}
&\frac{u^{n+1}_{i+1/2,j} - u^n_{i+1/2,j}}{\Delta t} + u^{n+1}_{i+1/2,j}\frac{\bar{u}^n_{i+1,j} - \bar{u}^n_{i,j}}{\Delta x} \\
&+ \bar{\bar{v}}^n_{i+1/2,j}\frac{\bar{u}^n_{i+1/2,j+1/2} - \bar{u}^n_{i+1/2,j-1/2}}{\Delta x} + g\frac{\varsigma^{n+1}_{i+1,j} - \varsigma^n_{i,j}}{\Delta x} \\
&+ \frac{\bar{u}^t_{i+1/2,j}\sqrt{\left(u^n_{i+1/2,j}\right)^2 + \left(\bar{\bar{v}}^n_{i+1/2,j}\right)^2}}{\left(\bar{h}^y_{i+1/2,j} + \bar{\varsigma}^{x,n}_{i+1/2,j}\right)\left(C^n_{i+1/2,j}\right)^2} \\
&+ \frac{C_w}{\left(\bar{h}^y_{i+1/2,j} + \bar{\varsigma}^{x,n}_{i+1/2,j}\right)}\frac{\rho_a}{\rho_w}W^2\sin\psi - f\bar{\bar{v}}^n_{i+1/2,j} = 0
\end{aligned} \tag{3.1.208}$$

$$\bar{u}^n_{i+1,j} = \frac{1}{2}\left(u^n_{i+3/2,j} + u^n_{i+1/2,j}\right), \quad \bar{u}^n_{i,j} = \frac{1}{2}\left(u^n_{i+1/2,j} + u^n_{i-1/2,j}\right)$$

$$\bar{u}^n_{i+1/2,j+1/2} = \frac{1}{2}\left(u^n_{i+1/2,j+1} + u^n_{i+1/2,j}\right),$$

$$\bar{u}^n_{i+1/2,j-1/2}=\frac{1}{2}\left(u^n_{i+1/2,j}+u^n_{i+1/2,j-1}\right)$$

$$\bar{\bar{v}}^n_{i+1/2,j}=\frac{1}{4}\left(v^n_{i+1,j+1/2}+v^n_{i+1,j-1/2}+v^n_{i,j+1/2}+v^n_{i,j-1/2}\right)$$

$$\bar{u}^t_{i+1/2,j}=\frac{1}{2}\left(u^{n+1}_{i+1/2,j}+u^n_{i+1/2,j}\right)$$

$$\bar{h}^y_{i+1/2,j}=\frac{1}{2}\left(h_{i+1/2,j+1/2}+h_{i+1/2,j-1/2}\right),\quad \bar{\varsigma}^x_{i+1/2,j}=\frac{1}{2}\left(\varsigma^n_{i+1,j}+\varsigma^n_{i,j}\right)$$

离散方程的求解用的是追赶法. 以式 (3.1.207) 和式 (3.1.208) 为例, 它们可以化成如下的代数方程组的形式

$$A_{i-1/2}u^{n+1}_{i-1/2,i}+B_i\zeta^{n+1/2}_{i,j}+C_{i+1/2}u^{n+1}_{i+1/2,j}=D_i \tag{3.1.209}$$

$$A_i\zeta^{n+1/2}_{i,j}+B_{i+1/2}u^{n+1}_{i+1/2,j}+C_{i+1}u^{n+1/2}_{i+1,j}=D_{i+1/2} \tag{3.1.210}$$

式中的系数 $A_{i-1/2}$, B_i, $C_{i+1/2}$, D_i, A_i, $B_{i+1/2}$, C_{i+1}, $D_{i+1/2}$, 可将式 (3.1.209) 和式 (3.1.210) 展开式中的同类项归并后得出. 设定关系式

$$\zeta^{n+1/2}_{i,j}=F_iu^{n+1}_{i+1/2,j}+G_i \tag{3.1.211}$$

$$u^{n+1}_{i-1/2,j}=F^*_{i-1}\zeta^{n+1/2}_{i,j}+G^*_{i-1} \tag{3.1.212}$$

可得递推关系式

$$F_i=\frac{C_{i+1/2}}{B_i+A_{i-1/2}F^*_{i-1}} \tag{3.1.213}$$

$$G_i=\frac{D_i+A_{i-1/2}G^*_{i-1}}{B_i+A_{i-1/2}F^*_{i-1}} \tag{3.1.214}$$

$$F^*_i=\frac{C_{i+1}}{B_{i+1/2}+A_iF_i} \tag{3.1.215}$$

$$G^*_i=\frac{D_{i+1/2}+A_iG_i}{B_{i+1/2}+A_iF_i} \tag{3.1.216}$$

利用边界条件定出 F_i, G_i 或 F^*_i, G^*_i 的初值, 即可求出所有的 F_i, G_i, F^*_i, G^*_i 值, 然后利用另一端的边界条件在赶的过程中求出 $u^{n+1}_{i+1/2,j}$, $\zeta^{n+1/2}_{i,j}$ 的值.

y 方向方程的离散追赶计算过程及递推公式与 x 方向的类似.

关于边界条件, 主要分为两类: 一类为出入流边界, 另一类为固体边界.

(1) 出入流边界: 或者给定水位 ζ, 或者给定 u 或 v 值.

(2) 固体边界: $u=0$ 或 $v=0$.

而水深 h, 因不是时间的函数, 作为初始条件一次给定后即可.

3. Yanenko 型分步法

根据 Yanenko 分步法的原理, 方程组 (3.1.182)~(3.1.184) 可以按 x, y 方向剖开成两组方程. 即, 沿 x^- 向

$$\begin{cases} \dfrac{\partial \zeta}{\partial t}+\dfrac{\partial (h+\zeta) u}{\partial x}=0 \\ \dfrac{\partial u}{\partial t}+u\dfrac{\partial u}{\partial x}+g\dfrac{\partial \zeta}{\partial x}+g\dfrac{u\sqrt{u^2+v^2}}{C^2(h+\zeta)}-fv=0 \\ \dfrac{\partial v}{\partial t}+u\dfrac{\partial v}{\partial x}=0 \end{cases} \tag{3.1.217}$$

沿 y^- 向

$$\begin{cases} \dfrac{\partial \zeta}{\partial t}+\dfrac{\partial (h+\zeta) v}{\partial y}=0 \\ \dfrac{\partial v}{\partial t}+v\dfrac{\partial v}{\partial y}+g\dfrac{\partial \zeta}{\partial y}+g\dfrac{v\sqrt{u^2+v^2}}{C^2(h+\zeta)}+fu=0 \\ \dfrac{\partial u}{\partial t}+v\dfrac{\partial u}{\partial y}=0 \end{cases} \tag{3.1.218}$$

然后, 对上述方程分别进行离散. 离散的方式可以有多种, 这里介绍其中的一种. 以 x^- 向的方程组为例, 采用交错形网格

$$\frac{\zeta_{i,j}^{n+1/2}-\zeta_{i,j}^{n}}{\Delta t}+\frac{u_{i+1/2,j}^{n+1/2}(\overline{h}_{i+1/2,j}+\overline{\zeta}_{i+1/2,j}^{n})-u_{i-1/2,j}^{n+1/2}(\overline{h}_{i-1/2,j}+\overline{\zeta}_{i-1/2,j}^{n})}{\Delta x}=0$$

$$\begin{aligned} &\frac{u_{i+1/2,j}^{n+1/2}-u_{i+1/2,j}^{n}}{\Delta t}+u_{i+1/2,j}^{n+1/2}\frac{\overline{u}_{i+1,j}^{n}-\overline{u}_{i,j}^{n}}{\Delta x}+g\frac{\zeta_{i+1,j}^{n+1/2}-\zeta_{i,j}^{n+1/2}}{\Delta x} \\ &+g\frac{u_{i+1/2,j}^{n+1/2}\sqrt{\left(u_{i+1/2,j}^{n}\right)^2+\left(\overline{\overline{v}}_{i+1/2,j}^{n}\right)^2}}{C_{i+1/2,j}^2(\overline{h}_{i+1/2,j}+\overline{\zeta}_{i+1/2,j}^{n})}-f\overline{\overline{v}}_{i+1/2,j}^{n}=0 \end{aligned} \tag{3.1.219}$$

式中,

$$\overline{h}_{i+1/2,j}=\frac{1}{2}(h_{i+1/2,j+1/2}+h_{i+1/2,j-1/2});\ \zeta_{i+1/2,j}^{n}=\frac{1}{2}(\zeta_{i+1,j}^{n}+\zeta_{i,j}^{n})$$

$$\overline{h}_{i-1/2,j}=\frac{1}{2}(h_{i-1/2,j+1/2}+h_{i-1/2,j-1/2});\ \zeta_{i-1/2,j}^{n}=\frac{1}{2}(\zeta_{i,j}^{n}+\zeta_{i-1,j}^{n})$$

$$\overline{u}_{i+1,j}^{n}=\frac{1}{2}(u_{i+3/2,j}^{n}+u_{i+1/2,j}^{n});\ \overline{u}_{i,j}^{n}=\frac{1}{2}(u_{i+1/2,j}^{n}+u_{i-1/2,j}^{n})$$

$$\overline{\overline{v}}_{i+1/2,j}^{n}=\frac{1}{4}(v_{i+1,j+1/2}^{n}+v_{i+1,j-1/2}^{n}+v_{i,j+1/2}^{n}+v_{i,j-1/2}^{n})$$

经过整理, 式 (3.1.218) 和 (3.1.219) 可以化成如下的代数方程

$$A_{i-1/2}u_{i-1/2,j}^{h+1/2}+B_i\zeta_{i,j}^{n+1/2}+C_{i+1/2}u_{i+1/2,j}^{n+1/2}=D_i \tag{3.1.220}$$

$$A_i\zeta_{i,j}^{n+1/2}+B_{i+1/2}u_{i+1/2,j}^{n+1/2}+C_{i+1}\zeta_{i+1,j}^{h+1/2}=D_{i+1/2} \tag{3.1.221}$$

式中,

$$A_{i-1/2}=-\frac{1}{\Delta x}(\overline{h}_{i-1/2,j}+\overline{\zeta}_{i-1/2,j}^{n});B_i=\frac{1}{\Delta t}$$

$$C_{i+1/2}=\frac{1}{\Delta x}(\overline{h}_{i+1/2,j}+\overline{\zeta}_{i-1/2,j}^{n});$$

$$D_i=\zeta_{i,j}^{n}/\Delta t;\quad A_i=-g/\Delta x$$

$$B_{i+1/2}=\frac{\overline{u}_{i+1,j}^{n}-\overline{u}_{i,j}^{n}}{\Delta x}+g\frac{u_{i+1/2,j}^{n+1/2}\sqrt{\left(u_{i+1/2,j}^{n}\right)^2+\left(\overline{\overline{v}}_{i+1/2,j}^{n}\right)^2}}{C_{i+1/2,j}^{2}(\overline{h}_{i+1/2,j}+\overline{\zeta}_{i+1/2,j}^{n})}+\frac{1}{\Delta t}$$

$$C_{i+1}=g/\Delta x;\quad D_{i+1/2}=u_{i+1/2,j}^{n}/\Delta t+f\overline{\overline{v}}_{i+1/2,j}^{n}$$

利用标准的追赶法步骤可以求出 $u_{i+1/2,j}^{n+1/2}$, $\zeta_{i,j}^{n+1/2}$. 根据求出的 $u_{i+1/2,j}^{n+1/2}$, $\zeta_{i,j}^{n+1/2}$ 可以利用式 (3.1.216) 求出 $v_{i,j+1/2}^{n+1/2}$ 的值. 一般用显式求解. 这里利用逆风格式, 即

$$\frac{v_{i,j+1/2}^{n+1/2}-v_{i,j+1/2}^{n}}{\Delta t}+\overline{u}_{i,j+1/2}^{n+1/2}\frac{v_{i+1,j+1/2}^{n}-v_{i,j+1/2}^{n}}{\Delta x}=0\quad \overline{u}_{i,j+1/2}^{n+1/2}<0 \tag{3.1.222}$$

或

$$\frac{v_{i,j+1/2}^{n+1/2}-v_{i,j+1/2}^{n}}{\Delta t}+\overline{u}_{i,j+1/2}^{n+1/2}\frac{v_{i,j+1/2}^{n}-v_{i-1,j+1/2}^{n}}{\Delta x}=0\quad \overline{u}_{i,j+1/2}^{n+1/2}>0 \tag{3.1.223}$$

式中,

$$\overline{u}_{i,j+1/2}^{n+1/2}=\frac{1}{4}(v_{i+1/2,j+1}^{n+1/2}+v_{i+1/2,j}^{n+1/2}+v_{i-1/2,j+1}^{n+1/2}+v_{i-1/2,j}^{n+1/2})$$

从式 (3.1.222) 中解出 $v_{i,j+1/2}^{n+1/2}$, 得

$$v_{i,j+1/2}^{n+1/2}=v_{i,j+1/2}^{n}+\overline{u}_{i,j+1/2}^{n+1/2}\frac{\Delta t}{\Delta x}(v_{i+1,j+1/2}^{n}-v_{i,j+1/2}^{n}) \tag{3.1.224}$$

或从式 (3.1.223) 中解出 $v_{i,j+1/2}^{n+1/2}$, 得

$$v_{i,j+1/2}^{n+1/2}=v_{i,j+1/2}^{n}+\overline{u}_{i,j+1/2}^{n+1/2}\frac{\Delta t}{\Delta x}(v_{i,j+1/2}^{n}-v_{i-1,j+1/2}^{n}) \tag{3.1.225}$$

对 y 向的方程组进行类似的处理, 可以求出 $u_{i+1/2,j}^{n+1}$, $\zeta_{i,j}^{n+1}$, $v_{i,j+1/2}^{n+1}$, 完成一个时间步长的计算.

4. 分型格式[23]

计算实践表明, 虽然 Leendertse 法以及其后演变出来的其他 ADI 全隐格式, 理论上是无条件稳定的格式, 但时间步长 Δt 仍不能取得太长. 当 Courant 数超过 5 时, 由于相位误差太大等原因, 计算可能不太稳定, 或者误差过大. Benque 等通过计算实验发现当 $C \geqslant 16$ 时, 所得计算结果和实际情况差异甚大, 当 $C \approx 95$ 时, 计算结果已毫无物理意义. 鉴于此, 他们提出了所谓分型算法, 这是一种物理概念上的分步格式. 图 3.1.23

(1) 控制方程及其物理意义

将式 (3.1.182)~(3.1.184) 写成如下的形式

$$\underbrace{\begin{pmatrix} \dfrac{\partial U}{\partial t} \\ \dfrac{\partial V}{\partial t} \\ \\ \end{pmatrix}}_{\mathrm{I}} + \underbrace{\begin{pmatrix} \dfrac{\partial uU}{\partial x} + \dfrac{\partial vU}{\partial y} \\ \dfrac{\partial uV}{\partial x} + \dfrac{\partial vV}{\partial y} \\ \\ \end{pmatrix}}_{\mathrm{II}} + \underbrace{\begin{pmatrix} +gh\dfrac{\partial z}{\partial x} \\ +gh\dfrac{\partial z}{\partial y} \\ \dfrac{\partial z}{\partial t} + \dfrac{\partial U}{\partial x} + \dfrac{\partial V}{\partial y} \end{pmatrix}}_{\mathrm{III}}$$

$$+ \underbrace{\begin{pmatrix} -FV + \dfrac{\tau_{sx}}{\rho} \\ +FU + \dfrac{\tau_{sy}}{\rho} \\ \\ \end{pmatrix}}_{\mathrm{IV}} + \underbrace{\begin{pmatrix} \dfrac{\tau_{bx}}{\rho} \\ \dfrac{\tau_{by}}{\rho} \\ \\ \end{pmatrix}}_{\mathrm{V}} - \underbrace{\begin{pmatrix} \left(\dfrac{\partial}{\partial x}K\dfrac{\partial U}{\partial x} + \dfrac{\partial}{\partial y}K\dfrac{\partial U}{\partial y}\right) \\ \left(\dfrac{\partial}{\partial x}K\dfrac{\partial V}{\partial x} + \dfrac{\partial}{\partial y}K\dfrac{\partial V}{\partial y}\right) \\ \\ \end{pmatrix}}_{\mathrm{VI}} = 0 \quad (3.1.226)$$

式中, $z(x, y, z)$ 是自由水面的高程; $h(x, y, t)$ 是水深; U, V 是 x, y 方向的单宽流量; u, v 是与 U, V 对应的流速; K 是水平向紊动扩散系数. 其余符号的意义同前.

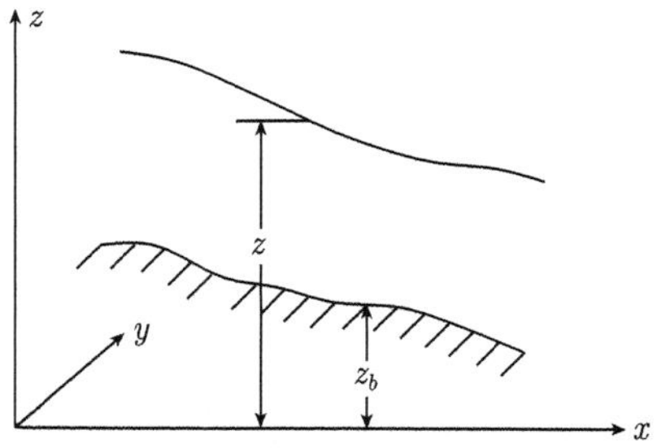

图 3.1.23 分型算法坐标布置

式中, 下标数字的各项的物理意义可以说明如下:

I—— 局部加速度项, 即动量随时间的局部变化;

II—— 位移加速度, 即动量的对流传输;

III—— 波的传播引起的质量与动量变化的守恒;

IV—— 哥氏力与水面风成切应力形成的动量源或动量汇;

V—— 床面摩阻力的动量汇;

VI—— 动量沿水平向的扩散.

由上述分类可以看出, 动量的传播过程主要分三种形式, (1) 对流过程, 包含上面的 I, II 两项; (2) 扩散过程, 它包含 I, IV, VI 三项; (3) 波动过程, 它包含 I, III 和 V 项. 分型算法就是按这三种性质不同的传输过程, 选择适宜的差分格式分别进行计算, 最后得出综合的成果.

(2) 分型算法

a. 对流过程. 这是计算的第一步, 相应的控制方程是

$$\frac{U^{n+1/3}-U^n}{\Delta t}+\frac{\partial}{\partial x}(u^nU)+\frac{\partial}{\partial y}(v^nV)=0 \tag{3.1.227}$$

$$\frac{V^{n+1/3}-V^n}{\Delta t}+\frac{\partial}{\partial x}(u^nV)+\frac{\partial}{\partial y}(v^nV)=0 \tag{3.1.228}$$

如果以 $U=uh, V=vh$ 代入上两式, 则有

$$\frac{u^{n+1/3}-u^n}{\Delta t}+u^n\frac{\partial}{\partial x}(u^n)+v^n\frac{\partial}{\partial y}(u^n)=0 \tag{3.1.229}$$

$$\frac{v^{n+1/3}-v^n}{\Delta t}+u^n\frac{\partial}{\partial x}(v^n)+v^n\frac{\partial}{\partial y}(v^n)=0 \tag{3.1.230}$$

这里, 上标 $n+1/3$ 是一种标志, 表示该值是第一步算得的未知量在 $(n+1)\Delta t$ 时刻的值, 并不是表示该量在 $(n+1/3)\Delta t$ 时刻的值. 一旦 $u^{n+1/3}$, $v^{n+1/3}$ 求得, 则 $U^{n+1/3}=u^{n+1/3}h^n$, $V^{n+1/3}=v^{n+1/3}h^n$ 可以求得.

式 (3.1.229) 和式 (3.1.230) 利用固定网格的特征线法求解. 计算时 x, y 方向分步计算, 均作为一维问题处理, 以 x 方向为例, 说明计算的过程. 由于仅考虑 x 方向, 则式 (3.1.229) 和式 (3.1.230) 可以写成

$$\begin{aligned}&\frac{\partial u}{\partial t}+u^n\frac{\partial u}{\partial x}=0\\&\frac{\partial v}{\partial t}+u^n\frac{\partial v}{\partial x}=0\end{aligned} \tag{3.1.231}$$

这是沿特征线 AB' 的特征方程, 图 3.1.24. 相应的特征方程为

$$\frac{\mathrm{d}x}{\mathrm{d}t}=u^n \tag{3.1.232}$$

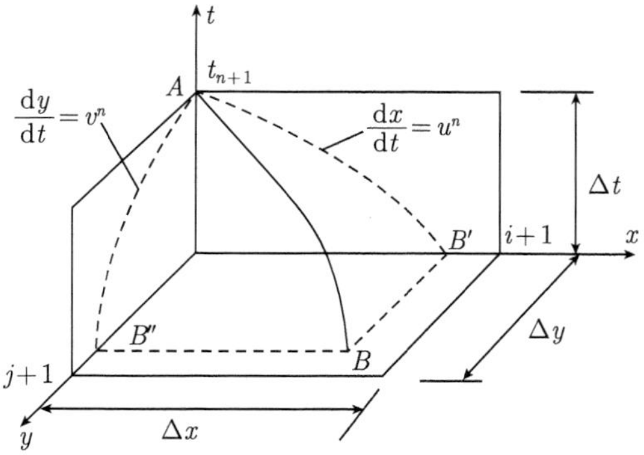

图 3.1.24 对流分步计算图式

与一维特征线一样, 由结点 $(i,j,n+1)$ 出发, 以 $\dfrac{1}{u^n}$ 为特征线的斜率后向作特征线与 x 向网格线交于 B' 点, 利用结点 (i,j,n) 和 $(i+1,j,n)$ 的 u^n, v^n 值; $u_{i+1,j}^n$, $u_{i,j}^n$ 和 $v_{i+1,j}^n$, $v_{i,j}^n$ 内插求得 $u_{B'}^n$ 值和 $v_{B'}^n$ 值. 利用式 (3.1.232), 式 (3.1.230) 可以化成

$$\frac{\mathrm{D}u}{\mathrm{d}t}=0$$

$$\frac{\mathrm{D}v}{\mathrm{d}t}=0 \tag{3.1.233}$$

由上式可以得出, $\tilde{u}_{i+1,j}^{n+1/3}=u_{B'}^n$, $\tilde{v}_{i+1,j}^{n+1/3}=v_{B'}^n$. 以同样的方法, 沿特征线 AB'' 求出 $\tilde{\tilde{u}}_{i+1,j}^{n+1/3}=u_{B''}^n$, $\tilde{\tilde{v}}_{i+1,j}^{n+1/3}=v_{B''}^n$, 最后得到

$$u_{i,j}^{n+1/3}=\frac{1}{2}\left(\tilde{\tilde{u}}_{i,j}^{n+1/3}+\tilde{u}_{i,j}^{n+1/3}\right)$$

$$v_{i,j}^{n+1/3}=\frac{1}{2}\left(\tilde{\tilde{v}}_{i,j}^{n+1/3}+\tilde{v}_{i,j}^{n+1/3}\right) \tag{3.1.234}$$

这里有两点需要指出, 为了减少离散阻尼的影响, 希望用高阶内插公式求 u_B^n, v_B^n 值. 其次, 如果速度的空间变化过剧, 则时间步长 Δt 仍需适当限制. 如果 CB', CB'' 的值大于 Δx, Δy, 则不能把 x 方向与 y 方向分开进行计算, 计算必须沿特征线 AB 进行.

b. 扩散过程. 这是计算的第二步, 该步的控制方程是

$$\frac{U^{n+2/3}-U^{n+1/3}}{\Delta t}=\frac{\partial}{\partial x}\left(K\frac{\partial U^{n+2/3}}{\partial x}\right)+\frac{\partial}{\partial y}\left(K\frac{\partial U^{n+2/3}}{\partial y}\right)+FV^{n+1/3} \tag{3.1.235a}$$

$$\frac{V^{n+2/3}-V^{n+1/3}}{\Delta t}=\frac{\partial}{\partial x}\left(K\frac{\partial V^{n+2/3}}{\partial x}\right)+\frac{\partial}{\partial y}\left(K\frac{\partial V^{n+2/3}}{\partial y}\right)-FU^{n+2/3} \tag{3.1.235b}$$

这是典型的有源扩散方程. 它们用交替方向的全隐格式 (ADI) 和追赶法求解.

c. 波动过程.

这是计算的第三步, 控制方程可以写成

$$\frac{Z^{n+1}-Z^{n}}{\Delta t}+\alpha\mathrm{div}U^{n+1}+(1-\alpha)\mathrm{div}U^{n}=0 \tag{3.1.236}$$

$$\begin{aligned}&\frac{U^{n+1}-U^{n+2/3}}{\Delta t}+g\left[\alpha h^{n+1}\mathrm{grad}z^{n+1}+(1-\alpha)\,h^{n}\mathrm{grad}z^{n}\right]\\&+g\left[\alpha\left(\frac{U\,|U|}{c^2h^2}\right)^{n+1}+(1-\alpha)\left(\frac{U\,|U|}{c^2h^2}\right)^{n+2/3}\right]=0\end{aligned} \tag{3.1.237}$$

式中 $0\leqslant\alpha\leqslant 1$. 为了求解方便, 先不考虑阻力项, 求 z^{n+1}, 从式 (3.1.237) 得

$$\frac{U^{n+1}-U^{n+2/3}}{\Delta t}+g\left[\alpha h^{n+1}\mathrm{grad}z^{n+1}+(1-\alpha)\,\alpha h^{n}\mathrm{grad}z^{n}\right]=0$$

将上式代入连续方程

$$\begin{aligned}&\frac{z^{n+1}-z^{n}}{\Delta t}+\alpha\mathrm{div}\left\{U^{n+2/3}-\Delta tg\left[\alpha h^{n+1}\mathrm{grad}\left(z^{n+1}\right)+(1-\alpha)\,h^{n}\mathrm{grad}\left(z^{n}\right)\right]\right\}\\&+(1-\alpha)\,\mathrm{div}U^{n}=0\end{aligned}$$

令 $z^{n+1}-z^{n}=\Delta z$

$$\begin{aligned}&\frac{\Delta z}{\Delta t}-\alpha\Delta tg\mathrm{div}\left[\alpha h^{n+1}\mathrm{grad}\left(z^{n+1}\right)\right]\\&=+\alpha\,(1-\alpha)\,\Delta tg\mathrm{div}\left[h^{n}\mathrm{grad}\left(z^{n}\right)\right]-\alpha\mathrm{div}U^{n+2/3}-(1-\alpha)\,\mathrm{div}U^{n}\end{aligned}$$

令 $h^{n+1}=h^{n}+\Delta z$

$$\begin{aligned}&\frac{\Delta z}{g\Delta t^2}-\alpha\mathrm{div}\left[\alpha\left(h^{n}+\Delta z\right)\mathrm{grad}\left(z^{n}+\Delta z\right)\right]\\&=+\alpha\,(1-\alpha)\,\mathrm{div}\left[h^{n}\mathrm{grad}\left(z^{n}\right)\right]-\frac{\alpha}{g\Delta t}\mathrm{div}U^{n+2/3}-\frac{(1-\alpha)}{g\Delta t}\mathrm{div}U^{n}\end{aligned}$$

经适当运算后, 得

$$\begin{aligned}&\frac{\Delta z}{g\Delta t^2}-\alpha^2\mathrm{div}\left[\Delta z\mathrm{grad}\left(z^{n}\right)+h^{n}\mathrm{grad}\left(\Delta z\right)\right]\\&=\alpha\mathrm{div}\left[h^{n}\mathrm{grad}\left(z^{n}\right)\right]-\frac{\alpha}{g\Delta t}\mathrm{div}U^{n+2/3}-\frac{(1-\alpha)}{g\Delta t}\mathrm{div}U^{n}\end{aligned}$$

将上式展开

$$\frac{\Delta z}{g\Delta t^2}-\alpha^2\left[\frac{\partial}{\partial x}\Delta z\frac{\partial z^n}{\partial x}+\frac{\partial}{\partial y}\Delta z\frac{\partial z^n}{\partial y}+\frac{\partial}{\partial x}h^n\frac{\partial\Delta z}{\partial x}+\frac{\partial}{\partial y}h^n\frac{\partial\Delta z}{\partial y}\right]$$

$$=\alpha\left[\frac{\partial}{\partial x}h^n\frac{\partial z^n}{\partial x}+\frac{\partial}{\partial y}h^n\frac{\partial z^n}{\partial y}\right]-\frac{\alpha}{g\Delta t}\left[\frac{\partial U^{n+2/3}}{\partial x}+\frac{\partial U^{n+2/3}}{\partial y}\right]$$
$$-\frac{(1-\alpha)}{g\Delta t}\left[\frac{\partial U^n}{\partial x}+\frac{\partial U^n}{\partial y}\right] \tag{3.1.238}$$

由于方程的对称性, 利用分步迭代的方法求解

$$\frac{\Delta z_1}{g\Delta t^2}-\alpha^2\left[\frac{\partial}{\partial x}\Delta z\frac{\partial z^n}{\partial x}+\frac{\partial}{\partial x}h^n\frac{\partial \Delta z}{\partial x}\right]$$
$$=\alpha\frac{\partial}{\partial x}h^n\frac{\partial z^n}{\partial x}-\frac{1}{g\Delta t}\left[\alpha\frac{\partial U^{n+2/3}}{\partial x}+(1-\alpha)\frac{\partial U^n}{\partial x}\right]-q \tag{3.1.239}$$
$$\frac{\Delta z_2}{g\Delta t^2}-\alpha^2\left[\frac{\partial}{\partial y}\Delta z\frac{\partial z^n}{\partial y}+\frac{\partial}{\partial y}h^n\frac{\partial \Delta z}{\partial y}\right]$$
$$=\alpha\frac{\partial}{\partial y}h^n\frac{\partial z^n}{\partial y}-\frac{1}{g\Delta t}\left[\alpha\frac{\partial U^{n+2/3}}{\partial y}+(1-\alpha)\frac{\partial U^n}{\partial y}\right]+q \tag{3.1.240}$$

式中, $q(x,y)$ 是拉格朗日乘子, 是一个耦合梯度. 利用迭代的方法, 求出一个 q 值, 使得式 (3.1.239) 和 (3.1.240) 的解 Δz_1 和 Δz_2 相等, 从而得出式 (3.1.238) 的解 $\Delta z=\Delta z_1=\Delta z_2$. 实际计算时, 只要求 $|\Delta z_1-\Delta z_2|$ 小于指定的误差值 ε 即可一般. Courant 数 c 越大, 达到预定精度所要求的迭代次数越多. 当 $c<10$ 时, 几次迭代即可, 当 $c>20$ 时, 要求 15—50 次迭代. 下面求 U^{n+1}, 对式 (3.1.237) 中的二次项做线性处理. 将项 $\left(\frac{U|U|}{c^2h^2}\right)^{n+1}$ 展开成 Taylor 级数, 略去高阶项, 可得

$$\left(\frac{U|U|}{c^2h^2}\right)^{n+1}=\left(\frac{U|U|}{c^2h^2}\right)^{n+2/3}+\frac{\partial}{\partial h}\left(\frac{U|U|}{c^2h^2}\right)^{n+2/3}\Delta h+\frac{\partial}{\partial U}\left(\frac{U|U|}{c^2h^2}\right)^{n+2/3}\Delta U \tag{3.1.241}$$

式中, $\Delta h=h^{n+1}-h^n$, $\Delta U=U^n-U^{n+2/3}$. 经过运算得

$$\left(\frac{U|U|}{c^2h^2}\right)^{n+1}=-\left(\frac{U|U|}{c^2h^2}\right)^{n+2/3}-2\left(\frac{U|U|}{c^2h^3}\right)^{n+2/3}\Delta z+2\frac{\partial}{\partial h}\left(\frac{|U|}{c^2h^2}\right)^{n+2/3}U^{n+1} \tag{3.1.242}$$

将式 (3.1.242) 代入动量方程 (3.1.237)

$$U^{n+1}=U^{n+2/3}-g\Delta t\left[\alpha h^{n+1}\mathrm{grad}z^{n+1}+(1-\alpha)\alpha h^n\mathrm{grad}z^n\right]$$
$$-g\Delta t\left[-\alpha\left(\frac{U|U|}{c^2h^2}\right)^{n+2/3}-2\alpha\left(\frac{U|U|}{c^2h^3}\right)^{n+2/3}\right.$$
$$\left.+2\alpha\left(\frac{|U|}{c^2h^2}\right)^{n+2/3}U^{n+1}+(1-\alpha)\left(\frac{U|U|}{c^2h^2}\right)^{n+2/3}\right]$$

经移项归并, 得 U^{n+1} 的计算式

$$U^{n+1}=\frac{1}{\left(1+2\alpha g\Delta t\left(\frac{|U|}{c^2h^2}\right)^{n+2/3}\right)}\times\left\{U^{n+2/3}-g\Delta t\left[\alpha h^{n+1}\mathrm{grad}z^{n+1}+(1-\alpha)\alpha h^n\mathrm{grad}z^n\right.\right.$$
$$\left.\left.-g\Delta t\left[(1-2\alpha)\left(\frac{U|U|}{c^2h^2}\right)^{n+2/3}-2\alpha\left(\frac{U|U|}{c^2h^3}\right)^{n+2/3}\Delta z\right]\right]\right\}\qquad(3.1.243)$$

这里需要说明的是, 在 U, V 计算中, z 值保持不变, 而在计算 z 值时, U, V 取其最新算得的值. 所以, 与此相应, 将 U, V 布置在同一结点上, 而将 z 单独布置, 图 3.1.25. 水深 h 也布置在 $U-V$ 结点上. 在第一步, 第二步计算中, 运算只在 $U-V$ 结点上进行, 而第三步计算只在 z 一结点上进行.

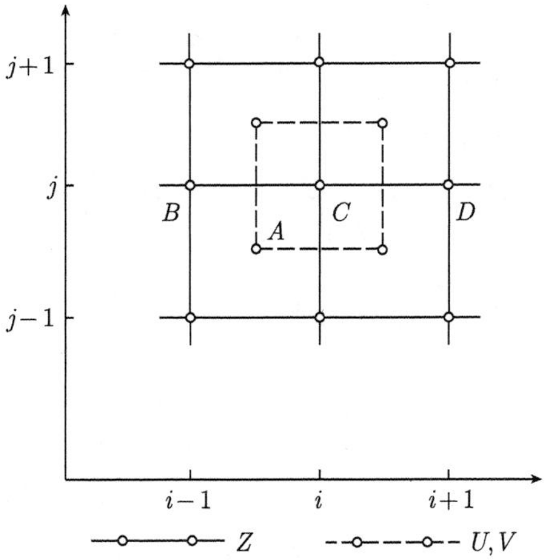

图 3.1.25　分型算法的网格布置

以式 (3.1.239) 为例作说明, $C(i,j)$ 为差分中心

$$\frac{\Delta z_{i,j}}{2g\Delta t^2}-\alpha^2\left[\frac{\left(\Delta z\frac{\partial z^n}{\partial x}\right)_{i,j}-\left(\Delta z\frac{\partial z^n}{\partial x}\right)_{i-1,j}}{\Delta x}\right.$$
$$\left.+\frac{\left(h^n\frac{\partial z^n}{\partial x}\right)_{i,j}-h^n\left(\Delta z\frac{\partial z^n}{\partial x}\right)_{i-1,j}}{\Delta x}\right]=(f_1)_{i,j}-q\qquad(3.1.244)$$

再展开上式

$$\frac{\Delta z_{i,j}}{2g\Delta t^2}-\alpha^2\left[\frac{\Delta z_{i+1/2,j}(z_{i+1,j}^n-z_{i,j}^n)-\Delta z_{i-1/2,j}(z_{i,j}^n-z_{i-1,j}^n)}{\Delta x^2}\right.$$
$$\left.+\frac{h_{i+1/2,j}^n(\Delta z_{i+1,j}-\Delta z_{i,j})-h_{i-1/2,j}^n(\Delta z_{i,j}-\Delta z_{i-1,j})}{\Delta x^2}\right]=(f_1)_{i,j}-q \tag{3.1.245}$$

式中,

$$f_1=\alpha\frac{\partial}{\partial x}h^n\frac{\partial z^n}{\partial x}-\frac{1}{g\Delta t}\left[\alpha\frac{\partial U^{n+2/3}}{\partial x}+(1-\alpha)\frac{\partial U^n}{\partial x}\right];$$

$$h_{i+1/2,j}^n=\gamma_{i+1/2,j}h_{i+1,j}^n+\left(1-\gamma_{i+1/2,j}\right)h_{i,j}^n;$$

$$h_{i-1/2,j}^n=\gamma_{i-1/2,j}h_{i,j}^n+\left(1-\gamma_{i-1/2,j}\right)h_{i-1,j}^n;$$

$$\Delta z_{i+1/2,j}=\gamma_{i+1/2,j}\Delta z_{i+1,j}+\left(1-\gamma_{i+1/2,j}\right)\Delta z_{i,j};$$

$$\Delta z_{i-1/2,j}=\gamma_{i-1/2,j}\Delta z_{i,j}+\left(1-\gamma_{i-1/2,j}\right)\Delta z_{i-1,j}.$$

$\gamma_{i+1/2,j}$, $\gamma_{i-1/2,j}$ 为权函数, 一般取 1/2. 利用一维追赶法可以求得式 (3.1.245) 的解. 同样的步骤可以求得式 (3.1.244) 的解. 由迭代求得的最后结果 $\Delta z_{i,j}^{n+1}$, 求出 $z_{i,j}^{n+1}$, 再将 $z_{i,j}^{n+1}$ 代入式 (3.1.243) 求出 U^{n+1}, V^{n+1}, 从而 u^{n+1}, v^{n+1} 也可以求得. 不过求 u^{n+1}, v^{n+1} 值时, 水深 h^{n+1} 由相邻四个结点处的水深求平均得出.

5. 使用曲线网格的计算模式

为了既能精确地拟合不规则边界, 又能使有跟差分的计算能在规则的网格上进行, 可以利用 12.4.4 节中介绍的曲线坐标, 将计算区域变换成矩形域, 再在矩形域上进行有限差分运算. 在变换平面 (ξ,η) 上, 正交曲线网格下的平面二维非恒定流的基本方程可以写成下面的形式

$$\varsigma_t+\frac{1}{J}\left\{y_\eta[(h+\varsigma)u]_\xi-x_\eta[(h+\varsigma)v]_\xi\right\}$$
$$+\frac{1}{J}\left\{-y_\xi[(h+\varsigma)u]_\eta+x_\xi[(h+\varsigma)v]_\eta\right\}=0 \tag{3.1.246}$$

$$u_t+\frac{1}{J}(y_\eta u-x_\eta v)u_\xi+\frac{1}{J}\left(-y_\xi u+x_\xi v\right)u_\eta-fv$$
$$+\frac{g}{J}(y_\eta\varsigma_\xi-y_\xi\varsigma_\eta)+g\frac{u\sqrt{u^2+v^2}}{(h+\varsigma)c^2}=0 \tag{3.1.247}$$

$$v_t+\frac{1}{J}(y_\eta u-x_\eta v)v_\xi+\frac{1}{J}\left(-y_\xi u+x_\xi v\right)v_\eta+fu$$
$$+\frac{g}{J}(-x_\eta\varsigma_\xi+x_\xi\varsigma_\eta)+g\frac{v\sqrt{u^2+v^2}}{(h+\varsigma)c^2}=0 \tag{3.1.248}$$

式中, 下标 t,ξ,η 分别表示对 t,ξ,η 的导数.

在 (ξ,η) 平面上的计算网格为交错网格, 变量 u,y,ς,h 和 x,y 的布置见图 3.1.26.

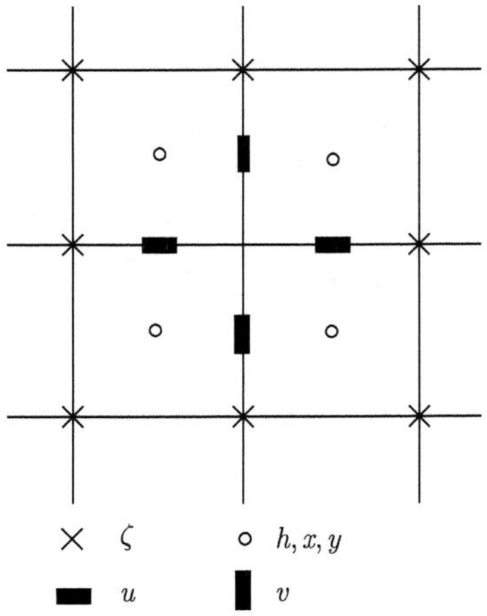

图 3.1.26 曲线网格的网格布置

利用分步法将式 (3.1.246)、(3.1.247)、(3.1.248) 写成如下的形式, 沿 ξ 向

$$\varsigma_t+\frac{1}{J}\left\{y_\eta[(h+\varsigma)\,u]_\xi-x_\eta[(h+\varsigma)\,v]_\xi\right\}=0 \tag{3.1.249}$$

$$u_t+\frac{1}{J}\left(y_\eta u-x_\eta v\right)u_\xi+\frac{g}{J}y_\eta\varsigma_\xi-fv+g\frac{u\sqrt{u^2+v^2}}{(h+\varsigma)\,c^2}=0 \tag{3.1.250}$$

$$v_t+\frac{1}{J}\left(y_\eta u-x_\eta v\right)v_\xi-\frac{g}{J}x_\eta\varsigma_\xi=0 \tag{3.1.251}$$

沿 η 向

$$\varsigma_t+\frac{1}{J}\left\{-y_\xi[(h+\varsigma)\,u]_\eta-x_\xi[(h+\varsigma)\,v]_\eta\right\}=0 \tag{3.1.252}$$

$$v_t+\frac{1}{J}\left(-y_\xi u+x_\xi v\right)v_\eta+fu+g\frac{v\sqrt{u^2+v^2}}{(h+\varsigma)\,c^2}=0 \tag{3.1.253}$$

$$u_t+\frac{1}{J}\left(-y_\xi u+x_\xi v\right)u_\eta-\frac{g}{J}y_\xi\varsigma_\eta=0 \tag{3.1.254}$$

再对两组方程分别进行离散. 以 ξ 向为例, 将式 (3.1.249)、(3.1.250) 按隐式格式离散, 式 (3.1.251) 按 MacCormack 格式离散, 即

$$\frac{1}{\Delta t}\left(\varsigma_{i,j}^{n+1/2}-\varsigma_{i,j}^{n}\right)+\frac{1}{J_{i,j}\Delta\xi}(y_\eta)_{i,j}\left\{\left[\left(\overline{h}_{i+1/2,j}+\overline{\varsigma}_{i+1/2,j}^{n}\right)u_{i+1/2,j}^{n+1/2}\right.\right.$$
$$\left.-\left(\overline{h}_{i-1/2,j}+\overline{\varsigma}_{i-1/2,j}^{n}\right)u_{i-1/2,j}^{n+1/2}\right]-(x_\eta)_{i,j}\left[\left(\overline{h}_{i+1/2,j}+\overline{\varsigma}_{i+1/2,j}^{n}\right)v_{i+1/2,j}^{n}\right.$$

$$-\left(\overline{h}_{i-1/2,j}+\overline{\varsigma}^n_{i-1/2,j}\right)v^n_{i-1/2,j}\Big]\Big\}=0 \tag{3.1.255}$$

$$\frac{1}{\Delta t}\left(u^{n+1/2}_{i+1/2,j}-u^n_{i+1/2,j}\right)+\frac{1}{2J_{i+1/2,j}\Delta\xi}\Big[(y_\eta)_{i+1/2,j}\left(u^n_{i+3/2,j}-u^n_{i-1/2,j}\right)u^{n+1/2}_{i+1/2,j}$$
$$-(x_\eta)_{i+1/2,j}\left(u^n_{i+3/2,j}-u^n_{i-1/2,j}\right)\overline{v}^n_{i+1/2,j}-\frac{g(y_\eta)_{i+1/2,j}}{J_{i+1/2,j}\Delta\xi}\left(\varsigma^{n+1/2}_{i+1,j}-\varsigma^{n+1/2}_{i,j}\right)$$
$$-g\frac{u^{n+1/2}_{i+1/2,j}\sqrt{\left(u^n_{i+1/2,j}\right)^2+\left[\overline{v}^n_{i+1/2,j}\right]^2}}{\left(\overline{h}_{i+1/2,j}+\overline{\varsigma}_{i+1/2,j}\right)C^2_{i+1/2,j}}=0 \tag{3.1.256}$$

$$\begin{aligned}v^*_{i,j+1/2}=&v^n_{i,j+1/2}-\frac{\Delta t}{2J_{i,j+1/2}\Delta\xi}\Big\{(y_\eta)_{i,j+1/2}\left(v^n_{i+1,j+1/2}-v^n_{i,j+1/2}\right)\overline{u}^n_{i,j+1/2}\\&-(x_\eta)_{i,j+1/2}\left(v^n_{i+1,j+1/2}-v^n_{i,j+1/2}\right)v^n_{i,j+1/2}\Big\}\\&+\frac{g(x_\eta)_{i,j+1/2}}{J_{i,j+1/2}\Delta\xi}\left(\overline{\varsigma}^n_{i+1,j+1/2}-\overline{\varsigma}^n_{i,j+1/2}\right)\end{aligned} \tag{3.1.257}$$

$$\begin{aligned}v^{n+1/2}_{i,j+1/2}=&\frac{1}{2}\Big\{v^n_{i,j+1/2}+v^*_{i,j+1/2}\\&-\frac{\Delta t}{2J_{i,j+1/2}\Delta\xi}\Big[(y_\eta)_{i,j+1/2}\left(v^*_{i,j+1/2}-v^*_{i-1,j+1/2}\right)\overline{u}^{n+1/2}_{i,j+1/2}\\&-(x_\eta)_{i,j+1/2}\left(v^*_{i,j+1/2}-v^*_{i-1,j+1/2}\right)v^*_{i,j+1/2}\Big]\\&+\frac{g(x_\eta)_{i,j+1/2}}{J_{i,j+1/2}\Delta\xi}\left(\overline{\varsigma}^n_{i,j+1/2}-\overline{\varsigma}^n_{i-1,j+1/2}\right)\Big)\Big]\Big\}\end{aligned} \tag{3.1.258}$$

式中, 上标 “–” 表示求平均, 求平均的公式与本节前述的公式相同. x_η, y_η, J 的计算公式参见 12.4.3 节, 以 $(x_\eta)_{i,j}$ 为例, 说明如下

$$(x_\eta)_{i,j}=\left(x_{i+1/2,j+1/2}+x_{i-1/2,j+1/2}-x_{i+1/2,j-1/2}-x_{i-1/2,j-1/2}\right)/(2\Delta\eta)$$

余类推. 将式 (3.1.256), (3.1.257) 进行整理, 可以得到如下的代数方程组

$$A_{i+1/2}u^{n+1/2}_{i+1/2,j}+B_i\varsigma^{n+1/2}_{i,j}+C_{i-1/2}u^{n+1/2}_{i-1/2,j}=D_i \tag{3.1.259}$$

$$A_{i+1}\varsigma^{n+1/2}_{i+1,j}+B_{i+1/2}u^{n+1/2}_{i+1/2,j}+C_i\varsigma^{n+1/2}_{i,j}=D_{i+1/2} \tag{3.1.260}$$

方程组的求解方法见前述.

在曲线坐标系中, 边界条件的处理与直角坐标网格不同. 在固体边界结点处速度分量 u,v 不等于零, 所以不能直接引用 $u=0$ 或 $v=0$ 的边界条件, 需要专门处理. 设 q_t 为沿曲线坐标线 x_1 的切向速度分量, q_t 的控制方程为

$$\frac{\partial q_t}{\partial t}+q_t\frac{\partial q_t}{h_1\partial x_1}+q_n\frac{\partial q_t}{h_2\partial x_2}+g\frac{\partial\varsigma}{h_1\partial x_1}-fq_n+g\frac{q_t\sqrt{{q_t}^2+{q_n}^2}}{(h+\varsigma)\,c^2}=0 \tag{3.1.261}$$

式中, q_n 为沿曲线坐标线 x_1 的法向分量, 由于在拟合坐标系中, 固体边界是一条坐标线, 所以, $q_n=0$, 式 (3.1.261) 可以再写成

$$\frac{\partial q_t}{\partial t}+q_t\frac{\partial q_t}{h_1\partial x_1}+g\frac{\partial\varsigma}{h_1\partial x_1}+g\frac{q_t\left|q_t\right|}{(h+\varsigma)\,c^2}=0 \tag{3.1.262}$$

式中, h_1、h_2 是拉梅系数, 令 $x_1=\xi$, $x_2=\eta$, 式 (3.1.326) 可以进一步写成

$$\frac{\partial u^\xi}{\partial t}+u^\xi\frac{\partial u^\xi}{h_1\partial\xi}+g\frac{\partial\varsigma}{h_1\partial\xi}+g\frac{u^\xi\left|u^\xi\right|}{(h+\varsigma)\,c^2}=0 \tag{3.1.263}$$

式中, $h_1=\left(x_\xi^2+y_\xi^2\right)^{1/2}=\gamma^{1/2}$; $u^\xi=uy_\eta/h_2$; $h_2=\left(x_\eta^2+y_\eta^2\right)^{1/2}=\gamma^{1/2}$; u^ξ 为沿 ξ 坐标线的切向分量. 对于 u^η 可以导出类似的表达式, u^η 为沿 η 坐标线的切向分量. 根据式 (3.1.263) 和 (3.1.262) 分别求出 u^ξ 和 u^η 后, 再求出每一个固体边界结点的 u,v 值, 再纳入计算.

6. 湖泊或其他大型水域风成环流的准三维数值模拟[24]

风成环流的水平向流速沿垂向存在较大的速度梯度, 一般须采用三维数值模拟. 但是理论分析和实测资料证明风成流动水平向流速的垂向分布一般较规律, 综合分析 Leendertse 等人的成果可以认为, 将该分布代入式 (1.3.60)~ 式 (1.3.63) 沿水深积分, 略去垂向速度的作用, 便可得到风生环流的准三维模式.

(1) 基本方程

将式 (1.3.79), 式 (1.3.80) 和式 (1.3.81) 写成如下的形式

$$\frac{\partial\varsigma}{\partial t}+\frac{\partial(h+\varsigma)\,U}{\partial x}+\frac{\partial(h+\varsigma)\,V}{\partial y}=0 \tag{3.1.264}$$

$$\frac{\partial U}{\partial t}+\alpha_{11}U\frac{\partial U}{\partial x}+\alpha_{21}V\frac{\partial U}{\partial y}=-g\frac{\partial\varsigma}{\partial x}+\frac{\tau_{sx}}{\rho(h+\varsigma)}-\frac{\tau_{bx}}{\rho(h+\varsigma)}+v_h\left(\frac{\partial^2U}{\partial x^2}+\frac{\partial^2U}{\partial y^2}\right)+fV \tag{3.1.265}$$

$$\frac{\partial V}{\partial t}+\alpha_{12}U\frac{\partial V}{\partial x}+\alpha_{22}V\frac{\partial V}{\partial y}=-g\frac{\partial\varsigma}{\partial y}+\frac{\tau_{sy}}{\rho(h+\varsigma)}-\frac{\tau_{by}}{\rho(h+\varsigma)}+v_h\left(\frac{\partial^2V}{\partial x^2}+\frac{\partial^2V}{\partial y^2}\right)-fU \tag{3.1.266}$$

式中, U,V 表示垂线平均流速; $\alpha_{11},\alpha_{21},\alpha_{12},\alpha_{22}$ 为考虑垂线分布的动量修正系数; v_h 为水平涡动黏性系数, 其余符号的意义同前.

设水平向流速 u,v 沿垂线按二次多项式分布, 即

$$u\,(x,y,z,t)=z^2A\,(x,y,t)+zB\,(x,y,t)+C\,(x,y,t) \tag{3.1.267}$$

$$v\,(x,y,z,t)=z^2D\,(x,y,t)+zE\,(x,y,t)+F\,(x,y,t) \tag{3.1.268}$$

它们满足下列条件

$$\int_{-h}^{\varsigma} u\mathrm{d}z = U(h+\varsigma), \quad \int_{-h}^{\varsigma} v\mathrm{d}z = V(h+\varsigma)$$

$$v_s \frac{\partial u}{\partial z}\bigg|_{z=\varsigma} = \tau_{sx}, \quad v_s \frac{\partial v}{\partial z}\bigg|_{z=\varsigma} = \tau_{sy}$$

$$u\big|_{z=-h} = 0, \quad v\big|_{z=-h} = 0 \tag{3.1.269}$$

利用上述条件, 可以求出式 (3.1.267), 式 (3.1.268) 中的系数, 得

$$u(x,y,z,t) = \left(\frac{3\alpha_x}{4} - \frac{3U}{2}\right)\left(\frac{z}{h+\varsigma}\right)^2 + \alpha_x \frac{z}{h+\varsigma} + \frac{\alpha_x}{4} + \frac{3U}{2} \tag{3.1.270}$$

$$v(x,y,z,t) = \left(\frac{3\alpha_y}{4} - \frac{3V}{2}\right)\left(\frac{z}{h+\varsigma}\right)^2 + \alpha_y \frac{z}{h+\varsigma} + \frac{\alpha_y}{4} + \frac{3V}{2} \tag{3.1.271}$$

式中, $\alpha_x = (h+\varsigma)\dfrac{\tau_{sx}}{\rho v_s}$, $\alpha_y = (h+\varsigma)\dfrac{\tau_{sy}}{\rho v_s}$. 根据文献[30], 垂向涡动黏性系数 v_s 可取为常数, 且

$$v_z = v_s = v_h = k(h+\varsigma)\sqrt{\frac{\tau_s}{\rho}} \tag{3.1.272}$$

其中, $k \approx 0.01$, k 的数值视问题的不同而异, 可由实测或数值试验确定. 这样, α_x, α_y 和动量修正系数 $\alpha_{11}, \alpha_{21}, \alpha_{12}, \alpha_{22}$ 分别等于

$$\alpha_x = \frac{1}{k}\sqrt{\frac{\tau_{sx}}{\rho}}, \quad \alpha_y = \frac{1}{k}\sqrt{\frac{\tau_{sy}}{\rho}} \tag{3.1.273}$$

$$\alpha_{11} = 1.2 + 0.025\frac{\alpha_x}{U}, \quad \alpha_{21} = 1.2 + 0.025\frac{\alpha_y}{V}$$

$$\alpha_{12} = 1.2 + 0.025\frac{\alpha_x}{U}, \quad \alpha_{22} = 1.2 + 0.025\frac{\alpha_y}{V} \tag{3.1.274}$$

自由液面上的切应力考虑风成切应力, 由下面的公式计算

$$\tau_{sx} = c_s \rho_\alpha w w_x, \quad \tau_{sy} = c_s \rho_\alpha w w_y \tag{3.1.275}$$

式中, w, w_x 和 w_y 分别为离自由面 10 米处的风速及其沿 x, y 方向的分量, c_s 为风阻力系数, $c_s = 0.001\dfrac{\rho_a}{\rho_w}\left(0.61 + 0.063\sqrt{w_x^2 + w_y^2}\right)$, ρ_a 为空气密度. 利用式 (3.1.273), (3.1.274) 和 (3.1.275), 可以求出床面切应力

$$\tau_{bx} = 3kU\sqrt{\rho\tau_s} - 0.5\tau_{sx}, \quad \tau_{by} = 3kU\sqrt{\rho\tau_s} - 0.5\tau_{sy}$$

根据以上的关系式, 可以写出风生环流的准三维模式的基本方程如下

$$\frac{\partial\varsigma}{\partial t} + \frac{\partial(h+\varsigma)U}{\partial x} + \frac{\partial(h+\varsigma)V}{\partial y} = 0 \tag{3.1.276}$$

$$\frac{\partial U}{\partial t}+(1.2U+0.025\alpha_x)\frac{\partial U}{\partial x}+(1.2V+0.025\alpha_y)\frac{\partial U}{\partial y}$$

$$=-g\frac{\partial \varsigma}{\partial x}+fV+1.5\frac{\tau_{sx}}{\rho(h+\varsigma)}-\frac{3kU}{h+\varsigma}\sqrt{\frac{\tau_s}{\rho}}+v_b\left(\frac{\partial^2 U}{\partial x^2}+\frac{\partial^2 U}{\partial y^2}\right) \tag{3.1.277}$$

$$\frac{\partial V}{\partial t}+(1.2V+0.025\alpha_x)\frac{\partial V}{\partial x}+(1.2V+0.025\alpha_y)\frac{\partial V}{\partial y}$$

$$=-g\frac{\partial \varsigma}{\partial x}-fU+1.5\frac{\tau_{sy}}{\rho(h+\varsigma)}-\frac{3kV}{h+\varsigma}\sqrt{\frac{\tau_s}{\rho}}+v_h\left(\frac{\partial^2 V}{\partial x^2}+\frac{\partial^2 V}{\partial y^2}\right) \tag{3.1.278}$$

(2) 基本方程的离散

求解时将基本方程按空间 x, y 破开成两步, 即

$$\frac{\varsigma^*-\varsigma^n}{\Delta t}+\frac{\partial(h+\varsigma)U}{\partial x}=0 \tag{3.1.279}$$

$$\frac{\varsigma^{n+1}-\varsigma^*}{\Delta t}+\frac{\partial(h+\varsigma)V}{\partial y}=0 \tag{3.1.280}$$

$$\frac{U^*-U^{n-1/2}}{\Delta t}+(1.2U+0.025\alpha_x)\frac{\partial U}{\partial x}=-g\frac{\partial \varsigma}{\partial x}+fV+1.5\frac{\tau_{sx}}{\rho(h+\varsigma)}-\frac{3kU}{(h+\varsigma)}\sqrt{\frac{\tau_s}{\rho}}+v_h\frac{\partial^2 U}{\partial x^2} \tag{3.1.281}$$

$$\frac{U^{n+1/2}-U^*}{\Delta t}+(1.2V+0.025\alpha_y)\frac{\partial U}{\partial y}=v_h\frac{\partial^2 U}{\partial y^2} \tag{3.1.282}$$

$$\frac{U^{n+1}-U^*}{\Delta t}+(1.2V+0.025\alpha_y)\frac{\partial V}{\partial y}=-g\frac{\partial \varsigma}{\partial y}-fU+1.5\frac{\tau_{sy}}{\rho(h+\varsigma)}-\frac{3kV}{(h+\varsigma)}\sqrt{\frac{\tau_s}{\rho}}+v_h\frac{\partial^2 V}{\partial y^2} \tag{3.1.283}$$

$$\frac{V^*-V^n}{\Delta t}+(1.2U+0.025\alpha_x)\frac{\partial V}{\partial x}=v_h\frac{\partial^2 V}{\partial x^2} \tag{3.1.284}$$

式中, U^*, V^*, ς^* 分别为中间值.

离散的网格为交错形网格, 如图 3.1.27 所示. 为了提高计算的稳定性, 非线性对流项采用全隐中心差分, 并将其差分与局部加速度项的时间差分中心置于同一时间层, 阻力项的差分则放在低半个步长的时间层上. 以 x 向为例

$$\frac{\varsigma_{i,j}^*-\varsigma_{i,j}^n}{\Delta t}+\frac{h_{i+1/2,j+1/2}+h_{i+1/2,j-1/2}+\left(\varsigma_{i+1,j}^*\right)^l+\left(\varsigma_{i,j}^*\right)^l}{2\Delta x}U_{i+1/2,j}^*-\frac{h_{i-1/2,j+1/2}+h_{i-1/2,j-1/2}+\left(\varsigma_{i,j}^*\right)^l+\left(\varsigma_{i-1,j}^*\right)^l}{2\Delta x}U_{i-1/2,j}^*=0 \tag{3.1.285}$$

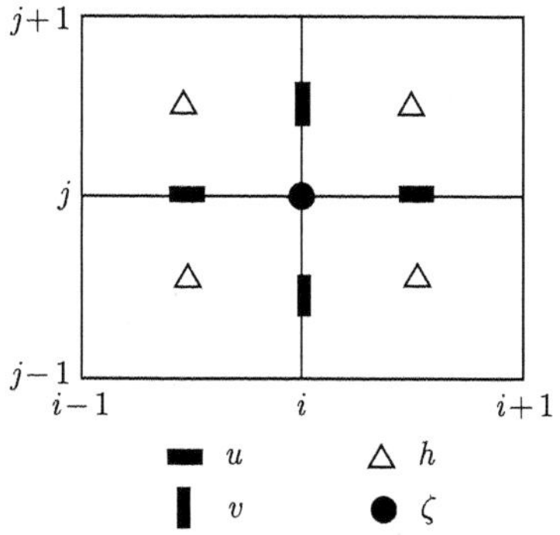

图 3.1.27 风成环流计算网格布置

$$\frac{U^{*}_{i+1/2,j}-U^{n-1/2}_{i+1/2,j}}{\Delta t}+\frac{\left(1.2U^{*}_{i+1/2,j}+0.025\alpha_x\right)\left[\left(U^{*}_{i+3/2,j}\right)^{l}-\left(U^{*}_{i-1/2,j}\right)^{l}\right]}{4\Delta x}$$
$$+\frac{\left(1.2U^{n-1/2}_{i+1/2,j}+0.025a_x\right)\left(U^{n-1/2}_{i+1/2,j}-U^{n-1/2}_{i-1/2,j}\right)}{4\Delta x}$$
$$=-g\frac{\varsigma^{*}_{i+1,j}-\varsigma^{*}_{i,j}}{\Delta x}+f\overline{V}^{n-1/2}_{i+1/2,j}+\frac{1.5\tau_{sx}}{\rho\overline{H}^{n}_{i+1/2,j}}-\frac{3kU^{n-1/2}_{i+1/2,j}}{\overline{H}^{n}_{i+1/2,j}}\sqrt{\frac{\tau_s}{\rho}}$$
$$+v_h\frac{U^{n-1/2}_{i+3/2,j}-2U^{n-1/2}_{i+1/2,j}+U^{n-1/2}_{i-1/2,j}}{\Delta x^2} \tag{3.1.286}$$

式中,

$$\overline{V}^{n}_{i+1/2,j}=\frac{1}{4}\left(V^{n}_{i+1,j+1/2}+V^{n}_{i+1,j-1/2}+V^{n}_{i,j+1/2}+V^{n}_{i,j-1/2}\right);$$
$$\overline{H}^{n}_{i+1/2,j}=\frac{1}{2}\left(h_{i+1/2,j+1/2}+h_{i+1/2,j-1/2}+\varsigma^{n}_{i+1,j}+\varsigma^{n}_{i,j}\right);$$

l 表示中间迭代次数,

将式 (3.1.285), (3.1.286) 整理, 得到如下形式的代数方程组

$$A_{i+1/2}U^{*}_{i+1/2,j}+B_j\varsigma^{*}_{i,j}+C_{i-1/2}U^{*}_{i-1/2,j}=D_i$$
$$A^{*}_{i+1}\varsigma^{*}_{i+1,j}+B^{*}_{i+1/2}V^{*}_{i+1/2,j}+C^{*}_{i}\varsigma^{*}_{i,j}=D^{*}_{i+1/2} \tag{3.1.287}$$

方程组的系数矩阵为三角矩阵, 可以用追赶法求解. 式 (3.1.287) 利用显式求解. 这里采用预测–校正格式求解.

预测步

$$\frac{V^{p}_{i,j+1/2}-V^{n}_{i,j+1/2}}{\Delta t}+\left[0.3\overline{U}^{*}_{i,j+1/2}+0.025\alpha_x\right]\cdot\frac{V^{n}_{i+1,j+1/2}-V^{n}_{i-1,j+1/2}}{2\Delta x}$$
$$=v_h\frac{V^{n}_{i+1,j+1/2}-2V^{n}_{i,j+1/2}+V^{n}_{i-1,j+1/2}}{\Delta x^2} \tag{3.1.288}$$

校正步

$$\begin{aligned}&\frac{V^*_{i+1/2,j}-0.5\left(V^p_{i,j+1/2}+V^n_{i,j+1/2}\right)}{\Delta t}\\&+0.5\left[0.3\overline{U}^*_{i,j+1/2}+0.025\alpha_x\right]\frac{V^p_{i,j+1/2}-V^n_{i,j+1/2}}{2\Delta x}\\=&0.5v_h\frac{V^p_{i+1,j+1/2}-2V^p_{i,j+1/2}+V^p_{i-1,j+1/2}}{\Delta x^2}\end{aligned}\tag{3.1.289}$$

沿 x 向求解出 U^*, V^*, ς^* 的值. y 向的求解与 x 向类似, 最后求出 U^{n+1}, V^{n+1}, ς^{n+1} 的值.

3.1.6　计算实例[25]

本例利用 3.1.4 节介绍的曲线网格的计算模式对长江口南支流场进行了计算. 计算区域是从七丫口至横沙, 全长 68 公里. 计算是以 1984 年现场观测的资料为基础进行的.

1. 计算资料的初处理

为了适应计算模式的要求, 在计算中对所提供的原型资料进行了必要的初处理.

(1) 地形资料的处理

在断面上由于在某些部位, 实测的地形变化过于剧烈, 在个别测点处, 地形突然局部高到平均海平面. 计算网格难以完全考虑这样突然的局部的剧烈变化, 因而采用数学滤波方法, 对实测地形沿断面方向进行光滑, 滤波造成的概化程度难以控制, 以保证处理后的地形仍能反映实测地形的主要特征为度. 再以糙率的调整加以补偿. 对于岛屿和明显沙滩, 则保持其原始地形特征.

(2) 水位、流量资料的处理

由于现场观测的七丫口、共青圩、横沙的潮位过程线和七丫口的流量过程线为不闭合的曲线, 计算时, 为和初始条件的设定相适应, 计算的时间起点选在与憩潮点相对应的时刻附近.

(3) 计算网格

利用 3.14.3 的微分方程法将实际长江口南支流场, 变换成一个矩形的双连通域, 在计算域上用交错网格进行离散, 图 3.1.28.

(4) 计算用的参数

空间步长 $\Delta\xi=\Delta\eta=1.0$, 时间步长 $\Delta t=300$ 秒, 控制 Courant 数 $C\leqslant 5-10$, 曼宁糙率系数, I=2–35 的区域内, 曼宁糙率系数 $n=0.013\sim0.016$, 根据水深情况、地形和区域进行适当调整. 科里奥利力系数 $f=0.0000737$.

2. 计算用的初始条件和边界条件

(1) 初始条件全部计算域内的流速、水位均为零.

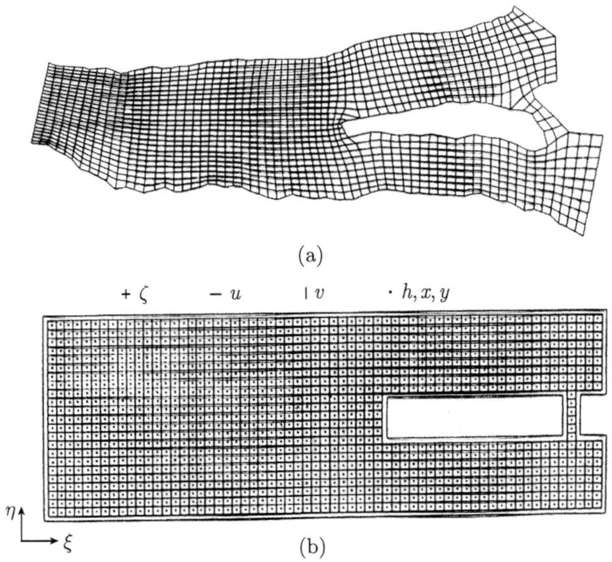

图 3.1.28 (a) 物理平面 (b) 计算平面

(2) 边界条件七丫口：流量的过程线 (以水位过程线验证); 共青圩、横沙：潮位过程线.

(3) 部分沙滩的处理：长兴岛头部北港区中央沙的部分和七丫口下游上扁担砂的部分处理或高潮掩没, 低潮出水, 出水的条件可控制, 即利用动边界方法模拟边界的变化.

3. 天然流场的计算结果

现场观测资料给出了长兴、六滧两个测站的潮位过程线和断面各条垂线的平均流速值, 并以此作为验证模型计算结果的可靠程度. 计算的结果如下.

(1) 潮位、波速、流量

图 3.1.29～ 图 3.1.31 给出了六滧站与长兴站的实测与计算的潮位、断面平均流速和流量过程的比较. 图中实线为实测资料, 从图中可以看出, 计算值与实测值在量值上和相位上均基本吻合, 在潮位六滧站的计算值与实测值的差值较小, 长兴站的计算值与实测值略大. 高潮位时的差值小于低潮位时的差值. 在流速上六滧站落潮相位上稍滞后于实测值, 长兴站涨潮流速的计算值与实测值的差别略大.

(2) 南北港全潮潮量的分流比

根据六滧站与长兴站的实测流量过程线, 算得全潮潮量的分流比为南港 45%, 北港 55%.

(3) 流场

图 3.1.32 给出算得的潮流流场图. 从图可见, 流速的方向基本上与深槽的走向

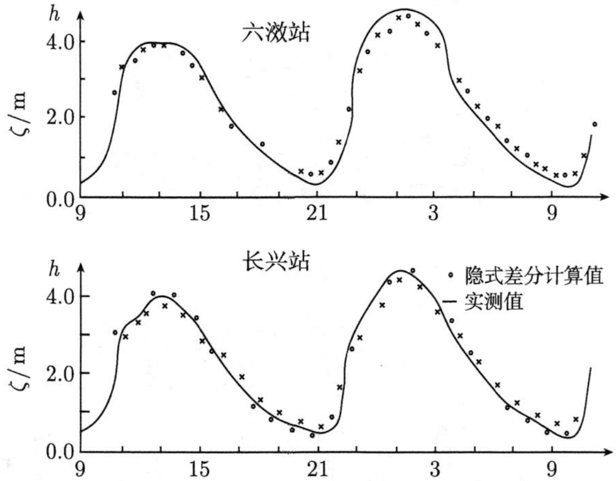

图 3.1.29　实测与计算的潮位过程线

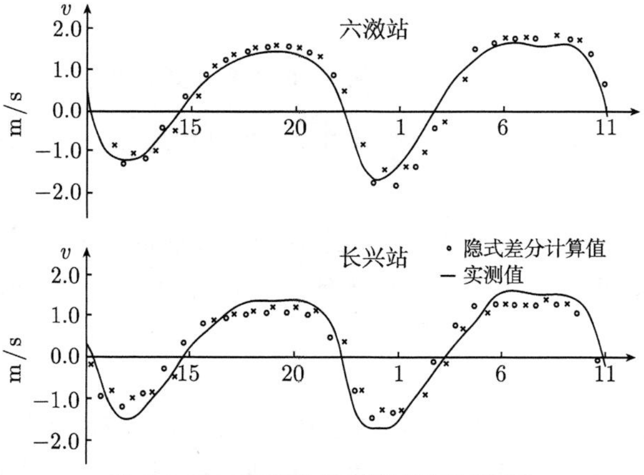

图 3.1.30　实测和计算的流速过程线

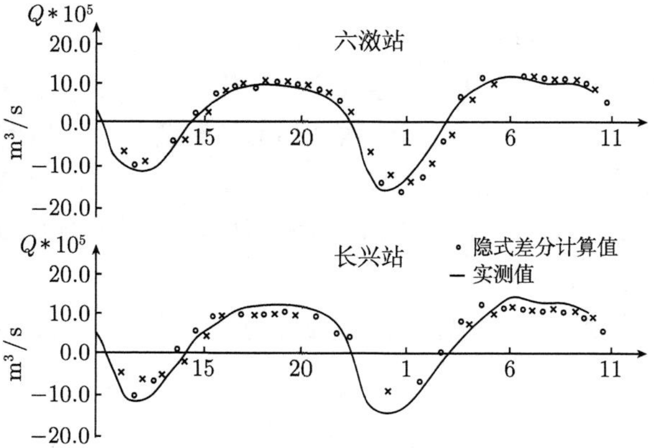

图 3.1.31　实测与计算的流量过程线

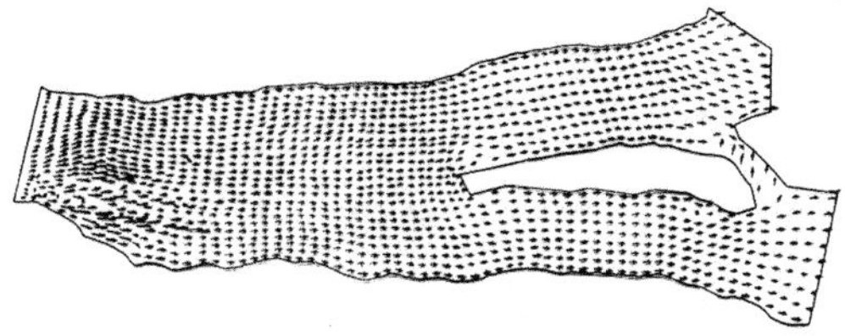

图 3.1.32 潮流场的计算图

一致. 在某时段, 在流场内形成不等的回流区, 其形态与该时段的径流和潮流联合作用的特性及地形特征符合.

3.2 扩散问题的有限差分解[26]

环境污染已是当今国际上瞩目的问题, 其中的一个重要方面就是污染物质 (包括热废水、气) 在大气和水流中的扩散构成对生态的威胁. 所以, 就如何尽可能地降低污染对生态的影响, 人们正在进行大量的研究工作, 其中利用数值模型就某个或某些排污中心对周围环境的影响进行预测或估算是研究工作的一项重要内容. 这方面已经报道的成果是相当丰富的. 这一节, 只是介绍的其中的一个可供选用的方法.

在第 1 章中已经给出的三维扩散方程为

$$\frac{\partial\Theta}{\partial t}+u\frac{\partial\Theta}{\partial x}+v\frac{\partial\Theta}{\partial y}+w\frac{\partial\Theta}{\partial z}=D\nabla^2\Theta+q_1 \tag{3.2.1}$$

如果扩散系数 D 在三个方向是不同的, 式 (3.2.1) 写成如下形式

$$\frac{\partial\Theta}{\partial t}+u\frac{\partial\Theta}{\partial x}+v\frac{\partial\Theta}{\partial y}+w\frac{\partial\Theta}{\partial z}=\nabla\cdot(D\cdot\nabla\Theta)+q_1 \tag{3.2.2}$$

二维和一维扩散方程可以分别写成

$$\frac{\partial\Theta}{\partial t}+u\frac{\partial\Theta}{\partial x}+v\frac{\partial\Theta}{\partial y}=D_x\frac{\partial^2\Theta}{\partial x^2}+D_y\frac{\partial^2\Theta}{\partial y^2}+\frac{q_2}{h} \tag{3.2.3}$$

和

$$\frac{\partial\Theta}{\partial t}+u\frac{\partial\Theta}{\partial x}=D_x\frac{\partial^2\Theta}{\partial x^2}+\frac{q_3}{A} \tag{3.2.4}$$

以上式中, q_1 是单位体积的污染物质的排放率; q_2 是单位面积污染物质的排放率; q_3 是单位长度污染物质的排放率; h 是水深; A 是过水断面的面积.

3.2.1 一维扩散方程的数值解

第一节首先讨论无对流项的一维扩散的数值解, 第二节将讨论完整的式 (3.2.4) 的数值解.

1. 一维扩散方程

方程的形式是,

$$\frac{\partial \Theta}{\partial t}=D_x\frac{\partial^2\Theta}{\partial x^2}+\frac{q_3}{A}$$

我们用类似于 Preissmann 格式的隐式格式来离散上式, 即

$$\begin{aligned}\frac{\Theta_j^{n+1}-\Theta_j^n}{\Delta x}=&D_x\left[\vartheta\left(\frac{\delta^2\Theta}{\delta x^2}\right)_j^{n+1}+(1-\vartheta)\left(\frac{\delta^2\Theta}{\delta x^2}\right)_j^n\right]\\&+\frac{1}{A}\left[\vartheta q_3^{n+1}+(1-\vartheta)\,q_3^n\right]\end{aligned}\tag{3.2.5}$$

式中, $0\leqslant\vartheta\leqslant 1$, $\dfrac{\delta^2\Theta}{\delta x^2}$ 是二阶中心差分算子

稳定条件是

$$\Delta t\leqslant\frac{\Delta x^2}{2D_x(1-2\vartheta)}\quad 0\leqslant\vartheta<1/2$$

Δt 无限制条件 $1/2\leqslant\vartheta\leqslant 1$

2. 一维对流–扩散方程

式 (3.2.4) 的基本差分方程是, 采用时间导数的空间加权格式

$$\begin{aligned}&g_{-1}\left(\frac{\partial\Theta}{\partial t}\right)_{j-1}+g_0\left(\frac{\partial\Theta}{\partial t}\right)_j+g_1\left(\frac{\partial\Theta}{\partial t}\right)_{j+1}+u\frac{(\nabla+\Delta)\,\Theta}{2\Delta x}\\&=D_x\left(\frac{\delta^2\Theta}{\delta x^2}\right)_j+\frac{1}{2}\left[g_{-1}(q_3)_{j-1}+g_0(q_3)_j+g_1(q_3)_{j+1}\right]\cdot\left[\frac{1}{A_j^{n+1}}+\frac{1}{A_j^n}\right]\end{aligned}\tag{3.2.6}$$

式中 g_{-1}, g_0, g_1 是权系数, $g_{-1}+g_0+g_1=1$; ∇ 是一阶后差分; Δ 是一阶前差分. 权系数可以取为 $g_{-1}=g_0=0$, $g_1=1$, 不过在很多情况下这种选择会带来不精确的结果. 另一种为, $g_{-1}=g_1=1/6$, $g_0=2/3$. 可得到幅度因子为 1 和相位误差接近于零的良好特性. 至此, 时间导数仍未被离散. 将式 (3.2.6) 改写成

$$g_1\left(\frac{\partial\Theta}{\partial t}\right)_{j-1}+g_0\left(\frac{\partial\Theta}{\partial t}\right)_j+g_1\left(\frac{\partial\Theta}{\partial t}\right)_{j+1}=G_j\,(t)$$

式中

$$\begin{aligned}G_j\,(t)=&D_x\left(\frac{\delta^2\Theta}{\delta x^2}\right)_j-u\frac{(\nabla+\Delta)\,\Theta}{2\Delta x}\\&+\frac{1}{2}\left[g_{-1}(q_3)_{j-1}+g_0(q_3)_j+g_1(q_3)_{j+1}\right]\cdot\left[\frac{1}{A_j^{n+1}}+\frac{1}{A_j^n}\right]\end{aligned}$$

时间导数可以离散如下

$$g_1\left(\frac{\Theta_{j-1}^{n+1}-\Theta_{j-1}^{n}}{\Delta t}\right)+g_0\left(\frac{\Theta_{j}^{n+1}-\Theta_{j}^{n}}{\Delta t}\right)_j+g_1\left(\frac{\Theta_{j+1}^{n+1}-\Theta_{j+1}^{n}}{\Delta t}\right)_{j+1}=G_j$$

或

$$=\frac{1}{2}\left(G_j^{n+1}+G_j^n\right)$$
$$=G_j^{n+1}.$$

在所有上述三种情况中, 除了 $g_{-1}=g_0=0$, $g_1=1$, 这一种情况, 线性方程组的矩阵为三对角矩阵. 此时方程组可以用追赶法求解.

如果式 (3.2.6) 按上面的第二种方式进行离散, 其差分方程为

$$\begin{aligned}
&g_{-1}\frac{\Theta_{j-1}^{n+1}-\Theta_{j-1}^{n}}{\Delta t}+g_0\frac{\Theta_{j}^{n+1}-\Theta_{j}^{n}}{\Delta t}\\
&+g_1\frac{\Theta_{j+1}^{n+1}-\Theta_{j+1}^{n}}{\Delta t}+\frac{u}{2}\frac{(\nabla+\Delta)\left(\Theta_j^{n+1}+\Theta_j^n\right)}{2\Delta x}\\
=&\frac{D_x}{2}\left[\left(\frac{\delta^2\Theta}{\delta x^2}\right)_j^{n+1}+\left(\frac{\delta^2\Theta}{\delta x^2}\right)_j^{n}\right]\\
&+\frac{1}{2}\left[g_{-1}(q_3)_{j-1}+g_0(q_3)_j+g_1(q_3)_{j+1}\right]\cdot\left[\frac{1}{A_j^{n+1}}+\frac{1}{A_j^n}\right]
\end{aligned}\tag{3.2.7}$$

这个差分方程式是无条件稳定的, 相容和收敛的.

3. 格式的精度

为了对该差分格式的精度有一个完整的理解, 我们就第 2 章所讨论的误差类型进行分析.

(1) 截断误差

将 Θ_{j+1} 和 Θ_{j-1} 展开成 Taylor 级数展开式

$$\frac{\Theta_{j+1}-\Theta_{j-1}}{2\Delta x}=\left(\frac{\partial\Theta}{\partial x}\right)_i+\frac{\Delta x^2}{3}\cdot\frac{\partial^3\Theta}{\partial x^3}+o\left(\Delta x^4\right)$$

将此式用于式 (3.2.6)

$$\begin{aligned}
&\left(\frac{\partial\Theta}{\partial t}\right)_j+(g_1-g_{-1})\,\Delta x\left(\frac{\partial^2\Theta}{\partial x\partial t}\right)_j+(g_1+g_{-1})\,\frac{\Delta x^2}{2!}\left(\frac{\partial^3\Theta}{\partial x^2\partial t}\right)_j\\
&+(g_1-g_{-1})\,\frac{\Delta x^3}{3!}\left(\frac{\partial^4\Theta}{\partial x^3\partial t}\right)_j+u\left(\frac{\partial\Theta}{\partial x}\right)_j+u\left(\frac{\Delta x^3}{3!}\right)\left(\frac{\partial^3\Theta}{\partial x^3}\right)_j\\
=&D_x\left(\frac{\partial^2\Theta}{\partial x^2}\right)_j+D_x\frac{2\Delta x^2}{4!}\left(\frac{\partial^4\Theta}{\partial x^4}\right)_j+o\left(\Delta x^4\right)
\end{aligned}$$

$g_{-1}=g_0=0, g_1=1$, 我们有

$$\left(\frac{\partial\Theta}{\partial t}+u\frac{\partial\Theta}{\partial x}-D_x\frac{\partial^2\Theta}{\partial x^2}\right)_j+u\frac{\Delta x^2}{6}\left(\frac{\partial^3\Theta}{\partial x^3}\right)_j=D_x\frac{\Delta x^2}{12}\left(\frac{\partial^4\Theta}{\partial x^4}\right)_j+o\left(\Delta x^4\right) \quad (3.2.8)$$

及如果 $g_{-1}=g_1=1/6$, $g_0=2/3$

$$\left(\frac{\partial\Theta}{\partial t}+u\frac{\partial\Theta}{\partial x}-D_x\frac{\partial^2\Theta}{\partial x^2}\right)_j+\frac{\Delta x^2}{6}\frac{\partial^2}{\partial x^2}\left(\frac{\partial\Theta}{\partial t}+u\frac{\partial\Theta}{\partial x}-D_x\frac{\partial^2\Theta}{\partial x^2}\right)_j$$
$$=-D_x\frac{\Delta x^2}{12}\left(\frac{\partial^4\Theta}{\partial x^4}\right)_j+o\left(\Delta x^4\right) \quad (3.2.9)$$

式 (3.2.8) 和 (3.2.9) 是直接从式 (3.2.6) 推导出来的, 如果考虑上节所讲的离散时间导数的三种方式, 则它们的截断误差分别是 $o\left(\Delta t,\Delta x^2\right)$, $o\left(\Delta t^2,\Delta x^2\right)$, 比较式 (3.2.6) 和 (3.2.9) 可以得出, 当 $D_x\frac{\Delta x^2}{12}\left(\frac{\partial^4\Theta}{\partial x^4}\right)=0$ 时, 采用时间导数空间加权的格式更准确. 更一般地说, 如果 $D_x\frac{\Delta x^2}{12}\left(\frac{\partial^4\Theta}{\partial x^4}\right)\ll u\frac{\Delta x^2}{6}\left(\frac{\partial^3\Theta}{\partial x^3}\right)$, 则 $g_{-1}=g_1=1/6$, $g_0=2/3$, 得差分格式要比 $g_{-1}=g_0=0$, $g_1=1$ 的差分格式精确得多.

上面的讨论只是定性的, 要定量地给出截断误差是很困难的. 至少应该知道 $\frac{\partial^3\Theta}{\partial x^3}$ 和 $\frac{\partial^4\Theta}{\partial x^4}$ 的性质.

(2) 阻尼误差和相位误差

微分方程 (3.2.4) 的一个解可以写成

$$\Theta\left(x,t\right)=\Theta^{*\lambda(\beta t+k_x x)}$$

式中, Θ^* 是一个常数; $k_x=\frac{2\pi}{\lambda}$; $\lambda=$ 波长, $\beta=-i\left(k_x^2D_x+k_xu_\circ\right)$. 将上式代入式 (3.2.7) 可得差分方程 (3.2.7) 的一个解是

$$\Theta_j^1=\Theta^*\left\{\frac{g_{-1}e^{-ik_x\Delta x}+g_0+g_1e^{ik_x\Delta x}-2d\sin\left(\frac{k_x\Delta x}{2}\right)-i\frac{c}{2}\sin\left(k_x\Delta x\right)}{g_{-1}e^{-ik_x\Delta x}+g_0+g_1e^{ik_x\Delta x}+2d\sin\left(\frac{k_x\Delta x}{2}\right)+i\frac{c}{2}\sin\left(k_x\Delta x\right)}\right\}^n e^{ik_xj\Delta x}$$

式中, $d=D_x\frac{\Delta t}{\Delta x^2}$; $c=u\frac{\Delta t}{\Delta x}$. 定义所谓幅度函数 G

$$G=\frac{\Theta_j^n}{\Theta\left(j\Delta x,n\Delta t\right)}$$
$$=\left\{\frac{g_{-1}e^{-ik_x\Delta x}+g_0+g_1e^{ik_x\Delta x}-2d\sin^2\left(\frac{k_x\Delta x}{2}\right)-i\frac{c}{2}\sin\left(k_x\Delta x\right)}{g_{-1}e^{-ik_x\Delta x}+g_0+g_1e^{ik_x\Delta x}+2d\sin^2\left(\frac{k_x\Delta x}{2}\right)+i\frac{c}{2}\sin\left(k_x\Delta x\right)}\right\}^n e^{i\beta n\Delta t}$$

一般的, G 是一个复数, $T=\eta e^{i\varphi}$, η 表示波数为 k_x 的分量的幅度的阻尼误差, 对于每一个时间步 Δt 它等于

$$\eta=\frac{\left[g_0+(g_{-1}+g_1)\cos k_x\Delta x-2d\sin^2\left(\dfrac{k_x\Delta x}{2}\right)\right]^2+\left(g_{-1}-g_1+\dfrac{c}{2}\right)^2\sin^2(k_x\Delta x)}{\left[g_0+(g_{-1}+g_1)\cos k_x\Delta x+2d\sin^2\left(\dfrac{k_x\Delta x}{2}\right)\right]^2+\left(-g_{-1}+g_1+\dfrac{c}{2}\right)^2\sin^2(k_x\Delta x)} \tag{3.2.10}$$

ψ 表示相位误差, 同样, 相对于每一个时间步 Δt, 它等于

$$\begin{aligned}\psi=&\tan^{-1}\frac{-\left(g_{-1}-g_1+\dfrac{c}{2}\right)\sin(k_x\Delta x)}{g_0+(g_{-1}+g_1)\cos k_x\Delta x-2d\sin^2\left(\dfrac{k_x\Delta x}{2}\right)}\\&-\tan^{-1}\frac{\left(-g_{-1}+g_1+\dfrac{c}{2}\right)\sin(k_x\Delta x)}{g_0+(g_{-1}+g_1)\cos k_x\Delta x+2d\sin^2\left(\dfrac{k_x\Delta x}{2}\right)}\end{aligned} \tag{3.2.11}$$

3.2.2 二维对流–扩散方程的数值解

二维对流–扩散方程可用于废水沿海岸的近海中, 河流及渠道中的扩散, 沉淀等类似的问题. 本节先讨论纯扩散方程, 然后讨论对流–扩散方程.

1. 二维扩散方程

这里将采用第 2 章介绍的交替方向的隐式格式来模拟二维方程.

这里有好几种方法来建立交替方向的隐式差分方程, 下面举的是其中的两个方法. 第一个方法是

$$\frac{\overline{\Theta}_{j,k}^{n+1}-\Theta_{j,k}^{n}}{\Delta t}=\frac{1}{2}D_x\left[\left(\frac{\delta^2\Theta}{\delta x^2}\right)_{j,k}^{n+1}+\left(\frac{\delta^2\Theta}{\delta x^2}\right)_{j,k}^{n}\right]+D_y\left(\frac{\delta^2\Theta}{\delta y^2}\right)_{j,k}^{n} \tag{3.2.12a}$$

$$\begin{aligned}\frac{\Theta_{j,k}^{n+1}-\Theta_{j,k}^{n}}{\Delta t}=&\frac{1}{2}D_x\left[\left(\frac{\delta^2\overline{\Theta}}{\delta x^2}\right)_{j,k}^{n+1}+\left(\frac{\delta^2\Theta}{\delta x^2}\right)_{j,k}^{n}\right]\\&+\frac{1}{2}D_y\left[\left(\frac{\delta^2\Theta}{\delta y^2}\right)_{j,k}^{n+1}+\left(\frac{\delta^2\Theta}{\delta y^2}\right)_{j,k}^{n}\right]\end{aligned} \tag{3.2.12b}$$

式中, $\overline{\Theta}_{j,k}^{n+1}$ 是 $\Theta_{j,k}^{n+1}$ 的第一次近似值, 式 (3.2.12a) 是沿 x 向的隐式格式, 式 (3.1.12b) 是沿 y 向的隐式格式. 第二个方法是

$$\frac{\Theta_{j,k}^{n+1/2}-\Theta_{j,k}}{\dfrac{1}{2}\Delta t}=D_x\left(\frac{\delta^2\Theta}{\delta x^2}\right)_{j,k}^{n+1/2}+D_y\left(\frac{\delta^2\Theta}{\delta y^2}\right)_{j,k}^{n} \tag{3.2.13a}$$

$$\frac{\Theta_{j,k}^{n+1}-\Theta_{j,k}^{n}}{\frac{1}{2}\Delta t}=D_x\left(\frac{\delta^2\Theta}{\delta x^2}\right)_{j,k}^{n+1/2}+D_y\left(\frac{\delta^2\Theta}{\delta y^2}\right)_{j,k}^{n} \tag{3.2.13b}$$

式中, $\Theta_{j,k}^{n+1/2}$ 为 $n\Delta t$ 与 $(n+1)\,\Delta t$ 之间的中间值. 每一组方程 (3.2.12a) 和 (3.2.12b); (3.2.13a) 和 (3.2.13b) 形成一个系数矩阵为三角线矩阵的线性方程组. 两个差分格式均是无条件稳定的.

另一个可能的格式是基于 Crank-Nicolson 格式

$$\begin{aligned}\frac{\Theta_{j,k}^{n+1}-\Theta_{j,k}^{n}}{\Delta t}=&\frac{1}{2}\left\{D_x\left[\left(\frac{\delta^2\Theta}{\delta x^2}\right)_{j,k}^{n+1}+\left(\frac{\delta^2\Theta}{\delta x^2}\right)_{j,k}^{n}\right]\right.\\&\left.+D_y\left[\left(\frac{\delta^2\Theta}{\delta y^2}\right)_{j,k}^{n+1}+\left(\frac{\delta^2\Theta}{\delta y^2}\right)_{j,k}^{n}\right]\right\}\end{aligned}$$

这个差分方程产出一个线性方程组, 但是这个方程组的系数矩阵不是三对角矩阵

$$\boldsymbol{A}[\Theta]^{n+1}=[\boldsymbol{F}]^{n}$$

这里

$$\boldsymbol{A}=\begin{pmatrix} & & & & & & 0\\ & & & & & a_2 & \\ & & & & 0 & & \\ & & & a_1 & & & \\ & & & a_0 & & & \\ & & a_{-1} & & & & \\ & 0 & & & & & \\ a_{-2} & & & & & & \\ 0 & & & & & & \end{pmatrix};$$

$$a_0=1+2d_1+2d_2;\quad a_1=a_{-1}=-d_1;\quad a_2=a_{-2}=-d_2;$$

$$d_1=D_x\frac{\Delta t}{2\Delta x^2};\quad d_2=D_y\frac{\Delta t}{2\Delta y^2};$$

$$[\Theta]^{n+1}=\begin{pmatrix}\Theta_{1,1}^{n+1}\\ \Theta_{2,1}^{n+1}\\ \vdots\\ \Theta_{j,1}^{n+1}\\ \vdots\\ \Theta_{j,k}^{n+1}\end{pmatrix}$$

$[F]^n$ 为已知的向量, 由 $\Theta_{j,k}^n$ 线性组合而成. 要解上面的方程组需要用迭代法, 根据矩阵 $\boldsymbol{A}$ 的结构, 应用交替方向迭代法. 每步迭代分成两步. 因而矩阵 $\boldsymbol{A}$ 可以写成三个矩阵之和

$$\boldsymbol{A} = \boldsymbol{H} + \boldsymbol{V} + \boldsymbol{D}$$

矩阵 $\boldsymbol{H}$ 只有 a_{-1}, a_1 和 $2a_1$ 组成, 矩阵 $\boldsymbol{V}$ 由 a_{-2}, a_2 和 $2a_2$ 和矩阵 $\boldsymbol{D}$ 由 1 组成. 这个交替方向迭代法可以定义如下

$$\left(\boldsymbol{H} + \frac{1}{2}\boldsymbol{D} + \gamma\boldsymbol{I}\right)[\Theta]_{i+1/2}^{n+1} = \left(\gamma\boldsymbol{I} - \boldsymbol{V} - \frac{1}{2}\boldsymbol{D}\right)[\Theta]_i^{n+1} + [F]^n \tag{3.2.14a}$$

$$\left(\boldsymbol{H} + \frac{1}{2}\boldsymbol{D} + \gamma\boldsymbol{I}\right)[\Theta]_{i+1}^{n+1} = \left(\gamma\boldsymbol{I} - \boldsymbol{H} - \frac{1}{2}\boldsymbol{D}\right)[\Theta]_{i+1/2}^{n+1} + [F]^n \tag{3.2.14b}$$

式中, $\left(\boldsymbol{H} + \frac{1}{2}\boldsymbol{D} + \gamma\boldsymbol{I}\right)$, $\left(\gamma\boldsymbol{I} - \boldsymbol{V} - \frac{1}{2}\boldsymbol{D}\right)$, $\left(\boldsymbol{H} + \frac{1}{2}\boldsymbol{D} + \gamma\boldsymbol{I}\right)$, $\left(\gamma\boldsymbol{I} - \boldsymbol{H} - \frac{1}{2}\boldsymbol{D}\right)$ 是三对角矩阵; $\boldsymbol{I}$ 是单位矩阵; γ 是松弛因子, $\gamma > 1$; $[\Theta]_i^{n+1}$ 是第 i 次完整迭代后 $[\Theta]^{n+1}$ 的近似值. 式 (3.2.14a) 和 (3.2.14b) 组成第 $(i+1)$ 次迭代. 取用 $\gamma = 1/2$, 在结点 $(j\Delta x, k\Delta y)$, 式 (3.2.14a) 和 (3.2.14b) 可以写成

$$\begin{aligned}\frac{\Theta_{j+1/2}^{n+1} - \Theta^n}{\Delta t} =& \frac{1}{2}D_x\left[\left(\frac{\delta^2\Theta}{\delta x^2}\right)_{i+1/2}^{n+1} + \left(\frac{\delta^2\Theta}{\delta x^2}\right)^n\right] \\ &+ \frac{1}{2}D_y\left[\left(\frac{\delta^2\Theta}{\delta y^2}\right)_i^{n+1} + \left(\frac{\delta^2\Theta}{\delta y^2}\right)^n\right]\end{aligned} \tag{3.2.15a}$$

$$\begin{aligned}\frac{\Theta_{j+1}^{n+1} - \Theta^n}{\Delta t} =& \frac{1}{2}D_x\left[\left(\frac{\delta^2\Theta}{\delta x^2}\right)_{i+1/2}^{n+1} + \left(\frac{\delta^2\Theta}{\delta x^2}\right)^n\right] \\ &+ \frac{1}{2}D_y\left[\left(\frac{\delta^2\Theta}{\delta y^2}\right)_{i+1/2}^{n+1} + \left(\frac{\delta^2\Theta}{\delta y^2}\right)^n\right]\end{aligned} \tag{3.2.15b}$$

式中下标 (j,k) 略去以便书写.

将式 (3.2.15a) 和 (3.2.15b) 与前面的式 (3.2.12a) 和 (3.2.12b) 比较可见, 交替方向隐式格式 (3.2.12a), (3.2.12b) 是交替方向迭代格式当 γ 取用 1/2 时的特例.

当 $d_1 = d_2$ 时, 可以证明迭代法 (3.2.14a) 和 (3.2.14b) 对于任意 $\gamma > 0$ 收敛; 只要适当选择 $\Delta x, \Delta y, d_1 = d_2$ 这一条件总是可以满足的.

2. 二维对流–扩散方程

完整的二维对流–扩散方程是

$$\frac{\partial\Theta}{\partial t} + u\frac{\partial\Theta}{\partial x} + v\frac{\partial\Theta}{\partial y} = D_x\frac{\partial^2\Theta}{\partial x^2} + D_y\frac{\partial^2\Theta}{\partial y^2} + \frac{q_2}{h} \tag{3.2.16}$$

为了能利用时间导数空间加权格式离散 $\frac{\partial\Theta}{\partial t}$, 又能保证隐式格式的结构不过于复杂, 这里采用空间分步格式离散式 (3.2.16). 将式 (3.2.16) 破开成如下两个方程

$$\frac{\partial\Theta}{\partial t}+u\frac{\partial\Theta}{\partial x}=D_x\frac{\partial^2\Theta}{\partial x^2}+\frac{q_2}{h} \tag{3.2.17}$$

和

$$\frac{\partial\Theta}{\partial t}+v\frac{\partial\Theta}{\partial y}=D_y\frac{\partial^2\Theta}{\partial y^2} \tag{3.2.18}$$

与一维对流–扩散方程类似, 式 (3.2.17) 和 (3.2.18) 的离散格式可以写成

$$\begin{aligned}&g_{-1}\frac{\Theta_{j-1,k}^{n+1/2}-\Theta_{j-1,k}^{n}}{\Delta t}+g_0\frac{\Theta_{j,k}^{n+1/2}-\Theta_{j,k}^{n}}{\Delta t}+g_1\frac{\Theta_{j+1,k}^{n+1/2}-\Theta_{j+1,k}^{n}}{\Delta t}\\&+\frac{u}{2}\frac{(\nabla+\Delta)\left(\Theta_{j,k}^{n+1/2}+\Theta_{j,k}^{n}\right)}{2\Delta x}\\=&\frac{D_x}{2}\left[\left(\frac{\delta^2\Theta}{\delta x^2}\right)_{j,k}^{n+1/2}+\left(\frac{\delta^2\Theta}{\delta x^2}\right)_{j,k}^{n}\right]\\&+\frac{1}{2}\left[g_{-1}(q)_{i-1,k}+g_0(q)_{i-1,k}+g_1(q)_{i+1,k}\right]\cdot\left[\frac{1}{h_{j,k}^{n+1}}+\frac{1}{h_{j,k}^{n}}\right]\end{aligned} \tag{3.2.19}$$

和

$$\begin{aligned}&g_{-1}\frac{\Theta_{j,k-1}^{n+1}-\Theta_{j,k-1}^{n+1/2}}{\Delta t}+g_0\frac{\Theta_{j,k}^{n+1}-\Theta_{j,k}^{n+1/2}}{\Delta t}+g_1\frac{\Theta_{j,k+1}^{n+1}-\Theta_{j,k+1}^{n+1/2}}{\Delta t}\\&+\frac{v}{2}\frac{(\nabla+\Delta)\left(\Theta_{j,k}^{n+1}+\Theta_{j,k}^{n+1/2}\right)}{2\Delta y}\\=&\frac{D_y}{2}\left[\left(\frac{\delta^2\Theta}{\delta y^2}\right)_{j,k}^{n+1}+\left(\frac{\delta^2\Theta}{\delta y^2}\right)_{j,k}^{n+1/2}\right]\end{aligned} \tag{3.2.20}$$

式 (3.2.19) 和式 (3.2.20) 的精度, 阻尼特性和相位特性与式 (3.2.6) 类似.

3.2.3　计算实例[30]

为了分析污染物质的净化过程, 在荷兰鹿特丹港区的 Swinhaven 港进行了一系列现场试验. 在港池内的适当位置投放 Rhodamine-B 荧光剂, 观测荧光剂在港内的对流、扩散过程. 荧光剂的投放分瞬时投放和连续投放两种. 利用船只按图 3.2.1 所示的路线沿程取样, 测定荧光剂的浓度. 由于荧光剂在投放后, 其对流, 扩散要有一个过程, 在每条垂线取一个水样也不能完全代表垂线的平均浓度. 所以, 同一断面上三条垂线测得浓度并不一致. 在图 3.2.2, 图 3.2.3 中同一断面上三条垂线的实测浓度分别用符号 E、M 和 W 表示.

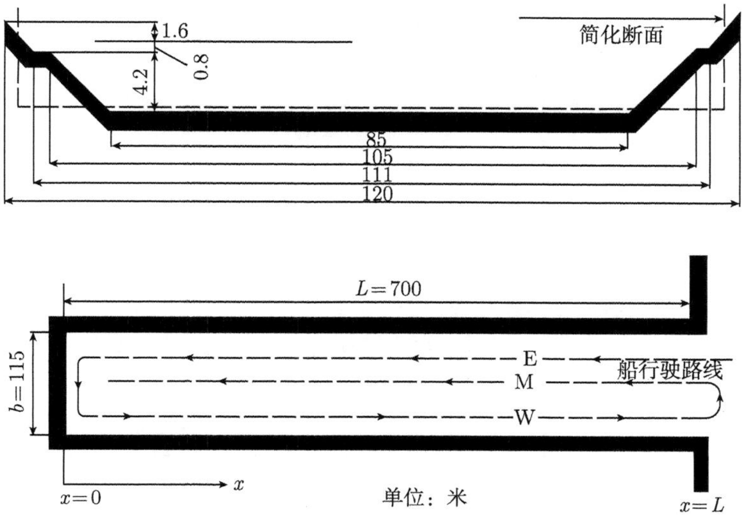

图 3.2.1 Swinhaven 港池概化后的平面尺寸和断面形状

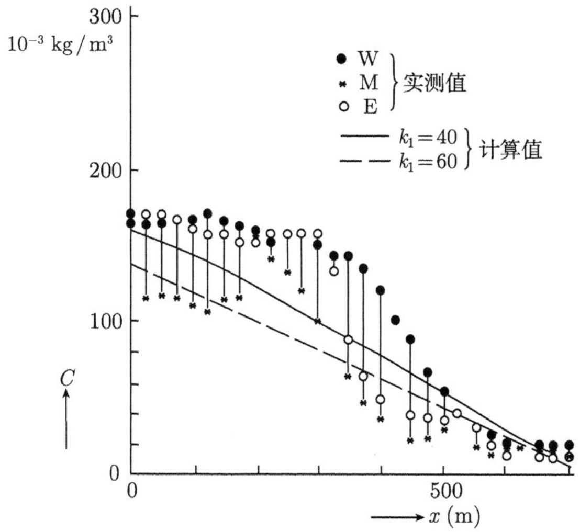

图 3.2.2 荧光剂投放 22.5 小时后的浓度分布, 计算值与实测值

以这些实测资料为基础, 利用式 (3.2.7) 计算了不同时刻荧光剂沿港池纵向的分布. 概化后的港池平面尺寸和断面形状见图 3.2.1, 图中标出了坐标 x 的布置. 港池受到湖汐的影响. 由于港池的长度 $L = 700$ 米与潮波的波长相比很小, 可以假定港内的水位与门口处的水位相同, 港内各断面 x 的平均流速可用下式求取

$$u = -\frac{x}{h}\frac{\partial h}{\partial t} \tag{3.2.21}$$

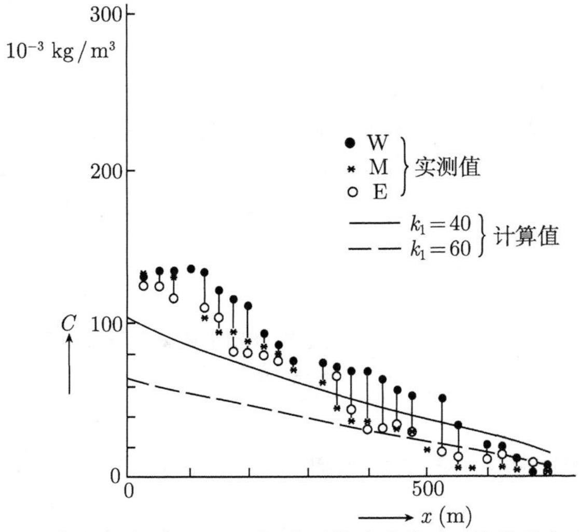

图 3.2.3　荧光剂投放 45.75 小时后的浓度分布, 计算值与实测值

式中, $h(x,t)=h(L,t)$, 港池的水深. 式 (3.2.7) 重写成为以下的形式

$$
\begin{aligned}
&g_{-1}\frac{c_{j-1}^{n+1}-c_{j-1}^{n}}{\Delta t}+g_0\frac{c_j^{n+1}-c_j^{n}}{\Delta t}+g_{-1}\frac{c_{j+1}^{n+1}-c_{j+1}^{n}}{\Delta t}\\
&+\frac{1}{2}\left\{u_j^{n+1}\frac{c_{j+1}^{n+1}-c_{j-1}^{n+1}}{\Delta x}+u_j^{n}\frac{c_{j+1}^{n}-c_{j-1}^{n}}{\Delta x}\right\}\\
=&\frac{1}{2}\left\{\frac{(D_x)_{j+1/2}^{n+1}\left(\dfrac{c_{j+1}^{n+1}-c_j^{n+1}}{\Delta x}\right)-(D_x)_{j-1/2}^{n+1}\left(\dfrac{c_j^{n+1}-c_{j-1}^{n+1}}{\Delta x}\right)}{\Delta x}\right.\\
&\left.+\frac{(D_x)_{j+1/2}^{n}\left(\dfrac{c_{j+1}^{n}-c_j^{n}}{\Delta x}\right)-(D_x)_{j-1/2}^{n}\left(\dfrac{c_j^{n}-c_{j-1}^{n}}{\Delta x}\right)}{\Delta x}\right\}
\end{aligned}
\tag{3.2.22}
$$

式中, c_j^n 是荧光剂的浓度. 计算的初始条件和边界条件分别给定如下

初始条件,

$$c=c(x,0)\qquad 0\leqslant x\leqslant L$$

边界条件,

$$x=0:\quad \frac{\partial c}{\partial x}=0$$

$$x=L:\quad c=0\qquad u(L,t)<0$$

$$\frac{\partial^2 c}{\partial x^2}=0\qquad u(L,t)>0$$

关于扩散系数 D_x, 根据 Elder[33] 和 Fischer[34] 的建议, 假定在受潮汐影响的港池或河流内 D_x 与 hu_* 成正比, 即 $D_x = k_\circ u_* h$, 这里的 u_* 是摩阻速度. 利用关系式 $u_* = \frac{\sqrt{g}}{c}|u|$, $D_x = k_1 |u| h$, $k_1 = \frac{\sqrt{g}}{c}k_\circ$, 这里 c 是 Chezy 系数, 本例中 k_1 取 20—40. 计算的空间步长 $\Delta x = 50\text{m}$, 时间步长 $\Delta t = 100\text{s}$. 部分计算成果示于图 3.2.2 和图 3.2.3. 它们是 $x = 150\text{m}$ 处, 瞬间投放 0.4kg 荧光剂后第 22.5 小时和第 45.75 小时荧光剂沿港池纵向的浓度分布的实测值与计算结果. 两者还是相当吻合的.

3.3 明渠重力异重流的有限差分解

异重流是由于流体密度不同而形成的分层流动. 在海洋、大气和河流中都可能发现异重流的现象. 它常与水资源利用中的许多问题有关. 举例来说, 盐水入侵河口和地下水, 冷却水或污染物质的迁移扩散, 淤泥和泥沙的输运等. 这里只对盐水楔异重流进行了数值模拟.

在河口区, 咸淡水的交界随着潮汐的强弱和下泄径流的大小在一定范围内变动. 在弱潮汐河口, 咸淡水间有明显的分层现象, 淡水在咸水的上层下泄, 此时在交界面上产生的剪切力与咸水的密度坡降之间保持平衡, 使咸水成楔状侵入河口, 这种弱混合形式 (或高度成层型) 除常见于潮汐较弱、径流较强的河口外, 一般河口在洪汛期间也会出现, 这种情况即为盐水楔异重流或成层型异重流. 这一节只介绍分层异重流的水平二维的数学模型及其有限差分解.

3.3.1 异重流的控制方程[29]

在异重流动中任意一点的速度、压强和含盐量之间的关系应该用三维纳维埃–斯托克斯方程来描述. 对于成层型异重流, 可以将三维微分方程沿分层分别积分得到淡水层和盐水层的控制方程.

定义沿淡水、盐水层厚的水平平均流速分量 U_1, U_2, V_1, V_2 为

$$U_1 = \frac{1}{a_1}\int_{z_b+a_2}^{z_b+a_1+a_2} u\mathrm{d}z \tag{3.3.1a}$$

$$U_2 = \frac{1}{a_2}\int_{z_b}^{z_b+a_2} u\mathrm{d}z \tag{3.3.1b}$$

$$V_1 = \frac{1}{a_1}\int_{z_b+a_2}^{z_b+a_1+a_2} v\mathrm{d}z \tag{3.3.1c}$$

$$V_2 = \frac{1}{a_2}\int_{z_b}^{z_b+a_2} v\mathrm{d}z \tag{3.3.1d}$$

式中, a_1, a_2 是淡水、盐水层的厚度; z_b 是床面的高程; u, v 是 x-, y- 方向的流速分量. 分层分别积分得到淡水层和盐水层的控制方程为

$$\frac{\partial a_1}{\partial t}+\frac{\partial a_1 U_1}{\partial x}+\frac{\partial a_1 V_1}{\partial y}=-M_s+M_i \tag{3.3.2a}$$

$$\begin{aligned}\frac{\partial U_1}{\partial t}+U_1\frac{\partial U_1}{\partial x}+V_1\frac{\partial U_1}{\partial y}=&-g\frac{\partial}{\partial x}(a_1+a_2+Z_b)+\frac{\tau_{sx}-\tau_{ix}}{\rho_1 a_1}+fV_1\\&+\frac{\partial}{\partial x}\left(v_h\frac{\partial U_1}{\partial x}\right)+\frac{\partial}{\partial y}\left(v_h\frac{\partial U_1}{\partial y}\right)+\frac{\rho_i U_i M_i}{\rho_1 a_1}\end{aligned} \tag{3.3.2b}$$

$$\begin{aligned}\frac{\partial V_1}{\partial t}+U_1\frac{\partial V_1}{\partial x}+V_1\frac{\partial V_1}{\partial y}=&-g\frac{\partial}{\partial y}(a_1+a_2+Z_b)+\frac{\tau_{sy}-\tau_{iy}}{\rho_1 a_1}\\&-fU_1\frac{\partial}{\partial x}\left(v_h\frac{\partial V_1}{\partial x}\right)+\frac{\partial}{\partial y}\left(v_h\frac{\partial V_1}{\partial y}\right)-\frac{\rho_i V_i M_i}{\rho_1 a_1}\end{aligned} \tag{3.3.2c}$$

$$\frac{\partial a_2}{\partial t}+\frac{\partial a_2 U_2}{\partial x}+\frac{\partial a_2 V_2}{\partial y}=-M_i \tag{3.3.2d}$$

$$\begin{aligned}\frac{\partial U_2}{\partial t}+U_2\frac{\partial U_2}{\partial x}+V_2\frac{\partial U_2}{\partial y}=&-g\frac{\partial}{\partial x}\left[(1-\varepsilon_p)a_1+a_2+Z_b\right]+\frac{\tau_{ix}-\tau_{bx}}{\rho_2 a_2}\\&+fV_2\frac{\partial}{\partial x}\left(v_h\frac{\partial U_2}{\partial x}\right)+\frac{\partial}{\partial y}\left(v_h\frac{\partial U_2}{\partial y}\right)-\frac{\rho_i U_i M_i}{\rho_2 a_2}\end{aligned} \tag{3.3.2e}$$

$$\begin{aligned}\frac{\partial V_2}{\partial t}+U_2\frac{\partial V_2}{\partial x}+V_2\frac{\partial V_2}{\partial y}=&-g\frac{\partial}{\partial x}\left[(1-\varepsilon_p)a_1+a_2+Z_b\right]+\frac{\tau_{iy}-\tau_{by}}{\rho_2 a_2}\\&-fU_2\frac{\partial}{\partial x}\left(v_h\frac{\partial V_2}{\partial x}\right)+\frac{\partial}{\partial y}\left(v_h\frac{\partial V_2}{\partial y}\right)-\frac{\rho_i V_i M_i}{\rho_2 a_2}\end{aligned} \tag{3.3.2f}$$

$$p=-\int_{z_b+a_1+a_2}^{z}\rho g\mathrm{d}z \tag{3.3.2g}$$

式中, ε_p 为相对密度差, $\varepsilon_p=(\rho_2-\rho_1)/\rho_2$; 风应力按下式计算

$$\bar{\tau}_s=C_s\rho_a W_a\sqrt{W_{ax}^2+W_{ay}^2} \tag{3.3.3a}$$

W_{ax}, W_{ay} 为风速在 X, Y 方向的分量, ρ_a 为空气密度, C_s 为风应力系数

$$C_s=0.63\cdot\left(1.0+0.61\sqrt{W_{ax}^2+W_{ay}^2}\right) \tag{3.3.3b}$$

床面、内界面的摩阻力由下式确定

$$\tau_{bx}=\rho k_b U_2\sqrt{U_2^2+V_2^2} \tag{3.3.3c}$$

$$\tau_{by}=\rho k_b V_2\sqrt{U_2^2+V_2^2} \tag{3.3.3d}$$

$$\tau_{ix}=\rho k_i(U_1-U_2)\sqrt{(U_1-U_2)^2+(V_1-V_2)^2} \tag{3.3.3e}$$

$$\tau_{iy} = \rho k_i(V_1 - V_2)\sqrt{(U_1 - U_2)^2 + (V_1 - V_2)^2} \tag{3.3.3f}$$

式中, k_b, k_i 分别是床面和内界面的摩阻系数. M_i, M_s 分别为穿越内界面和自由液面的掺混率, 图 3.3.1, f 为科里奥利力系数, $f = 2\omega\sin\psi$, ω 是地球自转角速度, ψ 为当地的纬度; ν_h 为水平涡黏性系数.

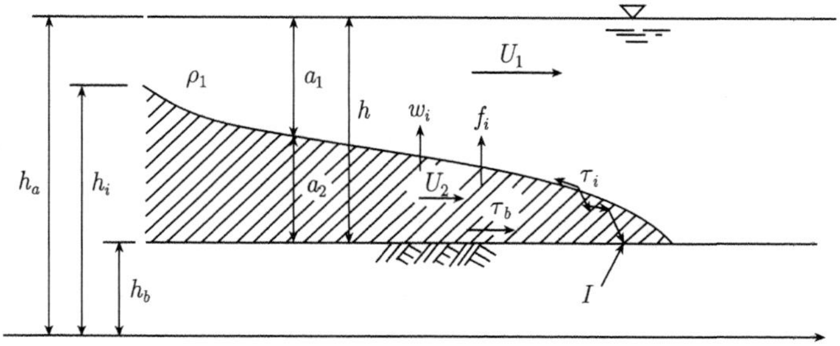

图 3.3.1 分层异重流的简化图

3.3.2 异重流内界面的定义

在分层异重流模拟中需要确立内界面的定义. 在实际流动中, 由于两种不同密度介质的掺混作用, 内界面不是非常明显, 所以具体定义时依据不同的准则会有些区别. 这里应用了这样一种确定内界面的近似方法, 用一个简化的阶梯型密度分布 ρ_1, ρ_2 代替实际的密度分布 $\rho(z)$ 曲线. 应用最小二乘法拟合曲线, 即找到一个函数 Φ^*

$$\Phi^* = \begin{cases} \rho_1 & a < z < h \\ \rho_2 & 0 < z < a \end{cases}$$

使得 $\|\rho(z) - \Phi^*\|_z$ 最小. 即要求

$$\int_0^a (\rho(z) - \rho_2)^2 \, \mathrm{d}z + \int_a^h (\rho(z) - \rho_1)^2 \, \mathrm{d}z$$

取最小值. 其中 ρ_1, ρ_2 分别为上、下两层流体的平均密度, h 为总水深, a 为内界面的位置, 图 3.3.2 中 ρ_f, ρ_s 分别为淡水和盐水的密度. ρ_1, ρ_2 的表达式分别是

$$\rho_1 = \frac{1}{h-a}\int_a^h \rho(z)\mathrm{d}z \tag{3.3.4a}$$

$$\rho_2 = \frac{1}{a}\int_0^a \rho(z)\mathrm{d}z \tag{3.3.4b}$$

应用求极值的方法, 可以得到 $\rho(a) = \dfrac{\rho_1 + \rho_2}{2}$, 其中 $\rho(a)$ 为内界面处的密度. 由此可以确定 a 的值. 在实验中只要测得密度分布即可定出内界面的位置.

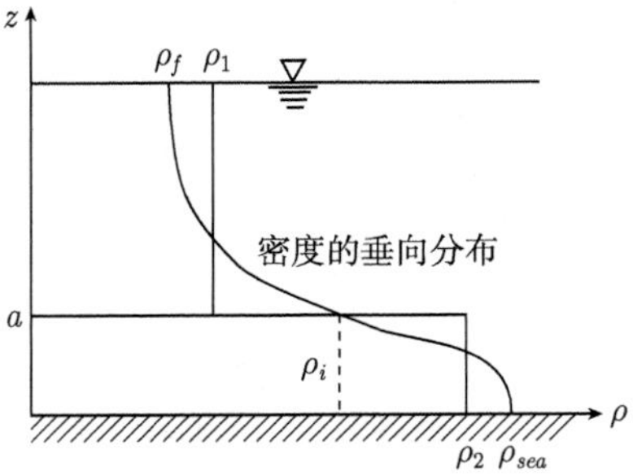

图 3.3.2　简化阶梯密度示意图

3.3.3　异重流控制方程的简化形式

如果略去科里奥利力的影响, 不计内界面的掺混率, 认为上、下两层密度不变, 控制方程可以简化成如下形式

$$\frac{\partial a_1}{\partial t}+\frac{\partial a_1U_1}{\partial x}+\frac{\partial a_1V_1}{\partial y}=0 \tag{3.3.5a}$$

$$\frac{\partial U_1}{\partial t}+U_1\frac{\partial U_1}{\partial x}+V_1\frac{\partial U_1}{\partial y}=-g\frac{\partial}{\partial x}(a_1+a_2+Z_b)+\frac{\tau_{sx}-\tau_{ix}}{\rho_1a_1} \tag{3.3.5b}$$

$$\frac{\partial V_1}{\partial t}+U_1\frac{\partial V_1}{\partial x}+V_1\frac{\partial V_1}{\partial y}=-g\frac{\partial}{\partial y}(a_1+a_2+Z_b)+\frac{\tau_{sy}-\tau_{iy}}{\rho_1a_1} \tag{3.3.5c}$$

$$\frac{\partial a_2}{\partial t}+\frac{\partial a_2U_2}{\partial x}+\frac{\partial a_2V_2}{\partial y}=0 \tag{3.3.5d}$$

$$\frac{\partial U_2}{\partial t}+U_2\frac{\partial U_2}{\partial x}+V_2\frac{\partial U_2}{\partial y}=-g\frac{\partial}{\partial x}\left[(1-\varepsilon_p)a_1+a_2+Z_b\right]+\frac{\tau_{ix}-\tau_{bx}}{\rho_2a_2} \tag{3.3.5e}$$

$$\frac{\partial V_2}{\partial t}+U_2\frac{\partial V_2}{\partial x}+V_2\frac{\partial V_2}{\partial y}=-g\frac{\partial}{\partial x}\left[(1-\varepsilon_p)a_1+a_2+Z_b\right]+\frac{\tau_{iy}-\tau_{by}}{\rho_2a_2} \tag{3.3.5f}$$

按照 Yanenko 分步法的原理, 控制方程组可以按 x, y 方向剖开成两组方程, 沿 x 向

$$\frac{a_1^{n+\frac{1}{2}}-a_1^n}{\Delta t}+\frac{\partial a_1U_1}{\partial x}=0 \tag{3.3.6a}$$

$$\frac{a_2^{n+\frac{1}{2}}-a_2^n}{\Delta t}+\frac{\partial a_2U_2}{\partial x}=0 \tag{3.3.6b}$$

$$\frac{U_1^{n+\frac{1}{2}}-U_1^n}{\Delta t}+U_1\frac{\partial U_1}{\partial x}=-g\frac{\partial}{\partial x}(a_1+a_2+Z_b)+\frac{\tau_{sx}-\tau_{ix}}{\rho_1a_1} \tag{3.3.6c}$$

$$\frac{U_2^{n+\frac{1}{2}}-U_2^n}{\Delta t}+U_2\frac{\partial U_2}{\partial x}=-g\frac{\partial}{\partial x}\left((1-\varepsilon_p)\,a_1+a_2+Z_b\right)+\frac{\tau_{ix}-\tau_{bx}}{\rho_2a_2} \tag{3.3.6d}$$

$$\frac{V_1^{n+\frac{1}{2}} - V_1^n}{\Delta t} + U_1 \frac{\partial V_1}{\partial x} = 0 \tag{3.3.6e}$$

$$\frac{V_2^{n+\frac{1}{2}} - V_2^n}{\Delta t} + U_2 \frac{\partial V_2}{\partial x} = 0 \tag{3.3.6f}$$

沿 y 向

$$\frac{a_1^{n+1} - a_1^{n+\frac{1}{2}}}{\Delta t} + \frac{\partial a_1 V_1}{\partial y} = 0 \tag{3.3.7a}$$

$$\frac{a_2^{n+1} - a_2^{n+\frac{1}{2}}}{\Delta t} + \frac{\partial a_2 V_2}{\partial y} = 0 \tag{3.3.7b}$$

$$\frac{U_1^{n+1} - U_1^{n+\frac{1}{2}}}{\Delta t} + V_1 \frac{\partial U_1}{\partial y} = 0 \tag{3.3.7c}$$

$$\frac{U_2^{n+1} - U_2^{n+\frac{1}{2}}}{\Delta t} + V_2 \frac{\partial U_2}{\partial y} = 0 \tag{3.3.7d}$$

$$\frac{V_1^{n+1} - V_1^{n+\frac{1}{2}}}{\Delta t} + V_1 \frac{\partial U_1}{\partial y} = -g\frac{\partial}{\partial y}(a_1 + a_2 + Z_b) + \frac{\tau_{sx} - \tau_{ix}}{\rho_1 a_1} \tag{3.3.7e}$$

$$\frac{V_2^{n+1} - V_2^{n+\frac{1}{2}}}{\Delta t} + V_2 \frac{\partial U_2}{\partial y} = -g\frac{\partial}{\partial y}\left((1-\varepsilon_p)\, a_1 + a_2 + Z_b\right) + \frac{\tau_{ix} - \tau_{bx}}{\rho_2 a_2} \tag{3.3.7f}$$

布设交错网格, 采用有限差分法离散方程组. 以沿 x 方向求解的方程组为例, 将式 (3.3.6a), 式 (3.3.6b), 式 (3.3.6c), 式 (3.3.6d) 离散, 得到 x 方向的差分方程为

$$B_{1i}U^*_{1i-\frac{1}{2},j} + P_{1i}a^*_{1i,j} + S_{1i}U^*_{1i+\frac{1}{2},j} = D_{1i} \tag{3.3.8a}$$

$$B_{2i}U^*_{2i-\frac{1}{2},j} + P_{2i}a^*_{2i,j} + S_{2i}U^*_{2i+\frac{1}{2},j} = D_{2i} \tag{3.3.8b}$$

$$B_{3i}a^*_{1i,j} + C_{3i}a^*_{2i,j} + P_{3i}U^*_{1i+\frac{1}{2},j} + R_{3i}U^*_{2i+\frac{1}{2},j} + S_{3i}a^*_{1i+1,j} + T_{3i}a_{2i+1,j} = D_{3i} \tag{3.3.8c}$$

$$A_{4i}a^*_{1i,j} + B_{4i}a^*_{2i,j} + C_{4i}U^*_{1i+\frac{1}{2},j} + P_{4i}U^*_{2i+\frac{1}{2},j} + R_{4i}a^*_{1i+1,j} + S_{4i}a_{2i+1,j} = D_{4i} \tag{3.3.8d}$$

式中,

$$B_{1i} = \left[\frac{1}{2}\left(\frac{\partial a_1}{\partial x}\right)^n_{i,j} - \frac{a^n_{1i,j}}{\Delta x}\right]\Delta t;$$

$$P_{1i} = 1;$$

$$S_{1i} = \left[\frac{1}{2}\left(\frac{\partial a_1}{\partial x}\right)^n_{i,j} + \frac{a^n_{1i,j}}{\Delta x}\right]\Delta t;$$

$$D_{1i} = a^n_{1i,j};$$

$$B_{2i} = \left[\frac{1}{2} \left(\frac{\partial a_2}{\partial x} \right)_{i,j}^n - \frac{a_{2i,j}^n}{\Delta x} \right] \Delta t;$$

$$P_{2i} = 1;$$

$$D_{2i} = a_{2i,j}^n;$$

$$B_{3i} = -g \frac{\Delta t}{\Delta x};$$

$$C_{3i} = -g \frac{\Delta t}{\Delta x};$$

$$P_{3i} = 1 + \left[\left(\frac{\partial U_1}{\partial x} \right)_{i+\frac{1}{2},j}^n + F_{1i+\frac{1}{2},j}^n \right] \Delta t;$$

$$R_{3,i} = -F_{1i+\frac{1}{2},j}^n \cdot \Delta t;$$

$$S_{3i} = g \frac{\Delta t}{\Delta x};$$

$$T_{3i} = g \frac{\Delta t}{\Delta x};$$

$$D_{3i} = U_{1i+\frac{1}{2},j}^n - g \left(\frac{\partial z_b}{\partial x} \right)_{i+\frac{1}{2},j} \Delta t;$$

$$A_{4i} = -g(1-\varepsilon_p) \frac{\Delta t}{\Delta x};$$

$$B_{4i} = -g \frac{\Delta t}{\Delta x};$$

$$P_{4i} = 1 + \left[\left(\frac{\partial U_2}{\partial x} \right)_{i+\frac{1}{2},j}^n + F_{bi+\frac{1}{2},j}^n \right] \Delta t;$$

$$R_{4i} = g(1-\varepsilon_p) \frac{\Delta t}{\Delta x};$$

$$S_{4i} = g \frac{\Delta t}{\Delta x};$$

$$D_{4i} = U_{2i+\frac{1}{2},j}^n - g \left(\frac{\partial z_b}{\partial x} \right)_{i+\frac{1}{2},j} \Delta t;$$

$$F_{1i+\frac{1}{2},j} = \frac{\rho_i k_i}{\rho_1 a_1} \sqrt{\left(U_{1i+\frac{1}{2},j} - U_{2i+\frac{1}{2},j} \right)^2 + \left(V_{1i+\frac{1}{2},j} - V_{2i+\frac{1}{2},j} \right)^2};$$

$$F_{2i+\frac{1}{2},j} = \frac{\rho_i k_i}{\rho_2 a_2} \sqrt{\left(U_{1i+\frac{1}{2},j} - U_{2i+\frac{1}{2},j} \right)^2 + \left(V_{1i+\frac{1}{2},j} - V_{2i+\frac{1}{2},j} \right)^2};$$

$$F_{bi+\frac{1}{2},j} = \frac{\rho_2 k_b}{\rho_2 a_2} \sqrt{U_{2i+\frac{1}{2},j}^2 + V_{2i+\frac{1}{2},j}^2};$$

式中 $\rho_i = \dfrac{\rho_1 + \rho_2}{2}$, n 代表第 n 个时间步, 假定该步各变量值已求得, "*" 代表 Δt 时间内中间分步 $n+\dfrac{1}{2}$ 时刻的计算结果, 以上代数方程组构成一个最大带宽为 6 的稀疏矩阵, 可以利用稀疏矩阵的压缩存贮法进行存贮和求解, 得到 a_1^*, a_2^*, U_1^*, U_2^*. 用 MacCormack 格式离散 (3.3.4e), (3.3.4f), 分为预测步和校正步, 分别求解 V_1^*, V_2^*,

预测步:

$$V^p_{1i,j+\frac{1}{2}} = V^n_{1i,J+\frac{1}{2}} - U^*_{1i,j+\frac{1}{2}} \frac{\Delta t}{\Delta x}\left(V^n_{1i+1,j+\frac{1}{2}} - V^n_{1i,j+\frac{1}{2}}\right) \tag{3.3.9a}$$

$$V^p_{2i,j+\frac{1}{2}} = V^n_{2i,J+\frac{1}{2}} - U^*_{2i,j+\frac{1}{2}} \frac{\Delta t}{\Delta x}\left(V^n_{2i+1,j+\frac{1}{2}} - V^n_{2i,j+\frac{1}{2}}\right) \tag{3.3.9b}$$

校正步:

$$V^*_{1i,j+\frac{1}{2}} = \frac{1}{2}\left(V^n_{1i,J+\frac{1}{2}} + V^p_{1i,J+\frac{1}{2}}\right) - \frac{1}{2}U^*_{1i,j+\frac{1}{2}} \frac{\Delta t}{\Delta x}\left(V^p_{1i+1,j+\frac{1}{2}} - V^p_{1i,j+\frac{1}{2}}\right) \tag{3.3.9c}$$

$$V^*_{2i,j+\frac{1}{2}} = \frac{1}{2}\left(V^n_{2i,j+\frac{1}{2}} + V^p_{2i,j+\frac{1}{2}}\right) - \frac{1}{2}U^*_{2i,j+\frac{1}{2}} \frac{\Delta t}{\Delta x}\left(V^p_{2i+1,j+\frac{1}{2}} - V^p_{2i,j+\frac{1}{2}}\right) \tag{3.3.9d}$$

同样, 可由方程 (3.3.5a), (3.3.5b), (3.3.5e), (3.3.5f) 离散得到沿 Y 方向的差分方程, 求出 $n-1$ 时间步的 a_1^{n+1}, a_2^{n+1}, V_1^{n+1}, V_2^{n+1}, 再由 (3.3.5c). (3.3.5d) 直接求得 U_1^{n+1}, U_2^{n+1}.

3.3.4 算例[30]

算例是异重流的推进过程, 这里的异重流与潮汐河口的盐水楔相类似, 如图 3.3.3 所示, 密度不一的两种流体置于水闸两侧, 当闸门开启时形成异重流, 计算初始时刻流速为零, 给出淡水、盐水层厚分布. 固壁边界上给定不可入条件, 法向流速为零. 水槽水深为 10cm, 计算时间步长 $\Delta t = 0.1$s, 空间步长 $\Delta x = 25$cm, $\Delta y = 5$cm, 取床面阻力系数 $k_b = 0.004$, 内界面阻力系数 $k_i = 0.008$. 图 3.3.4, 图 3.3.5, 图 3.3.6 分别给出了闸门开启以后 60s, 90s, 120s 时, 水槽内的流场, 图 3.3.7 是淡水一边距闸 59cm, 144cm 及 256cm 处盐水舌厚度随时间的变化过程, 并将计算结果与实验资料进行了对比. 水槽试验成果见文献[31], 将测点的含盐浓度换算成密度, 确定盐水层近似厚度, 与计算结果相比较. 在最初一段时间内, 两者相差比较大, 70s 以后, 两者逐渐趋向于一致, 但计算的盐水水舌厚度一般较实测值略小, 原因有两点: 一是内界面摩阻系数的影响因素很多, 计算取值比较粗糙, 而内界面摩阻系数直接影响盐水入侵的距离和盐水舌厚度; 二是忽略界面的掺混抑制了垂向重力环流的强度. 由于无更详细的实测流速资料进行比较, 从盐水层的结果比较来看, 计算的模拟与实际是比较一致的.

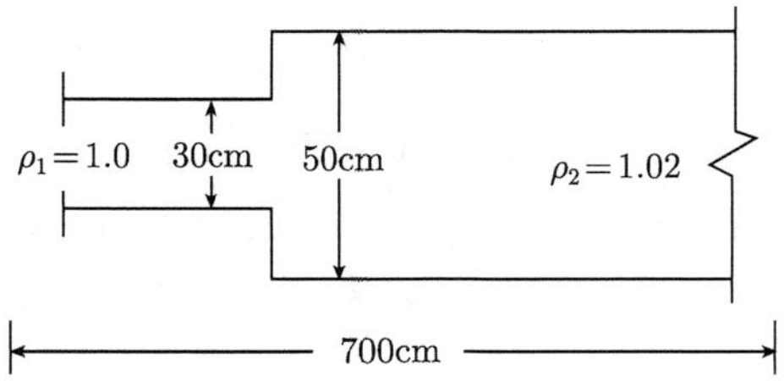

图 3.3.3　水闸两侧流体的平面图

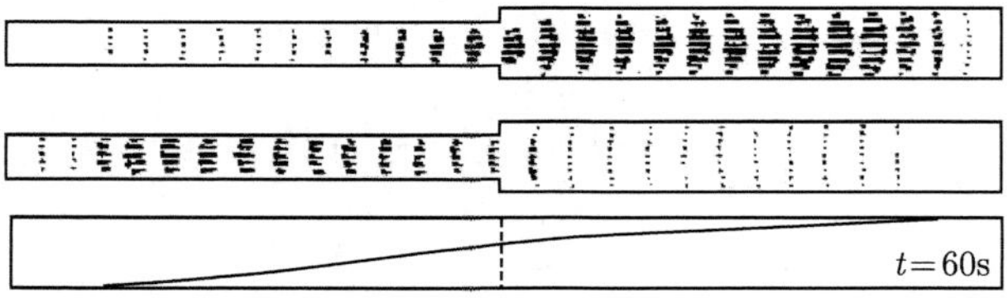

图 3.3.4　由上至下为淡水流场、盐水流场及盐水层厚度

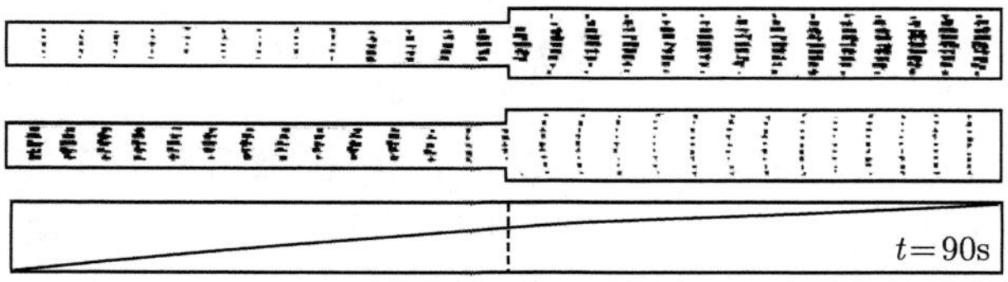

图 3.3.5　由上至下为淡水流场、盐水流场及盐水层厚度

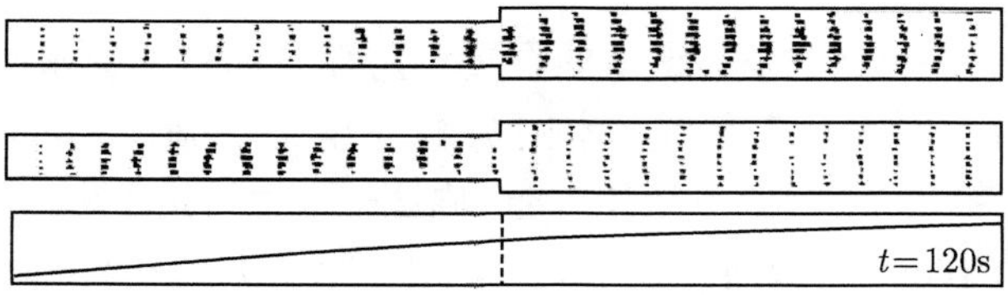

图 3.3.6　由上至下为淡水流场、盐水流场及盐水层厚度

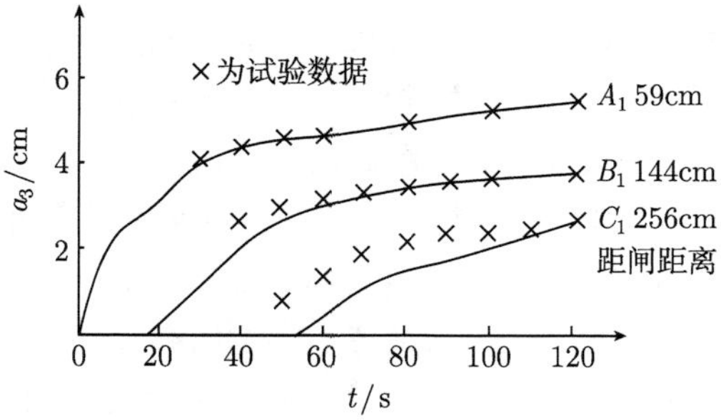

图 3.3.7　盐水舌厚度的变化

3.4 浅水区波浪问题的有限差分解

浅水区波浪的计算长期以来都是工程实践中常遇到的问题. 例如, 在港口设计中, 往往要求波浪传播和浪高的详细资料. 不少学者在用物理模型和数学模型预测沿海岸和港口内外的波况方面已做了很多的工作, 此节不拟赘述. 这里我们只对浅水区波浪的数学模拟给出一个引论性的介绍[1][32].

3.4.1 微分方程

微分方程的推导是以 Boussinesq 理论为基础的. 在这个理论中, 流线在垂直平面内的曲率是通过一个垂向速度来描述的, 该垂向速度的幅度沿水深线性变化, 在床面上为零而在自由水面上达最大值. 因而, 在这个理论中, 水压力不再像线性波浪理论中那样成静水压力分布.

为了阐述垂向加速度的影响和推导过程的基本思想, 我们首先介绍一种直观的推导法, 它限于水平底上均质流体的一维无旋流动的情况. 根据上述假定: 垂向速度从床面上零值线性变化到自由水面上的最大值 w_s, 而

$$w_s = \frac{\mathrm{d}h}{\mathrm{d}t} = \frac{\partial h}{\partial t} + u\frac{\partial h}{\partial x}$$

略去对流项 $u\dfrac{\partial h}{\partial x}$,

$$w = w(z) = \frac{\partial h}{\partial t}\frac{z}{h} \tag{3.4.1}$$

和

$$\frac{\mathrm{d}w}{\mathrm{d}t} = -\frac{1}{\rho}\frac{\partial p}{\partial z} - g$$

同样略去对流项 $u\dfrac{\partial h}{\partial x}$, 上式化成

$$\frac{\partial w}{\partial t} = -\frac{1}{\rho}\frac{\partial p}{\partial z} - g \tag{3.4.2}$$

将式 (3.4.1) 引入式 (3.4.2) 给出

$$\frac{z}{h}\frac{\partial^2 h}{\partial t^2} - \frac{z}{h^2}\left(\frac{\partial h}{\partial t}\right)^2 = -\frac{1}{\rho}\frac{\partial p}{\partial z} - g \tag{3.4.3}$$

略去导数的平方项

$$\frac{z}{h}\frac{\partial^2 h}{\partial t^2} = -\frac{1}{\rho}\frac{\partial p}{\partial z} - g \tag{3.4.4}$$

将上式从自由表面, $z = h\,(p = 0)$, 到任一高度 z 积分给出压强分布 $p(z)$

$$\frac{1}{\rho}p(z) = g\,(h - z) + \frac{\partial^2 h}{\partial t^2}\frac{\left(h^2 - z^2\right)}{zh} \tag{3.4.5}$$

沿水平 x 方向的运动方程是

$$\frac{\partial u}{\partial t}=-\frac{1}{\rho}\frac{\partial p}{\partial x}$$

以此式代入式 (3.4.5) 给出等价的某水深处的 Euler 方程

$$\left.\frac{\partial u}{\partial t}\right|_{x}=-g\frac{\partial}{\partial x}(h-z)-\left(\frac{\partial^3 h}{\partial x\partial t^2}\frac{\left(h^2-z^2\right)}{2h}\right)-\left(\frac{\partial^2 h}{\partial t^2}\frac{\partial}{\partial x}\frac{\left(h^2-z^2\right)}{2h}\right) \tag{3.4.6}$$

然后这个方程必须沿整个水深求积以给出按水深平均的平均流速的方程. 同样略去导数的乘积项, 积分后得

$$\begin{aligned}\frac{\partial u}{\partial t}&=-\frac{1}{h}\int_0^h\left(-g\frac{\partial}{\partial x}(h-z)-\frac{\partial^3 h}{\partial x\partial t^2}\frac{\left(h^2-z^2\right)}{2h}\right)\mathrm{d}z\\&=-g\frac{\partial h}{\partial x}-\frac{1}{3}\frac{\partial^3 h}{\partial x\partial t^2}\end{aligned}$$

或

$$\frac{\partial u}{\partial t}+u\frac{\partial u}{\partial x}+g\frac{\partial h}{\partial x}+\frac{h}{3}\frac{\partial^3 h}{\partial x\partial t^2}=0 \tag{3.4.7}$$

式中, $u=\dfrac{1}{h}\displaystyle\int_0^h u\mathrm{d}z$. 对于缓变流, 连续方程是

$$\frac{\partial h}{\partial t}+h\frac{\partial u}{\partial x}=0 \tag{3.4.8}$$

将上式先后对 x, 对 t 连续求导, 得

$$\frac{\partial^3 h}{\partial t^2\partial x}=-h\frac{\partial^3 u}{\partial t\partial x^2}$$

这样式 (3.4.7) 可以同样写成

$$\frac{\partial u}{\partial t}+u\frac{\partial u}{\partial x}+g\frac{\partial h}{\partial x}-\frac{h^2}{3}\frac{\partial^3 u}{\partial t\partial x^2}=0 \tag{3.4.9}$$

或守恒型

$$\frac{\partial p}{\partial t}+\frac{\partial}{\partial x}\left(\frac{p^2}{h}\right)+gh\frac{\partial h}{\partial x}-\frac{h^3}{3}\frac{\partial^3 p}{\partial t\partial x^2} \tag{3.4.10}$$

式中, $p=hu$, 单宽流量.

由上述可见, Boussinesq 方程的不同之处是多了一个三阶导数项.

同样的方程可以用更严格的方法导出. Peregrine[35] 导出在底坡缓慢交化的水域中, 中等波高的波浪传播的 Boussinesq 型方程

$$\frac{\partial \zeta}{\partial t}+\frac{\partial}{\partial x}\left[(D+\zeta)u\right]+\frac{\partial}{\partial y}\left[(D+\zeta)u\right]=0 \tag{3.4.11}$$

$$\frac{\partial u}{\partial t}+u\frac{\partial u}{\partial x}+v\frac{\partial u}{\partial y}+g\frac{\partial \zeta}{\partial x}$$
$$=\frac{1}{2}D\left[\frac{\partial^3(Du)}{\partial x^2\partial t}+\frac{\partial^3(Du)}{\partial x\partial y\partial t}\right]-\frac{1}{6}D^2\left[\frac{\partial^2 u}{\partial x^2\partial t}+\frac{\partial^3 v}{\partial x\partial y\partial t}\right]\frac{\partial v}{\partial t}+u\frac{\partial v}{\partial x}+g\frac{\partial \zeta}{\partial y}$$
$$=\frac{1}{2}D\left[\frac{\partial^3(Dv)}{\partial y^2\partial t}+\frac{\partial^3(Du)}{\partial x\partial y\partial t}\right]-\frac{1}{6}D^2\left[\frac{\partial^3 v}{\partial y^2\partial t}+\frac{\partial^3 u}{\partial x\partial y\partial t}\right] \tag{3.4.12}$$

式中, $z=-D(x,y)$ 相应于床面的高程, ζ 是波高.

利用沿水深平均的平均流速, 则守恒型微分方程可以写成

$$\frac{\partial \zeta}{\partial t}+\frac{\partial p}{\partial x}+\frac{\partial p}{\partial y}=0 \tag{3.4.13}$$

$$\frac{\partial p}{\partial t}+\frac{\partial}{\partial x}\left(\frac{p^2}{h}\right)+\frac{\partial}{\partial y}\left(\frac{pq}{h}\right)+gh\left(\frac{\partial \zeta}{\partial x}\right)$$
$$=\frac{1}{2}Dh\left[\frac{\partial^3}{\partial x^2\partial t}\left(\frac{Dp}{h}\right)+\frac{\partial^3}{\partial x\partial y\partial t}\left(\frac{Dp}{h}\right)\right]$$
$$-\frac{1}{6}D^2h\left[\frac{\partial^3}{\partial x^2\partial t}\left(\frac{p}{h}\right)+\frac{\partial^3}{\partial x\partial y\partial t}\left(\frac{p}{h}\right)\right] \tag{3.4.14}$$

$$\frac{\partial q}{\partial t}+\frac{\partial}{\partial x}\left(\frac{pq}{h}\right)+gh\frac{\partial \zeta}{\partial y}=\frac{1}{2}Dh\left[\frac{\partial^3}{\partial y^2\partial t}\left(\frac{Dq}{h}\right)+\frac{\partial^3}{\partial x\partial y\partial t}\left(\frac{Dp}{h}\right)\right]$$
$$-\frac{1}{6}D^2h\left[\frac{\partial^3}{\partial y^2\partial t}\left(\frac{q}{h}\right)+\frac{\partial^3}{\partial x\partial y\partial t}\left(\frac{p}{h}\right)\right] \tag{3.4.15}$$

式中, $h=D+\zeta$; $p=hu$; $q=hv$; u 和 v 是 x, y 向水深平均的平均流速分量.

如果水域被防波堤等透水建筑物所限制时, 上述方程可进行进一步的推广

$$n\frac{\partial \zeta}{\partial t}+\frac{\partial p}{\partial x}+\frac{\partial q}{\partial y}=0 \tag{3.4.16}$$

$$n\frac{\partial p}{\partial t}+\frac{\partial}{\partial x}\left(\frac{p^2}{h}\right)+\frac{\partial}{\partial y}\left(\frac{pq}{h}\right)+gh\frac{\partial \zeta}{\partial x}n^2+\frac{nhz}{3}\frac{\partial^3 p}{\partial x^2\partial t}+\frac{nhz}{3}\frac{\partial^3 q}{\partial x\partial y\partial t}$$
$$+(1-n)^3\frac{\alpha v}{d^2}p+\frac{(1-n)}{n}\frac{\beta}{d}p\sqrt{\left(\frac{p}{h}\right)^2+\left(\frac{q}{h}\right)^2}=0 \tag{3.4.17}$$

$$n\frac{\partial q}{\partial t}+\frac{\partial}{\partial y}\left(\frac{q^2}{h}\right)+\frac{\partial}{\partial x}\left(\frac{pq}{h}\right)+gh\frac{\partial \zeta}{\partial y}n^2+\frac{nhz}{3}\frac{\partial^3 q}{\partial y^2\partial t}+\frac{nhz}{3}\frac{\partial^3 p}{\partial x\partial y\partial t}$$
$$+(1-n)^3\frac{\alpha v}{d^2}q+\frac{(1-n)}{n}\frac{\beta}{d}q\sqrt{\left(\frac{p}{h}\right)^2+\left(\frac{q}{h}\right)^2}=0 \tag{3.4.18}$$

式中, n 是透水建筑物的孔隙率; z 是床面高程; α, β 分别是透水防波堤的层流与紊流的阻力系数; v 是运动黏性系数; d 是块石直径.

3.4.2 Boussinesq 方程的数值解[32]

Boussinesq 方程比缓变流的运动方程多了一个三阶导数项. 一般的缓变流的运动力程, 隐式差分格式的截断误差为二阶, 也被三阶导数所控制. 众所周知, 加于一个波系的能量或动量通量的任何微小变化会对波长, 波高产生很大影响. 所以, 由于缓变流方程的差分格式的截断误差而带来的能量或动量通量的变化也同样会造成计算结果的重大误差. 这样, 如何减小截断误差便成了 Boussinesq 方程的数值解的主要问题. 自然, 我们可以大大增加每个波长范围内的结点数来减小截断误差, 但是由此带来的计算工作量和费用的增加是不实际的. 折衷的办法是在保证一定的精度的条件下尽可能采用较粗的网格.

下面我们考虑一维情况

$$\frac{\partial h}{\partial t}+\frac{\partial p}{\partial x}=0 \tag{3.4.19}$$

$$\frac{\partial p}{\partial t}+\frac{2p}{h}\frac{\partial p}{\partial x}+\left(gh-\frac{p^2}{h^2}\right)\frac{\partial h}{\partial x}=\frac{1}{3}D\left(\frac{\partial^3 p}{\partial x^2\partial t}-\frac{p}{h}\frac{\partial^3 h}{\partial x^2\partial t}\right) \tag{3.4.20}$$

为了研究截断误差的性质, 我们对下列方程

$$\frac{\partial h}{\partial t}+\frac{\partial p}{\partial x}=0 \tag{3.4.21}$$

$$\frac{\partial p}{\partial t}+\frac{2p}{h}\frac{\partial p}{\partial x}+\left(gh-\frac{p^2}{h^2}\right)\frac{\partial h}{\partial x}=0 \tag{3.4.22}$$

应用全中心差的 Preissmann 格式

$$\frac{h_{j+1}^{n+1}-h_{j+1}^{n}}{2\Delta t}+\frac{h_{j}^{n+1}-h_{j}^{n}}{2\Delta t}+\frac{p_{j+1}^{n+1}-p_{j+1}^{n}}{2\Delta x}+\frac{p_{j}^{n+1}-p_{j}^{n}}{2\Delta x} \tag{3.4.23}$$

$$\begin{aligned}&=\frac{p_{j+1}^{n+1}-p_{j+1}^{n}}{2\Delta t}+\frac{p_{j}^{n+1}-p_{j}^{n}}{2\Delta t}+\frac{2p}{h}\left(\frac{p_{j+1}^{n+1}-p_{j}^{n+1}}{2\Delta x}+\frac{p_{j+1}^{n}-p_{j}^{n}}{2\Delta x}\right)\\&\quad+\left(gh-\frac{p^2}{h}\right)\left(\frac{h_{j+1}^{n+1}-h_{j}^{n+1}}{2\Delta x}+\frac{h_{j+1}^{n}-h_{j}^{n}}{2\Delta x}\right)=0\end{aligned} \tag{3.4.24}$$

式中系数的取值问题暂不考虑以便集中考虑差分项. 截断误差可以 Taylor 级数展开式来表达.

$$\begin{aligned}\left(\frac{\partial h}{\partial t}\right)_{j+1/2}^{n+1/2}=&\frac{h_{j+1}^{n+1}-h_{j+1}^{n}}{2\Delta t}+\frac{h_{j}^{n+1}-h_{j}^{n}}{2\Delta t}\\&-\frac{1}{3!}\left[\frac{3}{4}\left(\frac{\partial^3 h}{\partial x^2\partial t}\right)_{j+1/2}^{n+1/2}\Delta x^2+\frac{1}{4}\left(\frac{\partial^3 h}{\partial t^3}\right)_{j+1/2}^{n+1/2}\Delta t^2\right]+\cdots\end{aligned}$$

$$\left(\frac{\partial p}{\partial x}\right)_{j+1/2}^{n+1/2}=\frac{p_{j+1}^{n+1}-p_{j}^{n+1}}{2\Delta x}+\frac{p_{j+1}^{n}-p_{j}^{n}}{2\Delta x}-\frac{1}{3!}\left[\frac{1}{4}\left(\frac{\partial^3 p}{\partial x^3}\right)_{j+1/2}^{n+1/2}\Delta x^2\right.$$

$$+\frac{3}{4}\left(\frac{\partial^3 p}{\partial x\partial t^2}\right)_{j+1/2}^{n+1/2}\Delta t^2\Bigg]+\cdots$$

从而式 (3.4.23) 的截断误差是

$$\frac{1}{3!}\left(\frac{3}{4}\frac{\partial^3 h}{\partial x^2\partial t}\Delta t^2+\frac{1}{4}\frac{\partial^3 p}{\partial t^3}\Delta x^2+\frac{3}{4}\frac{\partial^3 p}{\partial x\partial t^2}\Delta t^2\right)+\cdots$$

它与式 (3.4.20) 式的右边项的类型相同. 利用缓变流的连续方程, 上式可以转换成

$$-\frac{1}{3!}\frac{1}{gh}\frac{\partial^3 p}{\partial x\partial t^2}\left(\frac{\Delta x^2}{2}-\frac{gh\Delta t^2}{2}\right)+\cdots \tag{3.4.25}$$

当 Courant 数 $(gh)^{1/2}\dfrac{\Delta t}{\Delta x}$ 等于 1 时, 上式消失. 为了消除式 (3.4.25) 形式的截断误差, 最方便的是保留 p 在时刻 $(n-1)\Delta t$ 的值和在式 (3.4.23) 中的加入如下的校正项

$$\frac{1}{3!}\frac{1}{gh\Delta x}\left(\frac{p_{j+1}^{n+1}-2p_{j+1}^{n}+p_{j+1}^{n-1}}{2\Delta t^2}-\frac{p_{j}^{n+1}-2p_{j}^{n}+p_{j}^{n-1}}{2\Delta t^2}\right)\left(\frac{\Delta x^2-gh\Delta t^2}{2}\right) \tag{3.4.26}$$

这个式子的差分中心是 $n\Delta t$, 而被校正的截断误差的差分中心是 $\left(n+\dfrac{1}{2}\right)\Delta t$, 如果为式 (3.4.26) 保存一个记亿单元, 那么就有可能修改 Preissmann 格式, 使它跨越从 $(n-1)\Delta t$ 到 $(n+1)\Delta t$ 三层以便保持 4 阶精度, 在截断误差中仅包含 5 阶以上的导数. 举例来说, 要求的中心差商可以写成.

$$\left(\frac{\partial h}{\partial t}\right)_{j+1/2}^{n}\approx\frac{h_{j+1}^{n+1}-h_{j-1}^{n-1}}{4\Delta t}+\frac{h_{j}^{n+1}-h_{j}^{n-1}}{4\Delta t} \tag{3.4.27}$$

$$\begin{aligned}\left(\frac{\partial p}{\partial x}\right)_{j+1/2}^{n}\approx&\vartheta\left(\frac{p_{j+1}^{n+1}-p_{j}^{n+1}}{\Delta x}\right)+(1-2\vartheta)\left(\frac{p_{j+1}^{n}-p_{j}^{n}}{\Delta x}\right)\\&+\vartheta\left(\frac{p_{j+1}^{n-1}-p_{j}^{n-1}}{\Delta x}\right)\end{aligned} \tag{3.4.28}$$

这里 ϑ 需根据可以接受的稳定要求和不产生双解结构 (double solution structure) 的条件来选定. 利用式 (3.4.27) 和式 (3.4.28) 同样得出如同式 (3.4.25) 的截断误差和与式 (3.4.26) 一样的校正项. 同时由于垂向加速度引起的 3 阶导数的拓广也得到了解决.

上述离散的结果产生一对线性差分方程组

$$A_j h_j^{n+1}+B_j p_j^{n+1}+C_j h_{j+1}^{n+1}+D_j p_{j+1}^{n+1}=E_j \tag{3.4.29}$$

$$A_j^* h_j^{n+1}+B_j^* p_j^{n+1}+C_j^* h_{j+1}^{n+1}+D_j^* p_{j+1}^{n+1}=E_j^* \tag{3.4.30}$$

上述方程组的解法已在 3.1 节中介绍过, 这里不再赘述.

3.4.3 计算实例[33]

本算例中考虑了床面阻力和黏性的影响. 式 (3.4.9) 和连续方程具有如下的形式

$$\frac{\partial p}{\partial t}+\frac{\partial}{\partial x}\left(\frac{p^2}{h}\right)+gh\frac{\partial h}{\partial x}+\frac{\tau_b}{\rho}=E\frac{\partial^2 p}{\partial x^2}+\frac{h^2}{3}\frac{\partial^3 p}{\partial x^2\partial t} \tag{3.4.31}$$

$$\frac{\partial h}{\partial t}+\frac{\partial p}{\partial x}=0 \tag{3.4.32}$$

式中, $\tau_b=\dfrac{|p|\,p}{c^2h^2}g$, E 为综合黏性系数. 利用如下的二阶精度的隐式差分格式离散

$$\begin{aligned}&\frac{p_{j+1}^{n+1}-p_{j+1}^{n}}{\Delta t}+\left[\frac{\left(p_{j+3}^{n+1}+p_{j+1}^{n+1}\right)}{2}\frac{\left(p_{j+3}^{n}+p_{j+1}^{n}\right)}{2}\frac{1}{h_{j+2}^{n}}\right.\\&\left.+\frac{\left(p_{j+1}^{n+1}+p_{j-1}^{n+1}\right)}{2}\frac{\left(p_{j+1}^{n}+p_{j-1}^{n}\right)}{2}\frac{1}{h_{j}^{n}}\right]\frac{1}{2\Delta x}+g\frac{\left(h_{j+1/2}^{n+1/2}+h_{j}^{n+1/2}\right)}{2}\\&\cdot\left[\frac{h_{j+2}^{n+1}-h_{j}^{n+1}}{4\Delta x}+\frac{h_{j+2}^{n}-h_{j}^{n}}{4\Delta x}\right]+g\frac{\left(p_{j+3}^{n+1}+p_{j+1}^{n+1}\right)\left|p_{j+3}^{n}+p_{j+1}^{n}\right|}{8\left(c_{j+2}^{n}\right)^2\left(h_{j+2}^{n}\right)}\\&+g\frac{\left(p_{j+1}^{n+1}+p_{j-1}^{n+1}\right)\left|p_{j+1}^{n}+p_{j-1}^{n}\right|}{8c_{j}^{n2}\left(h_{j}^{n}\right)^2}-B\left[\frac{p_{j+3}^{n+1}-2p_{j+1}^{n+1}+p_{j-1}^{n+1}}{4\Delta x^2}\right]\\&-\frac{\left(h_{j+1}^{n+1/2}\right)^2}{3}\left[\frac{p_{j+3}^{n+1}-2p_{j+1}^{n+1}+p_{j-1}^{n+1}}{4\Delta x^2\Delta t}-\frac{p_{j+3}^{n}-2p_{j+1}^{n}+p_{j-1}^{n}}{4\Delta x^2\Delta t}\right]=0\end{aligned} \tag{3.4.33}$$

$$\frac{p_{j+1}^{n+1}-p_{j-1}^{n+1}}{2\Delta x}+\frac{p_{j+1}^{n}-p_{j-1}^{n}}{4\Delta t}+\frac{h_{j}^{n+1}-h_{j}^{n}}{\Delta t}=0 \tag{3.4.34}$$

式中, $h_j^{n+1/2}=\left(h_j^{n+1}+h_j^n\right)/2$; $C_j^n=\dfrac{1}{n}\left(h_j^n\right)^{1/6}$; n 是曼宁粗糙系数. 在连续方程中引入如下的校正项

$$-\left(\frac{\Delta t^2}{12}+\frac{\Delta x^2}{6gh}\right)\left[\frac{p_{j+3}^{n+1}-2p_{j+1}^{n+1}+p_{j-1}^{n+1}}{3\Delta x^2\Delta t}-\frac{p_{j+3}^{n}-2p_{j+1}^{n}+p_{j-1}^{n}}{4\Delta x^2\Delta t}\right] \tag{3.4.35}$$

在动量方程中引入如下的校正项

$$\begin{aligned}&\left[\frac{\Delta x^2}{6}+\frac{gh\Delta t^2}{12}\right]\left[\frac{p_{j+3}^{n+1}-2p_{j+1}^{n+1}+p_{j-1}^{n+1}}{4\Delta x^2\Delta t}-\frac{p_{j+3}^{n}-2p_{j+1}^{n}+p_{j-1}^{n}}{4\Delta x^2\Delta t}\right]\\&-\left[\frac{p_{j+3}^{n+1}-p_{j-1}^{n+1}}{8\Delta x}-\frac{p_{j+3}^{n}-p_{j-1}^{n}}{8\Delta x}\right]\left[\frac{2p_{j+1}^{n}}{h_{j+2}^{n}+h_{j}^{n}}\right]-\frac{1}{2}\left[\frac{2p_{j+1}^{n}}{h_{j+2}^{n}+h_{j}^{n}}\right]\end{aligned}$$

$$\cdot\left[\frac{p_{j+3}^{n+1}-2p_{j+1}^{n+1}+p_{j-1}^{n+1}}{4\Delta x^2\Delta t}\right]+\frac{\Delta t}{16}\left[\frac{2p_{j+1}^{n}}{h_{j+2}^{n}+h_{j}^{n}}\right]^2\left[\frac{p_{j+3}^{n+1}-2p_{j+1}^{n+1}+p_{j-1}^{n+1}}{4\Delta x^2\Delta t}\right.$$
$$\left.-\frac{p_{j+3}^{n}-2p_{j+1}^{n}+p_{j-1}^{n}}{4\Delta x^2\Delta t}\right] \tag{3.4.36}$$

利用上面的离散方程对一组实验资料进行了计算. 实验的资料换算成原型后, 波长 $L=121\text{m}$, 波高 $H=1.48\text{m}$, 波周期 $T=10\text{s}$, 水深 $D=20\text{m}$. 计算的时间步长 $\Delta t=0.5\text{s}$, 空间步长 $\Delta x=6.5\text{m}$. 计算结果和实验资料的对比示于图 3.4.1. 由图可见, 上述数学模式对于浅水短波的计算能够提供相当满意的结果. 据文献 [36] 的分析, 该模式的适用范围是 $0.04<\dfrac{h}{L}\leqslant 0.2$.

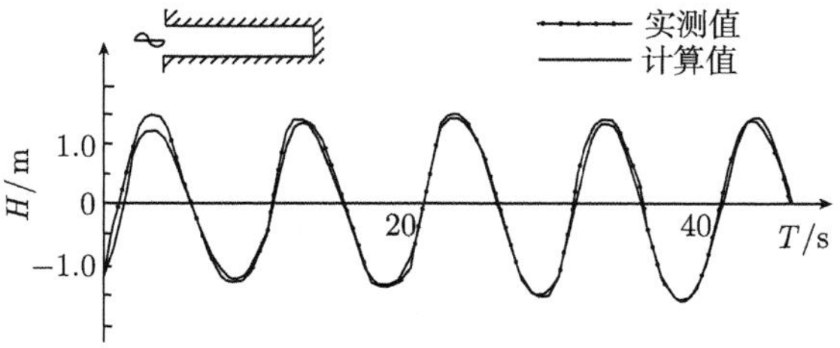

图 3.4.1 模式的计算结果与实验结果的比较

3.5 河床演变的有限差分解

河床演变的数值模拟技术发展很快, 多维的模型有很多, 在工程实践中也得到应用. 待研究的问题也很多. 这里只介绍基本的原理性的内容.

在这一节讨论两种河床演变计算的模型. 在模型中, 所有河流的特性, 诸如流量, 水位和河床高程只是时间与纵向距离的函数, 也就是说, 所有这些变量均是沿断面平均的平均值, 鉴于此, 这个模型不能考虑河湾及由河湾引起的一切变化, 即不能预报河道的平面演变过程. 在计算中, 我们假定河床床面变化的周期很长, 所以在几个小时内床面的变化很小.

3.5.1 河床演变的数学模型 I (考虑总输沙过程或底沙输送为主的情况)[34]

我们先讨论描述河流中水和泥沙运动的一维方程. 在 3.1 节已经介绍了河渠非恒定缓变流的 St Venant 方程组

$$\frac{\partial A}{\partial t}+\frac{\partial Q}{\partial x}=0 \tag{3.5.1}$$

$$\frac{\partial Q}{\partial t}+\frac{\partial}{\partial x}\left(\frac{Q^2}{A}\right)+gA\frac{\partial y}{\partial x}=-gAS_j \tag{3.5.2}$$

这两个方程确定了流量和水位. 如果 G 是输沙率, 即单位时间, 单位河宽内的输沙的体积, 则泥沙运动的连续方程是

$$\frac{\partial z}{\partial t}+\frac{\partial G}{\partial x}=0 \tag{3.5.3}$$

这里有三个方程, 四个未知数, Q, y, z 和 G. 显然需要另外一个补充方程来使这个方程组闭合. 这里常用的补充方程是输沙率计算公式, 它将输沙率表达成水流流速、水深和水力坡降的函数, 即

$$G=G\left(v,h,S_j\right) \tag{3.5.4}$$

式 (3.5.1), 式 (3.5.2), 式 (3.5.3) 和式 (3.5.4) 组成一个波动型偏微分方程组. 这个方程组有三组特征线, 它们满足方程

$$-\left(\frac{\mathrm{d}x}{\mathrm{d}t}\right)^3+2v\left(\frac{\mathrm{d}x}{\mathrm{d}t}\right)^2+\left(gh-v^2+g\frac{\partial G}{\partial v}\right)\frac{\mathrm{d}x}{\mathrm{d}t}+g\left(h\frac{\partial G}{\partial h}-v\frac{\partial G}{\partial v}\right)=0 \tag{3.5.5}$$

因为特征线的斜率即为信息沿特征线传播的速度, 即

$$c=\frac{\mathrm{d}x}{\mathrm{d}t}$$

所以, 式 (3.5.5) 可以写成

$$-c^3+2vc^2+\left(gh-v^2+g\frac{\partial G}{\partial v}\right)c+g\left(h\frac{\partial G}{\partial h}-v\frac{\partial G}{\partial v}\right)=0 \tag{3.5.6}$$

该方程三个解用 c_1, c_2 和 c_3 表示, 它们分别对应于三组特征线中的一组.

可以设想, 如果输沙率 G 等于零, 则 $\dfrac{\partial G}{\partial v}$ 和 $\dfrac{\partial G}{\partial h}$ 亦等于零, 方程组化成定床明渠流的方程组, 特征线只剩下两组, 它们由下式给出

$$-\left(\frac{\mathrm{d}x}{\mathrm{d}t}\right)^2+2v\frac{\mathrm{d}x}{\mathrm{d}t}+gh-v^2=0 \tag{3.5.7}$$

随着 $\dfrac{\partial G}{\partial v}$ 和 $\dfrac{\partial G}{\partial h}$ 趋向于零, 动床情况下的三组特征线中的两组趋向于对应的定床情况下的两组特征线, 它们分别用下标 1 和 2 标志. 在输沙率不为零的情况下, 特征线 c_1 和 c_2 的变化可以代表泥沙运动对水流运动的作用. 第三组特征线与泥沙运动紧密相关, c_3 可以看做是床面微小波动的传播速度, 为了说明情况, 我们用定床明渠的特征线与动床明渠的特征线进行比较, 对于定床明渠中的缓流, 这里有两组特征线, 一组向下游传播, 一组向上游传播, 图 3.5.1(a), 上游边界条件的任何变化将沿特征线传 c_1 播到下游, 而下游边界上的任何变化则沿特征线 c_2 传播到上游. 任何点 A 的流量与水位则由沿通过点 A 的两条特征线传播酌信息来确定. 对于动

床明渠, 有一条额外的特征线发自上游边界, 图 3.5.1(b). 这时, 任意一点 A 的流态则由通过点 A 的三条特征线所传播的信息来确定.

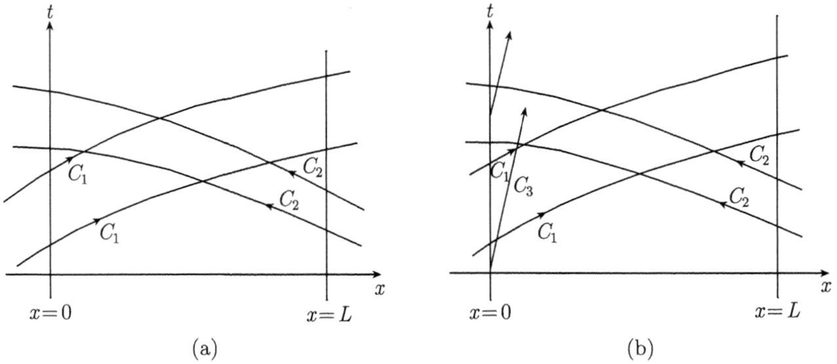

图 3.5.1 特征线的特点

一般来说, 在弗劳德数不大时, $\dfrac{\partial G}{\partial h}$ 和 $\dfrac{\partial G}{\partial v}$ 与 $gh-v^2$ 和 v 相比很小, 与水流运动相关的两组特征线受泥沙运动的影响甚微, 在这种条件下, 水流运动的流速和水深不因泥沙运动的存在而与其他条件雷同的定床明渠流的流速与水深有多大差别. 这就论证了我们的主要假设之一, 即水流运动可以独立于泥沙运动进行计算. 这样我们在计算水体流动时, 可以把原动床明渠看成是一个几何形状一样的, 床面固定的明渠来确定流速和水深, 然后用这样算得的流速和水深计算输沙率, 再通过式 (3.5.3) 计算床面高程的变化.

正如早已指出的, c_3 看作是床面的微小波动的传播速度, 而 c_1, c_2 则与水面的微小波动有关, 对于大多数河道, $|c_1|$ 和 $|c_2|$ 比 $|c_3|$ 大很多, 这就是说, 水流的变化的传播要比床面的变化的传播迅速得多. 所以在图 3.5.1(b) 中第三组特征线的斜率要比另外两组的斜率陡得多.

我们进一步假定水体流动近乎于恒定, 这样式 (3.5.1) 和式 (3.5.2) 变成

$$\frac{\partial Q}{\partial x}=0 \tag{3.5.8}$$

和

$$\frac{\partial}{\partial x}\left(\frac{Q^2}{A}\right)+gA\frac{\partial y}{\partial x}=-gAS_j \tag{3.5.9}$$

这就是熟悉的回水曲线的计算公式.

总而言之, 一维河床演变的计算分成独立的两步, 一是假定流动为恒定算出流速和水位, 二是利用第一步算得的流速, 水位进行床面变化的计算. 周而复始. 为了计算水流运动需要两组边界条件, 一组在上游边界, 一组在下游边界. 为了确定泥沙运动, 需要在上游边界给出输沙率.

下面我们再讨论几个具体问题.

1. 输沙率计算公式

计算输沙率的公式很多, 这里仅介绍 Meyer-peter 和 Muller 公式, Engelund 和 Hansen 公式及 Ackers 和 White 公式.

Meyer-peter 和 Muller 公式

$$\frac{G}{D^{\frac{3}{2}}\left(\Delta g\right)^{\frac{1}{2}}}=\frac{8}{(1-\varepsilon)}\left(\mu\frac{v^2}{C^2\Delta D}-0.047\right)^{\frac{3}{2}} \tag{3.5.10}$$

式中, $G=$ 单位时间, 单位宽度内的输沙量 (按体积计), $\mathrm{m^2/s}$

$D=$ 泥沙平均粒径, m;

$\Delta=(\rho_s-\rho_w)/\rho_w$;

$\rho_s=$ 泥沙密度, $\mathrm{kg/m^3}$;

$\rho_w=$ 水的密度, $\mathrm{kg/m^3}$;

$\varepsilon=$ 空隙率;

$\mu=$ 沙波参数 (Ripple Factor);

$v=$ 平均流速, m/s;

$C=$ 谢才系数, $\mathrm{m^{1/2}/s}$;

Meyer-peter 和 Muller 的公式用于计算底沙的输沙率.

Engelund 和 Hansen 公式

$$X=\frac{0.05\gamma_s v v_*}{g^2 h D_{50}\left(\gamma_s-1\right)^2} \tag{3.5.11}$$

式中, $X=$ 泥沙的浓度 (按重量计);

$\gamma_s=\rho_s g$, 容重, $\mathrm{kg/m^2{\cdot}s^2}$;

$v_*=$ 剪切速度, m/s;

$D_{50}=$ 与颗粒级配曲线中 50% 相对应的粒径, mm.

Engelund 和 Hansen 的公式用于计算总输沙率.

Ackers 和 White 公式

$$X=\frac{\gamma_s D}{G_{gr}h}\frac{v^n}{v_*} \tag{3.5.12}$$

式中

$$G_{gr}=C\left\{\frac{F_{gr}}{A}-1\right\}^m; \tag{3.5.13}$$

$$F_{gr}=\frac{v_*h}{gD\left(\gamma_s-1\right)}\left\{\frac{v}{32\lg\dfrac{10h}{D}}\right\}^{1-n} \tag{3.5.14}$$

这里, A,C,m, n 为经验常数, 根据无量纲粒径 D_{gr}

$$D_{gr} = D\left(\frac{g(\gamma_s - 1)}{\gamma^3}\right)^{1/3} \tag{3.5.15}$$

的值来确定, 即对于粗沙, $D_{gr} > 60$

$$A = 0.170, \quad C = 0.025, \quad m = 1.50, \quad n = 0.0$$

对于过渡型粒径, $60 \geqslant D_{gr} > 1$

$$A = \frac{0.23}{D_{gr}} + 0.14$$

$$lgC = 2.86lgD_{gr} - (lgD_{gr})^2 - 3.53$$

$$m = \frac{9.66}{D_{gr}} + 6.34$$

$$n = 1 - 0.56lgD_{gr}$$

输沙率计算公式中没有一个可以说是精确的, 从式 (3.5.3) 可知, 10%的输沙率估算的误差会造成床面变化速度的 10% 的误差. 如果我们对河床的最终的平衡状态感兴趣, 在输沙率估算方面的误差将影响达到最终平衡状态所需要的时间.

2. 泥沙颗粒粗化作用

迄今为止我们只涉及总的输沙率而不提到每一种颗粒的输送率. 我们还假定泥沙的颗粒级配保持不变, 其代表粒径也不变化. 可是, 众所周知, 在给定的水力条件下, 不同粒径的泥沙以不同的速度被输送. 这样引起泥沙级配曲线的变化, 代表粒径也随之改变. 现以一个刚开始运转的坝下游河床泥沙的运动为例来说明. 假定过坝的水流是清水, 即没有泥沙从坝上游带到坝下游. 坝下游的细砂要比粗砂容易输送的多, 经过一定时间后, 河床质中的细砂部分减少, 粗砂相对增加, 结果总的输沙率将降低. 这样河床质的砂粒级配曲线将改变, 相应的代表粒径也将改变, 我们把这个叫做泥沙颗粒粗化 (*Sediment Sorting*), 河床质中粗颗粒成份增加, 其代表粒径也增加, 计算而得的输沙率值将减小. 在这个情况下, 如果我们忽略粗化的影响, 估算得的输沙率将过大.

这里只讨论由于粗化牵出的一些问题. 为了估计粗化作用的影响, 我们必须能确定每一种粒径的颗粒的输送率. 假定河床质可以分成若干颗粒级别, 每一级别由差不多均匀的颗粒组成其代表粒径为 D_i, $i = 1, \cdots n$, 每一个级别的泥沙在总河床质中所占的比例为 p_i. 假定每一级别的输沙率可以由均匀砂的理论来计算.

下面建立一个粗化作用的模型来确定由于输沙率的不同, 河床质的组成是怎样改变的. 在 j 结点第 i 级别的砂粒的输沙率用 G_j^i 表示. 如果在时刻 $n\Delta t$, 结点 j

和 $(j+1)$ 之间的第 i 级别的砂粒的体积是 V_i^n, 则我们可以写出每一个级别砂粒的连续方程

$$V_i^{n+1} = V_i^n + \left(G_j^i - G_{j+1}^i\right)\Delta t \tag{3.5.16}$$

设 V^{n+1} 是结点 j 和 $(j+1)$ 之间的总的河床质的体积

$$\frac{V_i^{n+1}}{V^{n+1}} = \frac{V_i^n}{V^{n+1}} + \frac{\left(G_j^i - G_{j+1}^i\right)\Delta t}{V^{n+1}} \tag{3.5.17}$$

比例 $\dfrac{V_i^{n+1}}{V^{n+1}}$ 是时刻 $(n+1)\,\Delta t$ 第 i 级别砂粒在河床质中所占的比例, 用 p_i^{n+1} 表示, 于是式 (3.5.17) 又可以写成

$$p_i^{n+1} = p_i^n + \frac{\Delta t}{V^{n+1}}\left(G_j^i - G_{j+1}^i\right) \tag{3.5.18}$$

如果 G_j 代表通过 j 结点的总输沙率, 则总的输沙的连续方程是

$$V^{n+1} = V^n + \Delta t\left(G_j - G_{j+1}\right) \tag{3.5.19}$$

3. 边界条件

仍然利用特征线的概念来讨论边界条件. 对于河床演变的计算, 有三组特征线, 这就意味着需要三组边界条件. 对于缓流 $(v^2 < gh)$, 在上游边界需要二组边界条件, 在下游边界需要一组边界条件.

这里问题比较多的是怎样在上游边界给定泥沙运动的边界条件. 因为在给定这个边界条件时, 同样需要知道被模拟的流段的变化会怎样反过来影响上游边界, 模拟段上游的河道的变化又怎么来影响上游边界的条件, 而模型段上游又不包括在所建立的模型内, 这本身就是一个问题. 下面讨论可供选择的几种处理方法.

(1) 已知上游泥沙来流量. 在某些情况下, 进入被模拟河段的泥沙来流是事先知道的. 譬如, 河段是在水库的紧下游, 来流泥沙等于零或者取决于水库的静沙能力.

(2) 向上游适当延长被研究河段. 这里我们应用了前面讲的一个概念, 即床面波动的传播速度很小这个事实. 由此可以推论, 上游边界处泥沙运动的边界条件的影响向下游的传播也是很慢的. 如果床面波动传播的速度为 c_3, 模型运算的时间为 T, 则上游边界条件只影响到上游边界向下 c_3T 的距离内. 这样, 如果把上游边界向上游搬动 c_3T 距离, 则上游边界条件将对原来计算模拟的河段无影响. 不过这样的处理往往要求模拟比原来我们感兴趣的河段要长得多的河区.

(3) 利用模型上游端紧下游的条件确定泥沙的入流量. 泥沙的入流量可以由上游边界紧下游的流动条件, 也即利用开始的少数结点上的有关量来确定. 这些结点又是用于确定第一个内结点的输沙率的. 因此取决于所用的有限差分格式的形式,

在上游边界处和在第一个内结点上的输沙率可能几乎是相同的. 根据泥沙运动的连续方程, 就意味着上游边界处的床面高程变化很小, 所以这种边界条件的处理方法实际上是假设上游边界处的河床是固定不变的.

(4) 利用上游边界紧上游的条件确定泥沙来流量. 我们这里假设了上游泥沙来流不再受模拟区段的变化的影响. 不过如果紧靠上游边界的下游河段部分变形很大, 这种边界条件的处理方式会带来相当大的误差.

(5) 重复循环流动条件. 当在实验室中进行泥沙试验时, 最常用的边界条件是模拟区段上下游边界处的输沙率相同, 这就是说, 如果上游边界的 $x=0$, 下游边界 $x=L$, 则边界条件是

$$G_{x=0}=G_{x=L}$$

如果沿模拟区段输沙情况变化很显著, 这种边界条件不能采用.

上述边界条件的处理方法可总结如下

水流运动

上游边界条件 $(x=0)$: Q

下游边界条件 $(x=L)$: h 或 $Q\sim h$ 的函数关系,

泥沙运动

上游边界条件 $(x=0)$:

1) $G=G$ (已知)

或 2) 模型向上游延伸

或 3) $G=G|_{x=0}^{+}$

或 4) $G=G|_{x=0}^{-}$

或 5) $G_{x=0}=G_{x=L}$

3.5.2 数值模型 I 的数值解[35]

如上所述, 水流运动和泥沙运动可以分开来求解, 所以下面我们将分别讨论式 (3.5.9) 和式 (3.5.3) 的解.

式 (3.5.9) 是计算回水曲线的方程, 给了边界条件后, 每一个结点的水位可以求得, 相应地其他水力要素, 如流速, 也可以求出.

下面讨论泥沙连续方程的解. 通常由于河床演变的周期很长, 有时甚至需要预测几年后的河床形态, 所以时间步长 Δt 就需要取得很大. 可是, 大多数差分格式的时间步长的选取均受到稳定性和精度要求的限制而不可能很大. 为此就有必要选取一种差分形式, 它可以采用大的时间步长, 又能保证稳定性和精度. 人们可能想到最简单的克服稳定性问题的方法是利用隐式格式, 例如

$$\frac{z_{j+1}^{n+1}-z_{j+1}^{n}+z_{j}^{n+1}-z_{j}^{n}}{2\Delta t}+\vartheta\frac{\left(G_{j+1}^{n+1}-G_{j}^{n+1}\right)}{\Delta x}$$

$$+ (1-\vartheta)\frac{(G_{j+1}^n - G_j^n)}{\Delta x} = 0 \tag{3.5.20}$$

这个格式在计算 z_j^{n+1} 时需要知道 G_j^{n+1}, 而 G_j^{n+1} 本身又取决于 z_j^{n+1}, 所以泥沙运动的求解与水流运动的求解不能独立进行, 除非 G_j^{n+1} 能用适当的方法事先估算出来. 另一种方法是由 de Vries 建议的修改了的 Lax 格式, 这是一个显式格式

$$\frac{z_j^{n+1} - \left(\dfrac{a}{2}z_{j+1}^n + (1-a)\,z_j^n + \dfrac{a}{2}z_{j+1}^n\right)}{\Delta t} + \frac{G_{j+1}^n - G_{j-1}^n}{2\Delta x} = 0 \tag{3.5.21}$$

它的稳定条件是

$$\mu^2 \leqslant a \leqslant 1 \tag{3.5.22}$$

式中, $\mu = c_3\dfrac{\Delta t}{\Delta x}$, 式 (3.5.21) 的截断误差与 a 值有关, a 应该取的越近 μ^2 越好, 如果 a 的取值不得当, 截断误差会相当大, 使得泥沙运动的质量不守恒. 一般取 $a = \mu^2 + (0.05 \sim 0.001)$.

为对计算结果进行校核, 需要检查泥沙运动的守恒问题, 这里提出下述简单的校核方法. 沿河段长 L 对式 (3.5.3) 进行积分

$$\int_0^L \frac{\partial z}{\partial t}\mathrm{d}x + \int_0^L \frac{\partial G}{\partial x}\mathrm{d}x = 0 \tag{3.5.23}$$

即

$$\int_0^L \frac{\partial z}{\partial t}\mathrm{d}x + [G]_{x=0}^{x=L} = 0 \tag{3.5.24}$$

利用梯形积分近似公式得

$$\frac{1}{\Delta t}\sum_{j=0}^{N}\Delta z_j + [G]_{x=0}^{x=L} = 0 \tag{3.5.25}$$

从而表达式

$$\left(\frac{1}{\Delta t}\sum_{j=0}^{N}\Delta z_j + [G]_{x=0}^{x=L}\right) \tag{3.5.26}$$

值的大小说明了守恒性保持的好坏.

以上所介绍的水流模型是恒定流模型, 如果我们希望模拟非恒定流, 边界条件是以流量过程线或流量历时曲线给出, 这时我们可以将流量过程线用一个梯级式曲线来近似, 在与每一流量梯级对应的时段内, 流动看做是恒定流, 此时前面讨论的求解程序可以直接引用.

3.5.3 河床演变的数值模型 II (以悬移质为主的情况)[36][37]

1. 控制方程

在以悬移质为主的输沙水流中, 含沙量 c 的控制方程为

$$\frac{\partial c}{\partial t}+\frac{\partial}{\partial x}(uc)+\frac{\partial}{\partial y}(vc)+\frac{\partial}{\partial z}(wc-w_s c)=0 \tag{3.5.27}$$

这里 w_s 是砂粒的沉降速度, 设 $u=\bar{u}+u'$, $v=\bar{v}+v'$, $w=\bar{w}+w'$ 和 $c=\bar{c}+c'$, 这里 $\bar{u}$, $\bar{v}$, $\bar{w}$ 和 $\bar{c}$ 是时均值, u', v', w' 和 c' 是脉动值, 将上述表达式代入 (3.5.27) 并取时均, 得

$$\frac{\partial \bar{c}}{\partial t}+\frac{\partial}{\partial x}\bar{u}\bar{c}+\frac{\partial}{\partial y}\bar{v}\bar{c}+\frac{\partial}{\partial z}(\bar{w}\bar{c}-w_s\bar{c})+\frac{\partial}{\partial x}\overline{u'c'}+\frac{\partial}{\partial y}\overline{v'c'}+\frac{\partial}{\partial z}\overline{w'c'}=0 \tag{3.5.28}$$

利用混掺长度的假定

$$\begin{aligned}
-\overline{u'c'}&=\varepsilon_{11}\frac{\partial \bar{c}}{\partial x}+\varepsilon_{12}\frac{\partial \bar{c}}{\partial y}+\varepsilon_{13}\frac{\partial \bar{c}}{\partial z}\\
-\overline{v'c'}&=\varepsilon_{21}\frac{\partial \bar{c}}{\partial x}+\varepsilon_{22}\frac{\partial \bar{c}}{\partial y}+\varepsilon_{23}\frac{\partial \bar{c}}{\partial z}\\
-\overline{w'c'}&=\varepsilon_{31}\frac{\partial \bar{c}}{\partial x}+\varepsilon_{32}\frac{\partial \bar{c}}{\partial y}+\varepsilon_{33}\frac{\partial \bar{c}}{\partial z}
\end{aligned} \tag{3.5.29}$$

如果我们考虑的是二维运动, 沿 y 方向 (横断面方向)c, u, w 均匀分布, $v=0$, 式 (3.5.28) 可以简化成

$$\frac{\partial \bar{c}}{\partial t}+\frac{\partial}{\partial x}(\bar{u}\bar{c})+\frac{\partial}{\partial z}(\bar{w}\bar{c}-w_s\bar{c})+\frac{\partial}{\partial x}\overline{u'c'}+\frac{\partial}{\partial z}\overline{w'c'}=0$$

以式 (3.5.29) 的二维形式代入上式,

$$\begin{aligned}
&\frac{\partial \bar{c}}{\partial t}+\frac{\partial}{\partial x}(\bar{u}\bar{c})+\frac{\partial}{\partial z}(\bar{w}\bar{c}-w_s\bar{c})\\
&-\frac{\partial}{\partial x}\left(\varepsilon_{11}\frac{\partial \bar{c}}{\partial x}+\varepsilon_{13}\frac{\partial \bar{c}}{\partial z}\right)-\frac{\partial}{\partial z}\left(\varepsilon_{31}\frac{\partial \bar{c}}{\partial x}+\varepsilon_{33}\frac{\partial \bar{c}}{\partial z}\right)=0
\end{aligned} \tag{3.5.30}$$

利用二维连续方程

$$\frac{\partial u}{\partial x}+\frac{\partial w}{\partial z}=0 \tag{3.5.31}$$

式 (3.5.30) 可以化成

$$\begin{aligned}
&\frac{\partial \bar{c}}{\partial t}+\bar{u}\frac{\partial \bar{c}}{\partial x}+\bar{w}\frac{\partial \bar{c}}{\partial z}-w_s\frac{\partial \bar{c}}{\partial z}-\frac{\partial}{\partial x}\left(\varepsilon_{11}\frac{\partial \bar{c}}{\partial x}+\varepsilon_{13}\frac{\partial \bar{c}}{\partial z}\right)\\
&-\frac{\partial}{\partial z}\left(\varepsilon_{31}\frac{\partial \bar{c}}{\partial x}+\varepsilon_{33}\frac{\partial \bar{c}}{\partial z}\right)=0
\end{aligned} \tag{3.5.32}$$

如果取坐标抽 x, y, z 沿 ε_{ij} 的主轴方向, 则上式可进一步简化为

$$\frac{\partial \bar{c}}{\partial t}+\bar{u}\frac{\partial \bar{c}}{\partial x}+\bar{w}\frac{\partial \bar{c}}{\partial z}-w_s\frac{\partial \bar{c}}{\partial z}-\frac{\partial}{\partial x}\left(\varepsilon_1\frac{\partial \bar{c}}{\partial x}\right)-\frac{\partial}{\partial z}\left(\varepsilon_3\frac{\partial \bar{c}}{\partial z}\right)=0 \tag{3.5.33}$$

式中, $\varepsilon_1=\varepsilon_{11}$, $\varepsilon_3=\varepsilon_{33}$. 这是一个典型的以标量 $\bar{c}$ 为因变量的对流–扩散方程, 它是计算以悬移质为主的输沙水流, 河床变形的基本方程之一, 在实用中, 一般还做如下的处理

(1) 假定 $\varepsilon_1\dfrac{\partial \bar{c}}{\partial x}\ll\varepsilon_3\dfrac{\partial \bar{c}}{\partial z}$

(2) 假定 $w_s=\text{const}$

(3) 对于接近于均匀流的流动, $\bar{w}\dfrac{\partial \bar{c}}{\partial z}\approx 0$

(4) 在计算时段 Δt 时, 项 $\dfrac{\partial \bar{c}}{\partial t}$ 的数量级一般小于式中其他项的数量级.

在上述假定下, 式 (3.5.32) 简化成

$$\bar{u}\frac{\partial \bar{c}}{\partial x}=w_s\frac{\partial \bar{c}}{\partial z}+\frac{\partial}{\partial z}\left(\varepsilon_3\frac{\partial \bar{c}}{\partial z}\right) \tag{3.5.34}$$

显然, 只要速度场 $\bar{u}$ 算得, 上式即可求解. 求解之前, 这里还有一个问题需要解决, 即如何估算悬沙的扩散系数 ε_3. 通常假定 ε_3 等于水流的动量紊动扩散系数 ε_m, 即

$$\varepsilon_3=\varepsilon_m=\kappa u_* z\left(1-\frac{z}{h}\right) \tag{3.5.35}$$

式中, $\kappa=$ Karman 系数 $\approx$0.4, $u_*=$ 阻力速度.

但是近年来的水槽试验表明, 上面的假定是不合理的. Coleman. N. L 和 Anderson 提出了下面的经验公式,

$$\begin{aligned}
&\varepsilon_3=\varepsilon_{s\max}=\left[a_1+a_2\left(\frac{w_s}{u_*}\right)^{a_3}\right]u_*h && \frac{z}{h}\geqslant 0.5\\
&\varepsilon_3=4\left(\frac{z}{h}\right)\left(1-\frac{z}{h}\right)\varepsilon_{s\max} && \frac{z}{h}<0.5
\end{aligned} \tag{3.5.36}$$

式中, $a_1=0.13$, $a_2=0.2$, $a_3=2.12$, 式 (3.5.35) 和 (3.5.36) 所给的 ε_3 的垂线分布如图 3.5.2 所示.

以式 (3.5.36) 代入恒定的均匀流的输沙方程

$$w_s\bar{c}-\varepsilon_3\frac{\partial \bar{c}}{\partial z}=0$$

可得到平衡的含沙量的垂线分布

$$\begin{aligned}
&\bar{c}(z)=\overline{c_a}\left[\frac{z_a}{h-z_a}\right]^{\frac{hw_s}{4\varepsilon_{s\max}}}\exp\left[-\frac{w_s}{\varepsilon_{s\max}}\left(z-\frac{1}{2}h\right)\right] && \frac{z}{h}\geqslant 0.5\\
&\bar{c}(z)=\overline{c_a}\left[\frac{h-z}{z}\cdot\frac{z_a}{h-z_a}\right]^{\frac{hw_s}{4\varepsilon_{s\max}}} && \frac{z}{h}<0.5
\end{aligned} \tag{3.5.37}$$

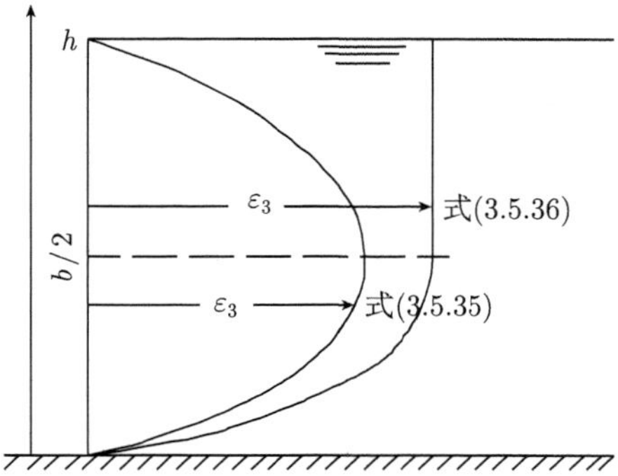

图 3.5.2 ε_3 的垂线分布

2. 数值解

这个数值模型的求解一般分三步,

i. 流速场 $\overline{u}(x)$ 的数值求解, 这时 $z_b(x)$ 假定不变;

ii. 含沙量的分布 $\overline{c}(x,z)$ 的数值解, 并确定输沙量 $\overline{G}(x)$;

iii. 河床变形 $z_b(x)$ 的数值解.

由于 i, iii 这两步与数值模型 I 的求解过程没有区别, 下面主要介绍第 ii 步的数值计算过程.

(1) 差分格式

从含沙量的垂线分布的形状可见, 靠近床面处的梯度大, 向上梯度逐步变小, 为了更确切地模拟含沙量的垂线分布, 我们采用一种坐标变换的方法, 在 z 向采用不均匀网格, 图 3.5.3.

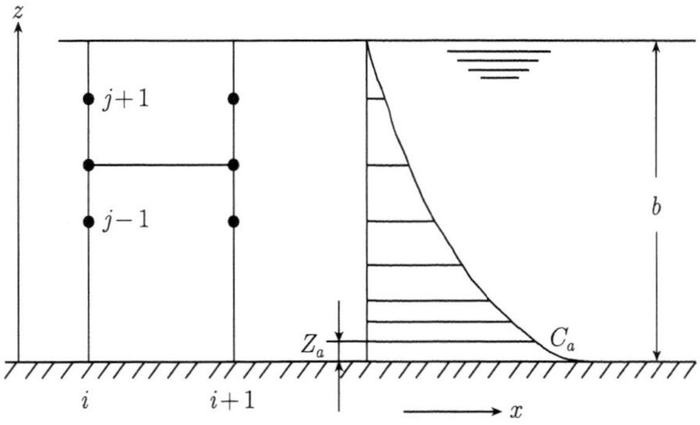

图 3.5.3 数值模型 II 的计算网格

新的垂向坐标 z' 与原来的 z 坐标的关系是

$$\frac{\partial}{\partial z}=\frac{w_s}{\varepsilon_s}\frac{\partial}{\partial z'} \tag{3.5.38}$$

在新的坐标系下输沙的控制方程的形式是

$$\overline{u}\frac{\partial\overline{c}}{\partial x}=\frac{w_s^2}{\varepsilon_s}\frac{\partial}{\partial z'}\left[\frac{\partial\overline{c}}{\partial z'}+\overline{c}\right] \tag{3.5.39}$$

利用隐式格式离散式 (3.5.39)

$$\overline{u}_{i+\frac{1}{2},j}\left(\frac{\overline{c}_{i+1,j}-\overline{c}_{i,j}}{\Delta x}\right)=\frac{w_s^2}{(\varepsilon_s)_{i+\frac{1}{2},j}}\left[\left(\frac{\overline{c}_{i+1,j+1}+\overline{c}_{i+1,j-1}-2\overline{c}_{i+1,j}}{(\Delta z')^2}\right)+\left(\frac{\overline{c}_{i+1,j+1}-\overline{c}_{i+1,j-1}}{2\Delta z'}\right)\right] \tag{3.5.40}$$

这里, $\Delta z'$ 是新坐标系下均匀网格的 z' 方向的步长, 式 (3.5.40) 的求解可用第 2 章所介绍的追赶法进行.

(2) 边界条件

i. 自由水面的边界条件

$$w_s\overline{c}(x,h)+\varepsilon_3(h)\frac{\partial\overline{c}(x,h)}{\partial z}=0$$

ii. 接近床面的边界条件, 即 $z=z_a$ 处的 c_a 值. 通常我们假定 $\overline{c}(x,z_a)$ 由局部水力条件决定, 断面的输沙率 G_e 可由任何适宜的计算总输沙率的公式来求出, 另外再通过 $c_e(y,z)$ 和 $u(z)$ 的乘积的积分求得

$$S_e(x)=\int_e^h u(z)\overline{c}_e(x,z)\mathrm{d}z$$

这里的 $c_e(x,z)$ 可以利用式 (3.5.37) 求取, $u(z)$ 可用对数公式

$$u(z)=\frac{u_*}{\kappa}\ln\frac{30z}{\Delta}$$

算得. 将算得的 G_e 和 S_e 相等可以求得相应的 $c_e(x,z_a)$ 取 $c_a(x,z_a)\approx c_e(x,z_a)$

iii. 上游边界条件 $\overline{c}(0,z)$ 一般作为时间的函数给出. 当然, 对于包括水流条件, 河床变形在内的完整的计算, 还需要相应的初始和边界条件, 它们同数值模型 I.

3.5.4 计算实例

这里介绍两个计算实例, 一个使用计算模型 I, 另一个应用计算模型 II.

1. 实例一

美国内布拉斯加州中劳泊河的米尔本坝建成于 1956 年 5 月. 美国恳务局对建坝后坝上下游的冲淤情况进行了详细的观测. 观测不同测站处的河道断面, 泥沙情况和流量过程. 这样的观测于 1961 年和 1964 年进行了两次. 根据已有的资料, 对坝下游 5200m 河段内的床面的冲淤过程进行计算. 计算模式为 3.5.2 节介绍的模式

I. 计算的空间步长为 200m, 时间步长为 3h. 计算从 1961 年的资料进行到 1964 年. 结果示于图 3.5.4. 比较计算结果与实测资料可见, 两者是非常吻合的.

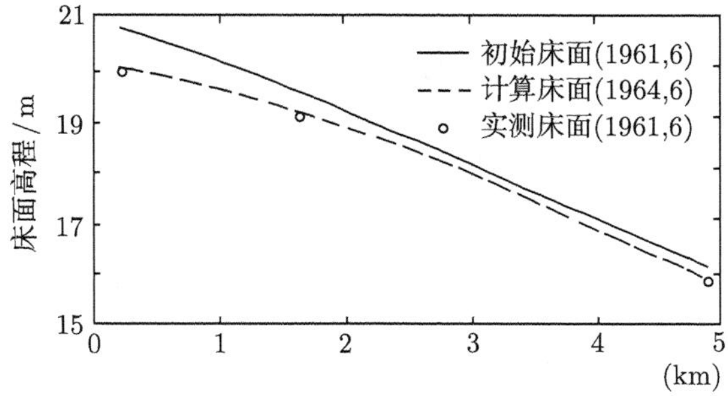

图 3.5.4 米尔本坝下淤冲刷过程的计算

2. 实例二[36]

计算是针对试验资料进行的. 试验是在长 30m 宽 0.5m, 深 6.7m 的水槽中进行的. 水槽底部铺砂, 砂的中值粒径 $d_{50}=127\mu m$. 床面挖一凹槽, 槽底长 2m, 上、下游坡均为 1:10, 图 3.5.5.

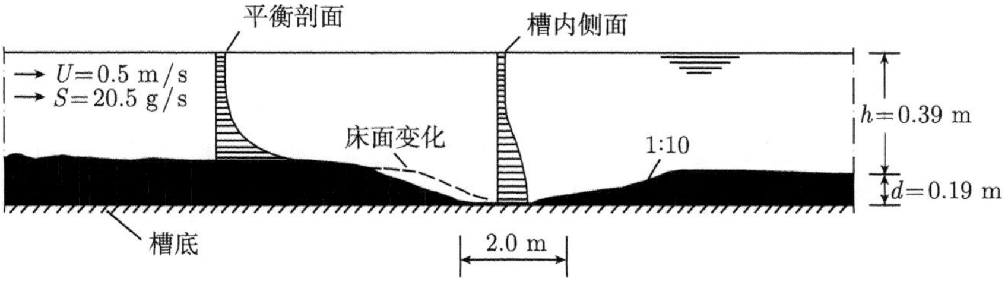

图 3.5.5 实例二的计算剖面图

试验条件是: 加砂率为 20.5g/s, 水流的速度等于 0.5m/s. 在此条件下, 大部分沙呈悬浮状态. 由于冲刷床沙, 中值粒径变大, $d_{50}=170\mu m$. 悬沙的中值粒径 $d_{50}=110\mu m$, 相应的沉降速度 $w_s=0.01$m/s. 计算的模式为 3.5.4 节所述的模式 II. 计算 G_e 的输沙率公式为 Engelund-Hansen 公式. 流速分布采用对数分布. 计算用的参数列于表 3.5.1.

表 3.5.1

$h(o)$	w_s	k_n	ρ_s	Δx	Δt	z_a
0.39m	0.01m/s	0.025m	2610kg/m^3	0.25m	900s	0.015m

表中, $h(0)$ 是初始水深, k_n 是当量粗糙.

计算结果示于图 3.5.6. 图中分别给出试验运转 7 小时和 14 小时后的地形的

试验结果和计算结果. 两者的吻合程度也是相当满意的.

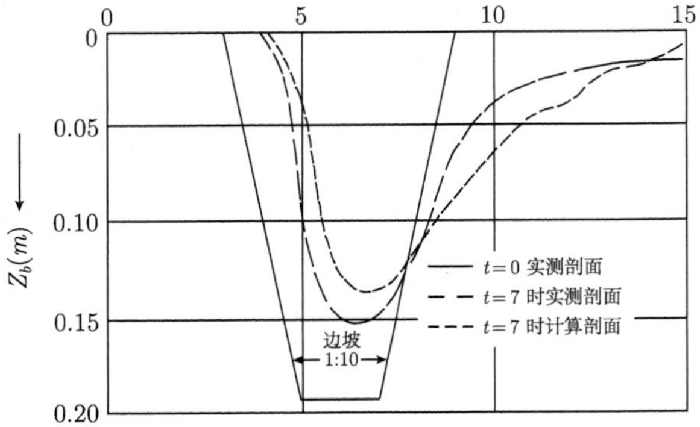

图 3.5.6　地形的计算值与实测值

3.6　Navier-Stokes 方程的有限差分解

3.6.1　概述

Navier-Stokes 方程的数值解, 一般可以利用三种不同的形式来求得. 一种是所谓速度–压强联合求解法, 即利用原始的 Navier-Stokes 方程组和一个压力方程来求出流场中的速度和压强. 第二种是所谓流函数一涡量联合求解法, 即利用从原始的 Navier-Stokes 方程组导出的涡的传输方程及涡的定义方程 (泊松方程) 求解得出流场中网格节点处的流函数值和涡的值, 再进而得速度和压强值. 第三种方法是流函数解法, 即将第二种方法中涡的定义方程再代入涡的传输方程, 从而得出只有一个变量 (流函数) 的高阶偏微分方程, 对其求解, 得出流场中的网格节点处的流函数值, 进而得出速度的值.

如何选用这三种方法, 视所要解决的问题而定, 一般来讲, 对于无自由面的问题, 特别是不需要求压强的瞬时解的情况下, 利用流函数–涡量解决较好. 如果压力瞬时值是必需求解的内容, 则速度–压强方程解似乎是较可取的. 对于包括自由液面的流场问题, 则常用速度–压强解法.

由于流函数一涡量法, 实际上是联立求解一个涡的传输方程和一个泊松方程, 其方程的有限差分形式和求解过程, 边界条件的处理均与本章 3.7 节所介绍的内容类似, 这里就不另作介绍了, 下面我们主要介绍速度一压强联合求解法.

要直接利用 N-S 方程求解水动力学问题, 如果处理的又是紊流场, 则需利用 1.3 导出的均值方程组. 在均值方程组的动量方程中包含了紊动应力, 它们是未知量, 只有知道了紊流场中各点处的紊动应力的值, 才能求解平均速度场. 为此, 我们要利用某种数学模式来描述紊流场中紊动应力的分布状态, 或者说给出紊流场中紊动的传输过程. 这种数学模式常称做 "紊动模式". 紊动模式由一组代数方程或微分方程组成. 这些方程中包含若干经验系数 (常数或函数). 有了紊动模式作为补充条件, 均值方程组因此而闭合, 求解就有可能了[38].

紊动模式的类型, 现有两种划分方法, 一种是 Reynolds 提出来的[39], 另一种是 Mellor 和 Herring 1973 年提出来的. 前者按紊动模式中所包含的紊动量的偏微分方程的数目来分类, 后者则按紊动模式中偏微分方程的物理意义来分类. 按 Reynolds 的分类法:

(1) "0" 方程模式. 紊动模式是把紊动剪应力与平均流场的物理量关联起来的某种代数方程, 不包含紊动量的偏微分方程.

(2) "1" 方程模式. 紊动模式除了包含 "0" 方程中的代数方程外, 还包含一个紊动特征量的偏微分方程.

(3) "2" 方程模式. 紊动模式除了包含 "0" 方程中的代数方程外, 还增加两个紊动特征量的偏微分方程.

(4) 紊动应力传输方程模式. 紊动模式由紊动应力的传输方程和三阶脉动速度相关量的偏微分方程组成.

按 Mellor 和 Herring 的分类法:

(1) 平均速度场模式. 就是上述 "0" 方程模式.

(2) 平均紊动场模式. a) 平均紊动动能模式, 由一个紊动动能的偏微分方程组成. b) 平均紊动应力模式, 模式包含紊动应力的传输方程.

下面将只介绍 "0" 方程模式, "1" 方程模式和 "2" 方程模式. 这三种模式都以紊动黏性系数的概念为基础. 紊动黏性系数的概念是 Boussinesq 于 1877 年提出的, 模拟层流的黏性应力, 他假设紊动应力与平均速度的梯度成比例

$$-\overline{u_i'u_j'} = \nu_t\left(\frac{\partial\overline{u_i}}{\partial x_j} + \frac{\partial\overline{u_j}}{\partial x_i}\right) - \frac{2}{3}k\delta_{ij} \tag{3.6.1}$$

式中, ν_t 是紊动黏性系数. 为了与 ν_i 区别, 下面用 ν_m 表示分子的黏性系数. 由于 ν_t 是紊动流场的性质, 取决于紊动的状态. 因此, 在同一紊流场中各点的 ν_t 值会有明显的不同, 在不同的流场中差别也很大. 式 (3.6.1) 本身还不是紊动模式, 它只是形成紊动模式的基础. 有了这个假设, 对紊动应力的分析就变成对紊动黏性系数 ν_t 的分析了. 有了以上的概念: 就可以具体介绍紊动模式.

1. "0" 方程模式

该模式有两种, 一种叫常数紊动黏性模式, 一种叫混掺长度模式.

(1) 常数紊动黏性

在许多以大型水体为对象的计算中, 常对整个流场采用一个不变的紊动黏性系数, 它们的值通常是通过实验确定的. 从本质上讲, 这种模式并不是真正的紊动模

式. 在大型河道和湖泊的计算中, 如果紊动应力项与对流项相比是一个较小的量, 则这种模式还是可取的. 有时为了更逼近实际, 可以在水平方向和垂直方向采用不同的紊动黏性系数 ν_h 和 ν_z. 一般 ν_h 大于 ν_z.

在某些只考虑水平方向紊动扩散的计算中常常利用沿水深平均的二维方程作为流动的控制方程. 在这种情况下, 沿水深平均的黏性系数 ν_t 分别与沿水深平均的动量及速度的梯度有关. 利用这样的 ν_t 往往包含了紊动传输和由于垂向速度分布的非均匀性引起的弥散过程这两种因素. 此外, 由于离散引起的虚拟黏性因网格尺度的变大而变强. 因此, 在利用常数紊动黏性进行大型水体计算时, 所用的紊动黏性实际上是一个综合系数. 它的合理数值必须利用原型观测资料进行率定才能最后确定.

(2) 紊掺长度模式

这个模式是 Prandtl 于 1925 年提出的. 他将紊流中液团的运动看成是类似于气体分子的随机运动, 提出紊动黏性系数 ν_t 与特征脉动速度 $\hat{u}$, 紊掺长度 l_m 成正比. 在剪切紊流中, 起控制作用的速度梯度是主流速沿横向的梯度. 设 x 为主流向, 垂直于主流向为 y 方向, 则 Prandtl 的假定可以写成,

$$\hat{u} = l_m \left| \frac{\partial u}{\partial y} \right| \tag{3.6.2}$$

由此可以得出

$$\nu_t = l_m^2 \left| \frac{\partial u}{\partial y} \right| \tag{3.6.3}$$

它将紊动黏性系数与当地的平均速度梯度相关起来. 唯一的未知参数是紊掺长度 l_m. 对于 l_m 有种种假定和试验成果. 如果计算的是充分发展的明渠流和管流, 则紊掺长度 l_m 的分布可以由 Nikuradse 公式来表达

$$\frac{l_m}{R} = 0.14 - 0.08\left(1 - \frac{y}{R}\right)^2 - 0.06\left(1 - \frac{y}{R}\right)^4 \tag{3.6.4}$$

式中, R 取圆管管径, 矩形管半管宽或明渠水深. 靠近壁面处, 由于黏性的作用变强, $l_m \sim y$ 的线性关系必须加以修正, 根据 Van Driest 的理论[41], 引入所谓阻尼系数 A

$$l_m = ky\left[1 - \exp\left(-\frac{y}{A}\right)\right] \tag{3.6.5}$$

式中, A 为阻尼系数, $A = A^* v \left(\frac{\tau_w}{\rho}\right)^{-\frac{1}{2}}$, $A^* \approx 26.0$, τ_w 为壁面剪应力.

紊掺长度模式的缺点是, ν_t 与平均速度梯度 $\frac{\partial u}{\partial y}$ 直接相关, 在 $\frac{\partial u}{\partial y}$ 等于零的地方 ν_t 取零值, 在许多流动中, 这与实际情况不符合. 因此, 紊掺长度模式不适用于

扩散和对流传输过程很强的紊动过程的分析研究. 也不适用于复杂流动的分析, 这些流动中的 l_m 的变化规律难以确定.

2. "1" 方程模式

为了克服紊掺长度模式的缺陷, 考虑扩散和对流对紊动的传输作用, 人们提出了描述紊动量的传输过程的基本方程 (组). 将该方程 (组) 对紊动量求解, 将解得的紊动量引入雷诺方程, 从而求得速度场. 在这些模式中, 特征脉动速度 $\hat{u}$ 与平均速度梯度不直接相关, 而由求解基本方程得到.

如果用紊动动能 k 表征速度的脉动, 则特征脉动速度 $\hat{u}$ 与 k 存在下面的关系

$$\hat{u} \sim k^{\frac{1}{2}} \tag{3.6.6}$$

而 k 的定义为

$$k = \frac{1}{2}\left(\overline{u'^2} + \overline{v'^2} + \overline{w'^2}\right) \tag{3.6.7}$$

而紊动黏性系数 ν_t 则用下面的关系式表征

$$\nu_t = C'_\mu k^{\frac{1}{2}} l \tag{3.6.8}$$

式中, C'_μ 是一个经验常数. 这就是熟知的 Kolmogorov-Prandtl 模式. 这样, 要确定 ν_t, 首先要确定 k. k 的传输过程的控制方程, 可以从紊动动能的基本方程导出. 对于大雷诺数, 有

$$\begin{aligned}
&\frac{\partial k}{\partial t} + u\frac{\partial k}{\partial x} + v\frac{\partial k}{\partial y} + w\frac{\partial k}{\partial z} \\
=&\frac{\partial}{\partial x}u\left(k + \frac{p'}{\rho}\right) + \frac{\partial}{\partial y}v\left(k + \frac{p'}{\rho}\right) + \frac{\partial}{\partial z}w\left(k + \frac{p'}{\rho}\right) - \overline{u'u'}\frac{\partial u}{\partial x} - \overline{u'v'}\left(\frac{\partial u}{\partial y} + \frac{\partial v}{\partial x}\right) \\
&- \overline{u'w'}\left(\frac{\partial u}{\partial z} + \frac{\partial w}{\partial x}\right) - \overline{v'v'}\frac{\partial u}{\partial y} - \overline{v'w'}\left(\frac{\partial v}{\partial z} + \frac{\partial w}{\partial y}\right) - \overline{w'w'}\frac{\partial w}{\partial z} - \varepsilon_t
\end{aligned} \tag{3.6.9}$$

为了导出 k 的传输方程的实用形式, 还要进一步简化. 由于 k 是一个标量, 可以假定 k 的扩散通量与 k 的梯度成正比

$$\begin{aligned}
u\left(k + \frac{p'}{\rho}\right) &= \frac{\nu_t}{\sigma_k}\frac{\partial k}{\partial x} \\
v\left(k + \frac{p'}{\rho}\right) &= \frac{\nu_t}{\sigma_k}\frac{\partial k}{\partial y} \\
w\left(k + \frac{p'}{\rho}\right) &= \frac{\nu_t}{\sigma_k}\frac{\partial k}{\partial z}
\end{aligned} \tag{3.6.10}$$

式中, σ_k 是一个经验常数, 耗散率 ε_t 由下式计算

$$\varepsilon_t = C_D\frac{k^{\frac{3}{2}}}{L} \tag{3.6.11}$$

式中, C_D 是另一个经验常数. 对 $\overline{u'u'}, \overline{u'v'}, \cdots$ 等进行类似的处理. 将这些代入式 (3.6.9), 得出 k 的实用方程为

$$\begin{aligned}
&\frac{\partial k}{\partial t}+u\frac{\partial k}{\partial x}+v\frac{\partial k}{\partial y}+w\frac{\partial k}{\partial z}\\
=&\frac{\partial}{\partial x}\left(\frac{\nu_t}{\sigma_k}\frac{\partial k}{\partial x}\right)+\frac{\partial}{\partial y}\left(\frac{\nu_t}{\sigma_k}\frac{\partial k}{\partial y}\right)+\frac{\partial}{\partial z}\left(\frac{\nu_t}{\sigma_k}\frac{\partial k}{\partial z}\right)\\
&+\nu_t\left[2\left(\frac{\partial u}{\partial x}\right)^2+\left(\frac{\partial u}{\partial y}\right)^2+2\frac{\partial u}{\partial y}\frac{\partial v}{\partial x}+\left(\frac{\partial v}{\partial x}\right)^2\right.\\
&+\left(\frac{\partial u}{\partial z}\right)^2+2\frac{\partial u}{\partial z}\frac{\partial w}{\partial x}+\left(\frac{\partial w}{\partial x}\right)^2+2\left(\frac{\partial v}{\partial y}\right)^2\\
&\left.+\left(\frac{\partial v}{\partial z}\right)^2+2\frac{\partial v}{\partial z}\frac{\partial w}{\partial y}+\left(\frac{\partial w}{\partial y}\right)^2+2\left(\frac{\partial w}{\partial z}\right)^2\right]-C_D\frac{k^{\frac{3}{2}}}{L}
\end{aligned}\tag{3.6.12}$$

式中, 常数 $C'_\mu C_D \approx 0.08$, $\sigma_k \approx 1.0$. 这里剩下的问题是如何确定尺寸 L, 确定的方法不同, 得出不同的 "1" 方程模式. 大多数模式利用与确定紊掺长度 l_m 类似的经验关系来确定 L.

3. "2" 方程模式

"2" 方程模式有 k-L 模式和 k-ε 模式. k-ε 模式, 由于它的方程结构相对简单, 用得较普遍, 下面只介绍 k-ε 模式.

(1) k-ε 模式

在高雷诺数下, 局部各向同性是紊动的主要特征. 耗散率 ε 等于运动黏性系数乘以涡量的脉动. 式 (2.2.21) 的第 VI 项. ε 的方程可以从涡量的传输方程导出, 它的完整形式是

$$\begin{aligned}
\frac{\partial \varepsilon}{\partial t}+u\frac{\partial \varepsilon}{\partial x}+v\frac{\partial \varepsilon}{\partial y}+w\frac{\partial \varepsilon}{\partial z}=&\frac{\partial}{\partial x}\left(\frac{\nu_t}{\sigma_\varepsilon}\frac{\partial \varepsilon}{\partial x}\right)+\frac{\partial}{\partial y}\left(\frac{\nu_t}{\sigma_\varepsilon}\frac{\partial \varepsilon}{\partial y}\right)\\
&+\frac{\partial}{\partial z}\left(\frac{\nu_t}{\sigma_\varepsilon}\frac{\partial \varepsilon}{\partial z}\right)+C_{1\varepsilon}\frac{\varepsilon}{k}P-C_{2\varepsilon}\frac{\varepsilon^2}{k}
\end{aligned}\tag{3.6.13}$$

式中,

$$\begin{aligned}
P=&\nu_t\left[2\left(\frac{\partial u}{\partial x}\right)^2+\left(\frac{\partial u}{\partial y}\right)^2+2\frac{\partial u}{\partial y}\frac{\partial v}{\partial x}+\left(\frac{\partial v}{\partial x}\right)^2+\left(\frac{\partial u}{\partial z}\right)^2+2\frac{\partial u}{\partial z}\frac{\partial w}{\partial x}\right.\\
&\left.+\left(\frac{\partial w}{\partial x}\right)^2+2\left(\frac{\partial v}{\partial y}\right)^2+\left(\frac{\partial v}{\partial z}\right)^2+2\frac{\partial v}{\partial z}\frac{\partial w}{\partial y}+\left(\frac{\partial w}{\partial y}\right)^2+2\left(\frac{\partial w}{\partial z}\right)^2\right]
\end{aligned}$$

$\sigma_\varepsilon, C_{1\varepsilon}, C_{2\varepsilon}$ 均为经验常数. 在 k-ε 模式中的紊动黏性系数 ν_t 用下式定义

$$\nu_t = C_\mu\frac{k^2}{\varepsilon}\tag{3.6.14}$$

式 (3.6.12), 式 (3.6.13) 和式 (3.6.14) 一起构成了 k-ε 的完整模式. 下面讨论如何确定这些经验常数. 在网格诱发的紊动中 P 等于零. $C_{2\varepsilon}$ 是式 (3.6.13) 中唯一的常数. 同时, 式 (3.6.13), 式 (3.6.12) 可以分别简化成

$$u\frac{\partial \varepsilon}{\partial x}=-C_{2\varepsilon}\frac{\varepsilon^2}{k} \tag{3.6.15}$$

和

$$u\frac{\partial k}{\partial x}=-\varepsilon \tag{3.6.16}$$

由上两式可以解出

$$k\sim\frac{x^{-1}}{C_{2\varepsilon}-1} \tag{3.6.17}$$

测出 $k\sim x$ 的关系以后, 即可定出 $C_{2\varepsilon}$. 实验测得的 $C_{2\varepsilon}$ 值在 1.8~2.0 之间. 常数 C_μ 相当于 "1" 方程中的常数的乘积 $C'_\mu C_D$, 对于满足局部平衡紊动条件的剪切紊流, $P=\varepsilon$. 由式 (3.6.12) 和式 (3.6.14) 可以得到, $C_\mu=\left(\frac{\overline{u'v'}}{k}\right)^2$, 利用实测资料可以得出 $\frac{\overline{u'v'}}{k}\approx 0.3$, 故而 $C_\mu=0.09$. 在壁面边界层的近壁区, 速度分布附合对数律, $P\approx\varepsilon$, 略去 ε 的对流传输, 式 (3.6.13) 可以简化成

$$C_{1\varepsilon}=C_{2\varepsilon}-\frac{k^2}{\sigma_\varepsilon\sqrt{C_\mu}} \tag{3.6.18}$$

利用已知的常数值和利用条件 $\sigma_\varepsilon=1.0$, $\sigma_k=1.0$, 可以优化得出 $C_{1\varepsilon}$, σ_ε 等常数值. Launder 和 Spalding 推荐的各常数值列于表 3.6.1. 一系列的试验运算表明, 计算结果受 $C_{1\varepsilon}$, $C_{2\varepsilon}$ 的取值影响最大. $C_{1\varepsilon}$ 和 $C_{2\varepsilon}$ 的值变化 5% 会导致射流扩散率 20% 的变化.

表 3.6.1

C_μ	C_{1e}	C_{2e}	σ_k	σ_e
0.09	1.44	1.92	1.0	1.3

(2) 适用于平面二维水流计算的 k-ε 模式

在平面二维水流的动量方程式 (1.3.76) 和式 (1.3.77) 中, 取 $\overline{\mu}=\rho\overline{\nu_t}$, 而 $\overline{\nu_t}$ 与沿水深平均的紊动特征量 $\overline{k}$, $\overline{\varepsilon}$ 之间的关系为

$$\overline{\nu_t}=C_\mu\frac{\overline{k^2}}{\overline{\varepsilon}} \tag{3.6.19}$$

而 $\overline{k}$ 和 $\overline{\varepsilon}$ 的方程分别是

$$\frac{\partial\overline{k}}{\partial t}+\overline{u}\frac{\partial\overline{k}}{\partial x}+\overline{v}\frac{\partial\overline{k}}{\partial y}=\frac{\partial}{\partial x}\left(\frac{\overline{\nu_t}}{\sigma_k}\frac{\partial\overline{k}}{\partial x}\right)+\frac{\partial}{\partial y}\left(\frac{\overline{\nu_t}}{\sigma_k}\frac{\partial\overline{k}}{\partial y}\right)+P_h+P_{kv}-\overline{\varepsilon} \tag{3.6.20}$$

$$\frac{\partial\overline{\varepsilon}}{\partial t}+\overline{u}\frac{\partial\overline{\varepsilon}}{\partial x}+\overline{v}\frac{\partial\overline{\varepsilon}}{\partial y}=\frac{\partial}{\partial x}\left(\frac{\overline{\nu_t}}{\sigma_\varepsilon}\frac{\partial\overline{\varepsilon}}{\partial x}\right)+\frac{\partial}{\partial y}\left(\frac{\overline{\nu_t}}{\sigma_\varepsilon}\frac{\partial\overline{\varepsilon}}{\partial y}\right)+C_{1\varepsilon}\frac{\overline{\varepsilon}}{\overline{k}}P_h+P_{\varepsilon v}-C_{2\varepsilon}\frac{\overline{\varepsilon^2}}{\overline{k}} \tag{3.6.21}$$

式中,

$$P_h=\overline{\nu_t}\left[2\left(\frac{\partial\overline{u}}{\partial x}\right)^2+2\left(\frac{\partial\overline{v}}{\partial y}\right)^2+\left(\frac{\partial\overline{u}}{\partial y}+\frac{\partial\overline{v}}{\partial x}\right)^2\right] \tag{3.6.22}$$

$P_{kv}, P_{\varepsilon v}$ 是由于垂向的速度分布, 特别是近壁面处的速度分布的不均匀性而产生的紊动能, 它们与壁面粗糙密切相关, Rastogi 和 Rodi 给出如下的公式

$$P_{kv}=C_k\frac{u_*^3}{h},\quad P_{\varepsilon v}=C_\varepsilon\frac{u_*^4}{h^2} \tag{3.6.23}$$

上式中的摩阻速度 u_*, 则由下式给出

$$u_*=\sqrt{C_f\left(\overline{u^2}+\overline{v^2}\right)} \tag{3.6.24}$$

式中, C_f 为摩阻系数. 系数 C_k, C_ε 则由下式求出

$$C_k=\frac{1}{\sqrt{C_f}},\quad C_\varepsilon=3.6\frac{C_{2\varepsilon}}{C_j^{3/4}}\sqrt{C_\mu} \tag{3.6.25}$$

3.6.2 速度–压强求解法

数值求解 N-S 方程, 困难在于求解压强场, 求解压强场的方法有多种, 压强泊松方程法[43], SIMPLE 法[41], 压强迭代法[42] 等, 这里只介绍 SIMPLE 法. 垂向二维非恒定 N-S 方程可以写成

$$\frac{\partial u}{\partial t}+u\frac{\partial u}{\partial x}+w\frac{\partial u}{\partial z}=-\frac{1}{\rho}\frac{\partial p}{\partial x}+\frac{\partial}{\partial x}\left[(\nu+\nu_t)\frac{\partial u}{\partial x}\right]+\frac{\partial}{\partial z}\left[(\nu+\nu_t)\frac{\partial u}{\partial z}\right]+S_u \tag{3.6.26}$$

$$\frac{\partial w}{\partial t}+u\frac{\partial w}{\partial x}+w\frac{\partial w}{\partial z}=-\frac{1}{\rho}\frac{\partial p}{\partial z}+\frac{\partial}{\partial x}\left[(\nu+\nu_t)\frac{\partial w}{\partial x}\right]+\frac{\partial}{\partial z}\left[(\nu+\nu_t)\frac{\partial w}{\partial z}\right]-g+S_w \tag{3.6.27}$$

$$\frac{\partial u}{\partial x}+\frac{\partial w}{\partial z}=0 \tag{3.6.28}$$

式中, $\nu=$ 分子运动黏性系数;

$$S_u=\frac{\partial}{\partial x}\left[(\nu+\nu_t)\frac{\partial u}{\partial x}\right]+\frac{\partial}{\partial z}\left[(\nu+\nu_t)\frac{\partial w}{\partial x}\right];$$

$$S_w = \frac{\partial}{\partial x}\left[(\nu+\nu_t)\frac{\partial u}{\partial z}\right] + \frac{\partial}{\partial z}\left[(\nu+\nu_t)\frac{\partial w}{\partial z}\right];$$

$\nu_t =$ 紊动黏性系数.

紊动黏性系数 ν_t 根据紊动模式 (3.6.12), (3.6.13) 和 (3.6.14) 确定, 在二维情况下, 该模式可以写成

$$\nu_t = C_\mu \frac{k^2}{\varepsilon} \tag{3.6.29}$$

$$\frac{\partial k}{\partial t} + u\frac{\partial k}{\partial x} + w\frac{\partial k}{\partial z} = \frac{\partial}{\partial x}\left[\left(\nu+\frac{\nu_t}{\sigma_k}\right)\frac{\partial k}{\partial x}\right]\cdot\frac{\partial}{\partial z}\left[\left(\nu+\frac{\nu_t}{\sigma_k}\right)\frac{\partial k}{\partial z}\right] + P - \varepsilon \tag{3.6.30}$$

$$\frac{\partial \varepsilon}{\partial t} + u\frac{\partial \varepsilon}{\partial x} + w\frac{\partial \varepsilon}{\partial z} = \frac{\partial}{\partial x}\left[\left(\nu+\frac{\nu_t}{\sigma_\varepsilon}\right)\frac{\partial \varepsilon}{\partial x}\right]\cdot\frac{\partial}{\partial z}\left[\left(\nu+\frac{\nu_t}{\sigma_\varepsilon}\right)\frac{\partial \varepsilon}{\partial z}\right] + C_{1\varepsilon}\frac{\varepsilon}{k}P - C_{2\varepsilon}\frac{\varepsilon^2}{k} \tag{3.6.31}$$

式中, P 是时均流速梯度引起的紊动能量产生项, 它等于

$$P = \nu_t\left[2\left(\frac{\partial u}{\partial x}\right)^2 + 2\left(\frac{\partial w}{\partial z}\right)^2 + \left(\frac{\partial w}{\partial x}+\frac{\partial u}{\partial z}\right)^2\right] \tag{3.6.32}$$

式中的常数 C_μ, $C_{1\varepsilon}$, $C_{2\varepsilon}$, σ_k, σ_ε 等见表 3.6.1.

1. 边界条件

边界条件分以下几种情况处理,

(1) 固体壁面边界

对于紊流模式, 一般使用壁函数方法描述近壁面黏性底层各点上 u, w, k 和 ε 的边界值. 在这些点上, 假定流速分布符合对数分布, 如图 3.6.1

$$\frac{u_p}{u_*} = \frac{1}{k}\ln\left(Ez_p^*\right) \tag{3.6.33}$$

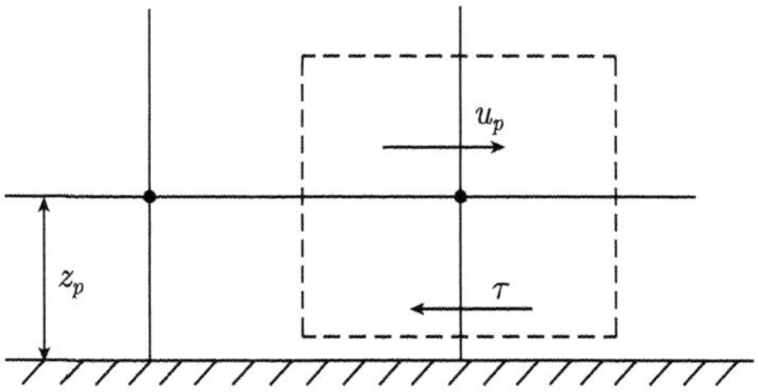

图 3.6.1 壁面边界处理

式中, u_p 是平行于壁面的流速; k 是 Van Karman 常数, 取 $k = 0.42$; E 是壁面粗糙度系数, 对水力光滑壁面, $E = 9.0$; $z_p^* = \dfrac{u_p z_p}{\nu}$, 是离壁面的无量纲距离, z_p 是离壁面的距离. 在壁面附近, 紊动处于平衡状态, 即 $P = \varepsilon$, 再由式 (3.6.32), 可得,

$$k = \frac{u_*^2}{\sqrt{C_\mu}}, \quad \varepsilon = \frac{u_*^3}{kz_p} \tag{3.6.34}$$

垂直于壁面的流速分量为零.

(2) 自由液面

自由液面的处理有两种方法. 一种是使用所谓"刚盖"假定, 即假定自由液面是一个可移动的固体壁面, 其上的边界条件同固体壁面的边界条件. "刚盖"假定只适用于自由液面波动不大的情况, 在河渠非恒定流中, 特别在潮汐河口, 自由液面的变动幅度大, "刚盖"假定不适宜. 文献 [43] 提出了另一种处理自由液面的方法. 假定水深 h 为 x 的单值函数 (在三维情况下, 为 x, y 的单值函数), 自由液面运动方程可以写成

$$\frac{\partial h}{\partial t}+u_s\frac{\partial h}{\partial x}=w_s \tag{3.6.35}$$

式中, u_s, w_s 分别为自由液面上的流速分量. 将水深 h 的确定纳入速度 — 压强迭代求解的过程中, 并直接由自由液面的压强确定最接近自由液面网格点上的压强值. 自由液面上的剪应力应满足条件

$$(\nu+\nu_t)\left(\frac{\partial u}{\partial z}+\frac{\partial w}{\partial x}\right)=\tau_{zx} \tag{3.6.36}$$

式中, τ_{zx} 为自由液面上沿 x 向的风应力; w 由贯穿自由液面的单元的连续性方程求得. k 和 ε 的法向梯度取为零, 即: $\dfrac{\partial k}{\partial z}=\dfrac{\partial \varepsilon}{\partial z}=0$, 自由液面上法向应力条件为

$$\frac{p_s}{\rho}=\frac{p_a}{\rho}+2(\nu+\nu_t)\frac{\partial w}{\partial z} \tag{3.6.37}$$

其中 p_s 是作用在自由液面上的压强, p_a 是大气压强.

(3) 进口边界

所有的边界条件均按本征边界条件给出, 即, $u=u(z)$, $w=0$, $k=k(z)$ 和 $\varepsilon=\varepsilon(z)$, 它们的值由实测或按经验给出.

(4) 出口边界

除规定 $w=0$ 外, 其余的边界条件均取法向导数等于零. 即, $\dfrac{\partial u}{\partial n}=\dfrac{\partial k}{\partial n}=\dfrac{\partial \varepsilon}{\partial n}=0$.

2. 方程的离散与求解

为了书写方便, 将连续方程、动量方程及 k, ε 等的输运方程写成如下的通用形式

$$\frac{\partial \varphi}{\partial t}+u\frac{\partial \varphi}{\partial x}+w\frac{\partial \varphi}{\partial z}=\frac{\partial}{\partial x}\left(\mathit{\Gamma}_\varphi\frac{\partial \varphi}{\partial x}\right)+\frac{\partial}{\partial z}\left(\mathit{\Gamma}_\varphi\frac{\partial \varphi}{\partial z}\right)+S_\varphi \tag{3.6.38}$$

式中, φ 代表 u, w, k 或 ε; $\mathit{\Gamma}_\varphi$ 为紊动扩散系数; S_φ 为源或汇项.

采用图 3.6.2 所示的离散网格. 压强 p, 紊动黏性系数 ν_t 放在结点上, 速度分量 u, w 置于网格单元 (途中虚线部分所示) 侧边的中点上. 对式 (3.6.26) 按隐式有限差分直接离散, 对流项用迎风格式, 扩散项用中心差分格式. 经整理可得主结点 P 上式 (3.6.26) 的离散化方程

$$a_P\varphi_P^{n+1} = a_E\varphi_E^{n+1} + a_W\varphi_W^{n+1} + a_N\varphi_N^{n+1} + a_S\varphi_S^{n+1} + b \tag{3.6.39}$$

式中,

$$a_E = \frac{[-u_p^{n+1}, 0]}{\Delta x} + \frac{\Gamma_e}{\Delta x^2};$$

$$a_W = \frac{[u_p^{n+1}, 0]}{\Delta x} + \frac{\Gamma_w}{\Delta x^2};$$

$$a_N = \frac{[-w_p^{n+1}, 0]}{\Delta z} + \frac{\Gamma_n}{\Delta z^2};$$

$$a_S = \frac{[w_p^{n+1}, 0]}{\Delta z} + \frac{\Gamma_s}{\Delta z^2};$$

$$a_P = a_E + a_W + a_N + a_S + \frac{1}{\Delta t} - S_p;$$

$$b = S_C + \frac{\varphi_P^n}{\Delta t};$$

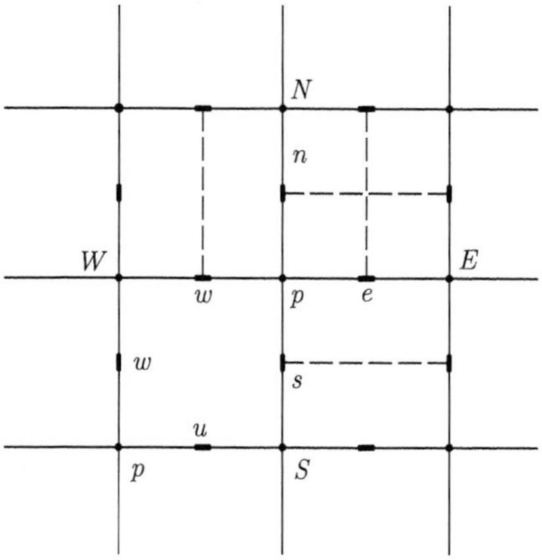

图 3.6.2 网格布置

其中 $[\cdot,\cdot]$ 表示取两值中较大者. S_φ 一般为因变量 φ 的函数, 为了使离散方程成为易于求解的代数方程式, 一般希望将 S_φ 表示成因变量 φ 的线性函数, 即

$$S_\varphi = S_p\varphi + S_c$$

其中 S_p 是 φ 的系数; S_c 表示 S_φ 的常数部分. 原则上将 S_φ 线性化后, 应保证 S_p 不为正值, 并能很好地表示出 S_φ 与 φ 的关系. 表 3.6.2 给出了将 S_φ 线性化的一种方式, 其中的因变量均取前次迭代值. 表中 $\nu_e = \nu + \nu_t$.

表 3.6.2

S \ φ	S_c	S_p
u	$\frac{\partial}{\partial x}\left(\nu_e\frac{\partial u}{\partial x}\right) + \frac{\partial}{\partial z}\left(\nu_e\frac{\partial w}{\partial x}\right) - \frac{1}{\rho}\frac{\partial p}{\partial x}$	0
w	$\frac{\partial}{\partial x}\left(\nu_e\frac{\partial u}{\partial z}\right) + \frac{\partial}{\partial z}\left(\nu_e\frac{\partial w}{\partial z}\right) - \frac{1}{\rho}\frac{\partial p}{\partial z}$	0
k	P	$-\varepsilon/k$
ε	$C_1\frac{\varepsilon}{k}P$	$-C_2\varepsilon/k$

对于动量方程, 为了计算压强场的方便, 将压强梯度从源 (汇) 项中取出. 因此, 动量方程的离散化形式又可表示为

$$a_e u_e^{n+1} = \Sigma a_{nb}u_{nb}^{n+1} + b + \frac{(p_P^{n+1} - p_E^{n+1})}{\rho\Delta x}$$

$$a_n w_n^{n+1} = \Sigma a_{nb}w_{nb}^{n+1} + b + \frac{(p_P^{n+1} - p_N^{n+1})}{\rho\Delta z} \tag{3.6.40}$$

式中, $\Sigma a_{nb}u_{nb}^{n+1}$, $\Sigma a_{nb}w_{nb}^{n+1}$ 相当于邻近点的作用, b 中不包括压强梯度.

显然, 只有当压强场为已知或可用某种方法估算出来时, 才可求解上述动量方程 (3.6.28), 如果初始压强场不正确, 则解得的速度不满足连续性方程. 压强修正法的实质是迭代法, 在每一时间步长的运算中, 先给出压强场的初始猜测值, 据此求出猜测的速度场, 再求解通过连续方程导出的压强校正方程, 根据求得的压强校正值修正压强场和速度场. 如此迭代可得出原方程的收敛解. 设猜测的压强场为 p^* 和速度场为 u^*, w^*, 可将压强和速度分解为猜测值与修正值之和, 即

$$p^{n+1} = p^* + p', \quad u^{n+1} = u^* + u', \quad w^{n+1} = w^* + w' \tag{3.6.41}$$

另外, 对 u^*, v^* 写出如下的离散化方程

$$\begin{aligned} a_e u_e^{*n+1} &= \Sigma a_{nb} u_{nb}^{*n+1} + b + \frac{\left(p_P^{*n+1} - p_E^{*n+1}\right)}{\rho \Delta x} \\ a_n w_n^{*n+1} &= \Sigma a_{nb} w_{nb}^{*n+1} + b + \frac{\left(p_P^{*n+1} - p_N^{*n+1}\right)}{\rho \Delta z} \end{aligned} \tag{3.6.42}$$

利用上式可以根据给定的 p^* 值求出 u^*, w^* 值. 从式 (3.6.40) 中减去 (3.6.42) 并略去项 $\Sigma a_{nb}u'_{nb}$ 得

$$\begin{aligned} u_e^{n+1} &= u_e^* + \frac{p'_P - p'_E}{\rho a_e \Delta x} \\ w_n^{n+1} &= w_n^* + \frac{p'_P - p'_N}{\rho a_n \Delta z} \end{aligned} \tag{3.6.43}$$

将上式代入连续方程 (3.6.28) 可得压强修正值 p' 的离散方程为

$$a'_P p'_P = a'_E p'_E + a'_W p'_W + a'_N p'_N + a'_S p'_S + b' \tag{3.6.44}$$

式中,

$$\begin{aligned} a'_E &= \frac{1}{\rho a_e \Delta x^2}; \quad a'_W = \frac{1}{\rho a_w \Delta x^2}; \\ a'_N &= \frac{1}{\rho a_n \Delta z^2}; \quad a'_S = \frac{1}{\rho a_s \Delta z^2}; \\ b' &= \frac{u_w^* - u_e^*}{\Delta x} + \frac{w_e^* - w_n^*}{\Delta z}. \end{aligned}$$

b' 是压强修正方程的质量源汇, 若 $b' = 0$, 说明 u^*, w^* 严格满足连续方程, 由于它们又满足动量方程, 所以必是问题的真解.

3. 边界条件离散

(1) 自由面边界条件

将剪应力条件 (3.6.36) 离散如下

$$(\nu+\nu_t)\left(\frac{u_{i+1/2,j+1}^{n+1}-u_{i+1/2,j}^{n+1}}{\Delta z}+\frac{\overline{w}_{i+1,j+1/2}^{n+1}-\overline{w}_{i,j+1/2}^{n+1}}{\Delta x}\right)=\frac{1}{\rho}\tau_{zx} \tag{3.6.45}$$

式中, $\overline{w}_{i+1,j+1/2}^{n+1}$, $\overline{w}_{i,j+1/2}^{n+1}$ 表示前一次迭代值. 利用上式得出自由面处关于 u 的关系式, 以此关系式作为边界条件解出各结点的 $u_{i+1/2,j}^{n+1}$ 的值. 然后利用连续方程的离散显式格式求出 $w_{i,j+1/2}^{n+1}$ 的关系式

$$w_{i,j+1/2}^{n+1}=w_{i,j-1/2}^{n+1}-\Delta z\left(\frac{u_{i+1/2,j}^{n+1}-u_{i-1/2,j}^{n+1}}{\Delta x}\right) \tag{3.6.46}$$

据此可以解各结点的 $w_{i,j+1/2}^{n+1}$ 的值.

法向应力条件 (3.6.37) 则为压强计算提供边界条件

$$\frac{(p_s)_{i,j}^{n+1}}{\rho}=\frac{p_a}{\rho}+2(\nu+\nu_t)\frac{w_{i,j+1/2}^{n+1}-w_{i,j-1/2}^{n+1}}{\Delta z} \tag{3.6.47}$$

(2) 壁面边界

壁面边界对近壁面点流速的影响是通过修正有关动量方程中的源 (汇) 项实现的. 以 u 方程为例, 参见图 3.6.1. 在 $z_p^*\leqslant 11.63$ 时, 流动处于黏性底层之内

$$\Delta S_p u_p=-\nu u_p/z_p \tag{3.6.48}$$

式中, ΔS_p 表示对 S_p 的修正值. $z_p^*\geqslant 11.63$ 时, 流动处在黏性底层之外

$$\Delta S_p u_p=-\frac{C_\mu^{1/4}k^{1/2}\kappa}{z_p\ln\left(Ez_p^*\right)}\cdot u_p \tag{3.6.49}$$

由于壁面的作用已反映在动量方程之中, 在式 (3.6.49) 中令 $a_S=0$.

3.6.3 计算实例[46]

文献 [47] 给出了渠宽为 50cm, 底部有梯形挖槽的直渠道的实验结果. 图 3.6.3. 实测成果包括对称面上纵向流速的垂向分布 $u(z)$, 紊动黏性 v_t, 剪应力 τ_{zx}, 紊动能 k 的垂向分布. 利用上节的数学模型对该流场进行计算. 计算时取断面 2 和 90 为进出口边界. 空间步长 $\Delta x=12.3$cm, $\Delta z=4.1$cm. 计算结果示于图 3.6.3 和图 3.6.4.

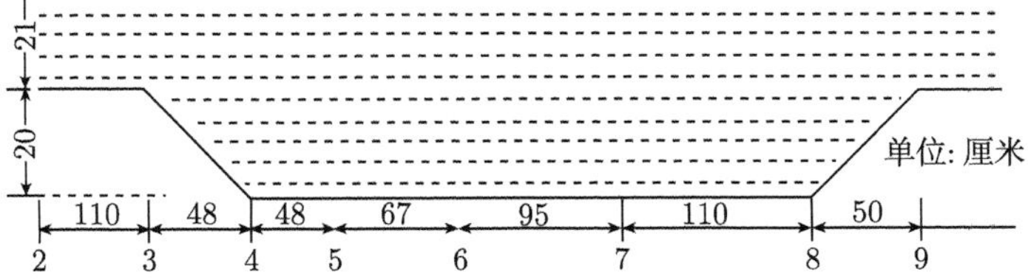

图 3.6.3 流场的计算结果

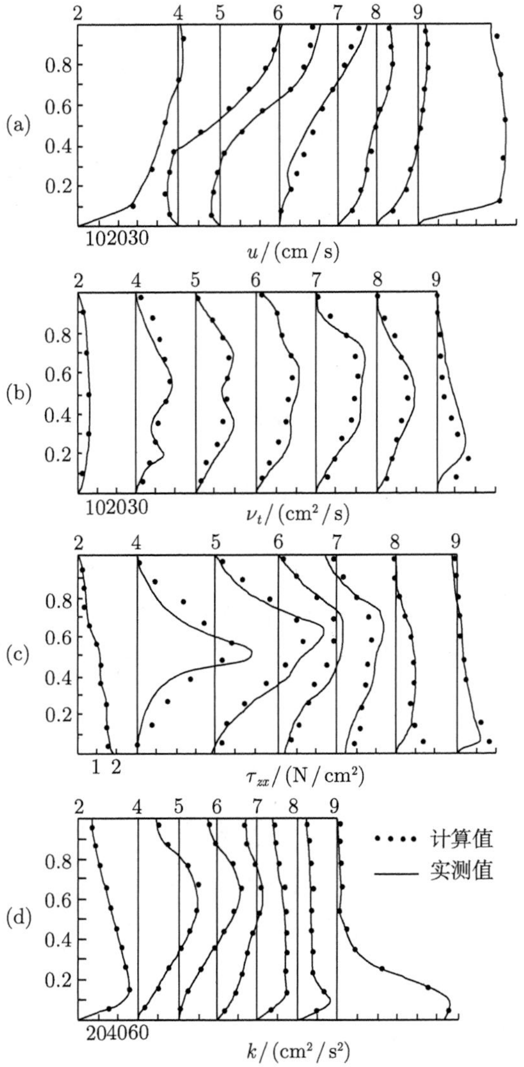

图 3.6.4　速度 u, ν_t, τ_{zx}, k 的实测与计算成果的比较

图 3.6.3 中的 $2, 3, \cdots, 9$ 数码表示实测断面的位置. 从图 3.6.4 中实测结果与计算结果的比较可见, 两者是非常一致的.

3.7　势流的有限差分解

3.7.1　概述

在讨论不可压缩无黏性流体无旋运动时, 例如在讨论边界层外部主流区的流动情况时, 会碰到如何求解速度势或流函数的拉普拉斯方程的问题. 在这一节, 我们将讨论如下的二维流函数的拉普拉斯方程的有限差分解

$$\frac{\partial^2\psi}{\partial x^2}+\frac{\partial^2\psi}{\partial y^2}=0$$

3.7.2 迭代求解法

我们可以设想, 一个稳态或平衡状态可以看做是某一个相应的非恒定的过程最终达到的状态, 在这种设想下, 拉普拉斯方程的有限差分解就可以采用所谓 "迭代法"(*iterative method*) 来求解. 这就是说, 我们把求解拉普拉斯方程的有限差分解的问题化成求解下述扩散方程 (扩散系数为 1).

$$\frac{\partial\psi}{\partial t}=\frac{\partial^2\psi}{\partial x^2}+\frac{\partial^2\psi}{\partial y^2} \tag{3.7.1}$$

的稳态解.

1. Richardson 法

用时间前差和空间中心差格式来离散式 (3.7.1), 注意这里上标不用 n 而用 k, 表示每次迭代相应的解.

$$\frac{\psi_{i,j}^{k+1}-\psi_{i,j}^{k}}{\Delta t}=\frac{\psi_{i+1,j}^{k}+\psi_{i-1,j}^{k}-2\psi_{i,j}^{k}}{\Delta x^2}+\frac{\psi_{i,j+1}^{k}+\psi_{i,j-1}^{k}-2\psi_{i,j}^{k}}{\Delta y^2} \tag{3.7.2}$$

如果我们取 $\Delta x=\Delta y=\Delta$, 则上式可以化成

$$\psi_{i,j}^{k+1}=\psi_{i,j}^{k}+\frac{\Delta t}{\Delta^2}\left[\psi_{i+1,j}^{k}+\psi_{i-1,j}^{k}+\psi_{i,j+1}^{k}+\psi_{i,j-1}^{k}-4\psi_{i,j}^{k}\right] \tag{3.7.3}$$

由第 2 章可知, 上式的稳定条件是

$$d=a\frac{\Delta t}{\Delta^2}\leqslant\frac{1}{4}$$

这里 $a=1$, 所以

$$\Delta t\leqslant\frac{\Delta^2}{4}$$

显然, 我们感兴趣的并不是每个时刻的瞬态解. 我们的目的是尽可能快的逼近稳态解, 为此, 取 Δt 的最大可能值, 即 $\Delta t=\dfrac{\Delta^2}{4}$, 以此 Δt 代入式 (3.7.3) 得

$$\psi_{i,j}^{k+1}=\psi_{i,j}^{k}+\frac{1}{4}\left[\psi_{i+1,j}^{k}+\psi_{i-1,j}^{k}+\psi_{i,j+1}^{k}+\psi_{i,j-1}^{k}-4\psi_{i,j}^{k}\right] \tag{3.7.4}$$

整理后, 得

$$\psi_{i,j}^{k+1}=\frac{1}{4}\left[\psi_{i+1,j}^{k}+\psi_{i-1,j}^{k}+\psi_{i,j+1}^{k}+\psi_{i,j-1}^{k}\right] \tag{3.7.5}$$

这就是 Richardson 法在 $\Delta x=\Delta y=\Delta$ 的条件下的形式.

如果用图式表示, 上式可图解如图 3.7.1.

如果 $\Delta x\neq\Delta y$, 取 $\beta=\dfrac{\Delta x}{\Delta y}$, 则有

$$\psi_{i,j}^{k+1}=\frac{1}{2\left(1+\beta^2\right)}\left[\psi_{i+1,j}^{k}+\psi_{i-1,j}^{k}+\beta^2\psi_{i,j+1}^{k}+\beta^2\psi_{i,j-1}^{k}\right] \tag{3.7.6}$$

这就是 Richardson 法在 $\Delta x\neq\Delta y$ 时的形式.

2. Liebman 法

从式 (3.7.5) 可见, 在每一次迭代时, 要求计算机有足够的贮量来同时贮存 ψ^{k+1} 和 ψ^{k}, 为了减少要求的贮存容量和加快收敛速度, 可以在计算过程中, 使用最新的可供利用的 $\psi_{i,j}^{k+1}$ 值, 如果在每一次迭代时, 按 i 和 j 增大的次序进行计算, 则式 (3.7.6) 可以写成

$$\psi_{i,j}^{k+1}=\frac{1}{2\left(1+\beta^2\right)}\left[\psi_{i+1,j}^{k}+\psi_{i-1,j}^{k+1}+\beta^2\psi_{i,j+1}^{k}+\beta^2\psi_{i,j-1}^{k+1}\right] \tag{3.7.7}$$

这里用了在计算 $\psi_{i,j}^{k+1}$ 前已算得的节点值 $\psi_{i,j-1}^{k+1}$, $\psi_{i-1,j}^{k+1}$ 见图 3.7.2 示, 一般来讲, Liebman 法的迭代速度比 Richardson 法要快一倍, 而贮量要求则为 Richardson 法的一半.

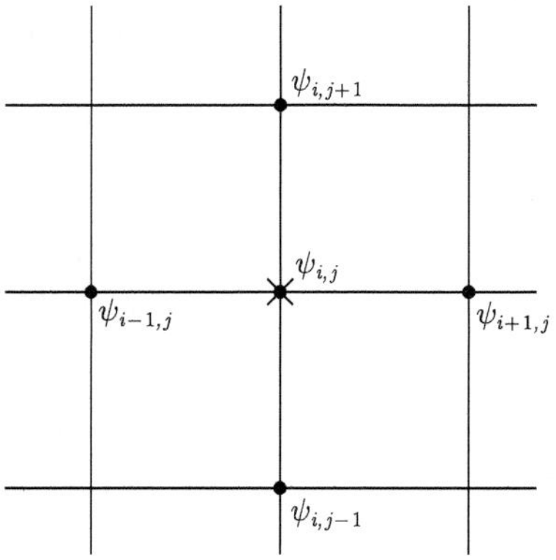

图 3.7.1　Richardson 法网格

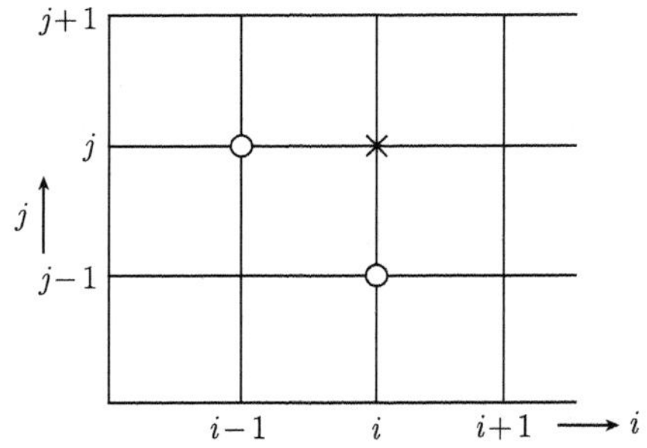

图 3.7.2　Richardson 法网格

3. SOR 法 (Successive-Over-Relaxation)

Frankel 和 Young 在 Liebman 格式基础上提出了所谓的 SOR 法, 计算过程可以阐述如下.

在式 (3.7.7) 的右侧加上两项 $\psi_{i,j}^{k}-\psi_{i,j}^{k}(=0)$ 和重新组合

$$\psi_{i,j}^{k+1}=\psi_{i,j}^{k}+\frac{1}{2\left(1+\beta^2\right)}\left[\psi_{i+1,j}^{k}+\psi_{i-1,j}^{k+1}+\beta^2\psi_{i,j+1}^{k}+\beta^2\psi_{i,j-1}^{k+1}-2\left(1+\beta^2\right)\psi_{i,j}^{k}\right] \tag{3.7.8}$$

当逼近稳定解时 $\psi_{i,j}^{k+1} \to \psi_{i,j}^{k}$, 上式括号内的值趋近于零, 即 $\psi_{i,j}^{k+1}$ 与 $\psi_{i,j}^{k}$ 的差, 所谓剩余 $\gamma_{i,j}=0$. 在 SOR 法中为了加速收敛, 在式 (3.7.8) 右侧括号项乘以一个因子 λ, 这个因子通常叫松弛因子, $\lambda \neq 1$

$$\psi_{i,j}^{k+1}=\psi_{i,j}^{k}+\frac{\lambda}{2\left(1+\beta^{2}\right)}\left[\psi_{i+1,j}^{k}+\psi_{i-1,j}^{k+1}+\beta^{2}\psi_{i,j+1}^{k}+\beta^{2}\psi_{i,j-1}^{k+1}-2\left(1+\beta^{2}\right)\psi_{i,j}^{k}\right] \tag{3.7.9}$$

收敛条件要求 $1 \leqslant \lambda \leqslant 2$, 对于 Dirichlet 边界值问题, 矩形区域和 Δx, Δy 为常数的条件下, Frankel 给出下列公式用以确定所谓最佳 λ_0 值

$$\lambda_0=2\left(\frac{1-\sqrt{1-\xi}}{\xi}\right) \tag{3.7.10a}$$

$$\xi=\left[\frac{\cos\left(\dfrac{\pi}{I-1}\right)+\beta^{2}\cos\left(\dfrac{\pi}{J-1}\right)}{1+\beta^{2}}\right]^{2} \tag{3.7.10b}$$

对于 Neumann 和混合型边界值问题和非矩形区域及 Δx, Δy 变化的问题, 无计算 λ_0 的公式可循, 只能通过试运算的方法来确定最佳的 λ_0 值. 试运算时, 假定边界条件为零值, 针对不同的 λ 值, 进行运算, 运算时的初始值 $\psi_{i,j}^{0}$ 取为 1. 由于当 λ 接近 λ_0 时, 收敛速度对 λ 的取值非常敏感, 在这种情况下, 常常取用比 λ_0 稍大一些的值, 见图 3.7.3.

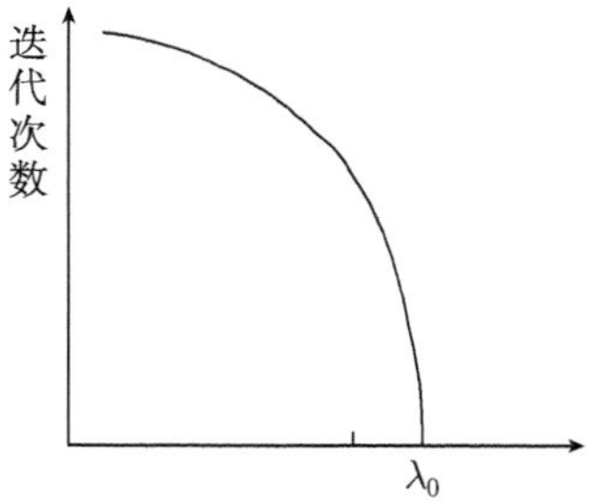

图 3.7.3 λ 的最佳值

4. 块迭代法

上面介绍的三种迭代法均属于所谓点迭代法, 即在每一迭代步, 近似解是按结点修正的. 而且下一次迭代值由前一次迭代值 (或已求出的本次迭代值) 显式求得. 有时也将这类迭代法叫做显式迭代法.

从显式迭代法可以导出所谓块迭代法. 在块迭代法中, 近似解 ψ^k 的值是按结点同时修正的, 也就是说, 每一个结点上的 ψ 值通过同组或同块内其他结点上的 ψ 值隐式表达, 然后联立求解同组或同块内所有结点上的 ψ 值. 由于块迭代法是隐式求解, 收敛的速度比显式迭代法快, 但计算程序相应也较复杂. 块迭代法中的分块可以是一行, 也可以是两行等等.

前两节介绍的点迭代法均可以转化成块迭代法. 这里只介绍单行块迭代法. 设矩形计算域内, 结点的最大行数为 J, 式 (3.7.1) 的 5 点差分形式可以写成

$$\psi_{i,j}=\frac{1}{2\left(1+\beta^{2}\right)}\left[\psi_{i+1,j}+\psi_{i-1,j}+\beta^{2}\psi_{i,j+1}+\beta^{2}\psi_{i,j-1}\right] \tag{3.7.11}$$

单行块迭代法 (下标按行迭代法) 是同时修正一行上所有结点处 $\psi_{i,j}$ 的近似解. 所以, 对于 Richardson 法, 按行迭代法的计算式为

$$\psi_{i,j}^{k+1}=\frac{1}{2\left(1+\beta^2\right)}\left[\psi_{i+1,j}^{k+1}+\psi_{i-1,j}^{k+1}+\beta^2\psi_{i,j+1}^{k}+\beta^2\psi_{i,j-1}^{k}\right] \tag{3.7.12}$$

即沿 j 行 ψ 均取 $k+1$ 次迭代值, 不在 j 行的 ψ 值取 k 次迭代值.

对于 Liebman 法, 按行迭代的计算式是

$$\psi_{i,j}^{k+1}=\frac{1}{2\left(1+\beta^2\right)}\left[\psi_{i+1,j}^{k+1}+\psi_{i-1,j}^{k+1}+\beta^2\psi_{i,j+1}^{k}+\beta^2\psi_{i,j-1}^{k+1}\right] \tag{3.7.13a}$$

式中, $\psi_{i,j-1}^{k+1}$ 是已求得的 ψ 的 $k+1$ 次迭代值. 对应于 j 行的每一个内结点写成式 (3.7.11) 或式 (3.7.12), 可得包含 $I-2$ 个未知的 $\psi_{i,j}^{k+1}$ 的 $I-2$ 阶线性代数方程组, 这里 I 是沿 j 行的结点数. 由于式 (3.7.11) 和 (3.7.12) 只包含相邻三个结点上的位置的 $\psi_{i,j-1}^{k+1}$ 值, 所以, 该方程组的系数矩阵是一个三对角矩阵, 可以利用追赶法求解.

按行逐次超松弛法 (按行 SOR 法) 的计算式是

$$\psi_{i,j}^{k+1}=\psi_{i,j}^{k}+\frac{\lambda}{2\left(1+\beta^2\right)}\left[\psi_{i+1,j}^{k+1}+\psi_{i-1,j}^{k+1}+\beta^2\psi_{i,j+1}^{k}+\beta^2\psi_{i,j-1}^{k+1}-2\left(1+\beta^2\right)\psi_{i,j}^{k}\right] \tag{3.7.13b}$$

式 (3.7.13b) 同样也是用追赶法求解.

5. 交替方向法

按行迭代法是逐行迭代的, 一次迭代完成后, 再重新按原来的顺序逐行迭代. 譬如, 第 k 次迭代是从 $j=1$ 行开始按 j 值递增的顺序逐行迭代直到 $j=J-1$ 行, 则第 $k+1$ 次迭代重新从 $j=1$ 行开始逐行迭代直至 $j=J-1$ 行, 周而复始, 直至收敛. 为了加快收敛, 可以按下面的步骤进行迭代, 即前一次迭代如按行迭代, 则下一次迭代按列进行, 再下一次迭代再按行进行, 如此交替直至收敛. 这种迭代方法通称为交替方向的隐式迭代法, 简称 ADI 法. 以 Richardson 迭代格式为例, 第 $k+1$ 次迭代值 $\psi_{i,j}^{k+1}$ 按下列步骤完成, 先利用下式按行迭代求出 $\psi_{i,j}^{k+1/2}$

$$\begin{aligned}\psi_{i,j}^{k+1/2}=&\psi_{i,j}^{k}+\rho_k\left[\psi_{i+1,j}^{k+1/2}+\psi_{i-1,j}^{k+1/2}-\left(1+\beta^2\right)\psi_{i,j}^{k+1/2}\right]/\left(1+\beta^2\right)\\&+\rho_k\left[\beta^2\psi_{i,j+1}^{k}+\beta^2\psi_{i,j-1}^{k}-\left(1+\beta^2\right)\psi_{i,j}^{k}\right]/\left(1+\beta^2\right)\end{aligned} \tag{3.7.14}$$

再利用下式按列迭代求出 $\psi_{i,j}^{k+1}$

$$\begin{aligned}\psi_{i,j}^{k+1}=&\psi_{i,j}^{k+1/2}+\rho_k\left[\psi_{i+1,j}^{k+1/2}+\psi_{i-1,j}^{k+1/2}-\left(1+\beta^2\right)\psi_{i,j}^{k+1/2}\right]/\left(1+\beta^2\right)\\&+\rho_k\left[\beta^2\psi_{i,j+1}^{k+1}+\beta^2\psi_{i,j-1}^{k+1}-\left(1+\beta^2\right)\psi_{i,j}^{k+1}\right]/\left(1+\beta^2\right)\end{aligned} \tag{3.7.15}$$

式中, ρ_k 是迭代参数, 按行和按列迭代时可以用同一个值. 可以随迭代次数 k 而变.

3.7.3 边界条件

势流解的边界条件按边界的不同类型, 可以进行如下的处理. 参见图 3.7.4.

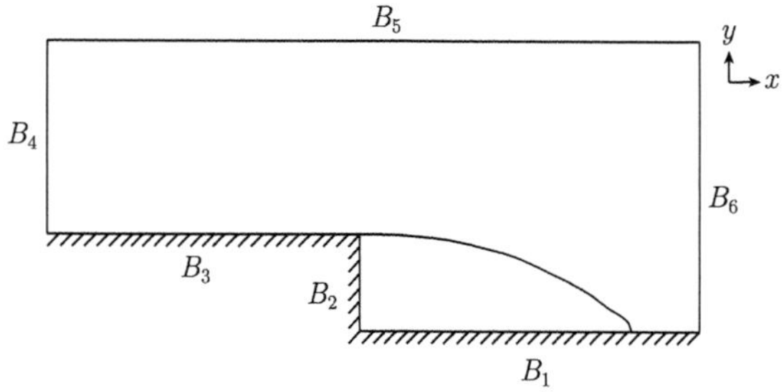

图 3.7.4 势流解的边界类型

固体边壁 B_1, B_2, B_3: 一般取 $\psi = 0$;

自由表面 B_5: $\psi = \text{const}$, ψ 值可以由在入流边界 B_4 给定的流速分布积分而得. $\dfrac{\partial \psi}{\partial s} = 0(v_n = 0)$;

B_2 为一流线, v_n 为垂直于它的速度. 沿自由表面流线 Bernoulli 方程必须成立,

$$v_f = [2g(H-y)]^{1/2}$$

(根据 ψ 的近似解, 算出 v_f 近似值, 与该 v_f 比较之后判断是否满足)

上游入流条件:

1. 给定 ψ 的分布规律;

2. 给定流速 $u(x$ 向$)$ 的分布规律, 从而积分得出 ψ 的分布规律, 例如

(1) 入流均匀分布 $u(y) = \text{const}$

(2) Poiseuille 流速分布

(3) 高阶多项式速度分布, 如 Pohlhausen 速度分布, $u(B_4) = \left(2\eta - 2\eta^3 + \eta^4\right) + \dfrac{1}{6}\Lambda(\eta - 3\eta^2 + 3\eta^3 - \eta^4)$, $\eta = y/\delta$, $\Lambda = \dfrac{\delta^2}{\gamma}\dfrac{\mathrm{d}u}{\mathrm{d}x}$, u 为边界层外流速.

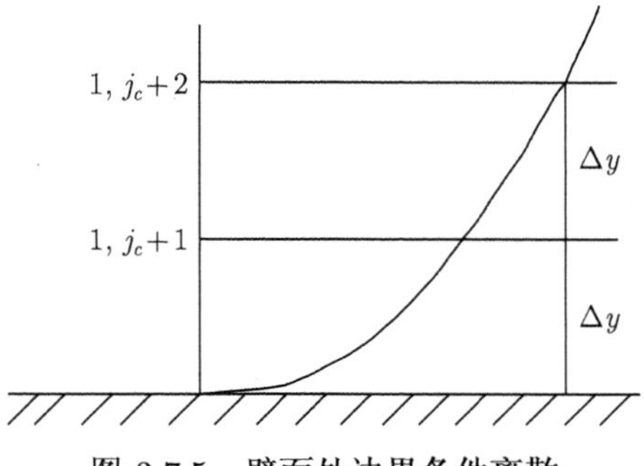

图 3.7.5 壁面处边界条件离散

图 3.7.5 从给定的入流流速分布 $u(y)$ 可得到离散的 $\psi_{i,j}$ 值, 由于

$$u_{1,j} = \frac{\psi_{1,j+1} - \psi_{1,j-1}}{2\Delta y}$$

由 $\psi_{1,j_c} = 0$, 可得

$$\psi_{1,j_c+1} = \frac{1}{2}u_{1,j_c+1}\Delta y$$

$$\psi_{1,j} = 2u_{1,j-1}\Delta y + \psi_{1,j-2}$$

3. 其他方法, 如:

$$v\left(y\right)_{B_4} = 0$$

$$v\left(1, j\right) = 0$$

$$\psi_{1,j} = \psi_{2,j}$$

这样, $u\left(1, j\right)$ 也就成为计算量的一部分, $\psi\left(B_3\right)$ 也随之而变化.

出流条件:

(1) $u\left(y\right) = \text{const}$, $v = 0$, 这种方法不能用于有边界分离的流动.

(2) $-\dfrac{\partial \psi}{\partial x} = v = 0$, 即 $\psi_{1,j} = \psi_{l-1,j}$

(3) $\dfrac{\partial v}{\partial x} = 0$, 即 $\psi_{l,j} = 2\psi_{l-1,j} - \psi_{l-2,j}$

3.7.4 收敛准则

在使用迭代法求解时, 什么时候才能停止迭代, 是必须考虑的问题, 一般使用下面的准则来判断收敛性, 即

$$\max_{i,j}\left|\psi_{i,j}^{k+1} - \psi_{i,j}^{k}\right| \leqslant \varepsilon$$

这里 ε 是任意给定的一个量值. 有时候也用相对值来判断收敛性, 即

$$\max_{i,j}\left|\frac{\psi_{i,j}^{k+1} - \psi_{i,j}^{k}}{\psi_{i,j}^{k}}\right| \leqslant \varepsilon$$

不过, 如果 $\psi_{i,j}$ 的值在某些位置很小时, 这样做容易引起计算溢出, 有时候需要迭代的次数很多, 每次迭代都进行校核, 会耗费相当多的计算时间. 为此, 可以每隔若干次迭代校核一次. 例如, 每隔 10 次, 校核一次, 那么

$$\max\left|\psi_{i,j}^{k+10} - \psi_{i,j}^{k}\right| \leqslant \varepsilon$$

3.7.5 迭代法的收敛性和收敛速度

如上述可见, 任何迭代求解过程都是从某个给定的待求函数的初始近似值开

始, 按某个法则 (即差分格式) 逐步修正近似值直至得到符合精度的解. 如果待求的代数方程组可以表达成

$$[A]u = v \tag{3.7.16}$$

式中, $[A]$ 是方阵, v 为已知向量, u 为未知向量. 如果用迭代法求解, 要求出一函数序列 $u^{(k)}$, 当 $k \to \infty$ 时 $u^{(k)} \to [A]^{-1}v$. 如果 $u^{(k)}$ 是 $[A]$, v, $u^{(k-1)}, \cdots, u^{(k-r)}$ 的函数, 则称 r 是迭代的阶. 以节省计算机内存, 通常取 $r = 1, 2$ 或 3. 如取 $r = 1$, 则有

$$u^{(k)} = F_k\left(A, v, u^{(k-1)}\right) \tag{3.7.17}$$

如果 F_k 与 k 无关, 则称迭代为平稳的, 如 F_k 与 $u^{(k-1)}$ 成线性关系, 则称迭代是线性的, 如上节中介绍的方法. 线性迭代的一般形式为

$$u^{(k)} = [G_k]u^{(k-1)} + r_k \tag{3.7.18}$$

式中, $[G_k]$ 是与 $[A]$, v 有关的矩阵, r_k 为列向量. 如 $u^{(k)} \to [A]^{-1}v$, $k \to \infty$, 则

$$[A]^{-1}v = [G_k][A]^{-1}v + r_k \tag{3.7.19}$$

由此得相容条件

$$r_k = ([I] - [G_k])\,[A]^{-1}v \tag{3.7.20}$$

令, $[M_k] = ([I] - [G_k])\,[A]^{-1}$

$$u^{(k)} = [G_k]u^{(k-1)} + [M_k]v \tag{3.7.21}$$

迭代过程的收敛性可以用检验误差向量 e_k 的性质而决定

$$\begin{aligned} e_k &= u^{(k)} - [A]^{-1}v \\ &= [G_k]u^{(k-1)} + [M_k]v - [A]^{-1}v \\ &= [G_k]e_{k-1} \end{aligned} \tag{3.7.22}$$

重复应用上式

$$e_k = [G_k][G_{k-1}]\cdots[G_1]e_0 \tag{3.7.23}$$

如果

$$[H_k]e_0 = [G_k][G_{k-1}]\cdots[G_1]e_0 \to 0 \quad k \to \infty \tag{3.7.24}$$

则迭代过程是收敛的. 如果迭代是平稳和线性的, 则 $[G_k] = [G]$, $[G_k] = [G]^k$. 换言之, 如果一个迭代过程是收敛的, 则对于任意给定的 k, 对于所有的初始向量 $u^{(0)}$, 逐次迭代值 $u^{(k)}$ 的每一个分量均逼近真解向量 u 的每一个分量.

在实用上常用如下的收敛准则[1],

迭代过程 $u^{(k)} = [G_k]u^{(k-1)} + [M_k]v$ 对每一个给定的初始值 e_0 是收敛的, 当且仅当对于所有的向量 X, 当 $k \to \infty$ 时, $[H_k]X \to 0$.

这样利用 2.11 节介绍的稳定分析的矩阵法即可类似的分析迭代过程的收敛性问题.

为了便于分析收敛速度, 我们进一步研究 $[G_k]X$ 的性质. 用 $\lambda^1, \lambda^2, \cdots, \lambda^N$ 表示 $[G]$ 的 N 个特征值. 由矩阵理论, 矩阵 $[G]$ 通过某个非奇异矩阵 P 化成 Jordan 标准型, $[J] = [P]^{-1}[G][P]$. $[J]$ 是一个分块对角矩阵. 每一个分块 $[J_i]$ 形如

$$[J_i] = \left\{\begin{matrix} \lambda^i & 1 & & & \\ & \lambda^i & 1 & 0 & \\ & & \ddots & \ddots & \\ & 0 & & \lambda^i & 1 \\ & & & & \lambda^i \end{matrix}\right\} \tag{3.7.25}$$

它的特点是, λ^i 位于主对角线上, 1 位于主对角线上方的对角线上. 如果每一个分块 $[J_i]$ 的阶数为 N_i, 则 $\Sigma N_i = N$. Jordan 标准型的重要意义在于, 通过变换 $[P]$, 矩阵 $[G]$ 化成 m 个分量 $[J_i]$ 的和, 而 X 也可以分解成 m 个分量的和, $X = X_1 + X_2 + \cdots + X_m$. X_i 与 $[J_i]$ 对应.

$[J_i]$ 可以分解成两个矩阵的和, $[J_i] = \lambda^i[I] + [W_i], [W_i]$ 为

$$[W_i] = \left\{\begin{matrix} 0 & 1 & & & \\ & 0 & 1 & 0 & \\ & & \ddots & \ddots & \\ & 0 & & 0 & 1 \\ & & & & 0 \end{matrix}\right\}_{N_i \times N_i} \tag{3.7.26}$$

它是一个幂零矩阵, 即 $[W_i]$ 的某次幂等于零. 这里有 $[W_i]^{N_i} = [0]$. 而 $[W_i]^r$, $r = 1, 2, \cdots, N_i - 1$, 除在主对角线上方第 r 条对角线上的元素等于 1 外, 其余的元素均等于零. 根据 $[W]$ 的以上性质, 则有

$$\begin{aligned} [J_i]^k &= \left(\lambda^i[I] + [W]\right)^k \\ &= \left(\lambda^i\right)^k [I] + k\left(\lambda^i\right)^{k-1}[W] + \cdots + \frac{k!}{(N_i-1)!\,(k-N_i+1)!} \\ &\quad \cdot \left(\lambda^i\right)^{k-N_i+1}[W]^{N_i-1} \end{aligned} \tag{3.7.27}$$

和

$$[J_i]^k X_i = \left(\lambda^i\right)^k X_i + k\left(\lambda^i\right)^{k-1}[W]X_i + \cdots$$

$$+\frac{k!}{(N_i-1)!\,(k-N_i+1)!}\left(\lambda^i\right)^{k-N_i+1}[W]^{N_i-1}X_i \tag{3.7.28}$$

当 $k\to\infty$ 时, 根据二项式展开系数的特性, 上式的基本特性将由最后一项控制, 即

$$[J_i]^k X_i \sim \frac{k!}{(N_i-1)!\,(k-N_i+1)!}\left(\lambda^i\right)^{k-N_i+1}[W]^{N_i-1}X_i \tag{3.7.29}$$

分块矩阵 $[J_i]$ 的特征向量 Y 必须满足关系式, $\left([J_i]-\lambda^i[I]\right)Y=0$, 即, $[W]Y=0$, 由 $[W]$ 的性质

$$\begin{aligned}Y_T&=[k,0,0,\cdots,0]\\&=k\,[1,0,0,\cdots,0]\\&=ke_1\end{aligned} \tag{3.7.30}$$

所以, e_1 是 $[J_i]$ 唯一的特征向量.

由于 $[W]^{N_i-1}$ 只有一个非零元素 1, 位于 $[W]^{N_i-1}$ 的右上角, 所以 $[W]^{N_i-1}X_i$ 是 e_1 的某个倍数. 这样, $Y_i=[W]^{N_i-1}X_i$ 是 $[J_i]$ 的一个特征向量. 由式 (4.6.23), 对于任意的 X_i, 当且仅当 $|\lambda_i|<1$ 时, 有 $[J_i]^k X_i\to 0$, $k\to\infty$. 在实用上, 我们只需要考虑那些 $|\lambda_i|$ 值最大和 N_i 最大的分块矩阵 $[J_i]$, 令 $\lambda=\max\left|\lambda^i\right|$, $\overline{N}=\max(N_i)$, 则有

$$e_k\sim\frac{k!}{(\overline{N}-1)!\,(k-\overline{N}+1)!}\sum_i\left(\lambda^i\right)^{k-\overline{N}+1}Y_i,\quad k\to\infty \tag{3.7.31}$$

这里, 和式 $\sum\limits_i$ 是对特征值为 λ_i 的那些阶数为 N 的矩阵块 $[J_i]$ 求和.

下面分析收敛速度. 收敛的迭代格式, 收敛速度不一定快. 所以讨论了收敛性以后, 还往往需要讨论迭代格式的收敛速度的问题. 所谓收敛速度是指达到要求的精度所需要的迭代次数.

如果迭代过程是平稳和线性的, $[G_k]=[G]^k$, 由 3.6 节我们知道, 矩阵 $[A]$ 有性质

$$\|A\|=\sup_{X\to 0}\frac{\|AX\|}{\|X\|} \tag{3.7.32}$$

由此可得

$$\|e_k\|=\left\|[G]^k e_0\right\|\leqslant\left\|[G]^k\right\|\|e_0\| \tag{3.7.33}$$

这样如果 $e_0\neq 0$, 则 $\left\|[G]^k\right\|$ 给出比值 $\rho=\|e_k\|/\|e_0\|$ 的上确界. 由式 (3.7.31) 可知, 当 $k\to\infty$ 时, $\|e_k\|$ 的变化特性与 $k^{N-1}(\lambda)_k$ 接近. 设 $[G]$ 的谱半径为 $R(G)$, 则当 k 充分大时, $\|e_k\|/\|e_{k-1}\|\approx R(G)$. 如果对于所有的 $k\,\|e_k\|/\|e_{k-1}\|$ 与 $R(G)$ 相等,

那么 $-lgR(G)$ 就是每一步迭代得到的精度. 所以, 实用上可以用 $D(G)$ 来表示线性迭代的收敛速度

$$D(G) = -lgR(G) \tag{3.7.34}$$

对于正规矩阵, $\|[G]^k\| = [R(G)]^k$, 代入式 (3.7.33), $\rho \approx [R(G)]^k$. 由此, 达到给定的精度 ρ 所需要的迭代次数可由下式估算

$$n = \frac{-lg\rho}{-lgR(G)} = \frac{-lg\rho}{D(G)} \tag{3.7.35}$$

以 Laplace 方程为例, 比较所介绍的三种方法的收敛速度. 设求解区域为矩形域 D; $0 < x < \pi$, $0 < y < \pi$. 取 $\Delta x = \Delta y = \Delta = \dfrac{\pi}{n}$, 网格单元数为 n^2, 内部结点数为 $N = (n-1)^2$. 利用 Von Neumann 法可分别求得 Richardson 法, Liebmann 法和 SOR 法的求解矩阵 $[G]$ 的特征值如下

Richardson 法: $R(G) = \cos\dfrac{2\pi}{n}$

Liebmann 法:

$$R(G) = \frac{\left[\left(\frac{1}{2}\cos\frac{2\pi}{n} - \frac{1}{4}\cos\frac{4\pi}{n}\right)^3 + \left(\frac{1}{2}\sin\frac{2\pi}{n} - \frac{1}{4}\sin\frac{4\pi}{n}\right)^3\right]^{1/2}}{\left(\frac{s}{4} - \cos\vartheta\right)}$$

SOR 法:

$$R(G) = \frac{\left[\left(1 - \omega + \frac{\omega^2}{2}\cos\frac{2\pi}{n} - \frac{\omega^2}{4}\cos\frac{4\pi}{n}\right)^2 + \left(\frac{\omega^2}{2}\sin\frac{2\pi}{n} - \frac{\omega^2}{4}\sin\frac{4\pi}{n}\right)^2\right]^{1/2}}{\left(1 - \omega\cos\frac{2\pi}{n} + \frac{\omega^2}{4}\right)}$$

取 $n = 30$, 松弛因子 $\omega = 1.805$, 则 $R(G)$ 分别取值

Richardson 法: $R(G) = 0.9781$

Liebmann 法: $R(G) = 0.9590$

SOR 法: $R(G) = 0.9180$

如果要求的精度 $\rho = 0.0001$, 则三种方法所要求的迭代次数分别为

Richardson 法: $n = 416$

Liebmann 法: $n = 220$

SOR 法: $n = 108$

显然 SOR 法的收敛速度最快.

3.7.6 计算实例[45]

这里介绍一个非线性自由表面波的实例. 假定水体无黏性且不可压缩, 流动系势流.

1. 基本方程与求解条件

对于无黏性不可压缩流体的流动, 其基本方程为 Laplace 方程

$$\frac{\partial^2\phi}{\partial x^2}+\frac{\partial^2\phi}{\partial y^2}=0 \tag{3.7.36}$$

式中, ϕ 为势函数. 在图 3.7.6 所示的计算域下, 相应的边界条件为

自由液面: $y=\eta$

运动条件:

$$\frac{\partial\eta}{\partial t}=\frac{\partial\phi}{\partial y}-\frac{\partial\phi}{\partial x}\frac{\partial\eta}{\partial x} \tag{3.7.37}$$

动力条件:

$$\frac{\partial\phi}{\partial t}=\frac{1}{2}-\frac{1}{2}\left[\left(\frac{\partial\phi}{\partial x}\right)^2+\left(\frac{\partial\phi}{\partial y}\right)^2\right]-\frac{1}{F_r^2}\eta-\frac{\sigma}{F_r^2}p \tag{3.7.38}$$

进口边界: $x=0,\ \phi=0$

出口边界: $x=L$, Sommerfeld 辐射条件

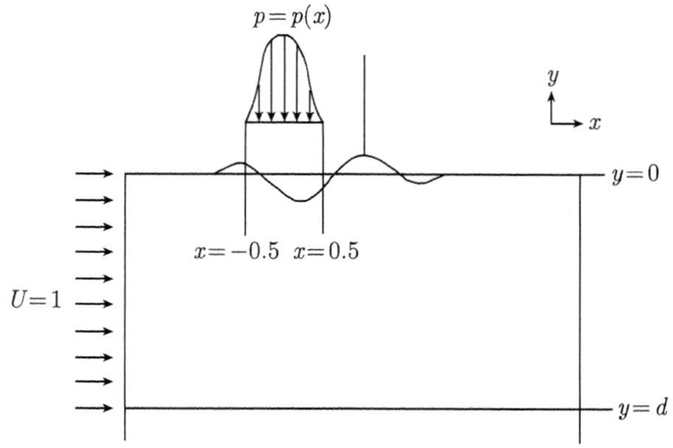

图 3.7.6 二维非线性自由面波的计算域

对于有限的计算域, 为避免波动从出口边界反射回计算域而降低计算的精度, 以至造成计算不稳定, 通常采用 Sommerfeld 辐射条件

$$\frac{\partial f}{\partial t}+c\frac{\partial f}{\partial x}=0 \tag{3.7.40}$$

式中, f 表示 ϕ 或 η 在自由面的扰动量.

固壁边界

$$\frac{\partial \phi}{\partial \eta}=0 \tag{3.7.41}$$

计算的初始条件为,

$$\phi=0, \quad \eta=-\sigma p \tag{3.7.42}$$

在上述公式中, η 表示自由面的高程, $\eta=\eta(x,t)$; $F_r=\dfrac{U}{\sqrt{gD}}$; U 为来流流速; D 为某个特征长度; $\sigma=\dfrac{p_0}{\rho g D}$; p_0 为参考压强.

2. 基本方程, 边界条件的离散

式 (3.7.36) 用点超松弛法迭代求解, 离散公式为式 (3.7.9). 而自由液面的运动条件和动力条件则按时间二阶的显式格式离散. 即

$$\eta_{i,J}^{n+1}=\eta_{i,J}^{n}+\Delta t\left(\frac{\partial \eta}{\partial t}\right)_{i,J}^{n}+\frac{\Delta t^2}{2}\left(\frac{\partial^2 \eta}{\partial t^2}\right)_{i,J} \tag{3.7.43}$$

和

$$\begin{aligned}\phi_{i,J}^{n+1}=&\phi_{i,J}^{n}+\Delta t\left(\frac{\partial \phi}{\partial t}\right)_{i,J}^{n}+\frac{\Delta t^2}{2}\left(\frac{\partial^2 \phi}{\partial t^2}\right)_{i,J}^{n}+\Delta y\left(\frac{\partial \phi}{\partial y}\right)_{i,J}^{n}\\&+\frac{\Delta y^2}{2}\left(\frac{\partial^2 \phi}{\partial y^2}\right)_{i,J}^{n}+\Delta y\Delta t\left(\frac{\partial^2 \phi}{\partial y\partial t}\right)_{i,J}^{n}\end{aligned} \tag{3.7.44}$$

式 (3.7.43) 和 (3.7.44) 中对时间的一阶导数 $\dfrac{\partial \eta}{\partial t}$, $\dfrac{\partial \phi}{\partial t}$, 可通过式 (3.7.37), (3.7.38) 直接求出, 对时间的二阶导数 $\dfrac{\partial^2 \eta}{\partial t^2}$, $\dfrac{\partial^2 \phi}{\partial t^2}$ 和交叉导数 $\dfrac{\partial^2 \phi}{\partial y\partial t}$ 可通过式 (3.7.37) 和 (3.7.38) 导出. 以 $\dfrac{\partial^2 \eta}{\partial t^2}$ 为例说明如下. 将式 (3.7.37) 对 t 求导

$$\begin{aligned}\frac{\partial^2 \eta}{\partial t^2}&=\frac{\partial^2 \phi}{\partial y\partial t}-\frac{\partial \eta}{\partial x}\frac{\partial^2 \phi}{\partial x\partial t}-\frac{\partial \phi}{\partial x}\frac{\partial^2 \eta}{\partial x\partial t}\\&=\frac{\partial}{\partial y}\left(\frac{\partial \phi}{\partial t}\right)-\frac{\partial \eta}{\partial x}\frac{\partial}{\partial x}\left(\frac{\partial \phi}{\partial t}\right)-\frac{\partial \phi}{\partial x}\frac{\partial}{\partial x}\left(\frac{\partial \eta}{\partial t}\right)\end{aligned}$$

以式 (3.7.37), (3.7.38) 代入上式, 消去 $\dfrac{\partial \eta}{\partial t}$, $\dfrac{\partial \phi}{\partial t}$, 即得

$$\begin{aligned}\frac{\partial^2 \eta}{\partial t^2}=&\frac{\partial}{\partial y}\left\{\frac{1}{2}-\frac{1}{2}\left[\left(\frac{\partial \phi}{\partial x}\right)^2+\left(\frac{\partial \phi}{\partial y}\right)^2\right]-\frac{1}{F_r^2}\eta-\frac{\sigma}{F_r^2}p\right\}\\&-\frac{\partial \eta}{\partial x}\frac{\partial}{\partial x}\left\{\frac{1}{2}-\frac{1}{2}\left[\left(\frac{\partial \phi}{\partial x}\right)^2+\left(\frac{\partial \phi}{\partial y}\right)^2\right]-\frac{1}{F_r^2}\eta-\frac{\sigma}{F_r^2}p\right\}\end{aligned}$$

$$- \frac{\partial \phi}{\partial x} \frac{\partial}{\partial x} \left(\frac{\partial \phi}{\partial y} - \frac{\partial \phi}{\partial x} \frac{\partial \eta}{\partial x} \right)$$

类似的可以导出 $\dfrac{\partial^2 \phi}{\partial t^2}$ 和 $\dfrac{\partial^2 \phi}{\partial y \partial t}$ 的表达式. 将这些表达式代入式 (3.7.43), (3.7.44), 再用显式离散, 即可得到 $\eta_{i,j}^{n+1}$, $\phi_{i,j}^{n+1}$ 的显式计算式. 以这样算得的新的迭代值 $\eta_{i,j}^{n+1}$, $\phi_{i,j}^{n+1}$ 作为自由面的边界条件. 关于出口边界条件的离散, 为了保证计算的精度和稳定性, 根据文献 [48], 采用如下的离散格式

$$f_{I,j}^{n+1} = f_{I-1,j}^{n} + \left[1 - 2C \left(\frac{\Delta t}{\Delta x} \right) \right] \left(f_{I,j}^{n} - f_{I-1,j}^{n} \right) \tag{3.7.45}$$

式中, 下标 (I, j) 表示出口边界处的结点. 相速可用下式求出

$$C^* = \frac{1}{2} \frac{\Delta x}{\Delta t} \left(f_{I-1,j}^{n} + f_{I-2,j}^{n} - f_{I-1,j}^{n-1} - f_{I-2,j}^{n-1} \right) \Big/ \left(f_{I-2,j}^{n-1} - f_{I-1,j}^{n-1} \right) \tag{3.7.46}$$

实际计算时 C 值受下述条件的限制

$$C = \begin{cases} \Delta x / \Delta y & C^* > \Delta x / \Delta y \\ C^* & 0 \leqslant C^* \leqslant \Delta x / \Delta y \\ 0 & C^* < 0 \end{cases} \tag{3.7.47}$$

当波峰顶和波谷底通过出口边界时, 即满足条件

$$\left| f_{I-1,j}^{n} - f_{I,j}^{n} \right| < 10^{-10} \left| f_{\max} - f_{\min} \right|$$

时, 取 $f_{I,j}^{n+1} = f_{I,j}^{n}$. 利用式 (3.7.45) 可给出出口边界条件的边界条件.

有了自由面, 出口边界条件, 再结合进口和固壁的边界条件, 可以求解式 (3.7.39), 得出区域内 ϕ 的新的值 $\phi_{i,j}^{n+1}$.

3. 计算实例

计算的例子是一给定的压强分布沿水面水平向移动引起的水面波动. 计算区域如图 3.7.6 所示. 压强分布取形式

$$p = \begin{cases} p_0 \left(1 - \cos \dfrac{2\pi x}{L} \right) & -0.5 \leqslant x \leqslant 0.5 \\ 0 & \text{其他区域} \end{cases}$$

该压强分布从静止开始以速度 U 向 x 的负方向运动. 网格步长 $\Delta x = \Delta y = 0.0625$, 位于自由面的网格的 $\Delta y = 0.0625 + \eta$, 这里 η 是自由面波动的波高. 计算结果示于图 3.7.7.

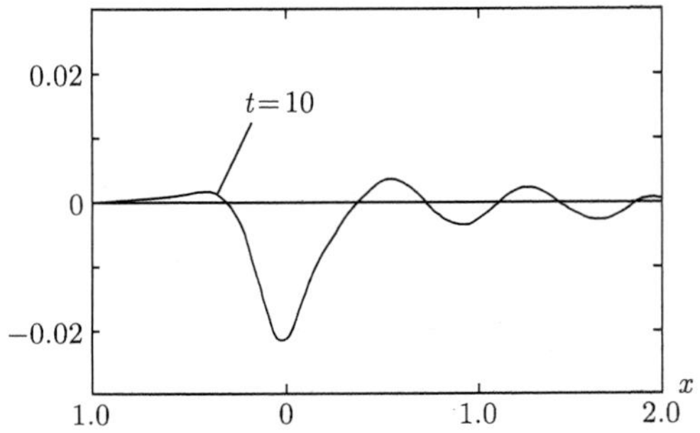

图 3.7.7　在移动的分布压强作用下自由面波动的计算结果

参 考 文 献

[1] Ames W F. Numerical methods for partial differential equations. 2nd ed. New York: Academic Press Inc, 1977: Chapter 1, 5-9.

[2] Abbott M B. Computational hydraulics: elements of the theory of free surface flow. London: Pitman Pub. Ltd, 1979: Chapter 1, 1-9.

[3] Roache P J. Computational fluid dynamics. Albuquerque: Hermosa Publishers, 1972: Chapter 3, 15-138.

[4] Richtmyer R D, Morton K W. Difference methods for initial value problems. 2nd ed. New York: John Wiley & Sons Inc, 1967: Chapter 3, 128-137.

[5] 季仲贞. 计算地球物理流体力学中的非线性计算不稳定问题. 力学进展, 1986, 16(3): 305-318.

[6] Phillips N A, The atmosphere and the sea in motion (edited by Bolin B). New York: Rockefeller University Press, 1959: 501-504.

[7] Goldberg D E, Wylie E B. Characteristics method using the time-line interpolations. Journal of Hydraulic Engineering, 1983, 109(5):670-683.

[8] K. 麦赫默德, V. 叶夫耶维奇编, 林秉南等译校. 明渠非恒定流. 北京：水利电力出版社, 1987: 95-189.

[9] Tannehill J C, Anderson D A, Pletcher R H. Computational fluid mechanics and heat transfer. 2nd ed. Washington: Taylor & Francis Publisher, 1997: Chapter 4, 122.

[10] 陆金甫, 顾丽珍. 对流扩散方程的局部解析格式及其近似差分格式. 清华大学学报 (自然科学版), 1986, 26(6): 76-85.

[11] Harten A. High resolution schemes for hyperbolic conservation laws. Journal of Computational Physics, 1983, 49(3): 357-393.

[12] Piperno S, Depeyre S. Criteria for the design of limiters yielding efficient high resolution TVD schemes. Journal of Computers and Fluids, 1998, 27(2): 183-197.

[13] Yanenko N N, Shokin Y I. Numerical methods in fluid dynamics. Moscow: MIR

Publishers, 1984: Chapter 2, 40-61.

[14] Yanenko N N. The method of fractional steps: the solution of problems of mathematical physics in several variables (edited by Holt M). 1 ed. New York: Springer-verlag, 1971: Chapter 2, 17-32.

[15] Peaceman D W, Rachford H H. The numerical solution of parabolic and elliptic differential equations. Journal of the Society for Industrial and Applied Mathematics, 1955, 3: 28-41.

[16] Douglas J, Rachford H H. On the numerical solution of heat conduction problems in two and three space variables. Transactions of the American Mathematical Society, 1956, 82: 421-439.

[17] Brain P L I. An infinite difference method of high order of accuracy for the solution of three dimensional heat conduction problems. AIChE Journal, 1961, 7: 367-370.

[18] Cunge J A, Holly F M, Verwey A. Practical aspects of computational river hydraulics. London: Pitman Advanced Pub. Program, 1980: Chapter 3, 53-133.

[19] Wang De-guan, He Jian-jin. 2-D Characteristics like model and open boundary condition for unsteady open channel flow modeling. Journal of Hydrodynamics, Series B, 1999, 11(4): 86-98.

[20] Wang De-guan, Wylie E B. Unsteady 2-D compressible flow in unbounded domain. Journal of Fluid Engineering, 1995, 117(1): 91-96.

[21] Bellos C V, Soulis J V, Sakkas J G. Experimental investigation of two-dimensional dam-break induced flows. Journal of Hydraulic Research, 1992, 30(1): 47-63.

[22] Leendertze J J. A water quality simulation model for well-mixed estuaries and coastal seas: Vol. I. Principles of computation. New York: The Rand Corporation, 1970: Chapter 2, 3-26.

[23] Benque J P, Cunge J A, Feuillet J et al. New method for tidal current computation. Journal of the Waterway, Port, Coastal and Ocean Division, 1982, 108(3): 396-407.

[24] 韩国其, 汪德爟, 许协庆. 风生环流的准三维数值模拟. 河海大学学报, 1989, 17(4): 1-8.

[25] 汪德爟, 杨艳艳. 边界拟合坐标法的应用 —— 长江口南支非恒定流计算. 河海大学学报, 1989, 17(1): 50-57.

[26] Siemons J. Numerical methods for the solution of diffusion-advection equations. Publication 88, DHL, Delft, The Netherlands, 1970.

[27] Hulshof J E, Siemons J. A study of the one dimensional dispersion in a tidal harbor. Publication 119, DHL, Delft, The Netherlands, 1972.

[28] 邱晨霞. 分层流动的数值模拟//博士学位论文. 南京: 河海大学, 1994: 16-32.

[29] 邱晨霞, 汪德爟. 异重流二维两层模型数值计算. 泥沙研究, 1995, (3): 33-39.

[30] 李谨, 殷士龙. 电导率多点同步连续测量仪. 河海大学学报, 1991, 19(1): 105-108.

[31] Peregrine R D. Long waves on a beach. Journal of Fluid mechanics, 1967, 27(4): 815-827.

[32] Abbott M B, Petersen H M, Skovgaard O. On the numerical modeling of short waves in shallow water. Journal of Hydraulic Research, 1978, 16 (3): 173-204.

[33] 陶建华, 余洪滨. 一维短波的数学模拟. 水动力学研究与进展, 1985, (1): 82-91.

[34] de Vries M. Morphological computations (lecture notes). Delft University of technology, 1977.

[35] Jansen P Ph, van Bendegom L, van den Berg et. al. Principles of river engineering: the non-tidal alluvial river. 1 ed. London: Pitman, 1979: Part 4, 249-295.

[36] Kerssens P J M, Prins, van Rijn L C. Model for non-steady suspended sediment transport. Journal of the Hydraulic Division, ASCE, 1979, 105(5): 461-476.

[37] Graf W H. Hydraulics of sediment transport. 4th ed. New York: Water Resources Publications, LLC, 1984: Chapter 2, 46-69.

[38] Rodi W. Turbulence model and their application in hydraulics. Delft: IAHR, 1980: 1-92.

[39] Reynolds W C. Computation of turbulent flows. Annual review of fluid mechanics, 1976, 8: 183-208.

[40] Chorin A J. Numerical solution of the Navier-Stokes equations. Mathematics of Computation, 1968, 22: 745-765.

[41] Patankar S V. 传热与流体流动的数值计算. 北京: 科学出版社, 1984: 2-37.

[42] Ferziger J H. Simulation of incompressible turbulent flows, Journal of Computational Physics, 1987, 69(1): 1-48.

[43] 韩国其, 汪德爟, 许协庆. 三维明渠流动数值模型. 水动力学研究与进展, 1990, 5(3): 41-48.

[44] Alfrink B J, van Rijn L C. Two-equation turbulence model for flow in trenches. Journal of Hydraulic Engineering, 1983, 109(7): 941-958.

[45] Halpern L. Absorbing boundary conditions for the discretization schemes of the one dimensional wave equations. Mathematics and Computers, 1982, 38(158): 415-429.

第二篇　有限单元法

有限单元法始于 20 世纪 50 年代, 最初是用于飞机的结构分析. Zienkiewicz 和 Cheung[1] 将有限单元法用于基本的流体流动的分析. Oden[2] 将有限单元法扩展到求解更多的非线性的力学问题. 求解的原理也从原来结构分析中的力的平衡原理拓展到应用古典变分原理, Reyleigh-Ritz 变分法. 但是由于流体力学的控制方程多数具有强烈的非线性, 很难或找不到对应的变分. 同时, Reyleigh-Ritz 变分法要求算子是正定的, 而流体力学的控制方程多数是非正定的, 这样, 基于古典变分原理的有限单元法在流体力学中的应用就受到限制. 为此, 基于所谓 "加权剩余法" 的有限单元法被引入了流体力学问题的求解. 加权剩余法的基本概念是, 如果一个流体力学问题的近似解代入原控制方程, 则会产生一个非零的剩余, 将该剩余与某个选定的权 (常数或函数) 的内积在计算域上构成一个积分, 并强制该积分为零, 求解得出问题的近似解[3]. 由于权的选择的不同, 加权剩余法有配置法、子域法、最小二乘法、伽辽金法 (Garlerkin criteria) 和矩法[4][5]. 如果选定的权是用以构成近似解的函数, 则称该加权剩余法为伽辽金法. Baker[6], Lynn[7], Pokinski 和 Baker[8], Chung 和 Chiou[9], Oden[10] 等在这方面做了许多先驱性的工作.

基于本书的撰写目的, 书中只介绍伽辽金法.

第4章　有限单元法的预备知识

这一章简要介绍与有限单元法中加权剩余法相关的理论基础.

4.1　线性空间及线性算子

4.1.1　线性空间 (Linear Space)

设 $\boldsymbol{V}$ 是一个非空集合, $\boldsymbol{R}$ 为实数域. 如果对于任意两个元素 $\alpha, \beta \in \boldsymbol{V}$, 总有唯一的一个元素 $\gamma \in \boldsymbol{V}$ 与之对应, 称为 α 与 β 的和, 记作: $\gamma = \alpha + \beta$. 若对于任一数 $\lambda \in R$ 与任一元素 α, 总有唯一的一个元素 $\delta \in \boldsymbol{V}$ 与之对应, 称为 λ 与 α 的积, 记作 $\delta = \lambda\alpha$.

如果上述定义的两种运算满足以下八条运算规律, 那么 $\boldsymbol{V}$ 就称为数域 $\boldsymbol{R}$ 上的向量空间 (或线性空间).

设 $\boldsymbol{\alpha}$、$\boldsymbol{\beta}$、$\boldsymbol{\gamma} \in \boldsymbol{V}$, λ、$\mu \in \mathbf{R}$

(1) $\boldsymbol{\alpha} + \boldsymbol{\beta} = \boldsymbol{\beta} + \boldsymbol{\alpha}$

(2) $(\boldsymbol{\alpha} + \boldsymbol{\beta}) + \boldsymbol{\gamma} = \boldsymbol{\alpha} + (\boldsymbol{\beta} + \boldsymbol{\gamma})$

(3) $\exists \mathbf{0} \in \mathbf{V}$, 对 $\forall \boldsymbol{\alpha} \in \mathbf{V}$, 都有 $\boldsymbol{\alpha} + \mathbf{0} = \boldsymbol{\alpha}$

(4) $\forall \boldsymbol{\alpha} \in \mathbf{V}, \exists \boldsymbol{\beta} \in \mathbf{V}$, 都有 $\boldsymbol{\alpha} + \boldsymbol{\beta} = \mathbf{0}$

(5) $1\boldsymbol{\alpha} = \boldsymbol{\alpha}$

(6) $\lambda(\mu\boldsymbol{\alpha}) = (\lambda\mu)\boldsymbol{\alpha}$

(7) $(\lambda + \mu)\boldsymbol{\alpha} = \lambda\boldsymbol{\alpha} + \mu\boldsymbol{\alpha}$

(8) $\lambda(\boldsymbol{\alpha} + \boldsymbol{\beta}) = \lambda\boldsymbol{\alpha} + \lambda\boldsymbol{\beta}$

1. 连续函数空间

所有定义在区间 $[a, b]$ 上的连续函数集合, 按函数加法和数与函数乘法构成数域 R 上的线性空间, 此线性空间称为连续函数空间, 记作 $C[a, b]$. 连续函数空间满足线性空间的八条计算规律.

2. 内积

连续函数空间 $C[a, b]$ 中, 可定义两个函数 φ_1, φ_2 的内积, 两个函数的内积是一个实数, 内积的符号是 $\langle\varphi_1, \varphi_2\rangle$, 内积的定义是,

$$\langle\varphi_1, \varphi_2\rangle = \int_a^b \varphi_1\varphi_2 \mathrm{d}x$$

内积有以下的性质,

(1) 对称性 $\langle\varphi_1,\varphi_2\rangle=\langle\varphi_2,\varphi_1\rangle$

(2) 可加性 $\langle\varphi_1,\varphi_2+\varphi_3\rangle=\langle\varphi_1,\varphi_2\rangle+\langle\varphi_1,\varphi_3\rangle$

(3) 齐次性 $\alpha\langle\varphi_1,\varphi_2\rangle=\langle\alpha\varphi_1,\ \varphi_2\rangle$

(4) 非负性 $\langle\varphi_1,\varphi_1\rangle\geqslant 0$

(5) 当且仅当 $\varphi_1=0, \langle\varphi_1,\ \varphi_1\rangle=0, \varphi_1=0$ 为空间 R 中的零元素.

3. 范数 (Normal Number)

在线性空间中, 范数定义为两个函数 φ_1,φ_2 内积的平方根值,

$$\|\varphi\|=\sqrt{\langle\varphi_1,\ \varphi_2\rangle}$$

4. 线性独立的函数集

如果线性空间中的一组函数 $\varphi_1,\varphi_2\cdots\varphi_n$, 组成下面的等式

$$\alpha_1\varphi_1+\alpha_2\varphi_2+\cdots+\alpha_n\varphi_n=0$$

仅当上式中所有的 α_i 都等于零时等式才成立, 则称 $\varphi_1,\varphi_2,\cdots,\varphi_{\mathrm{n}}$ 为线性独立的函数集.

5. 闭集 (Closed Set)

如果存在一个数 N 和一组系数 α_i, 对于某一个连续可微函数 u, 当 $N\to\infty$ 时

$$\left\|u-\sum_{i=1}^{N}\alpha_i\varphi_i\right\|\to 0$$

则称线性独立的函数集 φ_i 为闭集. 其中 φ_i 为基函数, α_i 为系数.

4.1.2 线性算子

1. 线性算子

如果一个运算过程施加于一个函数 u 得到另外一个函数 p, $\mathscr{L}(u)=p$, 如果算子 $\mathscr{L}(\ )$ 满足条件

$$\mathscr{L}(\alpha\varphi_1+\beta\varphi_2)=\alpha\mathscr{L}(\varphi_1)+\beta\mathscr{L}(\varphi_2)$$

则称该运算过程为算子.

2. 自共轭算子

在线性算子中有一类算子称作自共轭算子. 如果一个线性算子形成一个方程组

$$\mathscr{L}(u)=0$$

该线性方程与另一个函数 v 组成内积 $\langle \mathscr{L}(u), v\rangle$, 对该内积进行分部积分形成与其对应的另一个内积 $\langle u, \mathscr{L}^*(v)\rangle$, 如果 $\mathscr{L}^*()$ 与 $\mathscr{L}()$ 在形式上相同, 则称算子 $\mathscr{L}()$ 为自共轭算子. 下面给出一个自共轭算子的例子. 设有如下的算子

$$\mathscr{L}(u) = \frac{\mathrm{d}^2 u}{\mathrm{d}x^2} \quad 0 \leqslant x \leqslant 1 \tag{4.1.1}$$

将上述算子与函数 v 构成内积, $\langle \mathscr{L}(u), v\rangle$, 并对该内积进行分部积分

$$\begin{aligned}
\langle \mathscr{L}(u), v\rangle &= \int_0^1 v\frac{\mathrm{d}^2 u}{\mathrm{d}x^2}\mathrm{d}x = \int_0^1 v\mathrm{d}\left(\frac{\mathrm{d}u}{\mathrm{d}x}\right) \\
&= v\frac{\mathrm{d}u}{\mathrm{d}x}\bigg|_0^1 - \int_0^1 \frac{\mathrm{d}u}{\mathrm{d}x}\frac{\mathrm{d}v}{\mathrm{d}x}\mathrm{d}x = \left(v\frac{\mathrm{d}u}{\mathrm{d}x} - u\frac{\mathrm{d}v}{\mathrm{d}x}\right)\bigg|_0^1 + \int_0^1 u\frac{\mathrm{d}^2 v}{\mathrm{d}x^2}\mathrm{d}x \\
&= \left(v\frac{\mathrm{d}u}{\mathrm{d}x} - u\frac{\mathrm{d}v}{\mathrm{d}x}\right)\bigg|_0^1 + \langle u, \mathscr{L}^*(v)\rangle
\end{aligned} \tag{4.1.2}$$

式中, $\mathscr{L}^*(v) = \dfrac{\mathrm{d}^2 v}{\mathrm{d}x^2}$; $\mathscr{L}(u) = \mathscr{L}^*(v)$, 因此, $\mathscr{L}(u)$ 为自共轭算子. 由上可以得出两类边界条件, 即本征边界条件 u 和自然边界条件 $\dfrac{\mathrm{d}u}{\mathrm{d}x}$.

3. 正定算子

对所有满足齐次边界条件的函数, u 如果自共轭算子 $\mathscr{L}(\ )$ 满足下述条件

$$\langle \mathscr{L}(u), u\rangle \geqslant 0$$

则称 $\mathscr{L}()$ 为正定的自共轭算子. 在上面的例子中, 如果令 $v = u$, 和满足齐次边界条件, 则有

$$\langle \mathscr{L}(u), u\rangle = -\int_0^1 \frac{\mathrm{d}u}{\mathrm{d}x}\frac{\mathrm{d}u}{\mathrm{d}x}\mathrm{d}x \leqslant 0$$

算子是一个负定的自共轭算子.

4.1.3 最佳逼近 [11]

1. 正交函数集

在 n 维线性空间中, 如果定义 $f = \{x_1, x_2, \cdots, x_n\}$ 和 $g = \{y_1, y_2, \cdots, y_n\}$, 则内积

$$\langle f, g\rangle = x_1y_1 + x_2y_2 + \cdots + x_ny_n \tag{4.1.3}$$

在连续函数空间中, 在区间 (a, b) 上, 根据内积的定义有

$$\langle f, g\rangle = \int_a^b f(x)g(x)\mathrm{d}x \tag{4.1.4}$$

可以证明, 如果两个矢量, $f=\{x_1,x_2,x_3\}$ 和 $g=\{y_1,y_2,y_3\}$ 互相垂直, 则有

$$x_1y_1+x_2y_2+x_3y_3=0$$

根据 n 维线性空间中内积的定义, 则有

$$\langle f,g\rangle=x_1y_1+x_2y_2+\cdots+x_ny_n=0 \tag{4.1.5}$$

由此, 可以得出内积空间中矢量和函数正交的定义如下: **如果内积空间的矢量集中任意两个两个不相同的元素, f 和 g, 满足条件, $\langle f,g\rangle=0$, 则称该内积空间的矢量集是正交的.** 如果内积空间中矢量的模为 “1”, 则称该正交的矢量集为规范正交矢量集, 即

$$\langle f_n,f_m\rangle=\delta_{nm} \tag{4.1.6}$$

式中, δ_{nm} 是克罗内克符号 (Kronecker delta). 每个规范正交矢量集都是线性无关的

$$\delta_{nm}\begin{cases}1 & n=m\\0 & n\neq m\end{cases}$$

内积空间中规范正交矢量集, 可以帮助寻找微分方程的最佳近似解.

正交函数的典型例子 1

考虑斯图姆–刘维尔 (Strurm-Liouville) 方程

$$\mathscr{L}(u(x))=\frac{\mathrm{d}}{\mathrm{d}x}\left[p(x)\frac{\mathrm{d}u}{\mathrm{d}x}\right]+[q(x)+\lambda r(x)]\,u=0\quad a\leqslant x\leqslant b \tag{4.1.7}$$

式中, 函数 $p(x)\geqslant 0$, 和 $r(x)\geqslant 0$ 处处连续. 方程需要满足的边界条件是

$$u(x_j)=0 \text{ 或 } \left.\frac{\mathrm{d}u}{\mathrm{d}x}\right|_{x_j}=0\quad x_j=a,b \tag{4.1.8}$$

斯图姆–刘维尔方程是自共轭算子. 根据自共轭算子的概念, 可以证明如下. 构成内积

$$\begin{aligned}\langle v,L(u)\rangle&=\int_a^b v\left(\frac{\mathrm{d}}{\mathrm{d}x}\left[p(x)\frac{\mathrm{d}u}{\mathrm{d}x}\right]+[q(x)+\lambda r(x)]\,u\right)\mathrm{d}x\\&=vp(x)\frac{\mathrm{d}u}{\mathrm{d}x}\bigg|_a^b-\int_a^b\frac{\mathrm{d}v}{\mathrm{d}x}p(x)\frac{\mathrm{d}u}{\mathrm{d}x}\mathrm{d}x+\int_a^b v\,[q(x)+\lambda r(x)]\,u\mathrm{d}x\\&=vp(x)\frac{\mathrm{d}u}{\mathrm{d}x}\bigg|_a^b-up(x)\frac{\mathrm{d}v}{\mathrm{d}x}\bigg|_a^b+\int_a^b u\frac{\mathrm{d}}{\mathrm{d}x}p(x)\frac{\mathrm{d}v}{\mathrm{d}x}+\int_a^b u\,[q(x)+\lambda r(x)]\mathrm{d}x\end{aligned}$$

利用边界条件, 上式左边的前两项等于零, 得

$$\langle v,L(u)\rangle=\int_a^b u\left(\frac{\mathrm{d}}{\mathrm{d}x}\left[p(x)\frac{\mathrm{d}v}{\mathrm{d}x}\right]+[q(x)+\lambda r(x)]\,v\right)\mathrm{d}x=\langle u,L(v)\rangle \tag{4.1.9}$$

证毕. 斯图姆–刘维尔方程的解的一个重要特征是具有正交性. 设 u_n 和 u_m 是方程的两个解, 由式 (4.1.14) 可以得出

$$(\lambda_n - \lambda_m)\int_a^b r(x)u_n u_m \mathrm{d}x = 0 \tag{4.1.10}$$

式中, λ_n, λ_m 是斯图姆–刘维尔方程的特征值, u_n 和 u_m 是与其对应的特征解. 当 $n = m$ 时, 上式左边恒等于零. 当 $n \neq m$ 时, 一般情况下, $\lambda_n \neq \lambda_m$, 则有

$$\int_a^b r(x)u_n u_m \mathrm{d}x = 0 \tag{4.1.11}$$

式 (4.1.11) 说明, 在区间 (a, b) 内 u_n 和 u_m 相对于 $r(x)$(权函数) 相互正交.

正交函数的典型例子 2

考虑一维扩散过程

$$\mathscr{L}(C) = \frac{\partial C}{\partial t} - a\frac{\partial^2 C}{\partial x^2} = 0 \quad 0 \leqslant x \leqslant 1 \tag{4.1.12}$$

式中, C 是物质的浓度, mg/L; a 是扩散系数, $\mathrm{m^2/s}$; t 是时间, s; x 是空间, m. 上式是典型的抛物型方程. 假定上式的初始条件是

$$C(x, 0) = g(x) \tag{4.1.13}$$

和边界条件是

$$\begin{cases} C(0, t) = 0 \\ C(1, t) = 0 \end{cases} \tag{4.1.14}$$

利用分离变量法求解式 (4.1.12), 设

$$C(x, t) = C_1(x)C_2(t) \tag{4.1.15}$$

将上式代入式 (4.1.12), 得

$$C_1(x)\frac{\mathrm{d}C_2(t)}{\mathrm{d}t} - aC_2(t)\frac{\mathrm{d}^2C_1(x)}{\mathrm{d}x^2} = 0$$

$$\frac{1}{C_1(x)}\frac{\mathrm{d}^2C_1(x)}{\mathrm{d}x^2} = \frac{1}{aC_2(t)}\frac{\mathrm{d}C_2(t)}{\mathrm{d}t} = -\alpha^2$$

由上式可得 $C_1(x)$ 的一个常微分方程

$$\frac{\mathrm{d}^2C_1(x)}{\mathrm{d}x^2} + \alpha^2 C_1(x) = 0$$

当 $\alpha > 0$ 时, 它的通解是

$$C_1(x) = A\cos\alpha x + B\sin\alpha x \tag{4.1.16}$$

式中, A, B 是任意常数. 利用边界条件 (4.1.14), 当 $x = 0$ 时, $C = 0$, 得 $A = 0$. 当 $x = 1$ 时, $C = 0$, 得 $B\sin\alpha = 0$, 为了使 $B \neq 0$, 必须有, $\sin\alpha = 0$, 得 α 的值为

$$\alpha_n = n\pi \quad n = 1, 2, \cdots, \tag{4.1.17}$$

α_n 称之为特征值. 对 $C2(t)$ 有如下的常微分方程

$$\frac{\mathrm{d}C_2(t)}{\mathrm{d}t} + a\alpha^2 C_2(t) = 0$$

它的特解是

$$C_2(t) = D\mathrm{e}^{(-a\alpha_n^2 t)} \tag{4.1.18}$$

式中, D 是任意常数. 由式 (4.1.16), (4.1.18) 和 (4.1.15) 得特解

$$C_n(x,t) = \mathrm{e}^{(-a\alpha_n^2 t)}\sin n\pi x \tag{4.1.19}$$

由于式 (4.1.12) 是线性齐次方程, 其通解是其特解的线性组合

$$C(x,t) = \sum_{n=1}^{\infty} B_n\mathrm{e}^{(-a\alpha_n^2 t)}\sin n\pi x \tag{4.1.20}$$

利用初始条件

$$C(x,0) = g(x) = \sum_{n=1}^{\infty} B_n \sin n\pi x$$

可以验证, 函数 $\sin(n\pi x)$ 是正交函数, 根据正交函数的特性, 待定系数 B_n 可以通过以下的积分求得

$$\int_0^1 g(x)\sin n\pi x\mathrm{d}x = \sum_{n=1}^{\infty}\int_0^1 B_n \sin n\pi x \sin m\pi x\mathrm{d}x = \frac{1}{2}B_n\delta_{nm} \tag{4.1.21}$$

式中, δ_{nm} 是克罗纳克 (Kronecker) δ 函数. 这样, 待定系数 B_n 等于以下的积分

$$B_n = 2\int_0^1 g(x)\sin n\pi x\mathrm{d}x \tag{4.1.22}$$

2. 函数的完备性

如果对于任意一个 $\delta > 0$, 存在一个整数 $N > 0$, $f(x)$ 是一个平方可积的函数, 正交函数集 u_n, 在区间, $a \leqslant x \leqslant b$, 内满足下面的条件

$$\int_a^b \left[f(x) - \sum_{n=1}^{N}\alpha_n u_n(x)\right]^2 \mathrm{d}x < \delta \tag{4.1.23}$$

则称函数集 u_n 是完备的. 显然, 根据式 (4.1.11) 取

$$\alpha_n = \int_a^b f(x)u_n(x)\mathrm{d}x$$

式 (4.1.23) 就一定成立.

3. 最佳逼近

直接从微分方程求微分方程真解的近似解, 这里要解决的问题是求得的近似解能否最好地代表微分方程的真解, 也就是说, 近似解能否最佳逼近微分方程的真解.

在求近似解时, 一是希望构成近似解的是一类形式简单, 数学上容易处理 (积分、微分) 的简单函数. 二是由简单函数构成的近似解有可能是最佳逼近解. 而内积空间中规范正交矢量集, 正是构造最佳近似解的基础函数空间.

假定微分方程是

$$\mathscr{L}(u) = f \quad 在\ \Omega\ 上$$

寻求上述方程的最佳逼近. 设 H 为希尔伯特空间 (完备的内积空间), u 是 H 中的一个元素, $u \subset H$, H 中存在一个闭子空间 R, 则 R 中存在唯一的最佳逼近 $\tilde{u} = \mathscr{L}_p(u)$, $\mathscr{L}_p(u)$ 是正交投影算子. 如果从的 n 维子空间 R 中选择一组线性无关的基础函数 $(\varphi_1, \varphi_2, \cdots, \varphi_n)$, 将 $\tilde{u}$ 表达成如下的形式

$$\tilde{u} = \sum_{j=1}^{N} \alpha_j \varphi_j \tag{4.1.24}$$

从正交投影的算法, 有

$$\langle u - \tilde{u}, \tilde{u} \rangle = 0$$

根据内积的性质

$$\begin{aligned}\langle u, \tilde{u} \rangle - \langle \tilde{u}, \tilde{u} \rangle &= \left\langle u, \sum_{j=1}^{N} \alpha_j \varphi_j \right\rangle - \left\langle \sum_{j=1}^{N} \alpha_j \varphi_j, \sum_{j=1}^{N} \alpha_j \varphi_j \right\rangle \\ &= \sum_{j=1}^{N} \alpha_j \left(\langle u, \varphi_j \rangle - \sum_{j=1}^{N} \alpha_j \langle \varphi_j, \varphi_j \rangle \right) = 0\end{aligned}$$

由于 $(\varphi_1, \varphi_2, \cdots, \varphi_n)$ 线性无关, 系数 α_j 不都为零, 则上式中只有括号里的项等于零, 故有

$$\langle u, \varphi_j \rangle = \sum_{j=1}^{N} \alpha_j \langle \varphi_j, \varphi_j \rangle \quad j = 1, 2, \cdots, N \tag{4.1.25}$$

如果 $(\varphi_1, \varphi_2, \cdots, \varphi_n)$ 是规范正交矢量集, 则从上式可得

$$\alpha_j = \langle u, \varphi_j \rangle \tag{4.1.26}$$

这就是得到微分方程最佳逼近的条件. 也是加权剩余法的理论基础.

4.2　伽辽金法的基本概念

4.2.1　基本概念

设有方程

$$\mathscr{L}(u) = f \tag{4.2.1}$$

边界条件是

$$l(u) = \nabla u \cdot \boldsymbol{n} + ku \tag{4.2.2}$$

式中函数 u 可以是空间坐标和时间的函数, 算子 $\mathscr{L}$ 可以包括对空间和时间的微分. 在完备的正交函数集中选取一组函数 φ_j 作为基函数, φ_j 仅是空间坐标的函数. 一般假定这些函数满足所有的边界条件和连续可微至一定的阶次以保证方程 (4.2.1) 得左边不等于零. 以基函数构成函数 u 的近似解, $\tilde{u} = \sum\limits_{j=1}^{N} \alpha_j \varphi_j$, α_j 是任意系数, 是时间的函数. 将近似解代入式 (4.2.1), 产生一个非零的剩余, R

$$R = \mathscr{L}\left(\sum_{j=1}^{N} \alpha_j \varphi_j\right) - f$$

这个剩余是空间坐标和时间的函数. 将剩余和边界条件一起构成如下的积分 [6]

$$\int_{\Omega} \left[\mathscr{L}\left(\sum_{j=1}^{N} \alpha_j \varphi_j\right) - f\right] w(x) \mathrm{d}\Omega - \lambda \int_S l(\tilde{u}) w(x) \mathrm{d}S \tag{4.2.3}$$

式中, $w(x)$ 是选定的权函数, λ 是拉格朗日乘数; Ω 是计算区域; S 是计算区域的边界. 上式中的 $l(\tilde{u})$ 只包括边界条件中的梯度项 (或称自然边界条件). 如果权函数是完备的正交函数集中选取的函数, 则剩余与每一个权函数正交, 上述积分恒等于零

$$\int_{\Omega} \left[\mathscr{L}\left(\sum_{j=1}^{N} \alpha_j \varphi_j\right) - f\right] w(x) \mathrm{d}\Omega - \lambda \int_S l(\tilde{u}) w(x) \mathrm{d}S = 0 \tag{4.2.4}$$

这就是加权剩余法的基本方程. 如果选取基函数为权函数, 则式 (4.2.4) 是伽辽金法的基本方程, 也称伽辽金积分.

4.2.2　例子

用伽辽金法求下面方程的近似解

$$\mathscr{L}(u) = \frac{\mathrm{d}^2 u}{\mathrm{d}x^2} + u + x = 0 \quad 0 \leqslant x \leqslant 1 \tag{4.2.5}$$

边界条件是, $\begin{matrix} u=0 & x=0 \\ u=0 & x=1 \end{matrix}$

先构造与式 (4.2.5) 对应的伽辽金积分式

$$\int_{\Omega}[\mathscr{L}(\tilde{u})]\,w(x)\mathrm{d}\Omega-\lambda\int_{S}l(\tilde{u})\mathrm{d}S=\int_0^1\left[\frac{\mathrm{d}^2\tilde{u}}{\mathrm{d}x^2}+\tilde{u}+x\right]w(x)\mathrm{d}x=0 \tag{4.2.6}$$

选择满足边界条件的两个基函数

$$\varphi_1=x(1-x),\varphi_2=x^2(1-x) \tag{4.2.7}$$

构造 u 的二阶近似函数

$$\tilde{u}=\alpha_1\varphi_1+\alpha_2\varphi_2=\alpha_1x(1-x)+\alpha_2x^2(1-x) \tag{4.2.8}$$

将上式代入式 (4.2.6), 取 $w_1(x)=\varphi_1=x(1-x); w_2(x)=\varphi_2=x^2(1-x)$ 形成两个代数方程

$$\left\{\begin{aligned}&\int_0^1 R\varphi_1\mathrm{d}x=0\\&\int_0^1 R\varphi_2\mathrm{d}x=0\end{aligned}\right.\rightarrow\left\{\begin{aligned}&\int_0^1 Rx(1-x)\mathrm{d}x=0\\&\int_0^1 Rx^2(1-x)\mathrm{d}x=0\end{aligned}\right. \tag{4.2.9}$$

式中,

$$\begin{aligned}R&=-6\alpha_2x+2(\alpha_2-\alpha_1)-\alpha_2x^3+(\alpha_2-\alpha_1)x^2+\alpha_1x+x\\&=x+(-2-x^2+x)\alpha_1+(-6x+2-x^3+x^2)\alpha_2\end{aligned}$$

从式 (4.2.9) 得

$$\begin{bmatrix}3/10 & 1/20\\1/72 & 11/105\end{bmatrix}\begin{Bmatrix}\alpha_1\\\alpha_2\end{Bmatrix}=\begin{bmatrix}1/12\\1/30\end{bmatrix} \tag{4.2.10}$$

从上式解出

$$\alpha_1=\frac{71}{369}\quad\alpha_2=\frac{7}{41}$$

代入式 (4.2.8) 后, 得到方程 (4.2.5) 满足边界条件的近似解为

$$\tilde{u}=\frac{71}{369}x-\frac{8}{369}x^2-\frac{7}{41}x^3 \tag{4.2.11}$$

式 (4.2.5) 的精确解是

$$u_0=\frac{\sin x}{\sin 1}-x \tag{4.2.12}$$

近似解的精度可以下面的计算结果的比较中看出, 表 4.2.1.

表 4.2.1

x	近似解	精确解
0.25	0.044080	0.044014
0.50	0.069444	0.069747
0.75	0.060086	0.060056

从表中的结果可以看出, 伽辽金法的计算精度是可以满足工程精度的要求的.

第 5 章　有限单元法

5.1　有限单元法的基本概念

在伽辽金法中，构成近似解的基函数必须满足边界条件，在工程实践中，要找到在整个计算域上既满足本征边界条件，又能恰当地拟合边界的几何形状，表征区域内介质的性质及问题的其他特征的函数集，非常困难．因此很少直接应用伽辽金法来求解工程问题．一种可行的方法就是，将计算区域剖分成小区域，选择某些满足小区域上定解条件的基函数，在小区域上应用伽辽金法，将小区域的结果整合至计算区域，得出整个计算区域的计算结果．下面先用一个例子，来具体说明用伽辽金有限单元法离散的基本过程．

仍然考虑 4.1.3 节的一维扩散过程．它的控制方程重写如下

$$\mathscr{L}(C) = \frac{\partial C}{\partial t} - a\frac{\partial^2 C}{\partial x^2} = 0 \quad 0 \leqslant x \leqslant 1 \tag{5.1.1}$$

边界条件是

$$\begin{cases} C(0,t) = C_0 \\ l(C) = \left.\dfrac{\partial C}{\partial x}\right|_{(1,t)} = 0 \end{cases} \tag{5.1.2}$$

式中，C_0 是已知的污染物的浓度．先推导单元内一维扩散过程的伽辽金积分式

$$\begin{aligned}
&\int_{\Omega_e} w(x)\mathscr{L}(\tilde{C})\mathrm{d}\Omega - \lambda\int_{S_e\cap S} w(x)l(\tilde{C})\mathrm{d}s = 0 \\
&\int_{\Omega_e} w(x)\left(\frac{\partial \tilde{C}}{\partial t} - a\frac{\partial^2 \tilde{C}}{\partial x^2}\right)\mathrm{d}\Omega - \lambda\int_{S_e\cap S} w(x)\frac{\partial \tilde{C}}{\partial x}\cdot \boldsymbol{n}\mathrm{d}s = 0 \\
&\int_{\Omega_e} w(x)\frac{\partial \tilde{C}}{\partial t}\mathrm{d}\Omega - \int_{\Omega_e} w(x)a\frac{\partial^2 \tilde{C}}{\partial x^2}\mathrm{d}\Omega - \lambda\int_{S_e\cap S} w(x)\frac{\partial \tilde{C}}{\partial x}\cdot \boldsymbol{n}\mathrm{d}s = 0 \\
&\int_{\Omega_e} w(x)\frac{\partial \tilde{C}}{\partial t}\mathrm{d}\Omega - \oint_{S_e} aw(x)\frac{\partial \tilde{C}}{\partial x}\cdot \boldsymbol{n}\mathrm{d}s + \int_{\Omega_e} a\frac{\partial w(x)}{\partial x}\frac{\partial \tilde{C}}{\partial x}\mathrm{d}\Omega \\
&\quad - \lambda\int_{S_e\cap S} w(x)\frac{\partial \tilde{C}}{\partial x}\cdot \boldsymbol{n}\mathrm{d}s = 0
\end{aligned}$$

令 $\lambda = -a$

$$\int_{\Omega_e} w(x)\frac{\partial \tilde{C}}{\partial t}\mathrm{d}\Omega + \int_{\Omega_e} a\frac{\partial w(x)}{\partial x}\frac{\partial \tilde{C}}{\partial x}\mathrm{d}\Omega - \int_{S_e:S_e\cap S} aw(x)\frac{\partial \tilde{C}}{\partial x}\cdot \boldsymbol{n}\mathrm{d}s = 0 \tag{5.1.3}$$

式中, 积分下限 $S_e : S_e \cap S = 0$ 表示该单元边界是与整个计算区域给定梯度条件的边界不重合的边界. 下面讨论式 (5.1.3) 的左边第三项. 从第三项的结构形式来看, 在单元内这个边界积分不会等于零, 但在单元整合时, 相邻单元的边界上, 该边界积分应该等于零. 这一点可以证明如下. 考虑两个相邻单元, i 和 $i+1$, 在连接两单元的公共结点处, $S_{ei,ei+1}$, 左边第三项的被积函数与公共结点两侧的被积函数应该由有下面的函数关系

$$\left.\frac{\partial \tilde{c}}{\partial x}\right|_{S_{ei,ei+1}} = f\left(\left(\frac{\partial \tilde{c}}{\partial x}\right)_i, \left(\frac{\partial \tilde{c}}{\partial x}\right)_{i+1}\right) \tag{5.1.4}$$

整合单元, i 和 $i+1$

$$\sum_{e=i}^{i+1}\oint_{S_e:S_e\cap S=0} aw(x)\frac{\partial \tilde{C}}{\partial x}\cdot \boldsymbol{n}\mathrm{d}s = \int_{S_{ei}} aw(x)f\left(\left(\frac{\partial \tilde{c}}{\partial x}\right)_i, \left(\frac{\partial \tilde{c}}{\partial x}\right)_{i+1}\right)\cdot \boldsymbol{n}_i\mathrm{d}s$$
$$+\int_{S_{ei+1}} aw(x)f\left(\left(\frac{\partial \tilde{c}}{\partial x}\right)_i, \left(\frac{\partial \tilde{c}}{\partial x}\right)_{i+1}\right)\cdot \boldsymbol{n}_i\mathrm{d}s \equiv 0$$

显然, 由于 $\boldsymbol{n}_i = -\boldsymbol{n}_{i+1}$, 所以上述积分恒等于零. 这样, 满足边界条件 (5.1.2) 的一维扩散方程的伽辽金积分式是

$$\int_{\Omega_e} w(x)\frac{\partial \tilde{C}}{\partial t}\mathrm{d}\Omega + \int_{\Omega_e} a\frac{\partial w(x)}{\partial x}\frac{\partial \tilde{C}}{\partial x}\mathrm{d}\Omega = 0 \tag{5.1.5}$$

下面介绍如何利用有限单元法离散式 (5.1.5). 利用线性单元进行剖分, 将计算区域分成 4 个等长度的线单元, 5 个结点, 如图 5.1.1 所示.

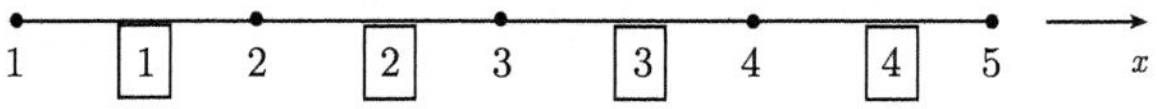

图 5.1.1　计算区域的单元剖分

假定在单元上物质的浓度呈线性分布, 图 5.1.2. 则 i 单元内任意一点的物质浓度 C 可以通过线性内插得到

$$\tilde{C} = \tilde{C}_j\left(1.0 - \frac{\xi}{L}\right) + \tilde{C}_{j+1}\frac{\xi}{L} \tag{5.1.6}$$

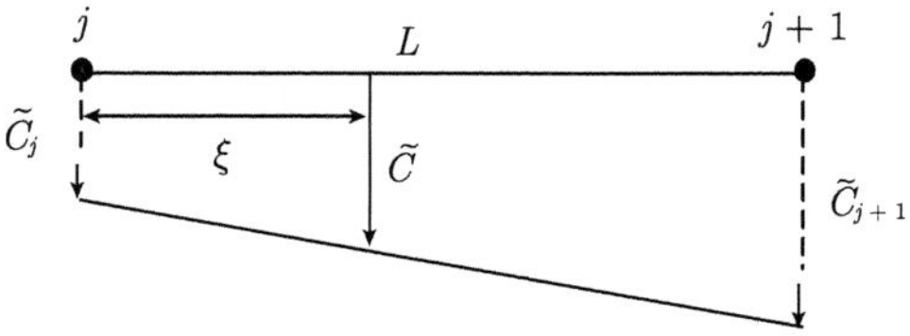

图 5.1.2　污染物浓度沿单元的分布

式中, $\tilde{C}$ 是物质浓度的近似解; $\tilde{C}_j$ 和 $\tilde{C}_{j+1}$ 是单元 i 端部结点处的物质浓度; L 是单元 i 的长度; ξ 是从单元结点 j 至单元内任意一点的距离. 选择权函数

$$w(x) = \left\{ \begin{array}{c} 1 - \dfrac{\xi}{L} \\ \dfrac{\xi}{L} \end{array} \right\} \tag{5.1.7}$$

将式 (5.1.6), (5.1.7) 代入式 (5.1.5)

$$\int_0^L w(\xi)\frac{\partial \tilde{C}}{\partial t}\mathrm{d}\xi + \int_0^L a\frac{\partial w(\xi)}{\partial \xi}\frac{\partial \tilde{C}}{\partial \xi}\mathrm{d}\xi = 0$$

$$\int_0^L \left\{ \begin{array}{c} 1.0 - \dfrac{\xi}{L} \\ \dfrac{\xi}{L} \end{array} \right\} \left(\begin{array}{cc} 1.0 - \dfrac{\xi}{L} & \dfrac{\xi}{L} \end{array} \right) \frac{\partial}{\partial t} \left\{ \begin{array}{c} \tilde{C}_j \\ \tilde{C}_{j+1} \end{array} \right\} \mathrm{d}\xi$$
$$+ \int_0^L a \left\{ \begin{array}{c} -\dfrac{1}{L} \\ \dfrac{1}{L} \end{array} \right\} \left(\begin{array}{cc} -\dfrac{1}{L} & \dfrac{1}{L} \end{array} \right) \left\{ \begin{array}{c} \tilde{C}_j \\ \tilde{C}_{j+1} \end{array} \right\} \mathrm{d}\xi = 0$$

积分后得

$$\frac{L}{3}\begin{bmatrix} 1 & \dfrac{1}{2} \\ \dfrac{1}{2} & 1 \end{bmatrix} \left\{ \begin{array}{c} \dfrac{\partial \tilde{C}_j}{\partial t} \\ \dfrac{\partial \tilde{C}_{j+1}}{\partial t} \end{array} \right\} + \frac{a}{L}\begin{bmatrix} 1 & -1 \\ -1 & 1 \end{bmatrix} \left\{ \begin{array}{c} \tilde{C}_j \\ \tilde{C}_{j+1} \end{array} \right\} = 0 \tag{5.1.8}$$

以上就是单元 i 的单元矩阵. 对所有 4 个单元建立相应的单元矩阵, 再加以整合, 得

$$\frac{L}{3}\begin{bmatrix} 1 & \dfrac{1}{2} & 0 & 0 & 0 \\ \dfrac{1}{2} & 2 & \dfrac{1}{2} & 0 & 0 \\ 0 & \dfrac{1}{2} & 2 & \dfrac{1}{2} & 0 \\ 0 & 0 & \dfrac{1}{2} & 2 & \dfrac{1}{2} \\ 0 & 0 & 0 & \dfrac{1}{2} & 1 \end{bmatrix} \left\{ \begin{array}{c} \dfrac{\partial \tilde{C}_1}{\partial t} \\ \dfrac{\partial \tilde{C}_2}{\partial t} \\ \dfrac{\partial \tilde{C}_3}{\partial t} \\ \dfrac{\partial \tilde{C}_4}{\partial t} \\ \dfrac{\partial \tilde{C}_5}{\partial t} \end{array} \right\} + \frac{a}{L}\begin{bmatrix} 1 & -1 & 0 & 0 & 0 \\ -1 & 2 & -1 & 0 & 0 \\ 0 & -1 & 2 & -1 & 0 \\ 0 & 0 & -1 & 2 & -1 \\ 0 & 0 & 0 & -1 & 1 \end{bmatrix} \left\{ \begin{array}{c} \tilde{C}_1 \\ \tilde{C}_2 \\ \tilde{C}_3 \\ \tilde{C}_4 \\ \tilde{C}_5 \end{array} \right\} = 0 \tag{5.1.9}$$

这就是利用伽辽金有限单元法离散一维扩散方程得到的整体方程组. 施加初始条件和边界条件后, 就可以得到一维扩散方程的近似解.

由上面的例子可见, 有限单元法算法的基本步骤为,

(1) 选择适当的单元将连续的计算域剖分;

(2) 形成单元的矩阵;

(3) 形成连续计算域的整体矩阵;

(4) 施加初始条件和边界条件;

(5) 求解所得到的代数方程组;

(6) 计算任何其他需要的函数值.

5.2　伽辽金有限单元法离散

5.2.1　单元矩阵

先介绍单元矩阵的构建过程.

1. 计算域的剖分

利用适当的线段, 平面三角形 (四边形) 或四面体 (六面体) 将线形计算域, 平面计算域或立体计算域分割成若干小区域, 这些小区域就叫做有限单元. 在单元的边界上选定若干点作为结点. 再对这些单元和结点进行编号. 单元间的邻接关系由专门的列表给出. 以图 5.2.1 所示的矩形域为例, 说明计算域剖分的概念. 如图所示, 用四边形和三角形将计算域剖分成六个单元, 其中两个单元为四边形, 四个单元为三角形. 选择每个单元的角点作为单元的结点. 单元之间的邻接关系列于表 5.2.1.

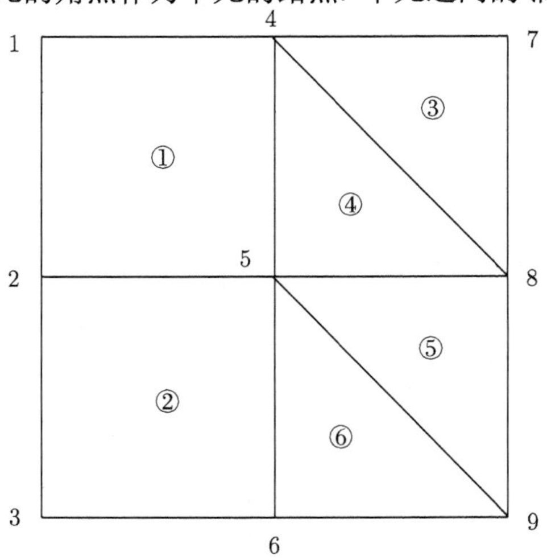

图 5.2.1　单元剖分图

表 5.2.1 单元邻接列表

单元	结点				类型
	(1)	(2)	(3)	(4)	
	n_1	n_2	n_3	n_4	
①	1	2	5	4	四边形
②	2	3	6	5	四边形
③	4	8	7	—	三边形
④	5	8	4	—	三边形
⑤	5	9	8	—	三边形
⑥	5	6	9	—	三边形

表中, 与符号 $n_1 \sim n_4$ 对应的数字 1~9 叫做结点的整体编号, 数字 (1)(2)(3)(4) 代表单元结点的局部编号. 需要注意的是, 每个单元结点的编号排序时必须都是顺时针的或都是逆时针的, 而排序的起点则可以任意. 如表中单元的局部编号都是逆时针排序的. 对于单元①来说, 编号排序 1254, 2541, 5412 或 4125 是一样的.

2. 结点函数

结点函数一般取待解问题中的本征变量, 例如, 在不可压缩流体的流动中, 通常取速度, 压强 (或水位) 等作为结点函数, 在扩散问题中, 通常取污染物的浓度作为结点函数. 为了表达结点函数, 在有限单元法中, 采用两种坐标系统, 在讨论单元时, 采用局部坐标系统 (数字(1)(2)(3)(4)) 标注结点函数, 在讨论整个计算域时, 即整合单元矩阵形成整体矩阵时, 采用整体坐标系统, 即上例中与符号 $n_1 \sim n_4$ 对应的数字 1~9, 来标注结点函数. 以三角形单元为例, 图 5.2.2 中单元的三个角点取为单元的三个结点, 坐标分别为 (x_1, y_1), (x_2, y_2), (x_3, y_3). 结点 i 上的结点函数矢, 可以写成两种形式. 以结点 1 为例.

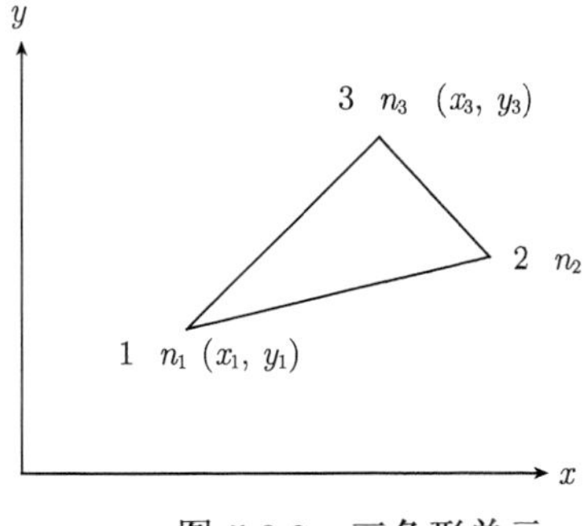

图 5.2.2 三角形单元

$$\boldsymbol{U}_1 = \begin{Bmatrix} u_1 \\ v_1 \\ w_1 \end{Bmatrix} \tag{5.2.1}$$

式 (5.2.1) 是用局部坐标系统写出的三角形单元的结点函数矢量 $\boldsymbol{U}_1$ 及它的三个分量, u_1, v_1, w_1

$$\boldsymbol{U}_{n1} = \begin{Bmatrix} u_{n1} \\ v_{n1} \\ w_{n1} \end{Bmatrix} \tag{5.2.2}$$

式 (5.2.2) 是用整体坐标系统写出的三角形单元的结点函数矢量 $\boldsymbol{U}_{n1}$ 及它的三个分量, u_{n1}, v_{n1}, w_{n1}. 对于一个单元来说, 单元结点函数矢量 $\boldsymbol{U}^n$ 可以同样用两种坐标系写成

$$\boldsymbol{U}^n = \begin{Bmatrix} \boldsymbol{U}_1 \\ \boldsymbol{U}_2 \\ \vdots \\ \boldsymbol{U}_s \end{Bmatrix} \quad \text{或者} \quad \boldsymbol{U}^n = \begin{Bmatrix} u_1 \\ v_1 \\ w_1 \\ u_2 \\ v_2 \\ w_2 \\ \vdots \\ u_s \\ v_s \\ w_s \end{Bmatrix} \tag{5.2.3}$$

或

$$\boldsymbol{U}_n^n = \begin{Bmatrix} \boldsymbol{U}_{n_1} \\ \boldsymbol{U}_{n_2} \\ \vdots \\ \boldsymbol{U}_{n_s} \end{Bmatrix} \quad \text{或者} \quad \boldsymbol{U}_n^n = \begin{Bmatrix} u_{n_1} \\ v_{n_1} \\ w_{n_1} \\ u_{n_2} \\ v_{n_2} \\ w_{n_2} \\ \vdots \\ u_{n_s} \\ v_{n_s} \\ w_{n_s} \end{Bmatrix} \tag{5.2.4}$$

式 (5.2.3), (5.2.4) 中, s 是单元的结点数.

3. 单元内的函数

在有限单元法中, 单元内的函数是用结点函数来近似表达的. 在每个单元内的函数值用矢量 $\boldsymbol{U}$ 表示, 则矢量 $\boldsymbol{U}$ 是单元的结点函数 $\boldsymbol{U}^n$ 通过内插求得, 即等于 $\boldsymbol{U}^n$

与某个选定的内插函数的乘积

$$\boldsymbol{U} = \Phi^T \boldsymbol{U}^n \tag{5.2.5}$$

式中, Φ^T 是内插函数. 考虑 $\boldsymbol{U}^n$ 中的某一个分量 $\boldsymbol{u}$, 写成展开的形式

$$\boldsymbol{u} = \phi_1 u_1 + \phi_2 u_2 + \cdots\cdots + \phi_s u_s = \sum_{i=1}^{s} \phi_i u_i = \Phi^T \boldsymbol{u}^n \tag{5.2.6}$$

式中, $i = 1, 2, \cdots, s$, 是结点的局部编号; ϕ_i 是对应的内插函数; $\boldsymbol{u}^n$ 是单元的对应结点函数矢量的分量.

$$\begin{aligned} \boldsymbol{u}^n &= \{u_1, u_2, \cdots, u_s\}^T \\ \Phi^T &= \{\phi_1, \phi_2, \cdots, \phi_s\} \end{aligned} \tag{5.2.7}$$

4. 内插函数的基本形式

内插函数的选择对有限单元法的计算精度至关重要, 这里先以三角形三结点单元为例, 对内插函数作一个初步讨论. 假定函数 u 在单元内呈线性分布, 即可用如下的线性函数来表达

$$u = \alpha_1 + \alpha_2 x + \alpha_3 y \tag{5.2.8}$$

将上式用于单元的三个结点, 则有

$$\begin{aligned} u_1 &= \alpha_1 + \alpha_2 x_1 + \alpha_3 y_1 \\ u_2 &= \alpha_1 + \alpha_2 x_2 + \alpha_3 y_2 \\ u_3 &= \alpha_1 + \alpha_2 x_3 + \alpha_3 y_3 \end{aligned} \tag{5.2.9}$$

写成矩阵形式

$$\begin{Bmatrix} u_1 \\ u_2 \\ u_3 \end{Bmatrix} = \begin{bmatrix} 1 & x_1 & y_1 \\ 1 & x_2 & y_2 \\ 1 & x_3 & y_3 \end{bmatrix} \begin{Bmatrix} \alpha_1 \\ \alpha_2 \\ \alpha_3 \end{Bmatrix} \tag{5.2.10}$$

由上式可以解出

$$\begin{Bmatrix} \alpha_1 \\ \alpha_2 \\ \alpha_3 \end{Bmatrix} = \frac{1}{2A} \begin{bmatrix} 2A_1^0 & 2A_2^0 & 2A_3^0 \\ b_1 & b_2 & b_2 \\ a_1 & a_2 & a_3 \end{bmatrix} \begin{Bmatrix} u_1 \\ u_2 \\ u_3 \end{Bmatrix} \tag{5.2.11}$$

式中

$a_i = x_k - x_j, b_i = y_j - y_k, 2A_i^0 = x_j y_k - x_k y_j \quad i = 1, 2, 3; j = 2, 3, 1; k = 3, 1, 2$
$2A = b_1 a_2 - b_2 a_1;\ 2A = 2A_1^0 + 2A_2^0 + 2A_3^0;\quad A$ 是三角形单元的面积

从式 (5.2.11) 中得出系数, α_1, α_2, α_3,

$$\begin{aligned}
\alpha_1 &= \frac{1}{2A}\left(2A_1^0 u_1 + 2A_2^0 u_2 + 2A_3^0 u_3\right) \\
\alpha_2 &= \frac{1}{2A}\left(b_1 u_1 + b_2 u_2 + b_3 u_3\right) \\
\alpha_3 &= \frac{1}{2A}\left(a_1 u_1 + a_2 u_2 + a_3 u_3\right)
\end{aligned} \tag{5.2.12}$$

将上述系数代入式 (5.2.8), 有

$$\begin{aligned}
u &= \alpha_1 + \alpha_2 x + \alpha_3 y \\
&= \frac{1}{2A}\left(2A_1^0 u_1 + 2A_2^0 u_2 + 2A_3^0 u_3\right) + \frac{1}{2A}\left(b_1 u_1 + b_2 u_2 + b_3 u_3\right) x \\
&\quad + \frac{1}{2A}\left(a_1 u_1 + a_2 u_2 + a_3 u_3\right) y \\
&= \frac{1}{2A}\left(2A_1^0 + b_1 x + a_1 y\right) u_1 + \frac{1}{2A}\left(2A_2^0 + b_2 x + a_2 y\right) u_2 \\
&\quad + \frac{1}{2A}\left(2A_3^0 + b_3 x + a_3 y\right) u_3 \\
&= \phi_1 u_1 + \phi_2 u_2 + \phi_3 u_3
\end{aligned}$$

将上式与式 (5.2.6) 对比, 就可以得到三节点三角形单元的线性内插函数的公式

$$\begin{aligned}
\phi_1 &= \frac{1}{2A}\left(2A_1^0 + b_1 x + a_1 y\right) \\
\phi_2 &= \frac{1}{2A}\left(2A_2^0 + b_2 x + a_2 y\right) \\
\phi_3 &= \frac{1}{2A}\left(2A_3^0 + b_3 x + a_3 y\right)
\end{aligned} \tag{5.2.13}$$

以上就是推导单元内插函数的基本过程, 后面专门介绍内插函数的一章还会用到这个推导过程. 内插函数实际上就是用以构成伽辽金法中待求未知函数近似解的基函数.

5. 单元矩阵

5.1 节中已经介绍了单元矩阵的概念, 这一节以恒定垂向二维渗流问题为例推导单元矩阵的一般形式, 详细讲解单元矩阵的建立过程.

(1) 恒定垂向二维渗流问题的控制方程

根据连续方程推导恒定垂向二维渗流问题的控制方程

$$\frac{\partial u_x}{\partial x} + \frac{\partial u_z}{\partial z} = 0 \tag{5.2.14}$$

式中, u_x, u_z 分别是水平和垂直方向的速度分量. 根据达西定律有

$$u_x = -k_x \frac{\partial H}{\partial x} \quad u_z = -k_z \frac{\partial H}{\partial z} \tag{5.2.15}$$

式中, k_x, k_z 分别是水平和垂直方向的水力传导率, m/s; H 是压力水头, m. 将式 (5.2.15) 代入式 (5.2.14) 得到

$$\frac{\partial}{\partial x}\left(k_x\frac{\partial H}{\partial x}\right)+\frac{\partial}{\partial z}\left(k_z\frac{\partial H}{\partial z}\right)=0 \tag{5.2.16}$$

这里假定, $k_x=k_z=k=\text{const}$, 再考虑一级动力项 βH 和源项 p, 则有

$$\frac{\partial}{\partial x}\left(k\frac{\partial H}{\partial x}\right)+\frac{\partial}{\partial z}\left(k\frac{\partial H}{\partial z}\right)+\beta H=p \tag{5.2.17}$$

上式即为恒定垂向二维渗流问题的控制方程. 相应的边界条件是

$$\begin{aligned}&H=\bar{H} &&\text{在 } S_1 \text{ 上}\\ &k\frac{\partial H}{\partial n}=q_n &&\text{在 } S_2 \text{ 上}\end{aligned} \tag{5.2.18}$$

边界 $S=S_1+S_2$.

(2) 单元矩阵

在单元内建立伽辽金积分, 选择内插函数 Φ 为权函数

$$\int_{\Omega e}\left[\frac{\partial}{\partial x}\left(k\frac{\partial H}{\partial x}\right)+\frac{\partial}{\partial z}\left(k\frac{\partial H}{\partial z}\right)+\beta H-p\right]\Phi\mathrm{d}x\mathrm{d}z-\lambda\int_{S_e\cap S_2}k\frac{\partial H}{\partial n}\Phi\mathrm{d}S=0 \tag{5.2.19}$$

将上式展开

$$\begin{aligned}&\int_{\Omega e}\left[\frac{\partial}{\partial x}\left(k\frac{\partial H}{\partial x}\right)+\frac{\partial}{\partial z}\left(k\frac{\partial H}{\partial z}\right)\right]\Phi\mathrm{d}x\mathrm{d}z+\int_{\Omega e}\beta H\Phi\mathrm{d}x\mathrm{d}z\\&-\int_{\Omega e}p\Phi\mathrm{d}x\mathrm{d}z-\lambda\int_{S_e\cap S_2}k\frac{\partial H}{\partial n}\Phi\mathrm{d}S=0\end{aligned} \tag{5.2.20}$$

对被积函数中的二阶导数施行分部积分, 得

$$\begin{aligned}&\oint_{S_e}k\frac{\partial H}{\partial x}\Phi\mathrm{d}z-\int_{\Omega_e}k\frac{\partial H}{\partial x}\frac{\partial\Phi}{\partial x}\mathrm{d}x\mathrm{d}z+\oint_{S_e}k\frac{\partial H}{\partial z}\Phi\mathrm{d}x\\&-\int_{\Omega_e}k\frac{\partial H}{\partial z}\frac{\partial\Phi}{\partial z}\mathrm{d}x\mathrm{d}z+\int_{\Omega e}\beta H\Phi\mathrm{d}x\mathrm{d}z-\int_{\Omega e}p\Phi\mathrm{d}x\mathrm{d}z-\lambda\int_{S_2}k\frac{\partial H}{\partial n}\Phi\mathrm{d}s=0\end{aligned} \tag{5.2.21}$$

下面先来讨论上式中的边界积分项

$$\begin{aligned}\oint_{S_e}k\left(\frac{\partial H}{\partial x}\mathrm{d}z+\frac{\partial H}{\partial z}\mathrm{d}x\right)\Phi&=\oint_{S_e}k\left(\frac{\partial H}{\partial x}\frac{\mathrm{d}z}{\mathrm{d}s}-\frac{\partial H}{\partial z}\frac{\mathrm{d}x}{\mathrm{d}s}\right)\Phi\mathrm{d}s\\&=\oint_{S_e}k\left(\frac{\partial H}{\partial x}\frac{\mathrm{d}x}{\mathrm{d}n}+\frac{\partial H}{\partial z}\frac{\mathrm{d}z}{\mathrm{d}n}\right)\Phi\mathrm{d}s\end{aligned}$$

$$= \oint_{S_e} k\frac{\partial H}{\partial n}\Phi \mathrm{d}s$$

如果取 $\lambda = 1$, 根据与式 (5.1.3) 同样的理由, 在区域内单元的公共边界上, 上述积分在单元整合时对消, 将上式代回式 (5.2.21) 得

$$\int_{\Omega_e} k\frac{\partial \Phi}{\partial x}\frac{\partial H}{\partial x}\mathrm{d}x\mathrm{d}z + \int_{\Omega_e} k\frac{\partial \Phi}{\partial z}\frac{\partial H}{\partial z}\mathrm{d}x\mathrm{d}z - \int_{\Omega_e} \beta\Phi H\mathrm{d}x\mathrm{d}z + \int_{\Omega_e} p\Phi\mathrm{d}x\mathrm{d}z - \int_{S_{e2}\cap S_2} q_n\Phi\mathrm{d}s = 0 \tag{5.2.22}$$

上式中第五项积分下限 $S_{e2} \cap S_2$ 表示该单元边界与整个计算区域给定梯度条件的边界重合. 设定如下的压力水头的近似解

$$\mathrm{H} = \sum_{i=1}^{3} \phi_i H_i = \Phi^T \boldsymbol{H}^n \tag{5.2.23}$$

式中, $\boldsymbol{H}^n$ 是压力水头的结点值. 将近似解代入式 (5.2.22)

$$\int_{\Omega_e} \left(k\frac{\partial \Phi}{\partial x}\frac{\partial \Phi^T}{\partial x} + k\frac{\partial \Phi}{\partial z}\frac{\partial \Phi^T}{\partial z}\right)\boldsymbol{H}^n\mathrm{d}x\mathrm{d}z - \int_{\Omega_e} \beta\Phi\Phi^T\boldsymbol{H}^n\mathrm{d}x\mathrm{d}z + \int_{\Omega_e} p\Phi\mathrm{d}x\mathrm{d}z - \int_{S_{e2}\cap S_2} q_n\Phi\mathrm{d}s = 0 \tag{5.2.24}$$

式 (5.2.24) 可以写成矩阵的形式, 得到单元方程

$$[K]\boldsymbol{H}^n - \beta[M]\boldsymbol{H}^n = \boldsymbol{P} \tag{5.2.25}$$

式中,

$$[K] = \int_{\Omega_e} \left(k\frac{\partial \Phi}{\partial x}\frac{\partial \Phi^T}{\partial x} + k\frac{\partial \Phi}{\partial z}\frac{\partial \Phi^T}{\partial z}\right)\mathrm{d}x\mathrm{d}z \tag{5.2.26}$$

$$[M] = \int_{\Omega_e} \Phi\Phi^T\mathrm{d}x\mathrm{d}z \tag{5.2.27}$$

$$\boldsymbol{P} = -\int_{\Omega_e} p\Phi\mathrm{d}x\mathrm{d}z + \int_{S_{e2}\cap S_2} q_n\Phi\mathrm{d}s \tag{5.2.28}$$

其中, $[K]$, $[M]$称之为单元矩阵, 是对称矩阵; $\boldsymbol{P}$ 称之为单元矢量. 利用内插函数的定义, 可以计算 $[K]$, $[M]$ 和 $\boldsymbol{P}$ 的具体形式. 先计算矩阵 $[K]$, 计算 $\dfrac{\partial \Phi}{\partial x}, \dfrac{\partial \Phi}{\partial z}$ 的表达式

$$\frac{\partial \Phi}{\partial x} = \begin{Bmatrix} \dfrac{\partial \phi_1}{\partial x} \\ \dfrac{\partial \phi_2}{\partial x} \\ \dfrac{\partial \phi_3}{\partial x} \end{Bmatrix} = \frac{1}{2A}\begin{Bmatrix} b_1 \\ b_2 \\ b_3 \end{Bmatrix} = \frac{1}{2A}\boldsymbol{b} \tag{5.2.29}$$

$$
\frac{\partial \Phi}{\partial z}=\left\{\begin{array}{c}\dfrac{\partial \phi_1}{\partial z}\\ \dfrac{\partial \phi_2}{\partial z}\\ \dfrac{\partial \phi_3}{\partial z}\end{array}\right\}=\frac{1}{2A}\left\{\begin{array}{c}a_1\\ a_2\\ a_3\end{array}\right\}=\frac{1}{2A}\boldsymbol{a} \tag{5.2.30}
$$

将式 (5.2.29) 和 (5.2.30) 代入式 (5.2.26)

$$
\begin{aligned}
[K]&=\int_{\Omega_e}\left(k\frac{\partial \Phi}{\partial x}\frac{\partial \Phi^T}{\partial x}+k\frac{\partial \Phi}{\partial z}\frac{\partial \Phi^T}{\partial z}\right)\mathrm{d}x\mathrm{d}z\\
&=\frac{1}{4A^2}\int_{\Omega_e}\left(kbb^T+kaa^T\right)\mathrm{d}x\mathrm{d}z\\
&=\frac{1}{4A^2}\left[k\left\{\begin{array}{c}b_1\\ b_2\\ b_3\end{array}\right\}(b_1b_2b_3)+k\left\{\begin{array}{c}a_1\\ a_2\\ a_3\end{array}\right\}(a_1a_2a_3)\right]\int_{\Omega_e}\mathrm{d}x\mathrm{d}z\\
&=\frac{1}{4A}\left\{k\left[\begin{array}{ccc}b_1^2 & b_1b_2 & b_1b_3\\ \vdots & b_2^2 & b_2b_3\\ \vdots & \cdots & b_3^2\end{array}\right]+k\left[\begin{array}{ccc}a_1^2 & a_1a_2 & a_1a_3\\ \vdots & a_2^2 & a_2a_3\\ \vdots & \cdots & a_3^2\end{array}\right]\right\}
\end{aligned} \tag{5.2.31}
$$

再计算矩阵 $[M]$, 利用 6.2 节 ϕ_1, ϕ_2, ϕ_3 的表达式代入积分公式 (6.2.15) 就可以求出矩阵 $[M]$,

$$
\begin{aligned}
[M]&=\int_{\Omega_e}\Phi\Phi^T\mathrm{d}x\mathrm{d}z\\
&=\int_{\Omega_e}\left\{\begin{array}{c}\phi_1\\ \phi_2\\ \phi_3\end{array}\right\}(\phi_1\phi_2\phi_3)\,\mathrm{d}x\mathrm{d}z\\
&=A\left[\begin{array}{ccc}\dfrac{1}{6} & \dfrac{1}{12} & \dfrac{1}{12}\\ \dfrac{1}{12} & \dfrac{1}{6} & \dfrac{1}{12}\\ \dfrac{1}{12} & \dfrac{1}{12} & \dfrac{1}{6}\end{array}\right]
\end{aligned} \tag{5.2.32}
$$

下面讨论单元矢量 $\boldsymbol{P}$, $\boldsymbol{P}$ 包括两部分, 分别进行讨论.

$$
\boldsymbol{P}=-\int_{\Omega_e}p\Phi\mathrm{d}x\mathrm{d}z+\int_{S_{e2}\cap S_2}q_n\Phi\mathrm{d}s
$$

$$-\int_{\Omega_e} p\Phi \mathrm{d}x\mathrm{d}z = pA\left\{\begin{array}{c}\frac{1}{3}\\ \frac{1}{3}\\ \frac{1}{3}\end{array}\right\} \tag{5.2.33}$$

式 (5.2.33) 的积分结果由 6.2 节中的积分公式 (6.2.14) 求出.

积分 $\int_{S_{e2}\cap S} q_n\Phi \mathrm{d}s$ 按单元的边而定. 假定 q_n 是常数, 对于单元边 l_{12} 有,

$$\int_{S_{e2}\cap S_2} q_n\Phi \mathrm{d}s = \frac{1}{2A}\int_0^{l_{12}} q_n \left\{\begin{array}{c}2A_1^0+b_1x+a_1y\\ 2A_2^0+b_2x+a_2y\\ 2A_3^0+b_3x+a_3y\end{array}\right\}\mathrm{d}s \tag{5.2.34}$$

由于是沿单元边积分, 所以必须将 x-y 坐标变换成沿单元边切向和法向的坐标 s-n, 根据几何关系, 图 5.2.3, 在单元边 l_{12} 可以得到如下的关系,

$$n=0\rightarrow\left\{\begin{array}{c}z\\ x\end{array}\right\}=\left\{\begin{array}{c}z_1\\ x_1\end{array}\right\}-\frac{1}{l}\left[\begin{array}{cc}b_3 & a_3\\ -a_3 & b_3\end{array}\right]\left\{\begin{array}{c}s\\ 0\end{array}\right\}$$

$$=\left\{\begin{array}{c}z_1-\frac{b_3}{l_{12}}s\\ x_1+\frac{a_3}{l_{12}}s\end{array}\right\}\rightarrow\Phi=\left\{\begin{array}{c}1-\frac{s}{l_{12}}\\ \frac{s}{l_{12}}\\ 0\end{array}\right\} \tag{5.2.35}$$

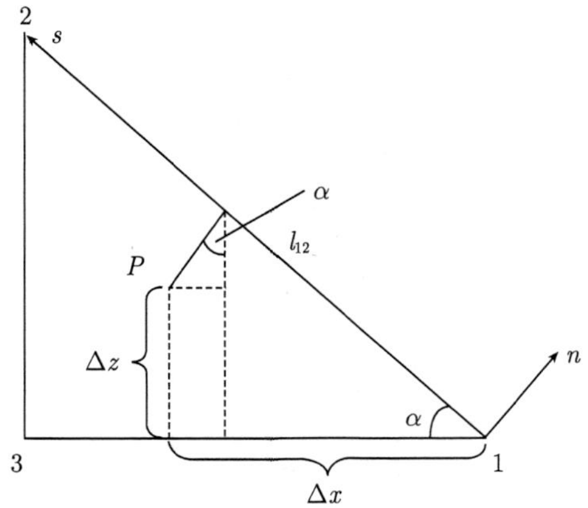

图 5.2.3　x-y 坐标与坐标 s-n 的关系图

代入 (5.2.34) 得,

$$\int_{S_{e2}\cap S_2} q_n \Phi \mathrm{d}s = \int_0^{l_{12}} q_n \left\{ \begin{array}{c} 1-\dfrac{s}{l_{12}} \\ s \\ 0 \end{array} \right\} \mathrm{d}s = q_n \left\{ \begin{array}{c} s-\left.\dfrac{s^2}{2l_{12}}\right|_0^{l_{12}} \\ \left.\dfrac{s^2}{2l_{12}}\right|_0^{l_{12}} \\ 0 \end{array} \right\} = q_n \left\{ \begin{array}{c} \dfrac{l_{12}}{2} \\ \dfrac{l_{12}}{2} \\ 0 \end{array} \right\} \tag{5.2.36}$$

对于其他单元边可以进行同样的处理.

5.2.2 整体矩阵

对每一个单元建立单元矩阵和单元矢量后, 就可以将单元矩阵和单元矢量按一定规则整合形成整个计算域上的整体矩阵和整体矢量. 下面逐步讲解整合的过程.

1. 整体结点函数

为了整合单元矩阵, 首先需要将建立单元矩阵时用的单元结点函数矢量 $\boldsymbol{U}^n$ 由局部编号转换成整体编号表达的结点函数矢量,

$$\boldsymbol{U}^n = \{\boldsymbol{U}_{n_i}\} = \left\{ \begin{array}{c} \boldsymbol{U}_{n_1} \\ \boldsymbol{U}_{n_2} \\ \vdots \\ \boldsymbol{U}_{n_s} \end{array} \right\} \tag{5.2.37}$$

式中, s 是每个单元的结点数; n_i 是结点的整体编号.

2. 整体矩阵的形式

整体矩阵的形式可以将单元矩阵求和得到, 即,

$$\sum_e [K]\boldsymbol{U}^n - \beta [M]\boldsymbol{U}^n = \sum_e \boldsymbol{P} \tag{5.2.38}$$

式中, $\sum\limits_e$ 是对所有的单元求和. 如果结点的总数为 N, 可以定义整体结点函数矢量为,

$$\mathcal{U} = (\boldsymbol{U}_1, \boldsymbol{U}_2, \cdots, \boldsymbol{U}_N) \tag{5.2.39}$$

将每一个结点联结的单元的作用叠加, 式 (5.2.39) 可以写成,

$$[\mathcal{K}]\mathcal{U} - \beta [\mathcal{M}]\mathcal{U} = \mathcal{P} \tag{5.2.40}$$

将上式展开写成,

$$\left\{ \begin{bmatrix} \mathcal{K}_{11} & \mathcal{K}_{12} & \cdots & \mathcal{K}_{1N} \\ \mathcal{K}_{21} & \mathcal{K}_{22} & \cdots & \mathcal{K}_{2N} \\ \vdots & \vdots & \vdots & \vdots \\ \mathcal{K}_{N1} & \mathcal{K}_{N2} & \cdots & \mathcal{K}_{NN} \end{bmatrix} - \beta \begin{bmatrix} \mathcal{M}_{11} & \mathcal{M}_{12} & \cdots & \mathcal{M}_{1N} \\ \mathcal{M}_{21} & \mathcal{M}_{22} & \cdots & \mathcal{M}_{2N} \\ \vdots & \vdots & \vdots & \vdots \\ \mathcal{M}_{N1} & \mathcal{M}_{N2} & \cdots & \mathcal{M}_{NN} \end{bmatrix} \right\} \left\{ \begin{array}{c} \mathcal{U}_1 \\ \mathcal{U}_2 \\ \vdots \\ \mathcal{U}_N \end{array} \right\} = \left\{ \begin{array}{c} \mathcal{P}_1 \\ \mathcal{P}_2 \\ \vdots \\ \mathcal{P}_N \end{array} \right\} \tag{5.2.41}$$

下面的问题就是如何从单元矩阵的元素得出上述方程中的元素, $\mathcal{K}, \mathcal{M}, \mathcal{P}$.

3. 元素整合的原则

单元矩阵整合时, 按单元将 $[K]$, $[M]$ 和 $\boldsymbol{P}$ 中的元素合成 $[\mathcal{K}], [\mathcal{M}], \mathcal{P}$ 中的每个元素. 合成的原则如下. 其中, k_{ij}, m_{ij}, p_i 代表矩阵 $[K]$, $[M]$ 和 $\boldsymbol{P}$ 中的元素.

$[\mathcal{K}]$: k_{ij} 该元素放在矩阵, $[\mathcal{K}]$, 中的 n_i 行, n_j 列, $i, j = 1, 2, \cdots, s$

$[\mathcal{M}]$: m_{ij} 该元素放在矩阵, $[\mathcal{M}]$, 中的 n_i 行, n_j 列, $i, j = 1, 2, \cdots, s$

$\mathcal{P}$: p_{ij} 该元素放在矩阵, $\mathcal{P}$, 中的 n_i 行, $i = 1, 2, \cdots, s$

这里, n_i (n_j) 是结点的整体编号, i (j) 是结点的局部编号.

下面用一个例子来具体说明合成的原则.

考虑一个平面矩形区域, 利用三角形单元将它剖分成四个单元, 包含 6 个结点, 图 5.2.4. 假定单元方程已知, 它的形式为,

$$[K]\boldsymbol{U}^n = \boldsymbol{P} \tag{5.2.42}$$

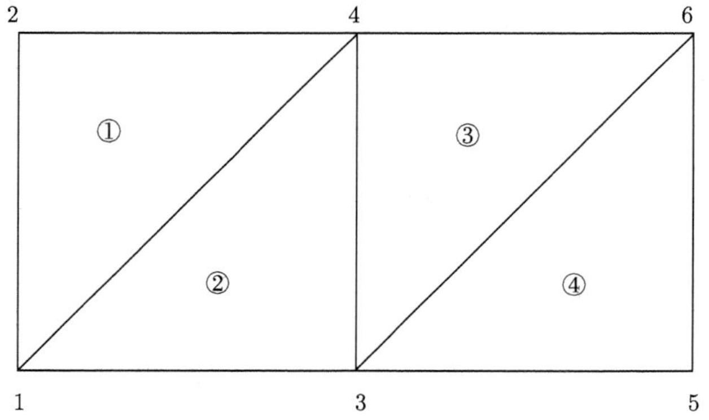

图 5.2.4　单元的剖分

根据单元的剖分图, 写出单元的邻接列表 (表 5.2.2).

表 5.2.2　单元邻接列表

单元	结点			类型
	(1)	(2)	(3)	
	n_1	n_2	n_3	
①	1	4	2	三边形
②	3	4	1	三边形
③	3	6	4	三边形
④	5	6	3	三边形

为了直观, 写出单元方程的展开形式,

单元①:

结点函数用局部坐标系统编号　　结点函数用整体坐标系统编号

$$\begin{bmatrix} k_{11}^1 & k_{12}^1 & k_{13}^1 \\ k_{21}^1 & k_{22}^1 & k_{23}^1 \\ k_{31}^1 & k_{32}^1 & k_{33}^1 \end{bmatrix} \begin{Bmatrix} u_1^1 \\ u_2^1 \\ u_3^1 \end{Bmatrix} = \begin{Bmatrix} p_1^1 \\ p_2^1 \\ p_3^1 \end{Bmatrix} \quad \begin{bmatrix} k_{11}^1 & k_{12}^1 & k_{13}^1 \\ k_{21}^1 & k_{22}^1 & k_{23}^1 \\ k_{31}^1 & k_{32}^1 & k_{33}^1 \end{bmatrix} \begin{Bmatrix} u_1 \\ u_4 \\ u_2 \end{Bmatrix} = \begin{Bmatrix} p_1^1 \\ p_2^1 \\ p_3^1 \end{Bmatrix}$$

单元②:

结点函数用局部坐标系统编号　　结点函数用整体坐标系统编号

$$\begin{bmatrix} k_{11}^2 & k_{12}^2 & k_{13}^2 \\ k_{21}^2 & k_{22}^2 & k_{23}^2 \\ k_{31}^2 & k_{32}^2 & k_{33}^2 \end{bmatrix} \begin{Bmatrix} u_1^2 \\ u_2^2 \\ u_3^2 \end{Bmatrix} = \begin{Bmatrix} p_1^2 \\ p_2^2 \\ p_3^2 \end{Bmatrix} \quad \begin{bmatrix} k_{11}^2 & k_{12}^2 & k_{13}^2 \\ k_{21}^2 & k_{22}^2 & k_{23}^2 \\ k_{31}^2 & k_{32}^2 & k_{33}^2 \end{bmatrix} \begin{Bmatrix} u_3 \\ u_4 \\ u_1 \end{Bmatrix} = \begin{Bmatrix} p_1^2 \\ p_2^2 \\ p_3^2 \end{Bmatrix}$$

单元③:

结点函数用局部坐标系统编号　　结点函数用整体坐标系统编号

$$\begin{bmatrix} k_{11}^3 & k_{12}^3 & k_{13}^3 \\ k_{21}^3 & k_{22}^3 & k_{23}^3 \\ k_{31}^3 & k_{32}^3 & k_{33}^3 \end{bmatrix} \begin{Bmatrix} u_1^3 \\ u_2^3 \\ u_3^3 \end{Bmatrix} = \begin{Bmatrix} p_1^3 \\ p_2^3 \\ p_3^3 \end{Bmatrix} \quad \begin{bmatrix} k_{11}^3 & k_{12}^3 & k_{13}^3 \\ k_{21}^3 & k_{22}^3 & k_{23}^3 \\ k_{31}^3 & k_{32}^3 & k_{33}^3 \end{bmatrix} \begin{Bmatrix} u_3 \\ u_6 \\ u_4 \end{Bmatrix} = \begin{Bmatrix} p_1^3 \\ p_2^3 \\ p_3^3 \end{Bmatrix}$$

单元④:

结点函数用局部坐标系统编号　　结点函数用整体坐标系统编号

$$\begin{bmatrix} k_{11}^4 & k_{12}^4 & k_{13}^4 \\ k_{21}^4 & k_{22}^4 & k_{23}^4 \\ k_{31}^4 & k_{32}^4 & k_{33}^4 \end{bmatrix} \begin{Bmatrix} u_1^4 \\ u_2^4 \\ u_3^4 \end{Bmatrix} = \begin{Bmatrix} p_1^4 \\ p_2^4 \\ p_3^4 \end{Bmatrix} \quad \begin{bmatrix} k_{11}^4 & k_{12}^4 & k_{13}^4 \\ k_{21}^4 & k_{22}^4 & k_{23}^4 \\ k_{31}^4 & k_{32}^4 & k_{33}^4 \end{bmatrix} \begin{Bmatrix} u_5 \\ u_6 \\ u_3 \end{Bmatrix} = \begin{Bmatrix} p_1^4 \\ p_2^4 \\ p_3^4 \end{Bmatrix}$$

在以上的单元方程中, 元素的上标代表所属的单元号. 根据上面讲解的合成原则, 可以得到下面的整体方程,

$$\begin{bmatrix} k_{11}^1+k_{33}^2 & k_{13}^1 & k_{31}^2 & k_{12}^1+k_{32}^2 & 0 & 0 \\ k_{31}^1 & k_{33}^1 & 0 & k_{32}^1 & 0 & 0 \\ k_{13}^2 & 0 & k_{11}^2+k_{11}^3+k_{33}^4 & k_{12}^2+k_{13}^3 & k_{31}^4 & k_{12}^3+k_{32}^4 \\ k_{21}^1+k_{23}^2 & k_{23}^1 & k_{21}^2+k_{31}^3 & k_{22}^1+k_{22}^2+k_{33}^3 & 0 & k_{32}^3 \\ 0 & 0 & k_{13}^4 & 0 & k_{11}^4 & k_{12}^4 \\ 0 & 0 & k_{21}^3+k_{23}^4 & k_{23}^3 & k_{21}^4 & k_{22}^3+k_{22}^4 \end{bmatrix} \begin{Bmatrix} u_1 \\ u_2 \\ u_3 \\ u_4 \\ u_5 \\ u_6 \end{Bmatrix}$$

$$
= \begin{Bmatrix} p_1^1 + p_3^2 \\ p_3^1 \\ p_1^2 + p_1^3 + p_3^4 \\ p_2^1 + p_2^2 + p_3^3 \\ p_1^4 \\ p_2^3 + p_2^4 \end{Bmatrix} \tag{5.2.43}
$$

从式 (5.2.43) 可以看到, 整体系数矩阵是一个对称矩阵.

5.3 施加边界条件

整体方程建立后需要施加边界条件才能求解. 如果 $\mathcal{U}$ 中的某些分量的值已知 (本征边界条件), 则可以用下面的方法把这些已知的值引入方程组. 假定整体坐标系统编号为 r 的结点的 $\boldsymbol{U}_r$ 的值已知, 等于 $\bar{\boldsymbol{U}}_r$, 而且 $\bar{\boldsymbol{U}}_r \neq 0$, 由于系数矩阵对称, 所以只需要对 $[\mathcal{K}]$ 的上对角元素进行处理. 这里假定 $[\mathcal{K}]$ 代表了 $[\mathcal{K}] - \beta[\mathcal{M}]$. 将 $\bar{\boldsymbol{U}}_r$ 引入方程组的过程分三步:

1. $s = 1, 2, \cdots, r-1$

$$
\begin{aligned}
&\mathcal{P}_s = \mathcal{P}_s - \mathcal{K}_{sr}\bar{\boldsymbol{U}}_r \\
&\mathcal{K}_{sr} = 0 \\
&\mathcal{K}_{rs} = 0
\end{aligned} \tag{5.3.1}
$$

2. $s = r$

$$
\begin{aligned}
&\mathcal{P}_r = \bar{\boldsymbol{U}}_r \\
&\mathcal{K}_{sr} = 1
\end{aligned} \tag{5.3.2}
$$

3. $s = r+1, r+2, \cdots, N$

$$
\begin{aligned}
&\mathcal{P}_s = \mathcal{P}_s - \mathcal{K}_{sr}\bar{\boldsymbol{U}}_r \\
&\mathcal{K}_{sr} = 0 \\
&\mathcal{K}_{rs} = 0
\end{aligned} \tag{5.3.3}
$$

下面以式 (5.2.43) 为例对这个步骤具体说明. 先将系数矩阵和右边矢量项用整体矩阵和整体矢量的元素符号重写如下,

$$
\begin{bmatrix}
\mathcal{K}_{11} & \mathcal{K}_{12} & \mathcal{K}_{13} & \mathcal{K}_{14} & 0 & 0 \\
\mathcal{K}_{21} & \mathcal{K}_{22} & 0 & \mathcal{K}_{24} & 0 & 0 \\
\mathcal{K}_{31} & 0 & \mathcal{K}_{33} & \mathcal{K}_{34} & \mathcal{K}_{35} & \mathcal{K}_{36} \\
\mathcal{K}_{41} & \mathcal{K}_{42} & \mathcal{K}_{43} & \mathcal{K}_{44} & 0 & \mathcal{K}_{46} \\
0 & 0 & \mathcal{K}_{53} & 0 & \mathcal{K}_{55} & \mathcal{K}_{56} \\
0 & 0 & \mathcal{K}_{63} & \mathcal{K}_{64} & \mathcal{K}_{65} & \mathcal{K}_{66}
\end{bmatrix}
\begin{Bmatrix} u_1 \\ u_2 \\ u_3 \\ u_4 \\ u_5 \\ u_6 \end{Bmatrix}
=
\begin{Bmatrix} \mathcal{P}_1 \\ \mathcal{P}_2 \\ \mathcal{P}_3 \\ \mathcal{P}_4 \\ \mathcal{P}_5 \\ \mathcal{P}_6 \end{Bmatrix} \tag{5.3.4}
$$

假定已知 $u_3 = \bar{u}$, 根据式 (5.3.1), (5.3.2) 和 (5.3.3) 引入 $\bar{u}$ 后, 式 (5.3.4) 转化成下面的形式,

$$\begin{bmatrix} \mathcal{K}_{11} & \mathcal{K}_{12} & 0 & \mathcal{K}_{14} & 0 & 0 \\ \mathcal{K}_{21} & \mathcal{K}_{22} & 0 & \mathcal{K}_{24} & 0 & 0 \\ 0 & 0 & 1 & 0 & 0 & 0 \\ \mathcal{K}_{41} & \mathcal{K}_{42} & 0 & \mathcal{K}_{44} & 0 & \mathcal{K}_{46} \\ 0 & 0 & 0 & 0 & \mathcal{K}_{55} & \mathcal{K}_{56} \\ 0 & 0 & 0 & \mathcal{K}_{64} & \mathcal{K}_{65} & \mathcal{K}_{66} \end{bmatrix} \begin{Bmatrix} u_1 \\ u_2 \\ u_3 \\ u_4 \\ u_5 \\ u_6 \end{Bmatrix} = \begin{Bmatrix} \mathcal{P}_1 - \mathcal{K}_{13}\bar{u} \\ \mathcal{P}_2 \\ \bar{u} \\ \mathcal{P}_4 - \mathcal{K}_{43}\bar{u} \\ \mathcal{P}_5 - \mathcal{K}_{53}\bar{u} \\ \mathcal{P}_6 - \mathcal{K}_{63}\bar{u} \end{Bmatrix} \tag{5.3.5}$$

第6章　内插函数

6.1　概　　述

内插函数是有限单元法的基础，其形式直接影响有限单元法近似解的精度和合理性. 内插函数一般应该满足下面的两个条件，

1. 在单元内和相邻单元的边界上必须保持连续到 $n-1$ 阶. 这里 n 是伽辽金积分表达式中导数的最高阶次. 例如, 对于 Laplace 方程, $\nabla^2 u = 0$, 伽辽金积分表达式中的导数的最高阶次为 1, 所以 u 必须满足连续性条件.

2. 当单元数增加时, 伽辽金积分表达式中的导数逼近于一个常数. 所以在函数的近似表达式中必须包含能满足这个条件的项. 例如, 对于 Laplace 方程, 选择近似函数,

$$u = \alpha_1 + \alpha_2 x + \alpha_3 y \tag{6.1.1}$$

而在伽辽金积分表达式中的导数的最高阶次为 1, 上式中的 α_2, α_3 即是所需要的常数导数项.

由上面的例子可以看出, 内插函数一般可以写成下面的形式,

$$u = \boldsymbol{A}(x, y)\boldsymbol{\alpha} \tag{6.1.2}$$

这里, $\boldsymbol{\alpha}$ 是一组参数. $\boldsymbol{\alpha}$ 分量 α_i 的数目, 等于单元结点函数的数目. 上一章介绍过, 对于单元的结点函数, 有,

$$\boldsymbol{u}^n = \boldsymbol{C}(x, y)\boldsymbol{\alpha} \tag{6.1.3}$$

式中, $\boldsymbol{u}^n$ 是结点函数; $\boldsymbol{C}(x, y)$ 是正方矩阵. 于是,

$$\boldsymbol{\alpha} = \boldsymbol{C}^{-1}\boldsymbol{u}^n \tag{6.1.4}$$

将上式代入式 (6.1.2), 得,

$$u = \left(\boldsymbol{A}\boldsymbol{C}^{-1}\right)\boldsymbol{u}^n = \Phi^T \boldsymbol{u}^n \tag{6.1.5}$$

这里, Φ 就是内插函数, 其元素 ϕ_i 与每一个结点函数值 u_i 相对应,

$$u = \phi_1 u_1 + \phi_2 u_2 + \cdots\cdots = \Phi^T \boldsymbol{u}^n \tag{6.1.6}$$

下面将分别讲解计算水力学中常用的三角形单元和四边形单元的内插函数 [12].

6.2 三角形单元

第 5 章中, 在推导单元矩阵时, 从直角坐标系出发, 讨论了三角形单元的插值函数 Φ, 单元矢量 p 的推导过程相对复杂, 本节将介绍斜坐标及面积坐标的概念, 利用面积坐标推导三角形单元的内插函数, 简化单元矩阵和单元矢量的推导过程, 并给出其具体形式.

6.2.1 斜坐标和面坐标

1. 斜坐标

所谓斜坐标, 是以三角形单元的两条边作为坐标轴, 图 6.2.1. 图中给出了局部编号和斜坐标的定义. 局部坐标是逆时针编号, 与结点 i 对应的边定义为边 i. 斜坐标利用单元边长为基准无量纲化, ξ_1,ξ_2 的值在 0 到 1 之间取值, 单元内每一点 p 的位置用 ξ_1,ξ_2 值来表示. 结点 1 的 $\xi_1=1,\xi_2=0$, 结点 2 的 $\xi_1=0,\xi_2=1$, 结点 3 的 $\xi_1=0,\xi_2=0$.

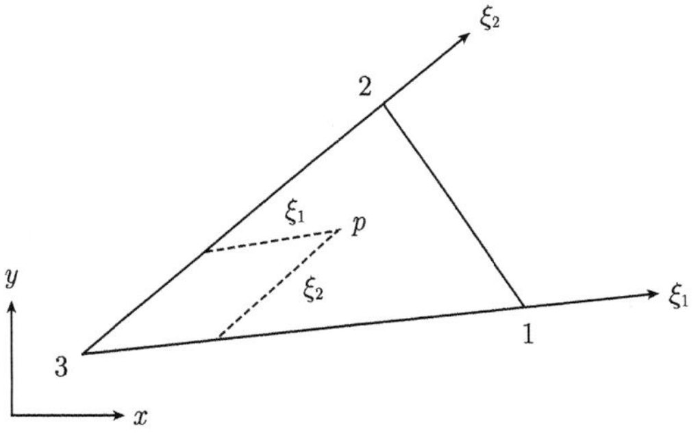

图 6.2.1 斜坐标的定义

下面介绍斜坐标与直角坐标的关系. 图 6.2.2.

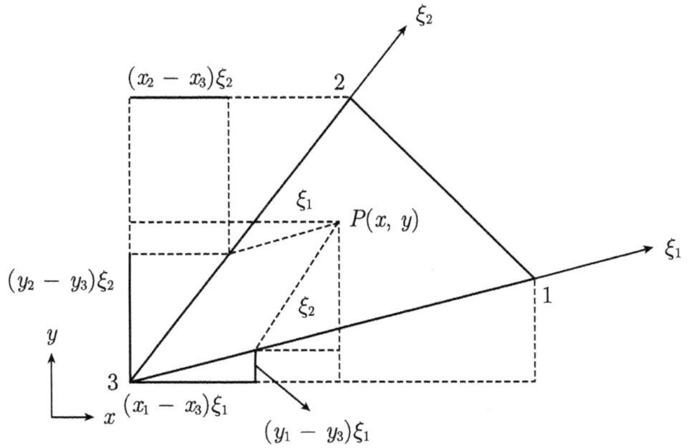

图 6.2.2 斜坐标与直角坐标的关系

在单元内取任一点, $P(x, y)$, 建立 x, y 与斜坐标 ξ_1,ξ_2 之间的关系. 由图 6.2.2 可见,

$$\left\{\begin{array}{l} x = x_3 + (x_1 - x_3)\xi_1 + (x_2 - x_3)\xi_2 \\ y = y_3 + (y_1 - y_3)\xi_1 + (y_2 - y_3)\xi_2 \end{array}\right. \tag{6.2.1}$$

根据式 (5.2.11) 中 a_1, a_2, b_1, b_2 的定义, 式 (6.2.1) 可以写成,

$$\left\{\begin{array}{l} x = x_3 + a_2\xi_1 + (-a_1)\xi_2 \\ y = y_3 + (-b_2)\xi_1 + b_1\xi_2 \end{array}\right. \tag{6.2.2}$$

从上式中解出 ξ_1,ξ_2,

$$\begin{aligned} \left\{\begin{array}{c} \xi_1 \\ \xi_2 \end{array}\right\} &= \left[\begin{array}{cc} a_2 & -a_1 \\ -b_2 & b_1 \end{array}\right]^{-1} \left\{\begin{array}{c} x - x_3 \\ y - y_3 \end{array}\right\} = \frac{1}{2A}\left[\begin{array}{cc} b_1 & a_1 \\ b_2 & a_2 \end{array}\right]\left\{\begin{array}{c} x - x_3 \\ y - y_3 \end{array}\right\} \\ &= \frac{1}{2A}\left\{\begin{array}{c} b_1(x - x_3) + a_1(y - y_3) \\ b_2(x - x_3) + a_2(y - y_3) \end{array}\right\} = \frac{1}{2A}\left\{\begin{array}{c} 2A_1^0 + b_1x + a_1y \\ 2A_2^0 + b_2x + a_2y \end{array}\right\} \end{aligned} \tag{6.2.3}$$

从上式可以看出, ξ_1,ξ_2 实际上就是前面已经讲述过的内插函数 ϕ_1,ϕ_2.

$$\left\{\begin{array}{c} \xi_1 \\ \xi_2 \end{array}\right\} = \frac{1}{2A}\left\{\begin{array}{c} 2A_1^0 + b_1x + a_1y \\ 2A_2^0 + b_2x + a_2y \end{array}\right\} = \left\{\begin{array}{c} \phi_1 \\ \phi_2 \end{array}\right\} \tag{6.2.4}$$

将式 (6.2.1) 改写成下面的形式,

$$\left\{\begin{array}{l} x = \xi_1x_1 + \xi_2x_2 + (1 - \xi_1 - \xi_2)x_3 \\ y = \xi_1y_1 + \xi_2y_2 + (1 - \xi_1 - \xi_2)y_3 \end{array}\right. \tag{6.2.5}$$

定义,

$$\xi_3 = 1 - \xi_1 - \xi_2 = \frac{1}{2A}\left(2A_3^0 + b_3x + a_3y\right) \tag{6.2.6}$$

式中, $A_3^0 = A - A_1^0 - A_2^0, a_3 = -a_1 - a_2,\ b_3 = -b_1 - b_2$. 式 (6.2.4) 可进一步写成,

$$\left\{\begin{array}{c} \xi_1 \\ \xi_2 \\ \xi_3 \end{array}\right\} = \frac{1}{2A}\left\{\begin{array}{c} 2A_1^0 + b_1x + a_1y \\ 2A_2^0 + b_2x + a_2y \\ 2A_3^0 + b_3x + a_3y \end{array}\right\} = \left\{\begin{array}{c} \phi_1 \\ \phi_2 \\ \phi_3 \end{array}\right\} \tag{6.2.7}$$

同时式 (6.2.5) 就可以写成,

$$\left\{\begin{array}{l} x = \xi_1x_1 + \xi_2x_2 + \xi_3x_3 \\ y = \xi_1y_1 + \xi_2y_2 + \xi_3y_3 \end{array}\right. \tag{6.2.8}$$

2. 面积坐标

无量纲的斜坐标也可以看成面积比, 从某种程度上面积坐标更容易理解和应用. 见图 6.2.3,

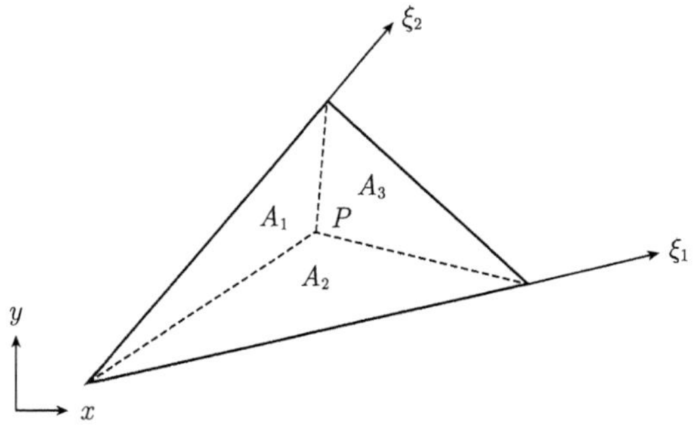

图 6.2.3 面积坐标

面积坐标的定义是,

$$\zeta_{1P}=\frac{A_1}{A},\zeta_{2P}=\frac{A_2}{A},\zeta_{3P}=\frac{A_3}{A} \tag{6.2.9}$$

显然, 由于 $A_1+A_2+A_3=A$, 所以三个面积坐标 ζ_1,ζ_2,ζ_3 中, 只有两个是独立的. 即,

$$\zeta_3=1-\zeta_1-\zeta_2 \tag{6.2.10}$$

下面讨论斜坐标与面积坐标的关系. 见图 6.2.4. 根据面积坐标的定义,

$$\zeta_{1P}=\frac{A_1}{A}=\frac{\dfrac{1}{2}\xi_1 h_1\times l_{32}}{\dfrac{1}{2}h_1 l_{32}}=\xi_{1P} \tag{6.2.11}$$

同样可以得出其余两个关系式. 所以面积坐标和斜坐标是等同的. 面积坐标和斜坐标有时统称三角坐标系.

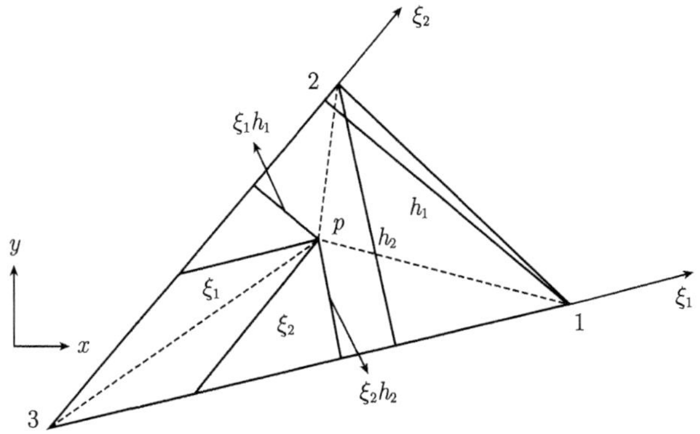

图 6.2.4 斜坐标与面积坐标的关系

3. 导数与积分

使用斜坐标或面积坐标时, 直角坐标系下的导数需要进行转换, 考虑函数 f 转换的公式如下,

$$\frac{\partial f}{\partial x}=\sum_{i=1}^{3}\frac{\partial f}{\partial \xi_i}\frac{\partial \xi_i}{\partial x}=\frac{1}{2A}\sum_{i=1}^{3}b_i\frac{\partial f}{\partial \xi_i}$$
$$\frac{\partial f}{\partial y}=\sum_{i=1}^{3}\frac{\partial f}{\partial \xi_i}\frac{\partial \xi_i}{\partial y}=\frac{1}{2A}\sum_{i=1}^{3}a_i\frac{\partial f}{\partial \xi_i} \tag{6.2.12}$$

上面的求导中应用了斜坐标与直角坐标之间的关系式 (6.2.7). 在有限单元法中经常出现下面类型的积分,

$$\int f(\xi_1,\xi_2,\xi_3)\mathrm{d}\Omega \tag{6.2.13}$$

在三角坐标系中, 这类积分一般可以利用下面的积分公式计算. 对于线积分,

$$\int_S \xi_1^i\xi_2^j\mathrm{d}s=\frac{i!j!}{(i+j+1)!}l\quad (l\ \text{为单元边长的长度}) \tag{6.2.14}$$

对于面积分,

$$\int_A \xi_1^i\xi_2^j\xi_3^k\mathrm{d}A=\frac{i!j!k!}{(i+j+k+2)!}2A\quad (A\ \text{为单元的面积}) \tag{6.2.15}$$

对于体积分,

$$\int_V \xi_1^i\xi_2^j\xi_3^k\xi_4^l\mathrm{d}V=\frac{i!j!k!l!}{(i+j+k+l+3)!}6V\quad (V\ \text{为单元的体积}) \tag{6.2.16}$$

这里, '!' 表示阶乘, i, j, k 分别代表 ξ_1, ξ_2, ξ_3 的幂指数.

6.2.2　线性内插函数

这一节讨论线性内插函数. 对于如图 6.2.5 所示的三结点的三角形单元, 三个结点的三角坐标列于表 6.2.1. 最简单的内插函数可以写成,

$$u=\alpha_1+\alpha_2\xi_1+\alpha_3\xi_2 \tag{6.2.17}$$

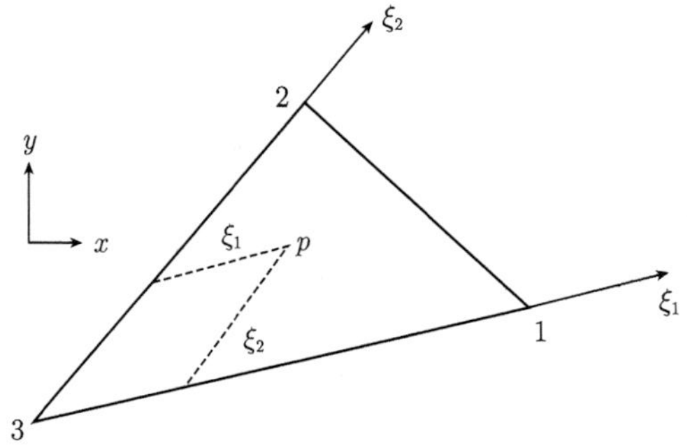

图 6.2.5　三结点的三角形单元

表 6.2.1 结点的三角坐标

结点	ξ_1	ξ_2
1	1	0
2	1	0
3	0	0

将上式用于三个结点.

$$\left.\begin{aligned} u_1 &= \alpha_1+\alpha_2 \\ u_2 &= \alpha_1+\alpha_3 \\ u_3 &= \alpha_1 \end{aligned}\right\} \to \left\{\begin{aligned} \alpha_1 &= u_3 \\ \alpha_2 &= u_1-u_3 \\ \alpha_3 &= u_2-u_3 \end{aligned}\right. \tag{6.2.18}$$

将 $\alpha_1, \alpha_2, \alpha_3$ 代入式 (6.2.17), 得,

$$\begin{aligned} u &= \alpha_1+\alpha_2\xi_1+\alpha_3\xi_2 \\ &= u_3+(u_1-u_3)\xi_1+(u_2-u_3)\xi_2 \\ &= \xi_1 u_1+\xi_2 u_2+(1-\xi_1-\xi_2)u_3 \\ &= \xi_1 u_1+\xi_2 u_2+\xi_3 u_3 \end{aligned} \tag{6.2.19}$$

或写成,

$$u=\Phi^T \boldsymbol{u}^n \tag{6.2.20}$$

式中, $\boldsymbol{u}^{n,T}=(u_1,u_2,u_3)$, $\Phi^{\mathrm{T}}=(\xi_1,\xi_2,\xi_3)$. 式 (6.2.20) 就是单元内函数的内插公式, 而内插函数就是, ξ_1, ξ_2, ξ_3. 下面用一个例子来说明三角坐标系的应用和它的优点. 还是讨论恒定垂向二维渗流问题. 前面已经得到了问题的伽辽金积分式.

$$\begin{aligned} &\int_{\Omega e}\left(k\frac{\partial\Phi}{\partial x}\frac{\partial\Phi^T}{\partial x}+k\frac{\partial\Phi}{\partial z}\frac{\partial\Phi^T}{\partial z}\right)\boldsymbol{H}^n\mathrm{d}x\mathrm{d}z-\int_{\Omega e}\beta\Phi\Phi^T\boldsymbol{H}^n\mathrm{d}x\mathrm{d}z \\ &+\int_{\Omega e}p\Phi\mathrm{d}x\mathrm{d}z-\int_{S_{e2}\cap S_2}q_n\Phi\mathrm{d}s=0 \end{aligned} \tag{6.2.21}$$

选择近似函数为,

$$H=\xi_1 H_1+\xi_2 H_2+\xi_3 H_3=\Phi^T\boldsymbol{H}^n \tag{6.2.22}$$

分别求积分中包含的内插函数的导数. 它们是,

$$\begin{aligned} \frac{\partial\Phi}{\partial x} &= \sum_{i=1}^{3}\frac{\partial\Phi}{\partial\xi_i}\frac{\partial\xi_i}{\partial x}=\frac{1}{2A}\sum_{i=1}^{3}b_i\frac{\partial\Phi}{\partial\xi_i}=\frac{1}{2A}\boldsymbol{b} \\ \frac{\partial\Phi^T}{\partial x} &= \sum_{i=1}^{3}\frac{\partial\Phi^T}{\partial\xi_i}\frac{\partial\xi_i}{\partial x}=\frac{1}{2A}\sum_{i=1}^{3}b_i\frac{\partial\Phi^T}{\partial\xi_i}=\frac{1}{2A}\boldsymbol{b}^T \end{aligned}$$

$$\frac{\partial\Phi}{\partial z}=\sum_{i=1}^{3}\frac{\partial\Phi}{\partial\xi_i}\frac{\partial\xi_i}{\partial z}=\frac{1}{2A}\sum_{i=1}^{3}a_i\frac{\partial\Phi}{\partial\xi_i}=\frac{1}{2A}\boldsymbol{a}$$

$$\frac{\partial\Phi^T}{\partial z}=\sum_{i=1}^{3}\frac{\partial\Phi^T}{\partial\xi_i}\frac{\partial\xi_i}{\partial z}=\frac{1}{2A}\sum_{i=1}^{3}a_i\frac{\partial\Phi^T}{\partial\xi_i}=\frac{1}{2A}\boldsymbol{a}^T \tag{6.2.23}$$

将它们代入式 (6.2.21) 得,

$$\int_{\Omega e}\left(k\frac{1}{2A}b\frac{1}{2A}b^T+k\frac{1}{2A}a\frac{1}{2A}a^T\right)\boldsymbol{H}^n\mathrm{d}x\mathrm{d}z-\int_{\Omega e}\beta\left(\xi_1\xi_2\xi_3\right)^T\left(\xi_1\ \xi_2\xi_3\right)\boldsymbol{H}^n\mathrm{d}x\mathrm{d}z$$
$$=-\int_{\Omega e}p\left(\xi_1\xi_2\xi_3\right)^T\mathrm{d}x\mathrm{d}z+\int_{S_{e2}\cap S_2}q_n\left(\xi_1\xi_2\xi_3\right)^T\mathrm{d}s \tag{6.2.24}$$

再将上式中各项的积分求出来,

$$\int_{\Omega e}\left(k\frac{1}{2A}b\frac{1}{2A}b^T+k\frac{1}{2A}a\frac{1}{2A}a^T\right)\mathrm{d}x\mathrm{d}z=\frac{1}{4A}\left(k\boldsymbol{b}\boldsymbol{b}^T+k\boldsymbol{a}\boldsymbol{a}^T\right) \tag{6.2.25}$$

利用积分公式 (6.2.14)～(6.2.15) 推求其余的积分.

$$\int_{\Omega e}\left(\xi_1\xi_2\xi_3\right)^T\left(\xi_1\xi_2\xi_3\right)\mathrm{d}x\mathrm{d}z=\int_{\Omega e}\begin{Bmatrix}\xi_1\\ \xi_2\\ \xi_3\end{Bmatrix}\{\xi_1\xi_2\xi_3\}\mathrm{d}x\mathrm{d}z$$
$$=\int_{\Omega e}\begin{bmatrix}\xi_1^2 & \xi_1\xi_2 & \xi_1\xi_3\\ \xi_2\xi_1 & \xi_2^2 & \xi_2\xi_3\\ \xi_3\xi_1 & \xi_3\xi_2 & \xi_3^2\end{bmatrix}\mathrm{d}x\mathrm{d}y=A\begin{bmatrix}\frac{1}{6} & \frac{1}{12} & \frac{1}{12}\\ \frac{1}{12} & \frac{1}{6} & \frac{1}{12}\\ \frac{1}{12} & \frac{1}{12} & \frac{1}{6}\end{bmatrix} \tag{6.2.26}$$

$$\int_{\Omega e}\left(\xi_1\xi_2\xi_3\right)^T\mathrm{d}x\mathrm{d}z=\int_{\Omega e}\begin{Bmatrix}\xi_1\\ \xi_2\\ \xi_3\end{Bmatrix}\mathrm{d}x\mathrm{d}z=A\begin{Bmatrix}1/3\\ 1/3\\ 1/3\end{Bmatrix} \tag{6.2.27}$$

边界积分以连接结点 2 和结点 3 的边界为例, 图 6.2.6.

$$\int_{S_{e2}\cap S_2}q_n\left(\xi_1\xi_2\xi_3\right)^T\mathrm{d}s=\int_2^3 q_n\begin{Bmatrix}\xi_1\\ \xi_2\\ \xi_3\end{Bmatrix}\mathrm{d}s=\int_2^3 q_n\begin{Bmatrix}0\\ \xi_2\\ \xi_3\end{Bmatrix}\mathrm{d}s=q_n\begin{Bmatrix}0\\ l_{23}/2\\ l_{23}/2\end{Bmatrix} \tag{6.2.28}$$

从这个例子可以看出, 利用三角坐标系, 单元方程的推导要简便的多. 特别用高阶单元更显得简便.

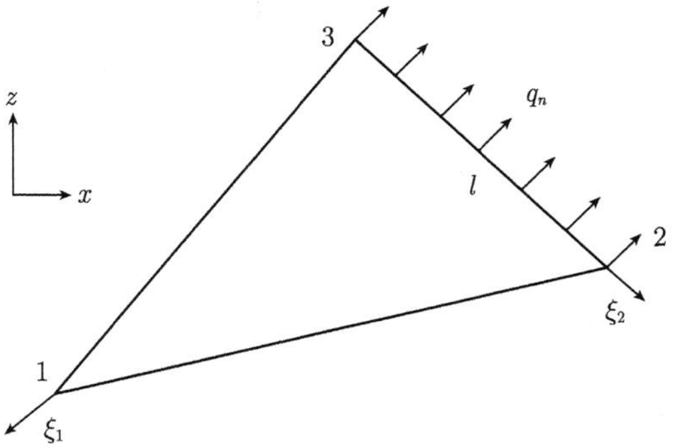

图 6.2.6 边界积分图

6.2.3 二次内插函数

要提高近似解的精度, 利用线性内插函数需要大大地增加单元的数目, 同时如果方程中包含二阶或二次项, 用线性内插函数是不合适的. 所以开发了高阶的内插函数, 在计算水力学中最常用的是二次内插函数.

1. 插值函数

二次内插函数需要采用六结点的三角形单元, 图 6.2.7. 在三角坐标系中, 六结点的三角形单元结点的坐标列于表 6.2.2.

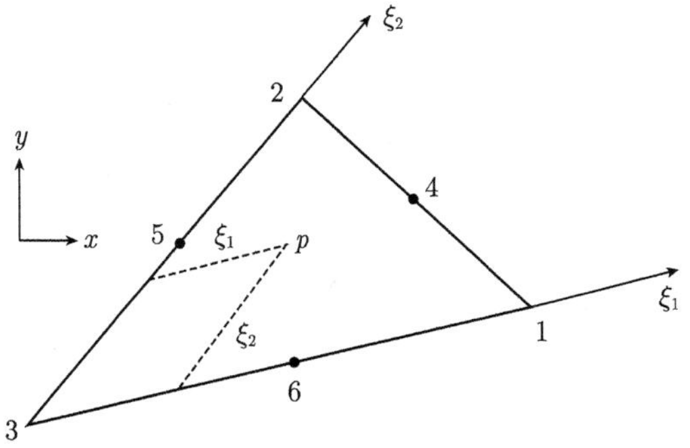

图 6.2.7 六结点三角形单元

表 6.2.2 结点的三角坐标

结点	ξ_1	ξ_2	ξ_3
1	1	0	0
2	0	1	0
3	0	0	1
4	1/2	1/2	0
5	0	1/2	1/2
6	1/2	0	1/2

二次插值函数可以写成如下形式

$$u=\alpha_1+\alpha_2\xi_1+\alpha_3\xi_2+\alpha_4\xi_1^2+\alpha_5\xi_1\xi_2+\alpha_6\xi_2^2 \tag{6.2.29}$$

同样, 将上式用于六个结点, 可以得到六个方程组成的方程组

$$\begin{cases} u_1=\alpha_1+\alpha_2+\alpha_4 \\ u_2=\alpha_1+\alpha_3+\alpha_6 \\ u_3=\alpha_1 \\ u_4=\alpha_1+1/2\alpha_2+1/2\alpha_3+1/4\alpha_4+1/4\alpha_5+1/4\alpha_6 \\ u_5=\alpha_1+1/2\alpha_3+1/4\alpha_6 \\ u_6=\alpha_1+1/2\alpha_2+1/4\alpha_4 \end{cases} \tag{6.2.30}$$

从上述方程组中解出 $\alpha_1\sim\alpha_6$, 再将它们代入式 (6.2.29), 类似于线性内插函数的推导方法, 得出二次插值函数的为

$$\Phi=\begin{Bmatrix} \xi_1(2\xi_1-1) \\ \xi_2(2\xi_2-1) \\ \xi_3(2\xi_3-1) \\ 4\xi_1\xi_2 \\ 4\xi_2\xi_3 \\ 4\xi_3\xi_1 \end{Bmatrix} \tag{6.2.31}$$

2. 导数与积分

使用斜坐标或面积坐标时, 直角坐标系下的导数需要进行转换, 考虑函数 f 转换的公式如下

$$\begin{aligned} \frac{\partial f}{\partial x}&=\sum_{i=1}^{3}\frac{\partial f}{\partial\xi_i}\frac{\partial\xi_i}{\partial x}=\frac{1}{2A}\sum_{i=1}^{3}b_i\frac{\partial f}{\partial\xi_i}=\frac{1}{2A}\boldsymbol{b}^T\Psi\boldsymbol{f}^n \\ \frac{\partial f}{\partial y}&=\sum_{i=1}^{3}\frac{\partial f}{\partial\xi_i}\frac{\partial\xi_i}{\partial y}=\frac{1}{2A}\sum_{i=1}^{3}a_i\frac{\partial f}{\partial\xi_i}=\frac{1}{2A}\boldsymbol{a}^T\Psi\boldsymbol{f}^n \end{aligned} \tag{6.2.32}$$

上面的求导中应用了斜坐标与直角坐标之间的关系式 (6.2.7). 式中,

$$\Psi=\begin{bmatrix} 4\xi_1-1 & 0 & 0 & 4\xi_2 & 0 & 4\xi_3 \\ 0 & 4\xi_2-1 & 0 & 4\xi_1 & 4\xi_3 & 0 \\ 0 & 0 & 4\xi_3-1 & 0 & 4\xi_2 & 4\xi_1 \end{bmatrix} \tag{6.2.33}$$

在应用二次内插函数时积分比较复杂, 除了应用积分公式 (6.2.14)~(6.2.15) 外, 可能利用数值积分更方便. 有关数值积分的问题, 读者可以参考文献 (Zienkiewicz, O. C. 1971. The finite element method in engineering science. McGraw-Hill, New York.)

6.3 矩形单元

这一节介绍计算水力学中常用的另一类单元, 四边形单元.

6.3.1 局部坐标系

对于矩形单元可以定义一组无量纲的坐标系, 图 6.3.1.

$$\xi = \frac{x - x_c}{a}, \eta = \frac{y - y_c}{b} \tag{6.3.1}$$

ξ, η 的取值范围为, $[-1, 1]$, 四个结点的局部坐标列于表 6.3.1.

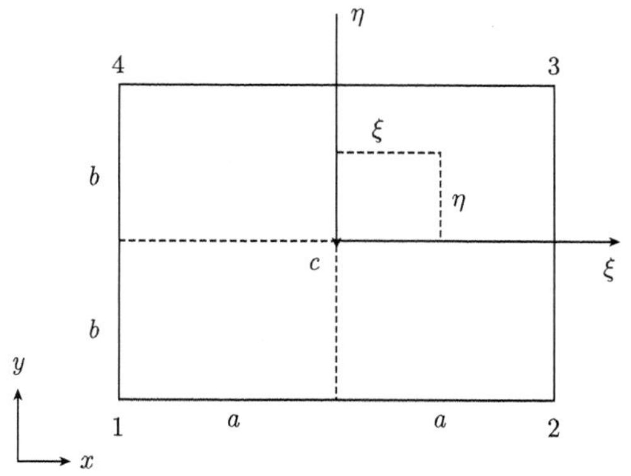

图 6.3.1 四边形四结点单元

表 6.3.1 四个结点的局部坐标

结点	ξ	η
1	-1	-1
2	1	-1
3	1	1
4	-1	1

x, y 坐标系下的导数和积分与局部坐标系下的导数和积分的关系为,

$$\frac{\partial}{\partial x} = \frac{1}{a}\frac{\partial}{\partial \xi} \quad \frac{\partial}{\partial y} = \frac{1}{b}\frac{\partial}{\partial \eta}$$

和,

$$\int_A f(x, y)\mathrm{d}x\mathrm{d}y = 4ab\int_{-1}^{1}\int_{-1}^{1} f(\xi, \eta)\mathrm{d}\xi\mathrm{d}\eta \tag{6.3.2}$$

6.3.2　线性插值函数

这一节讨论线性内插函数. 对于如图 6.3.1 所示的四结点的四边形单元. 假定在单元边和单元内函数呈线性变化. 近似解可以写成下面的形式.

$$u = \alpha_1 + \alpha_2\xi + \alpha_3\eta + \alpha_4\xi\eta \tag{6.3.3}$$

类似地, 将上式用于四个结点, 得到包含四个系数 $\alpha_1 \sim \alpha_4$ 的方程组,

$$\begin{cases} u_1 = \alpha_1 - \alpha_2 - \alpha_3 + \alpha_4 \\ u_2 = \alpha_1 + \alpha_2 - \alpha_3 - \alpha_4 \\ u_3 = \alpha_1 + \alpha_2 + \alpha_3 + \alpha_4 \\ u_4 = \alpha_1 - \alpha_2 + \alpha_3 - \alpha_4 \end{cases} \tag{6.3.4}$$

从上述方程组中解出 $\alpha_1 \sim \alpha_4$, 再将它们代入式 (6.3.3), 得出线性内插函数为,

$$\Phi = \begin{Bmatrix} \dfrac{1}{4}(1-\xi)(1-\eta) \\ \dfrac{1}{4}(1+\xi)(1-\eta) \\ \dfrac{1}{4}(1+\xi)(1+\eta) \\ \dfrac{1}{4}(1-\xi)(1+\eta) \end{Bmatrix} \tag{6.3.5}$$

6.3.3　二次内插函数

在四边形单元中同样可以应用二次内插函数. 这里单元用的是八结点四边形单元, 图 6.3.2.

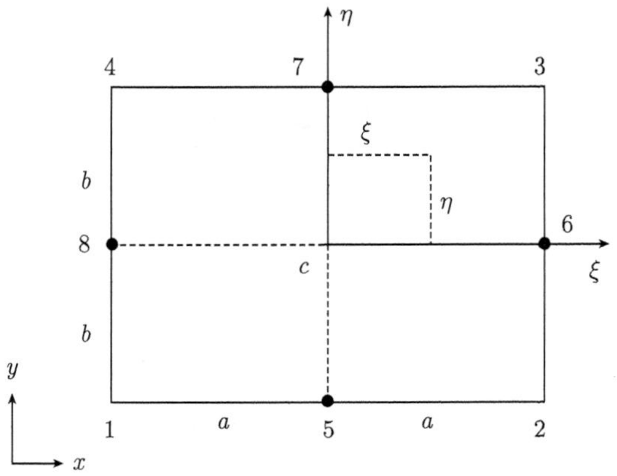

图 6.3.2　八结点四边形单元

它的八个结点的局部坐标列于表 6.3.2. 假定在单元边和单元内函数呈二次变化. 近似解可以写成下面的形式.

$$u = \alpha_1 + \alpha_2\xi + \alpha_3\eta + \alpha_4\xi^2 + \alpha_5\xi\eta + \alpha_6\eta^2 + \alpha_7\xi^2\eta + +\alpha_8\xi\eta^2 \tag{6.3.6}$$

表 6.3.2 八个结点的局部坐标

结点	ξ	η
1	−1	−1
2	1	−1
3	1	1
4	−1	1
5	0	−1
6	1	0
7	0	1
8	−1	0

同样的方法, 将上式用于八个结点, 得到包含八个系数 $\alpha_1 \sim \alpha_8$ 的方程组,

$$\left\{\begin{aligned} u_1 &= \alpha_1 - \alpha_2 - \alpha_3 + \alpha_4 + \alpha_5 + \alpha_6 - \alpha_7 - \alpha_8 \\ u_2 &= \alpha_1 + \alpha_2 - \alpha_3 + \alpha_4 - \alpha_5 + \alpha_6 - \alpha_7 + \alpha_8 \\ u_3 &= \alpha_1 + \alpha_2 + \alpha_3 + \alpha_4 + \alpha_5 + \alpha_6 + \alpha_7 + \alpha_8 \\ u_4 &= \alpha_1 - \alpha_2 + \alpha_3 + \alpha_4 - \alpha_5 + \alpha_6 + \alpha_7 - \alpha_8 \\ u_5 &= \alpha_1 - \alpha_3 + \alpha_6 \\ u_6 &= \alpha_1 + \alpha_2 + \alpha_4 \\ u_7 &= \alpha_1 + \alpha_3 + \alpha_6 \\ u_8 &= \alpha_1 - \alpha_2 + \alpha_4 \end{aligned}\right. \tag{6.3.7}$$

从中解出八个系数 $\alpha_1 \sim \alpha_8$, 再代入式 (6.3.6) 得到八结点四边形单元的二次内插函数为,

$$\Phi = \left\{\begin{array}{c} \frac{1}{4}(1-\xi)(1-\eta)(-\xi-\eta-1) \\ \frac{1}{4}(1+\xi)(1-\eta)(\xi-\eta-1) \\ \frac{1}{4}(1+\xi)(1+\eta)(\xi+\eta-1) \\ \frac{1}{4}(1-\xi)(1+\eta)(-\xi+\eta-1) \\ \frac{1}{2}(1-\xi^2)(1-\eta) \\ \frac{1}{2}(1-\eta^2)(1+\xi) \\ \frac{1}{2}(1-\xi^2)(1+\eta) \\ \frac{1}{2}(1-\eta^2)(1-\xi) \end{array}\right\} \tag{6.3.8}$$

6.3.4 等参单元

上面介绍的都是直边三角形和矩形的单元. 在计算水力学中, 计算平面二维或三维流场时, 固体边界的几何形状往往不规则, 为了更贴切地拟合不规则的边界, 可以利用曲边单元. 但是为了在利用曲边单元时仍然使用直边三角形和矩形的单元的内插函数, 我们先把曲边单元变换成直边三角形和矩形的单元. 曲边单元与直边三角形和矩形的单元的变换过程和相关的内插函数导数的转化等介绍如下.

1. 等参单元的概念

先讨论等参单元的概念. 在局部曲线坐标系下的内插函数应该同样需要满足常数函数和常数导数的要求, 在这个条件下选择如下的函数 u 的插值公式, 这里只讨论线性插值的情况

$$u = \Phi\left(\xi, \eta\right)^T \boldsymbol{u}^n \tag{6.3.9}$$

同时函数 u 也满足直角坐标系下的插值公式

$$u = \alpha_1 + \alpha_2 x + \alpha_3 y \tag{6.3.10}$$

将式 (6.3.10) 用于结点 i

$$u_i = \alpha_1 + \alpha_2 x_i + \alpha_3 y_i \tag{6.3.11}$$

再将上式代入式 (6.3.9), 则有

$$\begin{aligned} u &= \sum_{i=1}^{s} \Phi_i(\xi,\eta)(\alpha_1 + \alpha_2 x_i + \alpha_3 y_i) \\ &= \alpha_1 \sum_{i=1}^{s} \Phi_i(\xi,\eta) + \alpha_2 \sum_{i=1}^{s} \Phi_i(\xi,\eta) x_i + \alpha_3 \sum_{i=1}^{s} \Phi_i(\xi,\eta) y_i \end{aligned} \tag{6.3.12}$$

式中的和式的上限 s 是单元的结点数. 对比式 (6.3.12) 和式 (6.3.10) 可以得到,

$$\begin{aligned} &\sum_{i=1}^{s} \Phi_i(\xi,\eta) = 1 \\ &\sum_{i=1}^{s} \Phi_i(\xi,\eta) x_i = x \\ &\sum_{i=1}^{s} \Phi_i(\xi,\eta) y_i = y \end{aligned} \tag{6.3.13}$$

以上就是曲边单元与直边三角形和矩形的单元之间的坐标变换关系. 由于坐标变换的函数与单元函数的内插函数相同, 所以这样变换的得到的单元叫等参单元.

2. 直角坐标与曲线坐标中导数的关系

假设 x, y 与曲线坐标 ξ, η 间有如下的关系,

$$x = x(\xi,\eta), y = y(\xi,\eta) \tag{6.3.14}$$

式中 ξ, η 的选择取决于单元的几何形状. 在单元矩阵中包含有内插函数 Φ 对直角坐标 x, y 的导数, 在应用曲线单元时, 需要将这些导数转化成局部曲线坐标下的导数形式. 通常难以得到 ξ, η 和 x, y 间的显函数关系. 所以, 可以先构成 Φ 对 ξ, η 的导数, 再找出 Φ 对 x, y 的导数.

$$\begin{aligned} \frac{\partial \Phi}{\partial \xi} &= \frac{\partial \Phi}{\partial x}\frac{\partial x}{\partial \xi} + \frac{\partial \Phi}{\partial y}\frac{\partial y}{\partial \xi} \\ \frac{\partial \Phi}{\partial \eta} &= \frac{\partial \Phi}{\partial x}\frac{\partial x}{\partial \eta} + \frac{\partial \Phi}{\partial y}\frac{\partial y}{\partial \eta} \end{aligned} \tag{6.3.15}$$

或写成矩阵形式,

$$\begin{Bmatrix} \dfrac{\partial \Phi}{\partial \xi} \\ \dfrac{\partial \Phi}{\partial \eta} \end{Bmatrix} = \begin{bmatrix} \dfrac{\partial x}{\partial \xi} & \dfrac{\partial y}{\partial \xi} \\ \dfrac{\partial x}{\partial \eta} & \dfrac{\partial y}{\partial \eta} \end{bmatrix} \begin{Bmatrix} \dfrac{\partial \Phi}{\partial x} \\ \dfrac{\partial \Phi}{\partial y} \end{Bmatrix} = [J] \begin{Bmatrix} \dfrac{\partial \Phi}{\partial x} \\ \dfrac{\partial \Phi}{\partial y} \end{Bmatrix} \tag{6.3.16}$$

上式中的 $[J]$ 是 Jacobian 矩阵. 将上式求逆,

$$\begin{Bmatrix} \dfrac{\partial \Phi}{\partial x} \\ \dfrac{\partial \Phi}{\partial y} \end{Bmatrix} = [J]^{-1} \begin{Bmatrix} \dfrac{\partial \Phi}{\partial \xi} \\ \dfrac{\partial \Phi}{\partial \eta} \end{Bmatrix} \tag{6.3.17}$$

式 (6.3.17) 就是直角坐标与曲线坐标中导数的关系. 上式中, $[J]^{-1}$ 是 $[J]$ 的逆矩阵, 它等于,

$$[J]^{-1} = \frac{1}{|J|} \begin{bmatrix} \dfrac{\partial y}{\partial \eta} & -\dfrac{\partial y}{\partial \xi} \\ -\dfrac{\partial x}{\partial \eta} & \dfrac{\partial x}{\partial \xi} \end{bmatrix} \tag{6.3.18}$$

式中, $|J|$ 是 $[J]$ 的行列式, 它等于,

$$|J| = \frac{\partial x}{\partial \xi}\frac{\partial y}{\partial \eta} - \frac{\partial x}{\partial \eta}\frac{\partial y}{\partial \xi} \tag{6.3.19}$$

只有 $[J]$ 的行列式 $|J|$ 是有限值时, 变换才能进行.

至于积分, 只需将积分中的微元面积 $\mathrm{d}A$ 作如下的处理即可,

$$\mathrm{d}A = (|J|\ \text{的绝对值})\mathrm{d}\xi\mathrm{d}\eta \tag{6.3.20}$$

如果导数变换中出现变系数, 则需要用数值积分.

3. 例子 1

这个例子是介绍一个矩形单元和四边形单元之间的变换. 将坐标 x, y 和函数 u 分别表达成结点坐标 x_i, y_i 和结点函数 u_i 的函数, 图 6.3.3. 结点的局部坐标列于表 6.3.3.

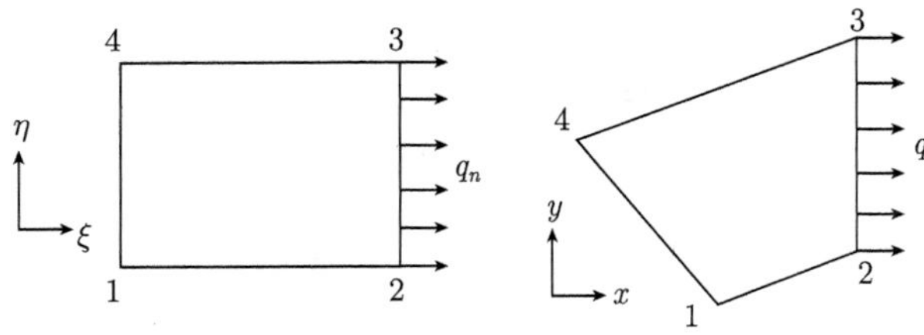

图 6.3.3　线性四边形等参单元

表 6.3.3　四个结点的局部坐标

结点	ξ	η
1	0	0
2	1	0
3	1	1
4	0	1

$$\left\{\begin{array}{l} u=\sum\phi_i(\xi,\eta)u_i=\Phi^T\boldsymbol{u}^n \\ x=\sum\phi_i(\xi,\eta)x_i=\Phi^T\boldsymbol{x}^n \\ y=\sum\phi_i(\xi,\eta)y_i=\Phi^T\boldsymbol{y}^n \end{array}\right. \tag{6.3.21}$$

式中, 内插函数 Φ 为,

$$\left\{\begin{array}{l} \phi_1=(1-\xi)(1-\eta) \\ \phi_2=\xi(1-\eta) \\ \phi_3=\xi\eta \\ \phi_4=(1-\xi)\eta \end{array}\right. \tag{6.3.22}$$

而函数 u 相对于 ξ,η 的导数为,

$$\left\{\begin{array}{c} \dfrac{\partial u}{\partial \xi} \\ \dfrac{\partial u}{\partial \eta} \end{array}\right\}=\left[\begin{array}{cccc} -(1-\eta) & (1-\eta) & \eta & -\eta \\ -(1-\xi) & -\xi & \xi & 1-\xi \end{array}\right]\left\{\begin{array}{c} u_1 \\ u_2 \\ u_3 \\ u_4 \end{array}\right\}=[B^*]\,\boldsymbol{u}^n \tag{6.3.23}$$

从上式中解出函数 u 相对于 x,y 的导数,

$$\left\{\begin{array}{c} \dfrac{\partial u}{\partial x} \\ \dfrac{\partial u}{\partial y} \end{array}\right\}=[J]^{-1}\left\{\begin{array}{c} \dfrac{\partial u}{\partial \xi} \\ \dfrac{\partial u}{\partial \eta} \end{array}\right\} \tag{6.3.24}$$

这里的 Jacobian 矩阵 $[J]$ 等于,

$$[J]=\begin{bmatrix}\dfrac{\partial x}{\partial\xi} & \dfrac{\partial y}{\partial\xi}\\ \dfrac{\partial x}{\partial\eta} & \dfrac{\partial y}{\partial\eta}\end{bmatrix}=[B^*]\begin{Bmatrix}x_1 & y_1\\ x_2 & y_2\\ x_3 & y_3\\ x_4 & y_4\end{Bmatrix} \tag{6.3.25}$$

由上式可以求出矩阵 $[J]$.

将式 (6.3.23) 代入式 (6.3.24) 得,

$$\begin{Bmatrix}\dfrac{\partial u}{\partial x}\\ \dfrac{\partial u}{\partial y}\end{Bmatrix}=[J]^{-1}[B^*]\boldsymbol{u}^n$$

令, $[B]=[J]^{-1}[B^*]$, 则有,

$$\begin{Bmatrix}\dfrac{\partial u}{\partial x}\\ \dfrac{\partial u}{\partial y}\end{Bmatrix}=[B]\boldsymbol{u}^n \tag{6.3.26}$$

4. 例子 2

下面以恒定垂向二维渗流问题为例说明等参单元的应用. 已经有了如下的伽辽金积分表达式,

$$\int_{\Omega e}\left(k\frac{\partial\Phi}{\partial x}\frac{\partial\Phi^T}{\partial x}+k\frac{\partial\Phi}{\partial z}\frac{\partial\Phi^T}{\partial z}\right)H^n\mathrm{d}x\mathrm{d}z-\int_{\Omega e}\beta\Phi\Phi^T H^n\mathrm{d}x\mathrm{d}z$$
$$+\int_{\Omega e}p\Phi\mathrm{d}x\mathrm{d}z-\int_{S_{e2}\cap S_2}q_n\Phi\mathrm{d}s=0 \tag{6.3.27}$$

应用例子 1 中的等参单元, 有,

$$\int_{\Omega e}\left(k\frac{\partial\Phi}{\partial x}\frac{\partial\Phi^T}{\partial x}+k\frac{\partial\Phi}{\partial z}\frac{\partial\Phi^T}{\partial z}\right)\boldsymbol{H}^n\mathrm{d}x\mathrm{d}z=\int_0^1\int_0^1[B]^T[\boldsymbol{k}][B]\left(|J|\ \text{的绝对值}\right)\mathrm{d}\xi\mathrm{d}\eta \tag{6.3.28}$$

式中, $\boldsymbol{k}=\begin{bmatrix}k & 0\\ 0 & k\end{bmatrix}$.

$$\int_{\Omega e}\beta\Phi\Phi^T\mathrm{d}x\mathrm{d}z=\beta\int_0^1\int_0^1\Phi\Phi^T(|J|\ \text{的绝对值})\mathrm{d}\xi\mathrm{d}\eta \tag{6.3.29}$$

$$\int_{\Omega e}p\Phi\mathrm{d}x\mathrm{d}z=\int_0^1\int_0^1 p\Phi(|J|\ \text{的绝对值})\mathrm{d}\xi\mathrm{d}\eta \tag{6.3.30}$$

对连接结点 2 和结点 3 的单元边

$$\int_{S_{e2}\cap S_2} q_n \Phi \mathrm{d}s = \int_0^1 q_n \Phi l_{23} \mathrm{d}\eta = \int_0^1 q_n \begin{Bmatrix} 0 \\ 1-\eta \\ \eta \\ 0 \end{Bmatrix} l_{23} \mathrm{d}\eta$$

$$= q_n \begin{Bmatrix} 0 \\ l_{23}/2 \\ l_{23}/2 \\ 0 \end{Bmatrix} \tag{6.3.31}$$

关于高阶的等参单元, 读者可以参考文献 (Zienkiewicz, O. C. 1971).

第 7 章　在水力学问题中的应用

7.1　渗流问题中的应用

有限单元法最早是由渗流的计算引入计算水力学的, 由于渗流流动的控制方程是 Laplace 型的方程, 这与固体力学中位移的控制方程是一致的, 所以固体力学中的有限单元模式很容易移植到渗流的计算上来.

7.1.1　恒定渗流

这里只介绍恒定渗流的典型例子, 土坝渗流.

1. 控制方程

土坝渗流是有自由面水体的无压流动, 满足达西定律 (Darcian Law), 其控制方程为前面章节中已经介绍过的 Laplace 型的方程

$$\frac{\partial}{\partial x}\left(K_x\frac{\partial h}{\partial x}\right)+\frac{\partial}{\partial z}\left(K_z\frac{\partial h}{\partial z}\right)=f \tag{7.1.1}$$

式中, h— 压力水头, $[L]$; f— 源 (汇) 项, $\left[T^{-1}\right]$; x, z— 空间坐标, x 沿水平向, z 沿垂直方向, $[L]$; t — 时间, $[T]$; K_x, K_z — 水力传导率, $\left[LT^{-1}\right]$.

2. 边界条件

土坝渗流的示意图见图 7.1.1. 其边界条件可以说明如下. AB 为入流边界, 沿边界的压力水头 h 为常数, 是一个等势面, 其边界条件是压力水头等于上游水位; BC 为浸润线, 是一条流线, 其上的条件是压力水头等于其位置高度 z; CD 为逸出面, 水流从这个面上流出, 该界面上的压强为常数, 其上的条件是压力水头等于其位置高度 z; DE 是下游出流面, 沿边界的压力水头 h 为常数, 是一个等势面, 其边界条件是压力水头等于下游水位.

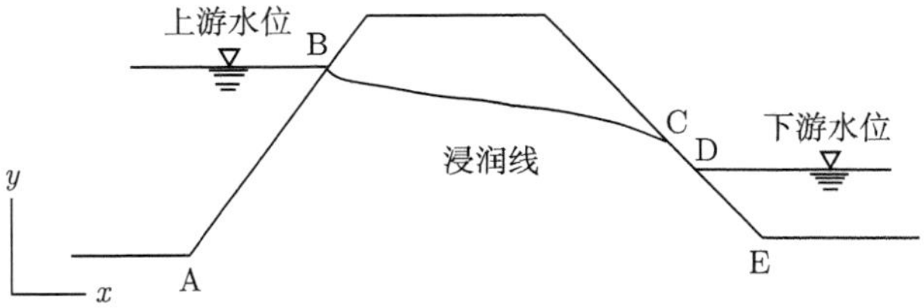

图 7.1.1　土坝渗流的示意图

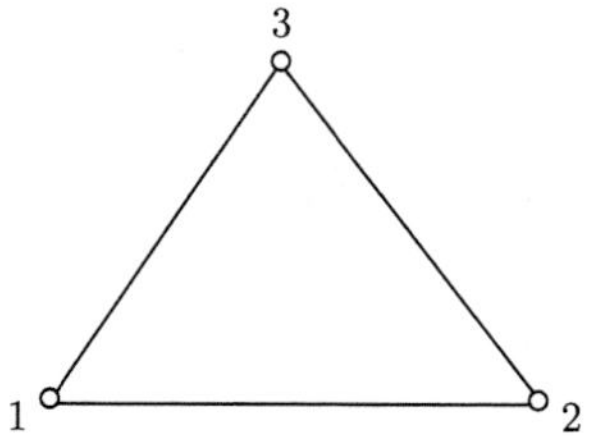

图 7.1.2　三角形三节点单元

3. 控制方程的离散

离散区域内采用三角形三节点单元. 图 7.1.2 控制方程离散的结果见 5.1.5 节.

4. 计算实例

考虑某均质土坝, 坝的主体为壤土, 在下游坝趾处设置水平排水, 图 7.1.3 水力传导率 $K_x = K_z$, 为 0.25m/d. 计算区域用三角形单元剖分, 共 874 个节点, 1575 个单元, 图 7.1.4 计算的结果见图 7.1.5 由图可见, 水平排水的设置有效地降低了浸润线的高度.

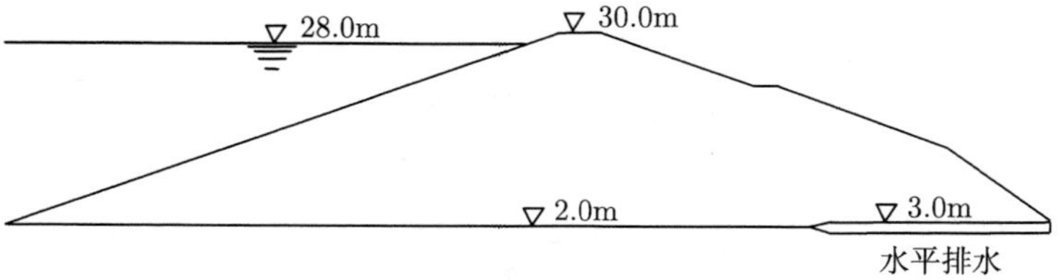

图 7.1.3　土坝的剖面图

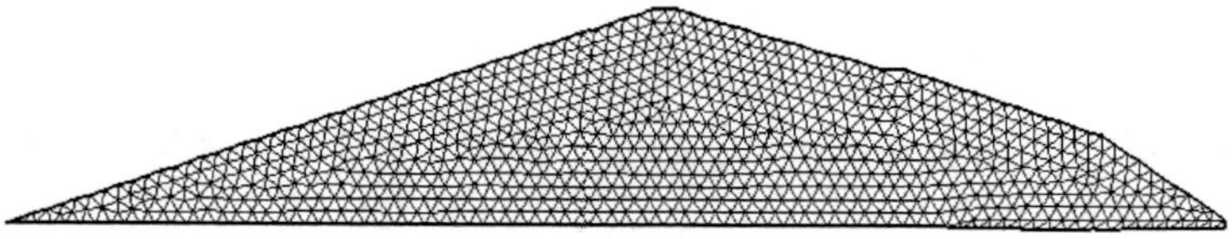

图 7.1.4　计算域单元剖分

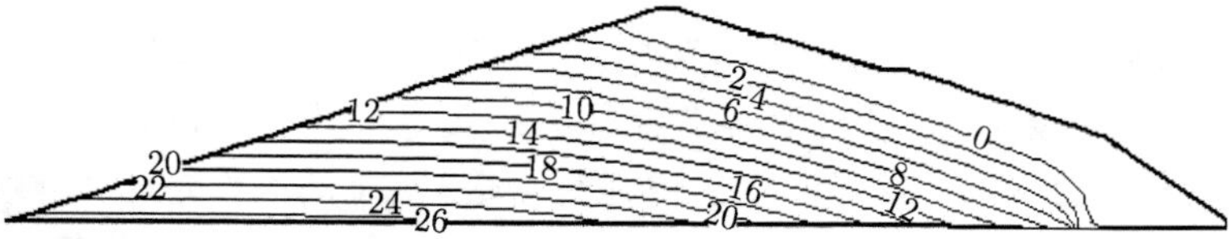

图 7.1.5　计算结果

7.1.2　非恒定渗流

这里介绍以砂为主体的介质中的水体的非恒定运动, 考虑了饱和和非饱和状态.

1. 控制方程

以砂为主体的介质中的水体的运动满足达西定律 (Darcian Law). 在非恒定条件下介质中部分土壤会处于饱和状态 (饱和区), 部分土壤会处于非饱和状态 (非饱和区). 饱和区和非饱和区物理特性不一样. 所以, 含水量是必须考虑的重要变量.

假设空气与水体之间的作用可以略去不计, 则非恒定条件下介质中的水体运动可以用修正的里查德 (Richards) 方程来描述, 考虑垂直剖面内的二维流动 [13].

$$\frac{\partial\theta}{\partial t}=\frac{\partial}{\partial x}\left[K\left(K_{xx}^{A}\frac{\partial h}{\partial x}+K_{xz}^{A}\frac{\partial h}{\partial z}\right)\right]+\frac{\partial}{\partial z}\left[K\left(K_{zz}^{A}\frac{\partial h}{\partial z}+K_{zx}^{A}\frac{\partial h}{\partial x}\right)\right]-S_r \quad (7.1.2)$$

式中, θ— 体积含水率, $\left[L^3L^{-3}\right]$; h— 压力水头, $[L]$; S_r— 源 (汇) 项, $\left[T^{-1}\right]$; x, z— 空间坐标, x 沿水平向, z 沿垂直方向, $[L]$; t — 时间, $[T]$; $K_{xx}^A, K_{zz}^A, K_{xz}^A=K_{zx}^A$ — 无量纲的张量 K^A 的分量; K— 非饱和区的水力传导率, $\left[LT^{-1}\right]$, K 等于,

$$K(h,x,z)=K_s(x,z)K_r(h,x,z) \quad (7.1.3)$$

式中, $K_s(x,z)$— 饱和水力传导率, $\left[LT^{-1}\right]$; $K_r(h,x,z)$— 相对水力传导率, (相对于饱和水力传导率).

2. 非饱和区的水力参数的确定

非饱和区的水力参数显然与土体的含水量有关. 根据参考文献 [14][15][16], 含水量 $\theta(h)$ 和相对水力传导率 $K_r(h,x,z)$ 与压力水头之间有如下的关系.

$$\theta(h)=\theta_r+\frac{\theta_s-\theta_r}{[1+(\alpha h)^{n_s}]^{m_s}} \quad (7.1.4)$$

和

$$K_r(h,x,z)=\frac{\left\{1-(\alpha h)^{n_s-1}\left[1+(\alpha h)^{n_s}\right]^{-m_s}\right\}^2}{\left[1+(\alpha h)^{n_s}\right]^{\frac{m_s}{2}}} \quad (7.1.5)$$

式中,

$$m_s=1-\frac{1}{n_s},\quad n_s>1 \quad (7.1.6)$$

式中, θ_r— 残余含水量; θ_s— 饱和含水量; m_s— 持水函数的参数; n_s— 持水函数的指数; α— 持水函数的参数, $\left[L^{-1}\right]$ [17].

3. 控制方程的离散

离散区域内采用三角形三节点单元. 图 7.1.1.

(1) 插值函数 (试函数) 的选择

这里采用线性插值函数, 压力水头函数 $h(x,z,t)$ 用如下的函数来逼近,

$$h=\Phi^T h_I \quad (7.1.7)$$

式中, $\Phi=(\phi_1,\ \phi_2,\ \phi_3)^T=(\xi_1,\ \xi_2,\ \xi_3)^T$; $h=(h_1\ ,h_2\ ,h_3)^T$, h_I— 节点的待求压力水头函数.

(2) 控制方程的离散

根据伽辽金加权剩余法的基本原理, 形成如下的伽辽金积分,

$$\int_{\Omega}\left\{\frac{\partial\theta}{\partial t}-\frac{\partial}{\partial x}\left[K\left(K_{xx}^{A}\frac{\partial h}{\partial x}+K_{xz}^{A}\frac{\partial h}{\partial z}\right)\right]-\frac{\partial}{\partial z}\left[K\left(K_{zz}^{A}\frac{\partial h}{\partial z}+K_{zx}^{A}\frac{\partial h}{\partial x}\right)\right]-S_r\right\}\Phi\mathrm{d}A=0 \tag{7.1.8}$$

a. 单元矩阵

将式 (7.1.7) 用于一个单元, 形成单元矩阵. 先分项进行推导.

时间导数项

$$\int_{\Omega_e}\Phi\frac{\partial h}{\partial t}\mathrm{d}A=\int_{\Omega_e}\begin{Bmatrix}\phi_1\\ \phi_2\\ \phi_3\end{Bmatrix}(\phi_1,\phi_2,\phi_3)\begin{Bmatrix}\dfrac{\partial h_1}{\partial t}\\ \dfrac{\partial h_2}{\partial t}\\ \dfrac{\partial h_3}{\partial t}\end{Bmatrix}\mathrm{d}A$$

空间导数项

假定在一个单元内, 水力传导率为常数, 对空间导数项进行分部积分,

$$\begin{aligned}&\int_{\Omega_e}\frac{\partial}{\partial x}\left[K\left(K_{xx}^{A}\frac{\partial h}{\partial x}+K_{xz}^{A}\frac{\partial h}{\partial z}\right)\right]\Phi\mathrm{d}A\\ =&\int_{S_e}\left(KK_{xx}^{A}\frac{\partial h}{\partial x}\right)\Phi\mathrm{d}s-\int_{\Omega_e}\left(KK_{xx}^{A}\frac{\partial\Phi}{\partial x}\frac{\partial\Phi^T}{\partial x}\right)h_I\mathrm{d}A\\ &+\int_{S_e}\left(KK_{xz}^{A}\frac{\partial h}{\partial z}\right)\Phi\mathrm{d}s-\int_{\Omega_e}\left(KK_{xz}^{A}\frac{\partial\Phi}{\partial x}\frac{\partial\Phi^T}{\partial z}\right)h_I\mathrm{d}A\\ &\int_{\Omega_e}\frac{\partial}{\partial z}\left[K\left(K_{zz}^{A}\frac{\partial h}{\partial z}+K_{zx}^{A}\frac{\partial h}{\partial x}\right)\right]\Phi\mathrm{d}A\\ =&\int_{S_e}\left(KK_{zz}^{A}\frac{\partial h}{\partial z}\right)\Phi\mathrm{d}s-\int_{\Omega_e}\left(KK_{zz}^{A}\frac{\partial\Phi}{\partial z}\frac{\partial\Phi^T}{\partial z}\right)h_I\mathrm{d}A\\ &+\int_{S_e}\left(KK_{xz}^{A}\frac{\partial h}{\partial x}\right)\Phi\mathrm{d}s-\int_{\Omega_e}\left(KK_{xz}^{A}\frac{\partial\Phi}{\partial z}\frac{\partial\Phi^T}{\partial x}\right)h_I\mathrm{d}A\end{aligned}$$

式中, Ω_e— 单元的面积, S_e— 单元的边界.

利用以下的关系式,

$$\int_{\Omega e}\xi_1^i\xi_2^j\xi_3^k\mathrm{d}A=\frac{i!j!k!}{(i+j+k+2)!}2A$$

$$\int_{S_e}\xi_1^i\xi_2^j\mathrm{d}S=\frac{i!j!}{(i+j+1)!}l_s$$

和矩阵运算, 可以得到如下的代数方程组,

$$[A]_e\frac{\mathrm{d}\theta_{\mathrm{I}}}{\mathrm{d}t}+[K]_e\boldsymbol{h}_I=\boldsymbol{P}_e-\boldsymbol{Q} \tag{7.1.9}$$

式中 $\boldsymbol{h}_I$— 结点的压力水头矢; $\boldsymbol{\theta}_I$— 结点的含水量矢. 式中的矩阵 [A], [K], [M] 和矢量 $\boldsymbol{P}$ 为

$$[A]_e = \int_{\Omega_e} \Phi\Phi^T \mathrm{d}\Omega \tag{7.1.10}$$

$$[K]_e = \int_{\Omega_e} \left\{ KK_{xx}^A \frac{\partial\Phi}{\partial x}\frac{\partial\Phi^T}{\partial x} + KK_{xz}^A \frac{\partial\Phi}{\partial x}\frac{\partial\Phi^T}{\partial z} + KK_{xz}^A \frac{\partial\Phi}{\partial z}\frac{\partial\Phi^T}{\partial x} + KK_{zz}^A \frac{\partial\Phi}{\partial z}\frac{\partial\Phi^T}{\partial z} \right\} \mathrm{d}\Omega \tag{7.1.11}$$

$$\boldsymbol{Q} = \int_{S_e} q_n \Phi \mathrm{d}s \tag{7.1.12}$$

$$\boldsymbol{P}_e = \int_{\Omega_e} S_r \Phi \mathrm{d}\Omega \tag{7.1.13}$$

式中, $q_n = KK_{xx}^A \dfrac{\partial h}{\partial x}\dfrac{\mathrm{d}z}{\mathrm{d}n} + KK_{zz}^A \dfrac{\partial h}{\partial z}\dfrac{\mathrm{d}x}{\mathrm{d}n}$, 是边界上给定的流量条件.

它们的具体数值见附录 2.

b. 整体系数矩阵

根据 5.3 节讲的形成整体矩阵的规则, 在求出单元矩阵后, 形成如下的整体矩阵

$$[A]_z \frac{\mathrm{d}\theta_I}{\mathrm{d}t} + [K]_z \boldsymbol{h}_I = \boldsymbol{P}_z - \boldsymbol{Q}_z \tag{7.1.14}$$

(3) 离散方程的求解

对于时间导数项, 时间上采用前差分格式进行离散, 对于空间导数项, 采用时间加权的格式

$$[A]_z \frac{\theta_I^{n+1} - \theta_I^n}{\Delta t} + [K]_z \left[\theta \boldsymbol{h}_I^{n+1} + (1-\theta)\boldsymbol{h}_I^n\right] = \boldsymbol{P}_z - \boldsymbol{Q}_z$$

将上式进行整理得

$$\frac{1}{\Delta t}[A]_z \theta_I^{n+1} + \theta [K]_z \boldsymbol{h}_I^{n+1} = \boldsymbol{R} \tag{7.1.15}$$

式中, $\boldsymbol{R} = \dfrac{1}{\Delta t}[A]_z \theta_I^n - [K]_z (1-\theta)\boldsymbol{h}_I^n + \boldsymbol{P}_z - \boldsymbol{Q}_z$. 式 (7.1.14) 构成以, $\boldsymbol{\theta}_I^{n+1}$, $\boldsymbol{h}_I^{n+1}$ 为未知变量的线性代数方程组, 在给定初始条件和边界条件后, 可以用任何解线性代数方程组的方法求解.

4. 计算实例 [14]

计算模型被用于一个模型河道岸坡渗流流场的计算. 暴雨径流通过岸坡顶部的集水沟渗入岸坡, 引起岸坡内渗流场的变化. 岸坡的剖面结构见图 7.1.6. 模型岸坡的主体是由天然细砂构成, 坡脚处的抗冲蚀护岸部分由碎石构成, 计算时假定岸坡主体和抗冲蚀护岸是各向同性的均质材料. 计算所用的岸坡土体天然细砂和碎石的持水曲线参数、碎石岸坡材料的饱和水力传导率、饱和含水率和剩余含水率和岸坡材料物理参数等列于表 7.1.1, 表 7.1.2.

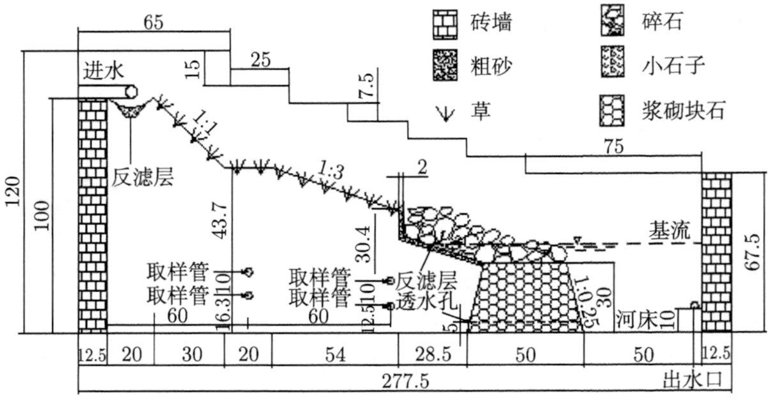

图 7.1.6　岸坡的剖面结构

表 7.1.1　砂质岸坡材料物理参数

D_{50} (mm)	K^A_{xx}(m/d)	K^A_{zz}(m/d)	ρ_d(kg/m^3)	θ_r	θ_s
0.15	11.8	11.8	1718.0	0.056	0.350
α(1/m)	n_s				
2.25	2.50				

表 7.1.2　碎石岸坡材料物理参数

D_{50} (mm)	K^A_{xx}(m/d)	K^A_{zz}(m/d)	ρ_d(kg/m^3)	θ_r	θ_s
30.0	150.0	150.0	1510.0	0.056	0.280
α(m)	n_s				
1.740	3.50				

计算区域用三角形三节点单元剖分, 共有 1176 个节点, 2200 个单元, 图 7.1.7.

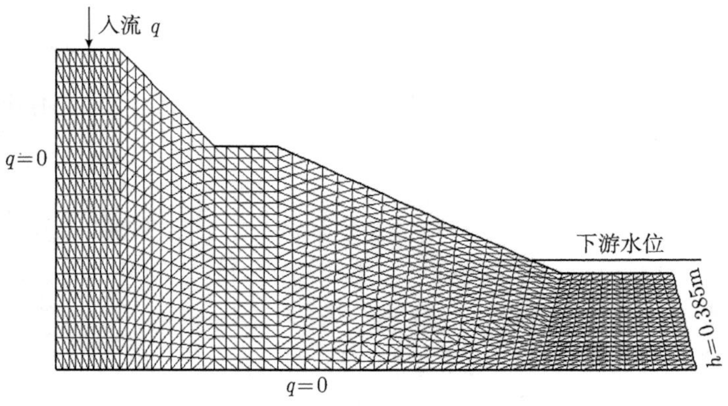

图 7.1.7　模型岸坡计算网格和计算边界条件图

计算的条件是:

(1) 计算的边界条件是:

下游的垂直壁面和部分坡面节点, $h = 0.385m$;

其余的边界节点, 流速为零, $q = 0$;

代表集雨水沟的单元结点的入流流量 q 为 7.822 L/h·m;

(2) 计算的初始条件:

压力水头: $h = 0.385 - z(n)$, $z(n)$— 所有结点的高程, z 的原点设置在岸坡底面, 向上为正.

流速为零, $q = 0$

(3) 计算结果:

流场的计算结果示于图 7.1.8.

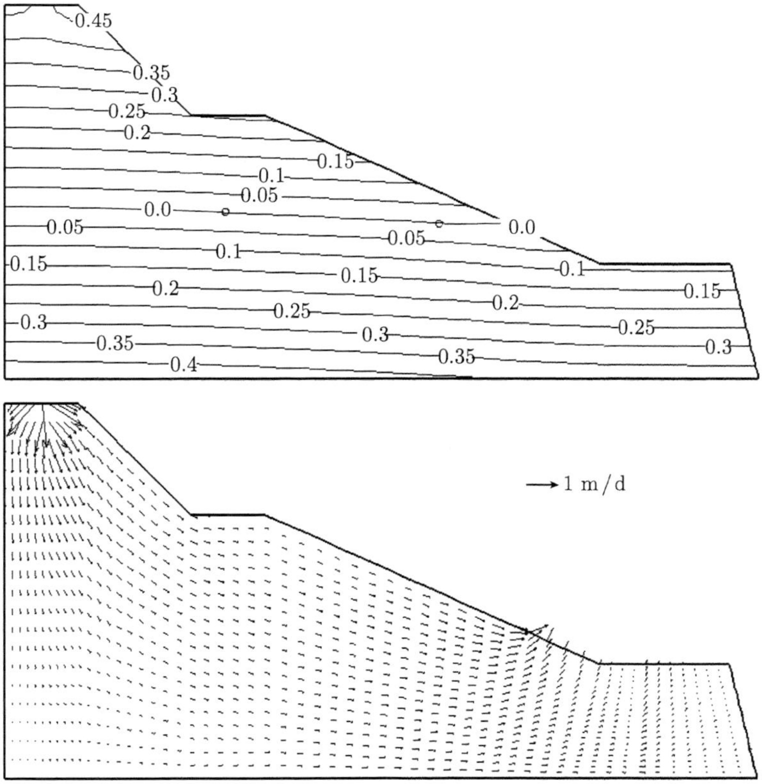

图 7.1.8 城市模型入流流量 q 为 7.822 L/h·m 下压力水头的和流场的计算结果 (上图中圆圈是实测的浸润线位置)

图中压力水头为零的等水头线为浸润线的位置. 浸润线以上为非饱和区, 压力水头为负值, 浸润线以下为饱和区, 压力水头为正值. 在逸出点浸润线与坡面相切.

流场的形态合理, 在逸出坡面处, 渗流流速与坡面正交. 在水力负荷为 7.822 L/h·m-24h 的工况下, 计算的浸润线的位置与试验点据吻合. 由此可见, 渗流流场的计算结果是合理的.

7.2　明渠非恒定流计算

这一节只介绍平面二维非恒定流的计算.

7.2.1　控制方程

将 1.3.3 节中的方程 (1.3.76), (1.3.77), (1.3.78) 重写成下面的形式,

$$\frac{\partial h}{\partial t}+\frac{\partial U}{\partial x}+\frac{\partial V}{\partial y}=0 \tag{7.2.1}$$

$$\begin{aligned}\frac{\partial U}{\partial t}+\frac{\partial (uU)}{\partial x}+\frac{\partial (vU)}{\partial y}=&-gh\frac{\partial(h+z_b)}{\partial x}+\frac{1}{\rho}\left[\frac{\partial}{\partial x}\left(\varepsilon_{xx}\frac{\partial U}{\partial x}\right)+\frac{\partial}{\partial y}\left(\varepsilon_{yx}\frac{\partial U}{\partial y}\right)\right]\\&+C_w\frac{\rho_a}{\rho^2}W_a^2\sin\alpha-\frac{gU}{C^2h^2}\sqrt{U^2+V^2}+fV\end{aligned} \tag{7.2.2}$$

$$\begin{aligned}\frac{\partial V}{\partial t}+\frac{\partial (uV)}{\partial x}+\frac{\partial (vV)}{\partial y}=&-gh\frac{\partial(h+z_b)}{\partial x}+\frac{1}{\rho}\left[\frac{\partial}{\partial x}\left(\varepsilon_{xx}\frac{\partial V}{\partial x}\right)+\frac{\partial}{\partial y}\left(\varepsilon_{yx}\frac{\partial V}{\partial y}\right)\right]\\&+C_w\frac{\rho_a}{\rho^2}W_a^2\cos\alpha-\frac{gV}{C^2h^2}\sqrt{U^2+V^2}-fU\end{aligned} \tag{7.2.3}$$

式中, $u=U/h$; $v=V/h$; U, V 代表单宽流量.

7.2.2　控制方程的离散

采用伽辽金有限单元法对控制方程进行离散. 离散区域内采用三角形六节点的单元. 图 7.2.1.

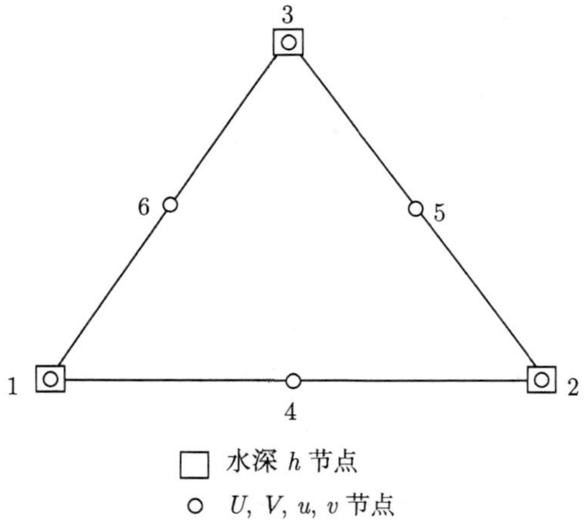

图 7.2.1　单元节点布置

1. 插值函数 (试函数) 的选择

由于控制方程中含有水深的一次项, 速度的二次项, 所以水深用线性插值函数, 而速度用二次插值函数.

$$h = \Psi^T h_I \tag{7.2.4}$$

$$(U, V) = \left(\Phi^T U_I, \Phi^T V_I\right) \tag{7.2.5}$$

$$(u, v) = \left(\Phi^T u_I, \Phi^T v_I\right) \tag{7.2.6}$$

其中, U, V, u, v, h 为单元内任意一点的单宽流量、速度和水深;

U_I, V_I, u_I, v_I, h_I 为该单元各节点的单宽流量、速度和水深;

$h = (h_1, h_2, h_3)^T$;

$U_I = (U_1, U_2, U_3, U_4, U_5, U_6)^T$;

$V_I = (V_1, V_2, V_3, V_4, V_5, V_6)^T$;

Φ^T 为流量的插值函数;

Ψ^T 为水深的插值函数.

插值函数的形式已如前述, 它们分别是,

$$\Psi = (\psi_1,\ \psi_2,\ \psi_3)^T = (\xi_1,\ \xi_2,\ \xi_3)^T \tag{7.2.7}$$

$$\begin{aligned}\Phi &= \begin{pmatrix} \phi_1 & \phi_2 & \phi_3 & \phi_4 & \phi_5 & \phi_6 \end{pmatrix}^T \\ &= \begin{pmatrix} \xi_1(2\xi_1-1) & \xi_2(2\xi_2-1) & \xi_3(2\xi_3-1) & 4\xi_1\xi_2 & 4\xi_2\xi_3 & 4\xi_3\xi_1 \end{pmatrix}^T\end{aligned} \tag{7.2.8}$$

2. 控制方程的离散

(1) 伽辽金积分式

连续方程

先形成伽辽金积分式,

$$\int_\Omega \left(\frac{\partial h}{\partial t} + \frac{\partial U}{\partial x} + \frac{\partial V}{\partial y}\right)\Psi \mathrm{d}A = 0 \tag{7.2.9}$$

由 Green-Gauss 定理, 式 (7.2.9) 转化为:

$$\int_\Omega \Psi\frac{\partial h}{\partial t}\mathrm{d}A + \oint_S \Psi \boldsymbol{q}\cdot\boldsymbol{n}\mathrm{d}s - \int_\Omega \left(\frac{\partial \Psi}{\partial x}U + \frac{\partial \Psi}{\partial y}V\right)\mathrm{d}A = 0$$

式中: $\boldsymbol{q} = U\boldsymbol{i} + V\boldsymbol{j}$; $\boldsymbol{n}$ 为边界 S 的外法线向量; 边界 $S = S_l + S_v$, S_l 为流场的不透水边界, S_v 为流域的开边界. 不透水边界上有 $\boldsymbol{q}\cdot\boldsymbol{n} = 0$. 所以, 穿越边界的流量项为:

$$\oint_S \Psi\boldsymbol{q}\cdot\boldsymbol{n}\mathrm{d}s = \int_{S_v} \Psi(U\mathrm{d}y - V\mathrm{d}x) \tag{7.2.10}$$

因此, 在单元计算中, 只有那些边界落在开边界上的单元, 该项不为零. 对于内部单元及侧向边界的单元, 穿越边界的流量为零. 最后得到连续方程的伽辽金积分式为,

$$\int_{\Omega}\left[\Psi\frac{\partial h}{\partial t}-\left(\frac{\partial \Psi}{\partial x}U+\frac{\partial \Psi}{\partial y}V\right)\right]\mathrm{d}A=-\int_{S_v}\Psi\left(U\mathrm{d}y-V\mathrm{d}x\right) \tag{7.2.11}$$

动量方程

先形成伽辽金积分式,

$$\begin{aligned}&\int_{\Omega}\left\{\frac{\partial U}{\partial t}+\frac{\partial\left(uU\right)}{\partial x}+\frac{\partial\left(vU\right)}{\partial y}\right.\\&=-gh\frac{\partial(h+z_b)}{\partial x}+\frac{1}{\rho}\left[\frac{\partial}{\partial x}\left(\varepsilon_{xx}\frac{\partial U}{\partial x}\right)+\frac{\partial}{\partial y}\left(\varepsilon_{yx}\frac{\partial U}{\partial y}\right)\right]\\&\left.+C_w\frac{\rho_a}{\rho^2}W_a^2\sin\alpha-\frac{gU}{C^2h^2}\sqrt{U^2+V^2}+fV\right\}\Phi\mathrm{d}A\end{aligned} \tag{7.2.12}$$

$$\begin{aligned}&\int_{\Omega}\left\{\frac{\partial V}{\partial t}+\frac{\partial\left(uV\right)}{\partial x}+\frac{\partial\left(vV\right)}{\partial y}\right.\\&=-gh\frac{\partial(h+z_b)}{\partial y}+\frac{1}{\rho}\left[\frac{\partial}{\partial x}\left(\varepsilon_{xx}\frac{\partial V}{\partial x}\right)+\frac{\partial}{\partial y}\left(\varepsilon_{yx}\frac{\partial V}{\partial y}\right)\right]\\&+C_w\frac{\rho_a}{\rho^2}W_a^2\sin\alpha-\frac{gV}{C^2h^2}\sqrt{U^2+V^2}-fU\}\Phi\mathrm{d}A\end{aligned} \tag{7.2.13}$$

对含有 U、V 的二阶导数的黏性项, 采用分部积分降低阶数.

$$\begin{aligned}&\int_{\Omega}\Phi\frac{1}{\rho}\left[\frac{\partial}{\partial x}\left(\varepsilon_{xx}\frac{\partial U}{\partial x}\right)+\left(\frac{\partial}{\partial y}\varepsilon_{yx}\frac{\partial U}{\partial y}\right)\right]\mathrm{d}A\\&=\frac{1}{\rho}\oint_{s}\Phi\left(\varepsilon_{xx}\frac{\partial U}{\partial x}\mathrm{d}y+\varepsilon_{yx}\frac{\partial U}{\partial y}\mathrm{d}x\right)-\frac{1}{\rho}\int_{\Omega}\left(\frac{\partial \Phi}{\partial x}\varepsilon_{xx}\frac{\partial U}{\partial x}+\frac{\partial \Phi}{\partial y}\varepsilon_{yx}\frac{\partial U}{\partial y}\right)\mathrm{d}A\end{aligned}$$

对于宽浅河道, 水体所受的表面切应力是以自由表面应力和河床底部的切应力为主, 可以忽略侧向边界和开边界的表面应力, 所以上式右边的第一项可以忽略, 黏性项可以写为,

$$\int_{\Omega}\Phi\frac{1}{\rho}\left[\frac{\partial}{\partial x}\left(\varepsilon_{xx}\frac{\partial U}{\partial x}\right)+\left(\frac{\partial}{\partial y}\varepsilon_{yx}\frac{\partial U}{\partial y}\right)\right]\mathrm{d}A=\frac{1}{\rho}\int_{\Omega}\left(\frac{\partial \Phi}{\partial x}\varepsilon_{xx}\frac{\partial U}{\partial x}+\frac{\partial \Phi}{\partial y}\varepsilon_{yx}\frac{\partial U}{\partial y}\right)\mathrm{d}A$$

和,

$$\int_{\Omega}\Phi\frac{1}{\rho}\left[\frac{\partial}{\partial x}\left(\varepsilon_{xy}\frac{\partial V}{\partial x}\right)+\left(\frac{\partial}{\partial y}\varepsilon_{yy}\frac{\partial V}{\partial y}\right)\right]\mathrm{d}A=\frac{1}{\rho}\int_{\Omega}\left(\frac{\partial \Phi}{\partial x}\varepsilon_{xy}\frac{\partial V}{\partial x}+\frac{\partial \Phi}{\partial y}\varepsilon_{yy}\frac{\partial V}{\partial y}\right)\mathrm{d}A$$

这样, 式 (7.2.12) 和式 (7.2.13) 可以简化成以下形式,

$$\int_{\Omega}\left[\frac{\partial U}{\partial t}+\frac{\partial\left(uU\right)}{\partial x}+\frac{\partial\left(vU\right)}{\partial y}\right]\Phi\mathrm{d}A$$

$$= \int_{\Omega} \left[-gh \frac{\partial (h+z_b)}{\partial x} \right] \Phi \mathrm{d}A + \frac{1}{\rho} \int_{\Omega} \left(\frac{\partial \Phi}{\partial x} \varepsilon_{xx} \frac{\partial U}{\partial x} + \frac{\partial \Phi}{\partial y} \varepsilon_{yx} \frac{\partial U}{\partial y} \right) \mathrm{d}A$$
$$+ \int_{\Omega} \left(C_w \frac{\rho_a}{\rho^2} W_a^2 \sin\alpha - \frac{gU}{C^2 h^2} \sqrt{U^2+V^2} + fV \right) \Phi \mathrm{d}A \tag{7.2.14}$$

$$\int_{\Omega} \left[\frac{\partial V}{\partial t} + \frac{\partial (uV)}{\partial x} + \frac{\partial (vV)}{\partial y} \right] \Phi \mathrm{d}A$$
$$= \int_{\Omega} \left[-gh \frac{\partial (h+z_b)}{\partial y} \right] \Phi \mathrm{d}A + \frac{1}{\rho} \int_{\Omega} \left(\frac{\partial \Phi}{\partial x} \varepsilon_{xy} \frac{\partial V}{\partial x} + \frac{\partial \Phi}{\partial y} \varepsilon_{yy} \frac{\partial V}{\partial y} \right) \mathrm{d}A$$
$$+ \int_{\Omega} \left(C_w \frac{\rho_a}{\rho^2} W_a^2 \cos\alpha - \frac{gV}{C^2 h^2} \sqrt{U^2+V^2} - fU \right) \Phi \mathrm{d}A \tag{7.2.15}$$

(2) 单元矩阵的形成

先讨论与连续方程对应的单元矩阵. 就连续方程的伽辽金积分式 (7.2.11) 分项讨论,

时间导数项

$$\int_{\Omega} \Psi \frac{\partial h}{\partial t} \mathrm{d}A = \int_{\Omega} \begin{Bmatrix} \psi_1 \\ \psi_2 \\ \psi_3 \end{Bmatrix} (\psi_1, \psi_2, \psi_3) \begin{Bmatrix} \dfrac{\partial h_1}{\partial t} \\ \dfrac{\partial h_2}{\partial t} \\ \dfrac{\partial h_3}{\partial t} \end{Bmatrix} \mathrm{d}A$$

再讨论空间导数项

$$\int_{\Omega} \frac{\partial \Psi}{\partial x} U \mathrm{d}A = \int_{\Omega} \begin{Bmatrix} \dfrac{\partial \psi_1}{\partial x} \\ \dfrac{\partial \psi_2}{\partial x} \\ \dfrac{\partial \psi_3}{\partial x} \end{Bmatrix} \Phi^T U_I \mathrm{d}A$$

$$\int_{\Omega} \frac{\partial \Psi}{\partial y} V \mathrm{d}A = \int_{\Omega} \begin{Bmatrix} \dfrac{\partial \psi_1}{\partial y} \\ \dfrac{\partial \psi_2}{\partial y} \\ \dfrac{\partial \psi_3}{\partial y} \end{Bmatrix} \Phi^T V_I \mathrm{d}A$$

最后讨论边界积分项

$$-\int_{S_v} \Psi (U\mathrm{d}y - V\mathrm{d}x) = -\int_{S_v} \Psi Q_n \mathrm{d}s = -Q_n \int_{S_v} \Psi \mathrm{d}s$$

利用以下的关系式

$$\int_{\Omega} \xi_1^i \xi_2^j \xi_3^k \mathrm{d}A = \frac{i!j!k!}{(i+j+k+2)!} 2A$$

$$\begin{Bmatrix} \mathrm{d}x \\ \mathrm{d}y \end{Bmatrix} = \begin{Bmatrix} a_1\mathrm{d}\xi_1 - a_2\mathrm{d}\xi_2 \\ -b_1\mathrm{d}\xi_1 + b_2\mathrm{d}\xi_2 \end{Bmatrix}$$

和矩阵运算, 可以得到如下的代数方程组,

$$[A_c]\begin{Bmatrix} \dfrac{\partial h_1}{\partial t} \\ \dfrac{\partial h_2}{\partial t} \\ \dfrac{\partial h_3}{\partial t} \end{Bmatrix} + [B_c]\begin{Bmatrix} U_1 \\ U_2 \\ U_3 \\ U_4 \\ U_5 \\ U_6 \end{Bmatrix} + [C_c]\begin{Bmatrix} V_1 \\ V_2 \\ V_3 \\ V_4 \\ V_5 \\ V_6 \end{Bmatrix} = \boldsymbol{Q} \tag{7.2.16}$$

式中各矩阵见附录 1.

再讨论与动量方程对应的单元矩阵. 就 $x-$ 方向动量方程的伽辽金积分式 (7.2.14) 分项讨论,

时间导数项

$$\int_\Omega \Phi\frac{\partial U}{\partial t}\mathrm{d}A = \int_\Omega \Phi\frac{\partial \Phi^T U_I}{\partial t}\mathrm{d}A = \int_\Omega \Phi\Phi^T\mathrm{d}A\begin{Bmatrix} \dfrac{\partial U_1}{\partial t} \\ \dfrac{\partial U_2}{\partial t} \\ \dfrac{\partial U_3}{\partial t} \\ \dfrac{\partial U_4}{\partial t} \\ \dfrac{\partial U_5}{\partial t} \\ \dfrac{\partial U_6}{\partial t} \end{Bmatrix}$$

对流项

$$\int_\Omega \left[\Phi\frac{\partial uU}{\partial x} + \Phi\frac{\partial vU}{\partial y}\right]\mathrm{d}A = \left[u^n\int_\Omega \Phi^T\frac{\partial \Phi\Phi^T}{\partial x}\mathrm{d}A + v^n\int_\Omega \Phi^T\frac{\partial \Phi\Phi^T}{\partial y}\mathrm{d}A\right]\begin{Bmatrix} U_1 \\ U_2 \\ U_3 \\ U_4 \\ U_5 \\ U_6 \end{Bmatrix}$$

水力坡度项

$$\int_\Omega \left[-\Phi gh\frac{\partial(h+z_b)}{\partial x}\right]\mathrm{d}A = -g\bar{h}_e\left[\left(\int_\Omega \Phi\frac{\partial \Psi^T}{\partial x}\mathrm{d}A\right)h_I + \left(\int_\Omega \Phi\frac{\partial \Psi^T}{\partial x}\mathrm{d}A\right)z_{bI}\right]$$

$$
= [C]\begin{Bmatrix} h_1 \\ h_2 \\ h_3 \end{Bmatrix} + [C]\begin{Bmatrix} z_{b1} \\ z_{b2} \\ z_{b3} \end{Bmatrix}
$$

黏性耗散项, 假定黏性系数是常数

$$
\begin{aligned}
&\frac{1}{\rho}\int_{\Omega}\left(\frac{\partial \Phi}{\partial x}\varepsilon_{xx}\frac{\partial U}{\partial x}+\frac{\partial \Phi}{\partial y}\varepsilon_{yx}\frac{\partial U}{\partial y}\right)\mathrm{d}A \\
&=\frac{1}{\rho}\int_{\Omega}\varepsilon_{xx}\frac{\partial \Phi}{\partial x}\frac{\partial \Phi^T}{\partial x}U_I\mathrm{d}A+\frac{1}{\rho}\int_{\Omega}\varepsilon_{yx}\frac{\partial \Phi}{\partial y}\frac{\partial \Phi^T}{\partial y}U_I\mathrm{d}A \\
&=([D_1]+[D_2])\begin{Bmatrix} U_1 \\ U_2 \\ U_3 \\ U_4 \\ U_5 \\ U_6 \end{Bmatrix}
\end{aligned}
$$

风应力项

$$
\int_{\Omega}\left(C_w\frac{\rho_a}{\rho^2}W_a^2\sin\alpha\right)\Phi\mathrm{d}A=\left(C_w\frac{\rho_a}{\rho^2}W_a^2\sin\alpha\right)\int_{\Omega}\Phi\mathrm{d}A
$$

摩阻力项

$$
\int_{\Omega}-\Phi\frac{gU}{C^2h^2}\sqrt{U^2+V^2}\mathrm{d}A=-g\frac{\sqrt{U_I^2+V_I^2}}{C_I^2h_I^2}\int_{\Omega}\Phi\Phi^T U_I\mathrm{d}A=[E]\begin{Bmatrix} U_1 \\ U_2 \\ U_3 \\ U_4 \\ U_5 \\ U_6 \end{Bmatrix}
$$

科里奥利力项

$$
\int_{\Omega}\Phi fV\mathrm{d}A=f\int_{\Omega}\Phi\Phi^T V_I\mathrm{d}A=f\,[G]\begin{Bmatrix} V_1 \\ V_2 \\ V_3 \\ V_4 \\ V_5 \\ V_6 \end{Bmatrix}
$$

利用同样的关系式和矩阵运算, 可以得到如下的代数方程组,

$$
[A_{mx}]\begin{Bmatrix}\dfrac{\partial U_1}{\partial t}\\ \dfrac{\partial U_2}{\partial t}\\ \dfrac{\partial U_3}{\partial t}\\ \dfrac{\partial U_4}{\partial t}\\ \dfrac{\partial U_5}{\partial t}\\ \dfrac{\partial U_6}{\partial t}\end{Bmatrix}+([B_{m1x}]+[B_{m2x}]+[D_{m1x}]+[D_{m2x}]+[E_{mx}])\begin{Bmatrix}U_1\\U_2\\U_3\\U_4\\U_5\\U_6\end{Bmatrix}
$$

$$
+[C_{mx}]\begin{Bmatrix}h_1\\h_2\\h_3\end{Bmatrix}+[C_{mx}]\begin{Bmatrix}z_{b1}\\z_{b2}\\z_{b3}\end{Bmatrix}+\{P_x\}+[F_x]\begin{Bmatrix}V_1\\V_2\\V_3\\V_4\\V_5\\V_6\end{Bmatrix}=0 \qquad (7.2.17)
$$

式中各矩阵见附录 1.

类似地, 可以导出 $y-$ 方向动量方程的代数方程组,

$$
[A_{my}]\begin{Bmatrix}\dfrac{\partial V_1}{\partial t}\\ \dfrac{\partial V_2}{\partial t}\\ \dfrac{\partial V_3}{\partial t}\\ \dfrac{\partial V_4}{\partial t}\\ \dfrac{\partial V_5}{\partial t}\\ \dfrac{\partial V_6}{\partial t}\end{Bmatrix}+([B_{m1y}]+[B_{m2y}]+[D_{m1y}]+[D_{m2y}]+[E_{my}])\begin{Bmatrix}V_1\\V_2\\V_3\\V_4\\V_5\\V_6\end{Bmatrix}
$$

$$
+[C_{my}]\begin{Bmatrix}h_1\\h_2\\h_3\end{Bmatrix}+[C_{my}]\begin{Bmatrix}z_{b1}\\z_{b2}\\z_{b3}\end{Bmatrix}+\{P_y\}+[F_y]\begin{Bmatrix}U_1\\U_2\\U_3\\U_4\\U_5\\U_6\end{Bmatrix}=0 \qquad (7.2.18)
$$

式中各矩阵见附录 1.

将式 (7.2.16), (7.2.17) 和 (7.2.18) 重新写成下面的形式

$$[A_c]_e\,\dot{\boldsymbol{h}}_{\boldsymbol{I}} + [M_c]_e\,\boldsymbol{U}_{\boldsymbol{I}} + [C_c]_e\,\boldsymbol{V}_{\boldsymbol{I}} = \boldsymbol{Q}_{\boldsymbol{e}} \tag{7.2.19}$$

$$[A_{mx}]_e\,\dot{\boldsymbol{U}}_{\boldsymbol{I}} + [M_{mx}]_e\,\boldsymbol{U}_{\boldsymbol{I}} + [C_{mx}]_e\,\boldsymbol{h}_{\boldsymbol{I}} + [C_{mx}]_e\,\boldsymbol{z}_{\boldsymbol{bI}} + \{P_x\}_e + [F_x]_e\,\boldsymbol{V}_{\boldsymbol{I}} = 0 \tag{7.2.20}$$

$$[A_{my}]_e\,\dot{V}_I + [M_{my}]_e\,V_I + [C_{my}]_e\,\boldsymbol{h}_{\boldsymbol{I}} + [C_{my}]_e\,\boldsymbol{z}_{\boldsymbol{bI}} + \{P_y\}_e + [F_y]_e\,U_I = 0 \tag{7.2.21}$$

上式中矩阵的下标 e 代表单元矩阵. 它们分别等于

$$[A_c]_e = [A_c]\,;\quad [M_c]_e = [B]_c\,;\quad [C_c]_e = [C_c]\,;\quad [A_{mx}]_e = [A_{mx}]\,;$$

$$[M_{mx}]_e = [B_{m1x}]+[B_{m2x}]+[D_{m1x}]+[D_{m2x}]+[E_{mx}]\,;\ [C_{mx}]_e = [C_{mx}]\,;\ \{P_x\}_e = \{P_x\}\,;$$

$$[F_x]_e = [F_x]\,;\quad [A_{my}]_e = [A_{my}]\,;\quad [M_{my}]_e = [B_{m1y}]+[B_{m2y}]+[D_{m1y}]+[D_{m2y}]+[E_{my}]\,;$$

$$[C_{my}]_e = [C_{my}]\,;\quad \{P_y\}_e = \{P_y\}\,;\quad [F_y]_e = [F_y]\,.$$

(3) 整体系数矩阵

根据 7.1.5 讲的形成整体矩阵的规则, 在求出单元矩阵后, 形成如下的整体矩阵

$$[A_c]_z\,\dot{\boldsymbol{h}}_{\boldsymbol{I}} + [M_c]_z\,\boldsymbol{U}_{\boldsymbol{I}} + [C_c]_z\,\boldsymbol{V}_{\boldsymbol{I}} = \boldsymbol{Q}_{\boldsymbol{z}} \tag{7.2.22}$$

$$[A_{mx}]_z\,\dot{\boldsymbol{U}}_{\boldsymbol{I}} + [M_{mx}]_z\,\boldsymbol{U}_{\boldsymbol{I}} + [C_{mx}]_z\,\boldsymbol{h}_{\boldsymbol{I}} = [C_{mx}]_z\,\boldsymbol{z}_{\boldsymbol{bI}} + \{P_x\}_z + [F_x]_z\,\boldsymbol{V}_{\boldsymbol{I}} \tag{7.2.23}$$

$$[A_{my}]_z\,\dot{\boldsymbol{V}}_{\boldsymbol{I}} + [M_{my}]_z\,\boldsymbol{V}_{\boldsymbol{I}} + [C_{my}]_z\,\boldsymbol{h}_{\boldsymbol{I}} = [C_{my}]_z\,\boldsymbol{z}_{\boldsymbol{bI}} + \{P_y\}_z + [F_y]_z\,\boldsymbol{U}_{\boldsymbol{I}} \tag{7.2.24}$$

上式中矩阵的下标 z 代表整体矩阵.

3. 离散方程的求解

对于时间导数项, 采用时间前差格式进行离散, 对于空间导数项, 采用时间加权的格式

$$[A_c]_z\,\frac{\boldsymbol{h}_{\boldsymbol{I}}^{n+1} - \boldsymbol{h}_{\boldsymbol{I}}^{n}}{\Delta t} + [M_c]_z\left[\theta\boldsymbol{U}_{\boldsymbol{I}}^{n+1} + (1-\theta)\,\boldsymbol{U}_{\boldsymbol{I}}^{n}\right] + [C_c]_z\left[\theta\boldsymbol{V}_{\boldsymbol{I}}^{n+1} + (1-\theta)\,\boldsymbol{V}_{\boldsymbol{I}}^{n}\right] = 0 \tag{7.2.25}$$

$$\begin{aligned}&[A_{mx}]_z\,\frac{\boldsymbol{U}_{\boldsymbol{I}}^{n+1} - \boldsymbol{U}_{\boldsymbol{I}}^{n}}{\Delta t} + [M_{mx}]_z\left[\theta\boldsymbol{U}_{\boldsymbol{I}}^{n+1} + (1-\theta)\,\boldsymbol{U}_{\boldsymbol{I}}^{n}\right]\\&\quad + [C_{mx}]_z\left[\theta\boldsymbol{h}_{\boldsymbol{I}}^{n+1} + (1-\theta)\,\boldsymbol{h}_{\boldsymbol{I}}^{n}\right] = [C_{mx}]_z\,\boldsymbol{z}_{\boldsymbol{bI}} + \{P_x\}_z + [F_x]_z\,\boldsymbol{V}_{\boldsymbol{I}}^{n}\end{aligned} \tag{7.2.26}$$

$$\begin{aligned}&[A_{my}]_z\,\frac{\boldsymbol{V}_{\boldsymbol{I}}^{n+1} - \boldsymbol{V}_{\boldsymbol{I}}^{n}}{\Delta t} + [M_{my}]_z\left[\theta\boldsymbol{V}_{\boldsymbol{I}}^{n+1} + (1-\theta)\,\boldsymbol{V}_{\boldsymbol{I}}^{n}\right]\\&\quad + [C_{my}]_z\left[\theta\boldsymbol{h}_{\boldsymbol{I}}^{n+1} + (1-\theta)\,\boldsymbol{h}_{\boldsymbol{I}}^{n}\right] = [C_{my}]_z\,\boldsymbol{z}_{\boldsymbol{bI}} + \{P_y\}_z + [F_y]_z\,\boldsymbol{U}_{\boldsymbol{I}}^{n}\end{aligned} \tag{7.2.27}$$

将以上三式进行整理得,

$$\frac{1}{\Delta t}[A_c]_z \boldsymbol{h}_{\boldsymbol{I}}^{n+1} + \theta[M_c]_z \boldsymbol{U}_{\boldsymbol{I}}^{n+1} + \theta[C_c]_z \boldsymbol{V}_{\boldsymbol{I}}^{n+1} = \boldsymbol{R_c} \tag{7.2.28}$$

$$\frac{1}{\Delta t}[A_{mx}]_z \boldsymbol{U}_{\boldsymbol{I}}^{n+1} + \theta[M_{mx}]_z \boldsymbol{U}_{\boldsymbol{I}}^{n+1} + \theta[C_{mx}]_z \boldsymbol{h}_{\boldsymbol{I}}^{n+1} = \boldsymbol{R_{mx}} \tag{7.2.29}$$

$$\frac{1}{\Delta t}[A_{my}]_z \boldsymbol{V}_{\boldsymbol{I}}^{n+1} + \theta[M_{my}]_z \boldsymbol{V}_{\boldsymbol{I}}^{n+1} + \theta[C_{my}]_z \boldsymbol{h}_{\boldsymbol{I}}^{n+1} = \boldsymbol{R_{my}} \tag{7.2.30}$$

上面三式中的右边项分别等于,

$$\begin{aligned}
\boldsymbol{R_c} &= \frac{1}{\Delta t}[A_c]_z \boldsymbol{h}_{\boldsymbol{I}}^{n+1} - (1-\theta)[M_c]_z \boldsymbol{U}_{\boldsymbol{I}}^{n} - (1-\theta)[C_c]_z \boldsymbol{V}_{\boldsymbol{I}}^{n} + \boldsymbol{Q}_z \\
\boldsymbol{R_{mx}} &= \frac{1}{\Delta t}[A_{mx}]_z \boldsymbol{U}_{\boldsymbol{I}}^{n} - (1-\theta)[M_{mx}]_z \boldsymbol{U}_{\boldsymbol{I}}^{n} - (1-\theta)[C_{mx}]_z \\
&\quad \boldsymbol{h}_{\boldsymbol{I}}^{n} + [C_{mx}]_z \boldsymbol{z_{bI}} + \{P_x\}_z + [F_x]_z \boldsymbol{V}_{\boldsymbol{I}}^{n} \\
\boldsymbol{R_{my}} &= \frac{1}{\Delta t}[A_{my}]_z \boldsymbol{V}_{\boldsymbol{I}}^{n} - (1-\theta)[M_{my}]_z \boldsymbol{V}_{\boldsymbol{I}}^{n} - [C_{my}](1-\theta) \\
&\quad \boldsymbol{h}_{\boldsymbol{I}}^{n} + [C_{my}]_z \boldsymbol{z_{bI}} + \{P_y\}_z + [F_y]_z \boldsymbol{U}_{\boldsymbol{I}}^{n}
\end{aligned}$$

式 (7.2.28), (7.2.29) 和 (7.2.30) 构成以, $\boldsymbol{U}_{\boldsymbol{I}}^{n+1}$, $\boldsymbol{V}_{\boldsymbol{I}}^{n+1}$, $\boldsymbol{h}_{\boldsymbol{I}}^{n+1}$ 为未知变量的非线性代数方程组, 在给定初始条件和边界条件后, 可以用任何解非线性代数方程组的方法求解.

参 考 文 献

[1] Zienkiewicz O C, Taylor R L. The finite element method, fifth edition, Volume 3 Fluid dynamics. Oxford: Butterworth-Heinemann, 2000: Chapter 1-2, 1-63.

[2] Oden J T. Finite elements of nonlinear continua. New York: McGraw-Hill Inc, 1972: Chapter 1, 1-18.

[3] Finlayson B. A. The method of weighted residuals and variational principles. New York: Academic, 1972: Chapter 2, 32-49.

[4] 徐文焕, 陈虬. 加权余量法在结构分析中的应用. 北京: 中国铁道出版社, 1985: 13-14.

[5] 邱吉宝. 加权残值法的理论与应用. 北京: 宇航出版社, 1991: 61-69.

[6] Baker A J. Finite element computational fluid mechanics. Hemisphere Publishing Corporation, 1983: Chapter 3-6 53-162.

[7] Lynn P. Least squares finite element analysis of laminar boundary layers. International Journal for Numerical Methods in Engineering, 1974, 8(4): 865-876.

[8] Pokinski Z, Baker A J. An implicit finite element algorithm for the boundary layer equations, Journal of Computational Physics. 1976, 21(1): 55-84.

[9] Chung T J, Chiou J N. Analysis of unsteady compressible boundary layer flow via finite elements. Computers and Fluids, 1976, 4(1): 1-12.

[10] Oden J T, Reddy J N. Introduction to mathematical theory of finite elements. New York: John Wiley & Sons Inc, 1976: Chapter 2, 27-58.

[11] 切尼 E W. 逼近论导引. 上海: 上海科技出版社, 1981: 16-18.

[12] Brebbia C A, S Walker. Boundary element techniques in engineering. Oxford: Butterworth-Heinamann, 1980: Chapter 2, 38-39.

[13] Bear J. Hydraulics of groundwater. New York: McGraw-Hill Inc, 1979: Chapter 5, 107-132.

[14] Dai Yu, Wang Deguan. Numerical study on the purification performance of riverbank. Journal of Hydrodynamics, Ser. B, 2007, 19(5): 643-652.

[15] Luckner L, van Genuchten M T, Nielsen D R. A consistent set of parametric models for the two-phase flow of immiscible fluids in the subsurface. Water Resources Research, 1989, 25(10): 2187-2193.

[16] van Genuchten M T. Closed-form equation for predicting the hydraulic conductivity of unsaturated soils. Soil Science Society of America Journal, 1980, 44(5): 892-898.

[17] Vogel T, Cislenova M. On the reliability of unsaturated hydraulic conductivity calculated from the moisture retention curve. Transport in porous media, 3(1): 1-15.

第三篇　有限体积法

第 8 章　有限体积法

有限体积法 (FVM) 被认为是介于有限差分 (FDM) 和有限单元法 (FEM) 之间的一类数值求解方法 [1]. 随着计算方法的不断改进, 有限体积法从原来的有限差分方法中分离出来, 形成了一类重要的数值求解方法. 这主要得益于其基于守恒型积分控制方程, 不要求变量的可微性, 适于求解含弱解的方程. 同时, 也与其可以采用任意形状的非结构网格单元密不可分. 非结构网格的使用, 使有限体积法兼具了有限差分法离散格式灵活和有限单元法拟合复杂边界能力的双重优势, 成为了解决实际流体运动问题的有力手段.

由于最初应用学科研究问题的差异, 有限体积法的产生和发展经历两条不同的分支路径, 一支是, 以求解双曲型 Euler 方程组为主的空气动力学领域的数值计算; 另一支是, 以抛物型和椭圆型方程组为主的传热与流体流动数值计算. 由于所要求解方程特性的差异, 两种路径发展的计算方法大相径庭.

计算空气动力学中以求解双曲型可压缩流的 Euler 方程组为主. 从 MacCormack 格式构建至今, 各种高精度、高分辨率的数值计算格式不断出现, 尤其是基于 Riemann 近似解的格式, 至今还在不断发展和完善中 [2][3][4]. 鉴于水力学问题计算中浅水方程的齐次形式具有与 Euler 方程相同的数学特性, 水力学和应用数学界的学者在 20 世纪 80 年代末期开始将计算空气动力学的研究成果引入浅水流动的模拟中来. 我国学者谭维炎等 [2][5] 在这方面做了突出贡献. 但是由于水流运动特征的不同 (浅水方程组是非齐次的), 衍生出一系列待解决的计算问题, 如水下地形、床面阻力和边界条件等. 其中, 最为突出的是解决静水压力项和底坡项的平衡的 “和谐”(Well-balanced) 性问题. 目前它仍是国内外关注的热点, 国际计算物理 (Journal of Computational Physics) 杂志仍不断有相关论文刊出 [6][7][8][9][10][11][12]. 经过近 20 年的发展, 基于非结构网格有限体积法的浅水动力学计算模型已在在工程实践中得到广泛应用, 成为了近些年来流行的实用算法.

Navier-Sotkes 方程组的求解则走了另一条有限体积法之路. Patankar、Spalding 等为此作出了开创性的贡献 [1][13]. 他们基于对流–扩散方程原创性地建立了一套自成体系且简洁实用的有限体积计算方法, 对求解 Navier-Sotkes 方程组起了有力的推动, 他们提出的有限体积法构造原则和方法在之后出版的计算流体力学专著中广为采用, 至今仍有很强的指导意义. 计算水力学领域的水流精细模拟 [14] 则主要传承了这支的发展道路. 最初的方法多基于结构化的规则网格和曲线拟合网格, 采用的是交错网格方法, 该方法限制了非结构网格的应用. 在 20 世纪 80 年代末期, Peric 等学者提出了同位网格 [15]. 在同位网格理论基础上, 用于水流精细模拟的非结构网格方法也逐步形成与发展 [16].

尽管因两者应用问题的理论基础略有差异, 导致了较为独立的两条发展路径, 但是其基于物理上守恒律来构建数值模型的基本思想是一致的, 而且相关的理论方法也可互为补充.

8.1　基本概念

有限体积法以守恒型的积分方程为出发点, 通过对流体运动的有限子区域的积分离散来构造离散方程. 有限体积法有两种导出方式, 一是控制容积积分法, 另一个是控制容积平衡法. 不管采用哪种方式导出的离散化方程, 都描述了有限各控制容积物理量的守恒性, 所以有限体积法是守恒定律的一种最自然的表现形式. 该方法适用于任意类型的单元网格, 便于用来模拟具有复杂边界形状区域的流体运动; 只要单元边上相邻单元估计的通量是一致的, 就能保证方法的守恒性; 有限体积法各项近似都含有明确的物理意义.

8.1.1　相关名词

在进行数值计算时, 要把计算区域划分成一系列互不重叠的离散小区域, 然后在该小区域上离散控制方程求解待求物理量. 在有限差分法中只涉及到网格节点的概念, 而有限体积法因为物理解释需要, 形成了以下几个常用几何要素的相关名词.

如图 8.1.1 所示, 为单元中心格式 (Cell-Centered Scheme) 有限体积法中典型的矩形网格关系. 其包含以下几个要素:

控制体积 (Control Volume): 图中阴影部分, 方程积分离散时的小体积单元 (二维为面积单元).

单元 (Cell): 控制体积的中心, 常用形心来表示, 为待求物理量的几何位置. 图中用空心圆来表示, 如点 P、W、E、N、S 等 (按有限体积法表述惯例, 本部分内容采用字母注记表示单元格的邻接关系, 而不是有限差分法中常用的 i, j 注记形式). 一般地, 用单元来代表整个控制体积. 以下如若不作特殊说明, 则用 “单元” 来代表控制体积.

网格线 (Grid Lines): 用来分割计算区域内各控制体积的交错曲线簇, 如图中折线 N_1N_2、N_2N_3、N_3N_4、N_4N_1 等.

网格节点 (Nodes): 网格线之间的交点, 图中用黑圆点来表示, 如 N_1、N_2、N_3、N_4 等.

单元界面 (Cell Faces)：相邻两个控制体积间的公共面 (二维则可以认为是公共边，这样看起来就和网格线一致了，但是要注意这不是同一个概念)，按习惯，图中用小写字母 e、n、w、s 表示. 通常定义 e、n、w、s 几何位置位于交界面的形心点，二维则可认为在公共边的中心点.

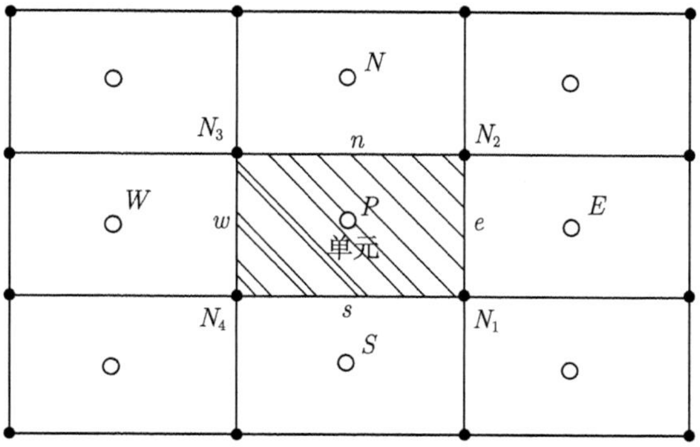

图 8.1.1 单元中心有限体积法中典型的矩形网格

8.1.2 控制体积的选择

当用有限体积法模拟水流流动时，与有限差分法一样首先必须对计算区域进行网格划分，然后选定控制体积的形成方式，在其上进行空间离散. 目前，常用的有两种方法 [17][Mavriplis, 1997]：单元中心方式 (Cell-Centered) 和顶点中心方式 (Vertex-Centered). 另外一些学者还发展了由两种方式综合形成的混合方式. 根据问题的特点和要求，不同的变量可以采用不同的控制体积，因此又产生了交错网格和同位网格的称谓，这里不再深入介绍，读者根据需要可以参考相关文献 [15].

前面我们在讨论有限体积法的术语时，已经用到了单元中心控制体积的形成方式. 这里再作一个说明并对两者作简单的比较. 图 8.1.2 为两种控制体积选择方式示意图.

1. 顶点中心方式

以网格节点为中心，它的形成有多种方式. 其常用的构成方式是由以该节点为顶点的格子的形心以及共顶点的各网格线中心点的一系列连接线段所构成一个多边形控制体积. 也可以由环绕该节点的一组格子组成控制体.

2. 单元中心方式

单元位于控制体积的中心，即将单一的网格单元作为控制体积，网格单元互不重叠. 目前用非结构网格做流动计算多使用单元中心格式，它有利于处理陆地和给定流量边界条件.

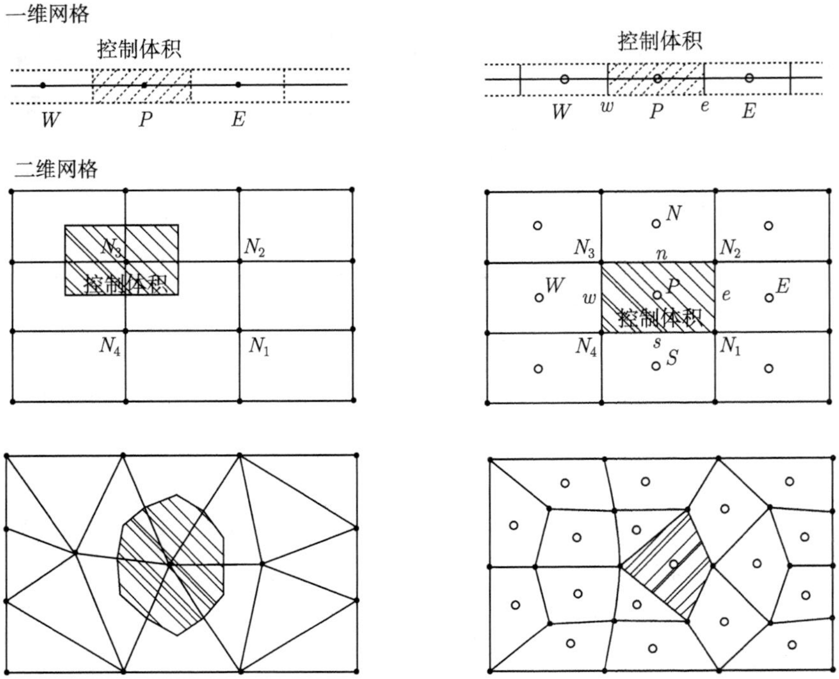

(a) 单元顶点方式 (b) 单元中心方式

图 8.1.2 控制体积选择方式示意图

阴影部分表示单元的控制体积. 空心圆点表示单元, 实心圆点表示网格节点, 在顶点中心方式中, 单元和网格节点重合.

计算同样多的变量, 单元中心方式变量布置简单直观, 易于处理边界条件和保持离散的守恒性, 而且需要的网格数要比单元顶点方式少得多, 可节省计算时间.

8.1.3 结构与非结构网格

1. 结构网格

结构网格, 指的是一类具有一定的分布特征, 可以用相应的行列关系来顺序描述的网格, 如图 8.1.3. 常用的有矩形网格、曲线网格以及块结构网格等.

矩形网格是有限差分法或有限体积法最为常用的网格系统. 它不对原始的控制方程 (直角坐标) 作任何坐标变换, 在边界处采用简单的阶梯形网格近似复杂的边界. 或者, 用规则矩形网格覆盖整个包括陆边界在内的计算区域, 对陆边界及陆域处的网格作特殊的技术处理, 如所谓的冻结法, 即令某些控制体积 "冻结", 或者说, "堵塞" 某些控制体积, 则剩下的 "活动" 的控制体积可形成所需要的不规则区域 [1], "冻结" 亦即令该控制体积中的因变量在运算过程中始终保持不变. 常采用大数值源项和大黏性系数法实现冻结区内流速恒为零. 尽管这类对规则网格作特殊的技术处理的方法对边界过于概化, 边界计算值过于粗糙, 陆边界附近会形成虚假的曲折水流. 但是, 其网格生成方便, 计算方法简单等优点使该方法在早期得到了大量的应用. 如图 8.1.3.

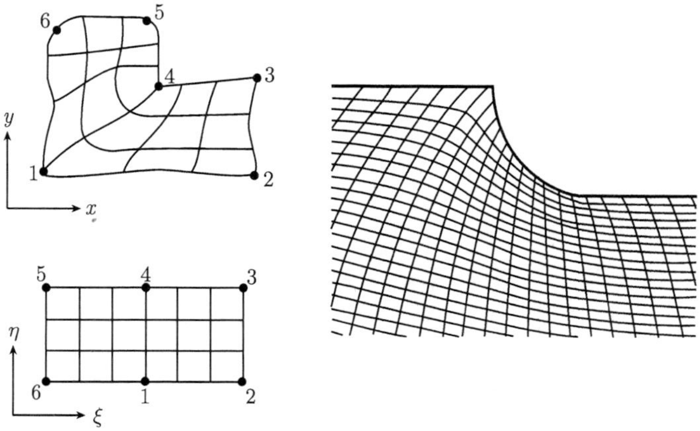

图 8.1.3 结构网格

2. 非结构网格

20 世纪 80 年代以来, 为了更好地拟合自然边界, 非正交网格上的数值计算开发和应用得到了飞速的发展. 为了更好的说明非结构网格, 可以先看图 8.1.4.

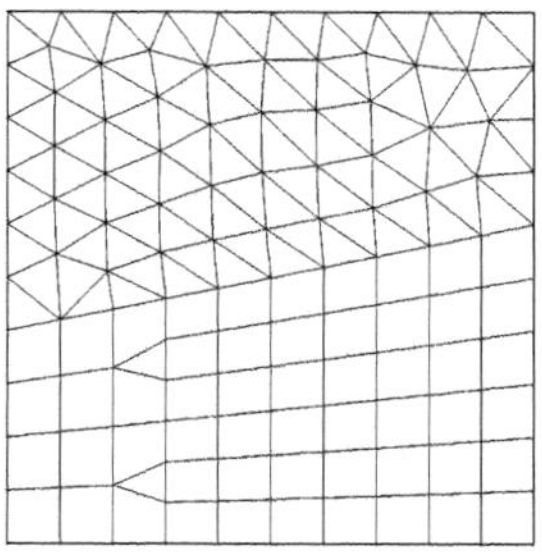

图 8.1.4 非结构网格

从图中可以看出, 非结构网格中单元格分布不再规则一致, 其位置很难再凭借行列索引关系确定. 非结构网格可以采用任意形状的单元格, 单元边的数目也无限制, 弥补了结构化网格不能够解决任意形状和任意连通区域的网格剖分的欠缺. 实用上, 为简化编程以及贴合边界要求, 一般应用四面体、六面体 (二维如三角形、四边形) 等已经足够拟合天然水域边界. 非结构网格最重要的一个特征是控制方程离散得到的代数方程的系数矩阵不再是结构网格下有规律的对角结构; 若用对角形式存储, 其带宽只能通过适当的布置单元编号顺序来减少. 非结构网格原则上可应用于任何类型的数值方法, 包括 FDM, 但 FEM 和非结构网格上的 FVM 算法更成熟, 应用更广.

非结构网格能很好地模拟自然边界及水下地形, 利于边界调节的实现; 便于控制网格密度, 易作修改和适应性调整; 网格生成有众多富有成效的方法和自适应技

术 [17], 比曲线网格更易得到高质量的单元格. 但是非结构网格应用也带来一系列需要解决的问题：单元格排列不规则, 须建立相应的数据结构存储单元格信息; 控制方程离散得到的代数方程的系数矩阵是高度稀疏的非对角型矩阵, 需要寻求合适的存储方式及解法; 黏性项处理困难; 数值解后处理工作量大; 二阶非结构 FVM 较易实现, 若要扩展到高阶格式, 则需花费较大的代价.

8.2　有限体积法离散

8.2.1　离散思路及基本格式

1. 基本思路

与有限差分法不同, 有限体积法是基于守恒型的控制方程. 这里以一维对流方程为例, 说明有限体积法离散的基本思路. 一维对流扩散方程的守恒型微分关系式为

$$\frac{\partial \mathit{\Gamma}}{\partial t}+\frac{\partial J(\mathit{\Gamma})}{\partial x}=S, \quad J(\mathit{\Gamma})=f(\mathit{\Gamma})-D\frac{\partial \mathit{\Gamma}}{\partial x} \tag{8.2.1}$$

其中, $J(\mathit{\Gamma})$ 为通量项, 包括对流项 $f(\mathit{\Gamma})$ 和扩散项 $D\dfrac{\partial \mathit{\Gamma}}{\partial x}$.

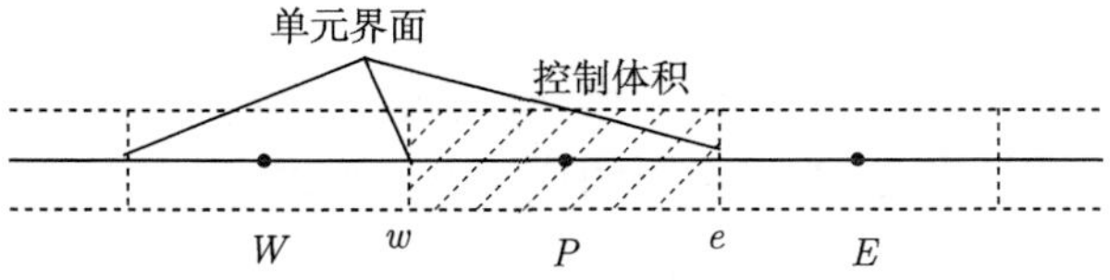

图 8.2.1　单元邻接关系示意图

对一维计算域剖分得到一个网格系统, 其单元邻接关系如图 8.2.1 所示. 重点考察单元 P, 单元 E 和 W 分别为它的两个相邻单元. 虚线为单元界面, 图中用小写字母表示, 界面 e、w 包围形成的阴影部分即为单元 P 的控制体积. 控制体积应该是三维的概念, 只不过在考虑一维控制体积时, 把 y、z 两个坐标方向假设成单位长度. 如果在单元 P 所在的控制体积上积分控制方程式 (8.2.1), 积分时间间隔从 t_n 到 $t_n+\Delta t$, 于是可以得到,

$$\int_w^e\int_{t_n}^{t_n+\Delta t}\frac{\partial \mathit{\Gamma}}{\partial t}\mathrm{d}t\mathrm{d}x+\int_{t_n}^{t_n+\Delta t}\int_w^e\frac{\partial J(\mathit{\Gamma})}{\partial x}\mathrm{d}x\mathrm{d}t=\bar{S}\Delta t\Delta x \tag{8.2.2}$$

其中, $\bar{S}=\dfrac{1}{\Delta t\Delta x}\displaystyle\int\int S\mathrm{d}t\mathrm{d}x$, 上式左边项的积分顺序按照各项的特性选择. 在离散时间导数项时, 假设单元 P 的值代表整个控制体积的值, 即

$$\mathit{\Gamma}_P=\frac{1}{\Delta V}\int_V \mathit{\Gamma}\mathrm{d}V$$

相应于该一维问题, 有 $\Gamma_P = \dfrac{1}{\Delta x}\displaystyle\int_w^e \Gamma \mathrm{d}x$. 故式 (8.2.2) 中时间导数项积分可以表示成,

$$\int_w^e \int_{t_n}^{t_n+\Delta t} \frac{\partial \Gamma}{\partial t} \mathrm{d}t\mathrm{d}x = (\Gamma_P^{n+1} - \Gamma_P^n)\Delta x \tag{8.2.3}$$

在第二项积分时, 需要假定通量或者因变量从 t_n 过渡到 $t_n + \Delta t$ 时间段内的变化关系, 这里我们写出一般的时间加权平均的通用表达式:

$$\int_{t_n}^{t_n+\Delta t} \phi \mathrm{d}t \approx \left[(1-\theta)\phi^n + \theta\phi^{n+1}\right]\Delta t \tag{8.2.4}$$

其中, 加权系数 $0 \leqslant \theta \leqslant 1$. 这样, 式 (8.2.2) 中的对流项积分的离散形式可以写成

$$\int_{t_n}^{t_n+\Delta t} \int_w^e \frac{\partial J(\Gamma)}{\partial x} \mathrm{d}x\mathrm{d}t = \left[J_e^* - J_w^*\right]\Delta t \tag{8.2.5}$$

其中, 数值通量 J_e^*、J_w^* 分别为 $J_e^*(\Gamma) = (1-\theta)J_e^n + \theta J_e^{n+1}$ 和 $J_w^*(\Gamma) = (1-\theta)J_w^n + \theta J_w^{n+1}$.

当权系数 $\theta = 0$ 时, 导出的离散格式为显格式, 当 $0 < \theta \leqslant 1$ 时为加权隐格式, 特别的 $\theta = 1/2$ 为 Crank-Nicholson 格式, $\theta = 1$ 则为全隐格式.

整理得到如下的离散化方程:

$$\Gamma_P^{n+1} = \Gamma_P^n - \frac{\Delta t}{\Delta x}\left[J_e^* - J_w^*\right] + \bar{S} \tag{8.2.6}$$

首先, 我们取 $\theta = 0$, 则有:

$$\Gamma_P^{n+1} = \Gamma_P^n - \frac{\Delta t}{\Delta x}\left[J_e^n - J_w^n\right] + \bar{S} \tag{8.2.7}$$

从中可以看出, 新时刻 P 点未知因变量值 Γ_P^{n+1} 和相邻单元新时刻的未知量值 Γ_W^{n+1}、Γ_E^{n+1} 无关, 可由前一时刻的已知变量值直接求得. 因此, 一旦确定了边界条件, 用显格式就可以通过直接求得新时刻的因变量值, 而不需要联立求解方程组.

同样的, 取 $0 < \theta \leqslant 1$, 代入相应的分量, 可以将离散方程归纳成统一的代数方程形式:

$$a_P \Gamma_P^{n+1} = a_E \Gamma_E^{n+1} + a_W \Gamma_W^{n+1} \tag{8.2.8}$$

类似地, 对每个单元积分可得到相应的离散形式的代数方程. 最终可以得到一组代数方程. 代入边界条件, 联立求解代数方程组, 从而得到新时刻控制方程的数值解.

2. 状态变量分布近似

由前述, 用有限体积法推导离散化方程时, 必须确定物理量的局部分布, 这是离散过程极为重要的一步, 不仅关系到守恒性是否保持, 而且关系到算法精度, 这是由于不同的状态变量分布对应了不同的离散格式.

最为简单的两种分布如图 8.2.2 所示, 分别为阶梯型 (常数) 分布 (Stepwise or Piecewise Constant) 和分段线性分布 (Piecewise-Linear).

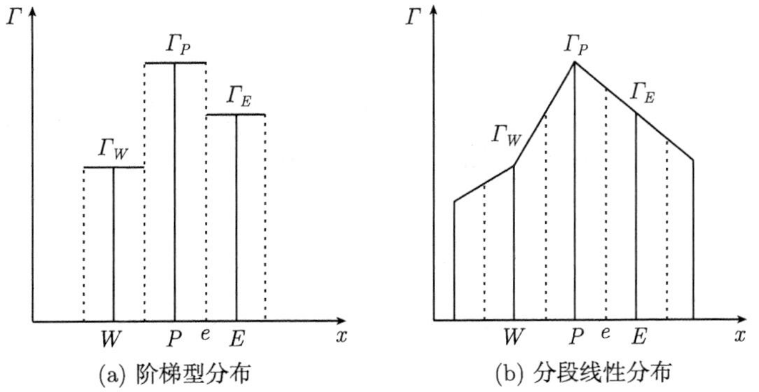

图 8.2.2　简单分布曲线

对阶梯型分布近似, 我们对单元界面 e 处的左 (内) 右 (外) 侧状态可以定义如下:

$$\begin{aligned}\Gamma_{e,L} &= \Gamma_P \\ \Gamma_{e,R} &= \Gamma_E\end{aligned}, \tag{8.2.9}$$

式中, L、R 分别代表单元界面的左 (内) 侧和右 (外) 侧.

对分段线性分布, 单元界面 e 处的左右侧状态可写成:

$$\begin{aligned}\Gamma_{e,L} &= \Gamma_P + \frac{1}{2}\delta\Gamma_e \\ \Gamma_{e,R} &= \Gamma_E - \frac{1}{2}\delta\Gamma_e\end{aligned} \tag{8.2.10}$$

式中, $\delta\Gamma_e = \Gamma_E - \Gamma_P$

值得指出的是, 在用有限体积法计算时, 和有限差分法一样, 方程的解是用单元节点上离散点值构成的, 而不关心单元间的状态变量是怎么变化的, 也就是不关心解的分布. 这和有限单元法中一旦选定了分布曲线, 就确定了状态变量的分布函数是不同的. 尽管我们在离散方程的时候要假定单元分布曲线, 但是这只是为了推导公式时计算积分近似而采用的一些辅助关系式. 一旦离散化方程推导出来了, 就可以不用再管这些分布曲线近似. 这种观点使我们在采用何种分布曲线近似方法有完全的自由. 在积分离散时, 根据数值模拟的需要, 对控制方程中的每一项都可以采用不同的分布曲线来近似单元界面上的状态变量, 而不必要追求近似假设的一致性. 例如, 我们用一阶迎风格式离散对流扩散方程时, 对流项中因变量是用阶梯型分布近似, 而扩散项中也取为阶梯分布的话, 则根本导不出离散式, 至少要有二阶的分段线性分布才行. 上面已经提到, 分布曲线近似关系到算法的精度, 实际上, 有限体积法中, 每一种不同的状态变量分布近似, 体现了不同的离散格式的几何构造方法. 如对流问题中, 一阶迎风格式为阶梯型分布, 中心格式采用的分段线性分布, 更为高阶的格式则需要更多的单元加入, 形成复杂的状态变量分布近似关系, 例如对流项二次迎风插值 QUICK[18], 分段抛物插值 PPM[19] 等.

3. 基本格式

这一小节, 我们给出有限体积法中的迎风格式和中心格式的具体形式.

考察如下双曲守恒律方程,

$$\frac{\partial \Gamma}{\partial t}+\frac{\partial f(\Gamma)}{\partial x}=0 \tag{8.2.11}$$

如图 8.2.2 所示, 利用有限体积法可建立如下的具有守恒形式的显格式离散方程.

$$\Gamma_P^{n+1}=\Gamma_P-\frac{\Delta t}{\Delta x}\left[f_e^*-f_w^*\right] \tag{8.2.12}$$

首先我们推求显式迎风格式的界面状态变量的表达式, 令 $a(\Gamma)=\dfrac{\partial f}{\partial \Gamma}$, 则有

$$\Gamma_P^{n+1}=\Gamma_P-\frac{\Delta t}{\Delta x}\left[a_e\Gamma_e-a_w\Gamma_w\right] \tag{8.2.13}$$

根据有限差分法中的迎风格式物理机制的介绍, 我们可以得到如下的界面取值公式:

对单元界面 e, 有:

$$a_e>0,\quad \Gamma_e=\Gamma_{e,L}=\Gamma_P \tag{8.2.14}$$

$$a_e<0,\quad \Gamma_e=\Gamma_{e,R}=\Gamma_E \tag{8.2.15}$$

同样可以得到单元界面 w 的状态变量. 实际上, 他就相当于恒取上游单元的状态变量值.

而中心格式, 则不考虑对流过程的物理本质, 直接采用分段线性分布插值得到. 其单元界面 e, w 的表达式可以写成:

$$\Gamma_e=\frac{1}{2}(\Gamma_{e,L}+\Gamma_{e,R})=\frac{1}{2}(\Gamma_P+\Gamma_E) \tag{8.2.16}$$

$$\Gamma_w=\frac{1}{2}(\Gamma_{w,L}+\Gamma_{w,R})=\frac{1}{2}(\Gamma_P+\Gamma_W) \tag{8.2.17}$$

利用这些界面表达式可以得到具体的离散化的代数方程, 这里不在叙述. 在这里, 我们还可以看出, 有限体积法离散的思路和有限差分法的有着本质的区别, 有限差分法是应用 Taylor 展开式近似微分控制方程中的导数, 而有限体积法则是通过积分将对流项求解转化成进出界面通量的计算, 然后, 根据交界面通量表达式代入形成完整的离散化的代数方程.

对于中心格式和一阶迎风格式的特点和有限差分法的一致. 中心格式精度较高, 具有二阶精度, 但是不能反映对流传输机制. 对非线性问题, 常会出现非线性不

稳定, 为了消除该影响, 需要添加人工黏性. 一阶迎风格式稳定性好, 但是数值耗散大. 值得强调的是, 一阶迎风格式离散思想中蕴涵的物理本质, 即波动传波的信息主要来自上游方向, 是我们构造高分辨率格式的基础.

8.2.2 物理特性要求

1. 守恒性

前面 2.7 节已经说明过, 如果对一个离散方程在定义域的任一有限空间内作求和的运算 (相当于连续问题中对微分方程作积分), 所得的表达式满足该区域上物理量守恒的关系时, 则称该离散格式具有守恒特征.

根据流体运动的不同特征, 可以采用拉格朗日 (Lagrange) 法和欧拉 (Euler) 法来描述流体的运动. 其中欧拉法着眼于研究固定空间位置上各流体质点运动要素的空间变化情况, 在推导流体运动的控制方程时, 欧拉法被广为采用. 回顾一下 1.3 节中连续方程的推导过程, 首先在流场中划定一个固定的空间区域作为流体运动的控制体积, 考察流体流入、流出该控制体积的情况, 利用质量守恒原理, 可导出流体运动的连续性方程. 其他描述流体中物质 (能量) 输运的控制方程也可根据各自的守恒律推导出来. 在数值计算中, 物理量的守恒性也必须得到保证, 否则会导致非物理解的产生. 因此守恒性成了数值求解过程中非常重要的一个方面.

有限体积法正是从物理量守恒这一基本要求出发提出的. 它有两种导出方式, 一是控制容积积分法, 另一个是控制容积平衡法. 不管采用哪种方式导出的离散化方程, 都描述了有限控制容积物理量的守恒性. 就像微分方程是表示关于无穷小控制体积内物理量的守恒一样, 帕坦卡 [1] 非常生动的对此作了注解: 如果把我们想象成处于微积分以前的时期, 控制容积方程就会成为我们表达守恒原理的唯一途径. 有限体积法的离散化方程满足了单个控制体积的平衡, 当然在整个计算区域内, 诸如质量、动量等物理量的积分守恒也就都能精确得到满足. 无论在数值计算中采用巨大数目的细网格和少数的粗网格, 数值解也照样显示准确的积分平衡. 有限体积法的离散思想自动满足守恒定律, 如质量守恒、动量守恒、能量守恒等等. 所以有限体积法是守恒定律的一种最自然的表现形式.

为了得到守恒型的离散方程, 需要满足一定的条件. 这里仍以前文导出的全离散的守恒型显格式离散方程 (8.2.12) 为例. 一般对 $l+k+1$ 个单元 (称为节点模板), 守恒型数值通量 J_e^*

$$J_e^* = J(\Gamma_{e,-l}, \cdots, \Gamma_{e,0}, \cdots, \Gamma_{e,k+1}; \Delta t/\Delta x), \quad k, l \geqslant 0 \tag{8.2.18}$$

它必须满足以下相容性条件:

$$J^*(\Gamma) = J^*(\Gamma, \cdots, \Gamma, \cdots, \Gamma; \Delta t/\Delta x) \tag{8.2.19}$$

守恒格式可以自动算出激波并给出其正确的位置, 因此这种数值方法称为激波捕获法 (shock-capturing method). 如果使用非守恒格式, 则需要在有关位置使用局部 Rankine-Hugoniot 条件, 以获得准确的激波位置, 这种方法称为激波拟合法 (shock-fitting method).

2. 迎风性

在有限差分法篇的基本理论部分, 我们已经深入地讨论了双曲型方程 (对流) 的特征线概念. 特征值体现了微分方程解 (或者说扰动、信息) 的传播方向. 它既有很强的数学意义, 更反映了问题的物理机制, 表达了波动、能量等的传播方向. 这启示我们在理论分析和数值方法的设计上, 应该充分考虑这一物理特性. 根据特征 (信息) 传播方向, 设计得到的数值方法可统称为特征型或迎风型格式. 例如前面提到的传统的一阶迎风格式, 尽管非常简单, 却是蕴含了最原始的迎风设计思想, 即在计算单元界面处的数值通量时, 应根据特征传播的方向性, 对于向右传播的分量, 应该使用左边的单元值来计算 (因为影响来自左边); 反之亦然.

当前, 这种根据信息传播方向设计数值格式的迎风思想已经成为了流体数值计算发展的重要基石, 它不断地启发研究人员构造出各种各样的离散格式, 如特征迎风格式, 矢通量分裂格式, 通量差分裂格式等. 并在这些基于迎风思想的格式基础上, 发展了分门别类的高阶、高分辨率格式, 如 QUICK 格式、MUSCL 格式、ENO(WENO) 格式等等.

3. TVD 性

先讨论双曲守恒律方程 (8.2.11), 已知其初始值, 可以求得该方程初值问题的解, 则其解 $\varGamma$ 及其导数 $\dfrac{\partial \varGamma}{\partial x}$ 是已知的. 该方程具有一个非常重要的性质: $\left|\dfrac{\partial \varGamma}{\partial x}\right|$ 在整个 x 轴上的积分不随时间演进而增大, 该积分量被称为总变差 TV(Total Variation), Lax 给出了它的定义:

$$TV = \int \left|\frac{\partial \varGamma}{\partial x}\right| \mathrm{d}x \tag{8.2.20}$$

对一个物理上有意义的解, TV 不随时间的演进而增加. 进行数值计算时, 总变差可以写成

$$TV \equiv \sum_i |u_{i+1} - u_i| \tag{8.2.21}$$

对任意 n 时刻, 总变差均满足以下关系式

$$TV(u^{n+1}) \leqslant TV(u^n) \tag{8.2.22}$$

则我们说该数值算法是总变差减小的 (Total Variation Diminishing, TVD). 从前面的讨论可以看出, 如果数值解准确的描述了给定流场的物理特性, 该格式就应当满足 TVD. 我们称满足总变差减小的数值格式为 TVD 格式.

像激波等具有间断的实际流动问题, 并不在间断附近出现波动. 可是, 许多数值格式求得的数值解都会在间断处产生波动. 这些波动完全是因为数学处理不当而产生的. 根据前面的讨论, 我们可以直观的去判断那些产生数值波动的数值格式都不具有 TVD 性, 因此也不是 TVD 格式. 如前面介绍的一阶迎风格式则具有 TVD 性. 但是中心格式 (Lax-Wendroff) 和二阶迎风格式都会在间断点处导致虚假数值波动, 所以不具有 TVD 性, 也就是说不是 TVD 格式. TVD 格式和添加人工黏性的方法是不同的, 因为人工黏性只是去压制数值波动而不一定能符合 TVD 要求, 它只是相当于过滤波动的功能.

那该如何来准确地判断一个离散格式是否是 TVD 格式. 下面给出一个充分条件.

我们可以把式 (8.2.12) 改写为如下的变差形式

$$\Gamma_P^{n+1} = \Gamma_P - C_w \delta\Gamma_w + D_e \delta\Gamma_e \tag{8.2.23}$$

Harten[20] 证明了计算格式具有 TVD 性的充分条件, 具体如下

$$\begin{cases} C_w \geqslant 0, \quad D_e \geqslant 0 \\ 0 \leqslant C_w + D_e \leqslant 1 \end{cases} \tag{8.2.24}$$

下面我们根据 TVD 格式的充分条件来验证我们前面作出的直观判断. 为简单起见, 假设

$$f(\Gamma) = u\Gamma, \quad u > 0 \text{ 为常数}.$$

(1) 一阶迎风格式

$$\Gamma_P^{n+1} = \Gamma_P - c(\Gamma_P - \Gamma_W), \quad c = u\frac{\Delta t}{\Delta x} \tag{8.2.25}$$

其数值通量

$$f_e^* = \frac{1}{2}\left[f(\Gamma_P^n) + f(\Gamma_E^n)\right] - \frac{1}{2}u\left(\Gamma_E^n - \Gamma_P^n\right) \tag{8.2.26}$$

满足相容性条件, 即 $f_e^*(\Gamma) = f(\Gamma)$

该格式已经是变差形式. 在 CFL 条件下, 即 $c = u\dfrac{\Delta t}{\Delta x} \leqslant 1$, 其系数 $C_w = c > 0$; $D_e = 0$; 且 $0 \leqslant C_w + D_e = c \leqslant 1$. 根据前面提到的充分条件, 可以得出该格式是 TVD 格式.

(2) Lax-Wendroff 格式

$$\Gamma_P^{n+1} = \Gamma_P - \frac{c}{2}(\Gamma_E - \Gamma_W) + \frac{c^2}{2}(\Gamma_E - 2\Gamma_P + \Gamma_W) \tag{8.2.27}$$

其数值通量为

$$f_e^* = \frac{1}{2}\left[f(\Gamma_P^n) + f(\Gamma_E^n)\right] - \frac{1}{2}cA_e^n\left(\Gamma_E^n - \Gamma_P^n\right) \tag{8.2.28}$$

也是相容的.

将式 (8.2.27) 写成变差形式, 得到

$$\Gamma_P^{n+1} = \Gamma_P - \frac{1}{2}(c+c^2)\delta\Gamma_w^n + \frac{1}{2}(c^2-c)\delta\Gamma_e^n \tag{8.2.29}$$

在 CFL 条件下, $D_e = \frac{1}{2}(c^2-c) \leqslant 0$, 不满足 TVD 条件.

既要利用格式的高阶精度, 又能使格式具有 TVD 性质, 从而求得物理上有意义的高精度解, 是研究人员的目标. 为此, 过去的二十几年中, 各种二阶 (甚至更高阶) 的 TVD 格式得到了大量的发展. 这类高阶 TVD 格式开发应用成为了计算流体力学界最前沿的研究.

8.2.3 迎风型通量格式

对于双曲型问题, 不同特征分量传播的方向不同. 考虑传播方向的影响从物理上分析更为合理. 我们对传统的一阶迎风格式已经作了介绍. 这里我们将介绍 20 世纪 80 年代发展起来的通量向量分裂格式 (Flux Vector Splitting), 通量差分裂格式 (Flux Difference Splitting) 以及 Godunov 法和近似黎曼解算子法 (Approximate Riemann Solvers).

1. 矩阵分裂

实际流动的控制方程是一个非线性系统, 各个变量之间相互耦合. 我们这里考虑一维的双曲型方程组

$$\frac{\partial U}{\partial t} + \frac{\partial F(U)}{\partial x} = 0 \tag{8.2.30}$$

式中, U 为守恒型的物理量, $F(U)$ 为物理通量, $A(U) = \dfrac{\partial F(U)}{\partial U}$ 为通量函数 F 的 Jacobian 矩阵. 由于方程组的双曲性, $A(U)$ 的特征值均为实数, 且具有线性无关的特征向量完备集.

根据双曲性定义, $F(U)$ 可以对角化. 设 T 为相似矩阵, 根据相似变换, 有对角矩阵 Λ

$$\Lambda = T^{-1}A(U)T \tag{8.2.31}$$

T 的各列由 $A(U)$ 的右特征向量组成. 该对角矩阵 Λ 就是特征矩阵, 其对角线上的元素即为其特征值 λ_k, 即

$$\Lambda = \begin{bmatrix} \lambda_1 & 0 & \cdots & 0 \\ 0 & \lambda_2 & \ddots & \vdots \\ \vdots & \ddots & \ddots & 0 \\ 0 & \cdots & 0 & \lambda_m \end{bmatrix}, \quad 记为 \quad \Lambda = \mathrm{diag}(\lambda_1, \lambda_2, \cdots \lambda_m)$$

计算实践表明, 利用矩阵 $A(U)$ 的特征值来分裂矩阵是很有意义的. 通常是将矩阵特征值分裂成两项和的形式, 即

$$\lambda_k = \lambda_k^+ + \lambda_k^-, k = 1, 2, \cdots, m \tag{8.2.32}$$

其中 $\lambda_k^+ = \dfrac{1}{2}(\lambda_k + |\lambda_k|)$ 表示数值为正的特征值, $\lambda_k^- = \dfrac{1}{2}(\lambda_k - |\lambda_k|)$ 为数值为负的特征值. 这种分裂方法实际上是按照物理上的信息传播方向进行分裂, 从而便于按波传播方向取相应的离散格式, 利用分裂后的量 $\lambda_k^\pm$ 可以构造相应的对角矩阵 Λ^+ 和 Λ^-：

$$\Lambda^\pm = \mathrm{diag}(\lambda_1^\pm, \lambda_2^\pm, \cdots \lambda_m^\pm) \tag{8.2.23}$$

相应的矩阵 A^+ 和 A^- 可以写成:

$$A^\pm = T\Lambda^\pm T^{-1} \tag{8.2.34}$$

根据 $\lambda_k^\pm$ 的定义, 关系式 $A = A^+ + A^-$ 成立.

2. 通量向量分裂格式 (FVS)

Steger 和 Warming[21] 根据矩阵分裂方法, 于 1981 年首次提出了一种通量向量分裂格式. 最早该格式应用于空气动力学计算上, 20 世纪 90 年代, 被引用到计算水力学领域.

空气动力学上, 欧拉方程中的通量项满足下述的齐次关系式,

$$F(U) = AU \tag{8.2.35}$$

因此, 根据关系式 $A = A^+ + A^-$ 可以得到

$$F(U) = A^+U + A^-U = F^+ + F^- \tag{8.2.36}$$

这里, 上标 '+' 和 '−' 分别相应于正、负特征值. $F^+ = A^+U$ 代表向右传播的信息, 只影响右边的点, $F^- = A^-U$ 代表向左传播的信息, 只影响左边的点. 这样我们可以写出相应的通量向量分裂格式为

$$U_P^{n+1} = U_P - \frac{\Delta t}{\Delta x}(F_P^+ - F_W^+ + F_E^- - F_P^-) \tag{8.2.37}$$

尽管上述通量向量分裂格式的基本原理十分简单, 但当某个特征值为 0 时, 很难把它当作向右还是向左传播处理. 如果简单把它看作为 0, 则计算时会出现其他问题 (不稳定、不收敛、给出错误的弱解) 这种特殊情况的处理导致了大量不同通量向量分裂格式的出现. 最著名的有 Steger 和 Warming [21] 通量向量分裂格式, Van Leer[22] 通量向量分裂格式. 在把通量向量格式应用到水力学中时, 仍需要注

意方程组的特性. 因为水流运动的控制方程 —— 圣维南 (Saint Venant) 方程组的通量项不具有齐次性, 需要补充一个冗余的能量方程得到具有齐次通量的方程组, 然后就可以按照前面的方法建立离散化方程.

3. 通量差分裂格式 (FDS)

通量向量分裂格式是将通量函数按不同特征方向进行分裂, 然后积分离散. 与通量向量分裂格式不同, 通量差分裂格式是对任意区间上通量函数的差进行分裂的[23]. 在通量差分裂中, 力图寻找矩阵 $\tilde{A}(U_L, U_R)$, 使得在交界面处守恒物理量的差 $\Delta U_e = U_R - U_L$ 和通量差 $\Delta F_e = F_R - F_L$ 之间拥有一个满足守恒条件的线性关系式, 即

$$\Delta F_e = \tilde{A}_e \Delta U_e \tag{8.2.38}$$

这里, 矩阵 $\tilde{A} = \tilde{A}(U_L, U_R)$ 为常数矩阵, 称为 Jacobian 矩阵 A 的 Roe 平均矩阵, 它具有以下性质:

(1) $F_R - F_L = \tilde{A}_e(U_R - U_L)$

(2) $\tilde{A}_e(U) = \tilde{A}_e(U, U)$

(3) $\tilde{A}_e$ 有实的特征根和完备的线性无关的特征向量组

引入该矩阵的目的是让原来的非线性偏微分方程对于简单的间断等价于下面的可以直接求解的线性方程

$$\frac{\partial U}{\partial t} + \tilde{A}\frac{\partial U}{\partial x} = 0 \tag{8.2.39}$$

上述的几条性质被称为 U 特性. 其中, 第一条性质针对的是满足 Rankine- Hugoniot 条件的间断解; 第二条性质属于一种光滑性要求, 即如果空间分布为常数时, 线性方程 (8.2.39) 完全等价于 $\Delta F_e = \tilde{A}_e \Delta U_e$; 第三条性质是为了保证问题的双曲性不变. 设非线性问题间断的移动速度为 s, 于是 Rankine-Hugoniot 条件可以表示为

$$F_R - F_L = s(U_R - U_L) \tag{8.2.40}$$

代入第一条性质, 有

$$\tilde{A}_e(U_R - U_L) = s(U_R - U_L) \tag{8.2.41}$$

因此, 原非线性偏微分方程的精确解确实是 $\tilde{A}_e$ 的特征矢量; s 为 $\tilde{A}_e$ 的特征值, 也就是说, 原方程的简单间断解与线性方程 (8.2.39) 的解是等价的.

将 $\tilde{A}$ 分裂成两正部和负部, 有

$$\tilde{A} = \tilde{A}^+ + \tilde{A}^- \tag{8.2.42}$$

从而有

$$\delta F = \tilde{A}^+ \delta U + A^- \delta U \tag{8.2.43}$$

这里 δ 表示差分. 上式右边第一项代表向右传播的扰动, 只对右边的点发生影响. 右边第二项代表向左传播的扰动, 只对左边的点发生影响. 以此构造的 Roe 格式为

$$U_P^{n+1} = U_P^n - \frac{\Delta t}{\Delta x}\left[(\tilde{A}^-\delta U)_e^n + (\tilde{A}^+\delta U)_w^n\right] \tag{8.2.44}$$

这里 $\delta U_e = U_E - U_P$, 考虑到

$$\tilde{A}^- = \frac{1}{2}(\tilde{A}_R - |\tilde{A}_R|); \quad \tilde{A}^+ = \frac{1}{2}(\tilde{A}_R + |\tilde{A}_R|);$$

$$\tilde{A}_e(U_E - U_P) = F_E - F_P; \quad \tilde{A}_w(U_P - U_W) = F_P - F_W$$

因此, Roe 格式也可以写成

$$U_P^{n+1} = U_P^n - \frac{1}{2}\frac{\Delta t}{\Delta x}(F_E - F_W) + \frac{1}{2}\frac{\Delta t}{\Delta x}\left[|\tilde{A}|_e(U_E - U_P) - |\tilde{A}|_w(U_P - U_W)\right] \tag{8.2.45}$$

写成守恒形式, 则相应的数值通量为

$$F_e^* = \frac{1}{2}(F_P + F_E) + \frac{1}{2}|\tilde{A}|_e(U_E - U_P) \tag{8.2.46}$$

4. Godunov 格式和近似黎曼解法

在分段常数分布近似下, 单元界面处的左右状态分别为 U_L 和 U_R. 如果左右状态不同, 则该界面处构成了一个局部黎曼问题. 假设所考虑问题的时间间隔 Δt 足够小, 其余单元的信息尚未传播到所考察的界面. 在单元界面处可以按以下局部黎曼问题

$$U(x, t_n) = \begin{cases} U_L, & x < x_e \\ U_R, & x > x_e \end{cases} \tag{8.2.47}$$

求得界面处的状态变量值 $U_e^* = U_e(x, t_n + \Delta t)$, 代入通量函数表达式, 得到通量表达式

$$F_e^*(U_L, U_R) = F_e^*(U_e^*) \tag{8.2.48}$$

这就是著名的 Godunov 格式 [24].

它是一阶精度的格式, Van Leer[25] 利用分段线性近似代替分段常数近似导出了二阶精度的 Godunov 格式.

Godunov 格式需要求解黎曼问题的精确解, 计算工作量比较大, 难以推广到多维问题求解. 因此, 往往使用近似黎曼解. 首先, 将方程线性化,

$$\frac{\partial U}{\partial t} + \tilde{A}\frac{\partial U}{\partial x} = 0 \tag{8.2.49}$$

这里 $\tilde{A}$ 为 Jacobian 矩阵 $A(U_L)$ 和 $A(U_R)$ 的某种平均, 如 Roe 平均. 对于上述线性方程的黎曼问题可以直接求得, 以通量函数为例, 上述黎曼问题的解为

$$F_e^*(U_L, U_R) = F(U_L) + \left(\tilde{A}^-\delta U\right)_e$$

$$= F(U_R) - \left(\tilde{A}^{+}\delta U\right)_e$$

$$= \frac{F(U_L) + F(U_R)}{2} - \frac{1}{2}\left(\left|\tilde{A}\right|\delta U\right)_e \tag{8.2.50}$$

如果使用前面一节提到的 Roe 平均, 则得到前面所述的 Roe 格式. Osher[26] 采用了积分平均的方法

$$\tilde{A}(U_L, U_R) = \int_{U_L}^{U_R} |A(U)|\,\mathrm{d}U \tag{8.2.51}$$

据此, 可导出 Osher 格式, 其数值通量为

$$F_e^*(U_L, U_R) = \frac{F(U_L) + F(U_R)}{2} - \frac{1}{2}\int_{U_L}^{U_R} |A(U)|\,\mathrm{d}U \tag{8.2.52}$$

8.2.4 TVD 格式

在前面讨论中, 我们已经知道, 满足 TVD 特性的格式求出的数值解才是真正符合实际的物理解. 然而, 一阶迎风格式尽管具有 TVD 性, 但是数值耗散过大, 将本来应该很陡峭的激波给抹得很平. 为了在解光滑的区域获得较高精度的解, 并且在激波等间断区域获得没有数值振荡或者是数值振荡可以令人接受的较陡峭的数值解, 人们开始研究高分辨格式 (High Resolution schemes). 1983 年 Harten[20] 在他的论文中提出了高分辨率和总变差减少的概念, 首先证明了计算格式具有 TVD 性质的充分条件, 具体构造了修正通量的高分辨率 (二阶)TVD 格式. 他的成果在数值算法的研究上具有十分重要的意义, 为构造和分析高分辨率格式提供了有力的工具. 随后, 各种各样的 TVD 格式出现, 因其具有对间断的自动高分辩识别能力, 而得到了广泛的应用. 这种格式具有两个特点: 对标量非线性方程及常系数双曲型方程组, 格式的解是总变差递减的 (Total Variation Diminishing); 与守恒律和熵不等式是相容的. TVD 格式提高了对激波的捕捉能力, 但其不足之处在极值点上格式只有一阶逼近精度.

1. 高阶 TVD 格式的构造

常用构造高分辨率 TVD 格式的途径有: Harten 的通量修正法, 反扩散通量方法, Van Leer 的 MUSCL 方法, 张涵信的 NND 格式 [28] 等等. 根据原始格式的形式以及反扩散通量 (数值耗散项) 采用差分格式的差异, 我们又可以把 TVD 格式分成两大类: 一是迎风型 (Upwind) 格式, 它是由迎风格式加带限制器的修正项构成的, 而且数值耗散项是用迎风加权形式来构造的; 另一个是对称 (Symmetric)TVD 格式 [29], 它由中心格式 (如 Lax-Wendroff 格式, McCormack 格式) 加带限制器的修正项构成的, 其数值耗散项是中心加权的. 虽然迎风格式也可以表示成中心格式加上数值耗散项的形式, 但是该数值耗散和特征传播方向有关, 是迎风加权的.

我们还是以双曲型守恒律方程 (8.2.11) 为例, 我们可以得到具有守恒形式的显格式离散方程 (8.2.12). 对一阶迎风格式, 其数值通量为

$$f_e^* = \frac{1}{2}\left[f(\Gamma_P^n) + f(\Gamma_E^n)\right] - \frac{1}{2}u\left(\Gamma_E^n - \Gamma_P^n\right) \tag{8.2.53}$$

对中心差分的 Lax-Wendroff 格式, 其数值通量为

$$f_e^* = \frac{1}{2}\left[f(\Gamma_P^n) + f(\Gamma_E^n)\right] - \frac{1}{2}cA_e^n\left(\Gamma_E^n - \Gamma_P^n\right) \tag{8.2.54}$$

一阶迎风格式内含的数值黏性 (又称耗散) 很大, 激波分辨率差, 在解均匀的区域精度低, 而中心差分的 Lax-Wendroff 格式在解均匀的区域精度高, 但在间断附近出现伪振荡. 如果结合两者的优点即可构造出具有高分辨率的 TVD 格式. 这里简单介绍 Harten 构造高分辨率 TVD 格式的思想. 它是通过修正通量, 消除一阶迎风格式中过大的人工黏性, 从而使计算格式在光滑区域达到二阶精度.

第一篇中已经说过, 一阶迎风格式实际上求解的是如下相容方程:

$$\frac{\partial \Gamma}{\partial t} + \frac{\partial f(\Gamma)}{\partial x} = \Delta x \frac{\partial}{\partial x}\left(\sigma \frac{\partial \Gamma}{\partial x}\right) \tag{8.2.55}$$

也就是说, 方程 (8.2.11) 的一阶精度的迎分格式实际上等价于对式 (8.2.55) 的二阶精度离散.

为了复原原始方程的特性, 修正通量项 f 使有

$$\tilde{f} = f + g \tag{8.2.56}$$

$$g = \Delta x \frac{\partial}{\partial x}\left(\sigma \frac{\partial \Gamma}{\partial x}\right) + O\left((\Delta x)^2\right) \tag{8.2.57}$$

那么, 如果我们采用一阶迎分格式离散下面的方程

$$\frac{\partial \Gamma}{\partial t} + \frac{\partial \tilde{f}(\Gamma)}{\partial x} = \frac{\partial \Gamma}{\partial t} + \frac{\partial (f(\Gamma) + g(\Gamma))}{\partial x} = 0 \tag{8.2.58}$$

实际上就相当于消去了方程 (8.2.11) 用一阶迎风格式离散引入的人工黏性项, 从而使我们真正实现了对方程 (8.2.11) 的二阶精度离散. 这样的 g 被称为反扩散通量, 上述方法应用实际上就是所谓的人工压缩法的体现. 为了达到获取高分辨率物理解的目的, 通常要求构造的通量函数 g 能使修正通量后方程的一阶迎分格式是 TVD 的, 而且除在极值点外, 格式应该有二阶精度. 上面的过程虽然有点绕, 但是很值得读者去揣摩.

根据这一思想, Harten 提出了修正通量法的 TVD 格式, 其数值通量写成如下形式:

$$f_e^* = \frac{1}{2}\left[\tilde{f}_P + \tilde{f}_E\right] - \frac{1}{2}\psi(\tilde{a})\delta\Gamma_e^n \tag{8.2.59}$$

其中, f 为修正后的数值通量;

$$\tilde{f}_P = f_P + g_P$$

$$\tilde{a}_e = a_e + \alpha_e$$

$$g_P = \min\mathrm{mod}\left[\gamma(\alpha_e)\delta\Gamma_e, \gamma(\alpha_w)\delta\Gamma_w\right]$$

$$\gamma(z) = \frac{1}{2}\left[\psi(z) - \lambda z^2\right], \quad \lambda = \frac{\Delta t}{\Delta x}$$

$$\psi(z) = \begin{cases} |z| & |z| \geqslant \delta \\ \dfrac{1}{2}\left(\varepsilon + \dfrac{z^2}{\varepsilon}\right) & |z| \leqslant \delta \end{cases}$$

$$a_e = \frac{\Delta f_e}{\Delta \Gamma_e} = \frac{f_E - f_P}{\Gamma_E - \Gamma_P},$$

$$\alpha_e = \begin{cases} \dfrac{\Delta g_e}{\Delta \Gamma_e} = \dfrac{g_E - g_P}{\Gamma_E - \Gamma_P} & \Gamma_E \neq \Gamma_P \\ 0 & \Gamma_E = \Gamma_P \end{cases}$$

$$\min\mathrm{mod}(x, y) = \frac{1}{2}(sign(x) + sign(y))\min\{|x|, |y|\}$$

对于限制函数, 其形式也是多种多样, 将放在下一小节讨论.

Harten 的 TVD 格式是空间二阶精度的, 而且能在极值点处自动退化为一阶精度以准确地捕捉间断. 通常二阶 TVD 格式都具有这种特性, 故二阶 TVD 格式是非线性的, 即使对常系数方程也是如此.

2. 通量限制函数

为了使离散化方程满足 TVD 性, 同时又能自动高分辨率地捕捉间断解, 引入一个非线性函数 $\varphi(r)$, 这个函数被称为通量限制器 (Flux Limiter). 引入通量限制器, 实际上是对格式进行数值耗散的自适应调节, 也就是能够自适应地进行格式数值效应 (耗散、色散) 的调节, 保持格式的单调性, 以达到真正对解的间断和大梯度的地方给出尖锐的图像. 即如果未知函数的离散近似解有很大的梯度或振幅趋势, 它可以适时地加强数值黏性, 达到比较合理的程度; 反之, 在比较平缓的时候可以降低数值耗散, 甚至局部引入反耗散机制, 从而达到间断数值解的高分辨率.

一般地说, 对于通量限制器的要求为

$$\varphi(r) = \begin{cases} \geqslant 0 & r \geqslant 0 \\ = 0 & r < 0 \\ = 1 & r = 1 \end{cases} \tag{8.2.60}$$

为了保持单调和 TVD 性, 要求

$$\begin{cases} 0 \leqslant \varphi(r) \leqslant 2r \\ 0 \leqslant \left(\varphi(r), \dfrac{\varphi(r)}{r} \right) \leqslant 2 \end{cases} \tag{8.2.61}$$

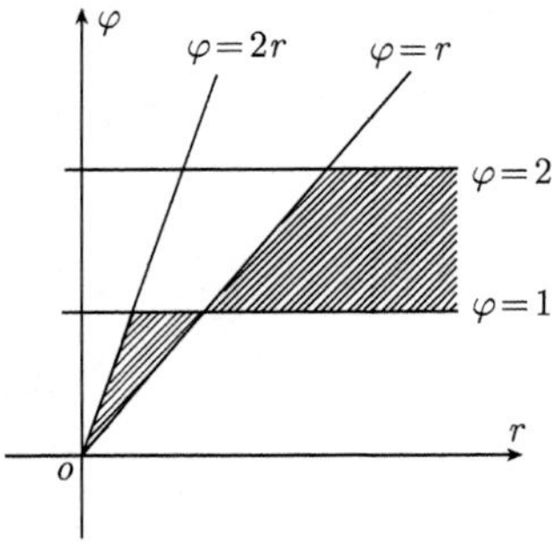

图 8.2.3　限制器 $\varphi(r)$ 的要求

同时为了对向前、向后梯度同等处理, 常要求 $\varphi(r)$ 具有对称性, 即满足

$$\frac{\varphi(r)}{r} = \varphi\left(\frac{1}{r}\right) \tag{8.2.62}$$

总之, 当 $\varphi(r)$ 满足式 (8.2.61), 且 $r > 0$ 时, 它的图形落在图 8.2.3 中的阴影区域内, 就可保证格式是二阶 TVD 格式. 在允许区域内 (即图 8.2.3 中的阴影区域) 选取不同的非线性限制函数 $\varphi(r)$, 就建立起不同性能的格式.

下面, 我们介绍几种二阶 TVD 格式常用的限制器:

(1) Roe MINMOD

$$\varphi(r) = \min\bmod\left[0, \min(1, r)\right] = \begin{cases} 0, & 当\ r \leqslant 0, \\ r, & 当\ 0 < r < 1, \\ 1, & 当\ 1 \leqslant r, \end{cases} \tag{8.2.63}$$

(2) Roe Superbee

$$\varphi(r) = \max\left[0, \min(2r, 1), \min(r, 2)\right] = \begin{cases} 0, & 当\ r \leqslant 0 \\ 2r, & 当\ 0 < r \leqslant \dfrac{1}{2} \\ 1, & 当\ \dfrac{1}{2} < r \leqslant 1 \\ r, & 当\ 1 < r \leqslant 2 \\ 2, & 当\ 2 < r \end{cases} \tag{8.2.64}$$

(3) Van Leer monotonic

$$\varphi(r) = \frac{|r| + r}{|r| + 1} = \begin{cases} 0, & 当\ r \leqslant 0 \\ \dfrac{2r}{r+1}, & 当\ r > 0 \end{cases} \tag{8.2.65}$$

该限制器是单调递增的且具有对称特性.

(4) Van Leer MUSCL

$$\varphi(r)=\max(0,\min(2,r,0.5(1+r))) \tag{8.2.66}$$

(5) Chakravarthy-Osher

$$\varphi(r)=\max[0,\min(r,\psi)]=\begin{cases}0, & \text{当 } r\leqslant 0\\ r, & \text{当 } 0<r\leqslant\psi\\ \psi, & \text{当 } \psi<r\end{cases} \tag{8.2.67}$$

其中 ψ 取 $1<\psi\leqslant 2$. 该限制器不满足对称性条件.

许多理论分析和数值实验已经证明了 Superbee 限制函数在数值耗散效应上是最弱的, Var Leer 次之, MINMOD 而是最强的. 但是 Superbee 数值色散性最强, MINMOD 数值色散性最弱. 因此, 通常 Superbee 给出一个较陡的剖面图, MINMOD 产生一个相对平坦的剖面图, Var Leer 的居中. 使用时我们可以根据不同需要来选择它们.

对于非线性守恒方程常采用双参数 $\varphi(r^-,r^+)$ 的限制器:

$$\varphi\left(r^-,r^+\right)_{j+\frac{1}{2}}=\varphi\left(r^-_{j+\frac{1}{2}},r^+_{j+\frac{1}{2}}\right) \tag{8.2.68}$$

其中 $r^-_{j+\frac{1}{2}}=\dfrac{\Delta u_{j-\frac{1}{2}}}{\Delta u_{j+\frac{1}{2}}},r^+_{j+\frac{1}{2}}=\dfrac{\Delta u_{j+\frac{3}{2}}}{\Delta u_{j+\frac{1}{2}}}$, 这里 $\varphi(r^-,r^+)$ 具有中心对称的形式. 双参数限制器可使自适应耗散效果调节起来更灵活, 并带有开关的作用, 具有复杂灵敏的形式, 例如:

Yee MINMOD 型:

$$\varphi\left(r^-,r^+\right)=\min\bmod\left(1,r^-\right)+\min\bmod\left(1,r^+\right)-1 \tag{8.2.69}$$

Yee MUSCL 型:

$$\varphi\left(r^-,r^+\right)=\max\left(0,\min\left(2,r^-,r^+\right),0.5\left(r^-+r^+\right)\right) \tag{8.2.70}$$

8.3 非结构网格上的有限体积法

在这一节中, 将介绍二维非结构网格上的有限体积法, 以便于应用它来模拟自然中复杂区域内的流动及物质输运现象. 本节只对算法的空间离散进行讨论, 因为时间的离散和有限差分法一致, 因此, 这里不作介绍.

8.3.1 基本方程

浅水方程和 N-S 方程是水动力学计算上常用的控制方程, 另外作为物质输运的对流扩散方程也是我们要考虑的. 为了统一起见, 将方程写成为如下的向量形式

的守恒型方程

$$\frac{\partial \mathbf{U}}{\partial t} + \nabla \cdot \mathbf{F}(\mathbf{U}) = \mathbf{S} \tag{8.3.1}$$

其中, $\mathbf{U}$ 为守恒量向量, $\mathbf{F} = [\mathbf{F}_x, \mathbf{F}_y]$ 为通量向量, $\mathbf{S}$ 为源项向量

对二维浅水方程和物质输运方程的方程系统, 有

$$\mathbf{U} = \begin{pmatrix} h \\ hu \\ hv \\ hc \end{pmatrix} \mathbf{F}_x = \begin{pmatrix} hu \\ hu^2 + \dfrac{gh^2}{2} \\ huv \\ huC_i \end{pmatrix}, \quad \mathbf{F}_y = \begin{pmatrix} hv \\ huv \\ hv^2 + \dfrac{gh^2}{2} \\ hvC_i \end{pmatrix};$$

$$\mathbf{S} = \begin{pmatrix} 0 \\ gh(S_{0x} - S_{fx}) \\ gh(S_{0y} - S_{fy}) \\ \Sigma D_i(\nabla hC_i)_n L^j + S_i - A \cdot K_{C_i} hC_i \end{pmatrix}$$

其中, h 为水深, u、v 分别为 x 和 y 向的平均流, $\mathbf{F}_x$ 为 x 向通量向量, $\mathbf{F}_y$ 为 y 向通量向量, $\mathbf{S}$ 为源项向量, $S_{0x} = -\dfrac{\partial z_b}{\partial x}$, 为 x 向的水底坡降; $S_{0y} = -\dfrac{\partial z_b}{\partial y}$, 为 y 向的水底坡降;

$S_{fx} = \dfrac{\rho n^2 u\sqrt{u^2+v^2}}{h^{4/3}}$, 为 x 向的阻力坡降;

$S_{fy} = \dfrac{\rho n^2 v\sqrt{u^2+v^2}}{h^{4/3}}$, 为 y 向的阻力坡降.

C_i 为污染物 (如 COD, BOD 和水温等指标) 的垂线平均浓度, D_{ix}、D_{iy} 分别为 x 向和 y 向各污染物的扩散系数, K_{C_i} 是各污染物综合降阶系数, S_i 为各污染物源汇项.

N-S 方程求解时, 更为普遍的是采用以下守恒型方程

$$\frac{\partial \rho\phi}{\partial t} + \nabla \cdot \rho\mathbf{u}\phi = \nabla \cdot D\mathrm{grad}\phi + S_\phi \tag{8.3.2}$$

式中, ρ 为流体密度; ϕ 通用变量, 如速度 $\mathbf{u}$ 等; D 为扩散系数; S_ϕ 为源项

记 $\mathbf{F}(\phi) = \rho\mathbf{u}\phi - D\mathrm{grad}\phi$, 则上式又可写成

$$\frac{\partial \rho\phi}{\partial t} + \nabla \cdot \mathbf{F}(\phi) = S_\phi \tag{8.3.3}$$

和前面式 (8.3.2) 的形式相比, 只是把黏性项 (扩散通量) 并入到对流通量中. 这样, 对系统方程 ϕ 等价于 $\mathbf{U}$ 的第 i 个分量 $\mathbf{U}_i$, $\mathbf{F}(\phi)$ 等价于通量向量 $\mathbf{F}$ 第 i 个的分量 $\mathbf{F}_i$. 这样可以统一成守恒律方程组 (8.3.1) 的形式, 只是通量项和原来相比, 多了扩散通量项.

8.3.2 离散基本思路

如图 8.3.1, 为有限体积法中某相邻两单元网格示意图. P、E 为控制体积中心, 单元 P、E 交界面为 e. 辅助点 P、E 连线通过中心线, 作用见后文叙述.

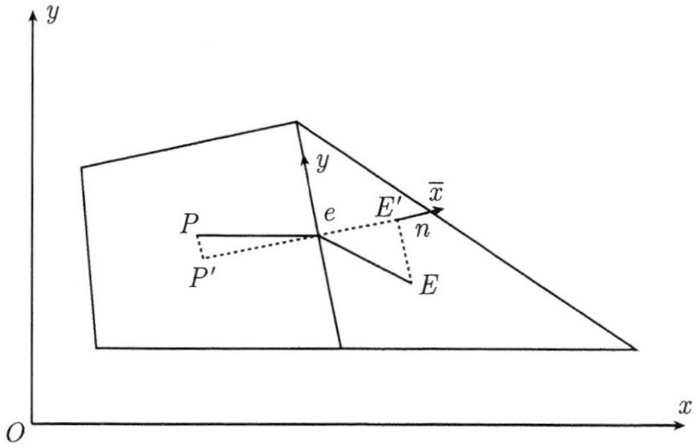

图 8.3.1 二维非结构网格控制体积

先将方程在任意控制体积 CV(其边界为 A) 作体积分, 利用高斯定理将体积分化成面积分. 可得到有限体积法 (FVM) 的基本方程, 写成:

$$\frac{\partial}{\partial t}\int_V \mathbf{U}\mathrm{d}V = -\int_A \mathbf{F}(\mathbf{U})\cdot\mathbf{n}\mathrm{d}A + \int_V \mathbf{S}\mathrm{d}V \tag{8.3.4}$$

式中, $\mathbf{n}$ 为单元边界 A 的外法向单位向量, $\mathrm{d}A$ 为面积分微元, $\mathrm{d}V$ 为体积分微元, $\mathbf{F}(\mathbf{U}')\cdot\mathbf{n}$ 为法向数值通量.

对控制体单元取平均后, 可得到有限体积法的半离散化方程为

$$\frac{\mathrm{d}\mathbf{U}}{\mathrm{d}t} = -\frac{1}{\Delta V}\sum_{j=1}^{m}\mathbf{F}_{n,j}A_j + \bar{\mathbf{S}} \tag{8.3.5}$$

其中 ΔV 为单元体积, m 为单元面总数, A_j 为单元面 j 的面积, $\bar{\mathbf{S}}$ 为单元内源项的平均值, 单元面 j 的法向通量为 $\mathbf{F}_{n,j} = \mathbf{F}_j(\mathbf{U})\cdot\mathbf{n}$, 包括对流通量 $\mathbf{F}_n^c$ 和扩散通量 $\mathbf{F}_n^d$.

如果方程中 $\mathbf{F}_x$ 及 $\mathbf{F}_y$ 具有旋转不变性, 因此 $\mathbf{F}_x(\mathbf{U})$ 与 $\mathbf{F}_y(\mathbf{U})$ 在法向上的投影, 可以转换为先投影 $\mathbf{U}$ 到法向上, 即满足关系:

$$\mathbf{T}(\theta)\mathbf{F}_n(\mathbf{U}) = \mathbf{F}(\mathbf{T}(\theta)\mathbf{U}) = \mathbf{F}(\bar{\mathbf{U}}) \tag{8.3.6}$$

或,

$$\mathbf{F}_n(\mathbf{U}) = \mathbf{T}(\theta)^{-1}\mathbf{F}(\bar{\mathbf{U}}) \tag{8.3.7}$$

式中, $\overline{\mathbf{U}} = T(\theta)^{-1}\mathbf{U}$, 即将 $\mathbf{U}$ 投影到外法向 $\mathbf{n}$ 得到的矢量, 其分量分别沿着控制体边界的法向和切向; 其中水深不变, 而流速分别变换为法向 $\mathbf{n}$ 和切向 τ 的流速. 所

以, 先将 $\mathbf{U}$ 投影到法向 $\mathbf{n}$ 得到 $\overline{\mathbf{U}}$, 即 $\overline{\mathbf{U}}=T(\theta)^{-1}\mathbf{U}$, 再将 $\overline{\mathbf{U}}$ 代入 $\mathbf{F}$ 得到 $\mathbf{F}(\bar{\mathbf{U}})$; 再由式 (8.3.7) 可进一步得到 $\mathbf{F}_n(\mathbf{U})$. 这样, 将原来的二维问题转化为一维问题, 即只需计算 $\mathbf{F}(\bar{\mathbf{U}})$, 大大简化了计算提高了效率. 式 (8.3.6) 和 (8.3.7) 中 $\mathbf{T}(\theta)$ 的是坐标旋转角 θ 的变换矩阵, $\mathbf{T}(\theta)^{-1}$ 是 $\mathbf{T}(\theta)$ 的逆矩阵, 如下所示

$$\mathbf{T}(\theta)=\begin{bmatrix}1 & 0 & 0\\ 0 & \cos\theta & \sin\theta\\ 0 & -\sin\theta & \cos\theta\end{bmatrix} \tag{8.3.8}$$

$$\mathbf{T}(\theta)^{-1}=\begin{bmatrix}1 & 0 & 0\\ 0 & \cos\theta & -\sin\theta\\ 0 & \sin\theta & \cos\theta\end{bmatrix} \tag{8.3.9}$$

将式 (8.3.7) 代入式 (8.3.5) 就可得到经旋转变换后的有限体积法半离散化方程式

$$\frac{\mathrm{d}\mathbf{U}}{\mathrm{d}t}=-\frac{1}{\Delta V}\sum_{j=1}^{m}\mathbf{T}(\theta)^{-1}\mathbf{F}_j(\bar{\mathbf{U}})A_j+\bar{\mathbf{S}} \tag{8.3.10}$$

方程 (8.3.5) 和 (8.3.10) 是等价的, 都是有限体积法离散的基本方程, 不管方程采用那一方程形式, 最终都要求估算法向数值通量. 只不过后一方程为我们提供了一条把二维问题法向通量计算转化为求解一维局部坐标系下的黎曼问题的变换途径, 使得确定数值通量更为便捷.

8.3.3　数值通量的近似

下面将分别讨论数值通量的近似.

1. 对流通量

在有限体积法中, 估算界面处数值通量有两种不同的思路: 一种是传统的思想 (如 Patankar 提出的方法), 先假设物理量的分布曲线, 插值求得界面状态变量值, 并把该值代入通量表达式求得数值通量, 它隐含了界面处的变量是连续的要求. 另外一种则是基于间断的思想, 函数值在所有单元界面处都是间断, 也就是说不连续的. 根据这一思想, 在每个单元界面处均可以形成一个黎曼问题, 然后求解该黎曼问题得到单元界面的数值通量. 黎曼问题是解决不连续物理问题的数学描述方程, 是设计高解析度数值方法的核心.

(1) 传统方法

在水流运动及其内部物质输运的控制方程, 我们都可以把对流项写成如下表达式

$$F_e^c=\int_A\mathbf{F}(\phi)\cdot\mathbf{n}\mathrm{d}A=(\rho\mathbf{u}_n)_e\,\phi_e \tag{8.3.11}$$

式中, 对浅水方程而言 ρ 代表水深 h. 质量通量项 $(\rho\mathbf{u}_n)_e$ 根据相应界面状态变量的插值方法求得.

单元界面处状态变量的值 ϕ_e 则取决于采用对流项的离散格式, 常见的格式有:

一阶迎风格式

$$\phi_e = \phi_u \tag{8.3.12}$$

式中, 下标 u 代表迎风单元.

一阶迎风格式数值耗散过大. 为此, 可采用重构技巧构造二阶迎风格式, 其界面值 ϕ_e 由迎风单元直接线性插值得到

$$\phi_e = \phi_u + (\mathbf{grad}\phi)_u \cdot \boldsymbol{dr} \tag{8.3.13}$$

式中, 下标 u 代表迎风单元; $\boldsymbol{dr}$ 为从迎风单元中心至单元面的距离矢量.

(2) 解黎曼问题法

解黎曼问题法, 把单元界面两侧状态按间断思想来处理, 体现了数值求解离散化的本质, 使有限体积法的适用性和有效性大为增强.

首先建立局部 $\bar{x}$-$\bar{y}$ 坐标系中沿 $\bar{x}$ 轴 (即边界的外法向) 的一个一维黎曼问题. 其目的在于求解如下的黎曼问题以得到界面处的数值通量

$$\frac{\partial\bar{\mathbf{U}}}{\partial t} + \frac{\partial\mathbf{F}(\bar{\mathbf{U}})}{\partial\bar{x}} = 0 \tag{8.3.14}$$

其中

$$\bar{\mathbf{U}}(\bar{x},0) = \begin{cases} \bar{\mathbf{U}}_L; & \bar{x} < 0 \\ \bar{\mathbf{U}}_R; & \bar{x} > 0 \end{cases} \tag{8.3.15}$$

式中 $\bar{x}$ 为单元交界面上法向量 n 的坐标, 图 8.3.1, 此坐标系中以交界面中央点为原点. $\bar{\mathbf{U}}$ 是 $\mathbf{q}$ 在法向的投影, $\bar{\mathbf{U}}_L$ 及 $\bar{\mathbf{U}}_R$ 分别为单元交界面左 (内) 右 (外) 两侧的因变量. 假设初始值 $\bar{\mathbf{U}}(t=0)$ 已知, 那么求解该黎曼问题, 可以得到 $t=0^+$ 时刻 $\bar{x}=0$(界面) 处的 $\mathbf{F}\left(\bar{\mathbf{U}}_L,\bar{\mathbf{U}}_R\right)$. 通过旋转逆变换可以给出原始坐标系 x-y 下的法向数值通量 $\mathbf{F}_{LR}$.

上述求解该问题的思路是由 Godunov 提出来的. 他最初采用黎曼问题准确解来估算, Roe 等提出的各类近似黎曼解法极大地推动了该算法思想的发展和完善. 但是对于该黎曼问题的数值通量采用何种形式来近似则完全没有必要去作什么限制, 可以采用前面介绍的各种格式如 TVD 格式, FVS 格式等等, 只不过在数值精度、稳定性以及对间断的分辨率上差别会各有特点.

2. 扩散通量

我们知道, 对流通量间断问题的处理已经有多种方法, 但是对扩散通量的处理并不熟悉. 实用上, 通常对扩散项只采用二阶中心格式离散, 而不管对流项采用何种数值近似算法. 或者直接把它归并到源项中计算.

下面介绍一种实现非结构网格下二阶精度的数值近似方式 [9].

(1) 辅助点

对非正交的网格而言, 其中心连线 PE 一般不通过单元面中心 e. 利用单元中心变量值估算导数, 在采用线性分布的假设下, 求解的精度退化. 为了使算法在极不规则的网格下, 也能保证解的精度, 需要引进了添加辅助点的方法, 改进扩散通量计算.

如图 8.3.1, 建立辅助点 P', E', 它们满足

$$\mathbf{r}_{P'} - \mathbf{r}_P = \mathbf{r}_{PP'} = (\mathbf{r}_e - \mathbf{r}_P) - L_{P'e}\mathbf{n} \tag{8.3.16}$$

$$\mathbf{r}_{E'} - \mathbf{r}_E = \mathbf{r}_{EE'} = (\mathbf{r}_e - \mathbf{r}_E) - L_{E'e}\mathbf{n} \tag{8.3.17}$$

式中, $\mathbf{r}_{P'}$ 表示 P' 点的向量, 其他类同; 这里取长度 $L_{P'e} = \mathbf{r}_{Pe}\cdot\mathbf{n}$, $L_{E'e} = -\mathbf{r}_{Ee}\cdot\mathbf{n}$, 即有 $L_{P'E'} = |r_{E'} - r_{P'}|$.

线性插值的权值 ω 定义为 $\omega = L_{P'e}/L_{P'E'}$. $\phi_{E'}$、$\phi_{P'}$ 可用一阶 Taylor 展开式近似, 即

$$\phi_{P'} = \phi_P + (\text{grad}\phi)_P\cdot(\mathbf{r}_{P'} - \mathbf{r}_P) \tag{8.3.18}$$

$$\phi_{E'} = \phi_E + (\text{grad}\phi)_E\cdot(\mathbf{r}_{E'} - \mathbf{r}_E) \tag{8.3.19}$$

这样处理, 可适用于任意形状的控制体单元. 其中的单元中心梯度由 Gauss 定理计算

$$\left(\frac{\partial\phi}{\partial x_i}\right)_P = \frac{\alpha}{\Delta V}\sum_j \phi_j A_j^i \tag{8.3.20}$$

其中, ϕ_j 可直接用线性插值求得, 但是对高度扭曲的畸变网格会引入网格误差. α 为限制因子 $(0 \leqslant \alpha \leqslant 1)$, 保证重构不导致局部极值.

(2) 扩散通量近似

由中心差分近似, 可得积分后的扩散通量

$$F_e^d = \int_A \varGamma\text{grad}\phi\cdot\mathbf{n}\mathrm{d}A \approx (\varGamma\text{grad}\phi\cdot\mathbf{n})_e A_e \tag{8.3.21}$$

为求得法向扩散通量, 须对法向梯度作离散. 原始的直接采用界面单元相邻点作中心差分近似, 在不规则网格下不能达到理想的精度. 为此, 不同的作者提出了不同的实现方法, 这里, 介绍基于辅助点法 (Auxiliary point method) 构造扩散通量的近似. 在高扭曲度的网格下, 也能保证模型的整体计算精度不受网格拉伸畸变和剪切畸变的影响. 由于只有法向通量对控制体积的净通量起作用, 因而法向扩散通量可表达成

$$F_e^d = \varGamma_e A_e\left(\frac{\partial\phi}{\partial n}\right)_e \approx \varGamma_e A_e\frac{\phi_{E'} - \phi_{P'}}{L_{P'E'}} \tag{8.3.22}$$

从而, 将式 (8.3.9)、(8.3.10) 代入式 (8.3.16), 得到单元面 "e" 的扩散通量的最终表达式为

$$F_e^d = \Gamma_e A_e \frac{\phi_E - \phi_P}{L_{P'E'}} + \Gamma_e A_e \frac{(\text{grad}\phi)_E \cdot (\mathbf{r}_{E'} - \mathbf{r}_E) - (\text{grad}\phi)_P \cdot (\mathbf{r}_{P'} - \mathbf{r}_P)}{L_{P'E'}} \quad (8.3.23)$$

如果 $\phi_{E'}$、$\phi_{P'}$ 估值准确, 即梯度估算精度足够高, 那么式 (8.3.23) 估算的通量具有二阶精度. 计算时, 为保证计算的收敛性能, 同时又保持计算的简便性. 如果采用隐格式离散方程, 则可以对该式右端第一项按隐式处理, 而第二项非正交项则作为显式计算, 归入源项. 当整个模拟计算趋于收敛时, 非正交项的估值准确度逐步提高.

依据上述近似, 评判网格的质量不再是单元网格边线之间的正交好坏, 重要的是单元面的法向向量和单元中心点连线之间夹角的大小. 但是采用式 (8.3.20) 估算的梯度引入的误差在极高扭曲度时仍会显现, 成了整个计算精度的瓶颈. 为保证计算精度, 在二维计算中, 可采用 Lehnhauser and Scafer[29] 提出的基于 Taylor 展开式的二阶精度插值算法 (TSE) 加以克服. 但是该方法在三维中较难实现.

3. 源项

对非常数源项, 采用线性化处理

$$Q_P^\phi = \int_V S_\phi \mathrm{d}V = \int_V (S_{\phi,c} + S_{\phi,P}\phi_P)\mathrm{d}V \approx (S_{\phi,c} + S_{\phi,P}\phi_P)\Delta V \quad (8.3.24)$$

式中, $S_{\phi,c}$ 源项的常数部分, $S_{\phi,P}$ 为 ϕ_P 的系数. 该近似独立于控制单元的形状, 为二阶近似. 关于源项的线性化原则和技巧, 读者可以参看 Patankar 的专著 [1](中译本为《传热与流体流动的数值计算》), 里面有非常详尽的论述.

第 9 章　在水力学问题中的应用

9.1　二维明渠非恒定流计算

9.1.1　基本方程

二维浅水方程的守恒形式可表达为

连续方程

$$\frac{\partial h}{\partial t}+\frac{\partial (hu)}{\partial x}+\frac{\partial (hv)}{\partial y}=0 \tag{9.1.1}$$

动量方程

$$\frac{\partial hu}{\partial t}+\frac{\partial (hu^2+gh^2/2)}{\partial x}+\frac{\partial (huv)}{\partial y}=gh(s_{0x}-s_{fx}) \tag{9.1.2}$$

$$\frac{\partial hv}{\partial t}+\frac{\partial (huv)}{\partial x}+\frac{\partial (hv^2+gh^2/2)}{\partial y}=gh(s_{0y}-s_{fy}) \tag{9.1.3}$$

式中, h 为水深;

u, v 分别为 x 和 y 向垂线平均水平流速分量;

g 为重力加速度;

s_{0x} 和 s_{fx} 分别是 x 向的床面坡降和阻力坡降;

s_{0y} 和 s_{fy} 分别是 y 向的床面坡降和阻力坡降;

上述方程组, 可表示为方程 (8.3.1) 的形式

$$\frac{\partial \mathbf{U}}{\partial t}+\nabla\cdot\mathbf{F}(\mathbf{U})=\mathbf{S} \tag{9.1.4}$$

式中,

$$\mathbf{U}=\begin{pmatrix} h\\ hu\\ hv\end{pmatrix};\quad \mathbf{F}_x=\begin{pmatrix} hu\\ hu^2+\dfrac{gh^2}{2}\\ huv\end{pmatrix};$$

$$\mathbf{F}_y=\begin{pmatrix} hv\\ huv\\ hv^2+\dfrac{gh^2}{2}\end{pmatrix};\quad \mathbf{S}=\begin{pmatrix} 0\\ gh(S_{0x}-S_{fx})\\ gh(S_{0y}-S_{fy})\end{pmatrix}$$

9.1.2 控制方程的离散

根据前面的非结构网格上有限体积法离散的基本思路, 可把二维问题中跨单元边界的水量、动量、物质输运量等通量的计算转化为求解局部一维黎曼问题 (8.3.14). 利用第八章 8.3.3 节中解黎曼问题法近似对流通量的思路离散控制方程. 正如前文提到的该黎曼问题可以有许多种近似求法, 例如 FDS、FVS, 以及 Osher 格式等一阶的高分辨率格式以及高阶的高分辨率 TVD 格式.

下面将分别介绍 Osher 格式和 TVD-MUSCL 格式求解黎曼问题.

1. Osher 格式

(1) 水力学黎曼问题

我们知道, 据 8.3.3 节所述的求解黎曼问题方法, 在相邻的二维控制体界面处建立的水力模型是局部 $\bar{x}-\bar{y}$ 坐标系中沿 $\bar{x}$ 轴 (即外法向) 的一个一维黎曼问题 (8.3.14).

对浅水方程, 方程 (8.3.14) 的特征方程为

$$|\mathbf{A}-\lambda\mathbf{I}|=0 \tag{9.1.5}$$

式中 $\mathbf{I}$ 为单位矩阵, $\mathbf{A}$ 为 Jacobian 矩阵, 定义为 $\mathbf{A}=d\mathbf{F}/d\bar{\mathbf{U}}$, 由式 (9.1.20) 确定其值. $\bar{\mathbf{U}}$ 是 $\mathbf{U}$ 在法向的投影, 可写为 $\bar{\mathbf{U}}=(h,h\bar{u},h\bar{v})^{\mathrm{T}}$, 即 $U_1=h,U_2=h\bar{u},U_3=h\bar{v}$, 其中 $\bar{u},\bar{v}$ 分别为法向和切向流速, 为书写方便将其上的横线符号省略. 通量 F 各项与 $\mathbf{U}$ 的对应分别为

$$f_1=U_2,f_2=\frac{U_2^2}{U_1}+\frac{g}{2}U_1^2,f_3=\frac{U_2\cdot U_3}{U_1}, \tag{9.1.6}$$

矩阵 $\mathbf{J}$ 表示如下

$$\mathbf{A}=\frac{\mathrm{d}\mathbf{F}}{\mathrm{d}\mathbf{U}}=\begin{bmatrix}\dfrac{\partial F_1}{\partial U_1} & \dfrac{\partial F_1}{\partial U_2} & \dfrac{\partial F_1}{\partial U_3}\\ \dfrac{\partial F_2}{\partial U_1} & \dfrac{\partial F_2}{\partial U_2} & \dfrac{\partial F_2}{\partial U_3}\\ \dfrac{\partial F_3}{\partial U_1} & \dfrac{\partial F_3}{\partial U_2} & \dfrac{\partial F_3}{\partial U_3}\end{bmatrix}=\begin{bmatrix}0 & 1 & 0\\ c^2-u^2 & 2u & 0\\ -uv & v & u\end{bmatrix} \tag{9.1.7}$$

式中 $c=\sqrt{gh}$, 式 (9.1.5) 中的特征值为 $\lambda_1=u-c;\lambda_2=u;\lambda_3=u+c$. 特征向量 r_k 也可由 $\mathbf{A}\cdot\mathbf{r}_k=\lambda_k\mathbf{r}_k$ 得, 分别为

$$r_1=(1,u-c,v)^{\mathrm{T}} \quad r_2=(0,0,1)^{\mathrm{T}} \quad r_3=(1,u+c,v)^{\mathrm{T}} \tag{9.1.8}$$

对每个特征值 λ_k, 由式

$$\frac{\mathrm{d}x(t)}{\mathrm{d}t}=\lambda_k$$

定义的线族 $\Gamma_k(k=1,2,3)$, 即为特征线.

沿特征线的黎曼不变量 $\psi_k(\mathbf{U})$ 的定义为: 若函数 $\psi_k(\mathbf{U})$ 满足关系式

$$\nabla\psi_k(\bar{\mathbf{U}})\cdot r_k(\bar{\mathbf{U}})=0 \tag{9.1.9}$$

则称 $\psi_k(\bar{\mathbf{U}})$ 为 k 位黎曼不变量.

式中, $\nabla\psi_k=\left(\dfrac{\partial\psi_k}{\partial U_1},\dfrac{\partial\psi_k}{\partial U_2},\dfrac{\partial\psi_k}{\partial U_3}\right)$, 是行向量.

由 (9.1.9) 式可得沿每一特征线 Γ_k 有三个方程式成立, 也即存在一个独立变量 (称为黎曼变量), 由于其沿特征线 Γ_k 保持常数, 此变量即为前述黎曼不变量.

沿特征线 $\Gamma_k\left(\dfrac{\mathrm{d}x(t)}{\mathrm{d}t}=\lambda_k\right)$ 的黎曼不变量 $\psi_k(\mathbf{U})$ 可由方程 (9.1.9) 求得如下

$$\begin{aligned}
&\lambda_1:\quad \psi_1^{(1)}=u+2c;\quad \psi_1^{(2)}=v\\
&\lambda_2:\quad \psi_2^{(1)}=u;\quad \psi_2^{(2)}=h\\
&\lambda_3:\quad \psi_3^{(1)}=u-2c;\quad \psi_2^{(2)}=v
\end{aligned} \tag{9.1.10}$$

式中, 上标 (1), (2) 分别表示每一个特征向量上两个黎曼不变量. 沿着相应的特征线, 其黎曼不变量保持定值.

(2) Osher 格式解黎曼问题

根据通量向量分裂的思想, 通量 $\mathbf{F}(\bar{\mathbf{U}})$ 可分成沿正向特征线传播和沿负向特征线传播的通量

$$\mathbf{F}(\bar{\mathbf{U}})=\mathbf{A}^+\mathbf{U}+\mathbf{A}^-\mathbf{U}=\mathbf{F}^++\mathbf{F}^- \tag{9.1.11}$$

由于 $\mathbf{F}^{\pm}(\mathbf{U})$ 可看作是沿正负特征方向传播的部分通量, 式中, “+” 表沿正向特征线传播的通量, “–” 表沿负向特征线传播的通量. 则数值通量可以写成

$$\mathbf{F}_{LR}(\mathbf{U}_L,\mathbf{U}_R)=\mathbf{F}^+(\mathbf{U}_L)+\mathbf{F}^-(\mathbf{U}_R) \tag{9.1.12}$$

或者

$$\begin{aligned}
\mathbf{F}_{LR}(\mathbf{U}_L,\mathbf{U}_R)&=\mathbf{F}(\mathbf{U}_L)+\Delta\mathbf{F}_{LR}^-\\
&=\mathbf{F}(\mathbf{U}_R)-\Delta\mathbf{F}_{LR}^+\\
&=\frac{1}{2}\left[\mathbf{F}(\mathbf{U}_L)+\mathbf{F}(\mathbf{U}_R)-(\Delta\mathbf{F}_{LR}^+-\Delta\mathbf{F}_{LR}^-)\right]
\end{aligned} \tag{9.1.13}$$

式中, “L” 表示被分析控制体边界的左侧, “R” 表示被分析控制体边界的右侧

$$\Delta\mathbf{F}^-=\mathbf{F}_{LR}(\mathbf{U}_L,\mathbf{U}_R)-\mathbf{F}(\mathbf{U}_L)=\int_{U_L}^{U_R}A^-(\mathbf{U})\mathrm{d}\mathbf{U} \tag{9.1.14}$$

$$\Delta \mathbf{F}^{+}=\mathbf{F}(\mathbf{U}_R)-\mathbf{F}_{LR}(\mathbf{U}_L,\mathbf{U}_R)=\int_{U_L}^{U_R}A^{+}(\mathbf{U})\mathrm{d}\mathbf{U} \tag{9.1.15}$$

因此, 只要求得两个积分 $\int_{\bar{U}_L}^{\bar{U}_R}A^{-}(\mathbf{U})\mathrm{d}\mathbf{U}$ 或 $\int_{\bar{U}_L}^{\bar{U}_R}A^{+}(\mathbf{U})\mathrm{d}\mathbf{U}$, 跨越控制体边界的数值通量向量 $\mathbf{F}_{LR}(\mathbf{U}_L,\mathbf{U}_R)$ 就可以求得.

Osher 在求解 $\int_{\bar{U}_L}^{\bar{U}_R}A^{-}(\mathbf{U})\mathrm{d}\mathbf{U}$ 或 $\int_{\bar{U}_L}^{\bar{U}_R}A^{+}(\mathbf{U})\mathrm{d}\mathbf{U}$ 的积分式时, 采用图 9.1.1 所示的由三段特征线构成的积分路径, 即分段光滑的弧 LABR; 其含义是: 在 $\mathbf{U}$ 的状态空间 (或称相空间) 中, $\mathbf{U}_L$ 与 $\mathbf{U}_R$ 是通过相互衔接的三段特征线 $\dfrac{\mathrm{d}x}{\mathrm{d}t}=\lambda_k$ 过渡的. 沿每段弧线的积分可以写成:

$$\int_{\mathrm{U}[0]}^{\mathrm{U}[\xi]}\mathbf{A}^{\pm}(\mathbf{U})\mathrm{d}\mathbf{U}=\int_0^{\xi}\mathbf{A}^{\pm}(\mathbf{U})\frac{\mathrm{d}\mathbf{U}}{\mathrm{d}\xi}\mathrm{d}\xi=\int_0^{\xi}\mathbf{A}^{\pm}(\mathbf{U})\cdot\mathbf{r}(\mathbf{U})\mathrm{d}\xi=\int_0^{\xi}\lambda^{\pm}(\mathbf{U})\mathbf{r}(\mathbf{U})\mathrm{d}\xi \tag{9.1.16}$$

式中, $\mathbf{r}(\mathbf{U})=\dfrac{\mathrm{d}\mathbf{U}}{\mathrm{d}\xi}$, $\mathrm{d}\xi$ 是沿特征线的微分单元, 积分上下限 $\mathbf{U}[\xi]$, $\mathbf{U}[0]$ 分别代表第 k 段弧线 $\varGamma_k$ 两端点, ξ 为弧线的长度, 如图 9.1.1 所示,

曲线 LA,

$$\mathbf{U}[0]=\mathbf{U}_L,\mathbf{U}[\xi]=\mathbf{U}_A;$$

曲线 AB,

$$\mathbf{U}[0]=\mathbf{U}_A,\mathbf{U}[\xi]=\mathbf{U}_B; \tag{9.1.17}$$

曲线 BR,

$$\mathbf{U}[0]=\mathbf{U}_B,\mathbf{U}[\xi]=\mathbf{U}_R.$$

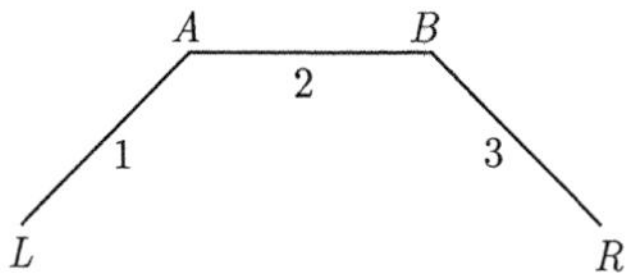

图 9.1.1 Osher 格式积分路径

其中的 $\mathbf{U}_A$, $\mathbf{U}_B$ 通过黎曼不变量方程求得,

曲线 LA:

$$u_L+2c_L=u_A+2c_A;v_L=v_A$$

曲线 AB:

$$u_A=u_B;h_A=h_B \tag{9.1.18}$$

曲线 BR:

$$u_R-2c_R=u_B-2c_B;v_R=v_B$$

从中可解出,

$$u_A=u_B=\frac{\psi_L+\psi_R}{2};\quad h_A=h_B=\frac{1}{g}\left(\frac{\psi_L-\psi_R}{4}\right)^2 \tag{9.1.19}$$

式中, $\psi_L = u_L + 2c_L$; $\psi_R = u_R - 2c_R$.

对每一段积分曲线 $\varGamma_k$, 根据特征值 λ_k 的符号, 可以得到黎曼问题的近似解为

$$\mathbf{F}_{LR}(\mathbf{U}_L, \mathbf{U}_R) = \begin{cases} \mathbf{F}(\mathbf{U}[\xi]) - \mathbf{F}(\mathbf{U}[s]) + \mathbf{F}(\mathbf{U}[0]) & \lambda_k(\mathbf{U}[0]) > 0, \lambda_k(\mathbf{U}[\xi]) < 0 \\ \mathbf{F}(\mathbf{U}[s]) & \lambda_k(\mathbf{U}[0]) < 0, \lambda_k(\mathbf{U}[\xi]) > 0 \\ \mathbf{F}(\mathbf{U}[0]) & \lambda_k(\mathbf{U}[0]) \geqslant 0, \lambda_k(\mathbf{U}[\xi]) \geqslant 0 \\ \mathbf{F}(\mathbf{U}[\xi]) & \lambda_k(\mathbf{U}[0]) \leqslant 0, \lambda_k(\mathbf{U}[\xi]) \leqslant 0 \end{cases} \tag{9.1.20}$$

式中, λ_k, $\mathbf{U}[0]$, $\mathbf{U}[\xi]$ 的定义见前; $\mathbf{U}[s]$ 代表临界点处的 $\mathbf{U}$ 值, 点 s 表示临界点, $\lambda_k(\mathbf{U}[\xi]) = 0$. 经过 s 点 λ_k 改变符号, 临界点只存在于 LA 和 BR 弧线段上, 相应的 $\mathbf{U}$ 值为 $\mathbf{U}_s^1$, $\mathbf{U}_s^3$. 其分量为,

$$u_s^1 = \frac{1}{3}\psi_L, \quad u_s^3 = \frac{1}{3}\psi_R$$

$$h_s^1 = \frac{1}{g}(u_s^1)^2, \quad h_s^3 = \frac{1}{g}(u_s^3)^2 \tag{9.1.21}$$

这样, 可以求得通过单元的某个边的法向数值通量 $\mathbf{F}_{LR}$, 方程 (9.1.4) 即可求解.

根据式 (9.1.20) 可能有 16 种解. 列于表 9.1.1.

表 9.1.1　浅水方程的 Osher 的近似解

$\mathbf{F}_{LR}$	$u_L < c_L$ $u_R > -c_R$	$u_L > c_L$ $u_R > -c_R$	$u_L < c_L$ $u_R < -c_R$	$u_L > c_L$ $u_R < -c_R$
$c_A < u_A$	$\mathbf{F}(\mathbf{U}_s^1)$	$\mathbf{F}(\mathbf{U}_L)$	$\mathbf{F}(\mathbf{U}_s^1) - \mathbf{F}(\mathbf{U}_s^3)$ $+\mathbf{F}(\mathbf{U}_R)$	$\mathbf{F}(\mathbf{U}_L) - \mathbf{F}(\mathbf{U}_s^3)$ $+\mathbf{F}(\mathbf{U}_R)$
$0 < u_A < c_A$	$\mathbf{F}(\mathbf{U}_A)$	$\mathbf{F}(\mathbf{U}_L) - \mathbf{F}(\mathbf{U}_s^1)$ $+\mathbf{F}(\mathbf{U}_A)$	$\mathbf{F}(\mathbf{U}_A) - \mathbf{F}(\mathbf{U}_s^3)$ $+\mathbf{F}(\mathbf{U}_R)$	$\mathbf{F}(\mathbf{U}_L) - \mathbf{F}(\mathbf{U}_s^1)$ $+\mathbf{F}(\mathbf{U}_A) - \mathbf{F}(\mathbf{U}_s^3)$ $+\mathbf{F}(\mathbf{U}_R)$
$-c_B < u_A < 0$	$\mathbf{F}(\mathbf{U}_B)$	$\mathbf{F}(\mathbf{U}_L) - \mathbf{F}(\mathbf{U}_s^1)$ $+\mathbf{F}(\mathbf{U}_B)$	$\mathbf{F}(\mathbf{U}_B) - \mathbf{F}(\mathbf{U}_s^3)$ $+\mathbf{F}(\mathbf{U}_R)$	$\mathbf{F}(\mathbf{U}_L) - \mathbf{F}(\mathbf{U}_s^1)$ $+\mathbf{F}(\mathbf{U}_B) - \mathbf{F}(\mathbf{U}_s^3)$ $+\mathbf{F}(\mathbf{U}_R)$
$u_A < -c_B$	$\mathbf{F}(\mathbf{U}_s^3)$	$\mathbf{F}(\mathbf{U}_L) - \mathbf{F}(\mathbf{U}_s^1)$ $+\mathbf{F}(\mathbf{U}_s^3)$	$\mathbf{F}(\mathbf{U}_R)$	$\mathbf{F}(\mathbf{U}_L) - \mathbf{F}(\mathbf{U}_s^1)$ $+\mathbf{F}(\mathbf{U}_R)$

表 9.1.1 中, 第五列 ($u_L > c_L, u_R < -c_R$) 的四种流动条件在天然条件下不太可能发生. 第二列 ($u_L > c_L, u_R > -c_R$) 的第二种 ($0 < u_A < c_A$) 和第三种 ($-c_B < u_A < 0$) 流动条件是缓流, 第一种 ($c_A < u_A$) 和第四种 ($u_A < -c_B$) 流动条件为急流. 第三列 ($u_L < c_L$, $u_R < -c_R$) 的第三种流动条件 ($-c_B < u_A < 0$) 和第四列的第二种流动条件 ($0 < u_A < c_A$) 也是在天然条件下不太可能发生的流动. 第三列 ($u_L < c_L$, $u_R < -c_R$) 的第一种 ($c_A < u_A$) 和第四列 ($u_L > c_L$, $u_R < -c_R$) 的第四种流动条件 ($u_A < -c_B$) 为急流.

2. TVD-MUSCL 格式

1959 年 Godunov 提出了一个著名的差分格式, 较好地考虑了物理流动特性, 利用 "黎曼间断解" 问题的精确解来计算网格边上的物理量. 然而, 这一方法在接触间断附近 (如溃坝涌波) 的解不够好且只有一阶精度, Van Leer 率先延拓 Godunov 方法得到 MUSCL 格式, 开始了对高阶 Godunov 格式的研究. 一些高精度 Godunov 类型方法已广泛地被用来处理含源项的浅水方程, 试验和数值模拟均证明过此类格式的精确性和有效性.

MUSCL 类型格式由于其 "几何" 意义明确, 易于推广到多维问题中和使用非结构网格, 应用范围日益广泛. 此类格式的思路就是如何确定界面两侧邻近状态 $\mathbf{U}_L$ 和 $\mathbf{U}_R$ 来解黎曼间断问题, 关键就在于选取合适的插值公式并对单元的坡度作适当的限制以提高格式对间断解的处理能力.

$\tilde{\mathbf{A}}$ 是某种意义下雅可比矩阵 A 的平均矩阵, 依赖于 $\mathbf{U_L}$ 和 $\mathbf{U_R}$

$$\tilde{\mathbf{A}} = \mathbf{A}(\mathbf{U_L}, \mathbf{U_R}) \tag{9.1.22}$$

从方程 (9.1.12) 出发, 用一阶 Godunov 型格式计算通量 $\mathbf{F}(\bar{\mathbf{U}})$

$$\mathbf{F}(\bar{\mathbf{U}})_{i+1/2,j} = \frac{1}{2}[\mathbf{F_R} + \mathbf{F_L} - \left|\mathbf{A}_{i+1/2}\right|(\mathbf{U_R} - \mathbf{U_L})] \cdot \mathbf{n}_{i+1/2,j} \tag{9.1.23}$$

根据 Roe 的黎曼间断问题的解法, 解得

$$\tilde{\mathbf{A}} = \frac{\partial(\mathbf{F}\cdot\mathbf{n})}{\partial\mathbf{U}} = \begin{bmatrix} 0 & n_x & n_y \\ (c^2-\tilde{u}^2)n_x - \tilde{u}\tilde{v}n_y & 2\tilde{u}n_x + \tilde{v}n_y & \tilde{u}n_y \\ -\tilde{u}\tilde{v}n_x + (c^2-\tilde{v}^2)n_y & \tilde{v}n_x & \tilde{u}n_x + 2\tilde{v}n_y \end{bmatrix} \tag{9.1.24}$$

$\tilde{\mathbf{A}}$ 相应的右特征值 a^k 为

$$a^1 = \tilde{u}n_x + \tilde{v}n_y + c, \quad a^2 = \tilde{u}n_x + \tilde{v}n_y, \quad a^3 = \tilde{u}n_x + \tilde{v}n_y - c \tag{9.1.25}$$

$\tilde{\mathbf{A}}$ 相应的右特征向量 $\mathbf{e}^k$ 为

$$\tilde{\mathbf{e}}^1 = \begin{bmatrix} 1 \\ \tilde{u} + \tilde{c}n_x \\ \tilde{v} + \tilde{c}n_y \end{bmatrix}, \quad \tilde{\mathbf{e}}^2 = \begin{bmatrix} 0 \\ -\tilde{c}n_y \\ \tilde{c}n_x \end{bmatrix}, \quad \tilde{\mathbf{e}}^3 = \begin{bmatrix} 1 \\ \tilde{u} - \tilde{c}n_x \\ \tilde{v} - \tilde{c}n_y \end{bmatrix} \tag{9.1.26}$$

$$\tilde{u} = \frac{u_R\sqrt{h_R} + u_L\sqrt{h_L}}{\sqrt{h_R} + \sqrt{h_L}}, \quad \tilde{v} = \frac{v_R\sqrt{h_R} + v_L\sqrt{h_L}}{\sqrt{h_R} + \sqrt{h_L}}, \quad \tilde{c} = \sqrt{\frac{g(h_R + h_L)}{2}} \tag{9.1.27}$$

用雅可比矩阵 $\mathbf{A}$ 的平均常系数矩阵 $\tilde{\mathbf{A}}$ 来代替 $\mathbf{A}$, 以便求解界面法向输出通量 $\mathbf{F}(\bar{\mathbf{U}})$. 因此, 式 (9.1.23) 可写为

$$\mathbf{F}(\bar{\mathbf{U}})_{i+1/2,j} = \frac{1}{2}\left[\mathbf{F_R} + \mathbf{F_L} - \sum_{k=1}^{3}\tilde{e}^k\psi(a^k_{i+1/2})\tilde{\alpha}^k_{i+1/2}\right] \cdot \mathbf{n}_{i+1/2,j} \tag{9.1.28}$$

ψ 为熵函数, 以满足间断处的熵条件. 其形式为

$$\psi(z)=\begin{cases}|z| & |z|\geqslant\varepsilon\\ \dfrac{(z^2+\varepsilon^2)}{2\varepsilon} & |z|<\varepsilon\end{cases}\tag{9.1.29}$$

ε 为一小正数

$$\varepsilon_{i+\frac{1}{2},j}=\max[0,a_{i+\frac{1}{2},j}-a_{i,j},a_{i+1,j}-a_{i+\frac{1}{2},j}]\tag{9.1.30}$$

$a_{i+\frac{1}{2},j}$ 为特征列向量

$$a_{i+\frac{1}{2},j}=\mathbf{L}_{i+\frac{1}{2},j}(\mathbf{U}_{i+1,j}-\mathbf{U}_{i,j})\tag{9.1.31}$$

此时

$$\mathbf{U_R}-\mathbf{U_L}=\sum_{\mathbf{k=1}}^{\mathbf{3}}\tilde{\boldsymbol{\alpha}}^k\mathbf{e}^k\tag{9.1.32}$$

令 $\Delta=()_\mathbf{R}-()_\mathbf{L}$

$$\tilde{\alpha}^{1,3}=\frac{\Delta h}{2}\pm\frac{1}{2\tilde{c}}[\Delta(hu)n_x+\Delta(hv)n_y-\bar{\mathbf{u}}\cdot\hat{\mathbf{n}}\Delta h\tag{9.1.33}$$

$$\tilde{\alpha}^2=\frac{1}{\tilde{c}}\left\{[\Delta(hv)-\tilde{v}\Delta h]n_x-(\Delta(hu)-\tilde{u}\Delta h)n_y\right\}\tag{9.1.34}$$

采用 MUSCL 方法在对界面中间状态变量进行插值时对坡度加以限制, 便可得到高阶精度 TVD 格式. 加入限制后的插值公式

$$\mathbf{U_R}=\mathbf{U}^n_{i+1,j}-\frac{1}{2}(\delta\mathbf{U})^n_{i+1,j}\tag{9.1.35}$$

$$\mathbf{U_L}=\mathbf{U}^n_{i,j}+\frac{1}{2}(\delta\mathbf{U})^n_{i,j}\tag{9.1.36}$$

$$(\delta\mathbf{U})^n_{i,j}=(\mathbf{U}^n_{i,j}-\mathbf{U}^n_{i-1,j})\cdot\varphi\left(\frac{\mathbf{U}^n_{i+1,j}-\mathbf{U}^n_{i,j}}{\mathbf{U}^n_{i,j}-\mathbf{U}^n_{i-1,j}}\right)\tag{9.1.37}$$

为了能在激波附近得到光滑间断解, 防止解在激波附近出现非物理数值振荡, 需采用恰当的限制器 φ, 最常引入的是 min mod 限制器. 若 φ 满足对称性条件, 状态变量 $\mathbf{U_L}$ 和 $\mathbf{U_R}$ 在控制体内线性分布. 内插出界面状态后, 由一阶 TVD 数值通量公式便得二阶 TVD 格式的通量

$$\mathbf{F}(\bar{\mathbf{U}})=\mathbf{F}(\mathbf{U_L},\mathbf{U_R})\tag{9.1.38}$$

3. 边界条件处理

处理边界条件的基本要求为：计算问题在数学上适定, 在物理上合理; 尽量不影响内点数值解的精度和稳定性, 否则会成为误差扰动源.

浅水流计算中常用因变量为水深和流量, 故而边界条件主要有三种形式:

(1) 给定水位过程;

(2) 给定流量过程;

(3) 给定水位流量关系.

当然, 这种物理边界条件是域内外流场相互作用的结果, 具有近似性.

以上介绍的法向数值通量计算方法只适用于计算域内部单元界面. 当单元边为计算域的边界或为实体边界 (如工程建筑物) 时, 数值通量计算就变成了边界黎曼问题. 这种条件下, U_L 为计算域内已知状态, 而 U_R 是未知状态. 一般可根据局部流态 (急流或缓流) 适当选定法向输出特征的相容关系, 并利用给定的物理边界条件和边界内侧的已知流动状态 U_L, 联解确定除边界外侧的未知状态 U_R; 然后与内部单元计算完全相同地确定跨外部边界的法向数值通量. 几种不同形态的边界分述如下.

(1) 开边界

开边界可分为缓流开边界和急流开边界. 对于急流开边界, 其处理情况很简单, 因为其下游水力要素完全由上游决定, 故不论是水位、流量或水位流量关系, 必须同时给定在入流边界上. 对于开边界的特征值符号、相容关系和边界条件类型的相关公式总结见表 9.1.2.

表 9.1.2　浅水方程组有限体积法边界处理

流态类型	入流开边界		出流开边界	
	缓流	急流	缓流	急流
特征值符号	$\lambda_1(U_L)<0$ $\lambda_2(U_L)<0$ $\lambda_3(U_L)>0$	$\lambda_1(U_L)<0$ $\lambda_2(U_L)<0$ $\lambda_3(U_L)>0$	$\lambda_1(U_L)<0$ $\lambda_2(U_L)>0$ $\lambda_3(U_L)>0$	$\lambda_1(U_L)>0$ $\lambda_2(U_L)>0$ $\lambda_3(U_L)>0$
相容关系	$u_R+2c_R=u_L+2c_L$		$u_R+2c_R=u_L+2c_L$ $v_R=v_L$	$q_R=q_L$
个数	1	0	2	3
边界条件类型	水位 h_R 或单宽流量 q_R 或水位一流量关系, 此外附加 $v_R=v_L$ 或 $v_R=0$	必须给定 q_R 三个分量或相关信息	水位 h_R 或单宽流量 q_R 或水位一流量关系	
个数	2	3	1	0

注: 表中缓流开边界相容关系是忽略非齐次项 S_o 和 S_f 的结果, 如果需要考虑这种影响, 要加入非齐次项沿着特征线的积分项. 此外, 已有数值试验证明应用给定的精确物理边界条件以取代某个相容关系也是可行的.

以讨论缓流开边界的情况为例, 未知状态的确定方法如下所示:

① 给定水位 h_R

h_R 为已知的水位值, 根据相容关系 $u_R+2\sqrt{gh_R}=u_L+2\sqrt{gh_L}$ 得到

$$u_R=u_L+2\sqrt{g}(\sqrt{h_L}-\sqrt{h_R}),\quad v_R=v_L;$$

② 给定单宽流量 q_R

q_R 为已知的流量值, 可以求解方程组 $\begin{cases} q_R = h_R u_R \\ u_R = u_L + 2\sqrt{g}(\sqrt{h_L} - \sqrt{h_R}) \end{cases}$ 得到相应的 h_R 和 u_R 值, 以及 $v_R = v_L$;

③ 给定边界处的水位流量关系

已知边界处的水位流量关系 $q_R = f(h_R)$, 可以求解方程组

$\begin{cases} q_R = f(h_R) \\ u_R = u_L + 2\sqrt{g}(\sqrt{h_L} - \sqrt{h_R}) \end{cases}$ 可以得到相应的 h_R 和 u_R 值, $v_R = v_L$.

(2) 陆地边界

单元体的交界面为陆地边界 (又称闭边界), 表示边界处无水流通过. 此种情况包括三个相容关系, 如下

$$\frac{1}{2}gh_L^2 + h_L |u_L| u_L = \frac{1}{2}gh_R^2 + h_R |u_R| u_R$$

$$v_R = 0, u_R = 0$$

陆地边界状态可表示为

$$u_R = -u_L \quad v_R = v_L \quad h_R = h_L$$

当局部弗劳德数 $F_r = u/\sqrt{gh}$ 较大时, 浅水方程组的静水压力假设在固壁处不再成立, 应采用考虑法向动量平衡的动水压力公式.

(3) 内边界

计算域内有时会存在水工建筑物, 如堰、闸、堤、桥墩和涵洞等. 当单元边界与之相重合时, 单元边上的法向数值通量的计算就属于内边界问题. 对物理边界上法向通量的计算要根据各种物理边界类型的不同区别对待.

(4) 动边界的干湿处理法

动边界是水平计算域中有水与无水区域的界线. 水陆边界的外移是由于内侧水位高于外侧地面, 而内缩则由于内侧水位低于同侧地面. 在动边界附近通常水深较小, 法向流动的非恒定性和非均匀性强, 动边界数值模拟中存在困难. 如果不追踪动边界, 就把可能最大的区域作为固定计算区域, 不管有水无水都同样进行计算.

有限体积法常用的处理方法是假定所有单元至少都存在一个极小的水深, 这样便可和其他单元同样计算. 当计算域中存在随洪水或潮流涨落变化的陆地动边界时, 假设在有水区域之外的干床区域存在一个极薄的水层, 这就将一个动边界问题变为固定边界问题来处理. 具体计算时规定一个很小的临界水深 (如 1~10mm) 作为陆地边界水深, 如果某单元及其所有毗邻单元的水深均低于该值, 则视为陆地, 这样计算便可以在整个固定区域内进行, 遇到某个单元及其四周均为陆地单元时跳

过不计算. 此时, 动边界所在单元必与陆地单元相临, 不必去确定其具体位置. 数值解具有单元平均的含义, 动边界这个奇点也因积分处理而消失.

如果采用 TVD 格式, 因其具有单调性, 在满足数值稳定性的柯朗条件下, 除了物理规律 (即方程的非其次项和边界条件) 所决定的变化外, 数值解不会产生虚假振荡. 这使得格式不但适用于计算间断解, 也有利于处理动边界. 因为格式具有的无振荡性可保证数值解在小水深 (可取一很小的数值, 如 1~10mm) 情况下不会出现负水深而导致计算失稳.

(5) 边界切向流速的确定

根据特征理论, 入流边界处应给定切向流速, 而出流边界处它应由计算确定. 但是入流边界切向流速因无实测资料而难以给定, 通常只有假设为零, 而出流的切向流速虽然可以计算得到, 但对域外而言该边界成了入流边界又需要假设其为零. 因此, 不论入流出流, 通常都需要假设切向流速为零. 但是如果边界水面扩散或收缩, 水深与流速沿边界分布不均匀, 切向流速实际是不为零的. 硬性定其为零会导致边界对输出波产生虚假反射, 在边界附近数值解产生虚假振荡, 其影响可能会深入内部. 因此, 边界线要选在流场均匀且与流线近似正交的地方.

4. 地形处理

能否对地形的有效处理是验证模型能否解决实际工程问题的关键, 尤其是间断地形 (坡度很大) 的处理. 需要对干湿边界作特殊处理.

(1) 特殊单元水力模型[5]

①相邻单元水位低于另一个的底高, 由高单元进入低单元的通量可按跌水处理. 可归结为解一平底渠道上的瞬时溃坝问题. 但当地形坡度太大采取局部平底概化时, 会导致浅水单元的计算流速放大很多, 需采取适当的补救措施.

②相邻单元之一的水位低于另一个的底高, 由低单元进入高单元时, 当低单元水位低于高单元底高时按固壁处理图 9.1.2(a), 反之则按宽顶堰公式计算 (图 9.1.2(b)).

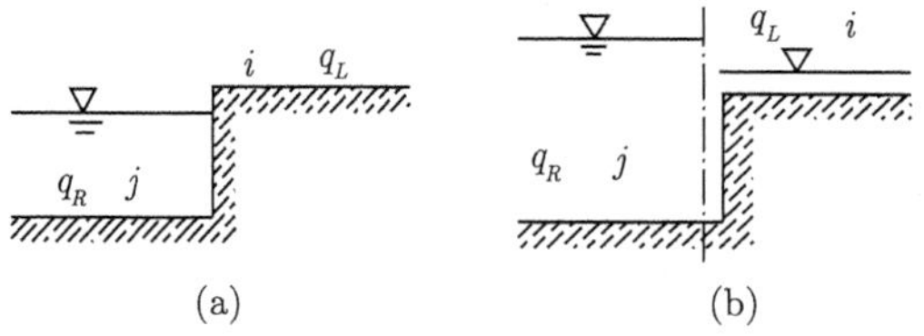

图 9.1.2 间断地形的处理

但当地形坡度过大或出现类似垂直台阶的地形时, 浅水方程并不适用. 主要是因为: 此情形局部非静水压强显著, 浅水方程未考虑到这一情况; 数值算法中很难实现类似此地形的处理. 此外, 当出现非恒定流时, 水位、流量在每一个计算时间步长内变化很大, 此时, 用宽顶堰公式计算的解与实际差别较大, 除采用较小的 Δt 来减小误差外, 应用 SGM 法是一个有效的方法.

(2) 水面坡降法 (SGM)

为了模拟河床中的不连续地形 (例如垂直台阶地形), 在计算单元通量时应考虑精确的数值方法. 不失一般性, 此处用一维问题来说明. 在单元界面处采用分段线性假设, 用 z_b^- 和 z_b^+ 来表示同一单元界面处的两个河底高程, 在单元界面 $i+1/2$ 左边 (图 9.1.3 中点 f_-) 用 $z_{bi+1/2}^-$ 代替 z_b, 在单元界面 $i+1/2$ 右边 (图 9.1.3 中点 f_+) 用 $z_{bi+1/2}^+$ 代替 z_b. 很明显, 在不连续地形中, 单元界面高程可由 z_b^- 和 z_b^+ 精确表示; 在没有不连续地形时, $z_b^- = z_b^+$. 因此, 网格点 i 处高程 z_b 可由下式表示

$$z_{bi} = \frac{z_{bi+1/2}^- + z_{bi-1/2}^+}{2} \tag{9.1.39}$$

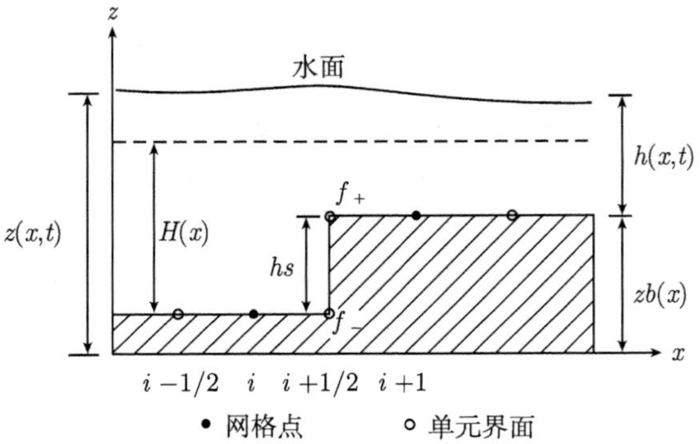

图 9.1.3 单元阶梯概化图

运用高阶精度 Godunov 类型格式 (例如 MUSCL 格式), 对于每个守恒变量的数据重构是非常必要的. 在阶梯单元界面处用 SGM 重构数据. SGM 方法中水位 z 可由下式表示

$$z(x,t) = h(x,t) + z_b(x) \tag{9.1.40}$$

其中, $h(x,t)$ 为单元水深; $z_b(x)$ 为单元底高程.

运用分段线性重构法, 水位 z 可表示为

$$z = z_i + (x - x_i)\delta z_i \tag{9.1.41}$$

其中, δz_i 为 z 的梯度, 由下式定义:

$$\delta z_i = G\left(\frac{z_{i+1} - z_i}{x_{i+1} - x_i}, \frac{z_i - z_{i-1}}{x_i - x_{i-1}}\right) \tag{9.1.42}$$

G 为坡度限制器, 前文中的限制器. 增加坡度限制可消除间断处的非物理振荡以对间断解的有效捕捉.

网格点水深为

$$h_i = z_i - z_{bi} \tag{9.1.43}$$

单元界面 $(i-1/2)$ 左、右两边水深可由下列两式精确算出

$$h_{i-1/2}^L = g\left(z_{i-1} + \frac{1}{2}\Delta x_{i-1}\delta z_{i-1} - z_{bi-1/2}\right) \tag{9.1.44}$$

$$h_{i-1/2}^R = g\left(z_i - \frac{1}{2}\Delta x_i\delta z_i - z_{bi-1/2}\right) \tag{9.1.45}$$

对于垂直台阶单元界面处, 见图 9.1.4 中的虚构单元, 界面 $i+1/2$ 由虚构单元 f 代替, 其两侧界面为 f_- 和 f_+, 则

$$h_{f_-}^L = g\left(z_i + \frac{1}{2}\Delta x_i\delta z_i - z_{bf_-}\right) \tag{9.1.46}$$

$$h_{f_-}^R = g\left(z_f + \frac{1}{2}\Delta x_f\delta z_f - z_{bf_-}\right) \tag{9.1.47}$$

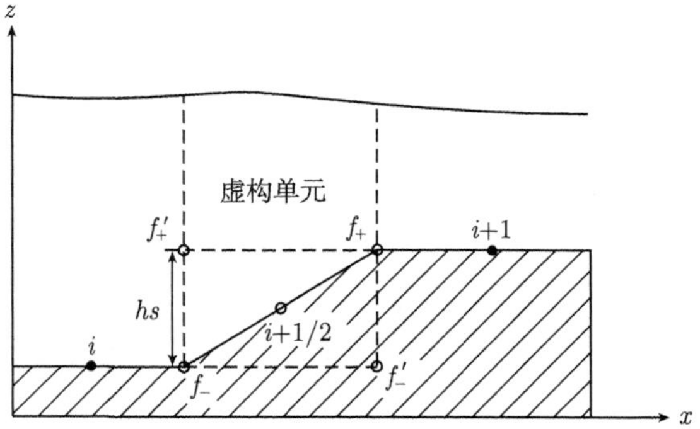

图 9.1.4 虚构单元法处理单元地形间断

如果移动虚构单元, 则

$$\Delta x_f = (x_{f_+} - x_{f_-}) \to 0 \tag{9.1.48}$$

由上式得

$$f_+ \to f'_+ \tag{9.1.49}$$

$$\lim_{f_+\to f'_+}\left(n_f - \frac{1}{2}\Delta x_f\delta z_f - z_{bf_-}\right) = z_{i+1} - \frac{1}{2}\Delta x_{i+1}\delta z_{i+1} - z_{bf_-} \tag{9.1.50}$$

用上式 (9.1.50) 代替式 (9.1.47), 得

$$h_{f_-}^R = g\left(h_{i+1} - \frac{1}{2}\Delta x_{i+1}\delta z_{i+1} - z_{bf_-}\right) \tag{9.1.51}$$

注意到当 $\Delta x_f = 0$ 时 $z_{bf_-} = z^-_{bi+1/2}$, 上面的式子最终可写成如下形式

$$h^L_{i+1/2} = g\left(z_i + \frac{1}{2}\Delta x_i \delta z_i - z^-_{bi+1/2}\right) \tag{9.1.52}$$

$$h^R_{i+1/2} = g\left(z_{i+1} - \frac{1}{2}\Delta x_{i+1} \delta z_{i+1} - z^-_{bi+1/2}\right) \tag{9.1.53}$$

同样, 当考虑单元 $i+1$ 时, 单元界面 $(i+1/2)$ 处左、右两边的 h 值如下

$$h^L_{i+1/2} = g\left(z_i + \frac{1}{2}\Delta x_i \delta z_i - z^+_{bi+1/2}\right) \tag{9.1.54}$$

$$h^R_{i+1/2} = g\left(z_{i+1} - \frac{1}{2}\Delta x_{i+1} \delta z_{i+1} - z^+_{bi+1/2}\right) \tag{9.1.55}$$

因此, 可用 SGM 法重构数据, 得到单元界面处的 $(hu)_L$、$(hu)_R$ 和 $(hv)_L$、$(hv)_R$, 即相邻单元界面处中间状态变量 $\mathbf{U_L}$ 和 $\mathbf{U_R}$ 便可求出, 再运用各种算法估算界面数值通量.

9.1.3 计算实例

1. 溃坝水流计算

(1) 一维瞬时溃坝模型

这里结合学者 Garcia 和 Kahawita[30] 于 1986 年对一维无摩擦溃坝问题的试验, 利用二维有限体积模型对该问题进行了模拟计算. 试验在坡降为零的单宽矩形水槽中进行的, 水槽长 300m, 槽中间设有一挡板. 初始条件为上游水位 5m, 下游 0.3m. 然后, 突然抽取挡板来模拟大坝全溃的情形. 因为该问题可求出解析解, 我们可将模型模拟计算的结果与解析解进行对比, 从而达到验证该模型是否具有计算间断解优点的目的.

图 9.1.5 描绘出大坝溃决 10 秒后整个水槽中本模型模拟计算出的水面曲线与解析解对应的水面曲线的对比情况. 本溃坝问题的重要参数的模拟值与精确值如表 9.1.3 所示.

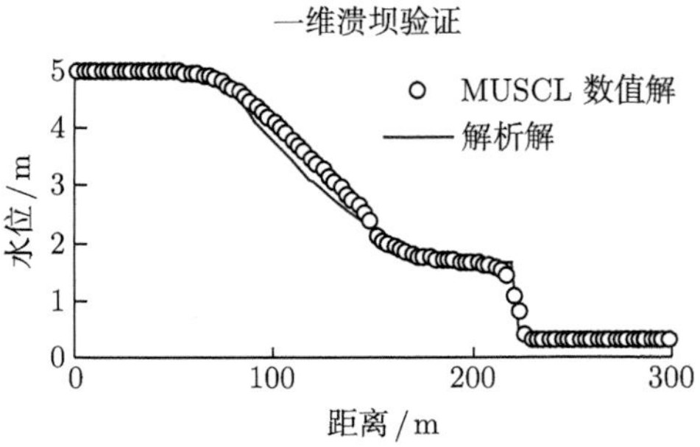

图 9.1.5　一维溃坝问题解析解与数值解比较

表 9.1.3 一维溃坝问题解析解与数值解的比较

	激波流速 (m/s)	激波水深 (m)	坝址处流量 (m^2/s)	坝址处流速 (m/s)	坝址处水深 (m)
解析解	7.37	1.68	10.37	4.67	2.22
数值解	7.09	1.61	10.35	4.60	2.25

计算成果表明, 在溃坝波前间断处, MUSCL 格式显示出了良好的激波捕捉能力, 激波流速和激波水深的相对误差分别为 3.8%和 4.2%; 对于坝址水深和坝址流速更是显示出该格式的优良特性, 坝址处流速和水深的相对误差分别仅为 1.5%和 1.4%.

采用限制器有效地消除了二阶格式的波前数值振荡, 但可从图中看出, 该二阶格式在波前水面连续处存在一定的耗散, 这是由于格式本身隐含有耗散, 再采用 minmod 扩散性限制器 (Diffusive Limiter) 必然会使计算产生过大的人工耗散, 可采用压缩性的限制器 (如 Van Albada 限制器). 不同的限制器会对解的收敛特性和解的结果产生较大影响.

为了更好的验证 MUSCL 格式的性能, 在上例的基础上对一长 1000m 的明渠, 其中间设有一坝, 坝上游水位 10m, 下游水位 2m 的情况进行了模拟. 计算时, 空间步长 10m, 时间步长 0.1s.

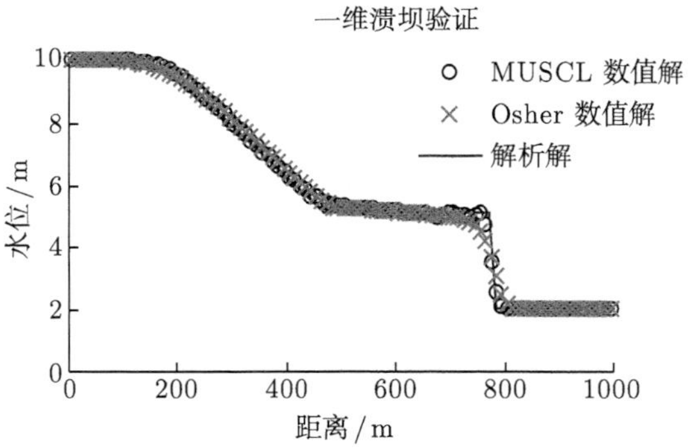

图 9.1.6 一维溃坝问题解析解与数值解比较

图 9.16 是大坝全溃后 30s 的计算水位, 从中可清楚看出, 二阶 MUSCL 格式与一阶 Osher 格式相比, 更能给出波前陡峭的形状, 更有效捕捉间断波, 且采用恰当的限制器 (如压缩性限制器) 基本消除波前振荡, 数值耗散比 Osher 格式要小, 尤其在坝址附近不连续波面处. 更符合理论值, 充分显示了二阶 MUSCL 格式模拟溃坝洪水波间断面的形状和位置的优良性能.

(2) 二维瞬时局部溃坝模型

1990 年 Fennema 和 Chaudhry[31] 为研究溃坝问题作了如下试验: 在长 200m、宽 200m 且坡度为零的矩形区域中间设有一坝, 初始时刻坝上游水位 10.0m, 坝下游水位 5.0m. 某一时刻大坝突然开有一宽度为 75m 的非对称缺口 (图 9.1.7).

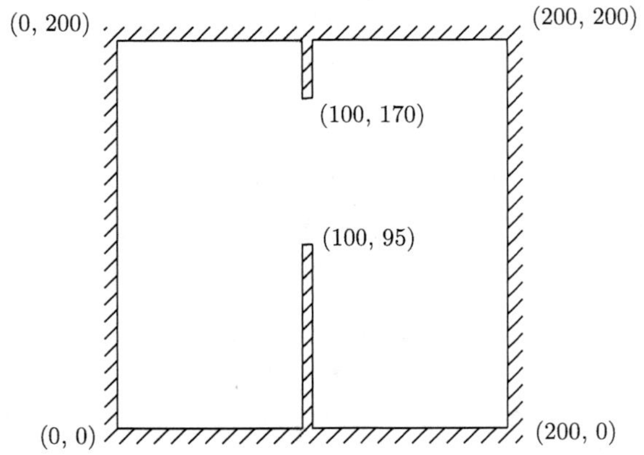

图 9.1.7　二维溃坝几何平面

为了能够有效的模拟溃坝波, 并保证显格式在计算初始时刻不失稳, 本例的计算空间步长 Δx 选取 5m, Δt 选取 0.01s, 考虑到上、下游水位之比 $\alpha = h_d/h_u = 0.5$, h_u 为坝址上游水深, h_d 为坝址下游水深. 糙率 n 选取 0.03 . 以下是 $t = 7.2$s 时溃坝下游自由水面分布图、等水深图及沿程各处流速分布图 (图 9.1.8).

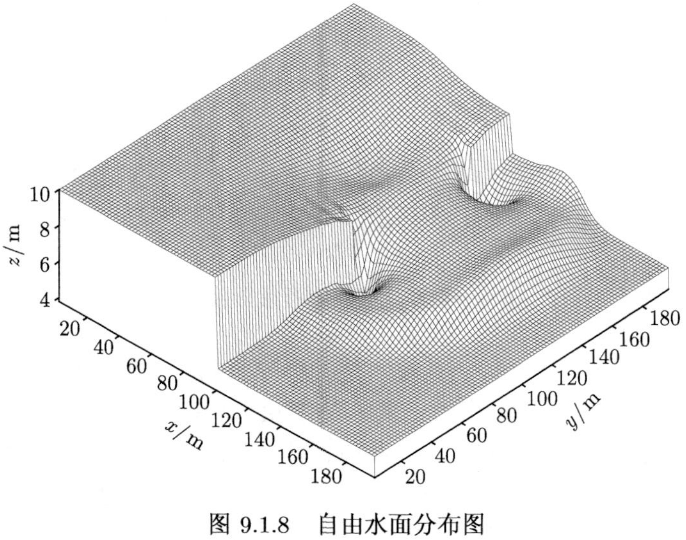

图 9.1.8　自由水面分布图

由图 9.1.9 可知, 缺口处溃坝泄流时向下游纵、横向传播, 并有负波向上游传播. 溃坝波所到岸边形成壅高, 由于溃坝缺口非对称, 受岸边雍水影响及流速较大的缘故, 在坝址处两边形成两个非对称的旋涡. 波前以间断波的形式传播, 间断处有壅水, 符合实际物理现象. 如图 9.1.10 同时可分析得: 因 $\alpha = 0.5$ 较大 (α 大于某一临界值 α_c), 受下游水深的影响, 坝址处将形成不连续波流 (图 9.1.11).

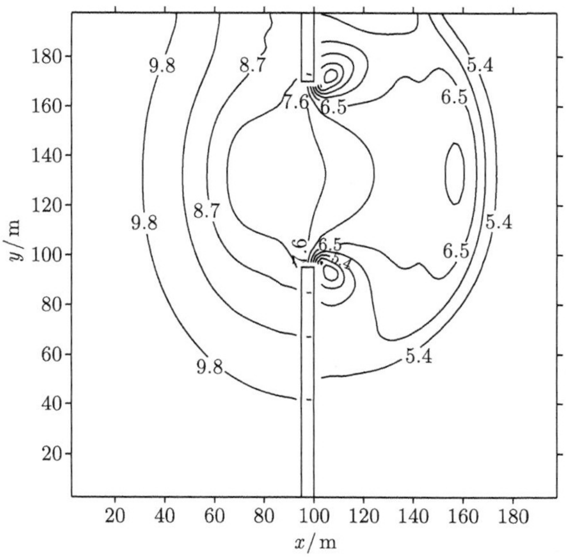

图 9.1.9 等水位图

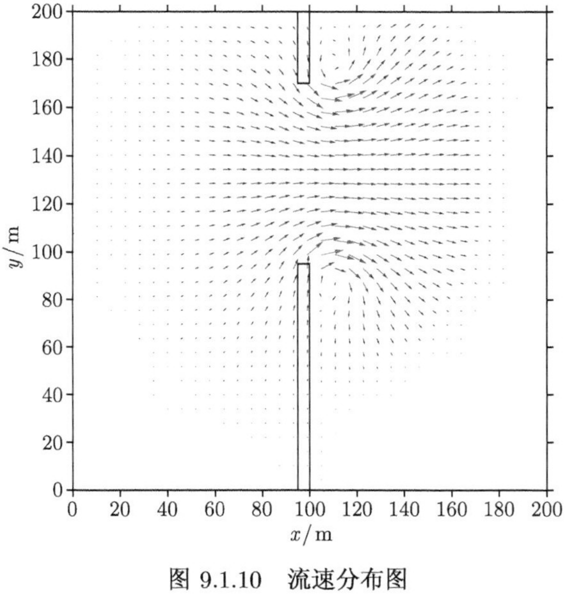

图 9.1.10 流速分布图

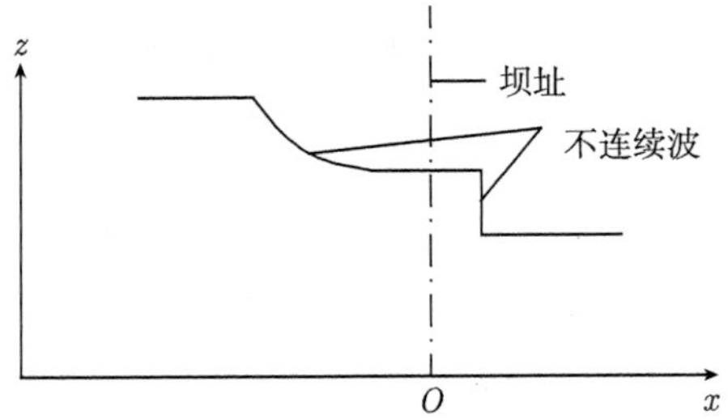

图 9.1.11　溃坝水面线

将 1990 年 Fennema 和 Chaudhry[31] 的试验成果以及 1993 年 Alcrudo 和 Garcia-Navarro[32] 的计算结果与我们的计算结果相比较, 计算得出的水位分布与速度场和实测结果吻合的较好. 计算出的坝址峰顶流量与理论值也较接近, 瞬间局部溃坝峰顶流量可由 "统一公式" 得出:

$$q_m = \lambda\sqrt{g}bH^{3/2} \tag{9.1.56}$$

式中, λ 为流量参数.

2. 温排水计算

(1) 二维温度对流扩散方程

守恒形式的二维温度对流扩散方程

$$\frac{\partial(h\Delta T)}{\partial t}+\frac{\partial(hu\Delta T)}{\partial x}+\frac{\partial(hv\Delta T)}{\partial y}=\frac{\partial}{\partial x}\left(D_{ix}h\frac{\partial\Delta T}{\partial x}\right)+\frac{\partial}{\partial y}\left(D_{iy}h\frac{\partial\Delta T}{\partial y}\right)-\frac{K\Delta T}{\rho C_p}+S_i \tag{9.1.57}$$

式中, ΔT 为水体增温量; D_{ix},D_{iy} 分别为 x、y 方向扩散系数; K 为水面综合散热系数; C_p 为水的比热; ρ 为水体密度, S_i 为源汇项.

联立水流基本方程, 可得到如下方程组

$$\frac{\partial \mathbf{U}}{\partial t}+\nabla\cdot\mathbf{F}(\mathbf{U})=\mathbf{S} \tag{9.1.58}$$

式中,

$$\mathbf{U}=\begin{pmatrix} h\\ hu\\ hv\\ h\Delta T\end{pmatrix}\quad \mathbf{F}_x=\begin{pmatrix} hu\\ hu^2+\dfrac{gh^2}{2}\\ huv\\ hu\Delta T\end{pmatrix}\quad \mathbf{F}_y=\begin{pmatrix} hv\\ huv\\ hv^2+\dfrac{gh^2}{2}\\ hv\Delta T\end{pmatrix}$$

$$\mathbf{S}=\begin{pmatrix} 0\\ gh(S_{0x}-S_{fx})\\ gh(S_{0y}-S_{fy})\\ \Sigma D_i(\nabla h\Delta T)_n L^j-\dfrac{K\Delta T}{\rho C_p}+S_i\end{pmatrix}$$

同样, 可以采用上述的离散格式求解. 这里不在赘述.

估计水面散热能力就成为关键的课题. 其中水面散热系数 K 是一个主要的计算参数. 考察以下关系式

$$-\frac{\mathrm{d}T_s}{\mathrm{d}t}\rho c_p V = AK\left(T_s - T_e\right) \tag{9.1.59}$$

$$K = -\frac{\mathrm{d}T_s}{\mathrm{d}t} - \frac{\rho c_p h}{T_s T_a} \tag{9.1.60}$$

上两式中, V、A 为冷却池的容积及面积 (V/A 即为冷却池的平均深度);

T_s 为水面水温;

T_e 为平衡水温, 理论上是输入与支出相平衡时的水温, 一般可用水面上未受温水排放影响的自然水温 T_a;

K 为散热系数, W/m2·°C (或 t·cal/m2·°C·d).

已知水面温度 T_s 及自然水温 T_a, 就可得到 K. 关于 K 的问题有不少研究, 国内的实验研究也做得很多. 根据河海大学的室内试验及有关单位的室外有风试验比较, 一般选用德国的 Gunnerberg 公式

$$\begin{aligned}K =& 2.2\times10^{-7}\left(T_s+273.15\right)^3+\left(0.0015+0.00112u_x\right)\\&\times\left[\left(2501.7-2.366T_s\right)\frac{25509}{\left(T_s+239.7\right)}\times10^{\frac{7.567T_s}{(T_s+239.7)}}+1621\right]\end{aligned} \tag{9.1.61}$$

室内水盆试验 (直径 2.0m, 深 0.3m, 四周绝缘), 又用室内的温水楔模型及室外的水盆试验与原型温水楔验证了上列公式, 结果都是满意的.

(2) 模型验证图

利用上述方程, 计算了某电厂的温排水影响. 电厂规划容量 4×600MW, 电厂循环冷却水采用海水一次直流方案. 下面是物理模型和数值模拟计算成果比较. 见图 9.1.12, 图 9.1.13, 图 9.1.14.

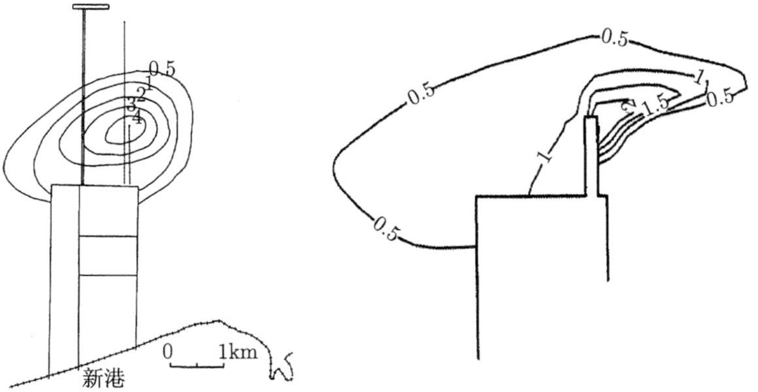

(1) 物理模型的结果　　(2) 数学模型的结果

图 9.1.12 夏季小潮涨急时温升场分布验证图

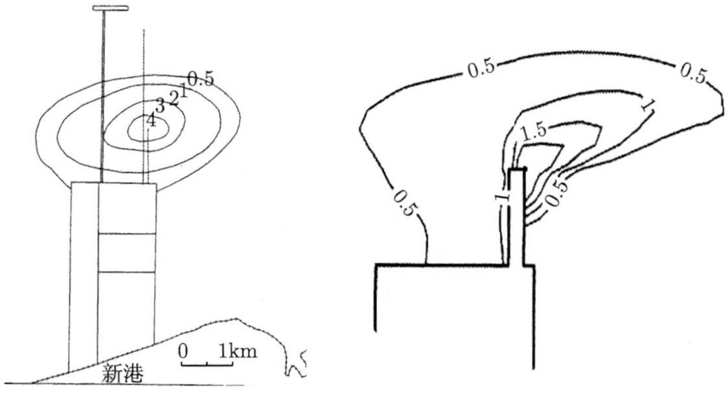

(1) 物理模型的结果　　(2) 数学模型的结果

图 9.1.13　夏季小潮涨憩时温升场分布验证图

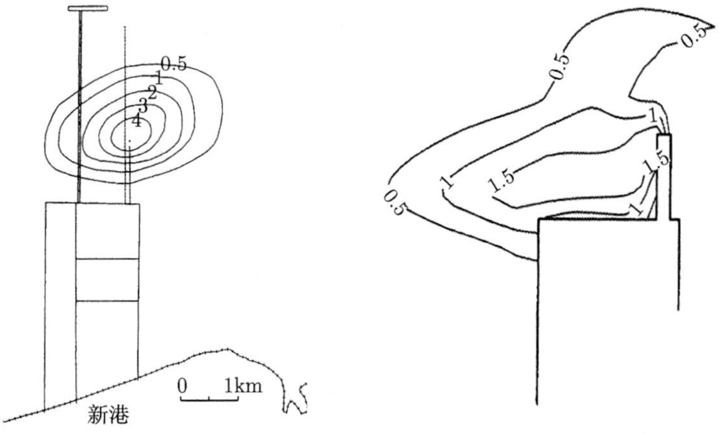

(1) 物理模型的结果　　(2) 数学模型的结果

图 9.1.14　夏季小潮落急时温升场分布验证图

(3) 等温升包络面积验证情况

工程各工况条件下排水口附近等温升 (1°C、0.5°C) 的包络面积验证情况见表 9.1.4 及图 9.1.15.

表 9.1.4　排水口附近等温升包络面积比较(单位：km^2)

季节	潮型	1°C 温升包络面积		0.5°C 温升包络面积	
		物模结果	数模结果	物模结果	数模结果
夏季	大潮	6.29	1.18	10.55	5.30
	小潮	3.45	9.17	6.15	10.26
冬季	大潮	8.41	0.92	10.43	5.00
	小潮	9.58	9.95	6.82	11.73

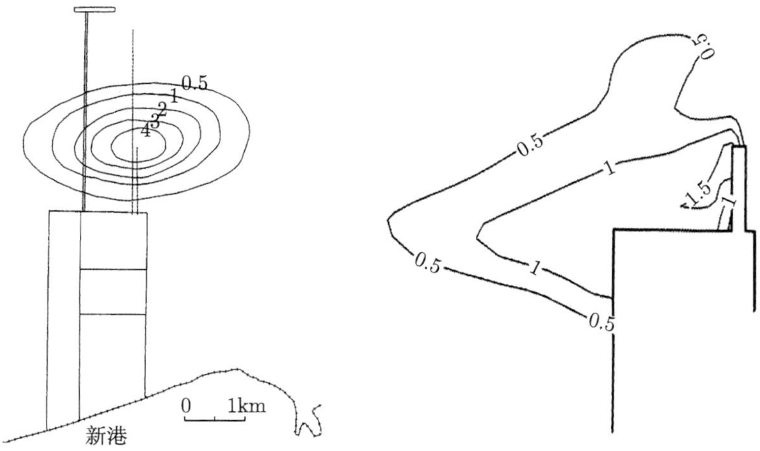

(1) 物理模型的结果　　(2) 数学模型的结果

图 9.1.15 夏季小潮落憩时温升场分布验证

9.2 浅水方程的 LU-SGS 隐式算法 [33]

非结构网格的有限体积法在水动力学问题的模拟中, 基本应用显格式, 鉴于隐式格式的高效率和较好的稳定性, 这里介绍考虑浅水方程数值模拟的特点, 将用于结构网格的 LU-SGS (Lower-upper Symmetric Gauss Seidel) 隐式算法扩展至非结构网格, 在非结构网格上求解浅水方程的 LU-SGS 隐式算法.

9.2.1 网格重新编号

由于非结构网格的编号是随机的, 这使得非结构网格在灵活性和网格生成的贴体性方面有独特的优势. 但是, 在运用 LU-SGS 方法时, 要求每个网格周围编号比其大和小的网格都有, 因此必须重排网格以满足这样的特定要求. 很多文献介绍了针对非结构网格节点的重排方法 [37][38]. 这里采用三角形网格, 将各个变量定义在网格中心, 即单元中心格式.

对任意一组非结构网格进行重排, 在经过重排、分组后, 非结构网格应满足:

(1) 每组网格中的绝大多数都与其周围的网格相关, 且周围网格的编号比其大和小的均有;

(2) 每组中的每一网格都不与同组的其他网格相邻.

基于单元中心格式的三角形网格的重排步骤为 (三维问题同样适用):

a) 将紧贴物面的一圈网格或者任意一端面的连续网格归于层 I, 任取其中的一个网格编号为 1, 作为网格重排的起点. 然后沿顺时针或逆时针方向将层 I 中剩

余的网格依次编号;

b) 把与层 I 相邻的各网格归于层 II. 根据网格的相邻性, 依次把网格分别归类到层III、IV、V 等.

c) 检查是否所有的网格都已归属不同的层.

d) 为在同一层面的网格中避免出现相邻的网格, 需进行更细的层内 “着色” 处理.

e) 如果同一层内有相邻网格, 就将其归入不同的 “色层”, 每一层内的 “色层” 数由网格的相邻情况决定. 各网格最终归属的不同层及各 “色层” 的情况 (各层的基础色层为 0 层, 一旦同层内两网格相邻, 就将色层数增加 1 , 把其中一个归为新的色层).

f) 根据每个网格所属的层号和 “色层” 号, 对所有的网格进行总体编号 (从层 II 开始). 为避免在重新编号后出现空穴, 即某一网格 i 相邻网格的编号都大于或都小于 i, 与从任意一个网格开始编号不同, 本文从紧贴物面的一圈网格或者任意一端面的连续网格开始编号, 这样就增加了排序的鲁棒性.

在计算前只需进行一次网格重排, 且不再需要矩阵的转置. 这样在网格重排时, 只需以较小的额外内存来存储排序后有关网格节点和边的信息, 而因 LU-SGS 法的计算过程和通量计算两者相互独立, 所以内存可以共用.

为了方便理解, 下面以四边形网格为例来简单说明这个方法:

(1) 普通网格重排

a) 将任意一端面的连续网格归于层 I 并进行顺序编号. 如图 9.2.1(a)

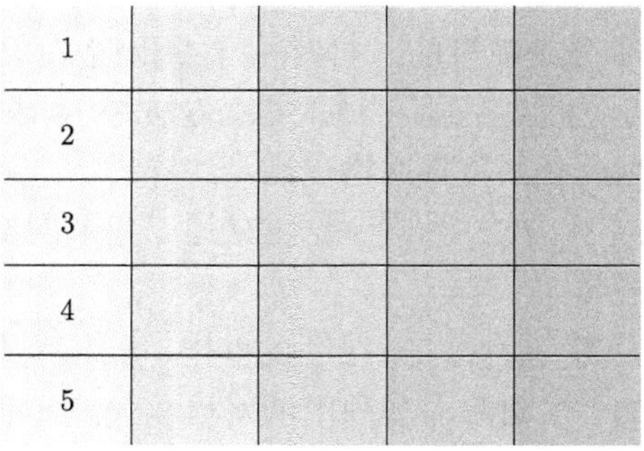

图 9.2.1(a)

b) 把与层 I 相邻的各网格归于层 II. 根据网格的相邻性, 依次把网格分别归类到层III、IV、V 等. 如图 9.2.1(b)

1	II	III	IV	V
2	II	III	IV	V
3	II	III	IV	V
4	II	III	IV	V
5	II	III	IV	V

图 9.2.1(b)

c) 层内 “着色” 处理. 如图 9.2.1(c)

1	II1	III1	IV1	V1
2	II2	III2	IV2	V2
3	II3	III3	IV3	V3
4	II4	III4	IV4	V4
5	II5	III5	IV5	V5

图 9.2.1(c)

d) 根据每个网格所属的层号和 “色层” 号, 对所有的网格进行总体编号. 如图 9.2.1(d)

1	6	11	16	21
2	7	12	17	22
3	8	13	18	23
4	9	14	19	24
5	10	15	20	25

图 9.2.1(d)

(2) 贴体网格重排

a) 将紧贴物面的一圈网格归于层 I 并进行顺序编号. 如图 9.2.2(a)

	16	1	2	3	4	
	15				5	
	14				6	
	13				7	
	12	11	10	9	8	

图 9.2.2(a)

b) 把与层 I 相邻的各网格归于层 II. 根据网格的相邻性, 依次把网格分别归类到层III. 如图 9.2.2(b)

III	II	II	II	II	II	III
II	16	1	2	3	4	II
II	15				5	II
II	14				6	II
II	13				7	II
II	12	11	10	9	8	II
III	II	II	II	II	II	III

图 9.2.2(b)

c) 层内 “着色” 处理. 如图 9.2.2(c)

III1	II20	II1	II2	II3	II4	III2
II19	16	1	2	3	4	II5
II18	15				5	II6
II17	14				6	II7
II16	13				7	II8
II15	12	11	10	9	8	II9
III4	II14	II13	II12	II11	II10	III3

图 9.2.2(c)

d) 根据每个网格所属的层号和 “色层” 号, 对所有的网格进行总体编号. 如图 9.2.2(d)

37	36	17	18	19	20	38
35	16	1	2	3	4	21
34	15				5	22
33	14				6	23
32	13				7	24
31	12	11	10	9	8	25
40	30	29	28	27	26	39

图 9.2.2(d)

虽然在少量网格处会出现 "空穴" 现象, 即一个网格单元的相邻网格单元编号都比其大, 或者都比其小. 但一般来说只要绝大多数网格编号符合要求就可以了. 经过以上方法对已有网格进行重新编号后就可以达到 LU-SGS 算法的网格要求.

9.2.2 LU-SGS 隐式推进

将空间半离散化的方程, 式 (9.1.4) 写成如下的隐式形式

$$A_i\frac{U_i^{n+1}-U_i^n}{\Delta t}+\sum_{j=1}^{m}T^{-1}F(\bar{U}^{n+1})L_j=A_iS(U_i^n) \tag{9.2.1}$$

式中: T^{-1} 为欧拉旋转矩阵的逆矩阵; $\bar{U}=[h,hU,hV]^T$; $U=u\cos\theta+v\sin\theta$; $V=-u\sin\theta+v\cos\theta$; 方程左边第二项为 $n+1$ 时间步净输出通量之和. LU-SGS 隐式算法是对 (9.2.1) 式中的隐式部分线性化后, 做近似因式分解处理, 具体方法如下:

在方程 (9.2.1) 的两边同时减去第 n 步计算净输出通量之和

$$A_i\frac{\Delta U_i^n}{\Delta t}+\sum_{j=1}^{m}\{\,T^{-1}F(\bar{U}^{n+1})-T^{-1}F(\bar{U}^n)\,\}L_j=A_iS_i-\sum_{j=1}^{m}T^{-1}F(\bar{U}^n)L_j \tag{9.2.2}$$

式中: $\Delta U_i^n=U_i^{n+1}-U_i^n$.

$$A_i\frac{\Delta U_i^n}{\Delta t}+\sum_{j=1}^{m}\{\,T^{-1}F(\bar{U}^{n+1})-T^{-1}F(\bar{U}^n)\,\}L_j=\mathrm{Re}\,s_i^n \tag{9.2.3}$$

式中: $\mathrm{Re}\,s_i^n=A_iS_i-\sum\limits_{j=1}^{m}T^{-1}F(\bar{U}^n)L_j$, 称其为 n 步计算的残值项. 右边第二项一阶数值通量的求解在这里仿照 Roe 的黎曼间断问题的解法, 并对间断处进行熵修正

$$F(\bar{U})=F(\bar{U}_i,\bar{U}_j)=\frac{1}{2}\left\{F(\bar{U}_i)+F(\bar{U}_j)-\sum_{k=1}^{3}\tilde{\alpha}_k\psi(\tilde{\lambda}_k)\tilde{\gamma}_k\right\} \tag{9.2.4}$$

式中：$\tilde{\lambda}_k$、$\tilde{\gamma}_k$ 分别为 $\tilde{A}$ 的特征值、对应右特征向量; k 为特征值个数; ψ 为熵修正函数.

对方程 (9.2.4) 中左边第二项利用一阶近似, 则

$$\begin{aligned}&T^{-1}F(\bar{U}^{n+1})-T^{-1}F(\bar{U}^{n})\\&=T^{-1}F(\bar{U}_i^{n+1},\bar{U}_j^{n+1})-T^{-1}F(\bar{U}_i^{n},\bar{U}_j^{n})=\left\{T^{-1}F(\bar{U}_i^{n+1},\bar{U}_j^{n+1})\right.\\&\left.-T^{-1}F(\bar{U}_i^{n},\bar{U}_j^{n+1})\right\}+\left\{T^{-1}F(\bar{U}_i^{n},\bar{U}_j^{n+1})-T^{-1}F(\bar{U}_i^{n},\bar{U}_j^{n})\right\}\end{aligned} \tag{9.2.5}$$

$$T^{-1}F(\bar{U}^{n+1})-T^{-1}F(\bar{U}^{n})=T^{-1}\frac{\partial F(\bar{U})}{\partial \bar{U}_i}\Delta\bar{U}_i^n+T^{-1}\frac{\partial F(\bar{U})}{\partial \bar{U}_j}\Delta\bar{U}_j^n \tag{9.2.6}$$

在 LU-SGS 因式分解的过程中, 一阶数值通量写成如下形式

$$F(\bar{U})=F(\bar{U}_i,\bar{U}_j)=\frac{1}{2}\left\{F(\bar{U}_i)+F(\bar{U}_j)-\rho_{ij}\cdot(\bar{U}_j-\bar{U}_i)\right\} \tag{9.2.7}$$

其中：ρ_{ij} 为通量 *Jacobian* 平均矩阵的谱半径.

将式 (9.2.7) 代入式 (9.2.6) 中, 则

$$\begin{aligned}T^{-1}F(\bar{U}^{n+1})-T^{-1}F(\bar{U}^{n})=&\,T^{-1}\frac{1}{2}\left\{\frac{\partial F(\bar{U}_i)}{\partial \bar{U}_i}+\rho_{ij}\cdot I\right\}\Delta\bar{U}_i^n\\&+T^{-1}\frac{1}{2}\left\{\frac{\partial F(\bar{U}_j)}{\partial \bar{U}_j}-\rho_{ij}\cdot I\right\}\Delta\bar{U}_j^n\end{aligned} \tag{9.2.8}$$

将式 (9.2.8) 代入式 (9.2.3) 中, 并进行整理得到

$$\left(\frac{A_i}{\Delta t}+\frac{1}{2}\sum_{j=1}^{m}\rho_{ij}L_j\right)\Delta U_i^n=-\frac{1}{2}\sum_{j=1}^{m}T^{-1}\left\{\frac{\partial F(\bar{U}_j)}{\partial \bar{U}_j}-\rho_{ij}\cdot I\right\}L_j\Delta\bar{U}_j^n+\mathrm{Res}_i^n \tag{9.2.9}$$

因每一个控制体都是闭合的, 所以：$\dfrac{1}{2}\sum\limits_{j=1}^{m}T^{-1}\dfrac{\partial F(\bar{U}_i)}{\partial \bar{U}_i}L_j=0$

令 $D=\left(\dfrac{A_i}{\Delta t}+\dfrac{1}{2}\sum\limits_{j=1}^{m}\rho_{ij}L_j\right)$, L 与 U 分别对应计算单元的编号小和大的邻居单元, 那么经过 LU-SGS 因式分解后的完整迭代形式如下：

向前扫描 (只计算 L 矩阵, 即按编号从小到大进行计算)

$$\Delta U_i^*=D^{-1}\left\{\mathrm{Re}\ s_i-\frac{1}{2}\sum_{j\in L}T^{-1}\left[\frac{\partial F(\bar{U}_j)}{\bar{U}_j}-\rho_{ij}\cdot I\right]L_j\Delta\bar{U}_j^*\right\} \tag{9.2.10}$$

向后扫描 (只计算 U 矩阵, 即按编号从大到小进行计算)

$$\Delta U_i=\Delta U_i^*-\frac{1}{2}D^{-1}\sum_{j\in U}T^{-1}\left[\frac{\partial F(\bar{U}_j)}{\bar{U}_j}-\rho_{ij}\cdot I\right]L_j\Delta\bar{U}_j \tag{9.2.11}$$

最后, 更新数值解, 得第 $n+1$ 时间层上的守恒变量值

$$U_i^{n+1} = U_i^n + \Delta U_i \tag{9.2.12}$$

为了直观地表达 U、D、L 矩阵的结构, 结合简单的示意图来说明, 设有四边形网格总共有九个单元, 节点编号为 1-9. 如图 9.2.3.

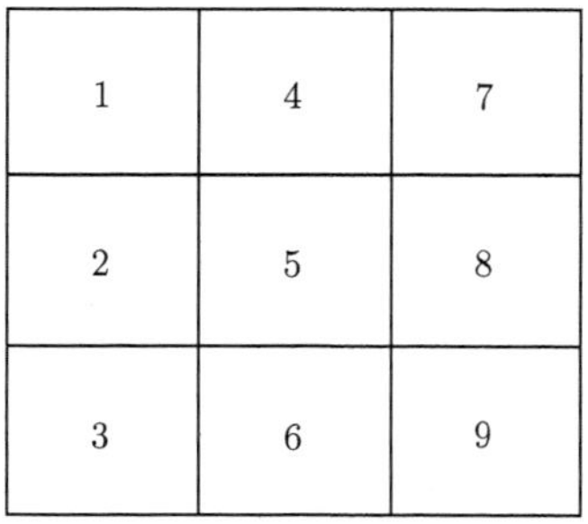

图 9.2.3 LU-SGS 隐式计算示意图

比如计算 5 号单元的数值通量, 首先按从小到大的顺序与编号比其小的单元进行跨单元数值通量的计算, 即与 2、4 单元进行计算. 然后再按从大到小的顺序与编号比其大的单元进行跨单元数值通量计算, 即与 8、6 号单元进行计算. 这样, 对其余单元也采用同样的方法, 通过两次扫描, 便将所有单元的物理量得到.

9.2.3 长江口潮流模拟

利用 LU-SGS 模型模拟长江河口 2002 年 2 月 28 日 17:00 至 3 月 3 日 17:00 的潮流过程, 共计 72 小时. 开边界均采用水位边界条件, 全场采用初始水位 2m 进行迭代计算. 计算网格单元 8408 个, 节点 4551 个, 采用三角形网格. 最大空间步长 10km 左右, 最小空间步长 300m, 时间步长 240s. 图 9.2.4, 图 9.2.5 分别为 3 月 1 日 0:00 至 3 月 2 日 24:00, 共计 48 个小时高桥二站和连兴港两观测站潮位验证图. 图 9.2.6, 图 9.2.7 分别为 3 月 1 日 0:00 时和至 3 月 2 日 6 时的潮流场图.

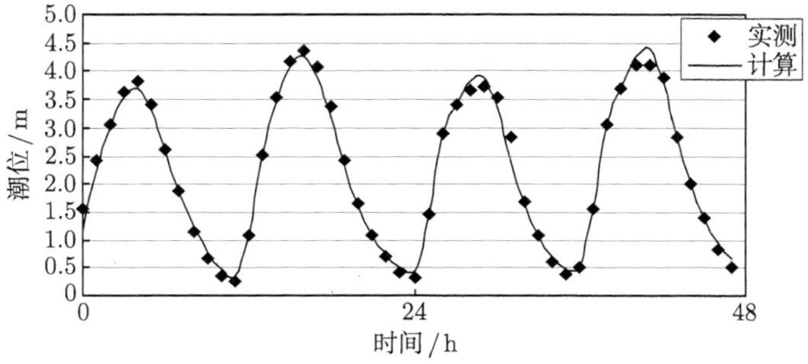

图 9.2.4 高桥二站潮位验证

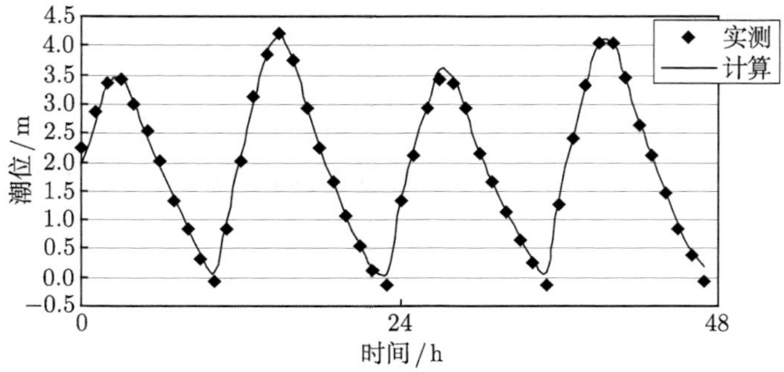

图 9.2.5　连兴港潮位验证

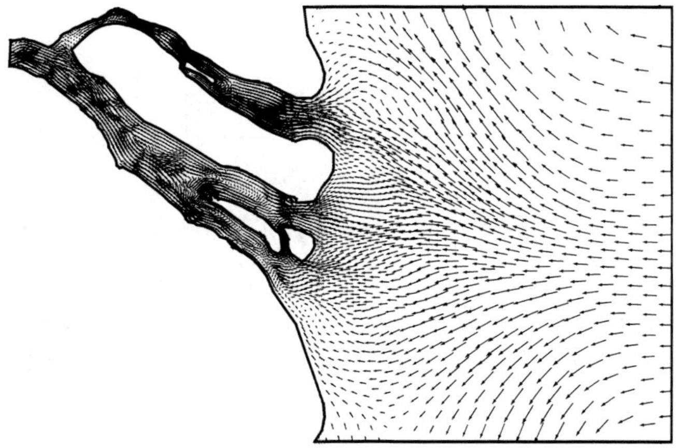

图 9.2.6　3 月 1 日 0 时计算的潮流场图

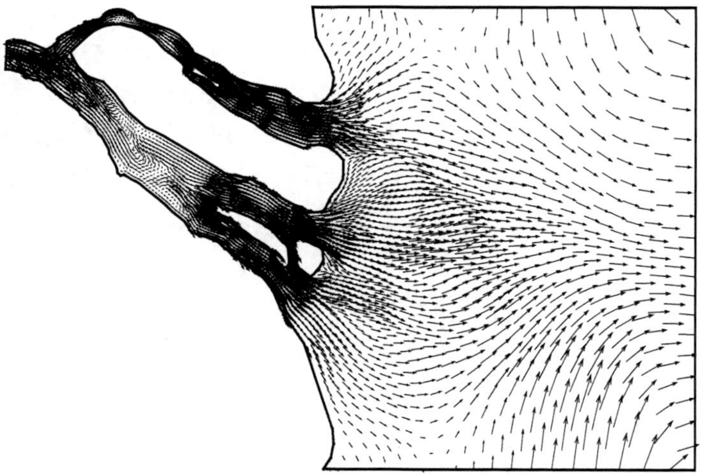

图 9.2.7　3 月 2 日 6 时计算的潮流场图

9.3 三维浅水流动计算

本节介绍非结构有限体积法在三维浅水流动的应用 [36], 该模型基于非结构网格有限体积法, 垂向采用 sigma 坐标, 水平向采用四边形和三角形混合网格. 模型不仅能够很好地拟合复杂几何边界, 而且可根据地形局部加密网格, 提高模拟精度. 采用了 Roe 平均的黎曼近似解, 使格式兼具单调逆风性和高分辨率等特性, 可模拟间断型浅水流动.

模型以封闭水池内部的风生环流、干河床溃坝洪水过程和长江口潮流场三个案例开展了验证计算. 结果表明, 模型不仅准确地模拟了不同水流特征, 而且计算简单高效, 具有良好的数值稳定性.

9.3.1 基本方程

由 1.3.1 节知道, 对于河口、海岸或大型湖泊 (水库), 其垂向加速度与重力加速度相比很小, 满足静水压强分布的假定, 可以略去垂向加速度项. 静水压强假定下的三维流动基本方程可写成:

连续方程

$$\frac{\partial u}{\partial x}+\frac{\partial v}{\partial y}+\frac{\partial w}{\partial z}=0 \tag{9.3.1}$$

动量方程

$$\frac{\partial u}{\partial t}+\frac{\partial uu}{\partial x}+\frac{\partial uv}{\partial y}+\frac{\partial uw}{\partial z}=fv-\frac{1}{\rho}\frac{\partial p}{\partial x}+\frac{1}{\rho}\left(\frac{\partial \tau_{xx}}{\partial x}+\frac{\partial \tau_{yx}}{\partial y}+\frac{\partial \tau_{zx}}{\partial z}\right) \tag{9.3.2}$$

$$\frac{\partial v}{\partial t}+\frac{\partial uv}{\partial x}+\frac{\partial vv}{\partial y}+\frac{\partial wv}{\partial z}=-fu-\frac{1}{\rho}\frac{\partial p}{\partial y}+\frac{1}{\rho}\left(\frac{\partial \tau_{xy}}{\partial x}+\frac{\partial \tau_{yy}}{\partial y}+\frac{\partial \tau_{zy}}{\partial z}\right) \tag{9.3.3}$$

$$\frac{\partial p}{\partial z}=-\rho g \tag{9.3.4}$$

其中 u、v、w 为速度矢量沿三个坐标轴 x,y,z 的分量; τ_{ij} 为切应力. f 为柯氏力系数, $f=2\omega\sin\psi$; ψ 为当地纬度; ω 为地球自转角速度.

将笛卡儿坐标转换成 sigma 坐标, 即 $(x,y,z)\to(x,y,\sigma)$, 可得方程:

连续方程

$$\frac{\partial \xi}{\partial t}+\frac{\partial hu}{\partial x}+\frac{\partial hv}{\partial y}+\frac{\partial \omega}{\partial \sigma}=0 \tag{9.3.5}$$

动量方程

$$\frac{\partial hu}{\partial t}+\frac{\partial huu}{\partial x}+\frac{\partial huv}{\partial y}+\frac{\partial u\omega}{\partial \sigma}=hfv-gh\frac{\partial \xi}{\partial x}+F_x+\frac{\partial}{\partial \sigma}\left(\frac{E_v}{h}\frac{\partial u}{\partial \sigma}\right) \tag{9.3.6}$$

$$\frac{\partial hv}{\partial t}+\frac{\partial hvu}{\partial x}+\frac{\partial hvv}{\partial y}+\frac{\partial v\omega}{\partial \sigma}=-hfu-gh\frac{\partial \xi}{\partial y}+F_y+\frac{\partial}{\partial \sigma}\left(\frac{E_v}{h}\frac{\partial v}{\partial \sigma}\right) \tag{9.3.7}$$

式中, $\sigma=\dfrac{\mathrm{z}-\xi}{h}$; h 为水深; z 为水位; ξ 为自由表面高度. ω 为 σ 坐标下的垂向流速. 水平扩散项, $F_x\equiv\dfrac{\partial}{\partial x}(h\tau_{xx})+\dfrac{\partial}{\partial y}(h\tau_{xy})$, $F_y\equiv\dfrac{\partial}{\partial x}(h\tau_{xy})+\dfrac{\partial}{\partial y}(h\tau_{yy})$, E_v 为垂向扩散系数.

σ 坐标系中的垂向速度 ω 与 z 坐标系中的垂向速度 w 转换关系如下

$$w=\omega+u\left(\sigma\frac{\partial h}{\partial x}+\frac{\partial\xi}{\partial x}\right)+v\left(\sigma\frac{\partial h}{\partial y}+\frac{\partial\xi}{\partial y}\right)+\sigma\frac{\partial h}{\partial t}+\frac{\partial\xi}{\partial t}\tag{9.3.8}$$

其中, $\omega(0)=\omega(-1)=0$

为便于后续建模, 将方程 (9.3.1)、(9.3.2)、(9.3.3) 写成如下统一的向量形式

$$\frac{\partial\mathbf{U}}{\partial t}+\nabla\cdot\mathbf{F}(\mathbf{U})=\mathbf{S}\tag{9.3.9}$$

式中, $\mathbf{U}=\begin{pmatrix}\xi\\hu\\hv\end{pmatrix}$; $\mathbf{F}_x=\begin{pmatrix}hu\\hu^2+\dfrac{g}{2}(\xi^2+2\xi h_s)\\huv\end{pmatrix}$; $\mathbf{F}_y=\begin{pmatrix}hv\\huv\\hv^2+\dfrac{g}{2}(\xi^2+2\xi h_s)\end{pmatrix}$,

$$\mathbf{S}=\begin{pmatrix}-\dfrac{\partial\omega}{\partial\sigma}\\-g\xi S_{0x}+F_x+\dfrac{\partial}{\partial\sigma}\left(\dfrac{E_v}{h}\dfrac{\partial u}{\partial\sigma}\right)+hfv-\dfrac{\partial u\omega}{\partial\sigma}\\-g\xi S_{0y}+F_y+\dfrac{\partial}{\partial\sigma}\left(\dfrac{E_v}{h}\dfrac{\partial v}{\partial\sigma}\right)-hfu-\dfrac{\partial v\omega}{\partial\sigma}\end{pmatrix}$$

该方程组形式中因变量以自由表面高度 ξ 代替水深 h, 能够避免静水计算不和谐的问题.

自由表面边界和底部边界应当满足相应的运动学和动力学条件, 岸边界法向流速为零. 水域开边界则给定水位或流速.

9.3.2 数值方法

1. 非结构有限体积法

先对方程组 (9.3.9) 在任意控制体积 V(其边界为 A) 作积分, 由高斯定理可得

$$\frac{\partial}{\partial t}\int_V\mathbf{U}\mathrm{d}V=-\int_A\mathbf{F}(\mathbf{U})\cdot\boldsymbol{n}\mathrm{d}A+\int_V\mathbf{S}\mathrm{d}V\tag{9.3.10}$$

式中, $\boldsymbol{n}$ 为单元边界 A 的外法向单位向量, $\mathbf{F}(\varphi)\cdot\boldsymbol{n}$ 为法向数值通量.

对控制体单元取平均后, 可得到有限体积法的半离散化方程为

$$\frac{\mathrm{d}\mathbf{U}}{\mathrm{dt}}=-\frac{1}{\Delta V}\sum_{j=1}^{m}\mathbf{F}_{n,j}A_j+\bar{\mathbf{S}}\tag{9.3.11}$$

其中 ΔV 为单元体积, m 为单元面总数, A_j 为单元界面 j 的面积, $\bar{\mathbf{S}}$ 为单元内源项平均值, 单元界面 j 的法向通量为 $\mathbf{F}_{n,j}=\mathbf{F}_j(\mathbf{U})\cdot\boldsymbol{n}$.

对流通量

$$\mathbf{F}_{n,j}=\left[hu_n, huu_n+\frac{1}{2}g(\xi^2+\xi h_s)n_x, hvu_n+\frac{1}{2}g(\xi^2+\xi h_s)n_y\right]^T \tag{9.3.12}$$

利用 Roe 黎曼近似解评估界面通量, 则数值通量可以表示成

$$\mathbf{F}=0.5\left(\mathbf{F}(\mathbf{U}^+)+\mathbf{F}(\mathbf{U}^-)-\mathbf{R}\left|\boldsymbol{\Lambda}\right|\mathbf{L}(\mathbf{U}^+-\mathbf{U}^-)\right) \tag{9.3.13}$$

式中, 上标一, ＋分别表示单元界面的左右状态. Λ 为 Jacobi 矩阵 $\mathbf{J}=\dfrac{\partial \mathrm{F}}{\partial \mathrm{U}}$ 的特征矩阵. $\mathbf{L}$、$\mathbf{R}$ 为左右特征向量, $\mathbf{L}=\mathbf{R}^{-1}$.

$$|\Lambda|=\begin{vmatrix} |un_x+vn_y-c| & 0 & 0 \\ 0 & |un_x+vn_y| & 0 \\ 0 & 0 & |un_x+vn_y+c| \end{vmatrix},$$

$$\mathbf{R}=\begin{vmatrix} 1 & 0 & 1 \\ u-cn_x & -n_y & u+cn_x \\ v-cn_x & n_x & v+cn_y \end{vmatrix} \tag{9.3.14}$$

式 (9.3.14) 中的变量 u, v, c 按 Roe 状态平均方法计算, 定义如下

$$u=\frac{u^+\sqrt{h^+}+u^-\sqrt{h^-}}{\sqrt{h^+}+\sqrt{h^-}},\quad v=\frac{v^+\sqrt{h^+}+v^-\sqrt{h^-}}{\sqrt{h^+}+\sqrt{h^-}},\quad c=\sqrt{\frac{g(h^++h^-)}{2}} \tag{9.3.15}$$

以变量 ϕ 代表 ξ、u、v 等变量, 则其左右状态值可按下式重构 (f 为计算单元 i 和其相邻单元 j 的交界面)

$$\phi_i^-=\phi_i+\alpha\nabla\phi_i(r_f-r_i),\quad \phi_i^+=\phi_j+\alpha\nabla\phi_j(r_f-r_j) \tag{9.3.16}$$

式中, α 为限制因子. 为了减少计算量, 本文计算时取单元变量分段常数分布假设的一阶格式, 即 $\phi_i^-=\phi_i$, $\phi_i^+=\phi_j$.

2. 三维算法过程

根据模式分裂的方法求解自由表面问题. 三维流动的物理过程可以认为是快速移行的外重力波 (外模式) 和速度垂直剪变 (内模式) 所组成. 对方程组 (9.3.11) 沿垂向积分平均, 可消掉全部垂直结构, 获得外模式的离散方程

$$\frac{\mathrm{d}\tilde{\mathbf{U}}}{\mathrm{d}t}=-\frac{1}{\Delta V}\sum_{j=1}^{m}\tilde{\mathbf{F}}_{n,j}A_j+\tilde{\bar{\mathbf{S}}} \tag{9.3.17}$$

其中, 上标 $\sim$ 表示垂向平均, $\tilde{\mathbf{F}}_{n,j}=\sum_{l=1}^{L}\mathbf{F}_{n,j}/L$, L 为垂向网格数.

各因变量的基本方程为式 (9.3.1)、(9.3.2)、(9.3.3)、(9.3.4), 其中自由表面高度 ξ 按式 (9.3.17) 计算. 采用显格式离散, 算法的具体实现过程如下:

(1) 由式 (9.3.12), 分层计算单元水平方向的数值净通量;

(2) 沿垂向平均第一步计算得到的单元水平数值净通量, 根据方程 (9.3.17), 可计算出下一时间步上该单元所在的自由表面高程 ξ^{n+1}.

(3) 将 ξ^{n+1} 代入方程 (9.3.6)、(9.3.7), 根据各分层的数值净通量求出水平方向的流速 u^{n+1}、v^{n+1};

(4) 应用中心差分格式离散连续性方程 (9.3.5), 代入 ξ^{n+1}、u^{n+1}、v^{n+1} 即可求出 ω. 再由式 (9.3.8) 求出物理坐标下的垂向速度 w^{n+1}

3. 动边界处理

在该三维模型中, 根据有限体积法特点, 以水深为判别标准设定单元界面的类型, 并运用相应的方法计算跨界面的法向通量, 以保证水量平衡. 在每一时间步判断单元界面两侧单元的水深 h_L、h_R, 当 h_L 和 h_R 均为 0, 则通量为零; 当 h_L 和 h_R 有一为零, 则结合两侧单元的底高程, 交界面类型可能为固壁边界、跌水、漫流等形态的边界, 根据不同类型可选择瞬时溃坝解析解、堰流公式等方式估算通量. 当 h_L 和 h_R 均不为零时, 则按正常的方法估算通量. 在实际建模时, 设定某一水深限值 HTOL, 以此来判断单元的干湿情况. 如果相邻单元的水深均小于 HTOL, 则认为该单元为干单元, 不进行计算.

9.3.3 模型验证

运用该模式计算了三个算例, 分别为: 四周封闭水池内的风生环流流态, 干河床上的溃坝洪水过程和长江口南支的潮流场.

1. 风生环流

该算例主要用来考验模型对垂向流速分布的模拟能力. 有一封闭的长方形水池 (长度 × 宽度 × 深度 = 2000m×800m×10m), 水面加载一个恒定的风应力 τ= 1.5N/m^2, 风向沿着 x 轴正向. 计算网格水平向共 229 个单元 (见图 9.3.1(a)), 垂向等分为 10 层. 水池底部为无滑动边界条件, 侧壁为不可入边界; 不考虑柯氏力影响, 即 $f=0$; 密度 ρ= 1000kg/m^3; 垂向紊动扩散系数取为常数 $E_v=0.01\text{m}^2/\text{s}$.

这类恒定均匀流, 水平流速垂向分布的解析解 [37] 为

$$u=\tau_s\sigma h(3\sigma-2)/4E_v\rho \tag{9.3.18}$$

设定时间步长为 5s, 模拟得到了水池内部恒定的风生环流. 引起的背风向和迎风向侧壁处增减水位为 0.02m. 对水池中心的计算流速垂向分布与解析解进行了比

较, 两者吻合很好, 计算准确地模拟了回流区的流速分布.

图 9.3.1(c)、(d) 为表面流速分布和垂向流速的分布, 从中可以看出, 由于表面风场的持续作用, 封闭水池内形成了稳定的垂向环流结构. 表面水平流速从背风向至迎风向侧壁, 由 0 逐步增加, 在水池中心达到最大, 然后开始递减, 并在迎风向侧壁减至 0. 水流顺着该壁面向下转变成垂向流动, 背风向侧壁水流上升补充水体, 形成垂向的环形风生流.

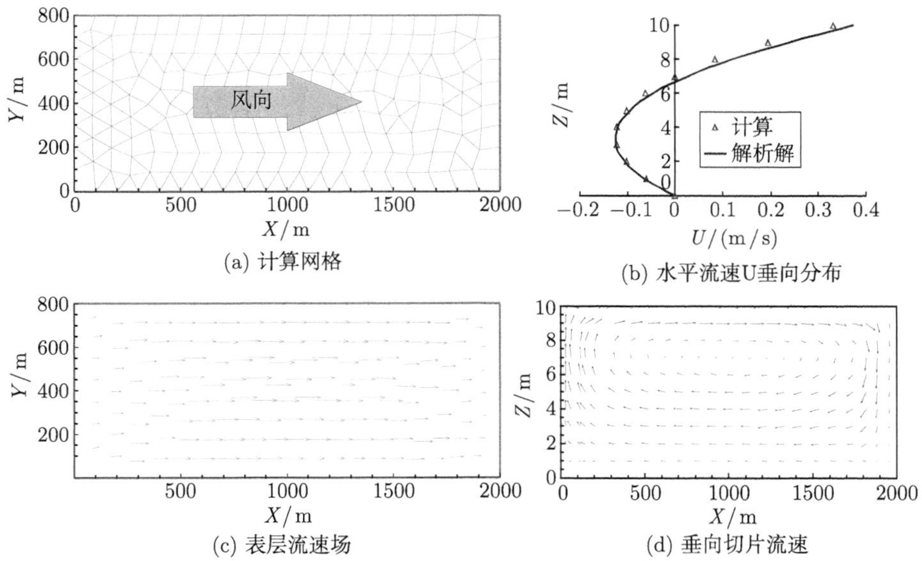

(a) 计算网格　(b) 水平流速U垂向分布

(c) 表层流速场　(d) 垂向切片流速

图 9.3.1 封闭举行水池内的风生环流

2. 干河床溃坝波

为了验证黎曼近似解算法的数值性能以及动边界算法的准确性, 选取 WES[38] 的溃坝试验报告中的资料作为模拟算例. 试验水槽长 122m, 宽 1.22m, 底坡为 0.005, 糙率为 0.009. 水槽中部 61.0m 处设置一高为 0.305m 的河坝, 上游初始水位为 0.61m, 下游为干河床. 计算网格数纵向为 160, 横向为 11. 时间步长设为 0.01s, 垂向分为 5 层, 干湿边界限值 HTOL 取 0.001m. 计算得到了 t=5s, 10s 的纵向水面线, 如图 9.3.2 所示可以看出, 模型准确地模拟了库区退水过程和干河床上的演进过程, 计算结果和试验结果一致. 该算例说明了该数学模型不仅具有高分辨捕捉间断波的优良数值性能, 而且能够合理地模拟干湿边界的变化.

3. 长江口南支数值模拟

计算区域处于长江口南支, 七丫口至横沙码头片水域. 该区段内沙洲林立, 岛屿众多, 包括中央沙、青草沙、长兴岛及部分扁担沙等, 而且感潮强烈, 具有鲜明的河口特征.

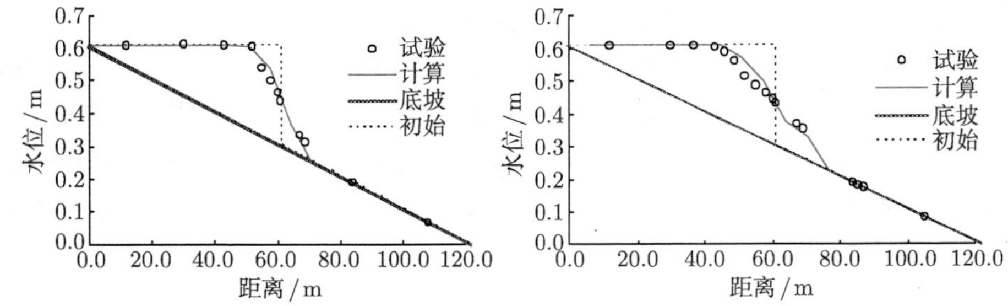

图 9.3.2　水面线验证, t=5 s(左), t=10 s(右)

计算区域网格共 2822 个三角形单元, 垂向分为 5 层. 选取 1978 年 8 月 5 日 20 时至 10 日 20 时七丫口, 共青圩、横沙实测潮位作为流场计算上下游边界条件, 模拟了长江口的潮流场. 取石洞口站作为水位验证点, 流速验证点则取在南港 (如图 9.3.3 所示). 水位验证见图 9.3.4, 可以看出, 计算结果相位吻合, 幅度准确, 其最大相对误差小于 15%. 计算流速过程线和实测的流速过程线对比验证显示, 除涨急附近时刻流速相差较大 (最大相对误差 24%) 之外, 其余时刻和实测均吻合. 而且, 近底层 (sigma=0.2) 流速模拟结果要好于表层 (sigma=1.0). 模型合理地模拟了长江口南支的三维潮流场.

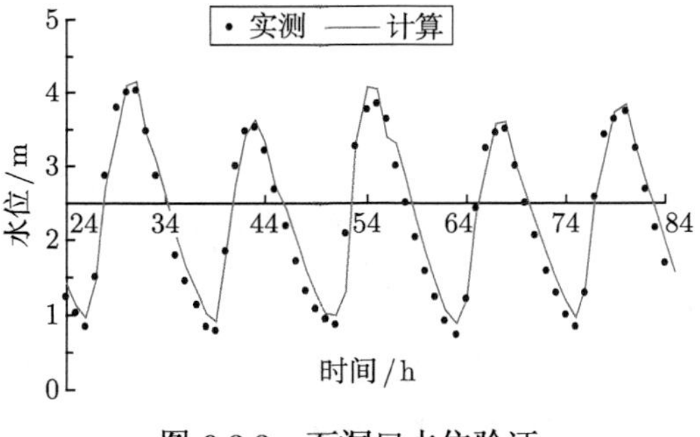

图 9.3.3　石洞口水位验证

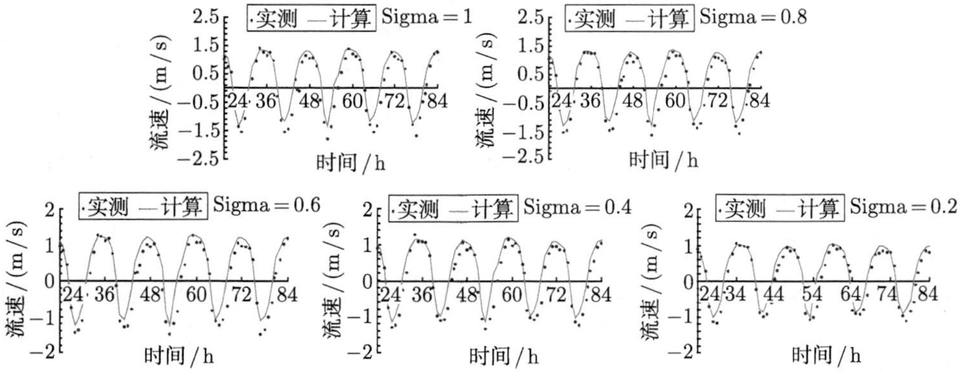

图 9.3.4　不同分层的流速验证

图 9.3.5 为不同时刻底层流速场, 三幅流速矢量图展示了中央沙和清草沙从涨潮漫滩到高潮位时淹没, 落潮露滩的过程.

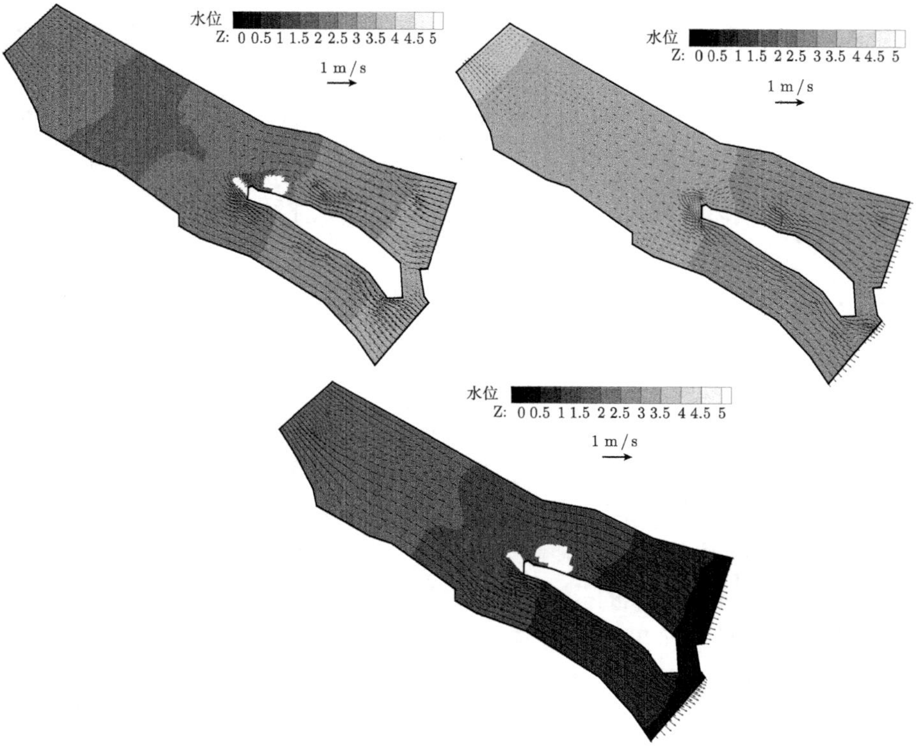

图 9.3.5 不同时刻底层流场和水位分布图

9.4 三维紊动分层流计算

自然界中由于各种各样的原因, 常常会引起流体密度的变化, 出现分层流. 分层流种类繁多, 水流中常见的有大体积水域的水体受太阳辐射而形成的热力分层流, 热电厂冷却水排入天然受纳水体形成的温度分层流, 潮汐河口盐、淡水混合形成的盐度分层流, 进入水库区的高含沙水流、水库排淤和污染物质的排放形成的分层流等. 这些环境水体中的紊动型态及其中的温、盐等物质输运极其复杂多变. 弄清其流动规律及其中的温、盐等物质输运能使我们有效地解决工程问题, 如沿海地区兴建应急淡水库, 科学的废水排海 (湖、河口) 处置技术, 热电厂冷却水在河口近岸区的排放等. 由于物理模型试验代价较高, 而且受场地和特殊工况的限制; 同时, 数值求解技术的日臻完善和计算机技术的飞速发展, 使数值模拟在该研究领域成为最重要的研究手段之一. 这里, 采用单元中心, 非结构同位网格有限体积法对该问题进行数值模拟.

9.4.1　紊动分层流基本方程

由 Reynolds 时均法, 可得描述紊流时均运动的方程和时均物质输运的方程组

$$\frac{\partial \rho}{\partial t}+\frac{\partial\left(\rho U_j\right)}{\partial x_j}=0 \tag{9.4.1}$$

$$\frac{\partial\left(\rho U_i\right)}{\partial t}+\frac{\partial\left(\rho U_j U_i\right)}{\partial x_j}=f_i-\frac{\partial P}{\partial x_i}+\frac{\partial}{\partial x_j}\left(\mu \frac{\partial U_i}{\partial x_j}\right)-\frac{\partial\left(\rho R_{ij}\right)}{\partial x_j} \tag{9.4.2}$$

$$\frac{\partial(\rho T)}{\partial t}+\frac{\partial\left(\rho U_j T\right)}{\partial x_j}=\frac{\partial}{\partial x_j}\left(D_T \frac{\partial T}{\partial x_j}-\rho \overline{u_j \theta}\right)+q_T \tag{9.4.3}$$

$$\frac{\partial(\rho \phi)}{\partial t}+\frac{\partial\left(\rho U_j \phi\right)}{\partial x_j}=\frac{\partial}{\partial x_j}\left(D_\phi \frac{\partial \phi}{\partial x_j}-\rho \overline{u_j \varphi}\right)+q_\phi \tag{9.4.4}$$

式中, U_i 和 u_i 分别为 x_i 方向的平均速度分量和脉动速度分量; θ 为脉动温度; φ 为脉动浓度; R_{ij} 为 Reynolds 应力张量; $\overline{u_j\theta}$ 为热通量项; $\overline{u_j\varphi}$ 为浓度通量项; q_T 和 q_ϕ 分别为相应的源项.

对于密度变化不是很大的分层流动, 通常引入 Boussinesq 近似来简化求解. 即认为水流的温度和物质浓度的不均匀所引起的密度变化很小, 在 N-S 方程求解时, 只在重力项中考虑密度的变化, 而视其他项中的密度为常数. 这样方程组可简化为

$$\frac{\partial U_j}{\partial x_j}=0 \tag{9.4.5}$$

$$\rho_a \frac{DU_i}{Dt}=f_i-\frac{\partial P}{\partial x_i}+\frac{\partial}{\partial x_j}\left(\mu \frac{\partial U_i}{\partial x_j}\right)-\rho_a \frac{\partial\left(R_{ij}\right)}{\partial x_j} \tag{9.4.6}$$

式中: $f_i=-\Delta\rho g_i$, $P=p+\rho_a g_i$

$$\rho_a \frac{DT}{Dt}=\frac{\partial}{\partial x_j}\left(D_T \frac{\partial T}{\partial x_j}-\rho_a \overline{u_j \theta}\right)+q_T \tag{9.4.7}$$

$$\rho_a \frac{D\phi}{Dt}=\frac{\partial}{\partial x_j}\left(D_\phi \frac{\partial \phi}{\partial x_j}-\rho_a \overline{u_j \varphi}\right)+q_\phi \tag{9.4.8}$$

式中, ρ_a 为环境流体密度.

状态方程为

$$\Delta\rho=\rho(T, S, \phi\cdots)-\rho_a \tag{9.4.9}$$

式中, T 为温度; S 为盐度; ϕ 为表示其他引起密度变化的标量.

9.4.2 紊流模型及控制方程离散

将控制方程写成通用形式, 各方程系数见表 9.4.1.

$$\frac{\partial\rho\phi}{\partial t}+\frac{\partial}{\partial x_j}(\rho u_j\phi)=\frac{\partial}{\partial x_j}\left(\rho D_\phi\frac{\partial\phi}{\partial x_j}\right)+S_\phi \tag{9.4.10}$$

式中, ρ 为流体密度; ϕ 通用变量, 如速度、温度、紊动能等; Γ_ϕ 为扩散系数; S_ϕ 为源项.

紊流模型采用各向异性浮力紊动流显式代数雷诺应力模型 (EARSM), 具体模式以及边界条件可以参看文献 [16]. 紊流模型常数取值如下: $C_k=0.24$, $C_\varepsilon=0.15$, $C_{\varepsilon1}=1.44$, $C_{\varepsilon2}=1.92$, $C_{\varepsilon3}=0.8$, $C_3=0.55$, $\sigma_t=0.9$

表 9.4.1 通用方程系数表

方程	因变量	D_ϕ	S_ϕ
x- 动量	u	$\nu+\nu_t$	$f_i-\dfrac{\partial P}{\partial x_i}-\dfrac{\partial}{\partial x_j}\left(\rho R_{ij}^{an}\Big\|_s+\rho R_{ij}\Big\|_b\right)$
y- 动量	v	$\nu+\nu_t$	i = 1, 2, 3, 分别代表 3 个方向
z- 动量	w	$\nu+\nu_t$	
k 方程	k	$\nu+C_k\dfrac{k^2}{\varepsilon}$	$P_k+P_b-\varepsilon$
ε 方程	ε	$\nu+C_\varepsilon\dfrac{k^2}{\varepsilon}$	$C_{\varepsilon1}\dfrac{\varepsilon}{k}P_k+C_{\varepsilon3}\dfrac{\varepsilon}{k}P_b-C_{\varepsilon2}\dfrac{\varepsilon^2}{k}$
标量方程	T、S 等	$D_T+\nu_t/\sigma_t$	q_ϕ

利用非结构网格技术离散微分方程, 选取二阶逆风格式离散. 基于辅助点法的通用离散方程的最终形式为

$$a_P\phi_P^{n+1}+\sum_{j=1}^{m}a_j\phi_{P,j}^{n+1}=Q^\phi \tag{9.4.11}$$

式中, a_P, a_j 为离散系数, Q^ϕ 为源项.

求解黏性不可压缩流动, 必须处理压力速度耦合问题. 下面介绍非结构网格上的压力校正法 ——SIMPLEC 算法.

9.4.3 压力校正法

过去, 为了避免因采用常规离散方法而造成波状压力场和速度场, 研究人员成功的开发了交错网格的算法, 即采用不同的网格系统来描述不同的变量: 速度保有一套网格系统, 其他因变量如压力、温度等共用主网格系统. 该方法在结构网格计算中得到了广泛的应用. 但其很难扩展到非结构网格中. 在这一背景下, 同位网格技术得以应用发展, 本节阐述非结构同位网格 (即速度、压力等变量均使用同一套控制体积) 上的压力校正法的实现方式.

1. 单元界面速度插值

利用动量插值法 (Momentum Interpolation Method) 可得单元界面法向速度 $u_{n,e}^*$

$$u_{n,e}^* = \bar{u}_{n,e}^* + \overline{\left(\frac{\Delta V}{a_P}\frac{\delta p}{\delta n}\right)_e} - \overline{\left(\frac{\Delta V}{a_P}\right)_e}\left(\frac{\delta p}{\delta n}\right)_e \tag{9.4.12}$$

式中, 上标 "*" 代表压力校正之前的变量值, 上划线 "——" 表示由单元面两侧单元中心点值作线性插值. 由上式估算的界面流速公式可以防止同位网格上的压力波动. 压力法向导数采用下式估算

$$\left(\frac{\delta p}{\delta n}\right)_e = \frac{p_E - p_P}{L_{P'E'}} + \frac{(\text{grad}\, p)_E \cdot (\mathbf{r}_{E'} - \mathbf{r}_E) - (\text{grad}\, p)_P \cdot (\mathbf{r}_{P'} - \mathbf{r}_P)}{L_{P'E'}} \tag{9.4.13}$$

因为引入动量插值主要为了防止同位网格上的压力波动, 所以上式右端第二项忽略不会影响计算结果的精度.

2. 压力校正方程

由 **SIMPLE** 算法可得

$$u_{n,e}' = -\left(\frac{\Delta V}{a_P}\right)_e \left(\frac{\delta p'}{\delta n}\right)_e \tag{9.4.14}$$

上标 "′" 代表校正值. 将上式代入单元面导数近似公式, 有

$$u_{n,e}' = -\left(\frac{\Delta V}{a_P}\right)_e \left[\frac{p_E' - p_P'}{L_{P'E'}} + \frac{(\text{grad}\, p')_E \cdot (\mathbf{r}_{E'} - \mathbf{r}_E) - (\text{grad}\, p')_P \cdot (\mathbf{r}_{P'} - \mathbf{r}_P)}{L_{P'E'}}\right] \tag{9.4.15}$$

该式即为单元界面速度校正值的计算表达式.

在按上述的速度校正公式进行计算时, 对压力校正必须采用亚松弛技术, 否则难以保证计算的稳定. 此时, 压力校正写成

$$p = p* + \alpha_p p' \tag{9.4.16}$$

式中, α_p 为压力松弛系数, 如果不考虑正交项的影响, 在网格正交性较差时, 须采用很小的亚松弛技术, α_p 甚至取到 0.05. 松弛系数选择的好坏, 将对计算的收敛速率产生很大的影响. 由于在流体计算中压力场的计算花销在整个计算费用中占很大的比重. 因此加速压力场的计算将是很值得的工作.

考虑到在上述的速度校正公式推导过程中, 略去了相邻点单元速度校正的影响, 它虽然不影响计算的最后结果, 但是影响中间结果, 从而影响计算的收敛速率. 为此, Doormal 和 Raithby[32] 提出了考虑相邻点单元速度校正影响的 SIMPLEC 算法, 该算法由于其易于实现, 得到了广泛的应用. 由 SIMPLEC 算法:

$$u_{n,e}' = -\beta_e \left(\frac{\Delta V}{a_P}\right)_e \left(\frac{\delta p'}{\delta n}\right)_e \tag{9.4.17}$$

式中，$\dfrac{1}{\beta_e}=1+(1-\omega)\left(\dfrac{\sum\limits_{j=1}^{m}a_j}{a_P}\right)_P+\omega\left(\dfrac{\sum\limits_{j=1}^{m}a_j}{a_P}\right)_E$，而后代入单元面导数近似公式，有

$$u'_{n,e}=-\beta_e\left(\frac{\Delta V}{a_P}\right)_e\left[\frac{p'_E-p'_P}{L_{P'E'}}+\frac{(\mathrm{grad}\,p')_E\cdot(\mathbf{r}_{E'}-\mathbf{r}_E)-(\mathrm{grad}\,p')_P\cdot(\mathbf{r}_{P'}-\mathbf{r}_P)}{L_{P'E'}}\right] \tag{9.4.18}$$

该式即为单元界面速度校正值的计算式.

由连续性条件，有

$$\sum_j F_j^m=\sum_j F_j^{m*}+\sum_j F_j^{m'}=0 \tag{9.4.19}$$

代入式 (9.4.11) 或 (9.4.14)，式 (9.4.15) 就转化为关于 p' 的代数方程，整理后即得压力校正方程. 由于单元界面导数的近似引入了非正交项，压力校正方程不能直接采用隐式法求解. 为此，可采用延迟校正技术将非正交项用前一时步的值代入作近似计算 (即按显式计算) 或忽略非正交项. 若忽略非正交项的单元面插值速度和速度校正公式，可得到如下 SIMPLEC 算法的压力校正方程

$$a_P^p p'+\sum_{j=1}^{m}a_j^p p'_{P,j}=Q_{p'} \tag{9.4.20}$$

其中，系数 $a_j^p=\rho_j A_j\beta_j\left(\dfrac{\Delta V}{a_P}\right)_j\dfrac{1}{(L_{P'E'})_j}$；

$$Q_{p'}=\sum_j F_j^{m^*};$$

$$a_P^p=-\sum_j a_j^p.$$

求得 p' 后，可得校正后的压力场 $p=p*+\alpha_p p'$ 及速度场 $\mathbf{u}=\mathbf{u}^*+\mathbf{u}'$. 这里，单元中心点速度校正 $\mathbf{u}'_P$ 表达式为：

$$\mathbf{u}'_P=-\frac{\Delta V}{a_P}\left(\frac{\delta p'}{\delta\mathbf{x}}\right)_P \tag{9.4.21}$$

3. 算法步骤

依据上面的推导过程，可将非结构同位网格上 SIMPLE(SIMPLEC) 算法的实施步骤归纳如下：

(1) 预先估计一个压力场 p^*；

(2) 由动量方程可解出速度场 $\mathbf{u}^*$.

(3) 由式 (9.4.8) 计算单元界面插值速度, 代入压力校正方程 (9.4.16) 并求解方程得 p';

(4) 校正压力场与速度场, 获得本层次迭代满足连续性条件的速度及压力场;

(5) 将上述计算得到的新值作为初始场, 返回到第 2 步, 重复这一过程直至得到收敛的速度场.

9.4.4 边界条件

对实际问题, 水流及物质输运问题必须在相应的初始条件和边界条件下才能得到确定的解. 初始条件是指水流在初始时刻的运动状态, 给定实际值即可. 实际紊动水体, 边界条件较为复杂, 可以是固体壁面, 自由表面, 也可以是实际水体的一部分. 常见的有入流、出流、壁面、对称面及自由面边界.

(1) 入流和出流边界

进口的流速、紊动特征量以及温度 (盐度) 等标量作为本质边界条件给定.

$$u_i|_{inlet} = u_i(t_0) \tag{9.4.22}$$

$$\phi|_{inlet} = \phi(t_0) \tag{9.4.23}$$

紊动特征量 k, ε 可按以下式子给定:

$$k = 0.004U_{in}^2 \tag{9.4.24}$$

$$\varepsilon = \frac{C_\mu^{3/4} k^{3/2}}{\kappa y} \tag{9.4.25}$$

式中 U_{in} 为入流合速度, y 为离最近壁面的距离.

对恒定流计算, 出口通常置于下游充分发展区域内, 在该出口断面假设各物理量沿程变化足够小, 可忽略不计. 即给出梯度为零的边界条件.

(2) 固体壁面

在近壁面流速、物质浓度等梯度很大, 为了得到合理的解, 必须布置较密的网格, 这样做很不经济. 为克服边界附近网格过密引起的数值计算问题, 工程应用上通常在近壁区构造近壁函数, 把第一个节点布置在充分发展的紊动区内, 而在黏性子层内不布置任何节点. 黏性子层内的流动假设服从一定的分布规律. 然后, 由局部平衡条件得到壁面剪切应力 (假设常分布) 和紊动能方程的源项以及近壁面的耗散率. 最为常用的是对数壁面律和解析式壁函数. 这里以对数律壁函数为例说明. 壁面附近流速服从对数分布律

$$\frac{U_P}{U_P^*} = \frac{1}{\kappa} \ln\left(E\frac{U_P^* \cdot Z_P}{\nu}\right) \tag{9.4.26}$$

式中 U_P 为平行于壁面的近壁层合流速; U_P^* 为摩阻合流速; Z_P 是近壁面第一层网格节点与壁面的距离; κ 为 Karman 常数, $\kappa = 0.4$; E 为反映壁面粗糙度的系数, 对光滑壁面, $E = 9.0$.

在三维情况下, 近壁处平行于壁面的速度分量有两个 u_P 和 v_P, 壁面合剪应力为

$$\tau_P = \frac{\rho C_\mu^{1/4} k_P^{1/2} U_P}{\ln(EZ_P^*)/\kappa} \tag{9.4.27}$$

式中 $U_P = \sqrt{u_P^2 + v_P^2}$

$$Z_P^* = C_\mu^{1/4} k_P^{1/2} Z_P/\nu \tag{9.4.28}$$

当 $Z_P^* < 11.6$, 壁面合剪应力 τ_P 按层流公式计算

$$\tau_P = \mu \frac{U_P}{Z_P} \tag{9.4.29}$$

壁面附近的紊动能式中 k 及其耗散率 ε 按下式确定

$$k = \frac{U_P^{*^2}}{C_\mu^{1/2}}, \tag{9.4.30}$$

$$\varepsilon = \frac{U_P^{*^3}}{\kappa Z_P} \tag{9.4.31}$$

对于物质浓度 ϕ 的边界条件, 一般忽略穿越壁面的通量, 取其法向梯度为零, 即

$$\left.\frac{\partial \phi}{\partial x_n}\right|_{wall} = 0 \tag{9.4.32}$$

(3) 自由表面和对称面

自由水面采用 “刚盖假定”, 即把自由面作为一个无摩阻的固定面处理, 略去自由表面上的风应力和与大气层的热交换, 将自由面近似看作对称平面. 给定如下

$$U_n|_{sym} = 0 \tag{9.4.33}$$

$$\left.\frac{\partial \phi}{\partial x_n}\right|_{sym} = 0 \tag{9.4.34}$$

式中, n 为自由表面的外法向方向; ϕ 可表示与自由表面相切的流速分量, 温度盐度等标量.

9.4.5 盐度引起的负浮力流动的模拟

负浮力流动, 又称重力流 (Gravity Currents) 或密度流 (Density Currents). 该流动现象非常常见, 如河口的盐水楔, 水库的泥沙异重流, 废水排江排海以及大气中的冷锋运动、沙尘暴等. 在斜坡上潜行的重力流可概化为如图 9.4.1 所示的模型.

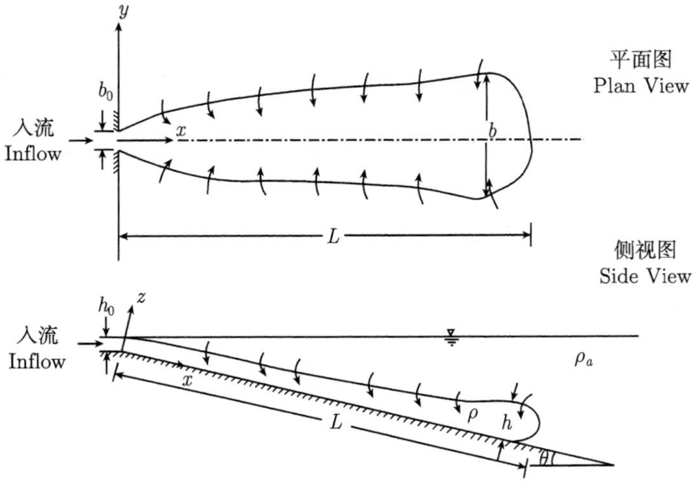

图 9.4.1　斜坡上潜行的重力流概化模型

利用文献[40]的资料, 计算了三维斜坡上的重力流. 盐溶液从宽为 $b_0 = 2$ cm, 高为 $h_0 = 0.5$ cm 的入口以 $Q_0 = 9.8$ cm^3/s 的流量, 恒定地从 15 度斜坡上排入静止的水体中. 盐水的浮力加速度为 $g' = 5.886$ cm/s^2. 根据海水的状态方程[41], 归结成如下计算条件: 即含盐度为 8 ‰的 20°C 盐水排入 20°C 静止淡水中. 计算平面区域为 200cm×60cm, 剖分计算网格如图 9.4.2, 共 8100 个单元. 计算初始流速取为零, 出口边界取流速及各物理参数梯度为零, 计算时间步长为 0.1s.

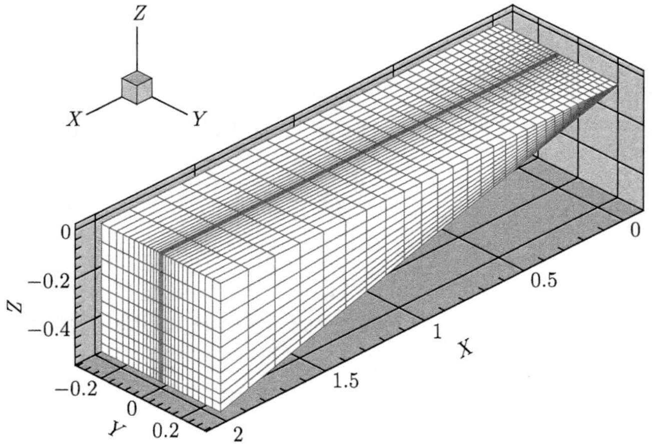

图 9.4.2　计算网格

如图 9.4.3 为重力流在斜坡上潜行的长度计算值比较, 从图中可以看出, 本模型的计算长度 (Present)、实验数据 (Experiment) 和隐式代数应力/通量模型 (IARSM) 的结果相同. 在 $t = 30$ s 时 $y = 0$ 处纵剖面的流速矢量和盐度等值线 (图 9.4.4)

中, 可以看出, 在上层水体区域, 形成一个垂向的环流, 不断补充斜坡上潜行的重力流, 而且重力流头部略厚于尾部, 这些模拟得到的特征与实验的结果非常一致. 图 9.4.5 为 $t = 125$ s 盐度为 0.2 时的等值面俯视图.

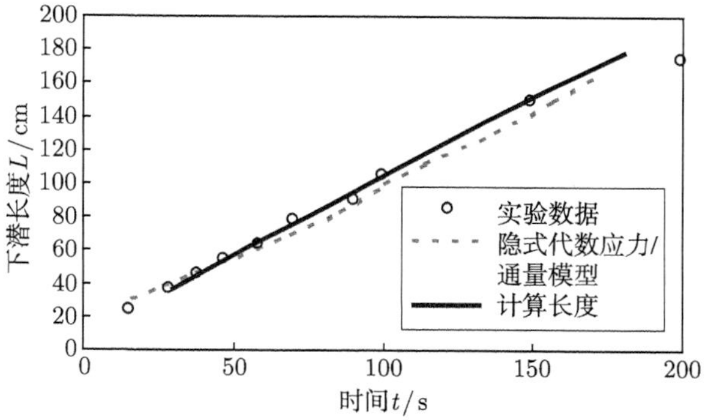

图 9.4.3 斜坡上潜行长度

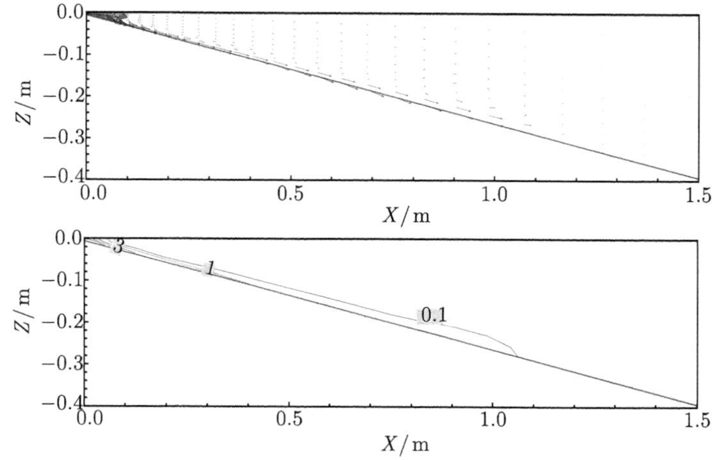

图 9.4.4 $t = 30$ s 时切片 $y = 0$ 处的流速矢量图和盐度等值线图

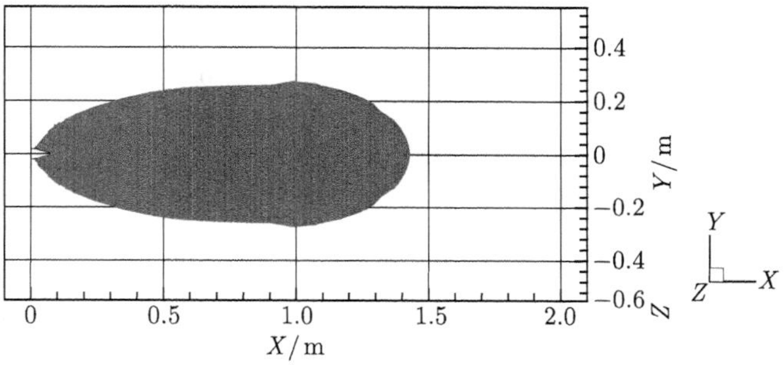

图 9.4.5 $t = 125$s 盐度为 0.2 时的等值面俯视图

参考文献

[1] Patankar S V. Numerical Heat Transfer and Fluid Flow. Washington: Hemisphere Publishing Corporation, 1980: Chapter 3, 30-31.

[2] 谭维炎. 计算浅水动力学 —— 有限体积法的应用. 北京: 清华大学出版社，1998: 132-145.

[3] Toro E F. Shock-capturing methods for free-surface shallow flows. Chichester: John Wiley & Sons Ltd, 2001: Chapter 1, 1-14.

[4] 刘儒勋, 舒其望. 计算流体力学的若干新方法. 北京: 科学出版社, 2003: 55-65.

[5] Zhao D H, Shen W H, Lai J S et al. Finite-Volume Two-Dimensional Unsteady-Flow Model for River Basins. Journal of Hydraulic Engineering, 1994, 120(7): 863-882.

[6] Rosatti G, Begnudelli L. The Riemann problem for the one-dimensional, free-surface shallow-water equations with a bed step: theoretical analysis and numerical simulations. Journal of Computational Physics, 2010, 229(3): 760-787.

[7] Murillo J, García-Navarro P, Burguete J. Conservative numerical simulation of multi-component transport in two-dimensional unsteady shallow water flow. Journal of Computational Physics, 2009, 228(15): 5539-5573.

[8] Bernetti R, Titarev V A, Toro E F. Exact solution of the Riemann problem for the shallow water equations with discontinuous bottom geometry. Journal of Computational Physics, 2008, 227(6): 3212-3243.

[9] Gallardo J M, Carlos Parés, Manuel Castro. On a well-balanced high-order finite volume scheme for shallow water equations with topography and dry areas. Journal of Computational Physics, 2007, 227(1): 574-601.

[10] Noelle S, Pankratz N, Puppo G, Natvig J R. Well-balanced finite volume schemes of arbitrary order of accuracy for shallow water flows. Journal of Computational Physics, 2006, 213(2): 474-499.

[11] Benkhaldoun F, Elmahi I, Seaïd M. Well-balanced finite volume schemes for pollutant transport by shallow water equations on unstructured meshes. Journal of Computational Physics, 2007, 226(1): 180-203.

[12] Audusse E, Bristeau M-O. A well-balanced positivity preserving “second-order” scheme for shallow water flows on unstructured meshes. Journal of Computational Physics, 2005, 206(1): 311-333.

[13] 陶文铨. 数值传热学. 第二版. 西安: 西安交通大学出版社, 2001: 10.

[14] 金忠青. N-S 方程的数值解和紊流模型. 南京: 河海大学出版社, 1989: 72-100.

[15] Ferziger J H, Perić M. Computational methods for fluids dynamics. 3rd ed. New York: Springer, 2002: Chapter 8, 225-226.

[16] 赖锡军. 温盐分层流的非结构网格数值模拟//博士学位论文. 南京: 河海大学，2004: 37-57.

[17] Mavriplis D J. Unstructured grid techniques. Annual Review of Fluid Mechanics, 1997, 29: 473-514.

[18] Hayase T, Humphrey J A C, Greif R. A consistently formulated QUICK scheme for fast and stable convergence using finite-volume iterative calculation procedures. Journal of Computational Physics, 1992, 98(1): 108-118.

[19] Colella P, Woodward P R. The Piecewise Parabolic Method (PPM) for gas-dynamics simulations. Journal of Computational Physics, 1984, 54(1): 174-201.

[20] Harten A. High resolution schemes for hyperbolic conservation laws. Journal of Computational Physics, 1983, 49(3): 357-393.

[21] Steger J L, Warming R F. Flux Vector Splitting of the inviscid gasdynamic equations with application to finite difference methods. Journal of Computational Physics, 1981, 40(2): 263-293.

[22] van Leer B. Flux-Vector Splitting for the Euler equations. Lecture Notes in Physics, 1982, 170: 507-512.

[23] Roe P L. Approximate Riemann solvers, parameter vectors and difference schemes. Journal of Computational Physics, 1981, 43(2): 357-372.

[24] Toro E F. Riemann Solvers and Numerical Methods for Fluid Dynamics. 3rd ed. Berlin: Springer, 2009: Chapter 6, 213-228.

[25] van Leer B. Towards the ultimate conservative difference scheme V. A second order sequel to Godunov's method. Journal of Computational Physics, 1979, 32(1): 101-136.

[26] Osher S, Slomon F. Upwind difference schemes for hyperbolic systems of conservation laws, Mathematics of Computation, 1982, 38: 339-374.

[27] 张涵信. 无波动、无自由参数的耗散差分格式 (NND) 在喷流计算中的应用. 空气动力学报, 1988, 7(3): 273-281.

[28] 陆夕云, 庄礼贤, 童秉纲. 对称 TVD 差分格式的构造及其应用. 计算物理, 1994, 11(1): 45-50.

[29] Lehnhäuser T, Scäfer M. Improved linear interpolation practice for finite volume schemes on complex grids. International Journal for Numerical Methods in Fluids, 2002, 38(7): 625-645.

[30] Garcia R, Kahawita R A. Numerical solution of the ST. Venant equations with the MacCormack finite-difference scheme. International Journal for Numerical Methods in Fluids, 1986, 6(5): 259-274.

[31] Fennema R J, Chaudhry M H. Simulation of one-dimensional dam-break flows. Journal of Hydraulic Research, 1987, 25(1): 41-51.

[32] Alcrudo F, Garcia-Navarro P. High-resolution Godunov-type scheme in finite volumes for the 2D shallow-water equations. International Journal for Numerical Methods in Fluids, 1993, 16(6): 489-505.

[33] 杨彬, 汪德爟. 非结构网格上浅水方程的 LU-SGS 隐式算法. 河海大学学报 (自然科学版), 2008, 36(4): 483-487.

[34] Sharov D, Nakahashi K. Reordering of 3-D hybrid unstructured grids for vectorized LU-SGS Navier -Stokes computations. AIAA Journal, 1997, (1): 2102-2106.

[35] Chen R F, Wang Z J. An improved LU-SGS scheme with faster convergence for unstructured grids of arbitrary topology. AIAA Journal, 1999, (3): 935-940.

[36] 赖锡军, 曲卓杰, 周杰, 申满斌. 非结构网格上的三维浅水流动数值模型. 水科学进展，2006, 17(5): 693-699.

[37] Koutitas C, O'Connor B. Modeling three-dimensional wind-induced flows. Journal of Hydraulic Division, 1980, 106(11): 1843-1865

[38] U.S. Army Engineer Waterways Experiment Station. Floods resulting from suddenly breached dams. Miscellaneous Paper No. 2-374, Report 1: Conditions of Minimum Resistance. Vicksburg: CORPS-OF ENGINEERS, 1960: 22-28

[39] van Doormaal J P, Raithby G D. Enhancement of the simple method for predicting incompressible fluid flows. Numerical Heat Transfer, 1984, 7(2): 147-163.

[40] Tsihrintzis V A, Alavian A. A model for predicting the properties of three-dimensional negatively buoyant starting plumes on a sloping surface // List E.J. & Jira G.H. Stratified Flows, California: ASCE, 1990: 685-694.

[41] 汪德元译. 海水基本特性计算方法. 联合国教科文组织，1983: 11-17.

第四篇　边界的特殊处理

边界的模拟是计算水力学中的一大难题, 也是保证计算成果是否合理的关键因素之一. 随着模拟对象的越来越复杂, 边界模拟的内容越来越多, 要求也越来越高. 许多年来, 针对不同的问题, 提出了各种模型, 解决了许多实际工程和理论问题. 这些模型基本上可以分成三大类, 即所谓开边界 (无限边界)、动边界 (自由液面, 内边界等类) 模型和复杂边界的拟合等处理方法.

在水动力学问题中, 常碰这样一类问题, 扰动从波动源向外传播, 理论上这种波动的传播空间为无限大, 或更确切的讲, 波动的传播空间远大于特征波的波长. 波浪与海上建筑物的相互作用, 潮汐对建于大型河口, 海湾内的港口水域的作用, 建筑物的整体尺度与环境水域相比往往很小. 高速非恒定的自由射流, 射流尺度与其影响范围的尺度相比很小. 上述问题有一个共同的特点是, 与要精细模拟的物理过程的尺度相比, 该物理过程涉及到的空间域的尺度可以说是"无限大". 如果对整个空间进行模拟, 网格尺度受波动, 建筑物或射流等特征尺度的限制, 结点数将很多, 时间步长也不可能大, 这就需要很大的计算机内存和很长的计算时间, 这不但是不经济的, 有时也是难以实现的. 这就对计算模拟提出了一个要求, 有没有可能用较小的计算域 (有限计算域) 来替换原问题尺度很大的空间域 (无限域), 而有限域内的数值解仍是原问题的解的精确近似解. 显然, 如果这个人为设置的有限计算域的边界允许"自由地"传输能量, 那么有限计算域内的数值解包含了原无限域的影响. 这个解就可能成为原问题的合理的近似解, 这个人为设置的有限计算域边界的模型有许多名称, 诸如, 无限边界 (Infinite Boundary) 模型、无反射边界 (Non-reflecting Boundary) 模型、辐射边界 (Radiation Boundary) 模型、吸收边界 (Absorbing Boundary) 模型、开边界 (Open Boundary) 模型、单向边界 (One-Way Boundary) 模型等. 本课程采用开边界 (或无限边界) 模型这个名称. 原因是在这个边界处, 原来就有可能存在来自有限计算空间外的那部分空间的反射, 人为设置的开边界需要正确模拟有限计算空间外的那部分空间固有的反射机理.

自由面的波动, 水流在干坡面上的流动, 潮流在河口边滩上的推进与退缩, 油气界面或油水界面在多孔介质中的流动, 气或水体在多孔介质中的渗透, 空泡在液体中的运动、变形等, 是水动力学中常见的另一类问题. 这类物理现象有一个共同的特点, 就是空间域中包含一个或多个内界面. 这个内界面, 如上所述, 可以是气相与液相的界面; 液相与固相的界面或物理特质 (例如密度) 不同的液相之间的位置不断变化, 从一种平衡状态过渡到另一种平衡状态或持续不断的变化, 内边界的这种变化构成了问题的解的一个重要组成部分. 内界面形状的不规则和非线性特性不仅使得求解的过程变得复杂, 而且, 它的形状与位置的确定与整个区域的数值解的精度密切有关, 相互影响, 内界面模型, 也称动边界模型, 其合理性直接影响到问题的计算成果的精度和可靠性.

水动力学问题中, 流场的几何边界往往不是规则形状的, 在水利工程中, 溢流坝、泄洪道, 水轮机涡壳等, 过水建筑物的形状都很复杂. 天然水道的水流的边界的形状更是复杂, 不规则. 在数值模拟这些流场时, 计算域的边界不能与坐标线重合, 在有限差分法中, 这不仅改变了原物理边界附近的局部流态, 而且也增加了边界条件设置的复杂性, 计算精度也因此而降低. 使物理平面的网格贴切地拟合边界(包括固定边界和移动的边界), 不仅可以提高解的精度而且也使计算区域的边界条件的设置简化.

第10章 开 边 界

10.1 概 述

利用开边界可以缩小计算域. 而在这个边界上的边界条件必须正确的代表被略去的那部分空间内的物理过程及其对有限计算域内物理过程的影响. 无限边界上的边界的设置是一个尚在不断研究的问题. 一般地, 边界条件必须满足下面地几个基本要求. 为了说明方便, 用 Ω 代表原来的无限域, 用 Ω_1 代表有限计算域, Γ_1 代表开边界.

(1) 在 Ω_1 域上的定解问题在数学上必须是适定的;

(2) 在 Ω_1 域上的定解问题正确地代表原无限域 Ω 上的定解问题;

(3) 开边界 Γ_1 的边界条件应该与区域 Ω_1 内用的数值离散格式相匹配;

(4) Ω_1 内的数值离散格式与开边界 Γ_1 的边界条件一起应构成一个稳定的计算模式;

(5) 开边界 Γ_1 的边界条件引起的伪反射必须很小;

(6) 开边界边界条件的引入不会增加过大的计算工作;

(7) 选定的数值离散格式用于求解恒定问题的解时, 能较快地得到稳定解.

完善的开边界模型, 即使边界十分接近波动源, 仍然给出满意的近似解.

二十世纪 70 年代初期以来, 开边界的模型的研究没有中断过, 研究者们提出了适用于不同类型问题的模式, 但是仍没有可用于各类模型的问题的统一的模式. 尤其是用于二维、三维空间非恒定非线性问题的开边界的模型仍有待艰苦探索.

开边界主要用于波动型方程的数值解, Navier-Stoks 方程原则上讲不是波动型方程, 但是从物理概念上来讲, N-S 方程仍然可以描述波动的传播过程, 所以用于波动型方程的开边界模型可以作为 N-S 方程的开边界模型的一阶近似. 下面我们将分类介绍开边界模型.

10.2 辐射型开边界模型

10.2.1 辐射型开边界模型 (Sommerfeld Condition)

考虑一个波动源 Γ, 波动自 Γ 向外传播, 在无黏性介质中, 这种传播过程, 可

以用下面的波动方程来描述

$$\nabla^2 u + k^2 u = 1 \tag{10.2.1}$$

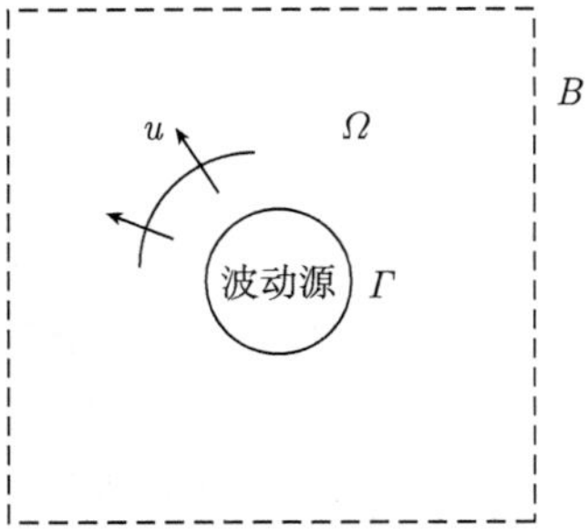

图 10.2.1　波的传播

这里 u 是波动的某个特征量, k 是波数. 理论上这种传播过程会扩散到无穷远处, 要求解这样一个问题, 必须给定相应的边界条件. 如图 10.2.1 这里有两个边界, 一个是扰动源边界 Γ, 其上的边界条件, 可以由扰动源的性质给定. 另一个边界在无穷远处, 是一个可以让波动自由传出的边界, 通常叫做辐射型边界, 著名辐射边界条件是由 Sommerfeld 给出,

$$\lim_{r\to\infty} r^{\frac{d-1}{2}}\left(u_r - iku\right) = 0 \tag{10.2.2}$$

这里, r 是径坐标; $u_r = \dfrac{\partial u}{\partial r}$; d 是空间的尺度.

如前所述, 要用数值的方法求解这个问题, 则必须设置计算边界 B, 计算域 Ω 由边界 Γ 和边界 B 界定, 为了使 Ω 上的问题适定, 必须在边界 B 上给定边界条件, 这个边界条件必须具有这样的特性, 从域 Ω 内传播来的波动可以无反射地通过边界 B 传送到域外. 一种明显的选择是基于式 (10.2.2).

$$u_r - iku = 0 \qquad \text{在边界} B \text{上} \tag{10.2.3}$$

但是数值实验表明, 这个边界条件会对入射的波动产生反射, 从而使数值解产生很大的误差. 下面介绍几种经证明行之有效的辐射型的开边界条件.

这类边界条件分为局部开边界条件和非局部开边界条件两种. 所谓局部开边界条件, 是指边界条件根据与边界结点紧邻的结点上的值确定边界结点值, 非局部开边界是指该边界条件确定的边界结点值不仅与紧邻边界的结点有关, 而且与远离边界的结点的值有关. 所以在非局部开边界下的边界结点值与该变量的前期时步的值和内部结点的值有关.

二阶波动方程的边界条件 [1][2][3] 如下:

(1) 非局部边界条件

如上所述, 非局部开边界条件的确定值不仅与紧邻边界的结点值有关, 而且与前期时步的结点值有关.

考虑如下的波动方程

$$u_{tt} = c^2 \nabla^2 u \tag{10.2.4}$$

式中, t 是时间, c 是波速. 首先分析时间谐波, 即

$$u(x,t)=\tilde{u}(x)e^{-i\omega t} \tag{10.2.5}$$

这里 ω 是波频率, 将式 (10.2.5) 代入式 (10.2.4) 即得化引波动方程, 式 (10.2.1). 变量为 $\tilde{u}$, $k=\dfrac{\omega}{c}$. 与式 (10.2.4) 相应的辐射边界条件为

$$\lim_{\substack{r\to\infty \\ r+ct=const}} r^{(d-1)/2}\left(u_r+\frac{1}{c}u_t\right)=0 \tag{10.2.6}$$

考虑一维情况, 由式 (10.2.6) 可以得到如下的辐射型边界条件

$$u_r+cu_x=0 \tag{10.2.7}$$

从物理概念上来看, 式 (10.2.7) 可以解释如下, 物理量 u 进入边界结点后, 被强度为 $1/c$ 的汇完全吸收.

下面分析二维情况, 二阶波动方程的一般形式可以写成

$$\frac{1}{c^2}\frac{\partial^2 u}{\partial t^2}=\frac{\partial^2 u}{\partial x^2}+\frac{\partial^2 u}{\partial y^2} \tag{10.2.8}$$

上述方程的一簇特解可以用下面的指数函数代表

$$u=e^{i\left(\sqrt{\omega^2-c^2\xi^2}x+\omega t+c\xi y\right)} \tag{10.2.9}$$

它是表示一组左行的波. ω 是频率, ξ 是波数. $\omega^2-c^2\xi^2>0$, $\omega>0$, 如果 (ω,ξ) 是不变的值, 则与式 (10.2.7) 对应的边界条件可以写成

$$\left(\frac{\mathrm{d}}{\mathrm{d}x}-i\sqrt{\omega^2-c^2\xi^2}\right)u\big|_{x=0}=0 \tag{10.2.10}$$

对所有 (ω,ξ) 为常数的波动来讲, 条件 (10.2.10) 是一个不产生反射的开边界条件.

对于更一般的左向运动的波群可以表示成

$$u(x,r,t)=\iint e^{i\left(\sqrt{\omega^2-c^2\xi^2}+\omega x+c\xi y\right)}\rho(\omega,\xi)\widehat{u}(0,\omega,\xi)\mathrm{d}\omega\mathrm{d}\xi \tag{10.2.11}$$

顶标 “∧” 表示 (y,t) 变量的 Fourier 变换量, $\widehat{u}(0,\omega,\xi)$ 在 $\omega^2>c^2\xi^2$ 锥内, (ω,ξ) 值较大的支集内的幅度函数, $\rho(\omega,\xi)$ 是相对于较大 $|\omega|+|c\xi|$ 值的零阶齐次光滑函数, 定义在 (ω,ξ) 较大的 $\omega^2>c^2\xi^2$ 的支集内. 在 $\widehat{u}(0,\omega,\xi)$ 的支集邻近, $\rho(\omega,\xi)$ 等于 1. 利用 Fourier 逆变换公式, $u(0,y,t)$ 可以从幅度函数 $\widehat{u}(0,\omega,\xi)$ 逆变换而得, 根据叠

加原理, 从式 (10.2.10) 可以得出零化 (吸收)(annihilate) 形如式 (10.2.11) 的左向运动的单向波群的开边界条件为

$$\frac{\mathrm{d}u}{\mathrm{d}x}-\iint e^{i(\omega x+c\xi y)}i\sqrt{\omega^2-c^2\xi^2}\rho\,\widehat{u}(0,\omega,\xi)\mathrm{d}\omega\mathrm{d}\xi|_{x=0}=0 \tag{10.2.12}$$

上式左边的第二项可以用一个所谓拟微分算子 (pseudo-differential operator) 符号来表达, 设 $b(y,t,\xi,\omega)$ 是齐次项的阶次递减的渐进和式, 定义在 (ω,ξ) 值较大的域内, 则通过 Fourier 逆变换可以定义如下的拟微分算子

$$b\left(y,t,\frac{\partial}{\partial y},\frac{\partial}{\partial t}\right)u=\iint e^{i(\omega x+c\xi y)}b(y,t,i\xi,i\omega)\widehat{u}(\omega,\xi)\mathrm{d}\omega\mathrm{d}\xi$$

由此, 完全吸收的开边界条件, 式 (10.2.12) 可以写成

$$\left(\frac{\mathrm{d}}{\mathrm{dx}}-\rho\left(\frac{\partial}{\partial y},\frac{\partial}{\partial t}\right)\sqrt{\frac{\partial^2}{\partial t^2}-c^2\frac{\partial^2}{\partial y^2}}\right)u|_{x=0}=0 \tag{10.2.13}$$

一般来说, 构成完全吸收的开边界条件是不可能的, 但是对于单向波群 (波群的分散角极小), 形成一个反射非常小的开边界还是可能的.

式 (10.2.13) 构成的开边界条件是一个非局部边界条件, 这个边界条件从计算的角度来看没有什么实用的价值. 如前所述, 为了计算某一点在某一时刻的值, 必须用到边界上所有前面时刻的信息. 这在计算上是不合宜的.

(2) 局部边界条件

局部边界条件是对非局部边界条件的近似, 它满足以下两个条件:

① 边界条件是局部的;

② 边界条件应构成适定的具有混合边界条件的波动问题.

这里, 条件①是保证计算工作的合理性; 条件②是保证可以对原问题构成一个稳定的离散格式.

从式 (10.2.13) 得出如下的开边界条件

$$\frac{\mathrm{d}}{\mathrm{dx}}-i\omega\sqrt{1-\frac{\zeta^2}{\omega^2}}=0 \tag{10.2.14}$$

式中, $\zeta^2=c^2\xi^2$. 假设波群的波与边界近似正交 $(\xi=0)$. 利用近似关系, $\sqrt{1-\frac{\zeta^2}{\omega^2}}\approx 1+O\left(\frac{\zeta^2}{\omega^2}\right)$, 及注意到, $i\omega$ 与 $\frac{\partial}{\partial t}$ 相应, 可以得到一阶近似边界条件

$$\left(\frac{\partial}{\partial x}-\frac{\partial}{\partial t}\right)u\bigg|_{x=0}=0 \tag{10.2.15}$$

利用近似关系, $\sqrt{1-\frac{\zeta^2}{\omega^2}} \approx 1-\frac{1}{2}\zeta^2/\omega^2+O(\zeta^2/\omega^2)$, 将其代入式 (10.2.14), 并用 $i\omega$ 遍乘各项得

$$i\omega\frac{\partial}{\partial x}+\omega^2-\frac{1}{2}\xi^2=0$$

由上式可以导出如下的二阶近似开边界条件

$$\left(\frac{\partial^2}{\partial x\partial t}-\frac{\partial^2}{\partial t^2}+\frac{1}{2}\frac{\partial^2}{\partial y^2}\right)u|_{x=0}=0 \tag{10.2.16}$$

式 (10.2.15), 一阶近似开边界条件, 已如上一节所述可以用于一维问题, 并且从物理概念上可以推导出来, 二阶近似开边界条件, 式 (10.2.16), 难以直观地从物理概念上导出, 但数值计算证明, 这个边界条件要比一阶近似开边界条件给出好得多的结果.

当 $\omega=1$ 时, ζ 可以写成 $\zeta=\sin\theta$, θ 是波群的入射角, 这样, 如果形如 $a(\omega,\xi)$ $e^{i\sqrt{\omega^2-c^2\xi^2}x+i\omega x+ic\xi y}$ 的波以角度 θ 入射边界时, 一阶近似开边界条件产生反射波

$$be^{-i\sqrt{\omega^2-c^2\xi^2}x+i\omega x+ic\xi y}$$

这里波幅

$$b=a\left(\frac{\cos\theta-t}{\cos\theta-t}\right)$$

而二阶近似开边界条件产生一较弱的反射波, 它的波幅 b 为

$$b=-a\left|\frac{\cos\theta-t}{\cos\theta+t}\right|^2$$

利用根号函数 $\sqrt{1+x}$ 在 $x=0$ 附近的二阶 Pede 级数展开, 有

$$\sqrt{1+x}=1+\frac{x}{2+x/2}+O\left(|x|^3\right)$$

设 $x=-\frac{\zeta^2}{\omega^2}$, 则利用类似的分析方法可以得到三阶近似开边界条件

$$\left(\frac{\partial^3}{\partial t^2\partial x}-\frac{1}{4}\frac{\partial^3}{\partial x\partial y^2}-\frac{\partial^3}{\partial t^3}+\frac{3}{4}\frac{\partial^3}{\partial t\partial y^2}\right)u|_{x=0}=0 \tag{10.2.17}$$

10.2.2 曲线边界条件下含变系数波动方程的开边界

1. 非局部开边界

上面的推导可以推广到边界为曲线和波动方程的系数为变量的情况, 考虑下面的波动方程

$$Lu=\left[\left(\frac{\partial^2}{\partial x^2}+g(x,y)\frac{\partial^2}{\partial y^2}+b(x,y)\frac{\partial}{\partial x}\right)-\frac{\partial^2}{\partial t^2}\right]u=0 \tag{10.2.18}$$

式中, $g(x,y)>c_0>0$, 算子 L 定义在半空间 $x>0$, 对于系数为常数的波动方程, 它的关键特点是可以分解成为如下形式

$$L' \cong \left(\frac{\partial}{\partial x}+\rho\sqrt{\frac{\partial^2}{\partial t^2}-\frac{\partial^2}{\partial y^2}}\right)\left(\frac{\partial}{\partial x}-\rho\sqrt{\frac{\partial^2}{\partial t^2}-\frac{\partial^2}{\partial y^2}}\right) \tag{10.2.19}$$

这种分解有误差, 但误差是在许可的范围内, 因式 $\left(\frac{\partial}{\partial x}-\rho\sqrt{\frac{\partial^2}{\partial t^2}-\frac{\partial^2}{\partial y^2}}\right)$ 代表左向运动的波, $\left(\frac{\partial}{\partial x}+\rho\sqrt{\frac{\partial^2}{\partial t^2}-\frac{\partial^2}{\partial y^2}}\right)$ 代表右向运动的波, 如果只考虑左向运动的波, 则采用式 (10.2.13) 的边界条件可以使右行的反射波波幅减至最小. 对于变系数的波动方程, 式 (10.2.18), 同样可以引用 "拟微分算子" 的概念将该方程分解成因式形式

$$L \cong \left(\frac{\partial}{\partial x}+\lambda_+\left(x,y,\frac{\partial}{\partial y},\frac{\partial}{\partial t}\right)\right)\left(\frac{\partial}{\partial x}-\lambda_-\left(x,y,\frac{\partial}{\partial y},\frac{\partial}{\partial t}\right)\right)$$

式中, λ_- 是一个拟微分算子, 它有如下形式的渐近展开式

$$\lambda_-(x,y,\xi,\omega)\approx\lambda_-^1(x,y,\xi,\omega)+\lambda_-^0(x,y,\xi,\omega)+\lambda_-^{-1}(x,y,\xi,\omega)+\cdots,$$

上式中, λ_-^j 是 j 阶齐次函数, 完全吸收的边界条件可以写成

$$\left(\frac{\partial}{\partial x}-\lambda_-\left(x,y,\frac{\partial}{\partial y},\frac{\partial}{\partial t}\right)\right)u|_{x=0}=0 \tag{10.2.20}$$

系数 λ_-^j, 由拟微分算子的合成公式递归确定. 第一个系数

$$\lambda_-^1(x,y,\xi,\omega)=i\sqrt{\omega^2-g(x,y)\xi^2} \tag{10.2.21}$$

第二个系数是从第一个系数递归确定

$$\lambda_-^0(x,y,\xi,\omega)=\frac{b}{2}+\frac{1}{4}\frac{\partial\left(g\xi^2\right)/\partial x}{(\omega^2-g(x,y)\xi^2)}+\frac{ig(x,y)\partial\left(g\xi^2\right)/\partial y}{2\left(\omega^2-g(x,y)\xi^2\right)^{3/2}} \tag{10.2.22}$$

如果只考虑 $\lambda_-(x,y,\xi,\omega)$ 中的展开式中的前两项, 则可以得到如下的非局部开边界条件

$$\begin{aligned}\frac{\partial}{\partial x}-\Bigg[&\sqrt{\frac{\partial^2}{\partial t^2}-g(x,y)\frac{\partial^2}{\partial y^2}}+\frac{b}{2}-\frac{1}{4}\frac{(\partial g/\partial x)(\partial^2/\partial y^2)}{(\partial^2/\partial t^2-g(x,y)\partial^2/\partial y^2)}\\&+\frac{(\partial g/\partial x)(\partial^2/\partial y^2)}{(\partial y^2/\partial t^2-g(x,y)\partial^2/\partial y^2)^{3/2}}\Bigg]u|_{x=0}=0\end{aligned} \tag{10.2.23}$$

2. 局部开边界条件

如果入射波的波向与边界正交, 则 $\omega^2 - g(x,y)\xi^2 \approx \omega^2$, 由此可以导出一阶近似局部开边界条件为

$$\left(\frac{\partial}{\partial x} - \frac{\partial}{\partial t} - \frac{b}{2}\right) u|_{x=0} = 0 \tag{10.2.24}$$

利用近似式, $\left(1 - \frac{\xi^2}{\omega^2}\right)^{1/2} \approx 1 - \frac{1}{2}\frac{\xi^2}{\omega^2}, \cdots\cdots$, 可以得到如下的关系

$$\frac{\partial}{\partial x} - i\omega\left(1 - \frac{1}{2}g\frac{\xi^2}{\omega^2}\right) + \frac{b}{2} - \frac{1}{4}\frac{\partial g}{\partial x}\frac{\xi^2}{\omega^2} \tag{10.2.25}$$

将上式乘以 ω^2, 则得二阶近似局部边界条件为

$$\left(\frac{\partial^3}{\partial x\partial t^2} - \frac{\partial^3}{\partial t^3} + \frac{1}{2}g\frac{\partial^3}{\partial t\partial y^2} + \frac{b}{2}\frac{\partial^2}{\partial t^2} + \frac{1}{4}\frac{\partial g}{\partial x}\frac{\partial^2}{\partial y^2}\right) u|_{x=0} = 0 \tag{10.2.26}$$

在极坐标系中, 波动方程具有如下的形式

$$L = \frac{\partial^2}{\partial r^2} + \frac{1}{r^2}\frac{\partial^2}{\partial \theta^2} + \frac{1}{r}\frac{\partial}{\partial r} - \frac{\partial^2}{\partial t^2}$$

式中, $\frac{\partial}{\partial r}, \frac{\partial}{\partial \theta}$ 与 $\frac{\partial}{\partial x}, \frac{\partial}{\partial y}$ 对应, $b = \frac{1}{r}, g = \frac{1}{r^2}$

利用式 (10.2.24), 在开边界 $r = a$ 处的一阶近似开边界条件为

$$\left(\frac{\partial}{\partial r} + \frac{\partial}{\partial t} + \frac{1}{2a}\right) u|_{r=a} = 0 \tag{10.2.27}$$

利用式 (10.2.26) 可以导出开边界 $r = a$ 处的二阶近似开边界条件为

$$\left(\frac{\partial^3}{\partial r\partial t^2} + \frac{\partial^3}{\partial t^3} - \frac{1}{2a^2}\frac{\partial^3}{\partial t\partial \theta^2} + \frac{1}{2a}\frac{\partial^2}{\partial t^2} + \frac{1}{2}\frac{1}{a^3}\frac{\partial^2}{\partial \theta^2}\right) u|_{r=a} = 0 \tag{10.2.28}$$

10.2.3 一阶对流方程

变系数的一阶对流方程 (双曲型方程) 可以写成如下的一般形式

$$\frac{\partial u}{\partial t} = (A_1(x,y)\frac{\partial}{\partial x} + A_2(x,y)\frac{\partial}{\partial y} + B(x,y))u \tag{10.2.29}$$

定义域为 $x \geqslant 0$, 式中, A_1, A_2 是 $m \times m$ 对称矩阵. 这里的目的是为上述问题构造有效的局部开边界条件. 假设 A_1 具有下面的形式

$$A_1 = \begin{pmatrix} A_1^1 & 0 \\ 0 & A_1^2 \end{pmatrix}$$

式中,

$$A_1^1 = \begin{pmatrix} \lambda_1 & & 0 \\ & \ddots & \\ 0 & & \lambda_k \end{pmatrix}_{(m-k)\times k} \qquad \lambda_k < 0$$

$$A_1^2 = \begin{pmatrix} \lambda_{k+1} & & 0 \\ & \ddots & \\ 0 & & \lambda_n \end{pmatrix}_{(m-k)\times(m-k)} \qquad \lambda_{k+j} > 0 \tag{10.2.30}$$

在严格的双曲型方程的假定下, $\lambda_i \neq \lambda_j$, $i \neq j$.

1. 非局部开边界

将式 (10.2.29) 重新写成,

$$\frac{\partial u}{\partial x} = A\frac{\partial u}{\partial t} + E\frac{\partial u}{\partial y} + \tilde{B}u \tag{10.2.31}$$

式中,

$$A = A_1^{-1} = \begin{pmatrix} \Lambda_1 & 0 \\ 0 & \Lambda_2 \end{pmatrix}$$

其中, $\Lambda_1 < 0$ 和 $\Lambda_2 > 0$, $E = -A_1^{-1}A_2$, $\tilde{B} = -A_1^{-1}B$, 定义

$$M(\omega,\xi) = Ai\omega + Ei\xi$$

对于某个选定的 c_0 值, 对所有满足 $\dfrac{|\xi|}{|\omega|+|\xi|} < c_0$ 的 (ω,ξ) 存在一个光滑函数 $V(\omega,\xi,x,y)$, 有

$$w = V\left(\frac{\partial}{\partial t}, \frac{\partial}{\partial y}, x, y\right)u$$

代入式 (10.2.31)

$$\frac{\partial w}{\partial x} = \begin{pmatrix} \Lambda_{11}\left(\dfrac{\partial}{\partial t}, \dfrac{\partial}{\partial y}, x, y\right) & 0 \\ \Lambda_{21}\left(\dfrac{\partial}{\partial t}, \dfrac{\partial}{\partial y}, x, y\right) & \Lambda_{22}\left(\dfrac{\partial}{\partial y}, \dfrac{\partial}{\partial t}, x, y\right) \end{pmatrix} w \tag{10.2.32}$$

式中, $\Lambda_{11}(\partial/\partial t, \partial/\partial y, x, y)$ 是 $k\times k$ 拟微分算子, 其主对角之素, Λ_{11} 在 (0, 1, x, y) 点求值, 即

$$\Lambda_{11}(0,1,x,y) = \Lambda_1 = \begin{pmatrix} \lambda_1^{-1} & & 0 \\ & \ddots & \\ 0 & & \lambda_k^{-1} \end{pmatrix}$$

对所有满足 $\dfrac{|\xi|}{|\omega|+|\xi|}<c_0$ 的 (ω,ξ), 满足 $\Lambda_{11}<0$. 而式 (10.2.32) 中的 Λ_{21} 和 Λ_{22} 是 $(m-k)\times k$, $(m-k)\times(m-k)$ 拟微分算子矩阵.

Λ_{11}^1 的特征值为负, 对应于所有进入 $x>0$ 区域的波动, 理论上的全吸收边界条件应该零化 (吸收) 所有这些波动分量. 令 $\pi_k(w_1,\cdots\cdots,w_k,w_{k+1},\cdots\cdots,w)\equiv(w_1,\cdots\cdots,w_k)$, ; 则完全吸收的边界条件为

$$\pi_k\ w|_{x=0}=\pi_k V\ u|_{x=0}=0 \tag{10.2.33}$$

为了说明这个非局部边界条件的内涵, 考虑如下的展开式 (Taylor, 1975),

$$\begin{aligned}V(\omega,\xi,x,y)\approx&V_0(\omega,\xi,x,y)+\omega^{-1}V_{-1}(\omega,\xi,x,y)\\&+\omega^{-2}V_{-2}(\omega,\xi,x,y)+\cdots\cdots\end{aligned} \tag{10.2.34}$$

式中, 每一个 V_{-j} 是零阶齐次的函数, 近似符号 “≈” 是渐进拟微分算子的意思. 严格双曲型的特点是, $M(1,0)$ 是一个对角矩阵, 且具有异根; 对于 $\dfrac{|\xi|}{|\omega|+|\xi|}<c_0$, $M(\omega,\xi)$ 具有相异的特征值; 由于选定的 $V(\omega,\xi,x,y)$ 是零阶齐次、光滑变化的矩阵, 所以, $M(\omega,\xi)$ 变成一三角矩阵, 即

$$\begin{pmatrix}{}_1\Lambda_{11} & 0\\ {}_1\Lambda_{21} & {}_1\Lambda_{22}\end{pmatrix}=V_0MV_0^{-1} \tag{10.2.35}$$

显然, $M(\omega,\xi)$ 有相异的特征值. 一般地讲, 这种情况只存在于边界的法向 ($\xi=0$) 及其锥形邻域内入射的情况. 如果 (ω,ξ) 的值与一个声速的掠射相应, 两个实根重合变成复数. 条件 $\dfrac{|\xi|}{|\omega|+|\xi|}<c_0$ 将 ξ 值限制在一定的范围内以保证特征值相异, 设 $w_0=Vu_0$, w_0 形式上满足方程 (10.2.32), 其误差受到 ω 值的限制. 设 $w_1=(1+K_1)w_0$, $K_1V_0=\omega^{-1}V_{-1}$, 对 w_1 构成形同式 (10.2.32) 的方程, 方程的误差高于 $O(\omega^{-1})$, 利用拟微分算子的合成公式, 可以得出

$$\begin{aligned}&(1+K_1)V_0(M(\omega,\xi)+\tilde{B})V_0^{-1}(1+K_1)^{-1}\\=&K_1V_0M(\omega,\xi)V_0^{-1}0V_0M(\omega,\xi)V_0^{-1}K_1+V_0(\tilde{B}-\partial_xV_0)V_0^{-1}+O(\xi^{-1})\end{aligned} \tag{10.2.36}$$

定义 $\tilde{C}\equiv\tilde{B}-\partial_XV_0$, 如果选择 K_1 为

$$K_1=\begin{pmatrix}0 & \tilde{K}\\ 0 & 0\end{pmatrix} \tag{10.2.37}$$

则式 (10.2.32) 中右上角的项会消失, 上式中 $\tilde{K}$ 是一个 $k\times(m-k)$ 的矩阵, 它满足条件

$$\tilde{K}_{11}\Lambda_{22}-{}_1\Lambda_{11}K_1+\tilde{C}_{12}=0 \tag{10.2.38}$$

假如

$$_1\Lambda_{22}\equiv\Lambda_2 \quad 和 \quad {}_1\Lambda_{12}\equiv\Lambda_1 \tag{10.2.39}$$

有不相交的谱, 则满足条件, 式 (10.2.38), 的 $\tilde{K}_1$ 的选择是唯一的. 由于 Λ_2 的特征值是正的, Λ_1 的特征值是负的, 所以条件, 式 (10.2.39), 是满足的 (具有不相交的谱).

2. 局部开边界

为了建立与式 (10.2.33) 对应的局部开边界条件, 将矩阵 $V(\omega,\xi,x,y)$ 在正交入射方向邻近展开, 根据 Taylor 级数展开的原理, 由式 (10.2.34) 有

$$\begin{aligned}V_{-j}(\omega,\xi)&=V_{-j}\left(1,\frac{\xi}{\omega}\right)\\&=V_{-j}(1,0)+\sum_{k=1}^{l}\left(\frac{\xi}{\omega}\right)^k\frac{1}{k!}\frac{\partial^k}{\partial\xi^k}V_{-j}(1,0)+O\left(\left|\frac{\xi}{\omega}\right|^{l+}\right)\end{aligned} \tag{10.2.40}$$

将式 (10.2.34), 式 (10.2.40) 引入非局部边界条件, 式 (10.2.33), 保留精度 $O\left(\left|\frac{\xi}{\omega}\right|+\left|\frac{1}{\omega}\right|\right)$, 则得一阶近似局部边界条件

$$\pi_k V_0\ u|_{x=0}=0 \tag{10.2.41}$$

对照式 (10.2.31), 上式纯粹是一维情况下 (在式 (10.2.24) 中令 $A_2=0$) 在入流特征线上的投影. 如果一维波动方程写成以 (u_t,u_x) 为分量的一维对流方程的形式, 则上述边界条件, 式 (10.2.41), 与前面介绍的一维一阶近似局部边界条件一致.

为了建立二阶近似局部开边界条件, 在 V_0 展开式中保留一阶项, 在 V_{-1} 展开式中保留零阶项, 则有

$$\pi_k\left(V_0(1,0)+\frac{\xi}{\omega}\frac{\partial}{\partial\xi}V_0(1,0)+\frac{1}{\omega}V_{-1}(1,0)\right)$$

上式乘以 ω, 则得二阶近似局部开边界条件

$$\pi_k\left(\frac{\mathrm{d}}{\mathrm{d}t}V_0(1,0)+\frac{\partial}{\partial\xi}V_0(1,0)\frac{\partial}{\partial y}+V_{-1}(1,0)\right)u|_{x=0}=0 \tag{10.2.42}$$

式中, V_{-1} 由低阶项 B 和变系数确定.

如果低阶项 B 的影响很大, 阶次在一阶与二阶之间的近似局部开边界条件往

往非常有效. $1\frac{1}{2}$ 阶近似的局部开边界条件可以写成

$$\pi_k\left(\frac{\mathrm{d}}{\mathrm{d}t}V_0(1,0)+V_{-1}(1,0)\right)u|_{x=0}=0 \tag{10.2.43}$$

3. 近似局部开边界中的摄动计算

为了在显式问题中运用二阶近似局部开边界条件, 式 (10.2.42), 需要计算 $\partial V_0(1,0)/\partial\xi$; 这就要用到摄动理论中的标准运算, 设 $\xi/\omega=\delta$

$$M\left(1,\frac{\xi}{\omega}\right)=\begin{pmatrix}\Lambda_1 & 0\\ 0 & \Lambda_2\end{pmatrix}+\delta\begin{pmatrix}E_{11} & E_{12}\\ E_{21} & E_{22}\end{pmatrix}=A+\delta E \tag{10.2.44}$$

前面已经提到过, V_0 的选择是为保证条件, 式 (10.2.35), 满足. 将 V_0 写成 $V_0=I+\delta_1V_0+O(\delta^2)$, 由此得出

$$\frac{\partial V_0(1,0)}{\partial\xi}={}_1V_0 \tag{10.2.45}$$

${}_1V_0$ 的计算与式 (10.2.36), (10.2.37), (10.2.38) 雷同. 将 $V_0=I+\delta_1V_0+O(\delta^2)$ 代入并令 $V_0(A_1+\delta E)V_0^{-1}$ 的右上角取零, 得

$$X\Lambda_2-\Lambda_1X+E_{12}=0 \tag{10.2.46}$$

这里, 取 ${}_1V_0$ 等于

$${}_1V_0=\begin{pmatrix}0 & X\\ 0 & 0\end{pmatrix}$$

按式 (10.2.36)~(10.2.38) 的步骤, 求解线性方程, 式 (10.2.46) 可以唯一确定 X 的值, 进而确定 $\partial V_0(1,0)/\partial\xi$.

下面讨论一个基于若干补充假设下的引理, 以此引出一个精度更高的二阶近似的局部边界条件, 这些补充的假设是与式 (10.2.46) 中的 $k\times(m-k)$ 阶矩阵, X, 有关, 其一是

$$k\geqslant m-k\qquad X\text{的秩为}m-k \tag{10.2.47}$$

在这个条件下, 可以证明, 适当地选择 R, 通过线性变量变换, $S=I+\delta R$, 可以选择, $V_0=S+O(\delta^3)$, 使下面关系式成立

$$S(A+\delta E)S^{-1}=\begin{pmatrix}\Lambda_{11} & O(\delta^3)\\ \Lambda_{21} & \Lambda_{22}\end{pmatrix} \tag{10.2.48}$$

在上面地假设下, 可以建立如下的特征的二阶近似开边界条件

$$\pi_k\left(\frac{\mathrm{d}}{\mathrm{d}t}V_0(1,0)+R\frac{\partial}{\partial y}+V_{-1}(1,0)\right)u|_{x=0}=0 \tag{10.2.49}$$

上面的边界条件适用于流体动力学中的许多双曲线型问题.

为了证明式 (10.2.48), 选择 R 如下

$$R = \begin{pmatrix} Y & X \\ 0 & 0 \end{pmatrix} \tag{10.2.50}$$

经过繁复的运算, 可以导出式 (10.2.48) 中矩阵的右上角子块的 δ 和 δ^2 阶精度的项, 它们分别取为零

$$-\Lambda_1 X + X\Lambda_2 + E_{12} = 0 \qquad (O(\delta))$$

$$-E_{11}X + Y(-\Lambda_1 X + E_{12}) + \Lambda_1 YX + XE_{22} = 0 \qquad (O(\delta^2)) \tag{10.2.51}$$

如果选择一个 X, 它满足 $O(\delta)$ 的方程, 再将 $O(\delta)$ 的方程代入精度为 $O(\delta^2)$ 的方程, 得

$$-Z\Lambda_2 + \Lambda_1 Z - E_{11}X + XE_{22} = 0 \qquad (O(\delta^2)) \tag{10.2.52}$$

式中, $Z = YX$. 由于 X 已知, 由上式可见, Z 的确定步骤与 X 完全相同. 确定 Z 后, 再从关系式

$$Z = YX \tag{10.2.53}$$

求出 Y. 这里, X 是 $k \times (m-k)$ 阶矩阵, Y 是 $k \times k$ 阶矩阵. 由假设 (10.2.47), X 的 $(m-k)$ 列是独立的, 同时, 由于 $(m-k) \leqslant k$, 可以这样来构成 Y 矩阵, 它将 X 的 $(m-k)$ 列映到 Z 的 $(m-k)$ 列 (满足条件 (2.2.53)), 在由 X 的列生成的 R^k 子空向的正交补集上, 取 $Y \equiv 0$.

特殊二阶近似开边界产生的反射波波幅与三阶近似开边界条件相同, 特殊二阶近似开边界只利用一阶的边界条件, 从数值计算的观点来看, 这个近似开边界条件的离散要比三阶近似开边界中用到的二阶边界条件容易得多.

10.2.4 线性浅水方程的开边界 [4]~[6]

这里将上一节讨论的开边界条件用于线性化的浅水方程. 考虑如下的方程组

$$\frac{\partial \boldsymbol{u}}{\partial t} = \begin{pmatrix} a & 0 & c \\ 0 & a & 0 \\ c & 0 & a \end{pmatrix} \frac{\partial \boldsymbol{u}}{\partial x} + \begin{pmatrix} b & 0 & 0 \\ 0 & b & c \\ 0 & c & b \end{pmatrix} \frac{\partial \boldsymbol{u}}{\partial y} + \begin{pmatrix} 0 & f & 0 \\ -f & 0 & 0 \\ 0 & 0 & 0 \end{pmatrix} \boldsymbol{u} \tag{10.2.54}$$

式中, $\boldsymbol{u}$ 是矢量 $(u, v, \varphi)^T$, u, v 是 x, y 向的速度分量, φ 是压强, p/ρ. 方程组满足条件, $0 < a^2 + b^2 < c^2$, $c > 0$. 为了简化, 设式 (10.5.54) 中的系数矩阵为常数, 利用

下面的酉变换矩阵, 将对 x 的导数的矩阵对角化

$$U=\begin{pmatrix}\dfrac{1}{\sqrt{2}} & 0 & \dfrac{1}{\sqrt{2}}\\ 0 & 1 & 0\\ -\dfrac{1}{\sqrt{2}} & 0 & \dfrac{1}{\sqrt{2}}\end{pmatrix}$$

令 $w=U^{-1}u$, 代入式 (10.2.44) 得出 w 的方程

$$\frac{\partial w}{\partial t}=\begin{pmatrix}a-c & 0 & 0\\ 0 & a & 0\\ 0 & 0 & a+c\end{pmatrix}\frac{\partial w}{\partial x}+\begin{pmatrix}b & \dfrac{-c}{\sqrt{2}} & 0\\ \dfrac{-c}{\sqrt{2}} & b & \dfrac{c}{\sqrt{2}}\\ 0 & \dfrac{c}{\sqrt{2}} & b\end{pmatrix}\frac{\partial w}{\partial y}$$

$$+\begin{pmatrix}0 & \dfrac{f}{\sqrt{2}} & 0\\ -\dfrac{f}{\sqrt{2}} & 0 & \dfrac{f}{\sqrt{2}}\\ 0 & \dfrac{f}{\sqrt{2}} & 0\end{pmatrix}w \tag{10.2.55}$$

将上式写成是 (10.2.31) 的形式

$$\frac{\partial w}{\partial x}=\begin{pmatrix}\dfrac{1}{a-c} & 0 & 0\\ 0 & 1/a & 0\\ 0 & 0 & \dfrac{1}{a+c}\end{pmatrix}\frac{\partial w}{\partial t}+\begin{pmatrix}\dfrac{-b}{a-c} & \dfrac{c}{(a-c)\sqrt{2}} & 0\\ \dfrac{c}{a\sqrt{2}} & \dfrac{-b}{a} & \dfrac{-c}{a\sqrt{2}}\\ 0 & \dfrac{-c}{(a+c)\sqrt{2}} & \dfrac{-b}{(a+c)\sqrt{2}}\end{pmatrix}\frac{\partial w}{\partial y}$$

$$+\begin{pmatrix}0 & \dfrac{f}{(a-c)\sqrt{2}} & 0\\ \dfrac{f}{a\sqrt{2}} & 0 & \dfrac{f}{a\sqrt{2}}\\ 0 & \dfrac{-f}{(a+c)\sqrt{2}} & 0\end{pmatrix}\omega \tag{10.2.56}$$

下面按入流边界, $a<0$ 和出流边界, $a>0$ 两种情况来讨论.

1. 入流边界

对于入流边界, $a<0$, 相应于边界的正规矩阵 (Normal Matrix) 为

$$\begin{pmatrix}\Lambda_1<0 & 0\\ 0 & \Lambda_2>0\end{pmatrix}$$

这里, Λ_1, Λ_2 分别由下式给出

$$\Lambda_1 = \begin{pmatrix} \dfrac{1}{a-c} & 0 \\ 0 & \dfrac{1}{a} \end{pmatrix}, \qquad \Lambda_2 = \frac{1}{a+c} \tag{10.2.57}$$

从式 (10.2.41), 得出一阶近似局部开边界条件

$$\begin{pmatrix} w_1 \\ w_2 \end{pmatrix}\Bigg|_{x=0} = 0 \tag{10.2.58}$$

按照上一节最后的讨论, 选择满足式 (10.2.46) 的 X

$$X = \begin{pmatrix} 0 \\ -\dfrac{a+c}{\sqrt{2}} \end{pmatrix} \tag{10.2.59}$$

这样, 特殊二阶近似的局部开边界条件, 式 (10.2.52), 满足条件, 式 (10.2.52), 的 Z 为

$$Z = \begin{pmatrix} -\dfrac{(a+c)^2}{4} \\ -\dfrac{b(a+c)}{2c}[(1-\sqrt{2})a-\sqrt{2}c] \end{pmatrix}$$

这样, 由关系式 $Z = YX$ 得出

$$Y = \begin{pmatrix} 0 & \dfrac{\sqrt{2}}{4}(a+c) \\ 0 & \dfrac{\sqrt{2}}{2}\dfrac{b}{c}((1-\sqrt{2})a-\sqrt{2}c) \end{pmatrix} \tag{10.2.60}$$

然后, 从式 (10.2.50) 可以将 R 求出.

最后, 计算与 Coriolis 力对应的低阶项对特殊二阶局部边界条件的影响, 为此, 需要计算 $K_1(1,0)$, 从式 (10.2.36)~(10.2.38) 得出 $K_1(1,0)$

$$K_1(1,0) = \begin{pmatrix} 0 \\ \dfrac{(a+c)f}{c\sqrt{2}} \end{pmatrix} \tag{10.2.61}$$

将式 (10.2.59) 和 (10.2.60) 代入式 (10.2.50) 得出 R 值, 由 (10.2.61) 得出 $V_{-1}(1,0)$, 从 R 和 V_{-1} 可以导出如下的特殊二阶近似开边界条件

$$\frac{\partial w_1}{\partial t} + \frac{\sqrt{2}}{4}(a+c)\frac{\partial w_2}{\partial y}\bigg|_{x=0} = 0,$$

$$\frac{\partial w_2}{\partial t} + \frac{\sqrt{2}}{2}\frac{b}{c}\left(a-\sqrt{2}(a+c)\right)\frac{\partial w_2}{\partial y} - \frac{(a+c)}{\sqrt{2}}\frac{\partial w_3}{\partial y} + \frac{(a+c)f}{c\sqrt{2}}\,w_3\big|_{x=0} = 0 \tag{10.2.62}$$

而 $1\frac{1}{2}$ 阶近似开边界条件可以写成

$$\left.\frac{\partial w_1}{\partial t}\right|_{x=0}=0,\quad \left.\frac{\partial w_2}{\partial t}+\frac{a+c}{c\sqrt{2}}fw_3\right|_{x=3}=0 \tag{10.2.63}$$

2. 出流边界

在出流边界上, 设 $a>0$, 由此

$$0>\Lambda_1=\frac{1}{a-c},\qquad 0<\Lambda_2=\begin{pmatrix}\frac{1}{a} & 0\\ 0 & \frac{1}{a+c}\end{pmatrix}$$

在这个情况下, 一阶近似开边界条件是

$$w_1|_{x=0}=0 \tag{10.2.64}$$

类似于入流边界, 可以算出

$$X=\left(\frac{a}{\sqrt{2}},0\right),\qquad K_1=\left(-\frac{af}{c\sqrt{2}},0\right)$$

由于 $Z=(b_1,b_2)$, $b_2\neq 0$, 所以不可能找出一个 1×1 的 Y 满足 $Z=YX$ 的关系式, 这样就无法导出特殊二阶近似开边界条件, 从式 (10.2.42) 得出二阶近似开边界条件

$$\frac{\partial w_1}{\partial t}+\frac{a}{\sqrt{2}}\frac{\partial w_2}{\partial y}-\frac{a}{c\sqrt{2}}f\left.w_2\right|_{x=0}=0 \tag{10.2.65}$$

10.2.5 开边界条件的有限差分离散

以二阶波动方程为例介绍开边界条件的离散, 原始方程为

$$\frac{\partial^2 u}{\partial t^2}-\frac{\partial^2 u}{\partial x^2}-\frac{\partial^2 u}{\partial y^2}=0 \tag{10.2.66}$$

一阶近似开边界条件为

$$\left(\frac{\partial}{\partial x}-\frac{\partial}{\partial t}\right)u|_{x=0}=0 \tag{10.2.67}$$

二阶近似开边界条件为

$$\left(\frac{\partial^2}{\partial x\partial t}-\frac{\partial^2}{\partial t^2}+\frac{1}{2}\frac{\partial^2}{\partial y^2}\right)u|_{x=0}=0 \tag{10.2.68}$$

利用显式差分对上述微分方程进行离散, 对波动方程有

$$(D_+^tD_-^t-D_t^xD_-^xD_+^xD_-^y)u_{i,j}^n=0$$

$$n = 1, 2, \ldots, \mathrm{N}$$
$$i = 1, 2, \ldots, \mathrm{I}$$
$$j = \ldots, -1, 0, 1, \ldots, \mathrm{J} \tag{10.2.69}$$

一阶近似开边界条件的离散

$$D_+^x + (u_{0,j}^n + u_{0,j}^{n+1}) - D_+^t(u_{0,j}^n + u_{1,j}^{n+1}) = 0 \tag{10.2.70}$$

二阶近似开边界条件的离散

$$D_0^t D_+^x u_{0,j}^n - \frac{1}{2} D_+^t D_-^t (u_{0,j}^n + u_{1,j}^n) + \frac{1}{4} D_+^y D_-^y (u_{0,j}^{n-1} + u_{1,j}^{n+1}) = 0 \tag{10.2.71}$$

上面的离散方程中, D_+, D_- 和 $D_0 = \dfrac{1}{2}(D_+ + D_-)$ 分别表示前差, 后差和中心差. $u_{i,j}^n = u(n\Delta t, i\Delta x, j\Delta y)$.

10.3 特征方程型开边界模型

完整的 N-S 方程包含扩散项, 在对流占优的流动中, N-S 方程的基本特性可以由它的波动型部分来描述. 所以下面仅就 N-S 方程的对流项部分来讨论边界条件.

10.3.1 特征方程法 [7]

1. 一维方程

一维对流方程可以写成如下的一般形式

$$\frac{\partial \tilde{U}}{\partial t} + \frac{\partial F}{\partial x} + C' = 0 \tag{10.3.1}$$

式中, F 是通量矢, C' 是非齐次项 (自由项), 不包括任何微分运算. 式 (10.3.1) 通常称之为守恒型. 与式 (10.3.1) 相对应的还有所谓非守恒型 (或原始变量型方程)

$$\frac{\partial U}{\partial t} + A\frac{\partial U}{\partial x} + C = 0 \tag{10.3.2}$$

式中, U 是原始变量矢,A 是一个矩阵. 如果 U 包含 n 个分量, 则 A 是 $n \times n$ 阶矩阵, U 一般与守恒变量 $\tilde{U}$ 不同. 两组方程由下面的关系式联系

$$\frac{\partial \tilde{U}}{\partial t} = P\frac{\partial U}{\partial t} \tag{10.3.3}$$

$$\frac{\partial F}{\partial x} = Q\frac{\partial U}{\partial x} \tag{10.3.4}$$

式中,

$$P_{i,j} = \frac{\partial \tilde{U}_i}{\partial U_j} \tag{10.3.5}$$

$$Q_{i,j} = \frac{\partial F_i}{\partial U_j} \tag{10.3.6}$$

将式 (10.3.3) 和 (10.3.4) 代入式 (10.3.1), 并把所得的方程与式 (10.3.2) 比较可得

$$A = P^{-1}Q \tag{10.3.7}$$

$$C = P^{-1}C' \tag{10.3.8}$$

这里 P, Q 亦是 $n \times n$ 阶矩阵.

设 l_i 和 r_i 是矩阵 $\boldsymbol{A}$ 的左 (行) 和右 (列) 特征矢量, 它们满足条件

$$l_i A = \lambda_i l_i \tag{10.3.9}$$

$$A r_i = \lambda_i r_i \tag{10.3.10}$$

这里, λ_i 是矩阵 $\boldsymbol{A}$ 的 n 个特征值, $\lambda_1 \leqslant \lambda_2 \leqslant \cdots \lambda_n$, 通过下面的变换可以从矩阵 A 得出一个对角矩阵, $\boldsymbol{\Lambda}$

$$SAS^{-1} = \boldsymbol{\Lambda} \tag{10.3.11}$$

这里, S 的行是左特征矢量 l_i; S^{-1} 的列是右特征矢量 r_i; 对角矩阵 $\boldsymbol{\Lambda}$ 的对角元素 $\Lambda_{ii} = \lambda_i$.

用矩阵 $\boldsymbol{S}$ 左乘式 (10.3.2), 得

$$S\frac{\partial U}{\partial t} + \boldsymbol{\Lambda} S\frac{\partial U}{\partial X} + SC = 0 \tag{10.3.12}$$

或

$$l_i\frac{\partial U}{\partial t} + \lambda_i l_i\frac{\partial U}{\partial X} + l_i V_i = 0 \ \lambda_i \geqslant 0 \ a \leqslant x \leqslant b \tag{10.3.13}$$

上式是分量形式, 式 (10.3.12) 是式 (10.3.1) 和 (10.3.2) 的特征方程.

定义下面的新函数 V

$$\mathrm{d}V_i = l_i \mathrm{d}U + l_i c d_t \tag{10.3.14}$$

则有

$$\frac{\mathrm{d}V_i}{\mathrm{d}x} = l_i\frac{\mathrm{d}U}{\mathrm{d}x} + l_i c$$

而

$$l_i\frac{\mathrm{d}U}{\mathrm{d}t} = l_i\frac{\partial U}{\partial t} + l_i\lambda_i\frac{\partial U}{\partial x}$$

与式 (10.3.13) 比较, 得

$$\frac{\mathrm{d}V_i}{\mathrm{d}t}=0$$

从而有

$$\frac{\partial V_i}{\partial t}+\lambda_i\frac{\partial V_i}{\partial x}=0 \tag{10.3.15}$$

这是一组特征速度为 λ_i 的波动方程. λ_i 在 $x-t$ 平面上定义一簇曲线 C_i, 波幅 V_i 沿该特征线 C_i 保持不变.

如果我们想要在区域 $a\leqslant x\leqslant b$ 上求解方程 (10.3.1). 我们需要给定初始条件和 $x=a,b$ 处的边界条件, 一般来讲, 在边界上有两条特征线, 一条对应于入射波, 一条对应于传出波, 这样利用特征方程进行边界条件的分析较方便, 可以对入射波和传出波分开独立分析, 传出波 $(x=a,\lambda_i\leqslant 0,x=b,\lambda_i\geqslant 0)$ 只受域内和边界上信息的影响, 这样描述传出波的特征方程可以求解, 例如, 应用单边有限差分, 则利用内部结点和边界点上函数值求出新的边界值, 这种求解总是稳定的.

对于入射波 $(x=a,\lambda_i\geqslant 0,x=b,\lambda_i\leqslant 0)$, 其性质取决于域外的信息. 我们必须知道域外的某些信息才能确定边界条件. Hedstrom 提出如下的边界条件:

在该边界上, 入射波的波幅保持常数. 换言之, 在该边界上, 入射波为零. (波幅为常数, 就是没有波动.)

数学上, 这个条件可以写成

$$\left.\frac{\partial V_i}{\partial t}\right|_{x=a,b}=0 \tag{10.3.16}$$

由式 (10.3.14)

$$\left.\left(l_i\frac{\partial U}{\partial t}+l_i c\right)\right|_{x=a,b}=0 \tag{10.3.17}$$

这样对于一个边界, 其上的边界条件可以写成如下的统一形式

$$\left.\left(\boldsymbol{l}_i\frac{\partial U}{\partial t}+\mathscr{L}_i+\boldsymbol{l}_i c\right)\right|_{x=a,b}=0 \tag{10.3.18}$$

式中,

$$\mathscr{L}_i=\begin{cases}\lambda_i\boldsymbol{l}_i\dfrac{\partial U}{\partial x} & \boxed{\text{传出波}}\\ 0 & \boxed{\text{入射波}}\end{cases} \tag{10.3.19}$$

2. 二维方程

二维守恒波动行方程可以写成

$$\frac{\partial \tilde{U}}{\partial t}+\frac{\partial F}{\partial x}+\frac{\partial G}{\partial y}+C_x'+C_y'=0 \tag{10.3.20}$$

这里 C'_x, C'_y 代表非微分项. 同样, 利用下面的关系式

$$\frac{\partial \tilde{U}}{\partial t} = P\frac{\partial U}{\partial t} \tag{10.3.21}$$

$$\frac{\partial F}{\partial x} = Q\frac{\partial U}{\partial x}, \qquad \frac{\partial G}{\partial y} = R\frac{\partial U}{\partial y} \tag{10.3.22}$$

$$A = P^{-1}Q, \qquad B = P^{-1}R \tag{10.3.23}$$

$$C_x = P^{-1}C'_x, \qquad C_y = P^{-1}C'_y \tag{10.3.24}$$

式 (10.3.20) 可以化成非守恒形式

$$\frac{\partial U}{\partial t} + A\frac{\partial U}{\partial x} + B\frac{\partial U}{\partial y} + C_x + C_y = 0 \tag{10.3.25}$$

设 $\boldsymbol{l}_i$, $\boldsymbol{r}_i$ 和 λ_i 是矩阵 $\boldsymbol{A}$ 的左、右特征矢和特征值. $\boldsymbol{m}_i$, $\boldsymbol{s}_i$ 和 μ_i 是矩阵 $\boldsymbol{B}$ 的左、右特征量和特征值, 则通过下面的变换可以从 $\boldsymbol{A}$ 和 $\boldsymbol{B}$ 导出对角矩阵, $\boldsymbol{\Lambda}, \boldsymbol{M}$,

$$SAS = \Lambda, \quad TBT^{-1} = M \tag{10.3.26}$$

矩阵 $\boldsymbol{S}(T)$ 的行是左特征矢量 $\boldsymbol{l}_i(\boldsymbol{m}_i)$, 矩阵 $\boldsymbol{S}^{-1}(\boldsymbol{T}^{-1})$ 的列是右特征矢 $\boldsymbol{r}_i(\boldsymbol{s}_i)$, $\boldsymbol{\Lambda}(\boldsymbol{M})$ 是特征值 $\lambda_i(\mu_i)$ 的对角矩阵, 式 (10.3.25) 可以改写成

$$\frac{\partial U}{\partial t} + S^{-1}\Lambda S\frac{\partial U}{\partial x} + T^{-1}MT\frac{\partial U}{\partial y} + C_x + C_y = 0 \tag{10.3.27}$$

这就是与式 (10.3.25) 相应的特征方程.

在二维问题中, 原则上有两个方向的边界, x 一边界与 x 的正方向垂直, y 一边界与 y 的正方向垂直. 我们将分别两种情况进行讨论. 以 y 一边界为例, 在该边界上, 对 x 的导数沿边界的切向, 可以由内部结点和边界点值求解, 而 y 向导数, 是沿边界的法向, 必须将其改成特征方程形式, 才能利用适当的边界条件求出. 将式 (10.3.20) 写成

$$\frac{\partial \tilde{U}}{\partial t} + \frac{\partial F}{\partial x} + C'_x + P\left(T^{-1}MT\frac{\partial U}{\partial y} + C_y\right) = 0 \tag{10.3.28}$$

令

$$-\frac{\partial U}{\partial t_y} = \left(T^{-1}MT\frac{\partial U}{\partial y} + C_y\right)$$

则我们必须求解下列方程

$$T\frac{\partial U}{\partial t_y} + MT\frac{\partial U}{\partial y} + TC_y = 0 \tag{10.3.29}$$

以给出 y 边界上的边界条件, 定义 $\mathscr{M}_k$

$$\mathscr{M}_k=\begin{cases}\mu_k\boldsymbol{m}_k\dfrac{\partial U}{\partial y} & \boxed{\text{传出波}}\\ 0 & \boxed{\text{入射波}}\end{cases}\tag{10.3.30}$$

从下式计算 $\dfrac{\partial U}{\partial t_y}$

$$\boldsymbol{m}_k\frac{\partial U}{\partial t_y}+\mathscr{M}_k+\boldsymbol{m}_kC_y=0\tag{10.3.31}$$

式 (10.3.31) 中 y 向导数, 可以用单边差分求值, 如

$$\begin{aligned}\left.\frac{\partial U}{\partial y}\right|_{i,j}&=\frac{1}{\Delta y}(U_{i,j+1}-U_{i,j})\quad j=1\\&=\frac{1}{\Delta y}(U_{i,j}-U_{i,j-1})\quad j=J\end{aligned}\tag{10.3.32}$$

有了 $\dfrac{\partial U}{\partial t_y}$, 则可由下式计算有关函数的值

$$\frac{\partial\tilde{U}}{\partial t}+\frac{\partial F}{\partial x}+C'_x=P\frac{\partial U}{\partial t_y}\tag{10.3.33}$$

对于 x 一边界进行类似的处理. 得 $\dfrac{\partial U}{\partial t_x}$. 至于在角点, 由于两个方向均与边界垂直, 则 x 一向项和 y 一向项都要改成特征形式, 式 (10.3.27).

10.3.2　在明渠非恒定流动的应用

下面以一维和二维明渠非恒定中流的控制方程为例, 来具体说明特征方程型开边界条件的具体应用.

1. 一维明渠非恒定流

(1) 控制方程

$$\begin{aligned}&\frac{\partial h}{\partial t}+u\frac{\partial h}{\partial x}+h\frac{\partial u}{\partial x}=0\\&\frac{\partial u}{\partial t}+g\frac{\partial h}{\partial x}+u\frac{\partial u}{\partial x}=0\end{aligned}\tag{10.3.34}$$

这里为了讨论方便, 我们略去了动量方程中的阻力项, 即 C_x 项, 将式 (10.3.34) 写成与式 (10.3.2) 对应矩阵形式

$$\frac{\partial U}{\partial t}+A\frac{\partial U}{\partial x}=0\tag{10.3.35}$$

式中,

$$U=\begin{pmatrix} h \\ u \end{pmatrix},\quad A=\begin{pmatrix} u & h \\ g & u \end{pmatrix},\quad C=\begin{pmatrix} 0 \\ 0 \end{pmatrix} \tag{10.3.36}$$

先计算矩阵 $\boldsymbol{A}$ 的特征值和左特征矢量.

特征值

$$\begin{pmatrix} u-\lambda & h \\ g & u-\lambda \end{pmatrix}=0 \Rightarrow (u-\lambda)^2=gh \quad u-\lambda=\pm\sqrt{gh}=\pm c$$

$$\lambda_1=u-c$$

$$\lambda_2=u+c$$

左特征矢量

$\boldsymbol{l}_1$

$$\begin{pmatrix} x_1 & x_2 \end{pmatrix}\begin{pmatrix} u & h \\ g & u \end{pmatrix}=(u-c)\begin{pmatrix} x_1 \\ x_2 \end{pmatrix}$$

$$ux_1+gx_2=(u-c)x_1$$

$$hx_1+ux_2=(u-c)x_2$$

$$cx_1+gx_2=0$$

$$hx_1+cx_2=0 \quad \Rightarrow \quad l_1=(\frac{-g}{c},1)$$

右特征矢量

$\boldsymbol{l}_2$

$$\begin{pmatrix} x_1 & x_2 \end{pmatrix}\begin{pmatrix} u & h \\ g & u \end{pmatrix}=(u+c)\begin{pmatrix} x_1 \\ x_2 \end{pmatrix}$$

$$ux_1+gx_2=(u+c)x_1$$

$$hx_1+ux_2=(u+c)x_2$$

$$cx_1-gx_2=0$$

$$hx_1+cx_2=0 \quad \Rightarrow \quad l_2=(\frac{g}{c},1)$$

(2) 式 (10.3.15) 型特征方程

$$\boldsymbol{l}_i\frac{\partial U}{\partial t}+\lambda_i\boldsymbol{l}_i\frac{\partial U}{\partial x}+\boldsymbol{l}_i c=0 \tag{10.3.37}$$

对于 $\boldsymbol{l}_1$, 即 $\lambda_1=u-c$

$$\left(-\frac{g}{c},1\right)\begin{pmatrix} \dfrac{\partial h}{\partial t} \\ \dfrac{\partial u}{\partial t} \end{pmatrix}+(u-c)\left(-\frac{g}{c},1\right)\begin{pmatrix} \dfrac{\partial h}{\partial x} \\ \dfrac{\partial u}{\partial x} \end{pmatrix}=0$$

$$-\frac{g}{c}\frac{\partial h}{\partial t}+\frac{\partial u}{\partial t}+(u-c)\left(-\frac{g}{c}\frac{\partial h}{\partial x}+\frac{\partial u}{\partial x}\right)=0 \tag{10.3.38a}$$

对于 $\boldsymbol{l}_2$, 即 $\lambda_2=u+c$

$$\left(-\frac{g}{c},1\right)\begin{pmatrix}\dfrac{\partial h}{\partial t}\\ \dfrac{\partial u}{\partial t}\end{pmatrix}+(u+c)\left(\frac{g}{c},1\right)\begin{pmatrix}\dfrac{\partial h}{\partial x}\\ \dfrac{\partial u}{\partial x}\end{pmatrix}=0$$

$$\frac{g}{c}\frac{\partial h}{\partial t}+\frac{\partial u}{\partial t}+(u+c)\left(\frac{g}{c}\frac{\partial h}{\partial x}+\frac{\partial u}{\partial x}\right)=0 \tag{10.3.38b}$$

(3) 开边界条件的形式

我们将式 (10.3.38a, b) 在边界上写成如下的形式

$$\frac{\partial h_i}{\partial t}-\frac{c}{g}\frac{\partial u_i}{\partial t}+\mathscr{L}_{1i}=0,\quad \mathscr{L}_{1i}=(u_i-c_i)\left(\frac{\partial h}{\partial x}-\frac{c}{g}\frac{\partial u}{\partial x}\right) \tag{10.3.39a}$$

$$\frac{\partial h_i}{\partial t}+\frac{c}{g}\frac{\partial u_i}{\partial t}+\mathscr{L}_{2i}=0,\quad \mathscr{L}_{2i}=(u_i-c_i)\left(\frac{\partial h}{\partial x}+\frac{c}{g}\frac{\partial u}{\partial x}\right) \tag{10.3.39b}$$

下称 "i" 表示边界上的值. 如果 λ_k 在边界 I 上是朝向域内的, 设置无反射条件, 即置 $\mathscr{L}_{ki}=0$, 如果 λ_k 在边界 I 上是朝向域外的, 即波动向外传播, 则按 $\mathscr{L}_{ki}$ 的表达式计算, 即在上游边界点 $i=1$,

$$\mathscr{L}_{1i}=(u_i-c_i)\frac{1}{\Delta x}\left[h_2-h_1-\frac{c_i}{g}(u_2-u_1)\right]\quad u_i-c_i<0 \tag{10.3.40a}$$

$$\mathscr{L}_{2i}=(u_i+c_i)\frac{1}{\Delta x}\left[h_2-h_1+\frac{c_i}{g}(u_2-u_1)\right]\quad u_i+c_i<0 \tag{10.3.40b}$$

在下游边界点 $i=I$

$$\mathscr{L}_{1i}=(u_i-c_i)\frac{1}{\Delta x}\left[h_I-h_{I-1}-\frac{c_i}{g}(u_I-u_{I-1})\right]\quad u_i-c_i>0 \tag{10.3.40c}$$

$$\mathscr{L}_{2i}=(u_i+c_i)\frac{1}{\Delta x}\left[h_I-h_{I-1}-\frac{c_i}{g}(u_I-u_{I-1})\right]\quad u_i+c_i>0 \tag{10.3.40d}$$

当 $\mathscr{L}_{1i}$, $\mathscr{L}_{2i}$ 求出后, 从式 (10.3.39a) 和 (10.3.39b) 即可解出.

$$\frac{\partial h_i}{\partial t}=-\frac{1}{2}(\mathscr{L}_{1i}+\mathscr{L}_{2i}) \tag{10.3.41a}$$

$$\frac{\partial u_i}{\partial t}=\frac{g}{2c_1}(\mathscr{L}_{2i}-\mathscr{L}_{1i}) \tag{10.3.41b}$$

求得了边界结点值 h_i, u_i 后, 就可以进行内部结点的计算了.

2. 二维明渠非恒定流

(1) 控制方程

$$\frac{\partial h}{\partial t}+u\frac{\partial h}{\partial x}+h\frac{\partial u}{\partial x}+v\frac{\partial h}{\partial y}+h\frac{\partial v}{\partial y}=0$$

$$\frac{\partial u}{\partial t}+g\frac{\partial h}{\partial x}+u\frac{\partial u}{\partial x}+v\frac{\partial u}{\partial y}=0 \tag{10.3.42}$$

$$\frac{\partial v}{\partial t}+g\frac{\partial h}{\partial y}+u\frac{\partial v}{\partial x}+v\frac{\partial v}{\partial y}=0$$

定义如下的矩阵形式

$$\frac{\partial \boldsymbol{U}}{\partial t}+\boldsymbol{A}\frac{\partial \boldsymbol{U}}{\partial x}+\boldsymbol{B}\frac{\partial \boldsymbol{U}}{\partial y}+\boldsymbol{C}_x+\boldsymbol{C}_y=0 \tag{10.3.43}$$

式中,

$$\boldsymbol{U}=\begin{pmatrix} h\\ u\\ v\end{pmatrix};\quad \boldsymbol{A}=\begin{pmatrix} u & h & 0\\ g & u & 0\\ 0 & 0 & u\end{pmatrix};\quad \boldsymbol{B}=\begin{pmatrix} v & 0 & h\\ 0 & v & 0\\ g & 0 & v\end{pmatrix};\quad \boldsymbol{C}_x=\boldsymbol{C}_y=\begin{pmatrix} 0\\ 0\\ 0\end{pmatrix}$$

先计算矩阵 $\boldsymbol{A}$ 的特征值和左特征矢量,

特征值,

$$\begin{vmatrix} u-\lambda & h & 0\\ g & u-\lambda & 0\\ 0 & 0 & u-\lambda\end{vmatrix}=0$$

$$(u-\lambda)^3-(u-\lambda)gh=0,\quad (u-\lambda)[(u-\lambda)^2-gh]=0$$

$$\lambda_1=u-c,\quad \lambda_2=u+c,\quad \lambda_3=u$$

左特征矢量

$\boldsymbol{l}_1$,
$$\begin{pmatrix} x_1 & x_2 & x_3\end{pmatrix}\begin{pmatrix} u & h & 0\\ g & u & 0\\ 0 & 0 & u\end{pmatrix}=(u-c)\begin{pmatrix} x_1\\ x_2\\ x_3\end{pmatrix}$$

$$\begin{aligned} &ux_1+gx_2 &&=(u-c)x_1 && cx_1+gx_2=0 \\ &hx_1+ux_2 &&=(u-c)x_2 && hx_1+cx_2=0 \qquad \boldsymbol{l}_1=\left(-\frac{g}{c},1,0\right)\end{aligned}$$

$$+ux_3=(u-c)x_3 \qquad \Rightarrow \qquad cx_3=0$$

类似地可得, $\boldsymbol{l}_2=\left(\dfrac{g}{c},1,0\right)$, $\boldsymbol{l}_3=(0,0,1)$

A 的右特征矢量

$$\begin{pmatrix} u & h & 0 \\ g & u & 0 \\ 0 & 0 & u \end{pmatrix}\begin{pmatrix} x_1 \\ x_2 \\ x_3 \end{pmatrix} = (u-c)\begin{pmatrix} x_1 \\ x_2 \\ x_3 \end{pmatrix}$$

$$\begin{aligned} ux_1 + hx_2 \qquad\qquad &= (u-c)x_1 \\ gx_1 + ux_2 \qquad\qquad &= (u-c)x_2 \\ +ux_3 &= (u-c)x_3 \end{aligned}$$

$$cx_1 + hx_2 = 0$$

$$gx_1 + cx_2 = 0$$

$$cx_3 = 0$$

$$\boldsymbol{r}_1 = \begin{pmatrix} -\dfrac{h}{c} \\ 1 \\ 0 \end{pmatrix}$$

类似地, 有

$$\boldsymbol{r}_2 = \begin{pmatrix} \dfrac{h}{c} \\ 1 \\ 0 \end{pmatrix}, \quad \boldsymbol{r}_3 = \begin{pmatrix} 0 \\ 0 \\ 1 \end{pmatrix}$$

再求矩阵 **B** 的特征值和特征矢量

$$\begin{vmatrix} v-\lambda & 0 & h \\ 0 & v-\lambda & 0 \\ g & 0 & v-\lambda \end{vmatrix} = 0$$

$$(v-\lambda)^3 + 0 + 0 - (v-\lambda)gh - 0 - 0 = 0$$

$$(v-\lambda)[(v-\lambda)^2 - gh] = 0$$

$$\mu_1 = v - c, \quad \mu_2 = v + c, \quad \mu_3 = v$$

矩阵 **B** 的左特征矢量

$$\begin{pmatrix} x_1 & x_2 & x_3 \end{pmatrix}\begin{pmatrix} v & 0 & h \\ 0 & v & 0 \\ g & 0 & u \end{pmatrix} = (u-c)\begin{pmatrix} x_1 \\ x_2 \\ x_3 \end{pmatrix}$$

$$\begin{aligned} vx_1 + \quad\quad & + gx_3 = (v-c)x_1 \\ vx_2 \quad\quad & = (v-c)x_2 \\ hx_1 + \quad\quad & + vx_3 = (v-c)x_3 \end{aligned}$$

$$\begin{aligned} cx_1 + \quad\quad & + gx_3 = 0 \\ +cx_2 \quad\quad & = 0 \\ gx_1 + \quad\quad & + cx_3 = 0 \end{aligned}$$

$$\boldsymbol{m}_1 = \left(-\frac{g}{c}, 0, 1\right)$$

类似地可得：$\boldsymbol{m}_2 = (\frac{g}{c}, 0, 1)$, $\boldsymbol{m}_3 = (0, 1, 0)$

矩阵 $\boldsymbol{B}$ 的右特征矢量：$\boldsymbol{s}_1 = \begin{pmatrix} -\dfrac{h}{c} \\ 0 \\ 1 \end{pmatrix}$, $\boldsymbol{s}_2 = \begin{pmatrix} \dfrac{h}{c} \\ 0 \\ 1 \end{pmatrix}$, $\boldsymbol{s}_3 = \begin{pmatrix} 0 \\ 1 \\ 0 \end{pmatrix}$

(2) 式 (10.3.44) 的特征方程

y 一方向的特征方程形式为 (式 (10.3.29))

$$\boldsymbol{m}_i \frac{\partial}{\partial t_y} \begin{pmatrix} h \\ u \\ v \end{pmatrix} + \mu_i \boldsymbol{m}_i \frac{\partial}{\partial y} \begin{pmatrix} h \\ u \\ v \end{pmatrix} = 0 \tag{10.3.44}$$

$i = 1$

$$\left(-\frac{g}{c}, 0, 1\right) \frac{\partial}{\partial t_y} \begin{pmatrix} h \\ u \\ v \end{pmatrix} + (v-c) \left(-\frac{g}{c}, 0, 1\right) \frac{\partial}{\partial y} \begin{pmatrix} h \\ u \\ v \end{pmatrix} = 0$$

$$\frac{\partial h}{\partial t_y} - \frac{c}{g} \frac{\partial v}{\partial t_y} + (v-c) \left(\frac{\partial h}{\partial y} - \frac{c}{g} \frac{\partial v}{\partial y}\right) = 0 \tag{10.3.45a}$$

$i = 2$

$$\left(\frac{g}{c}, 0, 1\right) \frac{\partial}{\partial t_y} \begin{pmatrix} h \\ u \\ v \end{pmatrix} + (v+c) \left(\frac{g}{c}, 0, 1\right) \frac{\partial}{\partial y} \begin{pmatrix} h \\ u \\ v \end{pmatrix} = 0$$

$$\frac{\partial h}{\partial t_y} + \frac{c}{g} \frac{\partial v}{\partial t_y} + (v+c) \left(\frac{\partial h}{\partial y} + \frac{c}{g} \frac{\partial v}{\partial y}\right) = 0 \tag{10.3.45b}$$

$i = 3$

$$(0, 1, 0) \frac{\partial}{\partial t_y} \begin{pmatrix} h \\ u \\ v \end{pmatrix} + v(0, 1, 0) \frac{\partial}{\partial y} \begin{pmatrix} h \\ u \\ v \end{pmatrix} = 0$$

$$\frac{\partial u}{\partial t_y}+v\frac{\partial u}{\partial y}=0 \tag{10.3.45c}$$

类似地, 可以导出 x 一方向特征方程

$$\frac{\partial h}{\partial t_x}-\frac{c}{g}\frac{\partial u}{\partial t_x}+(u-c)\left(\frac{\partial h}{\partial x}-\frac{c}{g}\frac{\partial u}{\partial x}\right)=0 \tag{10.3.46a}$$

$$\frac{\partial h}{\partial t_x}+\frac{c}{g}\frac{\partial u}{\partial t_x}+(u+c)\left(\frac{\partial h}{\partial x}+\frac{c}{g}\frac{\partial u}{\partial x}\right)=0 \tag{10.3.46b}$$

$$\frac{\partial u}{\partial t_x}+u\frac{\partial u}{\partial x}=0 \tag{10.3.46c}$$

(3) 开边界条件

在二维计算中, 有四个边界, 即 $x=x_{\min}$, $x=x_{\max}$, $y=y_{\min}$ 和 $y=y_{\max}$. 这四个边界上设置开边界条件的处理方法是一样的. 所以, 下面只以 $y=$ 常数的边界为例加以说明.

在 y 一向边界点, 可以写出如下的方程

$$\frac{\partial h}{\partial t}+u\frac{\partial h}{\partial x}+h\frac{\partial u}{\partial x}-\frac{\partial h}{\partial t_y}=0$$

$$\frac{\partial u}{\partial t}+u\frac{\partial h}{\partial x}+u\frac{\partial u}{\partial x}-\frac{\partial u}{\partial t_y}=0$$

$$\frac{\partial v}{\partial t}+u\frac{\partial v}{\partial x}-\frac{\partial v}{\partial t_y}=0 \tag{10.3.47}$$

而上式中的 $\frac{\partial h}{\partial t_y}, \frac{\partial u}{\partial t_y}, \frac{\partial v}{\partial t_y}$ 则由式 (10.3.45a − c) 确定

$$\frac{\partial h}{\partial t_y}-\frac{c}{g}\frac{\partial v}{\partial t_y}+\mathscr{M}_1=0 \tag{10.3.48a}$$

$$\frac{\partial h}{\partial t_y}-\frac{c}{g}\frac{\partial v}{\partial t_y}+\mathscr{M}_2=0 \tag{10.3.48b}$$

$$\frac{\partial u}{\partial t_y}+\mathscr{M}_3=0 \tag{10.3.48c}$$

同样, 如果特征速度 μ_i 指向域内, 则 $\mathscr{M}_1$, $\mathscr{M}_2$, $\mathscr{M}_3$ 取零. 如果 μ_i 指向域外, 则由下面的式子计算.

在 $y=y_{\min}$

$$(\mathscr{M}_1)_{i1}=(v_{i1}-c_{i1})\frac{1}{\Delta y}\left[h_{i2}-h_{i1}-\frac{c_{i1}}{g}(v_{i2}-v_{i1})\right]\quad (v_{i1}-c_{i1})<0 \tag{10.3.49a}$$

$$(\mathscr{M}_2)_{i1} = (v_{i1} + c_{i1})\frac{1}{\Delta y}\left[h_{i2} - h_{i1} + \frac{c_{i1}}{g}(v_{i2} - v_{i1})\right] \quad (v_{i1} + c_{i1}) < 0 \qquad (10.3.49b)$$

$$(\mathscr{M}_3)_{i1} = v_{i1}\frac{1}{\Delta y}[u_{i2} - u_{i1})] \quad v_{i1} < 0 \qquad (10.3.49c)$$

在 $y = y_{\max}$

$$(\mathscr{M}_1)_{iJ} = (v_{iJ} - c_{iJ})\frac{1}{\Delta y}\left[h_{iJ} - h_{iJ-1} - \frac{c_{i1}}{g}(v_{iJ} - v_{iJ-1})\right] \quad (v_{iJ} - c_{iJ-1}) > 0 \qquad (10.3.50a)$$

$$(\mathscr{M}_2)_{iJ} = (v_{iJ} - c_{iJ})\frac{1}{\Delta y}\left[h_{iJ} - h_{iJ-1} + \frac{c_{i1}}{g}(v_{iJ} - v_{iJ-1})\right] \quad (v_{iJ} + c_{iJ}) > 0 \qquad (10.3.50b)$$

$$(\mathscr{M}_3)_{iJ} = v_{iJ}\frac{1}{\Delta y}[u_{iJ} - u_{iJ-1}] \quad v_{iJ} > 0 \qquad (10.3.50c)$$

有了 $\mathscr{M}_1, \mathscr{M}_2, \mathscr{M}_3$ 的值, 可以从式 (10.3.48a,b,c) 求出

$$\frac{\partial h}{\partial t_y} = \frac{1}{2}(\mathscr{M}_1 + \mathscr{M}_2) \qquad (10.3.51a)$$

$$\frac{\partial v}{\partial t_y} = \frac{1}{2}\frac{c_i}{g}(\mathscr{M}_2 - \mathscr{M}_1) \qquad (10.3.51b)$$

$$\frac{\partial u}{\partial t_y} = -\mathscr{M}_3 \qquad (10.3.51c)$$

将由式 (10.3.51a, b,c) 所求出的 $\frac{\partial h}{\partial t_y}, \frac{\partial v}{\partial t_y}, \frac{\partial u}{\partial t_y}$ 值代入 (10.3.47) 即可求出边界点上的 h, u, v 值.

10.3.3 N-S 方程中的应用 [8]

下面将考虑黏性可压缩流体的流动. 而将无黏性条件下推导出来的特征方程边界条件推广用于 N-S 方程.

1. 控制方程

$$\frac{\partial \rho}{\partial t} + \frac{\partial m_1}{\partial x_1} + \frac{\partial m_2}{\partial x_2} + \frac{\partial m_3}{\partial x_3} = 0 \qquad (10.3.52)$$

$$\frac{\partial m_1}{\partial t} + \frac{\partial}{\partial x_1}(u_1 m_1) + \frac{\partial}{\partial x_2}(u_2 m_2) + \frac{\partial}{\partial x_3}(u_3 m_3) + \frac{\partial p}{\partial x_1} = \rho F_1 + \frac{\partial \tau_{11}}{\partial x_1} + \frac{\partial \tau_{12}}{\partial x_2} + \frac{\partial \tau_{13}}{\partial x_3} \qquad (10.3.53)$$

$$\frac{\partial m_2}{\partial t} + \frac{\partial}{\partial x_1}(u_1 m_2) + \frac{\partial}{\partial x_2}(u_2 m_2) + \frac{\partial}{\partial x_3}(u_3 m_2) + \frac{\partial p}{\partial x_2} = \rho F_2 + \frac{\partial \tau_{21}}{\partial x_1} + \frac{\partial \tau_{22}}{\partial x_2} + \frac{\partial \tau_{23}}{\partial x_3} \qquad (10.3.54)$$

$$\frac{\partial m_3}{\partial t} + \frac{\partial}{\partial x_1}(u_1 m_3) + \frac{\partial}{\partial x_2}(u_2 m_3) + \frac{\partial}{\partial x_3}(u_3 m_3) + \frac{\partial p}{\partial x_3} = \rho F_3 + \frac{\partial \tau_{31}}{\partial x_1} + \frac{\partial \tau_{32}}{\partial x_2} + \frac{\partial \tau_{33}}{\partial x_3} \qquad (10.3.55)$$

$$\frac{\partial \rho E}{\partial t}+\frac{\partial}{\partial x_1}[(\rho E+p)u_1]+\frac{\partial}{\partial x_2}[(\rho E+p)u_2]+\frac{\partial}{\partial x_3}[(\rho E+p)u_3]$$
$$=\rho(u_1F_1+u_2F_2+u_3F_3)+\frac{\partial}{\partial x_1}(u_1\tau_{11}+u_2\tau_{12}+u_3\tau_{13})$$
$$+\frac{\partial}{\partial x_2}(u_1\tau_{21}+u_2\tau_{22}+u_3\tau_{23})$$
$$+\frac{\partial}{\partial x_3}(u_1\tau_{31}+u_2\tau_{32}+u_3\tau_{33})-\frac{\partial q_1}{\partial x_1}-\frac{\partial q_2}{\partial x_2}-\frac{\partial q_3}{\partial x_3} \tag{10.3.56}$$

式中

$$\rho E=\frac{1}{2}\rho(u_1^2+u_2^2+u_3^2)+\frac{p}{k-1}; \tag{10.3.57a}$$

$$m_1=\rho u_1, m_2=\rho u_2, m_3=\rho u_3; \tag{10.3.57b}$$

$$\tau_{ij}=\mu\left(\frac{\partial u_i}{\partial x_j}+\frac{\partial u_j}{\partial x_i}-\frac{2}{3}\delta_{ij}\frac{\partial u_k}{\partial x_k}\right)$$
$$i,j,k=1,2,3 \tag{10.3.57c}$$

p 是热动力学压强, $m_i(i=1,2,3)$ 是 x_i 方向的动量通量, ρE 是总能量密度 (单位质量流体的能量)(动能 + 热能), $q_i(i=1,2,3)$ 是 x_i 方向的热通量

$$q_i=-\lambda\frac{\partial T}{\partial x_i} \tag{10.3.57d}$$

热传导系数 λ, 可以从下式求得

$$\lambda=\mu c_r/p_r \tag{10.3.57e}$$

式中, 从 μ = 流体的动力黏性系数, c_{p} = 定压热容量, p_r = Pr andtl 数. κ = 比热 c_p/c_v

2. 特征方程

与前面处理二明渠非恒定流的方法一样, 对于三维 N-S 方程, 也一样按坐标方向个别处理, 下面以 x_1 方向为例来说明.

在 x_1 方向的边界上, 将控制方程式 (10.3.52)~(10.3.56) 中的波动项各分按 10.2.2 节所述的方法, 进行改写,

$$\frac{\partial \rho}{\partial t}+d_1+\frac{\partial m_2}{\partial x_2}+\frac{\partial m_3}{\partial x_3}=0 \tag{10.3.58}$$

$$\frac{\partial \rho E}{\partial t}+\frac{1}{2}(u_1^2+u_2^2+u_3^2)d_1+\frac{d_2}{k-1}+m_1d_3+m_2d_4+m_3d_5+\frac{\partial}{\partial x_2}[(\rho E+p)u_2]$$
$$+\frac{\partial}{\partial x_3}[(\rho E+p)u_3]=\rho(u_1F_1+u_2F_2+u_3F_3)+\frac{\partial}{\partial x_1}(u_1\tau_{11}+u_2\tau_{12}+u_3\tau_{13})$$

$$+\frac{\partial}{\partial x_2}(u_1\tau_{21}+u_2\tau_{22}+u_3\tau_{23})$$
$$+\frac{\partial}{\partial x_3}(u_1\tau_{31}+u_2\tau_{32}+u_3\tau_{33})-\frac{\partial q_1}{\partial x_1}-\frac{\partial q_2}{\partial x_2}-\frac{\partial q_3}{\partial x_3} \tag{10.3.59}$$

$$\frac{\partial m_1}{\partial t}+u_1d_1+\rho d_3+\frac{\partial}{\partial x_2}(u_2m_1)+\frac{\partial}{\partial x_3}(u_3m_1)=\rho F_1+\frac{\partial\tau_{11}}{\partial x_1}+\frac{\partial\tau_{12}}{\partial x_2}+\frac{\partial\tau_{13}}{\partial x_3} \tag{10.3.60}$$

$$\frac{\partial m_2}{\partial t}+u_2d_1+\rho d_4+\frac{\partial}{\partial x_2}(u_2m_2)+\frac{\partial}{\partial x_3}(u_3m_2)=\rho F_2+\frac{\partial\tau_{21}}{\partial x_1}+\frac{\partial\tau_{22}}{\partial x_2}+\frac{\partial\tau_{23}}{\partial x_3} \tag{10.3.61}$$

$$\frac{\partial m_3}{\partial t}+u_3d_1+\rho d_5+\frac{\partial}{\partial x_2}(u_2m_3)+\frac{\partial}{\partial x_3}(u_3m_3)=\rho F_3+\frac{\partial\tau_{31}}{\partial x_1}+\frac{\partial\tau_{32}}{\partial x_2}+\frac{\partial\tau_{33}}{\partial x_3} \tag{10.3.62}$$

在上述方程中包含边界法向的导数项 ($d_1\sim d_5$), 平行边界面的导数项, 例如 $\frac{\partial}{\partial x_2}(u_2m_2)$ 等和局部黏性项. 而项 d_1 至 d_5 分别代表,

$$\begin{bmatrix} d_1\\ d_2\\ d_3\\ d_4\\ d_5\end{bmatrix}=\begin{bmatrix}\dfrac{\partial m_1}{\partial x_1}\\ \dfrac{\partial c^2m_1}{\partial x_1}+(1-\kappa)\mu\dfrac{\partial p}{\partial x_1}\\ u_1\dfrac{\partial u_1}{\partial x_1}+\dfrac{1}{\rho}\dfrac{\partial p}{\partial x_1}\\ u_1\dfrac{\partial u_2}{\partial x_1}\\ u_1\dfrac{\partial u_3}{\partial x_1}\end{bmatrix} \tag{10.3.63}$$

d_1,d_2,d_3,d_4 和 d_5 由下面的关系式求解

$$\begin{bmatrix} d_1\\ d_2\\ d_3\\ d_4\\ d_5\end{bmatrix}=\begin{bmatrix}\dfrac{1}{c^2}\left[\mathscr{L}_2+\dfrac{1}{2}(\mathscr{L}_5+\mathscr{L}_1)\right]\\ \dfrac{1}{2}(\mathscr{L}_5+\mathscr{L}_1)\\ \dfrac{1}{2\rho c}(\mathscr{L}_5-\mathscr{L}_1)\\ \mathscr{L}_3\\ \mathscr{L}_4\end{bmatrix} \tag{10.3.64}$$

上列关系式中 $\mathscr{L}_1\sim\mathscr{L}_5$ 是与下面的特征速度 λ_i 相关的特征方程

$$\lambda_1=u_1-c \tag{10.3.64a}$$

$$\lambda_2=\lambda_3=\lambda_4=u_1 \tag{10.3.64b}$$

$$\lambda_5 = u_1 + c \tag{10.3.64c}$$

式中 c 是波速

$$c = \sqrt{\frac{kp}{\rho}} \tag{10.3.64d}$$

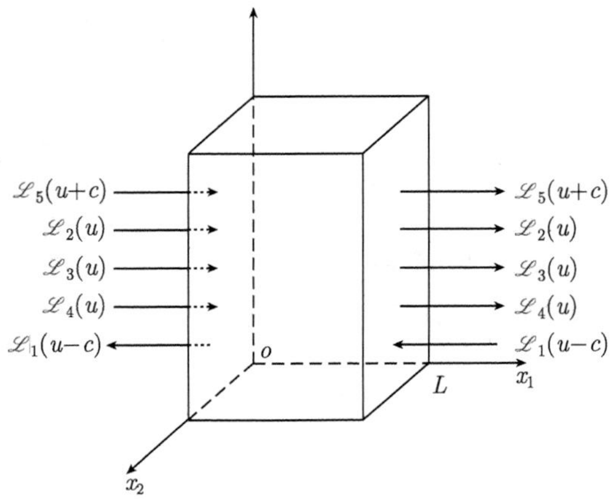

图 10.3.1　在 $x_1 = 0$, $x_1 = L$ 边界面入射和传出的波

如图 10.3.1, λ_1, λ_5 是指向 x_1 的负向和正向的波向, 类似一维情况; $\lambda_2, \lambda_3, \lambda_4$ 是对流速度, 是焓和 u_2, u_3 沿 x_1 向传输和速度, 与 $\lambda_1 \sim \lambda_5$ 相对应 $\mathscr{L}_1 \sim \mathscr{L}_5$ 的特征方程为

$$\mathscr{L}_1 = \lambda_1 \left(\frac{\partial p}{\partial x_1} - \rho c \frac{\partial u_1}{\partial x_1} \right) \tag{10.3.65a}$$

$$\mathscr{L}_2 = \lambda_2 \left(c^2 \frac{\partial p}{\partial x_1} - \frac{\partial p}{\partial x_1} \right) \tag{10.3.65b}$$

$$\mathscr{L}_3 = \lambda_3 \frac{\partial u_2}{\partial x_1} \tag{10.3.65c}$$

$$\mathscr{L}_4 = \lambda_4 \frac{\partial u_3}{\partial x_1} \tag{10.3.65d}$$

$$\mathscr{L}_5 = \lambda_5 \left(\frac{\partial p}{\partial x_1} + \rho c \frac{\partial u_1}{\partial x_1} \right) \tag{10.3.65e}$$

$\mathscr{L}_1 \sim \mathscr{L}_5$ 的物理概念可以解释如下. 设压强和速度产生扰动 p' 和 u' 则波动幅度 $A_1 = p' - \rho c u'$. 这个幅度沿特征线 $x = \lambda_1 t = \text{const}$ 保持不变, 即

$$\frac{\partial A_1}{\partial t} + \lambda_1 \frac{\partial A_1}{\partial x_1} = 0 \quad 或 \quad \frac{\partial A_1}{\partial t} + \mathscr{L}_1 = 0$$

这就是说在一个给定的位置, $-\ \mathscr{L}_1$ 代表波动幅度 A_1 的时间变率. 由此推论, $\mathscr{L}_1$ 代表特征波在穿越边界时的幅度变化.

类似的, 可以写出 x_2, x_3 向的表达式.

这样当 $\mathscr{L}_1 \sim \mathscr{L}_5$ 进而 $d_1 \sim d_5$ 求出后, 即可用式 (10.3.58)~(10.3.62) 求出 $\rho, \boldsymbol{m}_1, \boldsymbol{m}_2, \boldsymbol{m}_3, (\rho E)$ 在 x_1 一向边界上下一个时刻的值.

来确定计算边界与无限远边界间的区域内的未知函数的信息. 例如, 剪切流的解的自模性, 可以给出计算域边界出的所以未知函数梯度的估值, 有了这些估值, 利用式 (10.3.65a~e) 可以求出 $\mathscr{L}_i$ 值. 另一种处理这类边界的方法是给定入射波波幅的变化. 如 10.2 节所介绍的, 这种处理方法, 只是给出导数值, 而对波的均值没有限制. 计算结果可能偏离真正的均值.

域外的未知函数信息未知, 入射波波幅变化的正确值也无法给定. 对这类边界. 最适用的是用特征方程法. 下面重点介绍这种方法.

(1) 局部一维无黏性条件 (LODI The Local One-dimensional Incisid relations)

前面已经讲过, 对于多维 N-S 方程尚无正确的简单的方法来设定入射波波幅的变化值. 目前, 只能对无黏性的 Euler 方程有可能设定入射波波幅的变化值.

在式 (10.3.58) 至式 (10.3.62) 中略去侧向项 (与被考虑的方向正交的方向的导数项) 和黏性项. 这样形成的方程用于描述局部一维无黏性流动并阐明和推导波动波幅变化值. 当然, 这样得出的关系式并不是真正的物理边界条件, 而只是给定的物理边界条件与穿过边界的波动的波幅之间的相容条件 (Compatibility condition).

LODI 条件, 具有各种不同的形式, 不同的形式使用的变量不同. 如果采用原始变量, 则 LODI 条件可以写成,

$$\frac{\partial \rho}{\partial t} + \frac{1}{c^2}\left[\mathscr{L}_2 + \frac{1}{2}(\mathscr{L}_5 + \mathscr{L}_1)\right] = 0 \tag{10.3.66a}$$

$$\frac{\partial P}{\partial t} + \frac{1}{2}(\mathscr{L}_5 + \mathscr{L}_1) = 0 \tag{10.3.66b}$$

$$\frac{\partial u_1}{\partial t} + \frac{1}{2\rho c}(\mathscr{L}_5 - \mathscr{L}_1) = 0 \tag{10.3.66c}$$

$$\frac{\partial u_2}{\partial t} + \mathscr{L}_3 = 0 \tag{10.3.66d}$$

$$\frac{\partial u_3}{\partial t} + \mathscr{L}_4 = 0 \tag{10.3.66e}$$

利用上面的关系式, 可以得到其他变量的时间导数的 LODI 表达式.

如果边界条件是以梯度形式给定, 则 LODI 条件是以边界法向的导数的形式给出

$$\frac{\partial \rho}{\partial x_t} = \frac{1}{c^2}\left[\frac{\mathscr{L}_2}{u_1} + \frac{1}{2}\left(\frac{\mathscr{L}_5}{u_1 + c} + \frac{\mathscr{L}_1}{u_1 - c}\right)\right] \tag{10.3.67a}$$

$$\frac{\partial p}{\partial x_1} = \frac{1}{2}\left(\frac{\mathscr{L}_5}{u_1 + c} + \frac{\mathscr{L}_1}{u_1 - c}\right) \tag{10.3.67b}$$

$$\frac{\partial u_1}{\partial x_1} = \frac{1}{2\rho c}\left(\frac{\mathscr{L}_5}{u_1+c} + \frac{\mathscr{L}_1}{u_1-c}\right) \tag{10.3.67c}$$

$$\frac{\partial T}{\partial x_1} = \frac{T^2}{\rho c^2}\left(-\frac{\mathscr{L}_2}{u_1} + \frac{1}{2}(\gamma-1)\right)\left(\frac{\mathscr{L}_5}{u_1+c} + \frac{\mathscr{L}_1}{u_1-c}\right) \tag{10.3.67d}$$

与多数物理条件相应, 均有与之相当的 LODI 条件, 例如, 如果在进口边界给定常数压强, 则令 $\mathscr{L}_5 = -\mathscr{L}_1$, 以给定入射到域内的波幅的变化 $\mathscr{L}_5$ 的值.

(2)Euler 方程部分的开边界条件的构成方法

构成 Euler 方程部分的开边界条件分三步, 下面以亚临界流为例加以说明. 假定出流边界处的物理边界条件是给定压强的值.

第一步: 对于每一个给定的物理边界条件, 略去方程组 (10.3.58)~(10.3.62) 中相应的守恒方程. 在本例中, 在出口边界处给定的是常数压强 p. 这样 (10.3.59) 就可以略去.

至于略去哪一个方程, 在实际计算中很容易确定的. 表 10.3.1 给出可能的几种情况.

表 10.3.1 对于给定的边界条件略去相应守恒方程一览表

非黏性条件	略去的方程
速度 u_1 给定	x_1 向动量方程 (10.3.60)
速度 u_2 给定	x_2 向动量方程 (10.3.61)
速度 u_3 给定	x_3 向动量方程 (10.3.62)
动量通量 m_1 给定	x_1 向动量方程 (10.3.60)
压强 p 给定	能量方程 (10.3.59)
密度 ρ 给定	连续方程 (10.3.58)
焓 h 给定	能量方程 (10.3.59)

第二步: 对于每一种无黏性边界条件, 利用对应的 LODI 条件将未知的 $\mathscr{L}_i$ 值 (入射波的 $\mathscr{L}_i$ 值) 表达成已知的 $\mathscr{L}_i$(传出波的 $\mathscr{L}_i$ 值) 的函数.

在本例中, 出流断面处 p 给定, 仅有的入射波为 $\mathscr{L}_1$, 由式 (10.5.66b) 可得

$$\mathscr{L}_1 = -\mathscr{L}_5 \tag{10.3.68}$$

显然, 这个关系式具有明显的意义, $\mathscr{L}_5$ 是以速度 $\lambda_5 = u_1 + c$ 传出域外的波动的波幅的变化值, 图 10.3.1. $\mathscr{L}_5$ 可以用单边导数根据域内结点的值计算. $\mathscr{L}_1$ 则是通过出流边界以速度 $\lambda_1 = u_1 - c$ 从域外传入域内的动的波幅的变化量. 它是无法利用内部结点值求出的.

第三步: 利用方程组, 是 (10.3.58)~(10.3.62) 中余下的方程连同第二步求得的 $\mathscr{L}_i$ 值, 求出所有没有被物理边界条件给定的那些未知量 (这里考虑的是无黏性的 Euler 方程部分, 所以计算时, 令方程中的 μ 值等于零).

在本例中, p 给定, 密度 ρ 和速度需要利用式 (10.3.58), (10.3.60), (10.3.61), (10.3.62) 求得. u_1, u_2, u_3 则由式 (10.3.68) 求得.

在上面的步骤中, 第二步是关键一步. 利用守恒方程和若干由 LODI 关系提供的入射波的信息得出所需要的边界条件. 这样就避免了必须设定“数值边界”条件的任意性.

(3)N-S 方程开边界条件的设定方法

N-S 方程比 Euler 方程要求更多的边界条件. 在这里, 完整的 N-S 方程的边界条件由两部分组成, 一部分是 Euler 方程的边界条件, 另部分是考虑黏性作用的补充条件. 这些补充条件当黏性趋向于零时对解的影响必须是可以略去的, 它们的作用也与 Euler 方程的无黏性边界条件不在同一水平上. 在这里介绍的方法中黏性的补充条件只在第三步计算边界结点处的物理量时才加上去的.

N-S 方程开边界条件的给定例于表 10.3.2 和表 10.3.3 . 表 10.3.2 是入流边界条件, 表 10.3.3 是出流边界条件.

表 10.3.2 三维 Euler 方程和 N-S 方程的物理边界条件

	无黏性条件	数目	无黏性条件 + 黏性条件	开边界条件数
SI1			4 + 0	=47
无论对 Euler	u_1 给定		u_1 给定	特殊情况
方程和对 N-S	u_2 给定	4	u_2 给定	Euler 和 N-S
方程适定性均	u_3 给定		u_3 给定	需要同样数目的条件
未证明	T 给定		T 给定	
SI2			4 + 1	=5
对 Euler 方程适	u_1 给定		u_1 给定	
定, 对 N-S	u_2 给定	4	u_2 给定	$\dfrac{\partial \tau_{11}}{\partial x_1} = 0$
的适定性未得	u_3 给定		u_3 给定	
到证明	T 给定		T 给定	
SI3			4 + 1	=5
对 Euler 方程适	$u_1 - 2c/(\kappa - 1)$ 给定		$u_1 - 2c/(\kappa - 1)$ 给定	$\dfrac{\partial \tau_{11}}{\partial x_1} = 0:$
和 N-S 的	u_2 给定	4	u_2 给定	不稳定
适定性未得	u_3 给定		u_3 给定	
到证明	s 给定		s 给定	
SI4			4 + 1	=5
无反射边界	$\mathscr{L}_2 = 0$		$\mathscr{L}_2 = 0$	$\dfrac{\partial \tau_{11}}{\partial x_1} = 0$
的适定性未得	$\mathscr{L}_3 = 0$		$\mathscr{L}_3 = 0$	
到证明	$\mathscr{L}_4 = 0$		$\mathscr{L}_4 = 0$	
	$\mathscr{L}_5 = 0$		$\mathscr{L}_5 = 0$	

注: 流动未亚临界流. 边界位于 $x = 0$(图 10.3.1). 适定性要求的边界条件数对 Euler 方程是 4 个, 对 N-S 方程是 5 个.

表 10.3.3　三维 Euler 方程和 N-S 方程的边界条件的数目

	无黏性条件	数目	无黏性条件 + 黏性条件	开边界条件数
亚临界流 无反射出流	无限远处 p 给定	1	1 + 3	=4
			无限远处 p 给定	$\frac{\partial \tau_{11}}{\partial x_1}=0$ $\frac{\partial \tau_{13}}{\partial x_1}=0$ $\frac{\partial q_1}{\partial x_1}=0$
S 亚临界流 有反射出流	边界处 p 给定	1	1 + 3	=4
			边界处 p 给定	$\frac{\partial \tau_{11}}{\partial x_1}=0$ $\frac{\partial \tau_{13}}{\partial x_1}=0$ $\frac{\partial q_1}{\partial x_1}=0$
等温无滑壁面			4 + 0	=4
			$u_1=0$: $u_2=0$ $u_3=0$ $T=T_0$	
绝热可滑动 壁面	$u_1=0$		1 + 3	=4
			$u_1=0$	$\tau_{12}=0, \tau_{13}=0, q_1=0$
绝热可滑动 壁面			3 + 1	=4
			$u_1=0$ $u_2=0$ $u_3=0$	$q_1=0$

注：亚临界流和壁面的边界条件. 边界位于 $x=L$. 适定的边界条件对于 Euler 方程是 1. 对于 N-S 方程是 4.

下面再对表 10.3.2 和表 10.3.3 作一些说明.

a. 入流断面

在表中列了两种可能的给定边界条件的方法. 在第一列说明这种边界条件是否被证明是适定的. 最后一列是说明适定性所要要求的边界条件的数目并与开边界条件选用的边界条件的数目进行比较. 在 SI1 情况, u_1, u_2, u_3 和 T 在边界上给定, 这与 Strikwerda 的理论分析结果不同. 这里只采用四个边界条件, 而 Strikwerda 要求五个边界条件. 实际上, 给定 u_1, u_2, u_3 和 T 是一种特殊情况, 在这种情况下, 余下的未知量只是密度 ρ. ρ 可由连续方程求出, 而连续方程不包括黏性项, 从而不需要补充边界条件. 这样边界条件总数只需要 4 个. 在一般情况下, Strikwerda 建议的给定 5 个边界条件是必要的. 以 SI2 情况为例, 给定 u_1, u_2, u_3 和 ρ 对 Euler 方程是适定的, 对 N-S 需要补充一个黏性边界条件. 这个补充的条件说明, 沿边界的法向, 正应力为常数. 给定这样的边界条件比给定关系式, $\mu\left(\frac{\partial u_1}{\partial x_1}\right)=0$, 具有更明确的物理意义. 一般来说, 在入流断面, 黏性边界条件的影响较小, 所以, SI1 组条件足够精确.

SI3 是唯一被证明对 N-S 方程是适定的边界条件. 但在数值计算上却很难找到与之相当的边界条件给定的方法. SI4 是用于无反射的开边界条件. 对于无黏性情况, 它只是给定波动幅度的变化. SI3 和 SI4 在一维情况下是等价的; 它们都表达在入流断面上熵守恒和无反射. 当然它们的原理是不同的: SI3 是强调原始变量之间的关系, 而 SI4 只是确定通过边界时, 波幅的变化条件. 对于多维流动, SI4 条件直接实现, 但是没有满意的开边界条件可以与 SI3 相当.

b. 出流断面

表 10.3.3 是给出出流断面处边界条件设定的几种可能性. 对于无反射的亚临界流动的出流, 三维的 Euler 方程只需要给定一个物理条件, 这个物理边界条件就是给定压强 p 的值. 这个条件的物理概念是: 当这个压强 p 在无限远处给定时, 从无限远处反射的波动到计算域的边界时波幅为零.

对于 N-S 方程, 还需要补充另外三个条件. 经过多次数值实验, 建议了如下的一组条件, 即沿边界面切向的剪应力 $\tau_{12}, \tau_{13}(x_1 = L$ 处) 和沿边界面法向的热通量 $q_1\left(q_1 = -\lambda\dfrac{\partial T}{\partial x_1}\right)$ 沿 x_1 向的导数等于零, 即 $\dfrac{\partial \tau_{12}}{\partial x_1} = \dfrac{\partial \tau_{13}}{\partial x_1} = 0, \dfrac{\partial q_1}{\partial x_1} = 0$. 这个边界条件当黏性和热传导系数减至零时, 会平顺地渡过无黏性条件.

对于超临界流动, 在入流断面, 所有变量的值均需给定, 但黏性条件不需要给定. 在出流断面, 需要三个物理边界条件. (不要无黏性条件, 只用三个黏性条件)

(4) 边缘和角点

在二维流动中角点和三维流动模拟中边缘与角点需要特殊处理.

对于边缘, 第二个方向, 例如 x_2 方向, 也需要同时利用特征方程. 在式 (10.3.58) 至 (10.3.62) 的左边的 $\dfrac{\partial}{\partial x_2}$ 导数项用相应的沿 x_2 向的特征波的关系式代替. 第二组 LODI 关系式 (用于 x_2 方向) 用来导出沿 x_2 多种波的值. 考虑黏性作用的黏性边界条件也要相应加入.

对于角点, 处理方法是二维情况的直接扩展, 只是烦琐而已. 在边缘和角点设定开边界条件时, 要注意边缘和角点所连接的边界的边界条件的设定要注意条件的相容性. 例如, 无滑壁面与出流断面之间的角点, 如果出流断面的 p 给定, 而由于无滑壁面处的压强是一个变量, 这样在角点处两者就不相容.

(5) 应用 N-S 方程开边界条件的典型实例

下面介绍 6 种边界的处理方法. 它们是亚临界流入流边界, 亚临界流无反射出流边界, 亚临界流有反射出流边界, 等温无滑边界, 绝热滑动边界, 绝热无滑边界. 如图 10.3.1 所示, $x_1 = 0$ 是入流边界, $x_1 = L$ 是出流边界.

a. 亚临界入流边界

对于亚临界入流边界, 有许多 “物理” 边界条件可供选择. 这里一种可能的选择是, 所有的速度分量 u_1, u_2, u_3 和温度 T 给定. 这些量可以是空间和时间的函数

$$u_1(0, x_2, x_3, t) = U(x_2, x_3, t)$$

$$u_2(0, x_2, x_3, t) = V(x_2, x_3, t)$$

$$u_3(0, x_2, x_3, t) = W(x_2, x_3, t)$$

$$T(0, x_2, x_3, t) = T(x_2, x_3, t)$$

对于三维亚临界流动, 4 个特征波 $\mathscr{L}_2, \mathscr{L}_3, \mathscr{L}_4$ 和 $\mathscr{L}_5$ 进入计算域. 一个特征波 $\mathscr{L}_1$ 离开计算域, 其速度为 $\lambda_1 = u_1 - c_1$. 因而密度 ρ(或压强 p) 必须由流动本身来确定. 这样就有 4 个物理边界条件和一个软边界条件 (ρ). 在这种情况下, 不需要与黏性有关的条件. 为了随时间推进边界上的解, 我们需要有穿过边界的不同波动的幅度 $\mathscr{L}_1$. 其中只要从内部结点的函数值求出一个 $\mathscr{L}_1$, 其余的则由开边界条件按步骤求得.

第一步: 给定 u_1, u_2, u_3 的值. 这样式 (10.3.60), (10.3.61) 和 (10.3.62) 就不需要了, 入流断面的温度 T 给定, 则能量方程 (10.3.59) 也不需要了.

第二步: 由于入流速度 u_1 给定, LODI 关系式 (10.3.66c) 给出如下关系

$$\mathscr{L}_5 = \mathscr{L}_1 - 2\rho c \frac{\partial u}{\partial t} \tag{10.3.69}$$

由于入流断面的温度是给定的, LODI 关系

$$\frac{\partial T}{\partial t} + \frac{T}{\rho c^2}\left[-\mathscr{L}_2 + \frac{1}{2}(\gamma - 1)(\mathscr{L}_5 + \mathscr{L}_1)\right] = 0 \tag{10.3.70}$$

可以估算焓波波幅 $\mathscr{L}_2$

$$\mathscr{L}_2 = \frac{1}{2}(\kappa - 1)(\mathscr{L}_5 + \mathscr{L}_1) + \frac{\rho c^2}{T}\frac{\mathrm{d}T}{\mathrm{d}t}$$

由 LODI 关系, 式 (10.3.66d), (10.3.66e), 有 $\mathscr{L}_3 = -\dfrac{\mathrm{dV}}{\mathrm{d}t}$, $\mathscr{L}_4 = -\dfrac{\mathrm{d}W}{\mathrm{d}t}$.

第三步: 密度 ρ 可以由式 (10.3.58)

$$\frac{\partial \rho}{\partial t} + d_1 + \frac{\partial}{\partial x_2}(\rho u_2) = 0$$

求得, 这里 d_1 由式 (10.3.64), 求得

$$d_1 = \frac{1}{c^2}\left[\mathscr{L}_2 + \frac{1}{2}(\mathscr{L}_5 + \mathscr{L}_1)\right]$$

$\mathscr{L}_1$ 由式 (10.3.65a) 从内部结点值求得. $\mathscr{L}_5, \mathscr{L}_2$ 由第二步求出, d_1 和 ρ 即可相应求出.

b. 亚临界流无反射出流边界

对 N-S 方程引用无反射边界条件虽然是很有吸引力, 但必须小心谨慎. 完全的无反射边界条件可能造成问题的不适定. 例如, 如果模拟自由剪切流, 在入流断面给定上节所述的边界条件. 而在其余三个边界, 引用 “完全无反射的” 边界条件. 值得推敲的是在这样的计算条件下, 怎么来确定流场, 流场的平均压强会是什么. 从物理概念上来讲, 上述信息是由远离计算域的远处 (给定静压强 P_∞) 反射回来的波动所携带并通过边界传入计算域. 如果边界处引用 “完全无反射” 条件, 则这部分信息就不能传入计算域. 为了改进这个问题, 一些学者使用了部分反射的边界. 这也是这里所要介绍的方法.

另外, 一维流动和多维流动的无反射边界的设置也不相同. 在一维情况下推导和论证的无反射边界条件扩展到多维流动时, 需要进行重大修正以考虑边界上的侧方向的项. 完全反射边界条件对于一维流动是适定的, 而在多数二维流动计算中是 “病态” 的 (ill-posed) 这里提出的方法在一维流动中是完全无反射而多维流动中会有弱反射但不会引起数值振荡, 保证了问题的适定性.

在出流边界处, 有四条特征线离开计算域, $\mathscr{L}_2, \mathscr{L}_3, \mathscr{L}_4$ 和 $\mathscr{L}_5$. 有一条特征线 $\mathscr{L}_1$ 进入计算域. 给定一个原始变量的无黏性边界条件会造成波动在边界上反射. 例如, 在出流边界给定静压强 $p = p_\infty$, 问题是适定了, 但是会造成波在边界上的发射. 要避免引起反射, 必须使用 “软性” 边界条件, 下面介绍步骤:

第一步: 在无限远处设定压强的值. 这个条件并不固定边界上的任何变量值. 守恒方程式 (10.3.58)~(10.3.62) 在边界上保持有效.

第二步: 用无限运处设定的常数压强值确定入射波, $\mathscr{L}_1$ 的幅度变化. 如果出流断面处的压强与 p_∞ 有差别, 反射波将通过出流边界进入计算域, 并将平均压强校正到与 p_∞ 相接近的一个值, 一个简单的方法是令

$$\mathscr{L}_1 = K(p - p_\infty) \tag{10.3.71}$$

式中, K 是一个常数, $K = \sigma(1 - M^2)\dfrac{c}{L}$, M 是流动的最大马赫数 (Mach number), L 是计算域的特征长度, σ 是一个常数. 如果 σ=0, 则反射波幅度为零.

对于黏性流动, 黏性条件要求, 边界面上的剪应力 τ_{12}, τ_{13}, 法向热通量 q_1 沿 x_1 向的导数为零. 将这些条件直接引入式 (10.3.58)~(10.3.62).

第三步: $\mathscr{L}_2, \mathscr{L}_3, \mathscr{L}_4$ 和 $\mathscr{L}_5$ 利用结点的值求出, $\mathscr{L}_1$ 由式 (10.3.71) 算出, 则边界点上的变量值可以求出.

c. 亚临界有反射出流边界

在边界上设定一个无黏性边界条件 (常数压强或常数速度) 会引起波动的反射. 这里假定边界上的压强是给定的. $p(L,x_2,x_3,t)=P(x_2,x_3,t)$

第一步: 在出流边界压强给定, 式 (10.3.59) 可以略去.

第二步: 由 LODI 关系, 式 (10.3.66b), 给出反射波的波幅为

$$\mathscr{L}_1=-\mathscr{L}_5-2\frac{\mathrm{d}p}{\mathrm{d}t}$$

如果求解 N-S 方程, 则在边界上设定常数切向剪应力和常数法向热通量.

第三步: $\mathscr{L}_2,\mathscr{L}_3,\mathscr{L}_4$ 和 $\mathscr{L}_5$ 利用结点值求得, $\mathscr{L}_1$ 由第二步求出, 式 (10.3.58), 式 (10.3.60)~ 式 (10.3.62) 用来求出 ρ,u_1,u_2 和 u_3 在下一时刻的值.

d. 等温无滑壁面

在等温无滑壁面上, 所有的速度分量均为零, 温度以空间和时间的函数形式给出. 即 $u_1(L,x_2,x_3,t)=u_2(L,x_2,x_3,t)=u_3(L,x_2,x_3,t)=0,T(L,x_2,x_3,t)=T(x_2,x_3,t)$. 没有黏性边界条件.

第一步: 由于 u_1,u_2,u_3 给定, 式 (10.3.60), (10.3.61) 和 (10.3.62) 不需要. 由于温度给定, 能量方程 (10.3.59) 也消去.

第二步: 由 LODI 关系, 式 (10.3.66b), 给出 $\mathscr{L}_1=\mathscr{L}_5$, 特征幅度 $\mathscr{L}_2,\mathscr{L}_3$ 和 $\mathscr{L}_4$ 等于零 (由于 u_1 等于零).

第三步: 利用内部结点值求得 $\mathscr{L}_5$, 再令 $\mathscr{L}_1=\mathscr{L}_5$, 再从式式 (10.3.58) 求出 ρ 值.

如果无滑壁面移动或振动, 则可将这个时间相关的速度送入 LODI 关系式进行计算.

e. 绝热滑动壁面

滑动边界只设定无黏性条件. 法向速度等于零 $(u(L,x_2,x_3,t)=0,)$. 切向应力和法向热通量等于零. 法向速度等于零, 特征幅度 $\mathscr{L}_2,\mathscr{L}_3$ 和 $\mathscr{L}_4$ 等于零 (式 (10.3.65b), (10.3.65c), (10.3.65d)). $\mathscr{L}_5$ 波离开计算域, 反射波 $\mathscr{L}_1$ 进入计算域.

第一步: 法向速度 u_1 等于零, 式 (10.3.60) 可以不用.

第二步: 由 LODI 关系, 式 (10.3.66b), 给出 $\mathscr{L}_1=\mathscr{L}_5$.

第三步: 从内结点值求得 $\mathscr{L}_5$, 令 $\mathscr{L}_1=\mathscr{L}_5$, 切向应力 τ_{12},τ_{13} 和法向热通量 q_1, τ_{12},τ_{13}=0 求出. 剩余的变量, ρ,u_2,u_3 和 T 从式 (10.3.58), (10.3.59), (10.3.61) 和 (10.3.62) 求出.

f. 绝热无滑壁面

沿绝热无滑壁面, 所有的速度分量和热通量等于零.

$$u_1(L,x_2,x_3,t)=u_2(L,x_2,x_3,t)=u_3(L,x_2,x_3,t)=0,q_1=0.$$

第一步: 由于 u_1,u_2,u_3 固定了, 式 (10.3.60), (10.3.61) 和 (10.3.62) 不需要.

第二步：由 LODI 关系，式 (10.3.66b), (10.3.66c), (10.3.66c) 给出,$\mathscr{L}_1 = \mathscr{L}_5$ 和 $\mathscr{L}_2 = \mathscr{L}_4 = 0$. 因为法向速度为零, $\mathscr{L}_2, \mathscr{L}_3$ 和 $\mathscr{L}_4$ 等于零.

第三步：从内结点值计算 $\mathscr{L}_5$, 从 $\mathscr{L}_1 = \mathscr{L}_5$, 黏性条件 q_1=0 用于估算 $\dfrac{\partial q_1}{\partial x_1}$. 然后由式 (10.3.58) 求密度 ρ, 由式 (10.3.59) 求总的能量.

第11章　动　边　界

11.1　概　　述

动边界模拟的合理与否直接影响到含动边界的问题的数值模拟成果的可靠性和精度. 由于动边界的形状和整体位置的不断变化, 所以它的数值模拟的难度非常大. 其复杂性在于：

(1) 动边界上的边界条件属混合型非线性边界条件. 边界条件中包含压强变量, 它必须要精确确定;

(2) 计算域往往不规则, 几何形状不断变化, 且单通域可能演变成多通域;

(3) 动边界本身可能产生很大变形或构成歧点形边界;

(4) 如果计算域内由多个动边界, 它们可能相互交错;

(5) 为了精确求得动边界的曲率, 以正确确定表面张力的影响程度, 需要精细跟踪动边界的形状;

(6) 自由液面与固体边界的交接点为歧点, 该点处边界条件的设置是一个难题, 而该边界条件的设定直接影响到边界的位置和形状.

动边界的模型必须尽可能地考虑上述要求.

动边界的模型分两大类, 欧拉模型和拉格朗日模型, 欧拉模型的特征是坐标系统或者固定或者按给定的方式移动以适应不断变化的计算域的形状, 欧拉模型主要有：固定网络, 自适应网络和映射变换网络三种类型, 欧拉模型的主要优点是可以适应内界面的大变形和大幅度移动而能保持一定的计算精度. 欧拉模型有待解决的主要问题是用什么形式的控制方程最方便, 用什么数值离散方法最适宜和最佳的内界面跟踪技术的确定. 拉格朗日模型的特征是坐标系统随流体而流动, 每个网格单元内包含的流体团保持不变. 拉格朗日模型主要有, 拉格朗日跟踪模型, 拉格朗日跟踪加上网格再划分模型和自由拉格朗日模型. 拉格朗日模型的优点是可以精确地跟踪内界面和确切地描绘其形状. 可以方便地引用内界面的运动和动力条件, 拉格朗日模型还可以在内界面附近加密网络, 以精细模拟内界面邻近的流场内部结构, 这个细网格区可随内界面而移动, 由于非线性对流项的消失, 非线性引起的误差也随之消失, 大大提高了计算精度. 拉格朗日模型的不足之处是随着计算的进行, 网格会出现重叠, 缠绕的现象. 随着网格越来不规则, 计算精度也越来越低.

数学模式的选择很大程度上取决与所处理的流动的特性, 如果流动的尺度较小, 表面张力的作用不容忽视, 则自由液面的位置, 坡度及曲率必须计算的十分精确. 如果流动的尺度大, 表面张力不起主导作用, 则自由表面的处理精度可以低一些. 计算表明, 第一类问题用自适应网格和网格变换较适合, 第二类问题用固定网格法仍可以保证足够的精度.

有限差分法和有限单元法均被用于求解动边界问题. 已有的固定网格和映射变换网格欧拉模型均用有限差分离散, 而自适应网格模式, 有限差分和有限单元两种离散方法均用. 本课程只介绍应用有限分差离散的两种动边界数值模式.

11.2 欧拉 (Euler) 模型

在欧拉模型中, 介绍四种典型处理移动边界的方法. 即 MAC 法、SOLA-VOF 法、自适应网格法和网格变换法.

11.2.1 MAC 法 (Maker-In-Cell Method)[9]

1. 概述

当流动具有移动的自由液面时, 在模拟过程中, 必须时刻跟踪这个液面的变化, MAC 法的基本原理是

(1) 计算域的网格中, 设置 "标志点"(Maker), 标志点只设置在包含流体的网格内. 标志点没有质量, 也不参与流场变量 u, v, p 的计算, 只用来标志流体质点的移动 "迹线". 标志点的位置用 Lagrangian 坐标来表示, (x_{1p}, x_{2p}, x_{3p}). 标志点标出了计算域中哪些网格是被流体填满, 哪些网格是空的.

(2) 在整个计算域中进行流场的计算. 算出各个结点的速度, 压强等流动变量.

(3) 根据算得的流场, 计算每个 "标志点" 的最新的速度, 并由速度求出标志点的最新位置.

(4) 根据标志点的最新位置, 确定哪些网格单元被流体充填, 哪些网格单元被泄空, 从而确定界面或自由液面的新位置.

2. 具体步骤

以直角坐标系下, 二维黏性不可压缩流动的 N-S 方程为例说明 MAC 法的具体计算方法.

(1) N-S 方程及其差分离散

二维黏性不可压缩流动的 N-S 方程为

$$\frac{\partial u}{\partial x} + \frac{\partial v}{\partial y} = 0 \tag{11.2.1}$$

$$\frac{\partial u}{\partial t} + \frac{\partial u^2}{\partial x} + \frac{\partial uv}{\partial y} + \frac{1}{\rho}\frac{\partial p}{\partial x} = \nu\left(\frac{\partial^2 u}{\partial x^2} + \frac{\partial^2 u}{\partial y^2}\right) + F_x \tag{11.2.2}$$

$$\frac{\partial v}{\partial t}+\frac{\partial uv}{\partial x}+\frac{\partial v^2}{\partial y}+\frac{1}{\rho}\frac{\partial p}{\partial y}=\nu(\frac{\partial^2 v}{\partial x^2}+\frac{\partial^2 v}{\partial y^2})+F_y \tag{11.2.3}$$

式中, u,v 是 x,y 方向的速度分量; p 是压强; ρ 是流体的密度; ν 是运动黏性系数; F_x, F_y 是体积力在 x,y 方向的分量.

计算域的离散为图 11.2.1 所示. 图中的黑点为标志点.

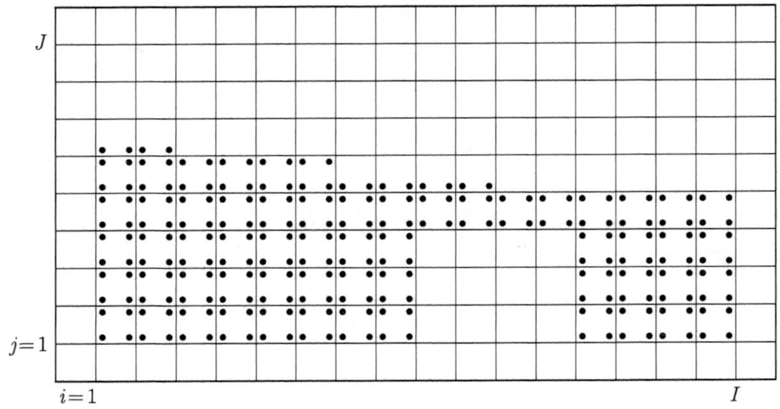

图 11.2.1　MAC 法计算域的离散

方程组用时间前差一空间中心差的显式格式离散. 离散的差分中心的布置示于图 11.2.2. 以结点 (i,j) 为中心的矩形单元 (用虚线表示) 称之为网格单元.

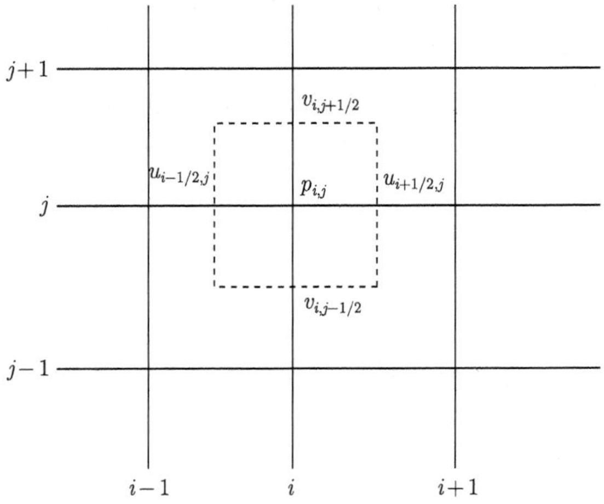

图 11.2.2　典型的网格点的布置

首先离散动量方程, 式 (11.2.2) 和式 (11.2.3).

$$\frac{u_{i+1/2,j}^{n+1}-u_{i+1/2,j}^{n}}{\Delta t}+\frac{\left(u_{i+1,j}^{n}\right)^2-\left(u_{i,j}^{n}\right)^2}{\Delta x}$$

$$+\frac{\left(u^n_{i+1/2,j+1/2}\right)\left(v^n_{i+1/2,j+1/2}\right)-\left(u^n_{i+1/2,j-1/2}\right)\left(v^n_{i+1/2,j-1/2}\right)}{\Delta y}$$

$$+\frac{1}{\rho}\frac{p^{n+1}_{i+1,j}-p^n_{i,j}}{\Delta x}$$

$$=\nu\left(\frac{u^n_{i+3/2,j}-2u^n_{i+1/2,j}+u^n_{i-1/2,j}}{\Delta x^2}+\frac{u^n_{i+1/2,j+1}-2u^n_{i+1/2,j}+u^n_{i+1/2,j-1}}{\Delta y^2}\right)+Fx \quad (11.2.4)$$

$$\frac{v^{n+1}_{i,j+1/2}-v^n_{i,j+1/2}}{\Delta t}+\frac{(u^n_{i+1/2,j+1/2})(v^n_{i+1/2,j+1/2})-(u^n_{i-1/2,j+1/2})(v^n_{i-1/2,j+1/2})}{\Delta x}$$

$$+\frac{(v^n_{i,j+1})^2-(v^n_{i,j})^2}{\Delta y}+\frac{1}{\rho}\frac{p^{n+1}_{i,j+1}-p^n_{i,j}}{\Delta y}$$

$$=\nu\left(\frac{v^n_{i+1,j+1/2}-2v^n_{i,j+1/2}+v^n_{i-1,j+1/2}}{\Delta x^2}+\frac{v^n_{i,j+3/2}-2v^n_{i,j+1/2}+v^n_{i,j-1/2}}{\Delta y^2}\right)+Fy \quad (11.2.5)$$

上面式子中有一些量不在网格的结点上, 用与其相邻的结点上的值的平均值来表达.

$$u^n_{i+1/2,j+1/2}=\frac{1}{2}(u^n_{i+1/2,j}+u^n_{i+1/2,j+1})$$

$$v^n_{i+1/2,j+1/2}=\frac{1}{2}(v^n_{i,j+1/2}+v^n_{i+1,j+1/2})$$

$$u^n_{i,j}=\frac{1}{2}(u^n_{i+1/2,j}+u^n_{i-1/2,j})$$

$$v^n_{i,j}=\frac{1}{2}(v^n_{i,j-1/2}+v^n_{i.j+1/2})$$

等等.

定义

$$D_{i,j}=\frac{u^n_{i+1/2,j}-u^n_{i-1/2,j}}{\Delta x}+\frac{v^n_{i,j+1/2}+v^n_{i.j-1/2}}{\Delta y} \quad (11.2.6)$$

式 (11.2.1) 的差分表达式就是 $D_{i,j}=0$.

为了求解压强 p, 从式 (11.2.2) 和式 (11.2.3) 导出 p 的控制方程. 将式 (11.2.2) 对 x 求导, 式 (11.2.3) 对 y 求导, 并相加得,

$$\frac{1}{\rho}\left(\frac{\partial^2 p}{\partial x^2}+\frac{\partial^2 p}{\partial y^2}\right)=-Q+v\left(\frac{\partial^2 D}{\partial x^2}+\frac{\partial^2 D}{\partial y^2}\right)-\frac{\partial D}{\partial t}=-S_p \quad (11.2.7)$$

这里: $Q=\dfrac{\partial^2(u^2)}{\partial x^2}+2\dfrac{\partial(uv)}{\partial x\partial y}+\dfrac{\partial^2(v^2)}{\partial y^2}$.

这是一个泊松型方程. 它的离散形式如下

$$\frac{1}{\rho}\left(\frac{p^n_{i+1,j}-2p^n_{i,j}+p^n_{i-1,j}}{\Delta x^2}+\frac{p^n_{i,j+1}-2p^n_{i,j}+p^n_{i,j-1}}{\Delta y^2}\right)=-(S_p)_{i,j} \quad (11.2.8)$$

式中,

$$(S_p)_{i,j} = Q_{i,j} + \frac{D^n_{i,j}}{t} - \nu\left(\frac{D^n_{i+1,j} - 2D^n_{i,j} + D^n_{i-1,j}}{\Delta x^2} + \frac{D^n_{i,j+1} - 2D^n_{i,j} + D^n_{i,j-1}}{\Delta y^2}\right) \tag{11.2.9}$$

$$\begin{aligned} Q_{i,j} =& \frac{\left(u^n_{i+1,j}\right)^2 - 2\left(u^n_{i,j}\right)^2 + \left(u^n_{i-1,j}\right)^2}{\Delta x^2} + \frac{2}{\Delta x \Delta y}\left[\left(u^n_{i+1/2,j+1/2}\right)\left(v^n_{i+1/2,j+1/2}\right)\right. \\ &+ \left(u^n_{i-1/2,j-1/2}\right)\left(v^n_{i-1/2,j-1/2}\right) - \left(u^n_{i+1/2,j-1/2}\right)\left(v^n_{i+1/2,j-1/2}\right) \\ &\left. - \left(u^n_{i-1/2,j+1/2}\right)\left(v^n_{i-1/2,j+1/2}\right)\right] + \frac{(v^n_{i,j+1})^2 - 2(v^n_{i,j})^2 + (v^n_{i,j-1})^2}{\Delta y^2} \end{aligned} \tag{11.2.10}$$

在式 (11.2.9), 中利用了条件 $D_{i,j} = 0$, 即相对于每一个网格单元, 在每个时段的末了, $D_{i,j} = 0$ 的条件必须满足. 原则上, 在式 (11.2.7) 中有关 D 的项应该消去. 但实际计算中, $D_{i,j} = 0$ 的条件不总是精确满足的. 原因是式 (11.2.8) 是用迭代法求解的, 所以 p 的值总是带有一定的误差. 这种误差导致 $D_{i,j}$ 偏离零, 将 $D_{i,j}$ 保留在式 (3.2.9) 中, 可以克服计算 p 值带来的累计误差, 以及非线性的不稳定.

要每一个网格单元满足 $D_{i,j} = 0$ 的条件, 则要求计算域边界上的 $D^n_{i,j}$ 等于零. 这个条件形成了确定有限差分方程边界条件的基础.

式 (3.2.4), (3.2.5), (3.2.8) 和 (3.2.9) 是流场计算的基本方程. 首先用 n 时刻的速度值, 用式 (11.2.10) 求出每一个网格单元的 $Q_{i,j}$ 值, 再用式 (11.2.8) 求出 $p^n_{i,j}$ 将求得的 $p^n_{i,j}$ 值代入式 (11.2.4) 和式 (11.2.5) 求出 u^{n+1} 和 v^{n+1}.

(2) 边界条件

边界条件分固体壁面边界条件和自由液面边界条件. 下面分别加以阐述.

a. 固体壁面

固体壁面在网格布置时, 一般与网格单元的边界一致. 或者与 x 向的边界一致, 或者与 y 向的边界一致, 这样在边界条件的设置上比较方便.

固体壁面可以处理成无滑边界 (No–Slip) 或滑动边界 (Free–Slip). 无滑边界可以看作是个对称平面. 而滑动边界可以看作是无黏面 (Non–Adhering, “Greased”).

如果一个壁面沿 y 向定向, 图 11.2.3, 壁面通过水平向 (x 向) 速度 u 的结点位置. 在这些点上, 不管是无滑边界或滑动边界, $u = 0$. 沿 y 向定向的壁面, 不通过垂直向 (y 向) 速度 v 的位置, 当计算 v 时, 需要用到边界外侧的相应点上的 v' 值. 对于无滑边界, 取边界条件 $v' = +v$. 对于水平定向 (沿 x 向) 的壁面可以进行类似的处理.

在运用式 (11.2.9) 或式 (11.2.10) 进行边界处理时或计算 S_p 时, 要用到边界外侧的与壁面法线方向一致的速度值, 如上例中的 u 值. 对于滑动边界取 $u' = -u$. 对于无滑边界 u' 值必须用边界外的单元满足 D=0 的条件来推算.

在压强计算时，需要用到边界条件，这个边界条件必须与壁面上法向速度等于零的条件相容. 利用式 (11.2.4) 和 (11.2.5) 来导出这个边界条件.

滑动边界：利用法向速度变向和切向速度保持不变的条件. 如对于沿 y 向的壁面, $u' = -u, v' = +v$. 在式 (11.2.4) 中有关速度项变成零. 只剩下 p 和 F_x. 得到边界条件

$$p' = p \pm \rho F_x \Delta x$$

"+" 相应于域外的点是在壁面的右侧, "−" 相应于域外的点是在壁面的左侧. 如果壁面沿 x 向定向, 利用类似的条件和式 (11.2.5), 得出条件

$$p' = p \pm \rho F_y \Delta y$$

"+" 相应于域外的点是在壁面的上方, "−" 相应于域外的点式在壁面的下方.

无滑边界：边界条件设定的条件是 D' 必须等于零以防止 D 向域内流体扩散. 这个条件使 p 的条件比滑动边界情况下复杂. 考虑沿 y 向定向 (垂直向) 的壁面, 图 11.2.4. 垂向速度 $v' = -v$, 即 $v_2' = -v_2, v_1' = -v_1$. 由于网格单元内 D=0, 所以, 域外单元的 D'=0, 要求 $u' = +u$. 由此得

$$p' = p \pm \rho F_x \Delta x \pm \left(2\nu \frac{u_1}{\Delta x}\right) \tag{11.2.11}$$

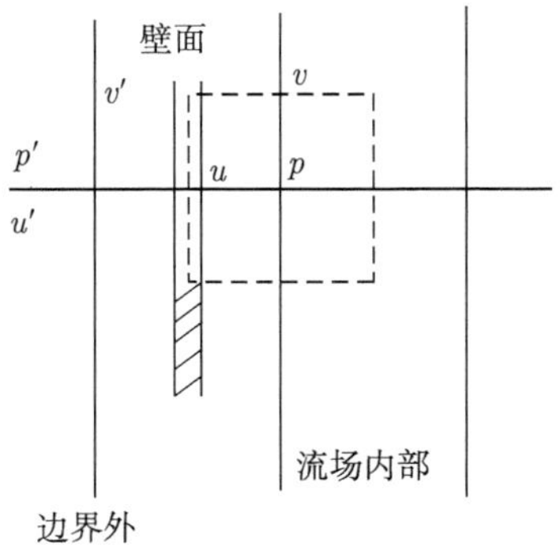

图 11.2.3 固体壁面处变量

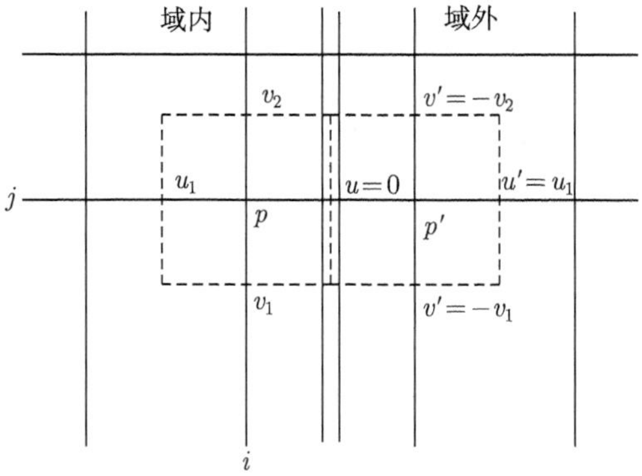

图 11.2.4 域外变量的设置

"+" 用于域外的点在壁面的右侧, "−" 用于域外的点在壁面的左侧. 如果壁面沿水平定向 (沿 x 向), 则有

$$p' = p \pm \rho F_y \Delta y \pm \left(2\nu \frac{v_1}{\Delta y}\right) \tag{11.2.12}$$

"+" 用于域外的点在壁面的上方, "−" 用于域外的点在壁面的下方.

b. 自由液面边界

自由液面处速度的设定条件是自由液面边界处网格单元的 $D \equiv 0$ 最容易的情况是单元只有一个边界面向真空. 这样其他三个方面的流速可以如常计算 (用式

(11.2.4) 或式 (11.2.5)). 第四个边 (面向真空的那个边) 上的流速则从条件 $D\equiv 0$ 算得.

如果单元有两个边界面向真空, 则处理方法不同, 要求相应边处的 $\dfrac{\partial u}{\partial x}$ 或 $\dfrac{\partial v}{\partial y}$ 等于零. 这就是说, 面向真空侧的速度与和其对应的域内的速度相等.

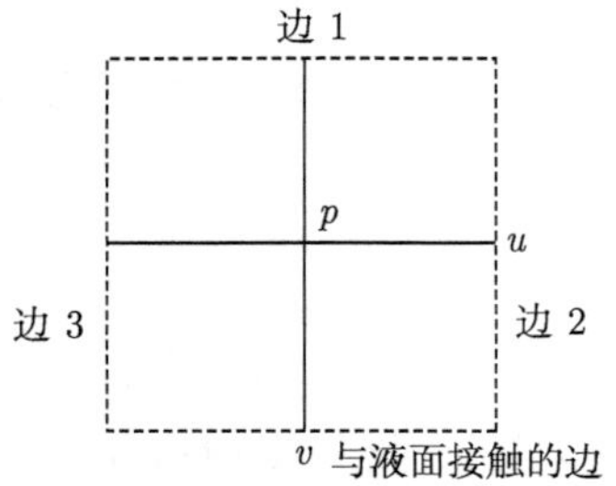

图 11.2.5　3 条边与真空相接的单元示意图

如果一个单元有三个边面向真空, 这种情况很少遇到. 和与液体相接的边相对的那一个边 (边 1), 图 11.2.5, 其上的速度与液面上的速度相同. 其余两边 (边 2, 3) 上的速度则只受质量力 F_x, F_y 的作用, 从 F_x, F_y 的变化计算而得.

如果一个单元的四个边均与真空相接. 则其上速度的计算相当于一个自由下降的液滴. 在自由液面边界上的压强条件的设定是从法向应力为零的条件或令其等于给定的外压强 (External Pressure) 来确定. 但是由于下面的两种原因, 这个条件很难精确设定. 原因之一是, 法向应力分量只有在自由液面的定向已知时才能算的. 原因之二是, 自由液面处的速度导数是基于条件 $D\equiv 0$ 选得的, 这样虽然可以给出相当满意的计算结果, 但这并不保证算得的自由液面处的黏性应力是精确的. 在实用中, 可以简单地只令自由液面上的压强等于给定的外压强而略去黏性的影响. 如果流体的黏性较小, 这种处理可以保证流场计算的精度.

(3) "标志点" 位置的计算.

标志点的位置使用 Lagrangian 坐标来表示. 在 $t=0$ 时刻初始位置为, $x_p=x_p^0$, $y_p=y_p^0$, 则在时刻 t_n

$$x_p^n = x_p^0 + \int_0^{t_n} u_p \mathrm{d}t \tag{11.2.13}$$

$$y_p^n = y_p^0 + \int_0^{t_n} v_p \mathrm{d}t \tag{11.2.14}$$

式中, u_p 和 v_p 是标志点所在位置的当地流速, 即所谓欧拉速度. 如果我们按时间步长, 逐时段计算标志点的位置, 则从式 (11.2.13) 和 (11.2.14) 可得出下面的关系式

$$x_p^{n+1} = x_p^n + u_p^n \Delta t \tag{11.2.15}$$

$$y_p^{n+1} = y_p^n + v_p^n \Delta t \tag{11.2.16}$$

有了 u_p^n 和 v_p^n 值, 则可以确定标志点的新位置. 计算 u_p 和 v_p 有两种方法, 分别叙述如下.

a. 双变量线性内插法

围绕标志点为中心, 作一边界为 $\Delta x, \Delta y$ 的矩形单元, 该单元由线段 AB, CD(或线段 $A'B', C'D'$) 划分成四块. AB, CD 线 ($A'B', C'D'$ 线) 的绘制方法如图 11.2.6(a, b) 所示. CD 线通过标志点所在网格单元的中心, 且平行于 y 轴, $C'D'$ 线则通过同一网格单元中心而平行于 x 轴. u_p, v_p 由下面的式子求取.

$$u_p = \frac{u_1A_1 + u_2A_2 + u_3A_3 + u_4A_4}{\Delta x \Delta y} \tag{11.2.17}$$

$$v_p = \frac{v_1B_1 + v_2B_2 + v_3B_3 + v_4B_4}{\Delta x \Delta y} \tag{11.2.18}$$

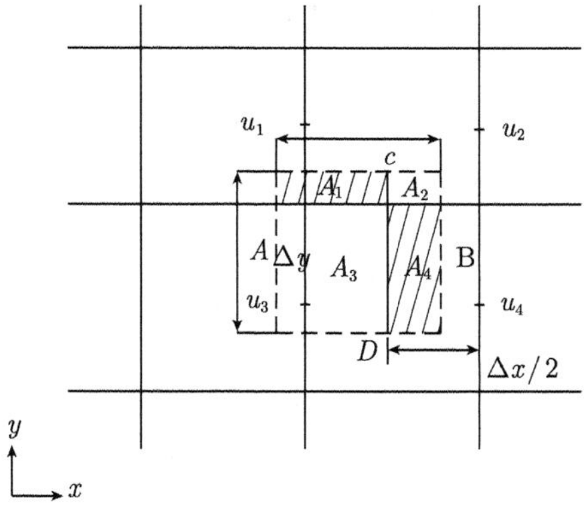

图 11.2.6(a) 双变量线形内插法

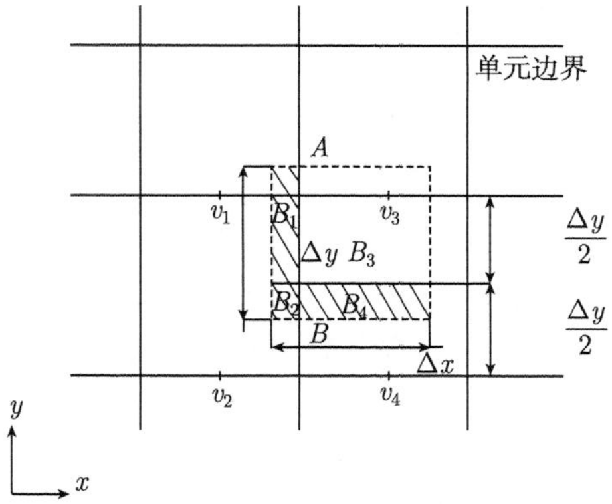

图 11.2.6(b) 双变量线形内插法

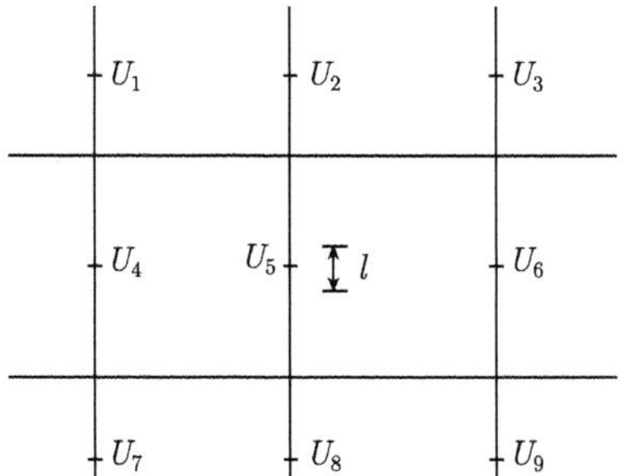

图 11.2.7(a) 二次内插法

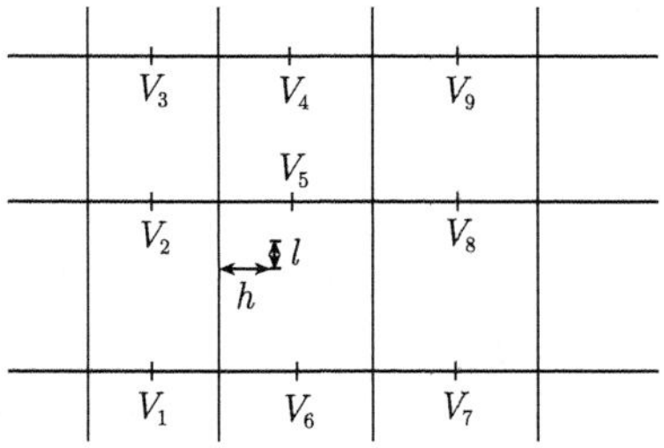

图 11.2.7(b) 二次内插法

b. 二次内插法

内插的格式如图 11.2.7(a, b) 所示, u_p, v_p 的计算公式是

$$\begin{aligned} u_p = &\frac{a}{2}(u_6 - u_4) + \frac{b}{2}(u_2 - u_8) + \frac{1}{2}[a^2(u_4 + u_6 - 2u_5) \\ &+ b^2(u_2 + u_8 - 2u_5) + \frac{1}{2}ab(u_3 + u_7 - u_1 - u_9)] \end{aligned} \tag{11.2.19}$$

$$v_p = \frac{a}{2}(v_8 - v_2) + \frac{b}{2}(v_6 - v_4) + \frac{1}{2}[a^2(v_2 + v_8 - 2v_5) + b^2(v_6 + v_4 - 2v_5) + \frac{1}{2}ab(v_2 + v_3 - v_1 - v_9)] \tag{11.2.20}$$

式中, $a = h/\Delta x, b = l/\Delta y$.

11.2.2 流体体积法 [Volume of Fluid(VOF) Method][10]

1. 概述

在 MAC 方法中, 利用网格单元中是否包含标志点来判断该单元是否被流体所填充. 而标志点的单元与无标志点单元之间的 "边界" 就看作是自由液面 (界面). 这样的方法需要很大的计算机内存和计算机工作量. 如果定义这样一个函数 F, 在有流体的点取值为 1, 在无流体的点取零值. 这样在一个单元内, F 的平均值就可以代表单元内流体所占的份额. 如果 F 的均值为 1, 则单元充满流体, 如果单元内无流体则 F 的值为零. 而 F 值在 0 和 1 之间表示该单元必然包含自由液面. 所以, VOF 法提供了与 MAC 法类似的有关内界面的信息, 但是, VOF 只需要对每个单元提供一个内存就可以了, 不像 MAC 法那样需要对一个以上的标志点提供内存.

边界的法线方向定向于 F 值快速改变的方向, 只要 F 的导数可以求出, 边界的法线方向就可以相应确定, 当然, 由于 F 是阶梯函数, 所以求导数的方法比较特殊, 一旦法线方向和边界单元内的 F 值知道, 则在单元内可以定出一条切割线, 这条切割线就是内界面 (自由液面) 的位置. 有了边界的位置, 边界条件也就可以设定了.

下面的问题是如何精确计算 F 场的变化. F 随时间的变化过程由下面的方程控制

$$\frac{\partial F}{\partial t} + u\frac{\partial F}{\partial x} + v\frac{\partial F}{\partial y} = 0 \tag{11.2.21}$$

这个方程说明, F 随流体移动, 类似于随流体流动的 "标志点".

2. 具体方法

下面详细介绍 VOF 方法和相关的问题

(1) 流体控制方程

流体的控制方程是 N-S 方程, 即

$$\frac{\partial u}{\partial t} + u\frac{\partial u}{\partial x} + v\frac{\partial u}{\partial y} = -\frac{\partial p}{\partial x} + F_x + \nu\left[\frac{\partial^2 u}{\partial x^2} + \frac{\partial^2 u}{\partial y^2} + \xi\left(\frac{1}{x}\frac{\partial u}{\partial x} - \frac{u}{x^2}\right)\right] \tag{11.2.22}$$

$$\frac{\partial v}{\partial t} + u\frac{\partial v}{\partial x} + u\frac{\partial v}{\partial y} = -\frac{\partial p}{\partial y} + F_y + \nu\left[\frac{\partial^2 v}{\partial x^2} + \frac{\partial^2 v}{\partial y^2} + \frac{\xi}{x}\frac{\partial v}{\partial x}\right] \tag{11.2.23}$$

$$\frac{\partial u}{\partial x} + \frac{\partial v}{\partial y} + \frac{\xi u}{x} = 0 \tag{11.2.24}$$

式中, u,v 是笛卡尔坐标系中 x,y 向的速度分量, 在圆柱坐标中是 r,z 方向的速度分量. 在上式中, $\xi=0$ 相应于笛卡尔坐标系, $\xi=-1$ 相当于圆柱体坐标系. F_x, F_y 是体积力沿 x, y 向的分量, ν 是运动黏性系数. 而流体密度规定为 1.

式 (11.2.22), (11.2.23) 和 (11.2.24) 可以任何显示或隐式格式离散, 变量和 F 值在网格单元上的配置如图 11.2.8 所示. F 变量配置在单元中心 (i,j). F 变量是用来标明某个网格单元是否包含流体. 自由表面单元必须包含非零的 F 值和至少有一个 F 值等于零的邻接单元, $(i\pm1,j)$ 或 $(i,j\pm1)$. F 值等于零的单元称之为空单元. 具有非零 F 值的单元如果没有 F 值等于零的单元邻接, 则看作是满单元或内部单元.

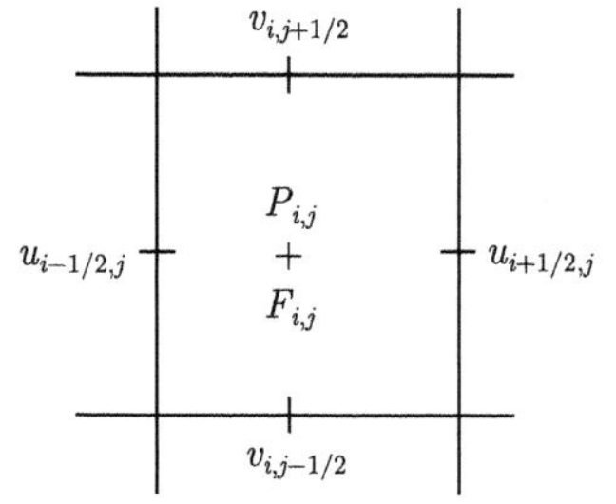

图 11.2.8 单元上变量的配置

求解的基本步骤如下:

a. 用显式格式离散式 (11.2.22) 和式 (11.2.23). 利用初始条件或前一时间步的已知的速度值, 压强值, 求出该时刻速度的第一次近似值.

b. 计算压强 p 的值. 和 MAC 方法一样, 压强 p 的值用迭代方法求解.

c. 计算 F 的值. 给出 F 的新的分布从而确定流场的新的几何形状.

(2) 离散格式

为了精确控制内界面, 有时需要用非均匀网格. 均匀网格是非均匀网格的特殊情况, 所以非均匀网格的结果可以直接用到均匀网格的情况.

式 (11.2.22) 和式 (11.2.23) 的有限差分近似可以写成

$$u_{i+1/2,j}^{n+1}=u_{i+1/2,j}^{n}+\Delta t\left[-\frac{p_{i+1,j}^{n+1}-p_{i,j}^{n+1}}{\Delta x_{i+1/2}}+E_x-FUX-FUY+VISX\right] \tag{11.2.25a}$$

$$v_{i,j+1/2}^{n+1}=v_{i,j+1/2}^{n}+\Delta t\left[-\frac{p_{i,j+1}^{n+1}-p_{i,j}^{n+1}}{\Delta y_{j+1/2}}+E_y-FVX-FVY+VISY\right] \tag{11.2.25b}$$

式中, $\Delta x_{i+1/2}=\dfrac{1}{2}(\Delta x_i+\Delta x_{i+1})$ 和 $\Delta y_{j+1/2}=\dfrac{1}{2}(\Delta y_j+\Delta y_{j+1})$, 图 11.2.9, FUX, FUY 等分别表示对流项, 黏性项的有限差分离散, 它们均在前一个时间层求值. 应用非均匀网格时, 由于控制体的中心往往与差分中心, 如 $u_{i+1/2,j}$ 所在的位置不重合, 这样会带来误差, 降低差分格式的精度.

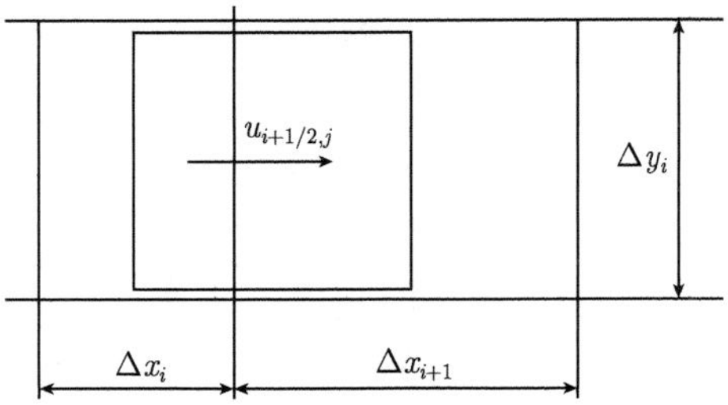

图 11.2.9 u- 动量方程有限差分离散的控制体 (用虚线表示)

为了提高精度, 可以用下面的格式来离散对流项, 例如

$$FUX = \frac{u_{i+1/2,j}}{\Delta x_\alpha}\left[\Delta x_{i+1}DUL + \Delta x_i DUR + \alpha \mathrm{sgn}(u)\left(\Delta x_{i+1}DUL - \Delta x_i DUR\right)\right] \tag{11.2.26}$$

式中,

$$DUL = \frac{u_{i+1/2,j} - u_{i-1/2,j}}{\Delta x_i};\ DUR = \frac{u_{i+3/2,j} - u_{i+1/2,j}}{\Delta x_{i+1}};$$

$$\Delta x_\alpha = \Delta x_{i+1} + \Delta x_i + \alpha \mathrm{sgn}(u)(\Delta x_{i+1} - \Delta x_i)$$

$\mathrm{sgn}(u)$是速度$u_{i+1/2}$的符号.

当 $\alpha = 0$ 时, 式 (11.2.26) 为二阶精度的中心差分. $\alpha = 1$ 时, 式 (11.2.26) 为一阶精度的控制体格式. α 取 0~1 之间的值时, 可以在调整格式的精度同时又可以维持控制体差分法稳定性强的优点. 式 (11.2.26) 的主要思路是被对流的量的上游导数的值被赋予较大的权重, 而下游导数的值被赋予较小的权重. 上游导数的权因子为 $1+\alpha$, 下游导数的权因子为 $1-\alpha$. 这两个导数同时还根据单元的尺度来赋予权重, 这样可以保持差分形式的精度.

黏性项则用标准的中心差分来离散.

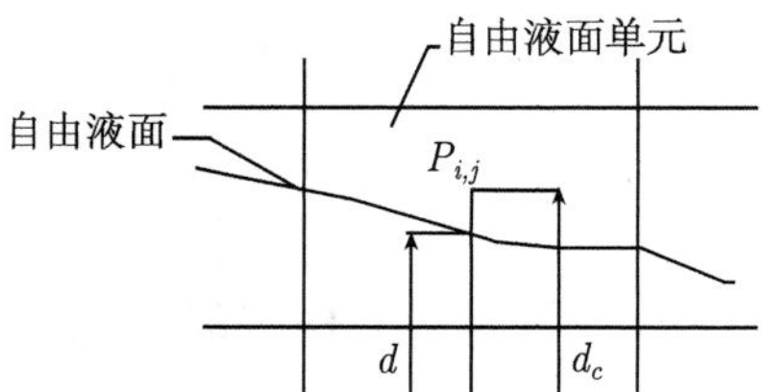

图 11.2.10 表面压强边界条件设置

(3) 自由液面压强的给定

自由液面单元的压强, $p_{i,j}$ 用内插 (或外延) 的方法来确定

$$p_{i,j} = (1-\eta)p_N + \eta p_s \tag{11.2.27}$$

式中, $\eta = d_c/d$,d_c 是自由液面单元和邻接的内部单元中心之间的距离, d 是自由液面至内部邻接单元中心的距离. 图 11.2.10 用于内插的邻接单元的选取标准是, 联接自由液面单元中心和所选内部单元中心的联线最靠近自由液面的法线. 这样选定的单元又叫内插邻接单元.

(4) 流体体积函数 F 的计算

a. 控制方程及自由液面单元 F 值的计算

对于不可压缩流体流动, 式 (11.2.21) 可以与 (11.2.24) 合并成守恒的形式的 F 控制方程

$$\frac{\partial F}{\partial t}+\frac{1}{r}\frac{\partial rFu}{\partial x}+\frac{\partial Fv}{\partial y}=0 \tag{11.2.28}$$

在上式中, 当 ξ=1 时, $r=x$, 当 ξ=0 时, $r=1$. 式 (11.2.28) 对每一个网格单元积分. 单元内 F 值的变化变成通过单元边界面的 F 值的通量. 对于自由液面单元, F 通量的计算要特别谨慎以保证突变的自由液面的模拟.

考虑一个单元的右侧边界面, δt 时段内, 通过该界面单位面积的流体和空单元的总体积通量为 $V=u\delta t$. u 是界面的法向速度. u 的符号决定了单元的身份, 即单元是 "贡献单元"(donor) 或是 "接受单元"(acceptor) 即单元是流失流体还是获得流体. u 的符号为正, 则界面上游 (左侧) 单元为 "贡献单元", 界面下游 (右侧) 的单元为接受单元. 在一个时间步长内通过界面的 F 通量等于 δF 与单元面积的乘积. δF 由下面的式子计算

$$\delta F=\min\{F_{AD}\left|V\right|+CF,F_D\Delta x_D\} \tag{11.2.29a}$$

和

$$CF=\max\{(1.0-F_{AD})\left|V\right|-(1.0-F_D)\,\Delta x_D,0.0\} \tag{11.2.29b}$$

式中, 单下标 (A) 表示接受单元, (D) 表示贡献单元. 双下标, AD 代表或者是 A, 或者是 D, 根据内界面与流动方向的相对定向而定. 式 (11.2.29a) 中的 min 是为了防止通过界面的 F- 通量超过贡献单元所可能提供的 F 的量 (即所可能提供的流体的量). 式 (11.2.29b) 中的 max 是为了考虑这种情况, 如果空单元的通量超过可能供给的量时, 需要补充流体通量, 这个补充的流量就是 CF.

图 11.2.11 给出几种与 F 值输送有关的自由液面单元的类型. 图 11.2.11(a) 给出当流动是通过一个垂直的单元边界面时, 贡献单元与接收单元的定义. 当 AD=D 时, 则 F 通量是一个正常定义的贡献单元的通量值, 即 $F=F_D\left|V\right|$, 这个 F 值用于决定单元边界面通过流体的那部分断面面积. 稳定性要求 $|V|<\Delta x$, 所以贡献单元中的流体不会流空. 图 11.2.11(b). 当 AD=A 时, 则接受单元内的 F 值用来确定单元边界面通过流体的断面面积, 图 11.2.11(c). 贡献单元中所有的流体都流失, 即所有贮存在虚线和流通边界面之间的流体和空泡均进入接收单元. 在式 (11.2.28a) 中的 min 则控制可能给予的流体体积.

图中的虚线标注的区域是被传输的总体积的左边界, 双影线所指示的区域表示实际传输的 F 的量.

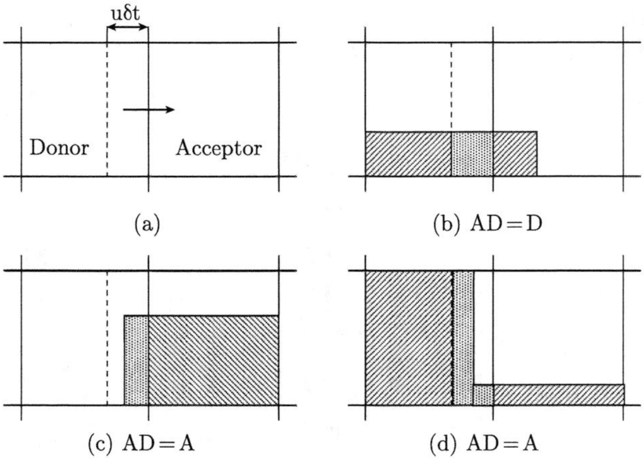

图 11.2.11　用于计算 F 通量的自由液面形状的例子

(a) 贡献单元 — 接受单元的配置, 虚线表示被传输的液体体积的左边边界.

(b) 左边单元为贡献单元. (c) 左侧单元为接受单元.

(d) 左侧单元为接受单元, 且要求的通量大于 $F_A\,|V|$

当 AD=A 时, 且流通的流体的量超过 $F_A\,|V|$, 则需要补充额外的流体以满足需要的流量. 在图示的情况下, 虚线与流通边界之间额外流体就等于 CF.

什么情况下, 用贡献单元或用接收单元的 F 值来确定流通的断面面积. 这完全取决于自由液面的平均定向. 如果自由液面基本上沿其法向移动, 则用接收单元的 F 值, 否则, 用贡献单元的 F 值. 另外, 如果接受单元是空单元, 或者贡献单元的上游是空单元, 则不管自由液面的定向如何, 都用接收单元的 F 值来确定流通量. 这就是讲, 贡献单元必须首先补充流体, 然后再向下游的空单元输送流体.

之所以用自由液面的定向来确定用什么单元的 F 值计算流通断面面积, 是因为如果只用接收单元来计算通量, 自由液面会不合理变得过于陡峭. 例如, 水平面上产生一个小波动沿 x 正方向移动, 如果只是用下游单元的 F 值 (接受单元的 F 值) 来计算通量, 波动会变陡, 最后变成一个阶梯形不连续断面. 当通量值 δF 求出后, 只用它乘以通量的边界的面积就可以得出被传输的流体的量. 从贡献单元中减去这一部分量, 再加到接收单元中去. 对网格的所有单元边界重复上述计算工作, 最后得出满足式 (11.2.27) 的下一时刻的 F 值.

b. F 值的校正工作

上一步求出的 F 值可能会出现稍小于零或略大于 1 的情况. 因此在计算结束后, 必须对每一个网格单元的值进行检查, 将小于零的值取为零, 而大于 1 的值取为 1. 校正后, 总的流体体积会变化, 在计算的每一步要将这种变化值记录下来.

其次, 在数值计算中, 由于舍入误差, F 值不可能正好是零, 或者正好是整数 1.

所以, 一个单元是不是空单元或满单元不能用 0 或 1 来判别. 为了避免这个问题, 通常假定一个很小的 ε_F 值, 譬如, 10^{-6}. 当 F 值小于 ε_F 时, 单元就确定为空单元, 当 F 值大于 1.0-ε_F 时, 单元就是满单元. 如果在一次计算后, 一个单元的 F 值小于 ε_F, 这个 F 就取作零, 所有与其相邻的满单元就变成表面单元, 而这些相邻单元的 F 值均减去 $1.1\varepsilon_F$. 这种改正同样会造成累积误差需要记录在案.

c. 在单元内确定那边界面的位置

在 VOF 方法中自由液面在表面单元内的位置, 用一条直线段来表示. 首先是定出线段的斜率, 然后移动这个线段到一个位置, 这个位置与单元内的 F 值一致.

假定界面可以用一个单值函数 $Y(x)$ 或 $X(y)$ 来表示, 至于用 $Y(x)$ 或 $X(y)$ 取决于界面的定向. 如果用 $Y(x)$ 代表这个界面, 则 $\mathrm{d}Y/\mathrm{d}x$ 可以用下面的公式来近似计算

$$Y_i = Y(x_i) = F(i,j-1)\Delta y_{j-1} + F(i,j)\Delta y_j + F(i,j+1)\Delta y_{j+1}$$

这里, Y =0 取在 $j-1$ 行单元的底边处. 而后

$$\left(\frac{\mathrm{d}Y}{\mathrm{d}x}\right)_i = 2(Y_{i+1} - Y_{i-1})/\left(\Delta x_{i+1} + 2\Delta x_i + \Delta x_{i-1}\right) \tag{11.2.30}$$

类似的, 有

$$X_j = X(y_j) = F(i-1,j)\Delta x_{i-1} + F(i,j)\Delta x_i + F(i+1,j)\Delta x_{i+1}$$

和

$$\left(\frac{\mathrm{d}X}{\mathrm{d}y}\right)_j = 2(X_{j+1} - X_{j-1})/\left(\Delta y_{j+1} + 2\Delta y_j + \Delta y_{j-1}\right) \tag{11.3.31}$$

如果 $\left|\frac{\mathrm{d}Y}{\mathrm{d}x}\right|$ 小于 $\left|\frac{\mathrm{d}X}{\mathrm{d}y}\right|$. 则界面基本上是水平的, 反之, 则界面基本上是垂直的. 在任何情况下, 幅度最小的导数给出界面斜度最佳的近似.

如果 $\left|\frac{\mathrm{d}Y}{\mathrm{d}x}\right|$ 最小, 则界面应该是趋于水平面. 如果 $\left|\frac{\mathrm{d}X}{\mathrm{d}y}\right|$ 是负的, 则流体在界面的下面, 单元 $(i,j-1)$ 用作表面单元 (i,j) 的内插邻接单元. $\left|\frac{\mathrm{d}X}{\mathrm{d}y}\right|$ 为正, 因为流体位于界面的上方, 单元 $(i,j+1)$ 用作表面单元 (i,j) 的内插邻接单元.

一旦界面的斜度算得, 和流体位于界面的那一边定下来, 则用于代表界面的线段就可以构成. 而在流体一侧的流体体积 (F 值) 也同时正确得以表达. 有了这些信息后, 不但自有面的位置定下来, 用于计算表面压强条件的 η 值, 式 (11.2.27) 也可以确定.

(5) 稳定条件

为了正确的模拟自由液面或内界面的变化, 我们只考虑相邻单元之间的通量. 因此, 时间步长必须满足下面的不等式

$$\delta t < \min\left\{\frac{\Delta x_i}{|u_{i,j}|}, \frac{\Delta y_j}{|v_{i,j}|}\right\} \tag{11.2.32}$$

而 min 是对所有的单元取的. 用于计算的 Δt, 则等于 $(1/4 \sim 1/3)\delta t$. 另外, 如果流体的黏性必须考虑, 则要求在每一个时间步长内, 动量的扩散不超过一个单元. 线性稳定分析给出如下的限制条件

$$v\delta t < \frac{1}{2}\frac{\Delta x^2 \Delta y^2}{\Delta x^2 + \Delta y^2} \tag{11.2.33}$$

除上面对 δt 的限制条件外, 为了保证计算稳定, 还需要对参数 α 进行限制

$$1 \geqslant \alpha > \max\left\{\left|\frac{u_{i,j}\delta t}{\Delta x_i}\right|, \left|\frac{v_{i,j}\delta t}{\Delta y_j}\right|\right\} \tag{11.2.34}$$

根据经验, α 的实际取值, 是式 (11.2.34) 右侧 max 值的 1.2 至 1.5 倍. α 过大, 引入的数值耗散过大, 造成不合理的结果.

11.2.3 网格变换法 [11]

这个方法的基本要点是将随时间不断变化的计算域映射到固定的矩形域. 在这个矩形域上进行流场的计算.

以船行波为例, 介绍利用网格变换处理随时间变化计算域的方法.

1. 控制方程

考虑一个吃水深度为 d 的平底船, 以匀速 U 沿水平方向航行, 这等价于在一个垂向的二维流场, 流速为 U 的均匀来流通过一半无限长的吃水深度为 d 的平底船, 图 11.2.12. 直角坐标系的原点固定在船尾与静止水面的交点. 流体考虑为黏性不可压缩流体, 不考虑表面张力的作用. 假定自由液面上任意一点的波高 y 在任意时刻 t 均可表示为 x 的函数, $y = f(x,t)$. 假设水流在船底的角点处切向分离. 利用涡输运方程和流函数联合求解. 涡量 ω 和流函数 ψ 与 x, y 方向的流速分量 u, v 有如下的关系式

$$u = \psi_y = \frac{\partial\psi}{\partial y},\ v = \psi_x = \frac{\partial\psi}{\partial x} \tag{11.2.35}$$

$$\omega = v_x - u_y \tag{11.2.36}$$

将式 (11.2.35) 代入 (11.2.36) 即得控制方程

$$\psi_{xx} + \psi_{yy} = -\omega \tag{11.2.37}$$

另外, 二维涡传输方程为,

$$\frac{\partial \omega}{\partial t}=\psi_x\omega_y-\psi_y\omega_x+\frac{1}{Re}\left(\omega_{xx}+\omega_{yy}\right) \tag{11.2.38}$$

上式中的变量均为无因次变量, 组成无因次变量的特征长度为船的吃水深度, d, 特征速度为水流速度, U. 即

$$(x',y')=d\left(x,y\right),\ t'=\frac{d}{U}t,\ \psi'\ =dU\psi$$

雷诺数, Re= $\frac{Ud}{v}$, v 是流体的运动黏性系数.

2. 边界条件

自由液面条件

(1) 动力边界条件

设大气压强等于零, 在纳维埃–斯托克斯 (N–S) 方程中令 $p=0$, 并无因次化得

$$\frac{\partial u}{\partial t}+u\frac{\partial u}{\partial x}+v\frac{\partial u}{\partial y}=-\frac{1}{F_r^2}\frac{\partial y}{\partial x}+\frac{1}{\mathrm{Re}}\left(\frac{\partial^2 u}{\partial x^2}+\frac{\partial^2 u}{\partial y^2}\right) \tag{11.2.39}$$

式中, F_r 是弗如德数, $F_r=\dfrac{U}{\sqrt{gd}}$, g 为重力加速度. 根据涡量的定义和流体不可压的条件, 有

$$\left(\frac{\partial^2 u}{\partial x^2}+\frac{\partial^2 u}{\partial y^2}\right)=-\frac{\partial}{\partial y}\left(\frac{\partial v}{\partial x}-\frac{\partial u}{\partial y}\right)+\frac{\partial}{\partial x}\left(\frac{\partial v}{\partial y}+\frac{\partial u}{\partial x}\right)=-\frac{\partial \omega}{\partial y}$$

代入式 (11.2.38) 得

$$\frac{\partial u}{\partial t}=-u\frac{\partial u}{\partial x}-v\frac{\partial u}{\partial y}-\frac{1}{F_r^2}\frac{\partial y}{\partial x}+v\omega-\frac{1}{\mathrm{Re}}\frac{\partial \omega}{\partial y} \tag{11.2.40}$$

由于计算将要在曲线坐标下进行, 下面将式 (11.2.44) 进行变换. 引进正交曲线坐标系 $\xi o\eta$, 其中, $o\xi$ 沿自由液面的切线方向, $o\eta$ 沿自由液面的法线方向, 图 11.2.12.

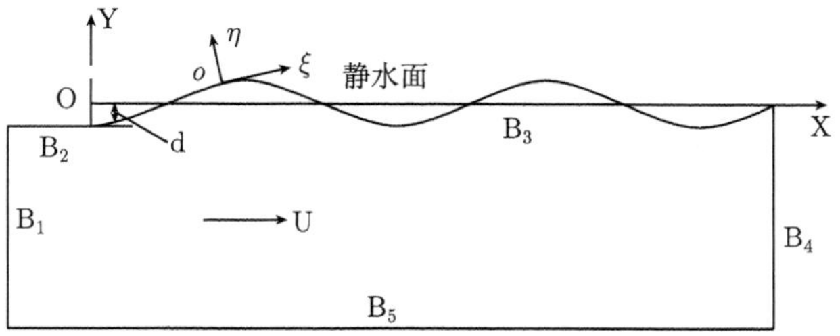

图 11.2.12 物理计算域示意图

在曲线坐标系中, 式 (11.2.40) 的形式为

$$\frac{\partial q^\xi}{\partial t}=-q^\xi\frac{\partial q^\xi}{h_1\partial\xi}-q^\eta\frac{\partial q^\eta}{h_1\partial\xi}-\frac{1}{Fr^2}\frac{\partial Y}{h_1\partial\xi}+q^\eta\omega-\frac{1}{\mathrm{Re}}\frac{\partial\omega}{h_1\partial\eta}\tag{11.2.41}$$

式中,

$$\left\{\begin{aligned}&q^\xi=\frac{\partial\psi}{h_2\partial\eta},\quad q^\eta=\frac{\partial\psi}{h_1\partial\xi}\\&h_1=\sqrt{\left(\frac{\partial x}{\partial\xi}\right)^2+\left(\frac{\partial y}{\partial\xi}\right)^2}\\&h_2=\sqrt{\left(\frac{\partial x}{\partial\eta}\right)^2+\left(\frac{\partial y}{\partial\eta}\right)^2}\end{aligned}\right.\tag{11.2.42}$$

式中, h_1, h_2 为拉梅 (lama) 系数; q^ξ, q^η 为 ξ,η 方向的速度分量.

(2) 运动边界条件

任意时刻自由液面上波高 y 是 x 的单值函数, $y=Y(x,t)$, 两边取全导数

$$\frac{\mathrm{d}y}{\mathrm{d}t}=\frac{\partial Y}{\partial t}+\frac{\partial Y}{\partial x}\frac{\mathrm{d}x}{\mathrm{d}t}$$

又, $\dfrac{\mathrm{d}y}{\mathrm{d}t}=v$, 则自由液面上的运动边界条件是

$$\frac{\partial Y}{\partial t}=-u\frac{\partial Y}{\partial x}+v\tag{11.2.43}$$

(3) 涡量边界条件

根据自由液面上无剪切应力的条件, 推导自由液面上涡量的边界条件. 由 $\tau_{\xi\eta}=\mu\varepsilon_{\xi\eta}=0$ 即 $\varepsilon_{\xi\eta}=0$, 这里, $\tau_{\xi\eta}$ 表示 η 面上沿 ξ 方向的剪切应力, $\varepsilon_{\xi\eta}$ 表示 η 面上沿 ξ 方向的剪应变, μ 是流体的黏性系数. 由此得

$$\varepsilon_{\xi\eta}=\frac{1}{2}\left[\frac{h_2}{h_1}\frac{\partial}{\partial\xi}\left(\frac{q^\eta}{h_2}\right)+\frac{h_1}{h_2}\frac{\partial}{\partial\eta}\left(\frac{q^\xi}{h_1}\right)\right]=0$$

则有

$$\frac{1}{h_1}\frac{\partial q^\eta}{\partial\xi}-\frac{q^\eta}{h_1h_2}\frac{\partial h_2}{\partial\xi}+\frac{1}{h_2}\frac{\partial q^\xi}{\partial\eta}-\frac{q^\xi}{h_1h_2}\frac{\partial h_1}{\partial\eta}=0$$

在上式中分别加、减 $\dfrac{q^\eta}{h_1h_2}\dfrac{\partial h_2}{\partial\xi}$, $\dfrac{q^\xi}{h_1h_2}\dfrac{\partial h_1}{\partial\eta}$ 项, 并进行合并得

$$\frac{1}{h_1h_2}\left(\frac{\partial h_2q^\eta}{\partial\xi}-\frac{\partial h_1q^\xi}{\partial\eta}\right)=2\left(-\frac{q^\xi}{h_1h_2}\frac{\partial h_1}{\partial\eta}-\frac{1}{h_1}\frac{\partial q^\eta}{\partial\xi}\right)$$

上式即为涡量在自由液面上应该满足的条件

$$\omega=2\left(kq^\xi+\frac{1}{h_1}\frac{\partial q^\eta}{\partial\xi}\right)\tag{11.2.44}$$

式中, $k=-\dfrac{1}{h_1h_2}\dfrac{\partial h_1}{\partial \eta}$, 为自由液面的曲率, 也可表达为, $k=\dfrac{Y_{xx}}{(1+Y_x^2)^{3/2}}$.

(4) 其他边界条件

a. 船底面 B_2 上的边界条件

船底面是一条流线, 其上流函数为常数, 取

$$\psi=0 \tag{11.2.45}$$

另外, 由固壁的不可入条件有

$$\omega=\frac{1}{h_1h_2}\left(-\frac{\partial h_1q^\xi}{\partial \eta}\right)=-\frac{q^\xi}{h_1h_2}\frac{\partial h_1}{\partial \eta}-\frac{1}{h_2}\frac{\partial q^\xi}{\partial \eta}$$

当船底面是平底时, $\dfrac{\partial h_1}{\partial \eta}=0$, 得

$$\omega=-\frac{1}{h_2}\frac{\partial q^\xi}{\partial \eta} \tag{11.2.46}$$

b. 上游边界 B_1 和底部边界 B_5

计算时, 当上部边界 B_1 取得足够远时, 可认为水流为均匀来流, 即

$$\frac{\partial \psi}{\partial y}=1 \tag{11.2.47}$$

设底部边界 B_5 距船底的距离为 H, 由于 B_5 也是一条流线, 故有

$$\psi=-H \tag{11.2.48}$$

c. 下游出流边界 B_4

近似地采用线性 Sommerfeld 辐射条件, 即

$$\frac{\partial \psi}{\partial t}+C\frac{\partial \psi}{\partial x}=0 \tag{11.2.49}$$

3. 曲线坐标系中的控制方程和边界条件

利用 12.4 节介绍的方法, 将图 11.2.12 中不规则的物理域 $D(t)$ 变换成矩形计算域 D^*, 图 11.2.13.

(1) 控制方程的变换

利用 12.2 节介绍的方法可以变换控制方程. 式 (11.2.6) 的变换形式为

$$\alpha\psi_{\xi\xi}-2\beta\psi_{\xi\eta}+\gamma\psi_{\eta\eta}+J^2\left(P\psi_\xi+Q\psi_\eta\right)=-J^2\omega \tag{11.2.50}$$

式 (11.2.38) 的变换形式为

$$\frac{\partial \omega}{\partial t}=\frac{1}{J^2}\left[\left(y_\eta \omega_\xi-y_\xi \omega_\eta\right) \frac{\partial x}{\partial t}-\left(x_\xi \omega_\eta-x_\eta \omega_\xi\right) \frac{\partial y}{\partial t}\right]$$

$$+\frac{1}{J^2 \mathrm{Re}}\left(\alpha \omega_{\xi \xi}-2 \beta \omega_{\xi \eta}+\gamma \omega_{\eta \eta}\right)+\frac{1}{\mathrm{Re}}\left(Q \omega_\eta+P \omega_\xi\right) \tag{11.2.51}$$

速度分量的变换公式

$$\left\{\begin{array}{l}u=\dfrac{1}{J}\left(x_\xi \psi_\eta-x_\eta \psi_\xi\right) \\ v=\dfrac{1}{J}\left(y_\xi \psi_\eta-y_\eta \psi_\xi\right)\end{array}\right. \tag{11.2.52}$$

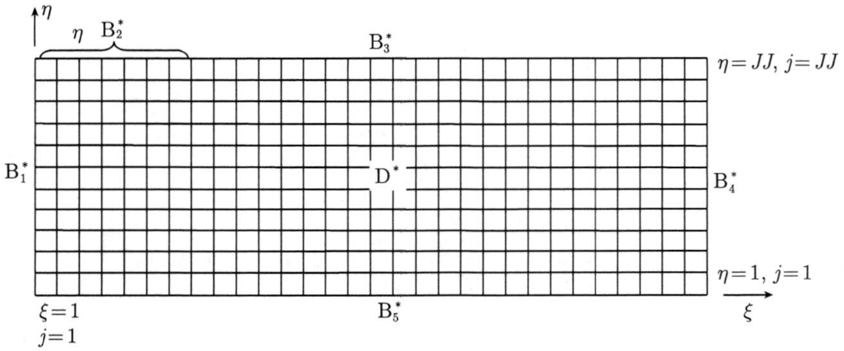

图 11.2.13　矩形计算域 D*

图中带'*'号的符号与物理计算域的相应边界对应. 如矩形计算域的边界 B_1^* 与物理计算域的边界 B_1 对应.

(2) 自由液面条件变换

a. 动力边界条件

物理计算域上的动力条件式 (11.2.41) 在变换平面上为

$$\left.\frac{\partial q^{\xi}}{\partial t}\right|_{\xi,\eta=const}=\frac{1}{J} x_t\left(q_{\xi}^{\xi} y_\eta-q_{\eta}^{\xi} y_\xi\right)+\frac{1}{J} y_t\left(q_{\eta}^{\xi} x_\xi-q_{\xi}^{\xi} x_\eta\right)$$

$$-\frac{1}{\sqrt{\gamma}} q^{\xi} q_{\xi}^{\xi}-\frac{1}{\sqrt{\gamma}} q^{\eta} q_{\xi}^{\eta}-\frac{1}{Fr^2} \frac{y_\xi}{\sqrt{\gamma}}+q^{\eta} \omega$$

$$-\frac{1}{\mathrm{Re}}\left(\gamma \omega_\eta-\beta \omega_\xi\right) \frac{1}{J \sqrt{\gamma}}$$

在计算时, 网格结点的 x 坐标值保持不变, 即, $x_t=0$, 故有

$$\left.\frac{\partial q^{\xi}}{\partial t}\right|_{\xi,\eta=const}=\frac{1}{J} y_t\left(q_{\eta}^{\xi} x_\xi-q_{\xi}^{\xi} x_\eta\right)-\frac{1}{\sqrt{\gamma}}\left(q^{\xi} q_{\xi}^{\xi}-q^{\eta} q_{\xi}^{\eta}\right)-\frac{1}{Fr^2} \frac{y_\xi}{\sqrt{\gamma}}+q^{\eta} \omega$$

$$-\frac{1}{\mathrm{Re}}\left(\gamma\omega_\eta-\beta\omega_\xi\right)\frac{1}{J\sqrt{\gamma}} \tag{11.2.53}$$

式中,

$$\begin{cases} q^\xi=\dfrac{\partial\psi}{h_2\partial\eta}=\dfrac{1}{J\sqrt{\gamma}}\left(\gamma\psi_\eta-\beta\psi_\xi\right) \\ q^\eta=-\dfrac{\partial\psi}{h_1\partial\xi}=-\dfrac{\psi_\xi}{\sqrt{\gamma}} \end{cases} \tag{11.2.54}$$

令变换系数, β,γ,J 对 ξ,η 的导数为

$$\begin{cases} A_1=\dfrac{\partial\beta}{\partial\xi}=x_{\xi\xi}x_\eta+x_\xi x_{\xi\eta}+y_{\xi\xi}y_\eta+y_\xi y_{\xi\eta} \\ A_2=\dfrac{\partial J}{\partial\xi}=x_{\xi\xi}y_\eta+x_\xi y_{\xi\eta}-x_{\xi\eta}y_\xi-x_\eta y_{\xi\xi} \\ A_3=\dfrac{1}{2}\dfrac{\partial\gamma}{\partial\xi}=x_\xi x_{\xi\xi}+y_\xi y_{\xi\xi} \\ A_4=\dfrac{\partial\beta}{\partial\eta}=x_{\xi\eta}x_\eta+x_\xi x_{\eta\eta}+y_{\xi\eta}y_\eta+y_\xi y_{\eta\eta} \\ A_5=\dfrac{\partial J}{\partial\eta}=x_{\xi\eta}y_\eta+x_\xi y_{\eta\eta}-x_{\eta\eta}y_\xi-x_\eta y_{\xi\eta} \\ A_6=\dfrac{1}{2}\dfrac{\partial\gamma}{\partial\eta}=x_\xi x_{\xi\eta}+y_\xi y_{\xi\eta} \end{cases} \tag{11.2.55}$$

这样, q^ξ,q^η 对 ξ,η 的导数为

$$q^\xi_\xi=\frac{1}{J}\left[\sqrt{\gamma}\psi_{\xi\eta}-\frac{\beta}{\sqrt{\gamma}}\psi_{\xi\xi}+\psi_\eta\left(-\frac{\sqrt{\gamma}}{J}A_2+\frac{A_3}{\sqrt{\gamma}}\right)+\frac{1}{\sqrt{\gamma}}\psi_\xi\left(-A_1+\frac{\beta}{J}A_2+\frac{\beta}{\gamma}A_3\right)\right] \tag{11.2.56}$$

$$q^\xi_\eta=\frac{1}{J}\left[\sqrt{\gamma}\psi_{\eta\eta}-\frac{\beta}{\sqrt{\gamma}}\psi_{\xi\eta}+\psi_\eta\left(-\frac{\sqrt{\gamma}}{J}A_5+\frac{A_6}{\sqrt{\gamma}}\right)+\frac{1}{\sqrt{\gamma}}\psi_\xi\left(-A_4+\frac{\beta}{J}A_5+\frac{\beta}{\gamma}A_6\right)\right] \tag{11.2.57}$$

$$q^\eta_\xi=-\frac{1}{\sqrt{\gamma}}\psi_{\xi\xi}+\frac{1}{\sqrt{\gamma^3}}A_3\psi_\xi \tag{11.2.58}$$

b. 运动学边界条件

设,

$$y=f(x,t),\ \text{即}\ f(x,t)-y=0$$

求全导数

$$0=\frac{\mathrm{d}}{\mathrm{d}t}\left[f(x,t)-y\right]=\left.\frac{\partial f}{\partial t}\right|_{x=const}+\left.\frac{\partial f}{\partial x}\right|_{t=const}\frac{\mathrm{d}x}{\mathrm{d}t}-\frac{\mathrm{d}y}{\mathrm{d}t}$$

在变换平面上, 自由液面对应的是一条 $\eta = const$ 线, 按时间因变坐标变换的原理, 有,

$$\left.\frac{\partial f}{\partial x}\right|_{t=const} = \left.\frac{\partial y}{\partial x}\right|_{t=const} = \left.\frac{\partial y}{\partial x}\right|_{\eta=const} = \frac{y_\xi}{x_\xi}$$

代入前式,

$$\left.\frac{\partial y}{\partial t}\right|_{x=const} = v - u\frac{y_\xi}{x_\xi}$$

再将式 (11.2.52) 代入上式,

$$\left.\frac{\partial y}{\partial t}\right|_{x=const} = -\frac{\psi_\xi}{x_\xi} \tag{11.2.59}$$

c. 涡的边界条件

式 (11.2.44) 变换成

$$\omega = 2\left(kq^\xi + \frac{1}{\sqrt{\gamma}}q_\xi^\eta\right) \tag{11.2.60}$$

其中的曲率系数 k 为

$$k = \frac{y_{xx}}{\sqrt{(1+y_x^2)^3}} = \frac{x_\xi y_{\xi\xi} - y_\xi x_{\xi\xi}}{x_\xi^3\sqrt{\left[1+\left(\dfrac{y_\xi}{x_\xi}\right)^2\right]^3}} \tag{11.2.61}$$

d. 其他边界条件变换

(a) 船底边界条件 (B_3^*)

对于流函数

$$\psi = 0 \tag{11.2.62}$$

对于涡量,

$$\omega = -\frac{\gamma}{J^2}\psi_{\eta\eta} \tag{11.2.63}$$

(b) 上游边界 B_1^* 和底部边界 B_5^*

对于上游边界 B_1^* 上的 ψ 值, 满足下面的条件

$$\frac{\partial\psi}{\partial y} = 1, \quad 或 \quad \frac{\psi_\eta}{y_\eta} = 1 \tag{11.2.64}$$

对于底部边界 B_5^* 恒有

$$\psi = -H \tag{11.2.65}$$

(c) 下游边界 B_1^*

对于流函数 ψ, 近似地采用线性 Sommerfeld 辐射条件, 即

$$\frac{\partial\psi}{\partial t} = C\psi_\xi \tag{11.2.66}$$

其中, C 为 ψ 的相速度. 对于坐标 y, 满足自由液面的运动边界条件, 即

$$\frac{\partial y}{\partial t} = -\frac{\psi_\xi}{x_\xi} \tag{11.2.67}$$

4. 曲线坐标系中的控制方程和边界条件的离散

这里采用有限差分法进行离散. 下面分别给出控制方程和边界条件的离散形式.

(1) 控制方程的离散

方程中的导数采用二阶中心差分格式离散. 控制方程离散的结果是

$$\psi_{i,j}^{k+1} = \psi_{i,j}^{k} + \frac{\lambda}{2\left(\alpha_{i,j} + \gamma_{i,j}\right)} A_7 \tag{11.2.68}$$

式中,

$$\begin{aligned} A_7 = & \left(\alpha_{i,j} + \frac{1}{2} J_{i,j}^2 P_{i,j}\right) \psi_{i+1,j} + \left(\alpha_{i,j} - \frac{1}{2} J_{i,j}^2 P_{i,j}\right) \psi_{i-1,j} \\ & + \left(\gamma_{i,j} + \frac{1}{2} J_{i,j}^2 Q_{i,j}\right) \psi_{i,j+1} + \left(\gamma_{i,j} - \frac{1}{2} J_{i,j}^2 Q_{i,j}\right) \psi_{i,j-1} \\ & - \frac{\beta_{i,j}}{2} \left(\psi_{i+1,j+1} - \psi_{i+1,j-1} + \psi_{i-1,j-1} - \psi_{i-1,j+1}\right) - 2\left(\alpha_{i,j} + \gamma_{i,j}\right) \psi_{i,j} \end{aligned} \tag{11.2.69}$$

其中, P, Q 为调节网格形态的函数.

(2) 自由表面边界条件的离散

自由表面边界条件采用变权隐式格式,

$$Y_i^{n+1,k+1} = Y_i^n + \Delta t \left[(1-\theta) G_i^n + \theta G_i^{n+1,k} \right] \tag{11.2.70}$$

$$\left(q^\xi\right)_i^{n+1,k+1} = \left(q^\xi\right)_i^n + \Delta t \left[(1-\theta) H_i^n + \theta H_i^{n+1,k} \right] \tag{11.2.71}$$

式中, 下标 i 表示自由液面 B_3^* 上第 i 个结点; n 为时间步; Δt 为时间步长; k 表示迭代的次数; G, H 分别表示方程 (11.2.59), (11.2.53) 右边各项二阶中心差分的表达式; θ 是权系数, $0 \leqslant \theta \leqslant 1$. 再对式 (11.2.52) 进行离散, 得,

$$\psi_{i,JJ+1}^{n+1,k+1} = \psi_{i,JJ-1}^{n+1,k} + \frac{\beta_{i,JJ}}{\gamma_{i,JJ}} \left(\psi_{i+1,JJ}^{n+1,k} - \psi_{i-1,JJ}^{n+1,k} \right) + \frac{2J_{i,JJ}}{\sqrt{\gamma_{i,JJ}}} \left(q^\xi\right)_i^{n+1,k+1} \tag{11.2.72}$$

有了式 (11.2.71) 和 (11.2.72) 便可以求得自由液面和 JJ+1 边界上的流函数 ψ 的值. 进而可利用式 (11.2.68) 求得流场内部流函数 ψ 的值.

(3) 出流边界条件的离散

离散出流边界条件的方法有几种, 这里只介绍其中的一种. 在当前的时间层 $(n+1)$ 上, 采用时间前差 — 空间前差的方法离散. 相速 C 按下面的公式计算以提高计算精度

$$C_m = \frac{\psi^{n+1}_{II-m,JJ} - \psi^{n}_{II-m,JJ}}{\Delta t \left(\psi^{n}_{II-m,JJ} - \psi^{n}_{II-m-1,JJ}\right)}, \quad m = 1, 2, \cdots, 4$$

取平均值, 得,

$$C = \frac{1}{4}\sum_{m=1}^{4} C_m \tag{11.2.73a}$$

$$C^* = \begin{cases} \dfrac{0.5}{\Delta t} & C \leqslant 0.5 \leqslant \Delta t \\ C & \dfrac{0.5}{\Delta t} \leqslant C \leqslant \dfrac{1.0}{\Delta t} \\ \dfrac{1.0}{\Delta t} & C \geqslant \dfrac{1.0}{\Delta t} \end{cases} \tag{11.2.73b}$$

求得 C* 后, 即可求得 $n+1$ 时间层出流边界上的 ψ 值

$$\psi^{n+1}_{II,j} = \psi^{n}_{II,j} + C^* \Delta t \left(\psi^{n}_{II-1,j} - \psi^{n}_{II,j}\right) \tag{11.2.73c}$$

(4) 计算步骤

计算分以下 8 步进行.

a. 对各边界赋初值. 在自由液面上, 对流函数 ψ 和结点坐标 $y_{i,JJ}$ 给定初值. 对 ψ, 假定与船底边界 B_2^* 处一样为零. $y_{i,JJ}$ 则根据船尾底角点处水流切向分离的假定, 在 $x/d = 0$ 与 $x/d = 20$ 间用三段抛物线进行连接, (第一段的方程为, $y = -1.0 + x^2/36$), 图 11.2.14.

b. 计算区域内初值的求解. 利用曲线坐标生成程序计算各网格结点上的坐标值和变换系数, α, β, γ, J 等的值. 在利用式 (11.2.68) 计算区域内各结点上的 ψ 德初值.

c. 利用式 (11.2.70) 先求得自由液面 B_3^* 和出流边界 B_4^* 的坐标值 $y^{n+1,k+1}$;

d. 利用曲线坐标生成程序求出计算区域内各结点的坐标值和变换系数, α, β, γ, J 等的值;

e. 利用式 (11.2.71) 先求得自由液面 B_3^* 上切线速度在 $n+1$ 时间步的值 $\left(q^{\xi}\right)^{n+1,k+1}$;

f. 利用式 (11.2.72) 求得当前的流函数值 $\psi^{n+1,k+1}_{i,JJ}$, 同时利用式 (11.2.73c) 求得出流边界上的 $\psi^{n+1,k+1}_{II,j}$;

g. 根据新的 $\psi^{n+1,k+1}$ 边界值和区域变换系数, 计算区域内各结点的新流函数的值;

h. 收敛性判断, 不满足收敛条件, 则重复步骤 (3)~(7), 直至收敛.

5. 计算实例

计算模型用于两个算例, 一个是文献中的数值计算成果, 一个是实验成果. 根据文献, 当弗如德数, $Fr_d = \dfrac{U}{\sqrt{gd}}$ 小于 2.3 时发生波的破碎, 故而这里的计算取了, Fr_d 等于 2.35 和 2.7 两种情况, 前一种情况对应文献中 [Vanden–Broeck] 的数值计算成果, 后一种情况对应实验成果.

(1) 计算区域的选定

两种情况下计算区域都是, $-15 \leqslant x \leqslant 104,\ y = -21$

(2) 空间步长和时间步长的选择

在自由液面附近, 初始 $\Delta y = 0.18$, 计算区域底部, 初始 $\Delta y = 2.0$, 沿 x 方向网格均匀分布, $\Delta x = 1.0$. 时间步长, $\Delta t = 0.5$

(3) 收敛准则

坐标变换时 SOR 迭代求解的收敛条件是,

$$\left|x_{i,j}^{k+1} - x_{i,j}^{k}\right| \leqslant 0.0005,\ \left|y_{i,j}^{k+1} - y_{i,j}^{k}\right| \leqslant 0.0005$$

求解全场流函数时 SOR 迭代求解的收敛条件是,

$$\left|\psi_{i,j}^{k+1} - \psi_{i,j}^{k}\right| \leqslant 0.0005$$

隐式迭代求解时,

$$\left|y_{i,JJ}^{n+1,k+1} - y_{i,JJ}^{n+1,k}\right| \leqslant 0.001$$

$$\left|\left(q^{\xi}\right)_{i,JJ}^{n+1,k+1} - \left(q^{\xi}\right)_{i,JJ}^{n+1,k}\right| \leqslant 0.001$$

(4) 权系数和松弛因子的选择

通过运算选择. 这里用的是: $\theta = 0.55 \sim 0.65$, 坐标变换时 SOR 迭代求解的松弛因子 $\lambda = 1.6$, 求解流函数时 SOR 迭代求解的松弛因子 $\lambda = 1.77$.

(5) 计算结果

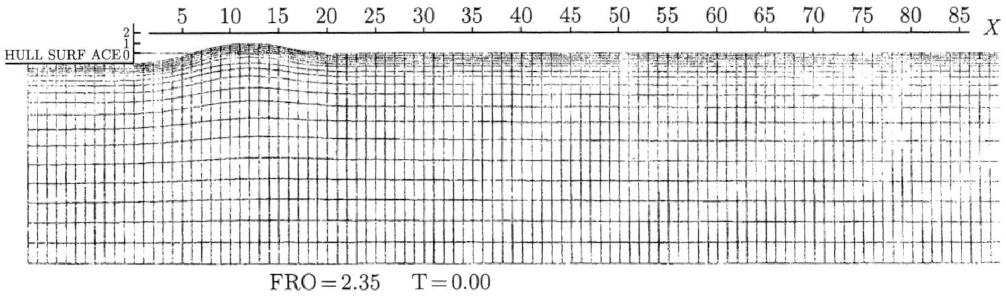

图 11.2.14 初始的网格图

a. Fr_d 等于 2.35 的计算结果

计算 120s 后的波形图见图 11.2.15, 波形已经稳定. 与 Vanden–Broeck 的计算结果的比较示于图 11.2.16, 两者是十分吻合的.

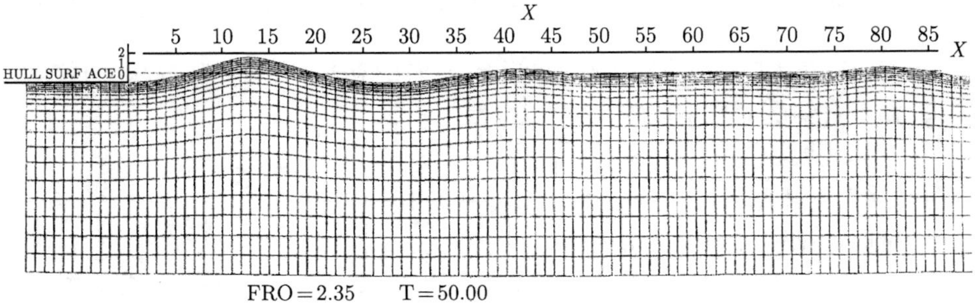

图 11.2.15　120s 后的波形图

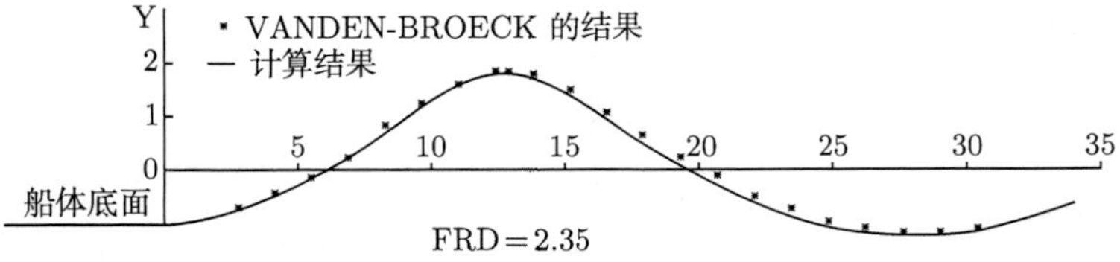

图 11.2.16　与 Vanden–Broeck 的计算结果的比较

b. 与实验结果的比较

实验是在水槽中进行的, 水槽宽 94cm. 模型船长 192.5cm, 船宽 92cm, 高 15cm, 吃水深度 d =2cm. 船行速度为 1.2m/s. 图 11.2.17.

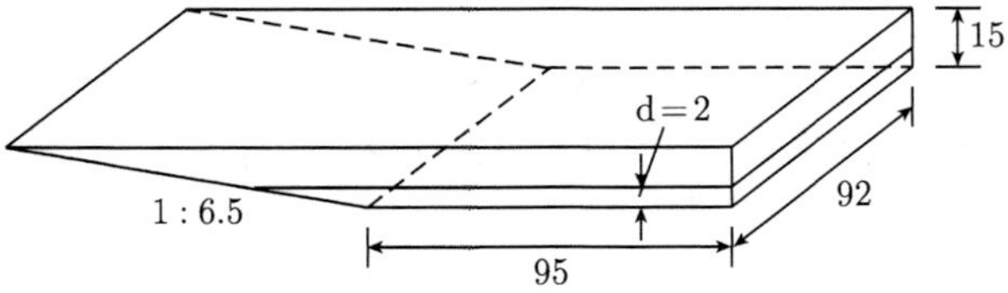

图 11.2.17　模型船示意图 (图中尺寸单位: cm)

计算结果与实验结果的比较示于图 11.2.18. 两者还是相当吻合的.

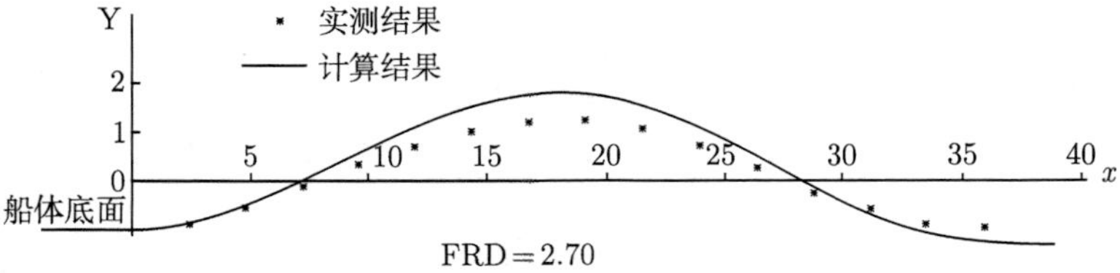

图 11.2.18　计算结果与实验结果的比较

11.3 拉格朗日模型 (Lagrangian Model)

Euler 模型最大好处是模拟内界面的畸变比较大的流体问题. 但 Euler 模型最大的缺陷是难以给流体内界面以精确的确定. 描述小的局部流区和低幅度的运动, 例如要包含表面张力的影响, 则必须用复杂的样条适配技术从表面标志点的位置估算表面曲率, 另外, 不同类型流体间的内界面只有当流体的密度差较小和黏性较小的情况下才能用 Euler 模型来模拟.

为了克服 Euler 模型的缺陷, 提出了 Lagrangian 模型. 在 Lagrangian 模型中, 流场被网格单元所分割, 而每个单元的角点随流体流动. 因而, 每个单元内流体总是保持不变, 流体的边界总是随单元的边界而移动. 当然, 当流动经受很大的扭变时, Lagrangian 模型不合适. 由于 Lagrangian 模型易于处理自由液面和内界面, 所以, 可以用它来处理一大类流体流动问题.

11.3.1 标准的拉格朗日法 [12]

这里以直角坐标系下二维流动为例介绍这种方法.

1. 基本方法

从 N-S 方程导出 Lagrangian 方程. N-S 方程的矢量形式是

$$\frac{\partial u}{\partial t} + u \cdot \nabla u = -\nabla \varphi + \nabla \cdot \nu E + g \tag{11.3.1a}$$

$$\nabla \cdot u = 0 \tag{11.3.1b}$$

这里考虑的是不可压缩流体, 密度 ρ 是常数, 所以用运动压强 $\varphi = \dfrac{p}{\rho}$ 和运动黏性系数 ν, 体积力用 g 表示, E 是应变率张量, 其分量为

$$E_{\alpha\beta} = \left(\frac{\partial u_\beta}{\partial x_\alpha} + \frac{\partial u_\alpha}{\partial x_\beta}\right) \tag{11.3.2}$$

流体中每一个单元的位置矢量, r 满足下面的方程

$$\frac{\mathrm{d}r}{\mathrm{d}t} = u \tag{11.3.3}$$

式 (11.3.1a) 左边是 u 的对流全导数, 它代表与流体一起移动的流体单元中 u 的时间变率, 而这也就是 Lagrangian 流体单元的时间变率. 虽然在式 (11.1.1a) 右边的各项也可以写成 Lagrangian 坐标的形式, 这里仍然保持 Euler 形式, 以便于下面的使用. 这样用于本方法的 Lagrangian 动量方程为

$$\frac{\mathrm{d}u}{\mathrm{d}t} = -\nabla \varphi + \nabla \cdot \nu E + g \tag{11.3.4}$$

和位置方程

$$\frac{\mathrm{d}r}{\mathrm{d}t} = u \tag{11.3.5}$$

不可压缩的条件, 式 (11.3.1b), 则用每一个流体单元的体积保持不变的限制条件来代替. 式 (11.3.4) 和式 (11.3.5) 用有限差分格式来离散.

对于二维流动, 流动被分割成一组四边形单元, 其四个角点用指标 (i,j) 来指标, 图 11.3.1. 对每一个角点, 位置坐标 $\boldsymbol{r}=(x_i^j, y_i^j)$ 和速度 $\boldsymbol{u}=(u_i^j, v_i^j)$ 都要贮存. 而压强 φ 贮存在一个单元的中心, 单元的体积 $\varphi_{i+1/2}^{j+1/2}$(在二维情况下, 为面积) 也贮存单元的中心.

这些贮存的有关单元和单元角点的资料随时间步 Δt 逐步改变, 在每一个时间步 Δt 进行三步计算. 第一步是计算每一个单元的压强, 计算压强时必须满足单元的体积在时段起始和时段末保持相同的条件. 第二步计算 $\boldsymbol{u}$. 第三步移动角点到新的位置.

设 $u_{i,j}^n$ 在 $n\Delta t$ 时刻的 u 值, $x_{i,j}^n$ 为角点在 $n\Delta t$ 时刻的位置坐标 x 的值等等. 则式 (11.3.5) 的有限差分近似为

$$r_{i,j}^{n+1} = r_{i,j}^n + u_{i,j}^{n+1}\Delta t \tag{11.3.6}$$

$u_{i,j}^{n+1}$ 的近似值可以通过把式 (11.3.4) 中的每一项在与角点相关的 2 倍体积上求平均求得. 所谓角点体积是指与该角点邻接的单元的体积的平均值, 它是一个不随时间而变的常数, 图 11.3.2.

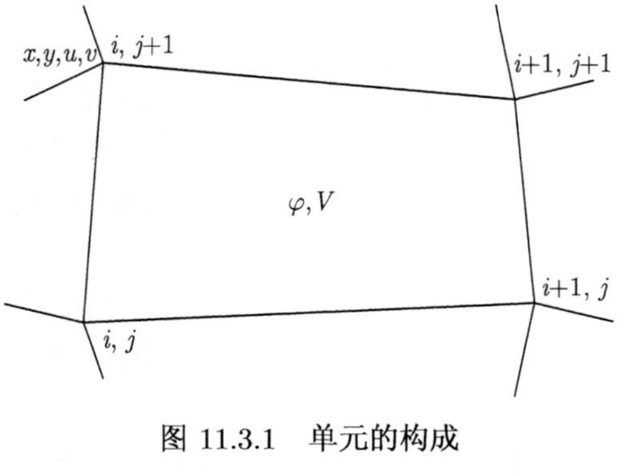

图 11.3.1　单元的构成

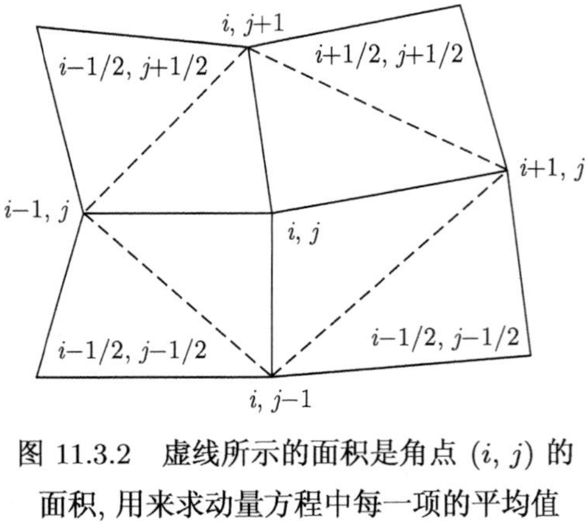

图 11.3.2　虚线所示的面积是角点 $(i,\ j)$ 的面积, 用来求动量方程中每一项的平均值

由于式 (11.3.4) 左边是对流速 u 的导数, 体积为常数, 时间求导可以移到体积积分的外边

$$\frac{1}{V}\frac{\mathrm{d}}{\mathrm{d}t}\int_V u\mathrm{d}V \approx \frac{(Vu)_{i,j}^{n+1} - (Vu)_{i,j}^n}{V\Delta t}$$

因为 V 不随时间而变, 上式可以简化为

$$\frac{1}{V}\frac{\mathrm{d}}{\mathrm{dt}}\int\limits_V u\mathrm{d}V \approx \frac{u_{i,j}^{n+1}-u_{i,j}^{n}}{\Delta t} \tag{11.3.7}$$

式 (11.3.4) 的体积分可以化成面积分或线积分 (二维计算)

$$\frac{1}{V}\int\limits_V (-\nabla\varphi+\nabla\cdot vE)\mathrm{d}V = \frac{1}{V}\int\limits_S (-n\varphi+\nu n\cdot E)\mathrm{d}S \tag{11.3.8}$$

n 是表面 S 的单元外法线矢量.

在有限差分逼近中, 式 (11.3.8) 的右侧量沿线积分是沿图 11.3.2 中的虚线进行的. 当单元不是平行四边形时, 虚线所包围的体积并不等于 2 倍的角点体积, 之所以用 2 倍的角点体积代替实际的积分体积是为了严格满足动量的守恒. 这样处理保证了沿每一个积分表面的力相同而方向相反. 如果用实际的积分体积则不能保证这一点. 另外, 2 倍的角点体积与实际体积之比, 当网格尺寸趋于零时趋于 1. 这样, 差分方程与原微分方程相容.

式 (11.3.6) 的一种可能的有限差分离散是

$$\begin{aligned} x_{i,j}^{n+1} &= x_{i,j}^{n} + u_{i,j}^{n+1}\Delta t \\ y_{i,j}^{n+1} &= y_{i,j}^{n} + v_{i,j}^{n+1}\Delta t \end{aligned} \tag{11.3.9}$$

式 (11.3.8) 的可能的有限差分离散是

$$\begin{aligned} u_{i,j}^{n+1} &= u_{i,j}^{n} + \left[(A_x)_{i,j}^{\varphi} + (A_x)_{i,j}^{g} + (A_x)_{i,j}^{v}\right] \\ v_{i,j}^{n+1} &= v_{i,j}^{n} + \left[(A_y)_{i,j}^{\varphi} + (A_y)_{i,j}^{g} + (A_y)_{i,j}^{v}\right] \end{aligned} \tag{11.3.10}$$

式 (11.3.10) 右边的各项均在 $n\Delta t$ 时刻求值. 它们分别是

$$\begin{aligned} (A_x)_{i,j}^{\varphi} =& \frac{1}{2V_{i,j}}\left[\varphi_{i+1/2,j+1/2}\left(y_{i+1,j}-y_{i,j+1}\right)+\varphi_{i-1/2,j+1/2}\left(y_{i,j+1}-y_{i-1,j}\right)\right. \\ &\left.+\varphi_{i-1,j-1/2}\left(y_{i-1,j}-y_{i,j-1}\right)+\varphi_{i+1/2,j-1/2}\left(y_{i,j-1}-y_{i+1,j}\right)\right] \\ (A_y)_{i,j}^{\varphi} =& \frac{1}{2V_{i,j}}\left[\varphi_{i+1/2,j+1/2}\left(x_{i,j+1}-x_{i+1,j}\right)+\varphi_{i-1/2,j+1/2}\left(x_{i-1,j}-x_{i,j+1}\right)\right. \\ &\left.+\varphi_{i-1,j-1/2}\left(x_{i,j-1}-x_{i-1,j}\right)+\varphi_{i+1/2,j-1/2}\left(x_{i+1,j}-x_{i,j-1}\right)\right] \end{aligned}$$

$$\begin{aligned} (A_x)_{i,j}^{g} =& \frac{g_x}{8V_{i,j}}\left[\left(y_{i,j+1}-y_{i+1,j}\right)\left(x_{i+1,j+1}-x_{i,j}+x_{i+1,j}-x_{i,j+1}\right)\right. \\ &+\left(y_{i,j+1}-y_{i-1,j}\right)\left(x_{i,j+1}-x_{i-1,j}+x_{i,j}-x_{i-1,j+1}\right) \\ &+\left(y_{i-1,j}-y_{i,j-1}\right)\left(x_{i,j}-x_{i-1,j-1}+x_{i,j-1}-x_{i-1,j}\right) \end{aligned}$$

$$+ (y_{i+1,j} - y_{i,j-1})(x_{i+1,j+1} - x_{i,j-1} + x_{i+1,j-1} - x_{i,j})]$$

上式用于指标 i 在固体垂直壁面上

$$(A_x)^g_{i,j} = g_x, \qquad \text{在其他情况下,}$$

$$\begin{aligned}(A_y)^g_{i,j} =& \frac{g_y}{8V_{i,j}}[(x_{i+1,j} - x_{i,j+1})(y_{i,j+1} - y_{i+1,j} + y_{i+1,j+1} - y_{i,j})\\ &+ (x_{i,j+1} - x_{i,j-1})(y_{i,j+1} - y_{i-1,j} + y_{i-1,j+1} - y_{i,j})\\ &+ (x_{i,j-1} - x_{i-1,j})(y_{i-1,j} - y_{i,j-1} + y_{i,j} - y_{i-1,j-1})\\ &+ (x_{i+1,j} - x_{i,j-1})(y_{i+1,j} - y_{i,j-1} + y_{i,j} - y_{i+1,j-1})]\end{aligned}$$

上式用于指标 j 在固体水平壁面上

$$(A_y)^g_{i,j} = g_y, \qquad \text{在其他情况下,}$$

$$\begin{aligned}(A_x)^\nu_{i,j} =& \frac{\nu}{2V_{i,j}}[\omega_{i+1/2,j+1/2}(x_{i,j+1} - x_{i+1,j}) + \omega_{i-1/2,j+1/2}(x_{i-1,j} - x_{i,j+1})\\ &+ \omega_{i-1,j-1/2}(x_{i,j-1} - x_{i-1,j}) + \omega_{i+1/2,j-1/2}(x_{i+1,j} - x_{i,j-1})]\end{aligned}$$

$$\begin{aligned}(A_y)^\nu_{i,j} =& \frac{\nu}{2V_{i,j}}[\omega_{i+1/2,j+1/2}(y_{i,j+1} - y_{i+1,j}) + \omega_{i-1/2,j+1/2}(y_{i-1,j} - y_{i,j+1})\\ &+ \omega_{i-1,j-1/2}(y_{i,j-1} - y_{i-1,j}) + \omega_{i+1/2,j-1/2}(y_{i+1,j} - y_{i,j-1})]\end{aligned}$$

在黏性项离散中引入网格涡度, 其定义是

$$\begin{aligned}\omega_{i+1/2,j+1/2} =& \frac{1}{2V_{i+1/2,j+1/2}}[(v_{i,j+1} - v_{i+1,j})(y_{i,j} - y_{i+1,j+1})\\ &- (v_{i+1,j+1} - v_{i,j})(y_{i+1,j} - y_{i,j+1}) + (u_{i,j+1} - u_{i+1,j})\\ &(x_{i,j} - x_{i+1,j+1}) - (u_{i+1,j+1} - u_{i,j})(x_{i+1,j} - x_{i,j+1})]\end{aligned} \tag{11.3.11}$$

在 A^φ 和 A^υ 的有限差分式中应用了系数 1/2, 这是因为在计算这两个平均加速度项时用的积分体积是单元角点体积的两倍. 焦点的体积是于该角点邻接的四边形的体积之和的 1/4

$$V_{i,j} = \frac{1}{4}(V_{i+1/2,j+1/2} + V_{i-1/2,j+1/2} + V_{i-1/2,j-1/2} + V_{i+1/2,j-1/2}) \tag{11.3.12}$$

重力加速度不是简单地取 g_x 或 g_y, 它们有一个无量纲的比例系数. 这些比例系数用于简化固体边界的滑动边界条件.

上述有限差分离散比较简单, 实际上 Lagrangian 模型的基本原理与选用的有限差分格式并没有什么关系. 动量方程, 可以写成

$$u_{i,j}^{n+1} = u_{i,j}^{n} + A_{i,j}\Delta t \tag{11.3.13}$$

式中, 角点 (i,j) 的净加速度 $A_{i,j}$ 可以用任何守恒型有限差分格式离散.

在不可压缩流体中, 每一个 Lagrangian 单元的体积必须保持不变, 一个四个角点在位置 (x_k, y_k) , $k=1,2,3,4,$ 的四边形在 $n+\ 1$ 时间步的面积为

$$V^{n+1} = \sum_{k,l} a_{kl}^{n+1} x_l^{n+1} y_k^{n+1} \tag{11.3.14}$$

这里, $\boldsymbol{a}_{kl}$ 是矩阵

$$\boldsymbol{a}_{kl} = \frac{1}{2}\begin{bmatrix} 0 & -1 & 0 & 1 \\ 1 & 0 & -1 & 0 \\ 0 & 1 & 0 & -1 \\ -1 & 0 & 1 & 0 \end{bmatrix} \tag{11.3.15}$$

确定角点新位置的加速度不是任意定下来的, 必须保证所有单元体积不变. 在正确地微分方程中, 这个条件要求压强满足泊松方程, 在有限差分近似中, 压强方程是将式 (11.3.13) 代入 (11.3.6), 再将由此得出方程代入式 (11.3.14) 而得出. 这样得出的压强方程是

$$\begin{aligned} V^{n+1} =& \sum_{k,l} a_{k,l} \left\{ x_l y_k + \Delta t \left(u_l y_k + x_l v_k \right) + \Delta t^2 \left(u_l v_k + A_{xl} y_k + x_l A_{yk} \right) \right. \\ & \left. + \ \Delta t^3 \left(A_{xl} V_k u^k + U_l A_{yk} \right) + \Delta t^4 A_{xl} A_{yk} \right\} \end{aligned} \tag{11.3.16}$$

式 (11.3.16) 中右侧的所有位置坐标和速度均在时步 $n\Delta t$ 求值, 从而压强 φ 是仅有的未知数, 式 (11.3.16) 是单元体积的 Taylor 级数展开的近似表达式

$$V^{n+1} = V^n + \Delta t \left(\frac{\partial V}{\partial t} \right)^n + \Delta t^2 \left(\frac{\partial^2 V}{\partial t^2} \right)^n + Partial \left(\Delta t^3 \left(\frac{\partial^3 V}{\partial t^3} \right)^n + \Delta t^4 \left(\frac{\partial^4 V}{\partial t^4} \right)^n \right) \tag{11.3.17}$$

由于在式 (11.3.17) 中高于 Δt^2 的项略去了, 所以上式中的最后两项只是不完整的项. 这些高阶项在进一步的考虑中将被略去. 另外, 由于角点以 $(n+1)\Delta t$ 时刻的速度移动而不是以 $(n+1/2)\Delta t$ 时刻的速度移动, 所以式 (11.3.17) 中二阶导数项中的分数 1/2 也被略去.

单位体积的不变性隐含着 $V^{n+1} = V^0$, 这样式 (11.3.16) 中 Δt 和 Δt^2 的系数分别为零, 进一步分析可以发现, Δt 的系数是 $\nabla \cdot \mathbf{u}$ 的体积分的差分近似. 它应该等于零, 当 Δt^2 的系数取为零, 这是压强的泊松型方程的差分近似

$$\nabla^2 \varphi + \nabla \cdot (\mathbf{u} \cdot \nabla \mathbf{u}) = 0 \tag{11.3.18}$$

实际上 Δt^2 的系数还包括与黏性和重力加速度的散度成比例的项. 在微分方程中, 这些项为零, 但在差分方程中它们不为零 (非矩形网格).

当所有其他的量在 $n\Delta t$ 时的值已知和令 V^{n+1} 等于原始单元体积, 从式 (11.3.16) 可以求出压强 φ, 并保证单元体积不变.

要从式 (11.3.16) 中求出 φ, 一般来讲只要去掉零阶项, $(V^0 - V^n)$ 和 Δt 项, 而后令 Δt^2 的系数等于零即可. 然而实际计算中, 并不这样做. 这是因为, 留下这些项可以作为一种校正. 当解比较粗糙时, 可以精确地保持体积守恒. 例如, 在求解式 (11.3.16) 时包含误差, 从而使 V^n 过小, 则 $(V^0 - V^n)$ 可以作为一种正的校正, 使压强上升从而使体积增加, 回到原来的数值.

求解压强方程的迭代格式很多. 这是应用的 Gauss-Seidel 解法. SOR 法也可以用. 压强方程的离散格式如下

$$\begin{aligned}\beta\varphi_{i+1/2,j+1/2} = -\Big[&\gamma_R\varphi_{i+3/2,j+1/2} + \gamma_{UR}\varphi_{i+3/2,j+3/2} + \gamma_U\varphi_{i+1/2,j+3/2}\\&+ \gamma_{UL}\varphi_{i-1/2,j+3/2} + \gamma_L\varphi_{i-1/2,j+1/2} + \gamma_{BL}\varphi_{i-1/2,j-1/2}\\&+ \gamma_B\varphi_{i+1/2,j-1/2} + \gamma_{BR}\varphi_{i+3/2,j-1/2} + R_{i+1/2,j+1/2}\Big]\end{aligned} \tag{11.3.19}$$

系数 γ 和 β 定义如下 [单元 $(i+1/2, j+1/2)$]

$$\begin{aligned}\beta =&\frac{1}{V_{i,j}}\left[(X_{i,j+1} - X_{i+1,j})^2 + (Y_{i,j+1} - Y_{i+1,j})^2\right]\\&+\frac{1}{V_{i+1,j}}\left[(X_{i,j} - X_{i+1,j+1})^2 + (Y_{i,j} - Y_{i+1,j+1})^2\right]\\&+\frac{1}{V_{i+1,j+1}}\left[(X_{i+1,j} - X_{i,j+1})^2 + (Y_{i+1,j} - Y_{i,j+1})^2\right]\\&+\frac{1}{V_{i,j+1}}\left[(X_{i+1,j+1} - X_{i,j})^2 + (Y_{i+1,j+1} - Y_{i,j})^2\right]\end{aligned}$$

$$\begin{aligned}\gamma_R =&\frac{1}{V_{i+1,j}}\left[(X_{i,j} - X_{i+1,j+1})(X_{i+1,j+1} - X_{i+2,j})\right.\\&\left.+ (Y_{i,j} - Y_{i+1,j+1})(Y_{i+1,j+1} - Y_{i+2,j})\right]\\&+\frac{1}{V_{i+1,j+1}}\left[(X_{i+1,j} - X_{i,j+1})(X_{i+2,j+1} - X_{i+2,j})\right.\\&\left.+ (Y_{i+1,j} - Y_{i,j+1})(Y_{i+2,j+1} - Y_{i+1,j})\right]\end{aligned}$$

$$\begin{aligned}\gamma_{UR} =&\frac{1}{V_{i+1,j+1}}\left[(X_{i+1,j} - X_{i,j+1})(X_{i+1,j+2} - X_{i+2,j+1})\right.\\&\left.+ (Y_{i+1,j} - Y_{i,j+1})(Y_{i+1,j+2} - Y_{i+2,j+1})\right]\end{aligned}$$

$$\gamma_U = \frac{1}{V_{i+1,j+1}}\left[\left(X_{i+1,j} - X_{i,j+1}\right)\left(X_{i,j+1} - X_{i+1,j+2}\right)\right.$$
$$\left. + \left(Y_{i+1,j} - Y_{i,j+1}\right)\left(Y_{i,j+1} - Y_{i+1,j+2}\right)\right]$$
$$+ \frac{1}{V_{i,j+1}}\left[\left(X_{i+1,j+1} - X_{i,j}\right)\left(X_{i,j+2} - X_{i+1,j+1}\right)\right.$$
$$\left. + \left(Y_{i+1,j+1} - Y_{i,j}\right)\left(Y_{i,j+2} - Y_{i+1,j+1}\right)\right]$$

$$\gamma_{UL} = \frac{1}{V_{i,j+1}}\left[\left(X_{i+1,j+1} - X_{i,j}\right)\left(X_{i-1,j+1} - X_{i,j+2}\right)\right.$$
$$\left. + \left(Y_{i+1,j+1} - Y_{i,j}\right)\left(Y_{i-1,j+1} - Y_{i,j+2}\right)\right]$$

$$\gamma_L = \frac{1}{V_{i,j}}\left[\left(X_{i,j+1} - X_{i+1,j}\right)\left(X_{i-1,j} - X_{i,j+1}\right)\right.$$
$$\left. + \left(Y_{i,j+1} - Y_{i+1,j}\right)\left(Y_{i-1,j} - Y_{i,j+1}\right)\right]$$
$$+ \frac{1}{V_{i,j+1}}\left[\left(X_{i+1,j+1} - X_{i,j}\right)\left(X_{i,j} - X_{i-1,j+1}\right)\right.$$
$$\left. + \left(Y_{i+1,j+1} - Y_{i,j}\right)\left(Y_{i,j} - Y_{i-1,j+1}\right)\right]$$

$$\gamma_{BL} = \frac{1}{V_{i,j}}\left[\left(X_{i,j+1} - X_{i+1,j}\right)\left(X_{i,j-1} - X_{i-1,j}\right)\right.$$
$$\left. + \left(Y_{i,j+1} - Y_{i+1,j}\right)\left(Y_{i,j-1} - Y_{i-1,j}\right)\right]$$

$$\gamma_B = \frac{1}{V_{i,j}}\left[\left(X_{i,j+1} - X_{i+1,j}\right)\left(X_{i+1,j} - X_{i,j-1}\right)\right.$$
$$\left. + \left(Y_{i,j+1} - Y_{i+1,j}\right)\left(Y_{i+1,j} - Y_{i,j-1}\right)\right]$$
$$+ \frac{1}{V_{i+1,j}}\left[\left(X_{i,j} - X_{i+1,j+1}\right)\left(X_{i+1,j-1} - X_{i,j}\right)\right.$$
$$\left. + \left(Y_{i,j} - Y_{i+1,j+1}\right)\left(Y_{i+1,j-1} - Y_{i,j}\right)\right]$$

$$\gamma_{BR} = \frac{1}{V_{i+1,j}}\left[\left(X_{i,j} - X_{i+1,j+1}\right)\left(X_{i+2,j} - X_{i+1,j-1}\right)\right.$$
$$\left. + \left(Y_{i,j} - Y_{i+1,j+1}\right)\left(Y_{i+2,j} - Y_{i+1,j-1}\right)\right]$$

式 (11.3.19) 中的源项 $R_{i+1/2,j+1/2}$ 为

$$R_{i+1/2,j+1/2} = -4\left\{\frac{1}{\Delta t^2}\left(V^n_{i+1/2,j+1/2} - V^n_{i+1/2,j+1/2}\right) + \frac{1}{\Delta t}\sum_{k,l} a_{kl}\left(u_l y_k + x_l v_k\right)\right.$$
$$\left. + \sum_{k,l} a_{kl} u_l v_k + \sum_{k,l} a_{kl}\left(\left(A^g_x\right)_l y_k + X_l\left(A^g_y\right)_k\right) + \sum_{k,l} a_{kl}\left[\left(a^v_x\right)_l y_k + x_l\left(a^v_y\right)_k\right]\right\}$$

式中, 和是指对式 (11.3.15) 定义 a_{kl} 所涉及的所有角点求和.

问题的求解步骤是, 第一步, 由式 (11.3.16) 求出压强, 第二步, 由式 (11.3.13) 求出速度. 然后由式 (11.3.6) 和式 (11.3.9) 求出单元角点的新位置, 如果压强的计算精度是 ε, 则新的单元体积与初始体积 V^0 会不同. 其差值与 ε 成正比. $\nabla\cdot\mathbf{u}$ 将不等于零. 这种偏差会用于校正随后的压强计算, 从而避免误差的积累.

2. 边界条件的设置

下面介绍三种边界条件, 固体壁面、自由液面和内界面.

(1) 固体壁面

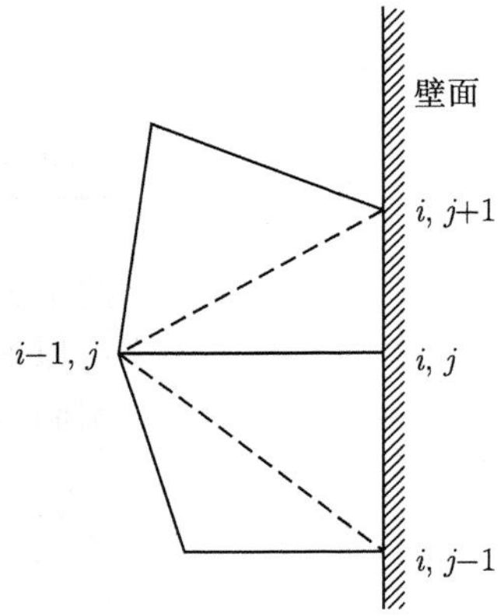

图 11.3.3 可滑动边界上一个角点的积分面积 (用虚线画出)

先介绍一般的固体壁面的边界条件设置. 在固体壁面处, 法向速度等于零, 切向速度可以为零, 也可以不等于零. 不管哪一种情况, 式 (11.3.6) 代入式 (11.3.14) 必须考虑这些已知的速度. 边界上压强的方程与式 (11.3.16) 类似, 只是与壁面相应的速度及其加速度必须取为零, 这种边界条件适用于任何由直线段构成的边界.

对于可滑动边界, 切向速度按下述方法求得, 将动量方程在图 11.3.3 中虚线所包围的面积上求平均, 从而求得切向速度的值.

沿壁面的黏性切应力由切向速度的法向导数等于零或涡度等于零的条件来确定.

上述固体壁面的处理方法意味着式 (11.3.16) 用于边界时的形式和用于内部单元的形式不同, 从而使计算机的求解变得复杂. 为了避免这一困难, 可以在壁面外设置单元, 将边界上的角点看作是内部角点. 壁面外单元按壁面内单元反射设置, 外单元的压强按壁面边界处法向加速度等于零的条件选定. 假定在与外力加速度方向垂直的墙面上角点处的外力加速度项中加入一个特定的体积比和在压强中加入一个相应的源项, 则壁面外的压强与壁面内对称单元的压强直接相关. 在垂直墙 $i=I$ 外的一个单元的压强是

$$\varphi_{I+1/2,j+1/2}=\varphi_{I-1/2,j+1/2}+\frac{g_x}{2}\left(X_{I,j+1}-X_{I-1,j}+X_{I,j}-X_{I-1,j+1}\right) \quad (11.3.20)$$

在水平墙面 $j=J$ 下面的单元的压强是

$$\varphi_{i+1/2,J+1/2}=\varphi_{i+1/2,J+1/2}-\frac{g_y}{2}\left(y_{i+1,J+1}-y_{i,J}+y_{i,J+1}-y_{i+1,J}\right) \quad (11.3.21)$$

(2) 内边界

处理方法与固体边界不同. 内边界一个角点上的平均切应力是用沿两个半轮廓线积分求得. 其中一个半轮廓线位于一种介质内, 另外半个轮廓位于另一种介质内; 图 11.3.4. 轮廓线在内边界面上重合, 但是方向相反. 沿内边界的边界条件是应力张量连续

$$\varOmega = -\varphi I + \nu E \tag{11.3.22}$$

式中, I 是恒等 (identity) 张量. 因而, 沿内边界的积分相互抵消, 合起来的积分路线是以角 (i,j) 为中心的四边形的边.

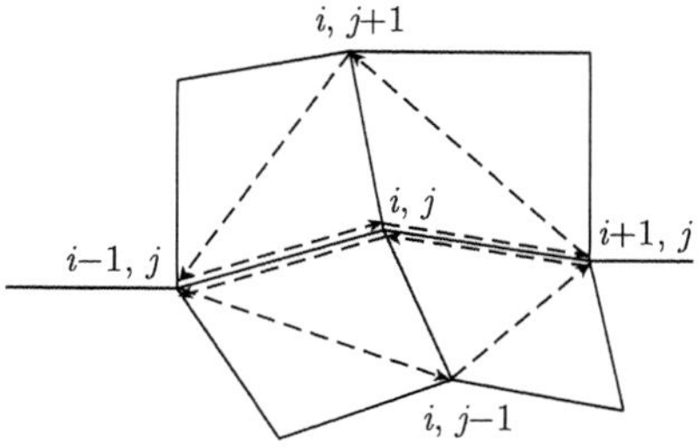

图 11.3.4 虚线是内界面的积分路线, 粗实线是内界面

(3) 自由液面

单位外法向矢量为 $\mathbf{n}$ 的自由液面. 边界条件是

$$\varOmega \cdot \mathbf{n} = 0 \tag{11.3.23}$$

由于表面角点的加速度无法利用部分积分面积来计算, 我们必须在自由液面外增补单元. 举例来说, 如果自由液面是沿 $j = J$ 线, 则将连接 $(i, J-1)$ 和 (i, J) 角点的线段向液面外延伸, 延伸的长度等于连接 $(i, J-1)$ 和 (i, J) 线段的长度. 对每一个 j 进行上述延伸, 则在 $j = J+1$ 位置的角点的连线, 构成自由液面外的一组增补单元, 这些单元的压强由下式给出

$$\varphi_{i+1/2,j+1/2} = 2\left(\varphi_{i+1/2,J}\right)^{app} - \varphi_{i+1/2}^{J-1/2} \tag{11.3.24}$$

φ^{app} 是给定的表面压强.

黏性应力, 如果它很小, 则可以沿自由液面积分. 如果流体黏性很大, 则需要严格满足自由液面的应力条件. 一种可能的方法是将在部分积分面积的中心处算得的加速度外推到自由液面上. 当然这样做必须保证表面单元的体积不变化.

3. 表面张力

在 Lagrangian 模型中表面张力的考虑比 Enler 模型简单. 例如在 $i = J$ 处, 有一自由液面, 其上的表面张力为 σ. 在角点 (i, J) 上的表面张力是两个力矢的矢量和. 其一是幅度为 σ 指向右侧角点 $(i=1, J)$, 其二是幅度为 σ 指向左侧角点 $(i-1, J)$

$$\begin{aligned} F_{i,J} =& i\left\{\frac{\sigma\left(X_{i+1,J}-X_{i,J}\right)}{r_R} + \frac{\sigma\left(X_{i-1,J}-X_{i,J}\right)}{r_L}\right\} \\ &+ j\left\{\frac{\sigma\left(Y_{i+1,J}-Y_{i,J}\right)}{r_R} + \frac{\sigma\left(Y_{i-1,J}-Y_{i,J}\right)}{r_L}\right\} \end{aligned} \tag{11.3.25}$$

这里, $\boldsymbol{i}$ 和 $\boldsymbol{j}$ 是 x, y 方向的单位矢量, 和

$$r_R = \left[(X_{i+1.J} - X_{i,J})^2 + (Y_{i+1.J} - Y_{i,J})^2\right]^{1/2}$$

$$r_L = \left[(X_{i.J} - X_{i-1,J})^2 + (Y_{i.J} - Y_{i,J-1})^2\right]^{1/2}$$

如果一个角点位于自由液面与固体壁面交界处, 则不存在与墙面垂直的加速度, 但吸附会改变切向的运动. 吸附在自由液面与墙面相接的角点处引入一个沿墙面指向自由液面外的吸附力, 力的大小为 $\gamma - \sigma$, 这里 γ 是吸附力的量度. 当 γ 等于 σ 时, 则液面与流体间无吸附, $(\gamma - \sigma) > 0$ 则流体浸润墙面.

式 (11.3.25) 是表面张力的表达式, 在求加速度项时, 必须注意到表面角点只对内部结点贡献一部分的质量, 墙脚处的角点只有 1/4 的质量. 每一个角点的质量等于它的体积与宽度的积.

4. 计算稳定性

计算稳定条件, 可以用简化的方程进行分析, 并以此分析结果作为稳定条件参考论据. 在 Lagrangian 方程情况下, Fromm 指出方程的扩散部分和波动部分可以分别考虑, 如果黏性存在, 则稳定条件可以从扩散方程得出

$$\gamma \Delta t \leqslant \frac{\Delta x^2 \Delta y^2}{2(\Delta x^2 + \Delta y^2)} \tag{11.3.26}$$

对于波动部分可以从对流方程得出

$$\Delta t \left| \frac{(u_a \cdots u_b)\, \delta r}{\delta r \cdot \delta r} \right| < 1 \tag{11.3.27}$$

式中, δr 是速度为 u_a 的角点 a 与速度为 u_b 的角点 b 之间的距离. 上式说明一个角点不能超过另一个邻近的角点.

为了保证自由液面不产生振荡 (over shooting error) 时间步长 Δt 还要满足下面的条件

$$\frac{4\sigma \Delta t^2}{\rho V_0 \Delta x} \leqslant 1 \tag{11.3.28}$$

式中, σ 是表面张力系数, V_0 是表面单元的体积, Δx 是单元的宽度.

11.3.2 拉格朗日–欧拉 (Lagrangian-Eulerian) 模型 [13]

这个模型的优点是可以处理任意形式的边界, 网格单元再剖分 (variable zoning) 可以得到最佳的分辨率, 有标准的 Lagrangian 模型的精度但可用于标准的 Lagrangian 模型不宜使用的问题, 计算时间步长远大于显式使用的时间步长.

1. 基本方法

本模型中用的网格是由四边形单元的网格组成, 每个单元的角点用整数 $(i\ ,j)$ 表示. i 表示列, j 表示行. 流动参数交错布置在单元中心和角点上. 图 11.3.5.

压强 p, 单位内能 I, 单位体积 V, 和密度 ρ 或质量 M 布置在单元中心. 坐标 x, y 和速度分量 $u\ ,v$ 布置在单元角点.

流动的控制方程

$$\frac{\partial\rho}{\partial t}+\nabla\cdot\rho u=0 \tag{11.3.29}$$

$$\frac{\partial\rho u}{\partial t}+\nabla\cdot\rho uu=-\nabla p+\rho g \tag{11.3.30}$$

$$\frac{\partial\rho E}{\partial t}+\nabla\cdot\rho Eu=-\nabla pu+\rho g\cdot u \tag{11.3.31}$$

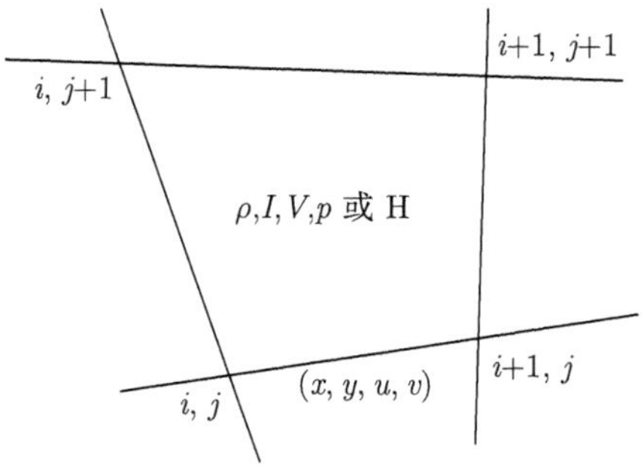

图 11.3.5　流动参数在单元上的布置

式中, $E=\frac{1}{2}u\cdot u+I$, I 是单位内能. g 是体积加速度 (一般指重力), p 是流体压强, 由状态方程确定

$$P=f(\rho,I) \tag{11.3.32}$$

如果流动中产生间断波, 则有必要在 p 上加一人工黏性压强 q. q 的结构形式是与速度散度成线性关系

$$q=-\lambda\rho\nabla\cdot u \tag{11.3.33}$$

当单元扩张时, $\nabla\cdot u$ 为正, q 用零来取代.

为了便于计算, 将式 (11.3.29)~(11.3.31) 中的质量、动量和能量守恒方程沿一个以任意给定的速度移动的体积 V 积分. 令体积 V 的表面为 S, S 的外向法线用 $\mathbf{n}$ 表示, 由此可得

$$\frac{\mathrm{d}}{\mathrm{dt}}\int_V\rho\mathrm{d}V-\int_S\rho\left(U-u\right)\cdot n\mathrm{d}S=0 \tag{11.3.34a}$$

$$\frac{\mathrm{d}}{\mathrm{dt}}\int_V\rho u\mathrm{d}V-\int_S\rho u\left(U-u\right)\cdot n\mathrm{d}S+\int_V\nabla p\mathrm{d}V-\int_V\rho g\mathrm{d}V=0 \tag{11.3.34b}$$

$$\frac{\mathrm{d}}{\mathrm{dt}}\int_V\rho E\mathrm{d}V-\int_S\rho E\left(U-u\right)\cdot n\mathrm{d}S+\int_S\nabla\rho u\cdot u\mathrm{d}S-\int_V\rho g\cdot u\mathrm{d}V=0 \tag{11.3.34c}$$

在上述方程中 U 是表面 S 的速度. 当 U=0 时, 方程变为 Euler 方程, 当 $U=u$ 时, 则方程是 Lagrangian 方程. 式 (11.3.34b) 中的压强梯度项可以写成面积分, 但是对于圆柱形坐标, 可以从体积分直接得出简单的有限差分方程, 这是隐式差分格式的优点.

在下一节中给出式 (11.3.34a, b,c) 的差分形式, 在这些差分形式中积分体积是移动有限差分网格的单元体积, 特殊地, 在式 (11.3.34a) 和 (11.3.34b) 中体积 V 是计算网格的单元, 在 (11.3.34b) 中, 体积 V 是环绕一个角点的体积, 如图 11.3.6 中的虚线所示. 使用不同的积分体积是因为密度, 能量是布置在网格单元的中心, 而速度是布置在角点处.

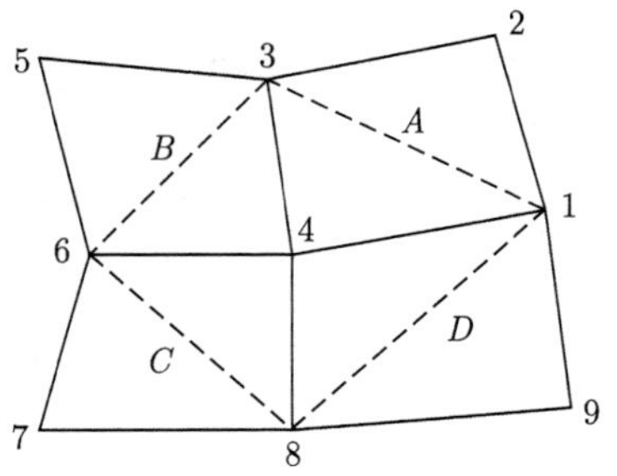

图 11.3.6　虚线所包含的区域用于动量方程的积分, 图中的标示是用于典型的角点和单元

每一时间步 Δt 内的计算分成三步: 第一步是显式的 Lagrangian 计算, 网格角点保持不动; 第二步是迭代新时刻 $(n+1)\,\Delta t$ 的压强梯度, 在这以后将角点移动到新位置; 第三步, 这个网格调整到一个新的形状. 在这一步 (网格再造形)(Rezone) 必须计算单元间由于网格移动引起的流体的通量. 如果网格移动过远则计算工作需要重新进行, 这样在整体造形的过程中不会引起数值不稳定.

上述三个步骤的取舍根据问题而定. 如果对流速度很大, 则 Courant 条件一般不会超过, 则第二步的压强梯度的迭代可以略去. 而第一步显式 Lagrangian 计算就足够了. 第一步和第三步分别是 Lagrangian 和 Eulerian 有限差分离散. 第二步中的迭代压强梯度的计算是为了得到 Lagrangian 计算分步中下一时刻的压力. 所以这样做的原因是在显式计算中, 压力在一个时步中只能传递一个单元, 一个单元的限制条件显然不明确, 显式压强梯度造成单元的超压或超扩张. 为了让超压或超扩逆向纠正, 下一时步的压强梯度会更大. Δt 过大这种逆向纠正也会过度. 这个过程反复进行, 压强幅度越来越大, 计算不稳定, 利用时步推进的 (Time-Advanced) 压强梯度可以避免这种对压强梯度的 "过度反应" (Over Response), 而单元也不会过度压缩或扩张到梯度逆转的程度.

但是, 按时步推进的压强本身又取决于压强算得的加速度和速度, 所以, 方程必须迭代求解.

2. 有限差分离散

(1) 有限差分方程

这一节介绍直角坐标系下或圆柱坐标下二维问题有限差分方程. 如果用直角坐标, 则下面方程中的 r 均用 1 来代替. 如果用圆柱坐标则方程是对应于单位方位角, 不是 2π. 输入资料是网格角点的坐标 (x, y), 速度 (u, v), 单元密度 ρ 和内能 I. 每一时步内各计算步调整的变量列于表 11.3.1.

表 11.3.1 每一时步内各计算步调整的变量

计算步		调整数值的变量								
		x	y	u	v	p	E	M	I	ρ
(1) 初始计算						p	E	M		
拉格朗日再造形	(2) 第一步—第一部分			$\tilde{u}$	$\tilde{v}$	$\tilde{E}$				
	(3) 第二步—隐式计算			u^L	v^L	p^L				
	(4) 第一步—第二部分	x^L	y^L				E^L			ρ^L
	(5) 第三步—再造形	x^{n+1}	y^{n+1}	u^{n+1}	v^{n+1}		E^{n+1}	M^{n+1}		ρ^{n+1}
	(6) 辅助步					p^{n+1}			I^{n+1}	

举例来讲, 角点速度在第一步的第一部分先求解, 在第二步隐式求解, 如果网格再造形, 则在第三步再计算. 在下面, 将对上表中的每一步进行详细介绍. 所有的计算都是针对图 11.3.6 中的角点 4 或单元 A 进行的. 公式中各量的下标于图 11.3.6 中的指标一致.

a. 初始计算

为了方便和提高计算速度, 对一些重复使用的量先进行计算和贮存起来. 这些量包括单元体积, 单元的总能量, 每个角点上布置的质量, 一旦这些量初始后, 在以后的计算过程会自动地更新.

单元 A 的体积 V, 图 11.3.6, 是

$$
\begin{aligned}
V_A = \frac{1}{6}&(r_1+r_2+r_3)\left[x_1\left(y_2-y_3\right)+x_2\left(y_3-y_1\right)+x_3\left(y_1-y_2\right)\right]\\
&+\frac{1}{6}(r_1+r_3+r_4)\left[x_1\left(y_3-y_4\right)+x_3\left(y_4-y_1\right)+x_4\left(y_1-y_3\right)\right]
\end{aligned} \tag{11.3.35}
$$

式中, 对于圆柱体坐标 $r_i=x_i$, 对于平面坐标 $r_i=1$, i=1,2,3,4.

单元中的质量等于单元体积与密度的乘积

$$M_A=\rho_A V_A \tag{11.3.36}$$

要计算速度, 需要在每一个角点处布置质量. 这里假定每个单元的质量平均分配于它的四个角点上, 这样在图 11.3.6 中角点 4 处的质量为

$$M_4=\frac{1}{4}(M_A+M_B+M_C+M_D) \tag{11.3.37}$$

为了保证能量守恒, 在每一个时步, 我们将总的单位能, E, 按时步推进, 而不是推进内能 I. 对于网格单元 A

$$E_A=I_A+\frac{1}{8}(u_1^2+u_2^2+u_3^2+u_4^2+v_1^2+v_2^2+v_3^2+v_4^2) \tag{11.3.38}$$

在计算开始时, 由输入的 s, u 和 v 值计算 E 值. 而后, 上述关系式用来从 E 反推出 I, 该 I 用于压强的状态方程中, 式 (11.3.32).

b. 第一步, 第一部分

在这部分, 利用已知的压强, 网格坐标, 计算压强梯度, 体积力, 再进一步显式计算速度值. 如果考虑黏性作用, 弹性或其他应力, 在这一部分同时考虑. 每个网格单元的能量 E 根据体积力和其他应力做功进行计算. 在这一部分, 压力做功对 E 的作用暂不考虑. 压力功在第二步压强 p 迭代计算后, 才考虑. 这样可以保证压强与第二步算得的速度同步.

计算速度分量的差分是

$$\begin{aligned}\widetilde{u_4} =& u_4 + \frac{\Delta t}{2M_4}\{r_4\,[\,p_A(y_1-y_3)+p_B(y_3-y_6)+p_C(y_6-y_8)\\&+p_D(y_8-y_1)\,]\}+\Delta t g_x\end{aligned}\tag{11.3.39a}$$

u_4 上方的符号 "$\sim$" 代表该量 u_4 的临时的新值

$$\begin{aligned}\widetilde{v_4} =& v_4 + \frac{\Delta t}{2M_4}\{\,p_A(r_1-r_3)(x_3-x_1)+p_B(r_3+r_6)(x_6-x_3)\\&+p_C(r_6+r_8)(x_8-x_6)+p_D(r_8+r_1)(x_1-x_8)\,\}+\Delta t g_x\end{aligned}\tag{11.3.39b}$$

为了能量 E 的初始时间步推进, 对每个角点算出一个辅助变量 Q, 变量 Q 代表所有应力 (除压强 p 外) 对积分体积中的流体所做的功

$$\begin{aligned}Q_4 =& \frac{\Delta t}{8M_4}\{q_A[(u_1+u_3)(y_1-y_3)+(v_1+v_3)(x_3-x_1)](r_1+r_3)\\&+q_B[(u_3+u_6)(y_3-y_6)+(v_3+v_6)(x_6-x_3)](r_3+r_6)\\&+q_C[(u_6+u_8)(y_6-y_8)+(v_6+v_8)(x_8-x_6)](r_6+r_8)\\&+q_D[(u_8+u_1)(y_8-y_1)+(v_8+v_1)(x_1-x_8)](r_8+r_1)\\&+\Delta t(g_x u_4+g_y u_4)\}\end{aligned}\tag{11.3.40}$$

当每一个角点的 Q 值求出来以后, 每一个网格单元的单位总能量调整成

$$\widetilde{E_A} = E_A + \frac{1}{4}(Q_1+Q_2+Q_3+Q_4)\tag{11.3.41}$$

这就是说, 每一个角点的总能量变化分配到每一个邻接单元, 分配的量与每一个单元分配给该角点的质量成正比, 从而总能量守恒.

c. 第二步, 隐式计算

如果希望显式计算, 这一步可不要, 第二步的目的是计算由于随时步推进的压强梯度的加速形成的新的速度值. 由于时间步推进的压强取决于当角点以它们的新速度移动时形成的新密度与新能量值, 而角点移动的新速度又是新的压强的函数,

所以压强是隐式确定的, 必须迭代求解. 这个隐式问题 (Implicit Problem) 可以按下述方法构成. 令上标 L 标示时间步推进的值, 上标 n 标示起始值. 则待定的压强 p_A^L(网格单元 A 的压强) 是下面方程的解.

$$p_A^L - f\left(\rho_A^L, I_A^L\right) = 0 \tag{11.3.42}$$

式中, 单元密度和能量的新值可以用它们的初始值来近似,

$$\begin{aligned} \rho_A^L &= \rho_A^n \frac{V_A}{V^*} \\ I_A^L &= I_A^n + \frac{p_A^n}{p_A^n}\left(1-\frac{V^*}{V_A}\right) \end{aligned} \tag{11.3.43}$$

式中, V_A 单元 A 的当前值, V^* 是当单元角点按下式移动时, 单元体积的可能取值

$$x_4^* = x_4^n + u_4\Delta t \qquad y_4^* = y_4^n + v_4\Delta t, \text{等等} \tag{11.3.44}$$

需要注意的是, u, v 是用角点以与新压强相应的速度移动后的坐标值计算的. 移动速度用式 (11.3.39a,b) 计算, 计算时压强用 p^L 代替 p^n.

式 (11.3.42) 可以用 Newton-Raphson 法迭代求出 p^L. 上一步求出的 $\widetilde{u}_4$ 和 $\widetilde{v}_4$ 作为迭代的起始值. 迭代是沿网格扫描, 并对每一个单元施行下述调整, 每扫描一次调整一次,

(a) 利用 (u,v) 的新值计算 V^*;

(b) 从式 (11.3.43) 计算 ρ_A^L, I_A^L 的新猜测值;

(c) 计算压强的变化, Δp_A

$$\Delta p_A = -\frac{p_A^L - f(\rho_A^L, I_A^L)}{S_A} \tag{11.3.45}$$

式中, 右侧的量用其最新的值. S_A 是松弛因子.

(d) 将 Δp_A 加到 p_A^L 作为最新的 p_A^L 的猜测值, 再调正单元角点处的速度值, 以反映压强的变化

$$\begin{aligned} u_1 &\to u_1 + \frac{\Delta t}{2M_1} r_1(y_2 - y_4)\Delta p_A \\ v_1 &\to v_1 + \frac{\Delta t}{4M_1}(r_2 + r_4)(x_4 - x_2)\Delta p_A \\ u_2 &\to u_2 + \frac{\Delta t}{2M_2} r_2(y_3 - y_1)\Delta p_A \\ v_2 &\to v_2 + \frac{\Delta t}{4M_1}(r_1 + r_3)(x_1 - x_3)\Delta p_A \\ u_3 &\to u_3 + \frac{\Delta t}{2M_3} r_3(y_4 - y_2)\Delta p_A \end{aligned}$$

$$
\begin{aligned}
v_3 &\to v_3 + \frac{\Delta t}{4M_3}(r_2 + r_4)(x_2 - x_4)\Delta p_A \\
u_4 &\to u_4 + \frac{\Delta t}{2M_4} r_4 (y_2 - y_3)\Delta p_A \\
v_4 &\to v_4 + \frac{\Delta t}{4M_4}(r_3 + r_1)(x_3 - x_1)\Delta p_A
\end{aligned} \tag{11.3.46}
$$

对网格反复扫描, 在每一次扫描中对每一个单元施行一次 (a)~(d) 的计算, 直到每一个单元的压强的变化满足下面的不等式

$$
\left|\frac{\Delta p}{p_{\max}}\right| < \varepsilon \tag{11.3.47}
$$

$p_{\max}$ 是网格中实际的或估计的最大压强. ε 是选定的一个小数, 一般是 10^{-3} 数量级.

松弛因子 S_A, 必须这样选择, 保证压强的变化有界和向正确的方向变化. 而其正确值并不重要. 在原来的 Newton-Raphson 法中 S_A 是被求根的函数的导数值. 这就是说, S_A 代表量 $p_A - f(\rho_A, I_A)$, 随变量 p_A 的变化率. 这个变化率必须由式 (11.3.39a,b), (11.3.43), (11.3.44) 组成的隐函关系求得. 从上述方程可以导出 S_A 的代数方程, 比较简单的是直接计算这个变化率的值. 为此, 选择一个小的压强变化 Δp_T, 一般是 $\varepsilon p_{\max}$ 的数量级, 然后用由 Δp_T 引起的速度的变化计算体积的变化及相应的密度和能量的变化 (用式 (11.3.43)). 最后, 由计算 $p_A - f(\rho_A, I_A)$ 在压强改变前、后的差值与压强变化 Δp_T 的比值, 这个比值就是 S_A. 在第二步开始前, 对每一个网格单元计算 S_A 值和加以贮存. 在迭代过程中, S_A 值不需要更新.

对于给定的 ε 值, 达到收敛所需要的迭代次数可以估算如下, 设 N 是必须的迭代次数. 由于迭代类似于显式计算, 它的有效时步长应该是 $\Delta t/N$, 在弗如德数为 Fr 的流动中, 压强的变化近似的满足不等式

$$
\left|\frac{\Delta p}{p}\right| \lesssim Fr^2 \tag{11.3.48}
$$

因此, 迭代的有效弗如德数是, $Fr^2 \simeq \varepsilon$. 这样, 有效波速, C_{eff}, 可以写成

$$
C_{eff}^2 = \frac{u^2}{\varepsilon} \tag{11.3.49}
$$

式中, u 是一个典型流速, 由于显式计算的 Courant 数必须小于、等于 1 以保证稳定性, 这就意味着如果有效 Courant 数小于 1, 则迭代稳定

$$
\frac{C_{eff}}{\Delta x}\left(\frac{\Delta t}{N}\right) \lesssim 1 \tag{11.3.50}
$$

式中, Δx 是典型的网格单元尺寸. 假定, 迭代是在最高速度下进行, 在上述不等式中取等号, 这样必须的迭代次数的数量级是

$$N \approx \left(\frac{u\Delta t}{\Delta x}\right)\frac{1}{\varepsilon^{1/2}} \tag{11.3.51}$$

由上式可见, Δt 增加或 ε 减小都会增加迭代次数, 但与真正的声速无关. 一旦压强的允许误差 ε 选定, 迭代会在有限的次数内收敛, 且与实际声速无关. 这是这种方法的特点.

d. 第二步, 第二部分

在上一部分通过迭代得到的 u^L, v^L, p^L 是新的 Lagrangian 值. 为了完成 Lagrangian 部分, 网格单元的能量必须根据压强功 (在第二步中略掉没用) 和角点的新位置来调整.

网格单元 A 的能量由下式计算

$$\begin{aligned}E_E^L =& \tilde{E}_A + \frac{\Delta t}{4M_A}\{p_{12}(r_1+r_2)[(u_1+u_2)(y_1-y_2)+(v_1+v_2)(x_2-x_1)]\\&+p_{23}(r_2+r_3)[(u_2+u_3)(y_2-y_3)+(v_2+v_3)(x_3-x_2)]\\&+p_{34}(r_3+r_4)[(u_3+u_4)(y_3-y_4)+(v_3+v_4)(x_4-x_3)]\\&+p_{41}(r_4+r_1)[(u_4+u_1)(y_4-y_1)+(v_4+v_1)(x_1-x_4)]\}\end{aligned} \tag{11.3.52}$$

上式中, u,v 和 p 是 u^L, v^L, p^L 值. p_{34} 是单元的压强, 沿单元 A 的左边, 角点 3 与角点 4 之间, 其值可以下式计算

$$p_{34} = \frac{M_B p_A^L + M_A p_B^L}{M_A + M_B} \tag{11.3.53}$$

对于其他边同样计算.

网格结点随流体移动到新位置

$$\begin{aligned}x_4^L &= x_4^n + \Delta t u_4^L\\ y_4^L &= y_4^n + \Delta t v_4^L\end{aligned} \tag{11.3.54}$$

网格角点移动后, 计算每一个单元的密度, 它等于单元质量除以新的网格单元的体积.

e. 第三步, 重造型

由于 Lagrangian 模型不适用畸变很大的流动. 在本模型中, 将网格角点相对于流体移动以保持一个合理的网格结构, 从而消除大畸变的不良影响. 当网格角点相对于流体移动时, 环绕角点的单元之间必然交换流体. 这种交换可以看做是一种对流通量, 由式 (11.3.34) 中的第二项表示.

对流通量可以按两种方法进行计算. 一种是利用 Lagrangian 计算得到的流动变量的值对整个网格同时进行对流通量的调整. 另一个方法是逐个对角点进行对流通量的调整, 后一角点的计算采用前一角点已经算得的新值. 第一种方法需要附加存贮量以贮存调整前后的各个量的值. 后一种方法, 不需要额外的存贮量. 它还有另一个优点是每一个角点可以重复造形. 实际上, 该模型设计了一种简单的格式, 这种格式自动地限制角点每一步移动的距离并强制重复再造形的次数以达到合理的造形. 在这种处理下, 再造形计算总是稳定的, 即使在计算网格的形状需要整体改变, 也不会引起不稳定.

在重造形计算前, 所有角点速度都转换成动量, 所有网格单元的单位能量换算成总能量, 这样再造形计算可以严格保持质量, 动量和能量守恒.

以角点 4 为例, 说明各量的调整过程. 首先角点移动到新位置

$$\begin{aligned} x_4^{n+1} &= x_4^L + \delta t U_4 \\ y_4^{n+1} &= y_4^L + \delta t V_4 \end{aligned} \tag{11.3.55}$$

这里, U_4, V_4 给定在角点上的再造形速度.

当角点 4 移动后, 连接 4 点与邻角 1, 3, 6 和 8 的线段割出一定的体积, 这个体积内包含的质量, 总能量必须在邻接单元间进行交换. 例如, 如果角点 4 移到右边, 则线段 4 − 3 从单元 A 中割出一部分体积并加到单元 B 中去. 这部分体积等于

$$\delta V = \frac{\Delta t}{3}\left(2r_4 + r_3\right)\left[U_4\left(y_3 - y_4\right) + V_4\left(x_4 - x_3\right)\right] \tag{11.3.56}$$

与 δV 相应的质量与能量也要在单元间交换, 如何计算这部分质量与能量也有一个稳定性问题. 如果简单的将线段 4 − 3 两边单元质量或能量求平均来获得 δV 包含的质量或能量, 会造成计算不稳定. 稳定的方法是用加权平均法, 且给予贡献单元以较大的权重. 这就是所谓逆风 (upstream) 或贡献单元 (donor cell) 对流通量逼近法. 从单元 A 取出并加于单元 B 的质量是

$$\delta M = \frac{1}{2}\left(\delta V + \alpha\left|\delta V\right|\right)\frac{M_A}{V_A} + \frac{1}{2}\left(\delta V - \alpha\left|\delta V\right|\right)\frac{M_B}{V_B} \tag{11.3.57}$$

式中 α 是贡献单元权因子. $\alpha = 0$, 对流通量是平均值, $\alpha = 1$, 则对流通量全部是贡献单元的. α 的最佳选择见下述. 从单元 A 取出并加入单元 B 的能量为

$$\delta(ME) = \frac{1}{2}\left(\delta V + \alpha\left|\delta V\right|\right)\frac{M_A E_A}{V_A} + \frac{1}{2}\left(\delta V - \alpha\left|\delta V\right|\right)\frac{M_B E_B}{V_B} \tag{11.3.58}$$

对于环绕角点 4 的其他单元也可以同样进行类似的质量和能量的交换.

角点 4 的移动, 同样伴随有与角点 1, 3, 6 和 8 间的动量交换. 因为角点 4 是这些角点的控制体积 (动量积分的控制体积) 的一个角点. 例如, 由于角点 4 的移

动, 连接角点 4 与 2 的面割出如下的体积

$$\delta V=\frac{\Delta t}{3}\left(2r_4+r_2\right)\left[U_4\left(y_2-y_4\right)+V_4\left(x_4-x_2\right)\right] \tag{11.3.59}$$

在这个 δV 的质量是 $\dfrac{M_A}{V_A}\delta V$, 其中 u 方向的动量是

$$\delta\left(Mu\right)=\frac{1}{2}\frac{M_A}{V_A}\left[\left(\delta V-\alpha\left|\delta V\right|\right)u_3+\delta V+\alpha\left|\delta V\right|u\right] \tag{11.3.60}$$

这个动量必须从角点 1 中减去, 再加到角点 3 中. 类似的交换在角点对 (3, 6), (6, 8) 和 (8, 1) 中进行.v 方向的动量也以同样的方法进行计算, 只是在上式中以 v 代替 u. 权因子 α 的作用与前述相同.

当环绕移动过的角点的单元和角点的质量, 能量、动量调整过后, 单元的体积可以重新计算 (A,B,C,D), 计算网格可以进行再造型.

当所有的角点移动到合适的位置后, 总的单元质量和能量必须换算成密度和单位能量, 而角点处的动量换算回速度.

f. 补充计算

新的单位内能, I, 由式 (11.3.38) 计算. 新的单元压强, 则用新的 ρ 和 I 由状态方程算得.

(2) 边界条件

在所有形式的边界中, 边界条件的设定是由调整边界角点处的速度来完成的, 这种调整在第一步计算的前后和第二步中每次迭代计算后都要进行.

考虑一计算网格顶部或者底部的角点, 其坐标为 (x_c,y_c), 在该角点左边的角点的坐标用 (x_L,y_L) 表示, 右侧角点的坐标用 x_R,y_R 表示. 如果角点是在计算网格的左边界或右边界, 则下面的讨论同样适用, 只是 “下面” 相当于 “左侧”, 而 “上面” 相当于 “右侧”.

a. 固体壁面

无滑固定边界的条件是流体速度等于该壁面的速度.

可滑动固体边界的条件设定较为复杂, 如果在角点 (x_c,y_c) 处边界的法向定义为连续角点 (x_L,y_L) 和 (x_R,y_R) 线段的法向, 则角点 C 处正确的边界条件为

$$\begin{aligned}u\prime_c&=u_n\sin\theta+u_c\cos^2\theta+v_c\sin\theta\cos\theta\\ v\prime_c&=-u_n\cos\theta+u_c\cos\theta\sin\theta+v_c\sin^2\theta\end{aligned} \tag{11.3.61}$$

式中, u_n 是沿法向给定的速度, 当法线指向右侧 (从 (x_L,y_L) 从指向 (x_R,y_R)) 时为正. 角度 θ 由下式确定

$$\cos\theta=\frac{x_R-x_L}{\left[\left(x_R-x_L\right)^2+\left(y_R-y_L\right)^2\right]^{1/2}} \tag{11.3.62}$$

这个变换保持流体切向速度不变, 同时用 u_n 替代流体的法向速度. 如果角点移动, 则边界条件需要进一步细化以保证在边界弯曲时角点仍在边界上. 式 (11.3.61) 只是保持一个角点在边界的局部切线方向上.

b. 入流、出流边界

边界角点处流速取给定的入流或出流流速.

c. 自由液面边界

自由液面上的切向和法向应力为零. 由于自由液面处只有一侧有加速度作用, 如果切向加速度沿自由液面法向的变化很大则要注意, 单边计算 (One-Sided Calculation) 可能是一个很差的逼近方法, 有必要从内部角点将加速度外推到自由液面.

连续出流的条件对于低速流动会带来麻烦, 因为这些边界的影响会传到上游. 连续出流边界的目的是许可出流对上游的扰动最小. 一种处理方法是让边界上的角点处的流速等于紧邻边界角点的内部角点上的流速. 这种处理在第一步计算的前后都要进行, 但在第二步每次迭代后不需要做这种处理. 在第二步, 在迭代过程中, 压强产生变化后, 边界速度可以调整. 在低速流速中, 应用这种处理方法必须仔细校核以防止对上游边界的影响.

第三步再造形中, 如果流动穿过边界, 则 ρ 和 E 的值必须在边界外的单元中给定.

3. 注意问题

这一节对计算稳定性、精度, 再造形的规则, 时间步长的自动控制, 标志质点技术等进行说明.

(1) 计算稳定性

线性分析得到的第一步和第二步计算的稳定条件是

$$\Delta t < \left[\frac{2\left(2\mu+\lambda\right)}{\rho}\left(\frac{1}{\delta x^2}+\frac{1}{\delta y^2}\right)\right]^{-1} \tag{11.3.63}$$

式中, μ 和 λ 是第一和第二黏性系数, Δx, Δy 是有效单元尺度,

$$\delta x = \frac{1}{2}\left(x_1 + x_2 - x_3 - x_4\right)$$

$$\delta y = \frac{1}{2}\left(y_2 + y_3 - y_4 - y_1\right)$$

在第三步, 由于时间前差一空间中心差的显式格式 (α=0) 用于对流部分是不稳定的, 所以, 只能用增加 α 的值来达到稳定. 然而, 为了避免不必要的数值阻尼, α 的值取的越小越好. 根据经验, α 不该小于 $\delta V/V$, 这里 δV 可以用式 (11.3.56) 计算, V 取为质量流通的边界两侧的单元体积的平均值. δV 还可以用式 (11.3.59) 计算, V 是包含动量流通的边界的单元的体积.

除了对 α 的合理选择的问题外, 在第三步还有与稳定有关的若干问题需要考虑. 因为在计算通量时, 一个隐含的假定是交换只在相邻的单元或角点间进行, 所以, 被流通的量不可能在一个时步内流过一个以上的单元. 这样流通体积 δV 与单元体积 V 之比, $\delta V/V$, 不能大于 1. 在式 (11.3.56) 或 (11.3.59) 中 δV 与时步 Δt 成正比, 所以, 对 δV 的限制也就是对 Δt 的限制.

在实践计算中, 只用式 (11.3.56) 和 (11.3.59) 中任一个来限制 Δt. 再与式 (11.3.64) 结合, 自动控制计算时步的大小. Δt 与 λ 的综合考虑可以在稳定性与效率之间得到最佳选择.

(2) 网格角点速度交互改变方向的处理

在计算中, 会出现这样的情况, 即前一角点处的速度方向与后一角点的速度方向明显不一致, 造成一种不合理的流场形态. 造成这种现象的原因, 可能是计算一个角点 (i,j) 的速度时, 积分过程与该角点 (i,j) 在积分控制体积内的位置无关. 直观上讲, 如果角点 (i,j) 在积分体积的中心, 可以得到最精确的结果, 这一点可以用再造形来达到. 但由于积分的结果对角点 (i,j) 的位置不敏感这样做并不有助于这个问题的解决.

消除这种不合理的流态的一种有效的方法是在每一个角点引入一个小的复原力, 使角点与其相邻角点大致一致. 以图 11.3.6 中的角点 2 为例, 复原加速度为

$$\frac{1}{a_{nc}\Delta t}\left[\frac{1}{4}\left(u_1+u_3+u_6+u_8\right)-u_4\right] \tag{11.3.64}$$

这个速度看作是一种体积力, 将其加到 g 种去, 计算式 (11.3.40) 中的体积力做功. 系数 a_{nc} 暗含速度场的松弛有一个特征时间 $a_{nc}\Delta t$. 如果 a_{nc}=1, 这个方法即是 Lax 所用的方法. 为了避免 $\Delta t \to 0$ 带来困难. 比较好的是定义 $a_{nc} = a\prime_{nc}/\Delta t$, $a\prime_{nc}$ 是实际上的松弛时间, 而不是松弛次数.

(3) 不可压缩流动

对于不可压缩流动, 不希望在第一步用状态方程计算压强. 如果在波速明显大于 $u/\varepsilon^{1/2}$(这里 u 是典型的流体速度) 情况下进行这样的计算, 则在第三步重造形后留下的小的密度变化有可能在利用状态方程计算压程时造成大的压强的变化. 这种加大了压强变化引起了速度的波动, 这种波动不可能在第二步的迭代过程中消除掉. 为了避免这个问题, 可以去掉在第一步中用状态方程计算压强这一部分, 而直接用第二步迭代的最后值作为下一循环 p 的第一猜测值.

当弗如德数小于 $\varepsilon^{1/2}$ 时, 状态方程的计算在第一步略去. 其他情况下可以保留.

(4) 标志质点

为了更清晰地描述流场, 可以用附加的标志质点来跟踪流体质点的迹线. 由于 Lagrangian-Euler 模型的网格不规整, 计算标志质点的速度比较困难. 为此, 另

布置一个均匀的矩形计算网格覆盖在 Lagrangian-Eulerian 网格上. 先确定每一个 Lagrangian-Euler 角点在矩形网格中的位置, 位置一定就将角点上的动量和质量平均分配给角点所在矩形网格单元的四个结点上. 对所有的 Lagrangian-Euler 角点进行了类似计算后, 矩形网格结点上累积的动量除以累积的质量使得出结点处的速度. 有了这个速度就可以进一步求出标志质点的速度.

11.3.3 自由拉格朗日 (Lagrange) 模型 [14]

这种模型有两种方法. 一种方法, 所有的预测量 (Prognostic Variables) 均布置于结点上, 而且时间上交错布置, 人工黏性则放在单元中心. 网格的再搭接 (Reconnection) 有两种考虑, 一是最接近的网格连接在一起, 另一个是单元角点的夹角尽量相等. 在这种方法中, 网格单元全是三角形.

另一种方法是同时使用四边形和三角形单元. 预测量在空间和时间上均交错布置, 即能量, 质量布置在单元中心; 位置坐标, 速度和加速度布置在结点上. 网格重接的考虑是, 保证积分时步大于已选定的限制值, 在流体运动相对较大的地区进行.

1. 基本方程

与标准 Lagrangian 模型不同, 网格单元可以是三角形, 也可以是四边形, 或两者同时使用, 同时每一个结点邻接的结点数可以随时间而变化. 所以, 比较方便的是用当前的坐标来表达导数. 这样形成的方程有时叫做修正的 Euler 方程.

动量方程　$$\frac{\mathrm{d}u}{\mathrm{d}t} = -\frac{1}{f}\left(\mathrm{grad}(p) + \mathrm{div}(q)\right)$$

连续方程　$$\frac{\mathrm{d}\rho V}{\mathrm{d}t} = 0$$

能量方程　$$\frac{\mathrm{d}\varepsilon}{\mathrm{d}t} = -\frac{p}{\rho}\mathrm{div}\,(u) - \frac{q}{\rho}\mathrm{grad}\,(u)$$

状态方程　$$p = p\,(\varepsilon, \rho)$$

运动方程　$$\frac{\mathrm{d}x}{\mathrm{d}u} = u$$

人工黏性系数　$$q = \begin{cases} \rho\Delta u(u - c_1 c) & \Delta u < 0 \\ 0 & \text{其他情况.} \end{cases}$$

在实际应用中, q 的形式还要复杂一些, 四边形单元和三角形单元要求不同的形式.

在圆柱坐标下, $x:(r, z)\,, u:\left(\dfrac{\mathrm{d}r}{\mathrm{d}t}, \dfrac{\mathrm{d}z}{\mathrm{d}t}\right)$

2. 线积分法 (Line Integral Method)

Green 定理给出

$$\iint\left(\frac{\partial P}{\partial x}+\frac{\partial Q}{\partial y}\right)\mathrm{d}x\mathrm{d}y=\oint(P\mathrm{d}y-Q\mathrm{d}x)$$

式中, P 和 Q 是 x, y 的任意函数. 首先令 $P=0$, 然后再令 $Q=0$, 则有

$$\frac{\partial P}{\partial x}=\frac{\oint P\mathrm{d}y}{\oint x\mathrm{d}y}$$

$$\frac{\partial P}{\partial y}=\frac{-\oint P\mathrm{d}y}{\oint x\mathrm{d}y}$$

式中, $\dfrac{\partial P}{\partial x}$ 和 $\dfrac{\partial P}{\partial y}$ 是面积 $\oint x\mathrm{d}y$ 上的平均值, 其有限差分形式是

$$\oint P\mathrm{d}y=\sum_{l}P_{l-1/2}(y_l-y_{l-1})/2 \tag{11.3.65}$$

积分路线是单元边中点的连线. 在动量方程中, 每一项均除以密度 ρ. 这样分母变成,

$$\rho\oint x\mathrm{d}y\approx\sum_{l}\rho_{l-1/2}\Psi_{l-1/2}^{i}A_{i-1/2} \tag{11.3.66}$$

式中, $A_{l-1/2}$ 是单元 $l-1/2$ 的面积, $\Psi_{l-1/2}^{i}$ 是角度 $(l-1,i,l)$ 与单元 $l-1/2$ 的内角之和的比, $\Psi_{l-1/2}^{i}A_{i-1/2}$ 对 i 结点的贡献.

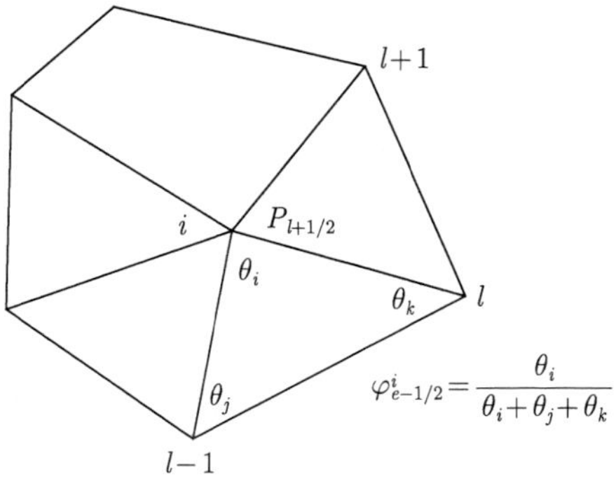

图 11.3.7 单元要素的定义

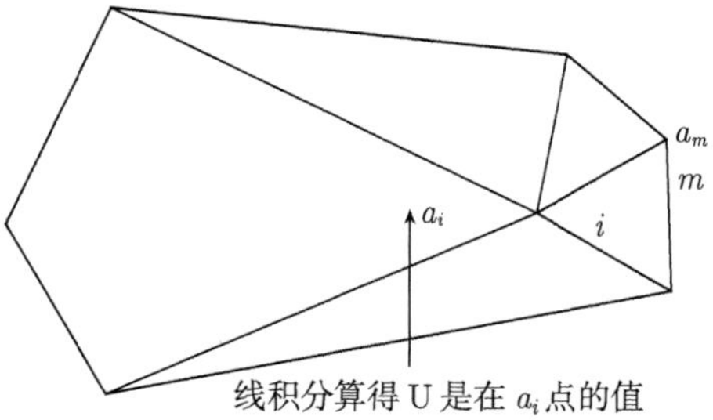

图 11.3.8 线积分算得的 u 的实际位置

r 向的加速度分别是式 (11.3.65) 与式 (11.3.66) 的比. 对于 z 方向有类似的表达式.

用上面的方法算得的加速度一般并不在结点 i 上, 而是在另一个点 a_i 上. 图 11.3.7. 结点 i 上 r 的向加速度分量为

$$\dot{u}_i = \dot{u}_{ai} + (\mathrm{grad}\dot{u} \cdot (x_i - x_{ai}))$$

z 向的加速度分量有类似的表达式. grad$\dot{u}$ 是用沿包含结点 i 及其相邻结点的路线的线积分与沿点 a_l 的路线的线积分之比求得. 一般来说, 点 a_i 是在环绕结点 i 的单元的平均形心. 图 11.3.8

3. 预测量布置在结点的格式 (Node-Centered Compressible Formulation)

在这种格式中, 所有的网格单元是三角形, 所有预测量均布置在结点上. 在每一时步的开始和优化以后, 单元中心处的中间能量和质量利用映射过程算得. 当这些量算得以后, 再利用典型 Lagrangian 差分方程进行计算. 在每个时步末, 结点处各量的新值求得后, 所有单元中心处的量均可去掉. 下面重点介绍映射过程.

假设网格结点总数为 $NPTOT$, 每个结点与其最接近的结点连接, 形成三角形单元. 每一个结点有 NUM 个邻接点,

$$\text{对于边界结点,} \qquad NUM \geqslant 2$$
$$\text{对于内部结点,} \qquad NUM \geqslant 3$$

每一个三角形单元的三个结点 i, j, k 按逆时针方向排序 (x, y 坐标按右手规则定向), 图 11.3.9(a). 因为 j, k 是结点 i 的两个邻接节点, 所以 i 是 j 和 k 的一个邻接节点.

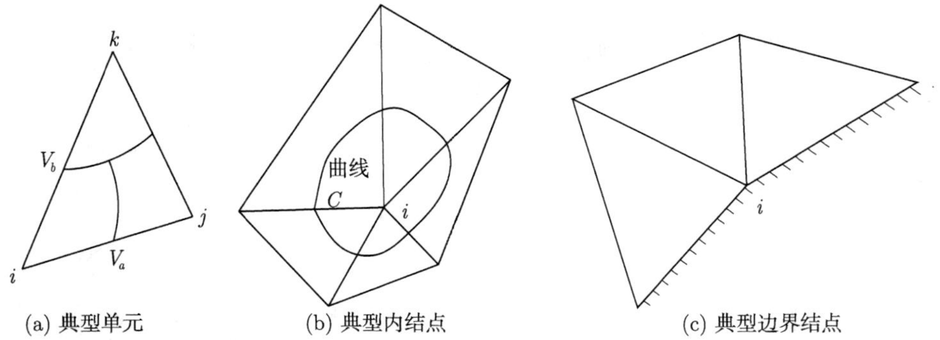

图 11.3.9　代表性的单元

结点 i 完整的邻接单元包含几个三角形. 例如, 图 11.3.9(b), 结点 i 有 5 个邻接结点, 和被 5 个三角形单元环绕. 第一个邻接点可以是邻接结点中任何一个, 其余的邻结点则按逆时针方向排序. 典型的边界结点如图 11.3.9(c) 所示. 结点 i 有 4 个邻结点和 3 个 3 角形单元, 内部结点有 NUM 个邻结点, 和 NUM 个邻接单

元. 而边界结点有 NUM 个邻结点, 和 $NUM-1$ 个邻接三角形单元. 对于边界结点, 它的第一个和最后一个邻结点都是边界结点, 逆时针排序意味着从第一个邻结点到最后一个邻结点的路线位于边界的内部.

对于一个结点的邻结点, 可以采用局部编号 l

$$1 \leqslant l \leqslant NUM$$

这样, 每一个三角形单元可以用 (i,j,k) 来标志或者用 $(i,l,l+1)$ 来标志. 这里 i,j,k 是整体编号, 结点 i 上的物理量可以表示成 f^i 或 f_i 而单元上的量用 $f_{l+1/2}$ 标志. 如果引入时间的概念, 则用上标 "n" 标志单元上的量在 n 时刻的值为 $(f^i_{l+1/2})^n$ 结点上的量在 n 时刻的值为 $(f_i)^n$ 如果时间上标略去, 则是指最新的可供利用的值.

考虑一个内结点, 图 11.3.9b. 其周围有 5 个单元, 每一个单元有确定的面积或体积. 曲线 c 确定了环绕结点 i 的一个二级网格单元, 将每一个单元分成 3 部分, 每一个部分与单元的每一个结点相联系, 如果 $\mathrm{A}_{l+1/2}$ 是三角单元 (i,j,k) 的面积, 图 11.3.9a 则

$$a^i_{l+1、2} = \varPsi^i_{l+1/2} A_{l+1/2}$$

是结点 i 与单元 $l+1/2$ 共有的面积, 乘积 $\pi\Psi^i_{l+1/2}$ 是边 $\overline{ij}$ 和 $\overline{ik}$ 之间的夹角.

单元的面积是

$$A_{l+1/2} = \sum_{i,j,k} a^i_{l+1/2}$$

上式是对 3 个顶点 i,j 和 k 求和, 这 3 个顶点与单元 $l+1/2$ 相关. 结点的面积是

$$A^i = \sum_l a^i_{l+1/2}$$

上式是对所有环绕结点 i 的单元求和, $l=1,\ L-1$. 如果 NUM 是结点的邻结点的总数

$$L = \begin{cases} NUM & \text{对于内部单元} \\ NUM-1 & \text{对于边界单元} \end{cases}$$

类似地, 与每一个单元和每一个结点相关的体积为

$$S_{l+1/2} = \bar{r}_{l+1/2} A_{l+1/2} = \left(\frac{r_i + r_j + r_k}{3}\right) A_{l+1/2}$$

$$S^i_{l+1/2} = \bar{r}^i_{l+1/2} a^i_{l+1/2}$$

$$S^i = \sum_l S^i_{l+1/2}$$

式中, S 是回转体积除以 2π

$$\bar{r}^i_{l+1/2} = \begin{cases} (\Omega_{l+1/2} \cdot r^i + \zeta)\bar{r}_{l+1/2} & (\text{柱坐标}) \\ 1 & (\text{直角坐标}) \end{cases}$$

和

$$\Omega_{l+1/2} = \frac{1-\zeta}{\sum\limits_{ijk} ri\psi^i_{l+1/2}}$$

等边三角形, $\zeta = 7/12$, 上式给出正确的体积. 定义如下的几何参数

$$h^i_{l+1/2} = \bar{r}^i_{l+1/2}\psi^i_{l+1/2}$$

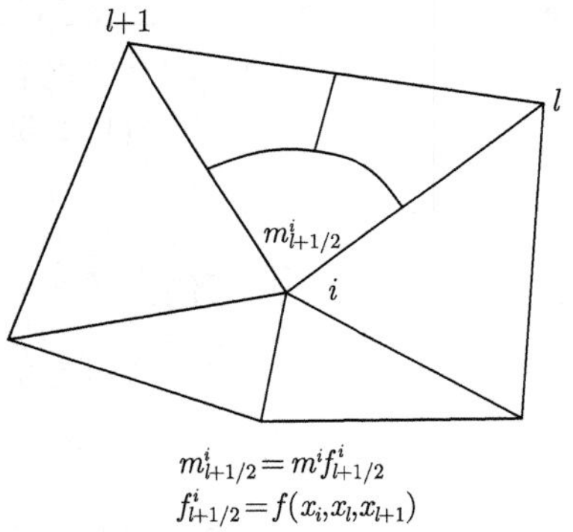

图 11.3.10 质量的分配图

和映射参数

$$f^i_{l+1/2} = h^i_{l+1/2} / \sum_l h^i_{l+1/2}$$

结点 i 的质量对单元 $l+1/2$ 的贡献是, 图 11.3.10

$$m^i_{l+1/2} = m_i f^i_{l+1/2}$$

单元 $l+1/2$ 的质量是三个结点的贡献的和

$$m_{l+1/2} = \sum_{i,j,k} m^i_{l+1/2}$$

单元 $l+1/2$ 中的单位内能是

$$\varepsilon_{l+1/2} = \frac{1}{m_{l+1/2}} = \sum_{i,j,k} \varepsilon^i m^i_{l+1/2}$$

单元的密度是

$$\rho_{l+1/2} = m_{l+1/2}/S_{l+1/2}$$

一旦能量和密度求得, 利用状态方程 $p = p(\varepsilon, \rho)$ 可以求出压强.

这些映射方程同时适用于边界单元和内部单元. 这个映射过程是守恒的, 所有结点上的 $m^i_{l+1/2}$ 和 $\varepsilon_{l+1/2}$ 之和与所有单元上的 $m^i_{l+1/2}$ 和 $\varepsilon_{l+1/2}$ 之和恒等.

物质, 物质的性质和状态方程是与结点关联的, 当构成单元上的量时, 需要有与单元关联的状态方程. 如果三个角结点是同一种物质, 则单元也由这个物质充填. 这样, 单元状态方程就与结点的状态方程一样, 如果各结点的状态方程不同, 则单元的状态取对该单元贡献最多质量的那种物质的方程.

在每一时步开始, 有

$$x_i^n, y_i^n, u_i^{n-1/2}, \omega_i^{n-1/2}, \varepsilon_i^n, \rho_i^n, m_i.$$

首先计算单元中心的能量, 密度和压强

$$\varepsilon_{l+1、2}^n, \rho_{l+1、2}^n, p_{l+1/2}^n$$

单元中心的人工黏性系数

$$q_{l+1/2}^n = q(\rho_{l+1/2}^n, \Delta u_{l+1/2}^{n-1/2})$$

从上面的结果, 压强梯度可以求得, 从而由线积分计算出两个加速度分量 (u_i^n, ω_i^n).

从加速度分量计算出新的速度

$$u_i^{n+1} = u_i^{n-1/2} + \dot{u}_i^n \Delta t^n$$

由此得出坐标的新值

$$x_i^{n+1} = x_i^n + u_i^{n+1/2} \Delta t^{n+1/2}$$

每一个单元的体积的新值

$$S_{l+1/2}^{n+1} = r_{i+1/2}^{n+1} A_{l+1/2}^{n+1}$$

基于 $p^{n+1/2}$ 和 q 值可以求出单元能量. 一般地, 状态方程和能量方程一次迭代即可.

能量的变化可以映射回结点

$$(md\varepsilon)_i^n = \sum_l (m_{l+1/2}\varepsilon_{l+1/2} h_{l+1/2}^i / F_{l+1/2})^n$$

$$\varepsilon_i^{n+1} = \varepsilon_i^n + [(md\varepsilon)_i^{n+1} - (md\varepsilon)_i^n]/m_i$$

在更新结点密度时需要谨慎. 如果这种更新时按体积的变化严格进行, 或是简单地从单元映射到结点, 则网格优化时, 密度会改变, 这种情况是不希望发生的. 因为这种变化会造成压强的改变. 从而引起网格移动. 我们只希望密度的改变是由于流体运动的结果. 为了做到这一点, 采用了所谓虚拟体积的概念.

令 m_i 和 S_i^n 是时步开始时的结点质量和虚拟体积, 在问题开始计算时取 $J_j^n = S_i^n$.

首先我们再造网格, 计算实际体积 J_i^n. 在动力计算后, 再计算实际体积 J_i^{n+1}. 则虚拟体积为

$$S_i^{n+1} = S_i^n + J_i^{n+1} - J_i^n$$

的密度

$$\rho_i^{n+1} = \rho_i^n \frac{S_i^n}{S_i^{n+1}}$$

这样处理, 结点的质量保持不变, 密度的变化只是流体流动引起.

4. 交错网格格式

在这种格式中, 网格单元是四边形和三角形混合, 而预测量在空间和时间上交错布置, 变量是

$$x_j^n, u_j^n, u_j^{n+1/2}, \mathrm{p}_z^n, \varepsilon_z^n, EOS)_z^n, Q_z^{n+1/2}$$

式中, EOS, 状态方程 (Equation of State), 下标 z 标志结点变量.

计算步骤如下,

(1) 网格优化

(2) 计算 $Q_{n-1/2}(\mathrm{p}^n,\ u^{n-1/2})$

(3) 计算 $\dot{u}_j^n$

3a, 施加边界条件

(4) 计算 $u_j^{n+1/2}$

(5) 计算 $x_j^{n+1} \to S_z^{n+1}$

(6) 计算 $\mathrm{p}^{n+1} = \mathrm{p}^n S^6 / S^{n+1}$

(7) 分三步,

(A) $\delta\widetilde{\varepsilon}^{n+1} = \varepsilon(p^n, Q^{n-1/2}, u^{n+1/2})$

(B) $\widetilde{p}^{n+1} = p(\widetilde{\varepsilon}^{n+1}, \rho^{n+1/2})$

(C) $\delta\varepsilon^{n+1} = \varepsilon(p^n, \widetilde{p}^{n+1}, Q^{n-1/2}, u^{n+1/2})$

(8) $\varepsilon^{n+1} = \varepsilon^n + \delta\varepsilon^{n+1}$

进入下一个 Δt.

初始的网格可以是四边形, 这样可以节省内存和提高速度. 当流动畸变大时, 再引入三角形单元.

5. 网格再造形和优化

网格再造形的基本要求是：每个单元的面积是正的, 连通性是对称的. 第一个要求是指物理域中的任何一个小面积均被网格单元唯一覆盖. 第二个要求是保证动量守恒.

网格的重造型有两种模式：(1) 利用互动的绘画程序. 程序在信息转储起动的状态下运作, 像由人来操作一样地进行再造形; (2) 在全程序执行过程中自动完成. 第二种模式要求一个预先确定的决策, 这个决策用一个由操作人员控制的参数来

操作.

不同的网格形态要求不同的优化方案, 操作人员可以利用一组参数来影响优化方案的优先权. 网格的优化或再造形出于三个原因: ①防止网格出现不合理的形状, 例如, 蝴蝶结形和飞去来器的形状 (Boomerang)(三角形单元不会出现这种形状); ②当 Δt 小于预定的限制值时, 改变局部地区的网格以提高 Δt; ③当内界面处一种物质相对于另一种物质滑动时, 网格需要再造型.

网格优化的一个简单例子是基于最邻近的结点的概念, 一般认为, 每一个结点只与最接近它的结点连接会提高计算精度. 假定所有的单元都是三角形. 图 11.3.11(a) 给出单元 (ikl) 和单元 (ijk) 之间的关系, 两个单元有共同的边 $\overline{ik}$, 它是四边形 $(ijkl)$ 的对角线. 由于每一个四边形有两条对角线. 所以, 在局部再造形时可以断开 ik, 而将 jl 联接起来, 图 11.3.11(b). 这样我们断了一根对角线而接上另一根.

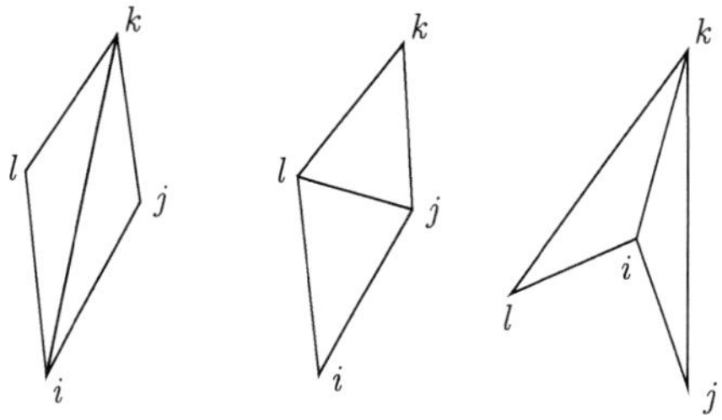

图 11.3.11 单元造型

结点 i 和 k 各失掉一个邻接点, 而结点 j, i 各得到一个邻接点. 但是总的单元数和总的结点数保持不变. 两个新单元都是合理的, 它们的面积是正的, 这种再造形叫做 “FLIP”.

考虑图 11.3.11(c), FLIP 的选择要受到限制. 距离 jl 小于距离 ik, 但是, FLIP 可能造成一个单元 ijl, 它的面积为负值. 还有另外的限制条件. 例如, 新单元的最小面积要大于两个单元之和的 20%(ijk 的面积大于 ijk 与 ikl 面积之和的 20%).

由于最邻近结点这个概念是整体性的. 在再造形时, 必须对所有的结点进行扫描和对每个结点考虑一个 FLIP. 这是一个迭代的过程, 一直到没有 FLIP 为止. 而后我们得到一个最佳邻接结点的网格.

FLIP 选择可以用来优化网格. 举例来说, 如果希望网格内各单元面积的变化达到最小, 则 FLIP 可以按两个新单元的面积差小于两个老的单元的面积差的条件来断开/连接结点, 等边三角形的截断误差很小. FLIP 也可以使单元间的角度变化最小.

对于三角形网格, FLIP 选择是比较简单的, 如图 11.3.12 所示, 四边形的引入是给予更多的自由度利用 FLIP 来得到最大的 Δt, 如果 11.3.12 中余下的画面所示.

当两种流体沿内界面滑动时, 利用 FLIP 沿内界面重造形. 当一个角度 (顶点在内界面上) 超过 90° 时, SLIP-FLIP(滑动–断面) 操作即行起动. 图 11.3.13(a) 是内界面两侧流体滑动时没有用 SLIP-FLIP 操作的网格形态. 图 11.3.13(b) 是用了 SLIP-FLIP 操作的网格形态. 图 11.3.13(b) 是用了 SLIP-FLIP 操作后的形态.

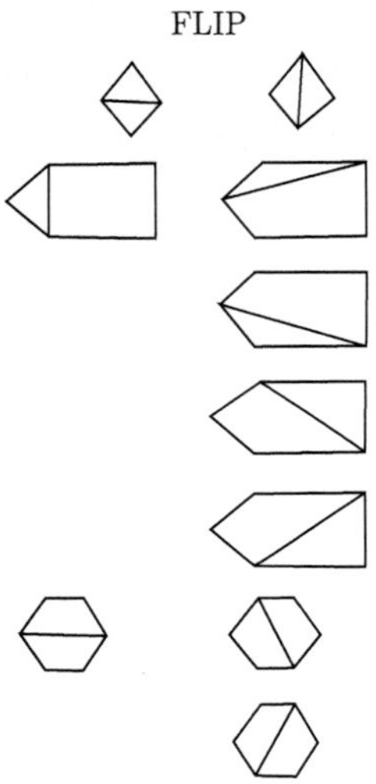

图 11.3.12　FLIP 图

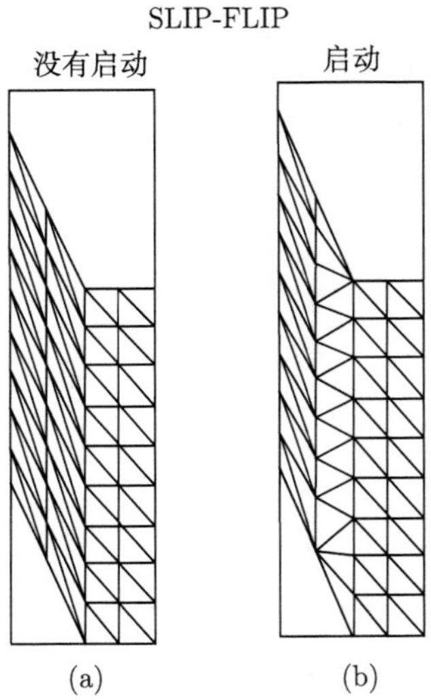

图 11.3.13　内界面的 SLIP-FLIP

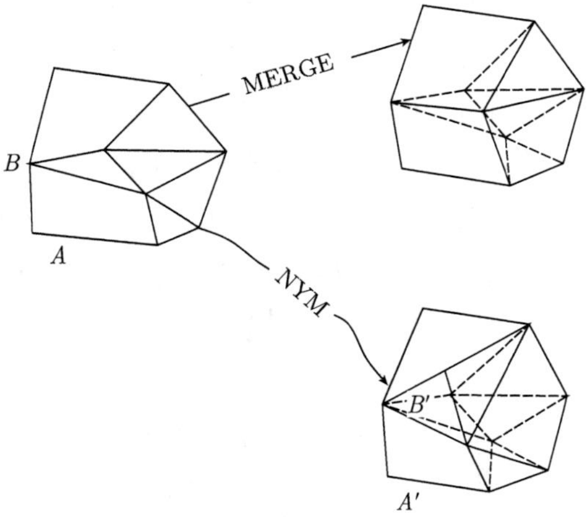

图 11.3.14　MERGE 和 NYM 过程

稳定条件要求

$$\Delta t < \min\left(\frac{L}{c}\right)$$

式中, c 是波速, L 是三角形的高度线 (Altitude). 当三角形单元压缩和变形时, L 可能减小和 c 可能增加, 这样 Δt 过分小, 计算停止. 为了防止这一点, 可以应用如下几种方法, FLIP, MERGE, NYM 和 ZAZ.

MERGE: 当 Δt 在某个单元小于限定的值, 则该单元的两个结点合并. 图 11.3.14. 如果结点 A 和 B 均为内部结点, MERGE 去掉了两个单元和一个结点.

NYM: 是将结点移动以增加结点间距离, 其思路是在控制 Δt 大小的单元内增加临界长度的提高 Δt 值. 在 NYM 操作中, 不破坏单元, 这是比 MERGE 好的地方. 在 NYM 种需要少量的质量, 能量的交换的计算, 所以 NYM 会引入少量局部扩散过程. 一般先进行 NYM, 如果这样做不行 (即 Δt 的改进不理想), 再采用 MERGE 步骤.

ZAZ: 图 11.3.15, 将某个单元与最长边相对的角点向该最长边移动并停留在该长边上, 从而去掉该单元. 虽然去掉了一个单元, 但同时将该边长另一侧的单元分割得到一个新单元. 由于 ZAZ 的再分割可能导致 Δt 的减少. 所以, 只有当其他方法不能工作时, 采用 ZAZ 方法. 在实际计算中, ZAZ 可能减少 Δt, 同时也使网格结构扩散, 这样便于下一个时步用 MERGE 等来解决问题.

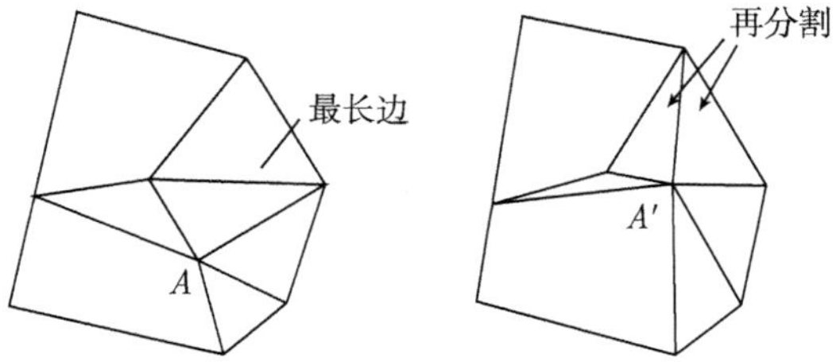

图 11.3.15　ZAZ 过程

如果一个四边形出现飞去来器 (Boomerang) 的形状, 则将它分割成两个三角形. 图 11.3.16. 在再分割 (SPLIT) 前, 先进行 NYM, 如果 NYM 无效再使用 SPLIT.

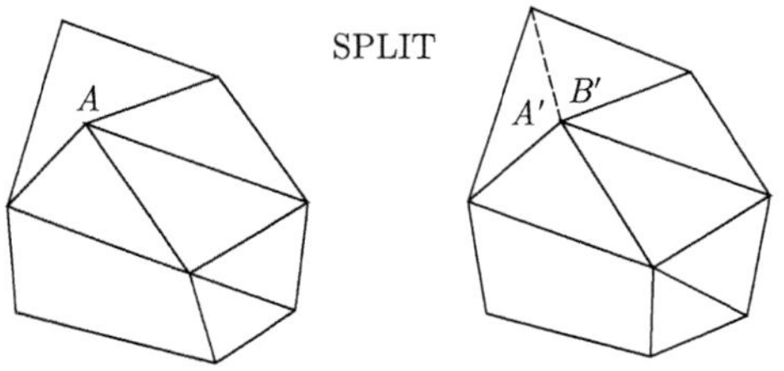

图 11.3.16　飞去来器形四边形再分割

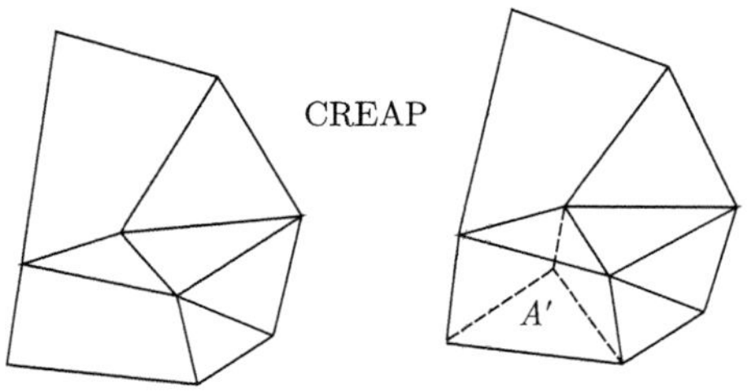

图 11.3.17　CREAP 分割

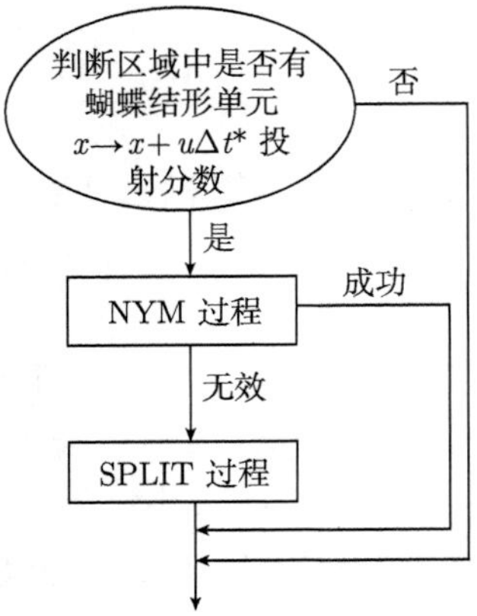

图 11.3.18　防止蝴蝶结形单元

随着计算的进行. 结点之间的距离变大, 使网格的分辨率变差. 可用 GREAP 分割, 图 11.3.17. 如果单元的边大于某个限定的值, 对单元进行分割 (GREATEPOINTS). GREAP 分割一般用于内界面和边界.

图 11.3.18 和图 11.3.19 给出两个流程图, 说明网格再造形的方案. 图 11.3.18 是防止不希望的畸形网格单元出现的操作方案. 图 11.3.19 是维持 Δt 不变小的一个程序框图. 首次使用 NYM, 如果不成功, 在试用 MERGE. 实际的程序, 还要包括 SLIP-FLIP 校核, 几何形状和内界面的校核, 所以要复杂的多.

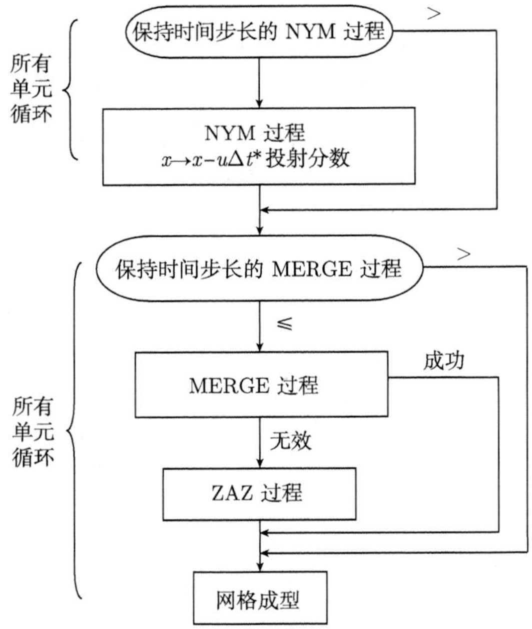

图 11.3.19　网格优化过程

第 12 章　网 格 变 换

12.1　概　　述

流场的几何边界往往不是规则形状的. 在水利工程中, 溢流堰、泄洪道, 水轮机蜗壳等过水建筑物的形状都很复杂, 天然水道的水流的岸边界的形状更是复杂不规则. 在数值模拟这些流场时, 计算域的边界不能与坐标线重合. 在有限差分法中, 边界用折线进行逼近, 这不仅改变了原物理边界附近的局部流态, 而且也增加了边界条件设置的复杂性, 计算精度也因此而降低.

这个问题导致了引进广义曲线坐标的想法. 即将原来的 (x, y, z) 物理空间映射或变换到广义曲线坐标 (ξ,η,ζ) 空间中去. 映射时, 将物理空间中的计算边界与广义曲线坐标中的一根坐标线相重合. 将原来形状复杂或不规则的物理空间中的计算区域变换成广义曲线坐标空间中的一个矩形. 图 12.1.1.

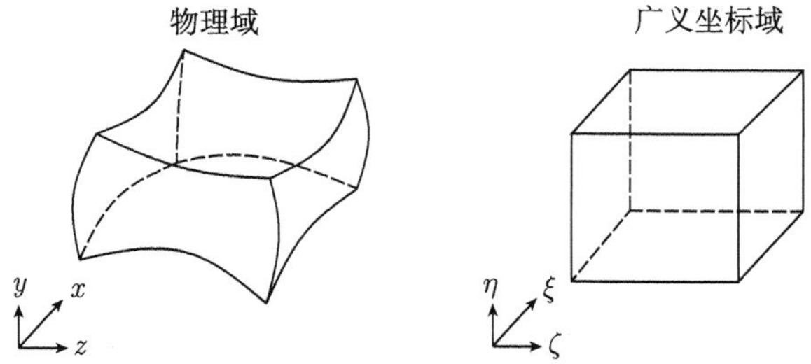

图 12.1.1　物理域与广义坐标域的对应关系

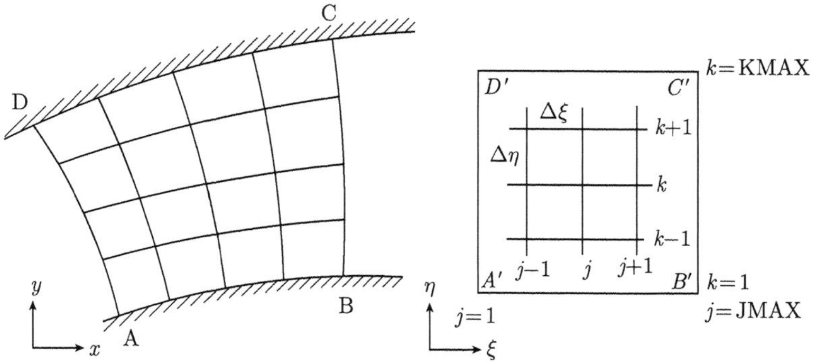

图 12.1.2　二维弯曲管道

坐标变换后, 由于计算是广义曲线坐标系下进行的, 所以流动的控制方程也要进行相应的变换, 举例来说, 计算一个弯曲管道中的二维流动, 可以把计算区域变换成一个矩形域, 将弯曲边界与 η=const 的坐标系重合, 图 12.1.2 . 沿弯曲管壁 A 到 B 或 D 到 C 上每一点的位置与广义曲线坐标域上的特定 ξ 值相对应. 用 η 线联接的 AB 和 DC 曲线的对应点具有相同的 ξ_j 值, 但有不同的 η 值 (在 $A'B'$ 上是 η, 在 $C'D'$ 是 $\eta_{\max}$). 在 η 线上的一个点 (j,k) 有 $\xi=\xi_j,\eta=\eta_k$, 在物理域内有一个点 $x=x(\xi_j,\eta_k),y=y(\xi_j,\eta_k)$ 与其对应.

广义坐标的概念还提供了另外一种功能. 广义坐标空间中的计算结点可以与物理空间中的移动结点对应, 从而可以适应非恒定流动边界移动的模拟.

物理坐标与广义坐标之间的映射还有以下功能:

(1) 在物理域中变量梯度大的地方可以增加广义坐标的密度, 当变量梯度大的区域随时间而变化, 移动位置, 广义坐标也可随时调整, 以跟随这种变化, 从而在变量梯度大的地区有足够的坐标线密度以保证的计算精度.

(2) 如果梯度区域事先并不知道, 利用广义坐标可以在求解的迭代过程中自动地调整网格密度以保证计算区域各部分保持相同的精度.

当然利用广义曲线坐标, 也带来了计算上的一些复杂性. 在广义坐标系下的控制方程包含一些附加项, 这些项标志了物理空间与广义坐标空间之间的映射关系. 这些附加的项 (变换参数) 具有导数的形式, $\dfrac{\partial_x}{\partial_\xi}$ 等, 需同时进行离散, 这种离散会引入误差.

12.2 广义曲线坐标

这一节先讨论广义曲线坐标与物理坐标之间的关系.

12.2.1 广义坐标

假定在广义坐标和物理坐标之间存在一个唯一, 单值的关系, 即

$$\xi=\xi\left(x,y,z\right),\ \eta=\eta\left(x,y,z\right)\ \zeta=\zeta\left(x,y,z\right) \tag{12.2.1}$$

或相应的, 有逆关系 $x=\ (\xi,\eta,\zeta)$ 等等. 只要物理平面上网格建立, 则与上式类似的特定关系式就可以建立.

有了函数关系, $\xi=\xi(x,y,z)$ 等, 控制方程就可以变换成包含对 ξ,η,ζ 的导数的偏微分方程.

举例来说, 速度分量 u,v,w 对 x, y, z 的一阶导数, 可以变换成

$$\begin{bmatrix} \dfrac{\partial u}{\partial x} & \dfrac{\partial u}{\partial y} & \dfrac{\partial u}{\partial z} \\ \dfrac{\partial v}{\partial x} & \dfrac{\partial v}{\partial y} & \dfrac{\partial v}{\partial z} \\ \dfrac{\partial w}{\partial x} & \dfrac{\partial w}{\partial y} & \dfrac{\partial w}{\partial z} \end{bmatrix} = \begin{bmatrix} \dfrac{\partial u}{\partial \xi} & \dfrac{\partial u}{\partial \eta} & \dfrac{\partial u}{\partial \zeta} \\ \dfrac{\partial v}{\partial \xi} & \dfrac{\partial v}{\partial \eta} & \dfrac{\partial v}{\partial \zeta} \\ \dfrac{\partial w}{\partial \xi} & \dfrac{\partial w}{\partial \eta} & \dfrac{\partial w}{\partial \zeta} \end{bmatrix} \begin{bmatrix} \dfrac{\partial \xi}{\partial x} & \dfrac{\partial \xi}{\partial y} & \dfrac{\partial \xi}{\partial z} \\ \dfrac{\partial \eta}{\partial x} & \dfrac{\partial \eta}{\partial y} & \dfrac{\partial \eta}{\partial z} \\ \dfrac{\partial \zeta}{\partial x} & \dfrac{\partial \zeta}{\partial y} & \dfrac{\partial \zeta}{\partial z} \end{bmatrix} \tag{12.2.2}$$

式中右侧第二个矩阵是 Jacobian 变换矩阵, $\underline{J}$

$$\underline{J} = \begin{bmatrix} \dfrac{\partial \xi}{\partial x} & \dfrac{\partial \xi}{\partial y} & \dfrac{\partial \xi}{\partial z} \\ \dfrac{\partial \eta}{\partial x} & \dfrac{\partial \eta}{\partial y} & \dfrac{\partial \eta}{\partial z} \\ \dfrac{\partial \zeta}{\partial x} & \dfrac{\partial \zeta}{\partial y} & \dfrac{\partial \zeta}{\partial z} \end{bmatrix} \tag{12.2.3}$$

原则上讲, 如果解析关系 $\xi = \xi(x,y,z)$, 等已知, 则 $\underline{J}$ 的每一个元素可以直接求出. 实际上, 显式的解析关系一般并不存在, 所以, 比较方便的是应用 Jacobian 矩阵的逆矩阵, $\underline{J}^{-1}$

$$\underline{J}^{-1} = \begin{bmatrix} \dfrac{\partial x}{\partial \xi} & \dfrac{\partial x}{\partial \eta} & \dfrac{\partial x}{\partial \zeta} \\ \dfrac{\partial y}{\partial \xi} & \dfrac{\partial y}{\partial \eta} & \dfrac{\partial y}{\partial \zeta} \\ \dfrac{\partial z}{\partial \xi} & \dfrac{\partial z}{\partial \eta} & \dfrac{\partial z}{\partial \zeta} \end{bmatrix} \tag{12.2.4}$$

$\underline{J}^{-1}$ 中的元素与 $\underline{J}$ 中的元素可以按下式相互关联

$$\underline{J} = \frac{\underline{J}^{-1}\text{的余子式的转置}}{\left|\underline{J}^{-1}\right|} \tag{12.2.5}$$

Jacobian 矩阵的逆矩阵的行列式 $\left|\underline{J}^{-1}\right|$ 为

$$\left|\underline{J}^{-1}\right| = x_\xi \left(y_\eta z_\zeta - y_\zeta z_\eta\right) - x_\eta \left(y_\xi z_\zeta - y_\zeta z_\xi\right) + x_\zeta \left(y_\xi z_\eta - y_\eta z_\xi\right) \tag{12.2.6}$$

式中, $x_\xi \equiv \dfrac{\partial x}{\partial \xi}$, 等等. 在二维情况下, $z_\zeta = 1, y_\zeta = x_\zeta = 0$, 式 (12.2.6) 简化成

$$\left|\underline{J}^{-1}\right| = x_\xi y_\eta - x_\eta y_\xi$$

利用式 (12.2.5), (12.2.6), $\underline{J}$ 的元素可以表达成

$$\xi_x = \frac{y_\eta z_\zeta - y_\zeta z_\eta}{\left|\underline{J}^{-1}\right|}, \xi_y = \frac{x_\zeta z_\eta - x_\eta z_\zeta}{\left|\underline{J}^{-1}\right|}, \xi_z = \frac{x_\eta y_\zeta - x_\zeta y_\eta}{\left|\underline{J}^{-1}\right|},$$

$$\eta_x = \frac{y_\zeta z_\xi - y_\xi z_\zeta}{\left|\underline{J}^{-1}\right|}, \eta_y = \frac{x_\xi z_\zeta - x_\zeta z_\xi}{\left|\underline{J}^{-1}\right|}, \eta_z = \frac{x_\zeta y_\xi - x_\xi y_\zeta}{\left|\underline{J}^{-1}\right|},$$

$$\zeta_x = \frac{y_\xi z_\eta - y_\eta z_\xi}{\left|\underline{J}^{-1}\right|}, \zeta_y = \frac{x_\eta z_\xi - x_\xi z_\eta}{\left|\underline{J}^{-1}\right|}, \zeta_z = \frac{x_\xi y_\eta - x_\eta y_\xi}{\left|\underline{J}^{-1}\right|}, \tag{12.2.7}$$

一旦物理域中的网格建立, 则 Jacobian 逆矩阵中的元素, x_ξ 等的离散形式可以构成. 利用式 (12.2.7) 可以计算 Jacobian 矩阵中的元素 ξ_x 等值. 由于用 ξ_x 等表达的广义坐标系中的控制方程结构上更紧凑, 用 ξ_x 可以加快控制方程的离散.

12.2.2 变换的度量张量和物理特性

为了证明广义坐标, 正交和保角坐标系之间的关系, 这里引入度量张量 $g_{i,j}$, $g_{i,j}$ 是与 Jacobian 矩阵 $\underline{J}$ 有关系的一个量.

假定物理域, 图 12.1.1, 用笛卡儿坐标系 $x^i(\equiv x, y, z)$, $i = 1, 2, 3$ 代表, 计算域用广义坐标 $\xi^i(\equiv \xi, \eta, \zeta)$, $i = 1, 2, 3$ 代表, 在物理空间中的两点之间的微小距离 Δs 可用坐标的位移来表达

$$\Delta s^2 = \sum_{k=1}^{3} \Delta x^k \Delta x^k \tag{12.2.8}$$

物理坐标的增量 Δx^k 可以与广义坐标的变化 $\Delta \xi^i$ 用下式联系

$$\Delta x^k = \frac{\partial x^k}{\partial \xi^i} \Delta \xi^i \qquad (\text{对}i\text{求和}) \tag{12.2.9}$$

这样微小距离 Δs 可以用广义坐标表达成

$$\begin{aligned}\Delta s^2 &= \sum_{k=1}^{3} \left(\frac{\partial x^k}{\partial \xi^i} \Delta \xi^i\right) \left(\frac{\partial x^k}{\partial \xi^j} \Delta \xi^j\right) \\ &= g_{ij} \Delta \xi^i \Delta \xi^j \qquad (\text{对}i, j\text{求和})\end{aligned} \tag{12.2.10}$$

式中,

$$g_{ij} = \sum_{k=1}^{3} \frac{\partial x^k}{\partial \xi^i} \frac{\partial x^k}{\partial \xi^j} \tag{12.2.11}$$

度量张量 g_{ij} 将 Δs 联系到广义坐标的微小变化 $\Delta \xi^i$. 在二维情况下, 沿 ξ 和 η 线度量的距离分别写成 $\Delta s_\xi = g_{11}^{1/2} \Delta \xi$, $\Delta s_\eta = g_{22}^{1/2} \Delta \eta$. 在二维情况下, g 可以写成矩阵形式

$$\begin{aligned}\boldsymbol{g} &= \begin{bmatrix} \left(x_\xi^2 + y_\xi^2\right) & (x_\xi x_\eta + y_\xi y_\eta) \\ (x_\xi x_\eta + y_\xi y_\eta) & \left(x_\eta^2 + y_\eta^2\right) \end{bmatrix} \\ &= \frac{1}{\left|\underline{J}^{-1}\right|} \begin{bmatrix} \left(\eta_x^2 + \eta_y^2\right) & -(\xi_x \eta_x + \xi_y \eta_y) \\ -(\xi_x \eta_x + \xi_y \eta_y) & \left(\xi_x^2 + \xi_y^2\right) \end{bmatrix}\end{aligned} \tag{12.2.12}$$

式中, $|\underline{J}|$ 是 Jacobian 矩阵的行列式.

矩阵形式的度量张量与 Jacobian 逆矩阵有如下的关系

$$\underline{g}=\left(\underline{J}^{-1}\right)^{T}\left(\underline{J}^{-1}\right)$$

取行列式

$$\left|\underline{g}\right|^{1/2}=\left|\underline{J}^{-1}\right| \tag{12.2.13}$$

直接代入可以证明式 (12.2.13) 的正确性.

度量张量 g_{ij} 和它所依赖的许多变换参数, x_ξ 等等, 可用计算网格的物理性质来作出解释, 图 12.2.1. 这里同时给出若干二维情况下有用的公式.

网格单元的面积

$$面积=\left|\underline{g}\right|^{1/2}\Delta\xi\Delta\eta \tag{12.2.14}$$

上式给出了 Jacobian 逆矩阵的行列式的几何解释. 计算网格结点相对于 x 轴的定向 (ξ 轴的切向对 x 轴的方向) 用下面的方向余弦确定

$$\cos\alpha=\frac{x_\xi}{\left(g_{11}\right)^{1/2}} \tag{12.2.15}$$

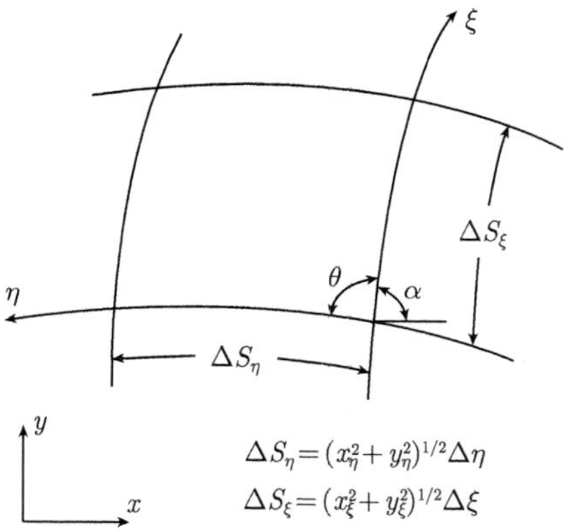

图 12.2.1 计算网格的物理性质

网格的横宽比 (Aspect ration)AR 等于切向矢量的长度比

$$AR=\frac{\Delta s_\eta}{\Delta s_\xi}=\left(\frac{g_{22}}{g_{11}}\right)^{1/2} \tag{12.2.16}$$

网格的畸形程度用 ξ 与 η 坐标线向夹角 θ 确定,

$$\cos\theta=\frac{g_{12}}{\left(g_{11}g_{22}\right)^{1/2}} \tag{12.2.17}$$

12.2.3 正交和保角坐标的限制

虽然广义坐标可用于任意几何形状的区域. 但是其计算精度随着网格单元的畸变而降低. 要达到高精度, 网格应该正交或近乎正交. 在正交坐标下, 某些变换形成的项消失, 控制方程变得简单. 如果坐标系不但正交而且保角, 则控制方程可以进一步简化. 采用完全正交或保角的坐标系意味着计算域的边界形状较简单. 同时结点的布置也受到一定的限制.

一个二维的正交网格必须有 $\theta=90°$, 图 12.2.1, 由式 (12.2.17) 有

$$g_{12}=x_\xi x_\eta+y_\xi y_\eta=0 \tag{12.2.18}$$

在三维网格中, 正交条件是

$$q_{ij} = 0 \qquad i \neq j \tag{12.2.19}$$

如果坐标系统是正交的, 则度量张量只包含对角元素 g_{ii}, 习惯上定义

$$h_i = (g_{ii})^{1/2} \qquad i = 1, 2, 3\,(\text{不求和}) \tag{12.2.20}$$

h_i 可以看作是一个比尺因子, ξ_i 的微小变化产生一个成比例的移动

$$\Delta s = h_i \Delta \xi^i \qquad (\text{不求和}) \tag{12.2.21}$$

在二维情况下, 正交性意味着, 式 (12.2.22) 成立

$$x_\eta = -y_\xi AR \quad \text{和} \quad y_\eta = -x_\xi AR \tag{12.2.22}$$

式中, AR 是网格的横宽比, 如果 AR=1, 则式 (12.2.22) 变成 Caushy-Reimann 条件, 网格是保角的, 如果 AR 是常数但不等于 1, 一个简单的 ξ 或 η 的尺度变换可以产生一个相应的保角坐标系统.

在各种坐标系中控制方程的复杂程度可以用拉普拉斯方程来加以说明. 在二维笛卡儿坐标系中

$$\frac{\partial^2 T}{\partial x^2} + \frac{\partial^2 T}{\partial y^2} = 0 \tag{12.2.23}$$

在广义坐标中, 上式可以写成

$$\frac{\partial}{\partial \xi}\left(\frac{g_{22}}{g^{1/2}}\frac{\partial T}{\partial \xi} + \frac{g_{12}}{g^{1/2}}\frac{\partial T}{\partial \eta}\right) + \frac{\partial}{\partial \eta}\left(-\frac{g_{12}}{g^{1/2}}\frac{\partial T}{\partial \xi} + \frac{g_{11}}{g^{1/2}}\frac{\partial T}{\partial \eta}\right) = 0 \tag{12.2.24}$$

式中, g_{22}, 等由式 (12.2.12) 给定, $g^{1/2}$ 由下式确定

$$\left|\underline{g}\right|^{1/2} \equiv g^{1/2} = x_\xi y_\eta - x_\eta y_\xi \tag{12.2.25}$$

g 是矩阵 $\underline{g}$ 的行列式. 使用 $\mathrm{g}^{1/2}$ 是为使方程更紧凑, 将 g_{22},$g^{1/2}$,g_{12},g_{11} 等代入式 (12.2.24) 并适当处理

$$\begin{aligned}&-\left(\frac{\nabla^2 \xi T}{J}\right)_\xi - \left(\frac{\nabla^2 \eta T}{J}\right)_\eta + \left[\left\{\frac{\left(\xi_x^2 + \xi_y^2\right)T}{J}\right\}_{\xi\xi}\right.\\ &\left.+\left\{\frac{2\left(\xi_x \eta_x + \xi_y \eta_y\right)T}{J}\right\}_{\xi\eta} + \left\{\frac{\left(\eta_x^2 + \eta_y^2\right)T}{J}\right\}_{\eta\eta}\right] = 0\end{aligned} \tag{12.2.26}$$

式中, J 是 $\underline{J}$ 的行列式, $\nabla^2 \xi \equiv \xi_{xx} + \xi_{yy}$, 等等. 式 (12.2.26) 中含有二阶交错导数和一阶导数, 这是在笛卡儿坐标系中没有的. 另外, $\nabla^2\xi, \nabla^2\eta$ 是二阶导数, 其数值计算往往不能保证高精度.

如果坐标系是正交的, $g_{12}=0$, 式 (12.2.24) 可以简化成

$$\frac{\partial}{\partial \xi}\left(\frac{h_2}{h_1}\frac{\partial T}{\partial \xi}\right)+\frac{\partial}{\partial \eta}\left(\frac{h_1}{h_2}\frac{\partial T}{\partial \eta}\right)=0 \tag{12.2.27}$$

式中, 正交比尺因子为

$$h_1=(g_{11})^{1/2}=\left(x_\xi^2+y_\xi^2\right)^{1/2}, h_2=(g_{22})^{1/2}=\left(x_\eta^2+y_\eta^2\right)^{1/2}$$

式 (12.2.27) 的守恒形式与式 (12.2.26) 相似, 只是不含有二阶交错导数项. 对于保角网格, $h_1=h_2$, 网格参数满足 Caushy-Reimann 条件

$$x_\eta=-y_\xi \text{ 和 } y_\eta=-x_\xi \tag{12.2.28}$$

有了这些, 式 (12.2.27) 回复到 Laplace 方程的原始形式

$$\frac{\partial^2 T}{\partial \xi^2}+\frac{\partial^2 T}{\partial \eta^2} \tag{12.2.29}$$

上式结构上与笛卡儿坐标系下的 Laplace 方程一样.

保角, 正交或广义坐标的选择通常取决于计算边界的性质, 如果边界的几何形状简单, 网格结点可以布置在高梯度的区域, 则保角坐标系是最适宜的, 这样不但控制方程形式简单, 求解的程序也简单, 经济. 在三维情况下, 保角或正交网格一般难以实现, 只能使用广义坐标.

12.2.4 广义坐标引入的附加误差

广义坐标的应用对解的误差的影响可以从截断误差来判断. 当网格足够精细时, 这种判断有足够的精度, 虽然两者之间的对应关系并不完全精确.

为了说明方便, 考虑广义坐标下的 $\dfrac{\partial T}{\partial x}$ 项

$$\frac{\partial T}{\partial x}=\xi_x T_\xi+\eta_x T_\eta \tag{12.2.30}$$

进一步假定广义坐标只是沿 x 方向伸缩变换, 即, $\eta=y$, 式 (12.2.30) 化成,

$$\frac{\partial T}{\partial x}=\frac{T_\xi}{x_\xi} \tag{12.2.31}$$

利用中心差分离散上式

$$\frac{\partial T}{\partial x}=\frac{T_\xi}{x_\xi}\approx\frac{T_{j+1}-T_{j-1}}{x_{j+1}-x_{j-1}} \tag{12.2.32}$$

利用 Taylor 级数展开式 (12.2.32) 中的每一项

$$\frac{T_{j+1}-T_{j-1}}{x_{j+1}-x_{j-1}}=\frac{T_\xi\left(1+\dfrac{\Delta\xi^2}{6}\dfrac{T_{\xi\xi\xi}}{T_\xi}+\cdots\right)}{x_\xi\left(1+\dfrac{\Delta\xi^2}{6}\dfrac{x_{\xi\xi\xi}}{x_\xi}+\cdots\right)}$$

假定 $\Delta\xi$ 很小

$$\frac{T_{j+1}-T_{j-1}}{x_{j+1}-x_{j-1}}=\frac{T_\xi}{x_\xi}\left(1+\frac{\Delta\xi^2}{6}\left(\frac{T_{\xi\xi\xi}}{T_\xi}-\frac{x_{\xi\xi\xi}}{x_\xi}\right)+\cdots\right)\tag{12.2.33}$$

式 (12.2.33) 是相容的, 相对于 ξ 是二阶精度的. 进一步的代数运算可以得到

$$\frac{T_{j+1}-T_{j-1}}{x_{j+1}-x_{j-1}}=T_x+\frac{\Delta\xi^2}{6}\left[T_{\xi\xi\xi}\left(x_\xi\right)^2+3T_{xx}x_{\xi\xi}\right]+\cdots\tag{12.2.34}$$

参数 x_ξ 和 $x_{\xi\xi}$ 可以用中心差分求值

$$x_\xi=\frac{x_{j+1}-x_{j-1}}{2\Delta\xi}+O\left(\Delta\xi^2\right)=0.5\left(1+r_x\right)\frac{\Delta x}{\Delta\xi}+O\left(\Delta\xi^2\right)$$

$$x_{\xi\xi}=\frac{x_{j+1}-2x_j+x_{j-1}}{\Delta\xi^2}+O\left(\Delta\xi^2\right)=\left(r_x-4\right)\frac{\Delta x}{\Delta\xi}+O\left(\Delta\xi^2\right)$$

式中, r_x 是网格的变率, $r_x=\dfrac{\Delta x_2}{\Delta x_1}$. 将以上两式代入式 (12.2.34)

$$\frac{T_{j+1}-T_{j-1}}{x_{j+1}-x_{j-1}}=T_x+\left[\frac{1}{6}\left(\frac{1+r_x}{2}\right)^2\Delta x^2T_{xxx}+\frac{\left(r_x-1\right)}{2}\Delta xT_{xx}\right]+\cdots\tag{12.2.35}$$

在式 (12.2.34) 中包含 x_ξ 的项引入一阶误差, 而在物理域中均匀网格情况下 ($r_x=1$) 应该是二阶误差. 要保证式 (12.2.32) 精确到二阶, $O(\Delta x^2)$, 就要求, $r_x=1+O(\Delta x)$. 这就是说, 为了利用三点中心差分离散 T_x 能达到二阶精度, 在物理域中网格的变化必须缓慢进行.

下面再将式 (12.2.34), (12.2.35) 和 x_ξ 可以解析求值的情况下的截断误差进行比较. 式 (12.2.32) 用下式代替

$$\frac{\partial^2T}{\partial x^2}=\left(\frac{2\Delta\xi}{x_{j+1}-x_{j-1}}\right)\left[\frac{T_{j+1}-2T_j+T_{j-1}}{2\Delta\xi^2}-\frac{x_{j+1}-2x_j+x_{j-1}}{\Delta\xi^2}\left(\frac{T_{j+1}-T_{j-1}}{x_{j+1}-x_{j-1}}\right)\right]\tag{12.2.36}$$

以节点 j 为中心展开 Taylor 级数, 得到右边项

$$RHS=T_{xx}\left[1-2\left(r_x-1\right)^2\right]+\cdots\tag{12.2.37}$$

这就是说, 只要 $r_x=1+O(\Delta x)$, 误差的阶次为, $O(\Delta x^2)$. 如果这个条件不满足, 在计算域中, T_{xx} 的离散将是不相容的. 由此可见, 应用广义坐标时, 如果网格变化过于急剧, 二阶导数的离散精度会迅速降低.

在多维情况下, 应用广义坐标会在截断误差中引入补充项, 如果坐标不正交, 这个误差正比于 $\cos\theta$. 一般来说, 偏离正交到 45° 是容许的.

流场中有高梯度区时, 希望应用守恒型方程, 同时方程离散时仍能保持守恒性. 在应用广义坐标时, 要保持这种性质会带来附加的困难, 以 T_x 为例

$$J^{-1}T_x = (Ty_\eta)_\xi - (Ty_\xi)_\eta = T_\xi y_\eta - T_\eta y_\xi \tag{12.2.38}$$

上式中的第一个等式是守恒型, 第二个等式是非守恒型, 利用中心差分, 第一个等式为 $(\Delta\xi = \Delta\eta = 1)$

$$\left(J^{-1}T_x\right)_{j,k} \approx 0.5\left[(Ty_\eta)_{j+1,k} - (Ty_\eta)_{j-1,k} - (Ty_\xi)_{j,k+1} + (Ty_\xi)_{j,k-1}\right] \tag{12.2.39}$$

如果变换参数也用中心差分离散, 式 (12.2.39) 变成

$$\begin{aligned}\left(J^{-1}T_x\right)_{j,k} \approx & 0.25[T_{j+1,k}\left(y_{j+1,k+1} - y_{j+1,k-1}\right) - T_{j-1,k}\left(y_{j-1,k+1} - y_{j-1,k-1}\right) \\ & - T_{j,k+1}\left(y_{j+1,k+1} - y_{j-1,k+1}\right) + T_{j,k-1}\left(y_{j+1,k-1} - y_{j-1,k-1}\right)]\end{aligned} \tag{12.2.40}$$

如果 T 在域内分布均匀, 则式 (12.2.40) 的右边为零, 这是守恒性所要求的.

然而, 如果式 (12.2.39) 中的 y_ξ, y_η 用解析求解, 即使 T 均匀分布, 也不能保证式 (12.2.38) 右侧为零.

从上面的分析, 可以得到下面的结论: 网格变化的变率 r_x 越接近于 1 越好. 严格的正交网格可以减少方程中的项, 计算经济; 近似正交的网格仍能保持与正交坐标系接近的精度, 但计算要复杂.

12.2.5 广义坐标系中的控制方程 [15]

(1) 一阶偏微分方程

这一节介绍一阶偏微分方程的变换. 实际的黏性流动的控制方程与本节讨论的方程没有什么区别.

考虑下面的二维方程,

$$\frac{\partial q}{\partial t} + \frac{\partial F}{\partial x} + \frac{\partial G}{\partial y} = 0 \tag{12.2.41}$$

假定物理平面上的网格不随时间而变换. 广义坐标 (ξ,η) 仅是 $(x,\ y)$ 的函数. 这样

$$\xi = \xi(x,y), \quad \eta = \eta(x,y) \tag{12.2.42}$$

引入

$$\frac{\partial}{\partial x} = \xi_x\frac{\partial}{\partial \xi} + \eta_x\frac{\partial}{\partial \eta}$$

$$\frac{\partial}{\partial y} = \xi_y\frac{\partial}{\partial \xi} + \eta_y\frac{\partial}{\partial \eta}$$

式 (12.2.26) 可以写成

$$\left(\frac{q}{J}\right)_t+\frac{\xi_x F_\xi}{J}+\frac{\xi_y G_\xi}{J}+\frac{\eta_x F_\eta}{J}+\frac{\eta_y G_\eta}{J}=0 \tag{12.2.43}$$

式中

$$J=\xi_x\eta_y-\xi_y\eta_x=\frac{1}{x_\xi y_\eta-x_\eta y_\xi} \tag{12.2.44}$$

式中, J 是变换矩阵 Jacobian, 式 (12.2.3) 的行列式.

项 $\xi_x F_\xi/J$ 可以利用式 (12.2.7) 改写成

$$\frac{\xi_x F_\xi}{J}=\left(\frac{\xi_x F}{J}\right)_\xi-F\left(\frac{\xi_x}{J}\right)_\xi=\left(\frac{\xi_x F}{J}\right)_\xi-F\left(y_\eta\right)_\xi \tag{12.2.45}$$

将上式代入 (12.2.28), $(y_\eta)_\xi$ 类似的项相互抵消, 得

$$q_t^*+F_\xi^*+G_\eta^*=0 \tag{12.2.46}$$

式中,

$$q^*=\frac{q}{J},\ F^*=\frac{\xi_x F+\xi_y G}{J},\ G^*=\frac{\eta_x F+\eta_y G}{J} \tag{12.2.47}$$

由上式可见, 在引入新变量 F^*, G^*, q^* 后, 得到与式 (12.2.41) 形式上类似的方程式. 对比式 (12.2.46) 和式 (12.2.41), 空间导数的直接变换可由下式进行

$$F_x+G_y=J\left(F_\xi^*+G_\eta^*\right) \tag{12.2.48}$$

(2) 二阶偏微分方程

这一节, 一阶偏微分方程将扩展到二阶偏微分方程. 如果流体的性质不是空间的函数, 则有

$$q_t+F_x+G_y=R_{xx}+S_{xy}+T_{yy} \tag{12.2.49}$$

如果流体的性质式空间的函数, 则有

$$q_t+F_x+G_y=\left(\alpha R_x\right)_x+\left(\beta S_y\right)_x+\left(\delta S_x\right)_y+\left(\gamma T_y\right)_y \tag{12.2.50}$$

式中, α, β, δ, γ 可以是 (x,y) 的函数.

变换公式 (12.2.48) 分两步使用, 将二阶导数项变换成广义坐标中的对应项. 首先将式 (12.2.49) 可以写成

$$q_t+F_x+G_y=RHS \tag{12.2.51}$$

$$RHS=\left[R_x+\varepsilon S_y\right]_x+\left[(1-\varepsilon)\,S_x+T_y\right]_y \tag{12.2.52}$$

式中, ε 是一个参数, 确定交错导数项 S_{xy} 在两个方括号相间的分配. 应用式 (12.2.48), 式 (12.2.52) 可以写成

$$\frac{RHS}{J}=P_{\xi}+Q_{\eta} \tag{12.2.53}$$

式中,

$$\begin{aligned}P&=\frac{\xi_x}{J}\left(R_x+\varepsilon S_y\right)+\frac{\xi_y}{J}\left[\left(1-\varepsilon\right)S_x+T_y\right]\\Q&=\frac{\eta_x}{J}\left(R_x+\varepsilon S_y\right)+\frac{\eta_y}{J}\left[\left(1-\varepsilon\right)S_x+T_y\right]\end{aligned} \tag{12.2.54}$$

或

$$P=\frac{\left[\xi_x R+\left(1-\varepsilon\right)\xi_y S\right]_x+\left[\xi_x\varepsilon S+\xi_y T\right]_y}{J}-\frac{\xi_{xx}R+\xi_{xy}S+\xi_{yy}T}{J}$$

再次对 P 运用式 (12.2.48)

$$\begin{aligned}P=&\left[\frac{\xi_x^2 R+\xi_x\xi_y S+\xi_y^2 T}{J}\right]_{\xi}+\left[\frac{\xi_x\eta_x R+\eta_x\xi_y S+\varepsilon JS+\xi_y\eta_y T}{J}\right]_{\eta}\\&-\frac{\xi_{xx}R+\xi_{xy}S+\xi_{yy}T}{J}\end{aligned} \tag{12.2.55}$$

对 Q 进行类似的运算, $Q=A_{\xi}+B_{\eta}+C$. 对式 (12.2.53) 进行运算并与式 (12.2.48) 复合, 可以将式 (12.2.49) 写成如下的守恒形式

$$q_t^*+F_{\xi}^{**}+G_{\eta}^{**}=R_{\xi\xi}^*+S_{\xi\eta}^*+T_{\eta\eta}^* \tag{12.2.56}$$

式中,

$$\begin{aligned}q^*&=\frac{q}{J}\\F^{**}&=F^*+\frac{\xi_{xx}R+\xi_{xy}S+\xi_{yy}T}{J}\\G^{**}&=G^*+\frac{\eta_{xx}R+\eta_{xy}S+\eta_{yy}T}{J}\\R^*&=\frac{\xi_x^2 R+\xi_x\xi_y S+\xi_y^2 T}{J}\\S^*&=\frac{2\xi_x\eta_x R+\left(\xi_x\eta_y+\xi_y\eta_x\right)S+2\xi_y\eta_y T}{J}\\T^*&=\frac{\eta_x^2 R+\eta_x\eta_y S+\eta_y^2 T}{J}\end{aligned} \tag{12.2.57}$$

虽然在推导过程中, 引进了 ε, 但在最后结果中, ε 被消去. 式 (12.2.56) 保留了原方程的强守恒性. 但是变量却变得更复杂了. 在原方程中二阶导数的因变量, 在广义坐标中却出现在一阶导数项中, 在 12.2.4 中已指出, 如果网格的伸缩率大, 则由于 $x_{\xi\xi}$ 等项的处理, 离散和解的精度均大大降低.

对于式 (12.2.50) 利用同样的步骤可以得到类似式 (12.2.57) 的方程, 只是因变量不同

$$
\begin{aligned}
F^{**} &= F^{*} + \left[(\alpha\xi_x)_x R + (\beta\xi_x)_y S + (\delta\xi_y)_x S + (\gamma\xi_y)_y T\right]/J \\
G^{**} &= G^{*} + \left[(\alpha\eta_x)_x R + (\beta\eta_x)_y S + (\delta\eta_y)_x S + (\gamma\eta_y)_y T\right]/J \\
R^{*} &= \left[\alpha\xi_x^2 R + (\beta+\delta)\,\xi_x\xi_y S + \gamma\xi_y^2 T\right](\frac{1}{J}) \\
S^{*} &= \left[2\alpha\xi_x\eta_x R + (\beta+\delta)\,(\xi_x\eta_y + \xi_y\eta_x)\,S + 2\gamma\xi_y\eta_y T\right]\left(\frac{1}{J}\right) \\
T^{*} &= \left[\alpha\eta_x^2 R + (\beta+\delta)\,\eta_x\eta_y S + \gamma\eta_y^2 T\right]\left(\frac{1}{J}\right)
\end{aligned}
\tag{12.2.58}
$$

12.3　区域映射的类型 [16]

计算域一般分成两种类型, 单通域和复连通域, 整体边界对应性的选择会给内部结点的变态情况的很大的影响.

12.3.1　单连通域 (Simply Connected Regions)

所谓单连通域是指区域内一个闭合曲线可以收缩到长度等于零而不包含区域的边界. 最简单的区域映射, 是将四个曲边组成的区域变换成一个矩形计算域, 如图 12.1.2 所示.

如果一个区域有一个总体形状, 则比较适合的映射是近似保持同样的总体定向, 图 12.3.1 是一个畸形的 L 形区域, 比较适合的映射是将其变换成规则的 L- 形计算域. 这样的变换可以避免物理域上网格的过分畸变.

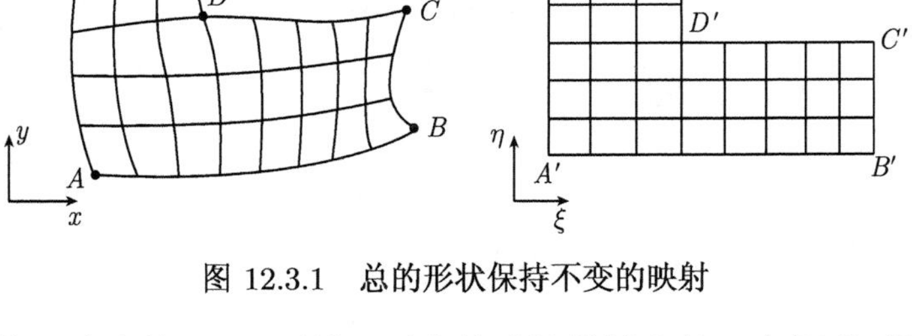

图 12.3.1　总的形状保持不变的映射

同样的物理域上的 L- 形区域可以变换成计算域上的一个矩形, 图 12.3.2 . 这时在坐标线 η 上与物理域 A、D 点对应 A', D' 点处的斜率就会有突变. 虽然, 图 12.3.2 所示矩形域上计算比图 12.3.1 所示的 L- 形域方便, 但由于在物理域上 A, D 附近的区域内网格的变态较大, 该局部地区的计算精度将降低.

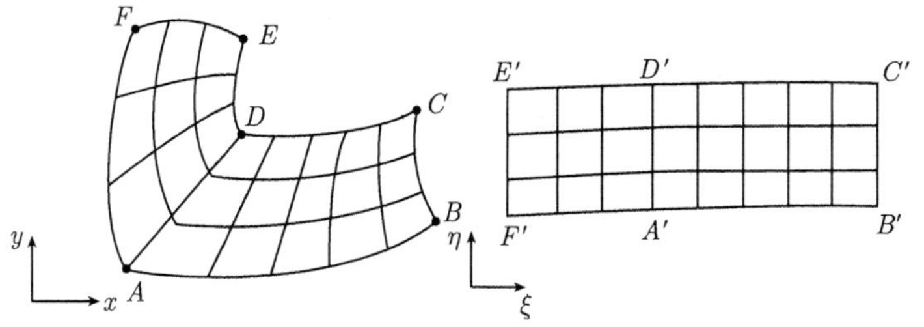

图 12.3.2 L- 形物理域映射成一个矩形计算域

如果计算域上的一个角点与物理域区的一段连续曲线对应, 图 12.3.3, 则情况正相反, 在物理域上, 邻近 A, B, C, D 点的区域, 网格变态, 局部计算精度也随之降低. 另外, 在计算域内, 跨越结点 A', 边界从 η 坐标线变到 ξ 坐标线. 在离散方程, 这部分往往需要特殊处理.

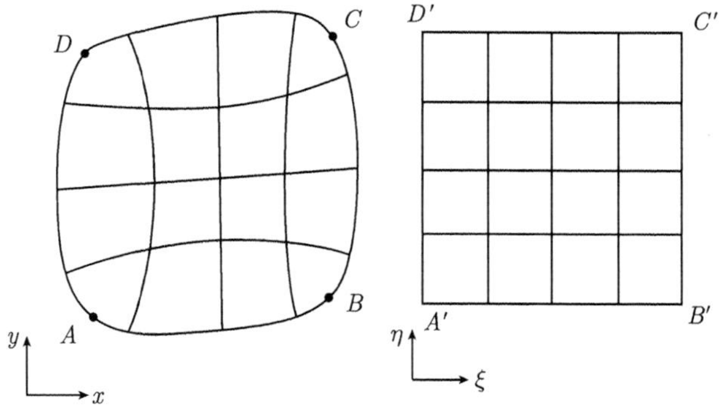

图 12.3.3 物理域上的角点是虚设的情况

一般来说, 物理域上的区域边界越复杂, 计算域上映射区域的布置方案也越多, 同一个物理域可以有若干个计算域与之对应, 如图 12.3.4~ 图 12.3.6 所示.

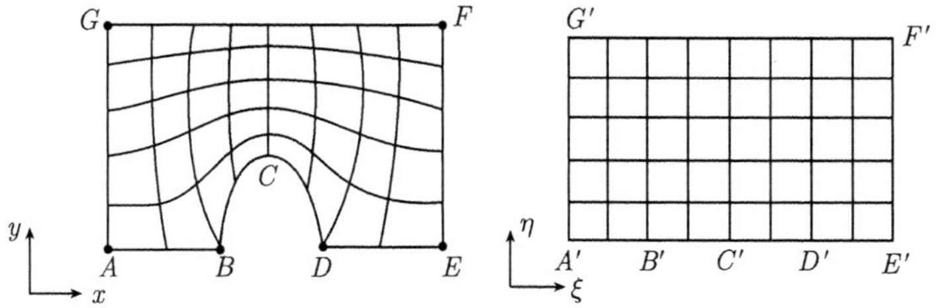

图 12.3.4 单个图区映射成扁平面

对于图 12.3.4 所示的突起障碍, 如果网格线向 η 值小的方向密集, 则可提高 B, D 点附近解的精度, 但同时也意味着 A, E 点附近的网格也变精细. 如果 BCD 代表黏性流动中的一个障碍物, AG 是入流断面, 点 B, D 是两个驻点. 如果感兴趣的

是 C 点附近的最大流速和切应力, 则障碍物可映射成一块垂直平板, 在 B, D 附近的网格跨越稀疏和变态一些, 在这个变换中, B, D 点合并成计算域上的一个点. 这种网格可以让网格线向 BCD 聚拢, 而总的网格结点数可以少于图 12.3.4 所示的情况. 当然在靠近 C 点的区域, 网格单元变态较大. 另外, 如果 FG 是入流断面, AB, DE 是出流断面, 图 12.3.5 所示的变换仍然是可取的方案.

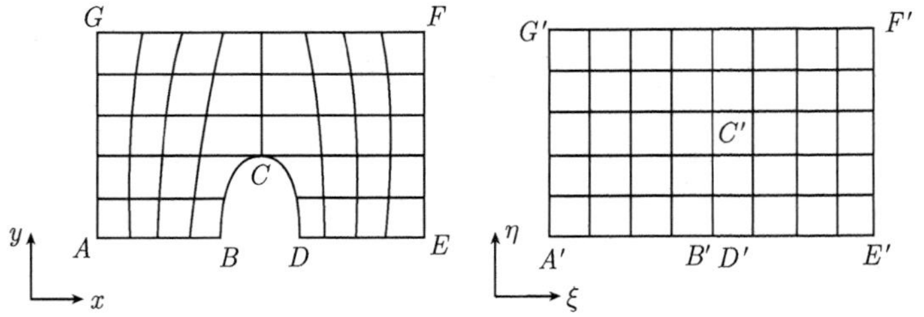

图 12.3.5 突起障碍映射成一垂直板

如果 F, G 点是位于远离 BCD 的自由流动区内, 则比较适合的变换应该如图 12.3.6 所示. 虽然在 F, G 点附近, 网格单元变态较大, 但由于流动在 F, G 附近是均匀的, 所以由于变态引起的误差相对来讲仍然很小.

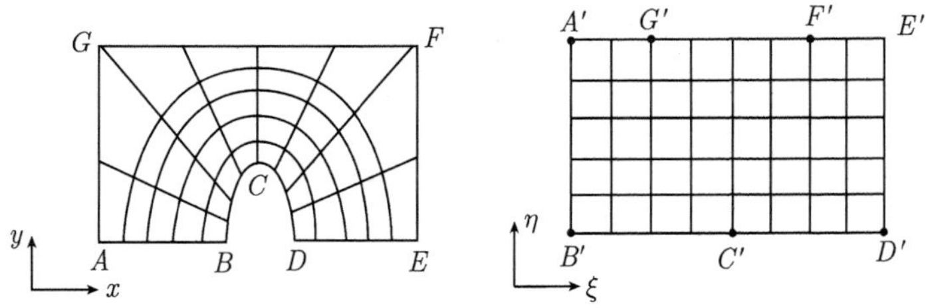

图 12.3.6 障碍物映射成一扁平面

所以, 选择将一个边界从物理平面有事到计算域中去的方法, 必须将形成的网格的变态情况与流动的计算结果联系起来考虑. 如果变态网格所处的区域在均匀流动区, 则局部的网格变态对整体的影响较小.

12.3.2 多连通域 (Multiply-Connected Regions)

多连通域的例子有一个或多个障碍物的外部绕流, 如水轮机叶片的绕流, 机翼绕流等. 管道中绕过障碍物的流动, 天然水域中绕过大小岛屿的流动等, 边界的映射主要由障碍物的形状来决定. 如果障碍物的形状平阔而粗大, 则比较适合地是将障碍物映射成一个方形或矩形, 保持原多连通域的形状, 图 12.3.7 . 这样的映射一般使物理域上的网格单元变态较小.

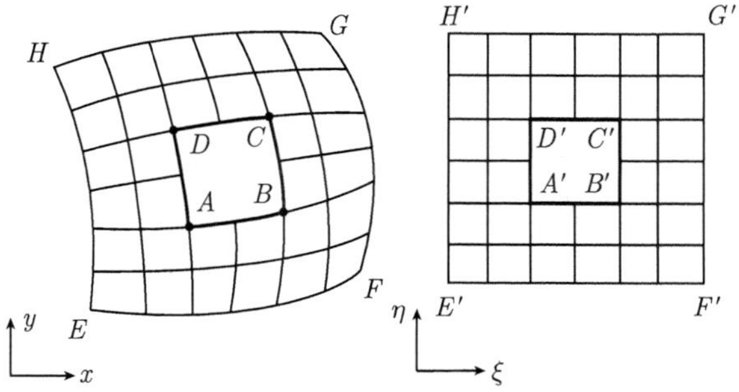

图 12.3.7 平阔体的映射

如果障碍物是一个细长体, 则比较好是将其变换成计算域上一条裂纹 (slit), 图 12.3.8 . 问题是 A 点附近的网格变形较大.

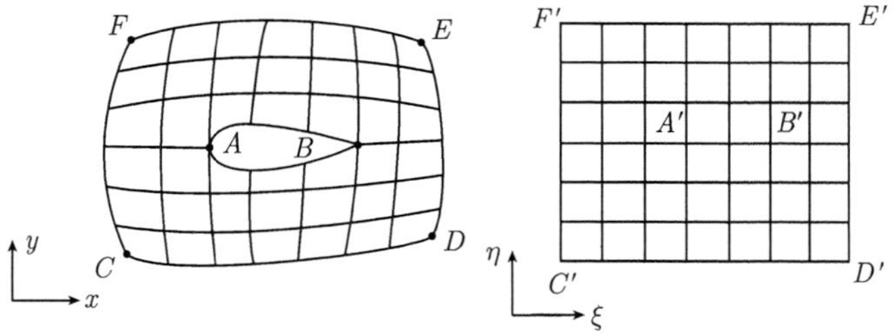

图 12.3.8 细长体映射

克服上述困难的一个方法是在物理平面内引入分支切割 (branch cut) 将多连通域变换成单连通域, 图 12.3.9. 由于物理平面上网格的形状, 这种网格类型叫做 0- 网格, 在物理平面内引入分支切割意味着在计算域中 $A'I'$ 和 $C'D'$ 上的结点是重合的, 当计算 $A'I'$ 和 $C'D'$ 上或邻近结点处的导数时, 需要用到跨过分支切割线的邻接结点. 显然, 穿过边界 $A'I'$ 再引入 $C'D'$ 时, 必须注意, 保持 ξ,η 轴对 $A'I'$ 恰当的方向. 可以这样来设想, $A'I'$ 和 $C'D'$ 是互相重叠的区域. 在编程时, 可以在 $A'I'$ 和 $C'D'$ 处布置虚拟的结点, 利用这些结果来计算导数, 这些虚拟结点上的值随着与其相应的计算域另一端的结点处的值的改变而变化.

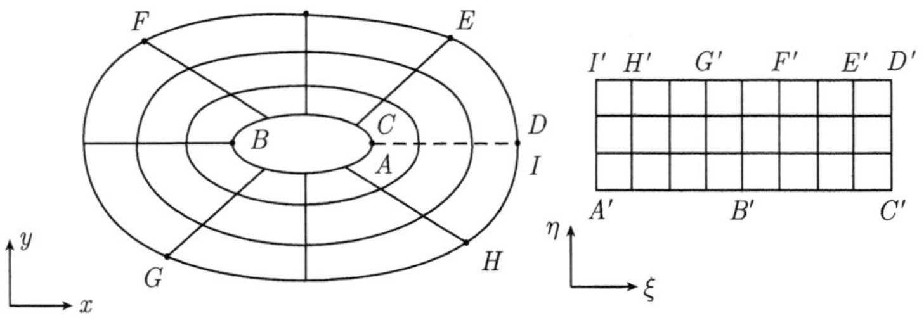

图 12.3.9 光滑障碍加上分支切割, O- 网格

如果沉浸在流体中的物体细长且头部粗而尾部尖, 如水轮机翼片, 飞机机翼等. 可以引入分支切割 C- 型网格, 图 12.3.10. 这里同样的问题是, 从 $A'I'$ 进入 $C'D'$ 计算是连续的. 与 0- 型网格不同的是从 AI 进入 CD 和从 CD 进入 AI 是在计算域的负的 η 方向进行的. 另外, 沿切割线从 C 到 D 横越是沿正的 ξ 方向, 从 A 到 I 是沿负的 ξ 方向, 在计算切割线附近的导数时, 需要采用虚拟结点.

12.4 坐标变换的微分方程法

物理域与计算域之间的变换可以用求解微分方程的方法进行, 这里有用于建立保角变换偏微分方程, 有用于建立正交网格的偏微分方程, 也有用于建立广义曲线坐标变换的泊松方程 (Poisson Equation), 下面介绍建立广义曲线坐标变换的泊松方程的方法.

12.4.1 求解椭圆微分方程 [17]

这一节介绍更通用的生成广义坐标系的方法, 生成的网格不一定是要保角或是正交的. 这个方法对网格的局部密集可以更灵活控制.

如同本章开始时所说的, 内部结点的生成可以看作是一个边界值问题, 更确切的说是计算域 (ξ,η) 上的边界值问题, 这里求解的是一个椭圆偏微分方程, 需要给定边界上的结点位置或网格线的局部斜率.

用于网格生成的最通用的偏微分方程是 Poisson 方程

$$\begin{aligned}\frac{\partial^2\xi}{\partial x^2}+\frac{\partial^2\xi}{\partial y^2}&=P\left(\xi,\eta\right)\\ \frac{\partial^2\eta}{\partial x^2}+\frac{\partial^2\eta}{\partial y^2}&=Q\left(\xi,\eta\right)\end{aligned}\tag{12.4.1}$$

式中, P, Q 是已知函数, 用来控制网格的聚集.

利用椭圆型微分方程来生成内结点有若干优点. 第一, 即使域的边界有斜率的不连续, 域内的网格仍保持光滑. 与此相反, 如果双曲型方程用来生成网格, 则边界上的任何不连续都会出现在内部网格结点.

椭圆方程满足最大值原理, 只要函数 P 与 Q 取得合理, ξ 和 η 的最大和最小值均出现在边界上. Thompson 指出, 这一般地保证了一对一的单值映射. 当然如果 P, Q 的取值不当, 可能造成网格的局部重叠.

式 (12.4.11) 实际上是在计算域 (ξ,η) 上进行的, 将式 (12.4.11) 变换成

$$\alpha\frac{\partial^2x}{\partial\xi^2}-2\beta\frac{\partial^2x}{\partial\xi\partial\eta}+\gamma\frac{\partial^2x}{\partial\eta^2}+\delta\left(P\frac{\partial x}{\partial\xi}+Q\frac{\partial x}{\partial\eta}\right)=0\tag{12.4.2a}$$

$$\alpha\frac{\partial^2 y}{\partial\xi^2}-2\beta\frac{\partial^2 y}{\partial\xi\partial\eta}+\gamma\frac{\partial^2 y}{\partial\eta^2}+\delta\left(P\frac{\partial y}{\partial\xi}+Q\frac{\partial y}{\partial\eta}\right)=0 \tag{12.4.2b}$$

式中 $\alpha=g_{22},\beta=g_{12},\gamma=g_{11},\delta=g$, g 是度量张量的行列式. 为了说明如何设定式 (12.4.12) 的边界条件, 以图 12.4.1 所示的图形作为例子. 在轮廓线 $ABC\,(A'B'C')$ 上, $\eta=\eta_1$ 和 $x=x_{ABC}(\xi),y=y_{ABC}(\xi),\xi_1\leqslant\xi\leqslant\xi_2$, 其中函数关系 $x_{ABC}(\xi)$ 和 $y_{ABC}(\xi)$ 已知并确定了 ABC 上结点的布置.

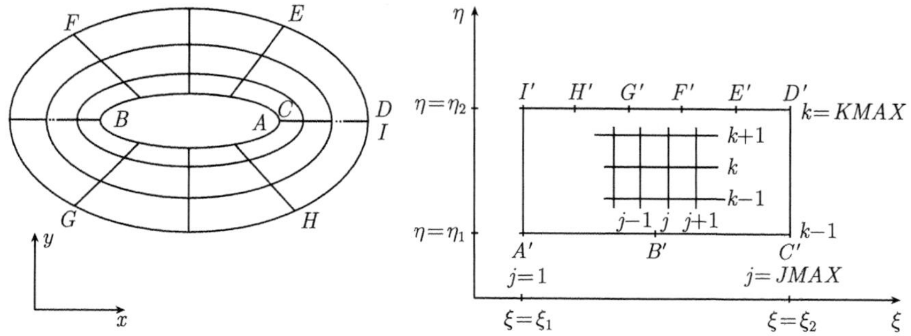

图 12.4.1 椭圆型方程生成网格的典型例子

类似的, 在 $DFI\,(D'F'I')$ 轮廓上, $\eta=\eta_2,x=x_{DFI}(\xi),y=y_{DFI}(\xi),\xi_1\leqslant\xi\leqslant\xi_2$, 其中 $x_{DFI}(\xi)$ 和 $y_{DFI}(\xi)$ 确定 DFI 上结点的布置, 在边界 $A'I'$ 和 $C'D'$ 上无需设定边界条件, 这两个边界在物理域上是内部线段且相互重合.

式 (12.4.1a) 可以用中心差分加以离散

$$\begin{aligned}&\alpha'(x_{j-1,k}-2x_{j,k}+x_{j+1,k})-0.5\beta'(x_{j+1,k+1}-x_{j-1,k+1}-x_{j+1,k-1}+x_{j-1,k-1})\\&+\gamma'(x_{j,k-1}-2x_{j,k}+x_{j,k+1})+0.5\delta'P(x_{j+1,k}-x_{j-1,k})\\&+0.5\delta'Q(x_{j,k+1}-x_{j,k-1})=0\end{aligned} \tag{12.4.3}$$

式中:

$$\begin{aligned}&\alpha'=0.25\left[(x_{j,k+1}-x_{j,k-1})^2+(y_{j,k+1}-y_{j,k-1})^2\right]\\&\beta'=0.25\left[(x_{j+1,k}-x_{j-1,k})(x_{j,k+1}-x_{j,k-1})+(y_{j+1,k}-y_{j-1,k})(y_{j,k+1}-y_{j,k-1})\right]\\&\gamma'=0.25\left[(x_{j+1,k}-x_{j-1,k})^2+(y_{j+1,k}-y_{j-1,k})^2\right]\\&\delta'=\left[(x_{j+1,k}-x_{j-1,k})(y_{j,k+1}-y_{j,k-1})-(x_{j,k+1}-x_{j,k-1})(y_{j+1,k}-y_{j-1,k})\right]^2/16\end{aligned} \tag{12.4.4}$$

式 (12.4.2b) 的离散完全一样, 在式 (12.4.3), (12.4.4) 中假定了 $\Delta\xi=\Delta\eta=1$. 这种选择并不影响物理域中的网格.

图 12.4.1 中出现的分支切割增加了 $A'I'\,(j=1)$ 或 $C'D'\,(j=JMAX)$ 上结点

编制程序的复杂性. 例如, $A'I'$ 上 $\dfrac{\partial^2 x}{\partial \xi^2}$ 是由下式求值

$$\frac{\partial^2 x}{\partial \xi^2} = x_{JMAX-1,k} - 2x_{1,k} + x_{2,k}$$

此外, $j=1$ 和 $j=JMAX$ 上的解是一样的, 所以, 在 $j=1$ 和 $j=JMAX$ 上的迭代求值必须同时进行.

式 (12.4.3) 是非线性的代数方程组, 只能迭代求解, SOR 法是常用的方法. 如果 $(\alpha')^2 > (0.5\delta' P)^2$ 和 $(\beta')^2 > (0.5\delta' Q)^2$, 则松弛因子可能大于 1. 很显然, λ 的最佳值和收敛的迭代次数是选定的 P 和 Q 的函数, Thompson 提出如下的 P, Q 的函数形式

$$\begin{aligned} P(\xi,\eta) = & -\sum_{l=1}^{L} a_l \operatorname{sgn}(\xi-\xi_l)\exp\left(-c_l\left|\xi-\xi_l\right|\right) \\ & -\sum_{m=1}^{M} b_m \operatorname{sgn}(\xi-\xi_m)\exp\left[-d_m\left[(\xi-\xi_m)^2+(\eta-\eta_m)^2\right]^{1/2}\right] \end{aligned} \tag{12.4.5}$$

$$\begin{aligned} Q(\xi,\eta) = & -\sum_{l=1}^{L} a_l \operatorname{sgn}(\eta-\eta_l)\exp\left(-c_l\left|\eta-\eta_l\right|\right) \\ & -\sum_{m=1}^{M} b_m \operatorname{sgn}(\eta-\eta_m)\exp\left[-d_m\left[(\xi-\xi_m)^2+(\eta-\eta_m)^2\right]^{1/2}\right] \end{aligned} \tag{12.4.6}$$

式中, 系数 a_l, b_m, c_l, d_m 是用来调节网格的密集程度的. sgn( ) 函数有如下的特性

$$\begin{aligned} \operatorname{sgn}(x) &= 1, x\text{是正的} \\ &= 0, x=0 \\ &= -1, x\text{是负的} \end{aligned}$$

式 (12.4.5) 中的第一项是将 $\xi=\text{const}$ 的坐标系向 $\xi=\xi_l$ 线移动, 式 (12.4.6) 中的第一项是将 $\eta=\text{const}$ 线向 $\eta=\eta_l$ 线移动. 所以, 如果取 $\eta_l=\eta_1$ 和取一个大的 a_l 值, 则会使网格线向 ABC 面聚集, 式 (12.4.5), (12.4.6) 中的第二项是将 $\xi=\text{const}$ 线和 $\eta=\text{const}$ 线向点 (ξ_m,η_m) 收缩, 对于一个细长体, 第二项可以用来使网格聚集在细长体的头部和尾部, B 和 A 或 C. P, Q 值大, 则减慢收敛, 同时还限制了初始的 x, y 值的选取. x, y 的初始值选取不适当则收敛极慢. 所以, 建议开始时构造一个较小均匀的网格, 这样收敛半径可以大一些, 加快收敛. 这样生成的网格再用作初始条件形成 P, Q 值较大, 即网格聚集程度较大的网格. 连续做下去, 一直达到所需要的网格. 一般 a_i 取 1000 以内的值, c_i 取 1.0 以下的值.

在式 (12.4.2) 的 P, Q 进行适当选择可以生成正交网格, 网格在边界上的结点布置可以事先选定, 内部结点的分布也可以适当控制. 定义

$$\frac{h_2}{h_1}=\frac{g_{22}^{1/2}}{g_{11}^{1/2}}=f(\xi,\eta)$$

式中, $f(\xi,\eta)$ 待定. 选择

$$P=\frac{1}{h_1h_2}\frac{\partial f}{\partial \xi}\text{ 和 }Q=\frac{1}{h_1h_2}\frac{\partial}{\partial \eta}\left(\frac{1}{f}\right) \tag{12.4.7}$$

式 (12.4.2) 可以写成

$$\begin{aligned}&\frac{\partial}{\partial \xi}\left(f\frac{\partial x}{\partial \xi}\right)+\frac{\partial}{\partial \eta}\left(f\frac{\partial x}{\partial \eta}\right)=0\\&\frac{\partial}{\partial \xi}\left(f\frac{\partial y}{\partial \xi}\right)+\frac{\partial}{\partial \eta}\left(f\frac{\partial y}{\partial \eta}\right)=0\end{aligned} \tag{12.4.8}$$

式 (12.4.8) 就是生成正交网格的控制方程, 函数 $f(\xi,\eta)$ 可以在边界上选定, 在域内部 $f(\xi,\eta)$ 的值则由内插法来求得.

在实践中, 非正交网格是在给定边界上的 $h, x(\xi,\eta)$ 和 $y(\xi,\eta)$ 值后生成的. 利用定义 $f=(g_{22}/g_{11})^{1/2}$ 和式 (12.2.2) 计算边界上的 $f(\xi,\eta)$ 值, 内插求得域内的 $f(\xi,\eta)$ 值, 用式 (12.4.18) 迭代求解得出, $x(\xi,\eta)$ 和 $y(\xi,\eta)$ 的新值. 有了 $x(\xi,\eta)$ 和 $y(\xi,\eta)$ 的新值可以计算边界上的 $f(\xi,\eta)$ 的新值, 重复计算直至网格不在变化. 内部结点的布置主要由边界结点的分步来控制.

12.4.2 广义坐标应用的例子

这一节给出三个计算水力学中常用的 Laplace 方程, 平面二维非恒定流的基本方程和 N–S 方程在广义坐标中的形式.

1. Laplace 方程

在笛卡儿坐标系下, 二维 Laplace 方程的形式是

$$\frac{\partial^2 f}{\partial x^2}+\frac{\partial^2 f}{\partial y^2}=0 \tag{12.4.9}$$

在广义坐标下 Laplace 方程的一般形式是

$$\begin{aligned}&\frac{1}{J^2}\left(\alpha f_{\xi\xi}-2\beta f_{\xi\eta}+\gamma f_{\eta\eta}\right)+\frac{1}{J^3}\left[\left(\alpha x_{\xi\xi}-2\beta x_{\xi\eta}+\gamma x_{\eta\eta}\right)\left(y_\xi f_\eta-y_\eta f_\xi\right)\right.\\&\quad\left.+\left(\alpha y_{\xi\xi}-2\beta y_{\xi\eta}+\gamma y_{\eta\eta}\right)\left(x_\eta f_\xi-x_\xi f_\eta\right)\right]=0\end{aligned} \tag{12.4.10}$$

式中, 下标 t,ξ,η 分别表示对 t,ξ,η 的导数.

2. 平面二维非恒定流的基本方程

在笛卡儿坐标系下, 平面二维非恒定流的基本方程的形式是

$$\frac{\partial\zeta}{\partial t}+\frac{\partial(h+\zeta)u}{\partial x}+\frac{\partial(h+\zeta)v}{\partial y}=0 \tag{12.4.11}$$

$$\frac{\partial u}{\partial t}+u\frac{\partial u}{\partial x}+v\frac{\partial u}{\partial y}=-g\frac{\partial\zeta}{\partial x}+g\frac{u\sqrt{u^2+v^2}}{(h+\varsigma)c^2}+fv \tag{12.4.12}$$

$$\frac{\partial v}{\partial t}+u\frac{\partial v}{\partial x}+v\frac{\partial v}{\partial y}=-g\frac{\partial\zeta}{\partial x}+g\frac{v\sqrt{u^2+v^2}}{(h+\varsigma)c^2}-fu \tag{12.4.13}$$

正交曲线网格下的平面二维非恒定流的基本方程可以写成下面的形式

$$\begin{aligned}&\varsigma_t+\frac{1}{J}\left\{y_\eta\left[(h+\varsigma)u\right]_\xi-x_\eta\left[(h+\varsigma)v\right]_\xi\right\}\\&+\frac{1}{J}\left\{-y_\xi\left[(h+\varsigma)u\right]_\eta+x_\xi\left[(h+\varsigma)v\right]_\eta\right\}=0\end{aligned} \tag{12.4.14}$$

$$\begin{aligned}&u_t+\frac{1}{J}(y_\eta u-x_\eta v)u_\xi+\frac{1}{J}(-y_\xi u+x_\xi v)u_\eta-fv\\&+\frac{g}{J}(y_\eta\varsigma_\xi-y_\xi\varsigma_\eta)+g\frac{u\sqrt{u^2+v^2}}{(h+\varsigma)\varsigma^2}=0\end{aligned} \tag{12.4.15}$$

$$\begin{aligned}&v_t+\frac{1}{J}(y_\eta u-x_\eta v)v_\xi+\frac{1}{J}(-y_\xi u+x_\xi v)v_\eta+fu\\&+\frac{g}{J}(-x_\eta\varsigma_\xi+x_\xi\varsigma_\eta)+g\frac{v\sqrt{u^2+v^2}}{(h+\varsigma)\varsigma^2}=0\end{aligned} \tag{12.4.16}$$

3. N–S 方程

在笛卡儿坐标系下, 二维 N–S 方程的速度–压力形式的方程形式是,

$$u_t+(u^2)_x+(uv)_y=-p_x+\frac{1}{Re}(u_{xx}+u_{yy})+E_x \tag{12.4.17}$$

$$v_t+(uv)x+(v^2)_y=-p_y+\frac{1}{Re}(v_{xx}+v_{yy})+E_y \tag{12.4.18}$$

$$p_{xx}+p_{yy}=-u_x^2-2u_yu_x-v_y^2-D_i+\frac{1}{\mathrm{Re}}\nabla^2D \tag{12.4.19}$$

式中 $D=\left(\frac{\partial u}{\partial x}+\frac{\partial u}{\partial y}\right)$, 其余符号的意义已如前述.

在广义坐标下二维 N–S 方程的速度–压力形式的方程的一般形式是

$$\begin{aligned}&u_t-\frac{1}{J}x_t(y_\eta u_\xi-y_\xi u_\eta)-\frac{1}{J}y_t(x_\xi u_\eta-x_\eta u_\xi)\\&+\frac{1}{J}\left[y_\eta\left(u^2\right)_\xi-y_\xi\left(u^2\right)_\eta\right]+\frac{1}{J}\left[x_\xi(uv)_\eta-x_\eta(uv)_\xi\right]\end{aligned}$$

$$=-\frac{1}{J}\left(y_\eta p_\xi-y_\xi p_\eta\right)+\frac{1}{J^2Re}\left(\alpha u_{\xi\xi}-2\beta u_{\xi\eta}+\gamma u_{\eta\eta}+\sigma u_\eta+\tau u_\xi\right)+E_x \quad (12.4.20)$$

$$v_t-\frac{1}{J}x_t\left(y_\eta v_\xi-y_\xi v_\eta\right)-\frac{1}{J}y_t\left(x_\xi v_\eta-x_\eta v_\xi\right)$$
$$+\frac{1}{J}\left[y_\eta\left(uv\right)_\xi-y_\xi\left(uv\right)_\eta\right]+\frac{1}{J}\left[x_\xi\left(v^2\right)_\eta-x_\eta\left(v^2\right)_\xi\right]$$
$$=-\frac{1}{J}\left(x_\xi p_\eta-x_\eta p_\xi\right)+\frac{1}{J^2R_e}\left(\alpha v_{\xi\xi}-2\beta v_{\xi\eta}+\gamma v_{\eta\eta}+\sigma v_\eta+\tau v_\xi\right)+E_y \quad (12.4.21)$$

$$\begin{aligned}\alpha p_{\xi\xi}-2\beta p_{\xi\eta}+\gamma p_{\eta\eta}+\sigma p_\eta+\tau p_\xi=&-\left(y_\eta u_\xi-y_\xi u_\eta\right)^2-2(x_\xi u_\eta-x_\eta u_\xi)\\&\cdot\left(y_\eta v_\xi-y_\xi v_\eta\right)-\left(x_\xi v_\eta-x_\eta v_\xi\right)^2\\&-J^2D_t+x_t(D_\xi y_\eta-D_\eta y_\xi)J-y_t(D_\xi x_\eta\\&-D_\eta x_\xi)J+\alpha D_{\xi\xi}-2\beta D_{\xi\eta}\\&+\gamma D_{\eta\eta}+\sigma D_\eta+\tau D_\xi\end{aligned} \quad (12.4.22)$$

式中，

$$D=\left(y_\eta u_\xi-y_\xi u_\eta+x_\xi v_\eta-x_\eta v_\xi\right)/J;\ \sigma=J^2Q(\xi,\eta),\tau=J^2P(\xi,\eta).$$

参考文献

[1] Givoli D. Non-reflecting boundary conditions. Journal of Computational Physics, 1991, 94(1): 1-29.

[2] Engquist B, Majda A. Absorbing boundary conditions for the numerical simulation of waves. Mathematics of Computation, 1977, 31(139): 629-651.

[3] Thompson K W. Time dependent boundary conditions for hyperbolic systems. Journal of Computational Physics, 1987, 68(1): 1-24.

[4] Ryskin G., Leal L G. Numerical solution of free-boundary problems in fluid mechanics. Part 1. The finite difference technique. Journal of Fluid Mechanics, 1984, 148: 1-17.

[5] Blumberg A F, Kantha L H. Open boundary condition for circulation models. Journal of Hydraulic Engineering, 1985, 111(2): 237-255.

[6] Kirby J T. Open boundary condition in parabolic equation method. Journal of Waterway, Port, Coastal and Ocean Engineering, 1986, 112(3): 460-465.

[7] Keller J B, Givoli D. Exact non-reflecting boundary conditions. Journal of Computational Physics, 1989, 82(1): 172-192.

[8] Rudy D H, Strikwerda J C. A nonreflecting outflow boundary condition for subsonic Navier-Stokes calculations. Journal of computational physics, 1980, 36(1): 55-70.

[9] Harlow F H, Welch J E. Numerical calculation of time-dependent viscous incompressible flow of fluid with free surface. The Physics of Fluids, 1965, 8: 2182-2189.

[10] Hirt C W, Nicols B D. Volume of Fluid (VOF) method for the dynamics of free boundaries. Journal of Computational Physics, 1981, 39(1): 201-225.

[11] 汪德爟, 蔡鸿贤, 王世泽. 非线性船尾波的数值模拟. 水动力学研究与进展,1989, 4(4): 9-15.

[12] Hirt C W, Cook J L, Butler T D. A Lagrangian method for calculating the dynamics of an incompressible fluid with free surface. Journal of Computational Physics, 1970, 5(1): 103-124.

[13] Hirt C W, Amsden A A, and Cook J L. An arbitrary Lagrangian-Eulerrian computing method for all flow speeds. Journal of Computational Physics, 1974, 14(3): 227-253.

[14] Crowley W P. Free-Lagrange method for compressible hydrodynamics in two space dimensions. Lawrence Livermore National Laboratory, University of California, 1985.

[15] Ferziger J H, Peri M. Computational methods for fluids dynamics. 3rd ed. New York: Springer, 2002: Chapter 8, 226-230.

[16] Thompson J F, Warsi E U A, Mastin C W. Numerical Grid Generation. Amsterdam: North-Holland, 1985: Chapter 2, 4-20.

[17] Thompson J F, Warsi E U A, Mastin C W. Numerical Grid Generation. Amsterdam: North-Holland, 1985: Chapter 6, 129-165.

第五篇　可视化方法与应用

科学计算可视化 (Visualization in Scientific Computing) 是 20 世纪 80 年代后期提出并发展起来的一个新的研究领域. 1987 年 2 月, 美国国家科学基金会在华盛顿召开了有关科学计算可视化的首次会议. 会议指出：科学家们不仅需要分析计算机得出的计算数据, 而且需要了解在计算过程中数据的变化, 这些都要借助计算机图形学及图像处理技术. 近年来, 随着计算机处理速度的提高与普及, 越来越多的领域需要计算机可视化科学计算和测量、探测以及各种设计、规划、信息管理等数据, 甚至是想象和幻想的时空概念. 总之, 科学计算可视化将极大地提高科学计算数据的处理效率和质量, 实现科学计算与环境的现代化.

科学计算可视化的实质是, 运用计算机图形学和图像处理技术将科学计算过程中的数据以及计算结果的数据转换为图形或图像在介质上显示出来.

本部分分两章, 分别介绍计算水力学研究领域中涉及的基本信息元的可视化方法和科学计算可视化的发展趋势.

第 13 章　基本信息元的可视化方法

计算水力学主要研究两类场：标量场 (如水位、水质浓度、地形高程等) 以及矢量场 (流场).

13.1　标量场的可视化方法

13.1.1　等值线的绘制方法

1. Voronoi 图的定义

设 P 和 Q 分别是 n 维度量空间中的点, 则其欧几里得距离定义为

$$d(P,Q)=\left[\sum_{i=1}^{n}(P_i-Q_i)^2\right]^{1/2} \tag{13.1.1}$$

式中：P_i 和 Q_i 分别为 P 和 Q 点在 n 维空间中的第 i 维坐标. 当 n=2 时, 则为平面上两点的距离; 当 n=3 时, 则为三维空间中两点的距离.

Voronoi 图是对平面区域的一种划分方法, 平面区域内的点都有唯一的一个所属轮廓元素, 该点到这个轮廓元素的欧几里得距离小于或等于到其他轮廓元素的欧几里得距离 [1]. 对于二维空间而言, Voronoi 图变成若干平面多边形, 故此时又称 Voronoi 多边形.

2. Delaunay 三角网的构建

Delaunay 三角网的构建按照构建网格的空间维数分为二维、三维. 计算水力学范畴常见的是二维空间上的属性数据的可视化. 故这里仅介绍二维三角剖分的情况.

在二维的情况下, 三角剖分是指结点集 V 构成的三角形集 T, 该三角形集的边不相互交叉, 且三角形的合集是结点集 V 的凸包, 所有三角形与结点集的交集仅为三角形的顶点.

结点集 V 的 Delaunay 三角剖分 D 是 Delaunay 在 1934 年提出的, 是指由对应的 Voronoi 多边形共边的点连接而成的图. Delaunay 三角形的三个顶点对应的 Voronoi 多边形有一个公共的顶点, 此顶点同时也是 Delaunay 三角形外接圆的圆心. 一条边的外接圆定义为通过该边两个端点的任何圆, 故一条边的外接圆有无穷多个. 如果三角剖分中三角形的边有且仅有一个不包含任何点的外接圆 (包含关系

不包括结点位于圆上), 则说该边具有 Delaunay 特性, 亦称为空外接圆特性, 如图 13.1.1 所示. 图 13.1.2 为满足与不满足局部 Delaunay 特性的示意图.

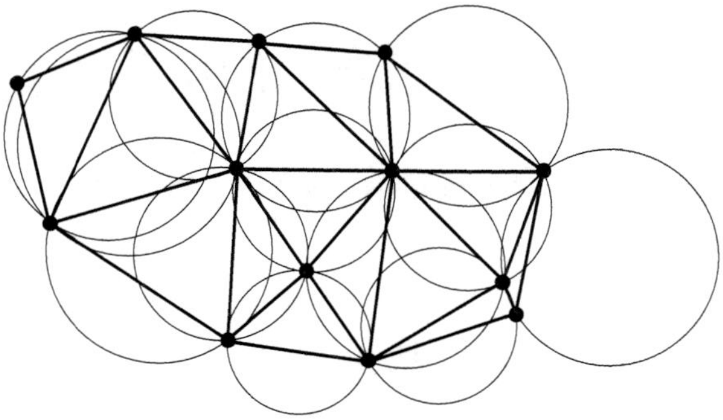

图 13.1.1 Delaunay 三角剖分及空外接圆特性

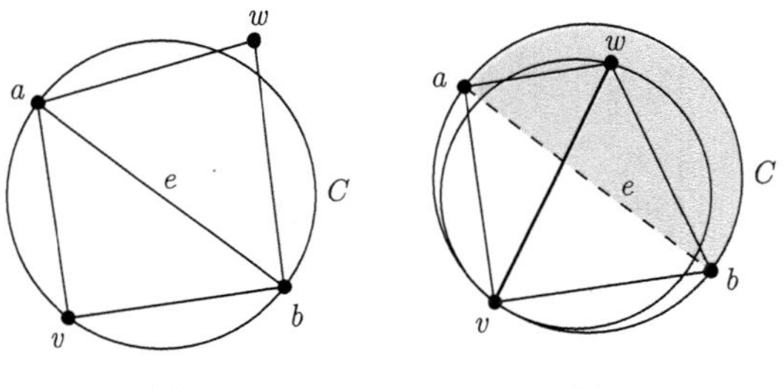

图 13.1.2 (a) 满足局部 Delaunay 特性 (b) 不满足局部 Delaunay 特性

由此, 有以下定义:

Delaunay 边: 假设三角剖分边的集合 E 中的一条边 e(两个端点为 a, b), e 若满足下列条件, 则称之为 Delaunay 边: 存在一个圆经过 a, b 两点, 圆内 (注意是圆内, 圆上最多三点共圆) 不包含点集 V 中任何其他的点, 这一特性又称空圆特性.

Delaunay 三角剖分: 如果点集 V 的一个三角剖分 T 只包含 Delaunay 边, 那么该三角剖分称为 Delaunay 三角剖分.

Delaunay 三角剖分必须符合两个重要的判别准则:

(1) 空圆特性: Delaunay 三角网是唯一的 (任意四点不能共圆), 在 Delaunay 三角形网中任一个三角形的外接圆范围内不会有其它点存在.

(2) 最大化最小角特性: 在散点集可能形成的三角剖分中, Delaunay 三角剖分所形成的三角形的最小角最大.

Delaunay 剖分因为其优异特性而被广泛应用, 其特性包括:

(1) 最接近: 以最近邻的三点形成三角形, 且各线段 (三角形的边) 皆不相交.

(2) 唯一性: 不论从区域何处开始构建, 最终都将得到一样的结果.

(3) 最优性: 任意两个相邻三角形形成的凸四边形的对角线如果可以互换的话, 那么两个三角形六个内角中最小的角度不会变大.

(4) 最规则: 如果按三角网中的每个三角形的最小角的角度进行升序排列, 则 Delaunay 三角网的排列得到的角度数值最大.

(5) 区域性: 新增、删除、移动某一个顶点时只会影响邻近的三角形.

(6) 凸壳性: 三角网最外层的边界形成一个凸多边形的外壳.

Delaunay 剖分是一种三角剖分的标准, 实现它有多种算法. 逐点插入的 Lawson 算法是 Lawson 在 1977 年提出的, 该算法思路简单, 易于编程实现. 基本原理为: 首先建立一个超级三角形, 把所有散点包围起来, 向其中插入一点, 该点与包含它的三角形三个顶点相连, 形成三个新的三角形, 然后逐个对新形成的三角形边进行空外接圆检测, 并应用 Lawson 设计的局部优化过程 (Local Optimization Procedure, LOP) 进行优化, 即通过交换对角线的方法来保证所形成新三角形边为 Delaunay 边. 由逐点法的构网过程可知, 遇到非 Delaunay 边时, 通过删除调整, 可以构造形成新的 Delaunay 边. 在完成构网后, 增加新点时, 无需对所有的点进行重新构网, 只需对新点的影响三角形范围 (即三角形外接圆包含此点的三角形集) 进行局部联网, 且局部联网的方法简单易行.

Lawson 算法的具体步骤 [2][3] 如下:

(1) 构造一个超级三角形, 包含所有散点, 放入以堆栈数据结构形式存放的三角形队列.

(2) 将点集中的散点依次插入, 在三角形堆栈中找出其外接圆包含插入点的三角形 (称为该点的影响三角形), 删除影响三角形的公共边, 将插入点同影响三角形的全部顶点连接起来, 从而完成一个点在 Delaunay 三角网的插入.

(3) 根据优化准则对局部新形成的三角形边进行优化, 保证新边为 Delaunay 边.

(4) 循环执行上述第 2 步, 直到所有散点插入完毕.

(5) 最后删除与超级三角形顶点相连的所有三角形.

这一算法实现的过程如图 13.1.3 所示. 相关的程序见附录 6.

3. 等值线的绘制

自动绘制等值线的方法从技术方向上看, 可以分为两大类: 插值和曲线拟合. 其中曲线拟合总的来说不如插值法应用广泛, 效果也逊色一些, 这里着重介绍插值法.

插值法, 按其构建方式不同分为离散点规则化和三角网方式. 三角网方式自动绘制的等值线因为特性优良而被广泛应用, 且等值线生成过程为确定的唯一解. 其他网格形式 (如四边形网格) 一般需要转化为三角形网格进行自动绘制, 且往往存在多解.

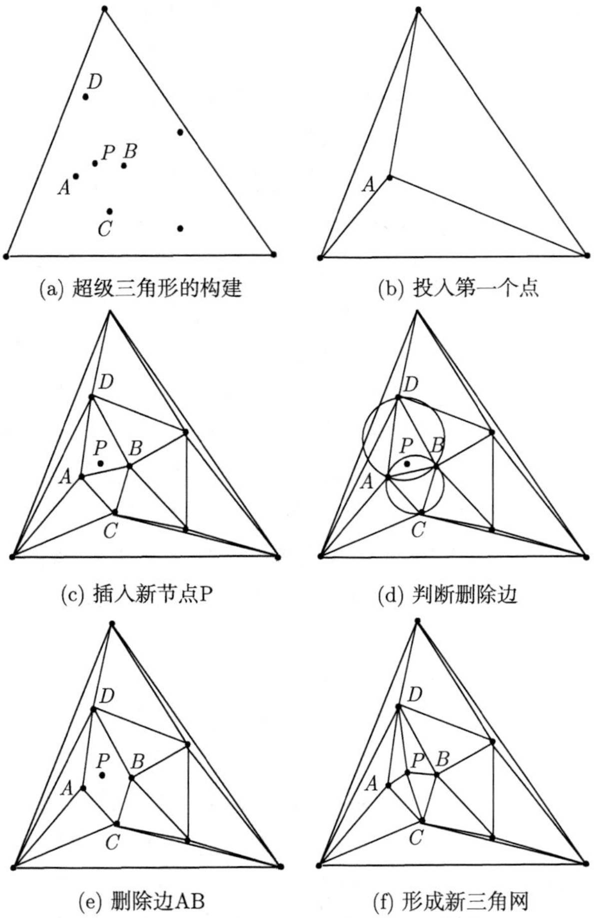

图 13.1.3　散点的插入过程示意图

具体绘制步骤 [4][5][6] 如下：

a. 首先进行散点 Delaunay 三角化.

b. 随后在三角网边上插补等值点.

如果某原始数据点的值和等值线值相等, 为了避免无法追踪等值线 (等值线出现断裂) 需要将该点值改变一个微量. 如果某个三角形三个顶点的值相等则各边均无等值点. 如果一个三角形的任意边两端点 (A, B) 的 Z 值 (Z_a, Z_b) 满足 $(Z_d - Z_a)\cdot(Z_d - Z_b) < 0$, 其中 Z_d 代表等值线的值, 则该边必有等值点. 由于每个三角形上不可能三边都有同值的等值点, 故另一边上必定有同值的等值点.

c. 等值点的追踪.

等值线的追踪绘制一般从三角网边界边的等值点开始, 找到等值线始端的三角形另一边上的等值点, 然后继续找与该边共边的三角形另一边的等值点, 如此下去,一直到找到等值点位于三角网边界边的等值点. 当所有以三角网边界边等值点为等值线端点的等值点均已经被用于构成等值线时, 以任意一点等值点为始点追踪等值线, 直到追踪到该始点为止, 即构成封闭等值线. 直到所有等值点构成等值线为止.

等值线的绘制程序见附录 7.

4. 等值线的填充

常用的等值线填充色为彩虹色、灰阶两个色带.

灰阶色带的生成较为简单, 采用 RGB 颜色系统 [5] 时, R、G、B(红、绿、蓝) 的变化均从 (0, 0, 0) 变化到 (255, 255, 255), 颜色则从白色过渡到黑色, 共 256 种颜色. C 语言代码如下:

```
for(int i=0; i<256; i++) color=RGB(i,i,i);
```

彩虹色色带常见的是从红色 → 黄色 → 绿色 → 青色 → 蓝色, R、G、B(红、绿、蓝) 的变化规律如表 13.1.1 所示, 共 1021 种颜色. C 语言实现代码如下 (为简化代码, 在不影响效果的情况下重复 3 种颜色):

```
COLORREF rainbow[1024];
int i;
//red to yellow
for(i=0;i<256;i++)rainbow[i]=RGB(255,i,0);
//yellow to green
for(i=0;i<256;i++)rainbow[256+i]=RGB(255-i,255,0);
//green to cyan
for(i=0;i<256;i++)rainbow[512+i]=RGB(0,255,i);
//cyan to blue
for(i=0;i<256;i++)rainbow[768+i]=RGB(0,255-i,255);
```

表 13.1.1 彩虹色 RGB 空间变化规律

颜色	R	G	B
红色	255	0	0
黄色	255	255	0
绿色	0	255	0
青色	0	255	255
蓝色	0	0	255

由于三角形网组成的区域较为复杂, 一般难以基于等值线及相互拓扑关系直接填充颜色. 一般的做法是基于三角形单元及等值线穿过将三角形单元划分成若干块分别进行填充. 当所有三角形单元均被填充后, 等值线填充也就完成了.

13.1.2 曲面的绘制方法

标量场的可视化除了平面二维采用等值线的形式表达第三维数据的方法外, 常见的还有三维曲面 [7] 的表达方法. 该方法在场景仿真、函数可视化等领域应用相当广泛. 曲面的绘制方法大致可以分为两类 [8], 一类是通过局部散点拟合理论函数曲面的方法, 另一类就是直接通过 Delaunay 化三角网实现离散曲面逼近的方法. 前者的优点是绘制的曲面光滑, 一阶导数处处连续, 后者的优点是实现简单, 具有普适性.

曲线曲面造型是可视化系统中的关键技术之一. NURBS 作为一个统一的数学模型, 既可以表示曲线, 也可以表示曲面, 因而成为工业产品制造中的一个标准. 但 NURBS 方法的权因子、参数化、曲线曲面连续性问题, 至今没有完全得到解决. 为了克服 NURBS 模型中的局限性, 近年来许多学者试图在新的函数空间中寻求新的曲线曲面造型方法. 基本思想是一样的, 首先用局部加权最小二乘法将三维空间内任意散乱数据点集均匀化, 再估计出网格点上的偏导数值及混合偏导数值, 最后仅用网格点数据进行快速光滑插值加密计算, 从而可得到任意点处的函数值. 但大多方法无法完美解决曲面的连续性问题. 所以函数拟合法绘制曲面的应用范围受到了一定的影响.

计算水力学问题往往是非规则三维数据. 由于计算问题的差异, 需要可视化的物理量变化较大, 有时存在梯度非常大的情况, 通过曲面函数拟合法实现可视化往往难以达到. 此时通过三角网离散平面逼近曲面的方法往往能收到良好的效果. 当需要光滑曲面时, 只需要将已有网格化 “曲面” 进行高阶插值, 加密三角网实现. 算法简单, 具有良好的通用性. 图 13.1.4 是通过三角网逼近法实现曲面绘制的地形, 高阶插值后逼近的曲面较为光滑, 基本满足各项应用的要求.

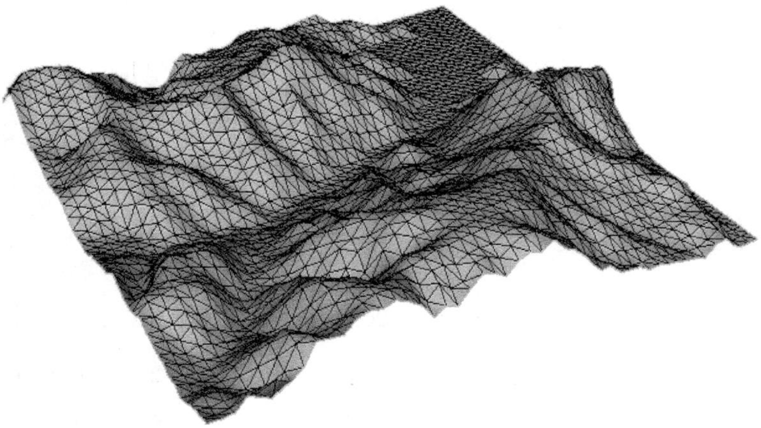

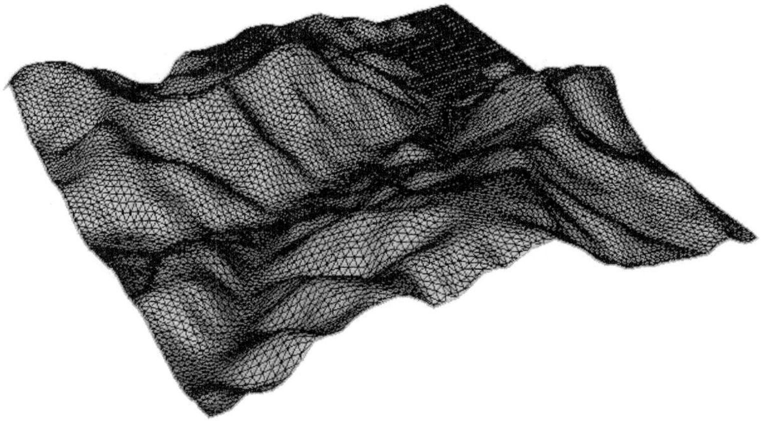

图 13.1.4 三角网法实现的场景仿真

13.2 矢量场的可视化方法

矢量是一个具有方向与大小的量. 它的大小称为模. 由于矢量具有方向, 需要表达方向及大小两个信息. 计算水力学领域里经常遇到的矢量场包括流速场 (以下简称流场)、涡量场等. 流场和涡量场的可视化方法是一致的, 由于涡量场的数值计算往往需要非常小的网格尺度, 计算水力学研究中较难见到, 故本书矢量场的可视化以流场为例.

13.2.1 流场的可视化方法

根据模拟方法的不同, 流场可以分为欧拉场和拉格朗日场. 在一定的条件下, 两者可以相互转化. 由于 2D 屏幕显示的限制, 难以准确表示三维流场的方向、位置和大小. 故流场的显示技术通常仅用在平面二维流场, 三维流场需要进行剖面投影显示. 因此, 下面仅分别阐述这两者的平面可视化方法.

1. 欧拉场的可视化

欧拉场的可视化较为简单, 绘制的步骤可概括为计算标尺、确定起点、绘制箭矢. 下面分别介绍三个步骤:

(1) 默认长度标尺的计算可以按下式估算

$$s = k\frac{\bar{l}}{\overline{|\overrightarrow{u}|}} \tag{13.2.1}$$

式中, $\bar{l}$ 为网格尺度的平均值; $\overline{|\overrightarrow{u}|}$ 为流速大小的平均值; k 为系数, 一般可取 0.8; s 为流速标尺.

(2) 对于欧拉场, 确定起点相当简单, 即为计算方法决定的流速变量布置的网格位置, 如采用交错网格法计算流速变量的, 可以绘制在网格中心.

(3) 绘制流速矢量, 首先根据长度标尺计算 dx、dy, 然后根据箭头比例及箭头尖锐角度绘制表示流动方向的箭头. 以下是利用 OpenGL 图形库绘制流速矢量箭的 C++ 代码:

```
void DrawVector(double xstart, double ystart, float ux, float uy,
              double sina, double cosa, double unitlength)
{
//xstart,ystart 为流矢起点位置
//ux,uy 为流速分量
// unitlength 为流矢标尺
//sina,cosa 为 1/2 流矢箭头尖锐角的 sin,cos 函数值
// m_fScaleVecHead 箭头部分占流矢大小的比例
// m_dVHeadMaxLen 箭头大小限制长度
       double xv,yv,dx,dy,x2,y2,headl;
       glBegin(GL_LINES);
       xv=xstart ;
        yv=ystart ;
       dx=ux*unitlength;
        dy=uy*unitlength;
        x2=xv+dx;y2=yv+dy;//流矢终点坐标
       //箭头大小计算
       dx=-dx*m_fScaleVecHead;dy=-dy*m_fScaleVecHead;
           if(m_bVHeadContrict) //箭头大小限制, 防止箭头过大
           {
               headl=sqrt(dx*dx+dy*dy);
               if(headl>m_dVHeadMaxLen)
               {
                   dx=m_dVHeadMaxLen/headl*dx;
                   dy=m_dVHeadMaxLen/headl*dy;
               }
           }
           //绘制流矢线
           glVertex2d(xv,yv);
           glVertex2d(x2,y2);
```

```
        //绘制流矢箭头
        xv=dx*cosa+dy*sina+x2;
        yv=-dx*sina+dy*cosa+y2;
        glVertex2d(x2,y2);
        glVertex2d(xv,yv);
        xv=dx*cosa-dy*sina+x2;
        yv=dx*sina+dy*cosa+y2;
        glVertex2d(x2,y2);
        glVertex2d(xv,yv);
    glEnd();
}
```

2. 拉格朗日场的可视化

拉格朗日场是一种动态运动的概念, 所以可视化往往体现在流场动画上. 基本原理是在计算空间上动态显示各粒子的位置, 串联成动画帧, 即可制成动画. 如需要在静态截图亦保持动画的视觉感, 需要按照流速的大小绘制一定的迹线, 如图 13.2.1 所示的 SMS(Surfacewater Modeling System) 软件的可视化效果.

图 13.2.1 拉格朗日场动画截屏

如果计算成果是拉格朗日场的成果, 则可视化就相当简单, 只需按基本原理绘制粒子位置即可. 如果是欧拉场结果, 则只需要在入流边界处随机生成若干个随体粒子 (个数多到均匀分布在边界上), 然后跟踪粒子的路径. 由于欧拉场的流场为离散的, 粒子所在位置的流速往往需要插值, 而流场计算结果的保存时间间隔往往远大于数值计算时间步长, 时空变化的非线性及数值计算误差往往造成欧拉场转化为拉格朗日场可视化流场时需要做以下特殊化处理:

(1) 记录每个粒子的生命, 发现出口边界有粒子流出后开始计算整个流场空间中粒子总数 N_0. 当发现粒子总数显著增加 (如为 N_0 的 2 倍) 时, 根据粒子生命长优先剔除的原则人为地从流场中剔除掉. 这种粒子往往是流场时空变化的非线性及数值计算误差造成的非物理性运动粒子.

(2) 每帧图像生成时, 均需要检验粒子的密度. 当发现粒子密度过稀, 且不是静止水域时, 需要随机生成一定数量的粒子补充; 当发现粒子密度过密而使得粒子相互靠在一起, 且不是静止水域时, 需要在该处的粒子随机剔除若干个, 直到粒子不相互靠在一起为止.

(3) 处于弱流区 (流向计算误差往往较大) 的粒子, 在粒子相互靠在一起时需要在随机剔除粒子时保持一定的高密度 (如相互之间的距离为粒子直径的 3 倍), 以表示一定的滞留特性.

13.2.2 流线的绘制

流线定义为: 线上任意点的切线方向与该点的速度方向一致的假想曲线, 如图 13.2.2 所示.

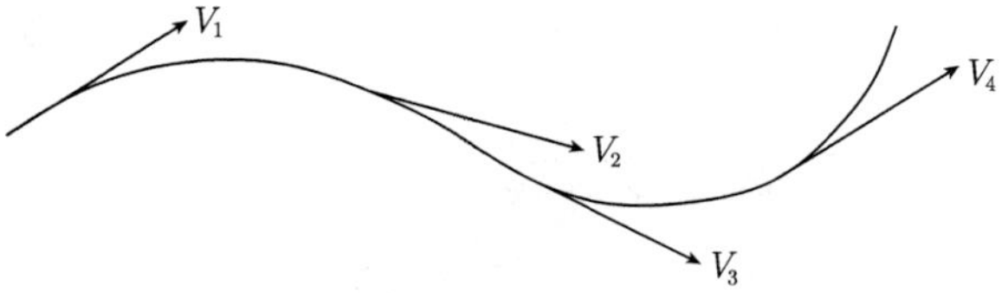

图 13.2.2 流线示意图

流线的特点:

(1) 流线是假想的线;

(2) 流线具有瞬时性;

(3) 在定常流场中流线与迹线重合.

利用特点 (3) 将当前时刻的流场假设为定常流场, 根据流线方程即可绘制流线. 流线方程如下

$$\mathrm{d}\vec{r} \times \vec{v} = \begin{vmatrix} i & j & k \\ \mathrm{d}x & \mathrm{d}y & \mathrm{d}z \\ u & v & w \end{vmatrix} = 0 \tag{13.2.2}$$

或

$$\frac{\mathrm{d}x}{u(x,y,z,t)} = \frac{\mathrm{d}y}{v(x,y,z,t)} = \frac{\mathrm{d}z}{w(x,y,z,t)} \tag{13.2.3}$$

式中: t 为参变量, x, y, z 为自变量.

具体的绘制步骤如下：

(1) 确定源点 (一般由用户指定).

(2) 跟踪流线. 将瞬时流场假定为定常流场, 根据当前位置 (x_0, y_0) 当前时刻 t 的流速值 (往往需要时空插值) 计算 Δt 后的新位置 (x_1, y_1), 再根据新位置 (x_1, y_1) 当前时刻 t(注意这里是 t 而不是 $t+\Delta t$) 的流速值计算下一步的位置, 直到遇到流线 (数值计算误差或回流) 或边界位置.

(3) 绘制流线上的箭头, 根据长度均匀布置箭头位置即可.

第 14 章　可视化发展趋势

14.1　地理信息系统的结合

地理信息系统, Geographic Information System (GIS), 是基于计算机技术数字化地展示和分析地理特性和发生在不同地理位置上的事件的计算机软件系统. GIS 数据库基本的立足点就是 “地球上的每一事物都是地理参照的”. 这里的数据库是指事物及其相互联系的信息集, 而 “地理参照” 是指事物在坐标参照系统中图层上的位置点. 地理信息系统处理、管理的对象是多种地理空间实体数据及其关系, 包括空间定位数据、图形数据、遥感图像数据、属性数据等, 用于分析和处理在一定地理区域内分布的各种现象和过程, 解决复杂的规划、决策和管理问题.

GIS 具有数据管理及空间数据可视化的特点, 能同时做到科学管理数据及可视化地理参照事物. 通过该系统, 可以知道地图对象相关的属性数据信息, 包括地理位置、拓扑关系、物理特性、事件等. 地理信息系统还具有空间分析能力, 能实时生成满足不同模型要求的空间拓扑关系, 为建立水动力及水环境模型提供了强有力的计算机软件工具. 一般 GIS 软件具有如图 14.1.1 所示的功能和框架.

以上框架显示 GIS 软件具有以下主要优点 [9~11]：

(1) 信息可视化. 能将不同区域的各个属性 (如人口等) 显示在地图上, 形象、直观让人一目了然.

(2) 空间关系分析. 不同区域的属性比较, 同一区域的属性迭加也是 GIS 的很大优点.

(3) 信息图层化管理. 不同特性的属性数据可以分类、分图层的管理与显示.

(4) 数据管理具有很强的扩展性. 可以通过连接外部数据管理任何类型的数据, 满足各个层面的要求.

(5) 强大的交互能力. 地理信息系统软件基本都具有很强的交换能力, 能建立、修改、管理各种数据库并可以通过可视化界面交互各种数据.

(6) WebGIS 为 Internet 应用实现可视化提供了方便的工具 [12].

GIS 系统对水动力及水环境模型建立及可视化与决策支持具有不可替代的地位, 但是也具有不可忽视的缺点, 主要如下：

(1) 地图对象几何特性静态化, 使得流场、压力场 (水位) 等动态数据以地图对象的形式显示较为困难.

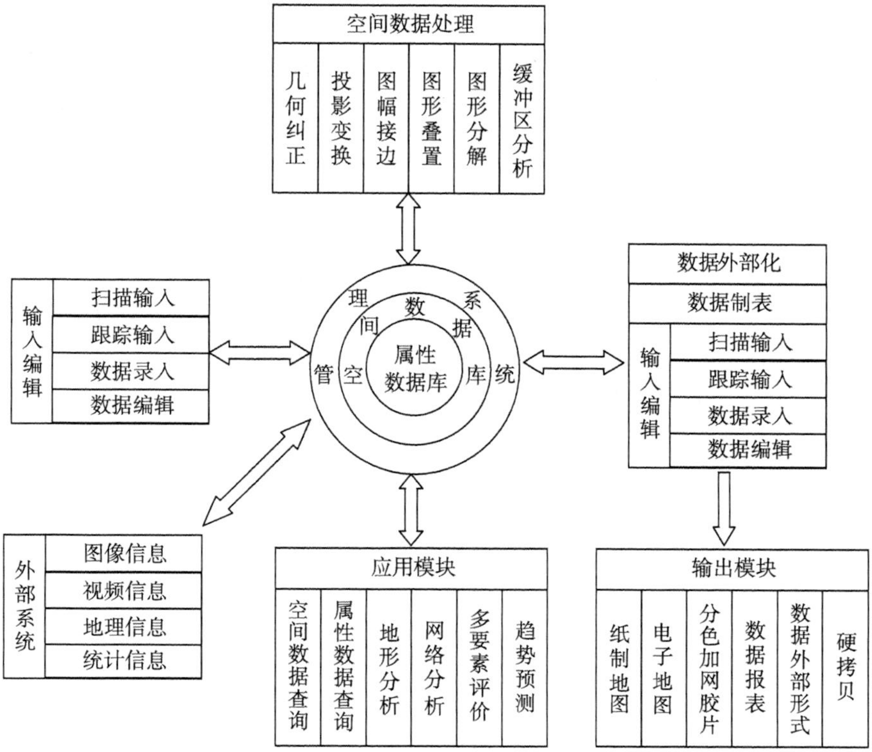

图 14.1.1 地理信息系统基本框架

(2) 地图对象与数据库绑定, 使得以地图对象的形式可视化时需要首先生成相应的文件.

(3) 提供的开放图形接口有限, 往往很难直接在地理信息系统中绘制用户自定义图形.

由于一般的 GIS 系统具有以上缺点, 故在该系统的基础上可视化水力学及环境模型往往必须进行一定数量的可视化, 其中关键的技术问题需要获得应用程序画布及操作系统事件, 通过事件触发绘制对应的用户自定义图形, 如流场、水位场等. 这样才能高效地显示计算结果, 并实现高效无闪烁动态演示.

14.2 虚拟现实的应用

虚拟现实 (Virtual reality, 简称 VR), 又称灵境技术, 是以沉浸性、交互性和构想性为基本特征的计算机高级人机界面. 该系统综合利用了计算机图形学、仿真技术、多媒体技术、人工智能技术、计算机网络技术、并行处理技术和多传感器技术, 模拟人的视觉、听觉、触觉等感觉器官功能, 使人能够沉浸在计算机生成的虚拟境界中, 并能够通过语言、手势等自然的方式与之进行实时交互, 创建了一种适人化的多维信息空间. 使用者不仅能够通过虚拟现实系统感受到在客观物理世界中所经历的"身临其境"的逼真性, 而且能够突破空间、时间以及其他客观限制, 感受到真实世界中无法亲身经历的体验.

VR 技术具有超越现实的虚拟性. 虚拟现实系统的核心设备仍然是计算机. 它的一个主要功能是生成虚拟境界的图形, 故此又称为图形工作站. 图像显示设备是用于产生立体视觉效果的关键外设, 目前常见的产品包括光阀眼镜、三维投影仪和头盔显示器等. 其中高档的头盔显示器在屏蔽现实世界的同时, 提供高分辨率、大视场角的虚拟场景, 并带有立体声耳机, 可以使人产生强烈的沉浸感, 框架如图 14.2.1 所示, 其中头盔与数据手套组成的感应系统如图 14.2.2 所示. 其他外设主要用于实现与虚拟现实的交互功能, 包括数据手套、三维鼠标、运动跟踪器、力反馈装置、语音识别与合成系统等等. 虚拟现实技术的应用前景十分广阔. 它始于军事和航空航天领域的需求, 但近年来, 虚拟现实技术的应用已大步走进工业、建筑设计、教育培训、文化娱乐等方面.

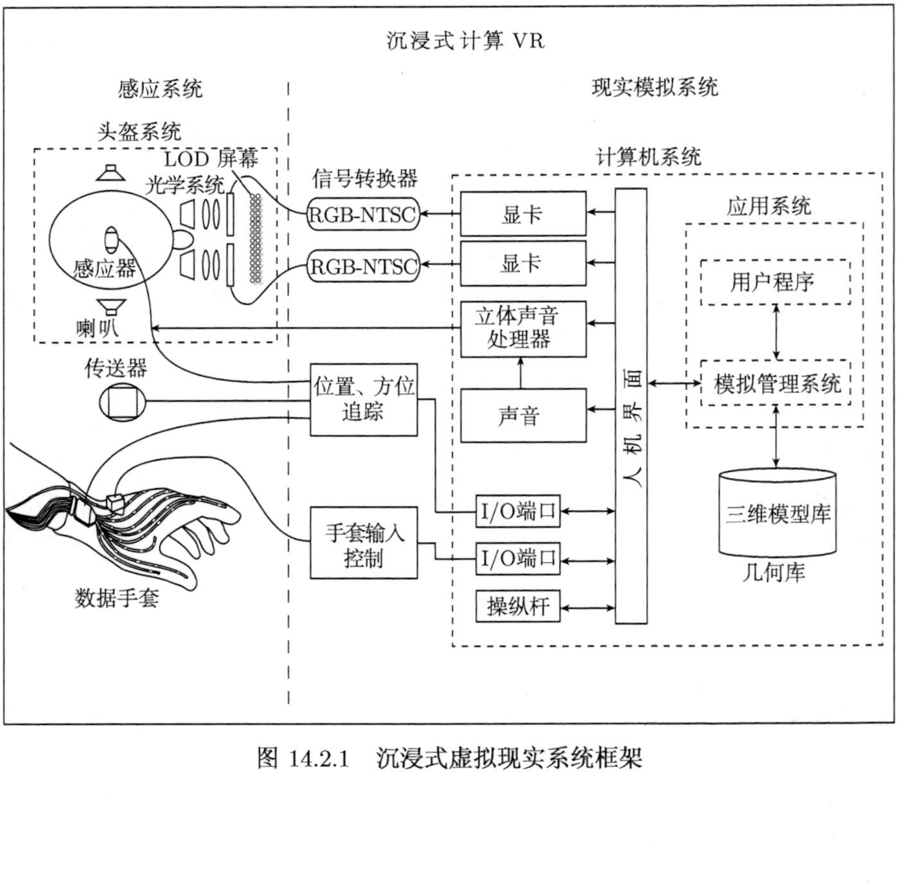

图 14.2.1　沉浸式虚拟现实系统框架

图 14.2.2 头盔与数据手套组成的感应系统

虚拟现实是多种技术的综合, 其关键技术和研究内容包括以下几个方面 [13~15]:

1. 环境建模技术

即虚拟环境的建立, 目的是获取实际三维环境的三维数据, 并根据应用的需要, 利用获取的三维数据建立相应的虚拟环境模型.

2. 立体声合成和立体显示技术

在虚拟现实系统中消除声音的方向与用户头部运动的相关性, 同时在复杂的场景中实时生成立体图形.

3. 触觉反馈技术

在虚拟现实系统中让用户能够直接操作虚拟物体并感觉到虚拟物体的反作用力, 从而产生身临其境的感觉.

4. 交互技术

虚拟现实中的人机交互远远超出了键盘和鼠标的传统模式, 利用数字头盔、数字手套等复杂的传感器设备, 三维交互技术与语音识别、语音输入技术成为重要的人机交互手段.

5. 系统集成技术

由于虚拟现实系统中包括大量的感知信息和模型, 因此系统的集成技术为重中之重: 包括信息同步技术、模型标定技术、数据转换技术、识别和合成技术等等.

生成虚拟现实需要解决以下三个主要问题:

(1) 仿真技术. 即怎样合成对观察者的感官器官来说与实际存在相一致的输入信息, 也就是如何可以产生与现实环境一样的视觉, 触觉, 嗅觉等.

(2) 交互作用. 观察者怎样积极和能动地操作虚拟现实, 以实现不同的视点景象和更高层次的感觉信息. 实际上也就是怎么可以看得更像, 听得更真等等.

(3) 自律性现实. 感觉者如何在意识不到自己动作、行为的条件下得到栩栩如生的现实感. 在这里, 观察者、传感器、计算机仿真系统与显示系统构成了一个相互作用的闭环流程.

为了实现和在真实世界中一样的感觉, 就需要有能实现各种感觉的技术. 人在真实世界中是通过眼睛、耳朵、手指、鼻子等器官来实现视觉、触觉 (力觉)、嗅觉等功能的. 人们通过视觉观看到色彩斑斓的外部环境, 通过听觉感知丰富多彩的音响世界, 通过触觉了解物体的形状和特性, 通过嗅觉知道周围的气味. 总之, 通过各种各样的感觉, 使我们能够同客观真实世界交互 (交流), 使我们浸沉于和真实世界一样的环境中.

在这里, 实现听觉最为容易; 实现视觉是最基本的也是必不可少的和最常用的; 实现触觉只有在某些情况下需要, 现在正在完善; 实现嗅觉还刚刚开始. 人从外界获得的信息, 有 80%—90%来自视觉. 因此在虚拟环境中, 实现和真实环境中一样的视觉感受, 对于获得逼真感、浸沉感至为重要.

在虚拟现实中和通常图像显示不同的是, 要求显示的图像要随观察者眼睛位置的变化而变化. 此外, 要求能快速生成图像以获和实时感. 例如, 制作动画时不要求实时, 为了保证质量每幅画面需要多长时间生成不受限制. 而虚拟现实必须实时生成 30 帧/秒的逼真画面. 有了这样的图像生成能力, 再配以适当的音响效果, 就可以使人有身临其境的感受.

能够提供视觉和听觉效果的虚拟现实系统, 已被用于各种各样的仿真系统中. 在科技开发上, 虚拟现实可缩短开发周期, 减少费用. 例如克莱斯勒公司 1998 年初便利用虚拟现实技术, 在设计某两种新型车上取得突破, 首次使设计的新车直接从计算机屏幕投入生产线, 也就是说完全省略了中间的试生产. 由于利用了卓越的虚拟现实技术, 使克莱斯勒避免了 1500 项设计差错, 节约了 8 个月的开发时间和 8000 万美元费用. 利用虚拟现实技术还可以进行汽车冲撞试验, 不必使用真的汽车便可显示出不同条件下的冲撞后果. 用虚拟现实技术建立起来的水库和江河湖泊仿真系统, 更能使人一览无遗. 例如建立起三峡水库模型后, 便可在水库建成之前, 直观地看到建成后的壮观景象. 蓄水后将最先淹没哪些村庄和农田, 哪些文物将被淹没, 这样能主动及时解决问题. 如果建立了某地区防汛仿真系统, 就可以模拟水位到达警戒线时哪些堤段会出现险情, 万一发生决口将淹没哪些地区. 这对制定应急预案有莫大的帮助.

当千万双眼睛紧盯着堰塞湖时, 现代科技成为将风险降低到最小的利器. 为了让危险降到最低, 工程人员一遍又一遍地通过虚拟仿真技术来模拟爆破全过程. 根据选定的计算模型, 编制出相应的计算机程序, 这些模型可能是爆破的物理模型, 也可能是爆破的经验模型, 都是利用计算机的高速计算能力, 来寻求满足爆破质量要求的爆破设计方案. 特别是应用了爆破模拟虚拟现实专家系统, 工程人员在爆破模拟及爆破口冲刷过程模拟上的信息大大增加. 爆破开始时, 工程人员已经能够清晰地预测到每一个爆破所产生的结果, 乃至每一个爆破过后, 堰塞湖中倾泻而出的水流流向和冲击能力, 每一个步骤都在实践中得到了充分的验证, 分毫不差. 现代科技的巨大力量, 造就了这次科技救灾的胜利. 图 14.2.3 即为工程人员实现的唐家山堰塞湖虚拟现实画面.

图 14.2.3 虚拟现实技术显示的唐家山堰塞湖

在虚拟现实技术已经和理论分析、科学实验一起, 成为人类探索客观世界规律的三大手段.

VRML(Virtual Reality Modeling Language, 虚拟现实建模语言) 是一种网络上使用的描述三维环境的场景描述语言. 1997 年 12 月 VRML 作为国际标准正式发布, 1998 年 1 月正式获得国际标准化组织 ISO 批准 (国际标准号 ISO/IEC 14772-1：1997), 简称 VRML97. 2001 年 8 月 Wed3D 协会 (前身是 VRML 协会) 发布 VRML 的下一代国际标准 ——X3D (X3D 的含义是可扩展的 3D). 几年来, VRML 浏览器已发展的相当成熟, 各厂家还开发形形色色附带扩展功能的 VRML 浏览器, 其中以 Blaxxun 和 Parallel Graphics 公司的 VRML 浏览器最为突出.

Parallel Graphics 公司的 VRML 浏览器 Cortona, 支持 MPEG 等视频文件, 流媒体文件, mp3 等多种音频文件, Flash 动画文件, 多种材质效果, 支持 Nurbs 曲线, 粒子效果, 雾化效果. 支持键盘输入、拖放控制, 支持 VR 眼镜等硬件设备, 更是业内第一个 (也是唯一) 支持最新 EAI 功能的 VRML 浏览器, 支持微软公司 Windows 操作系统, 并已在 PC 机、苹果机和 Java(X3D) 机的操作系统平台上经过测试, 甚至支持带 Windows CE 操作系统的无线设备 (PDA、手机等) 和机顶盒上网浏览

VRML 内容. Cortona 浏览器使用方便, 3D 的效果, 交互性能近乎完美, 是目前最多用户使用的 VRML 浏览器. Cortona 下载地址: http://www.parallelgraphics.com/downloads.

14.3　OpenGL 的应用

OpenGL(Open Graphics Library) 是个定义了一个跨编程语言、跨平台的编程接口的规格, 它用于三维图像 (二维的亦可) 处理与显示. OpenGL 是个专业的图形程序接口, 是一个功能强大, 调用方便的底层图形库.

OpenGL 常用于 CAD、虚拟现实、科学可视化程序和电子游戏开发. OpenGL 是行业领域中最为广泛接纳的 2D/3D 图形应用程序接口, 自诞生至今已催生了各种计算机平台及设备上的数千优秀应用程序. OpenGL 帮助程序员实现在 PC、工作站、超级计算机等硬件设备上的高性能、极具冲击力的高视觉表现力图形.

在 OpenGL 的基础上还有 Open Inventor、Cosmo3D、Optimizer 等多种高级图形库, 适应不同应用. 其中, Open Inventor 应用最为广泛. 该软件是基于 OpenGL 面向对象的工具包, 提供创建交互式 3D 图形应用程序的对象和方法, 提供了预定义的对象和用于交互的事件处理模块, 创建和编辑 3D 场景的高级应用程序单元, 有打印对象和用其他图形格式交换数据的能力.

1. OpenGL 特点及功能

OpenGL 是一个开放的三维图形软件包, 它独立于窗口系统和操作系统, 以它为基础开发的应用程序可以十分方便地在各种平台间移植; OpenGL 可以与 Visual C++ 紧密接口, 便于实现机械手的有关计算和图形算法, 可保证算法的正确性和可靠性; OpenGL 使用简便, 效率高. 它具有七大功能 [16]:

(1) 建模: OpenGL 图形库除了提供基本的点、线、多边形的绘制函数外, 还提供了复杂的三维物体 (球、锥、多面体、茶壶等) 以及复杂曲线和曲面绘制函数.

(2) 变换: OpenGL 图形库的变换包括基本变换和投影变换. 基本变换有平移、旋转、变比镜像四种变换, 投影变换有平行投影 (又称正射投影) 和透视投影两种变换. 其变换方法有利于减少算法的运行时间, 提高三维图形的显示速度.

(3) 颜色模式设置: OpenGL 颜色模式有两种, 即 RGBA 模式和颜色索引 (Color Index).

(4) 光照和材质设置: OpenGL 光有辐射光 (Emitted Light)、环境光 (Ambient Light)、漫反射光 (Diffuse Light) 和镜面光 (Specular Light). 材质是用光反射率来表示. 场景 (Scene) 中物体最终反映到人眼的颜色是光的红绿蓝分量与材质红绿蓝分量的反射率相乘后形成的颜色.

(5) 纹理映射 (Texture Mapping). 利用 OpenGL 纹理映射功能可以十分逼真地表达物体表面细节.

(6) 位图显示和图像增强图像功能除了基本的拷贝和像素读写外, 还提供融合 (Blending)、反走样 (Antialiasing) 和雾 (fog) 的特殊图像效果处理. 以上三条可使被仿真物更具真实感, 增强图形显示的效果.

(7) 双缓存动画 (Double Buffering) 双缓存即前台缓存和后台缓存, 简言之, 后台缓存计算场景、生成画面, 前台缓存显示后台缓存已画好的画面.

此外, 利用 OpenGL 还能实现深度暗示 (Depth Cue)、运动模糊 (Motion Blur) 等特殊效果, 从而实现了消隐算法.

2. OpenGL 与 DirectX 的区别

两者主要区别在两个方面:

(1) OpenGL 只是图形函数库. DirectX 包含图形, 声音, 输入, 网络等模块.

(2) OpenGL 稳定, 可跨平台使用, 且具有网络透明性. DirectX 仅能用于 Windows 系列平台, 包括 Windows Mobile/CE 系列以及 XBOX/XBOX360.

3. OpenGL 函数库入门

开发基于 OpenGL 的应用程序, 必须先了解 OpenGL 的库函数. 它采用 C 语言风格, 提供大量的函数来进行图形的处理和显示. OpenGL 库函数的命名方式非常有规律. 所有 OpenGL 函数采用了以下格式

< 库前缀 >< 根命令 >< 可选的参数个数 >< 可选的参数类型 >

库前缀有 gl、glu、aux、glut、wgl、glx、agl 等等, 分别表示该函数属于 OpenGL 那个开发库等, 从函数名后面中还可以看出需要多少个参数以及参数的类型. i 代表 int 型, f 代表 float 型, d 代表 double 型, u 代表无符号整型. 例如 glVertex3fv() 表示了该函数属于 gl 库, 参数是三个 float 型参数指针. 我们用 glVertex*() 来表示这一类函数.

OpenGL 函数库相关的 API 有核心库 (gl)、实用库 (glu)、辅助库 (aux)、实用工具库 (glut)、窗口库 (glx、agl、wgl) 和扩展函数库等. gl 是核心, glu 是对 gl 的部分封装. glx、agl、wgl 是针对不同窗口系统的函数. glut 是为跨平台的 OpenGL 程序的工具包, 比 aux 功能强大. 扩展函数库是硬件厂商为实现硬件更新利用 OpenGL 的扩展机制开发的函数. 下面逐一对这些库进行简要介绍 [17-18].

1. OpenGL 核心库

核心库包含有 115 个函数, 函数名的前缀为 gl.

这部分函数用于常规的、核心的图形处理. 此函数由 gl.dll 来负责解释执行. 由于许多函数可以接收不同类型的参数, 因此根据参数类型派生出来的函数原型多达 300 多个. 核心库中的函数主要可以分为以下几类函数.

绘制基本几何图元的函数. 如绘制图元的函数 glBegain()、glEnd()、glNormal*()、glVertex*().

矩阵操作、几何变换和投影变换的函数. 如矩阵入栈函数 glPushMatrix()、矩阵出栈函数 glPopMatrix()、装载矩阵函数 glLoadMatrix()、矩阵相乘函数 glMultMatrix(), 当前矩阵函数 glMatrixMode() 和矩阵标准化函数 glLoadIdentity(), 几何变换函数 glTranslate*()、glRotate*() 和 glScale*(), 投影变换函数 glOrtho()、glFrustum() 和视口变换函数 glViewport() 等等.

颜色、光照和材质的函数. 如设置颜色模式函数 glColor*()、glIndex*(), 设置光照效果的函数 glLight*()、glLightModel*() 和设置材质效果函数 glMaterial() 等等.

显示列表函数、主要有创建、结束、生成、删除和调用显示列表的函数 glNewList()、glEndList()、glGenLists()、glCallList() 和 glDeleteLists().

纹理映射函数, 主要有一维纹理函数 glTexImage1D()、二维纹理函数 glTexImage2D()、设置纹理参数、纹理环境和纹理坐标的函数 glTexParameter*()、glTexEnv*() 和 glTetCoord*() 等.

特殊效果函数. 融合函数 glBlendFunc()、反走样函数 glHint() 和雾化效果 glFog*().

光栅化、像素操作函数. 如像素位置 glRasterPos*()、线型宽度 glLineWidth()、多边形绘制模式 glPolygonMode(), 读取像素 glReadPixel()、复制像素 glCopyPixel() 等.

选择与反馈函数. 主要有渲染模式 glRenderMode()、选择缓冲区 glSelectBuffer() 和反馈缓冲区 glFeedbackBuffer() 等.

曲线与曲面的绘制函数. 生成曲线或曲面的函数 glMap*()、glMapGrid*(), 求值器的函数 glEvalCoord*() glEvalMesh*().

状态设置与查询函数. 主要有 glGet*()、glEnable()、glGetError() 等.

2. OpenGL 实用库 The OpenGL Utility Library (GLU)

包含有 43 个函数, 函数名的前缀为 glu.

OpenGL 提供了强大的但是为数不多的绘图命令, 所有较复杂的绘图都必须从点、线、面开始. Glu 为了减轻繁重的编程工作, 封装了 OpenGL 函数, Glu 函数通过调用核心库的函数, 为开发者提供相对简单的用法, 实现一些较为复杂的操作. 此函数由 glu.dll 来负责解释执行. OpenGL 中的核心库和实用库可以在所有的 OpenGL 平台上运行. 主要包括了以下几种.

辅助纹理贴图函数, 有 gluScaleImage() 、gluBuild1Dmipmaps()、gluBuild2Dmipmaps().

坐标转换和投影变换函数, 定义投影方式函数 gluPerspective()、gluOrtho2D()、

gluLookAt(), 拾取投影视景体函数 gluPickMatrix(), 投影矩阵计算 gluProject() 和 gluUnProject() 等等.

多边形镶嵌工具, 有 gluNewTess()、gluDeleteTess()、gluTessCallback()、gluBeginPolygon()、gluTessVertex()、gluNextContour()、gluEndPolygon() 等等.

二次曲面绘制工具, 主要有绘制球面、锥面、柱面、圆环面 gluNewQuadric()、gluSphere()、gluCylinder()、gluDisk()、gluPartialDisk()、gluDeleteQuadric() 等等.

非均匀有理 B 样条绘制工具, 主要用来定义和绘制 Nurbs 曲线和曲面, 包括 gluNewNurbsRenderer()、gluNurbsCurve()、gluBeginSurface()、gluEndSurface()、gluBeginCurve()、gluNurbsProperty() 等函数.

错误反馈工具, 获取出错信息的字符串 gluErrorString().

3. OpenGL 辅助库

包含有 31 个函数, 函数名前缀为 aux.

这部分函数提供窗口管理、输入输出处理以及绘制一些简单三维物体. 此函数由 glaux.dll 来负责解释执行. 创建 aux 库是为了学习和编写 OpenGL 程序, 它更像是一个用于测试创意的预备基础接管. Aux 库在 windows 实现有很多错误, 因此很容易导致频繁的崩溃. 在跨平台的编程实例和演示中, aux 很大程度上已经被 glut 库取代. OpenGL 中的辅助库不能在所有的 OpenGL 平台上运行. 辅助库函数主要包括以下几类.

窗口初始化和退出函数, auxInitDisplayMode() 和 auxInitPosition().

窗口处理和时间输入函数, auxReshapeFunc()、auxKeyFunc()、auxMouseFunc ().

颜色索引装入函数, auxSetOneColor().

三维物体绘制函数. 包括了两种形式网状体和实心体, 如绘制立方体 auxWireCube() 和 auxSolidCube(). 这里以网状体为例, 长方体 auxWireBox()、环形圆纹面 auxWireTorus()、圆柱 auxWireCylinder()、二十面体 auxWireIcosahedron ()、八面体 auxWireOctahedron()、四面体 auxWireTetrahedron()、十二面体 auxWireDodecahedron()、圆锥体 auxWireCone() 和茶壶 auxWireTeapot().

背景过程管理函数 auxIdleFunc().

程序运行函数 auxMainLoop().

4. OpenGL 工具库 OpenGL Utility Toolkit

包含大约 30 多个函数, 函数名前缀为 glut.

glut 是不依赖于窗口平台的 OpenGL 工具包, 由 Mark KLilgrad 在 SGI 编写 (现在在 Nvidia), 目的是隐藏不同窗口平台 API 的复杂度. 函数以 glut 开头, 它们作为 aux 库功能更强的替代品, 提供更为复杂的绘制功能, 此函数由 glut.dll 来负责解释执行. 由于 glut 中的窗口管理函数是不依赖于运行环境的, 因此 OpenGL

中的工具库可以在 X-Window, Windows NT, OS/2 等系统下运行, 特别适合于开发不需要复杂界面的 OpenGL 示例程序. 对于有经验的程序员来说, 一般先用 glut 理顺 3D 图形代码, 然后再集成为完整的应用程序. 这部分函数主要包括以下几类函数.

窗口操作函数, 窗口初始化、窗口大小、窗口位置等函数 glutInit()、glutInitDisplayMode()、glutInitWindowSize()、glutInitWindowPosition() 等.

回调函数. 响应刷新消息、键盘消息、鼠标消息、定时器函数等, glutDisplayFunc() 、glutPostRedisplay()、glutReshapeFunc()、glutTimerFunc()、glutKeyboardFunc()、glutMouseFunc().

创建复杂的三维物体时, 这些和 aux 库的函数功能相同. 创建网状体和实心体. 如 glutSolidSphere()、glutWireSphere() 等. 在此不再叙述.

菜单函数. 创建添加菜单的函数 glutCreateMenu()、glutSetMenu()、glutAddMenuEntry()、glutAddSubMenu() 和 glutAttachMenu().

程序运行函数, glutMainLoop().

5. Windows 专用库

针对 windows 平台的扩展. 包含有 16 个函数, 函数名前缀为 wgl.

这部分函数主要用于连接 OpenGL 和 Windows , 以弥补 OpenGL 在文本方面的不足. Windows 专用库只能用于 Windows 环境中.

这类函数主要包括以下几类.

绘图上下文相关函数 wglCreateContext()、wglDeleteContext()、wglGetCurrent DC()、wglGetCurrentContent()、wglDeleteContent() 等.

文字和文本处理函数 wglUseFontBitmaps()、wglUseFontOutlines().

覆盖层、地层和主平面层处理函数 wglCopyContext()、wglCreateLayerPlane ()、wglDescribeLayerPlane()、wglReakizeLayerPlatte() 等.

其他函数, wglShareLists()、wglGetProcAddress() 等.

6. Win32 API 函数库

包含有 6 个函数, 函数名无专用前缀. 是 win32 扩展函数. 这部分函数主要用于处理像素存储格式和双帧缓存. 这 6 个函数将替换 Windows GDI 中原有的同样的函数.

7. X 窗口专用库

是针对 Unix 和 Linux 的扩展函数. 包括渲染上下文、绘制图元、显示列表、纹理贴图、等等.

初始化 glXQueryExtension().

渲染上下文函数, glXCreateContext()、glXDestroyContext()、glXCopyContext()、glXMakeCurrent()、glXCreateGLXPixmap().

执行函数 glXWaitGL()、glXWaitX().

缓冲区和字体 glXSwapBuffers()、glXUseXFont().

8. 其他扩展库

这些函数可能是新的 OpenGL 函数, 并没有在标准 OpenGL 库中实现, 或者它们是用来扩展已存在的 OpenGL 函数的功能. 和 glu、glx 和 wgl 一样, 这些 OpenGL 扩展是由硬件厂商和厂商组织开发的. OpenGL 扩展 (OpenGL Extention) 包含了大量的扩展 API 函数.

14.4 网络化趋势

20 世纪 90 年代后半期以来, 计算机互联网在中国开始以极快的速度普及. 互联网信息传播成为全球化最形象的代表.

在全球网络化趋势下, 网络呈现出鲜明的时代特征, 并对当代科技发展产生了极大的冲击. 信息成为新的社会生产力, 网络则是这种新力量的主要载体. 2004 年 5 月, 联合国经社理事会指出: “互联网的普及应用无论是在广度上还是在深度上, 其影响均可与 18 世纪的工业革命相比拟. ” 到 2008 年 6 月底, 全球互联网平均普及率达 21.1%; 美国网民数量约为 2.3 亿人. 中国最新统计的网民数量则达到 3.38 亿人. 互联网已成为打破国家边界、沟通全球信息、对国际国内事务施加影响的有效工具. 在科学计算领域, 从单机计算发展到局域网并行计算, 后又发展到利用互联网上计算机的 CPU 闲置处理能力来解决大型计算问题的网格计算, 而今已发展到基于能大大提高资源的服务质量和利用率的计算池, 利用服务器集群进行计算的云计算. 大大提高了解决大型问题的能力和效率.

在科学计算可视化领域, 随着全球化的大趋势, 多领域、多行业、多区域相互协助解决问题也必将成为今后决策支持的一个最鲜明特征. 这就要求可视化具有网络化特征, 能利用互联网进行可视化计算, 并利用互联网将科学计算成果同时展现给分布在世界各地的专家与学者, 并协同决策.

GIS 软件、OpenGL、虚拟现实均具有鲜明的网络特征. GIS 如今发展到成熟的 WebGIS. OpenGL 具有网络透明性, 虚拟现实大多基于 OpenGL, 故独立于操作系统且具有鲜明的网络特性. 如今基于互联网的高效可视化技术正在迅猛发展.

参 考 文 献

[1] 周培德. 计算几何 —— 算法分析与设计. 北京: 清华大学出版社, 2000: 88-92.

[2] Shewchuk J R. Delaunay Mesh Generation (lecture notes). University of California, 1999.

[3] Chew L P. Constrained delaunay triangulations. Algorithmica. 1989, 4(1): 97-108.

[4] 李鸿吉, 张菊明. 电子计算机制图方法及应用. 北京: 地质出版社, 1981: 33-34.

[5] 沈亚飞, 龚卫国. 等值线生成算法研究. 计算机工程, 1994, 20(2): 11-12.

[6] 郑盛贵, 颜七笙, 黄临平. 基于点的三角形构网算法及等值线自动生成方法. 计算机与现代化, 2004, (5): 6-9.

[7] 唐泽圣. 三维数据场可视化. 北京: 清华大学出版社, 1999: 130-152.

[8] 刘福保, 李卫国. 散乱数据曲面拟合的局部加权最小二乘插值方法及权函数的选择讨论. 数学理论与应用, 2009, 29(1): 113-117.

[9] 李建松. 地理信息系统原理. 武汉：武汉大学出版社, 2006: 12-49.

[10] 吴信才. 地理信息系统原理与方法. 第二版. 北京: 电子工业出版社, 2009: 5-26.

[11] 邬伦, 刘瑜等. 地理信息系统: 原理方法和应用. 北京: 科学出版社, 2005: 3-15.

[12] 孟令奎, 史文中, 张鹏林. 网络地理信息系统原理与技术. 北京: 科学出版社, 2005: 7-19.

[13] Grady S M. Virtual reality: simulating and enhancing the world with computers. New Edition, New York: Facts On File Inc, 2003: Chapter 1, 1-8.

[14] Wexelblat A. Virtual Reality Applications and Explorations. Boston: Academic Press Inc, 1993: Chapter 1-3, 1-76.

[15] Kim G. Designing Virtual Reality Systems, New York: Springer, 2005: Chapter 5, 75-152.

[16] Shreiner D. OpenGL programming guide. 7th ed. New York: Addison−Wesley Publishing Company, 2009: Appendix A, 731-737.

[17] Rogelberg D. OpenGL reference manual: the official reference document for OpenGL, Release 1. New York: Addison-Wesley Publishing Company, 1992: All manual, 1-236.

[18] Wright R S, Lipchak B, Haemel N. OpenGL superbible: comprehensive tutorial and reference. 4th ed. New York: Addison-Wesley Publishing Company, 2007: Part I, 9-172.

附录 1　浅水方程有限单元离散方程中的单元矩阵

连续方程的离散方程中的单元矩阵

$$[A_c]=2A\begin{bmatrix}\frac{1}{12} & \frac{1}{24} & \frac{1}{24}\\ \frac{1}{24} & \frac{1}{12} & \frac{1}{24}\\ \frac{1}{24} & \frac{1}{24} & \frac{1}{12}\end{bmatrix}$$

$$[B_c]=\begin{bmatrix}-\frac{1}{12}b_1 & -\frac{1}{12}b_1 & -\frac{1}{12}b_1 & \frac{1}{6}b_1 & \frac{1}{6}b_1 & \frac{1}{6}b_1\\ -\frac{1}{12}b_2 & -\frac{1}{12}b_2 & -\frac{1}{12}b_2 & \frac{1}{6}b_2 & \frac{1}{6}b_2 & \frac{1}{6}b_2\\ -\frac{1}{12}b_3 & -\frac{1}{12}b_3 & -\frac{1}{12}b_3 & \frac{1}{6}b_3 & \frac{1}{6}b_3 & \frac{1}{6}b_3\end{bmatrix}$$

$$[C_c]=\begin{bmatrix}-\frac{1}{12}a_1 & -\frac{1}{12}a_1 & -\frac{1}{12}a_1 & \frac{1}{6}a_1 & \frac{1}{6}a_1 & \frac{1}{6}a_1\\ -\frac{1}{12}a_2 & -\frac{1}{12}a_2 & -\frac{1}{12}a_2 & \frac{1}{6}a_2 & \frac{1}{6}a_2 & \frac{1}{6}a_2\\ -\frac{1}{12}a_3 & -\frac{1}{12}a_3 & -\frac{1}{12}a_3 & \frac{1}{6}a_3 & \frac{1}{6}a_3 & \frac{1}{6}a_3\end{bmatrix}$$

$$\boldsymbol{Q_e}=\frac{Q_n}{2}\begin{Bmatrix}0\\ l_1\\ l_1\end{Bmatrix}\quad \text{对节点 2—3 的单元边}$$

$$\boldsymbol{Q_e}=\frac{Q_n}{2}\begin{Bmatrix}l_2\\ 0\\ l_2\end{Bmatrix}\quad \text{对节点 3—1 的单元边}$$

$$\boldsymbol{Q_e}=\frac{Q_n}{2}\begin{Bmatrix}l_3\\ l_3\\ 0\end{Bmatrix}\quad \text{对节点 1—2 的单元边}$$

x-方向动量方程的离散方程中的单元矩阵。

$$[A_{mx}]=\begin{bmatrix}\dfrac{1}{60} & \dfrac{1}{360} & \dfrac{1}{360} & 0 & -\dfrac{1}{90} & 0\\ \dfrac{1}{360} & \dfrac{1}{60} & \dfrac{1}{360} & 0 & 0 & -\dfrac{1}{90}\\ \dfrac{1}{360} & \dfrac{1}{360} & \dfrac{1}{60} & -\dfrac{1}{90} & 0 & 0\\ 0 & 0 & -\dfrac{1}{90} & \dfrac{4}{45} & \dfrac{2}{45} & \dfrac{2}{45}\\ -\dfrac{1}{90} & 0 & 0 & \dfrac{2}{45} & \dfrac{4}{45} & \dfrac{2}{45}\\ & -\dfrac{1}{90} & 0 & \dfrac{2}{45} & \dfrac{2}{45} & \dfrac{4}{45}\end{bmatrix}2A$$

$$[B_{m1x}]=\left[\begin{matrix}u_1\left(\dfrac{83}{630}b_1-\dfrac{9}{105}b_2\right) & u_1\left(-\dfrac{177}{2520}b_1+\dfrac{7}{63}b_2-\dfrac{41}{2520}b_3\right) & u_1\left(-\dfrac{177}{2520}b_1-\dfrac{177}{2520}b_2-\dfrac{133}{1260}b_3\right)\\ u_2\left(\dfrac{83}{630}b_1-\dfrac{9}{105}b_2\right) & u_2\left(-\dfrac{177}{2520}b_1+\dfrac{7}{63}b_2-\dfrac{41}{2520}b_3\right) & u_2\left(-\dfrac{177}{2520}b_1-\dfrac{177}{2520}b_2-\dfrac{133}{1260}b_3\right)\\ u_3\left(\dfrac{83}{630}b_1-\dfrac{9}{105}b_2\right) & u_3\left(-\dfrac{177}{2520}b_1+\dfrac{7}{63}b_2-\dfrac{41}{2520}b_3\right) & u_3\left(-\dfrac{177}{2520}b_1-\dfrac{177}{2520}b_2-\dfrac{133}{1260}b_3\right)\\ u_4\left(\dfrac{83}{630}b_1-\dfrac{9}{105}b_2\right) & u_4\left(-\dfrac{177}{2520}b_1+\dfrac{7}{63}b_2-\dfrac{41}{2520}b_3\right) & u_4\left(-\dfrac{177}{2520}b_1-\dfrac{177}{2520}b_2-\dfrac{133}{1260}b_3\right)\\ u_5\left(\dfrac{83}{630}b_1-\dfrac{9}{105}b_2\right) & u_5\left(-\dfrac{177}{2520}b_1+\dfrac{7}{63}b_2-\dfrac{41}{2520}b_3\right) & u_5\left(-\dfrac{177}{2520}b_1-\dfrac{177}{2520}b_2-\dfrac{133}{1260}b_3\right)\\ u_6\left(\dfrac{83}{630}b_1-\dfrac{9}{105}b_2\right) & u_6\left(-\dfrac{177}{2520}b_1+\dfrac{7}{63}b_2-\dfrac{41}{2520}b_3\right) & u_6\left(-\dfrac{177}{2520}b_1-\dfrac{177}{2520}b_2-\dfrac{133}{1260}b_3\right)\end{matrix}\right.$$

$$\left.\begin{matrix}u_1\left(\dfrac{254}{315}b_1+\dfrac{41}{315}b_2+\dfrac{11}{70}b_3\right) & u_1\left(\dfrac{11}{70}b_1+\dfrac{83}{315}b_2+\dfrac{37}{63}b_3\right) & u_1\left(\dfrac{29}{45}b_1+\dfrac{97}{210}b_2+\dfrac{104}{315}b_3\right)\\ u_2\left(\dfrac{254}{315}b_1+\dfrac{41}{315}b_2+\dfrac{11}{70}b_3\right) & u_2\left(\dfrac{11}{70}b_1+\dfrac{83}{315}b_2+\dfrac{37}{63}b_3\right) & u_2\left(\dfrac{29}{45}b_1+\dfrac{97}{210}b_2+\dfrac{104}{315}b_3\right)\\ u_3\left(\dfrac{254}{315}b_1+\dfrac{41}{315}b_2+\dfrac{11}{70}b_3\right) & u_3\left(\dfrac{11}{70}b_1+\dfrac{83}{315}b_2+\dfrac{37}{63}b_3\right) & u_3\left(\dfrac{29}{45}b_1+\dfrac{97}{210}b_2+\dfrac{104}{315}b_3\right)\\ u_4\left(\dfrac{254}{315}b_1+\dfrac{41}{315}b_2+\dfrac{11}{70}b_3\right) & u_4\left(\dfrac{11}{70}b_1+\dfrac{83}{315}b_2+\dfrac{37}{63}b_3\right) & u_4\left(\dfrac{29}{45}b_1+\dfrac{97}{210}b_2+\dfrac{104}{315}b_3\right)\\ u_5\left(\dfrac{254}{315}b_1+\dfrac{41}{315}b_2+\dfrac{11}{70}b_3\right) & u_5\left(\dfrac{11}{70}b_1+\dfrac{83}{315}b_2+\dfrac{37}{63}b_3\right) & u_5\left(\dfrac{29}{45}b_1+\dfrac{97}{210}b_2+\dfrac{104}{315}b_3\right)\\ u_6\left(\dfrac{254}{315}b_1+\dfrac{41}{315}b_2+\dfrac{11}{70}b_3\right) & u_6\left(\dfrac{11}{70}b_1+\dfrac{83}{315}b_2+\dfrac{37}{63}b_3\right) & u_6\left(\dfrac{29}{45}b_1+\dfrac{97}{210}b_2+\dfrac{104}{315}b_3\right)\end{matrix}\right]$$

$$[B_{m2x}]=\begin{bmatrix} v_1\left(\frac{83}{630}a_1-\frac{9}{105}a_2\right) & v_1\left(-\frac{177}{2520}a_1+\frac{7}{63}a_2-\frac{41}{2520}a_3\right) & v_1\left(-\frac{177}{2520}a_1-\frac{177}{2520}a_2-\frac{133}{1260}a_3\right) & v_1\left(\frac{254}{315}a_1+\frac{41}{315}a_2+\frac{11}{70}a_3\right) & v_1\left(\frac{11}{70}a_1+\frac{83}{315}a_2+\frac{37}{63}a_3\right) & v_1\left(\frac{29}{45}a_1+\frac{97}{210}a_2+\frac{104}{315}a_3\right) \\ v_2\left(\frac{83}{630}a_1-\frac{9}{105}a_2\right) & v_2\left(-\frac{177}{2520}a_1+\frac{7}{63}a_2-\frac{41}{2520}a_3\right) & v_2\left(-\frac{177}{2520}a_1-\frac{177}{2520}a_2-\frac{133}{1260}a_3\right) & v_2\left(\frac{254}{315}a_1+\frac{41}{315}a_2+\frac{11}{70}a_3\right) & v_2\left(\frac{11}{70}a_1+\frac{83}{315}a_2+\frac{37}{63}a_3\right) & v_2\left(\frac{29}{45}a_1+\frac{97}{210}a_2+\frac{104}{315}a_3\right) \\ v_3\left(\frac{83}{630}a_1-\frac{9}{105}a_2\right) & v_3\left(-\frac{177}{2520}a_1+\frac{7}{63}a_2-\frac{41}{2520}a_3\right) & v_3\left(-\frac{177}{2520}a_1-\frac{177}{2520}a_2-\frac{133}{1260}a_3\right) & v_3\left(\frac{254}{315}a_1+\frac{41}{315}a_2+\frac{11}{70}a_3\right) & v_3\left(\frac{11}{70}a_1+\frac{83}{315}a_2+\frac{37}{63}a_3\right) & v_3\left(\frac{29}{45}a_1+\frac{97}{210}a_2+\frac{104}{315}a_3\right) \\ v_4\left(\frac{83}{630}a_1-\frac{9}{105}a_2\right) & v_4\left(-\frac{177}{2520}a_1+\frac{7}{63}a_2-\frac{41}{2520}a_3\right) & v_4\left(-\frac{177}{2520}a_1-\frac{177}{2520}a_2-\frac{133}{1260}a_3\right) & v_4\left(\frac{254}{315}a_1+\frac{41}{315}a_2+\frac{11}{70}a_3\right) & v_4\left(\frac{11}{70}a_1+\frac{83}{315}a_2+\frac{37}{63}a_3\right) & v_4\left(\frac{29}{45}a_1+\frac{97}{210}a_2+\frac{104}{315}a_3\right) \\ v_5\left(\frac{83}{630}a_1-\frac{9}{105}a_2\right) & v_5\left(-\frac{177}{2520}a_1+\frac{7}{63}a_2-\frac{41}{2520}a_3\right) & v_5\left(-\frac{177}{2520}a_1-\frac{177}{2520}a_2-\frac{133}{1260}a_3\right) & v_5\left(\frac{254}{315}a_1+\frac{41}{315}a_2+\frac{11}{70}a_3\right) & v_5\left(\frac{11}{70}a_1+\frac{83}{315}a_2+\frac{37}{63}a_3\right) & v_5\left(\frac{29}{45}a_1+\frac{97}{210}a_2+\frac{104}{315}a_3\right) \\ v_6\left(\frac{83}{630}a_1-\frac{9}{105}a_2\right) & v_6\left(-\frac{177}{2520}a_1+\frac{7}{63}a_2-\frac{41}{2520}a_3\right) & v_6\left(-\frac{177}{2520}a_1-\frac{177}{2520}a_2-\frac{133}{1260}a_3\right) & v_6\left(\frac{254}{315}a_1+\frac{41}{315}a_2+\frac{11}{70}a_3\right) & v_6\left(\frac{11}{70}a_1+\frac{83}{315}a_2+\frac{37}{63}a_3\right) & v_6\left(\frac{29}{45}a_1+\frac{97}{210}a_2+\frac{104}{315}a_3\right) \end{bmatrix}$$

$$[C_{mx}]=g\bar{h}_e\begin{bmatrix} 0 & 0 & 0 \\ 0 & 0 & 0 \\ 0 & 0 & 0 \\ \frac{1}{6}b_1 & \frac{1}{6}b_2 & \frac{1}{6}b_3 \\ \frac{1}{6}b_1 & \frac{1}{6}b_2 & \frac{1}{6}b_3 \\ \frac{1}{6}b_1 & \frac{1}{6}b_2 & \frac{1}{6}b_3 \end{bmatrix}2A$$

$$[D_{m1x}]=-\varepsilon_{xx}\begin{bmatrix}\frac{2}{3}b_1^2 & \frac{1}{2}b_1b_2 & \frac{1}{2}b_1b_3 & -\frac{1}{3}b_1^2 & -\frac{1}{3}b_1b_2-\frac{1}{3}b_1b_3 & -\frac{1}{3}b_1^2\\ \frac{1}{2}b_1b_2 & \frac{2}{3}b_2^2 & \frac{1}{2}b_2b_3 & -\frac{1}{3}b_2^2 & -\frac{1}{3}b_2^2 & -\frac{1}{3}b_2b_3-\frac{1}{3}b_1b_2\\ \frac{1}{2}b_1b_3 & \frac{1}{2}b_2b_3 & \frac{2}{3}b_3^2 & -\frac{1}{3}b_3b_1-\frac{1}{3}b_2b_3 & -\frac{1}{3}b_3^2 & -\frac{1}{3}b_3^2\\ -\frac{1}{3}b_1^2 & -\frac{1}{3}b_2^2 & -\frac{1}{3}b_3b_1-\frac{1}{3}b_2b_3 & \frac{4}{3}b_1^2+\frac{4}{3}b_1b_2+\frac{4}{3}b_2^2 & \frac{2}{3}b_1b_2+\frac{4}{3}b_1b_3+\frac{2}{3}b_2^2+\frac{2}{3}b_2b_3 & \frac{2}{3}b_1b_3+\frac{2}{3}b_1^2+\frac{4}{3}b_2b_3+\frac{2}{3}b_1b_2\\ -\frac{1}{3}b_1b_2 & -\frac{1}{3}b_2^2 & -\frac{1}{3}b_3^2 & \frac{2}{3}b_1b_2+\frac{4}{3}b_1b_3+\frac{2}{3}b_2^2+\frac{2}{3}b_2b_3 & \frac{4}{3}b_2^2+\frac{4}{3}b_2b_3+\frac{4}{3}b_3^2 & \frac{2}{3}b_2b_3+\frac{4}{3}b_2b_1+\frac{2}{3}b_3^2+\frac{2}{3}b_1b_3\\ -\frac{1}{3}b_1^2 & -\frac{1}{3}b_2b_3-\frac{1}{3}b_1b_2 & -\frac{1}{3}b_3^2 & \frac{2}{3}b_1b_3+\frac{2}{3}b_1^2+\frac{4}{3}b_2b_3+\frac{2}{3}b_1b_2 & \frac{2}{3}b_2b_3+\frac{4}{3}b_2b_1+\frac{2}{3}b_3^2+\frac{2}{3}b_1b_3 & \frac{4}{3}b_1^2+\frac{4}{3}b_1b_3+\frac{4}{3}b_3^2\end{bmatrix}2A$$

$$[D_{m2x}]=-\varepsilon_{yx}\left[\begin{matrix}\frac{2}{3}a_1^2 & \frac{1}{2}a_1a_2 & \frac{1}{2}a_1a_3 & -\frac{1}{3}a_1^2\\ \frac{1}{2}a_1a_2 & \frac{2}{3}a_2^2 & \frac{1}{2}a_2a_3 & -\frac{1}{3}a_2^2\\ \frac{1}{2}a_1a_3 & \frac{1}{2}a_2a_3 & \frac{2}{3}a_3^2 & -\frac{1}{3}a_3a_1-\frac{1}{3}a_2a_3\\ -\frac{1}{3}a_1^2 & -\frac{1}{3}a_2^2 & -\frac{1}{3}a_3a_1-\frac{1}{3}a_2a_3 & \frac{4}{3}a_1^2+\frac{4}{3}a_1a_2+\frac{4}{3}a_2^2\\ -\frac{1}{3}a_1a_2 & -\frac{1}{3}a_2^2 & -\frac{1}{3}a_3^2 & \frac{2}{3}a_1a_2+\frac{4}{3}a_1a_3+\frac{2}{3}a_2^2+\frac{2}{3}a_2a_3\\ -\frac{1}{3}a_1^2 & -\frac{1}{3}a_2a_3-\frac{1}{3}a_1a_2 & -\frac{1}{3}a_3^2 & \frac{2}{3}a_1a_3+\frac{2}{3}a_1^2+\frac{4}{3}a_2a_3+\frac{2}{3}a_1a_2\end{matrix}\right.$$

$$
\left.\begin{matrix}
-\dfrac{1}{3}a_1a_2-\dfrac{1}{3}a_1a_3 & -\dfrac{1}{3}a_1^2 \\
-\dfrac{1}{3}a_2^2 & -\dfrac{1}{3}a_2a_3-\dfrac{1}{3}a_1a_2 \\
-\dfrac{1}{3}a_3^2 & -\dfrac{1}{3}a_3^2 \\
\dfrac{2}{3}a_1a_2+\dfrac{4}{3}a_1a_3+\dfrac{2}{3}a_2^2+\dfrac{2}{3}a_2a_3 & \dfrac{2}{3}a_1a_3+\dfrac{2}{3}a_1^2+\dfrac{4}{3}a_2a_3+\dfrac{2}{3}a_1a_2 \\
\dfrac{4}{3}a_2^2+\dfrac{4}{3}a_2a_3+\dfrac{4}{3}a_3^2 & \dfrac{2}{3}a_2a_3+\dfrac{4}{3}a_2a_1+\dfrac{2}{3}a_3^2+\dfrac{2}{3}a_1a_3 \\
\dfrac{2}{3}a_2a_3+\dfrac{4}{3}a_2a_1+\dfrac{2}{3}a_3^2+\dfrac{2}{3}a_1a_3 & \dfrac{4}{3}a_1^2+\dfrac{4}{3}a_1a_3+\dfrac{4}{3}a_3^2
\end{matrix}\right]2A
$$

$$
[E_{mx}]=g\frac{\sqrt{U_I^2+V_I^2}}{C_I^2h_I^2}\begin{bmatrix}
\dfrac{1}{60} & \dfrac{1}{360} & \dfrac{1}{360} & 0 & -\dfrac{1}{90} & 0 \\
\dfrac{1}{360} & \dfrac{1}{60} & \dfrac{1}{360} & 0 & 0 & -\dfrac{1}{90} \\
\dfrac{1}{360} & \dfrac{1}{360} & \dfrac{1}{60} & -\dfrac{1}{90} & 0 & 0 \\
0 & 0 & -\dfrac{1}{90} & \dfrac{4}{45} & \dfrac{2}{45} & \dfrac{2}{45} \\
-\dfrac{1}{90} & 0 & 0 & \dfrac{2}{45} & \dfrac{4}{45} & \dfrac{2}{45} \\
 & -\dfrac{1}{90} & 0 & \dfrac{2}{45} & \dfrac{2}{45} & \dfrac{4}{45}
\end{bmatrix}2A
$$

$$
[P_x]=\left(C_w\frac{\rho_a}{\rho^2}{W_a}^2\sin\alpha\right)\begin{Bmatrix} 0 \\ 0 \\ 0 \\ \dfrac{1}{6} \\ \dfrac{1}{6} \\ \dfrac{1}{6} \end{Bmatrix}2A
$$

$$
\left[F_x\right]=-f\begin{bmatrix}
\frac{1}{60} & \frac{1}{360} & \frac{1}{360} & 0 & -\frac{1}{90} & 0 \\
\frac{1}{360} & \frac{1}{60} & \frac{1}{360} & 0 & 0 & -\frac{1}{90} \\
\frac{1}{360} & \frac{1}{360} & \frac{1}{60} & -\frac{1}{90} & 0 & 0 \\
0 & 0 & -\frac{1}{90} & \frac{4}{45} & \frac{2}{45} & \frac{2}{45} \\
-\frac{1}{90} & 0 & 0 & \frac{2}{45} & \frac{4}{45} & \frac{2}{45} \\
 & -\frac{1}{90} & 0 & \frac{2}{45} & \frac{2}{45} & \frac{4}{45}
\end{bmatrix}2A
$$

y-方向动量方程的离散方程中的单元矩阵.

$$
\left[A_{my}\right]=\begin{bmatrix}
\frac{1}{60} & \frac{1}{360} & \frac{1}{360} & 0 & -\frac{1}{90} & 0 \\
\frac{1}{360} & \frac{1}{60} & \frac{1}{360} & 0 & 0 & -\frac{1}{90} \\
\frac{1}{360} & \frac{1}{360} & \frac{1}{60} & -\frac{1}{90} & 0 & 0 \\
0 & 0 & -\frac{1}{90} & \frac{4}{45} & \frac{2}{45} & \frac{2}{45} \\
-\frac{1}{90} & 0 & 0 & \frac{2}{45} & \frac{4}{45} & \frac{2}{45} \\
 & -\frac{1}{90} & 0 & \frac{2}{45} & \frac{2}{45} & \frac{4}{45}
\end{bmatrix}2A
$$

$$
\left[B_{m1y}\right]=\left[B_{m1x}\right]
$$

$$
\left[B_{m2y}\right]=\left[B_{m2x}\right]
$$

$$
\left[C_{my}\right]=g\overline{h}_e\begin{bmatrix}
0 & 0 & 0 \\
0 & 0 & 0 \\
0 & 0 & 0 \\
\frac{1}{6}a_1 & \frac{1}{6}a_2 & \frac{1}{6}a_3 \\
\frac{1}{6}a_1 & \frac{1}{6}a_2 & \frac{1}{6}a_3 \\
\frac{1}{6}a_1 & \frac{1}{6}a_2 & \frac{1}{6}a_3
\end{bmatrix}2A
$$

$$\left[D_{m1y}\right]=\left[D_{m1x}\right]$$

$$\left[D_{m2y}\right]=\left[D_{m2x}\right]$$

$$\left[E_{my}\right]=\left[E_{mx}\right]$$

$$\left[P_y\right]=\left(C_w\frac{\rho_a}{\rho^2}W_a{}^2\cos\alpha\right)\left\{\begin{matrix}0\\0\\0\\\frac{1}{6}\\\frac{1}{6}\\\frac{1}{6}\end{matrix}\right\}2A$$

$$\left[F_y\right]=+f\begin{bmatrix}\frac{1}{60} & \frac{1}{360} & \frac{1}{360} & 0 & -\frac{1}{90} & 0\\ \frac{1}{360} & \frac{1}{60} & \frac{1}{360} & 0 & 0 & -\frac{1}{90}\\ \frac{1}{360} & \frac{1}{360} & \frac{1}{60} & -\frac{1}{90} & 0 & 0\\ 0 & 0 & -\frac{1}{90} & \frac{4}{45} & \frac{2}{45} & \frac{2}{45}\\ -\frac{1}{90} & 0 & 0 & \frac{2}{45} & \frac{4}{45} & \frac{2}{45}\\ & -\frac{1}{90} & 0 & \frac{2}{45} & \frac{2}{45} & \frac{4}{45}\end{bmatrix}2A$$

附录 2　非恒定渗流有限单元模型的单元矩阵

$$[A]=2A\begin{bmatrix}\frac{1}{12} & \frac{1}{24} & \frac{1}{24}\\ \frac{1}{24} & \frac{1}{12} & \frac{1}{24}\\ \frac{1}{24} & \frac{1}{24} & \frac{1}{12}\end{bmatrix}$$

$$[K]=\frac{KK_{xx}^{A}}{2A}\begin{bmatrix}b_1b_1 & b_1b_2 & b_1b_3\\ b_2b_1 & b_2b_2 & b_2b_3\\ b_3b_1 & b_3b_2 & b_3b_3\end{bmatrix}+\frac{KK_{zx}^{A}}{A}\begin{bmatrix}b_1a_1 & b_1a_2 & b_1a_3\\ b_2a_1 & b_2a_2 & b_2a_3\\ b_3a_1 & b_3a_2 & b_3a_3\end{bmatrix}+\frac{KK_{zz}^{A}}{2A}\begin{bmatrix}a_1a_1 & a_1a_2 & a_1a_3\\ a_2a_1 & a_2a_2 & a_2a_3\\ a_3a_1 & a_3a_2 & a_3a_3\end{bmatrix}$$

$$[M]=\frac{1}{2A}\left(KK_{xx}^{A}+KK_{xz}^{A}\right)\begin{bmatrix}b_1\frac{l_{s1}}{2} & b_2\frac{l_{s1}}{2} & b_3\frac{l_{s1}}{2}\\ b_1\frac{l_{s2}}{2} & b_2\frac{l_{s2}}{2} & b_3\frac{l_{s2}}{2}\\ b_1\frac{l_{s3}}{2} & b_2\frac{l_{s3}}{2} & b_3\frac{l_{s3}}{2}\end{bmatrix}$$

$$+\frac{1}{2A}\left(KK_{zx}^{A}+KK_{zz}^{A}\right)\begin{bmatrix}a_1\frac{l_{s1}}{2} & a_2\frac{l_{s1}}{2} & a_3\frac{l_{s1}}{2}\\ a_1\frac{l_{s2}}{2} & a_2\frac{l_{s2}}{2} & a_3\frac{l_{s2}}{2}\\ a_1\frac{l_{s3}}{2} & a_2\frac{l_{s3}}{2} & a_3\frac{l_{s3}}{2}\end{bmatrix}$$

$$\boldsymbol{Q_e}=\frac{q_n}{2}\begin{Bmatrix}l\\ l\\ l\end{Bmatrix}$$

$$\boldsymbol{P}=\frac{S_rA}{3}\begin{Bmatrix}1\\ 1\\ 1\end{Bmatrix}$$

附录 3　一维非恒定流计算程序

```
C
C=================================================================
C                                                                +
C    This program is based on Preessman Implicit Scheme for 1-D unsteady   +
C    flow simulation of a channel with rectangular cross-section   +
C    and with lateral flow                                         +
C                                                                +
C                    Last version (02-04-2010)                     +
C                                                                +
C=================================================================
C
      dimension hold(200),qold(200),hnew1(200),qnew1(200),dh(200),
     *          bwo(200),areao(200),cko(200),dfko(200),den(200),
     *          denm(200),b1j(200),c1j(200),d1j(200),e1j(200),a2j(200)
     *          ,b2j(200),c2j(200),d2j(200),e2j(200),fj(200),gj(200),
     *          hhj(200),hij(200),hjj(200),deno(200),denom(200),
     *          alpha(200),a1j(200),dq(200)
c
c... Open files
      open (7,file='flow.in')
      open (8,file='flow.out')
      open (9,file='flowd.out')
c
c     b       = The width of the regtangular cross-section
c     h0      = Initial water depth
c     dl      = Total length of the stream under consideration
c     rn      = Roughness coefficient
c     so      = longitudennal bottom slope
c     dfb     = Side slope of cross-section =0
c     zeta    = Weighting coefficient
c     deltat  = Time step
c     alp     = Momentum correction coefficient = 1.05
c     g       = Gravitational acceralation
c     q0      = Initial discharge
c     dx      = Spatial step
c     t       = Total computation time
c     qb      = Lateral flow
c
```

```
c... Read in general input data
          read (7,*) b,h0,dl,rn,so
          read (7,*) dfb,zeta,deltat,alp
          read (7,*) g,q0,dx,t
          read (7,*) qb
c
          bb=dl/dx
          jj=ifix(bb)+1
c
c... Print out input data
          write (8,*) ' '
          write (8,*)'    ----- Print Out Input Data ----- '
          write (8,*) ' '
          write (8,15) b,h0,dl,rn,so
          write (8,20) dfb,zeta,deltat,alp,g,q0,dx,t,qb
15        format(/1x,'b=',f10.4,' h0=',f10.4,'   dl=',f10.2,'   rn=',f10.5,
     *          '   so=',f10.5/)
20        format(1x,'dfb=',f10.4,'   zeta=',f10.4,'   deltat=',f10.2,
     *         '   alp=',f10.2//1x,'   g=',f10.2,'   q0=',f10.2,'   dx=',
     *         f10.2,'   t=',f10.4,' qb=',f10.4//)
10        format (i5,f10.3)
c
          do 30 i=1,jj
              hold(i)=h0
              hnew1(i)=h0
              areao(i)=area(b,hold(i))
              qold(i)=q0
              qnew1(i)=q0
              cko(i)=ck(b,hold(i),rn)
              dfko(i)=dfh(b,hold(i),rn)
              bwo(i)=b
30        continue
          time=0.0
          n=0
35        time=time+deltat/3600.
          n=n+1
C
C   The first sweep, Compute the coefficients
C
          do 40   j=1,jj-1
            cr1=deltat/dx
            den(j)=(bwo(j+1)+bwo(j))**2
            denm(j)=bwo(j+1)+bwo(j)
            a1j(j)= -4.*cr1*zeta/denm(j)
            b1j(j)=1. -4*cr1*zeta*(qold(j+1) -qold(j))*dfb/den(j)
```

```
          c1j(j)=-a1j(j)
          d1j(j)=1.-4.*cr1*zeta*(qold(j+1)-qold(j))*dfb/den(j)
          qb1=zeta*qb*deltat*4.0
          qb2=(1.-zeta)*qb*deltat*4.0
          e1j(j)=-4.*cr1*(qold(j+1)-qold(j))/denm(j)+qb1+qb2
          a2j(j)=1.-4.*cr1*zeta*alp*qold(j)/areao(j)+2.*deltat*
     *              g*zeta*areao(j)*abs(qold(j))/cko(j)**2
          b2j(j)=zeta*cr1*(2.*alp*bwo(j)*qold(j)**2/areao(j)**2
     *              -g*(areao(j+1)+areao(j))+g*(hold(j+1)-hold(j))
     *              *bwo(j)-g*so*dx*bwo(j))+g*zeta*qold(j)*abs(qold(j))
     *              /cko(j)**2*(bwo(j)-2.*areao(j)/cko(j)*dfko(j))
          c2j(j)=1.+4.*cr1*zeta*alp*qold(j+1)/areao(j+1)+2.*g*zeta
     *              *deltat*areao(j+1)*abs(qold(j+1))/cko(j+1)**2
          d2j(j)=zeta*cr1*(-2.*alp*bwo(j+1)*qold(j+1)**2/areao(j+1)
     *              **2+g*(areao(j+1)+areao(j))+g*(hold(j+1)-hold(j))
     *              *bwo(j-1)-g*so*dx*bwo(j-1))+g*zeta*deltat*qold(j+1)
     *              *abs(qold(j+1))*(bwo(j+1)-2.*areao(j+1)*dfko(j+1)/
     *              cko(j+1))/cko(j+1)**2
          e2j(j)=-2.*alp*qold(j+1)**2/areao(j+1)+2.*alp*qold(j)**2/
     *              areao(j)
          e2j(j)=e2j(j)-g*(areao(j+1)+areao(j))*(hold(j+1)-hold(j))
          e2j(j)=e2j(j)+g*so*dx*(areao(j+1)+areao(j))
          e2j(j)=e2j(j)*cr1
          e2j1=areao(j+1)*qold(j+1)*abs(qold(j+1))/cko(j+1)**2
          e2j2=areao(j)*qold(j)*abs(qold(j))/cko(j)**2
          qb1=zeta*qb*qold(j+1)/areao(j+1)*deltat/2.0
          qb2=(1.-zeta)*qb*qold(j)/areao(j)*deltat/2.0
          e2j(j)=e2j(j)-g*deltat*e2j1-qb1-qb2
40      continue
c
c       Apply upstream boundary condition (Q(t) is given)

        if(time.lt.6.0) qnew1(1)=q0
        if(time.ge.6.0) qnew1(1)=q0+20.*sin(3.1416*(time-6.0)/2.)
        if(time.gt.8.0) qnew1(1)=q0
        dq(1)=qnew1(1)-qold(1)
        fj(1)=0.0
        gj(1)=dq(1)
c
        do 50 j=1,jj-1
           deno(j)=a1j(j)*fj(j)+b1j(j)
           hhj(j)=-c1j(j)/deno(j)
           hij(j)=-d1j(j)/deno(j)
           hjj(j)=(e1j(j)-a1j(j)*gj(j))/deno(j)
           alpha(j)=a2j(j)*fj(j)+b2j(j)
```

```
            denom(j)=alpha(j)*hhj(j)+c2j(j)
            fj(j+1)=-(alpha(j)*hij(j)+d2j(j))/denom(j)
            gj(j+1)=(e2j(j)-alpha(j)*hjj(j)-a2j(j)*gj(j))/denom(j)
50      continue
c
c...Applying downstream boundary condition (water level is fixed)
c
        dh(jj)=0.0
        dq(jj)=fj(jj)*dh(jj)+gj(jj)
c
c   The second sweep
c
        do 100 j=jj,2,-1
            dh(j-1)=hhj(j-1)*dq(j)+hij(j-1)*dh(j)+hjj(j-1)
            dq(j-1)=fj(j-1)*dh(j-1)+gj(j-1)
            hnew1(j-1)=dh(j-1)+hold(j-1)
            qnew1(j-1)=dq(j-1)+qold(j-1)
100     continue
7       format(1x,'100',2f10.3)
        do 300 j=1,jj
                hold(j)=hnew1(j)
                bwo(j)=b
                hd=hnew1(j)
                areao(j)=area(b,hd)
                qold(j)=qnew1(j)
                cko(j)=ck(b,hd,rn)
                dfko(j)=dfh(b,hd,rn)
300     continue
c
c   Print out the results
c
        if (mod(n,10).eq.0) then
            write(8,125)time
125         format(//1x,'                    time=',f10.4,' hours'/)
            write(8,130) (hnew1(j),j=1,jj)
130         format(1x,'h=',1x,10f7.3)
            write(8,140) (qnew1(j),j=1,jj)
140         format(1x,'q=',1x,10f7.2)
c
c   The output is for drawing
c
            write(9,150)time
150         format(//1x,'                    time=',f10.4,' hours'//
     1                3x,'    x',4x,'    z0',5x,' z')
            do 151 j=1,jj-1
```

```
                x=float(j)*dx/1000.0
                z0=(dl/1000.-x)*so*1000.
                write(9,160) x,z0,hnew1(j)+z0
160             format(f7.3,f7.3,f7.3)
151         continue
            write (9,165)
165         format (/1x,'    x',7x,' q')
            do 161 j=1,jj-1
                write(9,170) float(j)*dx/1000.0,qnew1(j)
170             format(f7.3,f7.3)
161         continue
        endif
        if (time.le.t) goto 35
        stop
        end
c
c
        function area(b,y)
        area=b*y
        return
        end
c
c
        function ck(b,y,rn)
        ck=(b*y/(2*y+b))**0.667*b*y/rn
        return
        end
c
c
        function dfh(b,y,rn)
        dfh=1/rn*(b*(b*y/(2*y+b))**0.667+0.667*b*y*(b*y/(2*y+b))
     *        **(-.333)*(b/(b+2*y))**2)
        return
        end
```

数据文件：

```
7., 3.5, 10000., 0.023, 0.0001
0.0, 0.85, 180., 1.1
9.81, 30., 500., 25.
0.00055
```

附录 4　二维对流–扩散方程程序

```
C
C        Test program for 2-dimensional diffusion-advection flow
C
C        Define the dimension and arrays
C
C
         DIMENSION C(50,20,3),EL1(96),EL2(96),EL3(96),EL4(96),D(50),P(50),
        1              F(50,20)
C
         OPEN(5,FILE='DIFF–ADV.DAT')
         OPEN(8,FILE='DIFF–ADV.OUT')
         IMAX=50
         JMAX=20
         M=IMAX–1
         N=JMAX–1
         MM=IMAX–2
         NN=JMAX–2
         IT=0
         IPR=0
         RR=1
C
C        Initical condition
         READ(5,*)
         READ(5,10) T,X,Y,DX,DY,IITOT,IIPR,U,V,MI,NJ,G1,G2,G3
         MMI=MI–3
         MII=MI+3
         NNJ=NJ–3
         NJJ=NJ+3
10       FORMAT(3F6.1,2F5.2,I5,I5,2F5.2,2I5,3F11.8)
         DO 20 I=1,IMAX
         DO 20 J=1,JMAX
         C(I,J,1)=0.0
         C(I,J,2)=C(I,J,1)
         C(I,J,3)=C(I,J,2)
20       CONTINUE
C....Read in instantaneous point source
         READ (5,*)
         READ (5,30) ((C(I,J,1),I=MMI,MII),J=NNJ,NJJ)
```

```
30      FORMAT(7F6.3)
        WRITE(8,40) T,X,Y,DX,DY,U,V,G1,G2,G3
40      FORMAT(1H1,'TIMESTEP=',F5.0,'SEC',3X,'X-STEP=',F5.0,'M',3X,
     1         'Y-STEP=',F5.0,'M'/'DX=',F6.2,'M2/SEC',3X,'DY=',F6.2,
     1         'M2/SEC',3X,'U=',F6.2,'M/SEC'3X,'V=',F6.2,'M/SEC'/
     1         'G1=',F7.4,5X,'G2=',F7.4,5X,'G3=',F7.4//)
C
C       Determination of coefficints
C
        R1X=T/(4.0*X)
        R1Y=T/(4.0*Y)
        R2=T/(2.0*X*X)
        R3=T/(2.0*Y*Y)
        BETA=R1X*U
        GAMA=R1Y*V
        ALFA1=R2*DX
        ALFA2=R3*DY
        CO1=G2-2.0*(ALFA1+ALFA2)
        CO2=G3-BETA+ALFA1
        CO3=+ALFA2-GAMA
        CO4=G1+BETA+ALFA1
        CO5=+ALFA2+GAMA
        A1=G1-BETA-ALFA1
        A2=0.5*G2+2.0*ALFA1
        A3=G3+BETA-ALFA1
        B1=-ALFA2-GAMA
        B2=0.5*G2+2.0*ALFA2
        B3=-ALFA2+GAMA
        D(1)=0.0
C
C       Determination of elements of lower and upper diagonal matrices
C
        EL1(1)=0.0
        EL1(2)=A2+0.5
        DO 50 I=2,MM
        EL2(I)=A3/EL1(2*I-2)
        EL1(2*I-1)=A1
        EL1(2*I)=A2+0.5-EL1(2*I-1)*EL2(I)
50      CONTINUE
        EL3(1)=0.0
        EL3(2)=B2+0.5
        DO 60 J=2,NN
        EL4(J)=B3/EL3(2*J-2)
        EL3(2*J-1)=B1
        EL3(2*J)=B2+0.5-EL3(2*J-1)*EL4(J)
```

```
60      CONTINUE
        DO 200 II=1,IITOT
C
C        Determination of right-hand side
C
        DO 70 J=2,N
        DO 70 I=2,M
        F(I,J)=CO1*C(I,J,1)+CO2*C(I+1,J,1)+CO3*C(I,J+1,1)+
       1           CO4*C(I-1,J,1)+CO5*C(I,J-1,1)
70      CONTINUE
80      IF(IT.GT.30) GOTO 210
        IT=IT+1
C
C        First half of iteration step
C
        DO 100 J=2,N
        DO 90   I=2,M
        P(I)=-B1*C(I,J-1,1)-(B2-0.5)*C(I,J,1)-B3*C(I,J+1,1)+F(I,J)
        D(I)=(P(I)-D(I-1)*EL1(2*I-3))/EL1(2*I-2)
90      CONTINUE
        I=M
        C(I,J,2)=D(I)
95      I=I-1
        C(I,J,2)=D(I)-EL2(I)*C(I+1,J,2)
        IF(I.NE.2) GOTO 95
100     CONTINUE
C
C        Second half of iteration step
C
        DO 120 I=2,M
        DO 110 J=2,N
        P(J)=-A1*C(I-1,J,2)-(A2-0.5)*C(I,J,2)-A3*C(I+1,J,2)+F(I,J)
        D(J)=(P(J)-D(J-1)*EL3(2*J-3))/EL3(2*J-2)
110     CONTINUE
        J=N
        C(I,J,3)=D(J)
115     J=J-1
        C(I,J,3)=D(J)-EL4(J)*C(I,J+1,3)
        IF(J.NE.2) GOTO 115
120     CONTINUE
C
C        Computation convergence
C
        DO 130 J=1,JMAX
        DO 130 I=1,IMAX
```

```
      DELTA=ABS(C(I,J,3)-C(I,J,1))
      IF (DELTA.GT.1.0E-5) GOTO 140
130   CONTINUE
      GOTO 160
140   DO 150 J=1,JMAX
      DO 150 I=1,IMAX
150   C(I,J,1)=C(I,J,3)
      GOTO 80
C
C     Print out
C
160   WRITE(6,220) IT
      IT=0
      IF(IPR-KR*IIPR) 180,170,180
170   WRITE(8,250) FLOAT(KR*IIPR)*T/3600.
      WRITE(8,230) ((C(I,J,3),J=2,N),I=2,M)
      KR=KR+1
180   CONTINUE
      IPR=IPR+1
      DO 190 J=1,JMAX
      DO 190 I=1,IMAX
      C(I,J,1)=C(I,J,3)
190   CONTINUE
200   CONTINUE
      STOP  '  NORMAL STOP'
210   WRITE(8,240)
      WRITE(8,230) ((C(I,J,3),J=2,N),I=2,M)
220   FORMAT(1X,'THE NUMBER OF ITERATIONS IS',I5)
230   FORMAT(1X,18F7.3)
240   FORMAT(1H1,'COMPUTATIOAN CONVERGENCE')
250   FORMAT('   TIME=',F10.3,' Hours')
      STOP
      END
```

数据文件：

```
T,X,Y,DX,DY,IITOT,IIPR,U,MI,NJ,G1,G2,G3
 100.0 10.0 5.0 60.00 60.00 3600 36 0.004 0.000 15 13 0.16666667 0.66666666
0.16666667
  ((C(I,J,1),I=MMI,MII),J=NNJ,NJJ)
 0.040 0.040 0.040 0.040 0.040 0.040 0.040
 0.040 0.040 0.040 0.040 0.040 0.040 0.040
 0.040 0.040 0.040 0.040 0.040 0.040 0.040
 0.040 0.040 0.040 0.040 0.040 0.040 0.040
 0.040 0.040 0.040 0.040 0.040 0.040 0.040
 0.040 0.040 0.040 0.040 0.040 0.040 0.040
 0.040 0.040 0.040 0.040 0.040 0.040 0.040
```

附录 5　拓广的拉普拉斯方程的有限单元程序

```
C
C
C  ------------------------------------------------------------------------------------------
C
C              This program is used for solving Extended Laplace
C                   Equation With the finite element method
C
C                                   Dai Yu
C
C                         Last version (5-16-2009)
C
C  ------------------------------------------------------------------------------------------
C
C
      INTEGER CON
      COMMON NRMX,NCMX,NDFEL,NN,NE,NLN,NBN,NDF,NNE,N,MS,IN,ID,C,ALA
      DIMENSION X(1000),Y(1000),CON(1000,3),PROP(1000,3),IB(50),
     1          TK(1000,1000),AL(1000),REAC(1000),ELST(3,3),V(10),
     1          PAL(1000,3),E(1000),G(1000)
C
C  Initialization of program Parameters
C
C  NRMX   = Row dimension for the total matrix of the program (整体矩阵的最大行数)
C  NCMX   = Column dimension for the total matrix (整体矩阵的最大列数)
C  NDF    = Number of degrees of freedom per node (每个结点未知函数的数目)
C  NNE    = Number of nodes per element (每个单元的结点数)
C  NDFEL  = Total number of degrees of freedom for one element(每个单元的未知函数的数目)
C
C
      NRMX=1000
      NCMX=1000
      NDF=1
      NNE=3
      NDFEL=NDF*NNE
C
C  Assign data set numbers to IN, for input, and ID for output
C
```

```
      IN=7
      ID=8
C
      OPEN (IN,FILE='LAPLACE1.DAT')
      OPEN (ID,FILE='LAPLACE.OUT')
      OPEN (100,FILE='LAPLACETEC1.DAT')
C
C   Apply the analysis steps (计算步骤)
C
C   Input (读入数据)
C
      CALL INPUT(X,Y,CON,PROP,AL,IB,REAC,E,G)
C
C   Assembling of the total matrix for the problem (整体矩阵整合)
C
      CALL ASSEM(X,Y,CON,PROP,TK,ELST,AL,E,G)
C
C   Introduction of boundary conditions (施加边界条件)
C
      CALL BOUND(TK,AL,REAC,IB)
C
C   Solution of the system of the equations (方程求解)
C
      CALL SOLVER(N,TK,AL)
C
C   Output (计算速度场和输出数据)
C
      CALL OUPUT(AL,REAC,CON,X,Y,E,G)
C

      STOP
      END
C
C
C
C   Following are subroutines
C
C   Subroutine INPUT(X,Y,CON,PROP,AL,IB,REAC) (数据输入子程序)
C
      SUBROUTINE INPUT(X,Y,CON,PROP,AL,IB,REAC,E,G)
      INTEGER CON
      COMMON RMX,NCMX,NDFEL,NN,NE,NLN,NBN,NDF,NNE,N,MS,IN,ID,C,ALA
      DIMENSION X(1000),Y(1000),CON(1000,3),PROP(1000,3),AL(1000),
```

```
     1           IB(1000),REAC(1000),W(3),IC(3),E(1000),G(1000)
C
C    PROP 为标志单元每条边上 qn 的数值
C    W    = An auxiliary vector to temporarely store a set of prescribed
C           unknown values and flux on element sides (边界条件赋值的临时数组)
C    IC   = Auxiliary array to store temporarely the connectivity of
C           an element, and the boundary unknowns status indicators (边界条件类型的临时数组)
C
C    Read basic parameters
C
C    NN   = number of nodes; (计算区域结点总数)
C    NE   = number of elements; (计算区域单元总数)
C    NBN = number of boundary nodes; (边界节点总数)
C    NDF = Number of degrees of freedom per node;
C    E    = constant KX; (X 方向渗透系数)
C    G    = constant KY; (Y 方向渗透系数)
C    C    = constant C; (方程中的 p)
C    ALA = constant LAMBDA; (方程中的 λ )
C    X, Z = are the coordinates of each node; (单元结点的坐标值)
C
      WRITE (ID,55)
 55   FORMAT(' ',80('*'))
      READ (IN,1) NN,NE,NBN,C,ALA
      WRITE (ID,60) NN,NE,NBN,C,ALA
 60   FORMAT (//' INTERNAL DATA'//' NUMBER OF NODES          :',I5/' NUM',
     1'BER OF ELEMENTS        :',I5/' NUMBER OF CONSTRAINTS   :'I5/' CONS',
     2'TANT',' C :',F19.4/' CONSTANT LAMBDA :',F15.4/' NODAL COORDIN',
     3'ATES'/7X,'NODE',9X,'X',16X,'Y')
 1    FORMAT (3I10,2F10.4)
C
C    Read nodal coordinates in array X and Y (读入单元结点坐标值)
C
      READ (IN,*)(I,X(I),Y(I),I=1,NN)
      WRITE (ID,2)(I,X(I),Y(I),I=1,NN)
 2    FORMAT (I10,E17.7,E18.7)
C
C    Read element connectivity in array CON (读入单元结点列表)
C    and the boundary flux on each of the element sides (读入单元每条边的 qn)
C
      WRITE (ID,22)
 22   FORMAT (/' ELEMENT CONNECTIVITY AND PROPERTIES'/4X,'ELEMENT',
```

```
     116X,'NODES',18X,'QN1',12X,'QN2',12X,'QN3',12X,'KX',12X,'KY')
      DO 3 J=1,NE
         read (IN,4) K,(con(J,I),I=1,NNE),(PROP(J,I),I=1,NNE),E(K),G(K)
         write (ID,34) K,(con(J,I),I=1,NNE),(PROP(J,I),I=1,NNE),E(K),G(K)
 3    CONTINUE
 4    FORMAT (4I10,5F10.4)
 34   FORMAT (4I10,5F15.5)
C
C  Compute N, actual number of unknowns, and clear the load vector (计算实际未知函数总数，单元矢量 P 项赋零)
C
      N=NN*NDF
      DO 5 I=1,N
         AL(I)=0.0
 5    CONTINUE
C
C  Read boundary nodes data, store unknowns status indicators (读入边界节点，)
C  in array IB, and prescribed unknown values in array REAC
C
      WRITE (ID,24)
 24   FORMAT (/' BOUNDARY CONDITION DATA'/23X,'STATUS',14X,'PRESCRIBED',
     1' VALUE '/15X,'(0: PRESCRIBED, 1: FREE)'/7X,'NODE',14X,' ',28X,
     2' ')
      DO 7 I=1,NBN     ! NBN 边界结点数目
         READ (IN,8) J,(IC(K),K=1,NDF),(W(K),K=1,NDF)
c           读入边界结点编号，边界条件类型，边界条件赋值
         WRITE (ID,9) J,(IC(K),K=1,NDF),(W(K),K=1,NDF)
      L1=(NDF+1)*(I-1)+1
      L2=NDF*(J-1)
      IB(L1)=J   ! 第 L1(I)个边界结点的整体编号
      DO 7 K=1,NDF
         N1=L1+K
         N2=L2+K
         IB(N1)=IC(K)   ! 第 L1 个边界结点的边界条件类型
         REAC(N2)=W(K) ! 第 L1 个边界结点的边界条件值
 7    CONTINUE
 8    FORMAT (2I10,F10.4)
 9    FORMAT (I10,I16,22X,F10.4)
      RETURN
      END
C
C  Assembling of the total matrix for the problem (整合整体矩阵子程序)
```

```
C
      SUBROUTINE ASSEM(X,Y,CON,PROP,TK,ELST,AL,E,G)
      INTEGER CON
      COMMON NRMX,NCMX,NDFEL,NN,NE,NLN,NBN,NDF,NNE,N,MS,IN,ID
      DIMENSION X(1000),Y(1000),CON(1000,3),PROP(1000,3),AL(1000),
     1            TK(NRMX,NCMX),ELST(NDFEL,NDFEL),PAL(1000,3),
     1               E(1000),G(1000)
C
C   TK——整体矩阵，ELST——单元矩阵，PAL——单元矢量
C
C   Clear the total matrix (整体矩阵赋零)
C
      DO 10 I=1,N
        DO 10 J=1,N
          TK(I,J)=0.0
 10   CONTINUE
C
C   Loop on the elements and assemble the total matrix (计算单元矩阵的元素，并整合至整体矩阵相应的行和列)
C
      DO 20 NEL=1,NE
C
C   ELEM computes the matrix for element NEL (计算目前处理单元的单元矩阵)
C
        CALL ELEM(NEL,X,Y,PROP,CON,ELST,PAL,E,G)
C
C   ELASS places the matrix of element NEL in the total matrix (将单元矩阵的元素整合至整体矩阵相应的行和列)
C
        CALL ELASS(NEL,CON,TK,ELST,PAL,AL,E,G)
 20   CONTINUE
C
      RETURN
      END
C
C   Computation of the element chracteristic matrix and vector (计算单元矩阵元素及单元矢量)
C
      SUBROUTINE ELEM(NEL,X,Y,PROP,CON,ELST,PAL,E,G)
      INTEGER CON
      COMMON NRMX,NCMX,NDFEL,NN,NE,NLN,NBN,NDF,NNE,N,MS,IN,ID,C,ALA
      DIMENSION X(1000),Y(1000),CON(1000,3),PROP(1000,3),PAL(1000,3),
     1            B(3),D(3),ELST(NDFEL,NDFEL),E(1000),G(1000)
```

```
C
C   NEL        = Number of current element (目前处理的单元号)
C   N1,N2,N3 = Numbers of first, second and third element node (单元三个节点的整
                 体编号)
C   D1,D2,D3 = Length of first, second and third element sides (单元三条边的长度)
C
      N1=CON(NEL,1)
      N2=CON(NEL,2)
      N3=CON(NEL,3)
      D1=SQRT((X(N2)-X(N1))**2+(Y(N2)-Y(N1))**2)
      D2=SQRT((X(N3)-X(N2))**2+(Y(N3)-Y(N2))**2)
      D3=SQRT((X(N1)-X(N3))**2+(Y(N1)-Y(N3))**2)
C
      B(1)=Y(N2)-Y(N3)    !b1
      B(2)=Y(N3)-Y(N1)    !b2
      B(3)=Y(N1)-Y(N2)    !b3
      D(1)=X(N3)-X(N2)    !a1
      D(2)=X(N1)-X(N3)    !a2
      D(3)=X(N2)-X(N1)    !a3
      A=(B(1)*D(2)-B(2)*D(1))/2.   !三角形单元的面积
      DO 1 I=1,3
        B(I)=B(I)/(2.*A)
        D(I)=D(I)/(2.*A)
 1    CONTINUE
      CCC=ALA*A/12.   ! λ *A/12, M 矩阵的元素
C
C   Compute element matrix (计算单元矩阵  K- λ M)
C
      DO 10 I=1,3
        DO 10 J=1,3
          ELST(I,J)=A*(E(NEL)*B(I)*B(J)+G(NEL)*D(I)*D(J))-CCC
 10   CONTINUE
      DO 11 I=1,3
        ELST(I,I)=ELST(I,I)-CCC
 11   CONTINUE
C
C   Compute element vector (计算单元矢量)
C
      CC=-C*A/3.                  !单元矢量 p 部分
      D1=D1*PROP(NEL,1)/2.        !单元矢量 qn 部分
      D2=D2*PROP(NEL,2)/2.        !单元矢量 qn 部分
```

```
      D3=D3*PROP(NEL,3)/2.         !单元矢量 qn 部分
      PAL(NEL,1)=CC+D1+D3
      PAL(NEL,2)=CC+D1+D2
      PAL(NEL,3)=CC+D2+D3
C
      RETURN
      END
C
C
C   This program stores the element matrix for element NEL in the total matrix for the problem
C   将单元矩阵整合为整体矩阵
C
      SUBROUTINE ELASS(NEL,CON,TM,ELMAT,PAL,AL,E,G)
      INTEGER CON
      COMMON NRMX,NCMX,NDFEL,NN,NE,NLN,NBN,NDF,NNE,N,MS,IN,ID
      DIMENSION CON(1000,3),TM(NRMX,NCMX),ELMAT(NDFEL,NDFEL),NN1(3),
     .             PAL(1000,3),AL(1000),E(1000),G(1000)
C
C   NEL   = Current element number
C   NNE   = Number of nodes per element
C   NN1(1),NN1(2),NN1(3) = Numbers of first, second and third element node
C
      NN1(1)=CON(NEL,1)
      NN1(2)=CON(NEL,2)
      NN1(3)=CON(NEL,3)
      DO 50 I=1,3
         AL(NN1(I))=AL(NN1(I))+PAL(NEL,I)
         DO 50 J=1,3
            TM(NN1(I),NN1(J))=TM(NN1(I),NN1(J))+ELMAT(I,J)
 50   CONTINUE
C
      RETURN
      END
C
      SUBROUTINE BOUND(TK,AL,REAC,IB)
C
C   Introduction of the boundary conditions
C      施加边界条件
C
      COMMON NRMX,NCMX,NDFEL,NN,NE,NLN,NBN,NDF,NNE,N,MS,IN,ID
      DIMENSION AL(1),IB(1),REAC(1),TK(NRMX,NCMX),E(1000),G(1000)
      DO 100 L=1,NBN
C
C   NO = number of the current boundary node (边界结点总数)
```

```
C
      L1=(NDF+1)*(L-1)+1
      NO=IB(L1)   ! 第 L1 个边界结点的整体编号
c      WRITE(ID,*)' BOUND NO=',L1,NO
      K1=NDF*(NO-1)
      DO 100 I=1,NDF
         L2=L1+I
         IF (IB(L2))100,10,100    !IB(L2)是第 L1 个边界结点的边界条件类型
C
C  Prescribed unknown to be considered
C
C  Set diagonal coefficient of TK equal to 1
C  place prescribed unknown value in AL
C
 10      KR=K1+I   ! 第 L1 个边界结点在整体矩阵的行号
         DO 40 KS=1,KR-1
C
C  Modify row of TK and corresponding elements in AL
C
            AL(KS)=AL(KS)-TK(KS,KR)*REAC(KR)
            TK(KS,KR)=0.0
            TK(KR,KS)=0.0
 40      CONTINUE
C
C  Modify column in TK and corresponding element in AL
C
         DO 50 KS=KR+1,N
            AL(KS)=AL(KS)-TK(KR,KS)*REAC(KR)
            TK(KR,KS)=0.0
            TK(KS,KR)=0.0
 50      CONTINUE
         TK(KR,KR)=1.0
         AL(KR)=REAC(KR)
 100  CONTINUE
      RETURN
      END
C
C   方程求解
C
        SUBROUTINE SOLVER(N,A,B)
        PARAMETER (N4=1000)
        DIMENSION A(N4,N4),B(N4)
        DO 100 K=1,N
        K1=K+1
```

```
          B(K)=B(K)/A(K,K)
          IF(K.EQ.N) THEN
          GO TO 105
          ENDIF
          DO 101 J=K1,N
          IF(A(K,J).EQ.0.0) THEN
          GO TO 101
          END IF
          A(K,J)=A(K,J)/A(K,K)
          DO 102 I=K1,N
  102     A(I,J)=A(I,J)–A(I,K)*A(K,J)
          B(J)=B(J)–A(J,K)*B(K)
  101     CONTINUE
  100     CONTINUE
  105     K1=K
          K=K–1
          IF(K.EQ.0) THEN
          GO TO 106
          ENDIF
          DO 104 J=K1,N
  104     B(K)=B(K)–A(K,J)*B(J)
          GO TO 105
  106     CONTINUE
          RETURN
          END
C
C    结果输出
C
        SUBROUTINE OUPUT(AL,REAC,CON,X,Y,E,G)
        INTEGER CON
        COMMON NRMX,NCMX,NDFEL,NN,NE,NLN,NBN,NDF,NNE,N,MS,IN,ID,C,ALA
        DIMENSION AL(1),REAC(1),CON(1000,3),X(1),Y(1),
       .           UX(1000),UY(1000),B(3),D(3),AUX(10),AUY(10),
       .           UXP(1000),UYP(1000),A3(10),E(1000),G(1000)
C
C   Write values of problem variable at nodal points (输出结点处的计算结果)
C
C         WRITE (8,10)
C         WRITE (8,20) (J,AL(J),J=1,N)
C 10      FORMAT (//1X,80('*')//' RESULTS'//' NODAL VARIABLES        '/7X,
C        1'NODE',11X,'H ')
C 20      FORMAT (I10,F15.4)
C
C   Compute velocity (计算流场)
```

```
C
      DO I=1,NE
      N1=CON(I,1)
      N2=CON(I,2)
      N3=CON(I,3)
      B(1)=Y(N2)-Y(N3)
      B(2)=Y(N3)-Y(N1)
      B(3)=Y(N1)-Y(N2)
      D(1)=X(N3)-X(N2)
      D(2)=X(N1)-X(N3)
      D(3)=X(N2)-X(N1)
      A=(B(1)*D(2)-B(2)*D(1))
      UX(I)=-E(I)*(B(1)*AL(N1)+B(2)*AL(N2)+B(3)*AL(N3))/2./A
      UY(I)=-G(I)*(D(1)*AL(N1)+D(2)*AL(N2)+D(3)*AL(N3))/2./A
      ENDDO
      DO 30 J=1,N
        LJ=0
        DO 31 I=1,NE
          IF (CON(I,1).EQ.J.OR.CON(I,2).EQ.J.OR.CON(I,3).EQ.J) THEN
            LJ=LJ+1
            N1=CON(I,1)
            N2=CON(I,2)
            N3=CON(I,3)
            B(1)=Y(N2)-Y(N3)
                  B(2)=Y(N3)-Y(N1)
                  D(1)=X(N3)-Y(N2)
            D(2)=X(N1)-X(N3)
            A=(B(1)*D(2)-B(2)*D(1))/2.0
            AUX(LJ)=A*UX(I)
            AUY(LJ)=A*UY(I)
            A3(LJ)=A
          ENDIF
 31     CONTINUE
        USAX=0.0
        USAY=0.0
        AS=0.0
        DO 32 L=1,LJ
          USAX=USAX+AUX(L)
          USAY=USAY+AUY(L)
          AS=AS+A3(L)
 32     CONTINUE
          UXP(J)=USAX/AS
          UYP(J)=USAY/AS
 30    CONTINUE
      WRITE (8,10)
```

```
      WRITE (8,20) (J,AL(J),UXP(J),UYP(J),J=1,N)
 10   FORMAT (//1X,80('*')//' RESULTS'//' NODAL VARIABLES        '/7X,
     1'NODE',11X,'H ',11X,'UX ',11X,'UY ')
 20   FORMAT (I10,3F15.4)

C
C  Tecplot 输出
C
          t=10.0
          WRITE(100,*)'TITLE = " Extended Laplace Equation "'
          WRITE(100,*)' VARIABLES = "X","Y","H","UX","UY"'
             WRITE(100,*)'ZONE,T="time',t,' "',', N=',N,',E=',NE
             WRITE(100,*)'ZONETYPE=FETriangle,DATAPACKING=POINT'
             DO I=1,N
                WRITE(100,50) X(I),Y(I),AL(I),UXP(I),UYP(I)
          ENDDO
             DO I=1,NE
                WRITE(100,*)(CON(I,K),K=1,3)
             ENDDO
50    FORMAT(2F11.3,3F12.5)
C
      RETURN
      END
C
C
C. . . . (End of the program)
```

附录 6　例子程序：Lawson 算法

公用变量文件 COMN.INC

```
      PARAMETER(MAXND=1000,MAXELE=2000)
C      NODE NUMBER AND ELEMENT NUMBER
      INTEGER NNODE,NELE
C      COORDINATES OF NODES
      REAL X(MAXND+3),Y(MAXND+3)
C      COORDINATES OF CIRCUMCIRCLE CENTER,AND RADIUS
      REAL CIRX(MAXELE),CIRY(MAXELE),CIRR(MAXELE)
C      TRIANGLE WORKNET
      INTEGER NDID(3,MAXELE)
      COMMON /COD/X,Y,CIRX,CIRY,CIRR
      COMMON /NET/NNODE,NELE,NDID
```

程序源代码文件 DELAUNAY.FOR

```
C    THESE CODES ARE DESIGNED FOR DELAUNAY TRIANGLIZING OF SCATTER
C   POINTS. BUT THIS PROGRAM IS TEACHING CODES,NO RESPONSIBILITY
C    FOR ANY ERRORS CAUSED BY THIS PROGRAM .
    PROGRAM MAIN
      CALL INPUT
C      SUPER TRIANGLE
      CALL SUPER
C      TRIANGLIZE
      CALL DELAUNAY
C      CLEAN ALL TRIANGLES CONNECTED WITH SUPER TRIANGLE NODES
      CALL CLEAN
C      OUTPUT
      CALL TECPLOT
     END

C      READ SCATTERED POINTS
     SUBROUTINE INPUT
      INCLUDE 'COMN.INC'
      OPEN(1,FILE='DEMO.DAT')
      READ(1,*)NNODE
      DO I=1,NNODE
      READ(1,*) X(I),Y(I)
      ENDDO
```

```
      CLOSE(1)
    END SUBROUTINE

C        CONSTRUCT SUPER TRIANGLE
    SUBROUTINE SUPER
      INCLUDE 'COMN.INC'
      REAL XMAX,XMIN,YMAX,YMIN
C        GET RECTANGLE EXTENT
      XMAX=X(1)
      YMAX=Y(1)
      XMIN=XMAX
      YMIN=YMAX
      DO I=1,NNODE
      XMAX=MAX(XMAX,X(I))
      XMIN=MIN(XMIN,X(I))
      YMAX=MAX(YMAX,Y(I))
      YMIN=MIN(YMIN,Y(I))
      ENDDO
C        SUPER TRIANGLE
      XC=0.5*(XMAX+XMIN)
      YC=0.5*(YMAX+YMIN)
      GAB=MAX(XMAX-XMIN,YMAX-YMIN)
      X(NNODE+1)=XC
      Y(NNODE+1)=YC+2.8*GAB
      X(NNODE+2)=XC-2.0*GAB
      Y(NNODE+2)=YC-1.4*GAB
      X(NNODE+3)=XC+2.0*GAB
      Y(NNODE+3)=YC-1.4*GAB
      NELE=1
      NDID(1,1)=NNODE+1
      NDID(2,1)=NNODE+2
      NDID(3,1)=NNODE+3
C        APPROXIMITE CIRCUMCIRCLE
      CIRX(1)=CX
      CIRY(1)=CY
      CIRR(1)=2.8*GAB
    END SUBROUTINE

    SUBROUTINE DELAUNAY
      INCLUDE 'COMN.INC'
      DO 1100 I=1,NNODE
C        SAY THE POINT PR, FIND A TRIANGLE CONTAINING PR
       XP=X(I)
```

```
            YP=Y(I)
            DO K=NELE,1,-1
              KFLG=INTRIANGLE(XP,YP,K)
              IF(KFLG.GT.0)THEN
                IE=K
                EXIT
              ENDIF
            ENDDO
C          IF PR LIES IN THE INTERIOR OF THE TRIANGLE PI PJ PK
C          THEN ADD EDGES FROM PR TO THE THREE VERTICES OF PI PJ PK,THEREBY
C          SPLITTING THE TRIANGLE PI PJ PK INTO THREE TRIANGLES.
           IF(KFLG.EQ.4) THEN
             IP=NDID(1,IE)
             JP=NDID(2,IE)
             KP=NDID(3,IE)
             CALL DELTRI(IE)
             CALL APPENDTRI(IP,JP,I)
             CALL APPENDTRI(JP,KP,I)
             CALL APPENDTRI(KP,IP,I)
C           LEGALIZE EDGES OF PIPJ,PJPK,PKPI
             CALL LEGALEDGE(I,IP,JP)
             CALL LEGALEDGE(I,JP,KP)
             CALL LEGALEDGE(I,KP,IP)
C       IF PR LIES ON AN EDGE OF TRIANGLE PI PJ PK,SAY THE EDGE PIPJ
C       ADD EDGES FROM PR TO PK AND TO THE THIRD VERTEX PL OF THE
C       OTHER TRIANGLE THAT IS INCIDENT TO EDGE PIPJ ,THEREBY SPLITTING THE
C           TWO TRIANGLES INCIDENT TO EDGE PIPJ INTO FOUR TRIANGLES.
           ELSE IF(KFLG.GT.0)THEN
              IP=NDID(KFLG,IE)
              JP=NDID(MOD(KFLG,3)+1,IE)
              KP=NDID(MOD(KFLG+1,3)+1,IE)
              CALL INCIDTRI(IP,JP,LP,JE)
              CALL DELTRI(IE)
              CALL APPENDTRI(JP,KP,I)
              CALL APPENDTRI(KP,IP,I)
              IF(LP.GT.0)THEN
              CALL DELTRI(JE)
              CALL APPENDTRI(IP,LP,I)
              CALL APPENDTRI(LP,JP,I)
              ENDIF
C           LEGALIZE EDGES OF PIPL,PLPJ,PJPK,PKPI
              IF(LP.GT.0)THEN
              CALL LEGALEDGE(I,IP,LP)
```

```
            CALL LEGALEDGE(I,LP,JP)
            ENDIF
            CALL LEGALEDGE(I,JP,KP)
            CALL LEGALEDGE(I,KP,JP)
         ELSE
            STOP 'ERROR POSITION 1'
         ENDIF
1100     CONTINUE
      END

C      LEGALIZE THE EDGE, INP IS THE INSERTING POINT
      RECURSIVE SUBROUTINE LEGALEDGE(INP,IP,JP)
         INCLUDE 'COMN.INC'
         CALL INCIDTRI(IP,JP,KP,IE)
         CALL INCIDTRI(JP,IP,LP,JE)
         IF(KP*LP.EQ.0)RETURN      !LEGAL
         IF(KP.NE.INP) STOP 'ERROR POSITION 2'
         DISLP=SQRT((X(LP)-CIRX(IE))**2+(Y(LP)-CIRY(IE))**2)
         IF(DISLP.LT.CIRR(IE))THEN    ! ILLEGAL
             CALL DELTRI(IE)
             CALL DELTRI(JE)
             CALL APPENDTRI(KP,LP,JP)
             CALL APPENDTRI(KP,IP,LP)
             CALL LEGALEDGE(INP,LP,JP)
             CALL LEGALEDGE(INP,IP,LP)
         ENDIF
      END

      SUBROUTINE CLEAN
        INCLUDE 'COMN.INC'
        INTEGER NDID0(3,MAXELE),IFLG
        NDID0=NDID
        NE=0
        DO I=1,NELE
          IFLG=0
          DO J=1,3
            IF(NDID0(J,I).GT.NNODE)THEN
                  IFLG=1
                  CYCLE
            ENDIF
          ENDDO
          IF(IFLG.EQ.0)THEN
            NE=NE+1
```

```
            DO J=1,3
            NDID(J,NE)=NDID0(J,I)
            ENDDO
          ENDIF
      ENDDO
      NELE=NE
      END

C       OUTPUT THE TECPLOT DATA FOR THE MESH
      SUBROUTINE TECPLOT
        INCLUDE 'COMN.INC'
        OPEN(8,FILE='TECPLOT.DAT')
        WRITE(8,*) 'TITLE = " Delaunay 2D Grid " '
        WRITE(8,*) 'VARIABLES = "X" "Y" '
        WRITE(8,*) 'ZONE T="meshed with scattered points" '
        WRITE(8,*) 'N=',NNODE,', E=',NELE,', F=FEPOINT ET=Triangle'
        DO 3600 I=1,NNODE
        WRITE(8,*)X(I),Y(I)
3600    CONTINUE
        DO 3700 I=1,NELE
          WRITE(8,*)NDID(1,I),NDID(2,I),NDID(3,I)
3700    CONTINUE
        CLOSE(8)
      END

C     CALCULATE THE CIRCUMCIRCLE OF THE TRIANGLE
      SUBROUTINE CIRCUMCIRCLE(XT,YT,XC,YC,R)
      REAL XT(3),YT(3),XC,YC,R
      REAL M1,M2,MX1,MX2,MY1,MY2
      IF (ABS(YT(2)-YT(1)).LT.1.0E-6) THEN
          M2 = - (XT(3)-XT(2)) / (YT(3)-YT(2))
          MX2 = (XT(2) + XT(3)) / 2.0
          MY2 = (YT(2) + YT(3)) / 2.0
          XC = (XT(2) + XT(1)) / 2.0
          YC = M2 * (XC - MX2) + MY2
      ELSE IF (ABS(YT(3)-YT(2)).LT.1.0E-6) THEN
          M1 = - (XT(2)-XT(1)) / (YT(2)-YT(1))
          MX1 = (XT(1)+XT(2)) / 2.0
          MY1 = (YT(1) +YT(2)) / 2.0
          XC = (XT(3) + XT(2)) / 2.0
          YC = M1 * (XC - MX1) + MY1
      ELSE
          M1 = - (XT(2)-XT(1)) / (YT(2)-YT(1))
```

```
          M2 = – (XT(3)–XT(2)) / (YT(3)–YT(2))
          MX1 = (XT(1) + XT(2)) / 2.0
          MX2 = (XT(2) + XT(3)) / 2.0
          MY1 = (YT(1) + YT(2)) / 2.0
          MY2 = (YT(2) + YT(3)) / 2.0
          XC = (M1*MX1 – M2*MX2 + MY2 – MY1) / (M1 – M2)
          YC = M1 * (XC – MX1) + MY1
      ENDIF
          R =SQRT((XT(1)–XC)**2+(YT(1)–YC)**2)
      END

C     DETERMINE WHETHER THE POINT XP,YP INSIDE OR ON THE EDGE OF
C     THE TRIANGLE
      FUNCTION INTRIANGLE(XP,YP,IE)
       INTEGER INTRIANGLE,IE
       REAL XP,YP, DX(3),DY(3),RK(3)
       INCLUDE 'COMN.INC'
       DO I=1,3
           DX(I)=X(NDID(I,IE))–XP
           DY(I)=Y(NDID(I,IE))–YP
       ENDDO
       RK(1)=DX(1)*DY(2)–DX(2)*DY(1)
       RK(2)=DX(2)*DY(3)–DX(3)*DY(2)
       RK(3)=DX(3)*DY(1)–DX(1)*DY(3)
       RKK=RK(1)*RK(2)*RK(3)
       IF(RKK.EQ.0.) THEN      !ON EDGE
           IF(RK(1).EQ.0)INTRIANGLE=1      !EDGE P1 AND P2
           IF(RK(2).EQ.0)INTRIANGLE=2      !EDGE P2 AND P3
           IF(RK(3).EQ.0)INTRIANGLE=3      !EDGE P3 AND P1
       ELSE IF(RK(1).GT.0 .AND. RK(2).GT.0 .AND. RK(3).GT.0
     $    .OR. RK(1).LT.0 .AND. RK(2).LT.0 .AND. RK(3).LT.0) THEN
            INTRIANGLE=4        !INSIDE
       ELSE
            INTRIANGLE=–1        !OUTSIDE
       ENDIF
      END

C     DELETE THE TRIANGLE IE
      SUBROUTINE DELTRI(IE)
        INCLUDE 'COMN.INC'
        DO I=IE+1,NELE
           NDID(1,I–1)=NDID(1,I)
           NDID(2,I–1)=NDID(2,I)
```

```
      NDID(3,I-1)=NDID(3,I)
      CIRX(I-1)=CIRX(I)
      CIRY(I-1)=CIRY(I)
      CIRR(I-1)=CIRR(I)
    ENDDO
    NELE=NELE-1
  END
C  APPEND A TRIANGLE
  SUBROUTINE APPENDTRI(IP,JP,KP)
    INCLUDE 'COMN.INC'
    REAL XT(3),YT(3)
    NELE=NELE+1
    NDID(1,NELE)=IP
    NDID(2,NELE)=JP
    NDID(3,NELE)=KP
    DO I=1,3
       XT(I)=X(NDID(I,NELE))
       YT(I)=Y(NDID(I,NELE))
    ENDDO
    CALL CIRCUMCIRCLE(XT,YT,XC,YC,R)
    CIRX(NELE)=XC
    CIRY(NELE)=YC
    CIRR(NELE)=R
  END
C  FIND INCIDENT TRIANGLE
  SUBROUTINE INCIDTRI(IP,JP,LP,IE)
    INCLUDE 'COMN.INC'
    LP=0
    DO I=1,NELE
      DO K=1,3
        IF(NDID(K,I).EQ.IP .AND. NDID(MOD(k,3)+1,I).EQ.JP) THEN
           LP=NDID(MOD(k+1,3)+1,I)
           IE=I
           RETURN
        ENDIF
      ENDDO
    ENDDO
  END
```

附录 7　等值线的绘制程序

公用变量文件 COMN.INC

```
          PARAMETER(MAXND=1000,MAXELE=2000)
C         NODE NUMBER AND ELEMENT NUMBER
          INTEGER NNODE,NELE
C         COORDINATES OF NODES
          REAL X(MAXND),Y(MAXND),Z(MAXND)
C         TRIANGLE WORKNET
          INTEGER NDID(3,MAXELE)
C         EDGE TOPOLOGY
          INTEGER PIDE(2,3*MAXELE),EIDE(2,3*MAXELE),EDELE(3,MAXELE)
          COMMON /COD/X,Y,Z
          COMMON /NET/NNODE,NELE,NEDG,NDID
          COMMON /NTOP/PIDE,EIDE,EDELE
```

源程序文件 CONTOUR.FOR

```
C         THESE CODES ARE DESIGNED FOR DELAUNAY TRIANGLIZING
          OF SCATTER
C        POINTS. BUT THIS PROGRAM IS TEACHING CODES,NO RESPONSIBILITY
C        FOR ANY ERRORS    CAUSED BY THIS PROGRAM .
        PROGRAM MAIN
          CALL INPUT
          CALL TECMESH
C         BUILD TOPOLOGY
          CALL BLDTOP
C         CONTOUR
          DO I=0,10,2
          CALL CONTOUR(I*1.0)
          ENDDO
        END

C         READ TRIANGLE WORKNET
        SUBROUTINE INPUT
          INCLUDE 'COMN.INC'
          OPEN(1,FILE='MESH.DAT')
          READ(1,*)NNODE,NELE
          DO I=1,NNODE
          READ(1,*) X(I),Y(I),Z(I)
          ENDDO
```

```
      DO I=1,NELE
        READ(1,*)NDID(1,I),NDID(2,I),NDID(3,I)
      ENDDO
      CLOSE(1)
    END SUBROUTINE

C       BUILD TOPOLOGY OF EDGES
    SUBROUTINE BLDTOP
      INCLUDE 'COMN.INC'
      NEDG=0
      EIDE=0
      DO I=1,NELE
        DO J=1,3
          IP=NDID(J,I)
          JP=NDID(MOD(J,3)+1,I)
          KE=0
          DO K=1,NEDG
             IF(PIDE(1,K).EQ.IP .AND. PIDE(2,K).EQ.JP
     $          .OR. PIDE(1,K).EQ.JP .AND. PIDE(2,K).EQ.IP)THEN
                KE=K
                EXIT
             ENDIF
          ENDDO
          IF(KE.EQ.0) THEN    !NEW EDGE
             NEDG=NEDG+1
             PIDE(1,NEDG)=IP
             PIDE(2,NEDG)=JP
             EIDE(1,NEDG)=I
             EDELE(J,I)=NEDG
          ELSE
             EIDE(2,KE)=I
             EDELE(J,I)=KE
          ENDIF
        ENDDO
      ENDDO
    END SUBROUTINE

    SUBROUTINE CONTOUR(ZC)
      PARAMETER(EPS=1.0E-6)
      INCLUDE 'COMN.INC'
C       ISOLINES POINTS
      REAL XLN(MAXELE*3),YLN(MAXELE*3)
C       START AND END INDEX OF LINE SEGMENTS
      INTEGER IBLN(MAXND),IELN(MAXND),NLINE,IFLG(3*MAXELE)
```

```
C          FLAG THE EDGES WITH ISOLINE POINTS
           DO I=1,NNODE
             IF(Z(I).EQ.ZC)Z(I)=Z(I)-EPS
           ENDDO
           IFLG=0
           DO I=1,NEDG
            IF((Z(PIDE(1,I))-ZC)*(Z(PIDE(2,I))-ZC).LT.0.0)IFLG(I)=1
           ENDDO
C          TRACK BOUNDARY TO BOUNDARY LINES
           NLINE=0
           NP=0
           DO 1100 I=1,NEDG
            IF(IFLG(I).EQ.1 .AND. EIDE(2,I).EQ.0 ) THEN    !LINE BEGIN
                NP=NP+1
                CALL ISOPOS(PIDE(1,I),PIDE(2,I),ZC,XLN(NP),YLN(NP))
                NLINE=NLINE+1
                IBLN(NLINE)=NP
C               TRACK ON
                IELE=EIDE(1,I)
                IEDG=I
                DO WHILE(.TRUE.)
                   DO J=1,3    !EDGE BY EDGE IN THE TRIANGLE IELE
                     JEDG=EDELE(J,IELE)
                     IF(JEDG.NE.IEDG .AND. IFLG(JEDG).EQ.1) THEN
                       NP=NP+1
                       CALL ISOPOS(PIDE(1,JEDG),PIDE(2,JEDG),ZC,
     $                        XLN(NP),YLN(NP))
                       IFLG(JEDG)=0
                       JELE=EIDE(1,JEDG)
                       IF(JELE.EQ.IELE)JELE=EIDE(2,JEDG)
                       IF(JELE.EQ.0 )THEN !BOUNDARY EDGE
                          IELN(NLINE)=NP
                          GOTO 1100
                       ELSE
                          IELE=JELE
                          IEDG=JEDG
                       ENDIF
                       EXIT
                     ENDIF
                   ENDDO
                ENDDO
                IFLG(I)=0
            ENDIF
1100       CONTINUE
```

```
C           TRACK INTERIOR LINES
            DO 1200 I=1,NEDG
             IF(IFLG(I).EQ.1 .AND. EIDE(2,I).NE.0 ) THEN    !LINE BEGIN
                NP=NP+1
                CALL ISOPOS(PIDE(1,I),PIDE(2,I),ZC,XLN(NP),YLN(NP))
                NLINE=NLINE+1
                IBLN(NLINE)=NP
C               TRACK ON
                IELE=EIDE(1,I)
                IBEDG=I
                IEDG=I
                DO WHILE(.TRUE.)
                   DO J=1,3    !EDGE BY EDGE IN THE TRIANGLE IELE
                     JEDG=EDELE(J,IELE)
                     IF(JEDG.NE.IEDG .AND. IFLG(JEDG).EQ.1) THEN
                       NP=NP+1
                       CALL ISOPOS(PIDE(1,JEDG),PIDE(2,JEDG),ZC,
     $                         XLN(NP),YLN(NP))
                       IFLG(JEDG)=0
                       JELE=EIDE(1,JEDG)
                       IF(JELE.EQ.IELE)JELE=EIDE(2,JEDG)
                       IF(JEDG.EQ. IBEDG    ) THEN !INLINE
                          IELN(NLINE)=NP
                          GOTO 1200
                       ELSE
                          IELE=JELE
                          IEDG=JEDG
                       ENDIF
                       EXIT
                     ENDIF
                   ENDDO
                ENDDO
                IFLG(I)=0
             ENDIF
1200        CONTINUE
            WRITE(*,*)'ZC=',ZC,'LINES',NLINE
            IF(NLINE.GT.0) CALL OUTPUT(XLN,YLN,IBLN,IELN,NLINE)
          END

C         CALCULATE THE POSITION
          SUBROUTINE ISOPOS(IP,JP,ZC,XC,YC)
            INCLUDE 'COMN.INC'
            T=(ZC-Z(IP))/(Z(JP)-Z(IP))
            XC=X(IP)+(X(JP)-X(IP))*T
```

```
      YC=Y(IP)+(Y(JP)–Y(IP))*T
    END

    SUBROUTINE OUTPUT(XLN,YLN,IBLN,IELN,NLINE)
      DIMENSION XLN(*),YLN(*),IBLN(*),IELN(*)
      OPEN(1,FILE='TECLINE.DAT',ACCESS='APPEND')
      WRITE(1,*)'GEOMETRY CS=GRID, X=0, Y=0, T=LINE, C=BLACK'
      WRITE(1,*)NLINE
      DO I=1,NLINE
          WRITE(1,*)IELN(I)–IBLN(I)+1
          DO J=IBLN(I),IELN(I)
              WRITE(1,*)XLN(J),YLN(J)
          ENDDO
      ENDDO
      CLOSE(1)
    END
C   OUTPUT THE TECPLOT DATA FOR THE MESH
    SUBROUTINE TECMESH
      INCLUDE 'COMN.INC'
      OPEN(8,FILE='TECLINE.DAT')
      WRITE(8,*) 'TITLE = " Delaunay 2D Grid " '
      WRITE(8,*) 'VARIABLES = "X" "Y" "Z" '
      WRITE(8,*) 'ZONE T="meshed with scattered points" '
      WRITE(8,*) 'N=',NNODE,', E=',NELE,', F=FEPOINT ET=Triangle'
      DO 3600 I=1,NNODE
      WRITE(8,*)X(I),Y(I),Z(I)
3600  CONTINUE
      DO 3700 I=1,NELE
       WRITE(8,*)NDID(1,I),NDID(2,I),NDID(3,I)
3700  CONTINUE
      CLOSE(8)
    END
```